# Maschinenelemente

Horst Haberhauer

# Maschinenelemente

## Gestaltung, Berechnung, Anwendung

18., überarbeitete Auflage

 Springer Vieweg

Horst Haberhauer
Hochschule für Technik
Esslingen
Deutschland

Das Buch erschien bis zur 17. Auflage unter der Autorenschaft Haberhauer/Bodenstein.

Die Darstellung von manchen Formeln und Strukturelementen war in einigen elektronischen Ausgaben nicht korrekt, dies ist nun korrigiert. Wir bitten damit verbundene Unannehmlichkeiten zu entschuldigen und danken den Lesern für Hinweise.

Zusätzliche Materialien finden Sie unter http://www.springer.com/de/book/9783662530474

ISBN 978-3-662-53047-4        ISBN 978-3-662-53048-1 (eBook)
https://doi.org/10.1007/978-3-662-53048-1

Die Deutsche Nationalbibliothek verzeichnet diese Publikation in der Deutschen Nationalbibliografie; detaillierte bibliografische Daten sind im Internet über http://dnb.d-nb.de abrufbar.

Springer Vieweg
© Springer-Verlag GmbH Deutschland 1905, 1913, 1920, 1922, 1930, 1951, 1956, 1968, 1979, 1996, 2001, 2003, 2005, 2007, 2009, 2011, 2014, 2018

Gedruckt auf säurefreiem und chlorfrei gebleichtem Papier

Springer Vieweg ist Teil von Springer Nature
Die eingetragene Gesellschaft ist Springer-Verlag GmbH Deutschland
Die Anschrift der Gesellschaft ist: Heidelberger Platz 3, 14197 Berlin, Germany

# Vorwort zur 18. Auflage

Neue Normen, Berechnungsvorschriften und Literatur erfordern eine ständige Aktualisierung des vorliegenden Lehrbuches. Großer Wert wurde darauf gelegt, das komplexe Stoffgebiet der Maschinenelemente zum einen kompakt und praxisnah, aber dennoch theoretisch fundiert und gut verständlich darzustellen. So bildet dieses Lehrbuch ein stabiles Fundament für die Vertiefung in Spezialgebiete.

Rezepthaftes Anwenden von Beispielen und Formeln sind bei der Lösung ingenieurspezifischer Probleme nicht zu empfehlen. Daher wurde bewusst auf die Darstellung fertiger Gleichungen verzichtet. Es wurde versucht, bei allen Berechnungen die Entstehung sowie die Voraussetzungen und die Gültigkeitsbereiche der Berechnungsgleichungen aufzuzeigen. Ohne die Kenntnis der physikalischen Grundlagen und den der Berechnung zugrunde liegenden Rechenmodellen, sowie den dafür notwendigen, meist vereinfachenden Annahmen, ist eine ingenieurmäßige Problemlösung in der Regel nicht möglich. Auch für die Anwendung und Interpretation der Ergebnisse von Berechnungsprogrammen, die heute aus den Konstruktionsbüros nicht mehr wegzudenken sind, ist ein solides Grundlagenwissen unbedingt erforderlich.

Die 18. Auflage wurde vollständig überarbeitet. Die bewährte Gliederung wurde beibehalten, der Inhalt jedoch sprachlich und technisch auf den neuesten Stand gebracht. So wurden neben der Umstellung auf die neue Rechtschreibung alle Normen und Berechnungsmodelle überprüft und aktualisiert. Auch Abbildungen und Tabellen wurden zum Teil neu erstellt bzw. ersetzt.

Über die den Link http://www.springer.com/de/book/9783662530474 kommen Sie zur Website des vorliegenden Buches. Dort finden Sie auch Ergänzungen zum Thema Maschinenelemente (z.B. eine Formelsammlung und weitere Beispiele), die Sie kostenlos herunterladen können.

Dem Springer-Verlag danke ich für die gute Zusammenarbeit bei der Herstellung dieses Buches. Vielen Dank für konstruktive Kritik und wertvolle Anregungen und Diskussionen. Hinweise auf Druck- und Verständnisfehler sowie eventuellen Ergänzungen nehme ich auch in Zukunft gerne entgegen.

Esslingen, im Sommer 2017                                          Horst Haberhauer

# Inhaltsverzeichnis

| 1 | **Grundlagen** | 1 |
|---|---|---|
| | 1.1 Definition der Maschinenelemente | 1 |
| | 1.2 Konstruieren | 1 |
| | 1.2.1 Definition des Begriffes Konstruieren | 2 |
| | 1.2.2 Konstruktionsprozess | 3 |
| | 1.2.3 Rechnergestütztes Konstruieren | 5 |
| | 1.3 Das Gestalten | 7 |
| | 1.3.1 Funktions- und anforderungsgerechtes Gestalten | 7 |
| | 1.3.2 Beanspruchungsgerechtes Gestalten | 8 |
| | 1.3.3 Festigkeitsgerechtes Gestalten | 14 |
| | 1.3.4 Werkstoffgerechtes Gestalten | 23 |
| | 1.3.5 Herstellgerechtes Gestalten | 29 |
| | 1.3.6 Recyclinggerechtes Gestalten | 34 |
| | 1.3.7 Zeitgerechtes Gestalten (Design) | 35 |
| | 1.4 Normung | 36 |
| | 1.4.1 Grundlagen der Normung | 36 |
| | 1.4.2 Normen und ihre rechtliche Bedeutung | 37 |
| | 1.4.3 Normzahlen (NZ) | 39 |
| | 1.4.4 Toleranzen und Passungen | 42 |
| | 1.4.5 Technische Oberflächen | 57 |
| | Literatur | 62 |
| 2 | **Verbindungselemente** | 65 |
| | 2.1 Schweißverbindungen | 66 |
| | 2.1.1 Schweißverfahren | 67 |
| | 2.1.2 Schweißbarkeit | 68 |
| | 2.1.3 Schweißnahtgüte | 71 |
| | 2.1.4 Schweißstoß, Schweißnaht und zeichnerische Darstellung | 72 |
| | 2.1.5 Berechnung von Schweißverbindungen | 76 |
| | 2.1.6 Gestaltung von Schweißverbindungen | 93 |

2.2    Lötverbindungen ........................................    98
       2.2.1   Lote, Lötverfahren und Anwendungen ....................    98
       2.2.2   Berechnung von Lötverbindungen ......................    99
       2.2.3   Gestaltung von Lötverbindungen ......................   100
2.3    Klebeverbindungen........................................   101
       2.3.1   Klebstoffe ........................................   102
       2.3.2   Berechnung von Klebeverbindungen ....................   103
       2.3.3   Gestaltung von Klebeverbindungen ....................   104
2.4    Reibschlussverbindungen ..................................   105
       2.4.1   Keilverbindungen ..................................   107
       2.4.2   Kegelverbindung ..................................   111
       2.4.3   Konische Spannelementverbindungen ...................   116
       2.4.4   Verbindungen mit federnden Zwischengliedern .............   119
       2.4.5   Pressverbindungen (Zylindrische Pressverbände) ..........   122
       2.4.6   Klemmverbindungen ...............................   136
2.5    Formschlussverbindungen ................................   142
       2.5.1   Pass- und Scheibenfederverbindungen ....................   142
       2.5.2   Profilwellenverbindungen ...........................   146
       2.5.3   Bolzen- und Stiftverbindungen .......................   151
       2.5.4   Elemente zur axialen Lagesicherung ....................   160
2.6    Nietverbindungen........................................   163
       2.6.1   Herstellung und Gestaltung von Nietverbindungen ..........   163
       2.6.2   Berechnung von Nietverbindungen ......................   169
       2.6.3   Durchsetzfügen ..................................   170
2.7    Schraubenverbindungen ..................................   171
       2.7.1   Definition der Schraube; Bestimmungsgrößen .............   171
       2.7.2   Gewindearten ....................................   174
       2.7.3   Genormte Schrauben, Muttern und Unterlegscheiben ..........   175
       2.7.4   Werkstoffe und Festigkeitswerte .......................   183
       2.7.5   Berechnung von Schraubenverbindungen ..................   184
               2.7.5.1   Verspannungsschaubild .....................   185
               2.7.5.2   Gewindekräfte und –momente .................   196
               2.7.5.3   Spannungen in Schraubenverbindungen;
                         Bemessungsgrundlagen .......................   201
       2.7.6   Schraubensicherungen ..............................   209
       2.7.7   Gestaltung von Schraubenverbindungen...................   213
       2.7.8   Bewegungsschraube ...............................   213
               2.7.8.1   Einfachschraubgetriebe .....................   218
               2.7.8.2   Zweifachschraubgetriebe ....................   219
2.8    Elastische Verbindungen ..................................   222
       2.8.1   Grundlagen ......................................   222
       2.8.2   Federschaltungen..................................   225

|  | 2.8.3 | Metallfedern | 227 |
|  |  | 2.8.3.1 Zugstabfeder | 229 |
|  |  | 2.8.3.2 Ringfeder | 230 |
|  |  | 2.8.3.3 Blattfedern | 230 |
|  |  | 2.8.3.4 Gekrümmte Biegefeder | 235 |
|  |  | 2.8.3.5 Spiralfeder, Drehfeder | 235 |
|  |  | 2.8.3.6 Tellerfedern | 236 |
|  |  | 2.8.3.7 Drehstabfeder | 241 |
|  |  | 2.8.3.8 Zylindrische Schraubenfedern | 245 |
|  | 2.8.4 | Gummifedern | 259 |
|  | Literatur | | 263 |

**3 Dichtungen** ............................................................ 265
3.1 Dichtungen zwischen ruhenden Bauteilen ........................ 266
    3.1.1 Unlösbare Dichtungen ...................................... 266
    3.1.2 Bedingt lösbare Dichtungen ................................ 267
    3.1.3 Lösbare Dichtungen ........................................ 267
3.2 Dichtungen zwischen bewegten Bauteilen ........................ 272
    3.2.1 Berührungsdichtungen ...................................... 272
        3.2.1.1 Dichtungen für Drehbewegungen ................ 272
        3.2.1.2 Dichtungen für Längsbewegungen .............. 275
        3.2.1.3 Dichtungen für Längs- und Drehbewegungen ...... 278
    3.2.2 Berührungslose Dichtungen ................................ 280
    3.2.3 Hermetische Dichtungen .................................... 284
Literatur ................................................................ 286

**4 Elemente der drehenden Bewegung** .............................. 287
4.1 Achsen ............................................................ 287
4.2 Wellen ............................................................ 292
    4.2.1 Bemessung auf Tragfähigkeit .............................. 293
        4.2.1.1 Auslegung einer Welle .......................... 293
        4.2.1.2 Festigkeitsnachweis für eine Welle .............. 296
    4.2.2 Bemessung auf Verformung ................................ 304
    4.2.3 Dynamisches Verhalten .................................... 309
    4.2.4 Wellengestaltung .......................................... 316
    4.2.5 Sonderausführungen ...................................... 319
4.3 Lager .............................................................. 321
    4.3.1 Gleitlager ................................................ 322
        4.3.1.1 Schmierstoffe: Eigenschaften, Arten und Zuführung .... 324
        4.3.1.2 Druck-, Geschwindigkeits- und Reibungsverhältnisse im Tragfilm ................ 329
        4.3.1.3 Mischreibung und Übergangsdrehzahl .............. 354
        4.3.1.4 Wellen- und Lagerwerkstoffe .................... 356
        4.3.1.5 Gestaltung .................................... 357

        4.3.2   Wälzlager .......................................... 362
                4.3.2.1   Lagerbezeichnungen ........................ 367
                4.3.2.2   Radiallager ............................... 369
                4.3.2.3   Axiallager ................................ 399
    4.4   Kupplungen und Bremsen.................................... 402
        4.4.1   Starre Kupplungen.................................. 404
        4.4.2   Bewegliche Kupplungen (Ausgleichskupplungen) .............. 406
        4.4.3   Elastische Kupplungen ............................. 412
                4.4.3.1   Drehsteife Momentübertragung .................... 412
                4.4.3.2   Drehelastische Momentübertragung ................. 413
        4.4.4   Formschlüssige Schaltkupplungen ........................ 420
                4.4.4.1   Fremdbetätigte Schaltkupplungen .................. 420
                4.4.4.2   Momentbetätigte Schaltkupplungen ................. 423
                4.4.4.3   Richtungsbetätigte Kupplungen .................... 424
        4.4.5   Kraftschlüssige Schaltkupplungen (Reibungskupplungen) ...... 425
                4.4.5.1   Fremdbetätigte Reibungskupplungen ................ 428
                4.4.5.2   Momentbetätigte Reibungskupplungen .............. 439
                4.4.5.3   Drehzahlbetätigte Reibungskupplungen ............. 441
                4.4.5.4   Richtungsbetätigte Reibungskupplungen ............ 443
        4.4.6   Bremsen ........................................... 445
    Literatur ...................................................... 451

5   Elemente der geradlinigen Bewegungen ........................... 453
    5.1   Paarung ebener Flächen ................................... 454
        5.1.1   Führungen mit Gleitpaarungen........................ 454
        5.1.2   Führungen mit Wälzlagerungen ....................... 459
    5.2   Paarung von zylindrischen Flächen ........................ 467
        5.2.1   Gleitende Rundlingspaarungen ....................... 467
        5.2.2   Rundführungen mit Wälzlagerungen ................... 469
    Literatur ...................................................... 471

6   Elemente zur Übertragung gleichförmiger Drehbewegungen .......... 473
    6.1   Stirnradgetriebe ......................................... 477
        6.1.1   Verzahnungsgeometrie geradverzahnter Stirnräder ............ 477
                6.1.1.1   Allgemeines Verzahnungsgesetz ................... 479
                6.1.1.2   Verzahnungsarten ............................. 486
                6.1.1.3   Bezugsprofil und Herstellung .................... 494
                6.1.1.4   Unterschnitt und Grenzzähnezahl ................. 497
                6.1.1.5   Profilverschiebung ............................ 499
                6.1.1.6   Zahnradpaarung ............................... 504
                6.1.1.7   Innenverzahnung .............................. 512
                6.1.1.8   Zahnstange .................................. 517

6.1.2 Verzahnungsgeometrie schrägverzahnter Stirnräder . . . . . . . . . . . 518
   6.1.2.1 Grundbegriffe und –beziehungen . . . . . . . . . . . . . . . . . . 520
   6.1.2.2 Paarung schrägverzahnter V-Räder . . . . . . . . . . . . . . . 525
   6.1.2.3 Verzahnungstoleranzen . . . . . . . . . . . . . . . . . . . . . . . . . 527
6.1.3 Kräfte und Momente am Zahnrad . . . . . . . . . . . . . . . . . . . . . . 530
6.1.4 Grundlagen der Tragfähigkeitsberechnung (DIN 3990) . . . . . . . . 535
   6.1.4.1 Allgemeine Faktoren . . . . . . . . . . . . . . . . . . . . . . . . . . 537
   6.1.4.2 Zahnfußtragfähigkeit . . . . . . . . . . . . . . . . . . . . . . . . . . 542
   6.1.4.3 Flankentragfähigkeit . . . . . . . . . . . . . . . . . . . . . . . . . 548
6.1.5 Auslegung und Gestaltung . . . . . . . . . . . . . . . . . . . . . . . . . . . 555
6.2 Kegelradgetriebe . . . . . . . . . . . . . . . . . . . . . . . . . . . . . . . . . . . . . 562
6.2.1 Verzahnungsgeometrie geradverzahnte Kegelräder . . . . . . . . . . . 562
6.2.2 Kegelräder mit Schräg- und Bogenverzahnung . . . . . . . . . . . . . 568
6.2.3 Kräfte am Kegelrad . . . . . . . . . . . . . . . . . . . . . . . . . . . . . . . . 570
6.2.4 Tragfähigkeitsberechnung (DIN 3991) . . . . . . . . . . . . . . . . . 572
6.3 Schraubradgetriebe . . . . . . . . . . . . . . . . . . . . . . . . . . . . . . . . . . . 572
6.3.1 Verzahnungsgeometrie der Schraubenräder . . . . . . . . . . . . . . . 574
6.3.2 Kräfteverhältnisse und Wirkungsgrad . . . . . . . . . . . . . . . . . . . 575
6.3.3 Bemessungsgrundlagen . . . . . . . . . . . . . . . . . . . . . . . . . . . . . 577
6.4 Schneckengetriebe . . . . . . . . . . . . . . . . . . . . . . . . . . . . . . . . . . . . 579
6.4.1 Flankenformen der Zylinderschnecken . . . . . . . . . . . . . . . . . . 580
6.4.2 Verzahnungsgeometrie . . . . . . . . . . . . . . . . . . . . . . . . . . . . . . 582
6.4.3 Kräfteverhältnisse und Wirkungsgrad . . . . . . . . . . . . . . . . . . . 586
6.4.4 Empfehlungen für die Bemessung . . . . . . . . . . . . . . . . . . . . . . 587
6.4.5 Lagerkräfte und Beanspruchungen der der Schneckenwelle . . . . . . 590
6.4.6 Gestaltung . . . . . . . . . . . . . . . . . . . . . . . . . . . . . . . . . . . . . . 592
6.5 Umlaufgetriebe . . . . . . . . . . . . . . . . . . . . . . . . . . . . . . . . . . . . . . 594
6.5.1 Drehzahlen und Übersetzungen . . . . . . . . . . . . . . . . . . . . . . . 594
6.5.2 Kräfte, Momente und Leistungen . . . . . . . . . . . . . . . . . . . . . . 606
6.5.3 Kegelrad-Umlaufgetriebe . . . . . . . . . . . . . . . . . . . . . . . . . . . 612
6.6 Reibradgetriebe . . . . . . . . . . . . . . . . . . . . . . . . . . . . . . . . . . . . . . 612
6.6.1 Werkstoffpaarungen und Berechnungsgrundlagen . . . . . . . . . . . . 613
6.6.2 Reibradgetriebe mit konstanter Übersetzung . . . . . . . . . . . . . . 617
6.6.3 Reibradgetriebe mit stufenlos verstellbarer Übersetzung . . . . . . . . 619
6.7 Formschlüssige Zugmitteltriebe . . . . . . . . . . . . . . . . . . . . . . . . . . 622
6.7.1 Kettentriebe . . . . . . . . . . . . . . . . . . . . . . . . . . . . . . . . . . . . . 622
6.7.2 Zahnriementriebe . . . . . . . . . . . . . . . . . . . . . . . . . . . . . . . . . 628
6.8 Kraftschlüssige Zugmitteltriebe (Riementrieb) . . . . . . . . . . . . . . . . 629
6.8.1 Theoretische Grundlagen . . . . . . . . . . . . . . . . . . . . . . . . . . . . 631
   6.8.1.1 Riemenkräfte und Nutzspannung . . . . . . . . . . . . . . . . . 632
   6.8.1.2 Einfluss der Fliehkraft . . . . . . . . . . . . . . . . . . . . . . . . 634
   6.8.1.3 Biegespannung und Biegefrequenz . . . . . . . . . . . . . . . . 635

6.8.1.4   Gesamtspannung, Bandgeschwindigkeit und Schlupf . . . .   636
6.8.1.5   Folgerungen aus den theoretischen Betrachtungen . . . . . .   639
6.8.2   Bauarten für konstante Übersetzungen . . . . . . . . . . . . . . . . . . . . .   640
6.8.2.1   Flachriementriebe . . . . . . . . . . . . . . . . . . . . . . . . . . . . .   641
6.8.2.2   Keilriementrieb . . . . . . . . . . . . . . . . . . . . . . . . . . . . . . .   644
6.8.3   Bauarten für stufenlos verstellbare Übersetzungen . . . . . . . . . . . . .   648
Literatur . . . . . . . . . . . . . . . . . . . . . . . . . . . . . . . . . . . . . . . . . . .   657

**Anhang A** . . . . . . . . . . . . . . . . . . . . . . . . . . . . . . . . . . . . . . . . . . . .   659

**Anhang B** . . . . . . . . . . . . . . . . . . . . . . . . . . . . . . . . . . . . . . . . . . . .   665

**Anhang C** . . . . . . . . . . . . . . . . . . . . . . . . . . . . . . . . . . . . . . . . . . . .   675

**Anhang D** . . . . . . . . . . . . . . . . . . . . . . . . . . . . . . . . . . . . . . . . . . . .   679

**Anhang E** . . . . . . . . . . . . . . . . . . . . . . . . . . . . . . . . . . . . . . . . . . . .   681

**Sachverzeichnis** . . . . . . . . . . . . . . . . . . . . . . . . . . . . . . . . . . . . . . .   683

# Grundlagen

## 1.1 Definition der Maschinenelemente

Als *Maschinenelemente* sollen Bauteile des allgemeinen Maschinenbaus verstanden werden, die in unterschiedlichen Maschinen und Geräten jeweils gleiche oder ähnliche Funktionen erfüllen und daher immer wieder in gleicher oder ähnlicher Form vorkommen. Entsprechend den zu erfüllenden Funktionen kann es sich dabei um einzelne Bauteile wie Stifte, Bolzen, Wellen, Federn u. ä. handeln, aber auch um Bauteilgruppen, bei denen zwei oder mehrere Einzelteile funktionsmäßig zusammengehören und nach dem Zusammenbau eine Einheit bilden (z. B. Gelenke, Lager, Kupplungen, Getriebe, usw.).

Viele Bauelemente weisen auf Grund jahrelanger Entwicklung nicht nur typische Ausführungsformen auf, sondern sind darüber hinaus vielfach bezüglich Anordnung und Abmessungen genormt. Da jedes technische System aus einzelnen Maschinenelementen besteht, sind umfassende Kenntnisse dieser Elemente für die Konstruktion von Maschinen unbedingt erforderlich.

## 1.2 Konstruieren

Konstruieren ist das vorwiegend schöpferische, auf Wissen und Erfahrung gegründete und optimale Lösungen anstrebende Vorausdenken technischer Erzeugnisse, Ermitteln ihres funktionellen und strukturellen Aufbaus und Schaffen fertigungsreifer Unterlagen.

© Springer-Verlag GmbH Deutschland 2018
H. Haberhauer, *Maschinenelemente*,
https://doi.org/10.1007/978-3-662-53048-1_1

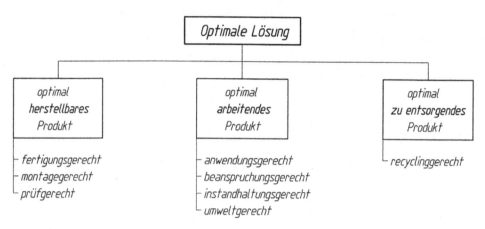

**Abb. 1.1** Optimale Lösung

## 1.2.1   Definition des Begriffes Konstruieren

Ziel des Konstruierens ist das Erarbeiten einer optimalen Lösung für ein technisches Problem und die Erstellung der dafür erforderlichen fertigungsreifen Unterlagen.

Optimal ist heute eine Lösung, wenn sie alle Anforderungen bezüglich Herstellung, Gebrauch und Entsorgung erfüllt und zudem wirtschaftlich, also kostengünstig ist (Abb. 1.1).

Die optimale Herstellbarkeit eines Produktes ist dann gegeben, wenn alle Bauteile so gestaltet wurden, dass sie mit minimalem Kosten- und Zeitaufwand ausreichend genau gefertigt und zu Baugruppen montiert werden können. Um eine kontinuierliche Qualität bei größeren Serien sicherzustellen, muss auch die Prüfung von Maßen und Funktionen eindeutig und zuverlässig möglich sein.

Eine optimale Funktionserfüllung liegt vor, wenn die erforderlichen Funktionen unter den gegebenen Bedingungen, wie z. B. Belastungen, Klima, Ergonomie usw., erfüllt werden. Immer größere Bedeutung während des Produktgebrauchs erlangt die Umweltverträglichkeit, d. h. minimaler Energieverbrauch oder geringe Luft- und Bodenbelastungen.

Eine optimale Entsorgung wurde im 20-ten Jahrhundert während der Konstruktion selten berücksichtigt. Die sich zuspitzende Umweltproblematik stellt jedoch zusätzliche Anforderungen an die Konstruktion neuer Produkte. So können zum Beispiel große Mengen des immer teurer werdenden Mülls durch gezielte Rückführung von Altstoffen in den Produktionsprozess (Recycling) vermieden werden.

Unter fertigungsreifen Unterlagen versteht man die zur Herstellung erforderliche Produktbeschreibung in Form von dreidimensionalen CAD-Modellen, zweidimensionalen Zeichnungen, Stücklisten usw. Sie beinhalten unter anderem die Beschreibung der Produktgestalt, Oberflächenbeschaffenheit, Toleranzen und Montageanweisungen.

## 1.2.2 Konstruktionsprozess

Bei der herkömmlichen Arbeitsweise führte die auf der Erfahrung des Konstrukteurs beruhende Intuition zu einer mehr oder weniger guten Lösung. Heutzutage ist man bemüht, durch systematisches Vorgehen eine optimale Lösung der Aufgabenstellung gezielt anzustreben. Der Konstruktionsablauf lässt sich dabei in unterschiedliche Phasen und Arbeitsschritte unterteilen. Grundlage dafür ist die VDI-Richtlinie 2221. Danach besteht der Konstruktionsprozess (Abb. 1.2) aus der Konzeptionsphase und der Gestaltungsphase.

**Konzeptionsphase** In der Konzeptionsphase wird, nachdem die Aufgabenstellung klar umrissen ist, der funktionelle Aufbau ermittelt. Das heißt, welche Funktionen erfüllt werden müssen und in welchem Zusammenhang sie zueinander stehen. Danach sind für diese Funktionen konstruktive Lösungen zu suchen und das Konzept festzulegen.

*Aufgabenstellung* Da der Konstrukteur eine der Aufgabenstellung entsprechende optimale Lösung erarbeiten soll, ist es wichtig schon zu Beginn des Konstruktionsprozesses die Aufgabenstellung möglichst umfassend und vollständig zu analysieren. Das Ergebnis wird in Form eines Anforderungskataloges als Pflichtenheft niedergeschrieben.

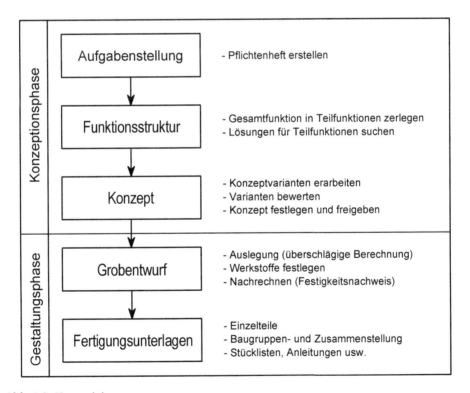

**Abb. 1.2** Konstruktionsprozess

Dem Pflichtenheft und den darin enthaltenen Anforderungen kommt deshalb eine große
Bedeutung zu, weil das fertige Produkt nur nach dem Erfüllungsgrad der gestellten Forderungen beurteilt werden kann. Da sich die Forderungen häufig widersprechen, können
sie nie alle vollkommen erfüllt werden. Deshalb sind die Produktanforderungen schon im
Pflichtenheft soweit wie möglich zu gewichten (Festforderungen, Mindestforderungen,
Wunschforderungen). Damit wird festgelegt, wie wichtig einzelne Anforderungen relativ
zueinander sind.

*Funktionsstruktur* Aus dem Pflichtenheft geht hervor, welche Funktionen zu erfüllen
sind. Mit Hilfe einer Funktionsstruktur (Abb. 1.3) können, analog zur Systemtechnik,
komplexe Funktionen in einfache, überschaubare Teilfunktionen gegliedert und ihre gegenseitigen Abhängigkeiten dargestellt werden. Der Vorteil einer Funktionsstruktur ist,
schwer überschaubare Problemstellungen in einfache, leicht lösbare Teilprobleme auf-
zuteilen. Den in der Regel bildhaft denkenden Konstrukteuren fällt das Arbeiten mit
„abstrakten" Funktionsstrukturen jedoch erfahrungsgemäß nicht leicht.

*Konzept* Zu den in der Funktionsstruktur definierten Teilfunktionen müssen Lösungsprinzipien gefunden und später zu Prinzipkombinationen zusammengeführt werden. Ergeben
sich aus der Kombination der einzelnen Lösungsprinzipien mehrere sinnvolle Konzept-
varianten, so ist durch ein geeignetes Auswahlverfahren, zum Beispiel das technisch-
wirtschaftliche Bewerten nach VDI 2225, das Konzept festzulegen, das am besten der
Aufgabenstellung entspricht.

**Gestaltungsphase** In der Gestaltungsphase erfolgt die stoffliche Verwirklichung der in
der Konzeptionsphase erarbeiteten Lösungsprinzipien. Zuerst wird ein Entwurf erstellt,
aus dem dann die Fertigungsunterlagen bzw. Produktdokumentation abgeleitet werden.

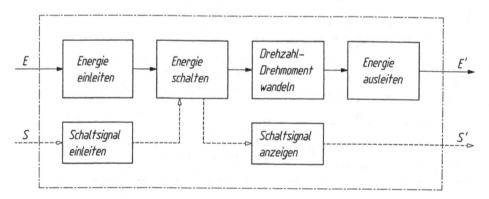

**Abb. 1.3** Funktionsstruktur eines Schaltgetriebes

*Entwurf* Beim Entwerfen wird ein technisches Gebilde soweit gestaltet, dass ein nachfolgendes Detaillieren bis zur Fertigungsreife eindeutig möglich ist. Eine solche Gestaltung erfordert die Wahl von Werkstoffen und Fertigungsverfahren, die Festlegung der Hauptabmessungen und die Untersuchung der räumlichen Verträglichkeit. Meist sind mehrere Entwürfe oder Teilentwürfe notwendig, um ein befriedigendes Ergebnis zu erzielen. Die Tätigkeit des Entwerfens enthält neben kreativen sehr viele korrektive Arbeitsschritte. Der Entwurfsvorgang ist sehr komplex, da

- viele Tätigkeiten zeitlich parallel ausgeführt werden (z. B. Informieren, Gestalten, Berechnen),
- manche Arbeitsschritte mehrmals wiederholt werden müssen und
- Änderungen an einem Bauteil häufig schon gestaltete Zonen beeinflussen.

Entwerfen ist demzufolge ein iterativer Optimierungsprozess, bei dem die Bauteilgeometrien laufend verändert werden.

*Fertigungsunterlagen* Der zweite Teil der Gestaltungsphase beinhaltet das Detaillieren des Entwurfes und das Erarbeiten der Produktdokumentation. Das Detaillieren beschränkt sich nicht auf das einfache Herauszeichnen der Einzelteilzeichnungen aus dem Entwurf, sondern es sind gleichzeitig Detailoptimierungen hinsichtlich Form, Oberflächengüte und Genauigkeitsanforderungen (Toleranzen) vorzunehmen.

Die Montage benötigt Informationen darüber, wie Einzelteile zueinander angeordnet werden müssen, mit welchem Drehmoment z. B. Schrauben angezogen und welche speziellen Anweisungen während der Montage eingehalten werden sollen. Diese Informationen werden in Form von Baugruppen- oder Zusammenstellzeichnungen dargestellt.

Um ein Erzeugnis vollständig zu beschreiben, ist auch eine Stückliste notwendig, in der alle Einzelteile des Produktes enthalten sind. Die darin enthaltene Benennung der Einzelteile und Baugruppen richtet sich in der Regel nach der jeweiligen Bauform (Winkel, Rohr, Welle, Deckel usw.). Bezüglich der Gliederung unterscheidet man zwischen der Mengenstückliste, die eine numerische Auflistung aller Einzelteile enthält, und der Strukturstückliste, die hierarchisch gegliedert ist.

## 1.2.3 Rechnergestütztes Konstruieren

Neben Funktionalität und Qualität sind die Produktkosten ein wesentlicher Wettbewerbsfaktor. Der größte Anteil an den Produktkosten wird in der Konstruktion festgelegt, indem der Konstrukteur Gestalt, Werkstoff, Toleranzen und weitgehend auch die Fertigungsverfahren festlegt. Die hohe Kostenverantwortung, verbunden mit ständig steigenden Anforderungen an neue Produkte und immer kürzer werdenden Innovationszyklen führten dazu, dass die Zeichenbretter in den Konstruktionsbüros inzwischen von CAD-Arbeitsplätzen abgelöst wurden.

Das Modellieren von 3D-Modellen gehört heute zum Stand der Technik. Nach wie vor werden jedoch noch Zeichnungen benötigt, die von dem 3D-Modell abgeleitet wird. In den 2D-Zeichnungen werden neben Maßen und Toleranzen weitere Technologiedaten (z. B. Oberflächen, Werkstückkanten usw.) angegeben. Wenn es möglich ist, alle erforderlichen Daten mit dem 3D-Modell zu verknüpfen und alle Daten digital kommuniziert und weiterverarbeitet werden können, wird die Zeichnung überflüssig sein.

Moderne CAD-Systeme bieten vor allem bei der 3D-Modellierung Möglichkeiten, die am Zeichenbrett undenkbar waren. So sind Belastungssimulationen (FEM), Bewegungssimulationen (Kinematik) und Prozesssimulationen (Robotik, Rheologie, usw.) wichtige Hilfsmittel bei der Erarbeitung einer optimalen Lösung. Durch möglichst genaue Voraussagen kann die Testphase verkürzt und das Risiko während der Herstellung und dem Gebrauch wesentlich reduziert werden. Das wiederum führt zu einer Verbesserung sowohl der Prozesssicherheit als auch der Produktqualität.

Zu beachten ist allerdings, dass durch die modernen Simulationstools für die Anwender höhere Anforderungen und für die Unternehmen höhere Kosten (Beschaffung, Service, Weiterbildung usw.) entstehen. Um diese Investitionen zu rechtfertigen sind ein wirtschaftlicher, rationeller Konstruktionsablauf und bessere Produkte erforderlich.

Nach Abb. 1.4 kann unter einer optimalen Konstruktion eine wirtschaftliche Konstruktion, verbunden mit einer optimalen Lösung, verstanden werden. Mit Hilfe von CAD lassen sich Konstruktionszeiten verkürzen und Produkte schneller auf den Markt bringen. Rationalisierungseffekte werden u.a. dadurch erzielt, dass Geometrien aus Entwürfen für die Detaillierung von Einzelteilen und Baugruppen weiterverwendet, oder vorhandene Konstruktionselemente und -lösungen aus Bibliotheken abgerufen und direkt in Entwurfsoder Fertigungsunterlagen eingebracht werden. Während eine Zeiteinsparung durch CAD bei der Erstellung der Konstruktionsunterlagen direkt als monetärer Nutzen beziffert werden kann, ist dies bei der Erarbeitung einer optimalen Lösung nicht möglich.

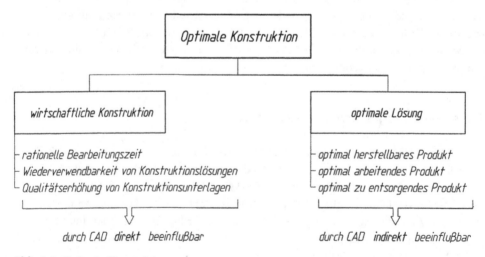

**Abb. 1.4** Optimale Konstruktion

## 1.3 Das Gestalten

Das Gestalten von Elementen und Systemen ist ein mehrfach zu durchlaufender Optimierungsprozess. Nach der Frage: „Wie ist das Prinzip stofflich zu verwirklichen?" ist in jedem Durchlauf zu überprüfen, in welchem Maße die Anforderungen des Pflichtenhefts erfüllt werden. Während zu Anfang eine Vordimensionierung und erste maßstäbliche Darstellungen zur Klärung der räumlichen Verträglichkeit im Vordergrund stehen, gewinnen mit zunehmender Konkretisierung des Entwurfes Gesichtspunkte wie Herstellung, Montage, Gebrauch, Wartung und Entsorgung zunehmend an Bedeutung.

Den vielen speziellen Gestaltungsrichtlinien lassen sich übergreifende Grundforderungen an die Konstruktion voranstellen, die von PAHL/BEITZ [25] zusammengefasst wurden in den drei Begriffen:

Eindeutigkeit – Einfachheit – Sicherheit.

Mit der Forderung nach *Eindeutigkeit* sollen Wirkung und Verhalten von Strukturen zuverlässig vorausgesagt werden können. Sie beinhaltet unter anderem die Vermeidung von Doppelpassungen, der Forderung nach statischer Bestimmtheit und vieles mehr.

Die *Einfachheit* zielt auf eine wirtschaftliche Lösung, die im Allgemeinen durch wenige, einfach herzustellende Bauteile und einfache Systemstrukturen zu verwirklichen ist. Daneben ist auch kritisch zu hinterfragen, ob alle Anforderungen sinnvoll und notwendig sind, da jede zusätzliche Funktion eine Kostensteigerung zur Folge hat.

Die Forderung nach *Sicherheit* soll

- die Haltbarkeit ⇒ Bauteilsicherheit,
- die Zuverlässigkeit ⇒ Funktionssicherheit,
- die Unfallfreiheit ⇒ Arbeitssicherheit und
- den Umweltschutz ⇒ Umweltsicherheit gewährleisten.

### 1.3.1 Funktions- und anforderungsgerechtes Gestalten

Ziel einer jeden Konstruktion ist die möglichst gute Erfüllung der gewünschten Funktion. Das heißt, die Erfüllung der gestellten Anforderungen, die sich aus der Anwendung (Gebrauch) ergeben. Diese Anforderungen sind, möglichst gewichtet, in einer Anforderungsliste im Pflichtenheft aufzulisten. Sie sind, so gut es geht, quantitativ zu erfassen, da Kriterien wie „geräuscharm" oder „geringes Gewicht" subjektiv sind und sehr unterschiedlich interpretiert werden können.

Die Anforderungen werden zwar zum größten Teil vom Kunden oder Anwender vorgegeben, der Konstrukteur muss sie jedoch auf Vollständigkeit und technische Machbarkeit überprüfen. Unvollständige und nicht sinnvolle Angaben können den Konstruktionsablauf sehr negativ beeinflussen.

**Tab. 1.1** Merkmale für eine Anforderungsliste eines Getriebes

| Hauptmerkmale | Beispiele |
| --- | --- |
| Geometrie | Abmessungen (Länge, Breite, Höhe); Anordnung der Ein- und Ausgangswellen (z. B. koaxial); Anschlussmaße (Flanschdurchmesser, Bohrungen usw.) |
| Technische Daten | Leistung; Drehzahl; Drehmoment; äußere Kräfte und Momente; Gewicht; Drehrichtung; Schalthäufigkeit; Temperatur |
| Stoff/Material | vorgeschriebene Werkstoffe; Schmierung |
| Signal | Anzeige (Ölstand, Schaltstellung) |
| Sicherheit | Überlastsicherung; Arbeits- und Umweltsicherheit |
| Ergonomie | Bedienungsart (manuell, hydraulisch, elektrisch); Bedienungshöhe; Schaltkraft |
| Fertigung | bevorzugte bzw. vorgegebene Fertigungsverfahren |
| Montage | besondere Montagevorschriften; Band-, Baugruppen-, Baustellenmontage |
| Gebrauch | Geräusch; Anwendung; Einsatzort; Betriebsbedingungen; Lebensdauer |
| Instandhaltung | Wartungsintervalle; Inspektion; Verschleißteile |
| zusätzl. Anforderungen | spezielle Kundenanforderungen |
| Stückzahlen | Jahresproduktion; Gesamtproduktion |
| Kosten | Herstellkosten; Werkzeug- oder Formkosten; Bearbeitungskosten |
| Termine | Anfang und Ende der Konstruktion; Serienbeginn; Liefertermin |

Zur Erstellung einer Anforderungsliste kann eine Merkmalliste sehr hilfreich sein, in der alle wichtigen Anforderungen in Form einer Checkliste aufgeführt sind. Da die Anforderungen an Produkte sehr branchenspezifisch sind, ist es sinnvoll, produktbezogene Merkmallisten zu erstellen. In Tab. 1.1 sind zum Beispiel die wichtigsten Anforderungen für eine Getriebekonstruktion zusammengestellt, die vor Konstruktionsbeginn möglichst quantitativ festgelegt werden müssen.

Jeder Konstrukteur muss sich beim Erstellen der Anforderungsliste jedoch darüber im Klaren sein, dass jede zusätzliche Anforderung in der Regel mit zusätzlichen Kosten verbunden ist. Das bedeutet, dass bei Berücksichtigung der Wirtschaftlichkeit, eine Konstruktion nicht so kompliziert wie möglich sondern so einfach wie nötig ausgeführt werden sollte.

## 1.3.2 Beanspruchungsgerechtes Gestalten

Neben dem Werkstoff hat die geometrische Gestalt einen sehr großen Einfluss auf die Tragfähigkeit und die Verformung eines Bauteils. Die Gestalt besteht aus der Form

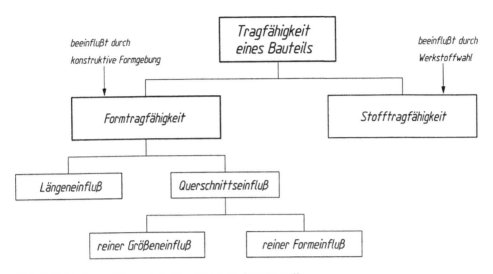

**Abb. 1.5**  Einflussgrößen auf die Tragfähigkeit eines Bauteils

und deren Abmessungen. Die qualitative Festlegung günstiger Geometrien wird als beanspruchungsgerechte Gestaltung definiert, die als Ziel eine optimale Tragfähigkeit und Verformung bei minimalem Werkstoffaufwand anstrebt. Sowohl die Gestalt als auch der Werkstoff beeinflussen direkt die Tragfähigkeit und die Verformung eines Bauteils, die sich nach Abb. 1.5 aus der Formtragfähigkeit und der Stofftragfähigkeit zusammensetzt.

Eine geringe Formtragfähigkeit bedingt einen hochwertigen Werkstoff und ein minderwertiger Werkstoff erfordert größere Abmessungen. Die Formtragfähigkeit wird wesentlich vom Querschnitt beeinflusst. Das bedeutet, dass eine nicht beanspruchungsgerechte Wahl der Querschnittsform sich ungünstig auf den Formeinfluss auswirkt und nur durch größere Bauteilabmessungen, also dem Größeneinfluss, kompensiert werden kann.

Der Einfluss der Querschnittsform auf die Tragfähigkeit ist abhängig von der Beanspruchungsart. In der Praxis treten die vier Grundbeanspruchungsarten

- Längskraftbeanspruchung,
- Biegebeanspruchung,
- Schubbeanspruchung und
- Torsionsbeanspruchung

entweder in reiner Form oder als Überlagerung auf. Um den Einfluss der Querschnittsform aufzuzeigen, werden für die entsprechenden Belastungsfälle die jeweils relevanten Geometriegrößen miteinander verglichen.

**Längskraftbeanspruchung**  Wird ein Bauteil mit einer Längskraft belastet, so kann dadurch, je nach Kraftrichtung, eine Zug- oder Druckbeanspruchung auftreten. Bei einer reinen Zugbeanspruchung ist die Normalspannung nur von der Größe, nicht aber von der Form des Querschnitts abhängig, da die Spannung umgekehrt proportional zur Querschnittsfläche ist. Im Gegensatz dazu kommt bei einer Druckbeanspruchung der Querschnittsform eine große Bedeutung zu. Schlanke, auf Druck beanspruchte Bauteile können durch Knicken versagen. Für den elastischen Bereich gilt

$$F_K \sim I_{min}$$

Mit $F_K$ = Knicklast (kleinste Kraft, die zum Ausknicken des Bauteils führt) und $I_{min}$ = kleinstes axiales Flächenmoment 2. Ordnung der Querschnittsfläche. Das heißt, je größer das Flächenträgheitsmoment ist, desto geringer ist die Knickgefahr. In Abb. 1.6 ist das Verhältnis des vorhandenen Flächenträgheitsmoments zum optimalen Flächenträgheitsmoment für unterschiedliche Querschnitte dargestellt. Daraus lässt sich ableiten, dass für druckbeanspruchte, knickgefährdete Bauteile dünnwandige symmetrische Hohlquerschnitte besonders günstig sind.

**Biegebeanspruchung**  Viele Bauteile (z. B. Achsen, Wellen, Träger usw.) werden auf Biegung beansprucht. Eine Biegebeanspruchung entsteht infolge einer Querkraft (Querkraftbiegung) oder wenn ein Moment (reine Biegung) eingeleitet wird (Abb. 1.7). Hingegen bei der Querkraftbiegung neben der Biegebeanspruchung zusätzlich eine Schubbeanspruchung auftritt, tritt bei der reinen Biegung nur eine Biegespannung auf. Da bei schlanken Trägern die Schubspannungen klein sind gegenüber den Biegespannungen, können sie häufig vernachlässigt werden. Bei der folgenden Betrachtung werden daher die Schubspannungen nicht berücksichtigt.

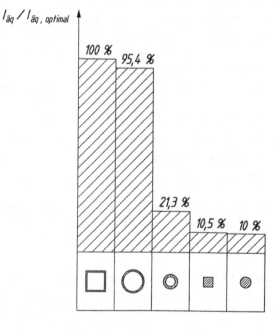

**Abb. 1.6** Relative Flächenträgheitsmomente für unterschiedliche Querschnittsformen mit gleicher Fläche

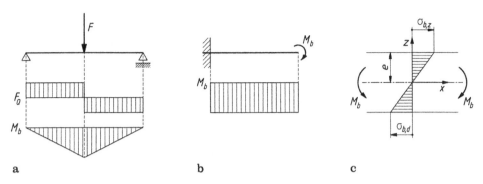

**Abb. 1.7** Biegebeanspruchung a) Querkraftbiegung; b) reine Biegung; c) Biegespannung

Aus Abb. 1.7c ist ersichtlich, dass die maximale Biegespannungen an den Rändern auftritt. Für Querschnittsformen, die symmetrisch zur Biegeachse (neutrale Faser) sind, sind die Randspannungen betragsmäßig gleich groß. Für die Biegespannung an einer beliebigen Stelle z gilt:

$$\sigma_{b(z)} = \frac{M_b}{I_y} \cdot z$$

und die maximale Spannung in den Randfasern wird mit $|z_{max}| = e$

$$\sigma_{b\max} = \frac{M_b}{I_y} \cdot e = \frac{M_b}{W_{by}}$$

mit $I_y$ = axiales Flächenmoment bezüglich der y-Achse und $W_{by}$ = Widerstandsmoment gegen Biegung.

Querschnittsformen, die an der Randfaser eine große Materialanhäufung aufweisen (z. B. randfaserversteifte I-Profile) haben einen wesentlich größeren Widerstand gegen Biegung als mittenversteifte Querschnittsformen, wie z. B. Rundprofile. In Abb. 1.8 ist der Einfluss der Querschnittsform für die Biegebeanspruchung dargestellt.

**Schubbeanspruchung** Querkraftbelastete Bauteile werden neben Biegung zusätzlich auf Schub beansprucht. Je kürzer ein Bauteil gegenüber seinen Querschnittsabmessungen ist, desto größer wird die Schubbeanspruchung im Verhältnis zur Biegebeanspruchung. Bei kurzen, dicken Elementen, wie zum Beispiel Niete oder kurzen Bolzen, kann die Biegung vernachlässigt werden.

Die Schubspannungen weisen über den Querschnitt eine ungleichmäßige Verteilung auf (Abb. 1.9). In der Praxis wird jedoch in der Regel eine gleichmäßig verteilte Schubspannung angesetzt, die eine integrale Mittelung über den Querschnitt darstellt und sich folgendermaßen berechnet:

$$\tau_s = \tau_m = \frac{F_Q}{A}$$

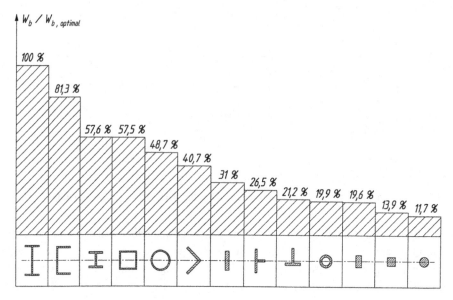

**Abb. 1.8** Relative Widerstandsmomente gegen Biegung für unterschiedliche Querschnittsformen mit gleicher Fläche

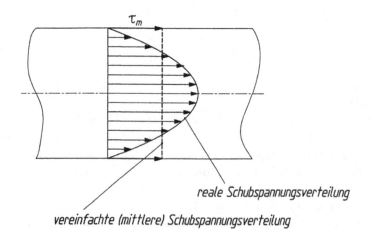

reale Schubspannungsverteilung

vereinfachte (mittlere) Schubspannungsverteilung

**Abb. 1.9** Schubspannungsverteilung

Aus der realen Schubspannungsverteilung ist ersichtlich, dass mittenversteifte Profile, das heißt im Bereich der Biegeachse ist viel Material angehäuft, günstige Querschnittsformen bei Schubbeanspruchung darstellen.

**Torsionsbeanspruchung** Wird in ein Bauteil ein Drehmoment $T$ eingeleitet, so führt dies zu einer Torsionsbeanspruchung, bei der die Torsionsspannungen linear über den

Querschnitt verteilt sind (Abb. 1.10). Die maximale Torsionsbeanspruchung tritt also in der Randfaser auf und berechnet sich mit dem Torsionswiderstandsmoment $W_t$:

$$\tau_{t\,max} = \frac{T}{W_t}$$

Analog zur Biegebeanspruchung lässt sich vermuten, dass randfaserversteifte Bauteile, z. B. dünnwandige Rohre, der Torsionsbeanspruchung einen größeren Widerstand entgegensetzen, als mittenversteifte. Abb. 1.11 bestätigt diese Annahme.

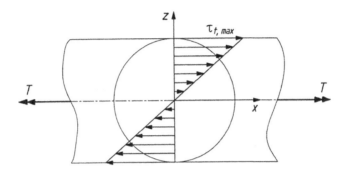

**Abb. 1.10**  Torsionsbeanspruchung

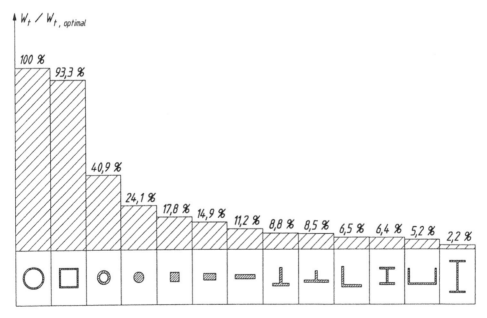

**Abb. 1.11**  Relative Widerstandsmomente gegen Torsion für unterschiedliche Querschnittsformen mit gleicher Fläche

### 1.3.3   Festigkeitsgerechtes Gestalten

Hingegen beim beanspruchungsgerechten Gestalten die qualitative Festlegung der Geometrie im Vordergrund steht, ist die Dimensionierung die quantitative Festlegung derselben. Elemente sind so zu dimensionieren, dass sie bei den gegebenen äußeren Belastungen eine ausreichende Tragfähigkeit bzw. Bauteilsicherheit besitzen.

**Festigkeitsnachweis**   Die Festigkeitsberechnung, mit deren Hilfe das obengenannte Ziel erreicht werden kann, ist im Wesentlichen von 3 Parametern abhängig (Abb. 1.12):

- die vorgegebene äußere Belastung,
- die vom Konstrukteur festgelegte geometrische Gestalt (beanspruchungsgerecht),
- der vom Konstrukteur gewählte Werkstoff (werkstoffgerecht).

Die Festigkeitslehre stellt heute in Literatur [18] und technischen Regelwerken [FKM-Richtlinie, DIN 15018, DIN 18800, Eurocode 3] umfangreiche Berechnungsverfahren zur Verfügung um einen Festigkeitsnachweis zu führen. Die Ermittlung der auftretenden Spannungen nach Bach sowie die Ermittlung der Gestaltfestigkeit stellt zwar nicht den aktuellsten Stand der Festigkeitslehre dar, ist jedoch sehr einfach und für viele Berechnungen

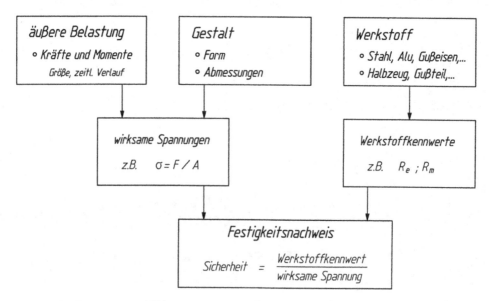

**Abb. 1.12** Festigkeitsberechnung

in der Konstruktion (vor allem in der Entwurfsphase) völlig ausreichend. Detaillierte Bauteiloptimierungen müssen dann mit Hilfe von genaueren Berechnungsmethoden (z. B. FKM) und Berechnungsprogrammen (z. B. FEM) durchgeführt werden.

Die FKM-Richtlinie „Rechnerischer Festigkeitsnachweis für Maschinenbauteile" entstand auf der Grundlage ehemaliger TGL-Richtlinien, der früheren VDI-Richtlinie 2226 und weiterer Quellen. Sie ermöglicht einen umfassenden statischen, Dauer- und Betriebs-Festigkeitsnachweis unter Berücksichtigung aller wesentlichen Einflussgrößen. Allgemein anwendbar ist die FKM- Richtlinie für

- Bauteile aus Eisenwerkstoff, Walz- und Schmiedestahl, auch nichtrostender, sowie Eisengusswerkstoffe,
- Bauteile mit geometrischen Kerben,
- nichtgeschweißte und geschweißte Bauteile,
- statische Beanspruchungen,
- Ermüdungsbeanspruchungen als Einstufen- oder Kollektivbeanspruchung und
- nicht korrosives Umgebungsmedium.

Ein näheres Eingehen auf dieses recht umfangreiche Regelwerk, das dem aktuellen Stand der Technik entspricht, würde den Rahmen dieses Buches sprengen. Es wird daher auf die Literatur [9] verwiesen.

**Belastung** Mit Hilfe der Technischen Mechanik ist es möglich, die durch die äußeren Kräfte und Momente hervorgerufenen inneren Kräfte und Momente, auch Schnittgrößen genannt, zu bestimmen. Der Verlauf der Schnittgrößen entlang der Bauteilabmessungen zeigt Belastungsmaxima und nicht belastete Zonen auf, deren Kenntnis für die Dimensionierung und Formgebung der Bauteile von größter Bedeutung sind. Dafür wird vom realen Bauteil (Abb. 1.13a) ein vereinfachtes Ersatzmodell (Rechenmodell) abgeleitet, das durch eine Reduktion auf die Kraftwirkungslinien erreicht wird (Abb. 1.13b). Darin werden alle äußeren Kräfte und Momente sowie die Randbedingungen wie Stützpunkte, Lagerungen usw. eingetragen. Danach wird das Freikörperbild erstellt, indem einzelne Elemente freigeschnitten werden, d. h. die Elemente werden gedanklich vom System getrennt. Um die freigeschnittenen Elemente im Gleichgewicht zu halten, müssen neben den äußeren Belastungen auch die Kräfte und Momente an den Schnittstellen angetragen werden (Abb. 1.13c).

Die inneren Kräfte an einer beliebigen Stelle werden ermittelt, indem nach dem Schnittprinzip ein gedachter Schnitt durchgeführt wird. Das Teilelement kann wieder ins Gleichgewicht gebracht werden, indem an der Schnittstelle die Schnittgrößen als

- Normalkräfte $F_N$,
- Querkräfte $F_Q$,
- Biegemomente $M_b$ und
- Torsionsmomente $T$

**Abb. 1.13** Bestimmung der örtlichen Bauteilbelastungen a) reales Bauteil; b) Ersatzmodell; c) freigeschnittene Welle; d) Schnittgrößenverlauf

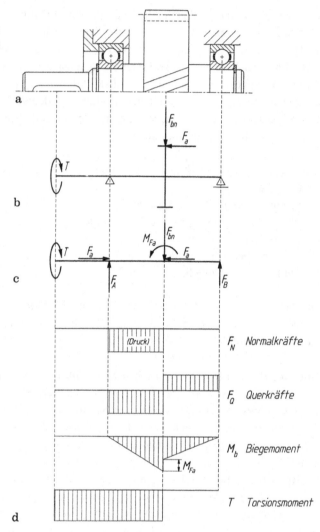

eingetragen werden. Führt man die gedachten Schnitte an beliebig vielen Stellen durch, so lässt sich dadurch der Schnittgrößenverlauf entlang der gesamten Wirkungslinie ermitteln (Abb. 1.13d). Bei statisch bestimmten Systemen genügen hierzu die Gleichgewichtsbedingungen an starren Körpern, bei statisch unbestimmten Systemen, z. B. eine Welle mit drei Lagerstellen, müssen die Formänderungen oder Elastizitäten berücksichtigt werden.

*Belastungsfälle* Für die Haltbarkeit eines Bauteils ist nicht nur die Größe der Belastungen, sondern auch ihr zeitlicher Verlauf von großer Bedeutung. Nach Bach kommen im Wesentlichen drei Grundlastfälle (Abb. 1.14) vor:

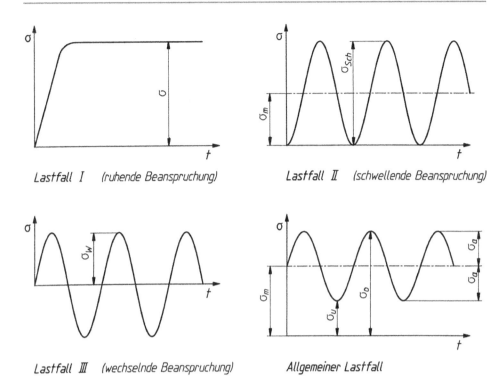

**Abb. 1.14** Lastfälle

*Lastfall I* (ruhende oder statische Beanspruchung): Die Belastung steigt zügig von Null auf einen gleichbleibenden Endwert, so dass sich im Betriebszustand eine konstante Spannung einstellt.

*Lastfall II* (rein schwellende Beanspruchung): Die Spannung schwankt zwischen Null und einem Höchstwert, so dass im Bauteil nur positive Spannungen auftreten.

*Lastfall III* (rein wechselnde Beanspruchung): Die Spannung wechselt ständig zwischen einem positiven und einem gleichgroßen negativen Wert ($\pm$ Spannungen).

Allgemeiner Lastfall (Lastfall I + III): Der allgemeine Lastfall ist eine Überlagerung von I und III. Er stellt somit eine schwingende Beanspruchung dar, bei der die Ausschlagspannung $\sigma_a$ um einen Mittelwert $\sigma_m$ schwankt, der im Zug- oder Druckbereich liegen kann. Wird $\sigma_m = 0$, so liegt Lastfall III vor.

**Dimensionierung auf Tragfähigkeit** Die Ermittlung der auftretenden Spannungen ist Aufgabe der Festigkeitslehre. Unter Spannungen versteht man die inneren Kräfte pro Flächeneinheit, die in einem beliebigen Querschnitt so angebracht werden müssen, dass sie den am abgeschnittenen Teil wirkenden äußeren Kräften das Gleichgewicht halten. Spannungen senkrecht zur Querschnittsfläche heißen Normalspannungen (Zug-, Druck- und Biegespannungen). Spannungen, die in der Querschnittsebene liegen, heißen

Tangentialspannungen (Schub- und Torsionsspannungen). Treten in einem Querschnitt gleichzeitig unterschiedliche Normalspannungen auf, wie etwa Zug- und Biegespannungen, so werden diese algebraisch addiert ($\sigma_{max} = \sigma_z + \sigma_b$). Wirken in einem Querschnitt gleichzeitig Normal- und Tangentialspannungen (z. B. Biegung und Torsion), so errechnet man eine gleichwertige Vergleichsspannung $\sigma_V$, durch die der mehrachsige Spannungszustand auf eine (hypothetische) einachsige Normalspannung zurückgeführt wird. Dies ist notwendig, da die Werkstoffkennwerte als einachsige Festigkeitsgrenzwerte vorliegen.

*Festigkeitshypothesen*  Welche der zur Verfügung stehenden Festigkeitshypothesen angewendet wird, richtet sich nach der voraussichtlichen Versagensart.

Die *Normalspannungs-Hypothese* (NH) ist die älteste Festigkeits-Hypothese und geht davon aus, dass die größte auftretende Normalspannung für den Bruch ausschlaggebend ist. Sie findet Anwendung bei spröden Werkstoffen (z. B. Gußeisen, Stein, Glas), bei denen ein Trennbruch zu erwarten ist.

Bei der *Schubspannungs-Hypothese* (SH) wird angenommen, dass die größte auftretende Schubspannung für das Fließen maßgebend ist. Die Schubspannungs-Hypothese wird bei Stählen mit ausgeprägter Streckgrenze verwendet, wenn vor dem Bruch eine plastische Verformung stattfinden kann und für spröde Werkstoffe bei Druckbeanspruchung.

Nach der *Gestaltänderungsenergie-Hypothese* (GEH) versagt ein Bauteil infolge unzulässig hoher plastischer Verformungen. Die GEH wird bei zähen Werkstoffen (z. B. Baustähle, Vergütungsstähle) angewendet, wenn große Verformungen oder ein Dauerbruch zu erwarten sind. Das heißt, sie ist für statische und dynamische Belastungen geeignet. Da diese Hypothese vor allem bei zähen Werkstoffen die beste Übereinstimmung mit den Versuchsergebnissen zeigt, wird sie im Maschinenbau häufig eingesetzt.

In Tab. 1.2 sind die Vergleichsspannungen für den einachsigen Spannungszustand zusammengestellt. Unterschiedliche Belastungsfälle, z. B. wechselnde Biegung und ruhende Torsion, werden mit dem Anstrengungsverhältnis $\alpha_0$ nach Bach berücksichtigt. Besitzen Normal- und Tangentialspannungen denselben Belastungsfall, so wird $\alpha_0 = 1$ gesetzt. Für Bauteile aus Stahl kann mit guter Näherung für das Anstrengungsverhältnis gesetzt werden:

**Tab. 1.2** Vergleichsspannungen für den einachsigen Spannungszustand

| Festigkeitshypothese | Vergleichsspannung | Anstrengungsverhältnis |
|---|---|---|
| Normalspannungs-Hypothese | $\sigma_V = \dfrac{1}{2}\left[\sigma + \sqrt{\sigma^2 + 4\left(\alpha_0 \cdot \tau\right)^2}\right]$ | $\alpha_0 = \dfrac{\sigma_{Grenz}}{\tau_{Grenz}}$ |
| Schubspannungs-Hypothese | $\sigma_V = \sqrt{\sigma^2 + 4\left(\alpha_0 \cdot \tau\right)^2}$ | $\alpha_0 = \dfrac{\sigma_{Grenz}}{2 \cdot \tau_{Grenz}}$ |
| Gestaltänderungsenergie-Hypothese | $\sigma_V = \sqrt{\sigma^2 + 3\left(\alpha_0 \cdot \tau\right)^2}$ | $\alpha_0 = \dfrac{\sigma_{Grenz}}{1,73 \cdot \tau_{Grenz}}$ |

**Tab. 1.3** Auslegung auf Tragfähigkeit

| Beanspruchungsart | Vorhandene Spannung | Erforderlicher Querschnitt | Zulässige Spannung | |
|---|---|---|---|---|
| | | | Fließen | Bruch |
| Zug, Druck | $\sigma_{z,d} = F/A$ | $A_{erf} = F/\sigma_{zul}$ | $\sigma_{zul} = R_e/S_F$ | $\sigma_{zul} = R_m/S_B$ |
| Biegung | $\sigma_b = M_b/W_b$ | $W_{b,erf} = M_b/\sigma_{b,zul}$ | $\sigma_{b,zul} = \sigma_{b,F}/S_F$ | $\sigma_{zul} = \sigma_{b,B}/S_B$ |
| Schub (Abscheren) | $\tau_m = F_Q/A$ | $A_{erf} = F_Q/\tau_{s,zul}$ | $\tau_{s,zul} = \tau_{t,F}/S_F$ | $\tau_{s,zul} = \tau_{t,B}/S_B$ |
| Torsion (Verdrehung) | $\tau_t = T/W_t$ | $W_{t,erf} = T/\tau_{t,zul}$ | $\tau_{t,zul} = \tau_{t,F}/S_F$ | $\tau_{t,zul} = \tau_{t,B}/S_B$ |

$$\alpha_0 \approx 0,7 \qquad \text{bei wechselnder Biegung und ruhender Torsion,}$$

$$\alpha_0 \approx 1,5 \qquad \text{bei ruhender Biegung und wechselnder Torsion.}$$

*Auslegung* Die Berechnung der auftretenden Spannungen setzt die Kenntnis der Abmessungen voraus. Meist werden die Abmessungen durch grobe Überschlagrechnungen größenordnungsmäßig bestimmt und erst nach der Detaillierung, wenn die geometrische Gestalt festgelegt ist, die auftretenden Spannungen genauer berechnet. Die wichtigsten Formeln hierfür sind in Tab. 1.3 zusammengestellt. Es ist jedoch besonders darauf hinzuweisen, dass die Werkstoffkennwerte (Festigkeitsgrenzwerte) nur für glatte, polierte Probestäbe von etwa 10 mm Durchmesser gelten und die einfachen Formeln in Tab. 1.3 gleichmäßige, bei Biegung lineare, Spannungsverteilungen voraussetzen. Für die Auslegung auf plastische Verformung (Fließen) wird mit einer Sicherheit von 1,3 bis 1,5, bei Gewaltbruchgefahr mit $\geq 2$ gerechnet.

*Betriebsfaktor* Die Bauteilbeanspruchungen (Spannungen) werden aus den äußeren Belastungen ermittelt. Häufig sind die Belastungsgrößen Kraft und Moment jedoch nicht konstant, sondern durch Stöße und Momente entstehen Belastungsspitzen, die von der Antriebsmaschine (z. B. Kolbenmotor) und der Arbeitsmaschine (z. B. Walzwerk) auf die Bauteile übertragen werden. Diese äußeren Zusatzkräfte werden bei der Dimensionierung von Bauteilen dadurch berücksichtigt, dass die Nennkraft bzw. das Nennmoment mit einem Betriebsfaktor $K_A$ multipliziert wird. Aus Tab. 6.7 können Anhaltswerte für $K_A$ (in DIN 3990 Anwendungsfaktor genannt) entnommen werden. Der Betriebsfaktor muss grundsätzlich bei allen Spannungsberechnungen berücksichtigt werden und wird daher bei der Behandlung der einzelnen Maschinenelemente nicht jedes Mal separat angeführt.

*Kerbwirkung* Bei gekerbten und gelochten Bauteilen treten im Kerbgrund oder am Lochrand Spannungsspitzen auf, die ein Vielfaches der rechnerischen Nennspannung $\sigma_n$ betragen können und somit die Tragfähigkeit ungünstig beeinflussen. Diese Erscheinungen, die allgemein als Kerbwirkung bezeichnet werden, treten bei allen Änderungen und Umlenkungen des Kraftflusses auf (Abb. 1.15). Beispiele sind plötzliche Querschnittsänderungen, Absätze, Hohlkehlen, Ecken, Rippen, Nuten, Bohrungen, Nabensitze usw.

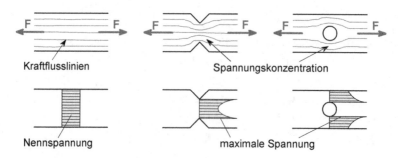

**Abb. 1.15**  Kerbwirkung

Die Größe der durch die Form allein bewirkten Spannungsspitzen kann mit Hilfe der Formzahl $\alpha_k$ berechnet werden zu $\sigma_{max} = \alpha_k \cdot \sigma_n$. Formzahlen sind rein rechnerisch und experimentell ermittelte Werte, die in Hand- und Festigkeitslehrebüchern für unterschiedliche Kerbformen enthalten sind. Die Minderung der Dauerfestigkeit gekerbter Bauteile ist jedoch nicht nur von der Form, sondern auch vom Werkstoff, insbesondere seiner Kerbempfindlichkeit abhängig. Das Verhältnis der ertragbaren Spannungsamplitude $\sigma_A$ des glatten Probestabes zur ertragbaren Spannungsamplitude des gekerbten Bauteils $\sigma_{Ak}$ wird als Kerbwirkungszahl $\beta_k$ bezeichnet:

$$\beta_k = \frac{\sigma_A}{\sigma_{Ak}}$$

**Gestaltfestigkeit**  Bei einer dynamischen Beanspruchung wird durch eine schlechte Oberflächengüte die Dauerfestigkeit reduziert, da Riefen auf der Oberfläche viele kleine Kerben darstellen. Der Oberflächeneinfluss $b_O$ ist abhängig von der Festigkeit des Werkstoffs und kann Abb. 1.16a entnommen werden.

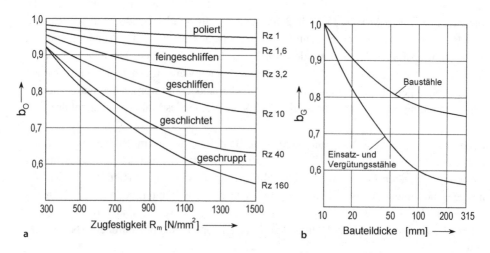

**Abb. 1.16**  Oberflächen- und Größeneinfluss. a) Oberflächeneinfluss; b) Größeneinfluss

Der Größeneinfluss wird durch den Beiwert $b_G$ berücksichtigt (Abb. 1.16b). Die Dauerfestigkeit von Bauteilen mit größeren Abmessungen ist wesentlich geringer als die an einem 10 mm-Probestab ermittelte.

Bei Berücksichtigung aller festigkeitsmindernden Einflüsse ergibt sich die Gestaltfestigkeit zu

$$\sigma_G = \frac{\sigma_D \cdot b_O \cdot b_G}{\beta_k} \quad \text{bzw.} \quad \tau_G = \frac{\tau_D \cdot b_O \cdot b_G}{\beta_k}$$

Die Werkstoffkennwerte für die Dauerfestigkeit sind den Dauerfestigkeitsschaubildern im Anhang zu entnehmen. Bei einer wechselnden Beanspruchung wird für $\sigma_D$ ($\tau_D$) die Wechselfestigkeit $\sigma_W$ ($\tau_W$) und bei schwellender Beanspruchung die Schwellfestigkeit $\sigma_{Sch}$ ($\tau_{Sch}$) eingesetzt. Bei einem allgemeinen Lastfall muss die ertragbare Ausschlagspannung $\sigma_A$ ($\tau_A$) verwendet werden (Abb. 1.17).

Die vorhandene Sicherheit kann dann folgendermaßen ermittelt werden:

$$S_D = \frac{\sigma_G}{\sigma_{vorh}} \quad \text{bzw.} \quad S_D = \frac{\tau_G}{\tau_{vorh}}$$

Für die vorhandene Spannung $\sigma_{vorh}$ wird bei mehrachsigen Spannungszuständen die Vergleichsspannung $\sigma_V$ und bei Überprüfung der Ausschlagsfestigkeit (allgemeiner Lastfall) die Ausschlagspannung $\sigma_a$ gesetzt. Die Sicherheit gegen Dauerbruch sollte $\geq 2$ sein.

**Dimensionierung auf Verformung** Die Ermittlung der auftretenden Verformungen, die bei vielen Bauteilen für die Gewährleistung der Funktion bestimmte Grenzwerte nicht überschreiten dürfen, ist Aufgabe der Elastizitätslehre.

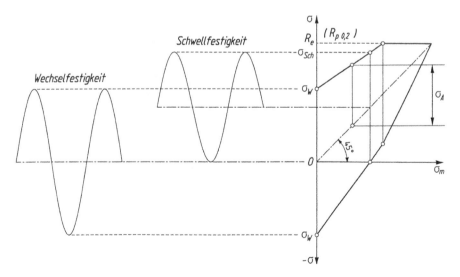

**Abb. 1.17** Dauerfestigkeitsschaubild nach SMITH

Unter der Einwirkung von Normalspannungen treten Längen- und Querschnittsänderungen auf. Die Längendehnung wird mit $\varepsilon_l = \Delta l/l$ und die Querdehnung eines
Rundstabes mit $\varepsilon_q = \Delta d/d$ berechnet. Das Verhältnis der Querkontraktion zur Längendehnung ist eine Materialkonstante und wird als Querkontraktionszahl oder Poisson-Zahl
$\nu = \varepsilon_q/\varepsilon_l$ bezeichnet und beträgt für Metalle im Mittel 0,3 und für Gußeisen und Aluminium 0,33. Der Zusammenhang zwischen Spannung und Dehnung wird mit Hilfe des
Elastizitätsmoduls $E$ im elastischen Bereich durch das Hooke'sche Gesetz wiedergegeben

$$\sigma = E \cdot \varepsilon$$

Unter der Wirkung von Schubspannungen verschieben sich an dem Würfel in Abb. 1.18a,
der ein herausgeschnittenes Volumenelement darstellt, die parallelen Flächen gegeneinander um den Betrag $\Delta l$. Der Winkel $\gamma$, um den sich die Seitenflächen neigen, wird als
Schiebung bezeichnet. Entsprechend tritt die Schiebung bei Torsionsbeanspruchung als
Verdrehung auf. Der Zylindermantel wird um den Winkel $\gamma$, die Stirnflächen um den Winkel $\varphi$ zueinander verdreht (Abb. 1.18b). Für die Schubspannung gilt mit dem Schubmodul
$G$ im elastischen Bereich die Beziehung

$$\tau = G \cdot \gamma$$

Elastizitäts- und Schubmodul sind durch die Querkontraktion miteinander verknüpft

$$G = \frac{E}{2(1 + \nu)}$$

Mit diesen Grundgesetzen lassen sich die Formänderungen von Bauteilen (z. B. die Durchbiegung einer Welle) berechnen. Die wichtigsten Gleichungen dafür sind in Tab. 1.4
zusammengestellt. Bei Biegung, Verdrehung und Knickung ist jeweils eine Formgröße,
das Flächenmoment 2. Ordnung, ausschlaggebend, das für verschiedene Querschnitte
nach den Gleichungen in Anhang 3 berechnet werden kann. Querschnitte mit großen
Flächenmomenten liefern geringe Verformungen.

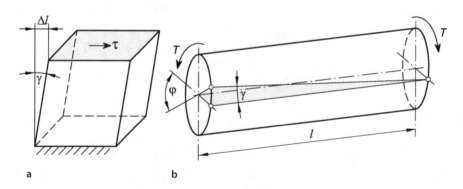

a                                            b

**Abb. 1.18**  Schiebung a) bei Schubspannung; b) bei Torsion

**Tab. 1.4** Dimensionierung auf Verformung

| Beanspruchungsart | Formänderung | |
|---|---|---|
| Zug, Druck | Längenänderung: $\Delta l = \dfrac{F \cdot l}{E \cdot A}$ | |
| **Biegung (bei konstantem Querschnitt)** | **Durchbiegung** | **Neigungswinkel** |
| | $f = \dfrac{F l^3}{3E I_b}$ | $\widehat{\alpha} = \dfrac{F l^2}{2E I_b}$ |
| | $a > b: f_{max} = \dfrac{F b \sqrt{\left(l^2 - b^2\right)^3}}{9\sqrt{3}E I_b\, l}$ | $\widehat{\alpha}_{(A)} = \dfrac{F a b (l + b)}{6E I_b\, l}$ |
| | $a < b: f_{max} = \dfrac{F a \sqrt{\left(l^2 - a^2\right)^3}}{9\sqrt{3}E I_b\, l}$ | $\widehat{\alpha}_{(B)} = \dfrac{F a b (l + a)}{6E I_b\, l}$ |
| | $f_1 = \dfrac{F a^2 (l + a)}{3E I_b\, l}$ | $\widehat{\alpha}_{(A)} = \dfrac{F a l}{6E I_b}$ |
| | $f_2 = \dfrac{F a l^2}{9 \cdot \sqrt{3}E I_b}$ | $\widehat{\alpha}_{(B)} = \dfrac{F a l}{3E I_b}$ |
| | $f = \dfrac{q l^4}{8E I_b}$ | $\widehat{\alpha} = \dfrac{q l^3}{6E I_b}$ |
| | $f = \dfrac{5}{384} \cdot \dfrac{q l^4}{E I_b}$ | $\widehat{\alpha}_{(A)} = \widehat{\alpha}_{(B)} = \dfrac{q l^3}{24E I_b}$ |
| Torsion | Verdrehwinkel: $\widehat{\varphi} = \dfrac{T \cdot l}{G \cdot I_p}$ | |

## 1.3.4 Werkstoffgerechtes Gestalten

Für eine stoffgerechte Gestaltung sind die Eigenschaften der unterschiedlichen Werkstoffe zu berücksichtigen. Die Wahl des richtigen Werkstoffes hängt im Wesentlichen von der Beanspruchung, der Funktion und der Fertigung ab. Außerdem spielt auch die Entsorgung bei der Werkstoffwahl eine große Rolle.

*Beanspruchung* Für eine festigkeitsgerechte Dimensionierung bezüglich der auftretenden Beanspruchungen werden die Festigkeitsgrenzwerte benötigt, für eine verformungsgerechte Dimensionierung müssen Dehnung und Elastizität der verwendeten Werkstoffe berücksichtigt werden.

*Funktion* Mehrere Werkstoffeigenschaften können die Funktion von Bauteilen beeinflussen. So sind z. B. die Dämpfungseigenschaften wichtig, wenn Schwingungen auftreten. Bei Gleitflächen ist der Reibbeiwert relevant für den Verschleiß. Die Dichte bestimmt das Bauteilgewicht.

*Fertigung* Die Gestaltung eines Bauteils ist vom Werkstoff abhängig. So erhalten gegossene oder geschweißte Teile bei identischer Funktionserfüllung unterschiedliche geometrische Formen. Welches Fertigungsverfahren und welcher Werkstoff gewählt werden, richtet sich letztlich nach Bauteilsicherheit und Wirtschaftlichkeit.

*Entsorgung* Legierungszusätze sowie die Verträglichkeit von Werkstoffen (siehe Abschn. 1.3.6) können die Wiederaufbereitung stark beeinträchtigen. Ziel ist daher, einfach zu recycelnde und möglichst wenig unterschiedliche Werkstoffe zu verwenden.

Die im Maschinenbau verwendeten Werkstoffe können in Metalle, nichtmetallische Stoffe und Verbundstoffe gegliedert werden. Auch heute noch kommen überwiegend metallische Werkstoffe zum Einsatz, obwohl in der letzten Zeit zunehmend Kunststoffe und auch keramische Stoffe in speziellen Anwendungsfällen verwendet werden. Für eine ausführliche Auseinandersetzung zum Thema Werkstoffe muss auf die Literatur und entsprechende DIN-Normen verwiesen werden. In diesem Abschnitt sollen nur die für die Konstruktion wichtigsten Eisen-Werkstoffe stichpunktartig behandelt werden. Hierbei werden hauptsächlich typische Anwendungsbeispiele und Eigenschaften aufgeführt. Die Festigkeitsgrenzwerte sind im Anhang zusammengestellt.

## Stahl

Stahl ist der wichtigste Konstruktionswerkstoff im Maschinenbau. Man versteht unter Stahl alles ohne Nachbehandlung schmiedbares Eisen mit einem Kohlenstoffgehalt von weniger als 2 %.

*Unlegierte Stähle* enthalten an Beimengungen in der Hauptsache nur Kohlenstoff und werden daher auch Kohlenstoffstähle genannt. Ihr Kohlenstoffgehalt schwankt zwischen 0,06 und 0,65 %. Zu den unlegierten Stählen, die nicht für eine Wärmebehandlung bestimmt sind, zählen vor allem die allgemeinen Baustähle nach DIN EN 10025. Unlegierte Stähle, die für eine Wärmebehandlung bestimmt sind, wurden bisher als Vergütungsstähle (DIN EN 10083) und Einsatzstähle (DIN EN 10084) bezeichnet.

*Legierte Stähle* enthalten zur Erzielung bestimmter Eigenschaften Legierungszusätze von Al, Cr, Co, Cu, Mn, Mo, Ni, Nb, P, S, Si, N, Ti, V und W. Stähle mit weniger als 5 % Legierungsbestandteilen sind niedriglegierte Stähle, solche mit mehr als 5 % sind hochlegierte Stähle. Der Kohlenstoffgehalt der legierten Stähle liegt zwischen 0,1 und 0,5 %.

Aus wirtschaftlichen Gründen werden unlegierte, kostengünstige Stähle bevorzugt. Nur wenn für bestimmte Anwendungen besondere Eigenschaften gefordert werden, setzt man legierte Stähle ein.

**Baustähle** Allgemeine Baustähle sind unlegierte Stähle mit einem Kohlenstoffgehalt von 0,2 bis 0,5 %. Sie werden vorwiegend für niedrige Betriebstemperaturen (bis 200 °C) eingesetzt. In Tab. 1.5 sind die wichtigsten Anwendungen für Baustähle zusammengestellt.

**Feinkornbaustähle** Höhere Festigkeiten lassen sich durch sogenanntes Mikrolegieren erzielen. Der Name dieser Stähle kommt von den geringen Legierungszusätzen (bis etwa 0,1 %), die als Carbide, Nitride und ähnliches fein im Gefüge verteilt sind. Feinkornbaustähle sind schweißbar, wenn man sich an die Schweißvorschriften hält. Durch zusätzliche Eigenschaften wie Umformbarkeit und Zähigkeit sind diese Stähle für Anwendungen im Behälterbau oder zur Herstellung von leichten, tragfähigen Trag- und Fahrwerksteilen geeignet.

**Tab. 1.5** Anwendungen von allgemeinen Baustählen nach DIN EN 10025

| Stahlsorte | Anwendungen |
|---|---|
| S185 | Nur für untergeordnete Anwendungen mit geringen Anforderungen |
| S235 | Üblicher Schmiedestahl für Teile ohne besondere Anforderungen an die Zähigkeit. Für Pressteile, Druckbehälter und ähnliche rohbleibende Teile, für Flansche, Armaturen und Bolzen. Auf jede Art schweißbar, deshalb am häufigsten verwendeter Stahl für Eisenkonstruktionen. |
| S275 | Für Teile, die Stößen und wechselnden Beanspruchungen unterliegen, wie Wellen, Achsen, Kurbeln usw., bei denen jedoch kein wesentlicher Verschleiß zu befürchten ist. Im gewalzten und geschmiedeten Zustand gut schweißbar. |
| S355 | Baustahl mit guter Schweißbarkeit, geeignet für schwingungsbeanspruchte Schweißkonstruktionen. |
| E295 | Für höher beanspruchte Triebwerksteile, stärker belastete Wellen, gekröpfte Kurbelwellen und Spindeln. Außerdem für Teile, die eine gewisse natürliche Härte besitzen müssen, wie Kolben, Schubstangen, Bolzen, Gewinderinge und ungehärtete Zahnräder. Noch gut bearbeitbar aber schlecht schweißbar. |
| E335 | Für Teile mit hohem Flächendruck und Gleitbewegungen, wie Passfedern, Keile, Passstifte, Zahnräder, Schnecken und Spindeln. |
| E360 | Für Teile mit Naturhärte, wie Nocken, Rollen, Walzen bei hoher, jedoch nicht wechselnder Beanspruchung. |

**Automatenstähle** Spezielle Legierungstypen, die sich aufgrund ausgezeichneter Zerspanbarkeit auf automatisch arbeitenden Maschinen wirtschaftlich bearbeiten lassen, werden als Automatenstähle bezeichnet. Die gute Zerspanbarkeit, d. h. leicht- und kurzbrechende Späne, wird durch relativ geringfügige Zusätze erreicht. Sie werden für Massenartikel wie Bolzen, Stifte, Verschraubungsteile usw. verwendet.

**Vergütungsstähle** Sie eignen sich zum Härten und weisen in vergütetem Zustand hohe Zähigkeiten auf. Vergütungsstähle werden allgemein für Walzerzeugnisse, Gesenkschmiedestücke und Freiformschmiedestücke bis etwa 250 mm Durchmesser oder Dicke bei höheren Festigkeitsanforderungen, insbesondere bei Stoß- und Wechselbeanspruchung verwendet. Typische Anwendungen zeigt Tab. 1.6.

**Einsatzstähle** Unlegierte und niedrig legierte Stähle mit niedrigem Kohlenstoffgehalt (<0,35%), die zum Härten an der Oberfläche aufgekohlt werden müssen, werden als Einsatzstähle bezeichnet. Sie werden bevorzugt verwendet, wenn für Teile eine verschleißfeste Oberfläche und ein zäher Kern verlangt werden. Anwendungen, die hohe Anforderungen an die Dauerhaltbarkeit stellen, sind Tab. 1.7 zu entnehmen.

**Nichtrostende Stähle** Ein hoher Bestandteil aus Chrom (mehr als 12 %) sichert die Korrosionsbeständigkeit des Stahles. Das Anwendungsgebiet der Cr-Stähle bzw. CrNi- Stähle reicht vom Nahrungsmittel- und Getränkebereich über chemische und verfahrenstechnische Anlagen, Schiff- und Bootsbau bis zur Medizintechnik.

**Tab. 1.6** Anwendungen von Vergütungsstählen nach DIN EN 10083

| Stahlsorte | Anwendungen |
|---|---|
| C22 | Wellen, Gestänge, Hebel; < 100 mm |
| C35 | Flansche, Schrauben, Muttern, Bolzen, Spindeln, Achsen, große Zahnräder |
| C45 | Schaltstangen, Schubstangen, Kurbeln und Exzenterwellen |
| C60 | Schienen, Federn, Federrahmen, kleinere Zahnräder |
| 46Cr2 34Cr4 | Kurbelwellen, Schubstangen, Fräsdorne, Vorderachsen, Zahnräder, Kugelbolzen |
| 37Cr4 41Cr4 | Achsen, Wellen, Zahnräder, Zylinder, Steuerungsteile; bis 100 mm |
| 25CrMo4 34CrMo4 | Triebwerks- und Steuerungsteile, Fräsdorne, Einlassventile, Vorderachsen, Achsschenkel, Pleuel, Kardanwellen |
| 42CrMo4 | Hebel für Lenkungsteile, Federbügel |
| 34CrNiMo6 30CrNiMo8 | Für höchstbeanspruchte Teile, Wagen- und Ventilfedern, auch große Schmiedestücke |

**Tab. 1.7** Anwendungen für Einsatzstähle nach DIN EN 10084

| Stahlsorte | Anwendungen |
|---|---|
| C10 | Kleinere Maschinenteile, Schrauben, Bolzen, Gabeln, Gelenke, Buchsen |
| C15 | Exzenter- und Nockenwellen, Treib- und Kuppelzapfen, Kolbenbolzen, Spindeln |
| 17Cr3 | Rollen, Kolbenbolzen, Nockenwellen, Spindeln |
| 16MnCr5 | Zahnräder und Wellen im Fahrzeug- und Getriebebau |
| 20MnCr5 | Hochbeanspruchte Zahnräder mittlerer Abmessungen |
| 22CrMoS3-5 | Hochbeanspruchte Zahnräder und Wellen mittlerer Abmessungen |
| 17CrNiMo6 | Ritzel, hochbeanspruchte Zahnräder und Wellen größerer Abmessungen |

**Eisengusswerkstoffe** Die Gusswerkstoffe verdanken ihre weite Verbreitung in erster Linie den nahezu unbegrenzten Möglichkeiten der unmittelbaren Formgebung. Die Eisen-Kohlenstoff- Gusswerkstoffe werden in Stahlguss, Temperguss, Gusseisen und Sonderguss eingeteilt.

**Stahlguss** Als Stahlguss wird jeder Stahl bezeichnet, der im Elektro-, Lichtbogen- oder Induktionsofen erzeugt, in Formen gegossen und einer Glühung unterzogen wird. Die Eigenschaften richten sich nach der Zusammensetzung und der Art der Glühbehandlung und sind grundsätzlich die gleichen wie für Stahl. Stahlguss ist also schmiedbar und schweißbar, besitzt hohe Festigkeit, Dehnung und Zähigkeit und kann mit den gleichen Legierungszusätzen wie Stahl legiert werden. Unlegierter Stahlguss dient allgemeinen Verwendungszwecken, z. B. für Maschinenständer, Pumpen- und Turbingengehäuse, Pleuelstangen, Hebel, Bremsscheiben, Lagerkörper, Radkörper usw. Warmfester Stahlguss findet z. B. Verwendung für Dampfturbinengehäuse, Laufräderscheiben und Heißdampfventile. Für sehr hohe Beanspruchungen und Temperaturen über 500 °C (z. B. in Wärmekraftanlagen) wird hochlegierter austenitischer Stahlguss eingesetzt.

**Temperguss** Auf Grund seiner Legierungsbestandteile erstarrt der Temperguss graphitfrei, so dass der gesamte Kohlenstoff zunächst in gebundener Form als Eisenkarbid vorliegt. Gute Fließbarkeit und gutes Formfüllungsvermögen gewährleisten große Maßhaltigkeit und saubere Oberflächen. Der Temperrohguss wird einer Glühbehandlung unterworfen, die den restlosen Zerfall des Eisenkarbids bewirkt und zu Festigkeits- und Zähigkeitswerten führt, die denen von Stahlguss und unlegierten Stählen nahekommen.

Erfolgt die Glühbehandlung in entkohlender Atmosphäre, so erhält man den weißen Temperguss, der für kleinere dünnwandige Massenartikel wie Beschlagteile, Schlossteile, Schlüssel, Griffe, Handräder, Förderketten, Brems- backen, Lenkgehäuse u.ä. verwendet wird. EN-GJMW-360-12 ist gut, die anderen Sorten bedingt schweißbar.

Beim Glühen in nichtentkohlender Atmosphäre entsteht der schwarze Temperguss, der im ganzen Querschnitt ein gleichmäßiges Gefüge mit ferritischer Grundmasse und kugelförmigen Temperkohleflocken enthält. Durch besondere Glühbehandlung kann ein

Gefüge aus lamellarem oder körnigem Perlit und Temperkohle erzielt werden. Diese hoch-festen Tempergusssorten finden Anwendung für Getriebegehäuse, Hinterachsgehäuse, Schaltgabeln, Kipphebel, Gabelstücke für Gelenkwellen, Kurbelwellen und vieles andere.

**Gusseisen**  Es enthält mehr als 2 % Kohlenstoff (2,5 bis 4 %), von dem ein größerer Teil im Gefüge als Graphit enthalten ist.

*Gußeisen mit Lamellengraphit* GJL (früher: GG für Grauguss) enthalten Graphitaus-scheidungen in Lamellen- oder Schuppenform, deren scharfkantige Ränder wie Kerben wirken und die Festigkeit ungünstig beeinflussen. Grauguss hat weder eine Streckgrenze noch eine nennenswerte Dehnung und ist für Schlagbeanspruchungen ungeeignet. Trotz geringer statischer Zugfestigkeit wird Grauguss im Maschinenbau sehr viel verwendet. Seine wesentlichen Vorteile sind: ausgezeichnetes Dämpfungsvermögen, hohe Druck-festigkeit (etwa 4-mal so hoch wie die Zugfestigkeit), günstige Laufeigenschaften und große Verschleißfestigkeit, Korrosionsbeständigkeit, gute Bearbeitbarkeit und niedriger Preis. Der „normale" Grauguss (GG-10 bis GG-20) wird bei niedrigen und mittleren Be-anspruchungen wie Gehäuse, Ständer, Gleitbahnen, Laufbuchsen, Riemenscheiben usw. verwendet. Aus GG-25 und GG-35 werden hochbeanspruchte Teile wie Rotorsterne, Zylinder, Schwungräder, Turbinenteile und Lagerschalen hergestellt.

*Gusseisen mit Kugelgraphit* GJS (früher: GGG) ist ein Eisengusswerkstoff, bei dem der als Graphit vorliegende Kohlenstoffanteil nahezu vollständig in kugeliger Form vorliegt. Diese Gusssorten besitzen stahlähnliche Festigkeitseigenschaften, vor allem merkliche Dehnung, Streckgrenze und Verformung vor dem Bruch. Auch die Vorzüge von Grauguss sind weitgehend vorhanden, mit Ausnahme der geringeren inneren Dämpfung. Gusseisen mit Kugelgraphit wird verwendet, wenn die Festigkeitseigenschaften von Grauguss mit Lammellengraphit nicht ausreichen und die hohen Zähigkeitswerte von Stahlguss nicht erforderlich sind. Beispiele für die Verwendung von GGG sind: Transportketten, Umlen-kräder, Lüfterräder, Abgasturbinenräder, Zahnräder, Nocken, Walzen, große Pressstempel, Matrizen usw.

**Sonderguss**  Alle Eisen-Kohlenstoff-Gusswerkstoffe, die sich nicht in die Werkstoff-gruppen Stahlguss, Temperguss und Gußeisen einordnen lassen, werden als Sonderguss bezeichnet. Hierzu gehören vor allem gegossene Eisenlegierungen für besondere Eigen-schaften (z. B. unmagnetische Werkstoffe).

**Sintermetalle**  Gesinterte Teile werden nach pulvermetallurgischen Verfahren herge-stellt. D. h., es werden Werkstoffe in Pulverform durch Pressen vorverdichtet und durch gleichzeitiges oder nachfolgendes Erhitzen (Sintern) verfestigt. Gesinterte Maschinen-teile zeichnen sich durch große Maßhaltigkeit, hohe Festigkeit und eine oft gewünschte Porosität (z. B. für Schmiermittelspeicherung bei Gleitlagern) aus. Wegen der relativ hohen Herstellkosten der Presswerkzeuge werden Sinterwerkstoffe hauptsächlich für klei-nere Formteile ohne Nachbearbeitung bei hohen Stückzahlen verwendet. Bezüglich der Anwendung können Sinterteile in zwei Gruppen eingeteilt werden.

1. *Teile, die schmelzmetallurgisch nicht herstellbar sind.* Höchstschmelzende Metalle wie Wolfram (3410 °C), Tantal (2996 °C) oder Molybdän (2620 °C) können in Tiegeln und Formen nicht gegossen werden. Auch Verbundwerkstoffe aus Metallen und hochschmelzenden Hartstoffen (Carbide, Oxide, Nitride oder Diamant) und keramische Stoffe werden gesintert. Hergestellt werden nach diesem Verfahren z. B. Diamantschleifkörper und Schneidplatten zum Klemmen oder Auflöten auf Werkzeugträger.

2. *Lager, Filter und Formteile.* Bauteile, die durch Gießen oder Umformen hergestellt werden können, können auch als Sinterteile gefertigt werden. Das pulvermetallurgische Verfahren wird dann gewählt, wenn sich dadurch geringere Kosten ergeben oder die Teile besondere Eigenschaften besitzen müssen (z. B. Porenräume). Als Sinterwerkstoffe für Lager, Filter und Formteile werden neben Sintereisen und Sinterstahl auch Sinterlegierungen (Sinterbronze oder Sintermessing) und Sinteraluminium verwendet. Sinterteile können in unterschiedlichen Dichteklassen und mit verschiedener Porosität hergestellt werden.

### 1.3.5   Herstellgerechtes Gestalten

Der Konstrukteur hat bezüglich der Produktkosten eine sehr große Verantwortung. In der Konstruktion wird der größte Teil der Herstellkosten festgelegt, da durch Werkstoffwahl, Formgebung und Wahl von Toleranzen und Oberflächengüten die Fertigungsverfahren der Einzelteile weitgehend festgelegt sind. Daneben beeinflusst die Baustruktur eines Produktes den Montageablauf.

Der Produktionsprozess zur Herstellung von Produkten wird unterteilt in das Fertigen von Einzelteilen und in die Montage. Die Gestaltung von Maschinenteilen wird stark von den verschiedenen Fertigungsverfahren (Abb. 1.19) beeinflusst und sollte zudem eine einfache Montage ermöglichen. Auf die Verfahren selbst kann hier nicht eingegangen

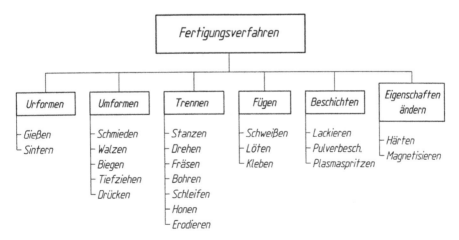

**Abb. 1.19** Fertigungsverfahren nach DIN 8580

werden. Es werden nur beispielhaft einige für den Konstrukteur wichtige *Gestaltungs-richtlinien* aufgeführt. Spezielle Hinweise zur Gestaltung bestimmter Konstruktionsele-mente sind in den entsprechenden Abschnitten enthalten (z. B. Schweißkonstruktionen im Kap. 2.1).

**Gestaltung von Gussteilen** Wegen ihren vielfältigen Gestaltungsmöglichkeiten ha-ben Gussteile heute eine große Bedeutung. So können Gussstücke unabhängig von Stückzahlen (Einzel- oder Serienfertigung) und Abmessungen (extrem groß oder sehr klein) mit unterschiedlichen Werkstoffen und Genauigkeiten wirtschaftlich hergestellt werden. Beim Gestalten von Gussteilen sind folgende Regeln zu beachten:

- Formgerechte Gestaltung: berücksichtigt die Formherstellung,
- Gießgerechte Gestaltung: berücksichtigt den Gießprozess,
- Bearbeitungsgerechte Gestaltung: berücksichtigt das Bearbeiten nach dem Gießen,
- Beanspruchungsgerechte Gestaltung: berücksichtigt Spannungen durch äußere Belas-tungen.

*Formgerechtes Gestalten* Ein Gussteil ist so zu gestalten, dass die Gussform einfach und kostengünstig herzustellen ist. Dazu gehört zum Beispiel, dass entsprechend große Aushebeschrägen vorgesehen werden, damit sich die Modelle aus der Form heben las-sen, ohne diese zu beschädigen. Außerdem sollte eine einfache, möglichst nur in einer Ebene liegende Formteilung angestrebt, sowie Hinterschneidungen vermieden werden (Tab. 1.8a).

*Gießgerechtes Gestalten* Durch die Volumenabnahme der Schmelze beim Erkalten (Schwinden) kommt es zu folgenden unangenehmen Begleiterscheinungen:

- Teil wird kleiner (Maßabweichungen),
- Teil schrumpft auf Kern,
- Lunker, Eigenspannungen und Verzug entstehen bei ungleichmäßiger Abkühlung.

Maßabweichungen, die während des Abkühlens entstehen, werden nicht in der Produkt-konstruktion berücksichtigt. Bei der Herstellung der Gussform werden die Maße um die Schwundmaße korrigiert. Die anderen möglichen Folgen des Gießvorgangs sind je-doch durch die Formgebung zu vermeiden oder zumindest teilweise zu kompensieren. So sind Formschrägen vorzusehen, damit das fertige Gussteil der Gussform entnommen werden kann. Dies ist besonders wichtig bei unzerstörbaren Gussformen (z. B. Druck-guss). Materialanhäufungen, plötzliche Querschnittsübergänge und scharfe Ecken sind zu vermeiden, da sie eine ungleichmäßige Abkühlung und Risse zur Folge haben können (Tab. 1.8b).

**Tab. 1.8** Gestalten von Gussteilen

| ungünstig | günstig | Bemerkungen |
|---|---|---|
| a) Beispiele für formgerechtes Gestalten | | |
| Modell | Modell | Aushebeschrägen vorsehen, damit das Modell die Form beim Ausheben nicht beschädigt. |
| | | Formteilung möglichst in eine Ebene legen und Hinterschneidungen vermeiden. |
| b) Beispiele für gießgerechtes Gestalten | | |
| Riss Lunker | Neigung | Bei scharfen Kanten besteht die Gefahr der Rissbildung, bei zu großen Radien kann Lunker auftreten (Materialanhäufung). |
| | | Bei den zwei Kernen neigt der rechte zur Verlagerung. Eine sichere Stützung wird durch eine Kernverbindung erreicht. |
| Gasblasen | | Bei waagerechten Flächen können unsaubere Oberflächen durch Gasblasen entstehen. |
| c) Beispiele für bearbeitungsgerechtes Gestalten | | |
| | | Bei spanend bearbeitenden Teilen Spannmöglichkeiten vorsehen. |
| | | Bearbeitete Flächen möglichst in eine Ebene legen. Werkzeugauslauf vorsehen. Die zu bearbeitenden Flächen nicht größer als erforderlich gestalten. |
| | | Bei Bohrlöchern an schrägen Flächen kann der Bohrer verlaufen. |

**Tab. 1.8** (Fortsetzung)

| ungünstig | günstig | Bemerkungen |
|---|---|---|
| d) Beispiele für beanspruchungsgerechtes Gestalten | | |
| | | Rippen so legen, dass sie auf Druck und nicht auf Zug beansprucht werden. |
| | | Profile so wählen, dass größere Druckspannungen als Zugspannungen auftreten. |
| | | Durch entsprechende Formgebung wird der mit Innendruck beaufschlagte Deckel auf Druck beansprucht. |

*Bearbeitungsgerechtes Gestalten* Gussteile müssen nach dem Gießen häufig bearbeitet werden (z. B. Dichtflächen und Lagersitze). Bei der Gestaltung ist darauf zu achten, dass die Gussrohlinge auf der Bearbeitungsmaschine (Fräsmaschine, Bohrwerk, etc.) so aufgespannt werden können, dass sie sich durch die Aufspannung nicht verformen. Außerdem sollten die Zerspanungsarbeit und die Anzahl der Bearbeitungsschritte so gering wie möglich gehalten werden (Tab. 1.8c).

*Beanspruchungsgerechtes Gestalten* Gusswerkstoffe, insbesondere Grauguss, zeichnen sich dadurch aus, dass sie spröde sind und wesentlich höhere Druckbeanspruchungen ertragen können als Zugbeanspruchungen. Durch entsprechende Formgebung sollten Gussteile daher so gestaltet werden, dass äußere Belastungen möglichst kleine Zugspannungen hervorrufen. Die Druckspannungen können dafür entsprechend groß werden. Normalerweise sind Gussteile so zu gestalten, dass möglichst geringe Eigenspannungen zu erwarten sind, weil sich durch die Überlagerung mit den Belastungsspannungen sehr komplexe Spannungsverteilungen ergeben können (Tab. 1.8d).

**Montagegerechtes Gestalten** Die Montagekosten können bei Produkten mit sehr vielen Einzelteilen oder komplexen Füge- und Einstellvorgängen einen erheblichen Anteil der Produktkosten verursachen. Eine montagegerechte Konstruktion sollte daher folgende übergeordneten Richtlinien beachten:

- geringe Teilezahl anstreben,
- Fertigungsoperationen während der Montage vermeiden,
- Einstellarbeiten vermeiden,
- einfaches Fügen der Einzelteile ermöglichen.

Damit das Fügen von Einzelteilen einfach möglich ist, muss bei der Gestaltung folgendes berücksichtigt werden:

- geeignete Verbindungselemente wählen (Kap. 2),
- sinnvolle Passungen festlegen (Abschn. 1.4.4),
- eindeutige Lagezuordnungen der Einzelteile vorsehen (Abschn. 2.5.4),
- Doppelpassungen (Überbestimmung) vermeiden,
- ausreichend Platz für Montagewerkzeuge vorsehen.

Tab. 1.9 enthält einige Beispiele zur Montageerleichterung.

**Tab. 1.9** Montageerleichterungen

| ungünstig | günstig | Beschreibung |
|---|---|---|
| | | Doppelpassungen vermeiden |
| | | Passteile anfasen und Zentrierung vorsehen |
| | | nicht an mehreren Stellen gleichzeitig fügen |
| | | lange Passflächen vermeiden |

## 1.3.6  Recyclinggerechtes Gestalten

Abnehmende Ressourcen und wachsende Mülldeponien zwingen zur Einsparung und Wiedergewinnung von Rohstoffen. Der Produktkonstrukteur legt zum größten Teil fest, in welchem Maße Bauteile wieder aufgearbeitet und Werkstoffe wiederverwendet werden können. Dabei wird unterschieden in:

- Recycling bei der Produktherstellung,
- Recycling während des Produktgebrauchs,
- Recycling nach dem Produktgebrauch.

Hinsichtlich des Recyclings bei der Produktherstellung gilt es, Abfälle zu minimieren, die Werkstoffvielfalt einzuschränken, sowie die Wiederaufbereitung der Abfälle zu berücksichtigen. Für die Wiederverwertung während des Produktgebrauchs ist besonders auf eine demontage- und montagegerechte Gestaltung zu achten, damit einzelne Teile, die verbraucht oder defekt sind, leicht ausgetauscht werden können und nicht ganze Module oder gar das gesamte Produkt ersetzt werden muss. Damit ein Recycling nach dem Produktgebrauch möglich ist, sollte neben einer demontagefreundlichen Baugruppenstruktur auch die Wahl von wiederverwertbaren Werkstoffen berücksichtigt werden.

**Gestaltungsregeln**  Um gebrauchte Werkstoffe dem Produktionsprozess wieder zuzuführen, sind einige konstruktive Gestaltungsregeln zu beachten:

- *Wirtschaftliche Demontage.* Maschinen und Baugruppen müssen schnell so weit demontiert werden können, dass die verbleibenden Teile (Baugruppen, Einzelteile, Werkstoffe) problemlos wiederaufbereitet werden können. In der Regel können nur gleichartige Werkstoffe recycelt werden. Das heißt, Maschinen und Geräte müssen so weit zerlegt werden, bis gleichartige oder zumindest verträgliche Werkstoffe vorliegen.
- *Verträgliche Werkstoffe verwenden.* Es ist anzustreben, dass unlösbare Baueinheiten nur noch solche Werkstoffe enthalten, die in einer sogenannten Altstoffgruppe problemlos gemeinsam verwertet werden können.
- *Teile- und Werkstoffvielfalt minimieren.* Je weniger unterschiedliche Bauteile und Werkstoffe verwendet werden, desto einfacher wird eine Wiederaufbereitung sein.
- *Werkstoffe kennzeichnen.* Insbesondere Kunststoffe können nur dann sinnvoll wieder aufbereitet werden, wenn der Werkstoff von gebrauchten Teilen eindeutig erkennbar ist.

**Ökobilanz**  Die Aufbereitung von Altstoffen ist jedoch häufig sehr energieintensiv. In vielen Fällen ist Recycling zwar ressourcenschonend, aber infolge des hohen Energiebedarfs nicht immer angebracht im Sinne einer Ökobilanz. In einer Ökobilanz werden neben dem Ressourcenverbrauch auch der Energie- aufwand und sämtliche Folgekosten berücksichtigt.

Deshalb sollte ein Recycling auf einem hohen Wertniveau mit wenig Zusatzenergie angestrebt werden. So enthalten zum Beispiel viele Produkte bestimmte Elemente, die nach der Produktlebenszeit noch voll funktionsfähig sind. Diese Elemente (Einzelteile oder Baugruppen) könnten dem Produktionsprozess wieder zugeführt werden. Oft fehlen dafür jedoch die organisatorischen Voraussetzungen. Das heißt, ein neues Teil ist oft billiger als ein aufgearbeitetes.

## 1.3.7  Zeitgerechtes Gestalten (Design)

Wenn für die Formgebung technischer Erzeugnisse in erster Linie die bisher behandelten Gesichtspunkte der Zweckmäßigkeit (Funktion, Werkstoff und Fertigung) maßgebend sind, so sollte doch auch der Formschönheit Beachtung geschenkt werden. Leider lassen sich hierfür keine strengen Gesetzmäßigkeiten aufstellen, da der Zeitgeschmack keinem absoluten Maßstab unterliegt.

Aber Design ist heute nicht nur Ästhetik oder Formschönheit, über die sich bekanntlich streiten lässt, sondern beinhaltet auch funktionale Elemente, wie die Bedienung oder die Ergonomie eines Produktes. So betrachtet ist das Design also eine wertschöpferische Tätigkeit, die den Wert eines Produktes erhöht.

„Design" ist derjenige Nutzwert einer Produktgestalt, die ihre Betätigbarkeit und Benutzbarkeit sowie ihre Sichtbarkeit und Erkennbarkeit durch den Menschen beinhaltet. Das Design eines Produktes sollte im Rahmen einer systematischen und konstruktiven Produktentwicklung nach diesen Kriterien entstehen. Für die Konstruktion bedeutet das, dass die Anforderungsliste des Pflichtenhefts, neben den technischen und wirtschaftlichen Anforderungen auch sogenannte „Mensch-Produkt-Anforderungen" enthalten sollten, die bei der konstruktiven Ausarbeitung zu berücksichtigen sind. Beispiele für solche Anforderungen sind:

- maximale Betätigungskraft,
- zulässige Schaltwege,
- Greifraum,
- Handhabung (z. B. Drücken oder Ziehen).

Auch die Erkennungsinhalte von Produktgestalten können sehr wichtig sein. So können Bedienungselemente, und damit auch die richtige Bedienung, allein an ihrer Gestalt erkannt werden (z. B. Druckknopf oder Drehknopf). Außerdem können über die Produktgestalt, oft verbunden mit entsprechender Farbgestaltung, auch Merkmale wie „Qualität", „Billigprodukt", „robustes Gerät" erkannt werden.

Formschönes Gestalten hat somit nicht nur einen künstlerischen Wert, sondern stellt einen wichtigen Wettbewerbsfaktor dar.

## 1.4    Normung

### 1.4.1    Grundlagen der Normung

Normung ist nach DIN 820 die planmäßige, unter Beteiligung aller jeweils interessierten Kreise gemeinschaftlich durchgeführte Vereinheitlichungsarbeit auf gemeinnütziger Grundlage. Sie erstrebt eine rationelle Ordnung und ein rationelles Arbeiten in Wissenschaft, Technik, Wirtschaft und Verwaltung, indem Begriffe, Erzeugnisse, Vorschriften, Verfahren usw. festgelegt, geordnet und vereinheitlicht werden. So werden auch Maschinenelemente, die bereits eine technische Reife erlangt haben (z. B. Schrauben) standardisiert. Dadurch wird eine wirtschaftliche Herstellung in großen Stückzahlen und die Austauschbarkeit ohne spezielles Anpassen der Teile garantiert. Erst dadurch ist die rationelle Fertigung von Massengütern möglich.

Dem Inhalt nach beziehen sich die Normen auf:

- *Verständigungsmittel:* Begriffe, Bezeichnungen, Benennungen, Symbole, Einheiten, Formelzeichen u.dgl.
- *Klassifizierung:* Einteilung in bestimmte Sorten, Gruppen und Klassen.
- *Stufung:* Typung bestimmter Erzeugnisse nach Art, Form, Größe oder sonstigen gemeinsamen Merkmalen.
- *Planung:* Grundlagen für Entwurf, Berechnung, Aufbau, Ausführung und Funktion von Anlagen und Erzeugnissen.
- *Konstruktion:* Gesichtspunkte und Einzelteile für technische Gegenstände oder ihre Teile.
- *Maße:* Abmessungen und Toleranzen von Erzeugnissen.
- *Stoffe:* Eigenschaften, Einteilung und Verwendung.
- *Qualitätssicherung:* Gütebedingungen und Prüfverfahren zum Nachweis zugesicherter und erwarteter Eigenschaften von Stoffen oder technischen Fertigerzeugnissen.
- *Verfahren:* Arbeitsverfahren zum Herstellen oder Behandeln von Erzeugnissen.
- *Lieferung und Dienstleistung:* Vereinbarungen über Lieferungen und Dienstleistungen.
- *Sicherheitsvorschriften:* Zum Schutz von Leben, Gesundheit und Sachwerten.

Ihrer Reichweite nach unterscheidet man Grundnormen, die für viele Gebiete des öffentlichen Lebens von allgemeiner, grundlegender Bedeutung sind und Fachnormen, die ein bestimmtes Fachgebiet betreffen. Aber auch innerhalb eines Fachgebietes gibt es Grundnormen, sogenannte Fachgrundnormen, wie z. B. die uns besonders interessierenden „technischen Grundnormen". In den einzelnen Abschnitten dieses Buches werden jeweils

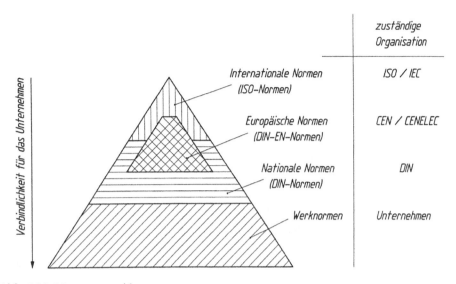

**Abb. 1.20** Normenpyramide

die einschlägigen Normblattnummern angegeben. Auf einige technische Grundnormen, die Normzahlen, die Technischen Oberflächen sowie die Toleranzen und Passungen, wird ausführlicher eingegangen, da sie für das Konstruieren von allgemeiner Bedeutung sind und die Vorteile der Normung besonders klar erkennen lassen.

### 1.4.2  Normen und ihre rechtliche Bedeutung

Die technische Normung vollzieht sich auf drei Ebenen (Abb. 1.20):

- die nationale Normung (DIN-Normen und Werknormen),
- die internationale Normung (ISO-Normen),
- die europäische Normung (EN-Normen).

**Nationale Normung**  Die Zielsetzung des Normungswesens wurde zuerst von einzelnen Unternehmen verfolgt, bis am 18. Mai 1917 im Rahmen des VDI ein „Ausschuss für die Normalisierung von Bauelementen im allgemeinen Maschinenbau" gegründet wurde, der am 22. Dezember 1917 in den „Normenausschuss der deutschen Industrie" umgewandelt wurde. Im Jahre 1926 erfolgte dann eine Umbenennung in „Deutscher Normenausschuss" (DNA) und im Jahre 1975 in „Deutsches Institut für Normung e.V." (DIN). Die von diesem aufgestellten und in Form von Normblättern herausgegebenen „Deutsche Industrie Normen" (DIN) bilden das deutsche Normenwerk.

Diese DIN-Normen haben keine Gesetzeskraft, werden aber als „Stand der Technik" oder „anerkannte Regeln der Technik" herangezogen und können von jedermann angewendet werden. Sie können aber von Behörden auch als verbindlich erklärt werden. Ein Beispiel ist die DIN EN 228 (Unverbleite Ottokraftstoffe; Anforderungen und Prüfverfahren) in der Benzinqualitätsangabeverordnung.

Neben den DIN-Normen existieren noch andere technische Regelwerke, die eine Normung vorbereiten bzw. ergänzen. Zu den wichtigsten Veröffentlichungen zählen:

- *VDI-Richtlinien:* Der Verein Deutscher Ingenieure gibt darin Empfehlungen auf Gebieten der Technik, die noch nicht normbar sind. Viele VDI-Richtlinien werden nach Bewährung als DIN-Normen übernommen.
- *Stahl-Eisen-Werkstoffblätter:* In diesen Werkstoffblättern des Vereins Deutscher Eisenhüttenleute sind noch nicht genormte Stahl- und Eisen-Werkstoffe beschrieben.
- *AD-Merkblätter:* Die Merkblätter der Arbeitsgemeinschaft Druckbehälter enthalten Festlegungen, die über die DIN-Normen hinausgehen und maßgebend sind für die Abnahme von Druckbehältern und ähnlichen technischen Erzeugnissen durch den Technischen Überwachungsverein (TÜV).

Zur Rationalisierung von Konstruktion und Fertigung können auch innerbetriebliche Normen, sogenannte Werknormen, aufgestellt werden. Diese sind sinnvollerweise wie überbetriebliche Normen zu gestalten (DIN 820). Werknormen können zum Beispiel Normen-Zusammenstellungen als Auswahl aus überbetrieblichen Normen oder als Beschränkungen nach firmenspezifischen Gesichtspunkten erfassen. Es können Vorschriften und Richtlinien für das Zeichnungs- und Stücklistenwesen, für die Nummerierungstechnik, für CAD-Anwendungen und vieles mehr erstellt werden.

**Internationale Normung** Um die Normung auf eine breite internationale Basis zu stellen, wurde 1926 die internationale Vereinigung der nationalen Normenausschüsse „ISA" (International Federation of the National Standardizing Associations) gegründet. Ihre Nachfolgerin ist seit Oktober 1946 die „ISO" (International Organization for Standardization), deren Geschäfte ein Generalsekretariat mit Sitz in Genf führt.

Der Deutsche Normenausschuss gehört seit 1951 der ISO als Mitglied an. Bei Abstimmungen hat jedes Mitgliedsland eine Stimme. Die dort entstehenden ISO-Normen stellen Empfehlungen zur Angleichung der entsprechenden nationalen Normen dar.

**Europäische Normung** Das „Europäische Komitee für Normung" (CEN) und das „Europäische Komitee für Elektrotechnische Normung" (CENELEC) bilden die „Gemeinsame Europäische Normeninstitution". Mitglieder sind, analog zur ISO, die nationalen Normungsinstitute der EU. Im Gegensatz zur ISO haben die Mitglieder bei Abstimmungen über EN-Normen jedoch unterschiedliche Stimmengewichte, abhängig von der Wirtschaftskraft des Landes.

Eine europäische Norm muss von allen Mitgliedsländern, auch von denjenigen, die dagegen gestimmt haben, in die nationalen Normenwerke übernommen werden. Sind entgegenstehende nationale Normen vorhanden, so müssen diese zurückgezogen werden. Europäische Normen werden in das Deutsche Normenwerk als DIN-EN-Normen aufgenommen.

### 1.4.3 Normzahlen (NZ)

Physikalische und somit auch technische „Größen", wie Längen-, Flächen- und Raummaße, Gewichte, Kräfte, Drücke, Drehzahlen usw., bestehen immer je aus Zahlenwert und Einheit (z. B. 250 mm). Für die Technik ist es von großem wirtschaftlichem Vorteil, aus der unendlichen Fülle von Zahlenwerten eine Auswahl zu treffen, so dass an verschiedenen Stellen immer die gleichen Vor- zugszahlen benutzt werden. Für viele praktische Fälle, insbesondere für Aufgaben der Stufung und Typung erweisen sich die geometrischen Reihen als besonders vorteilhaft. Bei ihnen ist der Stufensprung $q$, der dem Verhältnis eines Gliedes zum vorhergehenden entspricht, immer konstant, von Reihe zu Reihe jedoch verschieden. Stufensprünge sind

- Reihe 5: $q_5 = \sqrt[5]{10} = 1,6$
- Reihe 10: $q_{10} = \sqrt[10]{10} = 1,25$
- Reihe 20: $q_{20} = \sqrt[20]{10} = 1,12$
- Reihe 40: $q_{40} = \sqrt[40]{10} = 1,06$

Die Normzahlen nach DIN 323 sind Glieder dezimalgeometrischer Reihen, bei denen die Zehnerpotenzen 1, 10, 100 usw. festgehalten und die Zwischenbereiche in n Stufen aufgeteilt sind. Nach der Anzahl n der Glieder in einem Dezimalbereich werden die Reihen allgemein mit Rn bezeichnet.

Die Hauptwerte für die Reihen R5 bis R40 (in den Spalten 1 bis 4) weichen nur wenig von den Genauwerten, die sich aus den glatten Mantissen der Briggschen Logarithmen errechnen, ab. Die Tab. 1.10 enthält nur die Normzahlen für den Dezimalbereich 1 bis 10. Normzahlen über 10 erhält man durch Multiplikation mit 10; 100 usw., Normzahlen unter 1 entsprechend durch Multiplikation mit 0,1; 0,01 usw.

Außer den Grundreihen sind für die praktische Anwendung die abgeleiteten Reihen sehr wichtig, die aus den Grundreihen dadurch entstehen, dass jeweils nur jedes p-te Glied benutzt wird. Die Kennzeichnung erfolgt durch die Größe p hinter einem Schrägstrich. Zur eindeutigen Bestimmung muss jedoch hinter der Reihenkurzbezeichnung noch das erste Glied in runden Klammern angegeben werden (Tab. 1.11). Normzahlreihen können aber auch begrenzt werden. So ist zum Beispiel R40 (75 ... 300) die Reihe R40 mit dem Anfangsglied 75 und dem Endglied 300.

**Tab. 1.10** Normzahlen nach DIN 323

Hauptwerte

| Grundreihen | | | | Mantissen | Genauwerte |
|---|---|---|---|---|---|
| R5 | R10 | R20 | R40 | | |
| 1,00 | 1,00 | 1,00 | 1,00 | 000 | 1,0000 |
| | | | 1,06 | 025 | 1,0593 |
| | | 1,12 | 1,12 | 0,50 | 1,1220 |
| | | | 1,18 | 0,75 | 1,1885 |
| | | 1,25 | 1,25 | 100 | 1,2589 |
| | | | 1,32 | 125 | 1,3353 |
| | | 1,40 | 1,40 | 150 | 1,4125 |
| | | | 1,50 | 175 | 1,4962 |
| 1,60 | 1,60 | 1,60 | 1,60 | 200 | 1,5849 |
| | | | 1,70 | 225 | 1,6788 |
| | | 1,80 | 1,80 | 250 | 1,7783 |
| | | | 1,90 | 275 | 1,8836 |
| | 2,00 | 2,00 | 2,00 | 300 | 1,9953 |
| | | | 2,12 | 325 | 2,1135 |
| | | 2,24 | 2,24 | 350 | 2,2387 |
| | | | 2,36 | 375 | 2,3714 |
| 2,50 | 2,50 | 2,50 | 2,50 | 400 | 2,5119 |
| | | | 2,65 | 425 | 2,6607 |
| | | 2,80 | 2,80 | 450 | 2,8184 |
| | | | 3,00 | 475 | 2,9854 |
| | 3,15 | 3,15 | 3,15 | 500 | 3,1623 |
| | | | 3,35 | 525 | 3,3497 |
| | | 3,55 | 3,55 | 550 | 3,5481 |
| | | | 3,75 | 575 | 3,7584 |
| 4,00 | 4,00 | 4,00 | 4,00 | 600 | 3,9811 |
| | | | 4,25 | 625 | 4,2170 |
| | | 4,50 | 4,50 | 650 | 4,4668 |
| | | | 4,75 | 675 | 4,7315 |
| | 5,00 | 5,00 | 5,00 | 700 | 5,0119 |
| | | | 5,30 | 725 | 5,3088 |
| | | 5,60 | 5,60 | 750 | 5,6234 |
| | | | 6,00 | 775 | 5,9566 |

**Tab. 1.10** (Fortsetzung)

| Hauptwerte | | | | Mantissen | Genauwerte |
|---|---|---|---|---|---|
| Grundreihen | | | | | |
| R5 | R10 | R20 | R40 | | |
| 6,30 | 6,30 | 6,30 | 6,30 | 800 | 6,3096 |
| | | | 6,70 | 825 | 6,6834 |
| | | 7,10 | 7,10 | 850 | 7,0795 |
| | | | 7,50 | 875 | 7,4989 |
| | 8,00 | 8,00 | 8,00 | 900 | 7,9433 |
| | | | 8,50 | 925 | 8,4140 |
| | | 9,00 | 9,00 | 950 | 8,9125 |
| | | | 9,50 | 975 | 9,4406 |
| 10,00 | 10,00 | 10,00 | 10,00 | 000 | 10,00 |

**Tab. 1.11** Beispiele für Auswahlreihen

| R10 | 1 | 1,25 | 1,6 | 2 | 2,5 | 3,15 | 4 | 5 | 6,3 | 8 |
|---|---|---|---|---|---|---|---|---|---|---|
| R10/3(1,6) | | | 1,6 | | | 3,15 | | | 6,3 | |
| R10/2(2) | | | | 2 | | 3,15 | | 5 | | 8 |

Bei der Anwendung der Normzahlreihen auf die Stufung technischer Erzeugnisse sind im allgemeinen die Reihen mit größerem Stufensprung vorzuziehen. Im Maschinenbau werden am häufigsten die Grundreihen R10 und R20 verwendet.

Die Verwendung von Normzahlen für die Maße in Konstruktionszeichnungen hat den Vorteil, dass bei einer geometrischen Vergrößerung oder Verkleinerung mit dem Stufensprung einer NZ-Reihe wieder Normzahlen auftreten. Die geometrischen, statischen und dynamischen Kenngrößen ergeben nach den Gesetzen der Ähnlichkeitsmechanik ebenfalls wieder Normzahlen, wenn für die Größen der Ausgangstype Normzahlen gewählt wurden. Dies beruht darauf, dass die Produkte und Quotienten der Normzahlen sowie die Potenzen mit ganzzahligen Exponenten wieder Normzahlen sind (Tab. 1.12).

**Beispiel für die Anwendung von Normzahlen** Es gibt eine Fülle technischer Anwendungen, deren physikalische Größen in Normzahlen gestuft sind. Die aufgeführten Beispiele sind unvollständig und sollen nur einige typische Anwendungen aufzeigen.

*Werkzeugmaschinen* Bei Werkzeugmaschinen für die spanende Bearbeitung werden die Drehzahlen der Haupt- und Vorschubantriebe üblicherweise nach Normzahlen gestuft. Geometrische Drehzahlbreiten und Stufensprünge sind in DIN 804 festgelegt.

**Tab. 1.12** Beispiel einer Typenreihe für Rundmaterial

| Kenngrößen | NZ-Reihen | Typenreihen | | | | | |
|---|---|---|---|---|---|---|---|
| $d$ [mm] | R10/2 (20…) | 20 | 31,5 | 50 | 80 | 125 | 200 |
| $A$ [cm$^2$] | R10/4 (3,15…) | 3,15 | 8 | 20 | 50 | 125 | 315 |
| $W_b$ [cm$^3$] | R10/6 (0,8…) | 0,80 | 3,15 | 12,5 | 50 | 200 | 800 |
| $I_b$ [cm$^4$] | R10/8 (0,8…) | 0,80 | 5 | 31,5 | 200 | 1250 | 8000 |

**Tab. 1.13** Achshöhen für Maschinen nach DIN 747

| Reihe | Achshöhen in mm | | | | | | | | | | | | |
|---|---|---|---|---|---|---|---|---|---|---|---|---|---|
| 1 (R5) | 25 | | 40 | | 63 | | 100 | | 160 | | 250 | | 400 |
| 2 (R10) | 25 | 32 | 40 | 50 | 63 | 80 | 100 | 125 | 160 | 200 | 250 | 315 | 400 |

*Rohrleitungen* Bei Rohrleitungssystemen sind die Nenndrücke in DIN EN 1333, sowie die Nennweiten in DIN EN ISO 6708 nach Normzahlen gestuft.

*Wellenhöhe* Die Wellen- oder Achshöhen für Maschinen, wie z. B. Elektromotoren, sind nach DIN 747 ebenfalls Normzahlreihen (Tab. 1.13).

### 1.4.4 Toleranzen und Passungen

Kein Bauteil lässt sich mit absoluter Genauigkeit herstellen. Abhängig vom Fertigungsverfahren treten mehr oder weniger große Abweichungen zwischen der tatsächlichen geometrischen Gestalt und einer vorgestellten Ideal-Gestalt auf (Tab. 1.14).

Um die geforderte Funktion zu erfüllen, müssen die Bauteile eines technischen Systems zueinander passen. Eine Welle, die sich in einer Bohrung drehen soll, muss kleiner sein als die Bohrung. Wird verlangt, dass ein Zahnrad fest auf einer Welle sitzt, damit ein Drehmoment übertragen werden kann, so ist eine Pressung zwischen Welle und Nabe notwendig. Aus Kostengründen werden heute die meisten Bauteile nicht mehr einzeln in Abstimmung auf ein spezielles Gegenstück angepasst, sondern unabhängig davon in größeren Stückzahlen gefertigt. Daher müssen die Einzelteile untereinander austauschbar sein. Die geforderte Funktion kann nur dann gewährleistet werden, wenn die Bauteile in ihren Abmessungen, ihrer Form und ihrer Lage nur zulässige Abweichungen oder Grenzabweichungen aufweisen.

**Geometrische Produktspezifikation (GPS)** Im Zuge der Globalisierung werden Bauteile an sehr unterschiedlichen Orten hergestellt. Das heißt, dass Konstruktion, Fertigung und Messtechnik räumlich voneinander getrennt sind. Dadurch ist Know-how bezüglich der Funktion in der Fertigung und Messtechnik kaum bis gar nicht mehr vorhanden.

**Tab. 1.14** Beispiele für Gestaltabweichungen einer Bohrung

| Gestalt | Abweichungen | Beschreibung |
| --- | --- | --- |
| | Keine Abweichungen (ideal) | Bohrung ist „ideal" bezüglich Maß, Form, Lage und Oberflächenbeschaffenheit |
| | Maßabweichung | Bohrungsdurchmesser ist kleiner als Ideal-Maß |
| | Formabweichung | Bohrung ist nicht zylindrisch |
| | Lageabweichung | Bohrung ist nicht rechtwinklig zur Werkstückoberfläche |
| | Oberflächenabweichung | Oberfläche der Bohrung ist nicht „ideal" glatt |

Um die Funktionalität und Austauschbarkeit zu gewährleisten, ist deshalb eine eindeutige und vollständige Produktbeschreibung erforderlich. Da aus einer Einzelteilzeichnung die Funktion nicht ersichtlich ist, kann die Konstruktionsabsicht, nur mittels Maß- und Toleranzeintragungen vermittelt werden.

Das Technische Komitee der ISO erarbeitete deshalb ein mit allen großen Industriestaaten (außer USA) abgestimmtes Konzept, das derzeit als GPS-Normung eingeführt wird. Mittelfristig sollen alle Normen zur Tolerierung in durchgehenden Normenketten aufeinander abgestimmt sein. In den GPS-Normen werden für die einzelnen Toleranzarten die Zeichnungseintragungen, die Definitionen der Toleranzzonen und Kenngrößen, die Ermittlung der Abweichungen sowie die Anforderungen an Messeinrichtungen und Kalibrierung festgelegt. Zur Erreichung dieses Zieles müssen jedoch noch viele bestehende Normen angepasst und neue Normen erstellt werden.

**Maßtoleranzen (ISO-Toleranzsystem)** Die wichtigsten Begriffe für Maßtoleranzen sind in ISO 286 festgelegt (Abb. 1.21). Als Bezugsmaß und zur Größenangabe dient das Nennmaß $N$ und entspricht in der bildlichen Darstellung der Nulllinie. Das durch Messung an einem Werkstück zahlenmäßig ermittelte Maß heißt Istmaß und ist stets mit einer Abweichung vom Idealmaß behaftet. Das Istmaß muss zwischen Mindestmaß $LLS$ und Höchstmaß $ULS$ liegen, das heißt innerhalb der Toleranz $T$. Das obere Grenzabmaß wird mit $es$ (Welle) bzw. $ES$ (Bohrung) und das untere Grenzabmaß mit $ei$ (Welle) bzw. $EI$ (Bohrung) bezeichnet.

Die Tolerierung eines Maßes nach dem ISO-Toleranzsystem erfolgt in Zeichnungen durch die Angabe eines ISO-Toleranzkurzzeichens, das jeweils aus einem Buchstaben und einer Zahl besteht. Beispiele:

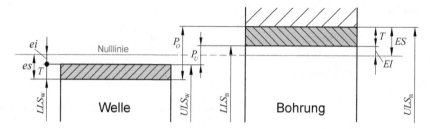

**Abb. 1.21** Grundbegriffe für Toleranzen nach ISO 286

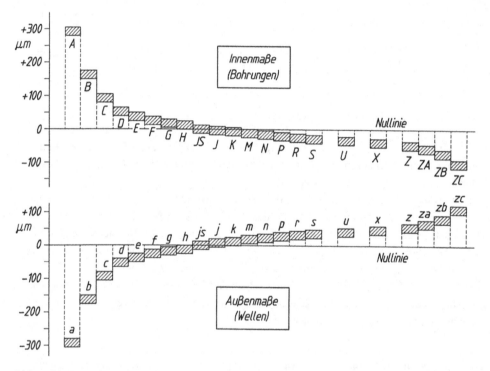

**Abb. 1.22** Lage der Toleranzintervalle für den Nennmaßbereich 6…10 mm der Toleranzklasse 7 (Toleranzintervalle t,v und y bzw. T,V und Y sind erst ab 24 mm definiert)

- ∅40h6 (Welle),
- ∅40H7 (Bohrung).

*Lage des Toleranzfeldes* Der Buchstabe bezeichnet die Lage des Toleranzfeldes. Große Buchstaben werden für Innenmaße (Bohrungen) und kleine Buchstaben für Außenmaße (Wellen) verwendet. Die Buchstaben kennzeichnen nach Abb. 1.22 den kleinsten Abstand der Toleranzintervalle von der Nulllinie. Diese Kleinstabstände sind durch die

Grundabmaße der Toleranzlagen für 13 Nennmaßbereiche zwischen 1 und 500 mm festgelegt.

Bei den Toleranzfeldern *A* bis *G* und *k* bis *zc* sind jeweils beide Grenzabmaße positiv, da sie über der Nulllinie liegen. Die Toleranzfelder *M* bis *ZC* und *a* bis *g* liegen unter der Nulllinie, somit sind jeweils beide Grenzabmaße negativ. Bei den *H*-Toleranzen liegt immer das untere Abmaß, bei den *h*-Toleranzen das obere Grenzabmaß auf der Nulllinie.

*Größe der Toleranz* Die Zahl des Kurzzeichens kennzeichnet die Größe der Toleranz, die von der Größe des Nennmaßes abhängig ist. Für jeden Nennmaßbereich sind 20 Toleranzgrade, die Grundtoleranzen *IT* 01 bis *IT* 18 vorgesehen. Diese Toleranzgrade wurden früher auch „Qualitäten" genannt. Die Grundlage für die Festlegung dieser Toleranzgröße ist der Grundtoleranzfaktor *i*. Für den Nennmaßbereich 1...500 mm gilt:

$$i = 0,45 \cdot \sqrt[3]{D} + 0,001 \cdot D$$

Man erhält *i* in μm, wenn *D* in mm eingesetzt wird. Die Nennmaße sind nach Tab. 1.15 in 13 Bereiche gestuft. *D* wird als geometrisches Mittel der Grenzen $D_1$ und $D_2$ der Nennmaßbereiche berechnet:

$$D = \sqrt{D_1 \cdot D_2}$$

Die Größe der Maßtoleranz erhält man dann als Vielfaches der Grundtoleranz *i*:

$$T = i \cdot f_T$$

Der Multiplikationsfaktor $f_T$ (Tab. 1.16) ist abhängig vom Toleranzgrad und ist ab *IT*6 nach der Normzahlreihe *R*5 mit dem Stufensprung 1,6 gestuft. Die Toleranzgrade *IT*01 bis *IT*4 sind Lehren und Feinmessgeräten vorbehalten. Für Passungen im Maschinenbau werden in der Regel die Toleranzgrade *IT*5 bis *IT*11 verwendet. *IT*12 bis *IT*18 sind recht große Toleranzen die im Bereich der Allgemeintoleranzen liegen.

**Tab. 1.15** Nennmaßbereiche in mm

| $D_1$ | 1 | >3 | >6 | >10 | >18 | >30 | >50 | >80 | >120 | >180 | >250 | >315 | >400 |
|---|---|---|---|---|---|---|---|---|---|---|---|---|---|
| $D_2$ | 3 | 6 | 10 | 18 | 30 | 50 | 80 | 120 | 180 | 250 | 315 | 400 | 500 |

**Tab. 1.16** Multiplikationsfaktor $f_T$

| Toleranzgrad | IT5 | IT6 | IT7 | IT8 | IT9 | IT10 | IT11 | IT12 | IT13 | IT14 |
|---|---|---|---|---|---|---|---|---|---|---|
| Faktor $f_T$ | 7 | 10 | 16 | 25 | 40 | 64 | 100 | 160 | 250 | 400 |

**Tab. 1.17** Erreichbare Toleranzen, abhängig vom Fertigungsverfahren

| Fertigungsverfahren | Toleranzgrade | | | | | | | | | |
|---|---|---|---|---|---|---|---|---|---|---|
| | IT5 | IT6 | IT7 | IT8 | IT9 | IT10 | IT11 | IT12 | IT13 | IT14 |
| Gießen | | | | | | ▨ | □ | □ | □ | □ |
| Sintern | | | | | □ | □ | □ | □ | □ | □ |
| Gesenkschmieden | | | | ▨ | ▨ | □ | □ | □ | □ | □ |
| Präzisionsschmieden | | | | ▨ | ▨ | □ | □ | □ | | |
| Kaltfließpressen | | ▨ | □ | □ | □ | □ | □ | □ | | |
| Walzen | | | ▨ | □ | □ | □ | □ | □ | | |
| Schneiden | | | | | | ▨ | ▨ | □ | □ | □ |
| Drehen | | ▨ | □ | □ | □ | □ | □ | | | |
| Bohren | | | | | | | ▨ | ▨ | □ | □ |
| Planfräsen | | ▨ | □ | □ | □ | □ | □ | □ | □ | |
| Hobeln/Stoßen | | ▨ | □ | □ | □ | □ | □ | □ | | |
| Räumen | | ▨ | ▨ | □ | □ | □ | □ | | | |
| Rundschleifen | | | | | | | | | | |

□ normal erreichbar   ▨ mit besonderem Aufwand erreichbar

Die Größe einer Toleranz wird in der Regel durch die Funktion vorgegeben. Aus wirtschaftlichen Gründen sind Toleranzen so groß wie möglich zu wählen, im Sinne einer kostengünstigen Fertigung und so klein wie nötig, um die Funktion zu gewährleisten. Tab. 1.17 enthält eine Übersicht der wichtigsten Fertigungsverfahren und die damit erreichbaren Toleranzen.

**Beispiel: 40g8**

1. Lage des Toleranzintervalls
   Aus ISO 286 erhält man als Mindestabstand von der Nulllinie
   $es = -9 \ \mu m$
2. Größe der Toleranz
   Nach Tab. 1.15 ist mit $D_1 = 30$ bis $D_2 = 50$:
   $D = \sqrt{30 \cdot 50} = 38,7298 \ mm$
   Grundtoleranzfaktor:
   $i = 0,45 \cdot \sqrt[3]{38,7298} + 0,001 \cdot 38,7298 = 1,5612 \ \mu m$
   Mit $f_T = 25$ (nach Tab. 1.16) ist die Toleranz:
   $T = 1,5612 \cdot 25 = 39 \ \mu m$

**Passungen** Für die Paarung von zwei Maßelementen, die das gleiche Nennmaß aber verschiedene Funktionsanforderungen haben, wurde in ISO 286 ein spezielles Toleranzsystem festgelegt. Es kann für zylindrische Passflächen (Rundpassungen) und für gegenüberliegende parallele Passflächen (Flachpassungen) angewendet werden.

Je nachdem, ob eine positive oder negative Maßdifferenz zwischen zusammengehörigen Passflächen vor der Paarung vorliegt, unterscheidet man drei verschiedene Passungsarten:

- *Spielpassung:* Spiel vor und nach dem Fügen,
- *Übermaßpassung:* Übermaß vor und Pressung nach dem Fügen,
- *Übergangspassung:* Spiel oder Pressung nach dem Fügen möglich.

Durch die Maßtoleranzen von Außen- und Innenteil entsteht ein Mindest- und Höchstspiel bzw. ein Mindest- und Höchstübermaß. Unter Beachtung der Vorzeichen bei den Grenzabmaßen ist nach Abb. 1.21:

$$P_U = LLS_B - ULS_W = EI - es$$
$$P_O = ULS_B - LLS_W = ES - ei$$

Bei einer *Spielpassung* entspricht $P_U$ dem Mindestspiel und $P_O$ dem Höchstspiel. Beide Werte sind in diesem Falle positiv. Bei einer *Übermaßpassung* sind beide Werte negativ, wobei $P_U$ dem Höchstübermaß (negatives Mindestspiel) und $P_O$ dem Mindestübermaß entspricht. Bei einer *Übergangspassung* ist der positive Wert das Mindestspiel und der negative Wert das Höchstübermaß.

Nach ISO-286 ist prinzipiell jede Paarung der verschiedenen Wellen und Bohrungen möglich. Mit jeweils 27 Toleranzfeldlagen und 20 Toleranzgrade für Wellen und Bohrungen ergeben sich 291 600 Paarungsmöglichkeiten. Aus wirtschaftlichen Gründen ist natürlich eine Einschränkung auf eine Reihe von geeigneten Passungen notwendig.

Es erscheint nicht sehr sinnvoll, eine Welle mit Toleranzgrad IT 18 und eine Bohrung mit Toleranzgrad IT 1 zu paaren, sondern die Maßtoleranzen für Welle und Bohrung sollten in der gleichen Größenordnung liegen. Da eine Außenkontur bei gleichem Aufwand genauer gefertigt werden kann als eine Innenkontur, wird der Toleranzgrad der Welle in der Regel um ein bis zwei Stufen kleiner gewählt (z. B. 30H7/30e6). Eine noch größere Einschränkung erhält man dadurch, dass für die Bohrung nur die Toleranzfeldlage H verwendet wird. Dadurch entsteht das Passsystem „Einheitsbohrung". Es kann natürlich auch für die Welle nur die Toleranzfeldlage h zugelassen werden, das dann zum Passsystem „Einheitswelle" führt (Abb. 1.23).

*System Einheitsbohrung* Hierbei sind für alle Passungsarten die Kleinstmaße der Bohrungen gleich dem Nennmaß. Alle Bohrungen werden also mit H-Toleranzen ausgeführt, für die Wellen werden je nach Passungsart verschiedene Toleranzfeldlagen gewählt. Dadurch

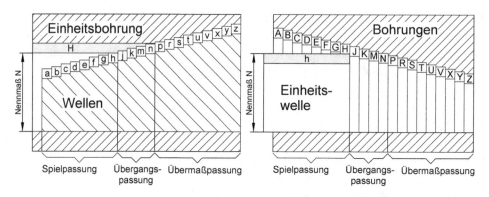

**Abb. 1.23** Passungssysteme a) Einheitsbohrung; b) Einheitswelle

werden weniger unterschiedliche Bohrwerkzeuge (z. B. teure Reibahlen), Messwerkzeuge (z. B. Lehrdorne) und Aufspanndorne für Bearbeitungsmaschinen benötigt. Das System Einheitsbohrung wird für Bohrungen, die mit Reibahlen hergestellt werden, im Maschinenbau bevorzugt angewendet.

*System Einheitswelle* Beim System Einheitsbohrung werden nur Wellen mit h-Toleranzfelder verwendet. D. h. für alle Passungsarten sind die Größtmaße der Wellen gleich dem Nennmaß. Für die Bohrungen können beliebige Toleranzfeldlagen gewählt werden. Es können hierfür glatte Wellen (blankgezogener Rundstahl) verwendet werden, so dass dadurch niedrige Bearbeitungskosten entstehen. Für kleinere Bohrungen, die mit Reibahlen gefertigt werden, sind jedoch spezielle und teure Werkzeuge erforderlich. Das System Einheitswelle wird daher nur in der Massenfertigung eingesetzt oder wenn bevorzugt standardisierte, glatte Wellen verwendet werden.

**Form- und Lagetoleranzen**  Bei der Herstellung von Bauteilen treten neben den Maßabweichungen auch Form- und Lageabweichungen auf. Werden dadurch Funktion und Austauschbarkeit gefährdet, so müssen Form und Lage der funktionsrelevanten Geometrieelemente zusätzlich zu den Maßtoleranzen in der Zeichnung toleriert werden.

*Formtoleranzen*  Formtoleranzen begrenzen die Abweichungen eines Elements von seiner geometrisch idealen Form. In ISO 1101 sind sechs Symbole für Formabweichungen definiert (Abb. 1.24). Da Formtoleranzen unabhängig von Ort und Richtung sind, bekommen sie keinen Bezug. Werden zum Beispiel die zulässigen Ebenheitsabweichungen einer Fläche toleriert, ist es völlig egal wie die Fläche im Raum angeordnet ist (Abb. 1.25).

*Lagetoleranzen*  Lagetoleranzen begrenzen die Abweichungen eines Elements von der geometrisch idealen Lage zu einem oder mehreren anderen Elementen, den sogenannten

| Formtoleranzen ohne Bezug | | Lagetoleranzen mit Bezug | | | | | | |
|---|---|---|---|---|---|---|---|---|
| | | Richtung | | Ort | | | Lauf | |
| — | Geradheit | // | Parallelität | ⊕ | Position | | ↗ | Einfachlauf |
| ▱ | Ebenheit | ⊥ | Rechtwinkligkeit | ◎ | Konzentrizität | | ⤴ | Gesamtlauf |
| ○ | Rundheit | ∠ | Neigung | ◎ | Koaxialität | | | |
| ⌭ | Zylindrizität | | | ⩵ | Symmetry | | | |
| ⌒ | Linienform | | | ⌒ | Lage einer Linie | | | |
| ⌓ | Flächenform | | | ⌓ | Lage einer Fläche | | | |

**Abb. 1.24** Symbole für Form- und Lagetoleranzen nach ISO 1101

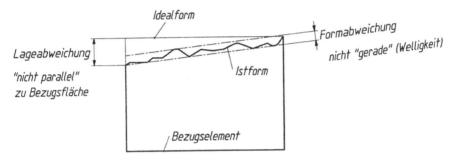

**Abb. 1.25** Form- und Lageabweichungen

Bezugselementen (Abb. 1.25). Nach ISO 1101 sind elf Lagetoleranzen definiert, die immer einen Bezug benötigen. Sie werden in Richtungs-, Orts- und Lauftoleranzen unterteilt (Abb. 1.24).

*Bezug* Ein Bezug ist eine theoretische Referenz und entspricht somit einem idealen Geometrieelement (z. B. Ebene oder Achse).

Ein Bezugselement ist dagegen eine reale Geometrie (z. B. Fläche oder Kante), von dem der Bezug abgeleitet werden muss. Die Ableitung eines Bezuges kann analog oder digital erfolgen. Eine analoge Ableitung liegt vor, wenn eine ebene Bezugsfläche auf einen Messtisch gelegt wird, oder wenn ein Zylinder in eine Spannzange eingespannt wird. Digital wird ein Bezug abgeleitet, indem mit einem Koordinatenmessgerät mehrere Messpunkte der Fläche erfasst werden. Die Software berechnet dann aus den erfassten Punkten eine exakte Ebene oder einen genauen Zylinder mit zugehöriger Achse.

In Tab. 1.18 sind Beispiele für die Zeichnungseintragung von Form- und Lagetoleranzen angegeben.

**Tolerierungsprinzip** Maß-, Form- und Lagetoleranzen beeinflussen sich gegenseitig. Beim Zusammenbau von Einzelteilen ist das Zusammenwirken der unterschiedlichen Toleranzen zu berücksichtigen. Hinsichtlich ihrer historischen Entwicklung sind heute zwei Tolerierungsgrundsätze zu unterscheiden.

*Hüllbedingung* Die Hüllbedingung, oder auch „altes Tolerierungsprinzip" genannt, geht davon aus, dass die geforderten Form- und Lagetoleranzen durch die Maßtoleranz begrenzt sind. Das heißt, die Form- und Lageabweichungen dürfen sich nur innerhalb der Maßtoleranz bewegen. Die Ist-Geometrie eines Werkstücks darf an keiner Stelle

**Tab. 1.18** Beispiele für die Zeichnungseintragung von Form- und Lagetoleranzen nach ISO 1101

| Zeichnungseintragung | Toleranzzone | Erklärung |
|---|---|---|
| a) Formtoleranzen (ohne Bezug) | | |
| $-$ 0,04 | | *Geradheitstoleranz* Die Achse des tolerierten Zylinders muss innerhalb einer zylindrischen Toleranzgrenze vom Durchmesser 0,04 liegen. |
| $\square$ 0,04 | | *Ebenheitstoleranz* Die Fläche muss zwischen drei parallelen Ebenen vom Abstand 0,04 liegen. |
| $\bigcirc$ 0,06 | | *Rundheitstoleranz* Die Umfangslinie jedes Querschnittes muss zwischen zwei in derselben Ebene liegenden konzentrischen Kreisen vom Abstand 0,06 liegen. |
| $\oslash$ 0,1 | | *Zylinderformtoleranz* Die betrachtete Zylindermantelfläche muss zwischen zwei koaxialen Zylindern vom Abstand 0,1 liegen. |
| b) Richtungstoleranzen (nur die Richtung der Toleranzzone liegt fest) | | |
| $/\!/$ ⌀ 0,04 A   A | | *Parallelitätstoleranz* Die tolerierte Achse muss innerhalb eines Zylinders vom Durchmesser 0,04 liegen, der parallel zur Bezugsachse A liegt. |
| $\perp$ 0,1 | | *Rechtwinkligkeitstoleranz* Die tolerierte Achse des Zylinders muss zwischen zwei parallelen, zur Bezugsfläche senkrechten Ebenen vom Abstand 0,1 liegen |

**Tab. 1.18** (Fortsetzung)

| Zeichnungseintragung | Toleranzzone | Erklärung |
|---|---|---|

c) Ortstoleranzen (die Toleranzzone liegt symmetrisch zur theoretischen Position und ist deshalb ortsgebunden)

*Positionstoleranz* Der tatsächliche Schnittpunkt muss in einem Kreis vom Durchmesser 0,2 liegen, dessen Mitte mit der theoretisch genauen Lage des tolerierten Punktes übereinstimmt.

*Koxialitätstoleranz* Die tolerierte Achse des Zylinders muss innerhalb eines zur Bezugsachse A–B koaxialen Zylinders vom Durchmesser 0,06 liegen.

d) Lauftoleranzen (sie erhalten stets Formabweichungen, z. B. Rundlauf: Rundheit und Koaxialität)

*Rundlauftoleranz* Bei einer Umdrehung um die Bezugsachse A–B darf die Rundlaufabweichung in jeder Meßebene 0,1 nicht überschreiten.

*Planlauftoleranz* Bei einer Umdrehung um die Bezugsachse D darf die Planlaufabweichung an jeder beliebigen Meßposition nicht größer als 0,1 sein.

die Maximum-Material-Maße des geometrisch idealen Körpers überschreiten und die Minimum-Material-Maße dürfen an keiner Stelle unterschritten werden (Abb. 1.26a). Daraus folgt, dass ein Körper, der überall Maximum-Material-Maße hat, keinen Spielraum mehr für Formabweichungen haben kann. Form- und Parallelitätstoleranzen müssen daher kleiner als die Maßtoleranzen sein. Muss aus funktionellen Gründen die Form- oder Parallelitätstoleranz kleiner als die Maßtoleranz sein, so ist sie mit einem kleineren Wert gegenüber der Maßtoleranz in die Zeichnung einzutragen (Abb. 1.26b).

Bei Zeichnungen ohne Angabe des Tolerierungsprinzips galt bis 2012 automatisch die Hüllbedingung. Im internationalen Verkehr wurde jedoch die Eintragung „Tolerierung nach DIN 7167" empfohlen. Da die DIN 7167 inzwischen zurückgezogen wurde, muss heute „Maße nach ISO 14405 Ⓔ" in die Zeichnung eingetragen werden, wenn das Hüllprinzip gelten soll. Nach ISO 14405, in der die Maßmerkmale definiert sind, gilt ohne

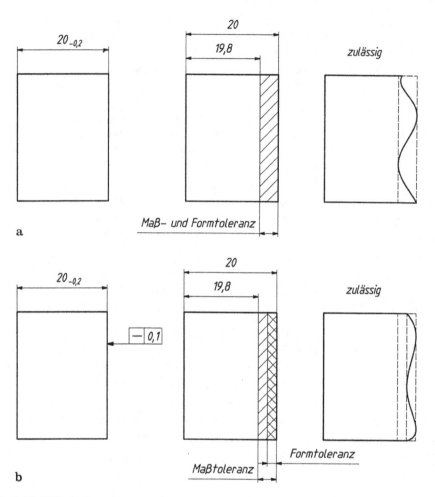

**Abb. 1.26** Hüllprinzip

Zeichnungseintrag für alle Maße das Zweipunktmaß. Und da das Zweipunktmaß nichts über die Geometrie aussagen kann, gilt dafür das Unabhängigkeitsprinzip.

*Unabhängigkeitsprinzip* Da das Hüllprinzip in vielen Fällen zu hohe Anforderungen an die Genauigkeit stellt, wurde bei der internationalen Überarbeitung der Form- und Lagetoleranzen ein „neues Tolerierungsprinzip", das sogenannte Unabhängigkeitsprinzip, erarbeitet. Es geht davon aus, dass alle Maß-, Form- und Lagetoleranzen unabhängig voneinander eingehalten werden müssen. Maßtoleranzen begrenzen demnach nur die Istmaße an einem Formelement, nicht aber seine Geometrieabweichungen (Abb. 1.27).

Maß-, Form- und Lageabweichungen werden einzeln gemessen und können ihre Grenzabweichungen unabhängig voneinander ausnutzen. Dadurch können unter Umständen Maximum-Material-Maße überschritten werden.

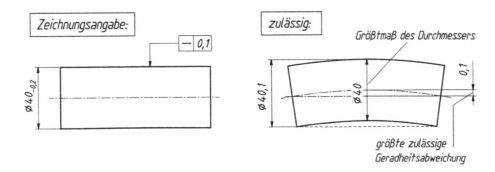

**Abb. 1.27** Unabhängigkeitsprinzip

Im Rahmen der Erarbeitung des Konzeptes der Geometrischen Produktspezifikation wurde die ISO 8015 überarbeitet und die ISO 14405 neu erstellt. Danach wird heute das Unabhängigkeitsprinzip empfohlen und als Standard definiert. Ohne Zeichnungseintragung gilt deshalb ab 2012 das Unabhängigkeitsprinzip. Um Missverständnisse zu vermeiden sollte jedoch „Maße nach ISO 14405" oder „Tolerierung nach ISO 8015"angegeben werden. Sollen davon abweichend für einzelne Maßelemente das Hüllprinzip gelten, dann sind diese durch das Symbol Ⓔ zu kennzeichnen: z. B. ⌀20H7 Ⓔ.

*Maximum-Material-Bedingung* Häufig ist ein Werkstück mit mehreren Toleranzen behaftet, die normalerweise so festgelegt werden, dass das Bauteil auch bei maximalen Abweichungen aller tolerierten Größen noch funktionsfähig ist. Nach den Gesetzen der Wahrscheinlichkeit ist dieser Fall jedoch äußerst selten, so dass viele Werkstücke genauer und teurer als notwendig sind. Das Maximum-Material-Prinzip gestattet daher die Überschreitung einer Form- oder Lagetoleranz um den Betrag, um den ein damit zusammenwirkendes Längenmaß vom Maximum-Material-Maß abweicht. Es erlaubt also eine Vergrößerung der Form- und Lagetoleranz um den nicht ausgenutzten Anteil der Maßtoleranz.

In der Zeichnung wird die Form- bzw. Lagetoleranz, die überschritten werden darf, mit dem Symbol Ⓜ gekennzeichnet. Die Vergrößerung dieser Toleranz kann jedoch nicht von vornherein berücksichtigt werden. Die Bedeutung ist vielmehr, dass funktionstaugliche und paarbare Teile nicht verworfen werden müssen, auch wenn einzelne Toleranzen nicht eingehalten sind (Abb. 1.28).

**Toleranzanalyse** Beim Zusammenbau von Einzelteilen zu Baugruppen treten durch Aneinanderreihung von Einzelmaßen zwangsläufig Maß- bzw. Toleranzketten auf, da alle Einzelmaße mit Toleranzen behaftet sind. Die so entstehende Toleranzaddition muss für die Montage und die Funktion von Baugruppen berücksichtigt werden müssen.

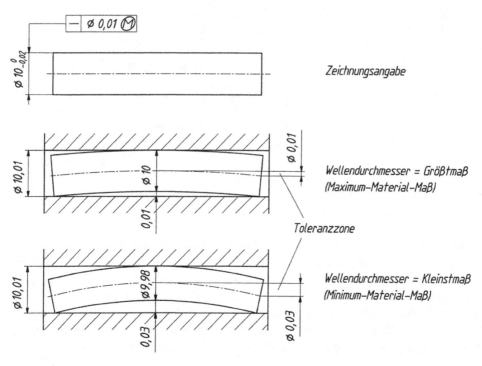

**Abb. 1.28** Maximum-Material-Bedingung

*Additive Methode* Die additive Methode berücksichtigt bei der Berechnung von Toleranzketten nur die Grenzmaße. Sie wird daher auch Worst-Case-Methode genannt, weil dabei nur die schlimmsten auftretenden Fälle betrachtet werden. Die Summe der Einzeltoleranzen der Glieder in der Maßkette wird arithmetische Schließtoleranz genannt und berechnet sich zu

$$T_A = T_1 + T_2 + T_3 + \ldots + T_n$$

In dem Beispiel in Abb. 1.29 wird der Abstand zwischen Lager (3) und Sicherungsring (4) als Schließmaß $M_0$ gewählt. Da dieser Abstand wegen der Montage nicht kleiner als null sein darf, auf der anderen Seite aber für die Funktion möglichst klein sein soll, ist die Toleranz des Schließmaßes für Montage und Funktion sehr wichtig. Das kleinste und größte Schließmaß kann unter Berücksichtigung der Vorzeichen in der Maßkette (Abb. 1.29b) berechnet werden:

Kleinstes Schließmaß: $M_{0K} = \sum\limits_{i=1}^{n} M_{iKp} - \sum\limits_{i=n+1}^{m} M_{iGn}$

Größtes Schließmaß: $M_{0G} = \sum\limits_{i=1}^{n} M_{iGp} - \sum\limits_{i=n+1}^{m} M_{iKn}$

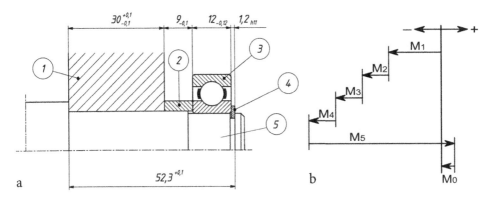

**Abb. 1.29** Toleranzanalyse. a) Baugruppe; b) Maßkette

Indices:

- $p$ positives Einzelmaß
- $n$ negatives Einzelmaß

Für die Definition der Vorzeichen gilt: Ein Maß ist positiv in die Maßkette einzutragen, wenn das Schließmaß bei größer werdendem Maß größer wird. Negativ wird ein Maß, wenn das Schließmaß bei größer werdendem Maß kleiner wird.

Die Toleranzrechnung für das Beispiel in Abb. 1.29 führt zu folgenden Ergebnissen: Kleinstes Schließmaß:

$$M_{0K} = M_{5K} - M_{1G} - M_{2G} - M_{3G} - M_{4G} = 52,3 - 30,1 - 9 - 12 - 1,2 = 0 \text{ mm}$$

Größtes Schließmaß:

$$M_{0G} = M_{5G} - M_{1K} - M_{2K} - M_{3K} - M_{4K} = 52,4 - 29,9 - 8,9 - 11,88 - 1,14 = 0,58 \text{ mm}$$

Schließtoleranz:

$$T_A = T_1 + T_2 + T_3 + T_4 + T_5 = 0,2 + 0,1 + 0,12 + 0,06 + 0,1 = 0,58 \text{ mm}$$

Die Schließtoleranz ist also die Differenz zwischen Kleinst- und Größtspiel. Das Beispiel zeigt sehr anschaulich, dass durch Toleranzketten große Schließtoleranzen auftreten können. Wird die Schließtoleranz für die Gewährleistung der Funktion oder der Montierbarkeit zu groß, muss entweder enger toleriert oder Einstellmöglichkeiten vorgesehen werden. Beides führt jedoch zu höheren Kosten.

*Statistische Methode* Die Grenzmaßbetrachtungen nach der additiven Methode führen grundsätzlich zu einer sehr hohen Sicherheit. Die Ursache liegt darin, dass die Istmaße den vorgegebenen Toleranzbereich nur teilweise ausschöpfen und zudem die einzelnen Toleranzen in einer Maßkette sich in der Regel nicht nur in eine Richtung addieren oder subtrahieren, sondern teilweise auch kompensieren. Die Maximal- und Minimalmaße treten in Wirklichkeit nur äußerst selten auf. Im Sinne einer kostengünstigen Fertigung ist es daher sinnvoll, bei der Toleranzrechnung die Gesetze der Wahrscheinlichkeitstheorie zu berück- sichtigen. Mit Hilfe der statistischen Methode können Maße und Toleranzen unter Berücksichtigung der Verteilung der Ist-Maße und eines zu erwartenden Ausfallanteils berechnet werden. Steht kein benutzerfreundliches Berechnungsprogramm zur Verfügung, ist der Aufwand für die Berechnung recht groß.

Nach DIN 7186 kann jedoch eine qualitative Beurteilung des Zusammenhangs zwischen den Einzeltoleranzen und der Schließtoleranz mit Hilfe der quadratischen Schließtoleranz $T_q$ durchgeführt werden. $T_q$ ist der minimale Wert der statistischen Schließtoleranz $T_S$ und beruht auf den Gesetzen der Fehlerfortpflanzung. Sie kann folgendermaßen berechnet werden:

$$T_q = \sqrt{T_1^2 + T_2^2 + T_3^2 + \ldots + T_n^2}$$

Zwar wurde die DIN 7186 zurückgezogen, die quadratische Schließtoleranz kann jedoch immer noch angewendet werden, wenn folgende Bedingungen erfüllt werden (Idealfall):

- die Einzeltoleranzen sind unabhängig voneinander,
- alle Einzeltoleranzen sind normalverteilt,
- die Mittelwerte der Normalverteilungen entsprechen dem jeweiligen Mittenmaß und
- die jeweiligen Quotienten aus den Einzeltoleranzen und den Standardabweichungen sind gleich.

Auch wenn nicht alle Bedingungen zutreffen, kann die quadratische Schließtoleranz für eine schnelle Abschätzung der statistischen Schließtoleranz sehr hilfreich sein. Nach der statistischen Methode wird in dem Beispiel in Abb. 1.29 die quadratische Schließtoleranz:

$$T_S = T_q = \sqrt{T_1^2 + T_2^2 + T_3^2 + T_4^2 + T_5^2} = \sqrt{0,2^2 + 0,1^2 + 0,12^2 + 0,06^2 + 0,1^2} = 0,28 \text{ mm}$$

Das heißt, dass nach der Gauß'schen Normalverteilung bei 99,73% aller montierten Baugruppen die Differenz zwischen Kleinst- und Größtspiel nur noch 0,28 mm beträgt. Der zu erwartende Mittelwert des Schließmaßes ist dann

$$\bar{M}_0 = \bar{M}_5 - \bar{M}_1 - \bar{M}_2 - \bar{M}_3 - \bar{M}_4 = 52,35 - 30 - 8,95 - 11,94 - 1,17 = 0,29 \text{ mm}$$

Die Abweichung des Schließmaßes um den Mittelwert beträgt somit $T/2 = \pm 0,14$ mm.
Damit wird

das Kleinstspiel $M_{0K} = \bar{M}_0 - T/2 = 0,29 - 0,14 = 0,15$ mm
das Größtspiel $M_{0G} = \bar{M}_0 + T/2 = 0,29 + 0,14 = 0,43$ mm

Mit dem Maß $M_5 = 52,15^{+0,1}$ verschiebt sich der Mittelwert und das Kleinstspiel würde mit $M_{0K} = 0$ und das Größtspiel mit $M_{0G} = 0,28$ somit weniger als die Hälfte als nach der arithmetischen Worst-Case- Methode betragen.

### 1.4.5 Technische Oberflächen

Geometrische Elemente weisen neben Maß- und Geometrieabweichungen zusätzliche Gestaltabweichungen auf, die sich auf die Mikrogestalt eines Werkstückes beziehen und als Oberflächenrauheiten bezeichnet werden. Diese Oberflächenrauheiten erfassen die geometrischen Unregelmäßigkeiten einer Werkstückoberfläche, die durch das Fertigungsverfahren verursacht werden. Die Oberflächenrauheit wird durch einen Profilschnitt senkrecht zur idealen Oberfläche erfasst und kann durch verschiedene Kenngrößen beschrieben werden.

**Kenngrößen** Gemessen wird die Rauheit einer Werkstückoberfläche nach ISO 4287 mit Tastschrittgeräten, die mit elektrischen Wellenfiltern ausgerüstet sind und damit die Formabweichungen und die Welligkeiten von Oberflächen eliminieren können. Dadurch wird sichergestellt, dass nur die Tiefe der Rauigkeit gemessen wird. Als Rauheitskenngrößen werden in der Regel entweder die gemittelte Rautiefe Rz oder der Mittenrauwert Ra in Zeichnungen angegeben (Abb. 1.30).

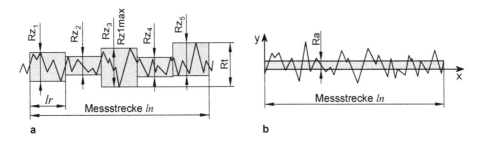

**Abb. 1.30** Oberflächenkenngrößen. a) gemittelte Rautiefe Rz; b) Mittenrauwert Ra.

*Mittlere Rautiefe Rz*  Die mittlere Rautiefe $Rz$ ist der Mittelwert von fünf $Rz$-Werten aus fünf aneinandergrenzenden Einzelmessstrecken $lr$ Abb. 1.30a). Wenn nichts anderes angegeben, ist die gesamte Messstrecke $ln = 5 \cdot lr$. Die Auswertung über die gesamte Messstrecke erfolgt nach der Gleichung:

$$Rz = \frac{1}{5} \sum_{i=1}^{5} Rz_i$$

Der größte $Rz$-Wert aus den fünf Einzelmessstrecken wird als $Rz1max$ bezeichnet. Die Gesamthöhe des Rauheitsprofils wird mit $Rt$ bezeichnet und ist der Abstand zwischen der höchsten Spitze und dem tiefsten Tal des Profils der gesamten Messstrecke $ln$. Diese beiden Kenngrößen können ebenfalls zur Beschreibung der Oberfläche angegeben werden.

*Mittenrautiefe Ra*  Der Mittenrauwert $Ra$ ist das arithmetische Mittel der absoluten Beträge der Abweichungen von der Oberflächenmittellinie über die gesamte Messstrecke $ln$ (Abb. 1.30b).

$$Ra = \frac{1}{ln} \int_{0}^{ln} |z(x)|\, dx$$

$Ra$ war bis in die 1990er-Jahre der Standardkennwert für die Oberflächenbeschaffenheit. Da $Ra$ jedoch unempfindlich gegenüber Spitzen und Riefen reagiert, ist seine Aussagekraft sehr gering. Das heißt, $Ra$ filtert sehr stark, so dass z. B. ein einzelner Kratzer nicht bewertet wird. Das ist der Grund, warum $Ra$ immer weniger angewendet wird und $Rz$ dafür immer mehr zum Standardkennwert wird.

**Zeichnungsangaben**  Die Kennzeichnung von Werkstückoberflächen mit Dreieck-Symbolen ($\nabla$), wie seit 1921 in DIN 140 und seit 1960 in DIN 3141 festgelegt waren, ist seit 1983 nicht mehr gültig. Heute wird der Zustand einer technischen Oberfläche nach ISO 1302 mittels eines Oberflächensymbols in Verbindung mit einem Oberkennwert angegeben. Wenn die Funktion es erfordert, können zusätzliche Angaben bezüglich Rillenrichtung, Bearbeitungsverfahren oder Rauheits-Höchstwerte und Rauheit-Mindestwerte angegeben werden (Abb. 1.31).

Oberflächensymbole sagen auch etwas über das Fertigungsverfahren aus. Das heißt, es gibt unterschiedliche Symbole für bearbeitete und nicht bearbeitete Oberflächen (Abb. 1.32).

**Abb. 1.31** Oberflächensymbol
nach ISO 1302

| Symbol | $\checkmark$ | $\checkmark$ | $\checkmark$ |
|--------|--------------|--------------|--------------|
| Erklärung | jedes Fertigungs-verfahren zulässig | Materialabtrag erforderlich | Materialabtrag nicht zulässig |
| Beispiele | $\checkmark$ Rz 25 | $\checkmark$ Ra 3,2 | $\checkmark$ Rz 25 |

**Abb. 1.32**  Oberflächensymbole für unterschiedliche Fertigungsverfahren

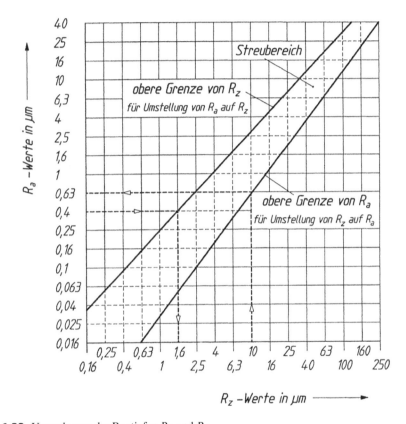

**Abb. 1.33**  Umrechnung der Rautiefen $Ra$ und $Rz$

Eine genaue Umrechnung von $Ra$ in $Rz$ ist nicht möglich. Für spanend hergestellte Flächen kann jedoch mit Hilfe des Diagramms Abb. 1.33 der Mittenrauwert $Ra$ als eine gemittelte Rautiefe $Rz$ unter Berücksichtigung des Streubandes und einer ausreichenden Sicherheit bestimmt werden.

**Wahl geeigneter Rautiefen**  Dem Konstrukteur obliegt es, die richtige Rautiefe festzulegen und in die Zeichnung einzutragen. Zu feine Oberflächenrauigkeiten ergeben zu hohe

Herstellkosten. Allerdings können grobe Oberflächen die geforderte Funktionalität gefährden. Die Wahl der Rautiefe wird hauptsächlich durch die Funktion, die Maßtoleranz und das Fertigungsverfahren beeinflusst.

*Funktion* Die festzulegende Rauhtiefe ist abhängig von der Funktion, welche die entsprechende Oberfläche zu erfüllen hat. So wird z. B. für Presssitze gerne $Rz$ (wegen Glättung) und für Wälzlagersitze $Ra$ (wegen Traganteil) verwendet. Da keine allgemeingültigen Berechnungsmodelle zur Festlegung von Oberflächenrauigkeiten zur Verfügung stehen, muss auf Erfahrungswerte zurückgegriffen werden, von denen eine Auswahl in Tab. 1.19 zusammengestellt ist.

*Maßtoleranz* Außerdem ist die zulässige Rautiefe von der einzuhaltenden Maßtoleranz T abhängig, auch wenn kein ursächlicher und funktionaler Zusammenhang zwischen diesen beiden Größen angegeben werden kann. Für Passflächen sollte jedoch sichergestellt werden, dass $Rz \leq T/4$ beträgt, damit nach dem Fügen der Passteile das Istmaß des Werkstücks infolge der Glättung der Oberflächen (plastische Verformung) noch innerhalb der Maßtoleranz T liegt. Bei hohen Anforderungen an die Oberfläche, wie z. B. bei Gleit- oder Wälzbahnen, sollte $Rz \leq T/10$ sein.

*Fertigungsverfahren* Technische Oberflächen können spanlos oder materialabtragend hergestellt werden. Die Wahl des Fertigungsverfahrens hängt von mehreren Faktoren ab, wie Funktion, Werkstoff, Genauigkeit, Stückzahlen und Werkstückgröße. Die Funktion einer Oberfläche, z. B. eine Dichtfläche, stellt gewisse Anforderungen an ihre Rauigkeit

**Tab. 1.19** Beispiele für funktionsgerechte Oberflächenrauheiten (nach VDI 2601)

| | Oberflächenrauigkeiten $Rz$ in μm | | | | | | | | | | | |
| --- | --- | --- | --- | --- | --- | --- | --- | --- | --- | --- | --- | --- |
| | 0,4 | 0,63 | 1 | 1,6 | 2,5 | 4 | 6,3 | 10 | 16 | 25 | 40 | 63 |
| Stützflächen | | | | | | | | ▓ | ▓ | ▓ | | |
| Passflächen | | | | ▓ | ▓ | ▓ | ▓ | ▓ | ▓ | ▓ | | |
| Bremsflächen | | | | ▓ | ▓ | ▓ | ▓ | ▓ | ▓ | | | |
| Schneidflächen | | | | ▓ | ▓ | ▓ | ▓ | ▓ | ▓ | | | |
| Wälzflächen | | | | ▓ | ▓ | ▓ | ▓ | ▓ | | | | |
| Dichtflächen | | | | ▓ | ▓ | ▓ | ▓ | ▓ | | | | |
| Messflächen | | | | | ▓ | ▓ | | ▓ | | | | |
| Stoßflächen | | | | ▓ | ▓ | ▓ | ▓ | | | | | |
| Gleitflächen | | | | | ▓ | ▓ | ▓ | ▓ | ▓ | | | |
| Strömungsflächen | | | ▓ | ▓ | ▓ | ▓ | ▓ | ▓ | | | | |
| Rollflächen | | | ▓ | ▓ | ▓ | ▓ | ▓ | ▓ | | | | |

**Tab. 1.20** Erreichbare Oberflächenrauigkeiten $Rz$ abhängig vom Fertigungsverfahren

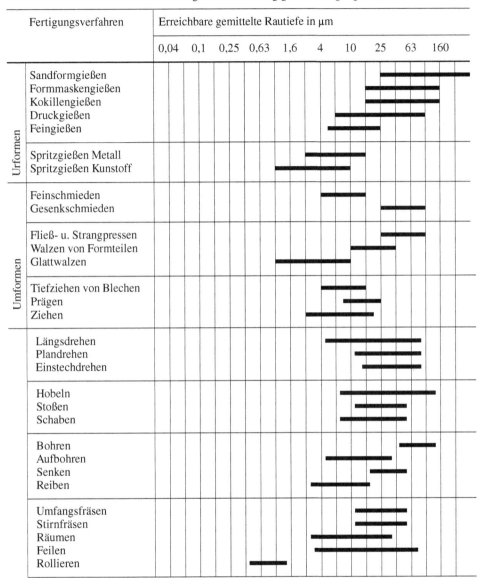

(siehe Tab. 1.19), die durch die Wahl eines geeigneten Fertigungsverfahrens sichergestellt werden muss. In Tab. 1.20 sind die wichtigsten Fertigungsverfahren und die dabei erreichbaren Rauheitswerte $Rz$ angegeben. Sie entsprechen den Erfahrungen des allgemeinen Maschinenbaus.

**Tab. 1.20** (Fortsetzung)

Erreichbare gemittelte Rautiefe in μm. (Trennen)

| Fertigungsverfahren | 0,04 | 0,1 | 0,25 | 0,63 | 1,6 | 4 | 10 | 25 | 63 | 160 |
|---|---|---|---|---|---|---|---|---|---|---|
| Rund-Längsschleifen | | | | | ■ | ■ | ■ | | | |
| Rund-Planschleifen | | | | | ■ | ■ | ■ | | | |
| Rund-Einstechschleifen | | | | | ■ | ■ | | | | |
| Flach-Umfangschleifen | | | | | ■ | ■ | | | | |
| Flach-Stirnschleifen | | | | | ■ | ■ | | | | |
| Polierschleifen | | | | ■ | ■ | | | | | |
| Elektrolit. Polieren | | | | ■ | ■ | | | | | |
| Funkenerodieren | | | | | | ■ | ■ | ■ | ■ | |
| Langhubhohnen | | | | | ■ | ■ | ■ | ■ | | |
| Kurzhubhohnen | | ■ | ■ | ■ | ■ | | | | | |
| Rundläppen | | | ■ | ■ | ■ | | | | | |
| Flachläppen | | | ■ | ■ | ■ | | | | | |
| Schwingläppen | | | ■ | ■ | ■ | ■ | | | | |
| Polierläppen | ■ | ■ | ■ | | | | | | | |
| Strahlen | | | | | | | | ■ | ■ | ■ |
| Trommeln | | | ■ | ■ | ■ | | | | | |
| Brennschneiden | | | | | | | | | ■ | ■ |
| Sägen | | | | | | | | | ■ | |
| Schneiden | | | | | | | ■ | ■ | ■ | |

# Literatur

1. Andreasen, M.; Kähler, S.; Lund, T.: Montagegerechtes Konstruieren. Berlin: Springer 1985
2. Bach, C.: Die Maschinenelemente, ihre Berechnung und Konstruktion. Stuttgart 1901
3. Breiing, A.; Flemming, M.: Theorie und Methoden des Konstruierens. Berlin: Springer 1993
4. Buxbaum, O.: Betriebsfestigkeit. Düsseldorf: Stahleisen-Verlag 1992
5. Dietmann, H.: Einführung in die Elastizitäts- und Festigkeitslehre. Stuttgart: Kroner- Verlag 1992
6. DIN-Taschenbuch 2: Technisches Zeichnen. Berlin: Beuth-Verlag
7. Dubbel, H.: Taschenbuch für den Maschinenbau. 24. Auflage; Berlin Springer 2014
8. Erlenspiel, K: Kostengünstig Entwickeln und Konstruieren. Berlin: Springer 2007
9. FKM-Richtlinie: Rechnerischer Festigkeitsnachweis für Maschinenbauteile; 6. Auflage. VDMA 2012
10. Geupel, H.: Konstruktionslehre – Methodisches Konstruieren für das praxisnahe Studium. Berlin: Springer 2001
11. Haibach, E.: Betriebsfestigkeit – Verfahren und Daten zur Bauteilberechnung. Berlin: Springer 2006
12. Hansen, F.: Konstruktionssystematik. Berlin: VEB-Verlag 1968

13. Hintzen, H.; Laufenberg,H.; Kurz, U.: Konstruieren, Gestalten, Entwerfen. 3. Auflage. Braunschweig: Vieweg 2014

14. Hoischen, H.; A. Fritz: Technisches Zeichnen. 35. Auflage. Düsseldorf: Cornelsen-Geradet 2016

15. Holzmann, G.; Meyer, H.; Schumpich, G.: Technische Mechanik. Stuttgart: Teubner-Verlag. Bd. 1: Statik, 9. Auflage; Bd. 2: Kinematik und Kinetik, 8. Auflage; Bd. 3: Festigkeitslehre, 9. Auflage 2006

16. Hubka, V.; Eder, W. E.: Einführung in die Konstruktionswissenschaft. Berlin: Springer 1992

17. Hütte: Die Grundlagen der Ingenieurwissenschaften. 34. Auflage. Berlin: Springer 2014

18. Issler, L.; Ruoß, H.; Häfele; P.: Festigkeitslehre – Grundlagen. Berlin: Springer 2006

19. Jorden,W.: Form- und Lagetoleranzen. München: Hanser 2014

20. Kesselring, F.: Technische Kompensationslehre. Berlin: Springer 1954

21. Klein, M: Einführung in die DIN-Normen. 14. Auflage. Stuttgart: Teubner 2008

22. Koller, R.: Konstruktionslehre für den Maschinenbau. Berlin: Springer 1998

23. Mooren, A. L. v. d.: Instandhaltungsgerechtes Konstruieren und Projektieren. Berlin: Springer 1991

24. Neuber, H.: Kerbspannungslehre. Berlin: Springer 2001

25. Pahl, G.; Beitz, W.: Konstruktionslehre. 8. Auflage. Berlin: Springer 2013

26. Rodenacker, W. G.: Methodisches Konstruieren. 4. Auflage. Berlin: Springer 1991

27. Roth, K.: Konstruieren mit Konstruktionskatalogen. Bd. 1: Konstruktionslehre, 3. Auflage, Bd. 2: Kataloge. 3. Auflage. Berlin: Springer 2001

28. Schließer, K; Schlindwein, K; Steinhilper, W.: Konstruieren und Gestalten. Würzburg: Vogel-Verlag 1989

29. Schlottmann, D.; Schnegas, H.: Auslegung von Konstruktionselementen. 3. Auflage. Berlin: Springer 2016

30. Seeger, H.: Design technischer Produkte, Programme und Systeme. Berlin: Springer 2005

31. Steinhilper, W.; Röper, R.: Maschinen- und Konstruktionselemente, Bd. 1: Grundlagen der Berechnung und Gestaltung. 5. Auflage. Berlin: Springer 2000

32. Szyminski, S.: Toleranzen und Passungen. Braunschweig: Vieweg 1993

33. VDI-Richtlinie 2211: Informationsverarbeitung in der Produktentwicklung. Berlin: Beuth-Verlag 2003

34. VDI-Richtlinie 2221: Methodik zum Entwickeln und Konstruieren technischer Systeme und Produkte. Berlin: Beuth-Verlag 1993

35. VDI-Richtlinie 2222: Konstruktionsmethodik. Berlin: Beuth-Verlag 1997

36. VDI-Richtlinie 2223: Methodisches Entwerfen technischer Produkte. Berlin: Beuth- Verlag 1999

37. VDI-Richtlinie 2243: Recyclingorientierte Produktentwicklung. Berlin: Beuth-Verlag 2002

38. Wächter, K: Konstruktionslehre für Maschineningenieure. Berlin: VEB-Verlag 1987

39. Weinberger, H. v.; Abou-Aly, W.: Handbuch Technischer Oberflächen. Braunschweig: Vieweg 1989

40. Zammert, W. U.: Bertiebsfestigkeitsberechnung. Braunschweig: Vieweg 1985

# Verbindungselemente

Verbindungselemente werden benötigt, um einzelne Elemente zu technischen Systemen wie Baugruppen, Geräte und Maschinen zusammenzufügen. Die Verbindung von Maschinenteilen kann erfolgen durch

a. *Stoffschluss*, wobei mit oder ohne Zuhilfenahme von Zusatzwerkstoffen die Bauteile an den Stoßstellen zu einer unlösbaren Einheit vereinigt werden,
b. *Reibschluss*, wobei vornehmlich durch Verspannen in den sich berührenden Flächen Reibungskräfte erzeugt werden, die den zu übertragenden Verschiebekräften entgegenwirken und
c. *Formschluss*, bei dem die Kraftübertragung über Formelemente, die als Mitnehmer wirken, erfolgt.

Oft sind gleichzeitig Form- und Reibschluss wirksam, z. B. bei Keilverbindungen, die deshalb auch als „vorgespannte Formschlussverbindungen" bezeichnet werden. Die Keilverbindung wird trotzdem als Reibschlussverbindung betrachtet, da ihr primäres Wirkprinzip der Reibschluss ist. Bei Nietverbindungen kann es sich um Reibschluss (dichte und feste Verbindungen im Druckbehälterbau) oder um Formschluss (feste Verbindung im Hoch-, Brücken- und Kranbau) handeln. Auch bei Schraubenverbindungen kann, obwohl grundsätzlich Reibschluss vorliegen muss, unter bestimmten Umständen Formschluss auftreten.

Zu beachten ist, dass kombinierte Wirkprinzipien nicht eindeutig und daher nicht berechenbar sind. Obwohl solche Verbindungen erfolgreich eingesetzt werden (z. B. geklebte Pressverbindung = Stoffschluss + Reibschluss), ist in der Regel davon abzuraten, solange keine gesicherten Erkenntnisse über das Bauteilverhalten durch Versuche vorliegen.

Neben diesen verhältnismäßig starren Verbindungen sind im Maschinenbau oft auch elastische, nachgiebige Verbindungen erwünscht (z. B. zur Dämpfung von Stößen und Schwingungen), wobei federnde Elemente zwischengeschaltet werden.

© Springer-Verlag GmbH Deutschland 2018
H. Haberhauer, *Maschinenelemente*,
https://doi.org/10.1007/978-3-662-53048-1_2

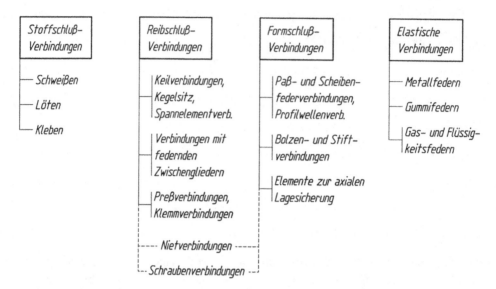

**Abb. 2.1**  Übersicht der Verbindungselemente

Die Abb. 2.1 zeigt in einer systematischen Übersicht alle in diesem Buch behandelten Verbindungselemente (mit Ausnahme der Gas- und Flüssigkeitsfedern), geordnet nach ihren Wirkprinzipien.

## 2.1    Schweißverbindungen

Durch Schweißen werden unlösbare, stoffschlüssige Verbindungen hergestellt. Es zählt zu den wichtigsten Fertigungsverfahren im Maschinen- und Apparatebau. Auch im Stahlbau hat das Schweißen die Nietverbindungen fast vollständig verdrängt.

Unter Schweißen versteht man das Vereinigen oder das Beschichten von Werkstoffen unter Anwendung von Wärme und/oder Druck mit oder ohne Schweißzusatzwerkstoffe. Die Grundwerkstoffe werden vorzugsweise in plastischem oder flüssigem Zustand am Schweißstoß vereinigt. Die Festigkeit einer Schweißverbindung entsteht durch die Kohäsionskräfte von Grund- und Zusatzwerkstoff.

Im Maschinenbau wird das Schweißen hauptsächlich in der Einzelfertigung und für Kleinserien eingesetzt. Das Anwendungsgebiet ist sehr groß und reicht von einfachen Hebeln bis zu komplizierten Maschinengehäusen. Aber auch in der Großserienfertigung hat sich heute das Schweißen mit Hilfe von Schweißrobotern und Vorrichtungen etabliert (z. B. im Fahrzeugbau). Daneben ist das Reparaturschweißen von Rissen und Brüchen ebenfalls von großer Bedeutung.

*Vorteile* geschweißter Konstruktionen sind die

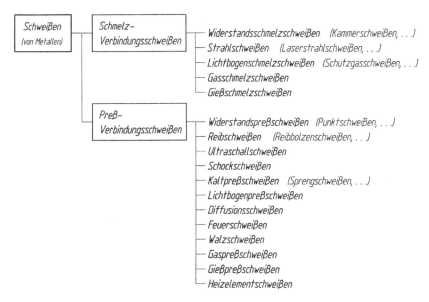

**Abb. 2.2** Schweißverfahren

- vielseitige Anwendbarkeit bezüglich der Werkstoffe und Produktionsprozesse,
- Gewichtsersparnis gegenüber Nietverbindungen durch Wegfall der Überlappungen, Laschen und Nietköpfe,
- Gewichtsersparnis gegenüber Gusskonstruktionen durch geringere Wandstärken infolge besserer Ausnützung des Werkstoffes,
- wirtschaftliche Herstellung bei Einzel- und Kleinserienfertigung durch Wegfall von Modell- und Formkosten,
- kürzeren Lieferzeiten.

Nachteilig können sich die schwer erfassbaren Schrumpfspannungen und der nicht immer eindeutig vorhersehbare Verzug sowie Ungleichmäßigkeiten in der Nahtgüte auswirken. Sie sind abhängig von den Werkstoffen, den Schweißverfahren und von der Sorgfalt des Schweißers. Auch der Gefahr von Sprödbrüchen infolge mehrachsiger Spannungszustände durch Überlagerungen von Eigenspannungen und Belastungsspannungen kann nicht immer erfolgreich begegnet werden.

## 2.1.1 Schweißverfahren

**Verbindungsschweißen** Zur Herstellung unlösbarer Verbindungen wird das Verbindungsschweißen verwendet. Die Begriffe und Verfahren sind in DIN EN 14610 und DIN 1910-100 festgelegt. Danach sind die wichtigsten Metallschweißverfahren das Schmelzschweißen und das Pressschweißen (Abb. 2.2).

Ferner sei noch das aluminothermische Gießschmelzschweißen (Thermitschweißen) erwähnt. Für thermoplastische Kunststoffe werden Warmgasschweißen, Heizelementschweißen, Reibschweißen, Hochfrequenz-(HF)- Schweißen und Ultraschallschweißen angewendet. Da kein Schmelzen erfolgt, muss neben Wärme auch Druck aufgebracht werden. Eine ausführliche Behandlung der genannten Schweißverfahren befindet sich in [32].

**Auftragsschweißen**  Unter Auftragsschweißen ist das Aufschweißen von Werkstoff auf ein Werkstück zum Ergänzen oder Vergrößern des Volumens oder zum Schutz gegen Korrosion und Verschleiß zu verstehen. Man unterscheidet dabei das „Auftragen" überwiegend bei Reparaturen mit artgleichem Werkstoff und das „Panzern" bei der Neufertigung mit artfremden Werkstoffen, die speziellen Anforderungen angepasst werden (z. B. Chromstahllegierungen und Stellite für Dichtflächen).

**Brennschneiden**  Verwand mit dem Schweißen ist das Brennschneiden (Thermische Schneiden), bei dem der Werkstoff durch eine Brenngas-Sauerstoff-Flamme, einen elektrischen Lichtbogen oder einen Laserstrahl örtlich auf Zündtemperatur gebracht und im Sauerstoffstrahl so verbrannt wird, dass eine Schnittfuge entsteht. Es dient also zum Trennen, insbesondere zum wirtschaftlichen Ausschneiden von Blechteilen nach beliebigen offenen oder geschlossenen Linienzügen. Dabei kann gegebenenfalls gleichzeitig die für eine Schweißnahtvorbereitung erforderliche Fugenflanke hergestellt werden.

## 2.1.2   Schweißbarkeit

Der Begriff der Schweißbarkeit ist sehr schwer zu definieren, weil die Werkstoffeigenschaften dabei ebenso eine Rolle spielen wie die Fertigungsbedingungen und die Gestaltung des Bauteils. Nach DIN 8528 hängt die Schweißbarkeit daher von drei Einflussgrößen ab:

- Schweißeignung der Werkstoffe,
  Schweißsicherheit der Konstruktion,
- Schweißmöglichkeit der Fertigung.

**Schweißeignung der Werkstoffe**  Die Schweißeignung von Stahl wird wesentlich von dessen Kohlenstoffgehalt, von der Erschmelzungs- und Desoxydationsart sowie von den Legierungsbestandteilen bestimmt. So ist zu beachten, dass bei einem zu großem Kohlenstoffgehalt, aber auch bei Anreicherungen von Schwefel, Phosphor und Stickstoff, die Gefahr der Aufhärtung mit Sprödbruchneigung und Spannungsrissen besteht.

**Tab. 2.1** Schweißeignung unlegierter Stähle

| Werkstoff | C-Gehalt [%] | Schweißeignung | Vorwärmtemperatur |
|-----------|--------------|----------------|-------------------|
| S 235 | 0,17 | gut schweißbar | – |
| S 275 | 0,18 | gut schweißbar | – |
| S 355 | 0,20 | gut schweißbar | – |
| E 295 | 0,30 | bedingt schweißbar | $\approx 150\,°C$ |
| E 335 | 0,40 | schwierig schweißbar | $\approx 230\,°C$ |
| E 360 | 0,50 | schwierig schweißbar | $\approx 320\,°C$ |

*Unlegierte Stähle* Sie sind im Allgemeinen gut schweißbar bis zu einem Kohlenstoffgehalt von $C < 0,25\,\%$. Dagegen sind Stähle mit einem größeren C-Gehalt nur bedingt schweißbar, da sie zu Spannungsrissen neigen. Soll rissfrei geschweißt werden, sind die Bauteile vorzuwärmen, wodurch die Aufhärtungsgefahr vermindert wird (Tab. 2.1).

*Niedriglegierte Stähle* Die im Maschinenbau häufig verwendeten Einsatz- und Vergütungsstähle zählen zu den niedriglegierten Stählen. Einsatzstähle sind eigentlich nicht als Schweißwerkstoffe vorgesehen. Wenn trotzdem geschweißt werden soll, so muss dies vor dem Einsetzen (Aufkohlen) geschehen. Da Vergütungsstähle einen höheren Kohlenstoffgehalt besitzen, sind beim Schweißen besondere Vorsichtsmaßnahmen erforderlich. Meist wird im vergüteten Zustand geschweißt.

Neben dem Kohlenstoff führen auch die Legierungsbestandteile zu Aufhärtungseffekten, deren Einfluss näherungsweise mit dem Kohlenstoffäquivalent berücksichtigt werden kann [32]:

$$C_{äqu} = C + \frac{Mn}{6} + \frac{Cr}{5} + \frac{Ni}{40} + \frac{Mo}{4} + \frac{Si}{24}$$

Dabei sind die Legierungsbestandteile in „%" einzusetzen. Die Schweißeignung, abhängig vom $C_{äqu}$, ist in Tab. 2.2 angegeben.

*Hochlegierte Stähle* Die austenitischen, kohlenstoffarmen Chrom-Nickel- und Mangan-Stähle sind im Allgemeinen gut schweißbar. Als Schweißverfahren wird fast ausschließlich das Lichtbogenschweißen eingesetzt. Ferritische Chromstähle sind dagegen nur bedingt zum Schweißen geeignet.

**Tab. 2.2** Schweißeignung niedrig legierter Stähle

| $C_{äqu}$ [%] | Schweißeignung |
|---------------|----------------|
| <0,4 | gut schweißbar |
| 0,4…0,6 | bedingt schweißbar (Vorwärmung erforderlich) |
| >0,6 | schwierig schweißbar |

*Eisen- Gusswerkstoffe* Stahl- und weißer Temperguss ist, abhängig vom Kohlenstoffgehalt, mehr oder weniger gut schweißbar. Hingegen sind Graugussteile sowie Teile aus schwarzem Temperguss wegen ihres hohen Kohlenstoffgehalts nicht einfach zu schweißen.

Große Stahlgussteile aus GS-38 oder GS-45 können infolge ihrer guten Schweißbarkeit problemlos aus mehreren Einzelteilen zusammengeschweißt werden. Grauguss wird dagegen nur für Reparaturen geschweißt.

*Nichteisenmetalle* Gut schweißbar sind Aluminium und Alu-Legierungen. Für das Schweißen eignen sich vor allem die Schutzgasschweißverfahren. Beim Gasschweißen sind Flussmittel erforderlich, um Oxidation in der Schweißstelle zu vermeiden.

Kupfer ist vorzugsweise mit Schutzgasverfahren, Kupferlegierungen mit dem Metall-Lichtbogenschweißen mit umhüllten Elektroden schweißbar. Die Anwesenheit von Sauerstoff sowie Beimengungen von Blei, Schwefel und Eisen können die Schweißbarkeit beeinträchtigen. Messing lässt sich im Allgemeinen besser schweißen als Bronzen, für die oft Löten eine bessere Alternative darstellt.

*Kunststoffe* Nach ihrem thermischen Verhalten werden Kunststoffe in Thermoplaste und Duroplaste unterschieden. Hingegen Thermoplaste bei Erwärmung reversibel in einen plastischen Zustand übergehen, härten Duroplaste bei Temperaturerhöhung nach Durchlaufen eines plastischen Bereiches aus. Daher eignen sich ausschließlich Thermoplaste zum Schweißen. Das Schweißen von Kunststoffen wurde jedoch mehr und mehr von der Klebetechnik verdrängt, da heute Kleber zur Verfügung stehen, deren Festigkeit derjenigen der Kunststoffe entspricht.

**Schweißsicherheit der Konstruktion** Neben dem Werkstoff ist die Schweißbarkeit eines Bauteils oder Baugruppe von seiner konstruktiven Gestaltung abhängig. So kann z. B. die Rissanfälligkeit bestimmter Werkstoffe durch eine nachgiebige (verformungsfähige) Gestaltung erheblich reduziert werden. Auch sollten möglichst geringe und gleichmäßige Wandstärken verwendet werden, da mit der Wanddicke die Abkühlgeschwindigkeit zunimmt. Wesentlichen Einfluss auf die Schweißsicherheit einer Konstruktion haben folgende Faktoren:

* Konstruktive Gestaltung (Lage der Schweißnaht, Kraftfluss, Wandstärken),
* Beanspruchung (Spannungen infolge äußerer Belastungen und Eigenspannungen),
* Betriebstemperatur.

**Schweißmöglichkeit der Fertigung** Eine fertigungsbedingte Schweißsicherheit, oder die Schweißmöglichkeit, ist vorhanden, wenn alle Nähte der Schweißkonstruktion fachgerecht hergestellt werden können. Eine Nahtvorbereitung und gute Zugänglichkeit sind Voraussetzungen für einwandfreie Verbindungen. Die Schweißfolge und der Nahtaufbau haben wesentlichen Einfluss auf die durch die Schweißung entstehenden Eigenspannungen. Nahtfehler mindern die Festigkeit von Schweißverbindungen. Auch die Wahl des optimalen Schweißverfahrens, bezüglich des gewählten Werkstoffes, ist sehr wichtig. Eine fertigungssichere Schweißung wird daher beeinflusst durch

- die Vorbereitung zum Schweißen (Stoßarten, Vorwärmung),
- der Ausführung der Schweißarbeiten (Qualifikation, Schweißverfahren),
- die Nachbehandlung (Glühen).

### 2.1.3 Schweißnahtgüte

Bei der Herstellung von Schweißverbindungen können Fehler auftreten. Äußere und innere geometrische Kerben, wie z. B. Einbrandkerben, Poren, Schlackeneinschlüsse, Bindefehler und Risse beeinträchtigen das Festigkeitsverhalten der Schweißnähte. Da die möglichen Fehler nur in bestimmten Grenzen auftreten dürfen, ist es notwendig, eine Schweißnahtgüte zu definieren, die den Anforderungen entspricht und die in der Praxis auch sicher hergestellt werden kann. Für die Qualität einer Schweißnaht sind die Bewertungsgruppen **B**, **C**, und **D** vorgesehen. In ISO 13919 sind die zulässigen Unregelmäßigkeiten in der Schweißnaht (z. B. Risse, Lunker, Bindefehler usw.) für Laser- und Elektronenstrahlschweißen, in ISO 5817 für alle übrigen Schweißverfahren festgelegt.

Für die Qualitätssicherung von Schweißarbeiten sind zusätzlich in DIN EN ISO 3834 und 6520-1 ausführliche Angaben bezüglich der zulässigen Nahtfehler in den einzelnen Bewertungsgruppen, Befähigungsnachweise der Betriebe, technische Unterlagen, Berechnungen, Werkstoffe, Konstruktion, schweißtechnische Fertigung, Prüfung und Abnahme zu finden.

Die Güte einer Schweißverbindung wird im Wesentlichen bestimmt durch

a. die *Gestaltung*: Schweißgerechte Gestaltung bei Konstruktion berücksichtigen,
b. den *Werkstoff*: Schweißeignung beachten,
c. die *Schweißnahtvorbereitung*: Teile fachgerecht und überwacht vorbereiten,
d. das *Schweißverfahren*: Entsprechend den Werkstoffeigenschaften, der Werkstückdicke, der Schweißposition und der Beanspruchung der Schweißverbindung auswählen,
e. das *Schweißgut*: Der Zusatzwerkstoff muss auf den Grundwerkstoff abgestimmt, geprüft und zugelassen sein,
f. das *Personal*: Bestehend aus Schweißaufsichtsperson und geprüften und bei der Arbeit überwachten Schweißern,
g. die *Prüfung*: Nachweis fehlerfreier Ausführung durch zerstörungsfreie Prüfung.

Infolge der vielfältigen Einflussfaktoren ist es zurzeit allerdings noch nicht möglich, einen zahlenmäßigen Zusammenhang zwischen der Schweißnahtqualität und den

**Tab. 2.3** Bewertungsgruppen

| Bewertungsgruppe | B | C | D |
|---|---|---|---|
| Anforderungen | Bei hoher Beanspruchung, wenn durch Versagen die Hauptfunktion ausfallen würde. | Bei mittlerer Beanspruchung, wenn durch Versagen die Gebrauchsfähigkeit beeinträchtigt, aber nicht ausfallen würde. | Bei geringen Belastungen und wenn durch Versagen die Gebrauchsfähigkeit kaum beeinträchtigt würde. |
| Anwendungs-beispiele | Druckbehälter, Fahrzeuge, Längsträger, Turbinenläufer, Hochdruckrohre, Untergurte. | Druckzylinder, Fahrzeugaufbauten, Streben, Trommeln, Niederdrucklei-tungen, Obergurte. | Verkleidungen, Vorrichtungen, Verstärkungen und Rippen, unterbrochene Nähte. |

Festigkeitseigenschaften der Verbindung bei statischer und dynamischer Belastung anzugeben. Trotzdem werden vom Konstrukteur Angaben zur Nahtqualität in Form der Bewertungsgruppen gefordert. Die Wahl der Bewertungsgruppen für Schweißnähte kann nach Tab. 2.3 erfolgen.

## 2.1.4   Schweißstoß, Schweißnaht und zeichnerische Darstellung

**Schweißstoß**  Als Schweißstoß wird der Bereich genannt, in dem die Teile stoffschlüssig miteinander verbunden werden. Durch die konstruktive Anordnung der Teile zueinander ergeben sich bestimmte Stoßarten, die in Abb. 2.3 zusammengestellt sind.

**Schweißnaht**  Die Schweißnaht vereinigt die Teile am Schweißstoß, durch den die Art der Naht bestimmt wird. Die wichtigsten Nahtarten sind Stumpfnähte und Kehlnähte.

*Stumpfnähte*  Wenn die zu verbindenden Bauteile stumpf gegeneinander stoßen, entsteht eine Stumpfnaht. Ab 3 mm Blechdicke ist eine Schweißnahtvorbereitung erforderlich.

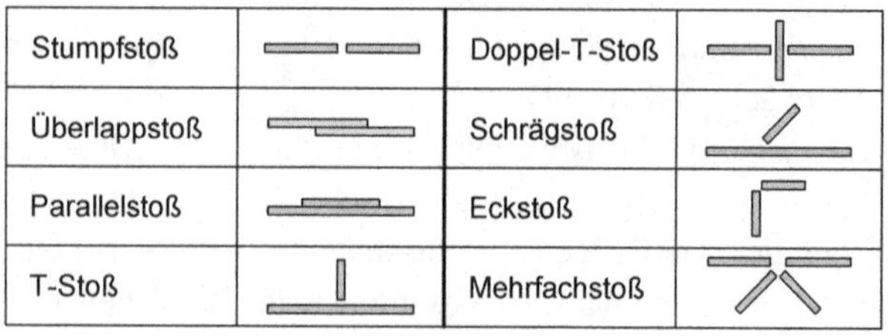

**Abb. 2.3** Stoßarten nach ISO 17659

| Stumpfstoß | | Doppel-T-Stoß | |
|---|---|---|---|
| Überlappstoß | | Schrägstoß | |
| Parallelstoß | | Eckstoß | |
| T-Stoß | | Mehrfachstoß | |

**Abb. 2.4** Stumpfnaht, einseitig durchgeschweißt

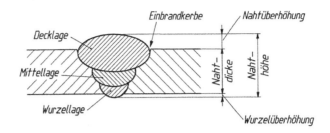

Dicke Schweißnähte werden in mehreren Schweißlagen geschweißt (Abb. 2.4). Bei dynamischer Belastung ist die Naht auf der Wurzelseite nachzuschweißen. Stumpfnähte sind bevorzugt anzuwenden, da durch den ungestörten Kraftfluss nur geringe Kerbwirkung auftritt. Bei einer Stumpfnaht ist die Nahtdicke $a$ in der Regel gleich der Blechdicke t.

*Kehlnähte* Da bei Kehlnähten keine Nahtvorbereitung erforderlich ist, sind sie meist kostengünstiger als die Stumpfnaht (Abb. 2.5). Durch die starke Umlenkung des Kraftflusses entsteht jedoch eine große Kerbwirkung. Dadurch ergeben sich, insbesondere bei dynamischer Belastung, ungünstige Festigkeitsbedingungen. Einseitige Kehlnähte sind daher nur für geringe statische Belastungen zu verwenden, oder wenn eine Doppelkehlnaht sich fertigungstechnisch nicht ausführen lässt. Für die Nahtdicke $a$ sollte folgende Abhängigkeit zur Blechdicke $t$ eingehalten werden:

$$2 \leq a \leq 0,7 \cdot t_{\min}$$

Das heißt, dass Kehlnähte nicht kleiner als 2 mm ausgeführt werden sollten.

**Zeichnerische Darstellung** In Zeichnungen können Schweißnähte bildlich und symbolisch dargestellt werden (Abb. 2.6). Die Symbole dafür sind in ISO 2553 genormt. Zur vollständigen und eindeutigen Festlegung einer Schweißnaht sind folgende Angaben notwendig:

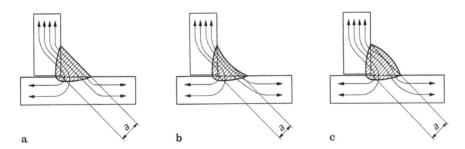

**Abb. 2.5** Kehlnähte a) Flachkehlnaht; b) Hohlkehlnaht; Wölbkehlnaht

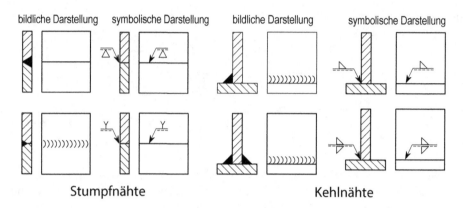

Stumpfnähte                                    Kehlnähte

**Abb. 2.6**  Darstellung von Schweißnähten

- Nahtart,
- Nahtdicke,
- Schweißverfahren,
- Schweißnahtgüte,
- Schweißposition,
- Zusatzwerkstoff.

*Nahtart und Nahtdicke*  In Abb. 2.7 ist eine einseitig geschweißte Kehlnaht mit einer Schweißnahtdicke von 5 mm angegeben. Als Nahtdicke wird bei Kehlnähten die Höhe des einbeschriebenen Dreiecks bezeichnet. Bei einer Stumpfnaht muss die Schweißnahtdicke nur dann angegeben werden, wenn Sie kleiner als die Blechdicke ist. Die Gabel am rechten Ende der Bezugslinie enthält weitere Angaben zur Schweißnaht.

In Abb. 2.8. ist eine unterbrochene Schweißnaht abgebildet. Die Maßangaben in den Zeichnungen beziehen sich auf die Nahtlängen und den Unterbrechungen.

*Schweißverfahren*  Nach DIN ISO 4063 werden Schweißverfahren und verwandte Prozesse (z. B. Brenneschneiden) durch Ordnungsnummern angegeben. In Tab. 2.4 sind einige Zuordnungen aufgelistet.

**Abb. 2.7**  Reihenfolge der
Schweißnahtangaben

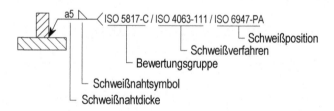

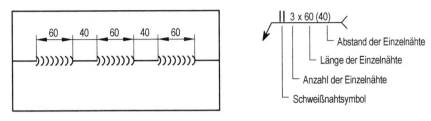

**Abb. 2.8** Unterbrochene Schweißnaht a) bildliche Darstellung; b) symbolische Darstellung

**Tab. 2.4** Schweißverfahren nach ISO 4063

| 1 | Lichtbogenschmelzschweißen |
|---|---|
| 11 | Metall-Lichtbogenschweißen ohne Gaszusatz, |
| 111 | Lichtbogenhandschweißen, |
| 121 | Unterpulverschweißen mit Massivdrahtelektrode, |
| 131 | Metall-Inertgasschweißen (MIG), |
| 135 | Metall-Aktivgasschweißen (MAG), |
| 141 | Wolfram-Inertgasschweißen (WIG), |
| 2 | Widerstandspressschweißen, |
| 3 | Gasschmelzschweißen, |
| 4 | Pressschweißen, |
| 5 | Strahlschweißen (Elektronenstrahl- und Laserstrahlschweißen). |

**Tab. 2.5** Schweißpositionen nach ISO 6947

| PA | Wannenposition |
|---|---|
| PB | Horizontalposition |
| PC | Querposition (horizontal an senkrechter Wand) |
| PD | Horizontal-Überkopfposition |
| PE | Überkopfposition |
| PF | Senkrechtposition (steigend) |
| PG | Senkrechtposition (fallend) |

*Schweißnahtgüte* Für die Schweißnahtgüte ist eine Bewertungsgruppe (B, C oder D), wie in Kapitel 2.1.3 erläutert, anzugeben.

*Schweißposition* Ferner ist unter Umständen die Schweißposition durch Buchstaben nach ISO 6947 zu kennzeichnen (Tab. 2.5):

*Zusatzwerkstoff* Angaben über Zusatzwerkstoffe sind den entsprechenden Normblättern zu entnehmen:

- DIN EN ISO 2560 unlegierte Stähle und Feinkornstähle (Lichtbogenschweißen),
- DIN EN ISO 1071 Gusseisen,
- DIN EN ISO 3580 warmfeste Stähle (Lichtbogenschweißen),
- DIN EN ISO 3581 nichtrostende und hitzebeständige Stähle (Lichtbogenschweißen),
- DIN EN ISO 18275 hochfeste Stähle (Lichtbogenschweißen),
- DIN EN 12536 unlegierte und warmfeste Stähle (Gasschweißen).

## 2.1.5  Berechnung von Schweißverbindungen

Bei Schweißkonstruktionen müssen nach den Regeln der Festigkeitslehre die Spannungen in den Schweißnähten und in den Anschlussquerschnitten berechnet werden. Die Unsicherheiten bei Schweißnahtberechnungen liegen einmal in der schwer zu definierenden Schweißnahtgüte (siehe Abschn. 2.1.3), ferner in den kaum erfassbaren Schweißeigenspannungen und in den unvermeidlichen Störungen des Kraftlinienverlaufs, also in den durch die Nahtform bedingten und durch Kerben (Einbrand), Schweißstoß usw. verursachten Spannungsspitzen. Insbesondere bei dynamischen Belastungen ist die Dauerhaltbarkeit von Schweißverbindungen wesentlich geringer als die an Probestäben ermittelte Dauerfestigkeit des Grundwerkstoffes. Für den allgemeinen Maschinenbau existieren keine verbindlichen Vorschriften wie z. B. für den Stahlbau (DIN EN 1993), den Kranbau (DIN EN 13001) oder den Kessel- und Behälterbau (AD-Merkblätter und Technische Regeln für Dampfkessel). Auch die Deutsche Bundesbahn hat eigene Vorschriften für den Festigkeitsnachweis für Schienenfahrzeuge, Maschinen und Geräte (DVS 1612) sowie für stählerne Eisenbahnbrücken (DV 804).

Mit der FKM-Richtlinie wurde eine Berechnungsvorschrift erstellt, mit der auch geschweißte Maschinenteile berechnet werden können. Da in dieser Richtlinie alle wesentlichen Einflussgrößen berücksichtigt werden, würde ein ausführliches Eingehen auf dieses Berechnungsverfahren den Rahmen dieses Buches sprengen. Deshalb werden an dieser Stelle nur die allgemeingültigen Grundlagen der Schweißnahtberechnung vorgestellt, mit denen der Anwender in der Lage ist, die meisten im Maschinenbau auftretenden Schweißverbindungen im Schmelzschweißverfahren mit ausreichender Genauigkeit zu berechnen.

**Festigkeitsnachweis** Der Nachweis der Tragfähigkeit einer Schweißnaht erfolgt am besten nach folgendem Schema:

1. Belastungsgrößen in der Schweißnaht ermitteln.
2. Geometrische Größen wie Nahtflächen und Trägheits- bzw. Widerstandsmomente berechnen.

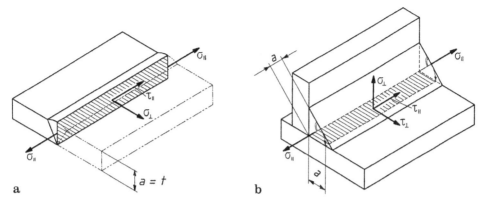

**Abb. 2.9** Schweißnahtmodell für die Spannungen in der Schweißnaht bzw. im Anschlussquerschnitt a) Stumpfnaht; b) Kehlnaht

3. Nennspannungen in der Schweißnaht bzw. im Anschlussquerschnitt berechnen (ohne Kerbwirkung).
4. Zulässige Spannungen festlegen (Festigkeitsminderung infolge Kerbwirkungen berücksichtigen).
5. Vergleich der Nennspannungen mit den zulässigen Spannungen durchführen.

**1. Belastungsgrößen** Nach den Gesetzen der Technischen Mechanik werden in der Schweißnaht die Schnittkräfte und -momente, wie in Abb. 1.13 dargestellt, ermittelt. Spezielle Betriebsbedingungen werden im Allgemeinen mit einem Stoß- bzw. Anwendungsfaktor berücksichtigt. Es gibt aber auch gesetzliche oder vom Auftraggeber (z. B. Deutsche Bundesbahn) aufgestellte Vorschriften zur Festlegung der angreifenden Belastungen.

**2. Geometrische Größen** Zur Bestimmung der für den Festigkeitsnachweis erforderlichen Nahtflächen und Widerstandsmomente wird ein sogenanntes Schweißnahtmodell festgelegt, das bestimmte Vereinfachungen und Vereinbarungen enthält. Nachfolgend sind die im Maschinenbau üblichen Modellabbildungen von Schweißnähten aufgeführt (Abb. 2.9).

*Stumpfnaht* Bei durchgeschweißten Stumpfnähten wird für die Berechnung als Schweißnahtdicke $a$ stets die Blechdicke $t$ des dünneren Bleches eingesetzt (Abb. 2.9a). Die Nahtlänge $l$ entspricht der Blechbreite $b$, wobei jedoch die beiden Endkrater mit jeweils einer Nahtdicke berücksichtigt werden muss. Die Schweißnahtlänge berechnet sich somit zu

$$l = b - 2 \cdot a. \tag{2.1}$$

**Abb. 2.10** Vorsatzblech zur
Vermeidung von Endkratern

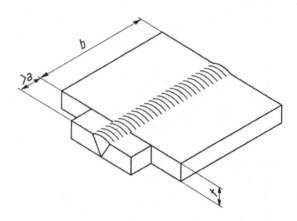

Soll die gesamte Blechbreite als Schweißnahtlänge in die Berechnung eingesetzt werden, so sind beim bei der Herstellung der Schweißnaht Vorsatzbleche (Abb. 2.10) zu verwenden, die nach dem Schweißen wieder abgetrennt werden. Diese kostenintensive Prozedur wird natürlich nur dann angewendet, wenn dies für die Tragfähigkeit unbedingt erforderlich ist. Die für eine Stumpfnaht erforderlichen geometrischen Größen sind Tab. 2.6 zu entnehmen.

*Kehlnaht* Bei Kehlnähten ist die Schweißnahtdicke a gleich der Höhe des eingeschriebenen gleichschenkligen Dreiecks (Abb. 2.9b). Die Spannung wird für den in die Anschlussebene geklappten Querschnitt berechnet. Für rundum geschweißte Kehlnähte wird als Schweißnahtlänge der Umfang der theoretischen Wurzellinie eingesetzt. Für die Berechnung der Zug- bzw. Druckspannungen wird von einer gleichmäßigen Spannungsverteilung über der gesamten Nahtlänge ausgegangen, hingegen bei der Ermittlung der Schubspannungen nur diejenigen Anschlussnähte berücksichtigt werden, die aufgrund ihrer Lage vorzugsweise imstande sind, Querkräfte zu übertragen [32]. Das heißt, es werden nur Nähte in Kraftrichtung berücksichtigt und Stirnkehlnähte werden für die Berechnung vernachlässigt. In Tab. 2.7 sind einige Beispiele für Querschnittsflächen und Widerstandsmomente von Kehlnähten zusammengestellt.

**3. Nennspannungen** Unter Nennspannungen sind die rechnerischen Spannungen zu verstehen, die sich aus den Belastungen in der Schweißnaht (die Schnittgrößen), bezogen auf die maßgebliche Schweißnahtfläche, ergeben. Nach Abb. 2.9 können Normal- und Schubspannungen in unterschiedlichen Richtungen auftreten. Normalspannungen können senkrecht ($\sigma_\perp$) und parallel ($\sigma_\parallel$) zur Nahtfläche wirken. Während bei Stumpfnähten Schubspannungen normalerweise nur parallel ($\tau_\parallel$) zur Schweißnaht auftreten, können sie bei Kehlnähten auch in senkrechter Richtung ($\tau_\perp$) wirken. Die Berechnung der Grundbeanspruchungen sind den Tab. 2.6 und 2.7 zu entnehmen.

Häufig liegen jedoch mehrere Beanspruchungsarten gleichzeitig vor, die dann entsprechend zusammenzufassen sind. Zug, Druck und Biegung haben Normalspannungen zur

**Tab. 2.6** Geometrische Größen und Nennspannungen bei Stumpfnähten

| Beanspruchung | Anordnung | Geometrische Größen*) | Nennspannung |
|---|---|---|---|
| Zug (Druck) | | $A_w = a \cdot l$ | $\sigma_{w,z(d)} = \sigma_\perp = \dfrac{F}{A_w}$ |
| Biegung | | $W_b = \dfrac{a \cdot l^2}{6}$ | $\sigma_{w,b} = \sigma_\perp = \dfrac{M_b}{W_b}$ |
| | | $W_b = \dfrac{l \cdot a^2}{6}$ | |
| Schub | | $A_{wS} = a \cdot l$ | $\tau_{w,s} = \tau_{||} = \dfrac{F}{A_{wS}}$ |
| Torsion | | $W_t = c_2 \cdot l \cdot a^2$ | $\tau_{w,t} = \tau_{||} = \dfrac{T}{W_t}$ |

*mit $l = b - 2 \cdot a$ (bei Berücksichtigung der Endkrater)

| und | $c_2$ | 0,208 | 0,231 | 0,246 | 0,267 | 0,282 | 0,299 | 0,307 | 0,312 | 0,33 |
|---|---|---|---|---|---|---|---|---|---|---|
| für | $l/a =$ | 1 | 1,5 | 2 | 3 | 4 | 6 | 8 | 10 | $\infty$ |

Folge, die bei gleicher Richtung einfach arithmetisch zu addieren sind. Stehen die Spannungen senkrecht aufeinander bzw. wirken gleichzeitig Normal- und Schubspannungen, so muss eine Vergleichsspannung gebildet werden.

*Statische Beanspruchung* Für statische oder vorwiegend ruhende Belastung bzw. Belastung mit geringen Lastwechselzahlen kann die Vergleichsspannung nach folgender Gleichung berechnet werden:

$$\sigma_V = \sqrt{\sigma_\perp^2 + \tau_\perp^2 + \tau_{||}^2} \tag{2.2}$$

Die Normalspannung parallel zur Schweißnaht wird dabei vernachlässigt.

*Dynamische Beanspruchung* Bei dynamischer Belastung berechnet man die Vergleichsspannung in Anlehnung an DIN 15018 bzw. deren Nachfolgenorm DIN EN 13001, die weitgehend der Gestaltänderungsenergiehypothese entspricht:

$$\sigma_V = \sqrt{\sigma_\perp^2 + \sigma_{||}^2 + \sigma_\perp \cdot \sigma_{||} + 2 \cdot \left(\tau_\perp^2 + \tau_{||}^2\right)} \tag{2.3}$$

**Tab. 2.7** Geometrische Größen und Nennspannungen bei Kehlnähten

| Beanspruchung | Anordnung | Geometrische Größen | Nennspannung |
|---|---|---|---|
| Zug (Druck) | | $A_\mathrm{w} = \Sigma a_\mathrm{i} \cdot l_\mathrm{i} = 2a\,(h+b)$ | $\sigma_{\mathrm{w,z(d)}} = \sigma_\perp = \dfrac{F}{A_\mathrm{w}}$ |
| Biegung | | $W_\mathrm{b} = \dfrac{I_{\mathrm{b}\square}{}^{\mathrm{a}}}{e_{\max}}$ | $\sigma_{\mathrm{w,b}} = \sigma_\perp = \dfrac{M_\mathrm{b}}{W_\mathrm{b}}$ |
|  | | $W_\mathrm{b} = \dfrac{I_{\mathrm{b}\bigcirc}{}^{\mathrm{a}}}{e_{\max}}$ |  |
| Schub | | $A_{\mathrm{wS}} = 2\,ah$ | $\tau_{\mathrm{w,s}} = \dfrac{F}{A_{\mathrm{wS}}}$ |
|  | | $A_{wS} = \dfrac{\pi}{2} \cdot \dfrac{(d+2a)^2 - d^2}{4}$ |  |
| Torsion | | $W_\mathrm{t} = 2\,(h+a)(b+a)\,a$ | $\tau_{\mathrm{w,t}} = \tau_\parallel = \dfrac{T}{W_\mathrm{t}}$ |
|  | | $W_t = \dfrac{\pi}{16} \cdot \dfrac{(d+2a)^4 - d^4}{d+2a}$ |  |

[a] mit $I_{\mathrm{b}\square} = 2\left[\dfrac{b\,a^3}{12} + b\,a\left(\dfrac{h+a}{2}\right)^2 + \dfrac{a\,h^3}{12}\right]$    und    $e_{\max} = \dfrac{h}{2} + a$

[b] mit $I_{\mathrm{b}\bigcirc} = \dfrac{\pi\left[(d+2a)^4 - d^4\right]}{64}$    und    $e_{\max} = \dfrac{d}{2} + a$

In vielen Fällen können die parallelen Normalspannungen und die senkrechten Schubspannungen vernachlässigt werden, so dass dadurch die Gleichung der Vergleichsspannung wesentlich einfacher wird.

**4. Zulässige Spannungen**  Bei Schweißnahtberechnungen werden die Kerbeinflüsse, die durch das Schweißen unvermeidlich entstehen, als Festigkeitsminderung des Grundwerkstoffes betrachtet. So werden die zulässigen Spannungen unter Berücksichtigung der Kerbfälle, die hauptsächlich von der Nahtform abhängig sind, ermittelt.

*Statische Beanspruchung*  Für Lastspiele $< 2 \cdot 10^4$ sind für die wichtigsten schweißbaren Baustähle S 235 und S 255 die zulässigen Spannungen in Tab. 2.8 für verschiedene Naht- und Beanspruchungsarten zusammengestellt. In der Tabelle bedeutet der Lastfall H die Berücksichtigung aller Hauptlasten. Darunter sind alle planmäßigen äußeren Lasten und Einwirkungen, die nicht nur kurzzeitig auftreten, wie z. B. konstante Last infolge des Eigengewichts und über längere Zeit wirkende mittlere Belastungen, zu verstehen. Der Lastfall HZ enthält neben den Hauptlasten auch die Zusatzlasten wie kurzzeitig auftretende Massenkräfte und Belastungsstöße. Für den Lastfall HZ sind höhere Spannungen zulässig, weil die Belastungen genauer vorhersehbar sind. Das bedeutet, dass die berechneten auftretenden Spannungen bei Lastfall HZ größer sind als bei Lastfall H.

*Dynamische Beanspruchung*  Wenn im Betrieb dynamische Belastzungen auftreten, sollt die Schweißverbindung auf Dauerfestigkeit ausgelegt werden. Die Dauerfestigkeitskennwerte gelten für eine Mindestzahl von $2 \times 10^6$ Zyklen bei konstanter Lastamplitude. Für den Nachweis der Dauerfestigkeit ist zunächst das Grenzspannungsverhältnis $\kappa$ zu ermitteln:

$$\kappa = \frac{\sigma_{\min}}{\sigma_{\max}} = \frac{\tau_{\min}}{\tau_{\max}} = \frac{F_{\min}}{F_{\max}} = \frac{M_{b,\min}}{M_{b,\max}} = \frac{T_{\min}}{T_{\max}} \tag{2.4}$$

**Tab. 2.8**  Zulässige Spannungen für Schweißnähte bei statischer Belastung

| Werkstoff | Nahtart | Lastfall | Normalspannung $\sigma_\perp$ [N/mm²] | Schubspannung $\tau_\parallel$ [N/mm²] |
|---|---|---|---|---|
| S235 | Stumpfnaht | H | 160 | 115 |
| | | HZ | 180 | 130 |
| | Kehlnaht | H | 135 | 115 |
| | | Hz | 150 | 130 |
| S355 | Stumpfnaht | H | 240 | 170 |
| | | HZ | 270 | 190 |
| | Kehlnaht | H | 170 | 170 |
| | | HZ | 190 | 190 |

Im Dauerfestigkeitsschaubild entspricht $\kappa = -1$ der Wechselfestigkeit, $\kappa = 0$ der Schwellfestigkeit und $\kappa = 1$ der statischen Festigkeit.

Dabei ist zu beachten, dass bei nicht konstanter bzw. stoßartiger Belastung die Belastungsamplitude mit einem Betriebsfaktor $K_A$ (siehe Tab. 6.4) multiplizieren werden muss:

$$M_{b,\text{min}} = M_{b,\text{m}} - K_A \cdot M_{b,a} \qquad \text{und} \qquad M_{b,\text{max}} = M_{b,\text{m}} + K_A \cdot M_{b,a}$$

$$T_{\text{min}} = T_{\text{m}} - K_A \cdot T_a \qquad \text{und} \qquad T_{\text{max}} = T_{\text{m}} + K_A \cdot T_a$$

Der Index m bezieht sich dabei auf die mittlere Belastung, der Index a auf die Lastamplitude.

Nach Berechnung des Grenzspannungsverhältnisses ist der Kerbfall nach Abb. 2.11 festzulegen, der abhängig ist von

- der Stoßart,
- der Nahtform und Nahtgüte (Bewertungsgruppe),
- der Beanspruchungsart.

Mit der in Abb. 2.11 festgelegten Linie (A bis H) kann dann die zulässige Spannung $\sigma_{w,zul}$ bzw. $\tau_{w,zul}$ sehr einfach in Abhängigkeit von $\kappa$ aus Abb. 2.12 abgelesen werden. Für Bauteildicken über 10 mm Durchmesser ist die zulässige Spannung um den Dickenbeiwert $b$ (Abb. 2.13) zu reduzieren.

---

**Beispiel 1: Auslegung bei statischer Beanspruchung**

Ein Flachstahl aus S 235 mit einer Dicke von $t = 15$ mm soll mit einer X-Naht an eine Stahlkonstruktion nach Abb. 2.14 angeschweißt werden. Er wird ruhend mit $F = 168\,000$ N belastet (Lastfall H). Gesucht wird die erforderliche Breite des Flachstahls.

Nach Tab. 2.8 ist die zulässige Spannung in der Schweißnaht $\sigma_{zul} = 160$ N/mm². Die Schweißnahtdicke der Stumpfnaht ist $a = t = 15$ mm. Für die erforderliche Schweißnahtlänge gilt:

$$l = \frac{F}{a\,\sigma_{zul}} = \frac{168 \cdot 10^3\,\text{N}}{15\,\text{mm} \cdot 160\,\text{N/mm}^2} = 70\,\text{mm}$$

Nach Gl (2.1) wird die Breite des Flachstahls

$$b = l + 2a = 70\,\text{mm} + 2 \cdot 15\,\text{mm} = 100\,\text{mm}$$

| Linie nach 2.11 | Anordnung, Stoß- und Nahtform, Belastung, Prüfung | | mögliche Bewertungsgruppe |
|---|---|---|---|
| | Darstellung | Beschreibung | |
| A | 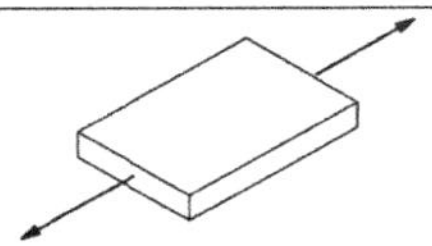 | Auf Biegung oder durch Längskraft beanspruchte *nicht* geschweißte Bauteile (Vollstab). | – |
| B | 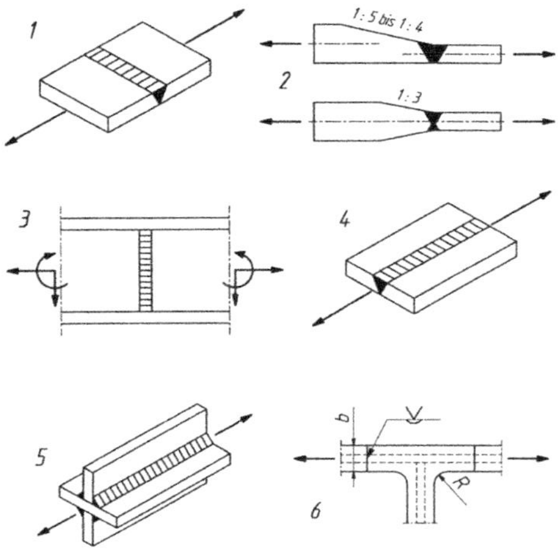 | 1. *Bauteil mit quer zur Kraftrichtung beanspruchter Stumpfnaht*. Wurzel gegengeschweißt, Schweißnaht kerbfrei bearbeitet und 100 % durchstrahlt.<br>2. *Bauteile verschiedener Dicke mit quer zur Kraftrichtung beanspruchter Stumpfnaht*. Wurzel gegengeschweißt, Schweißnaht kerbfrei bearbeitet und 100 % durchstrahlt.<br>3. *Trägerstegblech*: Querkraft-Biegung mit überlagerter Längskraft. Wurzel gegengeschweißt, Schweißnaht kerbfrei bearbeitet und 100 % durchstrahlt.<br>4. *Bauteile mit längs zur Kraftrichtung beanspruchter Stumpfnaht*. Wurzel gegengeschweißt, Schweißnaht kerbfrei bearbeitet und 100 % durchstrahlt.<br>5. *Bauteile mit längs zur Kraftrichtung beanspruchten DHV-(K-) oder Kehlnähten*. Schweißnahtübergänge ggf. bearbeitet und auf Risse geprüft.<br>6. *Blechkonstruktionen mit Gurtstößen* (R $\geq$ 0,5 b). Wurzeln gegengeschweißt, Schweißnähte in Kraftrichtung bearbeitet und 100 % durchstrahlt. | B |

**Abb. 2.11** Kerbfälllinien A bis H nach DVS 1612 (zugehörige Spannungslinien siehe Abb. 2.12)

| Linie nach 2.11 | Anordnung, Stoß- und Nahtform, Belastung, Prüfung | | mögliche Bewertungsgruppe |
|---|---|---|---|
| | Darstellung | Beschreibung | |
| C | 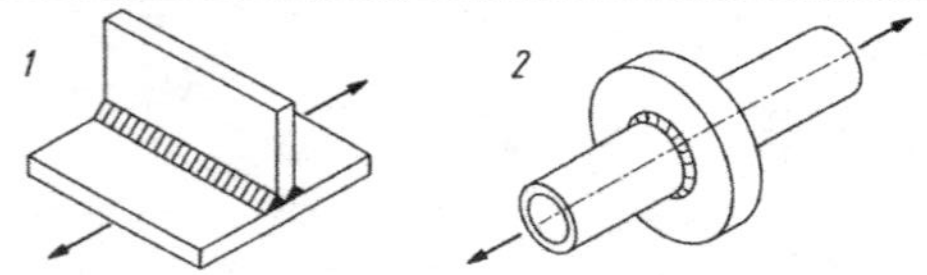 | 1. *Durchlaufendes Bauteil mit nicht belasteten Querversteifungen.* DHV-(K-)Nähte kerbfrei bearbeitet und auf Risse geprüft.<br>2. *Durchlaufendes Bauteil mit angeschweißten Scheiben.* DHV-(K-)Nähte kerbfrei bearbeitet und auf Risse geprüft. | C |
| D | 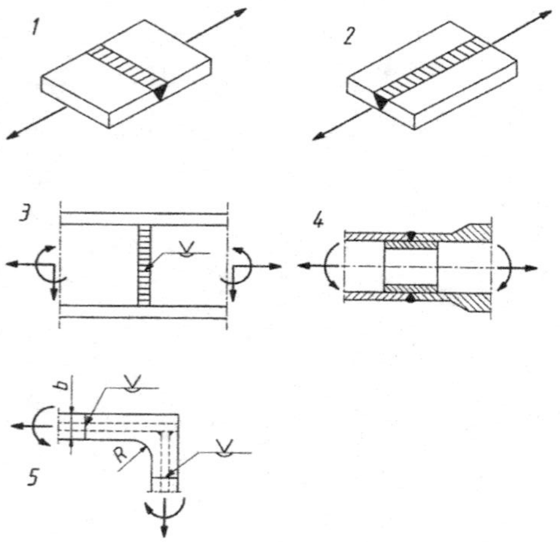 | 1. *Bauteil mit quer zur Kraftrichtung beanspruchter Stumpfnaht.* Wurzel gegengeschweißt, Schweißnaht stichprobenweise (mindestens 10%) durchstrahlt.<br>2. *Bauteile mit längs zur Kraftrichtung beanspruchter Stumpfnaht.* Wurzel gegengeschweißt. Schweißnaht stichprobenweise (mindestens 10%) durchstrahlt.<br>3. *Trägerstegblech:* Querkraftbiegung mit überlagerter Längskraft. Wurzel gegengeschweißt, Schweißnaht stichprobenweise (mindestens 10%) durchstrahlt.<br>4. *Rohrverbindungen* mit unterlegten Stumpfnähten. Schweißnähte stichprobenweise (mindestens 10%) durchstrahlt.<br>5. *Blechkonstruktionen* mit Stumpfstößen in Eckverbindungen ($R \geq 0{,}5\,b$). Wurzeln gegengeschweißt, Schweißnähte stichprobenweise (mindestens 10%) durchstrahlt. | B |

**Abb. 2.11** (Fortsetzung)

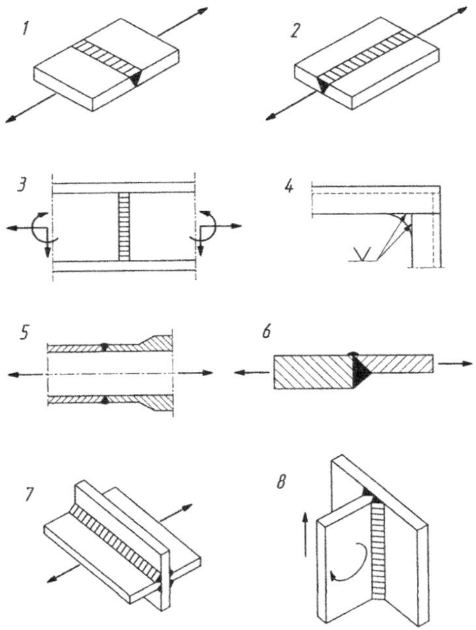

1. *Bauteil mit* quer zur Kraftrichtung beanspruchter *Stumpfnaht.* Abhängig von den Anforderungen: Wurzel gegengeschweißt. Schweißnähte nicht bearbeitet.

2. *Bauteile mit* längs zur Kraftrichtung beanspruchter *Stumpfnaht.* Schweißnaht nicht bearbeitet.

3. *Trägerstegbleche:* Querkraftbiegung mit überlagerter Längskraft. Abhängig von den Anforderungen: Wurzel gegengeschweißt, nicht gegengeschweißt. Schweißnaht nicht bearbeitet.

4. *Eckverbindungen* mit Stumpfstößen und Eckblechen. Schweißnähte nicht bearbeitet.

5. *Rohrverbindung* (auch mit Vollstab) mit quer zur Kraftrichtung beanspruchter Stumpfnaht. Schweißnaht nicht bearbeitet.

6. *Verbindung verschiedener Werkstoffdicken* durch eine Stumpfnaht. Wurzel gegengeschweißt. Schweißnaht nicht bearbeitet.

7. Durch *Kreuzstoß* mittels DHV-(K-)Nähten verbundene Bauteile. Schweißnähte bearbeitet. (Nicht bearbeitete Nähte: Linie E5)

8. Durch DHV-(K-)Nähte verbundene, auf *Biegung und Schub* beanspruchte Bauteile. Schweißnähte bearbeitet. (Nicht bearbeitete Nähte: Linie E5)

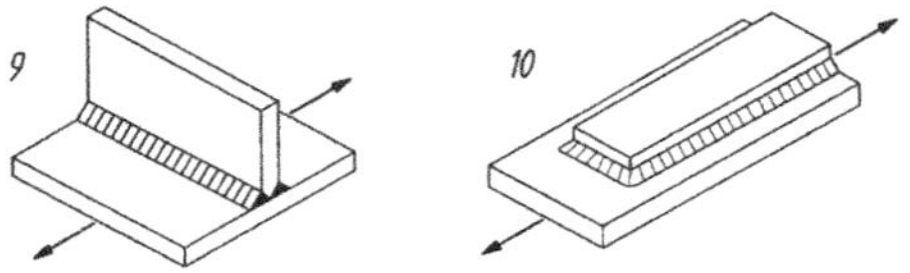

9. *Durchlaufendes Bauteil,* an das quer zur Kraftrichtung Teile mit bearbeiteten DHV-(K-)Nähten angeschweißt sind.

10. *Bauteil mit* aufgeschweißter *Gurtplatte.* Die Kehlnähte sind an den Stirnflächen bearbeitet. (Nicht bearbeitete Nähte: Linie F)

E1 — C, B

E5 — C, B

**Abb. 2.11**  (Fortsetzung)

| Linie nach 2.11 | Anordnung, Stoß- und Nahtform, Belastung, Prüfung | mögliche Bewertungs- gruppe |
|---|---|---|
| | Darstellung | Beschreibung | |
| F | 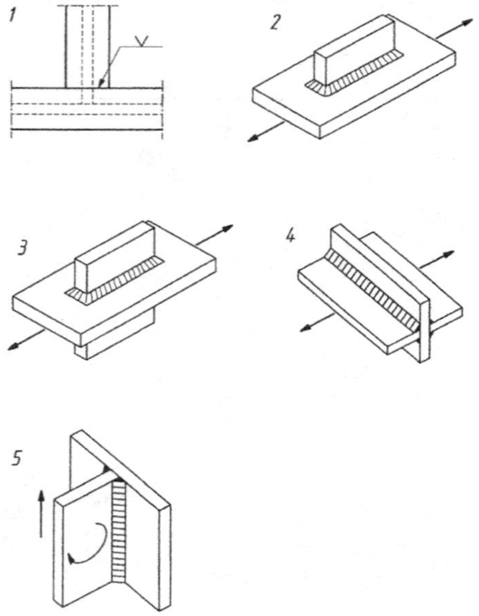 | 1. *Stumpfstöße von Profilen* ohne Eckbleche. Schweißnähte nicht bearbeitet. <br><br> 2. *Durchlaufendes Bauteil* mit einem durch nichtbearbeitete Kehlnähte aufgeschweißtem Bauteil. <br><br> 3. *Durchlaufendes Bauteil* mit einem durchgesteckten, durch Kehlnähte verbundenen Bauteil. Die Schweißnähte sind nicht bearbeitet. <br><br> 4. Durch *Kreuzstoß* mittels Kehlnähten verbundene Bauteile. Die Schweißnähte sind nicht bearbeitet. <br><br> 5. Auf *Schub und Biegung* durch nicht bearbeitete Kehlnähte verbundene Bauteile. | C, B |

**Abb. 2.11** (Fortsetzung)

| | | |
|---|---|---|
| G | 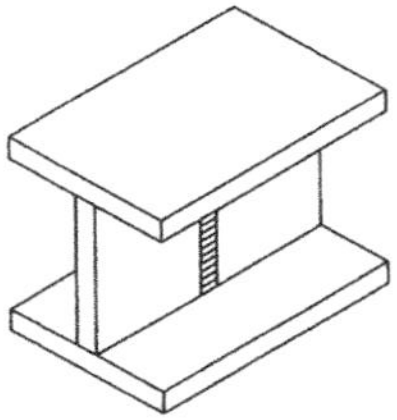 *Stegblechquerstoß*, maximale Schubbeanspruchung in Träger-nullinie. Die Linie gilt auch für auf *Torsion* beanspruchte, *nicht geschweißte* Bauteile. | B |
| H | 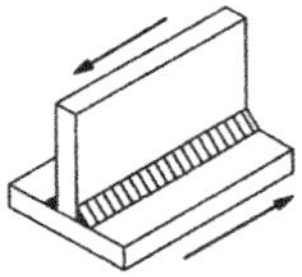 *Schubverbindung* mit DHV-(K-) oder Kehlnähten zwischen Stegblech und Gurt bei Biegeträgern (Halsnähte) | B |

**Abb. 2.11** (Fortsetzung)

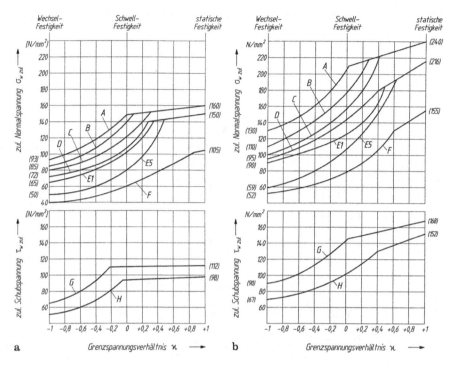

a                    Grenzspannungsverhältnis ϰ ⟶        b            Grenzspannungsverhältnis ϰ ⟶

**Abb. 2.12** Zulässige Spannungen für Schweißverbindungen nach DVS 1612 - Kerbfalllinien A bis H siehe Abb. 2.11a) für Bauteile aus S235; b) für Bauteile aus S355

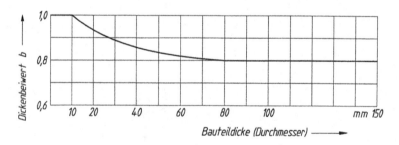

**Abb. 2.13** Dickenbeiwert für geschweißte Bauteile nach DVS 1612

**Beispiel 2: Festigkeitsnachweis bei statischer Beanspruchung**

Ein Träger aus S235, der mit Kehlnähten an eine biegesteife Wand angeschweißt ist, wird im Abstand $l = 800$ mm von der Wand mit einer Kraft $F = 100$ kN belastet (Abb. 2.15). Die Höhe des Trägers beträgt h = 200 mm. Die Längen der Schweißnähte sind nach Abzug der Endkrater $l_1 = 150$ mm und $l_2 = 90$ mm. Die Nahtdicken der Kehlnähte sind $a_1 = 4$ mm und $a_2 = 6$ mm.

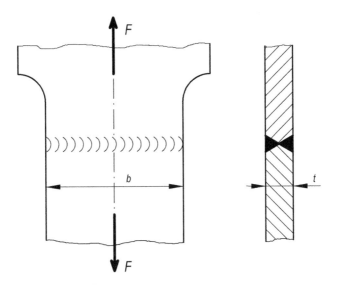

**Abb. 2.14**  Auslegung einer Stumpfnaht bei statischer Belastung (Beispiel 1)

**Abb. 2.15**  Festigkeitsnachweis
einer Kehlnahtverbindung bei
statischer Belastung
(Beispiel 2)

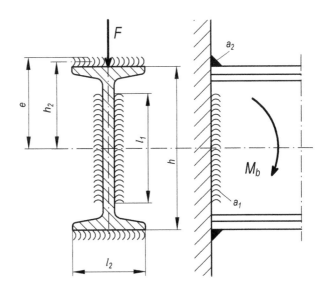

*1. Belastungsgrößen.*

    1.1.  Biegemoment:

$$M_b = \frac{F\,l}{8} = \frac{100\,000\,\text{N} \cdot 800\,\text{mm}}{8} = 10 \cdot 10^6\,\text{Nmm}$$

    1.2.  Querkraft:

$$F_Q = F/2 = 50\,000\,\text{N}$$

2. *Geometische Größen*

   2.1  Widerstandsmoment gegen Biegung:

   mit

   $$h_2 = \frac{h + a_2}{2} = \frac{200 + 6}{2} = 103\,\text{mm}$$

   wird

   $$I_b = 2\left[\frac{l_2 a_2^3}{12} + l_2\,a_2\,h_2^2 + \frac{a_1\,l_1^3}{12}\right] = 2\left[\frac{90 \cdot 6^3}{12} + 90 \cdot 6 \cdot 103^2 + \frac{4 \cdot 150^3}{12}\right]$$

   $$= 13{,}7 \cdot 10^6\,\text{mm}^4$$

   und mit

   $$e = e_{\text{max}} = \frac{h}{2} + a_2 = 100 + 6 = 106\,\text{mm}$$

   wird

   $$W_b = \frac{I_b}{e_{\text{max}}} = \frac{13{,}7 \cdot 10^6\,\text{mm}^4}{106\,\text{mm}} = 129 \cdot 10^3\,\text{mm}^3$$

   2.2  Schweißnahtfläche für Schubbeanspruchung

   $$A_{\text{wS}} = 2\,a_1\,l_1 = 2 \cdot 4\,\text{mm} \cdot 150\,\text{mm} = 1200\,\text{mm}^2$$

3. *Nennspannungen*

   3.1  Biegespannung:

   $$\sigma_{\text{w,b}} = \frac{M_b}{W_b} = \frac{10 \cdot 10^6\,\text{Nmm}}{129 \cdot 10^3\,\text{mm}^3} = 77{,}5\,\text{N/mm}^2$$

   3.2  Schubspannung:

   $$\tau_{\text{w,s}} = \frac{F_Q}{A_{\text{wS}}} = \frac{50\,000\,\text{N}}{1200\,\text{mm}^2} = 41{,}7\,\text{N/mm}^2$$

   3.3  Vergleichsspannung nach Gl. (2.2):

   $$\sigma_{\text{w,V}} = \sqrt{\sigma_{\text{w,b}}^2 + \tau_{\text{w,s}}^2} = 88\,\text{N/mm}^2.$$

4. *Zulässige Spannungen*

   Nach Tab. 2.8 wird $\sigma_{\text{w,V zul}} = \sigma_{\text{w zul}} = 135\,\text{N/mm}^2$.

5. *Vergleich (Festigkeitsnachweis):*

$$\sigma_{w,V} = 88\,\text{N/mm}^2 < \sigma_{w\,zul} = 135\,\text{N/mm}^2.$$

**Beispiel 3: Festigkeitsnachweis bei dynamischer Beanspruchung**

An einer Tragöse mit rechteckigem Querschnitt (Abb. 2.16), die mit Kehlnähten von der Dicke $a = 5$ mm an eine steife Wand angeschweißt ist, greift unter dem Winkel $\alpha = 30°$ eine Schwellkraft mit $F_{max} = 15\,000$ N an. Die Tragöse aus S355 hat die Abmessungen $l = 40$ mm, $h = 40$ mm und $b = 20$ mm.

1. *Belastungsgrößen*

   1.1 Maximale Normalkraft (Zugkraft):

$$F_N = F\cos\alpha = 15\,000\,\text{N} \cdot \cos 30° = 13\,000\,\text{N}$$

   1.2 Maximales Biegemoment:

$$M_b = F\,l\,\sin\alpha = 15\,000\,\text{N} \cdot 40\,\text{mm} \cdot \sin 30° = 300\,000\,\text{Nmm}$$

   1.3 Maximale Querkraft:

$$F_Q = F\sin\alpha = 15\,000\,\text{N} \cdot \sin 30° = 7500\,\text{N}$$

2. *Geometrische Größen*

   2.1 Schweißnahtfläche für Zugspannung:

$$A_w = 2\,a(h+b) = 2 \cdot 5\,\text{mm} \cdot (40\,\text{mm} + 20\,\text{mm}) = 600\,\text{mm}^2$$

   2.2 Widerstandsmoment gegen Biegung:

**Abb. 2.16** Festigkeitsnachweis einer Kehlnahtverbindung bei dynamischer Belastung (Beispiel 3)

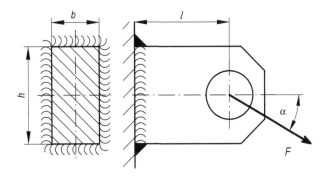

$$I_b = 2 \left[ \frac{b a^3}{12} + b a \left( \frac{h+a}{3} \right)^2 + \frac{a h^3}{12} \right]$$

$$= 2 \left[ \frac{20 \cdot 5^3}{12} + 20 \cdot 5 \cdot 22{,}5^2 + \frac{5 \cdot 40^3}{12} \right] = 155 \cdot 10^3 \, \text{mm}^4$$

$$W_b = \frac{I_b}{e_{max}} = \frac{I_b}{h/2 + a} = \frac{155 \cdot 10^3 \, \text{mm}^4}{25 \, \text{mm}} = 6200 \, \text{mm}^3$$

2.3  Schweißnahtfläche für Schubbeanspruchung:

$$A_{wS} = 2 \, a \, h = 2 \cdot 5 \, \text{mm} \cdot 40 \, \text{mm} = 400 \, \text{mm}^2$$

3. *Nennspannungen*
3.1  Zugspannung:

$$\sigma_{w,z} = \frac{F_N}{A_w} = \frac{13\,000 \, \text{N}}{600 \, \text{mm}^2} = 21{,}7 \, \text{N/mm}^2$$

3.2  Biegespannung:

$$\sigma_{w,b} = \frac{M_b}{W_b} = \frac{300\,000 \, \text{Nmm}}{6200 \, \text{mm}^3} = 48{,}4 \, \text{N/mm}^2$$

Die maximale Normalspannung tritt in der oberen Naht auf, da sich hier die Biege- und Zugspannungen additiv überlagern:

$$\sigma_{w,b\,max} = \sigma_{w,b} + \sigma_{w,z} = 48{,}4 + 21{,}7 = 70{,}1 \, \text{N/mm}^2$$

3.3  Schubspannung:

$$\tau_{w,s} = \frac{F_Q}{A_{wS}} = \frac{7500 \, \text{N}}{400 \, \text{mm}^2} = 18{,}8 \, \text{N/mm}^2$$

3.4  Vergleichsspannung nach Gl. (2.3):

$$\sigma_{w,V} = \sqrt{\sigma_{w,b\,max}^2 + 2 \cdot \tau_{w,s}^2} = \sqrt{70{,}1^2 + 2 \cdot 18{,}8^2} = 75 \, \text{N/mm}^2$$

4. *Zulässige Spannungen*
Nach Gl. (2.4) ist das Grenzspannungsverhältnis

$$\kappa = \frac{\sigma_{min}}{\sigma_{max}} = \frac{F_{min}}{F_{max}} = \frac{0}{15\,000 \, \text{N}} = 0 \quad \text{(Schwellfestigkeit)}$$

Nach Abb. 2.11 läßt sich die Tragöse dem Kerbfall F(5) zuordnen. Damit kann aus Abb. 2.12 für $\kappa = 0$ die zulässige Normalspannung mit $\sigma_{zul} = 80 \, \text{N/mm}^2$ abgelesen werden. Da die zulässige Spannung nur für Bauteildicken $\leq 10$ mm gilt, muss dieser Wert mit dem Dickenbeiwert nach Abb. 2.13 multipliziert werden:

$$\sigma_{\text{w zul}} = b\,\sigma_{\text{zul}} = 0,95 \cdot 80\,\text{N/mm}^2 = 76\,\text{N/mm}^2$$

5. *Vergleich (Festigkeitsnachweis):*

$$\sigma_{\text{w,V}} = 75\,\text{N/mm}^2 < \sigma_{\text{w zul}} = 76\,\text{N/mm}^2.$$

## 2.1.6 Gestaltung von Schweißverbindungen

Da die Berücksichtigung aller Einflussgrößen bei der Berechnung einer Schweißverbindung in den meisten Fällen nicht möglich ist, kommt der schweißgerechten Gestaltung ist für die Sicherheit geschweißter Bauteile große Bedeutung zu. Dabei ist neben der Schweißeignung (Wahl geeigneter Werkstoffe) unbedingt auf die konstruktive Gestaltung der Bauteile zu achten. Gemäß den unterschiedlichen Anforderungen an eine Schweißkonstruktion sind die Gestaltungsrichtlinien bezüglich Fertigung und Beanspruchung getrennt zu betrachten.

**Fertigungsgerechte Gestaltung** Mit der Werkstückgestaltung der Einzelteile legt der Konstrukteur zum größten Teil die Herstellkosten fest. Durch die Gestaltung werden die Vorbereitung, die Herstellung und die Nachbearbeitung einer Schweißverbindung beeinflusst. Grundsätzlich anzustreben sind

- gute Zugänglichkeit der Schweißstelle,
- wirtschaftliche Herstellbarkeit der Schweißnähte,
- sichere Herstellbarkeit der Schweißnähte.

Für eine fertigungsgerechte Schweißkonstruktion sind folgende Richtlinien zu beachten:

1. *Nahtzugänglichkeit ermöglichen.* Die Einzelteile sind konstruktiv so zu gestalten, dass die Nähte leicht zugänglich und somit einfach und sicher auszuführen sind. Allgemein gilt, dass spitze Winkel zu vermeiden sind (Abb. 2.17). Auch die Schweißfolge ist wichtig, um Verzug und nachträgliches Richten einzuschränken. Es ist zu empfehlen, in Zusammenarbeit mit der Schweißwerkstatt nach deren Erfahrungen besondere Schweißpläne zu erstellen.
2. *Halbzeuge verwenden.* Möglichst vorgefertigte handelsübliche Bauteile wie Profile, Flacheisen, Rohre und Bleche (Biege- und Abkantformen) verwenden. Stanz- und Ziehteile evtl. auch komplizierte Schmiede- oder Stahlgussstücke können in Blechkonstruktionen eingeschweißt werden. Einige Beispiele sind in Abb. 2.18 zusammengestellt.

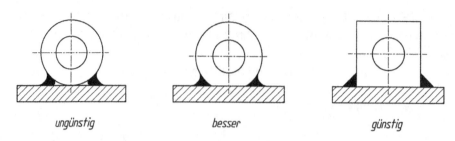

*ungünstig*          *besser*          *günstig*

**Abb. 2.17** Fertigungsgerechtes Gestalten: Sichere Herstellung einer Schweißnaht

3. *Lagefixierung beim Schweißen.* Einzelteile müssen während des Schweißens sicher positionieren werden. Bei Einzelfertigung können nach Abb. 2.19a hierzu entsprechende Ansätze vorgesehen werden. Bei größeren Stückzahlen kann die Vorbearbeitung zu teuer werden und es lohnen sich besondere Schweißvorrichtungen, die auch ohne Ansätze (Abb. 2.19b) die einzelnen Teile in günstiger Schweißposition halten.
4. *Schweißnahtquerschnitte und -dicke gering halten.* Dünne längere Schweißnähte sind billiger als kurze dicke. Außerdem ist dabei auch die Wärmebelastung und somit die Verzugsgefahr geringer. Bei Dünnblechkonstruktionen sind jedoch durchlaufende Kehlnähte zu vermeiden, wenn Heftstellen genügen.
5. *Nahtvorbereitung möglichst vermeiden.* Kehlnähte sind für Blechdicken größer 3 mm meistens wirtschaftlicher als Stumpfnähte, da sie keine Nahtvorbereitung benötigen.
6. *Bearbeitungszugaben vorsehen.* Für spanabhebende Bearbeitung sind wegen der größeren Fertigungstoleranzen bei Schweißkonstruktionen ausreichende Zugaben vorzusehen. Schweißnähte sind in zu bearbeitenden Flächen möglichst zu vermeiden. Sind sie nicht zu vermeidbar, so ist die Naht so zu legen, dass möglichst wenig Schweißgut abgetragen wird (Abb. 2.20).

**Beanspruchungsgerechte Gestaltung**  Eine beanspruchungsgerechte Schweißkonstruktion berücksichtigt die Erkenntnisse der Festigkeitsberechnung, die Prinzipien der Kraftleitung und das Werkstoffverhalten. Im Folgenden sind die wichtigsten Richtlinien diesbezüglich aufgeführt.

1. *Schweißnähte in Gebieten höchster Beanspruchung vermeiden.* Schweißnähte ganz allgemein nicht in Gebiete höchster Beanspruchung legen. Insbesondere sollte die Nahtwurzel nicht in der Zugzone liegen. Die Schweißnaht bei einem ebenen Behälterboden nach Abb. 2.21a liegt ungünstig. Besser ist die Ausführung nach Abb. 2.21b mit einem tiefgezogenen Boden. Rohrstutzen mit zylindrischem Ansatz werden am besten stumpf an eine Aushalsung angeschweißt (Abb. 2.21c).
2. *Kraftflusslinien beachten.* Am günstigsten sind Stumpfnähte (Abb. 2.22a), da hier die Kraftlinien praktisch nicht umgelenkt werden. An Übergangsstellen von dickeren zu dünneren Querschnitten sind Schweißnähte zu vermeiden. Wenn möglich sind

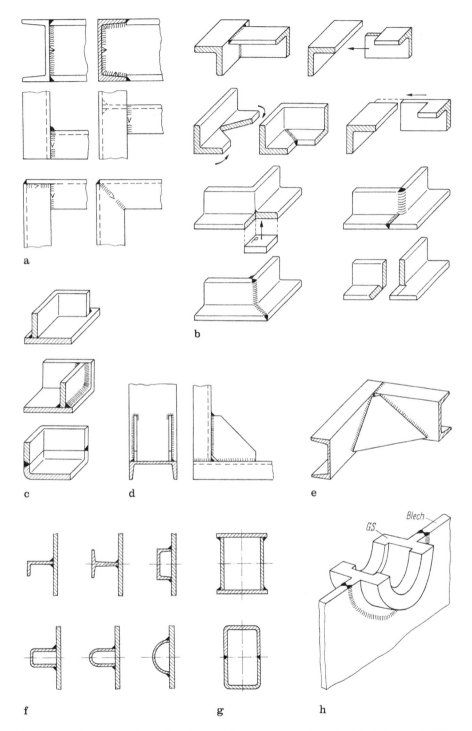

**Abb. 2.18** Fertigungsgerechtes Gestalten: Halbzeuge verwenden. a) Eckstöße von U-Stählen; b) T- und Winkelstöße aus L-Stahl; c) Gestaltung von Behälterecken; d) Eckversteifung von U-Stahlrahmen; e) in zwei Ebenen versteifte Rahmenecke; f) Blechversteifungen; g) Kastenquerschnitte; h) Lagerschale in Stahlkonstruktion

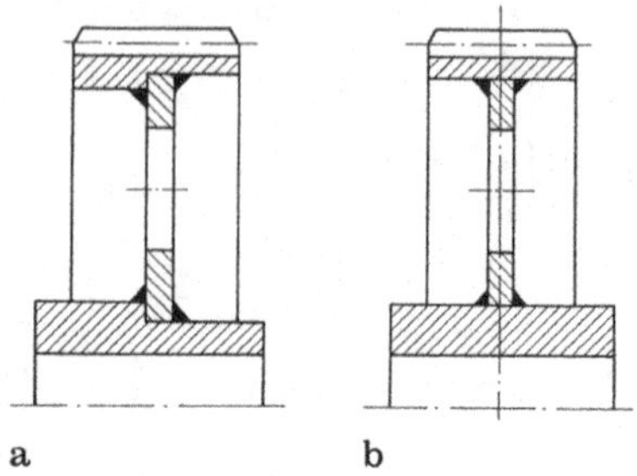

**Abb. 2.19** Fertigungsgerechtes
Gestalten: Lagefixierung beim
Schweißen a) Herstellung ohne
Schweißvorrichtung (mit
Vorbearbeitung);
b) Herstellung mit
Schweißvorrichtung (ohne
Vorbearbeitung)

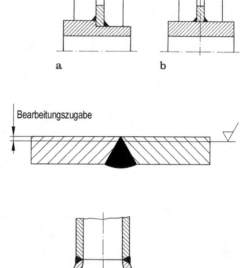

**Abb. 2.20**  Fertigungsgerechtes
Gestalten: Bearbeitungszugaben vorsehen

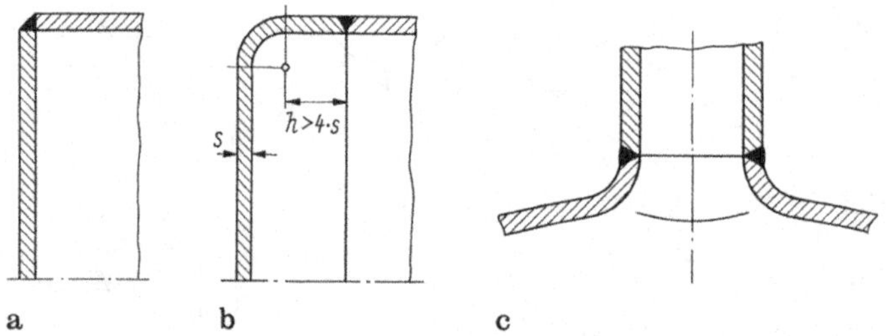

**Abb. 2.21** Beanspruchungsgerechtes Gestalten: Schweißnähte in Gebieten höchster Beanspruchung vermeiden. a) ungünstig; b) und c) Naht im zylindrischen Teil besser

allmähliche Übergänge im vollen Blech vorzusehen. Die Umlenkung der Kraftlinien
muss durch die Formgebung der Bauteile und die Nahtform günstig beeinflusst werden.

Kehlnähte sind möglichst doppelseitig auszuführen. Bei dynamischen Beanspruchungen sind Hohlkehlnähte wegen ihrer geringeren Kerbwirkung am günstigsten
(Abb. 2.22b). Die Einbrandkerben, das sind die Übergangsstellen von Naht- zum
Grundwerkstoff, sind besonders bei dynamischen Beanspruchungen schädlich. Oft
gelingt es, z. B. durch Entlastungsrillen, den Kraftfluss von diesen gefährdeten Stellen
abzulenken.

3. *Nahtanhäufungen vermeiden.* Nahtanhäufungen führen zu Spannungsanhäufungen,
   mehrachsigen Spannungszuständen und Eigenspannungen (Gefahr der Versprödung
   und Rissbildung). Bei Nahtkreuzungen deshalb Unterbrechungen oder Aussparungen
   (z. B. an den Ecken von Versteifungsrippen) vorsehen. Längsnähte werden bei
   zylindrischen Druckbehältern versetzt (Abb. 2.23).

4. *Schweißverzug beachten.* Durch die extreme örtliche Wärmebelastung entstehen beim
   Schweißen Verformungen. Der dadurch entstehende Schweißverzug kann die Funktion

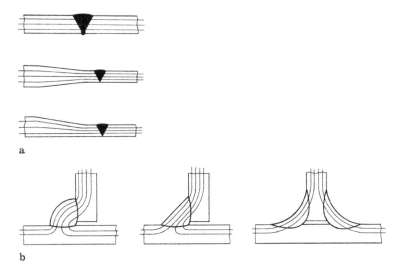

**Abb. 2.22** Beanspruchungsgerechtes Gestalten: Günstiger Kraftlinienverlauf a) bei Stumpfnähten, b) bei Kehlnähten ist doppelseitige Hohlkehlnaht am günstigsten

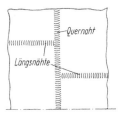

**Abb. 2.23** Beanspruchungsgerechtes Gestalten: Nahtanhäufungen vermeiden durch versetzte Längsnähte

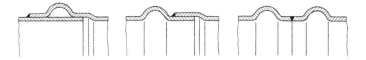

**Abb. 2.24** Beanspruchungsgerechtes Gestalten: Schweißeigenspannungen reduzieren durch Dehnungswellen an Rohrverbindungen

beeinträchtigen (nicht maßhaltige Bauteile) oder bei Verhinderung der Verformungen zu beachtlichen Schweißeigenspannungen führen. Durch eine elastische bzw. nachgiebige Gestaltung können Schweißspannungen ausgeglichen und Verwerfungen reduziert werden. Beispiele für Rohrverbindungen zeigt Abb. 2.24.

5. *Zugbeanspruchung der Nahtwurzel vermeiden.* Um ein Einreißen der Naht zu verhindern, dürfen Nahtwurzeln nicht in die Zugzone gelegt werden (Abb. 2.25).

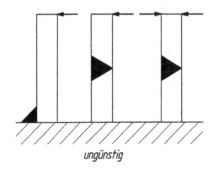
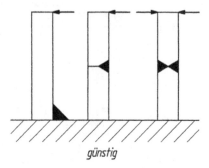

*ungünstig*                                          *günstig*

**Abb. 2.25**  Nahtwurzel nicht in Zugzone legen

## 2.2  Lötverbindungen

Auch bei Lötverbindungen handelt es sich um Stoffschlussverbindungen. Unter Löten versteht man das Verbinden metallischer Bauteile mit Hilfe eines Zusatzwerkstoffes, dem Lot. Löten ist ein Grenzflächenvorgang zwischen dem Lot und den Fügeteilwerkstoffen. Die Festigkeit einer Lötverbindung wird durch die Haftfestigkeit des Lotes an der Werkstoffoberfläche (Adhäsionskräfte) und die innere Festigkeit des Lotes (Kohäsionskräfte) bestimmt.

Die Arbeitstemperatur beim Löten liegt über dem Schmelzpunkt der Lote aber unterhalb des Schmelzpunktes der zu verbindenden Werkstoffe. Lötverbindungen können nur dann verwendet werden, wenn die Betriebstemperaturen geringer sind als die Schmelztemperaturen der Lote. Außerdem sind die Anwendungsgebiete durch die Festigkeit der Lötverbindungen begrenzt.

### 2.2.1  Lote, Lötverfahren und Anwendungen

Als Lote werden selten reine Metalle sondern meistens Legierungen in Form von Drähten, Stäben oder Pasten verwendet. Ein Lot kann normalerweise für unterschiedliche Grundwerkstoffe verwendet werden. Um Korrosion zu vermeiden ist bei der Auswahl des Lotes ist darauf zu achten, dass Lot und Grundwerkstoffe in der elektrochemischen Spannungsreihe nicht zu weit auseinanderliegen.

**Weichlöten**  Löten bei Arbeitstemperaturen unterhalb 450 °C wird als Weichlöten bezeichnet. Dafür werden Weichlote (nach DIN 1707, DIN EN 9453 und ISO 12 224-1) mit einem Schmelzpunkt unter 300 °C verwendet. Weichlot-Verbindungen finden vornehmlich Verwendung bei mechanisch gering beanspruchten Teilen, wie z. B. in der Elektrotechnik, bei Kühlern, dünnwandigen Blechbehältern, Konservendosen u. dgl.

**Hartlöten** Die Schmelzpunkte der Hartlote (ISO 17672) liegen zwischen 450 °C und 1100 °C. Die durch Hartlöten (d.h. Löten bei Arbeitstemperaturen oberhalb 450 °C) hergestellten Verbindungen sind für die Übertragung größerer Kräfte geeignet und finden Anwendung im Fahrzeugbau für Rohrrahmen, in der Feinwerktechnik und im allgemeinen Maschinenbau für Wellen-Naben-Verbindungen, Befestigung von Flanschen auf Rohren, Stutzen in Gehäusen, Rundstäbe in Bohrungen und bei Blechkonstruktionen.

**Lötvorgang** Die Lötflächen müssen vor dem Löten von Schmutz gesäubert und entfettet werden. Die Rautiefe sollte im Bereich von 10...15 µm liegen. Zu glatte Oberflächen benetzen schlecht und sind daher aufzurauen. Das Erwärmen der Lötstelle auf Arbeitstemperatur kann mit dem Lötkolben, der Lötlampe, dem Lötbrenner, im Lötofen (mit Schutzgas oder im Vakuum), im Lötbad (Tauchlöten) oder mittels elektrischer Widerstands- und Induktionserhitzung erfolgen.

Beim Löten wird in der Regel ein Flussmittel verwendet, das die Aufgabe hat, die Lötstelle auch beim Lötvorgang blank und von Oxyden freizuhalten.

Die zu verbindenden Teile müssen in einen so engen Kontakt miteinander gebracht werden, dass ein Kapillarspalt entsteht, in den das flüssige Lot durch den kapillaren Unterdruck gesaugt wird.

### 2.2.2 Berechnung von Lötverbindungen

Die Festigkeit einer Lötverbindung ist von vielen Einflüssen wie Lot, Grundwerkstoff, Vorbehandlung der Fügestelle, konstruktive Gestaltung, Lötverfahren, Lötspalt und Lötfläche abhängig. Es ist nicht möglich, aus der Festigkeit des Lotes die Festigkeit der Lötverbindung zu berechnen. Daher werden Lötverbindungen – insbesondere Weichlötverbindungen – in der Praxis sehr selten gerechnet. Überschlägige Berechnungen können mit den Richtwerten nach Tab. 2.9 durchgeführt werden.

Bei auf Scherung beanspruchten Spaltlötungen (Abb. 2.26) können die Schubspannungen im Spalt folgendermaßen ermittelt werden:

Überlappverbindung:
$$\tau_s = \frac{F}{b \cdot l} \leq \tau_{s,zul}$$

Rundverbindung:
$$\tau_t = \frac{2T}{d^2 \pi l} \leq \tau_{t,zul}$$

**Tab. 2.9** Zulässige Festigkeitswerte von Lötverbindungen

| Festigkeitswerte [N/mm²] | Weichlot | Hartlot |
|---|---|---|
| Statische Scherfestigkeit $\tau_{s,zul}$ | 10 | 100 |
| Scherwechselfestigkeit $\tau_{sW,zul}$ | – | 15 |
| Torsionwechselfestigkeit $\tau_{tW,zul}$ | – | 30 |
| Biegewechselfestigkeit $\sigma_{bW,zul}$ | – | 25 |

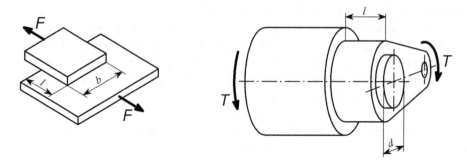

**Abb. 2.26** Lötverbindungen a) Überlappverbindung; b) Rundverbindung

### 2.2.3 Gestaltung von Lötverbindungen

Die Festigkeit einer Lötverbindung ist von der Größe der Lötfläche und der Dicke des Lötspaltes abhängig. Die zu verbindenden Teile müssen daher gut aufeinander oder ineinander passen. Die günstigste Spaltdicke beträgt je nach Lot und Lötverfahren 0,05 bis 0,2 mm. Eine Erweiterung des Spaltes setzt die Kapillarwirkung herab, eine Verengung kann unter Umständen den Durchfluss des Lotes hemmen. Es sind also in Lotflussrichtung möglichst konstante Spaltdicken bzw. Spaltquerschnitte vorzusehen und evtl. durch geeignete Fixierung bis zum Erstarren des Lotes aufrechtzuerhalten. Bei Werkstücken mit verschiedenen Wärmeausdehnungskoeffizienten ist die Veränderung der Spaltdicke beim Erwärmen auf Arbeitstemperatur zu berücksichtigen.

Eine extreme Oberflächengüte ist nicht erforderlich, doch sollten quer zur Richtung des Lotverlaufs keine Riefen > 0,02 mm sein. In Richtung des Lotflusses liegende Riefen begünstigen die Kapillarwirkung und sind daher nicht schädlich. Der Weg des Lotflusses darf nicht zu groß sein. Bei Überlappungen genügt im Allgemeinen eine Länge $l = 3t\ldots5t$, wobei $t$ die Dicke des dünnsten Blechs ist (Abb. 2.27).

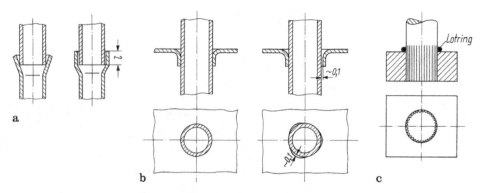

**Abb. 2.27** Spaltformen für Lötverbindungen a) Rohre; b) Rohrdurchführungen; c) mit Rändelung (Lotring oben)

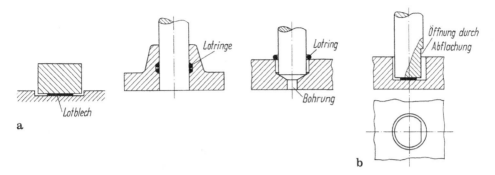

**Abb. 2.28**  Große Flächenlötungen

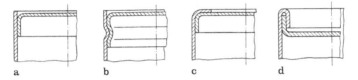

**Abb. 2.29**  Eingelötete Behälterböden a) glatte Behälterwand; b) mit Rillen; c) mit Bördelung; d) mit Falzung

Bei größeren Flächenlötungen ist es empfehlenswert, in der Mitte ein Lotblech bzw. Lotringe einzulegen. Zum Ableiten von Gasen und zum freien Austritt des Flussmittels sind Öffnungen in Lotflussrichtung vorzusehen (Abb. 2.28).

Stumpfstöße sind bei Weichlötung und bei geringen Wanddicken zu vermeiden, bei Hartlötung und Wanddicken > 1 mm sind sie zulässig. Günstiger sind allerdings Überlappungen oder Laschen bzw. Muffenverbindungen bei Rohren, da hierbei nur Schubbeanspruchungen auftreten. Bei Behälterböden können zur Lagensicherung und zur Entlastung der Lötstellen Sicken, Rillen, Bördelungen oder Falzungen verwendet werden (Abb. 2.29).

## 2.3  Klebeverbindungen

Unter Kleben versteht man das Verbinden sowohl gleichartiger als auch verschiedener Werkstoffe mit nichtmetallischen Zusatzwerkstoffen (Klebstoffe) bei Temperaturen bis 200 °C. Das Verbinden kann drucklos aber auch bei höheren Drücken erfolgen. Die Klebetechnik findet im Maschinenbau immer mehr Anwendung, da Klebstoffe entwickelt wurden, die relativ schnell abbinden, schon nach kurzer Zeit genügend hohe Festigkeitswerte erreichen und somit eine unmittelbare Weiterverarbeitung und eine Eingliederung in die Arbeitstakte der Serienfertigung ermöglichen.

Die Festigkeit einer Klebeverbindung wird durch die Haftfestigkeit des Klebers an der Werkstoffoberfläche (Adhäsion) und der inneren Festigkeit des Klebers (Kohäsion) bestimmt.

**Vorteile**  Klebeverbindungen sind kostengünstig, da sie keine hohen Anforderungen an Oberflächengüte und Toleranzen stellen und glatte Oberflächen (keine Nuten u. dgl.) verwendet werden können. Die Fügeteile werden nicht erhitzt, so dass weder Wärmeverzug, Eigenspannungen noch unerwünschte Gefügeveränderungen entstehen. Gleichmäßige Spannungsverteilungen verringern die Dauerbruchgefahr. Ferner sind Klebeverbindungen nicht korrosionsanfällig und können Dichtfunktionen übernehmen.

**Nachteile**  Stumpfstöße sind wegen der begrenzten Tragfähigkeit der Kleber nicht möglich. Die geringe Warmfestigkeit und eingeschränkte chemische Beständigkeit begrenzen den Anwendungsbereich. Klebeverbindungen sind möglichst auf Scherung zu beanspruchen, da bei Zug-, Biege- und Schälbeanspruchungen nur sehr niedere Festigkeitswerte zu erzielen sind. Probleme bei der Montage können dadurch entstehen, dass vor dem Kleben die Fügeflächen sorgfältig gereinigt werden müssen, die Klebstoffmenge genau zu dosieren ist und der Kleber eine Aushärtezeit benötigt.

**Anwendung**  Klebeverbindungen werden sehr vielfältig eingesetzt. Im Maschinenbau lassen sich die wichtigsten Anwendungsgebiete unterteilen in

- Schrauben sichern,
- Flächen dichten,
- Gewinde dichten,
- Welle-Naben-Verbindungen fügen,
- Bleche verbinden.

## 2.3.1  Klebstoffe

Die chemische Basis für Klebstoffe bilden Kunstharze, wie z. B. Phenolharze, Epoxidharze, ungesättigte Polyesterharze, Acrylharze. Man unterscheidet sie nach der Anzahl der Komponenten in

- *Einkomponenten-Kleber:* Dabei handelt es sich um Fertigkleber, die alle zur Aushärtung notwendigen Bestandteile enthalten und nicht gemischt werden müssen.
- *Zweikomponenten-Kleber:* Diese Kleben bestehen aus dem Bindemittel (Epoxid- oder Polyesterharz) und dem Härter und müssen vor dem Kleben gemischt werden. Sie benötigen in der Regel lange Aushärtezeiten (bis 24 Stunden), die durch Erwärmung (bis 180 °C) jedoch auf Minuten verkürzt werden können.

Je nach Aushärtetemperatur unterscheidet man noch in

- *Kaltkleber*, die bei Raumtemperatur aushärten und
- *Warmkleber*, die bei einer erhöhten Temperatur aushärten.

Die Wahl des Klebstoffs richtet sich nach der Art der zu verbindenden Werkstoffe, die Beanspruchungsart (Schub, Zug, Biegung, Schälen), die Belastungsart (statisch, dynamisch), die Gebrauchstemperatur, die chemischen Einwirkungen, die Abmessungen und die Gestalt der zu verbindenden Teile. Außerdem sind die Montagebedingungen zu beachten, d. h. ob Dosier-, Press- oder Erwärmungseinheiten zur Verfügung stehen. Informationen über geeignete Kleber sowie deren Verarbeitungsbedingungen sind am zuverlässigsten von den Herstellern zu erhalten. In vielen Fällen führen nur Versuche zu eindeutigen Entscheidungen.

### 2.3.2   Berechnung von Klebeverbindungen

Eine zuverlässige Berechnung der Tragfähigkeit von Klebeverbindungen ist wegen der vielen Einflussfaktoren nicht möglich. Einer näherungsweisen Berechnung kann, je nach Belastungsart (Abb. 2.30), die im Zugversuch ermittelte Zugscherfestigkeit $\tau_B$, oder die im Druckversuch ermittelte Druckscherfestigkeit $\tau_{D2}$ zugrunde gelegt werden. Die Festigkeitswerte werden von den Herstellern angegeben. Beispiele für Klebeverbindungen für Bauteile aus Stahl sind in Tab. 2.10 zu sehen.

Die übertragbare Kraft einer Laschenverbindung kann berechnet werden zu

$$F = \tau_B \, b \, l \cdot f_{ges}$$

**Abb. 2.30** Beanspruchungsarten von Klebeverbindungen

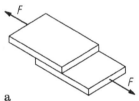
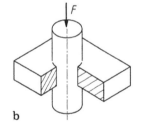

a                                          b

**Tab. 2.10**   Scherfestigkeit von Klebestoffen (nach Loctite)

|  | Zugscher-festigkeit $\tau_B$ [N/mm2] | Druckscher-festigkeit $\tau_{D2}$ [N/mm2] | Temperatur-einsatzbereich [°C] | Klebespalt [mm] |
|---|---|---|---|---|
| Loctite 406 | 18 – 26 |  | −55…+80 | 0,05…0,1 |
| Loctite 454 | 18 – 26 |  | −50…+80 | 0,05…0,25 |
| Loctite 480 | 22 – 30 |  | −50…−100 | 0,05…0,1 |
| Loctite 603 |  | 17 – 22 | −55…+150 | <0,1 |
| Loctite 641 |  | 8 – 12 | −55…+150 | <0,12 |
| Loctite 648 |  | 25 – 35 | −55…+175 | <0,12 |
| Loctite 660 |  | 25 – 35 | −55…150 | <0,5 |

Für $b$ ist die Breite und für $l$ die Länge des Klebespalt einzusetzen.

Das übertragbare Drehmoment einer zylindrischen Klebeverbindung kann berechnet werden zu

$$T = \frac{1}{2}\tau_{D2}\pi\,d^2 l \cdot f_{ges}$$

Dabei ist $d$ der mittlere Fügedurchmesser und $l$ die Klebelänge. Bei der Berechnung von Klebeverbindungen muss ein $f_{ges}$ als Produkt einer ganzen Reihe von Einflussfaktoren berücksichtigt werden. Für ideale Herstell- und Einsatzbedingungen gilt $f_{ges} = 1$. Ansonsten sind die Einzeleinflussfaktoren, die Spaltdicke, Oberflächenrauigkeit, Temperatur, statische oder dynamische Belastung und mehr berücksichtigen, den Herstellerangaben zu entnehmen. Diese vielen Einflussfaktoren, von denen die meisten vom Klebstoff abhängig und nur vom Hersteller zu erhalten sind, machen deutlich, wie schwierig eine Berechnung ist. Außerdem muss ausdrücklich darauf hingewiesen werden, dass die Berechnungsergebnisse nur Näherungwerte darstellen. Eine zuverlässige Vorhersage der Tragfähigkeit einer geklebten Verbindung kann nur durch Versuche an Originalteilen ermittelt werden.

### 2.3.3   Gestaltung von Klebeverbindungen

Eine klebegerechte Gestaltung vermeidet Zugbeanspruchungen (Stumpfstöße) und bevorzugt Schubbeanspruchungen. Das sind also Konstruktionen, bei denen die Klebeschichten möglichst in der Ebene der wirkenden Kräfte liegen (Abb. 2.31). Bei Rohrverbindungen sind Überlappungen oder Muffen vorteilhaft.

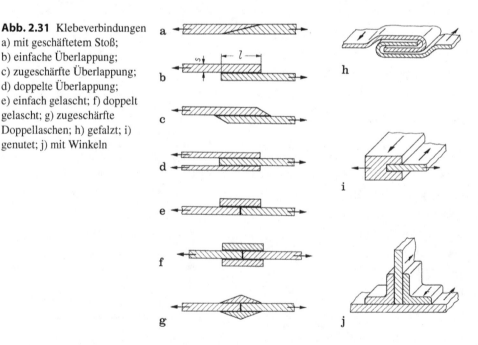

**Abb. 2.31** Klebeverbindungen
a) mit geschäftetem Stoß;
b) einfache Überlappung;
c) zugeschärfte Überlappung;
d) doppelte Überlappung;
e) einfach gelascht; f) doppelt gelascht; g) zugeschärfte Doppellaschen; h) gefalzt; i) genutet; j) mit Winkeln

**Abb. 2.32** Abschälen der
Ränder verhindern
a) Schälbeanspruchung;
b) biegesteife Ausbildung;
c) Klebeflächen vergrößern;
d) Umbördelung;
e) mit Hohlniet

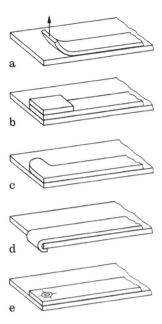

Klebverbindungen sind gegen Aufbiegekräfte (Abb. 2.32a) sehr empfindlich, und es muss durch besondere konstruktive Maßnahmen die Gefahr des Abschälens der Ränder verhindert werden, z. B. (Abb. 2.32b bis e) durch biegesteife Ausbildung, Vergrößern der Klebeflächen, Umbördelungen oder durch zusätzliche Nietverbindungen (Hohlniet oder Sprengniet).

Die Klebschichtdicken sollen kleiner als 0,15 mm sein, der Klebstoffverbrauch beträgt etwa ca. 150 g pro m² Klebefläche. Das Kleben von Kunststoffen er fordert besondere Vorbereitungen. In der Regel müssen die Oberflächen gut gereinigt werden, ein Aufrauhen auf mechanischem Wege oder durch besondere Beizverfahren erhöht in der Regel die Festigkeit der Klebverbindungen.

## 2.4 Reibschlussverbindungen

Bei Reibschlussverbindungen werden in den Fugen (Reibflächen = Wirkflächen), in denen sich die zu verbindenden Teile unmittelbar berühren, auf verschiedene Art und Weise Pressungen erzeugt. Die Pressung $p$ kann durch Schraubenkräfte, Keile, federnde Zwischenglieder oder die Elastizität der Bauteile selbst hervorgebracht werden. Die dadurch entstehende Normalkraft $F_N = p \cdot A$ (mit $A$ = Reibfläche) induziert eine Reibkraft $F_R$, die einer Verschiebung durch äußere Kräfte entgegensteht (Abb. 2.33).

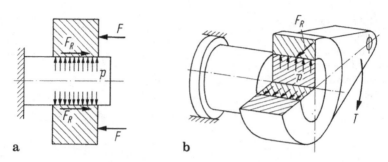

**Abb. 2.33** Reibschlussverbindungen a) zur Übertragung von Axialkräften; b) zur Übertragung von Drehmomenten

Den Zusammenhang zwischen Reibkraft und Normalkraft gibt das Coulomb'sche Reibungsgesetz an:

$$F_R = \mu \cdot F_N$$

Daraus geht hervor, dass die Reibkraft außer von der Pressung noch von dem Reibbeiwert $\mu$ abhängig ist. Dieser wiederum wird stark von der Art der zu fügenden Werkstoffe, der Oberflächenbeschaffenheit und dem Oberflächenzustand (trocken oder gefettet) beeinflusst. Ferner unterscheidet man noch den Reibbeiwert der Ruhe (Haftreibungskoeffizient $\mu_H$) und den der Bewegung (Gleitreibungskoeffizient $\mu_G$). Da die Gleitreibung immer kleiner als die Haftreibung ist, wird zur Sicherheit mit den Gleitreibungswerten gerechnet (Tab. 2.11). Aus der Tab. ist auch die große Streuung der Reibbeiwerte ersichtlich, die bei der Auslegung ein großes Problem darstellen, da der Reibungskoeffizient, der sich im Betrieb tatsächlich einstellt, nur sehr ungenau vorhersagbar ist.

**Anwendungen** Man verwendet Reibschlussverbindungen, um axiale Kräfte in Achsen und Wellen einzuleiten (Abb. 2.33a) oder um Drehmomente von Naben auf Wellen oder umgekehrt zu übertragen (Abb. 2.33b). Je gleichmäßiger der Pressdruck über die Berührungsflächen verteilt ist, umso besser wird die Kraft- oder Drehmomentübertragung und bei Rundpassungen zusätzlich die Zentrierung der Teile sein.

**Tab. 2.11** Richtwerte für Gleitreibungskoeffizienten

| Werkstoffpaarung | Gleitreibungskoeffizient $\mu$ | |
|---|---|---|
| | trocken | geschmiert |
| Stahl/Stahl oder Stahl/Gusseisen | 0,07…0,16 | 0,05…0,12 |
| Stahl/Grauguss oder Stahl/Bronze | 0,15…0,20 | 0,03…0,08 |
| Grauguss/Grauguss oder Grauguss/Bronze | 0,15…0,25 | 0,02…0,08 |
| Stahl/Messing | 0,04…0,14 | 0,01…0,05 |

**Vorteile** Reibschlussverbindungen sind infolge ihrer Dämpfungseigenschaften günstiger bei dynamischen Belastungen als die „starren" Formschlussverbindungen. Sie lassen sich einfach montieren und sind vielfach (außer dem zylindrischen Pressverband) leicht nachspannbar.

**Nachteile** Die Reibkraft muss immer größer als die Betriebskraft sein, wobei mit großen Sicherheitsfaktoren gerechnet werden muss, da der Reibungskoeffizient bei der Berechnung nur sehr ungenau bestimmt werden kann. Dadurch werden große Vorspannkräfte erforderlich, die das Bauteil auch dann belasten, wenn keine äußeren Kräfte anliegen.

### 2.4.1 Keilverbindungen

Die für den Reibschluss notwendige Flächenpressung wird bei den Keilverbindungen durch das Eintreiben von Keilen erzeugt. Bei Wellen-Naben-Verbindungen werden die Pressungen durch genormte Keile (Anzug 1:100) erzeugt (Abb. 2.34). Dieser Anzug liegt dabei durchweg auf der Rückenseite, die im Nabennutgrund zur Anlage kommt. Die Keile werden im Allgemeinen durch Hammerschläge in axialer Richtung eingetrieben. Die Verspannung kann jedoch bei beschränkten Platzverhältnissen auch durch das Auftreiben der Nabe erfolgen, wobei ein rundstirniger Einlegekeil (DIN 6886) in eine entsprechende Wellennut eingelegt wird.

Die Keilbreiten werden mit dem Toleranzfeld h9, die Nutbreiten mit D10 hergestellt, so dass an den Seitenflächen immer Spiel vorhanden ist. Das heißt, bei normalem Betrieb kommt kein Formschluss zustande. Keile, außer Hohlkeile, können aber bei Überlastung Kräfte in Umfangsrichtung auch formschlüssig übertragen. Man spricht deshalb hier oft fälschlicherweise von vorgespannten Formschlussverbindungen, weil eine Keilverbindung immer so ausgelegt sein sollte, dass das übertragbare Moment ausschließlich per Reibung übertragen werden kann.

**Abb. 2.34** Welle-Nabe-Verbindung mit einem Hohlkeil nach DIN 6881

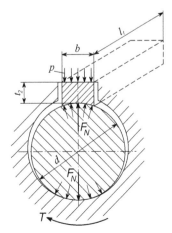

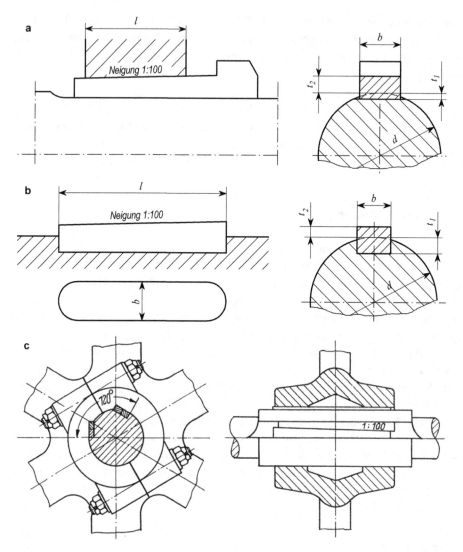

**Abb. 2.35** Keilformen a) Nasenflachkeil (DIN 6884); b) Einlegekeil (DIN 6886, Form A); c) Tangentenkeil (DIN 268 und 271)

**Keilformen** Je nach Anforderungen an die Keilverbindung können unterschiedliche Keilformen verwendet werden (Abb. 2.35).

*Nasenkeile* (DIN 6884, 6887 und 6889) werden verwendet, wenn nur von einer Seite montiert werden kann. Die Nase dient zum Ein- und Austreiben.

*Einlegekeile* (DIN 6886) werden verwendet, wenn kein Platz zum Eintreiben des Keiles vorhanden ist. Hier wird die Nabe aufgetrieben.

*Treibkeile* (DIN 6886) werden verwendet, wenn von der einen Seite eingetrieben und von der anderen Seite ausgetrieben werden kann.

*Nutenkeile* (DIN 6886 und 6887) schwächen die Welle durch Nut und Kerbwirkung, besitzen aber zusätzlichen Formschluss wenn der Reibschluss versagt.

*Flachkeile* (DIN 6883 und 6884) besitzen nur einen sehr geringen Formschluss (Welle ist nur angeflacht), weisen jedoch auch eine wesentlich geringere Kerbwirkung als Nutenkeile auf.

*Hohlkeile* (DIN 6881 und 6889) sind an der unteren Fläche entsprechend dem Wellendurchmesser gerundet. Die Kraftübertragung geschieht daher ausschließlich reibschlüssig.

*Tangentenkeile* (DIN 268 und 271) sind für große und wechselnde Drehmomente geeignet. Sie werden auch bei geteilten Naben (Schwungräder u. ä.) verwendet. Es werden dafür zwei unter 120° gegeneinander versetzte Keilpaare tangential am Wellenumfang angeordnet. Da die Verspannung zwischen Welle und Nabe nicht wie bei oben angegebenen Keilen in radialer Richtung, sondern in tangentialer Richtung erfolgt, handelt es sich hierbei tatsächlich um eine vorgespannte Formschlussverbindung.

Für alle Keilformen sind Höhe $h$ und Breite $b$ der Keile sowie die Nuttiefen der Wellen $t_1$ und Naben $t_2$ in Abhängigkeit vom Wellendurchmesser genormt (Tab. 2.12).

**Tab. 2.12** Abmessungen und Nuttiefen für Keile

| Wellen-$\varnothing$ $d$ | | Nutenkeile | | | Flachkeile | | | Hohlkeile | |
|---|---|---|---|---|---|---|---|---|---|
| über | bis | $b \times h$ | $t_1$ | $t_2$ | $b \times h$ | $t_1$ | $t_2$ | $b \times h$ | $t_2$ |
| 10 | 12 | 4 × 4 | 2,5 | 1,2 | | | | | |
| 12 | 17 | 5 × 5 | 3,0 | 1,7 | | | | | |
| 17 | 22 | 6 × 6 | 3,5 | 2,2 | | | | | |
| 22 | 30 | 8 × 7 | 4,0 | 2,4 | 8 × 5 | 1,3 | 3,2 | 8 × 3,5 | 3,2 |
| 30 | 38 | 10 × 8 | 5,0 | 2,4 | 10 × 6 | 1,8 | 3,7 | 10 × 4 | 3,7 |
| 38 | 44 | 12 × 8 | 5,0 | 2,4 | 12 × 6 | 1,8 | 3,7 | 12 × 4 | 3,7 |
| 44 | 50 | 14 × 9 | 5,5 | 2,9 | 14 × 6 | 1,4 | 4,0 | 14 × 4,5 | 4,0 |
| 50 | 58 | 16 × 10 | 6,0 | 3,4 | 16 × 7 | 1,9 | 4,3 | 16 × 5 | 4,3 |
| 58 | 65 | 18 × 11 | 7,0 | 3,4 | 18 × 7 | 1,9 | 4,5 | 18 × 5 | 4,5 |
| 65 | 75 | 20 × 12 | 7,5 | 3,9 | 20 × 8 | 1,9 | 5,5 | 20 × 6 | 5,5 |
| 75 | 85 | 22 × 14 | 9,0 | 4,4 | 22 × 9 | 1,8 | 6,5 | 22 × 7 | 6,5 |
| 85 | 95 | 25 × 14 | 9,0 | 4,4 | 25 × 9 | 1,9 | 6,4 | 25 × 7 | 6,4 |
| 95 | 110 | 28 × 16 | 10,0 | 5,4 | 28 × 10 | 2,4 | 6,9 | 28 × 7,5 | 6,9 |
| 110 | 130 | 32 × 18 | 11,0 | 6,4 | 32 × 11 | 2,3 | 7,9 | 32 × 8,5 | 7,9 |
| 130 | 150 | 36 × 20 | 12,0 | 7,1 | 36 × 12 | 2,8 | 8,4 | 36 × 9 | 8,4 |
| 150 | 170 | 40 × 22 | 13,0 | 8,1 | 40 × 14 | 4,0 | 9,1 | | |
| 170 | 200 | 45 × 25 | 15,0 | 9,1 | 45 × 16 | 4,7 | 10,4 | | |
| Keillängen: | | 8; 10; 12; 14; 16; 18; 20; 22; 25; 28; 32; 36; 40; 45; 50; 56; 63; 70; 80; 90; 100; 110; 125; 140; 160; 180; 200; 220; 250; 280; 320; 360; 400 | | | | | | | |

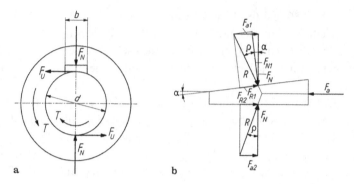

**Abb. 2.36** Kräfte am Hohlkeil

**Berechnung** Da bei einer Hohlkeilverbindung ein reiner Reibschluss und eine symmetrische Pressungsverteilung vorliegt (Abb. 2.36a), lässt sich eine Berechnung nach dem Coulomb'schen Reibungsgesetz sehr einfach durchführen. Das maximal übertragbare Reibmoment ist durch die zulässige Flächenpressung der Werkstoffpaarung festgelegt, und berechnet sich nach Abb. 2.36b zu

$$T \leq T_R = 2 \cdot \mu_U F_N d/2 = \mu_U \, d \, b \, l \, p_{zul}$$

Daraus lässt sich die erforderliche Keil- bzw. Nabenlänge berechnen:

$$l \leq \frac{T}{\mu_U \, d \, b \, p_{zul}}$$

Das übertragbare Moment und somit die Flächenpressung sind jedoch von der Eintreibkraft $F_a$ abhängig. Die Mindesteintreibkraft ergibt sich nach Abb. 2.36b zu

$$F_a = F_{a1} + F_{a2} = F_N \left[ \tan\left(\alpha + \rho\right) + \tan\rho \right]$$

Da der Keilwinkel sehr klein ist ($1{:}100 = 0{,}57°$) kann mit ausreichender Genauigkeit

$$F_a \approx F_N \cdot 2 \tan\rho$$

gesetzt werden. Für die *minimale* Eintreibkraft zur Übertragung des Drehmomentes $T$ gilt dann:

$$F_{a,\min} \geq \frac{2 \cdot T \tan\rho}{\mu_U \, d}$$

und für die *maximale* Eintreibkraft, damit die Nabe nicht überbeansprucht wird, gilt

$$F_{a,\max} \leq 2 \cdot \mu_a \, b \, l \, p_{zul}$$

**Tab. 2.13** Erfahrungswerte für Keilverbindungen

| Nabenwerkstoff | Nabenlänge $l$ | Nabenaußen-durchmesser $D$ | Zulässige Flächenpressung $p_{zul}$ |
|---|---|---|---|
| Grauguss | $1,5 \cdot d \ldots 2,0 \cdot d$ | $2,0 \cdot d \ldots 2,2 \cdot d$ | 50 N/mm² |
| Stahl | $1,0 \cdot d \ldots 1,3 \cdot d$ | $1,8 \cdot d \ldots 2,0 \cdot d$ | 90 N/mm² |

Da die Reibbeiwerte in tangentialer und in axialer Richtung unterschiedlich groß sein können, wird unterschieden in Reibbeiwerte in Umfangsrichtung $\mu_U$ und in axialer Richtung $\mu_a$.

Für Flach- und Nutenkeilverbindungen werden die Kräfteverhältnisse etwas komplexer. Wegen der unsicheren Bestimmung der Eintreibkraft (Hammermontage), ist es jedoch völlig ausreichend, alle Keile für die Berechnung als Hohlkeile zu betrachten.

**Gestaltung** Wegen der unsicheren Montage wird häufig auf eine Berechnung verzichtet. Die Auslegung von Keilverbindungen kann dann nach den Erfahrungswerten in Tab. 2.13 erfolgen.

## 2.4.2 Kegelverbindung

Kegelverbindungen haben rotationssymmetrische Wirkflächen. Es handelt sich dabei um die Mantelflächen eines Kegelstrumpfes. Die notwendige Fugenpressung $p$ wird dabei durch eine axiale Schraubenkraft $F_a$ aufgebracht.

Der Kegelsitz (Abb. 2.37) eignet sich zur Übertragung dynamischer Kräfte und Momente. Er wird vorwiegend zur Befestigung von Bauteilen an Wellenenden angewendet. Als Vorteile können aufgeführt werden: nachspannbar, gut lösbar, keine Wellenschwächung sowie sehr gute Zentrierung (keine Unwucht). Nachteilig sind dagegen die hohen Herstellkosten, da die Kegelwinkel sehr genau hergestellt werden müssen, und die fehlende Einstellbarkeit in axialer Richtung.

**Abb. 2.37** Kegelverbindung

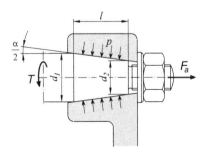

Für spezielle Anwendungen sind Kegel genormt. Für Werkzeugaufnahmen sind zum Beispiel in DIN 228 verschiedene Kegelwinkel bzw. Kegelverhältnisse festgelegt. Grundsätzlich gilt, je kleiner das Kegelverhältnis, desto schwerer ist die Verbindung zu lösen. Leicht lösbar sind Kegelverbindungen mit einem Kegelverhältnis von 1:5 während Kegel mit Kegelverhältnissen um 1:20 schwer lösbar sind.

Das Kegelverhältnis berechnet sich zu

$$C = \frac{d_1 - d_2}{l}$$

und für den Kegelwinkel gilt nach Abb. 2.37

$$\tan \frac{\alpha}{2} = \frac{d_1 - d_2}{2 \cdot l}$$

**Berechnung** Unter der Voraussetzung, dass eine genaue Übereinstimmung von Außenkegel (Welle) und Innenkegel (Nabe) vorliegt, ist die Fugenpressung $p$ an allen Stellen gleich groß. Das heißt, dass die Verteilung der Flächenpressung konstant ist. Diese Annahme erlaubt es, dass die Flächenpressung zu einer Einzelkraft zusammengefasst werden kann, die dann am mittleren Kegeldurchmesser $d_m$ angreift (Abb. 2.38).

Die Kraft normal zur Oberfläche ist die aus der Pressung abgeleitete Einzelkraft $F_N$

$$F_N = p \cdot A = p \frac{d_m \pi l}{\cos \alpha/2} \approx p\, d_m \pi l$$

Für kleine Winkel gilt $cos\ \alpha/2 \to 1$ und kann daher vernachlässigt werden. Das übertragbare Reibmoment ergibt sich nach Abb. 2.38a mit der Reibkraft $F_U$ zu

$$T_R = F_U \frac{d_m}{2} = \mu_U F_N \frac{d_m}{2} = \frac{1}{2} \mu_U p\, d_m^2 \pi l \tag{2.5}$$

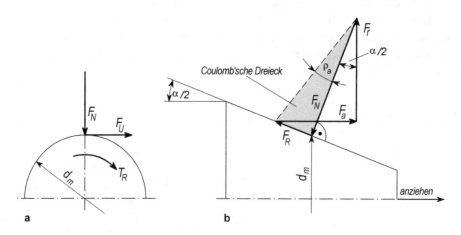

**Abb. 2.38** Kräfteverhältnisse beim Anziehen einer Kegelverbindung (auf die Welle wirkenden Einzelkräfte)

Da die Reibbeiwerte in tangentialer und in axialer Richtung unterschiedlich groß sein können, wird unterschieden in Reibbeiwerte in Umfangsrichtung $\mu_U$ und in axialer Richtung $\mu_a$.

Die Bedingung $T_R \geq T$ liefert dann die Pressung, die erforderlich ist um das Drehmoment $T_{nenn}$ mit dem Stoßfaktor $K_A$ und der Rutschsicherheit $S_R$ zu übertragen:

$$p_{erf} \geq \frac{2 K_A T_{nenn}}{\mu_U d_m^2 \pi l} \cdot S_R \tag{2.6}$$

Beim Einbau, sprich Anziehen der Kegelverbindung, wird die Nabe als ortsfest betrachtet, so dass die Welle in die Nabe hineingezogen wird. Dabei entsteht eine Relativbewegung zwischen Nabe und Welle in axialer Richtung. Die dadurch entstehende Reibkraft $F_R$ wirkt entgegen der Bewegungsrichtung. Der Zusammenhang zwischen Reibkraft und Normalkraft kann mit dem Coulomb'schen Reibungsgesetz angegeben werden und ist in Abb. 2.38b als rechtwinkliges Dreieck dargestellt. Für den Reibungswinkel in axialer Richtung gilt danach

$$\tan \rho_a = \frac{F_R}{F_N} = \mu_a$$

Die axiale Anzieh- oder Einpresskraft $F_a$ bei der Montage muss nach Abb. 2.38b die Horizontalkomponenten der Normalkraft $F_N$ und der Reibkraft $F_R$ überwinden. Die erforderliche axiale Einpresskraft berechnet sich somit aus

$$F_a = F_N \cdot \sin \frac{\alpha}{2} + F_R \cdot \cos \frac{\alpha}{2} = F_N \left( \sin \frac{\alpha}{2} + \mu_a \cdot \cos \frac{\alpha}{2} \right)$$

Stellt man Gl. 2.5 nach $F_N$ um und setzt diesen Ausdruck in oben stehender Gleichung ein, erhält man die erforderliche Einpresskraft, abhängig vom zu übertragenen Drehmoment:

$$F_a \geq \frac{2 \cdot T}{\mu_U d_m} \left( \sin \frac{\alpha}{2} + \mu_a \cdot \cos \frac{\alpha}{2} \right) \approx \frac{2 \cdot T}{\mu_U d_m} \tan \left( \frac{\alpha}{2} + \rho_a \right) \tag{2.7}$$

Ist die axiale Einpresskraft $F_a$ gegeben, kann aus Gl. 2.6 und 2.7 die vorhandene Pressung in der Fuge berechnet werden:

$$p_{vorh} = \frac{F_a}{\left( \sin \frac{\alpha}{2} + \mu_a \cdot \cos \frac{\alpha}{2} \right) d_m \pi l} = \frac{F_a}{\tan \left( \frac{\alpha}{2} + \rho_a \right) d_m \pi l} \tag{2.8}$$

Die Festigkeitsbedingung für die Nabe lautet:

$$p_{erf} \leq p_{vor} \leq p_{max}$$

Die Berechnung der Nabe erfolgt als offener dickwandiger Hohlzylinder (mit Innendurchmesser $D_i = d_m$) unter Innendruck. Mit $Q = d_m/D_a$ ($D_a$ = Außendurchmesser der

Nabe) kann die maximal zulässige Pressung $p_{\max}$ bei rein elastischer Auslegung nach der modifizierten Schubspannungshypothese (MSH) berechnet werden:

$$p_{\max} = \frac{1 - Q^2}{\sqrt{3}} \sigma_{zul} \tag{2.9}$$

Für die zulässige Werkstoffbeanspruchung wird $\sigma_{zul} = R_e/S_F$ bzw. bei spröden Werkstoffen $\sigma_{zul} = R_m/S_B$ gesetzt, wobei $S_F \geq 1,3$ und $S_B \geq 2$ sein sollte. In Abb. 2.38b ist noch eine radiale Kraft $F_r$ eingetragen. Sie ist notwendig, damit das System im Gleichgewicht ist (das Krafteck muss geschlossen sein). Anschaulich kann man sich vorstellen, dass diese Kraft die Welle zusammendrückt (staucht) und die Nabe auseinanderdrückt (dehnt).

**Selbsthemmung**  Zum Lösen einer Kegelverbindung wird die Bewegungsrichtung umgekehrt, d. h. die Welle wird aus der ortsfest gedachten Nabe hinausgestoßen. Die Reibkraft $F_R$ ändert dadurch ihre Richtung. In Abb. 2.39 sind die Kräfte am Kegel als Einzelkräfte am mittleren Durchmesser angreifend eingetragen. Wie die Herleitung des Reibmoments $T_R$ zeigt, kann dies mit ausreichender Genauigkeit angenommen werden. Dabei können zwei Fälle unterschieden werden:

1. $\alpha/2 \geq \rho_a$
   Nach Abb. 2.39a wirkt $F_a$ entgegen der Bewegungsrichtung beim Lösen. Das heißt, es ist keine Axialkraft zum Lösen der Verbindung erforderlich. Es ist im Gegenteil eine axiale Spannkraft erforderlich, um die Verbindung aufrecht zu erhalten. Es liegt keine Selbsthemmung vor!
2. $\alpha/2 < \rho_a$
   Nach Abb. 2.39b wirkt $F_a$ in Bewegungsrichtung. Das heißt, es ist eine Axialkraft zum Lösen der Verbindung erforderlich. Der Kegelsitz kann in diesem Fall auch dann ein Drehmoment übertragen, wenn die Schraube in Abb. 2.37 nach dem

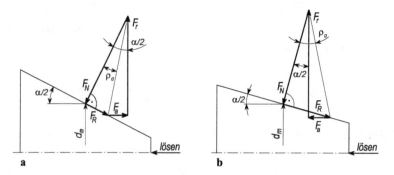

**Abb. 2.39**  Kräfteverhältnisse beim Lösen einer Kegelverbindung a) keine Selbsthemmung; b) mit Selbsthemmung

axialen Verspannen der Teile wieder gelöst wird. Die Kegelverbindung ist somit selbsthemmend!

Daraus ergibt sich die Bedingung für die Selbsthemmung:

$$\frac{\alpha}{2} \leq \rho_a = arc \tan \mu_a$$

Die bei einer selbsthemmenden Kegelverbindung erforderliche Lösekraft setzt sich aus den axialen Kraftkomponenten $F_{aN}$ und $F_{aR}$ zusammen. Nach Abb. 2.39 gilt für die axialen Komponenten

Aus Normalkraft:
$$F_{aN} = F_N \cdot \sin \frac{\alpha}{2}$$

Aus Reibkraft:
$$F_{aR} = F_R \cdot \cos \frac{\alpha}{2}$$

Die zum Lösen erforderliche Kraft ist dann die Summe der Axialkomponenten

$$F_{L\ddot{o}se} = F_{aN} + (-F_{aR}) = F_N \left( \sin \frac{\alpha}{2} - \mu_a \cdot \cos \frac{\alpha}{2} \right) = p_{vorh} \, d_m \, \pi \, l \left( \sin \frac{\alpha}{2} - \mu_a \cdot \cos \frac{\alpha}{2} \right)$$

Für eine *nicht selbsthemmende* Kegelverbindung wird danach die Lösekraft *positiv* (d.h. es ist eine Kraft in Anziehrichtung erforderlich um die Verbindung aufrecht erhalten), für eine *selbsthemmende* Verbindung wird die Lösekraft dagegen *negativ* (d.h. es ist eine Kraft entgegen der Anziehrichtung erforderlich um die Verbindung zu lösen).

**Gestaltung** Kegelverbindungen sind möglichst selbsthemmend zu auszulegen. Auch selbsthemmende Kegelsitze, welche größere Drehmomente übertragen müssen, sollten dauerhaft axial verspannt werden, da sonst die Gefahr besteht, dass sich Verbindung löst, wenn das übertragbare Drehmoment überschritten wird.

Ein richtig dimensionierter Kegelsitz sollte keine zusätzliche Pass- oder Scheibenfedern erhalten, weil dadurch die Eindeutigkeit des Übertragungsmechanismuses verloren geht.

Als Richtwerte für die Festlegung der Nabenabmessungen kann auf die Erfahrungswerte in Tab. 2.14 zurückgegriffen werden.

**Tab. 2.14** Erfahrungswerte für Kegelverbindungen

| Nabenwerkstoff | Nabenlänge | Nabenaußendurchmesser |
|---|---|---|
| Grauguss | $1,2 \cdot d_m \ldots 1,5 \cdot d_m$ | $2,2 \cdot d_m \ldots 2,7 \cdot d_m$ |
| Stahl | $0,6 \cdot d_m \ldots 1,0 \cdot d_m$ | $2,0 \cdot d_m \ldots 2,5 \cdot d_m$ |

### 2.4.3  Konische Spannelementverbindungen

Das Wirkprinzip der konischen Spannelementverbindungen ist vergleichbar mit dem der Kegelverbindung. Durch axiale Verspannung werden die Spannelemente in radialer Richtung gedehnt und somit eine Pressung zwischen Wellenoberfläche und Nabenbohrung erzeugt.

Der elementare Vorteil der Spannelemente liegt darin, dass mit ihrer Hilfe Naben, Zahnräder, Kupplungen und dgl. auf glatten zylindrischen Wellen reibschlüssig befestigt werden können. Sie sind, im Gegensatz zum Kegelsitz nach Abschn. 2.4.2 jedoch axial und tangential frei einstellbar.

**Kegelhülse**  Zu den Kegelverbindungen gehören auch die Kegelhülsen, wie sie zur Befestigung von Wälzlager-Innenringen auf Wellen benutzt werden. Dazu zählen die Spannhülsen nach DIN 5415 und die Abziehhülsen nach DIN 5416 (Abb. 4.68f und g). Hier werden in zwei Fugen Pressungen erzeugt. Zum einen an der zylindrischen Wellen und zum anderen am kegeligen Lagerinnenring. Allerdings sind die Hülsen geschlitzt, so dass die Rotationssymmetrie (auch im Spannungsverlauf) unterbrochen ist.

**Taper-Lock-Spannbuchse**  Auch die Taper-Lock-Spannbuchse nach Abb. 2.40, die eine besonders einfache und rasche Montage von Keilriemenscheiben und dergleichen ermöglicht, ist eine geschlitzte, außen konische Hülse. Sie hat am Außenumfang zwei (bei größeren Abmessungen drei) zylindrische, jedoch nur zur Hälfte im Material der Buchse liegende achsparallele Sacklöcher a, denen in der ebenfalls konischen Nabenbohrung zwei (bzw. drei) durchgehende, auch nur zur Hälfte im Material liegende Gewindelöcher b gegenüberstehen. Das Einziehen der Buchse in die Nabe erfolgt mit Gewindestiften c mit Innensechskant. Zum Lösen der Verbindung werden die Gewindestifte aus a/b herausgeschraubt und ein Stift wird in d/e eingeschraubt, wobei jetzt d als durchgehende

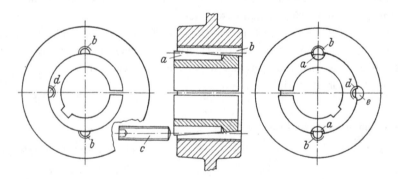

**Abb. 2.40**  Taper-Lock-Spannbuchse

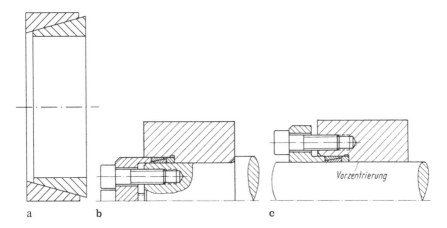

a        b                        c

**Abb. 2.41** System Ringfeder

Halbgewindebohrung in der Buchse und e als Halbsackloch in der Nabe ausgebildet ist. Die vorhandene Passfedernut ist nur für Fälle höchster Belastung vorgesehen (problematisch wegen Eindeutigkeit Reibschluss oder Formschluss!)

**Ringfeder-Spannelemente** Die Spannelemente System Ringfeder benutzen dagegen geschlossene konische Ringe. Zu einem Spannelement nach Abb. 2.41a gehören ein Außenring mit Innenkonus und ein Innenring mit Außenkonus. Die Pressungen, die also nun in drei Fugen auftreten, werden durch axiale Schraubenkräfte erzeugt.

An einem Wellenende (Abb. 2.41b) ist eine wellenseitige Verspannung möglich (bis d=36mm mit einer zentralen Schraube oder Spannmutter, darüber mit drei oder mehr Spannschrauben). Bei durchgehenden Wellen erfolgt die Verspannung mit mehreren nabenseitig angeordneten Spannschrauben (Abb. 2.41c).

Die zur Auslegung der Spannelemente erforderlichen Daten wie Abmessungen, übertragbares Drehmoment und Schraubenanzugsmomente sind den Herstellerkatalogen zu entnehmen. Bei Hintereinanderschaltung mehrerer Elemente nimmt die Pressung bei den nachgeschalteten Elementen ab (Abb. 2.42). Die Ursache liegt darin, dass infolge der axialen Reibkräfte, die in den Außenring des ersten Spannelementes eingeleitete Axialkraft $F_{a,a1}$ um die Reibkräfte größer ist als die Abstützkraft $F_{a,i1}$ am Innenring. Dadurch wird das zweite Element weniger axial verspannt als das erste. Für einen Reibbeiwert von $\mu = 0,15$ ergeben sich folgende übertragbaren Drehmomente:

- bei zwei Spannelementen   $T_2 = 1,5 \cdot T_1$,
- bei drei Spannelementen    $T_3 = 1,75 \cdot T_1$,
- bei vier Spannelementen    $T_4 = 1,875 \cdot T_1$.

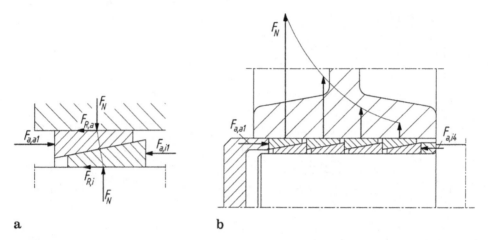

a                                          b

**Abb. 2.42** Spannelementverbindung a) Kräfte an einem Spannelement; b) Reihenschaltung mehrere Spannelemente

**Abb. 2.43** Ringfeder-
Spannsatz

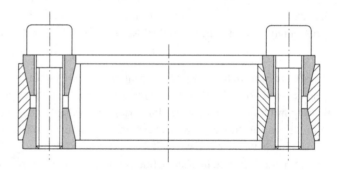

Daraus folgt, dass sich ein Hintereinanderschalten von mehr als drei Elementen nicht lohnt.

**Ringfeder-Spannsatz** Die Spannsätze System Ringfeder (Abb. 2.43) bestehen aus einem Außenring mit Doppelinnenkonus und einem geschlitzten Innenring mit Doppelaußenkonus, die durch zwei Druckringe mit Außen- und Innenkonus zusammengehalten werden und somit eine einbaufertige Einheit bilden. Zum Spannen werden die Druckringe durch eine große Anzahl von Spannschrauben (Zylinderschrauben mit Innensechskant) zusammengezogen, wobei die Innenringe radial an die Welle und die Außenringe radial an die Nabenbohrung gepresst werden. An den zu verbindenden Bauteilen sind somit keine Bearbeitungen (z. B. Gewindebohrungen) erforderlich. Die Abmessungen, die übertragbaren Drehmomente, die Anzahl der Schrauben und die erforderlichen Schraubenanziehmomente sind den Herstellerkatalogen zu entnehmen.

Die Spannsätze sind besonders für schwere Teile und große Drehmomente geeignet. Spannelemente und Spannsätze gewährleisten hohe Rundlaufgenauigkeit, sie sind leicht lösbar, ermöglichen genaue und feine Einstellung in axialer und in Umfangsrichtung und sind auch besonders für Wechsel- und Stoßbeanspruchung geeignet.

Neben dem Ringfeder-Spannsatz gibt es auch Spannsätze von anderen Herstellern mit dem gleichen Wirkprinzip.

## 2.4.4 Verbindungen mit federnden Zwischengliedern

Die für den Reibschluss erforderlichen Normalkräfte können auch durch federnde Zwischenglieder erzeugt werden. Es handelt sich hierbei um elastische Rückstellkräfte, die durch die Verformung beim Einbau entstehen.

**Druckhülsen** Die Druckhülsen Bauart Spieth (Abb. 2.44) erhalten ihre Elastizität durch die besondere Querschnittsform, die durch axial wechselseitig versetzte innere und äußere radiale Ausnehmungen entsteht. Die zylindrischen Innen- und Außenflächen sind genau konzentrisch und so toleriert, dass sie im unbelasteten Zustand die Elemente auf Wellen des Toleranzfeldes h6 (h5) und in Bohrungen des Toleranzfeldes H7 (H6) leicht auf- bzw. einschieben lassen. Die zum Verspannen aufzubringenden Axialkräfte bewirken durch die Längsdeformation eine rotationssymmetrische Radialdehnung, d. h. der Außendurchmesser wird kreisförmig aufgeweitet, während sich gleichzeitig die Bohrung kreisförmig verengt. Nach Überwindung des Spiels erfolgt der Aufbau der zur reibschlüssigen Verbindung erforderlichen Radialkräfte. Die Verbindung ist durch Aufheben der axialen Spannkraft sofort und leicht wieder lösbar.

Die Größe des übertragbaren Drehmomentes richtet sich nach der Anzahl der Glieder und der Höhe der Axialkraft. Druckhülsen werden verwendet wenn hohe Rundlaufgenauigkeit gefordert wird und die Verbindung einfach wieder demontierbar sein muss. Sie

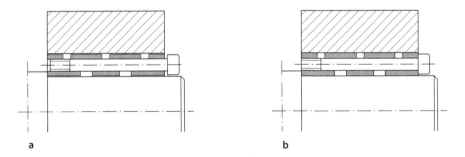

a          b

**Abb. 2.44** Druckhülse (nach Spieth) als Welle-Naben-Verbindung a) ungespannt bei Montage und Demontage; b) gespannt im Betrieb

**Abb. 2.45** Kolbenstangenklemmung
mit Druckhülse (nach Spieth)

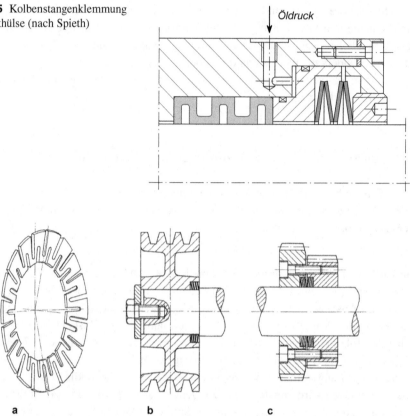

a                                    b                                    c

**Abb. 2.46** Sternscheiben a) nicht eingebaut b) Befestigung einer Keilriemenscheibe; b) Befestigung eines Räderblocks auf einer glatten Welle

eignen sich auch sehr gut zum Klemmen von axialverstellbaren Wellen oder Kolbenstangen (Abb. 2.45). Nach Abfall bzw. Ausfall des Öldrucks wird die Kolbenstange geklemmt. Die axiale Spannkraft wird über Tellerfedern aufgebracht. Nach dem gleichen Prinzip werden auch einstellbare Führungsbuchsen, Lagerbuchsen und Gewindebuchsen hergestellt.

**Sternscheiben**  Die Sternscheiben (Abb. 2.46a) sind, wie die Tellerfedern, dünnwandige, flachkegelige Ringscheiben aus gehärtetem Federstahl mit Radialschlitzen. Durch diese Schlitze ist die Ringspannscheibe in Bezug auf ihren Kegelwinkel elastisch verformbar und kann im Durchmesser zusammengedrückt oder ausgedehnt werden. Wird sie am Außenrand abgestützt, so verkleinert sich beim Flachdrücken ihr Innendurchmesser, wird sie am Innenrand abgestützt, so vergrößert sich beim Flachdrücken der Außendurchmesser. Die dabei auftretenden Radialkräfte, die je nach dem Kegelwinkel etwa fünfmal so groß sind wie die eingeleitete Axialkraft, werden für die reibschlüssige spielfreie Verbindung von Wellen mit aufgesetzten Rädern oder dgl. sowie zum präzisen Einspannen vorbearbeiteter Werkstücke auf Drehbänken und Schleifmaschinen für die Endbearbeitung benutzt. Das übertragbare Drehmoment hängt von der Größe des inneren Stützdurchmessers sowie von der eingeleiteten Axialkraft ab. Es wird begrenzt durch die Druckfestigkeit des Materials der zu verbindenden Teile sowie durch die Anzahl der Ringspannscheiben gemäß den Tabellen in den Druckschriften des Herstellers.

Einbaubeispiele zeigen Abb. 2.46b und c. Weitere Anwendungsgebiete sind vor allem Spanndorne und Spannfutter im Werkzeugmaschinenbau, Schalt- und Schutzkupplungen und Sternfedern zum Axialspielausgleich bei Kugellagern.

**Toleranzhülsen.** Toleranzhülsen, auch als Toleranzringe bezeichnet, werden eingesetzt um größere Toleranzen zu überbrücken und Wärmeausdehnungen auszugleichen. Der Toleranzring wird aus Federstahl hergestellt und besitzt eine große Anzahl von gleichmäßig über den Umfang verteilten Längssicken (Abb. 2.47a). Er ist am Umfang nicht geschlossen, damit er sich bei der Verformung in Umfangsrichtung ausdehnen und leicht in flache Ringnuten eingelegt werden kann. Die Vorspannkraft wird durch die Verformung der Toleranzhülse in radialer Richtung erzeugt, indem die Nabe über die meist in eine Nut der Welle eingelegte Toleranzhülse geschoben wird (oder umgekehrt). Die Vorspannkraft ist proportional zur radialen Verformung, also dem Unterschied zwischen der ursprünglichen Sickenhöhe und dem „Spalt" zwischen Welle und Nabe. Das übertragbare Drehmoment ist von der Ringdicke, der Ringbreite, der Wellenteilung und dem Elastizitätsmodul abhängig und kann somit nicht ohne weiteres berechnet werden. Deshalb ist die zulässige Radiallast und das übertragbare Drehmoment den Herstellerangaben zu entnehmen. Toleranzringe werden auch für den Einbau von Wälzlagern benutzt.

**Hydraulische Hohlmantelspannbüchsen** Unter der Bezeichnung ETP-Spannbuchsen werden reibschlüssige Welle-Nabe-Verbindungen mit zwei zylindrischen Wirkflächenpaaren in Form von doppelwandigen Hohlzylindern angeboten (Abb. 2.48).

So eine doppelwandige Buchse ist mit einem Fluid gefüllt, das über einen Ringkolben derart komprimiert wird, dass die Mantelflächen der Spannbuchse über ihre ganze Länge nach innen auf die Welle und nach außen in die Nabenbohrung gedrückt werden.

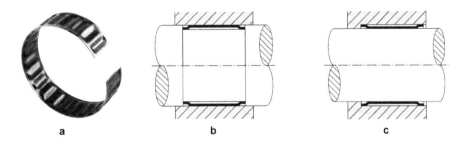

**Abb. 2.47** Toleranzhülse a) nicht eingebaut; zentrierter Einbau; gestützter Einbau

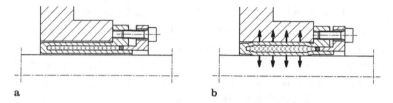

**Abb. 2.48** ETP-Spannbuchse (nach Lenze) a) ungespannt bei Montage und Demontage; b) gespannt im Betrieb

Der dadurch entstehende Reibschluss kann recht große Drehmomente übertragen, die dem Herstellerkatalog zu entnehmen sind. Bei der Auslegung ist zu beachten, dass die Angaben zu den übertragbaren Drehmomenten sich auf Raumtemperatur (20 °C) beziehen. Infolge der unterschiedlichen thermischen Ausdehnungskoeffizienten von Druckmedium und Spannbuchse fällt das übertragbare Drehmoment bei niedrigeren Temperaturen ab, und steigt entsprechend bei höheren Temperaturen. ETP-Spannbuchsen sollten deshalb nicht über 70 °C Betriebstemperatur eingesetzt werden.

Die Einsatzmöglichkeiten sind sehr vielfältig. So werden heute ETP-Buchsen als Wellen-Naben-Verbindungen in Verpackungsmaschinen, Robotern, Werkzeugmaschinen und vieles mehr verwendet. Aber auch als Überlastschutz und zur Befestigung von Werkstückaufnahmedorne (z. B. an einer Fräsmaschine) sind sie geeignet.

### 2.4.5  Pressverbindungen (Zylindrische Pressverbände)

Bei einer Pressverbindung wird die erforderliche Flächenpressung durch die elastische Verformung von Welle und Nabe erzeugt, die durch eine Übermaßpassung entsteht (Abb. 2.49). Unter Übermaßpassungen versteht man die Paarung von zylindrischen Passteilen, die vor dem Fügen Übermaß besitzen (Abschn. 1.4.4). Sie werden häufig verwendet, da sie verhältnismäßig leicht herzu- stellen und daher kostengünstig sind und auch stoßartige und wechselnde Drehmomente und Längskräfte übertragen können.

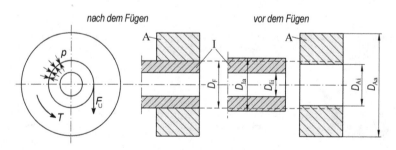

**Abb. 2.49** Wirkprinzip einer Pressverbindung (I Innenteil [Welle]; A Außenteil [Nabe]; $p$ = Fugenpressung; $T$ = Drehmoment; $F_U$ = Umfangskraft)

Anwendungsbeispiele sind

- Welle-Nabe-Verbindungen (z. B. Zahnrad auf Welle),
- Zahnkränze auf Radkörper,
- Gleitlagerbuchsen im Gehäuse,
- Wälzlagerringe auf Welle oder in Gehäuse.

Bei Welle-Nabe-Verbindungen werden die Wellen dabei nicht durch Nuten geschwächt, und die Nabe ist exakt auf der Welle zentriert. Voraussetzung für eine sichere Kraft- bzw. Momentübertragung ist die genaue Berechnung und die Einhaltung der recht engen Toleranzen bei der Fertigung.

Nach dem Fügeverfahren wird zwischen Längs- und Querpresssitzen unterschieden.

**Längspresssitz**  Beim Längspresssitz erfolgt das Fügen von Innen- und Außenteil durch kaltes Aufpressen bei Raumtemperatur. Die dafür erforderlichen großen Einpresskräfte werden meistens mit hydraulischen Pressen aufgebracht, deren Einpressgeschwindigkeit 2 mm/s nicht überschreiten sollte. Beim Einpressvorgang werden die Oberflächen geglättet, indem die Oberflächenrauigkeit plastisch verformt und teilweise auch abgeschert werden. Um ein zu starkes Schaben zu vermeiden, sind die Stirnkanten anzufasen.

Beim Einpressen von Stahlteilen, insbesondere bei ungehärteten Teilen, besteht die Gefahr, dass die Fügeteile fressen, also kaltverschweißen. Um dies zu vermeiden, werden die Fügeflächen geschmiert. Teile aus verschiedenen Werkstoffen können trocken gefügt werden.

**Querpresssitz**  Beim Querpresssitz wird vor dem Fügen entweder das Außenteil durch Erwärmen aufgeweitet oder das Innenteil durch Unterkühlung im Durchmesser so verkleinert, dass sich die Teile kräftefrei fügen lassen. Die erforderliche Pressung in der Fuge tritt erst bei Raum- oder Betriebstemperatur infolge der gewünschten Durchmesserveränderungen auf. Hierbei wird die Oberflächenrauigkeit infolge plastischer Verformungen reduziert.

Wird das Außenteil erwärmt, so dass es beim Abkühlen auf das Innenteil schrumpft, ergibt sich ein *Schrumpfsitz*. Kühlt man das Innenteil vor der Montage ab, so dass es sich beim Erwärmen auf Raumtemperatur dehnt, liegt ein *Dehnsitz* vor.

Das Aufwärmen der Außenteile erfolgt bis 100 °C auf Wärmeplatten, bis 370 °C im Ölbad, bis 700 °C im Muffelofen oder mit Heizflamme. Für die Montage von Wälzlagerringen wird das elektrisch-induktive Anwärmen bevorzugt. Zum kühlen der Innenteile wird Trockeneis ($CO_2$: −70 bis −79 °C) oder flüssige Luft (−190 bis −196 °C) verwendet.

Das zum kräftefreien Fügen erforderliche Spiel kann aber auch mit Hilfe von Drucköl erzeugt werden. Man spricht dann von einem Druckölpressverband oder einer Hydraulikmontage (Abb. 2.50). Dabei wird zwischen die Passflächen Drucköl gepresst, so dass sich Außen-und Innenteil leicht gegeneinander verschieben lassen. Bei schwach kegeligen

**Abb. 2.50** Druckölpressverband

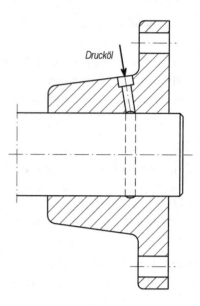

Passflächen (Kegel 1:30) ist das Aufziehen und Lösen möglich. Für Teile mit zylindrischen Wirkflächen kann das Druckölverfahren nur zum Lösen verwendet werden.

**Elastische Auslegung zylindrischer Pressverbindungen**  Eine Pressverbindung muss so ausgelegt werden, dass

▶

    I. eine kleinste Fugenpressung $p_{min}$ mindestens vorhanden ist, um sicher das größte auftretende Drehmoment $T_{max}$ und/oder Axialkraft $F_{a,max}$ zu übertragen und

    II. eine größte Fugenpressung $p_{max}$ nicht überschritten werden darf, damit Welle und Nabe nicht überbeansprucht werden.

Sind die Abmessungen und Werkstoffe von Welle und Nabe, sowie die äußeren Belastungen bekannt, so kann das Berechnungsziel folgendermaßen formuliert werden:

1. Das *erforderliche* Kleinstübermaß ermitteln, um die *Funktion* zu gewährleisten. Die kleinste Flächenpressung resultiert aus dem Kleinstübermaß!
2. Das *zulässige* Größtübermaß ermitteln, um eine ausreichende *Bauteilsicherheit* zu gewährleisten. Die größte Flächenpressung resultiert aus dem Größtübermaß!

*Kleinste erforderliche Flächenpressung*  Die kleinste erforderliche Fugenpressung $p_{min}$ ergibt sich aus dem Drehmoment und/oder der Axialkraft, die unter Berücksichtigung einer Rutschsicherheit ($S_R = 2\ldots4$) von der Pressverbindung übertragen werden muss. Für die

**Tab. 2.15** Reibbeiwerte bei Pressverbindungen

| | Reibbeiwert $\mu$ | |
| --- | --- | --- |
| | trocken | geschmiert |
| **Längspresssitze:** Welle aus Stahl | | |
| Außenteil (Nabe) aus: Stahl | 0,07...0,15 | 0,06...0,10 |
| G-AlSi 12 Cu | 0,05...0,09 | 0,04...0,06 |
| G-CuPb 10 Sn | 0,05...0,09 | 0,03...0,06 |
| Grauguss | 0,10...0,20 | 0,04...0,08 |
| **Querpreßsitze:** Stahl/Stahl-Paarung | | |
| Schrumpfsitz, nach Erwärmung bis 300 °C: | | 0,10...0,16 |
| Schrumpfsitz entfettet, nach Erwärmung bis 300 °C: | 0,15...0,25 | |
| **Querpreßsitze:** Stahl/Gusseisen-Paarung: | 0,10...0,15 | |
| **Querpreßsitze:** Stahl/Leichtmetall-Paarung: | 0,17...0,25 | |

Berechnung wird angenommen, dass der Reibbeiwert in Umfangsrichtung und in axialer Richtung gleich groß ist (Tab. 2.15).

Mit dem Fugendurchmesser $D_F$ und der Nabenbreite b (bzw. Länge der Fuge) kann die erforderliche Fugenpressung in der Fügefläche, abhängig von der äußeren Belastung berechnet werden. Der Anwendungsfaktor $K_A$, der eine nichtkonstante äußere Belastung infolge von Stößen und Drehmomentschwankungen berücksichtigt, ist Tab. 6.7 zu entnehmen.

Für die Übertragung eines Drehmomentes $T$ gilt:

$$p_{\min} = \frac{2\,T_{nenn}}{\mu\,\pi\,D_F^2\,b} \cdot K_A \cdot S_R. \tag{2.10}$$

Für die Übertragung einer Axialkraft $F_a$ gilt:

$$p_{\min} = \frac{F_{a,nenn}}{\mu\,\pi\,D_F\,b} \cdot K_A \cdot S_R \tag{2.11}$$

Wenn gleichzeitig ein Drehmoment $T$ und eine Axialkraft $F_a$ übertragen werden muss:

$$p_{\min} = \frac{\sqrt{F_{a,nenn}^2 + 4T_{nenn}^2/D_F^2}}{\mu\,\pi\,D_F\,b} \cdot K_A \cdot S_R \tag{2.12}$$

*Größte zulässige Flächenpressung*  Die Flächenpressung in der Fuge und die Spannungen im Innen- und Außenteil lassen sich aus elastizitätstheoretischen Betrachtungen am dickwandigen, unendlich langen Hohlzylinder ableiten. Das Innenteil ist ein Hohl- oder Vollzylinder unter Außendruck, das Außenteil ein Hohlzylinder unter Innendruck. Unter der Voraussetzung, dass ein ebener Spannungszustand vorliegt, können die Beanspruchungen im Innen- und Außenteil nach den Methoden der Festigkeitslehre berechnet werden.

Infolge der relativ kurzen Naben herrscht natürlich kein zwei- sondern ein dreidimensionaler Spannungszustand. Für den praktischen Gebrauch hat sich jedoch die zweidimensionale Betrachtungsweise als ausreichend genau erwiesen.

Der Verlauf der Spannungen in Welle und Nabe ist für eine Hohl- und Vollwellenpressverbindung in Abb. 2.51 dargestellt. Daraus ist ersichtlich, dass für Hohlwelle und Nabe die größten Spannungen am jeweiligen Innendurchmesser auftreten, hingegen bei einer Vollwelle die Spannungen in radialer Richtung konstant sind. Da ein zweidimensionaler Spannungszustand vorliegt, müssen an den am höchsten beanspruchten Stellen aus $\sigma_r$ und $\sigma_t$ die Vergleichsspannungen bestimmt werden. Infolge äußerer Belastungen bilden sich in der Fügefläche zusätzlich Schubspannungen aus. Als Vergleichsspannungshypothese empfiehlt DIN 7190 eine modifizierte Schubspannungshypothese (MSH), die gegenüber der Gestaltänderungshypothese (GEH) auf der sicheren Seite liegt. Die Abweichungen sind in den meisten Fällen aber nicht sehr groß.

Nach der MSH berechnet sich die Vergleichsspannung bei Berücksichtigung des zu übertragenden Drehmomentes

$$\sigma_V = \sqrt{(\sigma_{ti} - \sigma_{ri})^2 + 4\tau_t^2}$$

Die aus dem Torsionsmoment resultierende Schubspannung kann näherungsweise $\tau_t = \mu \cdot p$ gesetzt werden. Da die Reibbeiwerte für technische Oberflächen klein sind, können die Schubspannungen gegenüber den Normalspannungen vernachlässigt werden. Mit den Spannungsgleichungen am dickwandigen, offenen Hohlzylinder ist die größte Vergleichsspannung

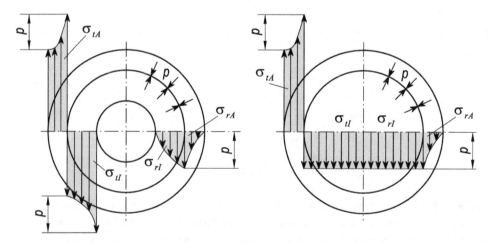

**Abb. 2.51** Spannungsverlauf in einer Pressverbindung a) Hohlwelle; b) Vollwelle

$$\sigma_V = p \cdot \frac{2}{1 - Q^2}$$

Dabei gilt für die Nabe: $Q = Q_A = D_F/D_{Aa}$
und für die Welle: $\quad Q = Q_I = D_{Ii}/D_F$

Die Festigkeitsbedingung lautet nach der MSH

$$\sigma_V \leq p \cdot \frac{2}{\sqrt{3}} \cdot \sigma_{zul}.$$

Für die zulässige Werkstoffbeanspruchung wird $\sigma_{zul} = R_e/S_F$ bzw. für spröde Werkstoffe $\sigma_{zul} = R_m/S_B$ gesetzt, wobei die Sicherheit gegen Fließen $S_F \geq 1,2$ und gegen Bruch $S_B \geq 2$ sein sollte.

Als größte zulässige Fugenpressung ergibt sich dann für die *Nabe* am Durchmesser $D_{Ai}$:

$$p_{max} = \frac{1 - Q_A^2}{\sqrt{3}} \cdot \sigma_{zul}, \tag{2.13}$$

und für die *Hohlwelle* am Durchmesser $D_{Ii}$:

$$p_{max} = \frac{1 - Q_I^2}{\sqrt{3}} \cdot \sigma_{zul}, \tag{2.14}$$

Bei einer *Vollwelle* sind die Spannungen über den gesamten Querschnitt konstant und gleich groß. Damit wird bei Vernachlässigung der Axialspannung die Vergleichsspannung $\sigma_{VI} = p$ und die max. Pressung:

$$p_{max} = \frac{2}{\sqrt{3}} \cdot \sigma_{zul}. \tag{2.15}$$

Die Beanspruchung des Außenteils wird ausschließlich statisch betrachtet, auch wenn die äußeren Belastungen dynamischen Charakter aufweisen. Dagegen muss beim Festigkeitsnachweis einer dynamisch beanspruchten Welle die durch die Pressverbindung entstehende Kerbwirkung berücksichtigt werden (siehe Kap. 4.2).

*Haftmaß* Die Flächenpressung in der Fuge ist abhängig vom nutzbaren Teil des Übermaßes der Welle gegenüber der Nabe, dem Haftmaß Z

$$Z = |\Delta d_{Ia}| + |\Delta d_{Ai}|$$

Dieses Haftmaß ist gerade so groß wie die elastischen Durchmesserveränderungen nach dem Fügen. Dabei wird die Nabe in Umfangsrichtung vergrößert (gedehnt) und die Welle verkleinert (gestaucht). Gleichzeitig tritt in radialer Richtung bei der Nabe eine Querdehnung und bei der Welle eine Querverkürzung auf. Die Durchmesserveränderungen sind somit vom Elastizitätsmodul $E$ und von der Querkontraktionszahl $\nu$ abhängig (Tab. 2.16).

Nach der Theorie der dickwandigen Hohlzylinder wird die Welle zusammengedrückt um den Betrag

$$\Delta d_{Ia} = \frac{p}{E_I} D_F \left( \frac{1 + Q_I^2}{1 - Q_I^2} - \nu \right)$$

Gleichzeitig wird die Nabe gedehnt um den Betrag

$$\Delta d_{Ai} = \frac{p}{E_A} D_F \left( \frac{1 + Q_A^2}{1 - Q_A^2} + \nu \right)$$

Für die kleinste erforderliche Fugenpressung ergibt sich somit das Mindesthaftmaß:

$$Z_{\min} = p_{\min} D_F \left[ \frac{1}{E_I} \left( \frac{1 + Q_I^2}{1 - Q_I^2} - \nu \right) + \frac{1}{E_A} \left( \frac{1 + Q_A^2}{1 - Q_A^2} + \nu \right) \right] \qquad (2.16)$$

Für die größte zulässige Fugenpressung wird dann das maximale Haftmaß:

$$Z_{\max} = p_{\max} D_F \left[ \frac{1}{E_I} \left( \frac{1 + Q_I^2}{1 - Q_I^2} - \nu \right) + \frac{1}{E_A} \left( \frac{1 + Q_A^2}{1 - Q_A^2} + \nu \right) \right] \qquad (2.17)$$

▶     Das Haftmaß $Z$ ist somit das Übermaß **nach** der Montage!

*Übermaß*  Beim Fügen werden die Oberflächen durch plastisches Einebnen der Rauhigkeitsspitzen geglättet. Deshalb kann das gemessene Übermaß vor dem Fügen nicht voll in Verformungen der gefügten Teile umgesetzt werden. Das für die Pressung maßgegebende Haftmaß ist somit das um die Glättung $G$ verminderte Übermaß $U$

$$Z = U - \Delta U = U - G$$

Eine genaue Bestimmung der Glättung ist wegen der komplexen Einflüsse äußerst schwierig. In der Praxis erfolgt daher die Berechnung des Übermaßverlustes überschlägig nach DIN 7190. Danach beträgt die Glättung jeder Oberfläche ca. 40 % der gemittelten Rautiefe $Rz$

$$G = 2 \cdot (0,4 \cdot Rz_I + 0,4 \cdot Rz_A) = 0,8 \cdot (Rz_I + Rz_A)$$

Unter Berücksichtigung des Übermaßverlustes gilt dann für das erforderliche Mindestübermaß:

$$U_{\min} = Z_{\min} + 0,8 \cdot (Rz_I + Rz_A) \qquad (2.18)$$

Die größte, gerade noch zulässige Fugenpressung wird mit dem maximalen Übermaß erzielt:

$$U_{\max} = Z_{\max} + 0,8 \cdot (Rz_I + Rz_A) \qquad (2.19)$$

▶   Nach dem Entwurf der neuen DIN 7190 wird für die Glättung nur noch die Hälfte
    der aktuellen Norm vorgesehen. Das heißt, dass nach Veröffentlichung dieser
    Norm voraussichtlich

$$G = 0,4 \cdot (Rz_I + Rz_A)$$

    in Gl. 2.18 und 2.19 eingesetzt wird.

Für die Fertigung ist eine ISO-Passung anzugeben, die folgende Bedingungen erfüllt:

$$U_k \geq U_{min} \quad \text{und} \quad U_g \leq U_{max}$$

Dabei ist $U_k$ das kleinste und $U_g$ größte vorhandene Übermaß. Wird eine Passung gewählt,
die diesen Anforderungen gerecht wird, ist sichergestellt, dass die äußeren Belastungen
sicher übertragen und die Bauteile nicht überbeansprucht werden.

Abb. 2.52 zeigt den Berechnungsablauf zur Bestimmung einer geeigneten Passung,
wenn die Belastungen gegeben sind. Da in der Nabenbohrung die größten Spannungen
auftreten, genügt es in der Regel, wenn nur die Nabe für die Berechnung berücksichtigt wird. Nur wenn die Festigkeitsgrenzwerte des Wellenwerkstoffes wesentlich niedriger

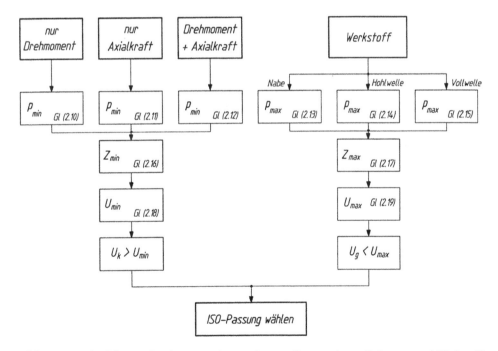

**Abb. 2.52**  Ablaufplan zur Bestimmung einer geeigneten Passung (wenn Belastung und Werkstoff
gegeben)

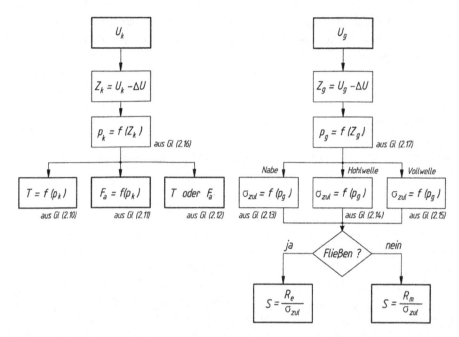

**Abb. 2.53** Ablaufplan zur Bestimmung der übertragbaren Belastungen (wenn Passung gegeben)

sind als die der Nabe, müssen zusätzlich die maximalen Pressungen in der Welle berechnet werden. Das Haftmaß $Z_{max}$ wird dann mit dem kleinsten auftretenden $p_{max}$-Wert ermittelt.

Außerdem kann die Aufgabe auch umgekehrt gelöst werden. Das heißt, bei gegebener Passung kann das übertragbare Drehmoment oder die Axialkraft bestimmt und die Bauteilsicherheiten berechnet werden (Abb. 2.53).

**Presskräfte bei Längspresssitzen**  Die zum Fügen notwendige axiale Einpresskraft ist zu Beginn des Einpressvorgangs Null und steigt dann etwa linear mit zunehmender Einpresstiefe auf einen Maximalwert an, der annähernd der übertragbaren Axialkraft der Pressverbindung entspricht (Abb. 2.54) Für die gewählte Passung beträgt die erforderliche Einpresskraft

$$F_e = p_g\, \mu\, \pi D_F\, b \qquad\qquad (2.20)$$

Dabei ist mit $p_g$ die größte Fugenpressung, die sich infolge des vorhandenen Größtübermaßes $U_g$ der gewählten Passung einstellt, einzusetzen.

Das Lösen einer Längspressverbindung erfolgt mit umgekehrter Kraftrichtung. Einen auf der sicheren Seite liegenden Wert für die Auspresskraft ergibt sich, wenn beim Lösen mit einem größeren Haftreibungskoeffizienten gerechnet wird. Zu Beginn des Auspressvorgangs muss nämlich zuerst eine Losbrechkraft $F_l$ überwunden werden, bevor es zu einer Relativbewegung in der Fuge kommt.

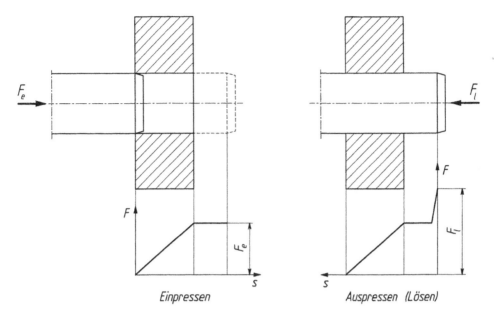

**Abb. 2.54**  Presskräfte bei Längspresssitzen

**Fügetemperaturen bei Querpresssitzen**  Um ein kräftefreies Fügen von Schrumpf- und Dehnpresssitzen zu ermöglichen, ist ein Fügespiel von 1 ‰ des Fügedurchmessers vorzusehen

$$\Delta D = 0,001 \cdot D_F$$

Damit die Montage auch im schlimmsten Fall (Worst Case) problemlos funktioniert, muss dieses Fügespiel zusätzlich zum größten Übermaß $U_g$ durch Erwärmen der Nabe oder Abkühlen der Welle berücksichtigt werden.

*Schrumpfsitz*  Die erforderliche Fügetemperatur des Außenteils kann folgendermaßen berechnet werden

$$t_A = t_U + \frac{U_g + \Delta D}{\alpha_A D_F}$$

wobei $t_U$ die Umgebungstemperatur bzw. die Temperatur der Welle und $\alpha_A$ der lineare Wärmeausdehnungskoeffizient des Nabenwerkstoffes sind (Tab. 2.16).

*Dehnsitz*  Bei einem Dehnsitz muss das Innenteil auf die Temperatur $t_I$ abgekühlt werden:

$$t_I = t_U - \frac{U_g + \Delta D}{|\alpha_I| D_F}$$

**Tab. 2.16** Werkstoffkennwerte für Pressverbindungen

| Werkstoffe | Querkontraktionszahl $\nu$ [–] | Elastizitätsmodul $E$ [N/mm²] | Wärmeausdehnungskoeffizient $\alpha$ [$10^{-6}$/K] | |
|---|---|---|---|---|
| | | | Erwärmen | Abkühlen |
| MgAl 8 Zn | 0,3 | 65 000…75 000 | 23 | – 18 |
| AlMgSi | 0,34 | | | |
| GG-10; GG-15 | 0,24 | 100 000 | | |
| GG-20; GG-25 | 0,24…0,26 | 105 000; 130 000 | 10 | – 8 |
| GGG-50 | 0,28…0,29 | 170 000 | | |
| Temperguss | 0,25 | 90 000…100 000 | | |
| Stahl | 0,3…0,31 | 200 000…235 000 | 11 | – 8,5 |
| Bronze | 0,35 | 110 000…125 000 | 16 | – 14 |
| Rotguß | 0,35…0,36 | | 17 | – 15 |
| CuZn 40 Pb 3 | 0,37 | 80 000…125 000 | 18 | – 16 |
| CuZn 37 | 0,36 | | | |

Dabei ist $t_U$ die Temperatur der Nabe, und $\alpha_I$ der lineare Wärmeausdehnungskoeffizient des Wellenwerkstoffs (Tab. 2.16).

---

**Beispiel 4**

Berechnung eines Preßsitzes nach Abb. 2.52.

Auf eine Vollwelle aus E360 (St 70) mit $D_{Ia} = 120$ mm soll ein schrägverzahntes Zahnrad aus 16MnCr5 mit $D_{Aa} = 240$ mm und einer Nabenbreite von $b = 120$ mm aufgeschrumpft werden. Die Welle ist feingeschliffen ($R_{zA} = 4\,\mu$m) und die Bohrung ausgerieben ($R_{zI} = 6\,\mu$m). Die Welle-Nabe-Verbindung muss ein Drehmoment von $T = 700$ Nm und infolge der Schrägverzahnung eine zusätzliche Axialkraft von $F_a = 2000$ N bei einer Rutschsicherheit von $S_R = 2$ übertragen ($K_A = 1$).

$$Q_a = \frac{D_F}{D_{Aa}} = \frac{120}{240} = 0,5 \quad \text{und} \quad Q_I = \frac{D_{Ii}}{D_F} = \frac{0}{120} = 0$$

a) Mit $\mu = 0,1$ wird das erforderliche Kleinstübermaß:

$$p_{min} = \frac{S_R}{\mu\,\pi\,D_F\,b}\sqrt{F_a^2 + \frac{4\,T^2}{D_F^2}} \tag{2.12}$$

$$= \frac{2}{0,1 \cdot \pi \cdot 120 \cdot 120}\sqrt{2000^2 + \frac{4 \cdot (700 \cdot 10^3)^2}{120^2}} = 5,23\,\text{N/mm}^2$$

$$Z_{min} = p_{min} \, D_F \left[ \frac{1}{E_I} \left( \frac{1 + Q_I^2}{1 - Q_I^2} - v_I \right) + \frac{1}{E_A} \left( \frac{1 + Q_A^2}{1 - Q_A^2} + v_A \right) \right] \qquad (2.16)$$

$$Z_{min} = 8 \, \mu m$$

$$U_{min} = Z_{min} + 0,8 \, (R_{zI} + R_{zA}) = 8 + 0,8 \cdot 10 = 16 \, \mu m \qquad (2.18)$$

b) Mit $R_e = 630 \, N/mm^2$ für die Nabe wird das zulässige Größtübermaß:

$$p_{max} = \frac{1 - Q_A^2}{\sqrt{3}} \cdot \frac{R_e}{S_F} = \frac{1 - 0,5^2}{\sqrt{3}} \cdot \frac{630}{1,3} = 210 \, N/mm^2 \qquad (2.13)$$

$$Z_{max} = p_{max} \cdot D_F[\,] = 210 \cdot 120 \cdot [\,] = 356 \, \mu m \qquad (2.17)$$

$$U_{max} = Z_{max} + 0,8 \, (R_{zI} + R_{zA}) = 356 + 8 = 364 \, \mu m \qquad (2.19)$$

c) Passung auswählen:

$$\varnothing \, 120 \, {}^{H7}_{r6} \rightarrow U_k = 19 \, \mu m \quad \text{und} \, U_g = 76 \, \mu m$$
$$\varnothing \, 120 \, {}^{H7}_{s6} \rightarrow U_k = 44 \, \mu m \quad \text{und} \, U_g = 101 \, \mu m \, (\text{gewählt})$$

d) Mit $\alpha_A = 11 \cdot 10^{-6} \, 1/K$ ist die erforderliche Erwärmung der Nabe:

$$t_A = t_u + \frac{U_g + \Delta D}{\alpha_A \, D_F} = 20° + \frac{101 \cdot 10^{-3} + 0,001 \cdot 120}{11 \cdot 10^{-6} \cdot 120} = 187°C$$

gewählt: $\quad t_A \approx 200 \, °C$.

---

### Beispiel 5

Berechnung eines Preßsitzes nach Abb. 2.53.

Für die Befestigung einer Topfscheibe aus Grauguß auf eine senkrechte Welle aus Stahl ist eine Preßverbindung mit $\varnothing \, 50^{H7}$ und $\varnothing \, 50_{s6}$ vorgesehen. Die axiale Belastung aus der Gewichtskraft beträgt $F_a = 0,4 \, kN \, (K_A = 1)$.

Gegeben:

| Welle (E 295 bzw. St 50-2) | Nabe (EN-GJL-200 bzw. GG-20) |
|---|---|
| $R_{zI} = 4 \, \mu m$ | $R_{zA} = 6 \, \mu m$ |
| $v_I = 0,3$ | $v_A = 0,25$ |
| $E_I = 2,1 \cdot 10^5 \, N/mm^2$ | $E_A = 1,05 \cdot 10^5 \, N/mm^2$ |

Gesucht wird das übertragbare Drehmoment und die Sicherheit gegen Überbeanspruchung in der Nabe.

$$Q_a = \frac{D_F}{D_{Aa}} = \frac{50}{70} = 0,71 \quad \text{und} \quad Q_I = \frac{D_{Ii}}{D_F} = \frac{0}{50} = 0$$

Aus $\varnothing \, 50^{H7}$ und $\varnothing \, 50_{s6}$ folgt: $\quad U_k = 18 \, \mu m \quad$ und $\quad U_g = 59 \, \mu m$

a) Mit $\mu = 0,1$ und der Nabenbreite $b = 60$ mm wird das übertragbare Moment:

$$Z_k = U_k - \Delta U = 18 - 0,8 \cdot 10 = 10\,\mu m$$

$$p_k = \frac{Z_k}{D_F\left[\frac{1}{E_I}(1 - v_I) + \frac{1}{E_A}\left(\frac{1+Q_A^2}{1-Q_A^2} + v_A\right)\right]} = 5,7\,\text{N/mm}^2 \qquad \text{aus (2.16)}$$

$$T = D_F\sqrt{\frac{(p_k\,\mu\,\pi\,D_F\,b)^2 - F_a^2}{4}} \qquad \text{aus (2.12)}$$

$$T = 50\sqrt{\frac{(5,7 \cdot 0,1 \cdot \pi \cdot 50 \cdot 60)^2 - 400^2}{4}} = 134\,\text{Nm}$$

b) Mit $R_m = 200$ N/mm$^2$ für die Nabe ist die Sicherheit:

$$Z_g = U_g - \Delta U = 59 - 8 = 51\,\mu m$$

$$p_g = \frac{Z_g}{D_F[\,]} = \frac{51}{50[\,]} = 29\,\text{N/mm}^2 \qquad \text{aus (2.17)}$$

$$\sigma_{zul} = \frac{\sqrt{3}p_g}{1 - Q_A^2} = \frac{\sqrt{3} \cdot 29}{1 - 0,71} = 101\,\text{N/mm}^2 \qquad \text{aus (2.13)}$$

Sicherheit $\qquad\qquad S = \dfrac{R_m}{\sigma_{zul}} = \dfrac{200}{101} = 2.$

**Elastisch-plastische Auslegung von Pressverbänden** Um die Festigkeit der Wellen- und Nabenwerkstoffe besser auszunützen, können unter bestimmten Umständen elastisch-plastische Beanspruchungen des Außen- und/oder Innenteils zugelassen werden. Das heißt, die Bauteile werden nicht nur elastisch, sondern über die Fließgrenze hinaus zum Teil auch plastisch verformt. Durch die dadurch entstehende größere Flächenpressung können natürlich auch größere äußere Belastungen übertragen werden. Voraussetzung dafür ist, dass sich die Werkstoffe auch über den elastischen Bereich hinaus duktil verhalten.

Da bei einer elastisch-plastischen Auslegung die kontinuumsmechanischen Grundlagen wesentlich komplizierter sind als bei einer rein elastischen Auslegung, muss in diesem Rahmen auf eine rechnerische Behandlung verzichtet werden. An dieser Stelle wird auf die DIN 7190 und auf [24] verwiesen.

Zu beachten ist, dass bei einer elastisch-plastisch beanspruchten zylindrischen Pressverbindung eine Demontage praktisch nicht mehr möglich ist. Die erforderlichen Auspresskräfte werden sehr groß und eine schwere Beschädigung der Fügeflächen ist unvermeidbar.

**Gestaltung von Pressverbindungen** Bei der elastischen Auslegung zylindrischer Pressverbände wurden gleiche Längen von Innen- und Außenteil angenommen, damit sich über der Fugenlänge ein konstanter Verlauf der Pressung sowie der Radial- und

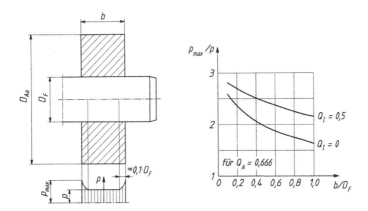

**Abb. 2.55**  Pressungsverteilung bei überstehenden Wellen

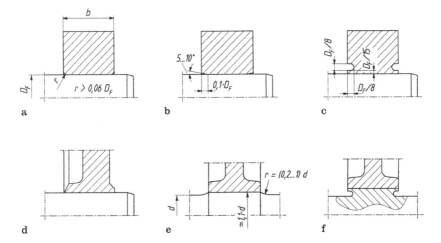

**Abb. 2.56**  Reduktion der Spannungsspitzen

Tangentialspannungen einstellt. In der Praxis ragt meistens das Innenteil über das Außenteil hinaus (Welle länger als Nabe). Dadurch liegt kein gleichmäßiger Pressungs- und
Spannungsverlauf mehr vor (Abb. 2.55). Die Spannungsspitzen am Anfang und am Ende
der Nabe können das zwei- bis dreifache der rechnerischen Fugenpressung betragen, wodurch die Dauerfestigkeit der Welle erheblich beeinträchtigt werden kann. Abb. 2.56 zeigt
einige Beispiele wie diese Spannungsspitzen reduziert werden können. Der Einfluss auf
die Dauerfestigkeit der Welle kann mit der Kerbwirkungszahl $\beta_k$ berücksichtigt werden
(Tab. 2.17).

Darüber hinaus sollten bei der Gestaltung von Pressverbindungen folgende Richtlinien
beachtet werden:

**Tab. 2.17** Kerbwirkungszahlen für Pressverbände

| Nabenform | Passung | Kerbwirkungszahl $\beta_K$ | | | | | |
|---|---|---|---|---|---|---|---|
| | | $R_m$ $[\text{N/mm}^2]$ | 400 | 600 | 800 | 1000 | 1200 |
| | H 8/u 8 | Biegung | 1,8 | 2,2 | 2,5 | 2,7 | 2,9 |
| | | Torsion | 1,2 | 1,4 | 1,6 | 1,8 | 1,9 |
| $r/d > 0,06$ | H 8/u 8 | Biegung | 1,6 | 1,8 | 2,0 | 2,2 | 2,3 |
| | | Torsion | 1,0 | 1,2 | 1,3 | 1,4 | 1,5 |
| | H 8/u 8 | Biegung | 1,5 | 1,7 | 1,9 | 2,1 | 2,2 |
| | | Torsion | 1,0 | 1,1 | 1,3 | 1,4 | 1,5 |
| $d_F = 1,25 \cdot d$ $r = 0,5 \cdot d$ | H 8/u 8 | Biegung | 1,0 | 1,1 | 1,2 | 1,3 | 1,4 |
| | | Torsion | 1,0 | 1,0 | 1,1 | 1,2 | 1,2 |

- Keine Nuten (z. B. Passfedernuten) oder Einstiche innerhalb der Presssitze vorsehen.
- Bei Längspresssitzen sind die Stirnkanten der Wellen mit 5° anzufasen.
- Sacklöcher müssen entlüftet oder noch besser vermieden werden.
- Als Richtwerte für die gemittelte Rautiefe können angegeben werden:
  Längspresssitz:  $Rz = 2,5\ldots16\mu\text{m}$,
  Querpresssitz:  $Rz = 6,3\ldots16\mu\text{m}$.
- Zur Festlegung der Nabe können die Erfahrungswerte der Kegelsitzverbindung in Tab. 2.14 verwendet werden.

## 2.4.6 Klemmverbindungen

Eine Klemmverbindung an zylindrischen Bauteilen kann als Sonderfall der zylindrischen Pressverbände angesehen werden. Der Unterschied ist, dass bei einer Pressverbindung die erforderliche Fugenpressung durch die elastische Verformung der zu verbinden-den Bauteile aufgebracht wird, während bei einer Klemmverbindung die erforderliche Flächenpressung in der Fügefläche durch äußere Kräfte, meist mittels Schrauben, er-zeugt wird.

**Bauarten** Es werden Verbindungen mit geteilter oder geschlitzter Nabe ausgeführt. Bei geschlitzten Naben kann die Spannkraft auch von einem Exzenter aufgebracht

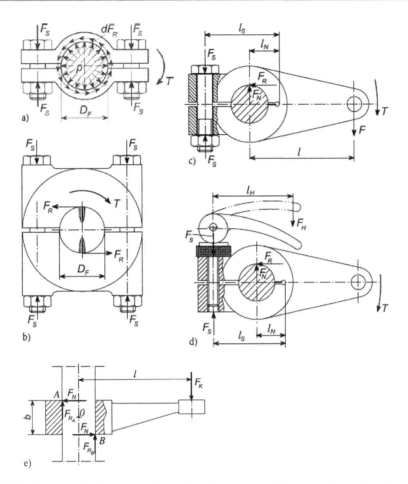

**Abb. 2.57** Klemmverbindungen a) mit geteilter, biegeweicher Nabe; b) mit geteilter, biegesteifer Nabe; c) mit geschlitzter Nabe und Schraube; d) mit geschlitzter Nabe und Spannexzenter; e) mit Selbsthemmung

werden (Abb. 2.57). Sie erlauben ein drehmomentfreies Spannen und können ohne Werkzeug schnell und sicher betätigt werden. Klemmverbindungen werden vorzugsweise zur Übertragung von kleineren und wenig schwankenden Drehmomenten und Axialkräften eingesetzt. Spannexzenter werden nicht nur für Klemmverbindungen eingesetzt, sondern auch für das Spannen beim Bearbeiten von Werkstücken. Ihr Vorteil besteht darin, dass die Nabenstellung sowohl in Längs- als auch in Umfangsrichtung leicht einstellbar ist. So lassen sich Räder, Hebel und dergleichen sehr einfach auf glatten Wellen befestigen.

Gelegentlich werden auch selbsthemmende Klemmringe eingesetzt (Abb. 2.57e). Dabei werden durch die Kippkraft $F_K$ Kantenpressungen in A und B erzeugt, die eine axiale Bewegung verhindern. Als typisches Anwendungsbeispiel sei hierzu die Schraubzwinge erwähnt.

**Geteilte Naben**

*Biegeweiche Nabe*  Eine gleichmäßige Verteilung der Flächenpressung über die gesamte
Fügefläche stellt sich in guter Näherung nur bei einer biegeweichen Nabe ein. Das heißt,
die Nabe muss so gestaltet sein, dass sie sich vollständig an die Welle anschmiegt (dünn
und elastisch). Ist $F_R$ die gesamte tangential wirkende Reibkraft und $F_N$ die gesamte
Normalkraft auf die Umfangsfläche, so gilt nach Abb. 2.57a für das Grenzreibmoment

$$T_R = \frac{D_F}{2} F_R = \frac{D_F}{2} F_N \, \mu$$

mit den über den Umfang verteilten Gesamtkräften

$$F_N = \int_U dF_R = \int_U \mu \cdot dF_N = \int_{\varphi=0}^{2\pi} \mu \cdot p \cdot b \cdot \frac{D_F}{2} \cdot d\varphi = \mu \cdot p \cdot b \cdot D_F \cdot \pi$$

Die Spannkraft $F_{Sp}$ wird von $n$ Schrauben aufgebracht, die den konstanten Lochleibungsdruck

$$p = \frac{F_{Sp}}{b \, D_F} = \frac{n \, F_S}{b \, D_F}$$

hervorrufen (b = Nabenbreite).
  Unter diesen Voraussetzungen ergibt sich für eine biegeweiche Nabe ($p$= konst) das
übertragbare Drehmoment

$$T \leq T_R = F_R \cdot \frac{D_F}{2} = n \cdot F_S \cdot \mu \cdot D_F \cdot \frac{\pi}{2}.$$

*Biegesteife Nabe*  Bei biegesteifen Naben ist eine konstante Fugenpressung über die gesamte Oberfläche nicht möglich. Ist die Nabe absolut starr, werden nur Punkt- oder
linienförmige Berührungen zwischen Innen- und Außenteil auftreten. Nach Abb. 2.57b
errechnet sich das übertragbare Drehmoment Nabe zu

$$T \leq T_R = n \cdot F_S \cdot \mu \cdot D_F$$

Bei gleicher Vorspannung und identischem Wellendurchmesser kann danach eine biegeweiche Nabe mit gleichmäßiger Pressungsverteilung eine um den Faktor $\pi/2$ größeres
Drehmoment übertragen. Da es sich bei beiden Rechenmodellen (biegeweich und biege-
steif) um Extreme handelt, wird die Realität irgendwo dazwischen liegen. Die Berechnung
der übertragbaren Drehmomente und Axialkräfte mit Gleitreibungskoeffizienten ergeben
somit konservative Werte.

**Geschlitzte Nabe mit Schrauben** Zur Berechnung der erforderlichen Schraubenkräfte $F_S$ denkt man sich im Schlitzgrund ein Gelenk und betrachtet die Nabenhälften als Hebel (Abb. 2.57c). Bei $n$ Schrauben gilt nach dem Hebelgesetz

$$n \cdot F_S = \frac{l_N}{l_S} F_{Sp}$$

*Biegeweiche Nabe* Analog zur geteilten Nabe wird bei konstanter Flächenpressung (biegeweiche Nabe) das übertragbare Drehmoment

$$T \le T_R = n \cdot F_S \cdot \mu \cdot D_F \cdot \frac{\pi}{2} \cdot \frac{l_S}{l_N}. \tag{2.21}$$

*Biegesteife Nabe* Für die biegesteifen Nabe wird dann das übertragbare Drehmoment

$$T \le T_R = n \cdot F_S \cdot \mu \cdot D_F \cdot \frac{l_S}{l_N}. \tag{2.22}$$

**Geschlitzte Nabe mit Spannexzenter** Als Rechenmodell für die Kraftübersetzung wird der Keil zugrunde gelegt. Der Keil entsteht als abgewickelte Spirale des Exzenters. Durch Drehung des Exzenters wird der Keil entweder nach links (spannen) oder rechts (lösen) verschoben. Aus dem Krafteck nach Abb. 2.58a ergibt sich beim Spannen die zum Verschieben erforderliche Umfangskraft

$$F_U = F_N \cdot \tan(\alpha + \rho).$$

Für kleine Steigungswinkel $\alpha$ gilt mit ausreichender Genauigkeit

$$F_U = F_S \cdot \tan(\alpha + \rho).$$

Beim Kreisexzenter sind die Kraftverhältnisse etwas komplexer als beim Spiralexzenter da die Steigung über der Verdrehwinkel nicht konstant ist. Mit der Annahme einer konstanten Steigung erhält man jedoch ein für alle Exzenter ausreichend genaues Rechenmodell.

Vernachlässigt man, dass der Hebelarm für die Umfangskraft $F_U$ nicht konstant ist, das heißt, $F_U \cdot (r_b + \Delta h) \approx F_U \cdot r_b$, kann das Verhältnis Spannkraft bzw. Schraubenkraft $F_S$ am Exzenter zu Handkraft $F_H$ einfach aus dem Momentengleichgewicht $F_U \cdot r_b = F_H \cdot l_H$ berechnet werden:

$$\frac{F_S}{F_H} = \frac{l_H}{r_b \cdot \tan(\alpha + \rho)} \tag{2.23}$$

Das übertragbare Drehmoment in Abhängigkeit von $F_S$ kann nach Gl. 2.21 bzw. 2.22 berechnet werden.

Die vorhandene Schraubenkraft $F_S$ am Exzenter ist abhängig vom Hub $h$ des Exzenters, der wiederum die Längenänderung $f_S$ des Schraubenbolzens bestimmt. Da es sich hierbei um eine vorgespannte Schraubenverbindung handelt, wird abhängig von den

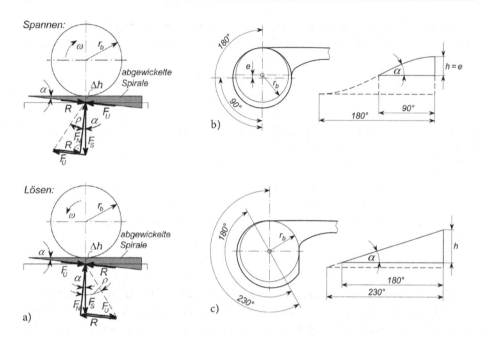

**Abb. 2.58** Spannexzenter a) Rechenmodell für die Kräfte am Exzenter; b) Kreisexzenter; c) Spiralexzenter

Steifigkeiten die Schraube um $f_S$ gedehnt und gleichzeitig die verspannten Teile um $F_P$ zusammengedrückt (siehe Abschn. 2.7.5.1). Für den Hub des Exzenters gilt somit:

$$h = f_S + f_P = \frac{F_S}{R_S} + \frac{F_S}{R_P} \tag{2.24}$$

Sind die Federsteifigkeiten der Schraube ($R_S$) und die der verspannten Teilen bzw. der Nabe ($R_P$) bekannt, kann die Spannkraft $F_S$, die im Verspannungsschaubild der Vorspannkraft $F_V$ entspricht, durch Umstellung der Gl. 2.24 berechnet werden:

$$F_S = F_V = \frac{R_P \cdot R_S}{R_P + R_S} h$$

Um ein selbsttätiges Lösen des Spannexzenters zu vermeiden, muss Selbsthemmung vorliegen. Wie beim Kegelsitz und der Schraube liegt auch hier Selbsthemmung vor, wenn der Steigungswinkel $\alpha$ kleiner als der Reibungswinkel $\rho$ ist. Aus Abb. 2.58a geht hervor, dass in diesem Fall zum Lösen eine Umfangskraft in Löserichtung notwendig ist. Für die Selbsthemmungsbedingung gilt somit

$$\alpha > \rho = \tan \mu \, .$$

Analog zu Gl. 2.23 lässt sich dann die Handkraft zum Lösen des Spannexzenters berechnen:

$$F_{HL} = F_S \frac{r_b \cdot \tan(\alpha - \rho)}{l_H}$$

Liegt Selbsthemmung vor, wird die Handkraft $F_{HL}$ somit negativ, für nicht selbsthemmende Exzenter dagegen positiv.

*Kreisexzenter* Einfach und kostengünstig herstellbar sind Exzenter mit kreisförmigem Grundkörper (Abb. 2.58b). Der maximale Schwenkwinkel beträgt 180°. Da der Steigungswinkel $\alpha$ über den Schwenkwinkel nicht konstant ist, verändert sich sowohl die Selbsthemmung als auch die Kraftübersetzung über den Spannweg. Bei einem Kreisexzenter wird deshalb in der Regel nur der Bereich zwischen 90° und 180° als Spannweg genutzt. Als weiterer Nachteil ergibt sich dadurch auch ein geringerer Hub (Hub entspricht der Exzentrizität).

*Spiralexzenter* Dagegen besitzt ein Spiralexzenter (Abb. 2.58c) wie eine Schraube nach Abschn. 2.7.1 eine konstante Steigung. Kraftübersetzung und Selbsthemmung verändern sich also nicht über den Schwenkwinkel. Praktisch kann hier ein Schwenkwinkel von 180° ausgenutzt werden (möglich bis 210°). Dadurch wird der erreichbare Hub größer als beim Kreisexzenter. Die Herstellung ist jedoch auf Grund des kostenintensiven Nachfräsens ungleich höher. Als Alternative bietet sich hier Spannspiralformstahl aus gezogenem Material 16MnCr5 an.

**Selbsthemmende Klemmverbindung** Bei einer selbsthemmenden Kippkraft-Klemmverbindung nach Abb. 2.57e entstehen Reibkräfte, die entgegen der Bewegungsrichtung, also entgegen der Kraftrichtung $F_K$, wirken.

Die Normalkräfte und somit auch die Reibkräfte sind abhängig von der äußeren Last $F_K$ und den Abständen $b$ und $l$. Aus der Gleichgewichtsbedingung $\sum M_{(0)} = 0$ folgt:

$$F_N b = F_K l \quad \rightarrow \quad F_N = F_K \frac{l}{b}.$$

Für die Reibkraft gilt:

$$F_R = \mu F_N = \mu F_K \frac{l}{b}$$

Selbsthemmung tritt dann ein, wenn die Summe der Haftreibungskräfte kleiner ist als die Haftgrenzkraft $F_{R\,Grenz}$

$$F_{R_A} + F_{R_B} = F_K \leq F_{R\,Grenz} = 2 \cdot \mu F_K \frac{l}{b}$$

Daraus lässt sich leicht die Selbsthemmungsbedingung ableiten:

$$\frac{l}{b} \geq \frac{1}{2\mu}. \tag{2.25}$$

Mit $\mu = 0,1$ (St/St) ergibt sich das Verhältnis $b < l/5$ als Bedingung für sicheres Klemmen.

## 2.5    Formschlussverbindungen

Bei den reinen Mitnehmerverbindungen erfolgt die Kraftübertragung allein durch Formschluss. Das heißt, über sich berührende Flächen, deren Kontakt durch die zu übertragenden Kräfte selbst aufrechterhalten wird. Bei wechselnder Kraftrichtung müssen zusätzlich Flächenpaare angeordnet werden, was nicht immer spielfrei möglich ist und dann zum Lockern oder Ausschlagen der Verbindung führt.

Die Kräfte werden senkrecht zu den Berührflächen übertragen, wodurch vornehmlich Druck- und Scherspannungen entstehen.

Mittels Formschluss entstehen in der Regel leicht lösbare Verbindungen. Im Gegensatz zu reibschlüssigen Verbindungen sind jedoch häufig Relativverschiebungen möglich, die durch geeignete Elemente verhindert werden müssen (siehe Abschn. 2.5.4).

### 2.5.1    Pass- und Scheibenfederverbindungen

Passfederverbindungen sind formschlüssige Welle-Nabe-Verbindungen, bei denen sich die Nutenseitenflächen an die Seitenflächen der Passfeder anlegen. Im Gegensatz zur Keilverbindung ist zwischen dem Passfederrücken und dem Nutgrund der Nabe ein Spiel (Rückenspiel) vorhanden. Das Drehmoment wird dadurch ausschließlich über die Flanken der Passfeder übertragen. Deshalb sind sowohl die Passfederbreite als auch die Nutenbreiten zu tolerieren (Abb. 2.59).

Passfedern sind in DIN 6885 hinsichtlich ihrer Form genormt. In Abb. 2.60 sind die beiden Grundausführungen, Form A (rundstirnig) und Form B (geradstirnig) dargestellt. Beide Formen können zusätzlich mit Bohrungen und Schrägen versehen werden, die für Montage und Demontage hilfreich sein können.

Auch die Abmessungen von Passfedern sind, abhängig vom Wellendurchmesser, genormt. Dabei wird unterschieden in „hohe Form" und „niedrige Form" (Tab. 2.18). Die hohe Form nach DIN 6885-Teil 2 für Werkzeugmaschinen wurde inzwischen ohne Ersatz zurückgezogen, da sie technisch veraltet war. Die Abmessungen Breite, Höhe der Passfedern nach DIN 6885 Blatt 1 sind identisch mit den Keilen nach Tab. 2.12. Zu beachten ist, dass auch die Passfederlängen genormt sind. Kürzere Passfedern als die Mindestlänge $l_{min}$ sowie Zwischenlängen sind möglichst zu vermeiden, da sie nur als Sonderanfertigung zu beziehen sind und somit nur bei sehr großen Stückzahlen wirtschaftlich sind.

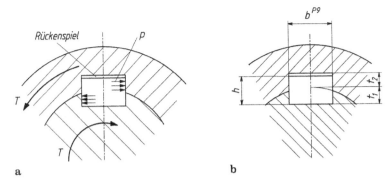

**Abb. 2.59** Passfederverbindung a) Wirkprinzip; b) Abmessungen

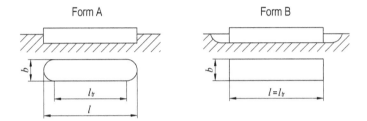

**Abb. 2.60** Passfederformen nach DIN 6885

Für die Passfederbreite ist nach DIN 6880 das Toleranzfeld $h9$ vorgesehen. Die Toleranzen für die Nutbreiten können Tab. 2.19 entnommen werden. Ein Gleitsitz ist anzuwenden, wenn eine Nabe auf der Welle in Längsrichtung verschieblich sein soll (z. B. Zahnrad in Schaltgetriebe). Hierbei ist zu beachten, das Passfedern mit Spiel in Umfangsrichtung bei wechselnder Belastung ausschlagen. Passfederverbindungen werden verwendet, um Riemenscheiben, Zahnräder, Kupplungsflansche usw. fest mit Wellen zu verbinden. Sie sind zwar teurer als Pressverbindungen, dafür aber einfach demontierbar, so dass z. B. Zahnräder leicht ausgetauscht werden können. Bei einer Pressverbindung ist dies nicht möglich.

Zur Festlegung einer bestimmten Position in Umfangsrichtung zwischen Welle und Nabe und zur Übertragung kleinerer Drehmomente dient vor allem im Werkzeugmaschinen- und Kraftfahrzeugbau die billigere Scheibenfeder nach DIN 6888 (Abb. 2.61), die mit der runden Seite in der Welle sitzt. Sie kann auch als Keil (Woodruff-Keil) verwendet werden, wobei sie sich mit der flachen Seite nach der Neigung der Nabennut einstellt. Die Schwächung der Welle begrenzt das Anwendungsgebiet Kerbwirkungsfaktor $\beta_k \approx 2 \ldots 3$).

**Berechnung** Bei genormten Wellenenden nach DIN 748 müssen Paßfedern nicht berechnet werden, da Form und Abmessungen der Passfeder in der Norm festgelegt sind. Die

**Tab. 2.18**  Passfederabmessungen

| Wellendurch-messer $d$ | | Hohe Form (nach DIN 6885 Blatt 1) | | | | Niedrige Form (nach DIN 6885 Blatt 3) | | | |
|---|---|---|---|---|---|---|---|---|---|
| über | bis | $b \times h$ | $t_1$ | $t_2$ | $l_{min}$ | $b \times h$ | $t_1$ | $t_2$ | $l_{min}$ |
| 6 | 8 | $2 \times 2$ | 1,2 | 1,0 | 6 | | | | |
| 8 | 10 | $3 \times 3$ | 1,8 | 1,4 | 6 | | | | |
| 10 | 12 | $4 \times 4$ | 2,5 | 1,8 | 8 | | | | |
| 12 | 17 | $5 \times 5$ | 3,0 | 2,3 | 10 | $5 \times 3$ | 1,9 | 1,2 | 12 |
| 17 | 22 | $6 \times 6$ | 3,5 | 2,8 | 14 | $6 \times 4$ | 2,5 | 1,6 | 14 |
| 22 | 30 | $8 \times 7$ | 4,0 | 3,3 | 18 | $8 \times 5$ | 3,1 | 2,0 | 18 |
| 30 | 38 | $10 \times 8$ | 5,0 | 3,3 | 22 | $10 \times 6$ | 3,7 | 2,4 | 22 |
| 38 | 44 | $12 \times 8$ | 5,0 | 3,3 | 28 | $12 \times 6$ | 3,9 | 2,2 | 28 |
| 44 | 50 | $14 \times 9$ | 5,5 | 3,8 | 36 | $14 \times 6$ | 4,0 | 2,1 | 36 |
| 50 | 58 | $16 \times 10$ | 6,0 | 4,3 | 45 | $16 \times 7$ | 4,7 | 2,4 | 45 |
| 58 | 65 | $18 \times 11$ | 7,0 | 4,4 | 50 | $18 \times 7$ | 4,8 | 2,3 | 50 |
| 65 | 75 | $20 \times 12$ | 7,5 | 4,9 | 56 | $20 \times 8$ | 5,4 | 2,7 | 56 |
| 75 | 85 | $22 \times 14$ | 9,0 | 5,4 | 63 | $22 \times 9$ | 6,0 | 3,1 | 63 |
| 85 | 95 | $25 \times 14$ | 9,0 | 5,4 | 70 | $25 \times 9$ | 6,2 | 2,9 | 70 |
| 95 | 110 | $28 \times 16$ | 10,0 | 6,4 | 80 | $28 \times 10$ | 6,9 | 3,2 | 80 |
| 110 | 130 | $32 \times 18$ | 11,0 | 7,4 | 90 | $32 \times 11$ | 7,6 | 3,5 | 90 |
| 130 | 150 | $36 \times 20$ | 12,0 | 8,4 | 100 | $36 \times 12$ | 8,3 | 3,8 | 100 |
| 150 | 170 | $40 \times 22$ | 13,0 | 9,4 | 110 | | | | |
| 170 | 200 | $45 \times 25$ | 15,0 | 10,4 | 125 | | | | |
| 200 | 230 | $50 \times 28$ | 17,0 | 11,4 | 140 | | | | |
| Passfederlängen: | | 6; 8; 10; 12; 14; 16; 18; 20; 22; 25; 28; 32; 36; 40; 45; 50; 56; 63; 70; 80; 90; 100; 110; 125; 140; 160; 180; 200; 220; 250; 280; 320; 360; 400 | | | | | | | |

**Tab. 2.19**  Toleranzen für Passfedernuten

| | fester Sitz | leichter Sitz | Gleitsitz |
|---|---|---|---|
| Nut in der Welle | P9 | N9 | H9 |
| Nut in der Nabe | P9 | JS9 | D10 |

bisher in der Literatur angegebenen einfachen Berechnungsvorschriften führten zu überdi-mensionierten Verbindungen. Als Folge umfangreicher Untersuchungen können heute die tatsächlichen Beanspruchungs- und Versagenskriterien wesentlich genauer berücksichtigt werden [DIN 6892]. In der Regel stellt bei Passfederverbindungen die Welle das kritische

**Abb. 2.61** Scheibenfeder nach DIN 6888

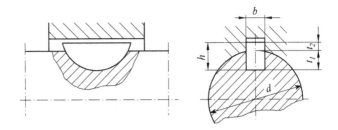

Bauteil dar. Das Abscheren der Passfeder oder der Bruch der Nabe kommen äußerst selten vor. Das Versagen der Welle beruht auf Schwingungsverschleiß zwischen Passfeder und Welle infolge Umlaufbiegung und/oder schwingender Torsion. DIN 6892 sieht verschiedene Methoden für die Berechnung der Tragfähigkeit vor und bezeichnet sie mit A, B und C.

*Methode A* orientiert sich an experimentellen Untersuchungen, die das Auftreten von Schwingungsverschleiß in der Passfederverbindung berücksichtigen. Zurzeit liegt jedoch noch keine Berechnungsvorschrift vor.

*Methode B* beruht auf der Berechnung der Flächenpressungen an den Kontaktstellen zwischen Welle, Passfeder und Nabe unter Berücksichtigung der wesentlichen Einflussgrößen. Diese Berechnungsvorschrift gilt auch für wechselnde Drehmomente. Der Festigkeitsnachweis für die Welle ist nach DIN 743 (Abschn. 4.2) zu führen.

*Methode C* dient zur überschlägigen Dimensionierung von Passfederverbindungen unter der Annahme konstanter Flächenpressung über die gesamte Nutlänge und der Nutwandhöhe. Außerdem werden Fasen und Radien nicht berücksichtigt. Die Anwendung der Methode C ist begrenzt auf tragende Passfederlängen $l_{tr} \leq 1,3 \cdot d$ (da eine darüber hinausgehende Länge keinen nennenswerten Beitrag zur Drehmomentübertragung mehr leistet) und auf zwei Passfedern ($i = 2$). Sie ist außerdem nicht für wechselnde Torsionsmomente geeignet.

Unter der Annahme konstanter Flächenpressungsverteilung berechnet sich die maximale Pressung näherungsweise zu

$$p = \frac{F_t}{(h - t_1) \cdot l_{tr}} \quad \text{mit} \quad F_t = \frac{T}{d/2}$$

Aus der Bedingung $p \leq p_{zul}$ lässt sich dann die erforderliche tragende Passfederlänge $l_{tr}$ berechnen:

$$l_{tr} \geq \frac{2 \cdot K_A \cdot T_{nenn}}{d \cdot (h - t_1) \cdot i \cdot \varphi \cdot p_{zul}}. \tag{2.26}$$

Nach Abb. 2.60 wird bei rundstirnigen Passfedern (Form A) die Passfederlänge $l = l_{tr} + b$, bei geradstirnigen Passfedern (Form B) ist $l = l_{tr}$. Für die zulässige Flächenpressungen gibt die Norm $p_{zul} = 0,9 \cdot R_{e,min}$ an, wobei $R_{e,min}$ das Minimum der Streckgrenzen des

Naben- oder Passfederwerkstoffs ist. Als Werkstoff für Passfedern wird normalerweise blanker Keilstahl nach DIN 6880 aus C45 verwendet; andere Werkstoffe sind ebenfalls möglich. Für Graugussnaben ist $R_m$ anstelle von $R_e$ zu verwenden. Bei einer Paßfeder ($i = 1$) wird der Traganteil mit $\varphi = 1$ und bei zwei Paßfedern ($i = 2$) mit $\varphi = 0,75$ berücksichtigt. Der Anwendungsfaktor $K_A$ ist Tab. 6.7 zu entnehmen. Wegen der konstruktiven Randbedingungen (z. B. Mindestlänge der Nabe gegeben) ist für den Konstrukteur eine überschlägige Dimensionierung häufig ausreichend.

**Gestaltung** Durch die Verdrehung (Verdrillung) der Welle bei Torsionsbeanspruchung entsteht eine ungleichmäßige Pressungsverteilung entlang der Passfederlänge. Naben sollten deshalb nicht zu lang und nicht zu verdrehsteif ausgelegt werden. Für eine überschlägige Auslegung von Nabenlänge $L$ und Nabenaußendurchmesser $D$ kann auf die Erfahrungswerte in Tab. 2.20 zurückgegriffen werden.

Die Passfeder wird in der Regel etwas kürzer als die Nabenlänge sein, damit keine Überlagerung von Kerben (Wellenabsatz + Wellennut) auftritt und die Nabe gegen axiales Verschieben gesichert werden kann (Abb. 2.62). Soll die Nabe auf der Welle verschiebbar sein (Gleitsitz), wird eine Spielpassung (H7/g6), bei einem Festsitz eine Übergangspassung (H7/k6 oder H7/ m6) gewählt.

## 2.5.2  Profilwellenverbindungen

Anstatt in Wellennuten mehrere Passfedern einzusetzen, kann man auch unmittelbar den Wellenquerschnitt als Profil ausbilden und den Nabenquerschnitt entsprechend gestalten. Bevorzugt werden symmetrische Profile mit parallelen Mitnehmern. Geeignete Profile stellen aber auch die Unrundprofile bzw. Polygonprofile dar (Abb. 2.63).

Vorteil der Profilwellenverbindungen ist, dass keine zusätzlichen Zwischenelemente wie Passfedern oder Keile zur Übertragung des Drehmoments benötigt werden. Daher können große und auch wechselnde Drehmomente übertragen werden. Nachteilig ist, mit Ausnahme der Polygonverbindungen, die recht hohe Kerbwirkung der Verbindungen.

**Tab. 2.20** Erfahrungswerte für Passfederverbindungen

| Nabenwerkstoff | Nabenlänge $L$ | Nabenaußendurchmesser $D$ |
|---|---|---|
| Grauguss | $1,8 \cdot d \ldots 2,0 \cdot d$ | $1,8 \cdot d \ldots 2,0 \cdot d$ |
| Stahl | $1,6 \cdot d \ldots 1,8 \cdot d$ | $1,6 \cdot d \ldots 1,8 \cdot d$ |

**Abb. 2.62** Gestaltung einer Passfederverbindung

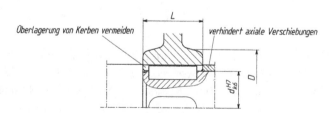

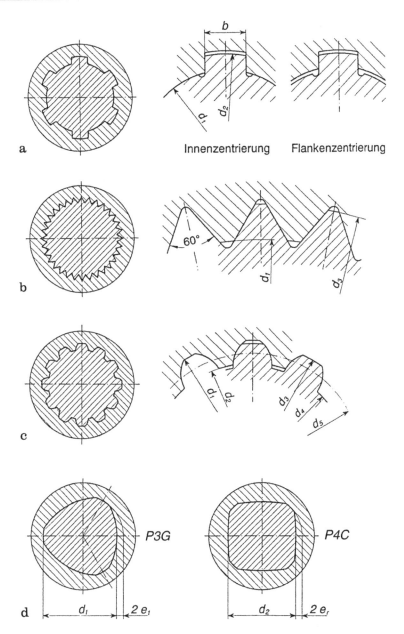

**Abb. 2.63** Profilwellen a) Keilwelle (DIN ISO 14); b) Zahnwelle mit Kerbverzahnung (DIN 5481); c) Zahnwelle mit Evolventenverzahnung (DIN 5480); d) Polygonprofil P3G (DIN 32711) und P4C (DIN 32712)

**Keil- und Zahnwellenverbindungen** Profilwellen und -naben zeichnen sich durch hohe Präzision, insbesondere bezüglich der Zentrierung, aus. Die Wellen werden meist im Abwälzverfahren, die Naben durch Räumen hergestellt. Die Abmessungen sind der Tab. 2.21 zu entnehmen.

**Tab. 2.21** Abmessungen von Keil- und Zahnwellenprofilen

a) Keilwellen nach DIN ISO 14 ($i$ = Anzahl der Keile)

| $d_1$ | Leichte Reihe | | | | Mittlere Reihe | | | |
|---|---|---|---|---|---|---|---|---|
| | Bezeichnung | $i$ | $d_2$ | $b$ | Bezeichnung | $i$ | $d_2$ | $b$ |
| 16 | | | | | $6 \times 16 \times 20$ | 6 | 20 | 4 |
| 18 | | | | | $6 \times 18 \times 22$ | 6 | 22 | 5 |
| 21 | | | | | $6 \times 21 \times 25$ | 6 | 25 | 5 |
| 23 | $6 \times 23 \times 26$ | 6 | 26 | 6 | $6 \times 23 \times 28$ | 6 | 28 | 6 |
| 26 | $6 \times 26 \times 30$ | 6 | 30 | 6 | $6 \times 26 \times 32$ | 6 | 32 | 6 |
| 28 | $6 \times 28 \times 32$ | 6 | 32 | 7 | $6 \times 28 \times 34$ | 6 | 34 | 7 |
| 32 | $8 \times 32 \times 36$ | 8 | 36 | 6 | $8 \times 32 \times 38$ | 8 | 38 | 6 |
| 36 | $8 \times 36 \times 40$ | 8 | 40 | 7 | $8 \times 36 \times 42$ | 8 | 42 | 7 |
| 42 | $8 \times 42 \times 46$ | 8 | 46 | 8 | $8 \times 42 \times 48$ | 8 | 48 | 8 |
| 46 | $8 \times 46 \times 50$ | 8 | 50 | 9 | $8 \times 46 \times 54$ | 8 | 54 | 9 |
| 52 | $8 \times 52 \times 58$ | 8 | 58 | 10 | $8 \times 52 \times 60$ | 8 | 60 | 10 |
| 56 | $8 \times 56 \times 62$ | 8 | 62 | 10 | $8 \times 56 \times 65$ | 8 | 65 | 10 |
| 62 | $8 \times 62 \times 68$ | 8 | 68 | 12 | $8 \times 62 \times 72$ | 8 | 72 | 12 |

b) Kerbverzahnung nach DIN 5481

| Bezeichnung | Nennmaß Nabe | Nennmaß Welle | Zähnezahl |
|---|---|---|---|
| $d_1 \times d_3$ | $d_1$ a l 1 | $d_3$ a l 1 | $z$ |
| $10 \times 12$ | 10,1 | 12 | 30 |
| $12 \times 14$ | 12 | 14,2 | 31 |
| $15 \times 17$ | 14,9 | 17,2 | 32 |
| $17 \times 20$ | 17,3 | 20 | 33 |
| $21 \times 24$ | 20,8 | 23,9 | 34 |
| $26 \times 30$ | 26,5 | 30 | 35 |
| $30 \times 34$ | 30,5 | 34 | 36 |
| $36 \times 40$ | 36 | 39,9 | 37 |

Bei den Keilwellen unterscheidet man noch zwischen Innenzentrierung auf dem Durchmesser $d_1$ und Flankenzentrierung über die parallelen Seitenflächen der Mitnehmer. Da mit Innenzentrierung ein sehr genauer Rundlauf erzielt wird, verwendet man sie vorzugsweise im Werkzeugmaschinenbau. Die Flankenzentrierung gewährleistet ein kleines Verdrehspiel und ist daher besonders für wechselnde und stoßartige Drehmomente geeignet.

**Tab. 2.21** (Fortsetzung)

c) Evolventenverzahnung nach DIN 5480

| Bezugsdurchmesser | Zähnezahl | Modul | Teilkreis | Welle | | Nabe | |
|---|---|---|---|---|---|---|---|
| | $z$ | $m$ | $d_5$ | $d_3$ | $d_4$ | $d_2$ | $d_1$ |
| 20 | 12 | 1,5 | 18,0 | 19,7 | 16,7 | 17 | 20 |
| 22 | 13 | 1,5 | 19,5 | 21,7 | 18,7 | 19 | 22 |
| 25 | 15 | 1,5 | 22,5 | 24,7 | 21,7 | 22 | 25 |
| 26 | 16 | 1,5 | 24,0 | 25,7 | 22,7 | 23 | 26 |
| 28 | 14 | 1,75 | 24,5 | 27,65 | 24,15 | 24,5 | 28 |
| 30 | 16 | 1,75 | 28,0 | 29,65 | 26,15 | 25,5 | 30 |
| 32 | 17 | 1,75 | 29,75 | 31,65 | 28,15 | 28,5 | 32 |
| 35 | 16 | 2 | 32 | 34,6 | 30,6 | 31 | 35 |
| 37 | 17 | 2 | 34 | 36,6 | 32,6 | 33 | 37 |
| 40 | 18 | 2 | 36 | 39,6 | 35,6 | 36 | 40 |
| 42 | 20 | 2 | 40 | 41,6 | 37,6 | 38 | 42 |
| 45 | 21 | 2 | 42 | 44,6 | 40,6 | 41 | 45 |
| 48 | 22 | 2 | 44 | 47,6 | 43,6 | 44 | 48 |
| 50 | 24 | 2 | 48 | 49,6 | 45,6 | 46 | 50 |

Profile mit Kerb- und Evolventenverzahnung zentrieren über die Zahnflanken. Durch die verhältnismäßig hohen Zähnezahlen kann die tragende Höhe der Zahnflanken klein gehalten werden. Dadurch werden die Kerbwirkungszahlen kleiner als bei Keilwellen. Ein weiterer Vorteil der hohen Zähnezahl ist die feinstufige Versetzungsmöglichkeit in Umfangsrichtung.

*Berechnung* Die tatsächlichen Beanspruchungsverhältnisse in Profilwellen sind so komplex, dass sie durch ein einfaches Berechnungsmodell nur unzureichend erfasst werden [24]. Eine genaue Berechnung ist bei richtiger Gestaltung in der Regel jedoch häufig nicht notwendig. Nur bei kurzen Naben ist eine überschlägige Berechnung der Flächenpressung sinnvoll. Analog zur Passfederauslegung (Gl. 2.26) kann die erforderliche Nabenlänge berechnet werden:

$$L \geq \frac{2 \cdot K_A \cdot T_{nenn}}{d_m \cdot h_t \cdot i \cdot \varphi \cdot p_{zul}}$$

Der Anwendungsfaktor $K_A$ ist Tab. 6.7 zu entnehmen. Für die zulässige Flächenpressung können die Werte der Passfederauslegung verwendet werden. Die restlichen Parameter sind wie folgt definiert:

$d_m$: mittlere Profildurchmesser

$h_t$ : tragende Höhe der Keil- oder Zahnflanken

$i$   : Anzahl der Mitnehmer (Keile oder Zähne)

$\varphi$  : Traganteil  −  Keilwelle mit Innenzentrierung    $\varphi = 0,75$

         −  Keilwelle mit Flankenzentrierung  $\varphi = 0,9$

         −  Kerbverzahnung                $\varphi = 0,5$

         −  Evolventenverzahnung            $\varphi = 0,75$

*Gestaltung*  Da eine genaue Berechnung der Profilwellenverbindung sehr aufwendig ist und daher oft nicht durchgeführt wird, kommt insbesondere der Nabengestaltung große Bedeutung zu. Tab. 2.22 enthält Erfahrungswerte für die Nabenabmessungen von Keil- und Zahnwellen.

Je nachdem, ob ein Gleit- oder ein Festsitz zwischen Nabe und Welle vorhanden sein soll, sind die Toleranzen nach Tab. 2.23 zu wählen. Die angegebenen Toleranzen beziehen sich auf fertig bearbeitete Wellen und Naben. Bei den Naben wird weiterhin unterschieden, ob das Profil nach dem Räumen behandelt wird oder nicht.

**Polygonverbindungen**  Polygonprofile sind besonders günstige Querschnittsformen hinsichtlich der Kerbwirkung. Es werden hauptsächlich genormte Drei- und Vierkantprofile verwendet (Abb. 2.63d). Die Herstellung der Wellen erfolgt mit sehr hoher Präzision auf Polygonschleifmaschinen, die Naben müssen geräumt werden.

**Tab. 2.22**  Erfahrungswerte für Keil- und Zahnwellen

| Nabenwerkstoff | Einbauart | Nabenlänge $L$ | Nabenaußendurchmesser $D$ |
|---|---|---|---|
| Grauguss | Festsitz | $0,8 \cdot d_1 \ldots 1,0 \cdot d_1$ | $1,8 \cdot d_1 \ldots 2,0 \cdot d_1$ |
|  | Gleitsitz | $2,0 \cdot d_1 \ldots 2,2 \cdot d_1$ |  |
| Stahl | Festsitz | $0,6 \cdot d_1 \ldots 0,8 \cdot d_1$ | $1,6 \cdot d_1 \ldots 1,8 \cdot d_1$ |
|  | Gleitsitz | $1,8 \cdot d_1 \ldots 2,0 \cdot d_1$ |  |

**Tab. 2.23**  Toleranzen für Keilwellen nach ISO 14

| Toleranzen für die Nabe | | | | Toleranzen für die Welle | | | Einbauart |
|---|---|---|---|---|---|---|---|
| behandelt | | unbehandelt | | | | | |
| $d_1$ | $b$ | $d_1$ | $b$ | $d_1$ | $d_2$ | $b$ | |
|  |  |  |  | f7 | a11 | d10 | Gleitsitz |
| H7 | H9 | H7 | H11 | g7 | a11 | f9 | Übergangssitz |
|  |  |  |  | h10 | a11 | h10 | Festsitz |

Die Polygonprofile sind selbstzentrierend, das heißt sie gleichen schon bei geringer Belastung das Spiel symmetrisch aus. P4C-Profile lassen sich unter Drehmomentbelastung axial verschieben, P3G-Profile jedoch nicht. Für sehr hohe Belastungen sind meist gehärtete Oberflächen notwendig. Die Bearbeitung nach dem Härten ist jedoch nur bei dem innenschleifbaren P3G-Profil möglich.

*Berechnung* Die Festigkeitsberechnung der Wellen erfolgt mit den Trägheits- und Widerstandsmomenten der einbeschriebenen Kreisquerschnitte und den Kerbwirkungszahlen $\beta_{kb} = \beta_{kt} = 1$.

Der Festigkeitsnachweis für die Nabe ist nicht einfach. Die näherungsweise Berechnung der vorhandenen Flächenpressung kann jedoch nach DIN 32 711 und 32 712 mit hinreichender Genauigkeit berechnet werden.

Danach gilt für die erforderliche Nabenlänge des P3G-Profils:

$$L \geq \frac{K_A \cdot T_{nenn}}{\left(0,75 \cdot \pi \cdot d_1 \cdot e + d_1^2/20\right) p_{zul}}.$$

Für das P4C-Profil gilt:

$$L \geq \frac{K_A \cdot T_{nenn}}{\left(\pi \cdot d_r \cdot e_r + d_r^2/20\right) p_{zul}} \quad \text{mit} \quad d_r = d_2 + 2 \cdot e_r$$

Für die zulässige Flächenpressung sind die Werte der Passfederauslegung einzusetzen, die übrigen geometrischen Größen sind in Abb. 2.63 ersichtlich.

*Gestaltung* Für die Gestaltung der Naben kann wie bei den Keil- und Zahnwellen auf Erfahrungswerte zurückgegriffen werden (Tab. 2.24).

Als Passung kommt üblicherweise das System Einheitsbohrung zur Anwendung. Die Wellen können mit einem Toleranzgrad bis IT 6, die Naben bis IT 7 hergestellt werden. Toleranzen für Polygonverbindungen können Tab. 2.25 entnommen werden. Spielpassungen sollten jedoch möglichst vermieden werden, da kleine Relativbewegungen, die während der Selbstzentrierung auftreten, die Ursache von Reibrostbildung (Passungsrost) sein können.

### 2.5.3 Bolzen- und Stiftverbindungen

Mit Bolzen und Stiften werden zwei oder mehrere Bauteile einfach und billig miteinander verbunden. Sie zählen zu den ältesten Verbindungen und sind weitestgehend genormt.

**Tab. 2.24** Erfahrungswerte für Profilwellen

| Nabenwerkstoff | Nabenlänge L | Nabenaußendurchmesser D |
|---|---|---|
| Grauguss | $1,8 \cdot d \ldots 2,0 \cdot d$ | $1,6 \cdot d \ldots 1,8 \cdot d$ |
| Stahl | $1,6 \cdot d \ldots 1,8 \cdot d$ | $1,3 \cdot d \ldots 1,6 \cdot d$ |

**Tab. 2.25**  Toleranzen für Profilwellen

| Profil | Toleranzen für die Nabe | Toleranzen für die Welle | Einbauart |
|--------|-------------------------|--------------------------|-----------|
| P3G    | H7                      | k6                       | Festsitz  |
|        |                         | g6                       | axial verschiebbar ohne Drehmoment |
| P4C    | H7                      | k6                       | Festsitz  |
|        |                         | g6                       | axial verschiebbar unter Drehmoment |

**Bolzenverbindungen**  Die Bolzen nach Abb. 2.64 werden hauptsächlich für Gelenkver-bindungen von Gestängen, Laschen, Kettengliedern, Schubstangen, aber auch als Achsen für die Lagerung von Laufrädern, Rollen, Hebeln und dergleichen verwendet. Bei einer Bolzenverbindung ist somit mindestens ein Teil beweglich. Splintlose Gelenkverbin-dungen für Kupplungs-, Brems- und Bediengestänge können mit Gabelköpfen nach DIN 71752 und einteiligen, mit Klemmfeder versehenen Sicherungsbolzen rasch und ohne Werkzeuge realisiert werden (Abb. 2.65).

**Stiftverbindungen**  Stifte nach Abb. 2.66 finden Anwendung zur festen Verbindung von Naben, Hebeln, Stellringen auf Wellen oder Achsen, ferner zur genauen Lagesicherung zweier Maschinenteile und auch als Steckstifte zur Befestigung von Laschen, Stangen, Federn u. a. (Abb. 2.67). Sie werden als Längspresssitze mit Übermaß in die Bohrungen eingeschlagen.

Die beste Lagesicherung erhält man – auch bei beliebig häufigem Lösen – mit *Kegel-stiften*, die allerdings genau konisch aufgeriebene Bohrungen erfordern und daher in der Herstellung teuer sind. Die Kegelstifte mit Gewindezapfen und mit Innengewin-den sind für Sacklöcher vorgesehen, damit die Verbindung mittels Abdrückmutter oder Ausschlagdorn wieder gelöst werden kann.

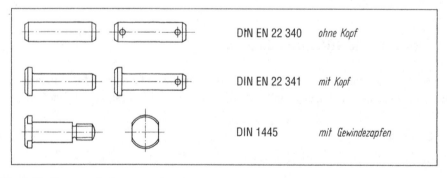

**Abb. 2.64**  Genormte Bolzen

**Abb. 2.65** Sicherungsbolzen
mit Klemmfeder

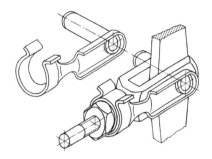

*Zylinderstifte* werden mit verschiedenen Toleranzfeldern hergestellt. Die Kennzeichnung erfolgt durch die Ausbildung der Stiftenden: m6 mit Linsenkuppe, h8 mit Kegelkuppe und h11 ohne Kuppe.

Die geschlitzten *Spannhülsen* aus Federstahl sind ebenfalls zylindrische Stifte, die infolge ihrer Elastizität einen festen Sitz in Bohrungen mit großen Toleranzen (H12) ermöglichen. Sie werden als Spannstifte und in Verbindung mit Schrauben bei großen Querkräften als Scherhülsen verwendet.

Die Kerbstifte besitzen drei um 120° versetzte, durch Einwalzen oder Eindrücken hergestellte Längskerben, an deren Seiten jeweils Kerbwulste entstehen, die über den Nenndurchmesser herausragen. Beim Einschlagen in Bohrungen mit großen Toleranzen (bis ∅3 mm H9, über ∅3 mm H11) werden die Kerbwulste in die Kerbfurche zurückgedrängt, wobei die für die Verspannung erforderlichen Pressungen wirksam werden. Kerbstifte sind mehrfach wieder verwendbar und zeichnen sich durch hohe Sitz- und Rüttelfestigkeit, sowie für viele Fälle ausreichende Passungsgenauigkeit aus. Sie finden wegen ihrer Wirtschaftlichkeit vielseitige Anwendung als Befestigungs-, Sicherheits- und Passstifte, aber auch als Gelenk- und Lagerbolzen sowie als Steckstifte für Anschläge, Federbefestigung, Knebel u. dgl.

**Berechnung** Bei Bolzen- und Stiftverbindungen sind die Berührungsflächen Zylindermäntel und die Belastungsrichtung steht im Allgemeinen senkrecht auf der Zylinderachse. Dadurch entstehen Pressungen zwischen den Auflageflächen, also den Halbzylindern des Bolzens und der Lochwand. Man spricht daher auch von „Lochleibungsdruck". Bei Annahme einer gleichmäßigen Pressungsverteilung über den Halbzylinder ergibt sich aus Abb. 2.68, dass sich die Horizontalkomponenten ($p \cdot dA \cdot cos\varphi$) gegenseitig aufheben und die Summe der Vertikalkomponenten ($p \cdot dA \cdot sin\varphi$) gleich der äußeren Kraft $F$ sein muss. Es gilt also

$$F = \int_{0}^{\pi} p\,b\,r\,\sin\varphi\,d\varphi = pb\,r \cdot 2 = p\,b\,d$$

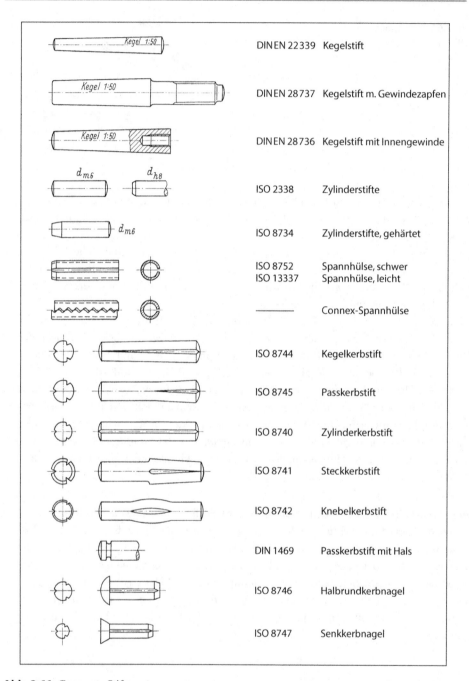

| | DIN EN 22339 | Kegelstift |
| | DIN EN 28737 | Kegelstift m. Gewindezapfen |
| | DIN EN 28736 | Kegelstift mit Innengewinde |
| | ISO 2338 | Zylinderstifte |
| | ISO 8734 | Zylinderstifte, gehärtet |
| | ISO 8752 | Spannhülse, schwer |
| | ISO 13337 | Spannhülse, leicht |
| | —— | Connex-Spannhülse |
| | ISO 8744 | Kegelkerbstift |
| | ISO 8745 | Passkerbstift |
| | ISO 8740 | Zylinderkerbstift |
| | ISO 8741 | Steckkerbstift |
| | ISO 8742 | Knebelkerbstift |
| | DIN 1469 | Passkerbstift mit Hals |
| | ISO 8746 | Halbrundkerbnagel |
| | ISO 8747 | Senkkerbnagel |

**Abb. 2.66** Genormte Stifte

**Abb. 2.67** Beispiele für
Stiftverbindungen
a) Deckelzentrierung;
b) Hebelbefestigung;
c) Kegelstiftverbindung mit
Abdrückmutter

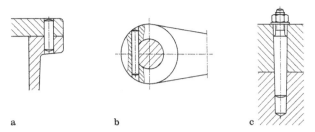

a                                     b                                       c

**Abb. 2.68** Rechenmodell der
Lochleibung

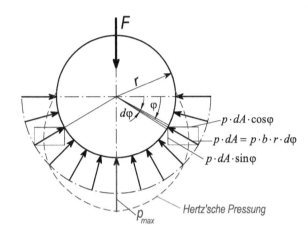

und daraus ergibt sich der Lochleibungsdruck zu

$$p = \frac{F}{b \cdot d}$$

Nach diesem Rechenmodell kann der Lochleibungsdruck $p$ als die gleichmäßig verteilte
Pressung auf die projizierte Fläche $b \cdot d$ aufgefasst werden. In Wirklichkeit verteilt sich die
Flächenpressung natürlich nicht gleichmäßig über die halbe Zylindermantelfläche. Die
tatsächliche Pressung kann nur nach der Hertz'schen Theorie berechnet werden, die eine
größere maximale Pressung ergibt. Da der Lochleibungdruck jedoch wesentlich einfacher
zu berechnen ist als die Hertz'sche Pressung, wird dieses Rechenmodell trotzdem häufig
angewendet. Der Tatsache, dass $p_{max}$ größer ist als $p$, wird durch entsprechend niedrige
$p_{zul}$-Werte Rechnung getragen. Richtwerte dafür enthält Tab. 2.26.

Zu beachten ist, dass es sich bei der zulässigen Flächenpressung nicht um Festig-
keitskennwerte handelt, die aus Werkstoffversuchen ermittelt wurden. Das maßgebende
Versagen unterliegt den Paarungseigenschaften der beiden Oberflächen einschließlich der
Schadenfolgen wie z. B. Verschweißen, Reibung und Verschleiß bei Relativbewegung.
Deshalb wird hier auch zwischen Festsitz und Gleitsitz unterschieden. Die kleinen zu-
lässigen Werte für die Flächenpressung bei Gleitsitzen können jedoch wesentlich größer

**Tab. 2.26**  Zulässige Flächenpressung für Bolzen- und Stiftverbindungen (Kerbstifte etwa 70 %)

| Festsitz | | | | Gleitsitz | |
|---|---|---|---|---|---|
| Werkstoff [a] | $p_{zul}$ [N/mm$^2$] | | | Werkstoffpaarung | $p_{zul}$ [N/mm$^2$] |
| | ruhend | schwellend | wechselnd | | |
| Bronze | 30 | 20 | 15 | Stahl/Grauguss | 5 |
| Grauguss | 70 | 50 | 30 | Stahl/Stahlguss | 7 |
| Stahlguss | 80 | 60 | 40 | Stahl/Bronze | 8 |
| S 235 | 85 | 65 | 50 | Stahl/Bronze [b] | 10 |
| E 295 | 120 | 90 | 60 | Stahl/Stahl [b] | 15 |
| E 335 | 150 | 105 | 65 | | |
| E 360 | 180 | 120 | 70 | | |

[a] Bei Paarung verschiedener Werkstoffe ist jeweils der kleinere Wert zu nehmen.
[b] Stahl gehärtet

**Tab. 2.27**  Zulässige Spannungen für Bolzen und Stifte (Kerbstifte etwa 70 %)

| Werkstoff | $\sigma_{b,zul}$ [N/mm$^2$] | | | $\tau_{s,zul}$ [N/mm$^2$] | | |
|---|---|---|---|---|---|---|
| | ruhend | schwellendl | wechselnd | ruhend | schwellend | wechselnd |
| S 235 | 80 | 55 | 35 | 50 | 35 | 25 |
| E 295 | 110 | 80 | 50 | 70 | 50 | 35 |
| E 335 | 130 | 95 | 60 | 85 | 60 | 42 |
| E 360 | 150 | 110 | 68 | 100 | 68 | 48 |

gewählt werden, wenn die maximalen Belastungen nur kurzzeitig auftreten und wenn die Gleitgeschwindigkeiten sehr klein werden (z. B. bei Handbetrieb).

Je nach Verwendung und Einbau werden Bolzen und Stifte zusätzlich auch noch auf Biegung und Abscheren beansprucht. Richtwerte für die zulässigen Spannungen siehe Tab. 2.27. Die Scherfestigkeit kann für Scherstifte zu $\tau_B = 0,8 \cdot R_m$ angenommen werden.

Bei *Gelenkverbindungen* nach Abb. 2.69 wird die Größe des Biegemomentes wesentlich durch die Einspannbedingungen des Bolzens bestimmt. Durch die Wahl der Passungen im Gelenk ergeben sich drei unterschiedliche Einbaufälle.

a. *Bolzen mit Spiel in Gabel und Stange.* Durch das Spiel ist der Bolzen in der Lage, sich zu verformen (durchbiegen). Im Ersatzmodell werden die Gabelwangen als Auflager (2 Stützen) und die Belastung durch die Stange als Streckenlast abgebildet. Das maximale Biegemoment, das in der Bolzenmitte auftritt, kann folgendermaßen berechnet werden:

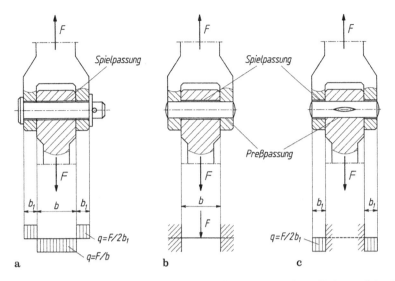

**Abb. 2.69** Gelenkverbindungen a) Spiel in Gabel und Zugstange (alle Teile beweglich); b) Spiel nur in der Zugstange; c)Spiel nur in der Gabel

$$M_{b,\max} = \frac{F(b + 2\,b_1)}{8} \qquad (2.27)$$

b. *Bolzen mit Übermaßpassung in der Gabel.* Im Ersatzmodell wird der Bolzen als eingespannter Träger in den Gabelwangen dargestellt. Die Stangenkraft $F$ wird als Einzellast angesetzt. Dieser ungünstige Belastungsfall berücksichtigt, dass die Gabelwangen nicht unendlich starr, sondern nachgiebig sind. Für das maximale Biegemoment gilt dann

$$M_{b,\max} = \frac{F \cdot b}{8} \qquad (2.28)$$

c. *Bolzen mit Übermaßpassung in der Stange.* Da der Bolzen in der Stange eingespannt ist, bilden die herausragenden Bolzenenden sogenannte Kragträger. Das maximale Biegemoment an der Einspannstelle ist dann

$$M_{b,\max} = \frac{F \cdot b_1}{4} \qquad (2.29)$$

Für den Festigkeitsnachweis wird üblicherweise keine Vergleichsspannung gebildet, sondern die durch die auftretenden Beanspruchungen Einzelnachweise geführt. Für eine Bolzenverbindung sind folgende Nachweise zu führen:

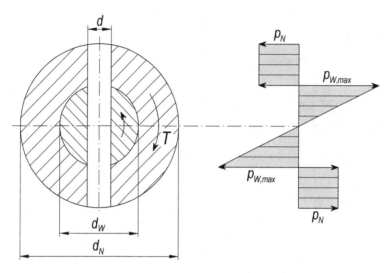

**Abb. 2.70**  Querstiftverbindung

Flächenpressung in der Gabel: $\qquad p_G = \dfrac{K_A \cdot F}{2 \cdot b_1\, d} \le p_{zul},$ $\qquad\qquad\qquad$ (2.30)

Flächenpressung in der Zugstange: $\quad p_S = \dfrac{K_A \cdot F}{b\, d} \le p_{zul},$ $\qquad\qquad\qquad$ (2.31)

Biegespannung im Bolzen: $\qquad \sigma_{b,max} = \dfrac{K_A \cdot M_{b,max}}{W_b} \le \sigma_{b,zul}$ $\qquad\qquad$ (2.32)

Scherspannung im Bolzen: $\qquad \tau_s = \dfrac{4 \cdot K_A \cdot F}{i \cdot \pi d^2} \le \tau_{s,zul}$ $\qquad\qquad\qquad$ (2.33)

In den oben stehenden Gleichungen ist $d$ jeweils der Bolzendurchmesser und $i$ die Anzahl der Scherflächen. Die Variablen $b$ und $b_1$ sind aus Abb. 2.69 ersichtlich.

*Querstiftverbindungen* nach Abb. 2.70 zählen zu den Welle-Nabe-Verbindungen und dienen zur Drehmomentübertragung. Wegen der starken Wellenschwächung und der großen Kerbwirkung werden sie jedoch nur für untergeordnete Zwecke eingesetzt. Für die Auslegung werden die Pressungen $p_{W,max}$ in der Welle und $p_N$ in der Nabe bestimmt und der Stift zusätzlich auf Abscheren berechnet.

Pressung in der Wellenbohrung: $\quad p_{W,max} = \dfrac{6 \cdot K_A \cdot T_{nenn}}{d \cdot d_W^2} \le p_{zul}$ $\qquad\qquad$ (2.34)

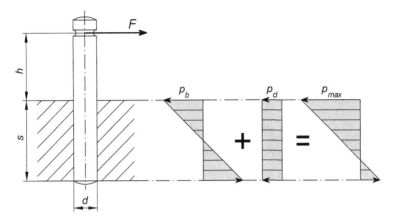

**Abb. 2.71** Steckstift

Pressung in der Nabenbohrung:
$$p_N = \frac{4 \cdot K_A \cdot T_{nenn}}{d\left(d_N^2 - d_W^2\right)} \leq p_{zul} \qquad (2.35)$$

Scherspannung im Stift:
$$\tau_s = \frac{4 \cdot K_A \cdot T_{nenn}}{d_W \, \pi \, d^2} \leq \tau_{s,zul} \qquad (2.36)$$

Der *Steckstift* nach Abb. 2.71 wird auf Biegung und Schub beansprucht. Dadurch entsteht infolge der Biegung eine Flächenpressung $p_b$ und durch die Schubwirkung durch die Kraft $F$ eine Flächenpressung $p_d$. Für die maximale Flächenpressung an der Einspannstelle gilt deshalb:

$$p_{max} = p_b + p_d = \frac{K_A \cdot F_{nenn}}{d\,s}\left(1 + 6\frac{h + s/2}{s}\right) \leq p_{zul} \qquad (2.37)$$

Das maximale Biegemoment $M_b$ und somit auch die maximale Biegespannung $\sigma_{b,max}$ treten an der Einspannstelle auf:

$$\sigma_{b,max} = \frac{M_{b,max}}{W_b} = \frac{32 \cdot K_A \cdot F_{nenn} \cdot h}{\pi \, d^3} \leq \sigma_{b,zul} \qquad (2.38)$$

Für die Scherspannung an der Einspannstelle gilt:

$$\tau_s = \frac{4 \cdot K_A \cdot F_{nenn}}{\pi \, d^2} \leq \tau_{s,zul} \qquad (2.39)$$

---

**Beispiel**

Steckkerbstift mit Hals nach DIN 1469 aus E 295 mit $\sigma_{b,zul} = 0,7 \cdot 80 = 56\,N/mm^2$ und $\tau_{s,zul} = 0,7 \cdot 50 = 35\,N/mm^2$ (Tab. 2.27) bei schwellender Last und $p_{zul} = 0,7 \cdot 60 = 42\,N/mm^2$ für Festsitz in Stahlguß (Tab. 2.26). Gesucht ist die zulässige Kraft $F$ für die Abmessungen $d = 20\,mm$; $s = 25\,mm$; $h = 40\,mm$ und dem Anwendungsfaktor $K_A = 1$.

Aus $p_{max} \leq p_{zul}$ folgt [Gl. (2.37)]

$$F \leq \frac{p_{zul}\, d\, s}{4 + 6 \cdot h/s} = \frac{42\,\text{N/mm}^2 \cdot 20\,\text{mm} \cdot 25\,\text{mm}}{4 + 6 \cdot 40/25} = 1550\,\text{N}$$

Aus $\sigma_b \leq \sigma_{b\,zul}$ folgt [Gl. (2.38)]

$$F \leq \frac{\sigma_{b\,zul}}{h}\, \frac{\pi\, d^3}{32} = \frac{56\,\text{N/mm}^2}{40\,\text{mm}} \cdot 785\,\text{mm}^3 = 1100\,\text{N}$$

Aus $\tau_s \leq \tau_{zul}$ folgt [Gl. (2.39)]

$$F \leq \tau_{s\,zul} \cdot \frac{\pi d^3}{4} = 35\,\text{N/mm}^2 \cdot 314\,\text{mm}^2 = 11000\,\text{N}$$

Hier ist also der kleinere Wert aus der Biegespannung maßgebend. Die Scherspannung ist, wie die Rechnung zeigt, in der Regel vernachlässigbar.

**Gestaltung** Bolzen- und Stiftverbindungen sind so zu gestalten, dass sie möglichst Biegespannungen und Flächenpressung in gleichem Maße ausnutzen. Für Bolzenverbindungen können hinsichtlich der Abmessungen folgende Richtwerte angegeben werden:

- Stangenkopf:       $b/d = 1,5 \ldots 1,7$,
- Gabel/Lasche:    $b_1/b = 0,3 \ldots 0,5$.

Querstiftverbindungen nach Abb. 2.70 können nach folgenden Erfahrungswerten ausgelegt werden:

- Stiftdurchmesser:      $d \approx (0,2 \ldots 0,3) \cdot d_W$,
- Nabendurchmesser:    $d_N \approx 2,0 \cdot d_W$   für Naben aus Stahl,
                                          $d_N \approx 2,5 \cdot d_W$   für Naben aus Grauguss.

### 2.5.4  Elemente zur axialen Lagesicherung

Die meisten formschlüssigen Verbindungen müssen axial fixiert werden. Sicherungselemente nach Abb. 2.72 verhindern unerwünschte axiale Verschiebungen von Naben, Ringen (Wälzlagerringe), Buchsen, Hebeln, Laschen usw. auf Achsen und Wellen oder in Bohrungen. Dabei können mehr oder weniger große Axialkräfte durch Formschluss übertragen werden. Sie werden oft auch nur als Führungselemente zur Begrenzung oder zum Ausgleich axialen Spiels verwendet.

*Splinte* sichern bei Gelenkverbindungen die Bolzen gegen Herausrutschen und bei Schraubverbindungen die Kronenmuttern gegen Losdrehen.

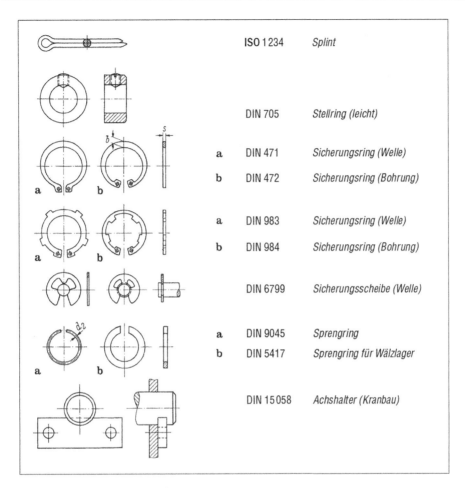

| | | |
|---|---|---|
| | ISO 1234 | *Splint* |
| | DIN 705 | *Stellring (leicht)* |
| a | DIN 471 | *Sicherungsring (Welle)* |
| b | DIN 472 | *Sicherungsring (Bohrung)* |
| a | DIN 983 | *Sicherungsring (Welle)* |
| b | DIN 984 | *Sicherungsring (Bohrung)* |
| | DIN 6799 | *Sicherungsscheibe (Welle)* |
| a | DIN 9045 | *Sprengring* |
| b | DIN 5417 | *Sprengring für Wälzlager* |
| | DIN 15058 | *Achshalter (Kranbau)* |

**Abb. 2.72** Genormte Sicherungsringe

*Stellringe* werden auf Wellen oder Achsen durch einen Gewindestift oder einen Kegelstift befestigt und können somit Naben vor axialen Verschiebungen sichern.

*Sicherungsringe* (Seeger-Ringe) sind geschlitzte federnde Ringe, die in Wellen- oder Bohrungsnuten eingelegt werden. Für den Einbau sind Ösen mit Löchern vorgesehen, in die Montagezangen eingreifen. Es ist darauf zu achten, dass sowohl bei Montage als auch bei Demontage ausreichend Platz für speziell dafür vorgesehene Zangen vorhanden ist. Die Nuten sind scharfkantig auszuführen, damit die für die axiale Belastbarkeit maßgebende Nutfläche möglichst groß ist und die Ringe sich im Nutgrund satt anlegen. Die übertragbaren Axialkräfte können jedoch nur dann voll genutzt werden, wenn die andrückenden Maschinenteile scharfkantig sind oder nur sehr kleine Abrundungsradien haben. Bei größeren Abrundungsradien oder Fasen und zum axialen Spielausgleich sind scharfkantige Stütz- oder Passscheiben nach DIN 988 zwischenzulegen (Abb. 2.73). In Verbindung mit

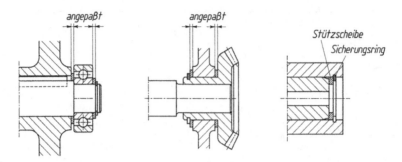

**Abb. 2.73** Anwendungsbeispiele für Sicherungsringe mit Stütz- und Passscheiben.

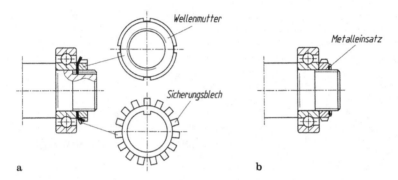

**Abb. 2.74** Axiale Festlegung mit Wellenmuttern a) Wellenmutter mit Sicherungsblech nach DIN 981; b) Wellenmutter mit Metalleinsatz (nach Wiesloch-Technik)

Sicherungsringen werden Passscheiben auch dann benötigt, um in axialer Richtung das Spiel auszugleichen, das laut Toleranzrechnung (siehe Abb. 1.29) nicht vermeidbar ist.

*Sicherungsscheiben* für Wellen nach DIN 6799 sind radial und ohne Spezialwerkzeuge montierbar. Sie greifen ebenfalls in Nuten ein und werden vorwiegend für kleinere Durchmesser (max. 30 mm) verwendet.

*Sprengringe* besitzen einen konstanten Querschnitt und können ohne Spezialwerkzeug montiert werden, sind aber aus Bohrungen meist nur sehr schwer wieder auszubauen.

*Achshalter* nach DIN 15 058 sichern durch Eingreifen in eine Flachnut Bolzen und Achsen sowohl gegen Verschiebung als auch gegen Verdrehung. Sie sind so anzuordnen, dass die Befestigungsschrauben durch den Achsdruck nicht beansprucht werden.

*Wellenmuttern* nach DIN 981 dienen zur einfachen, spielfreien axialen Befestigung von Naben, Lagern und anderen Maschinenteilen (Abb. 2.74a). Kleinere Wellenmuttern werden meist mit Sicherungsblechen, die größeren mit Sicherungsbügeln formschlüssig gegen Losdrehen gesichert. Dafür muss allerdings in der Welle eine Nut vorhanden sein, wodurch die Herstellkosten steigen. Eine wirtschaftlichere Alternative stellt die Wellenmutter nach

Abb. 2.74b dar, bei der sich ein Metalleinsatz im Gewinde verspannt und deshalb keine Nut in der Welle benötigt.

## 2.6 Nietverbindungen

Nietverbindungen können je nach Herstellung und Wirkungsweise entweder Reibschluss- oder Formschlussverbindungen sein. Der erste Fall tritt bei warmgeschlagenen Nieten, vornehmlich im Kesselbau, auf. Beim Erkalten des Nietschafts entstehen durch das Schrumpfen Normalspannungen und somit Pressungen zwischen den zu verbindenden Blechen, die den erforderlichen Reibungswiderstand, auch Gleitwiderstand genannt, gegen das Verschieben der Bleche erzeugen. Kaltgeschlagene Nieten wirken dagegen wie Bolzen und Stifte durch Formschluss. Die Bauteile legen sich bei Belastung mit den Lochwandungen an den Nietschaft an, so dass an den Berührungsstellen eine Beanspruchung auf Lochleibung und im Nietschaft auf Abscheren entsteht.

Die Anwendungsgebiete für klassische Nietverbindungen im Stahl- und Kesselbau sind durch das Schweißen und Kleben stark eingeschränkt worden. Im Leichtmetallbau und für Blechverbindungen werden Nietverbindungen in der Serienfertigung jedoch zunehmend wirtschaftlich eingesetzt. Vor allem das Stanznieten und das Durchsetzfügen (ohne Zusatzelement) stellen in bestimmten Bereichen eine interessante Alternative zum Schweißen und Kleben dar. Mit Nietverbindungen lassen sich unlösbare hochfeste Verbindungen von Bauteilen mit gleichen und unterschiedlichen Werkstoffen herstellen. Auch das Verbinden unterschiedlicher Materialstärken ist ohne weiteres möglich.

### 2.6.1 Herstellung und Gestaltung von Nietverbindungen

**Genormte Niete** Der Niet besteht im Anlieferungszustand aus dem Schaft mit dem angestauchten Setzkopf. Die wichtigsten genormten Nietformen sind mit ihren Benennungen in Abb. 2.75a und b zusammengestellt. Der Schließkopf wird bei Herstellung der Nietverbindung mit Hilfe des Schellhammers oder Schließkopfdöppers gebildet (Abb. 2.75c). Die erforderliche Schlagenergie wird mit einem Handhammer, Presslufthammer oder mit Nietpressen, die mechanisch, pneumatisch oder hydraulisch betrieben werden, aufgebracht. Es werden heute auch halb- oder vollautomatische Nietmaschinen verwendet, die alle Arbeitsgänge einschließlich Bohren bzw. Stanzen der Löcher durchführen. Die gebräuchlichsten Schließkopfformen sind der Halbrund-, der Senk-, der Flachrund- und der Linsenkopf. In Abb. 2.75d sind einige im Leichtmetallbau angewandte Sonderformen dargestellt.

**Blindniete** Für die nur von einer Seite aus zugänglichen Verbindungsstellen sind u. a. die in Abb. 2.76 angeführten Blindnietverfahren entwickelt worden. Begriffe und Definitionen für Blindniete sind in ISO 14588 genormt.

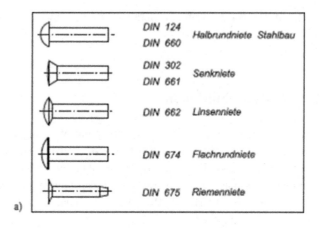

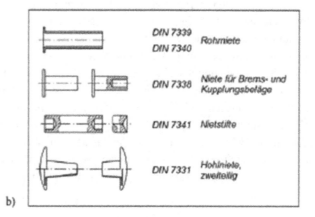

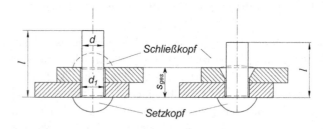

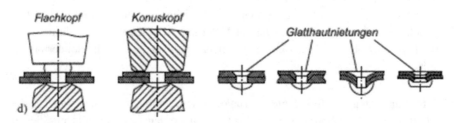

**Abb. 2.75**  Nietverbindungen a) Vollniete; b) Hohlniete; c) Stahlniete; d) Leichtmetallniete

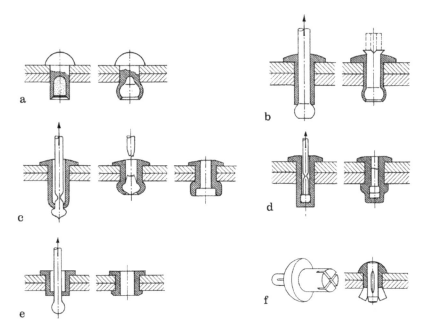

**Abb. 2.76**  Bliendniete a) Thermoniet; b) Dornniet; c) Pop-Niet; d) Imex-Becherniet; e) Chorbert-Hohlniet; f) Kerpin-Blindniet

Bei dem Thermoniet (Sprengniet) Abb. 2.76a wird der Schließkopf dadurch gebildet, dass eine im hohlen Nietschaft befindliche Sprengstoffladung, die durch eine Lackschicht gegen Herausfallen und Witterungseinflüsse geschützt ist, zur Explosion gebracht wird. Die erforderliche Erwärmung von ca. 130 °C wird durch einen elektrisch beheizten Nietkolben aufgebracht.

Beim Dornniet (Abb. 2.76b) erfolgt die Schließkopfbildung durch einen mit einer Verdickung versehenen Dorn, der in der Endstellung außen eingekerbt und abgezwickt wird. Da dieser Dorn den hohlen Schaft ausfüllt, können fast so große Kräfte wie beim Vollniet übertragen werden.

Ähnlich wird der Pop-Niet (Abb. 2.76c) verarbeitet, bei dem ein Nietnagel in einem Arbeitsgang nach außen gezogen und an der Sollbruchstelle im Schaft oder am Kopf abgerissen wird. Im ersten Fall verbleibt eine Art Dichtstopfen im Hohlniet, im zweiten Fall fällt der Nietnagelkopf auf der Schließkopfseite heraus.

Beim Imex-Becherniet (Abb. 2.76d) ist die Schließkopfseite vollkommen geschlossen und daher absolut dicht.

Eine Hohlnietverbindung entsteht auch bei dem Chobert-Verfahren (Abb. 2.6e), bei dem ein Hilfsdorn innen hindurchgezogen wird.

Beim Kerpin-Blindniet (Abb. 2.76f) wird in den Hohlniet von außen ein Kerbstift eingeschlagen, der die geschlitzten Segmente am Fußende des Niets auseinandersspreizt.

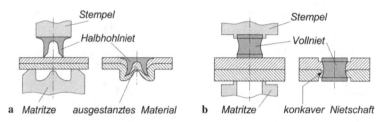

**Abb. 2.77**  Stanzniete a) Halbhohlniet; b) Vollniet

**Stanznieten**  Während beim Vollnieten und Blindnieten eine Vorlochung erforderlich ist, entfällt diese beim Stanznieten. Dafür wird ein Nietelement (Hilfsfügeteil) verwendet, das gleichzeitig als Stempel dient. In einem kombinierten Stanz- und Umformvorgang werden die Fügeteile durchgestanzt und gefügt. Voraussetzung ist allerdings, dass beide Seiten des Bauteils zugänglich sind. Grundsätzlich wird zwischen den Stanznietverfahren mit Halbhohlnieten und Vollnieten unterschieden (Abb. 2.77).

*Hohlnieten*  Hohlnieten durchstanzen die Fügeteile bis unter die Oberfläche des untersten Fügeteils, das in einer Matrize verformt, jedoch nicht durchbrochen wird. Dadurch ermöglichen Hohlnieten die Herstellung von gasund wasserdichten Nietverbindungen. Der Halbhohlniet wird dabei selbst verformt. Nach Erreichen einer eingestellten Maximalkraft (kraftgesteuert) bzw. eines vorgegebenen Weges (weggesteuert) erfolgt der Rückhub. Das Nietelement erhält im plastisch umgeformten unteren Blechteil über eine Kragenbildung seinen Schließkopf. Der aus dem oberen Blechteil ausgestanzte Stanzbutzen füllt den hohlen Nietschaft aus und wird darin eingeschlossen. Das Erreichen einer großen Verspreizung des Nietschaftes ist eine wichtige geometrische Kenngröße. Sie hat wesentlichen Einfluss auf die übertragbaren Scherzug- und Kopfzugkräfte. Durch die Stauchung des Stanznietes wird ein spaltfreier Formschluss der Fügeteile erreicht. Da der Stanzniet während des Fügevorgangs axial und radial verspannt wird, entsteht zusätzlich ein Reibschluss in der Verbindung.

*Vollnieten*  Vollnieten durchstanzen die Fügeteile komplett und das ausgestanzte Material wird als Stanzbutzen ausgeworfen. Das Stanznieten mit Vollniet ist ein kombinierter Stanz- und Umformvorgang, bei dem der Niet selbst nicht umgeformt wird. Die Fügeteile müssen aufeinandergepresst fixiert werden. Anschließend wird der Vollniet zugeführt, positioniert und vom Nietstempel mit Kraft-Weg- Überwachung durch die Fügeteile gepresst, wodurch ein kreisrunder Stanzbutzen ausgestanzt wird. Der Pressdruck und die Geometrie von Stempel und Matrize bewirken gleichzeitig eine plastische Umformung des Werkstoffs, der in den Raum fließt, den der konkav geformte Nietschaft freigibt. Wesentliche Bedingung für eine feste Verbindung bei unterschiedlichen Belastungsrichtungen ist beim Stanznieten mit Vollniet die kontrollierte, vollständige Füllung des Freiraumes, der durch die konkave Geometrie des Nietelementes vorgegeben wird. Erst dadurch wird eine reib- und formschlüssige Verbindung erzielt. Typische

Einsatzbereiche sind das Fügen von mehrschichtigen Bauteilen in Sandwichbauweise oder die Herstellung von Leichtbaukonstruktionen aus galvanisiertem oder hochfestem Stahl, Aluminium und Kunststoffen. Anwenderbranchen sind z. B. die Automobilzuliefer- und Automobilindustrie.

**Herstellung** Die Nietlöcher können gestanzt oder gebohrt werden, stärkere Bleche sollten nur gebohrt werden, weil beim Stanzen leicht Risse und Riefen in der Lochwand entstehen. Die Nietlöcher sollen gut übereinander passen, was durch gemeinsames Bohren oder noch besser durch Aufreiben ermöglicht wird.

*Warmnieten* Stahlnieten ab einem Durchmesser von 12 mm werden immer warm verarbeitet. Der Lochdurchmesser $d_1$ ist dabei jeweils um 1 mm größer als der Rohnietschaftdurchmesser $d$. Für die zeichnerische Darstellung und auch für die Berechnung wird der Durchmesser des geschlagenen Niets gleich dem Lochdurchmesser angenommen, obwohl sich bei Warmnietung der Schaftdurchmesser während des Erkaltens etwas zusammenzieht und der Nietschaft dann nicht mehr an der Lochwandung anliegt. Auch in axialer Richtung wird der Niet beim Erkalten kürzer. Dadurch entsteht eine vorgespannte Verbindung (vergleichbar mit der vorgespannten Schraubenverbindung), bei der die zu verbindenden Teile zusammengedrückt werden, die eine senkrecht zur Nietachse wirkende Betriebskraft reibschlüssig übertragen kann. Ein Formschluss über den Nietschaft tritt erst dann auf, wenn die äußere Belastungskraft größer ist als die inneren Reibkräfte.

*Kaltnieten* Stahlniete bis 12 mm Durchmesser und die Leichtmetall- und Kupferniete werden kaltgeschlagen. Dabei soll der Lochdurchmesser nur wenig größer sein als der Nenndurchmesser $d$ (ca. 0,1 ... 0,2 mm). Die Lochränder müssen gut entgratet werden. Bei kaltgeschlagenen Nieten werden die vernieteten Bauteile nur sehr gering vorgespannt, so dass der Reibschluss vernachlässigt werden kann und die Übertragung einer äußeren Betriebskraft nur durch Formschluss erfolgt.

*Nietabmessungen* Die Größe der Nietdurchmesser $d$ bzw. der Nietlochdurchmesser $d_1$ richtet sich in erster Linie nach der Blechdicke. Für die Wahl des Nietdurchmessers und die Anzahl der Niete sind aber auch die konstruktive Ausbildung der Verbindungsstelle und die Fertigungsmöglichkeiten (Platz für Nietwerkzeuge, Döpper, Blechschließer u. dgl.) ausschlaggebend. Anhaltswerte für die Zuordnung zwischen Niet- bzw. Nietlochdurchmesser und kleinster Bauteil- bzw. Blechdicke enthält Tab. 2.28.

Die Schaftlänge $l$ des Rohniets ist von der Klemmlänge, also der Summe der Blechdicken $s_{ges}$, der Schließkopfform, dem Durchmesser des Niets $d$ bzw. der Nietlochbohrung $d_1$ und ihrer etwaigen Erweiterung beim Schlagen des Niets sowie von der Maßhaltigkeit des Nietdöppers abhängig. Für Stahlniete kann mit folgenden Richtwerten gerechnet werden:

- Stahlbauniete nach DIN 124   $l \approx 1,2 \cdot s_{ges} + 1,2 \cdot d$

**Tab. 2.28** Zuordnung von Niet- bzw. Nietlochdurchmesser zu kleinster Blechdicke

| Leichtmetallbau | | Stahlbau | |
|---|---|---|---|
| Nietdurchmesser $d$ [N/mm$^2$] | Blechdicke $s$ [mm] | Nietlochdurchmesser $d_1$ [mm] | Blechdicke $s$ [mm] |
| 2 | bis 1,3 | 13 | 4…6 |
| 2,6 | 1,2…1,8 | 15 | 5…7 |
| 3 | 1,4…2,0 | 17 | 6…8 |
| 4 | 1,8…2,5 | 19 | 7…9 |
| 5 | 2,0…3,2 | 21 | 8…11 |
| 6 | 2,5…4,0 | 23 | 10…14 |
| 8 | 3,2…5,0 | 25 | 13…17 |
| 9 | 4,0…6,0 | 28 | 16…21 |
| 10 | 4,5…7,0 | 31 | 20…26 |
| 12 | 5,0…8,0 | | |
| 16 | 7,0…10,0 | | |

Bei Leichtmetallniete ist die Nietlänge von der Kopfform abhängig:

- Halbrundkopf $\quad l \approx s_{ges} + 1,4 \cdot d$
- Flachrundkopf $\quad l \approx s_{ges} + 1,8 \cdot d$
- Tonnenkopf $\quad\;\; l \approx s_{ges} + 1,9 \cdot d$
- Kegelstumpfkopf $\; l \approx s_{ges} + 1,6 \cdot d$

**Gestaltung** Die konstruktive Gestaltung der Nietverbindungen (Abb. 2.78) wird vom Verwendungszweck, der Größe der zu übertragenden Kräfte und den räumlichen Gegebenheiten beeinflusst. Man unterscheidet ein-, zwei- und mehrreihige Nietverbindungen. Bei zwei- und mehrreihigen können die Niete in Zickzack- oder in Parallelform angeordnet werden. Nach der Lage der Bauteile kann es sich um Überlappungs- oder um Laschen-

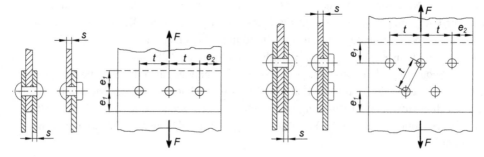

**Abb. 2.78** Nietteilungen und Randabstände

**Tab. 2.29** Nietteilungen und Randabstände

| | Leichtmetallbau | | Stahlbau | |
|---|---|---|---|---|
| | Mindestwert | Höchstwert | Mindestwert | Höchstwert |
| Nietteilung $t$ | | | | |
| Kraftniete | $2,5d$ | $6\,6d$ | $3d_1$ | $8d_1$ oder $15s$ [a] |
| Heftniete | | $7d$ oder $15s$ | $3d_1$ | $12d_1$ oder $25s$ |
| Randabstand | | | | |
| in Kraftrichtung $e_1$ | $2d$ oder $4s$ [b] | | $2d_1$ | $3d_1$ oder $6s$ |
| $\perp$ Kraftrichtung $e_2$ | $2d$ oder $s4$ | | $1,5d_1$ | $3d_1$ oder $6s$ |

[a] $s$ ist die Dicke des dünnsten, außenliegenden Teils
[b] In zweischnittigen Nietungen kann am beidseitig gehaltenen dickeren Blech $e_1$ minimal $1,5\,d$ sein.

(meist Doppellaschen) Nietungen handeln. Ferner bezeichnet man eine Nietverbindung noch als ein- oder zweischnittig, je nachdem ein Nietschaft in einem oder in zwei Querschnitten bei Überlastung abgeschert würde. Die Schnittzahl ist gleichbedeutend mit der Zahl der Berührungsflächenpaare je Niet.

Die Nietteilungen $t$ und die Randabstände $e_1$ und $e_2$ werden im Allgemeinen nach Erfahrungswerten festgelegt. Sie sind für den Leichtmetallbau und den Stahlbau in Tab. 2.29 zusammengestellt.

Bezüglich der Werkstoffwahl ist besonders darauf hinzuweisen, dass Bauteile und Nietwerkstoffe gleichartig sein sollen, da sonst die Gefahr der Lockerung infolge unterschiedlicher Wärmeausdehung oder Korrosionsschäden infolge elektrochemischer Potentialdifferenz auftreten. Müssen verschiedenartige Bauteile, z. B. Stahl mit Aluminium, miteinander verbunden werden, dann sind die Bauteile durch neutrale Lackanstriche, Isolierkitte, Zink- oder Kadmiumfolien, mit Leinöl oder Bitumen getränkte Streifen usw. zu isolieren, ausgenommen die Oberflächen der Lochwandungen und Nietschäfte.

## 2.6.2 Berechnung von Nietverbindungen

Zuerst erfolgt nach den Regeln der Festigkeitslehre die Berechnung bzw. Bemessung der Bauteile, wobei besonders zu beachten ist, dass die gefährdeten Querschnitte durch die Nietlöcher geschwächt werden.

Die Berechnung der Niete erfolgt im Leichtmetall- und Stahlbau wie bei Bolzen und Stiften auf Formschluss, also auf Abscheren und auf Lochleibung. Nach Ermittlung des Nietdurchmessers, abhängig von der Blechdicke mit Hilfe der Tab. 2.28 und nach Wahl des geeigneten Nietwerkstoffs, bleibt dann nur noch übrig, die erforderliche Nietzahl zu berechnen. Wird die Schnittzahl, die Anzahl der Scherflächen je Niet, mit $i$ bezeichnet, ferner der Nietlochdurchmesser mit $d_1$ und die kleinste tragende Blechdicke mit $s_{min}$, so ergibt sich für die Nietanzahl bei Berechnung auf Abscheren

$$n_s = \frac{4 \cdot K_A \cdot F_{nenn}}{\pi \, d^2 i \, \tau_{s,zul}}$$

und auf Lochleibung

$$n_1 = \frac{K_A \cdot F_{nenn}}{d_1 \, s_{\min} \, p_{zul}}$$

Werte für $p_{zul}$ enthält Tab. 2.26 und für $\tau_{s,zul}$ Tab. 2.27. Von den beiden Ergebnissen ist der größere Wert aufzurunden. Die Mindestnietzahl beträgt bei Kraftstäben zwei, die Höchstnietzahl in einer Reihe hintereinander fünf. Bei n > 5 soll der Anschluss mit Beinwinkeln erfolgen. Weitere Einzelheiten und Vorschriften für Stahlbauten enthält DIN 18800 bzw. die Nachfolgenorm DIN EN 1993.

### 2.6.3 Durchsetzfügen

Seit Mitte der 80er-Jahre des vorigen Jahrhunderts wird auch ohne Nieten genietet. Mit dem Durchsetzfügen (Abb. 2.79) lassen sich Bleche ohne Zusatzelement verbinden. Beim Durchsetzfügen, auch Clinchen genannt, wird keine Vorlochung benötigt. Aufgrund geringer Kerbwirkung bei nicht schneidenden Verbindungen und nicht vorhandener Wärmeeinflusszone ist die Dauerfestigkeit höher als bei Punktschweißverbindungen. Besonders wenn unterschiedliche Blechstärken verbunden werden müssen bietet das Clinchen großes Potential. Wenn die Fügerichtung „Dick in Dünn" eingehalten wird, sind statische Festigkeiten, die das 1,5 fache der Festigkeit einer Punktschweißverbindung übersteigen, möglich. Durchsetzfügen können mit und ohne Schneidanteil ausgeführt werden.

*Clinchen mit Schneidanteil* Beim Clinchen mit Schneidanteil wird ein Streifen Material durch das Blech gedrückt und anschließend gestaucht (Abb. 2.79a). Diese Verbindung hat eine Verdrehsicherung, ist aber nicht in allen Richtungen gleich belastbar. Der Balkenpunkt kann für Gesamtblechdicken bis max. 5 mm verwendet werden. Da die Verbindung an zwei Seiten eingeschnitten wird, ist die Gasdichtheit nicht mehr gegeben. Dafür können aber auch hochfeste Werkstoffe miteinander verbunden werden.

**Abb. 2.79** Durchsetzfügen
a) Balkenpunkt (schneidend);
b) Rundpunkt (nicht
schneidend);
c) Flachpunkt (nicht
schneidend)

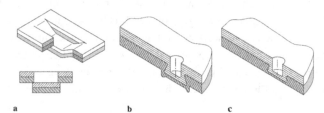

a                              b                              c

*Clinchen ohne Schneidanteil* Beim Clinchen ohne Schneidanteil werden die Bleche wie beim Tiefziehen durch einen Stempel plastisch verformt und in eine Matrize gedrückt. Rundpunkte nach Abb. 2.79b sind konstruktiv einfach in einem Arbeitsgang realisierbar. Wenn die Erhebung des fertigen Rundpunktes stört, kann in einem zweiten Arbeitsgang die Erhebung zurückgedrückt werden. Beim Flachpunkt (Abb. 2.79c) ist eine Seite der Verbindung eben. Die hohen Scher- und Kopfzugwerte des ursprünglichen Rundpunktes bleiben dabei nahezu erhalten. Durch nicht schneidendes Clinchen lassen sich Bleche bis zu einer Gesamtdicke von 11 mm (je nach Werkstoff) miteinander verbinden. Da die Bleche nicht durchbrochen werden, ist damit eine gasdichte Verbindung möglich.

## 2.7 Schraubenverbindungen

Die Schraube zählt zu den ältesten und den am häufigsten verwendeten Maschinenelementen. Schon bei Archimedes (ca. 250 v. Chr.) finden wir die „Archimedische Schraube", die sich in einem schräg stehenden Rohr drehte und Wasser auf ein höheres Niveau förderte. Wohl ebenso alt dürfte die Schraube als Verbindungselement sein, die damals vorwiegend zur Herstellung von Schmuck und Gebrauchsgegenständen diente.

Nach ihrem Verwendungszweck unterscheidet man heute zwischen *Befestigungsschraube* und *Bewegungsschraube*. Mit dem Verbindungselement „Schraube" lassen sich sichere und beliebig oft lösbare Verbindungen herstellen. Sie zählen daher auch heute noch zu den wichtigsten Verbindungselementen. In einer Bewegungsschraube findet dagegen eine Bewegungs- und Kraftübertragung statt, so dass sie eigentlich zu den Antriebselementen zählt. Da die Kräfte- und Momentenverhältnisse im Gewinde bei Bewegungs- und Befestigungsschrauben identisch sind, werden sie hier auch gemeinsam behandelt.

### 2.7.1 Definition der Schraube; Bestimmungsgrößen

Bei den bisher behandelten Reib- und Formschlussverbindungen erfolgt die Kraftübertragung über einfache ebene oder gewölbte Flächen. Die zum Fügen auszuführenden Bewegungen sind Translations- oder Drehbewegungen. Das Kennzeichen einer Schraubbewegung hingegen ist die Überlagerung von Translations- und Drehbewegung. Eine Schraubenlinie (Abb. 2.80) entsteht, wenn sich der Punkt *A* mit konstanter Geschwindigkeit auf der Geraden *H* bewegt und sich gleichzeitig mit konstanter Winkelgeschwindigkeit um die z-Achse dreht. Die Schraubenlinie ist demnach eine räumliche Kurve, die auf einer Zylindermantelfläche liegt. Der Betrag *P* der axialen Verschiebung bei einer vollen Umdrehung heißt Ganghöhe oder auch Steigung. Die Abwicklung der Schraubenlinie in eine Tangentialebene an den Zylinder ergibt eine geneigte Gerade mit dem Steigungswinkel $\varphi$. Aus dem abgewickelten Steigungsdreieck kann leicht die Beziehung abgelesen

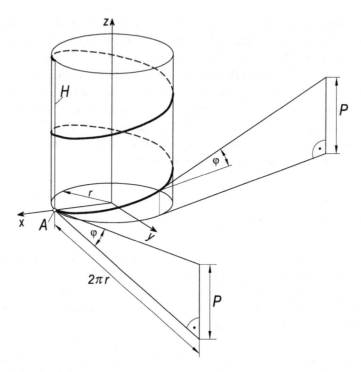

**Abb. 2.80**  Schraubenlinie

werden:

$$\tan \varphi = \frac{P}{r \cdot 2\pi}.$$

Die dargestellte Schraubenlinie ist rechtsgängig, da sie in Richtung der z-Achse gesehen, von links nach rechts ansteigt. Steigt die Schraubenlinie von unten rechts nach oben links, ist sie linksgängig.

Die kraftübertragenden Flächen entstehen nun dadurch, dass längs der Schrauben-linie mit verschiedenen Profilen Rillen erzeugt werden, die das eigentliche Gewinde darstellen (Abb. 2.81). Alle Punkte des gewählten Profils beschreiben Schrauben-linien, die jedoch nur dann gleich sind, wenn sie auf demselben Zylindermantel bzw. Durchmesser liegen. Da für alle Schraubenlinien die Steigung $P$ gleich groß sein muss, ergeben sich für Schraubenlinien auf verschiedenen Zylindermänteln verschiedene Steigungswinkel.

Außendurchmesser $d$ :                        $\tan \varphi_1 = \dfrac{P}{\pi d}$

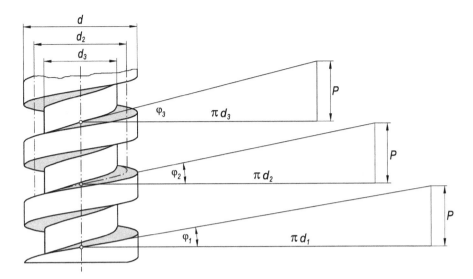

**Abb. 2.81** Steigungswinkel

Flankendurchmesser $d_2$ :
$$\tan \varphi_2 = \frac{P}{\pi d_2}$$

Kerndurchmesser $d_3$:
$$\tan \varphi_3 = \frac{P}{\pi d_3}$$

Es ist also $\varphi_1 < \varphi_2 < \varphi_3$. Für die Berechnungen wird der mittlere Steigungswinkel, bezogen auf den Flankendurchmesser $d_2$, zugrundegelegt:

$$\text{Steigungswinkel } \varphi = \varphi_2 = \arctan \frac{P}{\pi d_2} \qquad (2.40)$$

Wird die Schraube als Verbindungselement verwendet, sind kleine Steigungswinkel günstig. Die Geweindereibung soll mittels Selbsthemmung das selbsttätige Lösen der Verschraubung verhindern. In Schraubgetrieben bevorzugt man Bewegungsgewinde mit großen Steigungswinkeln, um nicht zu schlechte Wirkungsgrade zu erhalten. Dafür werden auch mehrgängige Gewinde verwendet (Abb. 2.82). Bezeichnet man die Teilung, das ist der Abstand zweier benachbarter gleichgerichteter Flanken, mit $P$ und die Gangzahl mit $n$, so ist die Steigung eines mehrgängigen Gewindes

$$P_h = n \cdot P$$

Befestigungsschrauben werden grundsätzlich eingängig ausgeführt. Das heißt, Steigung und Teilung sind gleich groß

$$P_h = P$$

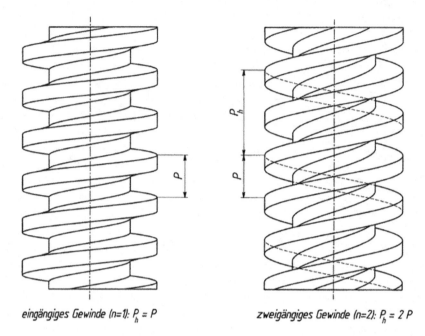

eingängiges Gewinde (n=1): $P_h = P$          zweigängiges Gewinde (n=2): $P_h = 2P$

**Abb. 2.82**  Gangzahl bei Gewinden

## 2.7.2  Gewindearten

Die Wahl des Gewindeprofils richtet sich nach dem Verwendungszweck. So werden für Befestigungsschrauben wegen der größeren Reibung ausschließlich Spitzgewinde verwendet, während für Bewegungsschrauben Trapez- und Sägegewinde bevorzugt werden (Abb. 2.83).

Das metrische ISO-Spitzgewinde ist in DIN 13, das Trapezgewinde in DIN 103 genormt. Die Bezeichnungen sind in Abb. 2.84 dargestellt. Das rechtsgängige Regelgewinde (Tab. 2.30) ist allgemein einsetzbar und wird mit dem Symbol M (Spitzgewinde) bzw. Tr (Trapezgewinde) und dem Gewindenenndurchmesser $d$ bezeichnet. Da Trapezgewinde häufig mehrgängig ausgeführt werden, wird in der Regel zusätzlich die Steigung mit angegeben (Beispiele: M10 oder Tr 32 X 6).

Feingewinde besitzen kleinere Steigungen als die Regelgewinde. Um die Anzahl der möglichen Kombinationen einzuschränken, sollten die Auswahlreihen beachtet werden. Bei der Bezeichnung eines Feingewindes muss zusätzlich die Steigung angegeben werden (Beispiel: M10 X1,25).

Die Bezeichnung einer mehrgängigen Schraube enthält Teilung und Steigung. Das Beispiel Tr32 X12 (P6) bedeutet: Steigung $P_h = 12\,mm$, Teilung $P = 6\,mm$ und Gangzahl $n = P_h/P = 12/6 = 2$.

Für spezielle Anwendungen ist unter Umständen ein linksgängiges Gewinde erforderlich. Linksgewinde werden durch ein der Maßangabe nachgesetztes LH gekennzeichnet (Beispiel: M10 LH).

| Gewindeart | Verwendung | Normen |
|---|---|---|
| Flachgewinde 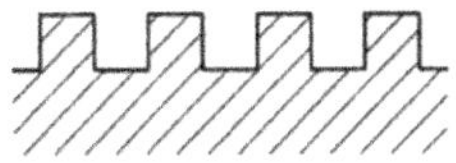 | technisch keine Bedeutung mehr<br>- keine Zentrierung<br>- ersetzt durch Trapezgewinde | — |
| Trapezgewinde 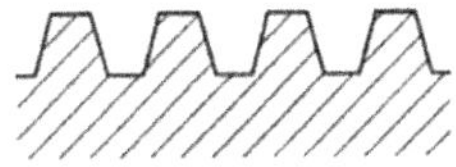 | Bewegungsgewinde<br>- für große Wege (große Steigungen durch<br>  mehrgängige Gewinde möglich)<br>- unbestimmte Lastrichtung | DIN 103 |
| Sägegewinde 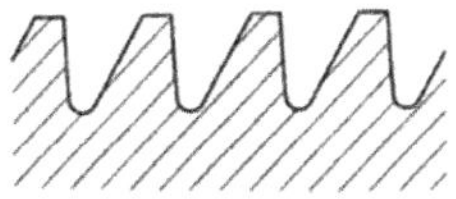 | Bewegungsgewinde<br>- für große, einseitig wirkende Kräfte | DIN 513<br>DIN 2781 |
| Spitzgewinde 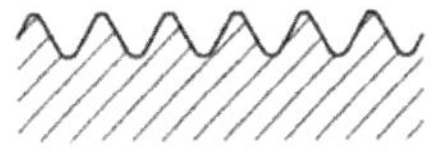 | Befestigungsgewinde<br>- wichtigstes Verbindungselement | DIN 13 |
| Rundgewinde 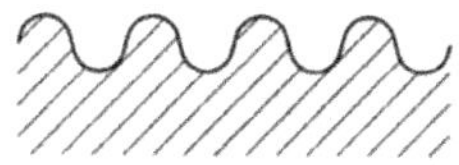 | Elektrogewinde (Glühbirne)<br>Befestigungsgewinde (Fahrzeug-<br>kupplungen)<br>- unempfinlich gegen Schmutz | DIN 405<br>DIN 20400<br>DIN 264<br>DIN 40400 |

**Abb. 2.83**  Gewindeformen

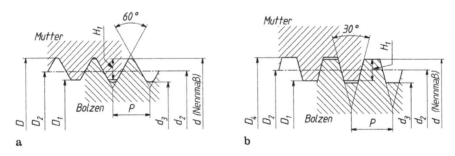

a                                                                    b

**Abb. 2.84**  Gewindebezeichnungen a) Spitzgewinde nach DIN 13; b) Trapezgewinde nach DIN 103

### 2.7.3  Genormte Schrauben, Muttern und Unterlegscheiben

Die Normen für Schrauben, Muttern und Zubehör sind im DIN-Taschenbuch 10 zusammengestellt. Insbesondere sei auf DIN 267, Technische Lieferbedingungen für Schrauben,

**Tab. 2.30**  Gewindeabmessungen (Auswahl)

Metrisches ISO-Regelgewinde (nach DIN 13)

| Nenn-durch-messer | Steigung | Kerndurchmesser | | Flanken-durchmesser | Spannungs-querschnitt | tragende Gewindetiefe |
|---|---|---|---|---|---|---|
| $d$ | $P$ | $d_3$ | $D_1$ | $d_2 = D_2$ | $A_s$ [mm$^2$] | $H_1$ |
| 3 | 0,5 | 2,387 | 2,459 | 2,675 | 5,03 | 0,271 |
| 4 | 0,7 | 3,141 | 3,242 | 3,545 | 8,78 | 0,379 |
| 5 | 0,8 | 4,019 | 4,134 | 4,480 | 14,2 | 0,433 |
| 6 | 1 | 4,773 | 4,917 | 5,350 | 20,1 | 0,541 |
| 8 | 1,25 | 6,466 | 6,647 | 7,188 | 36,6 | 0,677 |
| 10 | 1,5 | 8,160 | 8,376 | 9,026 | 58,0 | 0,812 |
| 12 | 1,75 | 9,853 | 10,106 | 10,863 | 84,3 | 0,947 |
| 14 | 2 | 11,546 | 11,835 | 12,701 | 115 | 1,083 |
| 16 | 2 | 13,546 | 13,835 | 14,701 | 157 | 1,083 |
| 20 | 2,5 | 16,933 | 17,294 | 18,376 | 245 | 1,353 |
| 24 | 3 | 20,319 | 20,752 | 22,051 | 353 | 1,624 |
| 30 | 3,5 | 25,706 | 26,211 | 27,727 | 561 | 1,894 |
| 36 | 4 | 31,093 | 31,670 | 33,402 | 817 | 2,165 |
| 42 | 4,5 | 36,479 | 37,129 | 39,077 | 1121 | 2,436 |
| 48 | 5 | 41,866 | 42,587 | 44,752 | 1473 | 2,706 |

Metrisches ISO-Feingewinde (nach DIN 13)

| | | | | | | |
|---|---|---|---|---|---|---|
| 8 | 1 | 6,773 | 6,917 | 7,35 | 39,2 | 0,542 |
| 10 | 1,25 | 8,466 | 8,647 | 9,188 | 61,2 | 0,677 |
| 12 | 1,25 | 10,466 | 10,647 | 11,188 | 92,1 | 0,677 |
| 16 | 1,5 | 14,160 | 14,376 | 15,026 | 167 | 0,812 |
| 20 | 1,5 | 18,160 | 18,376 | 19,026 | 272 | 0,812 |
| 24 | 2 | 21,546 | 21,835 | 22,701 | 384 | 1,083 |
| 30 | 2 | 27,546 | 27,835 | 28,701 | 621 | 1,083 |
| 36 | 3 | 32,319 | 32,752 | 34,051 | 865 | 1,624 |
| 42 | 3 | 38,319 | 38,752 | 40,051 | 1206 | 1,624 |
| 48 | 3 | 44,319 | 44,752 | 46,051 | 1604 | 1,624 |

**Tab. 2.30**  (Fortsetzung)

Metrisches ISO-Trapezgewinde (nach DIN 103)

| 8 | 1,5 | 6,2 | 6,5 | 7,25 | 35,5 | 0,75 |
|---|---|---|---|---|---|---|
| 10 | 2 | 7,5 | 8,0 | 9,0 | 53,5 | 1,0 |
| 12 | 3 | 8,5 | 9,0 | 10,5 | 70,9 | 1,5 |
| 16 | 4 | 11,5 | 12,0 | 14,0 | 127,7 | 2,0 |
| 20 | 4 | 15,5 | 16,0 | 18,0 | 220,5 | 2,0 |
| 24 | 5 | 18,5 | 19,0 | 21,5 | 314 | 2,5 |
| 28 | 5 | 22,5 | 23,0 | 25,5 | 452 | 2,5 |
| 32 | 6 | 25,0 | 26,0 | 29,0 | 573 | 3,0 |
| 36 | 6 | 29,0 | 30,0 | 33,0 | 755 | 3,0 |
| 40 | 7 | 32,0 | 33,0 | 36,5 | 920 | 3,5 |
| 44 | 7 | 36,0 | 37,0 | 40,5 | 1150 | 3,5 |
| 48 | 8 | 39,0 | 40,0 | 44,0 | 1350 | 4,0 |
| 52 | 8 | 43,0 | 44,0 | 48,0 | 1625 | 4,0 |
| 60 | 9 | 50,0 | 51,0 | 55,5 | 2185 | 4,5 |
| 70 | 10 | 59,0 | 60,0 | 65,0 | 3020 | 5,0 |
| 80 | 10 | 69,0 | 70,0 | 75,0 | 4070 | 5,0 |

Muttern und ähnliche Gewinde- und Formteile, hingewiesen. Über die eigentlichen Benennungen gibt DIN 918 Auskunft. Die Bezeichnungen und zusätzlichen Bestellangaben sind in DIN 962 genormt. Über die Ausführung der Schraubenenden enthält DIN 78 nähere Angaben und der Gewindeauslauf oder die Gewinderillen sind nach DIN 76 zu gestalten.

**Schrauben**  In den Abb. 2.86 bis 2.88 sind die wichtigsten Ausführungen von Schrauben dargestellt.

*Kopfschrauben*  Kopfschrauben sind die am häufigsten eingesetzten Schrauben. Sie werden mit metrischem Gewinde für Durchsteck- oder Einschraubverbindungen verwendet (Abb. 2.85). Für hohe dynamische Belastungen werden häufig Schrauben mit dünnem Schaft (Dehn- oder Dünnschaftschrauben) eingesetzt. Die wichtigsten Abmessungen können Tab. 2.31 entnommen werden.

*Blechschrauben*  Blechschrauben werden zum Verbinden von Blechen und dünnwandigen Profilen verwendet. Sie werden im Allgemeinen einsatzgehärtet und weisen keine nennenswerte Dehnung auf. Bei dynamischen Belastungen besteht die Gefahr, dass sich die Schrauben lösen. Deshalb sollten sie nicht ohne Sicherungen für dynamisch beanspruchte Verbindungen verwendet werden.

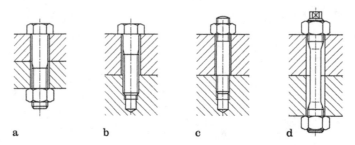

**Abb. 2.85** Schraubenverbindungen a) Durchsteckverbindung; b) Einschraubverbindung; c) Einschraubverbindung mit Stiftschraube; d) Dehnschraubenverbindung

**Tab. 2.31** Abmessungen für Schrauben und Muttern

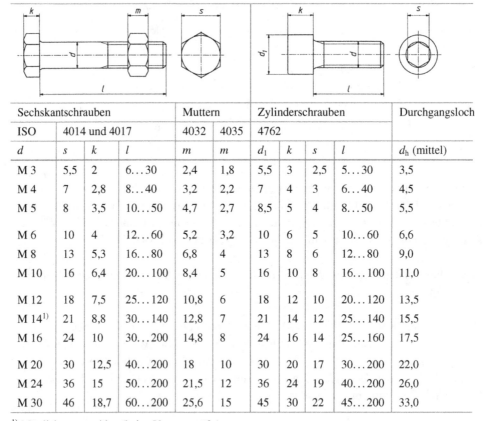

| Sechskantschrauben | | | | Muttern | | Zylinderschrauben | | | | Durchgangsloch |
|---|---|---|---|---|---|---|---|---|---|---|
| ISO | 4014 und 4017 | | | 4032 | 4035 | 4762 | | | | |
| $d$ | $s$ | $k$ | $l$ | $m$ | $m$ | $d_1$ | $k$ | $s$ | $l$ | $d_h$ (mittel) |
| M 3 | 5,5 | 2 | 6…30 | 2,4 | 1,8 | 5,5 | 3 | 2,5 | 5…30 | 3,5 |
| M 4 | 7 | 2,8 | 8…40 | 3,2 | 2,2 | 7 | 4 | 3 | 6…40 | 4,5 |
| M 5 | 8 | 3,5 | 10…50 | 4,7 | 2,7 | 8,5 | 5 | 4 | 8…50 | 5,5 |
| M 6 | 10 | 4 | 12…60 | 5,2 | 3,2 | 10 | 6 | 5 | 10…60 | 6,6 |
| M 8 | 13 | 5,3 | 16…80 | 6,8 | 4 | 13 | 8 | 6 | 12…80 | 9,0 |
| M 10 | 16 | 6,4 | 20…100 | 8,4 | 5 | 16 | 10 | 8 | 16…100 | 11,0 |
| M 12 | 18 | 7,5 | 25…120 | 10,8 | 6 | 18 | 12 | 10 | 20…120 | 13,5 |
| M 14[1] | 21 | 8,8 | 30…140 | 12,8 | 7 | 21 | 14 | 12 | 25…140 | 15,5 |
| M 16 | 24 | 10 | 30…200 | 14,8 | 8 | 24 | 16 | 14 | 25…160 | 17,5 |
| M 20 | 30 | 12,5 | 40…200 | 18 | 10 | 30 | 20 | 17 | 30…200 | 22,0 |
| M 24 | 36 | 15 | 50…200 | 21,5 | 12 | 36 | 24 | 19 | 40…200 | 26,0 |
| M 30 | 46 | 18,7 | 60…200 | 25,6 | 15 | 45 | 30 | 22 | 45…200 | 33,0 |

[1] Möglichst vermeiden (keine Vorzugsgröße).

*Selbstschneidende und gewindefurchende Schrauben* Gewindeschneidende Schrauben schneiden ihr Muttergewinde selbsttätig bei der Montage. Sie werden hauptsächlich in Kunststoff verwendet. Gewindefurchende Schrauben erzeugen bei der Montage das Gewinde durch Umformen und werden in Leichtmetall geschraubt. Beide Schraubenarten

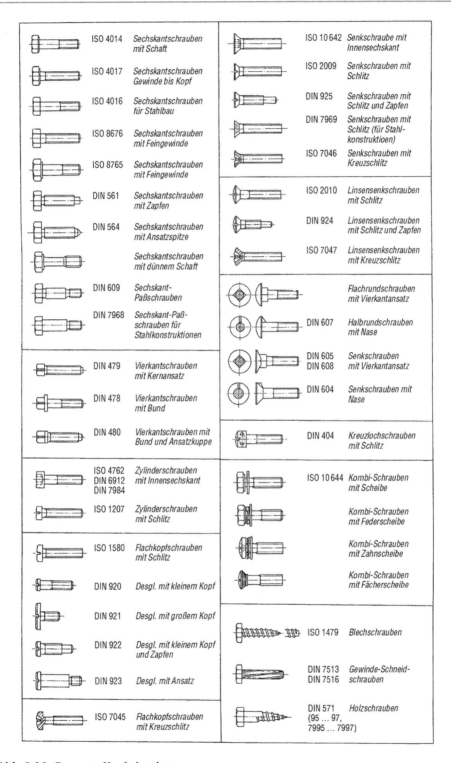

**Abb. 2.86** Genormte Kopfschrauben

**Abb. 2.87** Genormte Stift-
und Schaftschrauben

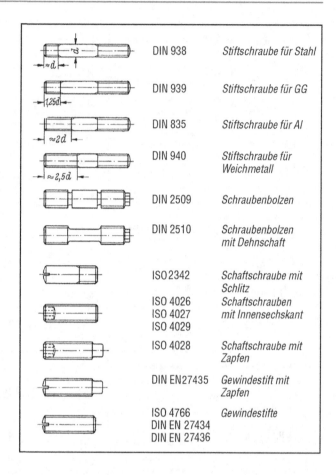

| | |
|---|---|
| DIN 938 | *Stiftschraube für Stahl* |
| DIN 939 | *Stiftschraube für GG* |
| DIN 835 | *Stiftschraube für Al* |
| DIN 940 | *Stiftschraube für Weichmetall* |
| DIN 2509 | *Schraubenbolzen* |
| DIN 2510 | *Schraubenbolzen mit Dehnschaft* |
| ISO 2342 | *Schaftschraube mit Schlitz* |
| ISO 4026 ISO 4027 ISO 4029 | *Schaftschrauben mit Innensechskant* |
| ISO 4028 | *Schaftschraube mit Zapfen* |
| DIN EN 27435 | *Gewindestift mit Zapfen* |
| ISO 4766 DIN EN 27434 DIN EN 27436 | *Gewindestifte* |

werden aus Kostengründen eingesetzt, da dadurch auf das Gewindeschneiden verzichtet werden kann.

*Stiftschrauben und Schraubenbolzen* Stiftschrauben und Schraubenbolzen werden vorwiegend für Gehäuseverschraubungen verwendet, da insbesondere bei weichen Werkstoffen wie Grauguss oder Leichtmetall die Gefahr besteht, dass durch häufiges Anziehen und Lösen der Verbindung das Gewinde beschädigt wird. Dies lässt sich mit einer Stiftschraube leicht vermeiden, da beim Lösen der Verschraubung nur die Mutter abgeschraubt wird. Dafür ist jedoch ein fester Sitz des Einschraubgewindes erforderlich, der durch Verspannen im Gewindeauslauf oder im Bohrungsgrund erzielt wird.

*Schaftschrauben und Gewindestifte* Mit Schaftschrauben und Gewindestifte können Bauteile festgeklemmt und somit am Verschieben gehindert werden. Ein Beispiel dafür ist der Stellring in Abb. 2.72.

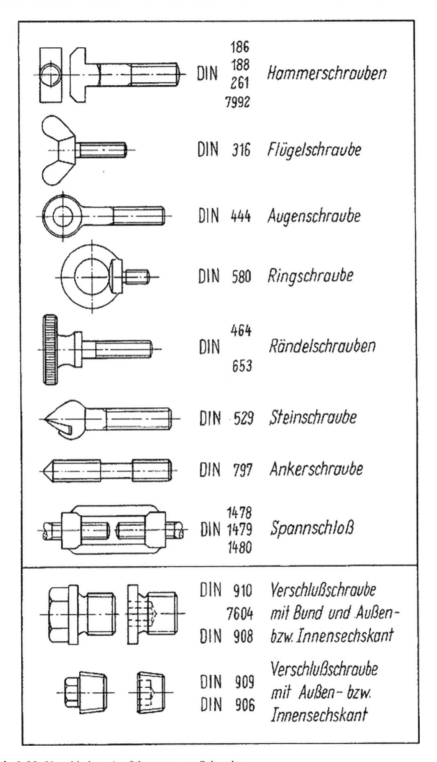

**Abb. 2.88** Verschiedene Ausführungen von Schrauben

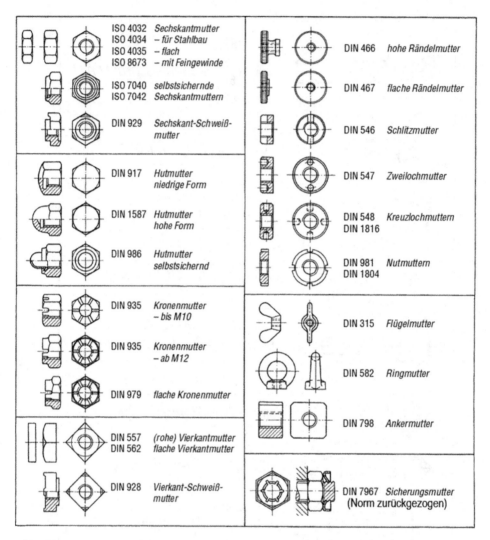

**Abb. 2.89** Genormte Muttern

**Muttern** Die Formen der Muttern (Abb. 2.89) richten sich in erster Linie nach den Bedienungsmöglichkeiten. Für das Anziehen von Hand sind die Flügel- und Rändelmuttern brauchbar. Mit üblichen Schraubenschlüsseln werden die Sechskant-, Vierkant-, Hut- und Kronenmuttern angezogen. Schlitz-, Zweiloch-, Kreuzloch und Nutmuttern (Wellenmuttern) sind für den Einbau bei beschränkten Platzverhältnissen geeignet. Eine Sechskantmutter nach ISO 4032 hat eine Mutterhöhe von $m \geq 0,8 \cdot d$. Bei richtiger Werkstoffwahl (siehe Abschn. 2.7.4) ist dadurch sichergestellt, dass das Gewinde nicht ausreißt, sondern bei Überbeanspruchung die Schraube abreißt. Flache Muttern, wie die Sechskantmutter nach ISO 4035 oder Nutmuttern eignen sich nicht zum Übertragen von großen Kräften.

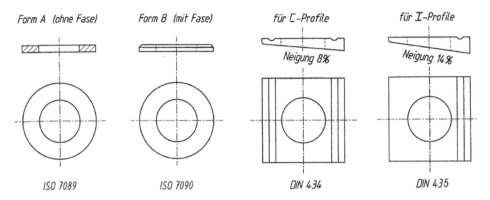

**Abb. 2.90** Unterlegscheiben

**Unterlegscheiben** Bei großen Durchgangslöchern und bei Langlöchern werden Unterlegscheiben nach Abb. 2.90 benötigt. Auch wenn die Auflage weicher als die Mutter ist oder
nicht senkrecht zur Schraubenachse steht, z. B. an den Flanken von U-Stahl und I-Trägern,
sind Scheiben erforderlich.

### 2.7.4 Werkstoffe und Festigkeitswerte

**Schrauben und Muttern mit Regelgewinde** Für Schrauben und Muttern, die aus unle-
giertem oder niedriglegiertem Stahl hergestellt sind und keinen speziellen Anforderungen
unterliegen, sind in DIN EN ISO 898 besondere Kurzbezeichnungen für verschiedene
Festigkeitsklassen vorgesehen (Tab. 2.32). Bei Schrauben besteht die Bezeichnung aus
zwei Zahlen, die durch einen Punkt getrennt sind. Die erste Zahl ist gleich 1/100

**Tab. 2.32** Festigkeitsklassen für Schrauben nach ISO 898

| Festigkeitsklasse | Zugfestigkeit $R_m \ [N/mm^2]$ | Mindeststreckgrenze $R_e$ bzw. $R_{p0,2} \ [N/mm^2]$ |
|---|---|---|
| 4.6 | 400 | 240 |
| 4.8 | 420 | 340 |
| 5.6 | 500 | 300 |
| 5.8 | 520 | 420 |
| 6.8 | 600 | 480 |
| 8.8 | 800 | 640 |
| 9.8 | 900 | 720 |
| 10.9 | 1040 | 940 |
| 12.9 | 1220 | 1100 |

der Mindestzugfestigkeit in $N/mm^2$, die zweite gibt das 10fache des Verhältnisses der Streckgrenze zur Zugfestigkeit an. Die Multiplikation beider Zahlen ergibt also 1/10 der Mindeststreckgrenze in $N/mm^2$.

Beispiel einer Schraube mit der Festigkeitsklasse 10.9:

$$1. \text{ Zahl} = 10 \text{ bedeutet: } \frac{R_m}{100} = 10 \quad \rightarrow \quad R_m = 10 \cdot 100 = 1000\,N/mm^2 \rightarrow$$

$$2. \text{ Zahl} = 9 \text{ bedeutet: } \frac{R_e}{R_m} \cdot 10 = 9 \quad \rightarrow \quad R_e = R_{p0,2} = \frac{9 \cdot 1000}{10} = 900\,N/mm^2$$

Die Festigkeitsklassen von Muttern werden mit einer Zahl entsprechend 1/100 der Prüfspannung in $N/mm^2$ bezeichnet.

Beispiel einer Mutter mit der Festigkeitsklasse 10:

$$\text{Zahl 10 bedeutet: } \frac{\text{Prüfspannung}}{100} = 10 \quad \rightarrow \quad \text{Prüfspannung} = 1000\,N/mm^2$$

Diese Prüfungsspannung entspricht der Mindestzugfestigkeit in $N/mm^2$ einer Schraube, mit der die Mutter gepaart werden kann. Das heißt, eine Schraube der Festigkeitsklasse 10.9 sollte mit einer Mutter der Festigkeitsklasse 10 kombiniert werden um eine optimale Werkstoffausnutzung zu erzielen. Muttern sind ab der Festigkeitsklassen 5 bis 12 genormt.

Die Festigkeitsklassen von Schrauben und Muttern aus Edelstahl sind in ISO 3506 festgelegt. Genormt sind drei Stahlgruppen:

- Stahlgruppe **A** mit austenitischem Gefüge (A1, A2, A3, A4 und A5)
- Stahlgruppe **C** mit martensitischem Gefüge (C1, C4 und C4)
- Stahlgruppe **F** mit ferritischem Gefüge (F1)

Die Kennzeichnung muss die Stahlgruppe und die Festigkeitsklasse enthalten. So wird z. B. eine Schraube aus austenitischem Edelstahl (Chrom-Nickel-Stahl) mit einer Zugfestigkeit von mindestens 700 $N/mm^2$ mit „A2-70" gekennzeichnet.

### 2.7.5   Berechnung von Schraubenverbindungen

Die VDI 2230 bildet die Grundlage für die Berechnung hochbelasteter Schraubenverbindungen. Die nachfolgend erläuternden Berechnungsgänge und die dabei verwendeten Bezeichnungen erfolgen in Anlehnung an diese VDI-Richtlinie. Danach lässt sich eine zylindrische Einschraubenverbindung, die als Ausschnitt aus einer sehr biegesteifen Mehrschraubenverbindung betrachtet werden kann, einfach und ausreichend genau berechnen. Komplexe Mehrschraubenverbindungen können in vielen Fällen wie Einschraubenverbindungen berechnet werden. Voraussetzung dafür ist, dass die Schraubenachsen parallel zueinander und senkrecht zur Trennfläche liegen. Außerdem wird elastisches Verhalten der Bauteile und eine gleichmäßige Lastverteilung auf alle Schrauben vorausgesetzt.

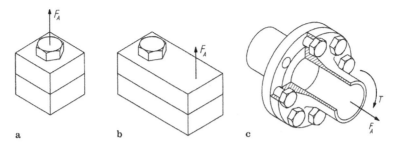

**Abb. 2.91** Schraubenverbindungen a) zentrisch belastete Einschraubenverbindung; b) exzentrisch belastete Einschraubenverbindung; c) Mehrschraubenverbindung

Weiter ist noch darauf hinzuweisen, dass hier nur zentrisch vorgespannte und zentrisch belastete Verbindungen betrachtet werden. Für große exzentrische Belastungen, die zu einem Auseinanderklaffen der Trennfuge führen können, wird auf VDI 2230 verwiesen (Abb. 2.91).

### 2.7.5.1 Verspannungsschaubild

Schraubenverbindungen sind vorgespannte Verbindungen, bei denen durch das Anziehen der Schraube oder Mutter die Schraube gedehnt und die zu befestigenden Teile (Platten) zusammengedrückt werden. Die jeweiligen Verformungen sind von den Abmessungen (Querschnitt und Länge) und von den Werkstoffen (Elastizitätsmodul) abhängig. Die Längenänderungen sind nach dem Hookeschen Gesetz im elastischen Bereich proportional zur auftretenden Längskraft. Das Verhältnis von Längenänderung $f$ und Kraft $F$ ist die „elastische Nachgiebigkeit" $\delta$ und entspricht dem Kehrwert der Federrate $R$ bei technischen Federn:

$$\delta = \frac{f}{F} = \frac{l}{E \cdot A} = \frac{1}{R}$$

Zwecks der besseren Anschaulichkeit wird im Folgenden mit den Federraten $R$ und nicht mit den elastischen Nachgiebigkeiten $\delta$ gerechnet. Der Grund liegt einfach darin, dass Schraubenverbindungen als elastische Bauteile betrachtet werden und somit die Gesetzmäßigkeiten der technischen Federn (Abschn. 2.8) direkt auf das Verspannungsdiagramm übertragen werden können.

**Verspannungsdiagramm für die Montage** Für eine vorgespannte Schraubenverbindung mit der Vorspannkraft $F_V$ bzw. Montagekraft $F_M$ gilt daher:

Federrate der Schraube:
$$R_S = \frac{F_V}{f_S} = \frac{F_M}{f_S}$$

**Abb. 2.92** Vorgespannte
Schraubenverbindung a)
Kraftfluss; b)
Verspannungsschaubild für die
Montage

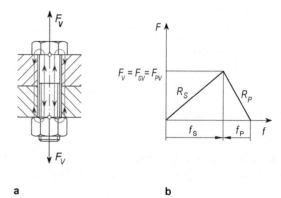

a                                               b

Federrate der verspannten Platten:    $R_P = \dfrac{F_V}{f_P} = \dfrac{F_V}{f_S}$

Während der Montage wird also die Schraube um $f_S$ gedehnt und die verspannten Platten um $f_P$ zusammengedrückt (Abb. 2.92a). Nach der Montage stellt sich ein Kräftegleichgewicht derart ein, dass die Schraubenvorspannkraft $F_{SV}$ gleich der Vorspannkraft der verspannten Platten $F_{PV}$ ist. Die Vorspannkraft $F_V$ greift immer am Schraubenkopf bzw. an der Mutterauflage an. Mit Hilfe der Federraten $R_S$ und $R_P$ lässt sich der verspannte Zustand sehr anschaulich auch graphisch darstellen. Die Darstellung der Federkennlinien von Schrauben und Platten im verspannten Zustand nennt man Verspannungsschaubild (Abb. 2.92b).

**Verspannungsdiagramm für den Betriebszustand** Schraubenverbindungen werden nach der Montage, also im sogenannten Betriebszustand, häufig durch äußere Kräfte belastet. Die äußere Belastung kann in zwei Grundfälle unterschieden werden, die natürlich auch als Überlagerung auftreten kann.

*Betriebskraft im Nebenschluss* Wenn die Schraubenverbindung durch eine äußere Kraft beansprucht wird, die senkrecht zur Schraubenachse wirkt, spricht man von einer Schraube im Nebenschluss. Die Schraube nimmt nämlich die Belastung überhaupt nicht wahr, solange die Reibkraft in der Trennfuge größer als die äußere Querkraft $F_Q$ ist (Abb. 2.93a). Die Reibkräfte werden dabei durch die Vorspannkräfte $F_V$, die in diesem Fall als Klemmkraft $F_K$ bezeichnet wird, aufgebracht. Mit $K_A$ = Anwendungsfaktor, $n$ = Anzahl der Schrauben, $i$ = Anzahl der Berührungsflächenpaare und $S_R$ = Sicherheit gegen Durchrutschen gilt für die erforderliche Mindestklemmkraft:

$$F_{K,\text{min}} = F_V \geq \frac{K_A \cdot F_Q}{\mu_T\, ni} \cdot S_R . \tag{2.41}$$

Die Reibbeiwerte in den Trennfugen sind stark vom Oberflächenzustand abhängig. Als

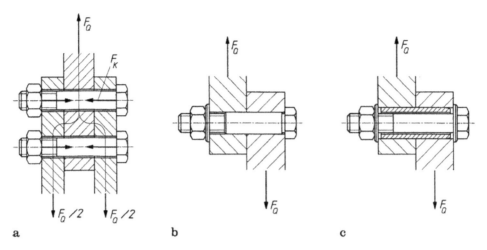

**Abb. 2.93** Querbelastete Schraubenverbindung a) reibschlüssig mit $n = 2$ Schrauben und $i = 2$ Berührungsflächenpaare; b) formschlüssig mit Passschraube; c) formschlüssig mit Scherhülse

Richtwerte für den Maschinenbau können angegeben werden:

$\mu_T = 0, 1 \ldots 0, 15$ (für glatte, nicht fettfreie Trennfugen)
$S_R = 1, 2 \ldots 2, 0$

Dynamische Querkräfte können den Reibschluss zwischen den Berührungsflächen jedoch teilweise aufheben. Dadurch wird der Schraubenbolzen auf Scherung beansprucht und infolge der Kerbwirkung die Tragfähigkeit stark beeinträchtigt. Deshalb werden in diesen Fällen häufig formschlüssige Verbindungen verwendet. Im Gegensatz zu einer Regelschraube ist bei einer Passschraube (Abb. 2.93b) kein Spiel zwischen Schaft und den zu verbindenden Bauteilen. Ebenso bei der Scherhülse in Abb. 2.93c. Deshalb werden diese beiden Schraubenverbindungen wie Stiftverbindungen auf Scherung und Flächenpressung beansprucht. Die Biegebeanspruchung kann in der Regel vernachlässigt werden.

*Betriebskraft im Hauptschluss* Bei einer Schraube im Hauptschluss wirkt eine äußere Betriebskraft $F_A$ in Richtung der Schraubenachse. In Abb. 2.94 ist das Ersatzmodell einer Schraubenverbindung dargestellt. Dabei wird die Schraube durch eine Zugfeder und die verspannten Teile durch eine Druckfeder ersetzt. Abb. 2.94a zeigt die nicht vorgespannten Schraubenverbindung. Das heißt, es liegen weder innere noch äußere Kräfte vor. In Abb. 2.94b ist die während der Montage vorgespannte Schraubenverbindung dargestellt. Dabei stellt sich der Gleichgewichtszustand $F_V = F_{SV} = F_{PV}$ ein.

Greift nun in Abb. 2.94c eine axiale Betriebskraft $F_A$ an der Mutterauflage an, die von links nach rechts wirkt, so wird die Schraube dadurch zusätzlich um $f_A$ gedehnt und somit zusätzlich auf Zug beansprucht. Gleichzeitig wird die Zusammendrückung der verspannten Teile um den gleichen Betrag verringert, so dass sich die Druckfeder um $f_A$ entspannt.

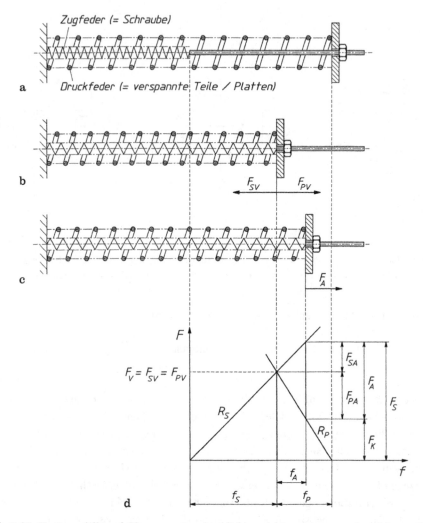

**Abb. 2.94** Ersatzmodell und Verspannungsschaubild a: nicht vorgespannt (vor Montage); b) vorgespannt (nach Montage); c) mit positiver Betriebskraft $F_A$ belastet; d) Verspannungsschaubild

Die Schraube erfährt dadurch eine zusätzliche Belastung um $F_{SA}$ während die verspannten Teile um $F_{PA}$ entlastet werden.

Aus dem Verspannungsschaubild kann bezüglich des Kräftegleichgewichts leicht abgelesen werden:

axiale Betriebskraft:           $$F_A = F_{SA} + F_{PA}$$           (2.42)

max. Schraubenkraft:           $$F_S = F_V + F_{SA}$$           (2.43)

Klemmkraft: $\qquad\qquad\qquad F_K = F_V - F_{PA} = F_S - F_A$ $\qquad\qquad\qquad$ (2.44)

mit $\qquad\qquad\qquad\qquad\qquad R_S = \dfrac{F_{Sa}}{f_A}$ $\qquad\qquad\qquad\qquad\qquad$ (2.45)

und $\qquad\qquad\qquad\qquad\qquad R_P = \dfrac{F_{PA}}{f_A}$ $\qquad\qquad\qquad\qquad\qquad$ (2.46)

ergibt sich: $\qquad\qquad\qquad\qquad F_A = (R_S + R_P) \cdot f_A$ $\qquad\qquad\qquad\qquad$ (2.47)

Mit Gl. 2.45 bzw. Gl. 2.46 in Gl. 2.47 folgt:

Schraubenzusatzkraft: $\qquad F_{SA} = \dfrac{1}{1 + R_P/R_S} \cdot F_A = \Phi \cdot F_A$ $\qquad\qquad$ (2.48)

Plattenzusatzkraft: $\qquad F_{PA} = \dfrac{1}{R_S/R_P + 1} \cdot F_A = (1 - \Phi) \cdot F_A$ $\qquad$ (2.49)

Das Verhältnis $F_{SA}/F_A = \Phi$ wird als Kraftverhältnis bezeichnet.

Wenn jedoch die axiale Betriebskraft $F_A$ von rechts nach links wirkt, verhält sie sich relativ zur Schraube wie eine Druckbeanspruchung. Dadurch wird die vorgespannte Schraube entlastet und die verspannten Platten zusätzlich belastet. Aus Abb. 2.95 ist ersichtlich, dass sich in diesem Falle die für die Funktion relevante Klemmkraft $F_K$ mit zunehmender Betriebskraft erhöht, während die Schraubenbelastung im Betrieb reduziert wird. Das heißt, eine negative Betriebskraft wirkt sich positiv auf die Funktion und die

**Abb. 2.95** Verspannungsschaubild für eine negative Betriebskraft $F_A$

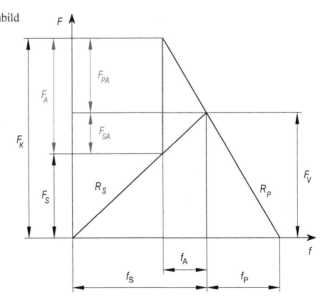

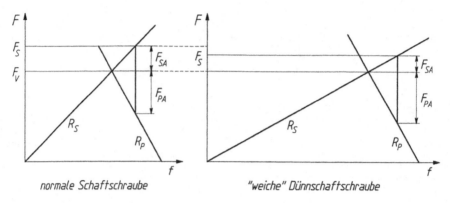

normale Schaftschraube                   "weiche" Dünnschaftschraube

**Abb. 2.96** Schraubenverbindungen mit unterschiedlichen Federraten

Betriebssicherheit aus. Für die Berechnung wird $F_A$ in Gl. 2.42 bis Gl. 2.49 als negativer Wert eingesetzt.

**Einfluss der Federraten** Wie aus Gl. (2.48) und Gl. (2.49) ersichtlich, ist die zusätzliche Schraubenkraft $F_{SA}$ bei Angriff einer axialen Betriebskraft $F_A$ an der Mutter- bzw. Schraubenkopfauflage abhängig vom Verhältnis der Federraten. So wird $F_{SA}$, und damit auch die maximale Schraubenkraft $F_S$, um so kleiner, je „weicher" die Schraube ist (Abb. 2.96). Praktisch läßt sich eine weiche Schraube in Form einer Dünnschaft- oder Dehnschraube realisieren, die einen langen und dünnen Schaft besitzt. Da die Elastizität einer Schraube, wie weiter hinten noch gezeigt wird, proportional zum Querschnitt und umgegekehrt proportional zur Länge des Schaftes ist, lassen Dehnschrauben relativ große Verformungen in axialer Richtung zu.

Besonders bei dynamischen Betriebskräften, wie sie z. B. am Zylinderkopf eines Motors auftreten, ist es wichtig, den dynamischen Anteil der Schraubenkraft möglichst gering zu halten. Wie aus Abb. 2.97a hervorgeht, schwankt die Schraubenkraft bei schwellender Betriebskraft zwischen der Vorspannkraft $F_V$ und der maximalen Schraubenkraft $F_S$. Bei einer wechselnden Betriebskraft schwingt die Schraubenzusatzkraft um die Vorspannkraft (Abb. 2.97). In Abb. 2.97c ist der allgemeine Lastfall dargestellt, bei der eine statische und eine schwingende Betriebskraft überlagert ist. In diesen Verspannungsschaubildern ist $F_{Sm}$ die mittlere Schraubenkraft und $F_{SA,a}$ die Amplitude der Schraubenzusatzkraft.

**Ermittlung der Federraten** Für die graphische Darstellung im Verspannungsschaubild als auch für die Berechnung einer Schraubenverbindung müssen die Federsteifigkeiten von Schraube und verspannten Teilen bekannt sein.

*Federrate der Schraube* Die Federraten bzw. Federsteifigkeiten von Schrauben können leicht und mit hinreichender Genauigkeit für elastische Verformungen nach dem Hookeschen Gesetz berechnet werden. Danach ist die Längenänderung $f$ proportional zur Kraft

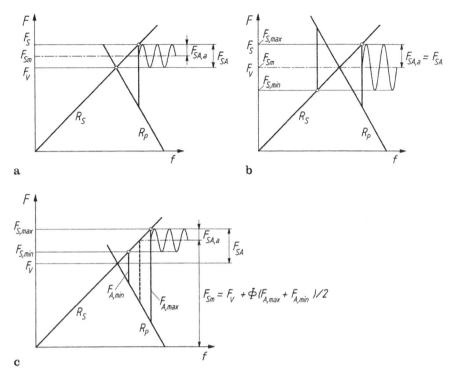

**Abb. 2.97** Schraubenverbindungen mit dynamischen Betriebskräften $F_A$ a) schwellende Betriebskraft; b) wechselnde Betriebskraft; c) allgemeiner Lastfall

$F$ und der Ausgangslänge $l$ und umgekehrt proportional zum Elastizitätsmodul $E$:

$$f = \frac{F \cdot l}{E \cdot A}$$

Aus Abb. 2.98 ist ersichtlich, dass eine Schraube als eine Reihenschaltung von einzelnen Federelementen aufgefasst werden kann. Die Gesamtdehnung $f_S$ der Schraube
ist bei einer Belastung mit der Kraft $F_S$ gleich der Summe der Verlängerungen der
einzelnen Abschnitte:

$$f = f_{Ko} + f_1 + \ldots + f_5 + f_{GM}$$

Die Dehnung $f_5$ ist dabei der Anteil des Schraubengewindes innerhalb der Klemmlänge. Analog zur Reihenschaltung von technischen Federn gilt dann für die elastische
Nachgiebigkeit der Schraube:

$$\delta_S = \frac{1}{R_S} = \frac{1}{R_{Ko}} + \frac{1}{R_1} + \ldots + \frac{1}{R_5} + \frac{1}{R_{GM}} = \delta_{Ko} + \delta_1 + \ldots + \delta_5 + \delta_{GM}$$

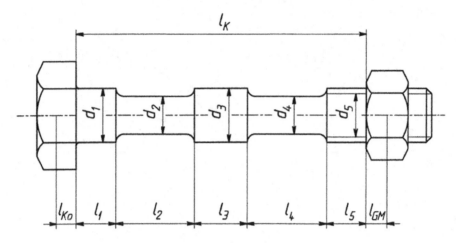

**Abb. 2.98** Schraube mit mehreren Absätzen

Versuche zeigten, dass auch außerhalb der Klemmlänge $l_K$ liegende Bereiche wie Kopf $l_{Ko}$ und Mutter bzw. Gewindeeinschraubbereich $l_{GM}$ die Gesamtnachgiebigkeit $\delta_S$ der Schraube beeinflussen. $\delta_{GM}$ setzt sich dabei aus der Nachgiebigkeit des eingeschraubten Gewindeteils $\delta_G$ der Schraube und der Nachgiebigkeit des Mutter- bzw. Einschraubgewindebereichs $\delta_M$ zusammen. Mit $\delta_{GM} = \delta_G + \delta_M$ kann die Nachgiebigkeit der Schraube folgendermaßen berechnet werden:

$$\delta_S = \frac{1}{E_S}\left(\frac{l_{Ko}}{A_N} + \frac{l_1}{A_1} + ... + \frac{l_5}{A_{d3}}\frac{l_G}{A_{d3}}\right) + \frac{l_M}{E_M \cdot A_N} \tag{2.50}$$

Nach VDI 2230 werden folgende Erfahrungswerte angesetzt:

- $l_{Ko} = 0,5 \cdot d$                           für Sechskantschrauben
- $l_{Ko} = 0,4 \cdot d$                           für Innensechskantschrauben
- $l_G = 0,5 \cdot d$
- $l_M = 0,4$     und     $E_M = E_S$    für Durchsteckverbindungen
- $l_M = 0,33$    und     $E_M = E_P$    für Einschraubverbindungen
- $A_N = d^2 \cdot \pi/4$     (Nennquerschnitt)
- $A_{d3} = d_3^2 \cdot \pi/4$     (Kernquerschnitt)

$E_S$ ist dabei der E-Modul der Schraube und $E_P$ der E-Modul der verspannten Teile.

*Federrate der verspannten Platten* Die Federraten der verspannten Teile sind wegen des dreidimensionalen Spannungs- und Verformungszustandes rechnerisch nur schwer zu erfassen.

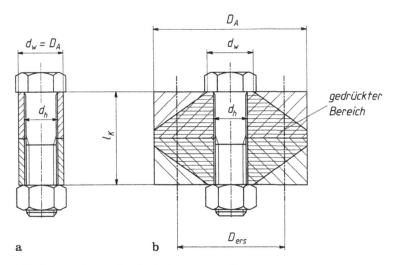

**Abb. 2.99** Verformungskörper für elastisch verspannte Bauteile

Nur für den Fall, dass eine Hülse mit Außendurchmesser $D_A \leq d_w$ vorliegt (Abb. 2.99a), kann die Nachgiebigkeit $\delta_P$ bzw. die Federrate $R_P$ einfach und genau berechnet werden:

$$\delta_P = \frac{1}{R_P} = \frac{l_K}{E_P \cdot A_H} \quad \text{mit} \quad A_H = \frac{\pi}{4}\left(D_A^2 - d_h^2\right) \tag{2.51}$$

$d_w$ ist dabei der Durchmesser der Kopf- bzw. Mutterauflagefläche. Bei Sechskant-schrauben kann dafür die Schlüsselweite eingesetzt werden. $d_h$ ist der Durchmesser der Durchgangsbohrung nach Tab. 2.31.

Werden die Abmessungen der verspannten Teile wesentlich größer als die Kopfaufla-gefläche, (z. B. bei Flanschen oder Platten), stellt sich eine Druckspannungsverteilung ein, die vom Schraubenkopf zur Trennfuge zunimmt (Abb. 2.99b). Wenn zur näherungswei-sen Bestimmung der Nachgiebigkeit ein Ersatzdurchmesser $D_{ers}$ des zusammengedrückten Verformungskörpers definiert werden kann, wird in Gl. 2.51 anstelle des Hülsenquer-schnitts $A_H$ die Ersatzfläche eingesetzt:

$$A_H = A_{ers} = \frac{\pi}{4}\left(D_{ers}^2 - d_h^2\right)$$

Für $d_w < D_A < (d_w + w \cdot l_K \cdot tan\varphi)$ besteht der Verformungskörper aus Kegel und Hülse. Mit $w = 1$ für Durchsteckverbindungen und $w = 2$ für Einschraubverbindungen kann die Nachgiebigkeit berechnet werden:

$$\delta_P = \frac{\dfrac{2}{w \cdot d_h \cdot \tan\varphi} \cdot \ln\left[\dfrac{(d_w + d_h)(D_A - d_h)}{(d_w - d_h)(D_A + d_h)}\right] + \dfrac{4}{D_A^2 - d_h}\left[l_K - \dfrac{D_A - d_w}{w \cdot \tan\varphi}\right]}{E_P \cdot \pi} \tag{2.52}$$

Für $D_A \geq (d_w + w \cdot l_K \cdot tan\varphi)$ besteht der Verformungskörper nur aus einem Kegel und die Nachgiebigkeit berechnet sich zu

$$\delta_P = \frac{2 \cdot \ln\left[\dfrac{(d_w + d_h)(d_w + w \cdot l_K \cdot \tan\varphi - d_h)}{(d_w - d_h)(d_w + w \cdot l_K \cdot \tan\varphi + d_h)}\right]}{w \cdot E_P \cdot \pi \cdot d_h \cdot \tan\varphi} \tag{2.53}$$

Versuche zeigten, dass der fiktive Winkel $\varphi$ des Verformungskegels nicht konstant ist. Für Durchsteckverbindungen gilt:

$$\tan\varphi = 0,362 + 0,032 \cdot \ln\frac{\beta_L}{2} + 0,153 \cdot \ln y$$

und für Einschraubverbindungen:

$$\tan\varphi = 0,348 + 0,013 \cdot \ln\beta_L + 0,193 \cdot \ln y$$

Dabei wird für $\beta_L = l_K/d_w$ und für $y = D_A/d_w$ gesetzt.

**Einfluss der Krafteinleitung**  In den bisherigen Betrachtungen wurde die Einleitung einer axialen Betriebskraft $F_A$ direkt unter der Kopf- bzw. Mutterauflage angenommen. Dabei wurde bei einer positiven Betriebskraft (Zugkraft) die Schraube über die gesamte Klemmlänge zusätzlich belastet, während die gesamten verspannten Teile entlastet wurden. In der Praxis erfolgt die Krafteinleitung jedoch immer zwischen Kopf- bzw. Mutterauflagefläche (Abb. 2.100). Das hat zur Folge, dass nur ein Teil der verspannten Platten entlastet und der restliche Bereich zusätzlich belastet wird. Die Krafteinleitungsstelle

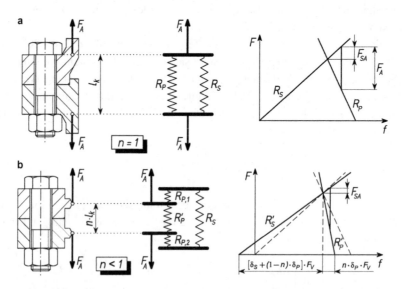

**Abb. 2.100** Krafteinleitung in die Schraubenverbindung a) Krafteinleitung am Schraubenkopf ($n = 1$); b) Krafteinleitung bei $n < 1$

wird durch den Krafteinleitungsfaktor $n$ definiert. Das Federmodell in Abb. 2.100b zeigt, dass sich dadurch die Klemmlänge $l_K$ auf $n \cdot l_K$ reduziert. Für das Verspannungsschaubild bedeutet dies, dass sich die Steigungen der Kennlinien ändern. Da die Federsteifigkeit der verspannten Teile proportional zur Klemmlänge ist (Gl. 2.51), muss die Kennlinie der verspannten teile (Plattenkennlinie) mit kürzer werdender Länge des Verformungskörpers steiler bzw. härter werden:

$$R'_P = \frac{R_P}{n} \quad \text{oder} \quad \delta'_P = n \cdot \delta_P$$

Der zusätzlich belastete Bereich der verspannten Teile wirkt wie eine zur Schraube in Reihe geschaltete Feder:

$$\frac{1}{R'_S} = \frac{1}{R_S} + \frac{1}{R_{P1}} + \frac{1}{R_{P2}} \quad \text{oder} \quad \delta'_S = \delta_S + \delta_{P1} + \delta_{P2} = \delta_S + (1 - n) \cdot \delta_P$$

Infolge der Reihenschaltung wird die Gesamtfedersteifigkeit $R'_S$ bzw. Gesamtnachgiebigkeit $\delta'_S$ der Schraube weicher. Dadurch wird, wie bei der Dünnschaftschraube in Abb. 2.96, die Schraubenzusatzkraft $F_{SA}$ kleiner. In Tab. 2.33 sind die Gleichungen der Schrauben- und Klemmkräfte, abhängig von der Krafteinleitung, zusammengestellt.

Die Krafteinleitung am Schraubenkopf mit $n = 1$ stellt somit den ungünstigsten Fall für die Schraube dar, da hier die Beanspruchung am größten ist. Der andere Extremfall $n = 0$ entspricht einer Krafteinleitung in der Trennfuge. Die Klemmlänge $n \cdot l_K$ der verspannten Teile geht gegen Null und die Steifigkeit $R'_P$ im Betriebszustand wird dadurch unendlich groß. Im Verspannungsschaubild wird dies durch eine senkrechte Linie dargestellt. Die Schraubenzusatzkraft $F_{SA}$ geht dann ebenfalls gegen Null. Die Hülse wird in diesem Fall als absolut starr betrachtet und eine axiale Betriebskraft $F_A$ wird von der Schraube solange nicht „bemerkt", bis $F_A = F_V$ ist. Für $F_A > F_V$ ist jedoch keine Klemmkraft mehr vorhanden, was zu einem Auseinanderklaffen der Verbindung führt. Für die Funktion ist $n = 0$ somit der ungünstigste Fall, da hier die Klemmkraft $F_K$ am kleinsten wird.

**Tab. 2.33** Schrauben- und Klemmkräfte, abhängig von der Krafteinleitung

| | Krafteinleitung | | |
|---|---|---|---|
| | am Schraubenkopf $n = 1$ | beliebig $0 < n < 1$ | in der Trennfuge $n = 0$ |
| max. Schraubenkraft | $F_S = F_V + \phi \cdot F_A$ | $F_S = F_V + \phi_n \cdot F_A$ | $F_S = F_V$ |
| Klemmkraft | $F_K = F_V - (1 - \phi) \cdot F_A$ | $F_K = F_V - (1 - \phi_n) \cdot F_A$ | $F_K = F_V - F_A$ |
| Schraubenzusatzkraft | $F_{SA} = \phi \cdot F_A$ | $F_{SA} = \phi_n \cdot F_A$ | $F_{SA} = 0$ |
| Plattenzusatzkraft | $F_{PA} = (1 - \phi) \cdot F_A$ | $F_{PA} = (1 - \phi_n) \cdot F_A$ | $F_{PA} = F_A$ |
| Mit dem Kraftverhältnis | $\phi = \dfrac{R_S}{R_P + R_S} = \dfrac{\delta_P}{\delta_S + \delta_P}$ und $\phi_n = n \cdot \phi$ | | |

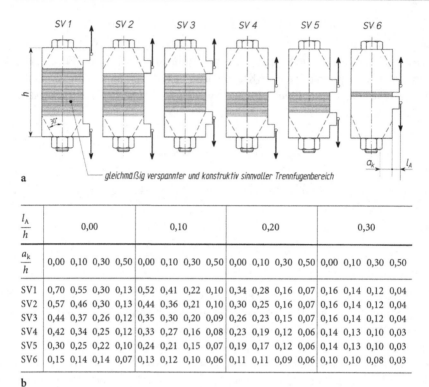

a

| $\dfrac{l_A}{h}$ | 0,00 | | | | 0,10 | | | | 0,20 | | | | 0,30 | | | |
|---|---|---|---|---|---|---|---|---|---|---|---|---|---|---|---|---|
| $\dfrac{a_k}{h}$ | 0,00 | 0,10 | 0,30 | 0,50 | 0,00 | 0,10 | 0,30 | 0,50 | 0,00 | 0,10 | 0,30 | 0,50 | 0,00 | 0,10 | 0,30 | 0,50 |
| SV1 | 0,70 | 0,55 | 0,30 | 0,13 | 0,52 | 0,41 | 0,22 | 0,10 | 0,34 | 0,28 | 0,16 | 0,07 | 0,16 | 0,14 | 0,12 | 0,04 |
| SV2 | 0,57 | 0,46 | 0,30 | 0,13 | 0,44 | 0,36 | 0,21 | 0,10 | 0,30 | 0,25 | 0,16 | 0,07 | 0,16 | 0,14 | 0,12 | 0,04 |
| SV3 | 0,44 | 0,37 | 0,26 | 0,12 | 0,35 | 0,30 | 0,20 | 0,09 | 0,26 | 0,23 | 0,15 | 0,07 | 0,16 | 0,14 | 0,12 | 0,04 |
| SV4 | 0,42 | 0,34 | 0,25 | 0,12 | 0,33 | 0,27 | 0,16 | 0,08 | 0,23 | 0,19 | 0,12 | 0,06 | 0,14 | 0,13 | 0,10 | 0,03 |
| SV5 | 0,30 | 0,25 | 0,22 | 0,10 | 0,24 | 0,21 | 0,15 | 0,07 | 0,19 | 0,17 | 0,12 | 0,06 | 0,14 | 0,13 | 0,10 | 0,03 |
| SV6 | 0,15 | 0,14 | 0,14 | 0,07 | 0,13 | 0,12 | 0,10 | 0,06 | 0,11 | 0,11 | 0,09 | 0,06 | 0,10 | 0,10 | 0,08 | 0,03 |

b

**Abb. 2.101** Bestimmung des Krafteinleitungsfaktors a) Verspannungstypen nach VDI 2230; b) Krafteinleitunsgfaktor $n$

**Ermittlung des Krafteinleitungsfaktors**  Die Berechnung des Krafteinleitungsfaktors $n$ ist mit einfachen Mitteln nicht möglich. Näherungsweise kann der Faktor $n$ nach VDI 2230 bestimmt werden, indem die Verschraubung einem Verschraubungstyp SV1 bis SV6 zugeordnet wird (Abb. 2.101a). Aus der Geometrie müssen dafür die Höhe $h$, der Abstand $a_k$ sowie die Länge $l_A$ abgeschätzt werden. Bei Durchsteckverbindungen ist $h = l_K$, bei Einschraubverbindungen wird für die Höhe $h$ die Höhe der oberen Platte eingesetzt. Wenn alle verspannten Teile den gleichen Elastizitätsmodul besitzen, kann der Krafteinleitungsfaktor $n$ der Abb. 2.101b entnommen werden.

### 2.7.5.2 Gewindekräfte und –momente

Die Kraftverhältnisse in einer Schraubenverbindung können am einfachsten dargestellt werden, indem die auf alle Gewindegänge verteilte Flächenkraft auf ein Mutterelement konzentriert wird. Dieses Mutterelement bewegt sich beim Anziehen und Lösen entlang dem Bolzengewinde, das in abgewickelter Form eine schiefe Ebene – oder einen Keil – darstellt (Abb. 2.102).

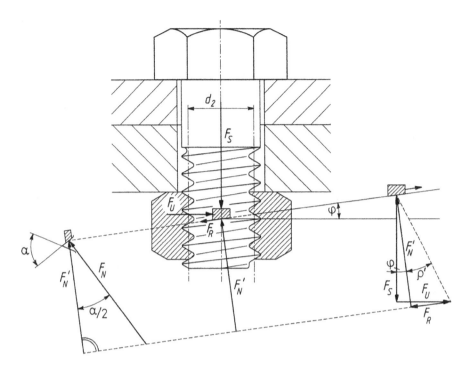

**Abb. 2.102** Kräfte beim Anziehen einer Schraubenverbindung

**Anziehen einer Schraubenverbindung** Das Mutterelement wird durch die Schraubenlängskraft $F_S$ belastet und von der Umfangskraft $F_U$ beim Anziehen keilaufwärts verschoben. Die dadurch entstehende Normalkraft $F_N$ bewirkt nach Coulomb eine Reibkraft $F_R$, die entgegen der Bewegungsrichtung wirkt und den Reibwinkel $\rho$ einschließt. Da jedoch alle genormten Gewindeprofile geneigte Gewindeflanken aufweisen, erscheint im ebenen Kräfteplan nur die Komponente $F_N'$. Auf der linken Seite in Abb. 2.102 ist der Schnitt durch das Gewindeprofil und das Mutterelement dargestellt. Die tatsächliche Normalkraft $F_N$ steht senkrecht zur geneigten Gewindeoberfläche, die Komponente $F_N'$ ist vom Flankenwinkel $\alpha$ abhängig:

$$F_N' = F_N \cdot \cos \alpha/2$$

Für die Reibkraft gilt dann:

$$F_R = F_N \cdot \mu_G = F_N' \cdot \mu_G'$$

Damit $F_R$ aus dem ebenen Kräfteplan, der parallel zur Schraubenachse liegt, berechnet werden kann, wird ein scheinbarer Reibbeiwert $\mu_G'$ eingeführt, der berechnet werden kann zu

$$\mu_G' = \frac{\mu_G}{\cos \alpha/2} = \tan \rho'$$

Aus dem Kräfteplan nach Abb. 2.102 ergibt sich somit für das Anziehen bis zur Vorspannkraft $F_S = F_V$ eine Umfangskraft von:

$$F_U = F_V \cdot \tan\left(\varphi + \rho'\right)$$

Wenn die Umfangskraft am Flankendurchmesser $d_2$ angreift (siehe Definition Steigungswinkel $\varphi$), so wird das für die Vorspannkraft erforderliche Gewindemoment:

$$M_G = F_V \cdot \frac{d_2}{2} \cdot \tan\left(\varphi + \rho'\right) \tag{2.54}$$

Aus Gl. 2.54 ist ersichtlich, dass sich das Gewindemoment $M_G$ aus dem Nutzmoment ($M_{G,St} = F_V \cdot r_2 \cdot \tan\varphi$) und dem Gewindereibmoment ($M_{G,R} = F_V \cdot r_2 \cdot \tan\rho'$) zusammensetzt. Das Nutzmoment resultiert aus der Keilwirkung, die durch die Gewindesteigung hervorgerufen wird und erzeugt die Vorspannkraft in der Schraube. Das Gewindereibmoment muss zur Überwindung der Reibung zwischen den Gewindeflanken von Schraube und Mutter aufgebracht werden.

**Montage einer Schraubenverbindung**  Um eine Schraube auf die Vorspannkraft $F_V$ anzuziehen, ist zusätzlich zum Gewindemoment $M_G$ ein Kopfreibmoment $M_{KR}$ erforderlich, um die Reibung zwischen Kopf- bzw. Mutterauflage zu überwinden. Unter der Annahme, dass zwischen Kopf- und Auflage ein Reibbeiwert von $\mu_K$ vorhanden ist und die dadurch entstehende Reibkraft im mittleren Reibdurchmesser $D_{Km}$ angreift (Abb. 2.103), gilt für das Kopfreibmoment:

$$M_{KR} = F_V\, \mu_K \frac{D_{Km}}{2}$$

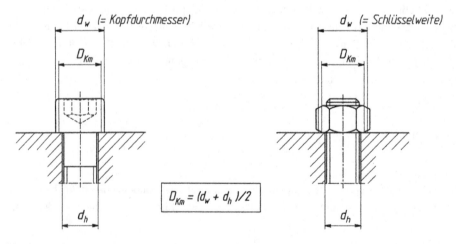

**Abb. 2.103** Wirksamer Durchmesser $D_{Km}$ für das Kopfreibmoment

**Tab. 2.34** Reibbeiwerte für Schraubenverbindungen

| Oberflächen-beschaffenheit | Ohne besondere Schmierung | Schmierung mit Öl | Schmierung mit Molykote |
|---|---|---|---|
| Blank<br>Phosphatiert<br>Schwarz vergütet | 0,14…0,24 | 0,08…0,16 | 0,04…0,10 |
| Galvanisch verzinkt<br>Feuerverzinkt | 0,20…0,35 | 0,14…0,24 | 0,08…0,16 |

Das bei der Montage aufzubringende Schraubenanzugsmoment ist dann

$$M_A = M_G + M_{KR} = F_V \left[ \frac{d_2}{2} \tan\left(\varphi + \rho'\right) + \mu_K \frac{D_{Km}}{2} \right] \qquad (2.55)$$

Die Reibbeiwerte im Gewinde $\mu_G$ bzw. $\mu_G'$ und in der Kopfauflage $\mu_K$ weisen große Streuungen auf, da sie von vielen Faktoren abhängig sind, wie z. B. den Werkstoffpaarungen, der Oberflächenbeschaffenheit (Rautiefe, blank oder beschichtet) und der Art der Schmierung. Versuche ergaben die in Tab. 2.34 angegebenen Streubereiche.

Um die Betriebssicherheit von Schraubenverbindungen zu gewährleisten, müssen bei der Montage die erforderlichen Vorspannkräfte möglichst genau aufgebracht werden, weil eine zu geringe Vorspannkraft die geforderte Funktion (z. B. Dichtheit oder Reibschluss) nicht erfüllt und eine zu hohe Montagevorspannkraft zu einer Überbeanspruchung der Schrauben führt. Eine Auswahl der zum Anziehen einer Schraubenverbindung üblichen Montagemethoden ist in Tab. 2.35 aufgelistet.

Eine *Handmontage* ist nur für untergeordnete Verbindungen geeignet, da das Schraubenanzugsmoment und somit auch die Vorspannkraft nur vom Gefühl des Monteurs abhängig sind. Das *streckgrenzgesteuerte Anziehen* basiert auf der Tatsache, dass im elastischen Bereich ein linearer Zusammenhang zwischen Anziehmoment und Drehwinkel besteht und der Anziehvorgang beim Erreichen der Streckgrenze abgebrochen wird. Beim

**Tab. 2.35** Anziehfaktor für die Schraubenmontage

| Anziehverfahren | Anziehfaktor $\alpha_A$ | Streuung [%] |
|---|---|---|
| Anziehen von Hand | – | – |
| Streckgrenzgesteuertes Anziehen | 1,2…1,4 | ±9…±17 |
| Drehwinkelgesteuertes Anziehen | 1,2…1,4 | ±9…±17 |
| Hydraulisches Anziehen | 1,2…1,6 | ±9…±23 |
| Drehmomentgesteuertes Anziehen | 1,4…1,6 | ±17…±23 |
| Impulsgesteuertes Anziehen | 2,5…4,0 | ±43…±60 |

*drehwinkelgesteuerten Anziehen* wird die Vorspannkraft indirekt durch Verlängerungs-
messung bestimmt, indem die lineare Beziehung zwischen Vorspannkraft und Anzieh-
drehwinkel ausgenutzt wird. Zum Anziehen größerer Schrauben (Großmaschinenbau)
dienen auch *hydraulische Anzugsgeräte*, indem der Schraubenbolzen an seinem freien,
über die Mutter hinausstehenden Ende gefasst und in axialer Richtung gelängt wird, bis
die Montagevorspannkraft erreicht ist. Danach wird die Mutter nur leicht von Hand angezogen. Zum *drehmomentgesteuerten Anziehen* benötigt man einen Drehmomentschlüssel
der das aufgebrachte Drehmoment anzeigt oder bei Erreichen des eingestellten Drehmoments abschaltet. Bei dem *Impulsgesteuerten Anziehen* mit einem Schlagschrauber wird
die Motorenergie als Drehimpuls an den Schraubenkopf oder die Mutter abgegeben, so
dass die Schraube ruckweise angezogen wird.

Bei allen Montageverfahren ergeben sich infolge der großen Streuungen der Reibbeiwerte und der Ungenauigkeit der Anzugsmethode eine Streuung der Montage-
Vorspannkraft $F_M$. Diese Montageunsicherheit wird bei der Dimensionierung durch einen
aus Versuchen ermittelten Anziehfaktor $\alpha_A$ (Tab. 2.35) berücksichtigt:

$$\alpha_A = \frac{F_{V,\text{max}}}{F_{V,\text{min}}} = \frac{F_{M,\text{max}}}{F_{M,\text{min}}} \qquad (2.56)$$

**Lösen einer Schraubenverbindung** Beim Lösen ändert die Reibkraft $F_R$ gegenüber
dem Anziehen ihre Richtung, so dass sich ein Kräfteplan nach Abb. 2.104 ergibt. Die
in der Verschraubung wirkende Schraubenkraft $F_S$ ist gleich der Vorspannkraft $F_V$. Das
Gewindelösemoment, ohne Berücksichtigung des Kopfreibmoments $M_{KR}$, kann aus dem
Kräfteplan abgelesen werden:

$$M_{GL} = F_V \cdot \frac{d_2}{2} \cdot \tan\left(\varphi - \rho'\right) \qquad (2.57)$$

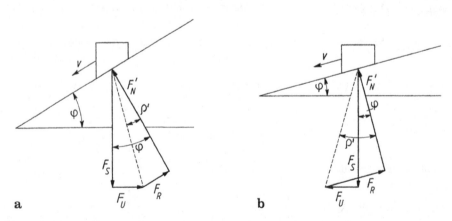

**Abb. 2.104** Kräfte beim Lösen einer Schraubenverbindung a) $\varphi > \rho'$; b) $\varphi < \rho'$

Für den Fall $\varphi > \rho'$ ist eine Umfangskraft entgegen der Bewegungsrichtung „Lösen" erforderlich, damit das System im Gleichgewicht bleibt. In diesem Falle ist die Schraubverbindung nicht selbsthemmend. Das bedeutet, dass sich die Verbindung selbstständig löst, sobald die Umfangskraft $F_U = 0$ wird. Für $\varphi < \rho'$ ist eine Umfangskraft in Löserichtung notwendig, um die Schraubenverbindung zu lösen. Man spricht dann von einem selbsthemmenden Gewinde, weil zum Lösen ein Moment entgegen der Anziehrichtung aufgebracht werden muss. Das Lösemoment wird nach Gl. 2.57 negativ. Daraus ist ersichtlich, dass Befestigungsschrauben immer selbsthemmend sein müssen, weil nur mit selbsthemmenden Schrauben ein Verspannen möglich ist. Das erforderliche Schraubenlösemoment unter Berücksichtigung des Kopfreibmoments $M_{KR}$ ergibt sich zu

$$M_L = F_V \left[ \frac{d_2}{2} \tan \left( \varphi - \rho' \right) - \mu_K \frac{D_{Km}}{2} \right] \tag{2.58}$$

Bei der Berechnung der Anzieh- und Lösemomente ist für die Vorspannkraft $F_V$ immer die maximale Montagevorspannkraft $F_{M,max}$ einzusetzen.

### 2.7.5.3 Spannungen in Schraubenverbindungen; Bemessungsgrundlagen

Die tatsächliche Spannungsverteilung in Schrauben und Muttern ist bei den räumlich gewundenen Begrenzungsflächen und infolge der Kerbwirkungen sehr komplex und rechnerisch kaum zu erfassen. Schon bei rein statischer Zugbeanspruchung treten im Gewindegrund Spannungsspitzen auf, die bei verformungsfähigen Werkstoffen zwar abgebaut werden, bei spröden Werkstoffen jedoch die Tragfähigkeit stark vermindern. Schrauben werden beim Anziehen infolge des Gewindemoments zusätzlich auf Torsion beansprucht, so dass die auftretenden Normal- und die Schubspannungen zu einer Vergleichspannung zusammengefasst werden müssen. Bei dynamischer Beanspruchung sind Kerbstellen immer gefährlich, so dass die Kennwerte für die Dauerfestigkeit von Schraubenverbindungen sehr gering sind. Zusätzlich spielt die Art der Kraftübertragung zwischen Schraube und Mutter eine große Rolle. Bei normalen Schraubenverbindungen ist die Lastverteilung auf die einzelnen Gewindegänge sehr ungleichmäßig. Die gefährdetste Stelle liegt am Eintritt der Schraube in die Mutter, da der erste Gewindegang allein 50 bis 60 % der Gesamtlast überträgt.

Zur Bemessung von Schraubenverbindungen werden im Allgemeinen vereinfachende Berechnungsmodelle und Erfahrungswerte zugrunde gelegt, welche die unterschiedlichen Versagensursachen bzw. Schadensbilder berücksichtigen.

**1. Mutterhöhe oder Einschraubtiefe** Unter der Annahme, dass alle Gewindegänge $z$ gleichmäßig tragen, kann die erforderliche Mutterhöhe oder Einschraubtiefe $m$ aus der zulässigen Flächenpressung berechnet werden. Mit Hilfe der tragenden Gewindetiefe $H_1$ und dem Flankendurchmesser $d_2$ kann die gesamte tragende Fläche gleich $A_{tr}$ berechnet werden. Die vorhandene Flächenpressung kann damit berechnet werden zu

$$p = \frac{F_S}{z \cdot A_{tr}} = \frac{F_S}{z \cdot \pi \, d_2 \, H_1} \leq p_{zul}$$

Hieraus folgt mit der Steigung $P$ die Mutterhöhe oder Einschraubtiefe

$$m = z \cdot P = \frac{F_S \cdot P}{\pi \, d_2 \, H_1 \cdot p_{zul}} \tag{2.59}$$

Die Gewindegänge können auch auf Biegung und Abscheren nachgerechnet werden. Von Feingewinden abgesehen sind jedoch meistens die Biege- und Scherspannungen gering. Die Folge einer plastischen Verformung im ersten Gewindegang ist eine gleichmäßigere Verteilung auf die übrigen Gewindegänge. In der Praxis werden Verbindungsschrauben so dimensioniert, dass sie bei Überbeanspruchung nicht durch Ausreißen der Gewindegänge versagen, sondern durch Bruch des zylindrischen Schraubenbolzens. Die dafür üblichen Mindesteinschraubtiefen sind Tab. 2.36 zu entnehmen. Genormte Muttern nach ISO 4032 (hohe Ausführung) sind so bemessen, dass bei richtiger Wahl der Festigkeitsklasse das Gewinde nicht ausreißt, sondern die Schraube abreißt. Die Berechnung der erforderlichen Mitterhöhe ist nur bei Bewegungsschrauben erforderlich (Abschn. 2.7.8).

**2. Montagebeanspruchung** Beim Anziehen auf die Vorspannkraft $F_V$ wird die Schraube auf Zug und infolge des Gewindemoments $M_G$ zusätzlich auf Torsion beansprucht. Da die Reibung im Gewinde ein Zurückdrehen der Schraube verhindert, wirkt die Torsionsbeanspruchung auch nach dem Anziehen. Die gleichzeitig wirkende Zug- und Torsionsbeanspruchung muss mit der Gestaltänderungsenergie-Hypothese in eine Vergleichsspannung umgerechnet werden:

$$\sigma_V = \sigma_{red,M} = \sqrt{\sigma_{z,M}^2 + 3\tau_t^2} \le \nu \cdot R_{p0,2} \tag{2.60}$$

Die Zug- und Torsionsspannungen werden berechnet zu

$$\sigma_{z,M} = \frac{F_{V,\text{max}}}{A_S} = \frac{\alpha_A \cdot F_V}{A_S}$$

$$\tau_t = \frac{M_{G,\text{max}}}{W_t} = \frac{16 \cdot \alpha_A \, F_V \, d_2 \tan\left(\varphi + \rho'\right)}{2 \cdot \pi \, d_3^3} \tag{2.61}$$

**Tab. 2.36** Empfohlene Mindest-Einschraubtiefen

| Festigkeitsklasse | 8.8 | | 10.9 | |
|---|---|---|---|---|
| Gewindefeinheit $d/P$ | $< 9$ | $\ge 9$ | $< 9$ | $\ge 9$ |
| AlCuMg 1 F 40 | $1{,}1 \cdot d$ | $1{,}4 \cdot d$ | $1{,}4 \cdot d$ | – |
| EN-GJL-200 (GG-20) | $1{,}0 \cdot d$ | $1{,}2 \cdot d$ | $1{,}2 \cdot d$ | $1{,}4 \cdot d$ |
| S 235 (St 37) | $1{,}0 \cdot d$ | $1{,}25 \cdot d$ | $1{,}25 \cdot d$ | $1{,}4 \cdot d$ |
| E 295 (St 50) | $0{,}9 \cdot d$ | $1{,}0 \cdot d$ | $1{,}0 \cdot d$ | $1{,}2 \cdot d$ |
| C 45 V | $0{,}8 \cdot d$ | $0{,}9 \cdot d$ | $0{,}9 \cdot d$ | $1{,}0 \cdot d$ |

$A_S$ ist bei normalen Schaftschrauben nach DIN 13 der Spannungsquerschnitt und kann der Tab. 2.30 entnommen werden. Bei Dünnschaft- oder Taillenschrauben ist der Schaftquerschnitt ($A_S = A_T = \pi\, d_T^2/4$). Das Widerstandsmoment $W_t$ gegen Torsion ist bei Regelschrauben auf den Kernquerschnitt bezogen. Wenn bei Dünnschaftschrauben der Schaft- bzw.- Taillendurchmesser kleiner als der Kerndurchmesser ist, wird für $d_3 = d_T$ gesetzt.

In der Regel werden Schrauben bei der Montage nicht bis zur Streckgrenze angezogen. Dies wird mit dem Ausnutzungsgrad $\nu$ berücksichtigt. Mit $\nu = 0,9$, das entspricht einer 90 %igen Ausnutzung der genormten Mindest-Streckgrenze $R_{p0,2}$ nach ISO 898-1, kann aus den obenstehenden Gleichungen die zulässige Vorspannkraft berechnet werden. Für Schrauben mit Regelgewinde können die zulässigen Vorspannkräfte und Anziehmomente aber auch der Tab. 2.37 entnommen werden.

**3. Statische Betriebskraft** Eine positive axiale Betriebskraft $F_A$ erhöht die Zugspannung in der Schraube. Im Betriebszustand ist der Einfluss der Torsion jedoch geringer als im Montagezustand. Die Torsionsspannung nach Gl. 2.61 wird daher bei der Ermittlung der Vergleichsspannung nicht in voller Höhe berücksichtigt. Wenn die Streckgrenze im Betriebszustand nicht überschritten werden darf, gilt nach VDI 2230:

$$\sigma_V = \sigma_{red,B} = \sqrt{\sigma_{z,M}^2 + 3(0,5 \cdot \tau_t)^2} \leq \nu \cdot R_{p0,2} \qquad (2.62)$$

Die Zugspannung berechnet sich für eine positive Betriebskraft zu

$$\sigma_z = \frac{F_{S,\max}}{A_S} = \frac{F_{V,\max} + F_{SA}}{A_S}$$

Für eine negative Betriebskraft $F_A$ ist nach Abb. 2.95 die Vorspannkraft $F_V$ die max. Schraubenkraft. Deshalb wird in diesem Fall für $F_{S,max} = F_{V,max}$ gesetzt.

**4. Dynamische Betriebskraft** Bei einer schwingenden Betriebskraft $F_A$ darf der Spannungsausschlag $\sigma_a$, der sich aus der Schwingkraftamplitude $F_{SA}$ (Abb. 2.97) ergibt, die zulässige Ausschlagspannung $\sigma_A$ nicht überschreiten:

$$\sigma_a = \frac{F_{SA,a}}{A_S} = \frac{F_{S,\max} - F_{S,\min}}{2 \cdot A_S} \leq \sigma_A \qquad (2.63)$$

Richtwerte für die Ausschlagspannung (zulässige Spannungsamplitude) können Abb. 2.105 entnommen werden. Nach VDI 2230 ist $\sigma_A$ von der Festigkeitsklasse weitgehend unabhängig. Die zulässige Ausschlagspannung wird hauptsächlich vom Nenndurchmesser bestimmt.

**5. Flächenpressung zwischen Kopf- und Mutterauflage** Bei großen Vorspannkräften ist sowohl bei statischen als auch bei dynamischen Betriebskräften die Flächenpressung an

**Tab. 2.37** Zulässige Vorspannkräfte

| | Montagevorspannkraft für unterschiedliche Reibbeiwerte $\mu_G$ im Gewinde | | | | | | Anziehmoment mit Gewindereibung $\mu_G = 0,12$ | | | | | |
| | $F_v$ in N für $\mu_G = 0,1$ | | | $F_v$ in N für $\mu_G = 0,2$ | | | $M_A$ in Nm mit $\mu_K = 0,1$ | | | $M_A$ in Nm mit $\mu_K = 0,2$ | | |
| | 8.8 | 10.9 | 12.9 | 8.8 | 10.9 | 12.9 | 8.8 | 10.9 | 12.9 | 8.8 | 10.9 | 12.9 |
|---|---|---|---|---|---|---|---|---|---|---|---|---|
| M 4 | 4 500 | 6 700 | 7 800 | 3 900 | 5 700 | 6 700 | 2,6 | 3,9 | 4,5 | 4,1 | 6,0 | 7,0 |
| M 5 | 7 400 | 10 800 | 12 700 | 6 400 | 9 400 | 11 000 | 5,2 | 7,6 | 8,9 | 8,1 | 11,9 | 14,0 |
| M 6 | 10 400 | 15 300 | 17 900 | 9 000 | 13 200 | 15 500 | 9,0 | 13,2 | 15,4 | 14,1 | 20,7 | 24,2 |
| M 8 | 19 100 | 28 000 | 32 800 | 16 500 | 24 300 | 28 400 | 21,6 | 31,8 | 37,2 | 34,3 | 50,3 | 58,9 |
| M 10 | 30 300 | 44 500 | 52 100 | 26 300 | 38 600 | 45 200 | 43 | 63 | 73 | 68 | 100 | 116 |
| M 12 | 44 100 | 64 800 | 75 900 | 38 300 | 56 300 | 65 800 | 73 | 108 | 126 | 117 | 172 | 201 |
| M 14 | 60 600 | 88 900 | 104 100 | 52 600 | 77 200 | 90 400 | 117 | 172 | 201 | 187 | 274 | 321 |
| M 16 | 82 900 | 121 700 | 142 400 | 72 200 | 106 100 | 124 100 | 180 | 264 | 309 | 291 | 428 | 501 |
| M 18 | 104 000 | 149 000 | 174 000 | 91 000 | 129 000 | 151 000 | 259 | 369 | 432 | 415 | 592 | 692 |
| M 20 | 134 000 | 190 000 | 223 000 | 116 000 | 166 000 | 194 000 | 363 | 517 | 605 | 588 | 838 | 980 |
| M 22 | 166 000 | 237 000 | 277 000 | 145 000 | 207 000 | 242 000 | 495 | 704 | 824 | 808 | 1151 | 1347 |
| M 24 | 192 000 | 274 000 | 320 000 | 168 000 | 239 000 | 279 000 | 625 | 890 | 1041 | 1011 | 1440 | 1685 |
| M 27 | 252 000 | 359 000 | 420 000 | 220 000 | 314 000 | 367 000 | 915 | 1304 | 1526 | 1498 | 2134 | 2497 |
| M 30 | 307 000 | 437 000 | 511 000 | 268 000 | 382 000 | 447 000 | 1246 | 1775 | 2077 | 2931 | 2893 | 3386 |

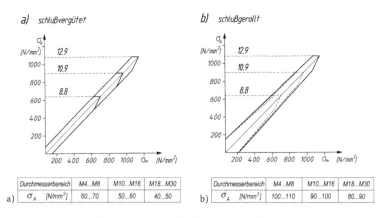

**Abb. 2.105** Zulässige Ausschlagspannungen für Schraubenverbindungen a)

**Tab. 2.38** Grenzflächenpressungen (nach VDI 2230)

| Werkstoff | Grenzflächenpressung $p_G$ [N/mm$^2$] |
|---|---|
| S 235 J | 490 |
| E 295 | 710 |
| 34 CrNiMo 6 | 1080 |
| 16 MnCr 5 | 900 |
| EN-GJL-250 | 850 |
| EN-GJS-400 | 600 |
| EN-GJS-600 | 900 |
| GD-AlSi 9 Cu 3 | 290 |

den Schraubenkopf- und Mutterauflageflächen zu überprüfen. Zu große Flächenpressungen führen zu plastischen Verformungen, wobei durch Kriechvorgänge die Vorspannung der Schraubenverbindung reduziert wird. Die aus der maximal auftretenden Schraubenkraft $F_{S,max}$ errechnete Flächenpressung sollte deshalb die Grenzflächenpressung $p_G$ des verspannten Werkstoffs nicht überschreiten:

$$p = \frac{F_{S,max}}{A_p} \leq p_G \tag{2.64}$$

Dabei errechnet sich die Auflagefläche nach Abb. 2.103 zu

$$A_p = \frac{\pi}{4}\left(d_w^2 - d_h^2\right)$$

In Tab. 2.38 sind experimentell ermittelte Werte für Grenzflächenpressungen angegeben.

**Abb. 2.106** Augenschraube
mit ruhender Last (Beispiel 6)

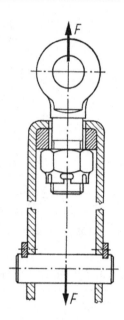

---

**Beispiel 6:  Auslegung einer Augenschraube**

Eine Augenschraube mit der Festigkeitsklasse 4.6 (Re = 240 N/mm$^2$) wird nach
Abb. 2.106 mit einer ruhenden Last von $F = 37\,000\,N$ belastet. Welcher Gewinde-
durchmesser ist erforderlich, wenn mit einer Sicherheit von $S_F = 2$ gerechnet werden
soll?

Da die Schraube nicht vorgespannt ist, wird sie nur auf Zug beansprucht. Für den
erforderlichen Spannungsquerschnitt gilt somit:

$$A_S = \frac{F \cdot S_F}{R_e} = \frac{37000 \cdot 2}{240} = 308\,\text{mm}^2$$

Ein geeignetes Regelgewinde wäre nach Tab. 2.30: M 24 mit $A_S = 353\,mm^2$.

---

**Beispiel 7:  Berechnung einer vorgespannten Dehnschraube**

Die untere Deckelschraube eines geteilten Dieselmotorenpleuels (Abb. 2.107) ist die
Dauerfestigkeit für die schwellende Betriebskraft $F_A = 6000\,N$ nachzurechnen. Die
Vorspannkraft wird zur Sicherung gegen Lockern hoch gewählt: $F_V = 4,5 \cdot F_A =
27\,000\,N$. Als Schraube ist eine Dünnschaftschraube M 12 mit der Festigkeitsklasse
12.9 vorgesehen (Schaftdurchmesser $d_T = 0,9 \cdot d_3 = 8,8\,mm$). Für die Berechnung
wird die Krafteinleitung am Schraubenkopf angenommen (Klemmlänge $l_K = 45$ mm).

**Abb. 2.107** Vorgespannte
Dehnschraube mit
schwellender Beanspruchung
(Beispiel 7)

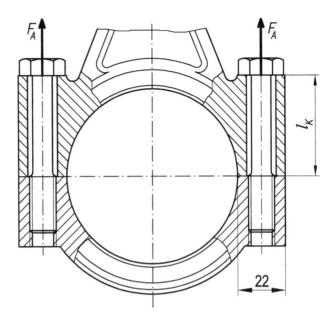

Federrate der Schraube nach Gl. (2.50) mit $E_M = E_S$:

$$\delta_S = \frac{1}{R_S} = \frac{1}{E_S}\left(\frac{l_{Ko}}{A_N} + \frac{l_1}{A_T} + \frac{l_G}{A_{d3}} + \frac{l_M}{A_N}\right)$$

$$\delta_S = \frac{1}{2{,}1 \cdot 10^5}\left(\frac{0{,}5 \cdot 12}{113} + \frac{45}{61} + \frac{0{,}5 \cdot 12}{76} + \frac{0{,}4 \cdot 12}{113}\right) = 0{,}43 \cdot 10^{-5}\,\text{mm/N}$$

daraus folgt:

$$R_S = \frac{1}{\delta_S} = 0{,}23 \cdot 10^6\,\text{N/mm}$$

Federrate der verspannten Teile nach Gl. (2.52):

Mit $d_w = s = 18$ mm; $d_h = 13{,}5$ mm und $D_A \approx 22$ mm (aus Geometrie der Verschraubung) wird

$$\delta_P = \frac{1}{R_P} = \frac{\dfrac{2}{w \cdot d_h \cdot \tan\varphi_E}\ln\left[\dfrac{(d_w + d_h)\cdot(D_A - d_h)}{(d_w - d_h)\cdot(D_A + d_h)}\right] + \dfrac{4}{D_A^2 - d_h^2}\left[l_K - \dfrac{D_A - d_w}{w \cdot \tan\varphi_E}\right]}{E_P \cdot \pi}$$

$$= \frac{\dfrac{2}{2 \cdot 13{,}5 \cdot \tan 21{,}7°}\ln\left[\dfrac{(18 + 13{,}5)\cdot(22 - 13{,}5)}{(18 - 13{,}5)\cdot(22 + 13{,}5)}\right] + \dfrac{4}{22^2 - 13{,}5^2}\left[45 - \dfrac{22 - 18}{2 \cdot \tan 21{,}7°}\right]}{2{,}1 \cdot 10^5 \cdot \pi}$$

$$\delta_P = 0{,}0952 \cdot 10^{-5}\,\text{mm/N}$$

daraus folgt:

$$R_P = \frac{1}{\delta_P} = 1,05 \cdot 10^6 \, \text{N/mm}$$

Die Schraubenzusatzkraft ist dann nach Gl. (2.48):

$$F_{SA} = \frac{1}{1 + R_P/R_S} F_A = \frac{1}{1 + 4,565} \cdot 6000 \, \text{N} = 1080 \, \text{N}$$

Gewindemoment:

Mit $d_2 = 10,86$ mm und $P = 1,75$ mm wird $\tan\varphi = P/(\pi \, d_2) = 0,051$ oder $\varphi = 2,94°$ und mit $\mu_G = 0,1$ wird $\tan\varrho' = \mu_G/\cos(\alpha/2) = 0,115$ oder $\varrho' = 6,58°$.

$$M_G = F_v \frac{d_2}{2} \tan\left(\varphi + \varrho'\right) = 27\,000 \frac{10,86}{2} \tan 9,52° = 24\,590 \, \text{Nmm}$$

Erforderliches Schraubenanzugsmoment (mit $\mu_K = 0,15$):

$$M_A = M_G + M_{KR} = M_G + F_v \mu_K \frac{D_{Km}}{2}$$
$$= 24\,590 + 27\,000 \cdot 0,15 \cdot \frac{18 + 13,5}{2 \cdot 2} = 56484 \, \text{Nmm}$$

Beim Anziehen mit einem Drehmomentschlüssel muss ein Anziehfaktor $\alpha_A = 1,5$ berücksichtigt werden, so dass sich nach Gl. (2.56) als maximale Vorspannkraft ergibt:

$$F_{V\,max} = F_v \alpha_A = 27\,000 \, \text{N} \cdot 1,5 = 40\,500 \, \text{N}$$

Nach Tab. 2.37 ist die zulässige Montagevorspannkraft:

$$F_{V\,zul} = 75\,900 \, \text{N} > F_{V\,max} = 40\,500 \, \text{N}$$

Die maximal auftretenden Spannungen im Betrieb sind:

$$\sigma_z = \frac{F_{S\,max}}{A_T} = \frac{F_{v\,max} + F_{SA}}{A_T} = \frac{40500 + 1000}{61} = 680 \, \text{N/mm}^2$$

$$\tau_t = \frac{M_{G\,max}}{W_t} = \frac{M_G \cdot \alpha_A}{W_t} = \frac{24590 \cdot 1,5 \cdot 16}{8,8^3 \cdot \pi} = 275 \, \text{N/mm}^2$$

$$\sigma_V = \sigma_{red,B} = \sqrt{\sigma_z^2 + 3(0,5 \cdot \tau_t)^2} = 720 \, \text{N/mm}^2$$

Daraus ergibt sich eine ausreichende Sicherheit gegen Fließen von

$$S_F = \frac{R_{P0,2}}{\sigma_V} = \frac{1100}{720} = 1,5.$$

Die Ausschlagspannung $\sigma_a$ der schwellenden Beanspruchung ist

$$\sigma_a = \frac{F_{SA,a}}{A_T} = \frac{F_{SA}/2}{A_T} = \frac{500}{61} = 8,2\,\text{N/mm}^2$$

Nach Abb. 2.105 ist die zulässige Ausschlagspannung $\sigma_A = 50\,\text{N/mm}^2$. Damit ergibt sich eine Sicherheit gegen Dauerbruch von

$$S_D = \frac{\sigma_A}{\sigma_a} = 6.$$

### 2.7.6 Schraubensicherungen

Eine ausreichend dimensionierte und konstruktiv richtig gestaltete Schraubenverbindung benötigt bei einer zuverlässigen Montage in der Regel keine zusätzlichen Sicherungselemente. Trotzdem können Schraubenverbindungen, vor allem bei dynamischen Belastungen, durch Lockern und/oder selbst- tätiges Losdrehen der Schrauben versagen. Das selbsttätige Lösen einer Schraubenverbindung ist auf einen vollständigen oder teilweisen Verlust der Vorspannkraft zurückzuführen, der durch Setzvorgänge (Lockern) oder durch Relativbewegungen in der Trennfuge (Losdrehen) hervorgerufen wird (Abb. 2.108).

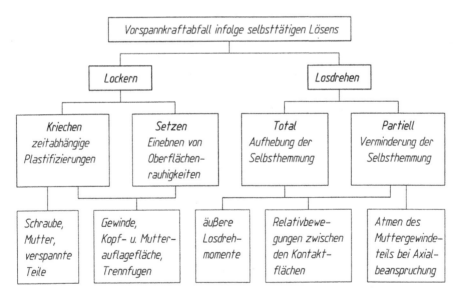

**Abb. 2.108** Ursachen für den Vorspannverlust in dynamisch beanspruchten Schraubenverbindungen

**Abb. 2.109** Setzen einer
Schraubenverbindung

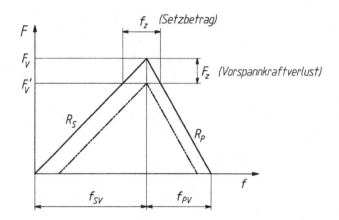

**Lockern**  In einer Schraubenverbindung treten neben den elastischen Verformungen auch
Setzerscheinungen auf, die überwiegend durch das plastische Einebnen von Oberflächenrauigkeiten bedingt sind. Der durch den Setzbetrag $f_z$ verursachte Vorspannkraftverlust $F_z$
in Abb. 2.109 ist

$$F_z = \frac{f_z}{f_{SV} + f_{PV}} \cdot F_V = \frac{f_z}{\delta_S + \delta_P} = \frac{R_P R_S}{R_P + R_S} \cdot f_z$$

Untersuchungen haben gezeigt, dass die Setzbeträge, entgegen früheren Annahmen,
doch von Anzahl und der Oberflächenbeschaffenheit der Trennfugen abhängig sind. Für
massive Verbindungen aus Stahl gibt die VDI 2230 Richtwerte für $f_z$ an (Tab. 2.39).

Der gesamte Setzbetrag ist gleich der Summe der einzelnen Anteile. Die so ermittelten Setzbeträge gelten jedoch nur für den Fall, dass die Grenzflächenpressungen
der druckbelasteten Oberflächen nicht überschritten werden. Wesentlich größere Vor-
spannkraftverluste treten auf, wenn bereits bei der Montage oder durch die wirksame
Betriebskraft plastische Verformungen in den Schraubenkopf- oder Mutterauflageflächen,
in den Gewindeflanken oder in den Trennfugen der verspannten Teile auftreten.

**Tab. 2.39** Richtwerte für Setzbeträge nach VDI 2230

| Rautiefe in $\mu m$ | Belastung | Setzbeträge $f_z$ in $\mu m$ | | |
|---|---|---|---|---|
| | | im Gewinde | je Kopf- oder Mutterauflage | je innere Trennfuge |
| Rz < 10 | Zug/Druck | 3,0 | 2,5 | 1,5 |
| | Schub | 3,0 | 3,0 | 2,0 |
| $10 \leq Rz < 40$ | Zug/Druck | 3,0 | 3,0 | 2,0 |
| | Schub | 3,0 | 4,5 | 2,5 |
| $40 \leq Rz < 40$ | Zug/Druck | 3,0 | 4,0 | 3,0 |
| | Schub | 3,0 | 6,5 | 3,5 |

*Sicherungsmaßnahmen* Sicherungen gegen Lockern sollen den Vorspannkraftverlust infolge der Setzerscheinungen möglichst klein halten. Dies kann durch folgende Maßnahmen erreicht werden:

- hohe Vorspannkraft
- elastische Schrauben,
- geringe Flächenpressung,
- geringe Anzahl von Trennfugen,
- keine plastischen oder quasielastischen Elemente (z. B. Dichtungen) mitverspannen.

**Selbsttätiges Losdrehen** Infolge dynamischer Beanspruchungen kann es vorkommen, dass Schrauben sich trotz ausreichender Vorspannkraft selbsttätig losdrehen. Die Ursachen für partielles Losdrehen liegen darin, dass bei axialer Schwingbeanspruchung der Reibschluss zwischen den Gewindeflanken und in der Kopf- oder Mutterauflagenfläche stark herabgesetzt wird. Treten Belastungen senkrecht zur Schraubenachse auf, können zwischen den verspannten Teilen kleinste Relativbewegungen (Schlupf) entstehen, die bei zum vollständigen Losdrehen der Schrauben führen können.

*Sicherungsmaßnahmen* Sicherungen gegen Losdrehen sorgen dafür, dass beim Auftreten von Querverschiebungen infolge dynamischer Belastungen senkrecht zur Schraubenachse die Funktion der Schraubenverbindung, also eine ausreichend große Vorspann- und Restklemmkraft, gewährleistet bleibt. Geeignete Maßnahmen sind:

- Querkraftverschiebungen durch Formschluss vermeiden (z. B. Passschraube),
- hohe Vorspannkräfte,
- elastische Schrauben,
- sperrende Sicherungselement,
- klebende Sicherungselemente.

**Sicherungselemente** Entsprechend ihren Aufgaben werden Sicherungselemente eingeteilt in

- Setzsicherungen (Lockern),
- Losdrehsicherungen,
- Verliersicherungen.

Die zahlreichen Sicherungselemente stellen in den meisten Fällen nicht gleichzeitig eine Sicherung gegen alle oben aufgeführten Sicherungsaufgaben dar. Deshalb ist bei der Verwendung von Sicherungselementen die Kenntnis der Versagensursache sehr wichtig. Eine Übersicht über die Anwendung von unterschiedlichen Sicherungselementen ist in Tab. 2.40 zusammengestellt.

**Tab. 2.40**  Wirksamkeit von Schraubensicherungen

| Ursache des Lösens | Wirksamkeit | Funktion | Beispiele |
|---|---|---|---|
| Lockern durch Setzen | Setzsicherung | Mitverspannte federnde Elemente | Tellerfedern Spannscheiben |
| Losdrehen durch Aufhebung der Selbsthemmung | Verliersicherung | Formschlüssige Elemente | Kronenmuttern Schrauben mit Splintloch Drahtsicherung Scheibe mit Außennase |
|  |  | Klemmende Elemente | Metallmutter mit Klemmteil Mutter mit Kunststoffeinsatz Schraube mit Kunststoffstreifen im Gewinde Gewindefurchende Schrauben |
|  | Losdrehsicherung | Sperrende Elemente | Sperrzahnschraube Sperrzahnmutter |
|  |  | Klebende Elemente | Mikroverkapselter Klebstoff Flüssig-Klebstoff |

*Mitverspannte federnde Elemente*  Sie stellen nur dann wirksame Sicherungen dar, wenn sie die Nachgiebigkeit der Schraubenverbindung im gesamten Vorspannkraftbereich vergrößern. Dies ist jedoch nur dann der Fall, wenn die Federelemente nach Aufbringen der Vorspannkraft noch nicht auf Block zusammengedrückt sind. Sie können daher nur im unteren Festigkeitsbereich (· · 6.8) als Setzsicherungen verwendet werden. Das Losdrehen infolge von Querverschiebungen können sie nicht verhindern.

*Sperrende Elemente*  Schraubensicherungen wie Sperrzahnschrauben weisen eine sehr gute Sicherung gegen Losdrehen auf, indem sie das Losdrehmoment blockieren und somit einen Abfall der Vorspannkraft verhindern.

*Klemmende Elemente*  Viele Sicherungselemente benutzen Reibschlusswirkungen, die durch Verformungen oder Verklemmungen hervorgerufen werden. Hier sei besonders auf die selbstsichernden Muttern verwiesen, bei denen der Reibschluss durch Kunststoffeinlagen oder deformierten Muttergewinden, erzielt wird. Das verbleibende Klemm-Moment ist stark von eventuell auftretenden Vibrationen abhängig (insbesondere bei Kunststoffeinlagen). Sie bieten daher vorrangig nur Sicherheit gegen Verlieren.

*Klebende Elemente* Durch Applikation von Klebstoff werden Querbewegungen wegen der vollständigen Füllung der Hohlräume eliminiert. Gleichzeitig wird die Gewindereibung nach dem Aushärten des Klebstoffs durch Stoffschluss erhöht.

### 2.7.7  Gestaltung von Schraubenverbindungen

**Beanspruchungsgerechte Gestaltung** Schrauben sind aufgrund der starken Kerbwirkung, die durch die Formgebung des Gewindes entsteht, besonders dauerbruchgefährdet. Zur Steigerung der Dauerhaltbarkeit von Schraubenverbindungen werden verschiedene Mittel angewandt, die im Wesentlichen alle darauf hinauslaufen, die Spannungen gleichmäßiger zu verteilen oder die Belastung der Schraube (Spannungsausschlag) zu reduzieren (Abb. 2.110).

**Fertigungs- und montagegerechte Gestaltung** Um die Funktion einer Schraubenverbindung zu gewährleisten, müssen auch fertigungs- und montagetechnische Belange berücksichtigt werden (Abb. 2.111).

**Sonderausführungen** Zum bequemen und sicheren Verspannen von zwei oder drei Bauteilen können Schrauben oder Muttern mit Differenzgewinden verwendet werden (Abb. 2.112). Die beiden Gewinde besitzen die gleiche Gangrichtung, aber verschiedene Steigungen ($P1 > P2$), so dass sich die zu verspannenden Teile axial gegeneinander verschieben, und zwar bei einer Umdrehung um die Differenz der beiden Gewindesteigungen $P1 - P2$. Das Gewindemoment kann nach folgender Gleichung berechnet werden:

$$M_G = \frac{F_V}{2} \left[ d_{21} \tan\left(\varphi_1 + \rho'\right) - d_{22} \tan\left(\varphi_2 - \rho'\right) \right]$$

Die gegenseitige Verspannung wird also umso größer, je geringer der Steigungsunterschied ist.

### 2.7.8  Bewegungsschraube

Bewegungsschrauben können Drehbewegungen in Längsbewegungen und Längsbewegungen in Drehbewegungen wandeln. Typische Anwendungen sind Linearantriebe. Häufig findet gleichzeitig eine Kraftübersetzung statt. Bei einer Spindelpresse werden z. B. kleine Handkräfte in große Presskräfte übersetzt und bei einem Hubgetriebe können mit kleinen Kräften sehr große Lasten gehoben werden. Über die vielfältigen Anwendungs- und Variationsmöglichkeiten von Schraubtrieben gibt Abb. 2.113 einen Überblick. Es handelt sich dabei nur um vereinfachte Prinzipskizzen und die Auswahl erhebt keinen Anspruch auf Vollständigkeit.

| Problem | bessere konstruktive Lösung | Bemerkungen |
|---|---|---|
| ungleichmäßige Belastung der Gewindegänge 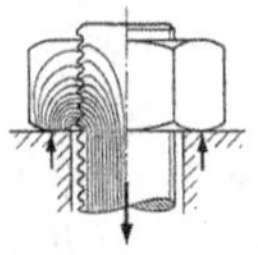 | 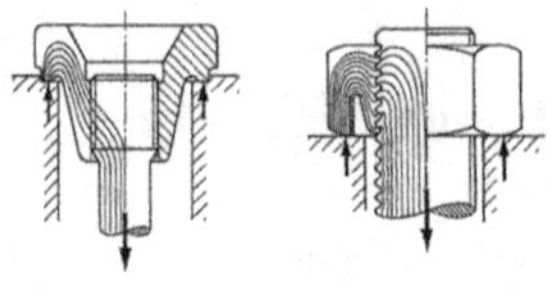 | Günstigerer Kraftlinienfluß durch Zugmutter bzw. Entlastungskerbe und somit bessere Verteilung der Belastung auf mehrere Gewindegänge. |
| Schrauben in weichen Werkstoffen besitzen geringe Festigkeit | 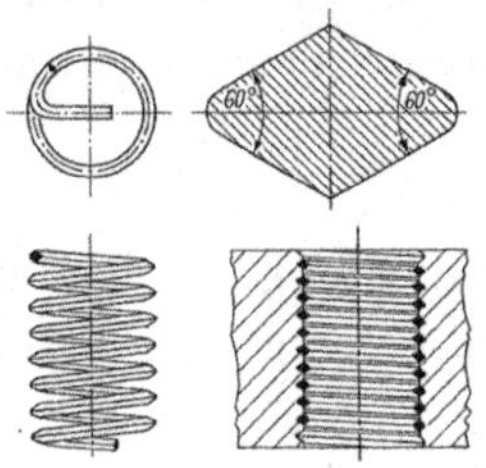 | Verschleißfestes, maß- haltiges Muttergewinde durch Heli-Coil-Einsatz. Gleichmäßige Lastver- teilung durch Aufhebung von Steigungs- und Winkelfehlern. |
| Dauerbruchgefahr durch dynamische Belastung | 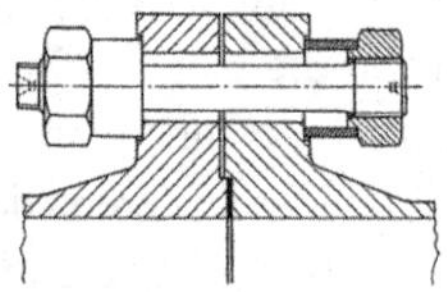 | Schraubenzusatzkraft wird reduziert durch „weiche" Schraube. |
| Vorspannkraft- verlust durch Dichtungen 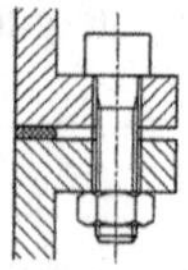 | 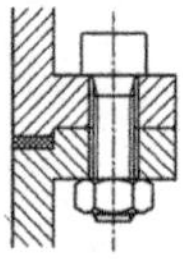 | Keine plastischen oder quasielastischen Elemente im Hauptschluß mitverspannen. |
| Dauerbruchgefahr, wenn der letzte Gewindegang verklemmt ist 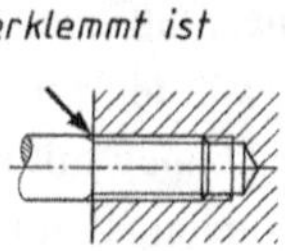 | 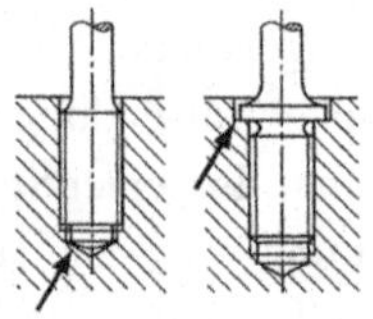 | Abhilfe durch Dünnschaftausführungen, die gegen den Bohrungs- grund oder über einen Bund verspannt werden. |

**Abb. 2.110**  Beanspruchungsgerechte Gestaltungsbeispiele von Schraubenverbindungen

| Problem | bessere konstruktive Lösung | Bemerkungen |
|---|---|---|
| Mutter läßt sich nicht ganz aufschrauben 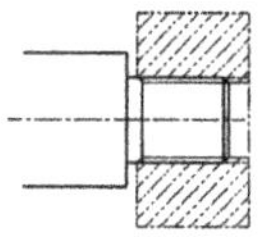 | 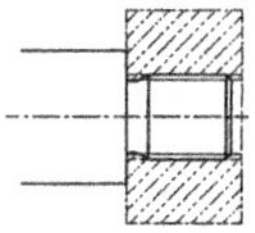 | Gewindefreistich gewährleistet ein vollständiges Einschrauben. |
| Gewinde nicht zentrisch oder Gewindebohrer bricht 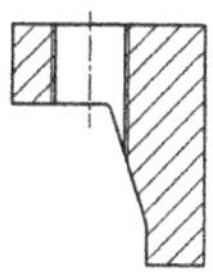 | 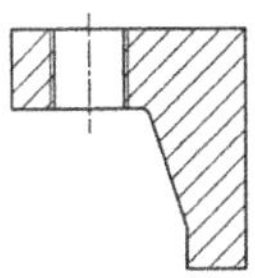 | Gewindebohrungen so anordnen, daß das Werkzeug beim Austreten nicht einseitig belastet wird. |
| Gewinde in weichen Werkstoffen können bei öfterem Lösen zerstört werden | 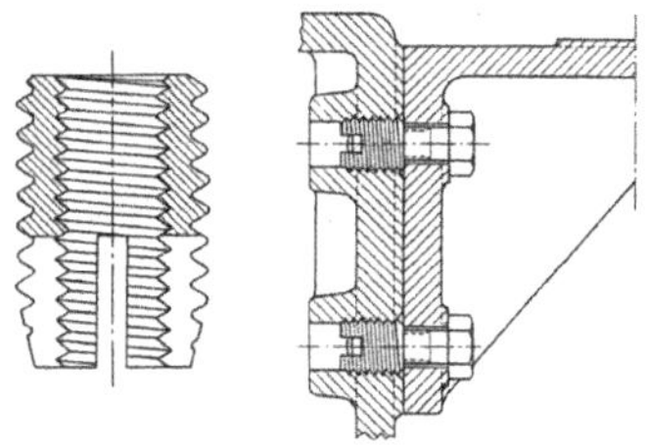 | Die Einsatzbuchse „Ensat" zeichnet sich durch hohe Auszugs- und Verschleiß- festigkeit aus. |
| Wenig Platz für Schraubenkopf vorhanden 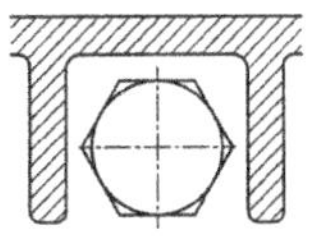 | 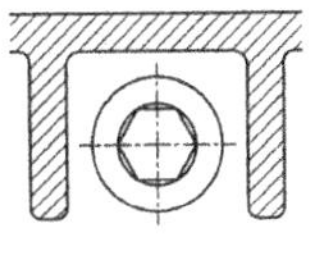 | Zylinderschrauben benötigen weniger Platz als Sechskantschrauben. |

**Abb. 2.111** Fertigungs- und montagegerechte Gestaltungsbeispiele von Schraubenverbindungen

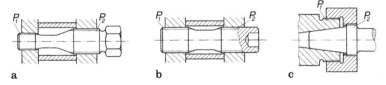

a      b      c

**Abb. 2.112** Differenzgewinde ($P_1 > P_2$) a) durchsteckbare Schraube; b) Schraube mit gleichen Durchmessern; c) Mutter mit Differenzgewinde

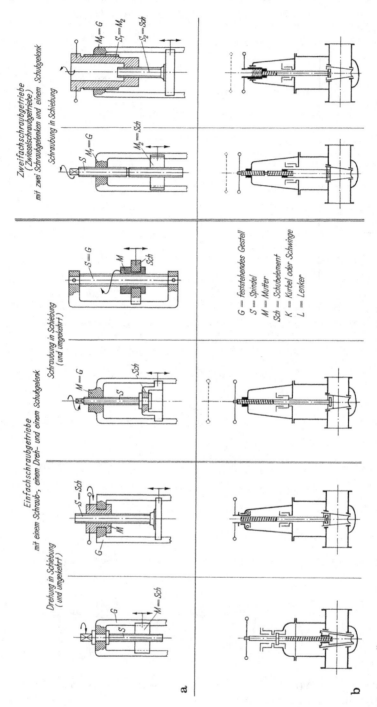

**Abb. 2.113** Übersicht über Schraubgetriebe a) Prinzipskizzen von Einfach- und Zweifachschraubengetrieben; b) Anwendungsbeispiele; c) Kombination von Lenkergetrieben

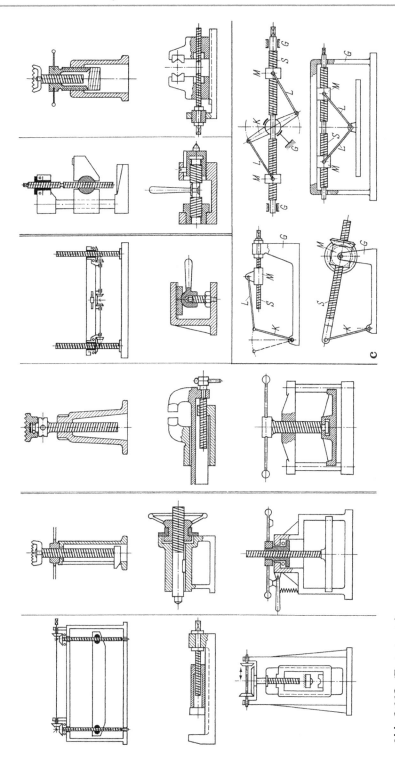

**Abb. 2.113** (Fortsetzung)

## 2.7.8.1 Einfachschraubgetriebe

Die Einfachschraubgetriebe besitzen jeweils ein Schraub-, ein Dreh- und ein Schubgelenk und ermöglichen je nach Anordnung die Umwandlung einer Drehung in eine Schiebung (und umgekehrt).

**Berechnung** Für die Bewegungsschraube gelten bezüglich der Gewindekräfte und Gewindemomente dieselben Gesetzmäßigkeiten wie bei der Befestigungsschraube. So können die Kräfte und Momente nach den Gleichungen (2.54) und (2.57) berechnet werden. Dabei entsprechen das Heben einer Last und die Wandlung eines Drehmoments in eine Längskraft $F_S$ dem Anziehen einer Befestigungsschraube:

$$M_H = F_S \cdot \frac{d_2}{2} \cdot \tan\left(\varphi + \rho'\right)$$

Das Senken einer Last und die Umwandlung eine Längskraft in ein Drehmoment entsprechen dem Lösen einer Befestigungsschraube:

$$M_S = F_S \cdot \frac{d_2}{2} \cdot \tan\left(\varphi - \rho'\right)$$

Aus dieser Gleichung ist ersichtlich, dass ein selbsthemmendes Gewinde mit $\varphi < \rho'$ ein negatives Moment ergibt. Das bedeutet, dass die Umwandlung einer Längskraft in ein Drehmoment mit einem selbsthemmenden Gewinde nicht möglich ist.

Eine Festigkeitsberechnung des Gewindes auf Abscheren der Gewindegänge ist in der Regel nicht erforderlich. Die Dimensionierung erfolgt nur auf Flächenpressung im Gewinde. Wie bei der Befestigungsschraube kann die erforderliche Mutterhöhe berechnet werden:

$$m = z \cdot P = \frac{F_S \cdot P}{\pi\, d_2\, H_1 \cdot p_{zul}}$$

Die tragende Gewindetiefe $H_1$ kann Tab. 2.30 entnommen werden.

Tab. 2.41 enthält die zulässigen Flächenpressungen für Dauerbetrieb. Für seltenen Betrieb und kleine Geschwindigkeiten (z. B. Handbetrieb) können diese Werte bis zu 100 % erhöht werden.

**Wirkungsgrad** Ganz allgemein ist der Wirkungsgrad als Nutzenergie am Ausgang zu der am Systemeingang aufgewendeten Arbeit definiert:

$$\eta = \frac{Nutzen}{Aufwand}$$

*Umwandlung Drehmoment in Längskraft* Die Nutzarbeit beim Heben einer Last $F_S$ (bzw. Drehmoment in Längskraft wandeln) ist nach Abb. 2.114a für eine Umdrehung gleich

**Tab. 2.41** Richtwerte für
zulässige Flächenpressungen
bei Bewegungsschrauben

| Werkstoffpaarung | | $p_{zul}$ [N/mm$^2$] |
|---|---|---|
| Spindel | Mutter | |
| Stahl | Gußeisen | 3...7 |
| | Stahl | 10 |
| | Bronze | 7...10 |
| Stahl gehärtet | Bronze | 15 |
| Stahl | Kunststoff | 2 (bis 30 m/min) |
| | | 5 (bis 10 m/min) |

$F_S \cdot P$, die aufzuwendende Arbeit ist gleich Umfangskraft mal Umfang des Flankendurchmessers, also $F_U \cdot d_2 \cdot \pi$. Nach Abb. 2.102 ist $F_U/F_S = \tan(\varphi + \rho')$ so dass für den Wirkungsgrad gilt:

$$\eta_H = \frac{F_S \cdot P}{F_U \, d_2 \, \pi} = \frac{\tan \varphi}{\tan(\varphi + \rho')} \tag{2.65}$$

*Umwandlung einer Längskraft in ein Drehmoment*  Bei der Bewegungsumkehr, also bei der Umwandlung einer Längskraft in ein Drehmoment (Abb. 2.114b), das dem Senken einer Last entspricht, ist die Nutzarbeit gleich $F_U \cdot d_2 \cdot \pi$ und der Aufwand $F_S \cdot P$ und nach Abb. 2.104b $F_U/F_S = \tan(\varphi - \rho')$, so dass gilt:

$$\eta_S = \frac{F_U \, d_2 \, \pi}{F_S \cdot P} = \frac{\tan(\varphi - \rho')}{\tan \varphi} \tag{2.66}$$

Im Abb. 2.114c sind die Wirkungsgrade in Abhängigkeit vom Steigungswinkel $\varphi$ für $\rho' = 6°(\mu \approx 0,1)$ aufgetragen. Man erkennt daraus, dass die Umwandlung einer Längskraft in ein Drehmoment nur für $\varphi > \rho'$ (nicht selbsthemmend) möglich ist. Außerdem ist ersichtlich, dass der Wirkungsgrad selbsthemmender Schraubtriebe kleiner als 0,5 ist.

### 2.7.8.2 Zweifachschraubgetriebe

Die in Abb. 2.113 dargestellten Zweifachschraubgetriebe bestehen aus zwei gleichachsigen Schraubgelenken und einem Schubgelenk. Bei gleichsinnigen, aber verschieden großen Steigungen ist bei einer Umdrehung der Spindel der Weg des Schubelementes gleich der Differenz der Steigungen, bei gegensinnigen Steigungen ist der Verschiebeweg gleich der Summe der Steigungen.

Für Differenzgetriebe (gleichsinnige Steigungen $P_1 > P_2$) gilt:

$$M_G = \frac{F_S}{2} \left[ d_{21} \tan(\varphi_1 + \rho') - d_{22} \tan(\varphi_2 - \rho') \right]$$

$$\eta = \frac{P_1 - P_2}{\pi \left[ d_{21} \tan(\varphi_1 + \rho') - d_{22} \tan(\varphi_2 - \rho') \right]}$$

Für Summengetriebe (gegensinnige Steigungen) gilt:

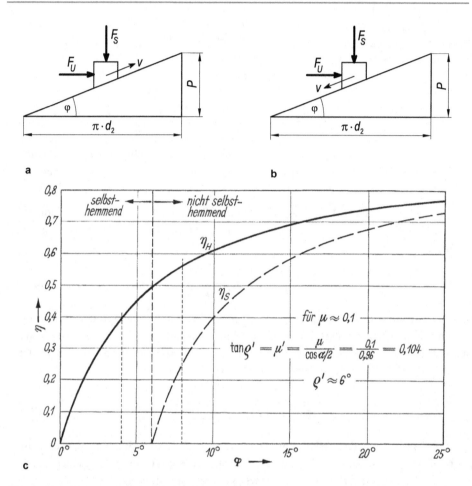

**Abb. 2.114** Wirkungsgrad von Schraubgetrieben a) Heben einer Last (= Umwandlung Drehmoment in Längskraft); b) Senken einer Last (= Umwandlung Längskraft in Drehmoment); c) Wirkungsgrad, abhängig vom Steigungswinkel

$$M_G = \frac{F_S}{2} \left[ d_{21} \tan\left(\varphi_1 + \rho'\right) + d_{22} \tan\left(\varphi_2 + \rho'\right) \right]$$

$$\eta = \frac{P_1 + P_2}{\pi \left[ d_{21} \tan\left(\varphi_1 + \rho'\right) + d_{22} \tan\left(\varphi_2 + \rho'\right) \right]}$$

Dabei sind $d_{21}$ und $d_{22}$ die jeweiligen Flankendurchmesser von Gewinde 1 und 2.

**Beispiel: Bewegungsschraube**

Bewegungsschraube (Vergleich von ein- und zweigängigem Trapezgewinde). Mit der Anordnung nach Abb. 2.115 soll die Last $F = 1000$ N mit der konstanten Hubgeschwindigkeit $v_H = 2,4$ m/min gehoben werden. Es wird a) ein eingängiges

**Abb. 2.115** Beispiel
Bewegungsschraube

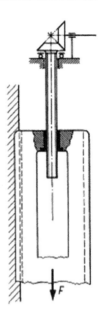

Trapezgewinde Tr 20 × 4 und b) ein zweigängiges Trapezgewinde Tr 20 × 8 P4
vorgesehen. Die Reibung in Führung und Wälzlager sei vernachlässigbar.

Gesucht sind mit $\mu \approx 0,1$ $(\varrho' = 6°)$ jeweils im Fall a) und b)

1. das erforderliche Gewindemoment $M_G$,
2. der Wirkungsgrad $\eta$,
3. die Spindeldrehzahl $n$ und
4. die erforderliche Antriebsleistung $P_{an}$.

Fall a)

$d_2 = 18$ mm; $P = 4$ mm

$$\tan\varphi = \frac{P}{\pi d_2} = \frac{4}{\pi \cdot 18} = 0,0707$$

$\varphi = 4,05° < \varrho'$

selbsthemmend!

$M_G = F \cdot d_2/2 \cdot \tan(\varphi + \varrho') = 10000\,\text{N} \cdot 0,009\,\text{m}$

$\quad \cdot \tan 10,05° = 15,95\,\text{Nm}$

$$\eta = \frac{\tan\varphi}{\tan(\varphi + \varrho')} = \frac{\tan 4,05°}{\tan 10,05°} = 0,40$$

$$n = \frac{v_H}{P} = \frac{2400\,\text{mm/min}}{4\,\text{mm}} = 600\ \text{min}^{-1}$$

$$P_{an} = \frac{P_{Nutz}}{\eta} = \frac{F\,v_H}{\eta} = \frac{10\,000\,\text{N} \cdot 0,04\,\text{m/s}}{0,40} = 1000\,\text{W}$$

Fall b)

$P_h = 8$ mm

$\tan\varphi = 0,1414$

$\varphi = 8,05° > \varrho'$

nicht selbsthemmend!

$M_G = 22,5\,\text{Nm}$

$\eta = 0,566$

$n = 300\ \text{min}^{-1}$

$P_{an} = 707\,\text{W}$

## 2.8    Elastische Verbindungen

Elastische Elemente, auch Federn genannt, zeichnen sich durch die Fähigkeit aus, Arbeit auf einem verhältnismäßig großen Weg aufzunehmen, zu speichern und auf Wunsch ganz oder teilweise wieder abzugeben. Außerdem kann die gespeicherte Energie zur Aufrechterhaltung einer Kraft zur Verfügung gestellt werden. Dementsprechend erstreckt sich die Anwendung von Federn auf

- die Aufnahme und Dämpfung von Stößen: Stoßdämpfer, Pufferfedern,
- die Speicherung potentieller Energie: Uhrenfedern, Federmotoren, Ventilfedern, Rückholfedern,
- die Herstellung von Reibschluss und Kraftverteilung: Kontaktfedern, Federn in Kupplungen und Bremsen,
- den Einsatz in der Schwingungstechnik: Federn in Resonanzschwingern für Förderer, Rüttler, Schwingtische usw. und
- zur Kraftmessung und Kraftbegrenzung: Federwaage, Rutschkupplung.

In vielen Fällen ist für die Anwendung die Dämpfungsfähigkeit, das ist die Umsetzung eines Teiles der aufgenommenen Energie in Wärme infolge innerer oder äußerer Reibung, von Bedeutung.

Nach ihrem physikalischen Wirkprinzip unterscheidet man mechanisch, pneumatisch oder hydraulisch wirkende Federn. Mechanische Federn werden weiter nach ihrem Werkstoff in Metall- und Gummifedern unterschieden. Eine weitere Unterteilung kann nach der Gestalt (Blattfeder, Schraubenfeder, Tellerfeder) und nach der Art der Belastung in zug/druck-, biege- und torsionsbeanspruchte Federn vorgenommen werden.

### 2.8.1    Grundlagen

**Federkennlinie und Federarbeit**   Über das Verhalten einer Feder gibt die Federkennlinie Aufschluss (Abb. 2.116). Man versteht darunter das Verhältnis von Federkraft zu Längenänderung bzw. Federmoment zu Verdrehwinkel. Die Kennlinien können gerade oder gekrümmt sein. In jedem Fall stellt die Fläche unter der Kurve bei Belastung die aufgenommene und bei Entlastung die abgegebene Arbeit dar:

Translationsarbeit: $$W = \int F \cdot ds$$

Rotationsarbeit: $$W = \int T \cdot d\vartheta$$

Die Steigung der Kennlinie wird Federrate $R$ genannt.

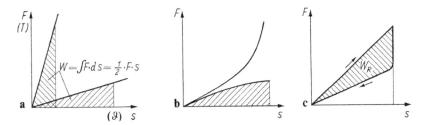

**Abb. 2.116** Federkennlinien a) lineare Kennlinie; b) gekrümmte Kennlinie; c) Kennlinienverlauf bei Dämpfungsfedern

Bei Translation gilt:
$$R = \frac{dF}{ds}$$

Bei Rotation gilt:
$$R_t = \frac{dT}{d\vartheta}$$

*Lineare Kennlinien*  Bei geraden Kennlinien, wie sie die meisten Metallfedern aufweisen, berechnet sich die Federrate

$$R = \frac{F}{s} \quad \text{bzw.} \quad R_t = \frac{T}{\vartheta}. \tag{2.67}$$

Weiche Federn haben flache Kennlinien und niedrige $R$-Werte, harte Federn dagegen steile Kennlinien und hohe $R$-Werte. Die Arbeitsaufnahme ist durch den Flächeninhalt des Dreiecks gegeben:

$$W = \frac{1}{2} \cdot F \cdot s = \frac{1}{2} \cdot R \cdot s^2 = \frac{1}{2} \cdot \frac{F^2}{R} \tag{2.68}$$

$$W = \frac{1}{2} \cdot T \cdot \vartheta = \frac{1}{2} \cdot R_t \cdot \vartheta^2 = \frac{1}{2} \cdot \frac{T^2}{R_t} \tag{2.69}$$

*Gekrümmte Federkennlinien*  Bei nichtlinearen Kennlinien unterscheidet man

- *progressive Kennlinien*, bei denen die Federrate mit dem Federweg stärker zunimmt und
- *degressive Kennlinien* mit abnehmender Federrate, d.h. die Feder wird mit zunehmender Belastung weicher.

Federn mit progressiver Kennlinie werden im Fahrzeugbau bevorzugt, damit die Eigenfrequenzen des voll beladenen und des leeren Wagens etwa gleich sind. Flache degressive Kennlinien sind bei Stoß- und Pufferfedern angebracht, damit bei gleicher Stoßarbeit (Energieaufnahme) die Stoßkraft möglichst niedrig bleibt (Abb. 2.116b).

**Dämpfung** Bei Dämpfungsfedern ist der Kennlinienverlauf (Abb. 2.116c) bei Be- und Entlastung verschieden. Die in Wärme umgesetzte Reibarbeit $W_R$ ist die von beiden Kennlinien umschlossene Fläche. Die Dämpfung ist von der inneren Reibung des Werkstoffs abhängig. Der Dämpfungsfaktor $\psi = W_R/W$ liegt für Metallfedern zwischen $0 < \psi < 0,4$ und für Gummifedern zwischen $0,5 < \psi < 3$. Sie kann aber auch durch die Anordnung von Reibflächen bei geschichteten Blatt- und Tellerfedern und bei konischen Ringfedern (äußere Reibung) beeinflusst werden. Das Dämpfungsverhalten dynamisch belasteter Federn ist bei drehelastischen Kupplungen sehr wichtig und wird deshalb in Abschn. 4.4.3.2 (Elastische Kupplungen) behandelt.

**Resonanz schwingender Systeme** Für die Lösung schwingungstechnischer Probleme ist die Ermittlung der Eigenfrequenz erforderlich. Sei es, um die Erregerfrequenz der Eigenfrequenz anzunähern zwecks Ausnutzung der Resonanz (z. B. bei einem Schwingtisch) oder sei es, um zur Schwingungsisolierung den Unterschied zwischen Erreger- und Eigenfrequenz möglichst groß zu machen. Für ein einfaches Feder-Masse-System (Abb. 2.117) mit der Masse $m$ und der Federrate $R$ oder dem Massenträgheitsmoment $\Theta$ und der Drehfederrate $R_t$ beträgt die Eigenfrequenz ohne Berücksichtigung der Eigenmasse der Feder:

$$\omega_e = \sqrt{\frac{R}{m}} \quad \text{bzw.} \quad \omega_e = \sqrt{\frac{R_t}{\Theta}} \tag{2.70}$$

**Stoßvorgang** Trifft ein Gegenstand (z. B. Eisenbahnwagon) mit der Auftreffgeschwindigkeit $v$ auf eine Feder mit linearer Kennlinie (z. B. Puffer), so ergibt sich aus der kinetischen Energie $W = 1/2 \cdot mv^2$ aus Gl. (2.68) die maximale Stoßkraft:

$$F_{\max} = \sqrt{2 \cdot R \cdot W} = v \cdot \sqrt{m \cdot R} \tag{2.71}$$

und nach Gl. (2.67) gilt für den maximalen Federweg:

$$s_{\max} = \frac{F_{\max}}{R} = v \cdot \sqrt{\frac{m}{R}} \tag{2.72}$$

**Abb. 2.117** Feder-Masse-System

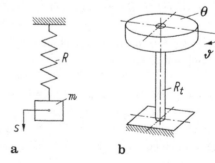

a                                    b

Die Gln. 2.70 bis 2.72 lassen klar die große Bedeutung der Federrate erkennen: Je größer $R$, umso höher liegt die Eigenfrequenz, umso größer wird die Stoßkraft und umso geringer der Federweg bei gleicher Arbeitsaufnahme.

**Dimensionierung** Federn sind nach den drei folgenden Kriterien auszulegen:

1. die Tragfähigkeit $F_{max}$ bzw. $T_{max}$, die von Bauart, Abmessungen und zulässigen Spannungen abhängig ist,
2. die Verformung $s$ bzw. $\vartheta$, die außer von der Bauart und den Abmessungen von der Belastung und dem Elastizitäts- bzw. Gleitmodul abhängig ist,
3. die Arbeitsaufnahme $W$, die von der zulässiger Spannung, dem Elastizitäts- bzw. Gleitmodul und vor allem von der Bauart und dem Federvolumen abhängig ist.

Die wirtschaftlichste Auslegung von Federn, d.h. die Ermittlung der günstigsten Abmessungen im Hinblick auf Sicherheit, Lebensdauer, Kosten, Gewicht und Raum erfordert meist mehrere Rechnungsgänge. Der Grund liegt darin, dass sich viele Größen gegenseitig beeinflussen. Es müssen zunächst Annahmen (z. B. über die Werkstoffkenngrößen oder den Platzbedarf) getroffen werden, die vom Ergebnis, den Abmessungen, aber auch von dem Herstellungsverfahren abhängig sind.

## 2.8.2 Federschaltungen

Oft ist es sehr schwierig oder sogar unmöglich, mit nur einer Feder eine gestellte Aufgabenstellung zu erfüllen. So müssen unter Umständen aus konstruktiven Gründen Kräfte auf mehrere Federn verteilt werden. Durch das Zusammenschalten mehrerer Federn lassen sich auch die verschiedensten nichtlinearen Federkennlinien realisieren. Grundsätzlich können Federn parallel oder hintereinander (in Reihe) angeordnet werden. Aber auch eine Kombination aus Parallel- und Reihenschaltung ist möglich.

**Parallelschaltung** Werden Federn nebeneinander, oder parallel, angeordnet, so verteilt sich die äußere Belastung anteilmäßig auf die einzelnen Federn. Die Auslenkung (Federweg $s$) ist jedoch für alle Federn gleich groß. Für die Federanordnung nach Abb. 2.118 gilt somit:

Federweg: $\qquad\qquad\qquad s = s_1 = s_2 = s_3$

Federkraft: $\qquad\qquad\qquad F = F_1 + F_2 + F_3$

Mit $F = R \cdot s$ gilt für die Federkraft auch:

$$R \cdot s = R_1 \cdot s_1 + R_2 \cdot s_2 + R_3 \cdot s_3$$

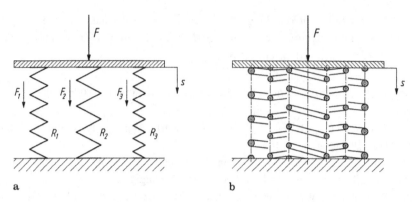

**Abb. 2.118** Parallelschaltung von Federn a) nebeneinander angeordnet; ineinander angeordnet

Da die Federwege gleich groß sind, können sie aus der Gleichung einfach gekürzt werden. Somit ergibt sich die Federrate des gesamten Federsystems als Addition der Einzelfederraten:

$$R = R_1 + R_2 + R_3 \tag{2.73}$$

Bei einer Parallelschaltung ist die Federrate des Federsystems gleich der Summe der Einzelfederraten. Das bedeutet, dass ein Federsystem aus parallelgeschalteten Federn immer härter ist als die Einzelfedern.

**Reihenschaltung**  Bei Federn, die hintereinander angeordnet sind, greift die äußere Belastung $F$ an jeder einzelnen Feder an. Die Federkräfte sind also in allen Federn gleich groß. Die Federwege sind jedoch entsprechend ihren Einzelfederraten unterschiedlich. Für die Federanordnung nach Abb. 2.119 gilt somit:

Federkraft:       $\quad F = F_1 = F_2 = F_3$

Federweg:        $\quad s = s_1 + s_2 + s_3$

Mit $s = F/R$ gilt für den Federweg auch:

$$\frac{F}{R} = \frac{F_1}{R_1} + \frac{F_2}{R_2} + \frac{F_3}{R_3}$$

Hier sind die Kräfte gleich groß und können gekürzt werden, so dass sich eine resultierende Federrate des gesamten Federsystems ergibt:

$$\frac{1}{R} = \frac{1}{R_1} + \frac{1}{R_2} + \frac{1}{R_3} \tag{2.74}$$

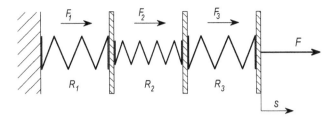

**Abb. 2.119** Reihenschaltung von Federn

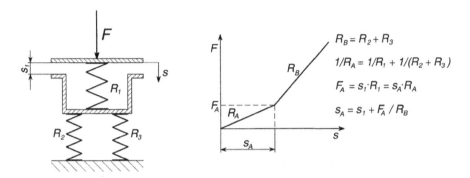

**Abb. 2.120** Federsatz als Parallelschaltung von Feder 2 und Feder 3 in Reihe mit Feder 1

**Mischschaltung** Federn können in einem System auch als Kombination aus Parallel- und Reihenschaltungen angeordnet werden. Abb. 2.120 zeigt ein einfaches Beispiel aus theoretisch unendlich vielen Anordnungsmöglichkeiten. Damit lassen sich sehr unterschiedliche Federkennlinien realisieren.

### 2.8.3 Metallfedern

Die meisten technischen Federn im Maschinenbau werden aus metallischen Werkstoffen hergestellt. Zu beachten ist, dass Metall, im Gegensatz zu den Elastomeren, nur eine sehr geringe Materialdämpfung (innere Reibung) aufweist. Außerdem haben Federn aus Metall fast immer lineare Kennlinien.

**Federwerkstoffe** Die gebräuchlichsten Federwerkstoffe sind mit einigen Hinweisen auf die Verwendung und Angabe der Normblätter in Tab. 2.42 zusammengestellt. Die Festigkeitswerte sind neben der Verarbeitung und Wärmebehandlung von der Bauform und den Abmessungen abhängig. So nimmt die z. B. die Zugfestigkeit von patentiert-gezogenen Stahldrähten bei größeren Abmessungen bis auf die Hälfte ab. Ähnlich verhält es sich mit der Dauerfestigkeit, die durch besondere Wärmebehandlungen, durch Schleifen und

**Tab. 2.42** Federwerkstoffe

| Normblatt | Bezeichnung | Anwendung |
|---|---|---|
| Warmgewalzte Stähle für vergütbare Federn nach DIN EN 10089 | 38 Si 7 | Federringe |
| | 54 SiCr 6 | Blattfedern für Schienenfahrzeuge |
| | 61 SiCr 7 | Fahrzeugblattfedern, Tellerfedern |
| | 55 Cr 3 | Hochbeanspruchte Fahrzeugfedern |
| | 51 CrV 4 | Höchstbeanspruchte Blatt- und Schraubenfedern, Tellerfedern |
| | 52 CrMoV 4 | Höchstbeanspruchte Blatt-, Schrauben- und Drehstabfedern mit großen Abmessungen |
| Kaltgewalzte Stahlbänder als Vergütungsstähle nach DIN EN 10132-3 | C22E, C30E, C40E, C45E, C50E, C60E, 25 Mn 4, 25CrMo 4, 34 CrMo 4, 42 CrMo 4 | Federn und federnde Teile der verschiedensten Art |
| Kaltgewalzte Stahlbänder für Wärmebehandlung nach DIN EN 10132-4 | C55S, C60S, C67S, C75S, C85S, C100S, 48 Si 7, 51 CrV 4, 80 CrV2, 102 Cr 6 | Hochbeanspruchte Zugfedern |
| Patentiert-gezogene Federstahldrähte nach DIN EN 10270-1 | Drahtsorte SL | Federn mit geringer statischer Beanspruchung |
| | Drahtsorte SM | Federn mit mittlerer statischer und geringer dynamischer Beanspruchung |
| | Drahtsorte DM | Federn mit mittlerer dynamischer Beanspruchung |
| | Drahtsorte SH | Federn mit hoher statischer und geringer dynamischer Beanspruchung |
| | Drahtsorte DH | Federn mit hoher statischer und mittlerer dynamischer Beanspruchung |
| Vergütbare Federstahldrähte nach DIN EN 10270-2 | Drahtsorte FD | Federn mit statischer Beanspruchung |
| | Drahtsorte TD | Federn mit mittleren dynamischen Beanspruchungen |
| | Drahtsorte VD | Federn mit hohen dynamischen Beanspruchungen |
| Nichtrostende Stähle nach DIN EN 10270-3 und DIN EN 10151 | X10 CrNi 18-8 X7 CrNiAl 17-7 X5 CrNi 18-10 | Federn unter korrodierenden Einflüssen |
| Federdrähte aus Kupferlegierungen nach DIN EN 12166 | CuZn | Federn aller Art |
| | CuSn | stromführende Federn |
| | CuNi | Relaisfedern |
| | CuBe | Federn aller Art |

Polieren der Oberfläche und besonders durch Kugelstrahlen wesentlich gesteigert werden kann.

**Bauformen**  Die Einteilung der Metallfedern wird üblicherweise nach der Beanspruchung vorgenommen. Danach sind heute folgende Bauformen üblich:

- **Zug- und druckbeanspruchte Federn**
  - Zugstabfeder, Ringfeder
- **Biegebeanspruchte Federn**
  - Blattfeder, Spiralfedre, Drehfelder, Tellerfeder
- **Torsionsbeanspruchte Federn**
  - Drehstabfeder, Schraubenfeder

### 2.8.3.1 Zugstabfeder

Die einfachste, aber praktisch nicht verwendete Zugfeder ist der gewöhnliche längsbelastete Zugstab. Er wird hier nur erwähnt, weil seine elastische Formänderungsarbeit als Vergleichswert für andere Federn benutzt werden kann.

Bei einem Zugstab mit konstantem Querschnitt $A$ und der Länge $l$ ist die Federrate

$$R = \frac{F}{s} = \frac{E \cdot A}{l}$$

Für alle Federarten lassen sich Gleichungen für die maximale Belastung, Auslenkung und Federarbeit angeben. Die Grundgleichungen für die Zugstabfeder lauten:
Max. Belastung:

$$F_{\max} = A \cdot \sigma_{zul}$$

Auslenkung:

$$s = \frac{F \cdot l}{E \cdot A} \quad \text{und} \quad s_{\max} = \frac{l}{E} \cdot \sigma_{zul}$$

Federarbeit:

$$W = \frac{1}{2} \cdot F_{\max} \cdot s_{\max} = \frac{1}{2} \cdot A \cdot \sigma_{zul} \cdot \frac{l}{E} \cdot \sigma_{zul} = \frac{\sigma_{zul}^2}{2E} \cdot A \cdot l = \frac{\sigma_{zul}^2}{2E} \cdot V$$

Wird die Federarbeit allgemein

$$W = \eta \cdot \frac{\sigma_{zul}^2}{2E} \cdot V \quad \text{bzw.} \quad W = \eta \cdot \frac{\tau_{zul}^2}{2E} \cdot V$$

gesetzt, so kann $\eta$ als Volumenausnutzungsfaktor aufgefasst werden, der nur bei gleichmäßiger Spannungsverteilung über alle Volumenelemente gleich 1 wird. Er ist von den Werkstoffgrößen ($\sigma_{zul}$ und $E$ bzw. $\tau_{zul}$ und $G$) unabhängig. Er stellt also lediglich eine Kennzahl für Bauart und Form dar. Der Raumbedarf wird wegen der verschiedenartigen Gestaltungs- und Anordnungsmöglichkeiten durch $\eta$ nicht erfasst.

### 2.8.3.2 Ringfeder

Die Ringfedern bestehen aus geschlossenen Innenringen mit äußerem Doppelkegel und Außenringen mit innerem Doppelkegel (Abb. 2.121). Bei axialer Belastung F entstehen in den Berührungsflächen Pressungen $p$, die in den Außenringen Zug- und in den Innenringen Druckspannungen und dementsprechende Durchmesserveränderungen hervorrufen. Der Federweg $s$ ist proportional der Belastung und der Anzahl der Berührungsflächen. Beim Zusammenschieben der Ringe tritt beachtliche Reibung auf, so dass eine qualitative Federkennlinie nach Abb. 2.116c entsteht und mehr als die Hälfte der aufgenommenen Arbeit in Wärme umgesetzt wird. Aus diesem Grund werden Ringfedern hauptsächlich als Pufferfedern (Abb. 2.122), aber auch als Überlastsicherungen und Dämpfungselemente in Pressen, Hämmer und Werkzeugen verwendet. Der Kegelwinkel $\alpha$ muss, um Selbsthemmung zu vermeiden, größer als der Reibungswinkel $\varrho$ sein, wobei diese Werte zwischen $\alpha = 12\dots15°$ und $\rho = 7\dots9°$ liegen. Da die zulässige Zugspannung niedriger ist als die zulässige Druckspannung, werden die Außenringe stärker ausgeführt als die Innenringe. Da die Ringfedern nicht genormt sind, erfolgt die Dimensionierung am besten nach Herstellerangaben.

### 2.8.3.3 Blattfedern

Zu den wichtigsten biegebeanspruchten Federn zählen die Blattfedern, die sowohl mit einseitiger Einspannung als auch mit drehbarer Lagerung an den Enden, manchmal auch mit beidseitiger Einspannung verwendet werden. Die Durchfederung (Durchbiegung) und die Arbeitsaufnahme sind bei konstanter Dicke stark von der Form abhängig (Tab. 2.43).

Am günstigsten verhält sich die einseitig eingespannte Dreiecksfeder, bei der die maximale Biegespannung in jedem Querschnitt gleich und daher die Biegelinie ein Kreisbogen ist. Die Federarbeit ist bei gleichem Volumen dreimal so groß wie bei der Rechteckfeder. Praktisch lässt sich diese Form jedoch kaum anwenden, so dass in der Regel auf die Trapezfeder zurückgegriffen wird.

Der Beiwert $\psi$ ist von $b/b_0$ abhängig (Abb. 2.123). Für eine Blattfeder mit konstantem Rechteckquerschnitt ($b_0 = b$) ist $\Psi = 1$ und der Volumenausnutzungsfaktor $\eta = 1/9$. Für eine Dreiecksfeder (b = 0) ist $\psi = 1,5$ und $\eta = 1/3$.

**Abb. 2.121** Prinzip Ringfeder

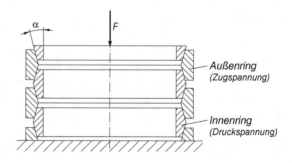

**Tab. 2.43** Grundgleichungen für Blattfedern

| Bauformen | max. Belastung | Durchbiegung | Federrate | Federarbeit |
|---|---|---|---|---|
| Rechteckfeder | $F_{max} = \dfrac{b_0\, h_0^2}{6\, l}\, \sigma_{b\,zul}$ | $s = \dfrac{4\, F\, l^3}{E\, b_0\, h_0^3}$ | $R = \dfrac{3\, E\, I_b}{l^3}$ | $W = \dfrac{1}{9}\, \dfrac{\sigma_{b\,zul}^2}{2E}\, b_0\, h_0\, l$ |
| Dreieckfeder | $F_{max} = \dfrac{b_0\, h_0^2}{6\, l}\, \sigma_{b\,zul}$ | $s = \dfrac{6\, F\, l^3}{E\, b_0\, h_0^3}$ | $R = \dfrac{2\, E\, I_{b0}}{l^3}$ | $W = \dfrac{1}{3}\, \dfrac{\sigma_{b\,zul}^2}{2E}\, b_0\, h_0\, l$ |
| Trapezfeder (eingespannt) | $F_{max} = \dfrac{b_0\, h_0^2}{6\, l}\, \sigma_{b\,zul}$ | $s = \Psi\, \dfrac{4\, F\, l^3}{E\, b_0\, h_0^3}$ | $R = \dfrac{3\, E\, I_{b0}}{\Psi\, l^3}$ | $W = \dfrac{1}{9}\, \Psi\, \dfrac{2}{1 + \dfrac{b}{b_0}}\, \dfrac{\sigma_{b\,zul}^2}{2E}\, V$<br>$V = \dfrac{b_0 + b}{2}\, h_0\, l$ |

**Tab. 2.43** (Fortsetzung)

| | | | | |
|---|---|---|---|---|
| Trapezfeder (drehbar gelagert) | $F'_{max} = \dfrac{2}{3}\dfrac{b_0\,h_0^2}{l'}\,\sigma_{b\,zul}$ | $s' = \Psi\,\dfrac{F'\,l'^3}{4\,E\,b_0\,h_0^3}$ | $R = \dfrac{2\cdot b_0\cdot h_0^3\cdot E}{\Psi\cdot l'^3}$ | $W' = \dfrac{1}{9}\,\Psi\,\dfrac{2}{1+\dfrac{b}{b_0}}\,\dfrac{\sigma_{b\,zul}^2}{2E}\,V'$ $V' = \dfrac{b_0 + b}{2}\,h_0\,l'$ |
| beidseitig eingespannte Rechteckfeder | $F'_{max} = \dfrac{b\,h^2}{3\,l'}\,\sigma_{b\,zul}$ | $s' = \dfrac{F'\,l'^3}{E\,b\,h^3}$ | $R = \dfrac{b\cdot h^3\cdot E}{l'^3}$ | $W' = \dfrac{1}{9}\,\dfrac{\sigma_{b\,zul}^2}{2E}\,b\,h\,l'$ |

**Abb. 2.122** Ringfeder als
Pufferfeder

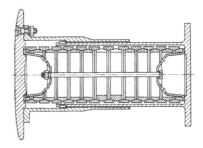

**Abb. 2.123** Beiwert $\psi$

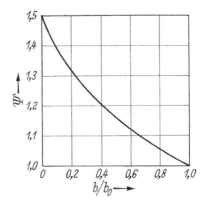

Bei Trapezfedern mit drehbar gelagerten Federenden verhält sich jede Federhälfte wie ein einseitig eingespannter Träger, so dass in die Gleichungen für die eingespannte Trapezfeder jeweils nur $F$ durch $F'/2$ und $l$ durch $l'/2$ zu ersetzen sind.

**Geschichtete Blattfeder**  Die geschichtete Blattfeder in Abb. 2.124 kann als eine in Streifen geschnittene Trapezfeder aufgefasst werden. Die einzelnen Blätter werden in der Mitte durch einen Federbund oder durch Spannplatten zusammengehalten. Um Querverschiebungen zu vermeiden, wird gerippter Federstahl (z. B. nach DIN EN 10092-2) verwendet. Eine Fixierung in Längsrichtung erfolgt durch eingepresste Rippen (Mittenwarzen). Eingesetzt werden geschichtete Blattfedern z. B. in Schwimmfahrzeugen und im Lastfahrzeugbau.

Ohne Berücksichtigung der Reibung (die nur sehr schwer erfassbar ist) gelten dieselben Gleichungen wie bei der drehbar gelagerten Trapezfeder:

$$b_0 = i \cdot b' \quad \text{und} \quad b = i' \cdot b'$$

mit $i$ = Anzahl aller Blätter (im Beispiel $i = 7$), $i'$ = Anzahl der bis zu den Enden durchgeführten Blätter (im Beispiel $i' = 2$) und $b'$ = Blattbreite.

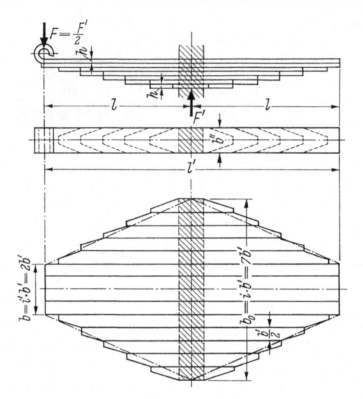

**Abb. 2.124** Geschichtete Blattfeder

**Tab. 2.44** Zulässige Biegespannungen für Blattfedern

| Werkstoff | Zugfestigkeit $R_m$ [N/mm²] | zul. Biegespannung $\sigma_{b,zul}$ [N/mm²] |
|---|---|---|
| 54 SiCr 6 | 1450...1750 | 650...800 |
| 61 SiCr7 | 1550...1850 | 700...830 |
| 51 CrV4 | 1350...1650 | 600...740 |
| 52 CrMoV 4 | 1450...1750 | 650...800 |

Im Fahrzeugbau werden zur Annäherung an eine progressive Kennlinie häufig ge-stufte Blattfedern verwendet. Das heißt, nach einem bestimmten Weg werden Zusatzfedern wirksam.

**Werkstoffkennwerte** Blattfedern werden meistens aus Federstahl nach DIN EN 10089 hergestellt. In dieser Norm sind die Zugfestigkeiten für vergütete Federstähle angegeben. Die zulässigen Biegespannungen können $\sigma_{b,zul} \approx (0,4\dots 0,5) \cdot R_m$ angenommen werden (Tab. 2.44).

### 2.8.3.4 Gekrümmte Biegefeder

Gekrümmte Biegefedern finden vielfach in elektrischen und feinmechanischen Geräten als Kontakt-, Bügel- oder Klammerfedern Verwendung. Das Beispiel nach Abb. 2.125 ist wie eine Blattfeder mit konstantem Rechteckquerschnitt zu betrachten. Mit dem Widerstandsmoment $W_b$ bzw. Flächenträgheitsmoment $I_b$ ergeben sich für Federkraft und Auslenkung folgende Beziehungen:

$$F_{\max} = \sigma_{b,zul} \cdot \frac{W_b}{L}$$

$$s = \frac{F}{E I_b} \left[ \frac{l^3}{3} + r\, l^2 \frac{\pi}{2} + 2\, r^2 l + r^3 \frac{\pi}{4} \right]$$

### 2.8.3.5 Spiralfeder, Drehfeder

Bei gewundenen Biegefedern, wie der ebenen Spiralfeder und der räumlich nach einer Schraubenlinie geformten Drehfeder, auch Schenkelfeder genannt, werden bei einer Auslenkung Rückstellmomente um die Drehachse erzeugt (Abb. 2.126). Spiralfedern finden Anwendung in Messinstrumenten und Uhren, Drehfedern als Scharnierfedern zum Rückholen oder Andrücken von Hebeln, Rasten und dergleichen.

Wenn die Federenden fest eingespannt sind, werden alle Federelemente gleichmäßig auf Biegung beansprucht. Ohne Berücksichtigung der Spannungserhöhung infolge der Drahtkrümmung an der Innenseite des Querschnittes können dafür die Grundgleichungen der Tab. 2.45 entnommen werden.

Hierbei bedeutet $l$ die gestreckte Drahtlänge. Mit $n$ = Windungszahl gilt:

archimedische Spirale:
$$l \approx 2\,\pi\, n \left[ r_0 + \frac{1}{2} n\, (d + dr) \right]$$

Drehfeder:
$$l \approx \pi D n$$

Die zulässige Biegebeanspruchung kann für den häufig verwendeten Federdraht nach DIN EN 10270-1, Abb. 2.127 entnommen werden. Durch die Krümmung der Draht- oder

**Abb. 2.125** Gekrümmte Biegefeder

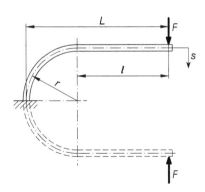

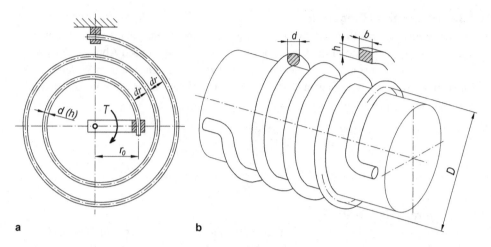

**Abb. 2.126** Gewundene Biegefedern a) Spiralfeder; b) Drehfeder (Schenkelfeder)

**Tab. 2.45** Grundgleichungen für Spiral- und Drehfedern

| Allgemein | Kreisquerschnitt | Rechteckquerschnitt (b parallel zur Drehachse) |
|---|---|---|
| $T_{max} = M_{b,max} = W_b \cdot \sigma_{b,zul}$ | $T_{max} = \dfrac{\pi\, d^3}{32} \cdot \sigma_{b,zul}$ | $T_{max} = \dfrac{b\, h^2}{6} \cdot \sigma_{b,zul}$ |
| $\widehat{\alpha} = \dfrac{T\, l}{E\, I_b};\ \widehat{\alpha}_{max} = \dfrac{W_b\, l}{E\, I_b} \cdot \sigma_{zul}$ | $\widehat{\alpha}_{max} = \dfrac{2\, l}{d} \cdot \dfrac{\sigma_{b,zul}}{E}$ | $\widehat{\alpha}_{max} = \dfrac{2\, l}{h} \cdot \dfrac{\sigma_{b,zul}}{E}$ |
| $W = \dfrac{1}{2} \cdot T_{max} \cdot \widehat{\alpha}_{max}$ | $W = \dfrac{1}{4} \dfrac{\sigma_{b,zul}^2}{2E} \cdot V$  $V = \dfrac{\pi\, d^2}{4} l$ | $W = \dfrac{1}{3} \dfrac{\sigma_{b,zul}^2}{2E} \cdot V$  $V = bhl$ |

Stabachse tritt beim Belasten von gewundenen Biegefedern an der Innenseite eine Spannungserhöhung auf, die umso größer ist, je kleiner das Wickelverhältnis $w = D/d$ ist. Wird $\sigma_i$ als ideelle Biegespannung bezeichnet, so ergibt sich die größte Biegespannung immer zu

$$\sigma_{max} = \sigma_q = q \cdot \sigma_i$$

Der Spannungsbeiwert $q$ ist Abb. 2.128 zu entnehmen. Bei Spiralfedern ist für den Windungsdurchmesser $D = 2 \cdot r_0$ einzusetzen.

### 2.8.3.6 Tellerfedern

Die Tellerfedern (Abb. 2.129) sind Kegelringscheiben, die als Einzelfedern oder kombiniert zu Federpaketen und Federsäulen sowohl ruhend als auch schwingend belastet werden. Bei gleichmäßig verteilter Belastung über dem inneren und äußeren Umfang

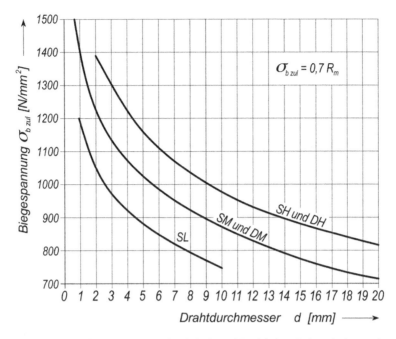

**Abb. 2.127** Zulässige Biegespannungen für Spiral- und Drehfedern bei statischer und quasistatischer Belastung aus patentiert-gezogenen Federstahldrähten nach DIN EN 10 270-1

**Abb. 2.128** Spannungsbeiwert $q$ zur Ermittlung der maximalen Biegespannung

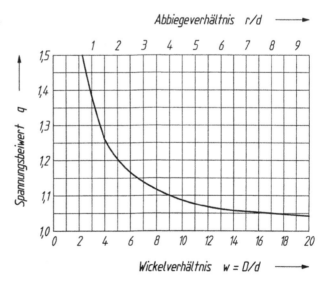

werden Tellerfedern vorwiegend auf Biegung beansprucht. Sie werden mit und ohne Auflageflächen hergestellt.

Je nach Abmessungen ergeben sich nahezu lineare oder degressive Kennlinien (Abb. 2.130). Einen progressiven Kennlinienverlauf erhält man durch wechselseitig

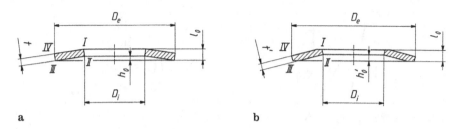

**a**                                                       **b**

**Abb. 2.129**  Tellerfeder nach DIN EN 16983; a) ohne Auflagefläche; b) mit Auflagefläche

**Abb. 2.130**  Berechnete
Federkennlinie einer
Tellerfeder nach DIN
EN 16984

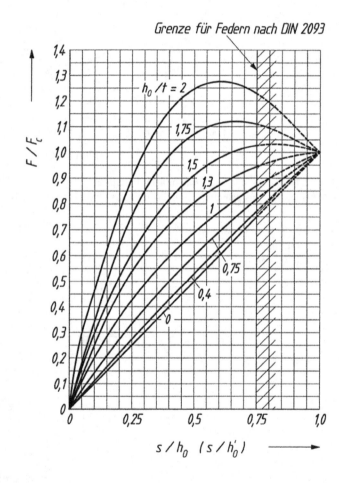

aneinandergereihte Einzelteller verschiedener Dicke oder durch wechselseitige Anordnung von Federpaketen mit verschiedener Anzahl von Tellern gleicher Dicke (Abb. 2.131).

Den Kombinationsmöglichkeiten entsprechend ist das Anwendungsgebiet der Tellerfeder sehr groß. Sie werden besonders wegen ihres geringen Platzbedarfs bei großen
Kräften und kleinen Federwegen, aber auch als Federsäulen mit weicher Charakteristik

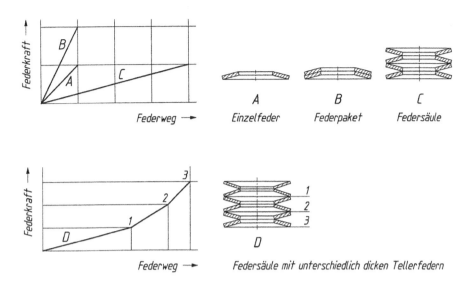

**Abb. 2.131** Kombination von Tellerfedern

Annahme: Die Federkennlinien seien über den gesamten Federweg $h_0$ linear.

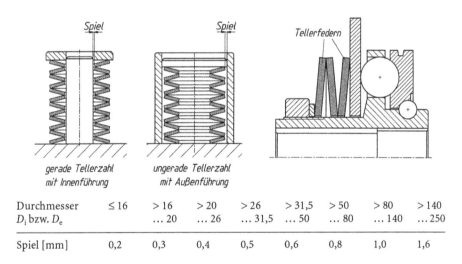

| Durchmesser $D_i$ bzw. $D_e$ | ≤ 16 | > 16 ... 20 | > 20 ... 26 | > 26 ... 31,5 | > 31,5 ... 50 | > 50 ... 80 | > 80 ... 140 | > 140 ... 250 |
|---|---|---|---|---|---|---|---|---|
| Spiel [mm] | 0,2 | 0,3 | 0,4 | 0,5 | 0,6 | 0,8 | 1,0 | 1,6 |

**Abb. 2.132** Einbaubeispiele für Tellerfedern

verwendet. Beispiele sind Puffer- und Stoßdämpferfedern, für Auswerfvorrichtungen der Stanz-, Schnitt- und Ziehtechnik, für Federbeine, Ventile, für Längen- und Toleranzausgleich, für Spielausgleich und Geräuschminderung bei Kugellagern, zur Aufrechterhaltung der Vorspannung in Schraubenverbindungen usw. (Abb. 2.132). Weitere Anwendungsbeispiele enthalten die Kataloge der Hersteller.

Bei gleichsinnig geschichteten Einzeltellern (Federpakete) tritt noch Reibung zwischen den Auflageflächen und somit eine gewisse Dämpfung auf.

**Berechnung** Die Berechnung von Tellerfedern erfolgt nach den Näherungsformeln von Almen und Laszlo, die auch der DIN EN 16984 zugrunde gelegt sind. Für die Einzeltellerfeder ohne Auflagefläche gelten folgende Beziehungen:
Federkraft des Einzeltellers:

$$F = \frac{4E}{1-v^2} \cdot \frac{t^4}{K_1 D_e^2} \cdot \frac{s}{t} \cdot \left[ \left( \frac{h_0}{t} - \frac{s}{t} \right) \left( \frac{h_0}{t} - \frac{s}{2\,t} \right) + 1 \right],$$

Federkraft bei Planlage:

$$F_c = F_{s=h_0} = \frac{4E}{1-v^2} \cdot \frac{t^3 h_0}{K_1 D_e^2},$$

Federrate:

$$R = \frac{dF}{ds} = \frac{4E}{1-v^2} \cdot \frac{t^3}{K_1 D_e^2} \cdot \left[ \left( \frac{h_0}{t} \right)^2 - 3\frac{h_0}{t} \cdot \frac{s}{t} + \frac{3}{2} \left( \frac{s}{t} \right)^2 + 1 \right].$$

Federarbeit:

$$W = \int F\,ds = \frac{2E}{1-v^2} \cdot \frac{t^5}{K_1 D_e^2} \cdot \left( \frac{s}{t} \right)^2 \left[ \left( \frac{h_0}{t} - \frac{s}{2\,t} \right)^2 + 1 \right]$$

In diesen Gleichungen ist $v$ die Querkontraktionszahl und $E$ der Elastizitätsmodul des Federwerkstoffes. Für den Faktor $K_1$ gilt:

$$K_1 = \frac{1}{\pi} \cdot \frac{\left( \frac{\delta-1}{\delta} \right)^2}{\frac{\delta+1}{\delta-1} - \frac{2}{\ln \delta}} \quad \text{mit} \quad \delta = \frac{D_e}{D_i}$$

Nach DIN EN 16984 lassen sich auch die Spannungen an den Stellen I bis IV berechnen. Für die empfohlene maximale Durchfederung von $s_{max} = 0,75 \cdot h_0$ sind in DIN EN 16984 für genormte Tellerfedern die maximalen Kräfte und Spannungen angegeben.

Für Tellerfedern mit statischer Beanspruchung (kleiner $10^4$ Lastspiele) ist ein Festigkeitsnachweis nicht erforderlich, wenn die maximale Kraft $F_{max}$ bei $s = 0,75 \cdot h_0$ nicht überschritten wird. Ansonsten darf die Spannung auf der Oberseite $\sigma_{OM}$ bei Planlage der Feder die Streckgrenze nicht überschreiten.

Wechselt die Beanspruchung dauernd zwischen dem Vorspannweg $s_1$ und dem Federweg $s_2$, so liegt eine schwingende Beanspruchung vor. Schwingungsbrüche entstehen an der Tellerunterseite an den Stellen II oder III, weil dort die größten Zugspannungen auftreten. Für den Festigkeitsnachweis ist demnach die größte rechnerische Zugspannung maßgebend, wobei die Hubspannung $\sigma_h$ kleiner als die Dauerhubfestigkeit sein muss:

$$\sigma_h = \sigma_o - \sigma_u < \sigma_H = \sigma_O - \sigma_U$$

Die Dauerhubfestigkeit ist für Werkstoffe nach DIN 2093 bzw. DIN EN 16983 der Abb. 2.133 zu entnehmen.

### 2.8.3.7 Drehstabfeder

Die gerade Drehstabfeder wird durch das Drehmoment $T$ belastet. Der Endquerschnitt verdreht sich gegenüber dem Einspannquerschnitt um den Winkel $\vartheta$. Die Federrate (Verdrehfederkonstante) ist demnach

$$R_t = \frac{T}{\vartheta} \; [\text{Nmm}/°] \quad \text{bzw.} \quad \widehat{R}_t = \frac{T}{\widehat{\vartheta}} = \frac{GI_t}{l_f} \; [\text{Nmm/rad}]$$

Meist wird ein Kreisquerschnitt gewählt. Es gibt aber auch Rechteckdrehstabfedern (Abb. 2.134), bei denen jedoch die Torsionsspannungen sehr ungleichmäßig verteilt sind. Drehstabfedern werden hauptsächlich im Fahrzeugbau (z. B. für Achskonstruktionen) aber auch in Drehkraftmessern und in nachgiebigen Kupplungen verwendet. Drehstabfedern mit Kreisquerschnitt sind in DIN 2091 genormt. Außer der Berechnung sind auch die Abmessungen der Stabköpfe und der Übergänge angegeben (Abb. 2.135).

**Berechnung** Für die Berechnung der Drehstabfedern gelten die Grundgleichungen in Tab. 2.46. Dabei ist $l_f$ die federnde Länge und $V_f$ das federnde Volumen des Drehstabes. Die $\eta_1$- und $\eta_2$-Werte sind Abb. 2.136 zu entnehmen.

Der Volumenausnutzungsfaktor für Drehstabfedern mit Kreisquerschnitt ist mit $\eta = 0,5$ gegenüber dem der Biegefedern sehr groß. Ein Vergleich der Arbeitsaufnahme einer Drehstabfeder mit Kreisquerschnitt und der günstigsten Biegefeder, dieDreiecksfeder mit

**Tab. 2.46** Grundgleichungen für Drehstabfedern

| Allgemein | Kreisquerschnitt | Rechteckquerschnitt |
|---|---|---|
| $T_{\max} = W_t \cdot \tau_{t,zul}$ | $T_{\max} = \dfrac{\pi\, d^3}{16} \cdot \tau_{t,zul}$ | $T_{\max} = \eta_1\, b^2\, h\, \tau_{t,zul}$ |
| $\widehat{\vartheta} = \dfrac{T\, l_f}{G\, I_t}$ | $\widehat{\vartheta} = \dfrac{T\, l_f\, 32}{G\, \pi\, d^4}$ | $\widehat{\vartheta} = \dfrac{T\, l_f}{G\, \eta_2\, b^3 h}$ |
| $\widehat{\vartheta}_{\max} = \dfrac{W_t\, l_f}{G\, I_t} \cdot \tau_{t,zul}$ | $\widehat{\vartheta}_{\max} = \dfrac{2\, l_f}{d} \cdot \dfrac{\tau_{t,zul}}{G}$ | $\widehat{\vartheta}_{\max} = \dfrac{\eta_1}{\eta_2} \cdot \dfrac{l_f}{b} \cdot \dfrac{\tau_{t,zul}}{G}$ |
| $W = \dfrac{1}{2} \cdot T_{\max} \cdot \widehat{\vartheta}_{\max}$ | $W = \dfrac{1}{2} \cdot \dfrac{\tau_{t,zul}^2}{2\, G} \cdot V_f$ | $W = \dfrac{\eta_1^2}{\eta_2} \cdot \dfrac{\tau_{t,zul}^2}{2\, G} \cdot V_f$ |

**Abb. 2.133** Dauerfestigkeitsschaubild für nicht kugelgestrahlte Tellerfedern: a) für Federdicken t < 1, 25 mm; b) für Federdicken t = 1, 25...6 mm

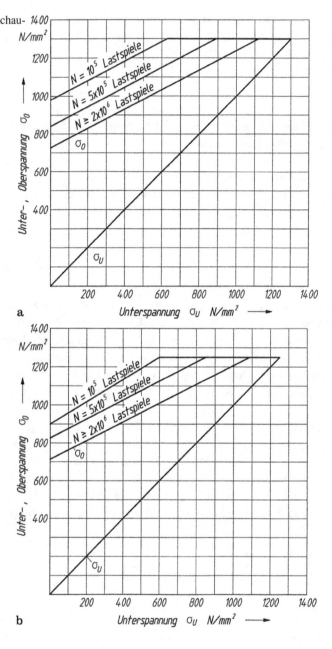

a

b

$\eta = 0, 33$, liefert mit $\tau_{t,zul} \approx 0, 75 \cdot \sigma_{b,zul}$ und $G \approx 0, 38 \cdot E$

$$\frac{W_{Drehstab}}{W_{Biegefeder}} = \frac{\dfrac{1}{2} \cdot \dfrac{\tau_{t,zul}^2}{2\,G} \cdot V_f}{\dfrac{1}{3} \cdot \dfrac{\sigma_{b,zul}^2}{2\,E} \cdot V} = \frac{3}{2} \cdot \frac{9}{16} \cdot \frac{1}{0,38} = 2, 2.$$

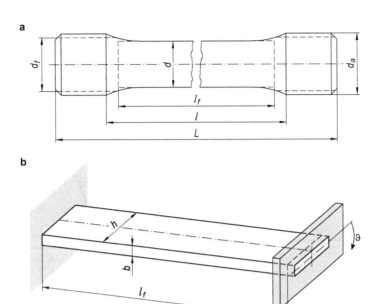

**Abb. 2.134**  Drehstabfedern

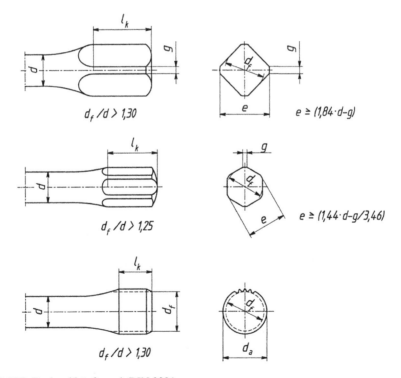

**Abb. 2.135**  Drehstabköpfe nach DIN 2091

**Abb. 2.136** Beiwerte für
Rechteckquerschnitt

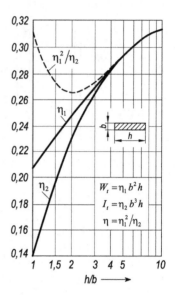

Das heißt, bei gleichem Volumen kann die Drehstabfeder mit Kreisquerschnitt mehr als
das Doppelte an Arbeit aufnehmen als die beste Biegefeder. Aus diesem Grund werden
Drehstabfedern vorzugsweise im Fahrzeugbau eingesetzt.

Noch günstigere Verhältnisse erhält man beim Kreisringquerschnitt, für den die
Grundgleichungen mit $Q = d/D$ lauten:

$$T_{max} = \frac{\pi D^3}{16} \left(1 - Q^4\right) \cdot \tau_{t,zul},$$

$$\widehat{\vartheta} = \frac{T \, l_f \, 32}{G \, \pi \, d^4 \left(1 - Q^4\right)} \quad \text{und} \quad \widehat{\vartheta}_{max} = \frac{2 \, l_f}{D} \cdot \frac{\tau_{t,zul}}{G},$$

$$W = \frac{1}{2} \left(1 + Q^2\right) \cdot \frac{\tau_{t,zul}^2}{2 \, G} \cdot V_f = \eta \cdot \frac{\tau_{t,zul}^2}{2 \, G} \cdot V_f$$

Wie aus Abb. 2.137 ersichtlich, wird der Volumenausnutzungsfaktor mit zunehmendem
$d/D$ deutlich größer als 0,5.

**Beispiel: Drehstabfeder**

Gegeben: $T_{max} = 800$ Nm; $\vartheta_{max} = 23° = 0,4$ rad; $\tau_{t,zul} = 300$ N/mm²;

$G = 80\,000$ N/mm². Gesucht: Erforderliche Abmessungen a) bei Kreisquerschnitt
und b) bei Kreisringquerschnitt mit $d/D = 0,6$.

**Abb. 2.137** Volumenausnutzungsfaktor für Kreisringquerschnitte

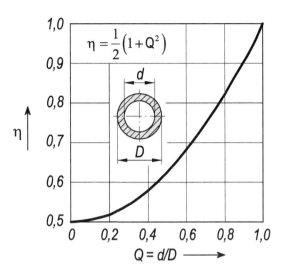

$$\eta = \frac{1}{2}\left(1 + Q^2\right)$$

$\eta \uparrow$

$Q = d/D \longrightarrow$

a) Kreisquerschnitt

$$\frac{\pi d^3}{16} = \frac{T_{max}}{\tau_{t,\,zul}} = \frac{800 \cdot 10^3 \,\text{Nmm}}{300 \,\text{N/mm}^2} = 2660 \,\text{mm}^3; \quad d^3 = 13\,600 \,\text{mm}^3; \quad d \approx 24 \,\text{mm},$$

$$l_f = \frac{\hat{\vartheta}_{max} \, d \, G}{2\tau_{t,\,zul}} = \frac{0,4 \cdot 24 \,\text{mm} \cdot 80\,000 \,\text{N/mm}^2}{2 \cdot 300 \,\text{N/mm}^2} = 1280 \,\text{mm},$$

$$V_f = \frac{\pi \, d^2}{4} l_f = 570 \,\text{cm}^3; \quad \eta = 0,5.$$

b) Kreisringquerschnitt

$$\frac{\pi \, D^3}{16} = \frac{T_{max}}{(1 - Q^4)\tau_{t,\,zul}} = \frac{2,66 \cdot 10^3 \,\text{Nmm}^3}{0,8704} = 3060 \,\text{mm}^3; \quad D^3 = 15,6 \cdot 10^3 \,\text{mm}^3;$$

$$D = 25 \,\text{mm}; \quad d = 0,6 \cdot D = 15 \,\text{mm};$$

$$l_f = \frac{\hat{\vartheta}_{max} \, D \, G}{2\tau_{t,\,zul}} = 1330 \,\text{mm},$$

$$V_f = \frac{\pi}{4}(D^2 - d^2)\, l_f = 419 \,\text{cm}^3; \quad \eta = 0,68.$$

### 2.8.3.8 Zylindrische Schraubenfedern

Eine zylindrische Schraubenfeder kann in erster Näherung als schraubenförmig gewundene Drehstabfeder aufgefasst werden. Sie entsteht dadurch, dass ein Federdraht auf einen Dorn gewickelt wird. Kleine Drahtdurchmesser (bis max. 17 mm) werden kalt verformt, Schraubenfedern mit großen Drahtdurchmessern (8 bis 60 mm) werden durch Warmverformung hergestellt. Sie werden mit Kreisquerschnitten meist vollautomatisch und in großen Stückzahlen hergestellt. Zylindrische Schraubenfedern mit Rechteckquerschnitt

werden wegen Herstellungsschwierigkeiten nur selten verwendet. Die Berechnungsgrundlagen sind in DIN EN 13906 zusammengestellt.

Das Anwendungsspektrum ist außerordentlich vielfältig. Schraubenfedern werden axial
mit einer Druckkraft (Druckfedern nach DIN EN 15800 und 2096) oder Zugkraft (Zugfedern nach DIN 2097) beaufschlagt. Sie ermöglichen große Federwege und besitzen
ein hohes Arbeitsvermögen. Außerdem lassen sich Schraubenfedern sehr einfach zu
Federsätzen (Federschaltungen) kombinieren.

**Schraubendruckfedern**  Druckfedern bestehen aus wirksamen Federwindungen $n$ und
nichtfedernden Endwindungen. Um ein möglichst axiales Einfedern zu erreichen, werden
die Federenden angelegt und meistens plangeschliffen. Kaltgeformte Federn bestehen aus
mindestens 2 wirksamen Windungen ($n > 2$) und 2 Endwindungen. Bei warmgeformten
Druckfedern sollte $n \geq 3$ sein und als nichtfedernde Endwindungen werden jeweils nur 3/4
einer Windung an jedem Federende angenommen. Daraus ergibt sich die Gesamtanzahl
der Windungen

bei kaltgeformten Druckfedern:          $n_t = n + 2$

bei warmgeformten Druckfedern:     $n_t = n + 1, 5$

Außerdem müssen die Federenden einander gegenüberliegen, d. h. um 180° versetzt sein,
um eine einseitige Belastung zu vermeiden. Daraus folgt, dass die Gesamtanzahl der
Windungen ein Vielfaches einer halben Windung sein muss:

$$n_t = 4, 5; \ n_t = 5, 5; \ n_t = 6, 5; \ n_t = 7, 5; \ \text{usw.}$$

Um die Funktion der Feder nicht zu beeinträchtigen, dürfen sich die federnden Windungen auch bei maximaler Belastung nicht berühren (Druckfedern sollten nie auf Block
zusammengedrückt werden). Das Maß $S_a$ stellt nach Abb. 2.138 die Summe der Min-
destabstände zwischen den einzelnen federnden Windungen bei der kleinsten Federlänge
$L_n$ dar. Innerhalb von $S_a$ kann die Federkennlinie stark progressiv ansteigen. Bei statischer
Belastung gilt

für kaltgeformte Federn:     $S_a = \left(0, 0015 \cdot D^2/d + 0, 1 \cdot d\right) \cdot n,$

für warmgeformte Federn:          $S_a = 0, 02 \cdot (D + d) \cdot n.$

**Abb. 2.138** Bezeichnungen
bei Druckfedern

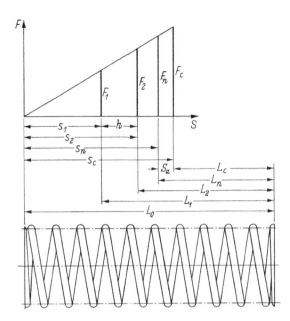

Bei dynamischer Beanspruchung der Federn ist der $S_a$-Wert bei warmgeformten Federn zu verdoppeln, bei kaltgeformten Federn muss er das 1,5fache betragen.

Die Blocklänge $L_c$ (wenn alle Windungen aneinander anliegen) ist abhängig vom Drahtdurchmesser $d$ und von der Gestaltung der Federenden der Tab. 2.47 zu entnehmen. Die übrigen Federlängen sind nach Abb. 2.138 zu berechnen.

Bei langen, ungeführten Druckfedern besteht die Gefahr des Ausknickens. Die Knicksicherheit ist von der Federendenlagerung abhängig und wird durch den Lagerungsbeiwert $\nu$ (Abb. 2.139) berücksichtigt. Ob für eine Druckfeder Knickgefahr besteht kann nach Abb. 2.140 beurteilt werden. Während auf der linken Seite der Grenzkurve keine Knickgefahr besteht, kann die Feder rechts davon ausknicken.

**Berechnung** Zur Herleitung der Berechnungsgleichungen wird ein in Schraubenlinie gewundener Torsionsstab betrachtet (Abb. 2.141). Die in der Längsachse wirkenden Zug- und Druckkräfte $F$ haben von jedem Drahtelement den konstanten Abstand $D/2$. Nach DIN EN 13906 können für kleine Steigungswinkel sowohl die Biege- als auch die

**Tab. 2.47** Blocklänge bei Druckfedern

|  | Federenden angelegt und plangeschliffen | Federenden angelegt aber unbearbeitet |
|---|---|---|
| für kaltgeformte Federn | $L_c \leq n_t \cdot d$ | $L_c \leq (n_t + 1,5) \cdot d$ |
| für warmgeformte Federn | $L_c \leq (n_t - 0,3) \cdot d$ | $L_c \leq (n_t + 1,1) \cdot d$ |

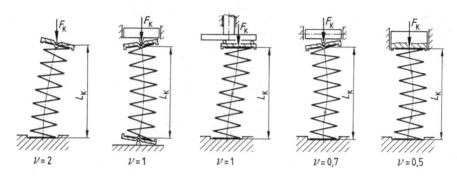

**Abb. 2.139** Lagerungsarten und entsprechende Lagerungsbeiwerte von axial beanspruchten Schraubendruckfedern

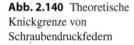

**Abb. 2.140** Theoretische Knickgrenze von Schraubendruckfedern

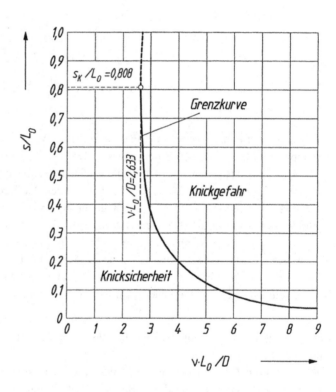

Zug- und Druckspannungen vernachlässigt werden. Auch die Scherspannung ist gegenüber der Torsionsbeanspruchung vernachlässigbar, da der Federdraht als langer schlanker Stab aufgefasst werden kann. Jedes Element wird also nur durch das konstante Drehmoment $T = F \cdot D/2$ belastet. Die maximale Torsionsspannung ergibt sich somit zu

$$\tau_{t,\max} = \frac{T}{W_t} = \frac{F \cdot D/2}{W_t}$$

**Abb. 2.141** Rechenmodell für zylindrische Schraubenfeder

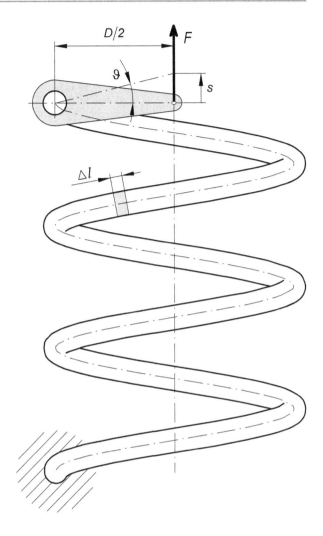

Da die vorhandene Torsionsspannung kleiner als $\tau_{zul}$ sein muss, lautet die Gleichung für die Tragfähigkeit:

$$F_{max} = \frac{2\,W_t}{D} \cdot \tau_{zul}. \tag{2.75}$$

Für die Ermittlung der Verformungsgleichung wird die in Abb. 2.141 dargestellte Feder als unten eingespannt betrachtet, an dessen oberem Ende ein starrer Hebel für den zentrischen Angriff der Kraft $F$ befestigt ist. Jedes Stabelement von der Länge $\Delta l$ wird durch das Drehmoment $T$ um den Winkel

$$\Delta\widehat{\vartheta} = \frac{F(D/2)\,\Delta l}{G\,I_t}$$

verdreht, so dass sich der Gesamtverdrehwinkel mit $\sum \Delta l = l \approx \pi \cdot D \cdot n$ angenähert zu

$$\hat{\vartheta} = \frac{F\,D\,n\,D}{2 \cdot G\,I_t}$$

und der gesamte Federweg zu

$$s = \hat{\vartheta}\frac{D}{2} = \frac{\pi D^3}{2 \cdot G\,I_t} n\,F \tag{2.76}$$

ergibt. Aus Gl. 2.75 und Gl. 2.76 folgt dann für die maximale Energie, die in der Feder elastisch gespeichert werden kann:

$$W_{\text{max}} = \frac{1}{2}\,F_{\text{max}}\,s_{\text{max}} = \frac{W_t^2}{I_t\,A} \cdot \frac{\tau_{zul}^2}{2\,G} \cdot \pi D\,n\,A \tag{2.77}$$

Für den am meisten verwendeten Kreisquerschnitt ergeben sich dann folgende Grundgleichungen:

$$F_{\text{max}} = \frac{\pi}{8}\frac{d^3}{D}\tau_{zul} \tag{2.78}$$

$$s = \frac{F}{R} = \frac{8}{G}\frac{D^3 n}{d^4}F \quad \text{und} \quad s_{\text{max}} = \frac{D^2}{d}\pi n\frac{\tau_{zul}}{G} \tag{2.79}$$

$$W = \frac{1}{2}Fs = \frac{1}{2}\cdot\frac{\tau_{zul}^2}{2\,G}\cdot V \quad \text{mit} \quad V = \frac{\pi d^2}{4}\pi D\,n \tag{2.80}$$

Die tatsächliche Federrate einer vorhandenen Feder ergibt sich durch Umstellen der Gl. 2.79 zu

$$R = \frac{G\,d^4}{8\,D^3 n} \tag{2.81}$$

Nach DIN EN 13906 wird die Torsionsspannung ohne Berücksichtigung der Drahtkrümmung als ideelle Torsionsspannung $\tau$ bezeichnet. Infolge der Drahtkrümmung ist die Schubspannung über den Umfang des Drahtes jedoch nicht gleichmäßig verteilt. Insbesondere treten auf der Innenseite Spannungserhöhungen auf, die durch einen Spannungsbeiwert $k$ berücksichtigt werden (Abb. 2.142). Die korrigierte Torsionsspannung unter Berücksichtigung des Spannungskorrekturfaktors wird damit

$$\tau_t = \tau_k = k \cdot \tau = k\frac{8}{\pi}\frac{D}{d^3}F$$

Bei statischer Beanspruchung und Lastspielzahlen bis $10^4$ Lastwechsel kann der Einfluss der Drahtkrümmung vernachlässigt und die zulässigen Torsionsspannungen aus Abb. 2.143 entnommen werden. Bei dynamischer Beanspruchung begünstigt die

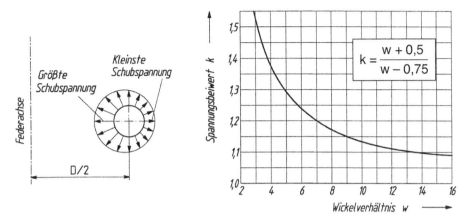

**Abb. 2.142** Schubspannungsverteilung im Drahtquerschnitt und Spannungsbeiwert $k$, abhängig vom Wickelverhältnis $w = D/d$

Spannungserhöhung den Dauerbruch. Die maximal auftretende Hubspannung $\tau_{kh}$ muss deshalb kleiner sein als die zulässige Dauerhubfestigkeit $\tau_{kH}$ nach Abb. 2.144:

$$\tau_{kh} = \tau_{k2} - \tau_{k1} = k\frac{8}{\pi}\frac{D}{d^3}(F_2 - F_1) \leq \tau_{kH} \qquad (2.82)$$

Bei statischer und dynamischer Beanspruchung muss zusätzlich überprüft werden, ob die nicht korrigierte Torsionsspannung bei Blocklänge $L_c$ die zulässige Torsionsspannung $\tau_{c,zul}$ nach Abb. 2.145 bzw. Abb. 2.143b nicht überschreitet:

$$\tau_c = \frac{8}{\pi}\frac{D}{d^3}F_c \leq \tau_{c,zul}$$

Für die praktische Dimensionierung zylindrischer Schraubendruckfedern sind in der Regel Randbedingungen vorgegeben, die berücksichtigt werden müssen. Zum Beispiel:

- *Einbaubedingungen*
  - Federdurchmesser (innen und außen), Federlänge, Federwege
- *Federkräfte*
  - Vorspannkraft und Maximalkraft
- *Federkenngrößen*
  - Federrate, Wickelverhältnis, Windungszahl.

Häufig sind zu Beginn einer Federberechnung nicht alle Größen bekannt, so müssen zunächst einige Annahmen getroffen werden, deren Gültigkeit später wieder überprüft werden müssen. Das Beispiel „Sicherheitsventil" versucht aufzuzeigen, durch welche Parameter Federn beeinflusst werden können.

**Abb. 2.143** Zulässige Torsionsspannung für Schraubendruckfedern bei statischer Beanspruchung: a) kaltgeformt aus patentiert-gezogenen Federstahldrähten (SL, SM, DM, SH, DH) nach DIN EN 10270-1 und Ventilfederstahl (VDC) nach DIN EN 10270-2; b) warmgeformt aus Federstählen nach DIN EN 10089 bei Blocklänge $L_c$

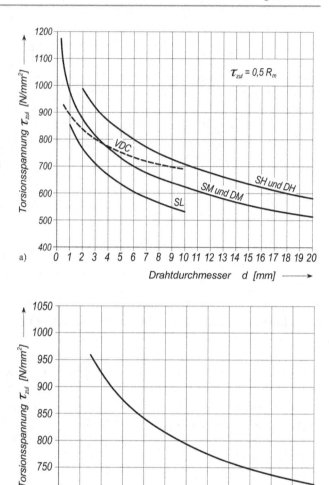

## Beispiel: Sicherheitsventil

Für ein Sicherheitsventil mit Druckanzeige (Abb. 2.146) ist eine kaltgeformte Druckfeder (Drahtsorte SM) vorgesehen. Ab einem Überdruck von 3 bar soll der Kolben sich nach oben bewegen und ab 10 bar entlüftet werden.

Erforderliche Vorspannkraft ($p_1 = 3$ bar):

$$F_1 = p_1 A = 0,3\,\text{N/mm}^2 \cdot \frac{6^2 \cdot \pi}{4}\text{mm}^2 = 8,5\,\text{N}.$$

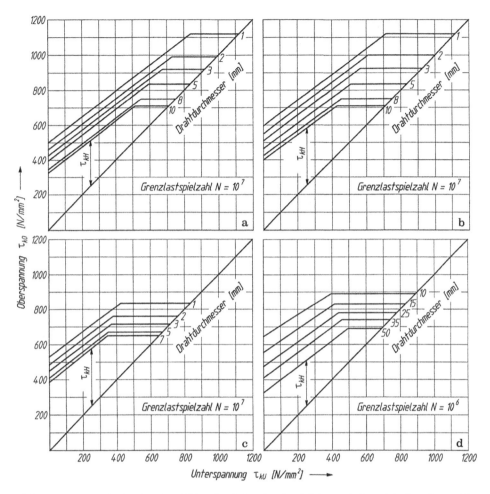

**Abb. 2.144** Dauerfestigkeitsschaubilder für Schraubendruckfedern: a) für nicht kugelgestrahlte und b) für kugelgestrahlte kaltgeformte Federn aus patentiert-gezogenen Federstahldrähten (SH, DH) nach DIN EN 10270-1; c) für kaltgeformte Federn aus Ventilfederstahldraht (VDC) nach DIN EN 10270-2; d) für warmgeformte Federn aus Federstahl nach DIN EN 10089

Notwendige Kraft zum Entlüften ($p_2 = 10$ bar):

$$F_2 = p_2 A = 1\,\mathrm{N/mm}^2 \cdot \frac{6^2 \cdot \pi}{4}\,\mathrm{mm}^2 = 28,3\,\mathrm{N}.$$

Theoretische Federrate:

$$R = \frac{F_1 - F_2}{h} = \frac{28,3\,\mathrm{N} - 8,5\,\mathrm{N}}{3\,\mathrm{mm}} = 6,6\,\mathrm{N/mm}.$$

**Abb. 2.145** Zulässige
Torsionsspannung bei
Blocklänge $L_c$ für kaltgeformte
Schraubendruckfedern

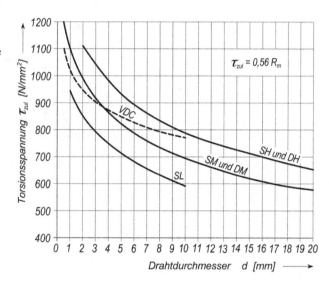

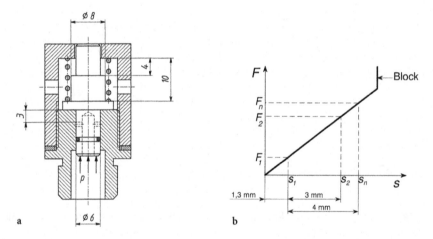

**Abb. 2.146**  Beispiel Sicherheitsventil a) Zeichnung; b) Federkennlinie

Federwege:

$$s_1 = \frac{F_1}{R} = \frac{8,5\,\text{N}}{6,6\,\text{N/mm}} = 1,3\,\text{mm},$$

$$s_2 = s_1 + h = 1,3\,\text{mm} + 3\,\text{mm} = 4,3\,\text{mm},$$

$$s_{\text{max}} = s_{\text{n}} = s_1 + 4\,\text{mm} = 5,3\,\text{mm}.$$

Maximale Federkraft (bei $s_{\text{max}}$):

$$F_{\text{max}} = F_{\text{n}} = R\,s_{\text{max}} = 6,6\,\text{N/mm} \cdot 5,3\,\text{mm} = 35\,\text{N}.$$

Federabmessungen:

Aus Abb. 2.143a wird $\tau_{zul} = 950\,\text{N/mm}^2$ abgelesen (entspricht $d = 1...2\,\text{mm}$). Mit $D = 10\,\text{mm}$ (angenommen) und $k = 1$ (statische Beanspruchung) ist der Mindestdrahtdurchmesser nach Gl. (2.78):

$$d \geq \sqrt[3]{\frac{8\,F_n D}{\pi\,\tau_{zul}}} = \sqrt[3]{\frac{8 \cdot 35\,\text{N} \cdot 10\,\text{mm}}{\pi \cdot 950\,\text{N/mm}^2}} = 0,97\,\text{mm gewählt:}\ d = 1\,\text{mm}$$

$$D = 8\,\text{mm} + d + \text{Spiel} = 8 + 1 + 0,5 = 9,5\,\text{mm} \quad \text{(gewählt)}$$

$$\text{Wickelverhältnis:}\ w = \frac{D}{d} = 9,5\,\text{mm}$$

Zahl der Windungen [aus Gl. (2.79)]:

$$n = \frac{G\,d^4}{8\,R\,D^3} = \frac{83\,000\,\text{N/mm}^2 \cdot 1^4\,\text{mm}^4}{8 \cdot 6,6\,\text{N/mm} \cdot 9,5^3\,\text{mm}^3} = 1,8 \quad \text{gewählt:}\ n = 2,5$$

$$n_t = n + 2 = 4,5.$$

Mit den bisher festgestellten Federabmessungen $d$, $D$ und $n$ ergibt sich eine tatsächliche Federrate von

$$R_{ist} = \frac{G\,d^4}{8\,D^3\,n} = \frac{83\,000\,\text{N/mm}^2 \cdot 1^4\,\text{mm}^4}{8 \cdot 9,5^3\,\text{mm}^3 \cdot 2,5} = 4,8\,\text{N/mm}.$$

Der tatsächliche Öffnungsdruck liegt dann bei

$$p_{2\,ist} = \frac{R_{ist}\,s}{A} = \frac{4,8\,\text{N/mm} \cdot 4,3\,\text{mm}}{6^2 \cdot \pi/4} = 0,73\,\text{N/mm}^2 = 7,3\,\text{bar}.$$

Die Feder wird optimiert, indem die Werte $d$ und $D$ variiert werden. Mit $d = 1,1\,\text{mm}$ und $D = 9,7\,\text{mm}$ wird

$$R' = 6,66\,\text{N/mm und}\ p_2' = 10,00\,\text{bar!}$$

Kontrolle der Einbauverhältnisse:

$$L_0 = 10\,\text{mm} + s_1 = 10\,\text{mm} + 1,3\,\text{mm} = 11,3\,\text{mm}$$

$$L_{0\,min} = L_c + S_a + s_n = 4,95 + 0,6 + 5,3 = 10,85\,\text{mm} < L_0 \quad \text{(ausreichend)}$$

$$L_c + S_a = 4,95\,\text{mm} + 0,6\,\text{mm} = 5,5\,\text{mm} < 10\,\text{mm} - 4\,\text{mm} \quad \text{(ausreichend)}$$

Kontrolle Der Tragfähigkeit:

$$\tau = \frac{d\,G\,s_{\mathrm{n}}}{\pi\,D^2\,n} = \frac{1,1 \cdot 83\,000 \cdot 5,3}{\pi\,9,7^2 \cdot 2,5} = 655\,\mathrm{N/mm}^2 < \tau_{\mathrm{zul}} \qquad \text{(ausreichend)}$$

$$\tau_{\mathrm{c}} = \frac{d\,G\,s_{\mathrm{c}}}{\pi\,D^2\,n} = \frac{1,1 \cdot 83\,000 \cdot (11,3 - 4,95)}{\pi\,9,7^2 \cdot 2,5}$$

$$= 785\,\mathrm{N/mm}^2 < \tau_{\mathrm{c\,zul}} = 1090\,\mathrm{N/mm}^2.$$

**Schraubenzugfedern** Für Zugfedern enthält die DIN EN 13906-2, Hinweise auf Berechnung und Konstruktion. Die Federenden werden nach DIN 2097 bei Zugfedern als Ösen ausgebildet oder mit eingerollten oder eingeschraubten Endstücken versehen. Von den Ösenausführungen ist die sogenannte „ganze deutsche Öse" nach Abb. 2.147 zu bevorzugen. Eingeschraubte Endstücke (Abb. 2.148) sind vor allem für kaltgeformte Zugfedern mit schwingender Belastung zu empfehlen (von warmgeformten Zugfedern mit schwingender Belastung wird abgeraten). Wegen des starken Eingusses der Form der Ösen oder Endstücke auf die Lebensdauer ist es bei Zugfedern nicht möglich, allgemeingültige Dauerfestigkeitswerte anzugeben.

Kaltgeformte, nicht schlußvergütete Zugfedern können mit einer inneren Vorspannkraft $F_0$ hergestellt werden, indem auf Wickelbänken oder Federwindeautomaten die Windungen mit einer gewissen Pressung aneinandergewickelt werden. Die innere Vorspannkraft verringert den Vorspannweg $s_1$ und damit die Einbaulänge $L_1$ der Zugfeder. Die erreichbare innere Vorspannkraft ist jedoch stark vom Herstellverfahren, ferner vom Werkstoff und den Abmessungen abhängig:

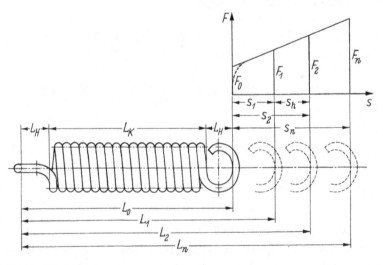

**Abb. 2.147** Bezeichnungen bei einer vorgespannten Zugfeder

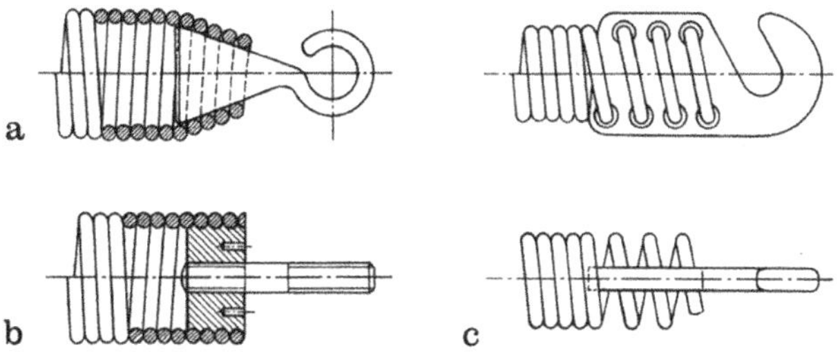

**Abb. 2.148** Endstücke für
Zugfedern (nach DIN 2097):
a) Haken eingerollt;
b) Gewindestopfen
eingeschraubt;
c) Schraublasche eingerollt

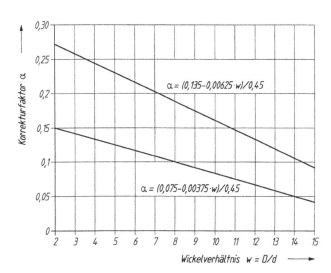

**Abb. 2.149** Korrekturfaktor
zur Ermittlung der inneren
Torsionsspannung: obere Linie
= Wickeln auf Wickelbank;
untere Linie = Winden auf
Federwindeautomat

$$F_0 \leq \frac{\pi \, d^3}{8D} \alpha \tau_{zul}$$

Dabei ist $\alpha$ ein vom Herstellverfahren abhängiger Korrekturfaktor, (Abb. 2.149). Die zulässige Torsionsspannung für Zugfedern ist Abb. 2.150 zu entnehmen.

Die Gesamtzahl der Windungen kann bei Zugfedern mit innerer Vorspannung zu $n_t = L_K/d - 1$ angenommen werden. Bei Zugfedern mit angebogenen Ösen ist $n_t = n$ und bei Einschraubstücken ist $n_t > n$, je nach Ausführungsform der Federenden.

Für Zugfedern ohne innere Vorspannkraft gelten die Gleichungen der Schraubendruck-feder (gleiches Berechnungsmodell). Bei Zugfedern mit innerer Vorspannkraft ist dagegen an Stelle von $F$ die Differenz $F - F_0$ einzusetzen.

**Kegelige Schraubenfedern** Kegelstumpffedern werden mit Kreisquerschnitt aber auch mit Rechteckquerschnitt hergestellt (Abb. 2.151). Sie werden z. B. als Pufferfedern für Eisenbahnwagen verwendet, haben aber keine sehr große Verbreitung. Ihr Vorteil liegt in der guten Raumausnutzung, da sich die einzelnen Windungen ineinander schieben lassen. Bei konstantem Drahtquerschnitt ist die Kennlinie eine Gerade, bis die größeren Durchmesser blockieren; danach wird die Feder härter, also progressiv. Durch einen veränderlichen Drahtquerschnitt kann die Kennlinie zusätzlich stark beeinflusst werden.

**Abb. 2.150** Zulässige
Torsionsspannungen für
kaltgeformte Zugfedern aus
patentiert-gezogenen
Federstahldrähten nach DIN
EN 10270-1

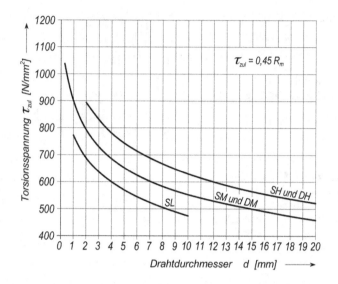

**Abb. 2.151** Kegelige
Schraubenfedern: a) mit
Kreisquerschnitt; b) mit
Rechteckquerschnitt

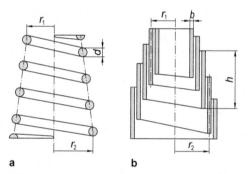

*Berechnung* Kegelige Schraubenfedern lassen sich nur näherungsweise berechnen. Für
konstanten Querschnitt in allen Windungen gelten mit $r_1$ = kleinstem und $r_2$ = größtem
Windungshalbmesser sind die Grundgleichungen:

$$F_{max} = \frac{W_t}{r_2}\tau_{zul}$$

$$s = \frac{F\pi}{2\,G\,I_t}\,(r_1 + r_2)\left(r_1^2 + r_2^2\right)n \quad \text{und} \quad s_{max} = \frac{W_t}{I_t}\frac{\pi}{2}\frac{r_1 + r_2}{r_2}\left(r_1^2 + r_2^2\right)n\frac{\tau_{zul}}{G}$$

$$W_{max} = \frac{1}{2}F_{max}s_{max} = \frac{W_t^2}{I_tA}\frac{r_1^2 + r_2^2}{2\,r_2^2}\frac{\tau_{zul}^2}{2\,G}\pi\,(r_1 + r_2)\,n\,A.$$

Hierbei sind die geometrischen Größen für den Kreisquerschnitt:

$$A = \frac{\pi d^2}{4}\ ;\ W_t = \frac{\pi d^3}{16}\ ;\ I_t = \frac{\pi d^4}{32}$$

und für den Rechteckquerschnitt:

$$A = bh\,;\ W_t = \eta_1\, b^2\, h\,;\ I_t = \eta_2\, b^3\, h\,.$$

Die $\eta_1$ und $\eta_2$-Werte sind Abb. 2.136 zu entnehmen.

Für die Federrate einer kegeligen Feder gilt dann:

$$R = \frac{F}{s} = \frac{2\,G\,I_t}{\pi\,(r_1 + r_2)\,\left(r_1^2 + r_2^2\right)\,n}$$

### 2.8.4 Gummifedern

**Eigenschaften** Für Gummielemente werden Vulkanisationsprodukte aus natürlichem oder künstlichem Kautschuk verwendet. Die Mischungsbestandteile Schwefel, Ruß, Zinkoxyd, Weichmacher und Beschleuniger bestimmen die „Gummi-Qualitäten", das heißt, die besonderen Eigenschaften, wie Härte, Festigkeit, elastisches Verhalten, Dämpfung, Temperaturabhängigkeit, Alterungsbeständigkeit und Widerstandsfähigkeit gegen Öl, Benzin und ähnliches. Von großer Bedeutung für die praktische Verwendung als Federelement ist die Bindungsfähigkeit von Gummi mit Metallen. Die unlösbare Verbindung wird zugleich mit dem Vulkanisierprozess hergestellt, indem der Gummirohling und die chemisch oder galvanisch oberflächenbehandelten Metallteile in Vulkanisierformen eingelegt und in der Vulkanisierpresse unter hohem Druck eine bestimmte Zeit lang auf etwa 150 °C gehalten werden.

*Härte* Als Vergleichsmaß für die Härte wird nach DIN ISO 7619 die Shore-Härte A benutzt. Die für Federelemente verwendeten Gummisorten liegen im Bereich von etwa 40 bis 70 Shore-Einheiten.

*Schubmodul* Der Schubmodul $G$ ist von der Form unabhängig. Er ist somit ein reiner Werkstoffkennwert und nimmt mit steigender Härte zu (Tab. 2.48 a).

*Elastizitätsmodul* Bei Druckbeanspruchung wirkt sich die Querdehnung, insbesondere die Verhinderung der Querdehnung, auf den Elastizitätsmodul $E$ aus. Der $E$-Modul ist somit nicht nur von der Shorehärte, sondern auch noch von der Form abhängig. Dieser Einfluss kann durch einen Formfaktor $k$, der als Verhältnis der belasteten zur freien Oberfläche definiert ist, berücksichtigt werden. Für eine zylindrische Gummifeder vom Durchmesser $d$ und der Höhe $h$ ist der Formfaktor

$$k = \frac{\pi d^2 / 4}{\pi\, d\, h} = \frac{d}{4\,h}$$

In der Abb. 2.152 ist die Abhängigkeit des $E$-Moduls vom Formfaktor $k$ und von der Shorehärte dargestellt.

**Tab. 2.48** Werkstoffkennwerte für Gummifedern

a) Schubmodul $G$ und dynamische Federkonstante $R_{dyn}$

| Shore-Härte | Schubmodul $G$ [N/mm$^2$] | $R_{dyn}/R$ |
|---|---|---|
| 45 | 0,5 | 1,2 |
| 55 | 0,75 | 1,4 |
| 65 | 1,1 | 1,9 |

b) Richtwerte für zulässige Spannungen in N/mm$^2$ (nach Göbel)

| Beanspruchungsart | Belastungsart | |
|---|---|---|
| | statisch | dynamisch |
| Druck | 3,0 | $\pm 1,0$ |
| Parallelschub | 1,5 | $\pm 0,4$ |
| Drehschub | 2,0 | $\pm 0,7$ |
| Verdrehschub | 1,5 | $\pm 0,4$ |

**Abb. 2.152** Elastizitätsmodul von Gummi (abhängig vom Formfaktor $k$)

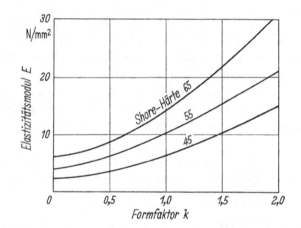

*Zulässige Spannungen* Die Zerreißfestigkeit und die Bruchdehnung werden nach DIN 53504 bestimmt. Richtwerte für die zulässigen Spannungen enthält Tab. 2.48b.

*Federrate* Die Kennlinien von Gummifedern können durch die verschiedenen Formgebungsmöglichkeiten progressiv, degressiv und bei kleinen Federwegen auch linear sein. Gummi ist bei Schub- und Torsionsbeanspruchungen deutlich weicher als bei Zug-und Druckbeanspruchungen. Infolge der inneren Reibung liegt die Entlastungskennlinie unter der Belastungskennlinie (Abb. 2.116c).

Bei dynamischen Belastungen von gummigefederten schwingenden Systemen ist die sogenannte dynamische Federrate $R_{dyn}$ von Bedeutung, die größer als die statische Federrate $R$ ist. Das Verhältnis $R_{dyn}/R$ ist von der Shore-Härte abhängig (Tab. 2.48a).

*Temperaturabhängigkeit* Die Federrate kann zwischen 0 und 70 °C als konstant angenommen werden. Bei niedrigen Temperaturen nimmt die Federhärte zu, dagegen nimmt die Festigkeit bei steigenden Temperaturen erheblich ab. Bei dynamischer Beanspruchung treten wegen der inneren Reibung und der geringen Wärmeleitfähigkeit oft beachtliche Temperatursteigerungen auf. Die Verwendungstemperatur liegt bei Gummi ohnehin in engen Grenzen, etwa von − 30 bis + 60 °C.

**Anwendungen** Da Gummifedern sich durch sehr gutes Dämpfungsverhalten auszeichnen, werden sie hauptsächlich zur Dämpfung von Schwingungen und Stößen und zur Minderung von Geräuschen verwendet. Beispiele:

- Aufhängung von Motoren und Kühlern im Kfz-Bau,
- Gummipuffer als Maschinenfüße,
- elastische Kupplungen.

**Gestaltung und Berechnung** Gummifedern werden in den verschiedensten Formen, für Sonderzwecke auch als einbaufertige Konstruktionselemente, geliefert (Abb. 2.153). Die für bestimmte Maximalkräfte und Federwege erforderlichen Abmessungen, die Kennlinien, Dämpfungswerte usw. werden am besten den Unterlagen der Hersteller entnommen. Für einfache Formen und eindeutige Belastungsverhältnisse sind in Tab. 2.49 die Tragfähigkeits- und Verformungsgleichungen im Bereich der Linearität angegeben.

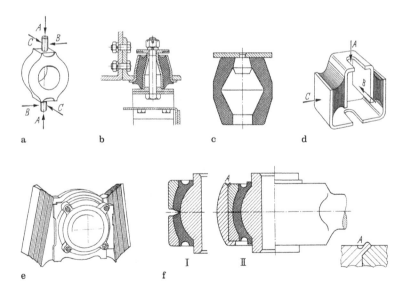

**Abb. 2.153** Gestaltungsbeispiele für Gummifedern: a) ringförmiges Niederfrequenzlager; b) konisches Hülsenlager; c) Hohlgummifeder; d) Doppel-U-Lager; e) Gummi-Federpaket; f) kugeliges Gummigelenk (I vor und II nach dem Einbau)

**Tab. 2.49** Tragfähigkeits- und Verformungsgleichungen für einfache Gummifedern (im Bereich der Linearität)

| | |
|---|---|
| 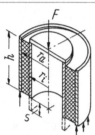 | **Parallelschub-Scheibenfeder**<br><br>1. $F = A\,\hat{y}\,G = b\,h\,\tau_{zul}$<br><br>2. $s = \dfrac{Fl}{GA}; \quad \gamma = \dfrac{s}{l} < 20°$<br><br>$R = \dfrac{GA}{l}$ |
| 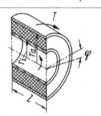 | **Parallelschub-Hülsenfeder**<br><br>1. $F = 2\,\pi\,r_i\,h\,\tau_{zul}$<br><br>2. $s = \dfrac{F}{2\,\pi\,h\,G}\ln\dfrac{r_a}{r_i}$<br><br>$R = \dfrac{2\pi\,h\,G}{\ln\dfrac{r_a}{r_i}}$ |
| 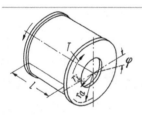 | **Drehschub-Hülsenfeder**<br><br>1. $T = 2\,\pi\,r_i^2\,l\,\tau_{max}$<br><br>2. $\hat{\varphi} = \dfrac{T}{4\,\pi\,l\,G}\left(\dfrac{1}{r_i^2} - \dfrac{1}{r_a^2}\right); \quad \varphi < 40°$<br><br>$R_t = \dfrac{4\,\pi\,l\,G}{1/r_i^2 - 1/r_a^2}$ |
| 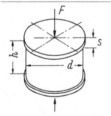 | **Verdrehschub-Scheibenfeder**<br><br>1. $T = \dfrac{\pi\left(r_a^4 - r_i^4\right)}{2\,r_a}\tau_{zul}$<br><br>2. $\hat{\varphi} = \dfrac{T \cdot 2l}{\pi\left(r_a^4 - r_i^4\right)G}; \quad \varphi < 20°$<br><br>$R_t = \dfrac{2\pi\left(r_a^4 - r_i^4\right)G}{2l}$ |
| (Zylinderfeder-Abbildung) | **Zylindrische Druckfeder**<br><br>1. $F = A\,\tau_{zul}; \quad A = \dfrac{\pi\,d^2}{4}$<br><br>2. $s = \dfrac{F\,h}{E\,A}; \quad s < 0{,}2\,h$<br><br>$R = \dfrac{E\,A}{h} \quad E = f(k)\ \text{s. Abb. 2.152}$<br><br>$k = \dfrac{d}{4\,h}$ |

## Literatur

1. Almen, J. O.; Laszlo, A.: The Uniform-Section Disc Spring. Transactions of the American Society of Mechanical Engineers 58 (1936)
2. Bauer, C. O.: Handbuch der Verbindungstechnik. München: Hanser 1990
3. Beckert, M.; Neumann, A.: Grundlagen der Schweißtechnik – Anwendungsbeispiele. Berlin: Verlag Technik 1991
4. Bossard, H.: Handbuch der Verschraubungstechnik. Grafenau: Expert-Verlag 1982
5. Brockmann,W.: Grundlagen und Stand der Metallklebetechnik. Düsseldorf: VDI-Verlag 1971
6. DIN-Taschenbuch 8: Schweißzusätze, Fertigung, Güte und Prüfung. Berlin: Beuth-Verlag
7. DIN-Taschenbuch 10: Mechanische Verbindungselemente – Schrauben. Berlin: Beuth- Verlag
8. DIN-Taschenbuch 29: Federn. Berlin: Beuth-Verlag
9. DIN-Taschenbuch 44: Krane und Hebezeuge. Berlin: Beuth-Verlag
10. DIN-Taschenbuch 45: Gewindenormen. Berlin: Beuth-Verlag
11. DIN-Taschenbuch 69: Stahlhochbau. Berlin: Beuth-Verlag
12. DIN-Taschenbuch 140: Mechanische Verbindungselemente – Muttern, Zubehörteile für Schraubenverbindungen. Berlin: Beuth-Verlag
13. DIN-Taschenbuch 144: Stahlbau: Ingenieurbau. Berlin: Beuth-Verlag
14. DIN-Taschenbuch 145: Schweißverbindungen. Berlin: Beuth-Verlag
15. DIN-Taschenbuch 196: Schweißtechnik 5: Löten. Berlin: Beuth-Verlag
16. Der LOCTIDE: Schraubensichern, Dichten, Kleben, Vergießen, Dosieren. Loctide Deutschland GmbH. München 1993/1994
17. DV 804: Vorschriften für Eisenbahnbrücken und sonstige Ingenieurbauwerke. Deutsche Bundesbahn. München 1983
18. DV 952 01: Schweißen metallischer Werkstoffe an Schienenfahrzeugen und maschinentechnischen Anlagen. Deutsche Bundesbahn. Minden 1991
19. Dubbel, H.: Taschenbuch für den Maschinenbau. 24. Auflage. Berlin: Springer 2014
20. Fischer, F.; Vondracek, H.: Warm geformte Federn. Hoesch Hohenlimburg AG, 1987
21. Göbel, E. F.: Gummifedern – Berechnung und Gestaltung. Berlin: Springer 1969
22. Habenicht, G.: Kleben – Grundlagen, Technologien, Anwendung. 4. Auflage. Berlin: Springer 2006
23. Kirst, T.: Metallkleben. Würzburg: Vogel-Verlag 1970
24. Kollmann, F. G.: Welle-Nabe-Verbindungen. Berlin: Springer 1984
25. Kübler, K. H.; Mages, W. J.: Handbuch der hochfesten Schrauben. Essen: Girardet 1986
26. Mewes, W.: Kleine Schweißkunde für Maschinenbauer. Düsseldorf: VDI-Verlag 1978
27. Neumann, A.: Schweißtechnisches Handbuch für Konstrukteure. 6. Auflage. Düsseldorf: Deutscher Verlag für Schweißtechnik (DVS) 1990
28. Niemann, G.: Maschinenelemente, Bd. 1: Konstruktion und Berechnung von Verbindungen, Lagern, Wellen. 4. Auflage. Berlin: Springer 2005
29. Petrunin, J. E.: Handbuch Löttechnik. Berlin: VEB-Verlag 1988
30. Rieberer, A.: Schweißgerechtes Konstruieren im Maschinenbau. Düsseldorf: DVS 1989
31. Roloff, H.; Matek, W.: Maschinenelemente. 22. Auflage. Braunschweig: Vieweg 2015
32. Ruge, J.: Handbuch der Schweißtechnik. Berlin: Springer-Verlag. Bd. 1: Werkstoffe, 3. Auflage 1991; Bd. 2: Verfahren und Fertigung, 3. Auflage 1993; Bd. 3: Konstruktive Gestaltung der Bauteile, 2. Auflage 1985; Bd. 4: Berechnung der Verbindungen, 2. Auflage 1988
33. Sahmel, P.; Veit, H. J.: Grundlagen der Gestaltung geschweißter Stahlkonstruktionen. Düsseldorf: DVS 1989
34. Schuler, V.: Schweißtechnisches Konstruieren und Fertigen. Braunschweig: Vieweg 1992
35. Steinhilper, W.; Röper, R.: Maschinen- und Konstruktionselemente, Bd. 2: Verbindungselemente. 4. Auflage. Berlin: Springer 2000

36. Strauß, R.: Das Löten für den Praktiker. München: Franzis 1984
37. Wiegand, H.; Kloos, K. H.; Thomala, W.: Schraubenverbindungen. 5. Auflage. Berlin: Springer
    2007
38. VDI-Berichte Nr. 258: Praxis des Metallklebens. Düsseldorf: VDI-Verlag 1976
39. VDI-Richtlinie 2230: Systematische Berechnung hochbeanspruchter Schraubenverbindungen.
    Berlin: Beuth-Verlag 2015

# Dichtungen

**3**

Die Dichtungstechnik spielt heute aus wirtschaftlichen und ökologischen Gesichtspunkten eine bedeutende Rolle. Sowohl die Leistungssteigerung technischer Systeme (Druck- und Temperaturerhöhung) als auch die Notwendigkeit zur Einsparung von Energie und möglichst große Umweltverträglichkeit (Vermeidung von Leckage) führen zu vielfältigen Dichtungsproblemen.

**Aufgaben von Dichtungen** Dichtungen sollen zwei Räume mit verschiedenen Drücken und unterschiedlichen Medien gegeneinander abschließen. Beispiele:

- Trennung verschiedener Betriebsstoffe,
- Trennung unterschiedlicher Mediumszustände,
- Eindringen von Fremdkörpern (Schmutz) vermeiden,
- Verluste an Schmiermitteln verhindern u. dgl.

**Einteilung der Dichtungen** Je nachdem, ob sich die abzudichtenden Maschinenteile in relativer Bewegung zueinander befinden oder nicht, unterscheidet man nach Abb. 3.1 Dichtungen zwischen ruhenden Bauteilen (statische Dichtungen) und Dichtungen zwischen bewegten Bauteilen (dynamische Dichtungen). An Bauarten, Dichtungsmitteln und -werkstoffen gibt es heute eine derartige Vielfalt, dass die optimale Auswahl der für den jeweils vorliegenden Fall nicht einfach ist. Es wird daher dringend geraten, von den Erfahrungen und den Vorschlägen der Hersteller Gebrauch zu machen. Ausführlich werden Dichtungsfragen in [2, 4, 5] und [6] behandelt.

© Springer-Verlag GmbH Deutschland 2018
H. Haberhauer, *Maschinenelemente*,
https://doi.org/10.1007/978-3-662-53048-1_3

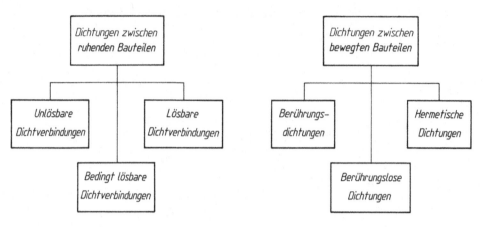

**Abb. 3.1**  Einteilung der Dichtungen

## 3.1    Dichtungen zwischen ruhenden Bauteilen

Sollen ruhende Bauteile abgedichtet werden, so können sie als unlösbare, bedingt lösbare oder lösbare Verbindungen ausgeführt werden. Unlösbare Verbindungen können nur durch Zerstören getrennt werden, hingegen bei bedingt lösbaren ein Lösen durch Zerstören nur eines Teils der Verbindung möglich ist.

### 3.1.1    Unlösbare Dichtungen

Unlösbare Verbindungen werden meist durch Schweißen hergestellt. Bei entsprechend niederen Belastungen und Temperaturen können auch Löt- und Klebeverbindungen verwendet werden. Sie zeichnen sich durch absolute Dichtheit aus und werden daher hauptsächlich für unter Druck stehende Bauteile, vor allem Rohrleitungen und Armaturen verwendet, sofern nur selten Instandhaltungsarbeiten erforderlich sind oder diese auch im eingebauten Zustand leicht ausgeführt werden können. Bei Schweißverbindungen müssen die Schweißnähte die volle Druckkraft aufnehmen und werden durchweg als Stumpfnähte ausgebildet (bei $s = 3\ldots16\,mm$ als V-Naht, bei $s > 12\,mm$ als U-Naht). Bei Löt- und Klebeverbindungen muss auf einen engen Spalt und eine ausreichende Überlappung geachtet werden. Für Rohrböden, Flansche oder Rohreinführungen können Walzverbindungen benutzt werden. Bei hohen Drücken und hohen Temperaturen und Bodendicken über 25 mm sind Walzrillen mit einer zusätzlichen Dichtschweißung üblich (Abb. 3.2a).

   Zu den unlösbaren Dichtungen zählen auch die Pressfittings, die bei Wasserinstallationen verwendet werden (Abb. 3.2b). Dabei wird eine Muffe mit dem Rohr verpresst, so dass eine kraft- und formschlüssige Verbindung entsteht. Für die Montage wird ein spezielles Presswerkzeug benötigt. Der Vorteil ist jedoch, dass im Gegensatz zum Schweißen und Löten keine Wärmebelastungen auftreten.

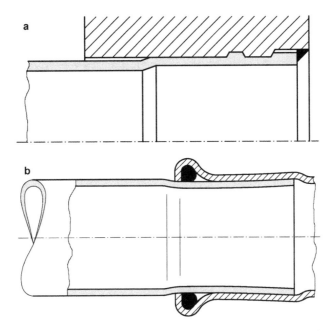

**Abb. 3.2** Unlösbare Dichtungen: a) Walzverbindung mit zusätzlicher Dichtschweißung; b) Pressfitting

## 3.1.2 Bedingt lösbare Dichtungen

Bei den bedingt lösbaren Verbindungen sind vorhandene Schweißnähte reine Dichtschweißungen. Das heißt, sie haben nur die Aufgabe des Dichtens und werden durch den Betriebsdruck nicht belastet. Für die Übertragung der Druckkräfte werden lose oder feste Flansche und Schrauben, Bajonett- bzw. Steckgewinde oder Klammerverschlüsse verwendet (Abb. 3.3). Die Dichtnähte werden entweder direkt an den Bauteilen oder an besonderen Schweißringen (Membranschweißdichtung nach DIN 2695) angebracht. Die Schweißringe haben den Vorteil, dass nur außenliegende Schweißnähte vorhanden sind. Durch Abschleifen der Dichtschweißnähte können diese Verbindungen wieder gelöst werden.

## 3.1.3 Lösbare Dichtungen

Zum Abdichten von Maschinenteilen, die sich nicht relativ zueinander bewegen (z.B. Gehäusedeckel und Flansche) und die nach der Montage wieder gelöst werden müssen, werden lösbare Dichtungen verwendet. Die Dichtkraft kann auf zwei unterschiedliche Arten aufgebracht werden:

- Bei der Montage werden die Bauteile durch Schrauben oder ähnliche Spannelemente miteinander verspannt. Dadurch entsteht in der Trennfuge die für die Dichtung erforderliche Flächenpressung.

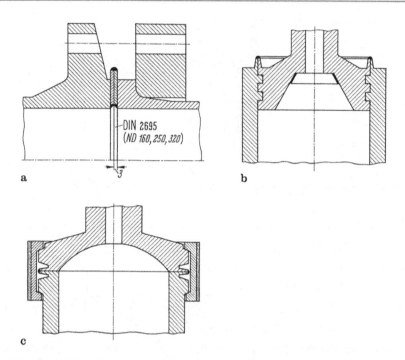

**Abb. 3.3** Bedingt lösbare Dichtungen: a) Membranschweißdichtung; b) Steckgewindeverschluss; c) Klammerverschluss

- Die erforderliche Dichtkraft wird erzeugt, indem der Betriebsdruck auf die abzudichtende Fläche drückt. Da mit zunehmendem Betriebsdruck auch die Dichtkraft ansteigt, werden diese Dichtungen auch als selbsttätige Dichtungen bezeichnet.

**Nicht selbsttätige Dichtungen**  Die Hauptaufgabe von Dichtungen besteht im Ausgleich der Unebenheiten, die durch Form- und Oberflächenabweichungen bei der Herstellung der Dichtflächen (z.B. Rauigkeit) entstehen.

*Dichtmasse*  Die infolge der Unebenheiten auftretenden Mikrospalte zwischen den Kontaktflächen können mit einer Dichtmasse ausgefüllt werden. Dafür werden sowohl elastisch als auch plastisch aushärtende Materialien verwendet. Dafür sollten die Oberflächen nicht zu glatt sein, damit die Dichtmasse gut an den Oberflächen haften kann. Eine derartige Flächendichtung kann mehrere Zehntelmillimeter überbrücken, so dass keine besonderen Anforderungen an die Oberflächenrauigkeiten zu stellen sind.

*Flachdichtungen*  Als Flachdichtungen sind in DIN EN 1514-1 vier unterschiedliche Formen von Flanschverbindungen genormt (Abb. 3.4). Die an die Dichtungswerkstoffe gestellten Anforderungen beziehen sich auf das Formänderungsvermögen, insbesondere

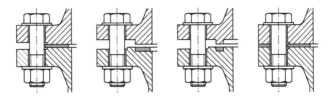

**Abb. 3.4**  Genormte Flanschdichtungen nach DIN EN 1514-1

Zusammenpressbarkeit und Rückfederung, Festigkeit, Härte bzw. Betriebsdruckbelastbarkeit, Temperaturbeständigkeit, chemische Beständigkeit und Stoffundurchlässigkeit. Für die abzudichtenden Oberflächen wird eine gemittelte Rauigkeit Rz zwischen 12,5 und 100 μm empfohlen.

Als Dichtungswerkstoffe stehen unter anderem zur Verfügung:

- Zellstoff, Papier, Pappe (meist in Öl getränkt),
- Gummi, mit und ohne Einlagen,
- Kunststoffe,
- Pressfaser,
- Kork,
- weiche Metalle (Aluminium, Weichkupfer, Weicheisen).

Asbestwerkstoffe werden aus gesundheitlichen Gründen heute nicht mehr verwendet.

*Profildichtungen*  Neben den flachen Dichtungen gibt es auch profilierte Dichtungen. Einige Profildichtungen zeigt Abb. 3.5. Bei den Kammprofildichtungen Dichtungen nach DIN EN 1514-6 (Abb. 3.5a) entstehen konzentrische Anlageflächen mit örtlich erhöhten Pressungen, wodurch sich die Dichtkämme den Unebenheiten der Dichtfläche anpassen. Zum Ausfüllen der Hohlräume werden unter anderem Graphitpasten verwendet. Die Linsendichtungen nach DIN 2696 (Abb. 3.5b) haben kugelige Oberflächen und liegen in kegeligen Eindrehungen der Flansche (Kegelwinkel 140°), so dass zunächst Linienberührung entsteht und außerdem geringe Abweichungen in der Fluchtrichtung der Flansch- bzw. Rohrachsen zulässig sind. Für die Dichtflächen wird in radialer Richtung

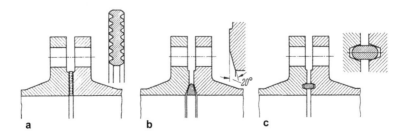

**Abb. 3.5**  Profildichtungen: a) Kammprofildichtung; b) Linsendichtung; c) Ring-Joint-Dichtung

eine Rauheit von Rz 6,3 gefordert. Ring-Joint Dichtungen (Abb. 3.5c) sind rein metallische Hochdruckdichtungen, die vorwiegend in der petrochemischen Industrie und in Raffinerien eingesetzt werden. Diese Dichtung hat trapezförmige Nuten. Es gibt zwei verschiedene Profilarten von Ring-Joint Dichtungen, die ovale und die oktagonale Dichtung, die aus allen gängigen Materialien gefertigt werden kann.

Ihre volle Wirksamkeit entfalten Dichtungen erst, wenn sie genügend vorgespannt sind. Es ist daher zwischen der erforderlichen Vorspannkraft und der Betriebsdichtkraft zu unterscheiden. Erst nach Erreichen der kritischen Vorspannkraft steigt die erforderliche Betriebsdichtkraft linear mit dem Innendruck an. Die Ursache liegt darin, dass im Bereich unterhalb der kritischen Vorspannkraft noch keine hinreichende Anpassung der Dichtungsoberflächen und der Dichtung erfolgt.

**Selbsttätigen Dichtungen**   Wie oben schon erwähnt wird bei einer selbsttätigen Dichtung die Dichtkraft hauptsächlich durch den Betriebsdruck selbst aufgebracht. Im Gegensatz zu den bisher betrachteten Verbindungen nehmen Dichtungskraft und Dichtwirkung mit dem Betriebsdruck zu.

*Mannlochdeckel*   Ein einfachstes und anschauliches Beispiel ist der ovale Mannlochdeckel nach Abb. 3.6. Er wird mit einer Bügelverschraubung zur Vorverformung der Flachdich-

**Abb. 3.6**  Mannlochdeckel

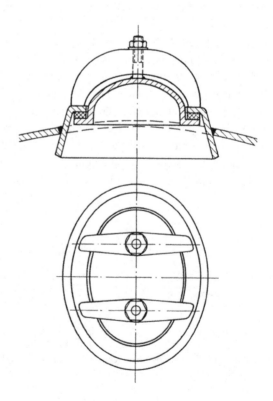

tung in Behälterwände eingesetzt. Die Dichtkraft ist dabei nicht nur vom Innendruck $p$, sondern auch von der von ihm beaufschlagten Fläche (Deckelgröße) abhängig.

*O-Ring* Auch die bekannten und häufig verwendeten Rundgummidichtungen (O-Ringe) sind selbstverstärkende Dichtungen. Sie werden nur wenig vorverformt, zu etwa 1/10 der Ringdicke, im Betrieb werden sie dann durch den Betriebsdruck $p$ an die Nutwandung gepresst. Damit der Betriebsdruck auf die Dichtung wirken kann muss die Nutbreite größer sein als der vorgespannte O-Ring (Abb. 3.7).

*Delta-Ring* Für die Hochdruckdeckelverschlüsse an Behältern der Verfahrenstechnik sind Sonderkonstruktionen entwickelt worden von denen einige heute auch in anderen Anwendungsbereichen verwendet werden. Ein Beispiel ist der Deckelverschluss mit der Delta-Dichtung (Abb. 3.8), bei dem ein keilförmiger Stahlring in besonderen Ausnehmungen in der Behälterwand und im Deckel liegt. Der Ring wird durch den Innendruck deformiert und an die sauber bearbeiteten Oberflächen der Ausnehmungen gepresst. Um die Dichtheit im Betrieb zu gewährleisten ist bei der Montage nur eine geringe Vorverformung erforderlich.

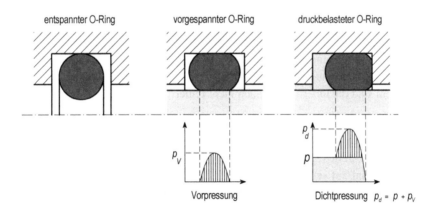

**Abb. 3.7** O-Ring

**Abb. 3.8** Delta-Ring: a) unbelastet; b) vorgespannt; c) mit Innendruck

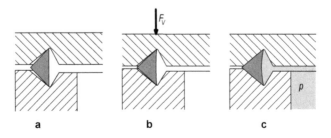

## 3.2    Dichtungen zwischen bewegten Bauteilen

Die an bewegten Maschinenteilen zur Anwendung kommenden Dichtungen richten sich nach

- der Art der Bewegung (Drehbewegung, Längsbewegung),
- der Größe der Relativgeschwindigkeiten,
- Druck und Temperatur,
- den abzudichtenden Medien.

Man unterscheidet zwischen Berührungsdichtungen, bei denen die Dichtstoffe durch äußere oder innere Kräfte an die bewegten Dichtflächen angepresst werden und berührungslosen Dichtungen, bei denen durch Expansions- bzw. Drosselwirkung in engen Spalten oder in Labyrinthen ein Druckabfall erzielt wird. Sonderfälle sind die hermetisch abgedichteten Räume durch Faltenbälge oder Membranen bei Maschinenteilen mit begrenzter gegenseitiger Beweglichkeit.

### 3.2.1    Berührungsdichtungen

Ein großer Nachteil berührender Dichtungen zwischen bewegten Dichtflächen ist die unvermeidliche Reibung, die Verschleiß und oft unerwünschte Erwärmungen zur Folge hat. Zudem ist eine vollkommene Abdichtung nicht möglich, da der Anpressdruck, im Gegensatz zu statischen Dichtungen, nur sehr gering sein darf, damit die Reibung nicht zu groß wird. Außerdem sind die Oberflächen auch nicht fehlerfrei.

#### 3.2.1.1 Dichtungen für Drehbewegungen
Drehende Maschinenteile (z. B. Wellen) können entweder mit radial auf der Zylinderoberfläche oder mit axial auf senkrecht zur Wellenachse stehenden Dichtflächen abgedichtet werden (Abb. 3.9). Der Dichtkörper wird bei diesen Rotationsdichtungen immer mit einer Anpresskraft $F$ an die Dichtfläche gepresst.

**Abb. 3.9** Rotationsdichtung:
a) radiale Abdichtung; b)
axiale Abdichtung

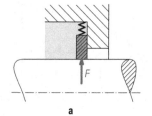
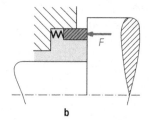

a                                b

**Filzring** Eine der ältesten und einfachsten Rotationsdichtungen ist der Filzring. Er hat einen rechteckigen Querschnitt und wird in eine trapezförmige Nut eingelegt, wodurch er auf die Welle gedrückt wird. In DIN 5419 sind die Abmessungen der Filzringe und der dazugehörigen Nuten genormt.

Filzringe sind sehr kostengünstig und werden eingesetzt, wenn die Dichtwirkung nicht sehr hoch sein muss und die Umfangsgeschwindigkeiten 4 m/s nicht überschritten werden muss.

**Radialwellendichtring** Rotierende Maschinenteile werden häufig mit Radialwellendichtringen (Abb. 3.10) abgedichtet. Sie sind genormt (DIN 3760) und daher austauschbar und kostengünstig. Sie erzielen bei kleinem Bauraum eine große Dichtwirkung und erreichen bei sachgemäßem Einbau eine hohe Lebensdauer. Die abzudichtenden Medien können gasförmig, flüssig oder pastös sein. Häufig stellt sich die Aufgabe, Schmieröle oder Schmierfette abzudichten. Die zulässigen Umfangsgeschwindigkeiten betragen je nach Bauform bis zu 30 m/s, größere Drücke können jedoch nicht abgedichtet werden (bis 0,5 bar). Auch für Betriebstemperaturen größer als 100 °C sind diese Dichtringe in der Regel nicht geeignet.

Ein Radialwellendichtring hat normalerweise zwei Aufgaben zu erfüllen:

1. Statische Abdichtung zwischen Gehäusebohrung und Außenmantel,
2. dynamische Abdichtung zwischen Dichtlippen und Wellenoberfläche.

Die statische Abdichtung wird durch Einpressen des Dichtringes in die Gehäusebohrung erzielt. Dafür bieten die Ausführungen mit gummielastischen Außenflächen (Form A) die besten Voraussetzungen. Für die dynamische Abdichtung wird eine scharfkantige Dichtlippe aus elastomerem Werkstoff mittels einer Zugfeder in radialer Richtung auf die Wellenoberfläche gedrückt. Dadurch kann die Durchmessertoleranz der Welle recht groß sein (Toleranzgrad h11 ist ausreichend). Als Oberflächenbeschaffenheit wird jedoch gefordert: drallfrei geschliffen, Rz = 1 ... 4 μm, Härte 45 ... 60 HRC.

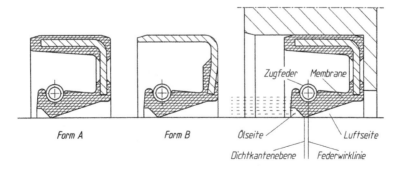

**Abb. 3.10** Radialwellendichtringe nach DIN 3760

Beim Einbau sollte unbedingt darauf geachtet werden, dass die Dichtlippen nicht über scharfkantige Wellenabsätze oder Passfedernuten geschoben werden. An den Wellen sind daher Anschrägungen vorzusehen oder bei der Montage müssen Einbauhülsen verwendet werden.

**Gleitringdichtungen**  Sie sind vorwiegend für die Dichtung von Flüssigkeiten (aber auch von Gasen und Dämpfen) bei hohen Drücken und hohen Temperaturen ($> 200\ °C$) geeignet und daher hauptsächlich bei Kreiselpumpen, Zahnradpumpen, Trockentrommeln, Rührwerken u. dgl. zu finden. Sie zeichnen sich dadurch aus, dass die Leckverluste gering sind, keine Wartung erforderlich ist und die Dichtwirkung vom Verschleiß und von geringen axialen und radialen Bewegungen der Welle unabhängig ist. Nachteilig sind die großen Baulängen und der zum Teil komplizierte und daher teure Aufbau (Abb. 3.11) Außerdem ist zu beachten, dass eine Gleitringdichtung schlagartig versagen kann.

Die Ringdichtflächen stehen senkrecht zur Wellenachse. Ein Gleitring (1) steht fest und der andere (2) wird von dem drehenden Bauteil in Umfangsrichtung mitgenommen. Die Anpressung des axial verschieblichen Rings erfolgt beim Einbau durch eine oder mehrere zylindrische Schraubenfedern (3) oder durch einen Federbalg und im Betrieb zusätzlich durch den Druck des Mediums, wobei je nach der Größe der beaufschlagten Fläche volle Wirksamkeit, Teilentlastung oder auch Vollentlastung möglich ist. Für die Dichtflächen werden hohe Oberflächengüten (Rauhigkeit kleiner als 1 μm) und gute Planparallelität verlangt. Ein Ring soll durch eine nachgiebige Lagerung eine

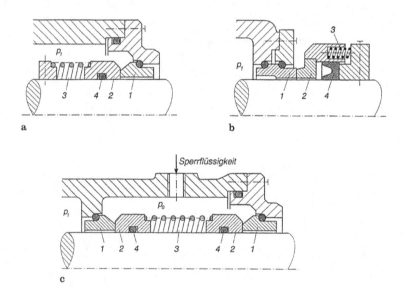

**Abb. 3.11**  Gleitringdichtungen: a) Innenanordnung; b) Außenanordnung; c) Doppelte Gleitringdichtung mit Sperrflüssigkeit

allseitige Einstellmöglichkeit besitzen. Die ruhende bzw. fast ruhende Dichtung der Gleit-
ringe gegen das Gehäuse bzw. gegen die Welle erfolgt mit O-Ringen, Nutringen oder
Weichstoffpackungen (4).

Bei der Ausführung nach Abb. 3.11a sind drehender Gleitring und Feder innen angeordnet. Abb. 3.11b zeigt eine außen vorgebaute Gleitringdichtung mit auf dem Umfang
verteilten zylindrischen Schraubenfedern. Die doppelte Gleitringdichtung nach Abb. 3.11c
arbeitet mit einer Sperr- oder Spülflüssigkeit, wobei das linke Gleitringpaar zwischen
dem abzudichtenden Medium $p_1$ und der Sperrflüssigkeit $p_0$ dichtet und das rechte
Gleitringpaar das Austreten der Sperrflüssigkeit verhindert.

Die Werkstoffpaarungen sind nach den Eigenschaften der Betriebsmittel auszuwählen.
Der drehende Gleitring besteht häufig aus Kunstkohle, Kunstharz, legiertem Stahl, Bronze
oder auch aus Weißmetall, der feststehende Ring aus Gußeisen, Sonderbronze oder auch
Sintermetall und keramischen Werkstoffen.

### 3.2.1.2 Dichtungen für Längsbewegungen
Eine Abdichtung zwischen hin- und hergehenden Bewegungen kann mit Formdichtungen
(Nutringe, Manschetten, O-Ringe) oder mit Gleitflächendichtungen (z. B. Kolbenringe)
realisiert werden.

**Formdichtungen**  Von der großen Anzahl der unterschiedlichen Dichtungen für Längsbewegungen, wie sie z. B. in der Hydraulik und Pneumatik im Einsatz sind, kann
hier nur eine Auswahl aufgezeigt werden. Formdichtungen gehören zu den selbsttätigen
Berührungsdichtungen, da der Betriebsdruck die Dichtwirkung unterstützt. Eine Vorspannung für den drucklosen Zustand wird durch das elastische Verhalten der Dichtringe
erzielt. Voraussetzung dafür sind Maßunterschiede zwischen Dichtkanten- und Gleit-
flächendurchmessern vor dem Einbau. Für die Funktion sind also in erster Linie der
Werkstoff und die Form der Dichtung entscheidend.

Als Werkstoffe werden neben Chromleder und Naturkautschuk auch Kunstgummi-
mischungen und PTFE (Teflon) verwendet. Die Temperaturen an der Dichtlippe sind meist
auf 100 °C begrenzt. Mit PTFE-Dichtungen sind jedoch auch Temperaturen bis 260 °C
möglich. Die Gleitgeschwindigkeiten dürfen in der Regel nicht über 0,5 m/s liegen.

*Hut- und Topfmanschetten*  Hutmanschetten nach Abb. 3.12a werden mit und ohne Feder
hergestellt. Sie können mit kegelförmigen Stützringen eingebaut werden (Abb. 3.12b) um

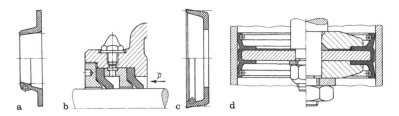

**Abb. 3.12** Hut- und Topfmanschetten

die Verformung der Dichtlippen, die ja der Überdruckseite zugekehrt sein muss, zu begrenzen bzw. um ein Umstülpen zu verhindern. Die Stützringe sind dabei stärker geneigt als die Dichtlippen. Bei geringen Hubgeschwindigkeiten sind Drücke bis 10 bar ohne Stützscheiben zulässig, mit Stützscheiben bis 60 bar. Hutmanschetten sind bedingt auch für Drehbewegungen geeignet.

Topfmanschetten nach Abb. 3.12c werden mit und ohne Feder hergestellt. Abb. 3.12d zeigt eine Ausführung als Kolbendichtung mit Doppeltopfmanschetten, die nach beiden Seiten dichten und gleichzeitig im Kolben führen. Bei Gleitgeschwindigkeiten bis 1,5 m/s können Drücke bis 60 bar abgedichtet werden.

*Nutringe* Nutringe nach Abb. 3.13 werden mit ca. 0,3 mm Spiel, d.h. ohne axiale Vorspannung eingebaut. Sie werden für mittlere bis hohe Drücke (bis 400 bar) eingesetzt. Da bei hohen Drücken die Gefahr der Spaltextrusion besteht, werden für solche Anwendungsbereiche Nutringe mit Stützringen hergestellt (Abb. 3.13b und c). Nutringe können je nach Bauform innen an einer Stange (Stangendichtung) oder außen an einer Zylinderwand (Kolbendichtung) abdichten.

*O-Ringe* Rundgummidichtungen werden wegen ihres einfachen und platzsparenden Einbaus und wegen ihrer guten Dichtwirkung nicht nur als statische, sondern auch als dynamische Abdichtung bei Längsbewegungen eingesetzt (Abb. 3.14). Sie können nahezu

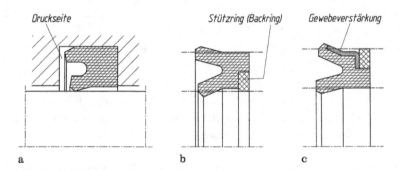

**Abb. 3.13** Nutringe: a) Einbaubeispiel (mit Axialspiel); b) Nutring mit Stützring (innendichtend); c) Nutring mit Stützring (außendichtend)

**Abb. 3.14** O-Ring-Dichtungen: a) innen dichtend; b) außen dichtend

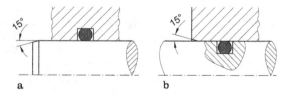

bei allen in der Praxis vorkommenden Drücken verwendet werden. Wenn keine hohen Anforderungen an Lebensdauer und Dichtwirkung gestellt werden, sind sie auch bedingt für Drehbewegungen geeignet. Die Voraussetzungen für einwandfreie Funktion sind

- definierte Vorverformung (Nutabmessungen nach Herstellerangaben),
- geringes Spiel zwischen den bewegten Flächen (H 8/f 7 wird empfohlen),
- saubere, riefenfreie Dichtflächen (möglichst gehärtet und geschliffen),
- Vermeidung von Trockenlauf (Reibung und Verschleiß sonst zu groß),
- Geschwindigkeitsgrenzen nicht größer als 0,5 m/s.

**Gleitflächendichtungen**  Bei hohen Gleitgeschwindigkeiten, insbesondere wenn zusätzlich hohe Drücke und hohe Temperaturen auftreten, müssen formbeständige Gleitelemente mit sehr geringen Reibbeiwerten verwendet werden. Diese Gleitelemente werden für hohe Temperaturen aus Metall, für niedrigere Temperaturen (bis ca. 260 °C) aus PTFE (Teflon) hergestellt.

*Kolbenringe aus Metall*  Kolbenringe aus Metall haben außer der Aufgabe des Dichtens häufig auch noch die Funktion, das Öl von der Zylinderwand abzustreifen und in das Kurbelgehäuse zurückzuleiten. Ferner dienen sie bei Brennkraftmaschinen zur Übertragung der Wärme vom Kolben auf die Zylinderwand.

Die eigentlichen Verdichtungs- oder Kompressionsringe werden in der Nähe des Kolbenbodens angeordnet. Sie haben meist rechteckigen Querschnitt und sind – zwecks Einbaus in die Kolbennuten und zur Aufrechterhaltung eines möglichst konstanten Anpressdrucks durch Eigenfederung – geschlitzt (Abb. 3.15). Bei Kolbenringen mit schrägem Stoß ist die Dichtwirkung etwas besser als mit geradem Stoß.

Das geringe axiale Einbauspiel ermöglicht die Ausbreitung des Betriebsmitteldrucks auf Seiten- und Innenfläche des Kolbenrings und somit die Abdichtung auf den Gegenflächen, also axial auf der Kolbennutringfläche und radial an der Zylinderwand. Die Anpressung durch den Betriebsmitteldruck ist wesentlich größer als die durch die Eigenfederung. Die Aufgabe des Ölabstreifens wird durch Nasen oder besonders geformte Ringnuten im Außenmantel erfüllt. Die Kolbenringe sind mit versetzten Stößen einzubauen und u. U. gegen Verdrehen (z. B. durch Stifte) zu sichern. Als Werkstoff wird

**Abb. 3.15** Kolbenringe: a) mit geradem Stoß; b) mit schrägem Stoß

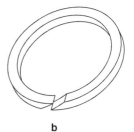

a                                                        b

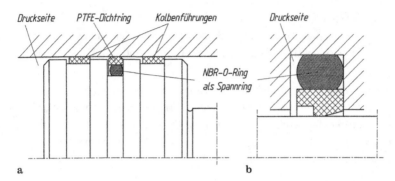

**Abb. 3.16** Ringdichtungen: a) Kolbendichtung; b) Stangendichtung (Stufendichtung „step- seal")

normalerweise Sondergrauguss verwendet, selten Stahl, und Bronze nur bei besonderen Anforderungen an chemische Beständigkeit.

*Kolbenringe aus PTFE*  Kolbenringe aus PTFE wurden aufgrund der guten Erfahrungen mit den obengenannten Kolbenringen aus Metall entwickelt. Die großen Vorteile liegen in der niedrigen Reibung im formstabilen Spalt und im ruckfreien Anlauf, da die Dichtung nicht anklebt. Deshalb verdrängen die Kolben- und Stangendichtungen aus PTFE die bisher im Maschinenbau vorherrschenden Formdichtungen (Manschettendichtungen und Nutringe) immer mehr. Abbildung 3.16a zeigt einen Kolbenring aus PTFE, der durch einen O-Ring aus NBR-Kautschuk vorgepresst wird. Da der O-Ring gleichzeitig den Dichtring zentriert, kann der Spalt zwischen den bewegten Flächen relativ groß gewählt werden.

Da die Leckverluste der Kolbenringdichtungen größer sind als bei den Form- und Manschettendichtungen und Nutringen, wurde durch die Veränderung der Dichtfläche zu einer Dichtkante die Variante „Stepseal"[2] entwickelt (Abb. 3.16b). Dabei sollen die Leckverluste reduziert werden, indem durch die flache Rückflanke ein Teil des ausgetretenen, an der Stange haftenden Öls, wieder zurückgeschleppt werden kann. Die Vorderkante ist dagegen steil, damit durch den dadurch entstehenden großen Druckgradienten möglichst wenig Öl ausgeschleppt wird. Wenn der Schmierfilm, den die Dichtung beim Ausfahren der Stange auf der Oberfläche hinterlässt, dünner ist als der mögliche Schmierfilm beim Einfahren, wird die Dichtung als dicht bezeichnet.

### 3.2.1.3 Dichtungen für Längs- und Drehbewegungen

Obwohl einige Dichtungen für Längsbewegungen unter gewissen Bedingungen auch für Drehbewegungen geeignet sind, ist ihr hauptsächliches Einsatzgebiet doch eine hin- und hergehende Bewegung. Für Längs- und Drehbewegungen, sowie deren Überlagerung, d. h. für Schraubenbewegungen, gilt der mit weichem Material gepackte oder „gestopfte" Ringraum des Maschinengehäuses als klassische Wellen- und Stangendichtung. Schon zu Beginn des heutigen Maschinenbaus wurden Packungen als Dichtungsmittel in Stopfbuchsen untergebracht, die durch axiale Kräfte elastisch oder plastisch so verformt werden, dass sich der radiale Dichtspalt stark verringert. Reibung, Verschleiß und Erwärmung begrenzen heute den Anwendungsbereich. Trotzdem gibt es immer noch Anwendungsprofile, auf die Stopfbuchsen am besten passen. Dies ist der Fall, wenn bei hohem Druck und hoher Temperatur, aber bei niedriger Gleitgeschwindigkeit abgedichtet werden muss. Dazu gehören z. B. Ventilspindeln, insbesondere beim Einsatz von Heißdampf und Heißgas und von chemisch aggressiven Medien. Wellen von Kreiselpumpen und Verdichtern werden ebenso mit Stopfbuchsen abgedichtet wie Wasserpumpen oder Hochdruck-Axialkolbenpumpen.

Die wesentlichen Teile der Stopfbuchsen sind nach Abb. 3.17a das Gehäuse (a), die Brille (b), der Packungsraum (c) mit der Packungsbreite $s$ und Packungslänge $h$, die Grundbuchse (e) sowie die Schrauben (f) zum Zusammenpressen der Packung. Um Klemmen durch schiefes Anziehen zu vermeiden, kann die Brille in zwei Teile aufgeteilt werden, einem Brillenflansch und einem Brillendruckstück mit kugeliger Trennfläche (Abb. 3.17b) Die Brillen haben innen reichlich Spiel, während sie außen gute Führung haben sollen.

Die Bemessung der Packungsräume erfolgt am besten mit den in DIN 3780 festgelegten Maßreihen für die Packungsbreiten (Tab. 3.1). Für die Packungslängen $h$ werden die in Abb. 3.18 angegebenen Abhängigkeiten vom Druck und dem Innendurchmesser empfohlen. Zu kurze Packungen erfordern hohe Dichtpressung und haben dadurch größere Reibung und Verschleiß zur Folge. Die Grundbuchse soll eine Länge $h_1 = d$ bei liegenden und $h_1 = 0{,}5 \cdot d$ bei stehenden Kolbenstangen haben.

Als Packungswerkstoffe verwendet man Knetlegierungen (Weißmetallspäne oder Kohlepulver mit Graphit vermischt), Weichstoffpackungen aus gedrehten, geflochtenen oder gewickelten Strängen von meist quadratischem Querschnitt, die aus Natur- oder Kunststofffasern bestehen. Für hohe Temperaturen wurden früher Asbestfasern verwendet, die heute durch Geflechte aus PTFE-Garnen (bis 300 °C), Garnen aus Polyamiden (Aramid) und gepressten Ringen aus expandiertem Reingraphit ersetzt werden.

**Abb. 3.17** Stopfbuchse:
a) Aufbau; b) mit
Brillendruckstück

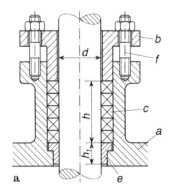
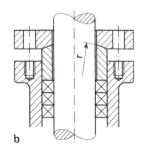

**Tab. 3.1** Richtwerte für Packungsbreiten und Stopfbuchsen-Schrauben (nach DIN 3780)

| Innendurchmesser $d$ (Spindel, Welle) [mm] | *Packungsbreite s* [mm] | Stoffbuchsen-Schrauben |
|---|---|---|
| 4…4,5 | 2,5 | M 12 |
| 5…7 | 3 | |
| 8…11 | 4 | |
| 12…18 | 5 | |
| 20…26 | 6 | |
| 28…36 | 8 | M 16 |
| 38…50 | 10 | |
| 53…75 | 12,5 | M 18 |
| 80…120 | 16 | M22/M 24 |
| 125…200 | 20 | M 27 |

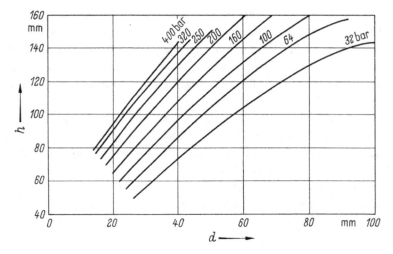

**Abb. 3.18** Packungslängen: $h$ bei üblichen Querschnitten (1 bar = $10^5$ Pa = $10^5$ N/m$^2$)

### 3.2.2  Berührungslose Dichtungen

Die Anwendung berührungsloser Dichtungen erstreckt sich auf die Fälle, in denen sehr hohe Relativgeschwindigkeiten auftreten, bei denen also an Berührungsdichtungen Reibung und Verschleiß zu groß und Schmierung und Wartung erhebliche Schwierigkeiten bereiten würden. Die Entwicklung berührungsfreier Dichtungen erfolgte daher hauptsächlich im Dampf- und Gasturbinenbau. Aber auch bei Wasserturbinen, Kreiselpumpen und Gebläsen werden berührungsfreie Spaltdichtungen verwendet. Kolbenkompressoren für trockene Luft und Gase werden mit Labyrinthspaltkolben ausgeführt, um jegliche Beimengungen von Schmieröl zu vermeiden.

**Abb. 3.19** Einfache
Spaltdichtung

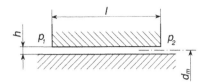

**Einfache Spaltdichtungen** Bei der Spaltdichtung (Abb. 3.19) ist die Durchflussmenge von den Spaltabmessungen, insbesondere der Spaltweite und Spaltlänge, von der Druckdifferenz, ferner von den Zustandsgrößen, vor allem der Viskosität des Mediums und von der Oberflächenbeschaffenheit (Wandrauigkeit) abhängig. Bei Laminarströmung wird der durch den Spalt strömende Volumenstrom

$$\dot{V} = \frac{(p_1 - p_2)\, d_m\, \pi\, h^3}{12\, \eta\, l}.$$

Aus dieser Gleichung geht hervor, dass für kleine Leckagen der Dichtspalt möglichst eng und lang sein muss. Die minimale Spalthöhe $h$ wird durch die Fertigungstoleranzen begrenzt und kann daher nicht beliebig klein gemacht werden. Auch die Spaltlänge $l$ ist aus konstruktiven Gründen nicht beliebig lang möglich. Daher sind die Anwendungsmöglichkeiten von einfachen Spaltdichtungen sehr begrenzt.

**Labyrinthdichtungen** Die Labyrinthdichtung nach Abb. 3.20a stellt eine Hintereinanderschaltung von Drosselstellen dar, an denen jeweils Druckenergie in Geschwindigkeitsenergie umgewandelt wird. Diese Energie wird dann in der folgenden Kammer durch Verwirbelung und Stoß in Reibungswärme umgesetzt. Um vollständige Verwirbelung und somit vor der nächsten Drosselstelle nahezu die Geschwindigkeit Null zu erzielen, sind Umlenkungen durch Trennwände (verzahnte Labyrinthe) vorzusehen. Die Durchflussmenge hängt außer vom Druckgefälle von der Spaltweite der Drosselstelle und vor allem von der Anzahl $z$ der hintereinander geschalteten Drosselstellen ab. Bei inkompressiblen Medien wird

$$\dot{V} = \varepsilon d_m\, \pi\, h \sqrt{2\, g\, \frac{H_{ges}}{z}}$$

mit $H_{ges}$ = Gesamtgefälle, $g$ = Fallbeschleunigung und $\varepsilon$ = einem von der Reynoldszahl abhängigen, experimentell ermittelbaren Beiwert.

Der in Abb. 3.20b dargestellte Labyrinthspalt nimmt eine Zwischenstellung zwischen dem einfachen Spalt und dem echten verzahnten Labyrinth ein. Es sind dabei zwar auch Drosselstellen vorhanden, aber das Medium tritt zum mindesten teilweise in die jeweils folgende Drosselstelle mit einer mehr oder weniger großen Geschwindigkeit ein. Die Durchflussmengen sind geringer als beim Spalt und größer als beim echten Labyrinth. Im Gegensatz zur verzahnten Labyrinthdichtung besteht hier der Vorteil,

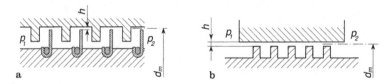

**Abb. 3.20** Grundformen der Labyrinthdichtungen a) Labyrinth mit Drosselstellen; b) nicht verzahntes Labyrinth

dass die Dichtflächen in axialer Richtung ungehindert gegenseitiger verschoben werden können.

Aus der Vielzahl der praktischen Ausführungen von Labyrinthdichtungen sind in Abb. 3.21 einige ausgewählt. Sie weichen teilweise von den Grundformen in Abb. 3.20 ab, zeigen jedoch alle das Bestreben, den geraden Durchtritt des Mediums zu verhindern. Beachtliche Einsparungen an Baulänge erzielt man durch radiale Anordnung der Kammern nach Abb. 3.21d und e.

**Dichtungen mit Sperrflüssigkeit** Für vollkommene Abdichtungen, wie sie z.B. bei giftigen Medien und bei Vakuum erforderlich sind, werden Dichtungen mit Flüssigkeitssperrungen verwendet. Bei der Wasserringdichtung nach Abb. 3.22a wird die Fliehkraft zur Druckerzeugung benutzt. Die Flüssigkeitsspiegel stellen sich dem Druckunterschied entsprechend ein, so dass der Dichtspalt relativ groß sein kann. Das verdunstende Wasser muss durch Zufuhr von außen her ersetzt werden. Im Stillstand sind Hilfsdichtungen erforderlich. In Spalt- oder Labyrinthdichtungen mit Sperrflüssigkeit (Schema Abb. 3.22b) wird diese mit Überdruck ($p_0 < p_1$) an geeigneter Stelle eingeführt, so dass sowohl innen wie außen möglichst geringe Mengen von Sperrflüssigkeit austreten. Als Sperrmittel dienen meist Öle (bei sehr hohen Drücken Öle mit hoher Viskosität),

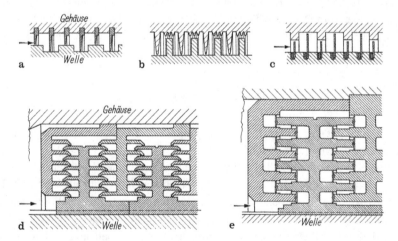

**Abb. 3.21** Labyrinthdichtungen

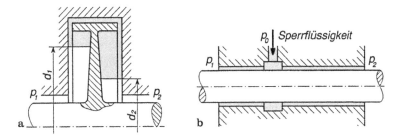

**Abb. 3.22** Dichtungen mit Sperrflüssigkeiten: a) Wasserringdichtung (Schema); b) Spaltdichtung mit Drucksperrflüssigkeit

in Sonderfällen auch Gas oder Dampf, wie z. B. bei den Vakuumstopfbuchsen der Dampfturbinen.

**Gewindewellendichtungen**   Bei den Gewindewellendichtungen (Abb. 3.23), auch hydrodynamische oder Viskosedichtungen genannt, wird der Sperrdruck in der Stopfbuchse selbst durch Rückfördergewinde erzeugt. Besitzt der Betriebsstoff selbst hinreichende Viskosität und Haftvermögen (Adhäsion), so genügt ein Einzelgewinde ohne Sperrflüssigkeit (Abb. 3.23a und b). In anderen Fällen wird ein gegenläufiges Gewinde mit hochviskoser Sperrflüssigkeit verwendet, die in der Stopfbuchse einen Sperring bildet, der sich je nach dem Druckunterschied $(p_1 - p_2)$ in seiner Axiallage selbsttätig einstellt (Abb. 3.23c).

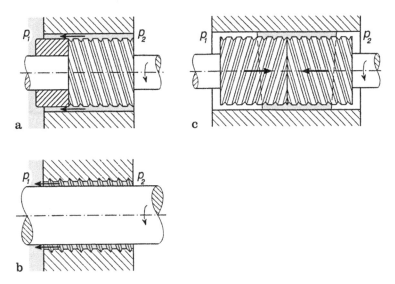

**Abb. 3.23** Gewindewellendichtungen: a) Gewinde auf der Welle; b) Gewinde im Gehäuse; c) mit gegenläufigem Gewinde

### 3.2.3   Hermetische Dichtungen

**Faltenbalg** Für Teile mit hin- und hergehender kleiner Hubbewegung und geringer
Hubzahl werden Dichtungen mit Faltenbälgen oder Well- und Faltenrohren aus Tombak,
Messing, Monelmetall und nichtrostendem Stahl verwendet (Abb. 3.24). Die Abdichtung
ist vollkommen und daher besonders für giftige oder sehr wertvolle Medien geeignet.
Weitere Vorteile sind: eindeutige Federkräfte an Stelle der sonst oft unbestimmten Reibungskräfte und vollständige Wartungslosigkeit. Betriebsdrücke und Lebensdauer sind
jedoch begrenzt.

Als Schutzdichtungen bei kleinen Längs-, Dreh- oder Winkelbewegungen werden
Faltenbälge aus Gummi oder elastischen Kunststoffen verwendet.

**Membrandichtung** Bei geringen Druckunterschieden und sehr kleinen Hüben, z.B. in
Meß- und Regelgeräten, werden Flach- und Wellmembranen, auch aus Weichstoffen,
verwendet. Sie sind an den Einspannstellen keil- oder wulstförmig ausgebildet.

Für größere Hübe, insbesondere für das Gebiet der pneumatischen und hydraulischen Regel- und Steuertechnik, sind dünnwandige und flexible Rollmembranen (vor
dem Einbau topfförmig) aus Perbunan mit einseitiger Gewebeauflage entwickelt worden
(Abb. 3.25). Sie werden für Zylinderdurchmesser von 25 bis 200 mm, Betriebsdrücke bis
maximal 12 bar und Temperaturen zwischen – 25 und +100 °C geliefert.

**Metallbalg** Für hohe Temperaturen und große Drücke eignen sich Elastomere nicht als
Dichtungswerkstoffe. Dafür werden Metallbälge eingesetzt, die in axialer, radialer und
angularer (winkeliger) Richtung flexibel, in Umfangsrichtung jedoch sehr steif sind. So

**Abb. 3.24** Faltenbalg

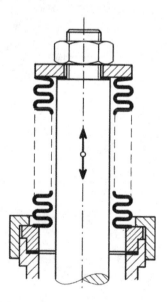

**Abb. 3.25** Rollmembran

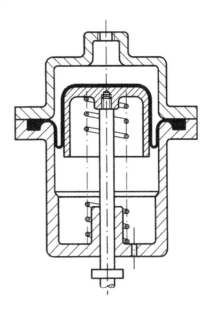

können mit diesen Maschinenelementen nicht nur heiße und aggressive Medien abgedichtet, sondern auch kleinere Drehmomente übertragen werden. Wegen der hohen Flexibilität werden Metallbälge auch zur Schwingungsentkoppelung eingesetzt (z.B. gasdichte Abgasleitung im Fahrzeugbau). Bei Bälgen, die mit einem Differenzdruck beaufschlagt werden, sollte der höhere Druck $p_1$ auf der Balgaußenseite wirken (Abb. 3.26).

**Abb. 3.26** Metallbalg
(außendruckbelastet)

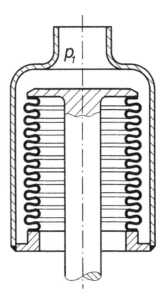

## Literatur

1. Mayer, E.: Axiale Gleitringdichtungen. 7. Auflage. Berlin: Springer 1982
2. Müller, H. K.: Abdichtung bewegter Maschinenteile. Waiblingen: Medienverlag 1991
3. Schmitt, E.: Handbuch der Dichtungstechnik. Grafenau/Württemberg: Expert-Verlag 1981
4. Thier, B.; Faragallah,W.H.: Handbuch Dichtungen. Sulzbach i. Ts.: Verlag und Bildarchiv W.H.Faragallah 1990
5. Tietze, W.: Taschenbuch Dichtungstechnik. 3. Auflage. Essen: Vulkan-Verlag 2011
6. Trutnovsky, K: Berührungsdichtungen an ruhenden und bewegten Maschinenteilen. 2. Auflage. Berlin: Springer 1975
7. Trutnovsky, K: Berührungsfreie Dichtungen. 4. Auflage. Berlin: Springer 1981

# Elemente der drehenden Bewegung

**4**

Obwohl Achsen und Wellen auf den ersten Blick völlig gleich aussehen können, unterscheiden sie sich doch in Ihrer Funktion. Der wesentliche Unterschied zwischen einer Achse und einer Welle ist, dass eine Achse nie, eine Welle aber immer ein Drehmoment überträgt. Im Gegensatz zu einer Welle, die sich immer dreht, kann eine Achse stillstehen oder sich drehen.

## 4.1 Achsen

Achsen dienen zur Aufnahme von Rollen, Seiltrommeln, Laufrädern und dgl. Man unterscheidet feststehende Achsen (Abb. 4.1), auf denen sich Maschinenteile drehen und umlaufende Achsen (Abb. 4.2), die sich selbst in Lagern drehen und auf denen z. B. Laufräder fest angeordnet sind. Die feststehenden Achsen weisen gegenüber den umlaufenden Achsen den Vorteil auf, dass sie nur ruhend oder schwellend auf Biegung und Schub beansprucht werden. Die Schubbeanspruchungen müssen jedoch nur bei sehr kurzen Achsen ($l/d < 5$) berücksichtigt werden. Umlaufende Achsen werden dagegen wechselnd auf Biegung beansprucht, da jede Mantellinie der Achsenoberfläche pro Umdrehung abwechselnd auf Zug und auf Druck beansprucht wird.

Üblicherweise werden Achsen als Kreis- oder Kreisringquerschnitt ausgebildet. Bei Vernachlässigung der Schubspannungen ergibt sich für den vollen Kreisquerschnitt der erforderliche Durchmesser aus

$$\sigma_b = \frac{M_b}{W_b} \leq \sigma_{b,zul} \quad \text{mit} \quad W_b = \frac{\pi d^3}{32} \quad \text{zu} \quad d \geq \sqrt[3]{\frac{32}{\pi} \frac{M_b}{\sigma_{b,zul}}}. \tag{4.1}$$

© Springer-Verlag GmbH Deutschland 2018
H. Haberhauer, *Maschinenelemente*,
https://doi.org/10.1007/978-3-662-53048-1_4

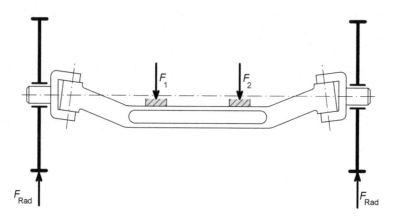

**Abb. 4.1** Feststehende Fahrzeugachse (Vorderachse)

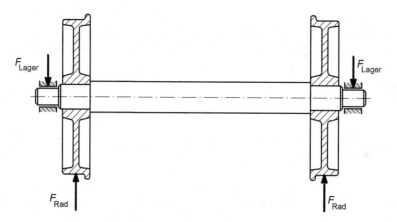

**Abb. 4.2** Umlaufende Wagenachse

Ein Kreisringquerschnitt mit einem Außendurchmesser $D$ und einem Innendurchmesser $d$ hat ein Widerstandsmoment von

$$W_b = \frac{\pi \left(D^4 - d^4\right)}{32 \cdot D}, \quad \text{woraus folgt:} \quad D \geq \frac{1}{\sqrt[3]{1 - (d/D)^4}} \sqrt[3]{\frac{32}{\pi} \frac{M_b}{\sigma_{b,zul}}}. \tag{4.2}$$

In Tab. 4.1 ist für $W_b = konst.$ der Durchmesser-Vergrößerungsfaktor

$$K_D = \frac{1}{\sqrt[3]{1 - (d/D)^4}}$$

für einige $d/D$-Werte angegeben. Daneben sind die zugehörigen Querschnitte maßstäblich dargestellt und das Verhältnis der Querschnittsflächen als Querschnitts-Verkleinerungsfaktor $K_A = A_{Ring}/A_{Voll}$ berechnet. Daraus ist ersichtlich, dass schon eine

**Tab. 4.1** Vergleich von Kreis- und Kreisringquerschnitten bei konstanter Tragfähigkeit

| $d/D$ | Durchmesservergrößerungs-faktor $K_D$ | Querschnitte maßstäblich | Querschnittsverkleinerungs-faktor $K_A$ |
|---|---|---|---|
| 0 | 1 | | 1 |
| 0,5 | 1,02 | | 0,78 |
| 0,6 | 1,05 | | 0,70 |
| 0,7 | 1,10 | | 0,61 |
| 0,8 | 1,19 | | 0,51 |

geringe Durchmesservergrößerung eine deutliche Reduzierung der Querschnittsfläche und somit der Gewichtskraft zur Folge hat. Bei einem Durchmesserverhältnis von $d/D = 0,7$ wird mit einer Vergrößerung des Außendurchmessers von 10 % gegenüber dem vollen Kreisquerschnitt bei gleicher Tragfähigkeit 39 % Gewicht gespart.

**Auslegung einer Achse** Bei der ersten Überschlagsrechnung ist die genaue geometrische Form normalerweise noch nicht bekannt, so dass Kerbwirkungen, Schwächungen durch Einstiche und Nuten und dgl. durch einen entsprechend hohen Sicherheitsfaktor berücksichtigt werden müssen. In Gl. (4.1) bzw. Gl. (4.2) kann daher als zulässiger Werkstoffkennwert $\sigma_{b,zul}$ eingesetzt werden:

für feststehende Achsen: $\sigma_{b,zul} = \sigma_{b,Sch}/S$ mit $S = 3 \ldots 5$,

für umlaufende Achsen: $\sigma_{b,zul} = \sigma_{b,W}/S$ mit $S = 4 \ldots 6$.

Die Biegeschwellfestigkeit $\sigma_{b,Sch}$ und die Biegewechselfestigkeit $\sigma_{b,W}$ können den Tabellen im Anhang A entnommen werden.

**Beispiel 1: Auslegung einer feststehenden Achse**

Der Durchmesser einer feststehenden Achse mit einer schwellenden Belastung nach Abb. 4.3 soll überschlägig berechnet werden.

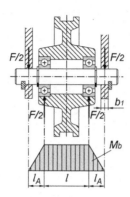

**Abb. 4.3** Beispiel feststehende Achse

Gegeben: $F = 60\,\text{kN}$; $l = 90\,\text{mm}$; $l_A = 50\,\text{mm}$; $b_1 = 12\,\text{mm}$; Werkstoff für die Achse E295 mit $\sigma_{b\,\text{Sch}} = 355\,\text{N/mm}^2$; Werkstoff für Stützblech S235 mit $p_{\text{zul}} = 65\,\text{N/mm}^2$ (Tab. 2.26).

Durchmesser aus Biegebeanspruchung:

$$M_{b\,\text{max}} = \frac{F}{2}l_A = 30 \cdot 10^3\,\text{N} \cdot 50\,\text{mm} = 1500 \cdot 10^3\,\text{Nmm},$$

$$\sigma_{b\,\text{zul}} = \frac{\sigma_{b\,\text{Sch}}}{S} = \frac{355\,\text{N/mm}^2}{4} = 89\,\text{N/mm}^2,$$

$$d \geq \sqrt[3]{\frac{32}{\pi}\frac{M_{b\,\text{max}}}{\sigma_{b\,\text{zul}}}} = \sqrt[3]{\frac{32}{\pi}\frac{1500 \cdot 10^3\,\text{Nmm}}{89\,\text{N/mm}^2}} = 55,5\,\text{mm}^2.$$

Durchmesser aus Flächenpressung:

$$\text{aus } p = \frac{F/2}{b_1\,d} \leq p_{\text{zul}} \quad \text{folgt} \quad d \geq \frac{F/2}{b_1\,p_{\text{zul}}} = \frac{30 \cdot 10^3\,\text{N}}{12\,\text{mm} \cdot 65\,\text{N/mm}^2} = 38,5\,\text{mm}.$$

Hier ist der größere Wert aus der Biegebeanspruchung maßgebend.

## Beispiel 2: Auslegung einer umlaufenden Achse

Die Durchmesser einer umlaufenden Achse für eine Seilrolle nach dem Schema von Abb. 4.4 sind so festzulegen, dass eine möglichst gleichmäßige Beanspruchung vorliegt.

Gegeben: $F = 200\,\text{kN}$; $l = 1000\,\text{mm}$; Werkstoff für die Achse E295 mit $\sigma_{b\,W} = 245\,\text{N/mm}^2$ (Tab. A.1).

Der Zapfendurchmesser $d_1$ wird überschlägig ermittelt aus $p_{\text{zul}} = 8\,\text{N/mm}^2$ (Tab. 2.26) und $b/d_1 \approx 1$:

$$\text{aus } p = \frac{F/2}{b\,d_1} = \frac{F/2}{d_1^2} \leq p_{\text{zul}} \quad \text{folgt} \quad d_1 = \sqrt{\frac{F/2}{p_{\text{zul}}}} = \sqrt{\frac{100 \cdot 10^3 \,\text{N}}{8\,\text{N/mm}^2}} =$$

$$= \sqrt{\frac{100 \cdot 10^3 \,\text{N}}{8\,\text{N/mm}^2}} = 112\,\text{mm}.$$

Gewählt wird $d_1 = 110$ mm und $b = 120$ mm.

Für eine Überschlagsrechnung ist $\sigma_{\text{b zul}} = \sigma_{\text{b W}}/S = 245/5 = 49\,\text{N/mm}^2$. Nach der Berechnung auf Biegewechselfestigkeit ergeben sich für die Durchmesser an der

*Stelle* 1: $M_b = 100 \cdot 10^3\,\text{N} \cdot 60\,\text{mm} = 6 \cdot 10^6\,\text{Nmm}$,

$$d_1 = \sqrt[3]{\frac{32}{\pi} \frac{6 \cdot 10^6\,\text{Nmm}}{49\,\text{N/mm}^2}} = 108\,\text{mm},$$

*Stelle* 3: $M_b = 100 \cdot 10^3\,N \cdot 350\,\text{mm} = 35 \cdot 10^6\,\text{Nmm}$,

$$d_3 = \sqrt[3]{\frac{32}{\pi} \frac{35 \cdot 10^6\,Nmm}{49\,\text{N/mm}^2}} = 194\,\text{mm},$$

*Stelle* 4: $M_b = 100 \cdot 10^3\,N \cdot 500\,\text{mm} = 50 \cdot 10^6\,\text{Nmm}$,

$$d_4 = \sqrt[3]{\frac{32}{\pi} \frac{50 \cdot 10^6\,\text{Nmm}}{49\,\text{N/mm}^2}} = 218\,\text{mm}.$$

Die Form einer Achse mit theoretisch gleicher Biegespannung müsste als Parabel ausgeführt werden (in Abb. 4.4 gestrichelt eingezeichnet). Praktisch wird die Achse so geformt, dass die wirkliche Kontur an keiner Stelle in die gestrichelte Parabel eindringt. Für die Schulter des Zapfens wird ein Durchmesser $d_2 \approx 1,2 \cdot d_1 = 130$ mm benötigt.

**Abb. 4.4**  Beispiel umlaufende Achse

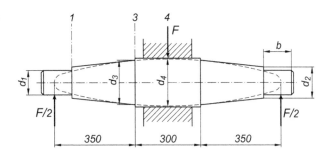

**Festigkeitsnachweis für eine Achse** Nach der Detaillierung sind bei einer genaueren Nachrechnung an den gefährdeten Stellen die festigkeitsmindernden Einflüsse wie Kerbwirkung ($\beta_k$), Größeneinfluss ($b_G$) und Oberflächeneinfluss ($b_0$) zu berücksichtigen. Gefährdet sind Querschnitte an Stellen maximaler Biegemomente, minimaler Querschnitte und spannungserhöhenden Kerben. Dafür werden die in der Festigkeitslehre üblichen Sicherheitsfaktoren verwendet. Und zwar für

ruhende Beanspruchung:        $S_F = 1,2\dots1,5$
wechselnde Beanspruchung:   $S_D = 2,0\dots2,5$.

An dieser Stelle sei noch darauf hingewiesen, dass die Nachrechnung für umlaufende Achsen mit den Rechenmodellen für die Wellenberechnung erfolgen kann. Die Torsion wird in diesem Fall gleich Null gesetzt.

## 4.2    Wellen

Wellen sind immer umlaufende Maschinenteile zur Übertragung von Drehmomenten. Zur Einleitung oder Abnahme des Drehmoments dienen Zahnräder, Schnecken, Schneckenräder, Riemenscheiben, Seilscheiben, Kettenräder, Reibscheiben und Kupplungen (Abb. 4.5). Das zu übertragende Drehmoment beansprucht die Welle auf Verdrehung (Torsion). Zusätzlich beanspruchen die meisten Antriebselemente die Welle durch ihr Eigengewicht und durch Umfangs-, Radial- und Axialkräfte auf Biegung und Schub. Wie bei den Achsen ist auch hier die Schubbeanspruchung nur für kurze Wellen (l/d < 5) zu berücksichtigen. Nachdem mit Hilfe der Gleichgewichtsbedingungen die Lagerreaktionen und der Biegemomentenverlauf ermittelt wurde, muss an den gefährdeten Querschnitten eine Vergleichsspannung berechnet werden, die ein Maß für die Tragfähigkeit einer Welle darstellt. Außer der Bemessung auf Tragfähigkeit sind bei Wellen jedoch auch die auftretenden Verformungen von großer Bedeutung. Die Durchbiegungen dürfen bestimmte, durch den Verwendungszweck bedingte, Grenzwerte nicht überschreiten. Im Bereich der Lager oder an Zahneingriffsstellen führen zu große Neigungswinkel zu Funktionsstörungen. Bei langen Fahrwerkswellen, Steuerwellen oder bei Wellen mit breiten Ritzelverzahnungen spielen die Verdrehwinkel eine Rolle.

**Abb. 4.5** Getriebewelle

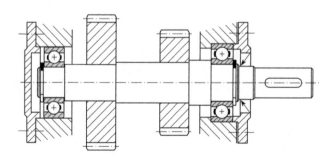

Für bestimmte Einsatzfälle, besonders für lange dünne Wellen oder hohe Drehzahlen, kann das dynamische Verhalten sehr wichtig sein. Fällt die Betriebsdrehzahl mit der biegekritischen Drehzahl zusammen, führt das zwangsläufig zur Zerstörung der Welle. Auch Torsionsschwingungen können zu Ausfällen führen, wenn die Erregerfrequenz nahe bei der Eigenfrequenz des Wellensystems liegt.

## 4.2.1 Bemessung auf Tragfähigkeit

Die Spannungen in einer Welle können erst dann genau berechnet werden, wenn ihre Gestalt definiert ist. Dazu gehören Querschnitte, Wellenabsätze und Nuten (Kerben), aber auch Lagerstellen und Welle-Nabe-Verbindungen, an denen Kräfte und Momente ein-und ausgeleitet werden. Da die genaue Wellengeometrie erst während der Detaillierung entsteht, ist es in der Praxis üblich, zunächst durch eine grobe Überschlagrechnung die Hauptabmessungen zu ermitteln. Danach werden mit Rücksicht auf Raumverhältnisse, Lagerungsmöglichkeiten, Werkstoff- und Herstellungsfragen die übrigen Maße festgelegt.

### 4.2.1.1 Auslegung einer Welle

Wenn nur sehr kleine Drehmomente zu übertragen sind, aber infolge großer Querkräfte große Biegebeanspruchungen zu erwarten sind, kann die Welle überschlagsmäßig wie eine Achse nach Gl. (4.1) bzw. (4.2) berechnet werden. Dafür müssen aber die Lagerabstände zumindest näherungsweise bekannt sein, da der Biegemomentenverlauf, und somit auch die Biegespannungen, vom Lagerabstand und von den Kraft- und Momenteneinleitungsstellen abhängig sind. Diese Größen sind jedoch zum Beginn einer neuen Konstruktion oft nicht bekannt, so dass für eine erste Überschlagrechnung nur die Verdrehbeanspruchung berücksichtigt werden kann.

**Nur Drehmoment berücksichtigen** Wenn Leistung $P$ und Drehzahl $n$ gegeben sind, kann aus der Grundgleichung $P = T \cdot \omega$ das Drehmoment berechnet werden:

$$T = \frac{P}{2\pi \cdot n}.$$

Aus der Torsionsspannung $\tau_t = T/W_t \leq \tau_{t,zul}$ ergibt sich mit $W_t = \pi d^3/16$ der für eine Vollwelle erforderliche Mindestdurchmesser

$$d \geq \sqrt[3]{\frac{16}{\pi} \frac{T}{\tau_{t,zul}}} \qquad (4.3)$$

und für einen Hohlwelle (d/D siehe Tab. 4.1)

$$D \geq \frac{1}{\sqrt[3]{1-(d/D)^4}} \sqrt[3]{\frac{16}{\pi} \frac{T}{\tau_{t,zul}}} \qquad (4.4)$$

Um bei der Auslegung noch nicht bekannte Biegemomente, Kerbwirkungen, Größen- und Oberflächeneinflüsse zu berücksichtigen, wird ein sehr niedriger $\tau_{t,zul}$-Wert in Gl. (4.3) bzw. (4.4) eingesetzt:

$$\tau_{t,zul} \approx \frac{\tau_{t,Sch}}{10}.$$

In den meisten Fällen kann als Werkstoffkennwert die Torsionsschwellfestigkeit $\tau_{t,Sch}$ verwendet werden. Nur wenn tatsächlich eine wechselnde Verdrehbeanspruchung vorliegt (was selten vorkommt), wird mit der Torsionswechselfestigkeit $\tau_{t,W}$ gerechnet (Festigkeitswerte siehe Tabellen im Anhang A).

**Beispiel 3: Auslegung eines Wellendurchmessers**

Gegeben: P = 20 kW = 20 · $10^6$ Nmm/s; n = 1500 min$^{-1}$ oder $\omega$ = 157 s$^{-1}$; Werkstoff E295 mit $\tau_{t\,Sch}$ = 170 N/mm$^2$.

Das zu übertragende Drehmoment ist

$$T = \frac{P}{\omega} = \frac{20 \cdot 10^6 \, \text{Nmm/s}}{157 \, s^{-1}} = 127 \cdot 10^3 \, \text{Nmm}.$$

Für die zulässige Torsionsspannung gilt:

$$\tau_{t\,zul} = \frac{\tau_{t\,Sch}}{10} = \frac{170}{10} = 17 \, \text{N/mm}^2.$$

Nach Gl. (4.3) wird

$$d \geq \sqrt[3]{\frac{16}{\pi} \frac{T}{\tau_{t\,zul}}} = \sqrt[3]{\frac{16}{\pi} \frac{127 \cdot 10^3 \, \text{Nmm}}{17 \, \text{N/mm}^2}} = 33,6 \, \text{mm}.$$

**Zusammengesetzte Beanspruchung** Sind Biegemomente und Drehmoment überschlägig ermittelbar, so werden in der höchstbelasteten Stelle die Biege- und Torsionsspannungen zu einer Vergleichsspannung nach der Gestaltänderungsenergiehypothese zusammengesetzt:

$$\sigma_V = \sqrt{\sigma_b^2 + 3 \, (\alpha_0 \cdot \tau_t)^2} \tag{4.5}$$

Unterschiedliche Lastfälle von Biegung und Torsion werden dabei mit dem Anstrengungsverhältnis $\alpha_0$ berücksichtigt. Da die Biegebelastung wechselnd (Umlaufbiegung) und die Torsionsbelastung meist schwellend ist, ergibt sich für $\alpha_0$ ein Wert kleiner als 1. Er liegt bei den üblichen Wellenwerkstoffen zwischen 0,6 und 0,8, so dass sich für $3\alpha_0^2$ Werte zwischen 1,1 und 1,9 ergeben. Mit hinreichender Genauigkeit kann also die Vergleichsspannung nach

$$\sigma_V = \sqrt{\sigma_b^2 + 2 \cdot \tau_t^2} \qquad (4.6)$$

Für Vollwellen mit dem Außendurchmesser $d$ gilt

$$\sigma_b = \frac{32\,M_b}{\pi\,d^3} \quad \text{und} \quad \tau_t = \frac{16\,T}{\pi\,d^3},$$

und in Gl. (4.6) eingesetzt, wird die Vergleichsspannung

$$\sigma_V = \frac{32}{\pi\,d^3}\sqrt{M_b^2 + \frac{1}{2}\cdot T^2}.$$

Der Wurzelausdruck kann als Vergleichsmoment $M_V$ bezeichnet werden

$$M_V = \sqrt{M_b^2 + \frac{1}{2}\cdot T^2}. \qquad (4.7)$$

Aus der Festigkeitsbedingung $\sigma_V \le \sigma_{V,zul}$ folgt daraus für den erforderlichen Wellendurchmesser einer Vollwelle

$$d \ge \sqrt[3]{\frac{32}{\pi}\frac{M_V}{\sigma_{V,zul}}} \qquad (4.8)$$

Als zulässige Vergleichsspannung wird in Gl. (4.8) eingesetzt:

$$\sigma_{V,zul} \approx \frac{\sigma_{b,W}}{4}.$$

Die Biegewechselfestigkeit $\sigma_{b,W}$ kann den Tabellen im Anhang A entnommen werden.

---

**Beispiel 4: Auslegung eines Wellendurchmessers**

Für die Zwischenwelle eines Zahnradgetriebes mit geradverzahnten Stirnrädern kann aus den Zahnkräften und einem geschätzten Achsabstand ein maximales Biegemoment $M_{b\,max} = 360$ Nm ermittelt werden. Gleichzeitig wirkt an dieser Stelle auch das Drehmoment $T = P/2\,\pi n = 250$ Nm. Nach Gl. (4.7) ist das Vergleichsmoment:

$$M_V = \sqrt{M_b^2 + \frac{1}{2}T^2} = \sqrt{(360\cdot 10^3)^2 + \frac{1}{2}(250\cdot 10^3)^2} = 400\cdot 10^3\ \text{Nmm}.$$

Für den Werkstoff 20 MnCr 5 liefert Tab. A.4 den Wert $\sigma_{b\,W} = 470\,\text{N/mm}^2$. Die zulässige Vergleichsspannung ist daher:

$$\sigma_{V\,zul} = \frac{\sigma_{b\,W}}{4} = \frac{470}{4} = 117,5\,\text{N/mm}^2.$$

Damit gilt für den Wellendurchmesser nach Gl. (4.8):

$$d \geq \sqrt[3]{\frac{32}{\pi} \frac{M_V}{\sigma_{V\,zul}}} = \sqrt[3]{\frac{32}{\pi} \frac{400 \cdot 10^3 \,\text{Nmm}}{117,5 \,\text{N/mm}^2}} = 32,6 \,\text{mm}.$$

### 4.2.1.2 Festigkeitsnachweis für eine Welle

Eine überschlägige Wellenberechnung kann nur zur überschlägigen Ermittlung der Abmessungen dienen. Insbesondere sind für die Berechnung der zulässigen Festigkeitswerte die Sicherheiten sehr großzügig gewählt. Für die Optimierung einer Welle müssen nicht nur die genauen Einleitungsstellen der äußeren Kräfte und Momente, sondern auch die infolge von Kerben auftretenden Spannungsspitzen berücksichtigt werden (Abb. 1.15). Während die Kerbformzahl $\alpha_k$ bei statischer Beanspruchung hauptsächlich von der geometrischen Form abhängt, ist die Minderung der Dauerfestigkeit gekerbter Bauteile zusätzlich vom Spannungsgradienten im Kerbgrund und vom Werkstoff abhängig. Grundsätzlich gilt, dass die Kerbempfindlichkeit mit steigender Festigkeit zunimmt. In Tab. 4.2 sind Anhaltswerte für Kerbform- und Kerbwirkungszahlen angegeben, wobei für die Kerbwirkungszahl $\beta_k$ die niedrigen Werte für kleine, die hohen Werte für große Festigkeiten gelten. Auch Bauteilgröße und Oberflächenbeschaffenheit haben eine festigkeitsmindernde Wirkung und müssen berücksichtigt werden.

Nach der Gestaltung einer Welle muss daher in den gefährdeten Querschnitten, das sind Zonen in denen maximale Beanspruchungen (Spannungen) erwartet werden, ein Festigkeitsnachweis durchgeführt werden. Die Nachrechnung einer Welle kann entweder näherungsweise nach Bach [1] oder genauer nach der aktuellen DIN 743 erfolgen.

**Festigkeitsnachweis nach Bach** Der Sicherheitsnachweis nach Bach ist ein altes Berechnungsmodell, das nicht in allen Fällen genaue Ergebnisse liefert. Aber es hat den Vorteil, dass die Berechnung sehr einfach und schnell durchgeführt werden kann und kann somit für eine überschlägige Berechnung sehr hilfreich sein. Die Berechnungsmethode für den allgemeinen Fall wurde bereits in Abschn. 1.3.3 ausführlich beschrieben, so dass hier nur eine Zusammenfassung für den speziellen Anwendungsfall „Welle" dargestellt wird.

Der Festigkeitsnachweis nach Bach wird in vier Schritten durchgeführt:

**Tab. 4.2** Kerbform- und Kerbwirkungszahlen

| Kerbform | Kerbformzahl | | Kerbwirkungszahl | |
|---|---|---|---|---|
| | Biegung $\alpha_{k,\sigma}$ | Torsion $\alpha_{k,\tau}$ | Biegung $\beta_\sigma$ | Torsion $\beta_\tau$ |
| Wellenabsatz | 1,1 ... 4,0 | 1,1 ... 3,0 | 1,4 ... 1,6 | 1,2 ... 1,3 |
| Nut für Sicherungsring | 3,3 ... 4,8 | 2,4 ... 3,0 | 3,3 ... 4,0 | 2,3 ... 2,5 |
| Nabe mit Presssitz | 2,8 ... 3,3 | 1,9 ... 2,1 | 1,8 ... 2,9 | 1,2 ... 1,9 |
| Nabe mit Passfeder | 3,8 ... 4,0 | 2,6 ... 2,8 | 2,1 ... 3,2 | 1,3 ... 2,0 |

1. Bestimmung der äußeren Belastung (Kräfte und Momente)
2. Ermittlung der vorhandenen Nennspannung
3. Ermittlung Gestaltfestigkeit (Werkstoffkennwert mit festigkeitsmindernden Einflüssen)
4. Vergleich der Gestaltfestigkeit mit der Nennspannung

*1. Äußere Belastung* Mit den Gleichgewichtsbedingungen lassen sich die Kräfte und Momente an beliebigen Stellen im Bauteil bestimmen (Schnittgrößen). In vielen Anwendungen sind die Belastungsgrößen Kraft und Moment nicht konstant. Infolge von Stößen und Schwingungen entstehen Belastungsspitzen, die von der Antriebsmaschine und der Abtriebsmaschine auf die Bauteile übertragen werden. Diese äußeren Zusatzkräfte werden bei der Dimensionierung der Welle dadurch berücksichtigt, indem die Nennkraft bzw. das Nennmoment mit einem Betriebsfaktor $K_A$ multipliziert werden. Dieser Betriebsfaktor wird in der DIN 3990 (Zahnradberechnungen) als Anwendungsfaktor bezeichnet und mittlerweile bei allen Maschinenelementen angewendet. Anhaltswerte für $K_A$ sind in der Tab. 6.7 zu finden.

*2. Nennspannung* Für die Tragfähigkeit eines Bauteils ist nicht nur die Größe der Belastung, sondern auch der zeitliche Verlauf von Bedeutung. In der Praxis treten drei Grundlastfälle und der allgemeine Lastfall auf (siehe Abb. 1.14). Bei ruhender oder statischer Belastung (Lastfall I) versagt das Bauteil wenn bei zähen Werkstoffen die Streckgrenze $R_e$ und bei spröden Werkstoffen die Zugfestigkeit $R_m$ erreicht bzw. überschritten wird. Die Auslegung erfolgt also auf Fließen oder Bruch. Bei den übrigen Lastfällen versagt das Bauteil als Folge eines Dauerbruchs. Das heißt, es tritt kein plötzliches Versagen ein, sondern das Bauteil versagt infolge eines kleinen Risses, der langsam fortschreitet, bis das Bauteil letztendlich bricht. Hier sind dann die entsprechenden Dauerfestigkeitskennwerte zu berücksichtigen.

Bei gleichzeitigem Auftreten von Biegung und Torsion wird die vorhandene Nennspannung nach der Gestaltänderungsenergiehypothese berechnet.

$$\sigma_V = \sqrt{\sigma_b^2 + 3 \left(\alpha_0 \cdot \tau_t\right)^2}$$

Unterschiedliche Belastungsfälle werden nach Bach mit dem Anstrengungsfaktor $\alpha_0$ berücksichtigt:

$$\alpha_0 = \frac{\sigma_{grenz}}{1,73 \cdot \tau_{grenz}}.$$

Für übliche Wellenwerkstoffe kann mit ausreichender Genauigkeit für den Anstrengungsfaktor gesetzt werden:

- $\alpha_0 = 1,0$:  Biegung und Torsion haben denselben Lastfall
- $\alpha_0 \approx 0,7$:  wechselnde Biegung und ruhende Torsion
- $\alpha_0 \approx 1,5$:  ruhende Biegung und wechselnde Torsion

*3. Gestaltfestigkeit* In der Gestaltfestigkeit wird der Werkstoffkennwert um die festigkeitsmindernden Einflüsse reduziert. Dazu zählt zunächst die Kerbwirkung, die bei statischer Beanspruchung mit der Formzahl $\alpha_k$ und bei dynamischer Beanspruchung mit der Kerbwirkungszahl $\beta_k$ nach Tab. 4.2 berücksichtigt wird. Riefen auf der Oberfläche reduzieren die Dauerfestigkeit eines Bauteils. Der Oberflächenbeiwert $b_O$ wird mit zunehmender Festigkeit des Werkstoffs kleiner und kann Abb. 1.16a entnommen werden. Auch die Größe eines Bauteils beeinflusst die Dauerfestigkeit und wird mit dem Größenbeiwert $b_G$ berücksichtigt (Abb. 1.16b). Bei Berücksichtigung aller festigkeitsmindernden Einflüsse ist die Gestaltfestigkeit

- für wechselnde Biegung und ruhende, schwellende oder wechselnde Torsion:

$$\sigma_G = \frac{\sigma_{bw} \cdot b_O \cdot b_G}{\beta_k},$$

- und für ruhende Biegung und ruhende Torsion (Exzenterwelle):

$$\sigma_G = \frac{\sigma_{bF} \cdot b_O \cdot b_G}{\alpha_k}.$$

Die Werkstoffkennwerte sind den Tabellen im Anhang zu entnehmen.

*4. Vergleich* Das Verhältnis der ertragbaren Spannungen zu den vorhandenen Spannungen wird als Bauteilsicherheit bezeichnet. Für eine Welle kann somit die Sicherheit gegen Dauerbruch berechnet werden:

$$S_D = \frac{\sigma_G}{\sigma_V} \geq 2.$$

Für den Sonderfall Exzenterwelle liegt eine statische (ruhende) Biegung vor. Wenn dann das Torsionsmoment ebenfalls statisch ist, wird eine Sicherheit gegen Fließen ermittelt:

$$S_F = \frac{\sigma_G}{\sigma_V} \geq 1,3$$

**Festigkeitsnachweis nach DIN 743** Mit der DIN 743 wurde eine praxisorientierte, auf Wellen und Achsen sich beschränkende, Richtlinie bereitgestellt. Sie gilt für bleibende Verformungen (Fließen und Gewaltbruch) und für Ermüdungsbruch (Dauerfestigkeit). Ein Sicherheitsnachweis nach dieser Berechnungsvorschrift erfolgt nach folgendem Schema:

*1. Belastungsgrößen* Die Belastung wird, wie in Abschn. 1.3.3 beschrieben, nach den Regeln der Technischen Mechanik bestimmt.

2. *Wirksame Spannungen* Hierbei handelt es sich um Nennspannungen, weshalb dieses Vorgehen auch als Nennspannungskonzept bezeichnet wird. Mit den Amplituden und Mittelwerten der wirkenden äußeren Belastung können die im Bauteil wirkenden Nennspannungen berechnet werden:

| | Amplituden | Mittelwerte | Maximalwerte |
|---|---|---|---|
| Zug/Druck | $\sigma_{zd,a} = \dfrac{F_{zd,a}}{A}$ | $\sigma_{zd,m} = \dfrac{F_{zd,m}}{A}$ | $\sigma_{zd,\max} = \sigma_{zd,m} + K_A \cdot \sigma_{zd,a}$ |
| Biegung | $\sigma_{b,a} = \dfrac{M_{b,a}}{W_b}$ | $\sigma_{b,m} = \dfrac{M_{b,m}}{W_b}$ | $\sigma_{b,\max} = \sigma_{b,m} + K_A \cdot \sigma_{b,a}$ |
| Torsion | $\tau_{t,a} = \dfrac{T_a}{W_t}$ | $\tau_{t,m} = \dfrac{T_m}{W_t}$ | $\tau_{t,\max} = \tau_{t,m} + K_A \cdot \tau_{t,a}$ |

Der Anwendungsfaktor (Stoßfaktor) $K_A$ zur Ermittlung der maximalen Nennspannungen kann Tab. 6.7 entnommen werden.

3. *Gestaltfestigkeit* Beim Nennspannungskonzept werden Einflüsse wie Kerbwirkung, Größen- und Oberflächeneinfluss, welche die Festigkeit beeinträchtigen, bei der Berechnung des Werkstoffkennwertes, der sogenannten Gestaltfestigkeit, berücksichtigt. Für die Bauteil-Wechselfestigkeit gilt:

$$\sigma_{zd,WK} = \frac{\sigma_{zd,W} \cdot K_1(d_{eff})}{K_\sigma}; \quad \sigma_{b,WK} = \frac{\sigma_{b,W} \cdot K_1(d_{eff})}{K_\sigma}; \quad \tau_{t,WK} = \frac{\tau_{t,W} \cdot K_1(d_{eff})}{K_\tau}$$

Die Wechselfestigkeiten $\sigma_{zd,W}$, $\sigma_{b,W}$ und $\tau_{t,W}$ sind den Tabellen im Anhang A zu entnehmen. Der technologische Größeneinflussfaktor $K_1 (d_{eff})$ (Tab. 4.3a) berücksichtigt, dass die erreichbare Härte und die Streckgrenze mit wachsendem Durchmesser abnimmt. Der Gesamteinflussfaktor

$$K_\sigma = \left( \frac{\beta_\sigma}{K_2(d)} + \frac{1}{K_{F\sigma}} - 1 \right) \cdot \frac{1}{K_V}; \quad K_\tau = \left( \frac{\beta_\tau}{K_2(d)} + \frac{1}{K_{F\tau}} - 1 \right) \cdot \frac{1}{K_V}$$

beinhaltet die Kerbwirkung $\beta_\sigma$ bzw. $\beta_\tau$, den geometrischen Größeneinfluß $K_2 (d)$ (Tab. 4.3b) und den Oberflächeneinfluß $K_{F\sigma}$ bzw. $K_{F\tau}$ (Tab. 4.3c). Für den Tragfähigkeitsnachweis wird empfohlen, den Einflußfaktor der Oberflächenverfestigung $K_V = 1$ zu setzen. Werte für besondere Oberflächenverfestigungen (z. B. Kugelstrahlen) sind der DIN 743 zu entnehmen.

4. *Ertragbare Amplitude* Die ertragbaren Amplituden sind in Anhängigkeit von der mittleren Vergleichsspannung zu ermitteln. Für die mittlere Vergleichsspannung gilt:

$$\sigma_{mv} = \sqrt{\left( \sigma_{zd,m} + \sigma_{b,m} \right)^2 + 3 \cdot \tau_{t,m}^2} \quad \text{bzw.} \quad \tau_{mv} = \frac{\sigma_{mv}}{\sqrt{3}}$$

**Tab. 4.3** Einflussfaktoren für Festigkeitsnachweis nach DIN 743

**a)** Technologischer Größeneinflußfaktor

| Nitrierstähle | $d_{\text{eff}} \leq 100$ | $100 < d_{\text{eff}} < 300$ | | $300 \leq d_{\text{eff}} \leq 500$ |
|---|---|---|---|---|
| | $K_1(d_{\text{eff}}) = 1$ | $K_1(d_{\text{eff}}) = 1 - 0{,}23 \cdot \lg\left(\dfrac{d_{\text{eff}}}{100}\right)$ | | $K1(d_{\text{eff}}) = 0{,}89$ |
| Baustähle | $d_{\text{eff}} \leq 32$ | $32 < d_{\text{eff}} < 300$ | | $300 \leq d_{\text{eff}} \leq 500$ |
| | $K_1(d_{\text{eff}}) = 1$ | $K_1(d_{\text{eff}}) = 1 - 0{,}26 \cdot \lg\left(\dfrac{d_{\text{eff}}}{32}\right)$ | | $K1(d_{\text{eff}}) = 0{,}75$ |
| Vergütungsstähle | $d_{\text{eff}} \leq 16$ | $16 < d_{\text{eff}} < 300$ | | $300 \leq d_{\text{eff}} \leq 500$ |
| | $K_1(d_{\text{eff}}) = 1$ | $K_1(d_{\text{eff}}) = 1 - 0{,}26 \cdot \lg\left(\dfrac{d_{\text{eff}}}{16}\right)$ | | $K1(d_{\text{eff}}) = 0{,}67$ |
| Einsatzstähle | $d_{\text{eff}} \leq 11$ | $11 < d_{\text{eff}} < 300$ | | $300 \leq d_{\text{eff}} \leq 500$ |
| | $K_1(d_{\text{eff}}) = 1$ | $K_1(d_{\text{eff}}) = 1 - 0{,}41 \cdot \lg\left(\dfrac{d_{\text{eff}}}{11}\right)$ | | $K1(d_{\text{eff}}) = 0{,}41$ |

Für $d_{\text{eff}}$ wird der größte Durchmesser der Welle bzw. des Wellenabsatzes gesetzt.

**b)** Geometrischer Größeneinflußfaktor

| Zug/Druck | $K_2(d) = 1$ | |
|---|---|---|
| Biegung | $7{,}5 \leq (d) < 150$ | $d \geq 150$ |
| Torsion | $K_2(d) = 1 - 0{,}2 \cdot \dfrac{\lg(d/7{,}5)}{\lg 20}$ | $K_2(d) = 0{,}8$ |

**c)** Einflußfaktor der Oberflächenrauheit

| Zug/Druck od. Biegung | $K_{F\sigma} = 1 - 0{,}22 \cdot \lg(R_z) \cdot \left(\lg\dfrac{K_1(d_{\text{eff}}) \cdot R_m}{20} - 1\right)$ |
|---|---|
| Torsion | $K_{F\tau} = 0{,}575 \cdot K_{F\sigma} + 0{,}425$ |

**d)** Statische Stützwirkung

| | $K_{2F}$ für Werkstoffe ohne harte Randschicht | | $K_{2F}$ für Werkstoffe mit harter Randschicht | |
|---|---|---|---|---|
| | Vollwelle | Hohlwelle | Vollwelle | Hohlwelle |
| Zug/Druck | 1,0 | 1,0 | 1,0 | 1,0 |
| Biegung | 1,2 | 1,1 | 1,1 | 1,0 |
| Torsion | 1,2 | 1,0 | 1,1 | 1,0 |

Für die Berechnung der Amplituden werden zwei Belastungsfälle unterschieden:

**Fall 1:** $\sigma_{mv} = konst.$   bzw.   $\tau_{mv} = konst.$

Der Fall 1 wird angewendet, wenn sich bei einer Änderung der äußeren Belastung die Amplitude der Spannung ändert, die Mittelspannung aber konstant bleibt. Unter dieser

Bedingung ist die Spannungsamplitude

$$\sigma_{zd,ADK} = \sigma_{zd,WK} - \psi_{zd,\sigma K} \cdot \sigma_{mv}; \quad \sigma_{b,ADK} = \sigma_{b,WK} - \psi_{b,\sigma K} \cdot \sigma_{mv}; \quad \tau_{t,ADK} = \tau_{t,WK} - \psi_{\tau K} \cdot \tau_{mv}.$$

**Fall 2:** $\sigma_{mv}/\sigma_a = konst.$ bzw. $\tau_{mv}/\tau_{t,a} = konst.$

Der Fall 2 wird angewendet, wenn sich bei einer Änderung der äußeren Belastung das Verhältnis Mittelspannung und Ausschlagspannung konstant bleibt. Unter dieser Bedingung ist die Spannungsamplitude

$$\sigma_{zd,ADK} = \frac{\sigma_{zd,WK}}{1 + \psi_{zd,\sigma K} \cdot \sigma_{mv}/\sigma_{zd,a}}; \quad \sigma_{b,ADK} = \frac{\sigma_{b,WK}}{1 + \psi_{b,\sigma K} \cdot \sigma_{mv}/\sigma_{b,a}}; \quad \tau_{t,ADK} = \frac{\tau_{t,WK}}{1 + \psi_{\tau K} \cdot \tau_{mv}/\tau_{t,a}}.$$

Für die Einflussfaktoren der Mittelspannungsempfindlichkeit gilt:

$$\psi_{zd,\sigma K} = \frac{\sigma_{zd,WK}}{2 \cdot K_1(d_{eff}) \cdot R_m - \sigma_{zd,WK}}; \quad \psi_{b,\sigma K} = \frac{\sigma_{b,WK}}{2 \cdot K_1(d_{eff}) \cdot R_m - \sigma_{b,WK}};$$

$$\psi_{\tau K} = \frac{\tau_{t,WK}}{2 \cdot K_1(d_{eff}) \cdot R_m - \tau_{t,WK}}.$$

5. *Bauteilfließgrenze* Die Fließgrenzen für Zug/Druck, Biegung und Torsion können folgendermaßen berechnet werden:

$$\sigma_{zd,FK} = \sigma_{b,FK} = K_1(d_{eff}) \cdot K_{2F} \cdot \gamma_F \cdot R_e; \quad \tau_{b,FK} = K_1(d_{eff}) \cdot K_{2F} \cdot \gamma_F \cdot R_e/\sqrt{3}.$$

Der technologische Größenfaktor $K_1\left(d_{eff}\right)$ ist Tab. 4.3a, die statische Stützwirkung $K_{2F}$ Tab. 4.3d zu entnehmen. Der Erhöhungsfaktor der Fließgrenze $\gamma_F$ ist abhängig von der Beanspruchungsart und der Kerbwirkung:

| Beanspruchungsart | Kerbwirkung | Erhöhungsfaktor |
|---|---|---|
| Zug/Druck oder Biegung | $\beta_{F\sigma} \leq 1,5$ | $\gamma_F = 1,00$ |
| | $1,5 < \beta_{F\sigma} \leq 2,0$ | $\gamma_F = 1,05$ |
| | $2,0 < \beta_{F\sigma} \leq 3,0$ | $\gamma_F = 1,10$ |
| | $\beta_{F\sigma} > 3,0$ | $\gamma_F = 1,115$ |
| Torsion | beliebig | $\gamma_F = 1,00$ |

6. *Festigkeitsnachweis* Die rechnerische Sicherheit $S_D$ bzw. $S_F$ muss mindestens so groß sein wie eine vorgegebene Mindestsicherheit. Liegen keine speziellen Vorschriften oder Vereinbarungen vor, ist $S_{min} = 1,2$ zu setzen.

Beim Auftreten von Zug/Druck, Biegung und Torsion ist die rechnerische Sicherheit bezüglich der Dauerfestigkeit

$$\frac{1}{S_D} = \sqrt{\left(\frac{\sigma_{zd,a}}{\sigma_{zd,ADK}} + \frac{\sigma_{b,a}}{\sigma_{b,ADK}}\right)^2 + \left(\frac{\tau_{t,a}}{\tau_{t,ADK}}\right)^2}$$

Neben dem Nachweis der Dauerfestigkeit ist zu prüfen, ob keine bleibenden Verformungen auftreten. Die Sicherheit gegen Überschreiten der Fließgrenze ist

$$\frac{1}{S_F} = \sqrt{\left(\frac{\sigma_{zd,\max}}{\sigma_{zd,FK}} + \frac{\sigma_{b,\max}}{\sigma_{b,FK}}\right)^2 + \left(\frac{\tau_{t,\max}}{\tau_{t,FK}}\right)^2}$$

**Beispiel: Wellenberechnung**

Für die Zwischenwelle nach Abb. 6.39c soll die Sicherheit gegen Dauerbruch berechnet werden. Das Biegemoment wirkt wechselnd, das Torsionsmoment statisch. Wie aus dem Biegemomentverlauf des Beispiels in Abschn. 6.1.3 ersichtlich, ist der gefährdete Querschnitt an der Stelle des maximalen Biegemoments $M_{b,\max} = 409$ Nm, da an dieser Stelle gleichzeitig das Drehmoment $T_{Zw} = 246$ Nm wirkt und infolge der Verzahnung eine Kerbwirkung auftritt ($\beta_k = \beta_\sigma = \beta_\tau = 1,8$). Als Werkstoff wird 16 MnCr 5 mit $R_e = 630$ N/mm$^2$, $R_m = 900$ N/mm$^2$, $\sigma_{b,W} = 385$ N/mm$^2$ und $\tau_{t,Sch} = 365$ N/mm$^2$ verwendet. Die Rauhtiefe ist mit Rz $= 6,3\,\mu$m angegeben.

**a) Festigkeitsnachweis nach Bach**

*1. Äußere Belastung ermitteln*  Siehe Aufgabenstellung.

*2. Nennspannungen berechnen*  Mit einem Fußkreisdurchmesser von $d_f = 36,4$ mm und einem Anwendungsfaktor $K_A = 1$ wird:

$$\sigma_{b,\max} = \frac{M_{b,\max}}{W_b} = \frac{409 \cdot 10^3 \cdot 32}{\pi \cdot 36,4^3} = 86,4 \text{ N/mm}^2$$

$$\tau_{t,\max} = \frac{T_{Zw}}{W_t} = \frac{246 \cdot 10^3 \cdot 16}{\pi \cdot 36,4^3} = 30 \text{ N/mm}^2$$

$$\sigma_V = \sqrt{\sigma_{b,\max}^2 + 3\left(\alpha_0 \cdot \tau_{t,\max}\right)^2} = \sqrt{86,4^2 + 3\left(0,7 \cdot 30\right)^2} = 93,7 \text{ N/mm}^2$$

*3. Gestaltfestigkeit*  Mit dem Oberflächeneinfluss $b_0 = 0,8$ (Abb. 1.16a) und dem Größeneinfluss $b_G = 0,75$ (Abb. 1.16b) ist die Gestaltfestigkeit

$$\sigma_G = \frac{\sigma_{b,W} \cdot b_0 \cdot b_G}{\beta_k} = \frac{385 \cdot 0,8 \cdot 0,75}{1,8} = 128,3 \text{ N/mm}^2$$

*4. Vergleich*  Damit ist die Sicherheit gegen Dauerbruch

$$S_D = \frac{\sigma_G}{\sigma_V} = \frac{128,3}{93,7} = 1,37$$

**b) Festigkeitsnachweis nach DIN 743**

*1. Belastungsgrößen ermitteln:*  Siehe Aufgabenstellung.

*2. Wirksame Spannungen berechnen:* Mit einem Fußkreisdurchmesser von $d_f = 36,4$ mm und einem Anwendungsfaktor $K_A = 1$ wird:

$$\sigma_{b,m} = 0; \quad \sigma_{b,a} = \sigma_{b,max} = \frac{M_{b\,max}}{W_b} = \frac{409 \cdot 10^3 \text{Nmm} \cdot 32}{\pi \cdot 36,4^3} = 86,4 \text{ N/mm}^2$$

$$\tau_{t,a} = 0, \quad\quad \tau_{t,m} = \tau_{t,max} = \frac{T_{Zw}}{W_t} = \frac{246 \cdot 10^3 \text{ Nmm} \cdot 16}{\pi \cdot 36,4^3} = 30 \text{ N/mm}^2$$

*3. Gestaltfestigkeit.* Mit dem technologischen Größeneinfluß

$$K_1(d_{eff}) = 1 - 0,41 \cdot \lg\left(\frac{d_{eff}}{11}\right) = 1 - 0,41 \cdot \lg\left(\frac{36,4}{11}\right) = 0,787,$$

dem geometrischen Größeneinfluß

$$K_2(d) = 1 - 0,2 \cdot \frac{\lg(d/7,5)}{\lg 20} = 1 - 0,2 \cdot \frac{\lg(36,4/7,5)}{\lg 20} = 0,895$$

und dem Einfluß der Oberfläche

$$K_{F\sigma} = 1 - 0,22 \cdot \lg(R_z) \cdot \left(\lg\frac{K_1(d_{eff}) \cdot R_m}{20} - 1\right) =$$

$$K_{F\sigma} = 1 - 0,22 \cdot \lg(6,3) \cdot \left(\lg\frac{0,787 \cdot 900}{20} - 1\right) = 0,9$$

wird der Gesamteinfluß

$$K_\sigma = \left(\frac{\beta_\sigma}{K_2(d)} + \frac{1}{K_{F\sigma}} - 1\right) \cdot \frac{1}{K_V} = \left(\frac{1,8}{0,895} + \frac{1}{0,9} - 1\right) \cdot 1 = 2,12$$

und die Gestaltfestigkeit

$$\sigma_{b,WK} = \frac{\sigma_{b,W} \cdot K_1(d_{eff})}{K_\sigma} = \frac{385 \cdot 0,787}{2,12} = 143 \text{ N/mm}^2$$

*4. Ertragbare Spannungen (Amplituden.)* Für den *Fall 1* ($\sigma_m$ = *konst.*) wird die Vergleichsspannung $\sigma_{mv} = \sqrt{(\sigma_{zd,m} + \sigma_{b,m})^2 + 3 \cdot \tau_{t,m}^2} = \sqrt{0 + 3 \cdot 30^2} = 52 \text{ N/mm}^2$.

Mit dem Einflußfaktor der Mittelspannungsempfindlichkeit

$$\psi_{b,\sigma K} = \frac{\sigma_{b,WK}}{2 \cdot K_1(d_{eff}) \cdot R_m - \sigma_{b,WK}} = \frac{143}{2 \cdot 0,787 \cdot 900 - 143} = 0,112$$

wird die ertragbare Spannungsamplitude

$$\sigma_{b,ADK} = \sigma_{b,WK} - \psi_{b,\sigma K} \cdot \sigma_{mv} = 143 - 0,112 \cdot 52 = 137\,\text{N/mm}^2$$

*5. Bauteilfließgrenze.* Mit einem Erhöhungsfaktor $\gamma_F = 1,05$ für Biegung und $\gamma_F = 1,0$ für Torsion und einer statischen Stützwirkung für Werkstoffe mit harter Randschicht $K_{2F} = 1,1$ (für Biegung und Torsion gleich groß) lassen sich die Fließgrenzen berechnen:

$$\text{Biegung: } \sigma_{b,FK} = K_1(d_{eff}) \cdot K_{2F} \cdot \gamma_F \cdot R_e = 0,878 \cdot 1,1 \cdot 1,05 \cdot 630 = 573\,\text{N/mm}^2$$

$$\begin{aligned}\text{Torsion: } \tau_{t,FK} &= K_1(d_{eff}) \cdot K_{2F} \cdot \gamma_F \cdot R_e/\sqrt{3} = 0,878 \cdot 1,1 \cdot 1,0 \cdot 630/\sqrt{3}\\ &= 315\,\text{N/mm}^2\end{aligned}$$

*6. Festigkeitsnachweis.* Da die Torsion statisch wirkt, wird für die rechnerische Sicherheit $S_D$ gegen Dauerbruch nur die Biegung berücksichtigt:

$$\frac{1}{S_D} = \sqrt{\left(\frac{\sigma_{zd,a}}{\sigma_{zd,ADK}} + \frac{\sigma_{b,a}}{\sigma_{b,ADK}}\right)^2 + \left(\frac{\tau_{t,a}}{\tau_{t,ADK}}\right)^2} = \sqrt{\left(0 + \frac{86,4}{137}\right)^2 + 0}$$

oder $S_D = \dfrac{\sigma_{b,ADK}}{\sigma_{b,a}} = \dfrac{137}{86,4} = 1,6$

Sicherheit gegen Fließen:

$$\frac{1}{S_F} = \sqrt{\left(\frac{\sigma_{zd,max}}{\sigma_{zd,KF}} + \frac{\sigma_{b,max}}{\sigma_{b,FK}}\right)^2 + \left(\frac{\tau_{t,max}}{\tau_{t,FK}}\right)^2} = \sqrt{\left(0 + \frac{86,4}{573}\right)^2 + \left(\frac{30}{315}\right)^2}$$

$$= 0,17833$$

oder $S_F = 5,6$

## 4.2.2  Bemessung auf Verformung

Werden an Wellen besondere Anforderungen hinsichtlich der Führungsgenauigkeit gestellt, so sind diese möglichst steif auszuführen. Festigkeitsgesichtspunkte sind dann meist von untergeordneter Bedeutung. Sehr kleine Verformungen werden z. B. von Werkzeugmaschinenspindeln, Getriebewellen mit genauen Verzahnungen und elektrischen Maschinen mit geringem Luftspalt gefordert. Wellen können sich unter Last verdrehen und durchbiegen und dadurch die Funktion gefährden.

**Abb. 4.6** Verdrehwinkel unter
Torsionsbelastung

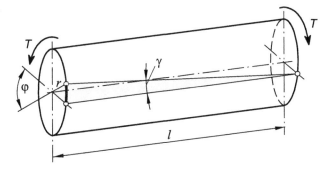

**Verdrehung** Unter der Einwirkung eines Drehmomentes $T$ verdrehen sich zwei Querschnitte im Abstand $l$ gegeneinander. Aus Abb. 4.6 geht hervor, dass $\widehat{\varphi} \cdot r = \widehat{\gamma} \cdot l$ ist. Daraus lässt sich mit der Schiebung $\widehat{\gamma} = \tau / G$ (mit G = Schubmodul) und $\tau = T \cdot r / I_P$ der Verdrehwinkel berechnen:

$$\widehat{\varphi} = \frac{T \cdot l}{G \cdot I_p} \tag{4.9}$$

Hierin ist $I_p$ das polare Flächenträgheitsmoment und beträgt für die

Vollwelle: $I_p = \dfrac{\pi \cdot d^4}{32}$,

Hohlwelle: $I_p = \dfrac{\pi \left(D^4 - d^4\right)}{32}$.

Setzt man das Flächenträgheitsmoment in Gl. (4.9) ein, so ergibt sich mit $\varphi \leq \varphi_{zul}$ der erforderliche Wellendurchmesser für eine

$$\text{Vollwelle: } d \geq \sqrt[4]{\frac{32}{\pi} \frac{T \cdot l}{G \cdot \widehat{\varphi}_{zul}}} \tag{4.10}$$

$$\text{Hohlwelle: } D \geq \frac{1}{\sqrt[4]{1 - (d/D)^4}} \sqrt[4]{\frac{32}{\pi} \frac{T \cdot l}{G \cdot \widehat{\varphi}_{zul}}} \tag{4.11}$$

Der zulässige Verdrehwinkel richtet sich nach dem Verwendungszweck. Bei Steuerwellen darf er nur sehr klein sein. Bei Transmissions- und Fahrwerkswellen werden $1/4°$ bis $1/2°$ je m Länge zugelassen.

Wie aus Gl. (4.10) bzw. Gl. (4.11) ersichtlich, wächst der erforderliche Durchmesser mit der 4. Wurzel aus dem Drehmoment. Bei kleinen Drehmomenten und langen Wellen ist deshalb der zulässige Verdrehwinkel und nicht die auftretende Verdrehspannung (Torsionsspannung) für die Dimensionierung entscheidend, wie das folgende Beispiel zeigt. Die Qualität des Stahls spielt bei der Verformung keine Rolle, da auch hochwertiger Stahl nahezu den gleichen Gleitmodul hat wie gewöhnlicher Baustahl.

---

**Beispiel: Auslegung eines Wellendurchmessers**

Eine Welle aus E295 soll ein Drehmoment T = 16 Nm übertragen, wobei $\widehat{\varphi}_{zul} = 0,005$ oder $\varphi_{zul} = 0,286°$ pro m Länge vorgeschrieben ist. Der erforderliche Wellendurchmesser berechnet sich nach Gl. (4.10):

$$d \geq \sqrt[4]{\frac{32}{\pi} \frac{Tl}{G\,\widehat{\varphi}_{zul}}} = \sqrt[4]{\frac{32}{\pi} \frac{16 \cdot 10^3\,\text{Nmm} \cdot 10^3\,\text{mm}}{81.10^3\,\text{Nmm}^2 \cdot 0,005}} = 25,1\,\text{mm}.$$

Nach der überschlägigen Berechnung auf Tragfähigkeit wäre für E295 mit $\tau_{t\,zul} = \tau_{t\,Sch}/10 = 170/10 = 17\,\text{N/mm}^2$ ein wesentlich geringerer Wellendurchmesser ausreichend:

$$d \geq \sqrt[3]{\frac{16}{\pi} \frac{T}{\tau_{t\,zul}}} = \sqrt[3]{\frac{16 \cdot 16 \cdot 10^3\,\text{Nmm}}{\pi \cdot 17\,\text{N/mm}^2}} = 16,8\,\text{mm}.$$

Bei abgesetzten Wellen ergibt sich der Gesamtverdrehwinkel aus der Summe der nach Gl. (4.9) für jeden Abschnitt berechneten Verdrehwinkel, also

$$\widehat{\varphi} = \frac{T}{G} \left( \frac{l_1}{I_{p,1}} + \frac{l_2}{I_{p,2}} + ... \right) \tag{4.12}$$

**Durchbiegung** Zu große Durchbiegungen können die Funktion einer Welle stark beeinträchtigen. Durch Winkelabweichungen verkanten z. B. Lager oder bei Zahneingriffen entstehen ungleichmäßige Lastverteilungen über der Zahnbreite. Die Folgen sind Verschleiß, Geräusch, vorzeitiger Ausfall von Bauteilen und dgl. Die zulässigen Durchbiegungen und Neigungswinkel sind von der jeweiligen Verwendung abhängig. Als Richtwerte können für den allgemeinen Maschinenbau Durchbiegungen bis zu 0,3 mm pro m Länge und bei Werkzeugmaschinen max. 0,2 mm pro m Länge angegeben werden. Für elektrische Maschinen, bei denen die Größe des Luftspaltes $s$ maßgebend ist, wird $f_{zul}/s \leq 0,1$ angesetzt. Zu beachten ist auch, dass der Neigungswinkel in Lagerstellen von der Lagerart abhängig ist. So werden für einreihige Rillenkugellager bis zu 10 Winkelminuten für Kegelrollenlager jedoch nur 4 Winkelminuten zugelassen.

*Ermittlung der Biegelinie* Für einfache Belastungen und konstanten Querschnitt sind in Handbüchern oder Büchern der Festigkeitslehre Formeln für die Berechnung der Durchbiegung $f$ und der Neigungswinkel $\alpha$ angegeben (siehe auch Tab. 1.4). Bei Belastung mit mehreren Kräften wird das Superpostionsgesetz angewendet, das besagt, dass die Gesamtverformung die Summe der Einzelverformungen unter je einer Einzelkraft ist. Nach diesem Verfahren können auch dreifach gelagerte Wellen einfach berechnet werden.

Wellen weisen jedoch normalerweise keine konstanten Querschnitte auf, sondern besitzen über die Länge veränderliche Trägheitsmomente (abgesetzte Wellen). Die Biegelinie kann dafür entweder graphisch (Mohrsche Verfahren) oder rechnerisch ermittelt werden. Graphische Verfahren sind sehr zeitaufwändig, bei rechnerischen Verfahren müssen aufwändige Differentialgleichungen bzw. Matrizen berechnet werden. Deshalb bieten sich heute zur Berechnung von Biegelinien kommerzielle Berechnungsprogramme an, mit denen man infolge einfacher Benutzeroberflächen sehr schnell zu guten Ergebnissen kommen kann.

An dieser Stelle soll daher das Prinzip an einem anschaulichen und sehr einfachen Überlagerungsverfahren dargestellt werden. Es wird abgeleitet aus der Biegegleichung:

$$\frac{d\widehat{\alpha}}{dx} = \frac{M_{bx}}{E \cdot I_{bx}}$$

Wenn die Verhältnisse entlang eines Wellenabschnittes konstant sind, kann der entsprechende Neigungswinkel mit

$$\Delta\widehat{\alpha} = \frac{M_{bx} \cdot \Delta x}{E \cdot I_{bx}} \tag{4.13}$$

angegeben werden. Gl. (4.13) besagt, dass bei einem Längenelement (Abb. 4.7a) von der Länge $\Delta x$ die ursprünglich parallelen Querschnitte 0–0 und 1–1 unter der Einwirkung des Biegemoments $M_{bx}$ einen Winkel $\Delta\alpha$ einschließen. Dieser Winkel ist umso größer, je größer das Biegemoment ist, je länger das betrachtete Element ist und je geringer der Elastizitätsmodul $E$ und das axiale Flächenträgheitsmoment $I_{bx}$ sind.

Bei einem einseitig eingespannten Stab (Abb. 4.7b) geht man von der Einspannstelle aus und wählt die Elementlänge $\Delta$x so klein, dass mit guter Näherung das Biegemoment und das Trägheitsmoment jeweils als konstant angesehen werden können:

$$M_{b0-1} = \frac{1}{2}(M_{b0} - M_{b1})$$

mit          $M_{b0}$ = Biegemoment an der Stelle 0,

               $M_{b1}$ = Biegemoment an der Stelle 1,

         $M_{b0-1}$ = Biegemoment an der Stelle 0–1.

Bei konstantem Biegemoment ist die Biegelinie ein Kreisbogen (Abb. 4.7c) und die Tangente an die Biegelinie an der Stelle 1 ist unter dem Winkel

$$\Delta\widehat{\alpha}_1 = \frac{M_{b0-1}}{I_{x0-1}} \frac{\Delta x_1}{E}$$

geneigt und schneidet die Strecke 0–1 in der Mitte in Punkt $I$, also auf $\Delta x_1/2$. Wird die Tangente bis zur Stelle 8 (Abb. 4.7b) verlängert, ergibt sich dort der Betrag $\Delta f_1$, den das Element 0–1 zur Gesamtdurchbiegung $f$ liefert (Schnittpunkt $I'$). Da $\Delta\alpha$ sehr klein ist, wird

$$\Delta f = \Delta\widehat{\alpha}_1 \cdot l_1.$$

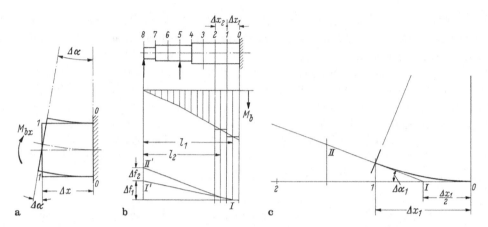

**Abb. 4.7** Überlagerungsverfahren zur Ermittlung der Wellendurchbiegung: a) Verformung eines Wellenabschnittes; b) Einseitig eingespannter Stab; c) Vergrößertes Wellenelement 0–1

Dabei ist die Länge $l_1$ die Entfernung vom Wellenende bis zur Mitte des Elementes 0–1. Beim Element 1–2 ergibt sich ein Neigungswinkel von

$$\Delta\widehat{\alpha}_2 = \frac{M_{b1-2}}{I_{x1-2}}\frac{\Delta x_2}{E}$$

und durch Multiplikation mit $l_2$ erhält man den Betrag $\Delta f_2$, den das Element 1–2 zur Durchbiegung an der Stelle 8 liefert. Man trägt $\Delta f_2$ an $\Delta f_1$ an und verbindet den Punkt $II$' mit $II$. (Der letztere liegt auf der ersten Tangente in der Mitte zwischen 1 und 2). Dieses Verfahren wird für alle 8 Elemente fortgesetzt. Die Summe aller $\Delta\widehat{\alpha}$-Werte ergibt den Neigungswinkel $\widehat{\alpha} = \Sigma\Delta\widehat{\alpha}$ und alle $\Delta f$-Werte aufsummiert ergeben die Gesamtdurchbiegung $f = \Sigma\Delta f$ an der Stelle 8. Durch gleichzeitiges Auftragen der $\Delta f$-Werte und Einzeichnen der Tangenten erhält man mit sehr guter Näherung die Biegelinie.

Bei einer zweifach gelagerten Welle (Abb. 4.8) werden zunächst die Lagerreaktionen und der Biegemomentenverlauf ermittelt. An einer beliebigen Stelle trennt man dann die Welle in einen linken Teil (L) und in einen rechten Teil (R) und betrachtet jeden Teil als einen an der Trennstelle eingespannten Balken. Somit lassen sich mit dem oben beschriebenen Verfahren für jeden Teil die Durchbiegung ($f_L$ und $f_R$) und die Neigungswinkel ($\alpha_L$ und $\alpha_R$) berechnen und die Einzelbiegelinien zeichnen. Da an den Auflagestellen in Wirklichkeit die Durchbiegungen Null sind, ergibt die Verbindungsgerade A'–B' die Bezugslinie, von der aus die Durchbiegungen $y$ der Welle zu messen sind. Eine Tangente parallel zur Bezugslinie an die Biegelinie liefert im Berührungspunkt die Stelle, an der die Durchbiegung ihren größten Wert $y_{max} = f$ hat. Da die Bezugslinie in der Zeichnung um

$$\widehat{\alpha}_0 \approx \tan\alpha_0 = \frac{f_L - f_R}{l}$$

**Abb. 4.8** Durchbiegung einer
zweifach gelagerten Welle

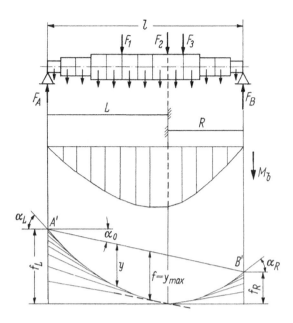

geneigt ist, ergeben sich (bei waagerechter Bezugslinie) die wirklichen Neigungen an den Lagerstellen zu

$$\alpha_A = \alpha_L - \alpha_0 \quad \text{und} \quad \alpha_B = \alpha_R + \alpha_0$$

Liegen die eine Welle belastenden Kräfte nicht in einer Ebene, z. B. bei Zwischenwellen von Getrieben, so müssen in zwei zueinander senkrecht stehenden Ebenen die Biegemomente und die Durchbiegungen einzeln ermittelt und dann zur resultierenden Durchbiegung (eine Raumkurve) geometrisch zusammengesetzt werden.

### 4.2.3  Dynamisches Verhalten

Da Wellen elastische Bauteile sind, selbst massebehaftet und zusätzlich mit Massen (Zahnräder, Riemenscheiben, usw.) besetzt sind, stellen sie schwingungsfähige Systeme dar. Sie werden durch Fliehkräfte oder rhythmische Kraft- und Drehmomentschwankungen zu erzwungenen Schwingungen angeregt. Ihre Ausschläge werden theoretisch unendlich groß, wenn Erregerfrequenz und Eigenfrequenz übereinstimmen (Resonanz). Die der Eigenfrequenz entsprechende Drehzahl wird daher kritische Drehzahl genannt. Betriebsdrehzahl und kritische Drehzahl dürfen nicht zusammenfallen, da sonst die Gefahr von Schwingungsbrüchen besteht. Außerdem werden die im Resonanzbereich auftretenden Erschütterungen auf Lagerstellen und Fundamente übertragen, die sich auf die Lager wie auf die Umgebung störend auswirken.

Den Verformungsmöglichkeiten entsprechend können Drehschwingungen und Biegeschwingungen (transversale Schwingungen) auftreten. Die dafür wichtigen Eigenfrequenzen werden vom Werkstoff und durch die Gestaltung (Masse und Elastizität) festgelegt und sind von der Belastung unabhängig. Für genaue Berechnungen sind aufwendige Rechenverfahren (z. B. FEM) erforderlich. Zur Auslegung und Abschätzung der kritischen Bereiche sind die nachfolgend beschriebenen einfachen Verfahren jedoch völlig ausreichend.

**Drehschwingungen** Sie werden nur durch periodische Drehmomentschwankungen erregt. Die Eigenfrequenzen und die auftretenden Amplituden sind abhängig von:

*1. der Drehfedersteifigkeit* Die Drehfedersteifigkeit bzw. die Drehfederkonstante der elastischen Wellenstücke ist

$$R_t = \frac{T}{\varphi} = \frac{G \cdot I_p}{l}$$

mit $G$ = Schubmodul, $I_p$ = polares Flächenträgheitsmoment und $l$ = Länge des elastischen Wellenstückes. Besitzt ein elastisches Zwischenstück Absätze, so ergibt sich die Ersatzdrehfederkonstante als Reihenschaltung der einzelnen Abschnitte aus

$$\frac{1}{R_t} = \frac{1}{R_{t1}} + \frac{1}{R_{t2}} + \dots = \frac{l_1}{G \cdot I_{p1}} + \frac{l_2}{G \cdot I_{p2}} + \dots$$

*2. der Art der Massenverteilung um die Drehachse* Wenn die Welle als masselos angenommen wird, können die schwingenden Massen als runde Scheiben bzw. Zylinder dargestellt werden. Das Massenträgheitsmoment von rotierenden scheiben ist

$$\Theta = \sum r^2 \cdot \Delta m$$

Für einen Vollzylinder mit dem Radius $r$ ist

$$\Theta = m \frac{r^2}{2} \quad \text{mit} \quad m = \rho \cdot l \cdot \pi \cdot r^2$$

Für einen Hohlzylinder mit dem Innenradius $r$ Außenradius $R$ ist

$$\Theta = m \frac{R^2 + r^2}{2} \quad \text{mit} \quad m = \rho \cdot l \cdot \pi \left( R^2 - r^2 \right)$$

*3. der Anzahl der elastischen Zwischenstücke* Die Anzahl der möglichen Eigenfrequenzen ist gleich der Anzahl der elastischen Zwischenwellen.

Das einfachste Wellensystem hat also eine oder zwei Drehmassen und ein elastisches, masseloses Zwischenstück (Abb. 4.9) und demnach nur eine Eigenfrequenz. Dafür liefert die Lösung der Schwingungsdifferenzialgleichung für die Eigenfrequenz (kritische

**Abb. 4.9** Rechenmodelle für
Drehschwingungen. a) mit
einer Drehmasse; b) mit zwei
Drehmassen

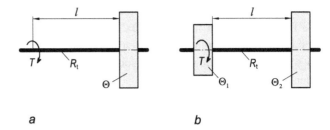

Winkelgeschwindigkeit) folgende Beziehung:

$$\omega_k = \sqrt{\frac{R_t}{\Theta}}. \tag{4.14}$$

Bei einem Zweimassensystem ist die Ersatzmasse

$$\Theta = \frac{\Theta_1 \cdot \Theta_2}{\Theta_1 + \Theta_2}$$

In der Praxis lassen sich viele Fälle auf dieses einfache Schema dadurch zurückführen, indem mehrere dicht beieinander liegende Drehmassen zu einer Ersatzmasse zusammengefasst werden.

Bei einem Dreimassensystem ergeben sich aus einer quadratischen Bestimmungsgleichung zwei Eigenfrequenzen. Für Systeme mit mehr als drei Drehmassen werden zeichnerische oder rechnerische Näherungsverfahren angewendet, die trotz vereinfachender Annahmen einen beachtlichen Aufwand erfordern. Häufig werden daher die kritischen Drehzahlen experimentell an fertigen Konstruktionen oder an Modellen (Modalanalyse) ermittelt. Gleichzeitig werden dabei Mittel zur Verlagerung der Eigenfrequenzen (Änderung der Drehmassen oder der Drehfederkonstanten) und Mittel zur Dämpfung der Schwingungsausschläge (durch äußere oder innere Reibung, Reibungsdämpfer, Werkstoffdämpfer, usw.), erprobt.

**Biegeschwingungen** Bei Drehbewegungen rufen Einzelmassen und kontinuierlich verteilte Massen Fliehkräfte hervor, wenn der Schwerpunkt nicht genau in der Drehachse liegt. In der Praxis ist es nicht möglich, auch wenn sehr sorgfältig ausgewuchtet wird, den Schwerpunkt bzw. die Schwerachse exakt in die Drehachse zu legen. Da selbst bei geringsten Exzentrizitäten Massenwirkungen auftreten, werden Wellen immer zu Biegeschwingungen angeregt. An dieser Stelle muss jedoch ausdrücklich darauf hingewiesen werden, dass es sich im quasistationären Zustand ($\omega = $ konst.) nicht um eine Schwingung im physikalischen Sinne handelt, da sich die Durchbiegung der Welle pro Umdrehung nicht ändert. Die Durchbiegung ist dabei quasistatisch (umlaufend) und die dadurch hervorgerufene Biegespannung ist ebenfalls statisch und nicht dynamisch. Ein Versagen der Welle wird deshalb nicht als Dauerbruch (wie bei der Torsionsschwingung), sondern durch Fließen eintreten, wenn die Durchbiegung im Bereich der kritischen Drehzahl zu große Biegespannungen hervorruft. Da jedoch in der Literatur dieses Phänomen in der Regel als Biegeschwingung beschrieben wird und bei Drehzahländerungen (instationärer Fall) solche auch angeregt werden, soll auch hier weiterhin dieser Begriff verwendet werden.

*Masselose Welle mit Einzelmasse* Zur Erklärung der Biegeschwingungen wird zunächst der Sonderfall einer glatten, masselosen und elastischen Welle mit einer Einzelmasse $m$ (Abb. 4.10), deren Schwerpunkt $S$ um die Exzentrizität $e$ von der Wellenmitte entfernt ist, betrachtet. Bei Rotation mit der Winkelgeschwindigkeit $\omega$ tritt infolge der Fliehkraft $F_Z$ eine Durchbiegung $y$ der Welle auf. Diese Durchbiegung verursacht eine elastische Rückstellkraft $F_R$, die im Gleichgewichtszustand gerade der Fliehkraft entspricht. Mit der Biegefederkonstanten $R_b$ wird $F_R = R_b \cdot y$, und für die Fliehkraft gilt $F_Z = m\,(e + y)^2$. Aus $F_R = F_Z$ folgt dann

$$R_b \cdot y = m(e + y)\,\omega^2 \quad \text{bzw.} \quad y = \frac{m \cdot \omega^2}{R_b - m \cdot \omega^2} \cdot e \qquad (4.15)$$

Die Auslenkung $y$ ist also außer von $e$ noch von $\omega$ abhängig. Sie wird theoretisch unendlich groß, wenn der Nenner gleich Null wird. Bezeichnet man diese kritische Winkelgeschwindigkeit mit $\omega_k$, so folgt aus $R_b - m\omega^2 = 0$

$$\omega_k = \sqrt{\frac{R_b}{m}} \qquad (4.16)$$

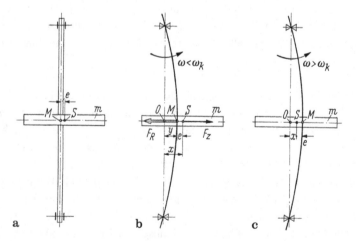

**Abb. 4.10** Durchbiegungen einer masselosen Welle mit Ersatzmasse $m$: a) im Stillstand; b) bei $\omega < \omega_k$, $S$ außerhalb 0 – M; c) bei $\omega > \omega_k$, $S$ zwischen 0 – M

Nach Abb. 4.10b ist $x = y + e$ der Abstand des Schwerpunktes von der Drehachse. In Gl. (4.15) eingesetzt ergibt sich

$$\frac{x}{e} = \frac{1}{1 - \dfrac{m}{R_b}\omega^2}$$

und mit Gl. (4.16) kann der Schwerpunktausschlag $x$, bezogen auf die Exzentrizität $e$ berechnet werden

$$\frac{x}{e} = \frac{1}{1 - (\omega/\omega)^2} \tag{4.17}$$

In Abb. 4.11 sind die Absolutbeträge von $x/e$ über $\omega/\omega_k$ aufgetragen. Man erkennt aus der Darstellung, dass $|x/e|$ im sogenannten unterkritischen Bereich immer größer als 1 ist, bei $\omega/\omega_k = 1$ theoretisch unendlich wird, im überkritischen Bereich rasch wieder abnimmt und bei Werten von $\omega/\omega_k > \sqrt{2}$ sogar den Wert 1 unterschreitet. Für eine unendlich große Drehzahl geht der Wert $x$ gegen Null. Das heißt, bei hohen Drehzahlen zentriert sich die Welle selbst und die beim Durchfahren der kritischen Drehzahl auftretenden Vibrationen verschwinden (vgl. Abb. 4.9c). Wird der kritische Bereich schnell durchfahren, ist dies für die Welle nicht schädlich, da die Ausbildung der großen, bauteilzerstörenden Amplituden im Resonanzbereich eine gewisse Zeit benötigt.

Die Federkonstante $R_b$ in Gl. (4.15) und (4.16) ist das Verhältnis von Kraft zur Durchbiegung. Sie ist abhängig von der Einleitung der Gewichtskraft (Tab. 4.4) aber unabhängig von der Größe der Masse und wird auch nicht von zusätzlichen Querkräften wie Riemenzug oder Zahnkräften beeinflusst.

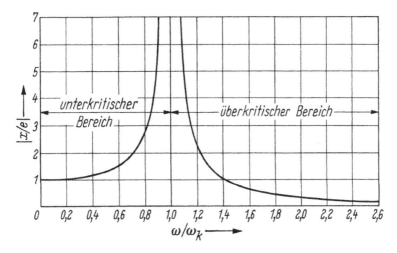

**Abb. 4.11** Schwerpunktausschlag, bezogen auf Exzentrizität $e$

**Tab. 4.4** Biegefederkonstante

| Anordnung | Formel | Anordnung | Formel |
|---|---|---|---|
| | $R_b = \dfrac{48\,E\,I_b}{l^3}$ | | $R_b = \dfrac{3\,E\,I_b\,l}{a^2 b^2}$ |
| | $R_b = \dfrac{384}{5} \cdot \dfrac{E\,I_b}{l^3}$ | | $R_b = \dfrac{3\,E\,I_b}{a^2(a+l)}$ |

Die Biegefederkonstante lässt sich auch sehr einfach aus dem Gewicht der Einzelmasse $m$ und der von ihr hervorgerufenen statischen Durchbiegung $f_G$ bestimmen:

$$R_b = \frac{mg}{f_G}$$

Setzt man diesen Wert in Gl. (4.16) ein, so ergibt sich

$$\omega_k = \sqrt{\frac{R_b}{m}} = \sqrt{\frac{g}{f_G}}.$$

Diese Schreibweise lässt noch klarer erkennen, dass die kritische Drehzahl umso höher liegt, je geringer die statische Durchbiegung (d. h., je steifer die Welle) ist.

---

**Beispiel: Biegekritische Drehzahl einer masselosen Welle**

Auf einer glatten (masselos gedachten) Welle vom Durchmesser $d = 40$ mm bei $l = 600$ mm Lagerabstand sitzt in der Mitte eine Einzelmasse mit $m = 29,6$ kg (Scheibe von 400 mm Durchmesser und 30 mm Breite). $E = 2,05 \cdot 10^5$ N/mm$^2$.

Mit

$$I_b = \frac{\pi\,d^4}{64} = \frac{\pi\,(40\,\text{mm})^4}{64} = 12,57 \cdot 10^4\,\text{mm}^4$$

wird nach Tab. 4.4

$$R_b = \frac{48\,E\,I_b}{l^3} = \frac{48 \cdot 2,05 \cdot 10^5\,\text{N/mm}^2 \cdot 12,57 \cdot 10^4\,\text{mm}^4}{600^3\,\text{mm}^3} = 5730\,\text{N/mm},$$

$$\omega_k = \sqrt{\frac{R_b}{m}} = \sqrt{\frac{5730\,\text{N/mm}}{29,6 \cdot 10^{-3}\,\text{Ns}^2/\text{mm}}} = 440\,s^{-1},$$

$$n_k = \frac{60}{2\,\pi}\omega_k = 4200\,\text{min}^{-1}.$$

*Massebehaftete Welle* Für den Sonderfall einer glatten gleichmäßig durch ihr Eigengewicht belasteten Welle ergeben sich je nach Exzentrizität der Masseverteilung mehrere kritische Drehzahlen. Diese werden in Analogie zur Schwingungstechnik aus dem Eigenschwingverhalten der Welle als Kontinuum ermittelt. Man spricht bei einem Schwingungsbauch zwischen den Lagern von Eigenfrequenz ersten Grades, bei zwei Schwingungsbäuchen und einem Knoten in der Mitte von Eigenfrequenz zweiten Grades, bei drei Schwingungsbäuchen und zwei Knoten von Eigenfrequenz dritten Grades usw. Da bei zweifach gelagerten Wellen die Eigenfrequenz zweiten Grades schon 4 mal so groß ist wie die ersten Grades, und die dritten Grades 9 mal so groß, genügt in vielen Fällen die Ermittlung der Eigenfrequenz ersten Grades. Aus partiellen Differenzialgleichungen ergibt sich hierfür

$$\omega_{k1} = \frac{\pi^2}{l^2} \sqrt{\frac{E \cdot I_b}{\rho \cdot A}}.$$

Für die Vollwelle mit $I_b = \pi d^4/64$ und $A = \pi d^2/4$ wird

$$\omega_{k1} = \frac{d}{l^2} \frac{\pi^2}{4} \sqrt{\frac{E}{\rho}}. \tag{4.18}$$

---

**Beispiel: Biegekritische Drehzahl einer massebehafteten Welle**

Gesucht wird die kritische Drehzahl (Eigenfrequenz ersten Grades) einer glatten Welle aus Stahl mit $d = 40$ mm und $l = 600$ mm. Für Stahl gilt: $E = 2,05 \cdot 10^5$ N/mm$^2$ und $\varrho = 7,85$ kg/dm$^3 = 7,85 \cdot 10^{-9}$ Ns$^2$/mm$^4$.

Nach Gl. (4.18) wird

$$\omega_{kl} = \frac{d}{l^2} \frac{\pi^2}{4} \sqrt{\frac{E}{\varrho}} = \frac{40\,\text{mm}}{600^2\,\text{mm}^2} \frac{\pi^2}{4} \sqrt{\frac{2,05 \cdot 10^5\,\text{N/mm}^2}{7,85 \cdot 10^{-9}\,\text{Ns}^2/\text{mm}^4}} = 1400\,s^{-1},$$

$$n_{kl} = \frac{60}{2\,\pi} \omega_{kl} = 13400\,\text{min}^{-1}.$$

---

*Massebehaftete Welle mit Einzelmassen* Bei Überlagerung der beiden betrachteten Sonderfälle, also bei einer glatten Welle mit Belastung durch Eigengewicht und mehreren Einzelmassen, gilt mit guter Näherung die von DUNKERLEY empirisch ermittelte Formel

$$\frac{1}{\omega_k^2} = \frac{1}{\omega_{k1}^2} + \frac{1}{\omega_{kA}^2} + \frac{1}{\omega_{kB}^2} + \frac{1}{\omega_{kC}^2} + \dots$$

Dafür wird $\omega_{k1}$ nach Gl. (4.18) und $\omega_A$, $\omega_B$ usw. einzeln nach Gl. (4.16) bestimmt. Die nach diesem Ansatz gefundene Eigenfrequenz ist im Vergleich zur exakten Lösung um etwa 4 % zu niedrig.

## 4.2.4   Wellengestaltung

Wellen – und Achsen – sind so zu gestalten, dass sie kostengünstig und betriebssicher sind. Die Herstellkosten werden im Wesentlichen von der Bearbeitung und nur bei sehr großen Wellen zusätzlich vom Werkstoff bestimmt. Das heißt, die Bearbeitungskosten sind im Allgemeinen sehr viel größer als die Materialkosten. Bezüglich einer kostengünstigen Fertigung ist zu beachten, dass möglichst

- wenig bearbeitete Flächen,
- große Toleranzen und
- große Rautiefen

verwendet werden. Auf keinen Fall dürfen sich jedoch günstige Herstellkosten nachteilig auf die „Betriebssicherheit" auswirken. Ziel der Gestaltung muss auch hier sein, eine optimale Erfüllung der Anforderungen bei minimalen Kosten zu erreichen. Anforderungen an eine Welle ergeben sich aus

- den zu erfüllenden Funktionen,
- der geforderten Tragfähigkeit,
- einer zulässigen Verformbarkeit und
- dem dynamischen Verhalten während des Betriebs.

**Funktion und Montierbarkeit**  Wellen lassen sich hinsichtlich ihrer Funktionen, die sie zu erfüllen haben, in unterschiedliche Abschnitte einteilen. Abb. 4.12 zeigt zum Beispiel, dass die Funktion „Getriebe abdichten" mit einem Wellenradialdichtring erfolgen kann. Das zugehörige Wellen-Funktionselement ist der Dichtsitz, der bestimmte Anforderungen an Toleranz und Oberflächenbeschaffenheit stellt. Da die Anforderungen an die einzelnen Wellenabschnitte, die sich aus den Funktionen ergeben, sehr unterschiedlich sind, ergibt sich zwangsläufig eine in Absätzen gestufte Welle, die prinzipiell für jedes Element einen Sitz mit eigenem Durchmesser erfordert.

Mit Rücksicht auf die Montage sollten die Wellensitze nicht länger als unbedingt erforderlich sein, um z. B. lange Einpresswege zu vermeiden. Außerdem sollten die auf die Welle zu montierenden Teile eindeutig in ihrer axialen Lage positioniert werden können. So sind im Abb. 4.12 die Lager eindeutig axial fixiert, das Zahnrad jedoch, das nicht an einer Wellenschulter anliegt, benötigt eine Montagehilfe und stellt somit eine mögliche Fehlerquelle dar.

**Tragfähigkeit**  Die durch die Funktion bedingte abgestufte Wellengestaltung hat für die Tragfähigkeit jedoch einen großen Nachteil. Jeder Wellenabsatz stellt eine Kerbe dar, die eine Spannungsspitze verursacht. Kerben sind auch Passfedernuten, Einstiche für Sicherungsringe, Gewinde für Wellenmuttern und Querbohrungen zur Schmierung. Grundsätzlich sollte versucht werden, Kerben in belasteten Zonen zu vermeiden. Da

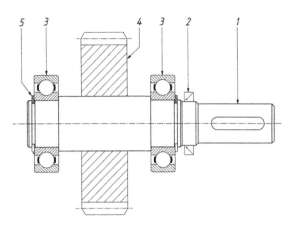

| Nr. | Funktion | angrenzendes Maschinenelement | Wellenfunktions-element | Anforderungen | |
|---|---|---|---|---|---|
| | | | | Toleranz | Oberfläche |
| 1 | Moment einleiten | Kupplungsnabe | W-N-Verbindung (Paßfeder) | $j6 \dots m6$ | $R_z = 4 \dots 10$ |
| 2 | Getriebe abdichten | Radial-Wellen-dichtring | Dichtsitz | $h11$ | $R_z = 1 \dots 4$ drallfrei geschliffen |
| 3 | Kräfte abstützen | Wälzlager | Lagersitz | $j6 \dots n6$ | $R_z = 4 \dots 10$ |
| 4 | Moment ausleiten | Zahnrad | W-N-Verbindung (Preßsitz) | $r6 \dots x8$ | $R_z = 4 \dots 10$ |
| 5 | Lager axial fixieren | Sicherungsring | Einstich (Nut) | H12/h11 | – |

**Abb. 4.12** Wellengestaltung am Beispiel einer Getriebewelle

Wellen durch Umlaufbiegung dynamisch beansprucht werden, sind sie entsprechend kerbempfindlich. Sind Kerben nicht zu vermeiden, kann die Kerbwirkung durch günstige konstruktive Gestaltung positive beeinflusst werden. Einige Beispiele sind in Abb. 4.13 dargestellt.

*a) Wellenabsatz mit Entlastungsübergang* An Stelle eines einfachen Abrundungshalbmessers oder einem Freistich nach DIN 509 wird ein Übergang mit sich stetig änderndem Krümmungsradius verwendet. Eine gute Näherung wird durch elliptischen oder Korbbogenübergang erzielt.

*b) und c) Entlastungskerben* Bei Einstichen für Sicherungsringe, bei höheren Wellenschultern und bei Querbohrungen werden die Kraftlinien durch Entlastungskerben sanfter umgelenkt. Dadurch werden die Kerbspannungen reduziert.

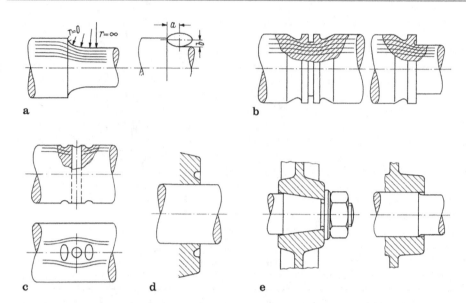

**Abb. 4.13** Reduzierung der Kerbwirkung durch konstruktive Maßnahmen

*d) Entlastungnuten*  Durch geeignete Nuten kann die Nachgiebigkeit (Elastizität) am Nabenende erhöht und dadurch die Kerbwirkung reduziert werden (siehe auch Abb. 2.56: Zylindrischer Pressverband).

*e) Überstand am Nabenende*  Bei kegeligen Nabensitzen wird durch Überstehenlassen der Nabe die Kerbwirkung an der Welle verringert. Auch zylindrische Naben sollte man am Wellenabsatz etwas überstehen lassen.

Neben günstiger Formgebung stehen noch weitere Mittel zur Reduzierung der Kerbwirkung und dadurch zur Steigerung der Dauerhaltbarkeit zur Verfügung. Als selbstverständlich sind saubere, möglichst polierte Oberflächen vorzuschreiben. Ferner wirken sich künstlich aufgebrachte Eigenspannungen günstig aus, da sie bei Belastung die Spannungsspitzen abbauen. Druckeigenspannungen werden in den Randzonen durch Oberflächendrücken (Prägepolieren) oder durch örtliches Härten (Brennstrahl-, Einsatz- oder Nitrierhärten) oder durch Sandstrahlen mit Stahlkies erzeugt.

**Verformbarkeit**  Wellen mit hoher Steifigkeit sind erforderlich um z. B. einen exakten Zahneingriff in Getrieben zu gewährleisten oder um mit Werkzeugmaschinen hohe Werkstückgenauigkeiten zu erzielen.

Da der Verdrehwinkel und die Durchbiegung von der Länge abhängig sind, sollten steife Wellen möglichst kurz gebaut werden. Ist dies aus konstruktiven Gründen nicht möglich, kann mit einer Hohlwelle eine wesentlich bessere Materialausnutzung erzielt werden als mit einer Vollwelle (Tab. 4.1), da Hohlwellen bei gleicher Querschnittsfläche ein deutlich größeres Widerstandsmoment besitzen.

**Dynamisches Verhalten** Im Resonanzbereich können bereits bei sehr kleinen Belastungen sehr große Verformungen auftreten. Deshalb sollte die Erregerfrequenz möglichst weit von der Resonanzfrequenz entfernt sein. Durch die Wellengestaltung kann auch das dynamische Verhalten beeinflusst werden. Soll das Wellensystem im unterkritischen Bereich angetrieben werden, ist eine hohe Eigenfrequenzen erforderlich. Dafür werden steife Wellen benötigt. Durch den Einbau eines nachgiebigen Elements, wie z. B., einer elastischen Kupplung, kann die Eigenfrequenz klein werden, so dass das System dann überkritisch angetrieben wird.

## 4.2.5 Sonderausführungen

**Gelenkwellen** Sie haben die Aufgabe, Drehbewegungen zwischen nicht fluchtenden Wellen zu übertragen. Es können damit größere Entfernungen überwunden werden und sie funktionieren auch dann, wenn die Lage der Wellenenden sich relativ zu einander verändert. Bekannteste Anwendung ist bei Kraftfahrzeugen die Verbindung zwischen Schalt- und Achsgetriebe. Als Köpfe sind Gelenke vorgesehen und das Wellenmittelteil muss wegen dem axialen Ausgleich ausziehbar sein. Gelenkwellen werden nur auf Torsion beansprucht. Da Gelenkwellen wesentliche Aufgaben von Kupplungen übernehmen, werden sie im Abschn. 4.4.2 ausführlicher behandelt.

**Biegsame Wellen** Sie dienen zur Übertragung von Drehbewegungen über größere Entfernungen hauptsächlich bei ortsveränderlichen Bohr-, Fräs- und Schleifapparaten, aber auch bei ortsfesten Geräten, bei denen die Achsen nicht fluchten oder sonst die räumliche Anordnung andere Verbindungsmöglichkeiten ausschließt, wie z. B. bei Meßgeräten (Tachometern u. dgl.).

Biegsame Wellen (Abb. 4.14a) bestehen aus einzelnen (2 bis 12) abwechselnd links-und rechtsgängig gewundenen Lagen von Stahldrähten. Für den Drehsinn ist die Richtung der äußersten Drahtlage bestimmend, die sich bei der Momentübertragung zusammenziehen muss. Die Normalausführung hat Rechtsdrehsinn, von der Antriebs- zur Abtriebsseite gesehen. Die Wellenenden werden mit Kupplungsstücken durch Weichlöten oder Festpressen verbunden, bisweilen auch unmittelbar zu einem Vierkant gepresst. Die Wellen laufen in biegsamen Metallschutzschläuchen, die häufig mit einem äußeren Kunststoff- oder Gummiüberzug versehen und evtl. noch durch Flachstahleinlagen verstärkt sind (Abb. 4.14b) und die Aufgabe haben, einmal die Welle zu führen und ferner etwa auftretenden Axialkräfte aufzunehmen. Für das Verlegen der Wellen und die Anwendung im Betrieb ist die Steifigkeit entscheidend. Der kleinste zulässige Krümmungsradius beträgt das 10- bis 20-fache des Wellendurchmessers. Angaben für

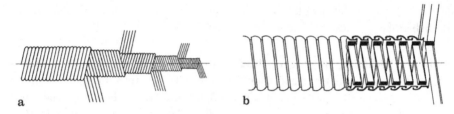

**Abb. 4.14** Biegsame Wellen. a) Aufbau; b) Metallschutzschlauch

die maximal übertragbaren Drehmomente und Drehzahlen in Abhängigkeit vom Wellendurchmesser enthalten die Druckschriften der Hersteller. Da inzwischen die Normen für
die an- und abtriebseitigen Anschlüsse ohne Ersatz zurückgezogen wurden, wird auch
hier auf Herstellerangaben verwiesen.

**Exzenterwellen** Eine Exzenterwelle enthält eine „Steuerungsscheibe", deren Mittelpunkt
bzw. Schwerpunkt nicht auf der Drehachse der Welle liegt (Abb. 4.15). Diese speziellen
Wellen können unterschiedliche Aufgaben übernehmen:

- Schwingungen erzeugen
  Werden Exzenterwellen ohne Massenausgleich mit einer konstanten Drehzahl angetrieben, erzeugen sie Schwindungen bzw. Vibrationen. Anwendung finden diese
  Unwuchtwellen in Schwingförderern um Schüttgut oder Kleinteile zu fördern, in
  Vibrationsverdichtern um Beton zu verdichten, in Straßenwalzen, Rüttelplatten, Mas-
  sagegeräte und vieles mehr. Während bei normalen Wellen immer eine Umlaufbiegung auftritt, ist bei diesen Anwendungsfällen zu beachten, dass die Fliehkräfte
  mit der Welle umlaufen und deshalb eine statische Biegebeanspruchung zur Folge
  haben.

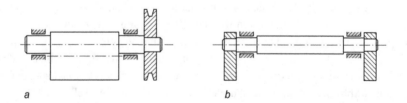

**Abb. 4.15** Exzenterwelle. a) angetrieben mittels Riementrieb; b) in Vibrationsmotor mit zwei
Unwuchtmassen

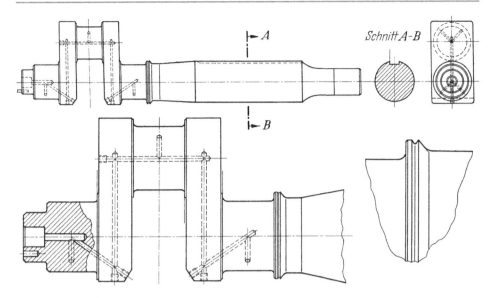

**Abb. 4.16**  Gekröpfte Kurbelwelle

- Drehbewegung in Längsbewegung wandeln
  Mit Exzenterwellen kann eine Drehbewegung (z. B. von einem Elektromotor) in eine oszillierende Längsbewegung gewandelt werden. Je kleiner die Exzentrizität, desto größer ist nach dem Hebelgesetz die Kraftübersetzung. Anwendungen dafür sind z. B. Exzenterpressen, Stichsägen und Stoßmaschinen.
- Längsbewegung in Drehbewegung wandeln
  Exzenterwellen können auch Längsbewegungen in Drehbewegungen wandeln. Eine typische Anwendung dafür ist die Kurbelwelle im Verbrennungsmotor.

Kurbelwellen sind die Hauptbestandteile von Kurbelgetrieben in Verbrennungsmotoren, die eine oszillierende Bewegung in eine Drehbewegung umwandeln. Kurbelwellen sind gekröpfte Wellen, die aus den Kurbelwangen und dem Kurbelzapfen bestehen, an welchen die Schubstangen (Pleuel) angreifen (Abb. 4.16).

Zum Ausgleich der Zentrifugalkräfte sind Gegengewichte erforderlich. Die dadurch entstehenden Massenkräfte, die recht komplizierte geometrische Gestalt und die Tatsache, dass Kurbelwellen meist mehrfach gelagert werden, machen eine exakte Berechnung der auftretenden Spannungen sehr schwierig. Daher wird für Berechnung und Gestaltung von Kurbelwellen auf die einschlägige Literatur verwiesen.

## 4.3    Lager

Lager haben die Aufgabe, drehende Maschinenteile (z. B. eine Welle) zu führen, Kräfte vom beweglichen auf das ruhende Bauteil zu übertragen und das mit möglichst geringen Reibungsverlusten. Wirken die Kräfte senkrecht zur Drehachse, so spricht man von *Radiallagern*, sind Kräfte in Richtung der Achse aufzunehmen, so handelt es sich um *Axiallager*. Bei der Lagerung von Achsen und Wellen ist darauf zu achten, dass die Gestaltungsregel „Eindeutigkeit" erfüllt ist. D. h., es muss eindeutig berechenbar sein wie sich die äußeren Belastungen auf die einzelnen Lager aufteilen. Am einfachsten ist dies mit einer statisch bestimmten Lagerung zu erreichen (Beispiel: ein Fest- und ein Loslager).

Sind die Lager konstruktiv so gestaltet, dass sich einfache Wellenzapfen in Bohrungen drehen, tritt in den Lagerstellen Gleitreibung auf. Die dabei entstehende Reibkraft $F_R$ kann nach dem Coulombschen Reibungsgesetz berechnet werden:

$$F_R = \mu \cdot F_{Lager}$$

Mit einem Reibbeiwert in der Größenordnung von $\mu = 0,1$ ergeben sich bei großen Lagerbelastungen und hohen Drehzahlen enorme Verlustleistungen und Verschleißerscheinungen, die zu unzulässigen Temperaturen und Funktionsstörungen führen können. Eine Reduzierung von Reibung und Verschleiß kann durch eine Trennung der relativ zueinander bewegten Flächen erzielt werden. Konstruktiv geschieht dies, indem die Reibflächen mit einem Fluid ($\Rightarrow$ Gleitlager mit Mischreibung oder Flüssigkeitsreibung) oder mit Wälzkörpern ($\Rightarrow$ Wälzlager mit Rollreibung) voneinander getrennt werden.

## 4.3.1   Gleitlager

Bei Gleitlagern wird eine vollkommene Trennung der aneinander vorbeigleitenden Flächen durch einen Schmierfilm angestrebt. Man unterscheidet Lager, bei denen im Gleitraum selbsttätig die trennende Schmierschicht durch Haften an den Gleitflächen entsteht (hydrodynamische Gleitlager) und Lager, bei denen das Öl mit Hilfe einer Pumpe in Druckkammern des Gleitraumes gepresst wird (hydrostatische Gleitlager). Bei der

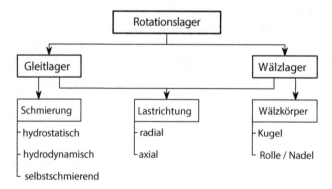

**Abb. 4.17**  Einteilung der Lager

ersten Art besteht beim Anfahren zunächst unmittelbare Berührung zwischen den gleitenden Flächen, dann folgt das Gebiet der Mischreibung und erst oberhalb der sogenannten Übergangsdrehzahl wird der Zustand der reinen Flüssigkeitsreibung erreicht.

Für die Berechnung und Gestaltung „betriebssicherer" Gleitlager sind drei wesentliche Gesichtspunkte maßgebend:

1. Festigkeit und Elastizität der Wellenzapfen,
2. Aufrechterhaltung des Schmierfilms im Gleitraum,
3. Sicherheit gegen Heißlaufen (Grenzen der Erwärmung im Dauerbetrieb).

Die Fragen zu Punkt 1 sind in den vorhergehenden Abschn. 4.1 und 4.2 behandelt. Sie sind meistens für die erforderlichen Lagerabmessungen entscheidend. Für Punkt 2 sind in erster Linie die Schmiermitteleigenschaften, die Gleitgeschwindigkeiten und die Lagerbelastung (Tragkraft), insbesondere die Flächenpressung, maßgebend. Die entstehende Wärme (Punkt 3) wird durch die Reibungsleistung bestimmt. Sie muss durch Strahlung und Leitung der Gehäusekörper und /oder durch das Schmiermittel (als Kühlmittel) abgeführt werden. Die Reibungsverhältnisse werden stark vom Schmierzustand, also wiederum vom Schmiermittel und nur im Gebiet der Mischreibung zusätzlich von den Lagerwerkstoffen beeinflusst.

**Vorteile**  Gleitlager sind einfach im Aufbau und vielseitig in der Anwendung. Sie können geteilt und ungeteilt ausgeführt werden und haben bei relativ großen Passungstoleranzen geringe Lagerspiele. Bei Vollschmierung haben sie sehr geringe Reibungsbeiwerte ($\mu <$ 0,005 möglich) und infolge der Schmiermittelschicht sind sie schwingungs- und geräuschdämpfend und unempfindlich gegen Stöße und Erschütterungen. Sie können ohne weiteres für größte Belastungen und hohe Drehzahlen ausgelegt werden und besitzen bei guter Schmierung eine nahezu unbegrenzte Lebensdauer.

**Nachteile**  Nachteilig ist der verhältnismäßig hohe Schmierstoffverbrauch, der große Aufwand für die Schmierstoffversorgung und Wartung, sowie die erforderliche hohe Oberflächengüte der Gleitflächen. Bei hydrodynamischen Lagern entstehen hohe Anlaufreibwerte, außerdem sind geeignete Lagerwerkstoffe mit hohen Anforderungen an Verschleißbeständigkeit und Notlaufeigenschaften erforderlich. Hydrostatische Lager benötigen zuverlässige Ölpumpen, von deren Betriebssicherheit die Funktion der Lager abhängig ist.

**Anwendung**  Gleitlager werden somit bevorzugt eingesetzt für Lagerungen mit hohen Anforderungen bezüglich Lebensdauer und Belastung. Beispiele für sogenannte „Dauerläufer" sind: Turbinen, Generatoren, Schiffswellenlager usw. Auch wenn starke Stöße aufgenommen werden müssen, wie z. B. bei Pressen, Hämmern und Stanzen sind Gleitlager geeignet. Für Lagerungen mit geringen Ansprüchen, bei denen eine einfache und kostengünstige Ausführung im Vordergrund steht, werden Gleitlager verwendet, die auch im Mischreibungsgebiet, d. h. bei nicht voll ausgebildetem Tragfilm, betrieben werden können. Diese Lager werden als selbstschmierende Gleitlager bezeichnet. Anwendungsbeispiele sind Haushaltsmaschinen, Landmaschinen, Gelenke usw.

### 4.3.1.1 Schmierstoffe: Eigenschaften, Arten und Zuführung

Das Schmiermittel ist ein sehr wichtiges Konstruktionselement für Gleitlager. Es muss zur Erfüllung seiner Aufgaben besondere Eigenschaften aufweisen und vor allen Dingen dem Lager in ausreichender Menge zugeführt werden, besonders wenn es gleichzeitig als Kühlmittel verwendet wird. Für die Bildung eines tragfähigen Schmierfilms sind in erster Linie zwei Eigenschaften erforderlich:

- Das Schmiermittel muss die Gleitflächen benetzen und an ihnen haften (Adhäsion),
- und es muss eine bestimmte Viskosität (Zähigkeit) besitzen.

**Viskosität**  Die Viskosität ist physikalisch nach dem Newtonschen Ansatz für den durch die innere Reibung bedingten Widerstand gegen Verschiebung einzelner Flüssigkeitsschichten gegeneinander eindeutig definiert. Befindet sich das Schmiermittel in dünner Schicht zwischen zwei Platten (Abb. 4.18), von denen die untere ruht und die obere mit der Geschwindigkeit $u$ verschoben wird, so stellt sich der eingezeichnete Geschwindigkeitsverlauf ein, und zwischen benachbarten parallelen Schichten wirkt die Schubspannung $\tau$, die dem Geschwindigkeitsgefälle proportional ist:

$$\tau = \eta \cdot \frac{du}{dy} = \eta \cdot \frac{u}{h} \qquad (4.19)$$

Der Proportionalitätsfaktor $\eta$ heißt dynamische Viskosität (DIN 1342 und DIN EN 3448) und kann mit einem Kugelfallviskosimeter (DIN 53015) ermittelt werden. Nach dieser

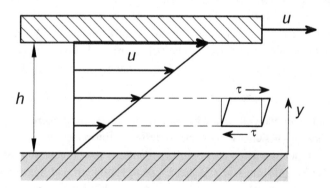

**Abb. 4.18**  Geschwindigkeitsverlauf einer Newtonschen Flüssigkeit

Definitionsgleichung ist die Einheit der Viskosität Ns/m$^2$ = 1 Pa · s. In der Praxis wird jedoch häufig die kinematische Viskosität

$$\nu = \frac{\eta}{\rho} \ [\text{m}^2/\text{s}]$$

verwendet, die sehr einfach mit einem Kapillarviskosimeter (ISO 2431) gemessen werden kann. Im alten technischen Maßsystem wurde die Einheit der Viskosität mit „Zentistokes" bezeichnet ($1 cSt = 1 \ mm^2/s$).

Die Viskosität ist stark von der Temperatur abhängig. Die Druckabhängigkeit wird bei der Auslegung von Gleitlagern vernachlässigt. In Abb. 4.19 sind für einige gebräuchliche Ölsorten die Viskositätswerte über der Temperatur aufgetragen. Der Viskositätsgrad (VG) ist die kinematische Viskosität $\nu$ bei $t = 40$ °C in der Einheit mm$^2$/s, die im Zahlenwert der alten Einheit 1 cSt entspricht. Die Öle mit hoher Viskosität besitzen die Fähigkeit, größere Kräfte zu übertragen, so dass sich ihr Anwendungsbereich auf niedrige Drehzahlen und besonders hohe Belastungen erstreckt. Es entstehen dabei jedoch größere Reibungswiderstände. Öle mit niedriger Viskosität haben geringe innere Reibung und eignen sich vornehmlich für hohe Drehzahlen und geringere Belastungen.

**Dichte und Wärmekapazität** Bei der Auslegung von Gleitlagern ist auch die Temperaturabhängigkeit der Dichte $\rho$ und der spezifischen Wärmekapazität $c_P$ zu berücksichtigen. Unter Vernachlässigung der Druckabhängigkeit kann nach VDI 2204 die Dichte und die spezifische Wärmekapazität von der Bezugstemperatur $t_0 = 15$° C näherungsweise auf andere Temperaturen $t$ umgerechnet werden:

$$\rho_t = \rho_{t_0} \left[ 1 - 65 \cdot 10^{-5} \cdot (t - t_0) \right]$$
$$c_P = 3856 - 2,345 \cdot \rho_0 + 4,605 \cdot t \qquad (\text{für } \rho_0 > 896 \ \text{kg/m}^3)$$
$$c_P = 2910 - 1,290 \cdot \rho_0 + 4,605 \cdot t \qquad (\text{für } \rho_0 \leq 896 \ \text{kg/m}^3)$$

**Schmierstoffe** Gleitlager können sowohl mit Fluiden als auch mit konsistenten Stoffen wie Schmierfette betrieben werden. Bei den Schmierölen handelt es sich überwiegend um newtonsche Flüssigkeiten für die der Schubspannungsansatz nach Gl. (4.19) gilt. Schmierfette sind zwar keine newtonsche Flüssigkeiten. Trotzdem können nach VDI 2204 unter bestimmten Voraussetzungen fettgeschmierte Gleitlager mit ausreichender Genauigkeit nach den Gesetzen der Hydrodynamik newtonscher Flüssigkeiten berechnet werden.

*Mineralöle* Die Normalschmieröle sind für Temperaturen bis 50°C brauchbar. In der inzwischen zurückgezogenen DIN 51501 wurden sie mit AN 5 bis AN 680 bezeichnet. Dabei entspricht die Zahl hinter den Buchstaben AN dem ISO-Viskositätsgrad (ISO-VG 5 bis ISO-VG 680). Sie werden verwendet, wenn keine Alterungsbeständigkeit und keine hohe Lebensdauer verlangt werden. Für höhere Anforderungen werden Öle nach DIN 51517 empfohlen. Zum Beispiel die alterungsbeständigen Schmieröle C nach DIN 51517-

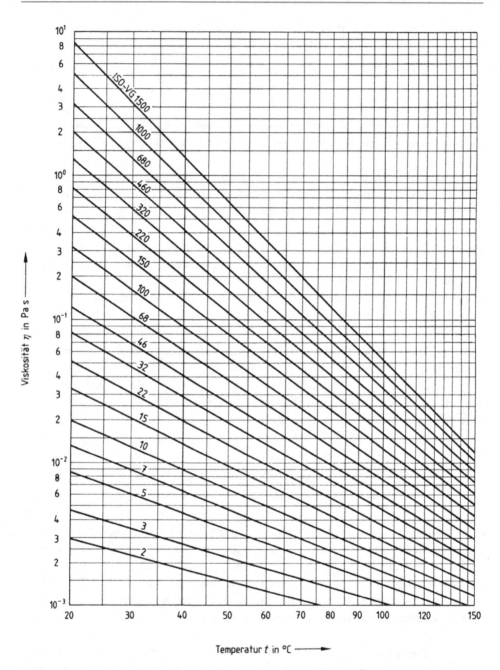

**Abb. 4.19** Dynamische Viskosität $\eta$ bei einer Dichte von $\rho = 900$ kg/m$^3$ in Pa $\cdot$ s = Ns/m$^2$ (nach DIN 31653-2)

1 ohne Wirkzusätze (C 32 bis C 1500), wobei die Zahl hinter dem Buchstaben C wieder dem Viskositätsgrad entspricht. Bei höheren Anforderungen an die Alterungsbeständigkeit und den Korrosionsschutz können die Mineralöle CL 32 bis CL 1500 nach DIN 51517-2 oder Mineralöle mit Wirkzusätzen (CLP 46 bis CLP 680) nach DIN 51517-3 eingesetzt werden.

*Synthetische Öle* Ein synthetischer Schmierstoff erhält während des Raffinierungsprozess eine höhere Reinheit und Qualität gegenüber herkömmlichen Mineralölen. Zusätze können unterschiedliche Eigenschaften verändern um spezielle Anforderungen zu erfüllen. Heute werden vielfach synthetische Öle mit flach verlaufenden Viskositäts-Temperatur-Kurven verwendet. Eine Klassifizierung von Syntheseölen gibt es noch nicht. Der Anwender ist daher bezüglich der Werkstoffkennwerte weitgehend auf die Angaben der Hersteller angewiesen.

*Organische Öle* Rüböl, Rizinusöl, Knochenöl, usw. weisen zwar gute Schmiereigenschaften auf, aber sie besitzen nur geringe chemische Stabilität. Das heißt, sie altern rasch, indem sie oxydieren und verharzen. Sie werden daher hauptsächlich nur noch als Zusätze zu Mineralölen verwendet.

*Wasser und Gase* Bei geringeren Belastungen kommen auch Wasser und Wasser-Öl-Emulsionen als flüssige Schmiermittel zur Anwendung. In Sonderfällen, bei geringen Belastungen und sehr hohen Drehzahlen, können auch Gase und Dämpfe, insbesondere Luft, als Schmiermittel dienen.

*Schmierfette* An plastischen Massen sind für Schmierzwecke konsistente Fette (DIN 51818, 51825), meist Mineralfette (Natrium-, Kalk- und Lithiumseifenfette) geeignet. Die Fette gehen unter Durck in einen fließähnlichen Zustand über und bilden so im Gleitraum eine reibungsmindernde Schicht. Fettschmierung wird im allgemeinen für geringer belastete Lager, bei sehr niedrigen Drehzahlen auch für höhere Belastung, für Gelenke, vor allem in staubigen Betrieben, wie Getreidemühlen, Zementfabriken und Bergwerken verwendet. Sie sind auch angebracht in Betrieben in denen durch Abtropfen oder Wegschleudern von Öl Beschmutzung oder Wertminderung von Waren zu befürchten ist, und schließlich bei Lagern, die sich an schwer zugänglichen Stellen befinden und bei denen eine Ölzufuhr größere Schwierigkeiten bereitet.

*Feste Schmierstoffe* Auch feste Körper in Pulverform, vor allem Graphit und Molybdändisulfid können als Schmiermittel eingesetzt werden. Meistens werden sie als Zusätze zu Ölen oder Fetten in Form von Pasten, aber auch in trockenem Zustand bei sehr langsamen Bewegungen und bei hohen Temperaturen verwendet.

**Schmiermittelzuführung** Für die Auswahl von Schmiermittel und Schmiermittelzuführung ist entscheidend, ob eine Wiederverwendung des einmal gebrauchten Öles vorzusehen ist oder nicht. Man kann z. B. das benutzte Öl sammeln und nach Reinigung wieder in die Schmiergefäße füllen, oder aber das Öl macht einen fortwährenden Kreislauf zwischen Verbrauchsstelle und Schmierapparat, wobei Filter und Kühler zwischengeschaltet werden können.

Bei hydrodynamischen Gleitlagern erfolgt die Schmierstoffzuführung in den meisten Fällen über Ringe, Fliehkraft oder Ölumlauf mehr oder weniger drucklos. Hydrostatische Gleitlager benötigen dagegen immer eine Druckschmierung.

*Ringschmierung* Sie kann mit umlaufenden losen oder festen Ringen erfolgen. Bei einem losen Ring mit dem Durchmesser $D$ und der Breite $b$ (Abb. 4.20) hängt dieser in einem Ausschnitt $B$ der Lagerbuchse auf der Welle $d$ und taucht unten in ein Ölbad. Der Ring wird durch die Welle mitgenommen und fördert das anhaftende Öl an die Oberkante der Welle. Die transportierte Ölmenge nimmt mit steigender Wellen- und Ringdrehzahl zu und liegt bei 1 bis 4 l/min. Schmierringe sind in DIN 322 genormt. Bei festen Ringen, angewandt bei niedriger Drehzahl (Umfangsgeschwindigkeit $u \leq 10$ m/s) und kleinen Wellendurchmessern, wird das Öl am oberen Scheitelpunkt durch einen Ölabstreifer (Kante am Lagerdeckel oder aufgesetzter Reiter) abgenommen und einer Verteilungskammer zugleitet.

*Tauchschmierung* Der große Vorteil der Tauchschmierung liegt in der kostengünstigen Konstruktion. Bei der Tauchschmierung entspricht ein vorhandenes, rotierendes Maschinenelement (z. B. eine Zahnrad) dem festen Ring einer Ringschmierung. Durch die Fliehkraftwirkung beim Eintauchen eines Zahnrades (z. B. im Getriebe) wird das Öl von unten nach oben transportiert und fließt dann wieder nach unten.

*Fliehkraftschmierung* Abb. 4.21 zeigt eine Fliehkraftschmierung für Kurbelwellenzapfen. Das Öl wird in einen Schleuderring geleitet und fließt von dort der Schmierstelle zu.

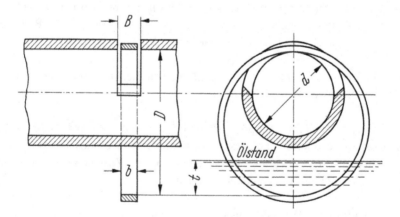

**Abb. 4.20** Ringschmierung mit losem Ring

**Abb. 4.21** Fliehkraftschmierung

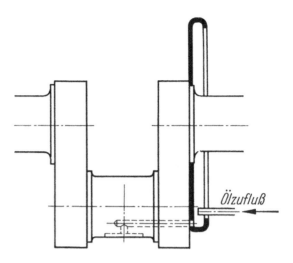

*Umlaufschmierung* wird bei größeren Maschinenanlagen mit vielen Lagern verwendet, bei denen oft eine externe Ölkühlung notwendig ist oder wenn eine Ringschmierung wegen zu hoher Umfangsgeschwindigkeiten nicht mehr funktionsfähig ist. Entweder wird das Öl in einen Hochbehälter gepumpt, von dem aus es den einzelnen Lagerstellen unter natürlichem Gefälle zufließt, oder es wird von der Pumpe aus unter einem Zuführdruck von 0,2 bis 3 bar den Lagerstellen unmittelbar zugeführt. Die Ölversorgung ist meist sehr reichlich bemessen und gut regelbar, so dass eine ausreichende Kühlung bewirkt wird. Bei Kolbenpumpen wird der Volumenstrom durch Hubveränderung reguliert, bei Zahnradpumpen durch ein Überdruckventil, das überschüssiges Öl in den Saugraum zurückfließen lässt.

*Druckschmierung* Für eine hydrostatische Schmierung sind, je nach Belastung, oft sehr große Drücke (bis 300 bar) erforderlich. Eine Druckschmierung führt dabei den einzelnen Lagerstellen unter hohem Druck Frischöl zu. Für die erforderlichen Ölmengen reichen normalerweise verhältnismäßig kleine Zahnradpumpen aus.

### 4.3.1.2 Druck-, Geschwindigkeits- und Reibungsverhältnisse im Tragfilm

Die Vorgänge im Tragfilm sind zuerst von O. REYNOLDS (1886) berechnet worden und gründliche Versuche wurden von R. STRIBECK (1902) durchgeführt. Es folgten dann die Arbeiten von A. SOMMERFELD (1904), A. G. MITCHELL (1905) und L. GÜMBEL (1914/17). Für die Vertiefung und Anwendung der Theorie sorgten dann E. FALZ (1926) und A. KLEMENCIC (1943). Zahlenmäßige Unterlagen berechneten H. SASSENFELD und A. WALTHER (1954) und zusammenfassende Darstellungen stammen von E. SCHMID und R. WEBER (1953), von G. VOGELPOHL(1958 und 1967) und O.

R. LANG und W. STEINHILPER (1978). Die drei zuletzt genannten Werke enthalten ausführliche Literaturverzeichnisse.

Die physikalischen Vorgänge sind teilweise sehr komplex und die mathematische Behandlung ist wie immer an gewisse Voraussetzungen gebunden. Die Grundlagen liefert die Hydrodynamik, die Lehre von der Strömung, insbesondere zäher Flüssigkeiten, bei denen es sich wegen der dünnen Schichten stets um Laminarströmungen handelt. Wegen der Komplexität können hier nur die wichtigsten Grundlagen gebracht werden, die jedoch eine Beurteilung der Einflussgrößen und eine Berechnung der Hauptdaten ermöglichen.

Das Ziel der hydrodynamischen Untersuchungen besteht darin, optimale Abmessungen für ein Lager zu finden, d. h. die verschiedenen wirksamen Größen so aufeinander abzustimmen, dass die Tragfähigkeit sichergestellt ist und die Verluste durch Reibung (bzw. der Leistungsaufwand) Mindestwerte annehmen. Es sei hier zunächst noch einmal auf den grundsätzlichen Unterschied zwischen hydrostatischen und hydrodynamischen Lagern hingewiesen. Bei den hydrostatischen Lagern erfolgt die Druckerzeugung vor Eintritt ins Lager durch eine Pumpe. Der Gesamtleistungsaufwand besteht also aus der Pumpenleistung und der Lagerreibungsleistung, wobei jedoch zu beachten ist, dass der Wirkungsgrad von Pumpen hoch und die Summe der beiden Leistungsanteile wesentlich geringer ist als der Leistungsaufwand bei hydrodynamischen Lagern. Dies ist besonders klar von A. LEYER herausgestellt worden. Beim hydrodynamischen Lager wird der Druck selbsttätig im Lager selbst aufgebaut, das Lager muss also gleichzeitig als Pumpe wirken, was jedoch mit einem verhältnismäßig schlechten Wirkungsgrad geschieht. Das hydrodynamische Lager arbeitet außerdem nur bei genügend großer Gleitgeschwindigkeit (oberhalb der Übergangsdrehzahl) im Gebiet reiner Flüssigkeitsreibung, nur hierfür sind die hydrodynamischen Gesetzmäßigkeiten gültig.

Aus allen Formeln der Spaltströmung ist ersichtlich, dass möglichst geringe Schichtdicken $h$ für die Tragfähigkeit und den Leistungsaufwand günstig sind. Zu dicke Tragschichten erfordern einen unnötigen Aufwand zur Beschleunigung der Teilchen. Bei zu dünnen Schichten besteht dagegen die Gefahr der Festkörperberührung. Die geringstmögliche Schichtdicke ist durch die Rautiefen der Gleitflächen und überhaupt durch die Fertigungsmöglichkeiten gegeben. Bei nicht zu großen Abmessungen und keinem außergewöhnlich großen Aufwand wird man mit $Rt = 5$ µm, also mit $h_{min} = 10$ µm rechnen können. In Sonderfällen, etwa bei gut polierten Oberflächen kann dieser untere Grenzwert noch unterschritten werden. Für Lager mit größeren Abmessungen, etwa für große Axiallager, ist $h_{min}$ vom mittleren Durchmesser $d_m$ abhängig, als Richtwert wird von NIEMANN $h \geq 5 \cdot 10^{-5} \cdot d_m$ empfohlen.

Außer der Schichtdicke $h$ spielen bei allen Gleitlagern die Belastung $F$, die Viskosität $\eta$, die Gleitgeschwindigkeit $u$ bzw. die Winkelgeschwindigkeit $\omega$ und natürlich die Abmessungen eine Rolle. Lagerlast und Abmessungen werden häufig durch den mittleren spezifischen Lagerdruck $\bar{p}$ verknüpft, der definiert ist als Lagerlast dividiert durch die in Lastrichtung projizierte Lauffläche $A$. Aus Ähnlichkeitsbetrachtungen ergibt sich, dass die genannten Größen nicht einzeln für sich entscheidend sind, sondern dass sie in gegenseitiger Beziehung zueinander stehen und in Kombinationen als dimensionslose Lagerkennzahlen auftreten. Lager gleicher Bauart mit gleichen Kennzahlen weisen dann gleiches Verhalten auf. Bei manchen Lagerarten gibt es für die Kennzahlen einen Optimalwert, der kleinste Abmessungen und geringsten Leistungsaufwand gewährleistet. Bei anderen Lagertypen gibt die Größenordnung der Kennzahl einen Hinweis auf erforderliche Abmessungen, Tragfähigkeit und mögliche Geschwindigkeiten.

Die entstehende *Reibungsleistung* wird in Wärme umgesetzt, die durch Leitung und Strahlung an die umgebende Luft abgegeben (Luftkühlung) oder mit dem Schmieröl abgeführt (Durchflusskühlung) wird.

Bei Lagern mit vorwiegender Luftkühlung (z. B. Ringschmierlager, Fettlager) spielt die Ausbildung des Gehäuses eine wesentliche Rolle. Wird die Wärmeübergangszahl mit $\alpha$, die wärmeabgebende Oberfläche mit $A$, die Temperatur an der Gleitfläche mit $t$ und die Temperatur der umgebenden Luft mit $t_U$ bezeichnet, dann gilt für die abzuführende Reibleistung

$$P_R = \alpha \cdot A \cdot (t - t_U). \tag{4.20}$$

Für Lager mit vorwiegender Ölkühlung ergibt sich mit der spezifischen Wärme $c_P$, der Dichte $\rho$ und dem Ölvolumenstrom $\dot{V}$ in m³/s

$$P_R = c_P \cdot \rho \cdot \dot{V} \cdot (t_a - t_e). \tag{4.21}$$

Hierin ist $t_e$ die Öltemperatur beim Eintritt und $t_a$ die Temperatur beim Austritt. $(t_a - t_e)$ ist also die Temperaturdifferenz, um die das Öl abgekühlt werden muss. Bei den üblichen Temperaturen und $\rho$-Werten kann mit $c_P \cdot \rho = 1670 \cdot 10^3$ Nm/(m³ · K) gerechnet werden.

**Axiallager** Da die Verhältnisse an Axiallagern leichter zu übersehen sind und auch die Grundlage für Radiallager bilden, sollen sie hier zuerst behandelt werden.

*a) Hydrostatische Axiallager* Bei der Ausbildung als Tellerlager ergeben sich verhältnismäßig einfache Beziehungen. Der Druckverlauf ist in Abb. 4.22 dargestellt. Nach [24] gilt für den Druck $p$ im Spalt auf beliebigem Radius $r$:

$$p = p_e \frac{\ln r_a/r}{\ln r_a/r_i}. \tag{4.22}$$

Aus der Gleichgewichtsbedingung $F = \sum p \cdot \Delta A$ folgt

$$F = \frac{\pi}{2} \cdot \frac{r_a^2 - r_i^2}{\ln r_a/r_i} \cdot p_e. \tag{4.23}$$

**Abb. 4.22** Tellerlager
(Spurlager)

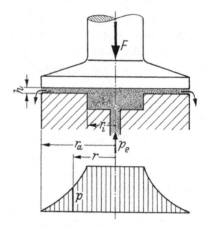

Die Gleichung für die Radialströmung liefert den Ölvolumenstrom

$$\dot{V} = \frac{F h^3}{3\eta \left(r_a^2 - r_i^2\right)}. \tag{4.24}$$

Mit dem Druck $p_e$ in der Schmiermitteltasche aus Gleichung (4.23) kann dann der Leistungsaufwand der Pumpe berechnet werden:

$$P_P = \dot{V} \cdot p_e = \frac{2}{3\pi} \cdot \frac{F^2 h^3 \ln r_a / r_i}{\eta \left(r_a^2 - r_i^2\right)} \tag{4.25}$$

Aus dem Verlauf der Tangentialgeschwindigkeiten und dem Newtonschen Ansatz ergibt sich das Reibungsmoment

$$T_R = \frac{\pi}{2} \cdot \frac{\eta \omega}{h} \left(r_a^4 - r_i^4\right) \tag{4.26}$$

Durch Multiplikation mit der Winkelgeschwindigkeit $\omega$ erhält man die Reibungsleistung

$$P_R = T_R \cdot \omega = \frac{\pi}{2} \cdot \frac{\eta \omega^2}{h} \left(r_a^4 - r_i^4\right) \tag{4.27}$$

Der Gesamtleistungsaufwand $P_{ges} = P_P + P_R$ soll ein Minimum sein. Bei der Aufstellung derBedingungsgleichungen hierfür zeigt sich, dass $P_{ges}$ erstens umso kleiner wird, je geringer die Schichtdicke $h$ ist, und zweitens, dass eine dimensionslose Lagerkennzahl $So^*$

$$So^* = \frac{F h^2}{\eta \, \omega \, r_a^4} \tag{4.28}$$

auftritt, deren Optimalwert von $r_i/r_a$ abhängig ist und nach [25] bei $r_i/r_a = 0,5$ einen Höchstwert ($So^*_{max} = 2,35$) hat. Die durch Gl. (4.28) miteinander verknüpften Größen $F$, $h$, $\eta$, $\omega$ und $r_a$ sind also so zu wählen, dass $(F \cdot h^2)/(\eta \cdot \omega \cdot r_a^4) = 2,35$ wird. $F$ und $\omega$ sind meistens gegeben, $\eta$ und $h$ können angenommen werden, so dass aus dieser Beziehung $r_a$ berechnet werden kann. Der innere Radius wird dann $r_i = 0,5 \cdot r_a$ gesetzt. Bei diesen optimalen Verhältnissen stellt sich heraus, dass Pumpenleistung und Reibungsleistung gleich groß sind: $P_P = P_R = 0,5 \cdot P_{ges}$, wobei $P_{ges} = 1,25 \cdot F \cdot h \cdot \omega$ ist.

---

**Beispiel 5: Hydrostatisches Axiallager (Tellerlager nach Abb. 4.22)**

Gegeben: $F = 800\,000$ N; $n = 300$ min$^{-1}$, d. h. $\omega = 31,4$ s$^{-1}$. Angenommen werden

$$h = \frac{35}{1000} \, \text{mm} = 35 \cdot 10^{-6} \, \text{m}$$

und

$$\eta = 0,04 \, \text{Ns/m}^2,$$

d. h. nach Abb. 4.19 die Ölsorte AN 46 bei $t_a = 40\,°C$.

Aus $\quad So^*_{max} = \dfrac{F h^2}{\eta \omega r_a^4} = 2,35$ folgt dann

$$r_a^4 = \frac{F h^2}{2,35 \, \eta \, \omega} = \frac{8 \cdot 10^5 \, \text{N} \cdot 3,5^2 \cdot 10^{-12} \, \text{m}^2}{2,35 \cdot 0,44 \dfrac{\text{Ns}}{\text{m}^2} \cdot 31,4 \dfrac{1}{\text{s}}} = 3,32 \cdot 10^{-4} \, \text{m}; \; r_a = 0,135 \, \text{m}.$$

Gewählt werden $r_a = 136$ mm und $r_i = 68$ mm. Aus Gl. (4.23) ergibt sich damit der erforderliche Öldruck

$$p_e = \frac{2 F \ln \dfrac{r_a}{r_i}}{\pi (r_a^2 - r_i^2)} = \frac{2 \cdot 8 \cdot 10^5 \text{N} \cdot \ln 2}{\pi (0,0185 - 0,046) \, \text{m}^2} = 254 \cdot 10^5 \text{N/m}^2 = 254 \, \text{bar}$$

und aus Gl. 4.24 der erforderliche Ölvolumenstrom

$$\dot{V} = \frac{F h^3}{3 \, \eta (r_a^2 - r_i^2)} = \frac{8 \cdot 10^5 \, \text{N} \cdot 35^3 \cdot 10^{-18} \, \text{m}^3}{3.0,04 \dfrac{\text{Ns}}{\text{m}^2} \cdot 0,0139 \, \text{m}^2} = 20,6 \cdot 10^{-6} \, \text{m}^3/\text{s}.$$

Die Pumpenleistung wird also

$$P_P = \dot{V} p_e = 20,6 \cdot 10^{-6} \frac{\text{m}^3}{\text{s}} \cdot 254 \cdot 10^5 \frac{\text{N}}{\text{m}^2} = 523 \frac{\text{Nm}}{\text{s}} = 0,52 \, \text{kW}$$

Gl. 4.26 liefert das Reibungsmoment

$$T_\mathrm{R} = \frac{\pi}{2} \frac{\eta \omega}{h} (r_\mathrm{a}^4 - r_\mathrm{i}^4)$$

$$= \frac{\pi}{2} \frac{0,04 \,\dfrac{\mathrm{Ns}}{\mathrm{m}^2} \cdot 31,4 \dfrac{1}{\mathrm{s}}}{35 \cdot 10^{-6}\,\mathrm{m}} \frac{1}{10^4} (1,36^4 - 0,68^4)\,\mathrm{m}^4 = 18,1\,\mathrm{Nm}.$$

Die Reibungsleistung beträgt demnach

$$P_\mathrm{R} = T_\mathrm{R}\omega = 18,1\,\mathrm{Nm} \cdot 31,4\ 1/\mathrm{s} = 568\,\mathrm{Nm/s} = 0,57\,\mathrm{kW}.$$

Kontrolle: $P_\mathrm{ges} = 1,25\,F\,h\,\omega = 1,25 \cdot 8 \cdot 10^5\,\mathrm{N} \cdot 35 \cdot 10^{-6}\,\mathrm{m} \cdot 31,4\ 1/\mathrm{s}$

$$= 1100\,\mathrm{Nm/s} = 1,10\,\mathrm{kW}.$$

Würde die Reibungswärme nur durch das Öl abgeführt, so müsste dieses [nach Gl. (4.21)] um

$$t_\mathrm{a} = t_\mathrm{e} = \frac{P_\mathrm{R}}{c_\mathrm{p}\,\varrho\,\dot{V}} = \frac{568\,\mathrm{Nm/s} \cdot 10^6}{1670 \cdot 10^3\,\dfrac{\mathrm{N}}{\mathrm{m}^2\mathrm{K}} \cdot 20,6\,\mathrm{m}^3/\mathrm{s}} \approx 17\,\mathrm{K}$$

abgekühlt werden; die Eintrittstemperatur müsste also $t_\mathrm{e} = 40\,^\circ\mathrm{C} - 17\,^\circ\mathrm{C} = 23\,^\circ\mathrm{C}$ betragen.

Das Beispiel zeigt, dass die erforderliche Pumpenleistung sehr niedrig ist und dass man mit sehr geringen Abmessungen auskommt. Der Druck $p_e = 254$ bar ist ohne Schwierigkeiten mit einer kleinen Zahnrad- oder Kolbenpumpe zu erreichen. Tellerlager können nur am unteren Ende der Welle angeordnet werden. Häufiger ist in der Praxis jedoch der Fall einer durchgehenden Welle gegeben, so dass die Tragflächen ringförmig ausgebildet werden müssen.

Bei der Ausführung als Ringkammerlager nach Abb. 4.23 werden in der Regel verhältnismäßig schmale Spaltflächen (Breite b) angeordnet, so dass mit guter Näherung mit einem linearen Druckabfall gerechnet werden kann. Die Radien $r_1$ und $r_2$ gehen jeweils bis zur Mitte der Ringflächen, und es ergeben sich ähnliche Gleichungen wie vorher beim Tellerlager.

Für die Tragkraft

$$F = \pi \cdot (r_2^2 - r_1^2) \cdot p_e, \tag{4.29}$$

den Ölvolumenstrom

$$\dot{V} = \frac{F\,h^3}{6\,\eta\,b\,(r_2 - r_1)}, \tag{4.30}$$

**Abb. 4.23** Ringkammerlager

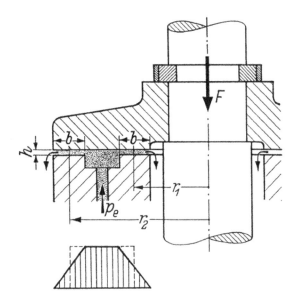

den Leistungsaufwand der Pumpe

$$P_P = \dot{V} \cdot p_e = \frac{F^2 h^3}{6\pi \eta\, b \left(r_2^2 - r_1^2\right)(r_1 - r_2)},\qquad(4.31)$$

das Reibungsmoment

$$T_R = 2\pi b\, \frac{\eta\omega}{h}\left(r_2^3 + r_1^3\right),\qquad(4.32)$$

und die Reibungsleistung

$$P_R = T_R \cdot \omega = 2\pi b\, \frac{\eta\omega^2}{h}\left(r_2^3 + r_1^3\right).\qquad(4.33)$$

Sucht man wieder das Minimum für die Gesamtleistung $P_{ges} = P_P + P_R$, so tritt in der Bestimmungsgleichung ebenfalls eine dimensionslose Lagerkennzahl So* auf:

$$So^* = \frac{F\,h^2}{\eta\,\omega\,b\,r_2^3}\qquad(4.34)$$

Ihre Optimalwerte So*$_{opt}$ sind von $r_1/r_2$ abhängig und in Abb. 4.24 dargestellt, um Größenordnung und Kurvenverlauf aufzuzeigen. Es ist hier kein Maximum festzustellen, aber So* nimmt mit kleineren $r_1/r_2$-Werten zu, so dass also kleine $r_1$-Werte günstig sind. Durch den Wellendurchmesser und die Breite $b$ der Spaltflächen wird jedoch die Wahl von $r_1$ eingeengt. In Gl. (4.34) ist gegenüber Gl. (4.28) noch eine Variable mehr enthalten. Praktisch

**Abb. 4.24** Optimalwerte der
Lagerkennzahl So* für das
Ringkammerlager

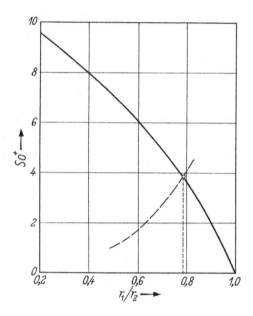

wird man bei gegebenen Werten für $F$ und $\omega$ wieder $h$ und $\eta$ wählen. Aus den konstruktiven Gegebenheiten können $r_1$ und $b$ festgelegt und für angenommene $r_2$- bzw. $r_1/r_2$-Werte aus Gl. (4.34) mehrere So*-Werte berechnet werden.

Trägt man die Kurve dieser So*-Werte in Abb. 4.24 ein, so liefert der Schnittpunkt mit der $So^*_{opt}$-Kurve den günstigsten $r_1/r_2$-Wert und somit das zu den angenommenen Werten gehörige Optimum von $r_2$.

---

**Beispiel 6: Hydrostatisches Axiallager (Ringkammerlager)**

Gegeben: $F = 800\,000$ N; $n = 300$ min$^{-1}$, d. h. $\omega = 31,4$s$^{-1}$.

Für $h$ und $\eta$ seien die gleichen Werte wie im letzten Beispiel gewählt: $h = 35 \cdot 10^{-6}$ m; $\eta = 0,04$ Ns/m$^2$; ($t \approx 40\,°$C). Der Wellendurchmesser sei zu 280 mm gegeben, so dass ein Vorentwurf als brauchbare Werte $r_1 = 170$ mm und $b = 20$ mm liefert.

Angenommen

$$r_1/r_2 \quad = 0,5 \qquad 0,6 \qquad 0,7 \qquad 0,8$$
$$r_2 \quad = 340\,\text{mm} \quad 284\,\text{mm} \quad 243\,\text{mm} \quad 212\,\text{mm}$$

Nach Gl. (4.34) wird

$$So^* = 1,0 \qquad 1,7 \qquad 2,73 \qquad 4,11.$$

Diese Werte sind gestrichelt in Abb. 4.24 eingetragen; der Schnittpunkt mit der $So^*$-Kurve liegt bei $(r_1/r_2)_{\text{Optimum}} = 0,78$, also wird $r_2 = 170\,\text{mm}/0,78 = 218\,\text{mm}$.

Es ergibt sich also

$$r_i = r_1 - \frac{b}{2} = 170\,\text{mm} - 10\,\text{mm} = 160\,\text{mm},$$

$$r_a = r_2 - \frac{b}{2} = 218\,\text{mm} + 10\,\text{mm} = 228\,\text{mm},$$

aus Gl. (4.29)

$$p_e = \frac{F}{\pi(r_2^2 - r_1^2)} = \frac{8 \cdot 10^5\,\text{N}}{\pi(0,218^2 - 0,170^2)\,\text{m}^2} = 137 \cdot 10^5\,\text{N/m}^2 = 137\,\text{bar},$$

aus Gl. (4.30)

$$\dot{V} = \frac{F h^3}{6\eta b(r_2 - r_1)} = \frac{8 \cdot 10^5\,\text{N} \cdot 35^3 \cdot 10^{-18}\,\text{m}^3}{6 \cdot 0,04\dfrac{\text{Ns}}{\text{m}^2} \cdot 0,020\,\text{m} \cdot 0,048\,\text{m}} = 149 \cdot 10^{-6}\,\text{m}^3/\text{s},$$

aus Gl. (4.31)

$$p_p = \dot{V} p_e = 149 \cdot 10^{-6}\,\text{m}^3/\text{s} \cdot 137 \cdot 10^5\,\text{N/m}^2 = 2040\,\text{Nm/s} = 2,04\,\text{kW};$$

aus Gl. (4.32)

$$T_R = 2\pi b \frac{\eta\omega}{h}(r_2^3 + r_1^3)$$

$$= 2\pi \cdot 0,02\,\text{m}\frac{0,04\dfrac{\text{Ns}}{\text{m}^2}31,4\frac{1}{\text{s}} \cdot}{35 \cdot 10^{-6}\,\text{m}} \cdot (0,218^3 + 0,170^3)\text{m}^3 = 68,9\,\text{Nm},$$

aus Gl. (4.33)

$$P_R = T_R\omega = 68,9\,\text{Nm} \cdot 31,4/\text{s} = 2160\,\text{Nm/s} = 2,16\,\text{kW},$$

$$P_{ges} = P_P + P_R = 4,120\,\text{kW}.$$

Die erforderliche Ölkühlung wird aus Gl. (4.21) ermittelt:

$$t_a - t_e = \frac{P_R}{c_p\varrho\dot{V}} = \frac{2160\,\text{Nm/s}}{1670 \cdot 10^3\dfrac{\text{N}}{\text{m}^2\,\text{K}} \cdot \dfrac{149}{10^6}\dfrac{\text{m}^3}{\text{s}}} \approx 9\,\text{K}; \ t_e = 40°\text{C} - 9°\text{C} = 31°\text{C}.$$

Auch hier ist $P_P \approx P_R \approx 0,5\,P_{ges}$. Ein Vergleich mit dem letzten Beispiel zeigt jedoch, dass der Leistungsaufwand rund 4 mal so groß ist.

**Abb. 4.25** Geschwindigkeits-
und Druckverteilung im
Keilspalt

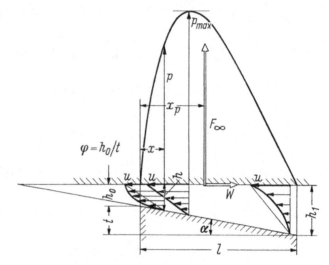

*b) Hydrodynamische Axiallager*  Bei hydrodynamischen Lagern kommt die Strömung des
Schmiermittels durch die Schleppwirkung der bewegten Gleitfläche zustande (Reibungs-
pumpe). Der zum Tragen notwendige Druck entsteht dadurch, dass die Strömung durch die
besondere Form des Schmierspalts (Verengung) gestaut wird. Die am häufigsten verwendete Schmierspaltform ist der Keil, für den die Grundbeziehungen (ohne Seitenfluß, d. h.
unendliche Breite) in Abb. 4.25 dargestellt sind. An der Stelle des Druckmaximums ist
die Geschwindigkeitsverteilung linear, davor und dahinter ist ein parabelförmiger Verlauf
überlagert. Die kleinste Schichtdicke $h_0$ ist an der Austrittskante, die größte Schichtdicke $h_1$ ist an der Eintrittskante. An beliebiger Stelle $x$ vor der Austrittskante wird die
Schichtdicke mit $h$ bezeichnet.

Für den Druck an beliebiger Stelle gilt nach [25] mit $h_1 - h_0 = t$:

$$p = \frac{6\,\eta\,u\,l}{t}\,\frac{(h - h_0)\,(h_1 - h)}{h^2\,(h_0 + h_1)}. \tag{4.35}$$

Diese Gleichung lässt sich mit Hilfe der relativen Schichtdicke $\varphi = h_0/t$ umformen in

$$p = \frac{6\,\eta\,u\,l}{h_0^2}\,\frac{\varphi^2\,\dfrac{x}{l}\left(l - \dfrac{x}{l}\right)}{(1 + 2\varphi)\left(\varphi + \dfrac{x}{l}\right)^2} \tag{4.36}$$

Die Gl. (4.35) und (4.36) lassen deutlich erkennen, dass der Druck mit zunehmender
Viskosität, Gleitgeschwindigkeit, Länge und besonders stark mit kleiner werdender Spaltdicke ansteigt. Den Einfluß von $\varphi$ gibt Abb. 4.26 wieder, in der für einige $\varphi$-Werte die
dimensionslose Größe $(p \cdot h_0^2)/(\eta \cdot u \cdot l)$ in Abhängigkeit von $x/l$ aufgetragen ist.

**Abb. 4.26** Dimensionslose Größe $(p \cdot h_0^2)/(\eta \cdot u \cdot l)$ in Abhängigkeit von $x/l$ für verschiedene $\varphi$-Werte

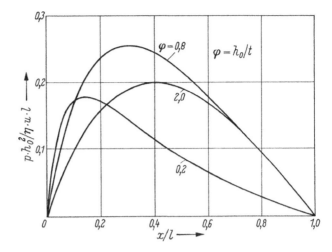

An der Stelle $x_m/l = \varphi/(1 + 2\varphi)$ hat $p$ den Höchstwert

$$p_{max} = \frac{6\eta u l}{h_0^2} \frac{\varphi}{4(1 + \varphi)(1 + 2\varphi)}. \tag{4.37}$$

Seinen Höchstwert hat $p_{max}$ bei $\varphi=1/\sqrt{2} = 0,707$; dafür wird $(p_{max} \cdot h_0^2)/(\eta \cdot u \cdot l)=0,26$.

Wichtiger sind jedoch die für die Tragfähigkeit maßgebenden Größen. Die Tragkraft $F$ bezogen auf die Breite $b$ eines Gleitschuhs ist des Druckintegral über die ganze Länge $l$:

$$\frac{F}{b} = \int_0^l p \cdot dx = \frac{6\eta u l}{h_0^2}\left[\varphi^2\left(\ln\frac{1+\varphi}{\varphi} - \frac{2}{1+2\varphi}\right)\right]. \tag{4.38}$$

Der mittlere Schmiermitteldruck im Keilspalt ergibt sich somit zu

$$\overline{p} = \frac{F}{b \cdot l} = \frac{6\eta u l}{h_0^2}\left[\varphi^2\left(\ln\frac{1+\varphi}{\varphi} - \frac{2}{1+2\varphi}\right)\right] \tag{4.39}$$

Der Ausdruck in der eckigen Klammer ist in Abb. 4.27a in Abhängigkeit von $\varphi$ dargestellt. Der Höchstwert beträgt 0,0267 und liegt bei $\varphi \approx 0,8$; es wird also

$$\frac{\overline{p}_{max} h_0^2}{\eta u l} = 6 \cdot 0,026 = 0,16.$$

Nach Abb. 4.25 haben alle Spaltformen in Abb. 4.28a den gleichen $\varphi$-Wert, während gleiche Neigungswinkel (Abb. 4.28b) verschiedene, $h_0$ proportionale $\varphi$-Werte haben. Bei Lagern mit fest eingearbeiteten Keilflächen wird nur bei einer bestimmten Belastung und einer bestimmten Spaltweite $h_0$ bei gleicher Geschwindigkeit $u$ und Viskosität $\eta$ der

**Abb. 4.27** Kennwerte in Abhängigkeit von $\varphi = h_0/t$: a) und b) für Gleitschuh ohne Seitenfluß ($b = \infty$); c), d) und e) mit Berücksichtigung endlicher Lagerbreite $b$

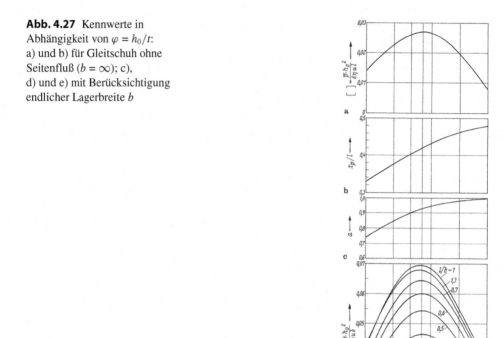

**Abb. 4.28** Spaltformen. a) mit konstanter relativer Schichtdicke $\varphi$; b) mit konstantem Neigungswinkel $\alpha$

Optimalwert von $\varphi_0 \approx 0,8$ erreicht. Außerdem bereitet die Herstellung der notwendigen sehr kleinen Neigungswinkel einige Schwierigkeiten. Schon frühzeitig wurden daher Lager mit Kippsegmenten (Michell-Lager) gebaut, die sich selbsttätig auf den Optimalwert von $\varphi$ einstellen, wenn der Unterstützungspunkt im richtigen Abstand $x_P$ von der

Austrittskante aus gemessen, liegt. Für letzteren gilt

$$\frac{x_P}{l} = \frac{0,5 + 3\,\varphi - \left(2\,\varphi + 3\,\varphi^2\right)\ln\dfrac{1+\varphi}{\varphi}}{(1+2\,\varphi)\ln\dfrac{1+\varphi}{\varphi} - 2}. \tag{4.40}$$

Die Gl. (4.40) ist in Abb. 4.27b dargestellt. Für $\varphi = 0,8$ ergibt sich $x_P = 0,42 \cdot l$. Für den Gleitschuh mit endlicher Breite $b$ ist von SCHIEBEL und DRESCHER folgende auf $b$ bezogene Belastungskennzahl ermittelt worden:

$$\frac{\bar{p}\,h_0^2}{\eta\,u\,b} = \frac{1/b}{1 + a(1/b)^2} \cdot 5 \cdot \left[\varphi^2\left(\ln\frac{1+\varphi}{\varphi} - \frac{2}{1+2\,\varphi}\right)\right] \tag{4.41}$$

mit

$$a = \frac{10}{(2\varphi + 1)^2} \cdot \left[\left(\varphi + \varphi^2\right)^2 + \frac{1 - 2\left(\varphi + \varphi^2\right)}{12\left((1 + 2\,\varphi)\ln\dfrac{1+\varphi}{\varphi} - 2\right)}\right]. \tag{4.42}$$

Die Gl. (4.42) ist in Abb. 4.27c als Kurve dargestellt. Bei $\varphi = 0,8$ ist $a = 0,93$. Die Belastungskennzahl nach Gl. (4.41) ist für verschiedene $l/b$-Werte in Abb. 4.27d abgebildet. Bei $\varphi \approx 0,8$ und $l/b \approx 1$ erhält man den Maximalwert

$$\frac{\bar{p}\,h_0^2}{\eta\,u\,b} = 0,069.$$

Die Reibkraft $F_R$ wird durch Integration der Schubspannungen erhalten. Aus $F_R = \mu \cdot F$ folgt nach [38] für Gleitschuhe mit endlicher Breite

$$\mu = K\sqrt{\frac{\eta\,u}{\bar{p}\,b}}. \tag{4.43}$$

Den Verlauf der $K$-Werte zeigt Abb. 4.27e. Danach kann für $l/b = 0,7\ldots 1,3$ und $\varphi = 0,6\ldots 1$ mit ausreichender Genauigkeit $K = 3$ gesetzt werden.

Die durch den Schmierspalt eines ebenen Gleitschuhes ohne Seitenfluss fließende Ölmenge ergibt sich zu

$$\dot{V} = b\,u\,h_0\frac{1-\varphi}{1+2\,\varphi} \tag{4.44}$$

Für die günstigen Verhältnisse von $\varphi = 0,8$ kann nach [38] praktisch gesetzt werden:

$$\dot{V} = 0,7 \cdot b\,u\,h_0. \tag{4.45}$$

**Abb. 4.29** Segmentlager
(geometrische Größen)

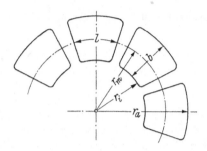

Der mittlere Druck $\bar{p}$ in Gl. (4.41) bezieht sich auf die wirkliche Tragfläche. Bei Segmenttraglagern (Abb. 4.29) mit $z$ Segmenten ist die wirksame Tragfläche rund 80 % der Kreisringfläche

$$A = z\,b\,l \approx 0,8 \cdot 2\pi\,r_m\,b. \tag{4.46}$$

Mit

$$r_m = \frac{r_a + r_i}{2},\ b = r_a - r_i \quad \text{und} \quad \frac{l}{b} = 1$$

wird

$$r_a = r_i\frac{z + 0,8\,\pi}{z - 0,8\,\pi},\ b = r_i\frac{1,6\,\pi}{z - 0,8\,\pi},\ r_m = r_i\frac{z}{z - 0,8\,\pi}$$

und mit $\bar{p} = F/A = F/(z\,b^2)$ ergibt sich

$$\frac{\bar{p}\,h_0^2}{\eta\,u\,b} = \frac{F\,h_0^2}{\eta\,\omega\,r_i^4}\frac{(z - 0,8\,\pi)^4}{127z^2}.$$

Wird die rechte Seite gleich dem Maximalwert 0,069 gesetzt (entsprechend $\varphi = 0,8$), so folgt daraus die Bedingungsgleichung für $r_i$

$$r_i = \sqrt[4]{\frac{F\,h_0^2}{\eta\,\omega}} \cdot \left[\frac{z - 0,8\,\pi}{1,72 \cdot \sqrt{z}}\right]. \tag{4.47}$$

**Beispiel: Hydrodynamisches Axiallager (Segmentlager)**

Gegeben: $F = 800\,000$ N und $n = 300$ min$^{-1}$ bzw. $\omega = 3,14\,\text{s}^{-1}$. Zu Vergleichszwecken sei wie in den letzten beiden Beispielen $h_0 = 35 \cdot 10^{-6}$ und $\eta = 0,04$ Ns/m$^2$. Nach Gl. (4.47) wird $r_i$ für verschiedene Segmente $z$ berechnet.

| $z =$ | 6 | 7 | 8 | 9 | 10 |
|-------|---|---|---|---|-----|
| $r_i =$ | 139 mm | 165 mm | 189 mm | 210 mm | 230 mm |

Aus konstruktiven Gründen erscheint als geeignet; $z = 8$ und $r_i = 190$ mm. Damit können die restlichen geometrischen Größen berechnet werden:

$$r_a = r_i \frac{z + 0,8\,\pi}{z - 0,8\,\pi} = 190\,\text{mm} \cdot \frac{10,5}{5,5} = 364\,\text{mm},$$

$$r_m = \frac{r_a + r_i}{2} = 277\,\text{mm} \quad \text{und} \quad b = l = r_a - r_i = 174\,\text{mm}.$$

Nachrechnung der Belastungskennzahl:

Mit

$$\bar{p} = \frac{F}{A} = \frac{F}{z\,b\,l} = \frac{8 \cdot 10^5\,\text{N}}{8 \cdot 0,174\,\text{m} \cdot 0,174\,\text{m}} = 33,0 \cdot 10^5\,\text{N/m}^2$$

und

$$u = r_m \omega = 0,277\,\text{m} \cdot 3,14\,\text{s}^{-1} = 8,70\,\text{m/s}$$

wird

$$\frac{\bar{p}\,h_0^2}{\eta\,u\,b} = \frac{33 \cdot 10^5\,\text{N/m}^2 \cdot 35^2 \cdot 10^{-12}\,\text{m}^2}{0,04\,\text{Ns/m}^2 \cdot 8,7\,\text{m/s} \cdot 0,174\,\text{m}} = 0,067$$

(etwas kleiner als 0,069, d. h. $h_0$ wird etwas größer als angenommen). Der Reibbeiwert wird nach Gl. (4.43)

$$\mu \approx 3 \cdot \sqrt{\frac{\eta u}{\bar{p}\,b}} = 3 \cdot \sqrt{\frac{0,04\,\text{Ns/m}^2 \cdot 8,7\,\text{m/s}}{33 \cdot 10^5\,\text{N}\,/\,\text{m}^2 \cdot 0,174\,\text{m}}} = 0,0023.$$

Die Reibleistung

$$P_R = F\mu u = 8 \cdot 10^5\,\text{N} \cdot 0,0023 \cdot 8,7\,\text{m/s} = 16000\,\text{Nm/s} = 16\,\text{kW}.$$

Der Ölvolumenstrom

$$\dot{V} \approx z \cdot 0,7 \cdot b\,u\,h_0 = 8 \cdot 0,7 \cdot 0,174\,\text{m} \cdot 8,7\,\text{m/s} \cdot 35 \cdot 10^{-6}\,\text{m} = 297 \cdot 10^{-6}\,\text{m}^3/\text{s}.$$

Die Reibungsleistung ist gegenüber den vorhergehenden Beispielen sehr hoch und kann keineswegs mehr durch den theoretisch ausreichenden Ölvolumenstrom abgeführt werden. Das Öl müsste nach Gl. (4.21) um

$$t_a - t_e = \frac{P_R}{c_P\,\varrho\,\dot{V}} = \frac{16\,000\,\text{Nm/s}}{1670 \cdot 10^3\,\text{N}/(\text{m}^2\,\text{K}) \cdot 297 \cdot 10^{-6}\,\text{m}^3/\text{s}} = 32\,\text{K}$$

abgekühlt werden. Rechnet man mit etwa 30 % Wärmeabfuhr durch die großen Kühlflüchen und mit einem Ölüberschuß von 50 %, so ergibt sich

$$t_a - t_e = \frac{0,7 \cdot P_R}{c_P \, \varrho \cdot 1,5 \, \dot{V}} = 32 \, \text{K} \cdot \frac{0,7}{1,5} = 15 \, \text{K}; \quad t_e = 40°\text{C} - 15°\text{C} = 25°\text{C}.$$

Günstigere Verhältnisse mit einem höheren Ölvolumenstrom würde man durch ein Vergrößerung von $h_0$ bekommen wobei jedoch die Abmessungen noch größer werden und die Reibungsleistung ebenfalls noch etwas zunimmt.

Gründliche Untersuchungen über Axiallager mit anderen Spaltformen, insbesondere mit stufenförmigem Schmierspalt, sind von H. DRESCHER durchgeführt worden. Abb. 4.30 und 4.31 zeigen Vergleichsdarstellungen des Druckverlaufs bei verschiedenen Ausführungsformen. Die eingetragenen Maße ergeben maximale Tragfähigkeit.

**Radiallager**   Auch bei radial belasteten Gleitlagern kann der erforderliche Schmiermitteldruck entweder hydrostatisch oder hydrodynamisch aufgebracht werden.

*a) Hydrostatische Radiallager* Radiallager lassen sich ebenfalls mit Druckkammern ausbilden, die aus Zuflußtaschen und Randleisten bestehen. A. LEYER stellte theoretische Betrachtungen an einem Lager mit gleich großer Randbreite $b$ in Längs- und in Umfangsrichtung (Abb. 4.32) an und fand auch hierfür eine optimale Lagerkennzahl

$$So^* = \frac{F \, h^2}{\eta \, \omega \, b \, r^3} = 8$$

und für den Reibbeiwert

$$\mu = 0,85 \cdot h/r.$$

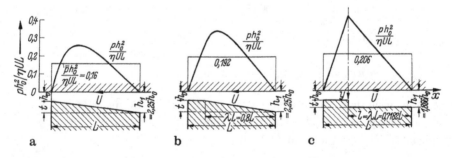

**Abb. 4.30**  Verschiedene Spaltformen. a) einfacher Keilspalt; b) Keilspalt mit Rastfläche; c) stufenförmiger Spalt ($b = \infty$)

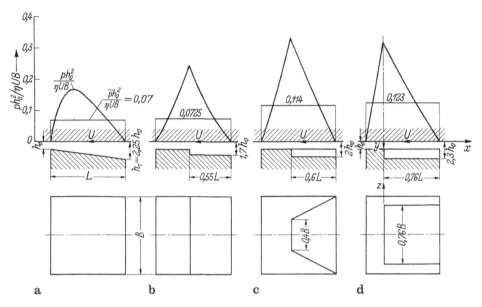

**Abb. 4.31**  Tragfähigkeit endlich breiter Gleitschuhe mit dem Seitenverhältnis L/B = 1

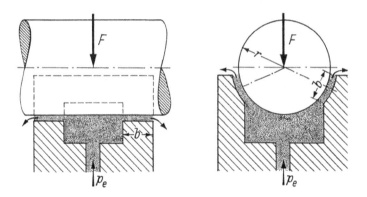

**Abb. 4.32**  Prinzip eines Radiallagers mit einer Druckkammer

Reibbeiwert, Reibleistung und Pumpenleistung sind außerordentlich niedrig. Da diese Einflächen-Radiallager jedoch leicht instabil werden können und zudem eine große Wellenverlagerung zwischen belastetem und unbelastetem Zustand aufweisen, werden sie in der Praxis selten eingesetzt.

Bei Präzisionslagern, z. B. für Werkzeugmaschinen, können jedoch mehrere sogenannte „Stützquellen" über den Umfang verteilt angebracht werden Abb. 4.33, die über Drosseln mit genau bestimmten, konstanten Ölmengen gespeist werden. In einem Mehrflächen-Radiallager wird die Welle stabil in der Schwebe gehalten, so dass keine Exzentrizitäten auftreten. Zwischen den Stützquellen befinden sich Längsnuten, in denen das durch die

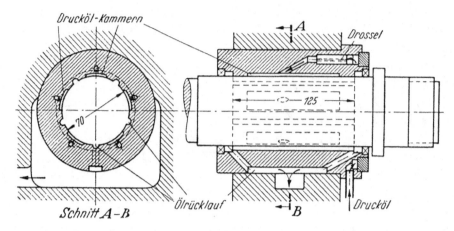

**Abb. 4.33** Hydrostatisches Radiallager

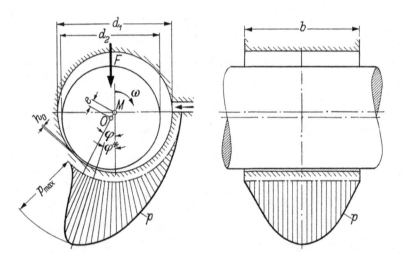

**Abb. 4.34** Druckverteilung beim hydrodynamischen Gleitlager

Dichtflächen fließende Öl gesammelt und durch seitliche Ringkanäle abgeführt wird. Ausführliche Berechnungen der Druckverteilung, Stützkräfte, Ölmengen und Reibwerte hat H. PEEKEN durchgeführt.

*b) Hydrodynamische Radiallager*  Bei den Radiallagern ohne Druckölzufuhr bildet sich durch die exzentrische Lage des Zapfens in der Schale von selbst ein sich verengender, in der Abwicklung etwa keilförmiger Schmierspalt, so dass sich ähnliche Gesetzmäßigkeiten einstellen wie beim Gleitschuh mit einem ebenem Keilspalt. Die Gleitraumverhältnisse sind in Abb. 4.34 dargestellt. Bei eingezeichnetem Umlaufsinn verlagert sich der Zapfenmittelpunkt O nach links. Der Abstand O-M stellt die Exzentrizität *e* dar. Der dargestellte

Druckverlauf hat vor der engsten Stelle seinen Höchstwert, um dann verhältnismäßig rasch abzunehmen. Der Verlagerungswinkel $\varphi$ und die Exzentrizität $e$, und somit bei gegebenem Lagerspiel auch die minimale Spaltdicke $h_0$, sind von Belastung und Drehzahl abhängig. Bei konstanter Lagerlast und steigender Drehzahl nehmen Spaltdicke und Verlagerungswinkel zu, und zwar so, dass mit guter Näherung die Bahn des Wellenmittelpunktes O einen Halbkreis beschreibt.

Für die Erfassung der Zusammenhänge sind folgende Grundbeziehungen erforderlich:
Lagerspiel $S = d_1 - d_2 = \psi\, d$

$$\text{relatives Lagerspiel } \psi = \frac{S}{d} = \frac{d_1 - d_2}{d_1} \approx \frac{d_1 - d_2}{d_2} \qquad (4.48)$$

min. Spaltdicke $h_0 = \dfrac{S}{2}\delta = \dfrac{d}{2}\psi\,\delta$

$$\text{relative Spaltdicke } \delta = \frac{h_0}{S/2} = \frac{h_0}{\psi\, d/2} \qquad (4.49)$$

Exzentrizität $e = \dfrac{S}{2} - h_0 = \dfrac{d}{2}\psi\,\varepsilon$

$$\text{relative Exzentrizität } \varepsilon = \frac{e}{S/2} = 1 - \delta \qquad (4.50)$$

Als dimensionslose, für die Tragfähigkeit maßgebende Lagerkennzahl wird die Sommerfeld-Zahl $So$ eingeführt:

$$So = \frac{\overline{p}\,\psi}{\eta\,\omega} = \frac{F\,S^2}{\eta\,\omega\,b\,d^3} \qquad (4.51)$$

Schwer belastete Lager haben große, gering belastete Lager haben kleine Sommerfeld-Zahlen. In den meisten Fällen der Praxis ist $So > 1$, nur bei hohen Gleitgeschwindigkeiten und geringen Belastungen wird $So < 1$. Bei normaler Oberflächengüte soll $So$ nicht größer als 10 sein.

Durch umfangreiche Rechnungen sind von SASSENFELD, WALTHER und VOGEL-POHL die Zusammenhänge zwischen der Sommerfeld-Zahl und der relativen Schmierschichtdicke $\delta$ (bzw. der relativen Exzentrizität $\varepsilon$) für Radiallager mit endlicher Breite ermittelt worden. Die Ergebnisse sind in Abb. 4.35 für verschiedene Breitenverhältnisse $b/d$ aufgetragen. Mit Hilfe dieses Diagramms lässt sich bei gegebenen bzw. angenommenen Werten für $F$, $b$, $d$, $\psi$, $\eta$ und $\omega$ die sich einstellende relative Schmierschichtdicke und somit $h_0$ bestimmen. Oder es kann umgekehrt bei einem geforderten $\delta$-Wert und einem angenommenen $b/d$-Wert die Sommerfeld-Zahl abgelesen werden, aus der dann die erforderliche Viskosität $\eta$ bzw. das relative Lagerspiel $\psi$ ermittelt werden können.

Die Untersuchungen von SASSENFELD und WALTHER erstreckten sich auch auf den für die Reibleistung wichtigen Reibungskoeffizienten $\mu$ bzw. den Reibungsfaktor $\mu/\psi$.

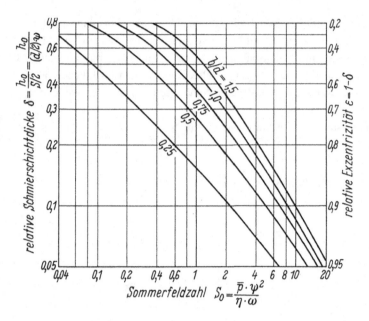

**Abb. 4.35** Zusammenhang zwischen der Sommerfeldzahl und der rel. Schmierschichtdicke bzw. rel. Exzentrizität bei verschiedenen Breitenverhältnissen $b/d$

Diese Werte sind für das halbumschließende Lager (180°) und das vollumschließende Lager (360°) in Abhängigkeit von der relativen Exzentrizität $\varepsilon$ für verschiedene Breitenverhältnisse $b/d$ berechnet worden. VOGELPOHL hat auch gezeigt, dass die Darstellung der $\mu/\psi$-Werte in Abhängigkeit von der Sommerfeld-Zahl geeigneter ist, da die Kurven für die verschiedenen praktisch genutzten $b/d$-Werte für das halbumschließende Lager sehr eng beieinander liegen und in der logarithmischen Darstellung (Abb. 4.36) durch zwei sich schneidende Geraden sehr gut angenähert werden können.

Durch Einzeichnen der entsprechenden Geraden für das vollumschließende Lager entsteht ein Streifendiagramm, in dem praktisch alle $\mu/\psi$-Werte liegen. Nach Vergleichen mit vielen Versuchsergebnissen kommt VOGELPOHL zu dem Schluss, dass für die Vorausberechnung und die meisten Fälle der Praxis die zwei in Abb. 4.36 stark ausgezogenen Geraden ausreichen, die sich bei $So = 1$ schneiden und folgende einfache Gebrauchsformeln liefern:

$$\text{für } So < 1 \text{ (Schnelllaufbereich)} \qquad \frac{\mu}{\psi} = \frac{3}{So} \qquad\qquad (4.52)$$

$$\text{für } So > 1 \text{ (Schwerlastbereich)} \qquad \frac{\mu}{\psi} = \frac{3}{\sqrt{So}} \qquad\qquad (4.53)$$

für die Reibleistung gilt dann

$$P_R = \mu F u = \mu F \frac{d}{2} \omega \qquad\qquad (4.54)$$

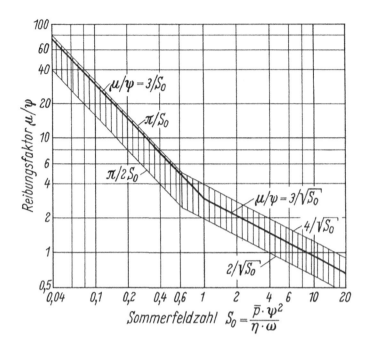

**Abb. 4.36** Reibungsfaktor in Abhängigkeit von der Sommerfeldzahl

Die Reibleistung wird in Wärme umgesetzt und muss an die Umgebung durch Strahlung und Leitung abgegeben oder mit dem Öl abgeführt werden [siehe Gl. (4.20) und (4.21)]. Über den durchfließenden Ölvolumenstrom $\dot{V}$ liegen ebenfalls Versuchs- und Berechnungsergebnisse vor. In dem Diagramm von Abb. 4.37 ist die dimensionslose Größe $\dot{V}/\left(d^3\omega\psi\right)$ über der relativen Schmierschichtdicke $\delta$ mit $b/d$ als Parameter aufgetragen. $\dot{V}$ ist die Mindestölmenge, die das Lager automatisch verbraucht, um eine zusammenhängende Schmierschicht zu bilden.

Mit diesen Berechnungsgrundlagen (Diagramme der Abb. 4.35 bis 4.37 bzw. Gl. (4.49) bis (4.54)) können für Radiallager im Gebiet der Flüssigkeitsreibung die Abmessungen bestimmt bzw. das Betriebsverhalten bei gegebenen Abmessungen verfolgt werden. Wichtig sind noch einige zusätzliche Hinweise auf Größenordnungen und Grenzwerte:

Das *Breitenverhältnis* $b/d$ wird heute nur noch dann größer als 1 gewählt, wenn konstruktiv eine Einstellbarkeit zur Vermeidung von Kantenpressungen bei Verformungen vorgesehen ist. Übliche Werte sind 0,5 bis 1, noch kleinere Werte findet man bei Kurbelwellen von Kraftfahrzeug- und Flugzeugmotoren.

Das *relative Lagerspiel* $\psi$ ist von verschiedenen Faktoren, wie Belastung, Drehzahl, Abmessungen und Toleranzen abhängig. Allgemein gilt die Regel: kleine $\psi$-Werte bei kleiner Drehzahl und hoher Last; größere $\psi$-Werte bei hoher Drehzahl und kleiner Last. Eine empirisch aufgestellte Beziehung ist in Abb. 4.38 in Abhängigkeit von

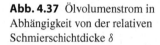

**Abb. 4.37** Ölvolumenstrom in
Abhängigkeit von der relativen
Schmierschichtdicke $\delta$

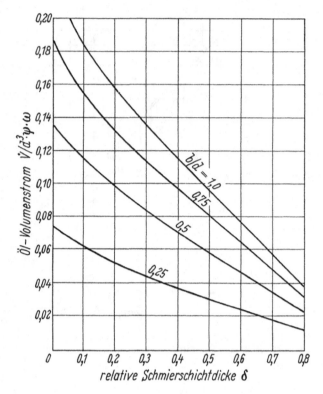

**Tab. 4.5** Empfehlungen für die Wahl von $\psi$ nach Abb. 4.38

|                  | Untere Werte                | Obere Werte         |
| ---------------- | --------------------------- | ------------------- |
| Lagerwerkstoff   | weich                       | hart                |
| Flächenlast      | hoch                        | niedrig             |
| Lagerbreite      | $b/d \leq 0,8$              | $b/d > 0,8$         |
| Auflagerung      | selbsteinstellend           | starr               |
| Beanspruchung    | umlaufend (Umfangslast)     | ruhend (Punktlast)  |

der Gleitgeschwindigkeit $u$ dargestellt. Für die Wahl der oberen oder unteren Werte gibt
VOGELPOHL die Empfehlungen in Tab. 4.5 an.

Die *relative Schmierschichtdicke* $\delta$ hängt definitionsgemäß mit der absoluten kleinsten Schmierschichtdicke $h_0$ und dem Lagerspiel $S$ zusammen. Sehr kleine Werte ergeben
zwar eine große Tragfähigkeit, erfordern jedoch hohe Oberflächengüte, um der Gefahr der
Mischreibung zu vermeiden. Bei Werten größer als 0,35 wird der Lauf der Welle unruhig.

Der *spezifische Lagerdruck* $\bar{p}$ wird häufig nach Erfahrungswerten gewählt, die jedoch
weniger im Hinblick auf den Betrieb im Gebiet reiner Flüssigkeitsreibung als auf die

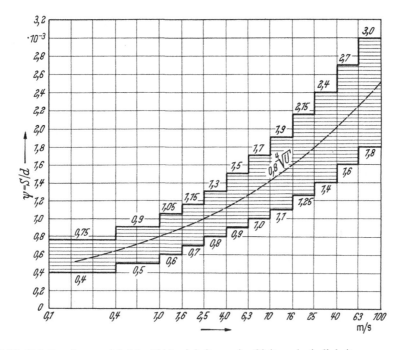

**Abb. 4.38** Relatives Lagerspiel $\psi$ in Abhängigkeit von der Gleitgeschwindigkeit $u$

Erfordernisse bei Mischreibung von Bedeutung sind. Für die erste Festlegung der Abmessungen können die Richtwerte der Tab. 4.6 gute Dienste leisten. Die Tabelle enthält auch Höchstwerte für die Gleitgeschwindigkeiten ausgeführter Radiallager.

Bei Lagern mit *vorwiegender Luftkühlung* wird die wärmeabgebende Ausstrahlfläche $A$ des Lagergehäuses benötigt. Sie ist von der Bauart abhängig und etwa proportional der Wellenoberfläche $\pi \cdot d \cdot b$. Nach ausgeführten Lagern können folgende Richtwerte angenommen werden:

$$\text{für leichte Lager} \qquad \frac{A}{\pi\, d\, b} = 5...6,$$

$$\text{für schwere Lager} \qquad \frac{A}{\pi\, d\, b} = 6...7,$$

$$\text{für sehr schwere Lager} \qquad \frac{A}{\pi\, d\, b} = 8...9,5.$$

Für die Wärmeübergangszahl $\alpha$ gibt VOGELPOHL die Beziehung

$$\alpha = 7 + \sqrt{w}$$

an, für den Fall, dass sich das Lager in bewegter Luft mit der Geschwindigkeit $w$ befindet. In Maschinenräumen kann man mit $w \geq 1$ m /s rechnen, so dass $\alpha \geq 19$ Nm/(sm$^2$ K)

**Tab. 4.6** Lagerwerkstoffe (WM = Weißmetall; Bz = Bronze; Pb-Bz = Bleibronze; Rg = Rotguss; St = Stahl)

| Verwendung | Werkstoffpaarung Lager/Welle | $\bar{p}$ [N/m$^2$] | $u$ [m/s] |
|---|---|---|---|
| Transmissionen | GG/St | $2 \cdot 10^5$ | 3,5 |
| | GG/St | $8 \cdot 10^5$ | 1,5 |
| | WM/St | $5 \cdot 10^5$ | 6 |
| Hebemaschinen | | | |
| Auslegerdrehpunkt | G-Sn-Bz 20/St 70 | $150 \cdot 10^5$ | – |
| Laufrad, Seilrolle, Trommel | Rg 8/E295 | $120 \cdot 10^5$ | – |
| Werkzeugmaschinen | WM, Rg, G-Bz, GG/St | $(20 \ldots 50) \cdot 10^5$ | – |
| Kniehebelpresse, Höchstdruck | Pb-Bz/St | $1000 \cdot 10^5$ | – |
| Walzwerke | Sn Bz 8/St geh. | $500 \cdot 10^5$ | 50 |
| | Kunstharz/St geh. | $250 \cdot 10^5$ | 50 |
| Elektro- und Wasserkraftmaschinen | WM/E295 | $(7 \ldots 12) \cdot 10^5$ | 10 |
| Dampfturbinen und | WM/St | $8 \cdot 10^5$ | 60 |
| sonstige Turbomaschinen | Pb-Bz/St | $15 \cdot 10^5$ | 60 |
| Kolbenverdichter, -pumpen | | | |
| Kreuzkopf- und Kolbenbolzen | WM, Pb-Bz/St geh. | $120 \cdot 10^5$ | – |
| Kurbelwellen: Pleuellager | WM, Pb-Bz/St geh. | $75 \cdot 10^5$ | 3,5 |
| Wellenlager | WM, Pb-Bz/St geh. | $45 \cdot 10^5$ | 3,5 |
| Außenlager (Schwungrad) | WM/St | $25 \cdot 10^5$ | 3 |
| Kraftwagen- und Flugmotoren | | | |
| Pleuellager: Langsamläufer | WM/St | $120 \cdot 10^5$ | – |
| Schnelläufer | WM/St | $200 \cdot 10^5$ | – |
| Flugmotoren | WM/St | $280 \cdot 10^5$ | – |
| Kurbelwellenlager: | | | |
| Langsamläufer | WM/St | $80 \cdot 10^5$ | – |
| Schnelläufer | WM/St | $135 \cdot 10^5$ | – |
| Flugmotoren | WM/St | $180 \cdot 10^5$ | – |
| Dieselmotoren | | | |
| Viertaktmotor Pleuellager | – | $(125 \cdots 250) \cdot 10^5$ | – |
| Viertaktmotor Kurbelwellenlager | – | $(55 \cdots 130) \cdot 10^5$ | – |
| Zweitaktmotor Pleuellager | – | $(100 \cdots 150) \cdot 10^5$ | – |
| Zweitaktmotor Kurbelwellenlager | – | $(50 \cdots 90) \cdot 10^5$ | – |

**Abb. 4.39** Temperaturermittlung für Beispiel „Hydrodynamisches Radiallager"

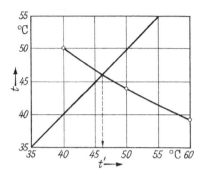

wird. Nur bei verstaubten Lagergehäusen oder besonderer Sicherheit wird $\alpha = 17 \ldots 15$ Nm/(sm$^2$ K) empfohlen.

Zur Bestimmung der sich einstellenden Lagertemperatur $t$ bei gewählter Ölsorte und gegebener Lufttemperatur werden am einfachsten ein paar $t'$- Werte angenommen, die zugehörigen $\eta$-Werte aus Abb. 4.19 abgelesen, die Sommerfeld-Zahlen berechnet, aus Abb. 4.35 die erforderlichen $\delta$-Werte bestimmt und daraus die $h_0$-Werte ermittelt. Aus den Sommerfeldzahlen ergeben sich nach Gl. (4.52) oder (4.53) die $\mu$-Werte und nach Gl. (4.54) die Reibleistungen $P_R$. Aus $t - t_u = P_R / (\alpha \cdot A)$ folgt dann jeweils ein $t$-Wert, der mit dem angenommenen übereinstimmen müsste. Man trägt $t$ über $t'$ auf, der Schnittpunkt mit der 45°-Linie liefert dann die richtige Lagertemperatur $t$ (vgl. Beispiel und Abb. 4.39), mit der man die einzelnen Größen nochmals genauer nachrechnet. Bei Ringschmierlagern soll die Lagertemperatur etwa bei 40 bis 50 °C liegen.

Bei Lagern mit *Ölkühlung* kann man durch den Ölvolumenstrom und durch die Auslegung des Kühlers eine bestimmte gewünschte Ölaustrittstemperatur erzielen. Meistens beträgt die Temperaturdifferenz zwischen Ein- und Austritt weniger als 10° bis 15 °C. Die durch das Öl abgeführte Wärmemenge übertrifft bei hohen Drehzahlen weit die vom Gehäuse abgegebene, so dass auf die Berechnung der letzteren häufig verzichtet werden kann.

### Beispiel: Hydrodynamisches Radiallager

Ringschmierlager nach DIN 118 Form G (gedrängte Bauart, Abb. 4.47). Gegeben: $F = 25\,000$ N; $n = 350$ min$^{-1}$, d. h. $\omega = \pi n/30 = 36,6$ s$^{-1}$.

Gewählt: $b/d = 1$; aus $\bar{p}_{zul} = 25 \cdot 10^5$ N/m$^2$ folgt $\bar{p} = \frac{F}{bd} = \frac{F}{d^2}$, also

$$d = \sqrt{\frac{F}{\bar{p}_{zul}}} = \sqrt{\frac{25 \cdot 10^3\,\text{N}}{25 \cdot 10^5\,\text{N/m}^2}} = 0,1\,\text{m}; \quad b = d = 100\,\text{mm},$$

$$u = \frac{d}{2}\omega = 0,05\,\text{m} \cdot 36,6/\text{s} = 1,83\,\text{m/s}$$

d. h. nach Abb. 4.38: $\psi = 0,7/1000 \ldots 1,15/1000$; gewählt $\psi = 1/1000$.

| Angenommen: | $t'$ [°C] | 40 | 50 | 60 |
|---|---|---|---|---|
| Viskosität: | $\eta$ [Ns/m²] | 0,046 | 0,029 | 0,019 |
| Nach Gl. (4.51) $So = \frac{\bar{p}\psi^2}{\eta\,\omega}$ | $So$ | 1,48 | 2,35 | 3,58 |
| Aus Abb. 4.35 folgt | $\delta$ | 0,36 | 0,265 | 0,194 |
| Nach Gl. (4.49) $h_0 = \frac{d}{2}\psi\delta$ | $h_0$ [mm] | 18/1000 | 13,3/1000 | 9,7/1000 |
| Nach Gl. (4.52) $\mu = \psi\,\frac{3}{\sqrt{So}}$ | $\mu$ | 0,00246 | 0,00196 | 0,00159 |
| Nach Gl. (4.54) $P_R = \mu F v$ | $P_R$ [Nm/s] | 113 | 90 | 73 |

$$A \approx 5,5\,\pi d\,b = 5,5\,\pi \cdot 0,1\,\text{m} \cdot 0,1\,\text{m} = 0,17\,\text{m}^2,$$

$$\alpha = 7 + 12\sqrt{w} = 7 + 12\sqrt{1,5} = 22\,\text{Nm}/(\text{s m}^2\,\text{K}),$$

$$\alpha A = 22\frac{\text{Nm}}{\text{s m}^2\text{K}} \cdot 0,17\,\text{m}^2 = 3,74\frac{\text{Nm}}{\text{s K}}.$$

| Nach Gl. (4.20) $(t - t_u) = \frac{P_R}{\alpha A}$ | $(t - t_u)$ [K] | 30,2 | 24,1 | 19,5 |
|---|---|---|---|---|
| mit $t_u = 20\,°\text{C}$ also | $t$ [°C] | 50,2 | 44,1 | 39,5 |

Aus Abb. 4.39 folgt $t = 46°\text{C}$; die Nachrechnung mit diesem Wert liefert:

$$\eta = 0,034\,\text{Ns/m}^2; \quad So = 2,01; \quad \delta = 0,296; \quad h_0 = 14,8/1000\,\text{mm};$$

$$\mu = 0,0021 \quad \text{und}\, P_R = 97\,\text{Nm/s}.$$

Aus Abb. 4.37 ergibt sich bei $\delta = 0,296$ und $b/d = 1$

$$\frac{\dot{V}}{d^3\,\psi\omega} = 0,136; \quad \dot{V} = 0,136\,d^3\,\psi\omega = 0,136 \cdot (0,1\,\text{m})^3\frac{1}{1000} \cdot 36,6/\text{s}$$

$$\approx 5 \cdot 10^{-6}\,\text{m}^3/\text{s}.$$

Wie die Erfahrung an ausgeführten Lagern zeigt, kann diese Ölmenge von einem losen Schmierring gefördert werden.

### 4.3.1.3 Mischreibung und Übergangsdrehzahl

Alle bisherigen Betrachtungen erstreckten sich auf das Gebiet der reinen Flüssigkeitsreibung, die für den Dauerbetrieb unbedingte Voraussetzung ist. Beim Anfahren und Auslaufen befinden sich die hydrodynamischen Lager jedoch zwangsläufig im Gebiet der Mischreibung, in dem Festkörperberührung stattfindet und daher große Reibwerte und starker Verschleiß auftreten können. Der Verlauf der Reibungszahl $\mu$ in Abhängigkeit von Drehzahl und Belastung ist schon von STRIBECK experimentell bestimmt worden. Abb. 4.40 gibt die Charakteristik im Prinzip wieder. Die Grenzdrehzahl zwischen partiellem Tragen und reiner Flüssigkeitsreibung wird Übergangsdrehzahl genannt.

**Abb. 4.40** Reibwerte nach
STRIBECK (Stribeck-Kurve)

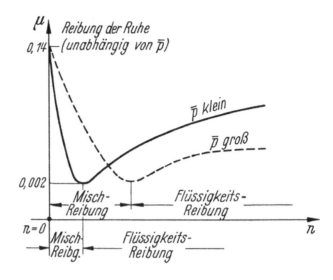

**Abb. 4.41** $h_0$ und $\mu$ des
Beispiels „Hydrodynamisches
Radiallager"

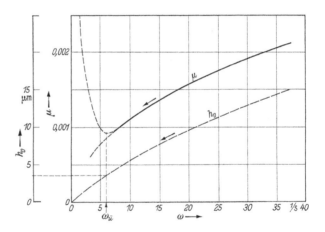

Verfolgt man die Vorgänge vom Gebiet der Flüssigkeitsreibung her, also bei abnehmender Drehzahl, so kann man nach den Beziehungen des letzten Abschnitts die Verringerung
der Schichtdicke $h_0$ und der Reibwerte $\mu$ bestimmen, indem man nach Gl. (4.51) die
Sommerfeld-Zahlen (für konstante $\bar{p}$, $\eta$ und $\psi$-Werte) berechnet und aus Abb. 4.35 die
zugehörigen $\delta$-Werte abliest. Für das Beispiel „Hydrodynamisches Radiallager" sind $h_0$
und $\mu$ in Abb. 4.41 aufgetragen. Die Mindestschichtdicke $h_{\ddot{u}}$, bei der sich im Versuch
das Minimum der Reibungszahl einstellt, liegt bei etwa 3 bis 4 $\mu m$. Für $h_{\ddot{u}} = 3,5 \mu m$
ergibt sich in dem Beispiel „Hydrodynamisches Radiallager"(Abb. 4.41) $\omega \approx 6 s^{-1}$, oder
$n_{\ddot{u}} \approx 57 min^{-1}$.

Für Radiallager mit einem Breiten-Durchmesser-Verhältnis $b/d = 0,5\ldots 1,5$ kann die Übergangsdrehzahl näherungsweise auch nach der von VOGELPOHL abgeleiteten „Volumenformel" berechnet werden:

$$n_{\ddot{U}} = \frac{F \cdot 10^{-7}}{\eta \, C_{\ddot{U}} \, V_L} \qquad\qquad (4.55)$$

in der die dynamische Viskosität in Ns/m$^2$ und das Volumen $V_L = b \cdot \pi \cdot d^2/4$ in m$^3$ einzusetzen sind und der Wert $C_{\ddot{U}} \approx 1$ von VOGELPOHL für die meisten Fälle (gute Ausführung und geeignetes Lagermetall) empfohlen wurde. Neuere Untersuchungen von DIETZ oder KATZENMEIER bestätigten die Allgemeingültigkeit von $C_{\ddot{U}} = 1$ für alle Lager nicht, sondern zeigen auf, dass die $C_{\ddot{U}}$-Werte vom mittleren Lagerdruck abhängig sind:

$$\begin{aligned}
&\bar{p} < 10\,\text{bar} && C_{\ddot{U}} < 1, \\
&10\,\text{bar} \le \bar{p} \le 100\,\text{bar} && 1 \le C_{\ddot{U}} \le 8, \\
&\bar{p} > 100\,\text{bar} && C_{\ddot{U}} > 6.
\end{aligned}$$

In dem Beispiel „Hydrodynamisches Radiallager" würde sich nach der Volumenformel mit $C_{\ddot{U}} = 1$ für die Übergangsdrehzahl $n_{\ddot{U}} = 94 min^{-1}$ $\omega_{\ddot{U}} \approx 10 s^{-1}$) ergeben. Man erhält mit $C_{\ddot{U}} = 1$ im Allgemeinen etwas zu hohe, also sichere Werte!

### 4.3.1.4 Wellen- und Lagerwerkstoffe

Im Gebiet der reinen Flüssigkeitsreibung spielen die Werkstoffe der Gleitflächen nur insofern eine Rolle, dass an ihnen das Öl gut haftet und dass unter der Einwirkung der Pressung keine unzulässigen Deformationen entstehen. Von großer Bedeutung ist jedoch die Art der Werkstoffpaarung im Gebiet der Mischreibung, also beim Anfahren und Auslaufen eines hydrodynamischen Lagers.

Als Wellenwerkstoff dient meistens Stahl, während für die Gegenfläche die verschiedensten „Gleitwerkstoffe" wie zinnhaltige Weißmetalle, Bronze, Messing und Sinterwerkstoffe verwendet werden. Der Wellenwerkstoff soll immer härter als der Gleitlagerwerkstoff sein, nur der letztere soll den Verschleiß aufnehmen und durch seine Verformbarkeit etwa auftretende Kantenpressungen abbauen. Das Härteverhältnis zwischen Gleitlagerwerkstoff und Welle soll etwa 1: 3 bis 1: 5 betragen. Bei Gleitwerkstoffen mit größerer Härte sind also entsprechend hochwertigere Wellenwerkstoffe erforderlich oder die Oberflächen der Wellen sind zu härten.

An die Gleitlagerwerkstoffe werden im Allgemeinen folgende Anforderungen gestellt:

1. Gutes Einlaufverhalten (Glättung im Betrieb um Reibung und Verschleiß zu mindern),
2. Notlaufeigenschaften (damit bei Schmierstoffmangel kein „Fressen" auftritt),
3. hohe Verschleißfestigkeit (kein Herauslösen kleiner Teilchen aus der Laufschicht),
4. Einbettfähigkeit (Verunreinigungen in der Laufschicht aufnehmen oder einbetten),
5. gute Schmierstoffbenetzbarkeit (damit ein gleichmäßiger Schmierfilm entsteht),

6. Schmiegsamkeit (geringe Kantenpressempfindlichkeit bzw. gute Verformbarkeit,
7. gleichmäßige, möglichst geringe Volumenausdehnung (kein Quellen),
8. hohes Wärmeleitvermögen,
9. Korrosionsbeständigkeit,
10. gute Bindungsfähigkeit mit dem Grundmaterial bei Mehrstofflagern.

### 4.3.1.5 Gestaltung

Gleitlager können ganz allgemein als selbständige Bauelemente ausgeführt werden, die zur Verbindung mit Fundamenten oder mit anderen Maschinenteilen mit entsprechend gestalteten Füßen oder Flanschen versehen werden wie Stehlager, Flanschlager, Bocklager, Hängelager, Wand- und Konsollager. Sie werden aber auch unmittelbar in die Gesamtkonstruktion eingegliedert, etwa in Gehäuse, Rahmen, Gestelle eingeschweißt, angegossen oder angeschmiedet. In jedem Fall ist eine günstige Aufnahme und Überleitung der Kräfte anzustreben.

Ein weiterer wichtiger Gesichtspunkt bei Gestaltung und Anordnung von Gleitlagern sind die Montagemöglichkeiten. Können Lager oder Achsen bzw. Wellen seitlich eingeschoben werden, so können ungeteilte Lager mit oder ohne Buchsen verwendet werden. Muss die Welle oder ein Rotor in ein Gehäuse eingelegt werden oder ist überhaupt eine leichte Montage erwünscht, so sind offene oder geteilte Lager erforderlich, die jeweils aus dem Lagerkörper und dem durch Schrauben mit ihm verbundenen Lagerdeckel sowie aus den in diese beiden Teile eingebetteten, ebenfalls geteilten Lagerschalen bestehen.

**Verformung** Kantenpressungen und Spaltformänderungen, die infolge von Wellenverformungen entstehen, können auf verschiedene Art begegnet werden. Bei starren Lagern, wie Buchsen oder zylindrischen Lagerschalen mit Bunden (Abb. 4.42) sind größere Lagerspiele und geringe Breiten-Durchmesser-Verhältnisse erforderlich. Günstiger sind einstellbare Lager (Abb. 4.42b bis d). Eine Nachgiebigkeit kann bei Lagern auch durch die konstruktive Gestaltung des Außenkörpers erzielt werden (Abb. 4.43). Am zuverlässigsten wirken Kugelgleitlager bzw. Gelenklager (Abb. 4.44).

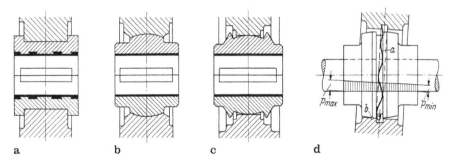

a b c d

**Abb. 4.42** Stützung von Lagerschalen. a) zylindrisch; b) kugelig; c) kippend; d) mit Schlangenfeder

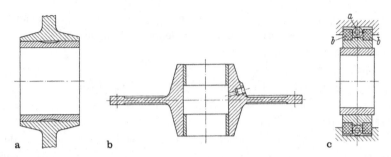

**Abb. 4.43** Kantenpressungen reduzieren, a) Dehnkörperlager; b) Membranabstützung; c) Abstützung auf Schraubenfeder a und elastischen Stützringen b

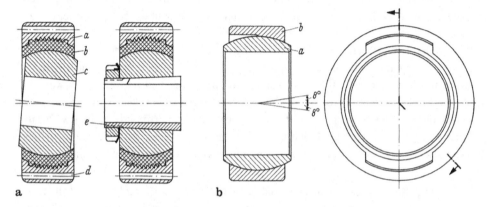

**Abb. 4.44** Gelenklager

**Schmierstoffzufuhr** Die Zufuhr von Schmierstoff muss immer im unbelasteten Teil des Lagers erfolgen. Bei Buchsen werden Bohrungen bzw. Längsschmiernuten (Abb. 4.45a) kurz vor der belasteten Zone angeordnet, die sich fast über die ganze Lagerbreite erstrecken, um eine gleichmäßige Verteilung über die Gleitflächen zu erzielen.

Wenn die Belastung mit der Welle umläuft, dann gibt es an der Lagerbuchse keine Stelle, die dauernd unbelastet ist. Die für die Ölverteilung erforderliche Nut muss dann in der Welle um etwa 90° gegen die Lastrichtung versetzt angebracht werden. Die Ölzufuhr erfolgt über eine seitliche, außerhalb der tragenden Lagerfläche angeordneten Ringnut der Buchse (Abb. 4.45b).

Bei feststehender Achse und umlaufender Nabe wird der Schmierstoff durch die Achse zugeführt. Für die Verteilung sorgen Abflachungen an der Achse (Abb. 4.45c).

Bei geteilten Lagerschalen werden die Einlauftaschen an den Teilfugen angearbeitet (Abb. 4.45d).

**Lagerbuchsen** Buchsen für Gleitlager sind in DIN 1850 für die Werkstoffe Nichteisenmetall, Stahl, Sintermetall, Kohle und Kunststoff genormt. Es sind verschiedene

**Abb. 4.45** Schmiermittelzufuhr.
a) bei umlaufender Welle und
stillstehender Last; b) bei mit
der Welle umlaufender Last;
c) bei feststehender Achse und
umlaufender Nabe; d) bei
Lagerschalen (Schmiertasche
an der Teilfuge)

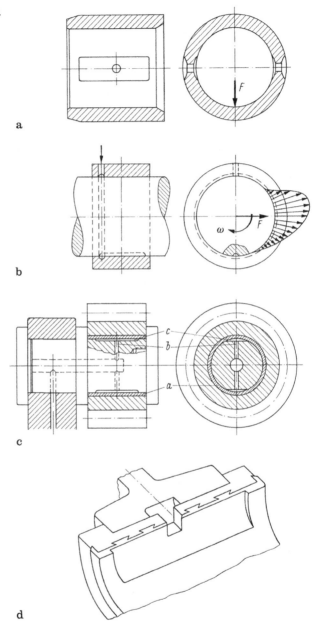

Ausführungen (mit und ohne Bund) vorgesehen. Die verschiedenen Wanddicken sind den
verschiedenen Werkstoffen angepasst. Die empfohlenen ISO-Toleranzfelder sind so gewählt, dass sich nach dem Einpressen der Buchsen ein ISO-Toleranzfeld bis etwa H9 ergibt.
Das Lagerspiel erhält man durch entsprechende Tolerierung der Welle.

**Lagerschalen** Lagerschalen bestehen meist aus der Stützschale und der Gleitwerkstoffauskleidung (Zweistofflager). Einstofflager, vorwiegend aus Gußeisen, haben nur einen begrenzten Anwendungsbereich. Bei Dreistofflagern befinden sich zwischen der Stützschale aus tragfähigem Werkstoff (z. B. Stahlguss) und der Gleitschicht (z. B. Weißmetall) eine sogenannte Notlaufschicht aus Bleibronze oder dgl. Die Dicke der Gleitschicht ist dann kleiner als 1 mm.

Bei Zweistofflagern wird der Gleitwerkstoff im Allgemeinen in den Stützkörper eingegossen. Die Verbindung zwischen Ausguss und Stützschale kann formschlüssig durch Nuten und stoffschlüssig durch Einlöten erfolgen. Neben Eingießen und Einlöten wird auch das Aufplattieren, besonders bei dünnen Laufschichten, verwendet.

Für die Abmessungen von Lagerschalen mit Ausguss (Abb. 4.46) gelten folgende Richtwerte:

bei Stahl, Stahlguss und Bronze: $\quad D_a/D_i \leq 1,22$,
bei Gußeisen $\qquad\qquad\qquad\quad D_a/D_i \leq 1,2 \ldots 1,4$.

Mit Lagermetallausguß versehene Gleitlagerbuchsen und Gleitlagerschalen mit und ohne Bund sind in DIN 7473, 7474 und 7477 genormt.

**Lagerkörper** Der Lagerkörper muss die Belastungen aufnehmen und weiterleiten. Seine Form wird durch die Anordnung der Lagerschalen und die Schmierart bestimmt. Bei Ringschmierlagern bildet der Lagerkörper zugleich den Ölvorratsbehälter. Für Hebemaschinen sind die in Abb. 4.47a bis c dargestellten einfachen, vornehmlich für Fettschmierung vorgesehenen Lagerformen genormt.

Für Stehlager mit Ringschmierung sind die äußeren Abmessungen in DIN 118 festgelegt. Abb. 4.47d zeigt als Beispiel ein Stehlager, das für Wellendurchmesser von 25 bis 300 mm hergestellt wird.

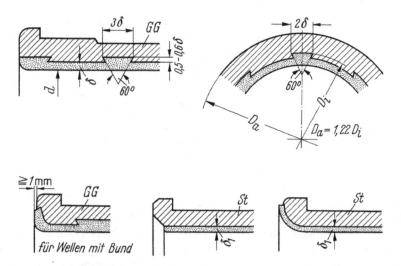

**Abb. 4.46** Lagerschalen mit Ausguss

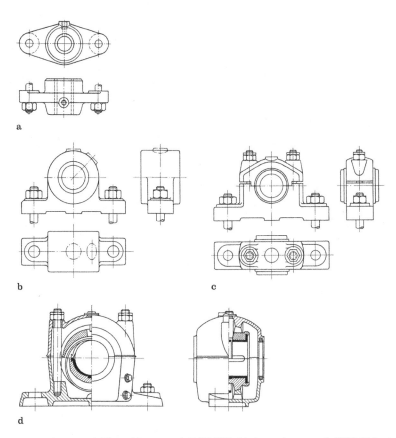

**Abb. 4.47** Lagerkörper. a) Flanschlager nach DIN 502; b) Augenlager nach DIN 504; c) Deckellager nach DIN 505; d) Hochleistungsgleitlager nach DIN 118

**Beispiele für hydrodynamische Radial- und Axiallager** Die Abb. 4.48 bis 4.51 zeigen Beispiele für Radiallager. Eine Besonderheit stellt das schwere Generatorlager nach Abb. 4.49 dar. Es arbeitet beim An- und Auslauf mit hydrostatischer Schmierung und bei Betriebsdrehzahl als normales hydrodynamisches Ringschmierlager. Durch die Bohrung a an der untersten Stelle der Lauffläche wird vor dem Anlaufen Öl mit hohem Druck gepresst, so dass die belastete Welle angehoben wird.

Axialdruckringe mit eingearbeiteten Keilflächen werden als fertige Einbauteile für sowohl für eine Drehrichtung (Abb. 4.52) als auch beide Drehrichtungen hergestellt. Für sehr große Axialkräfte und veränderlichen Betriebsbedingungen sind Axiallager mit Kippsegmenten geeignet (Mitchellager). Die Segmente müssen dabei so gestützt oder ausgebildet werden, dass sie sich von selbst auf die günstigsten Keilwinkel einstellen (Abb. 4.53).

In Abb. 4.54 ist ein Spurlager für große Axialkräfte dargestellt. Es enthält 12 segmentartige Tragplatten, auf denen der Spurring läuft. Bei sehr großen Axialkräften sorgt ein hydrostatischer Anteil dafür, dass die Lagerabmessungen nicht zu groß werden.

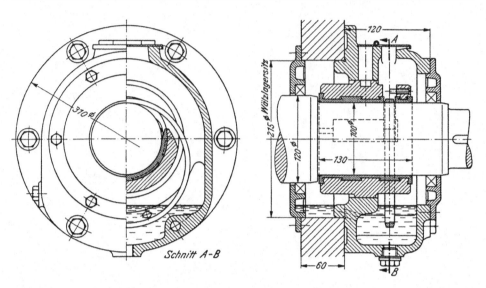

**Abb. 4.48** Flanschlager mit Ringschmierung

**Abb. 4.49** Generatorlager mit
Hochdruck- Anfahreinrichtung

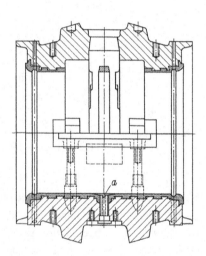

Ein kombiniertes Axial-Radial-Lager für eine Dampfturbine zeigt die Abb. 4.55. Für die Axiallager sind auf jeder Seite nur 6 Kippsegmente angeordnet. Der große Zwischenraum zwischen den einzelnen Segmenten ist günstig für eine reichliche Schmierölzufuhr.

## 4.3.2   Wälzlager

Bei Wälzlagern erfolgt die Kraftübertragung mittels Wälzkörper, die als Kugeln oder Rollen ausgebildet sind. Wenn die Wälzkörper schlupffrei abwälzen, tritt im Wesentlichen

**Abb. 4.50** Schubstange eines
langsamlaufenden
Dieselmotors

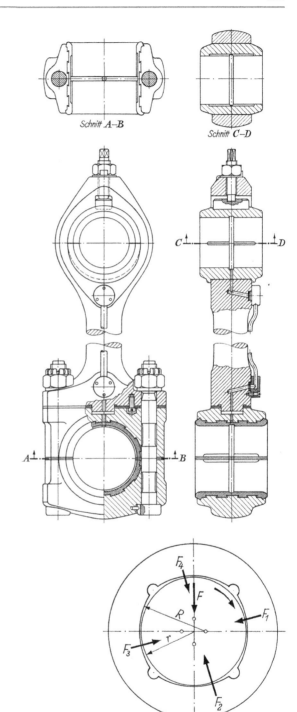

**Abb. 4.51** Mehrflächengleitlager

**Abb. 4.52** Axialdruckring mit
eingearbeiteten Keilflächen

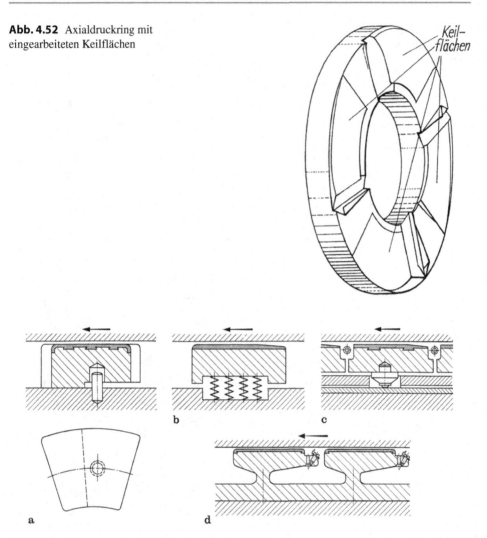

**Abb. 4.53** Kippsegmente. a) mit unterer Kippkante; b) auf zylindrischen Schraubenfedern; c) auf
Bolzen mit balliger Auflage; d) mit Biegefedergelenk

nur Rollreibung mit einem sehr niederen Reibbeiwert ($\mu_r = 0,001$ bis $0,002$) auf. Zudem
ändert sich dieser Reibbeiwert nur wenig mit Drehzahl und Belastung.

**Vorteile** Der Aufwand für Wartung ist sehr gering, da infolge des geringen Schmier-
stoffverbrauchs eine Dauerschmierung in sehr vielen Fällen möglich ist. Dank geringer
Einbaubreiten können kleine Baugrößen realisiert werden. Die große Verbreitung der
Wälzlager hat auch folgende Ursachen: Wälzlager werden als eine Einheit geliefert, die
Anforderungen an Wellenwerkstoff und Wellenoberfläche sind wesentlich geringer als
bei Gleitlagern, infolge der umfassenden Normung ist die Austauschbarkeit und rasche

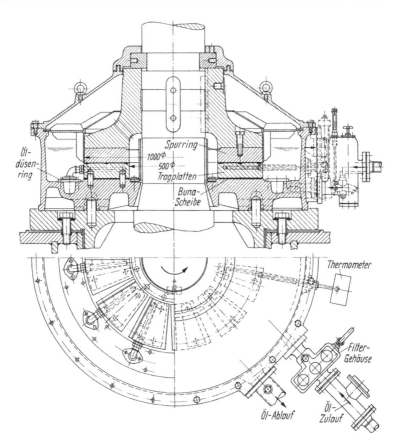

**Abb. 4.54** Endspurlager einer Wasserturbine

Ersatzteilbeschaffung kein Problem. Zudem ermöglicht die moderne Massenproduktion kostengünstige Wälzlager mit hoher Genauigkeit.

**Nachteile** Wälzlager sind sehr empfindlich gegen stoßartige Belastungen. Die Staubempfindlichkeit erfordert eine sorgfältige Abdichtung. Die Montage muss fachkundig und mit großer Sorgfalt erfolgen, da sonst die Lager bereits während des Einbaus beschädigt werden können. Dies wiederum kann die Funktion und die Lebensdauer sehr stark beeinträchtigen.

**Aufbau** Ein Wälzlager besteht gewöhnlich aus zwei Ringen oder zwei Scheiben welche die Laufbahnen enthalten. Dazwischen werden Kugeln oder Rollen als Wälzkörper angeordnet. Die Wälzkörper werden in einem Abstandhalter, dem Käfig, gefasst. Aufgabe des Käfigs ist es, die gegenseitige Berührung der Wälzkörper zu verhindern (Abb. 4.56). Laufbahnringe bzw. -scheiben und Wälzkörper werden bei normalen Lagern vorwiegend

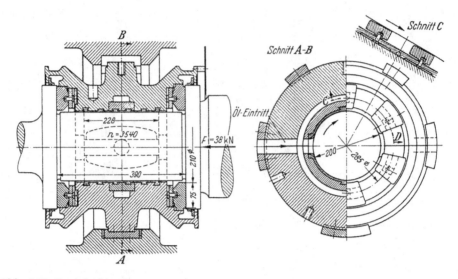

**Abb. 4.55**  Dampfturbinenlager

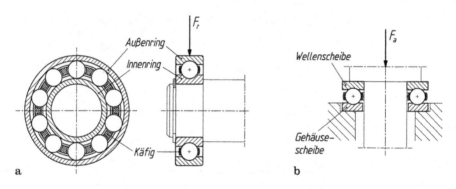

**Abb. 4.56**  Aufbau eines Wälzlagers. a) Radiallager; b) Axiallager

aus niedrig legiertem, durchhärtbarem Chromstahl gefertigt. Die Laufbahnen und Wälzkörper werden poliert. Als Werkstoff für die Käfige werden hauptsächlich Stahlblech,
Messing und Kunststoff verwendet. Grundsätzlich lassen sich die Wälzlager nach ihrer
hauptsächlichen Lastaufnahmerichtung in Radiallager und Axiallager einteilen, die jeweils
als Kugellager oder als Rollenlager ausgeführt werden. Radiallager sind vornehmlich zur
Aufnahme von Querkräften geeignet, können aber auch in gewissem Umfang Axialkräfte
übertragen. Axiallager hingegen können nur Kräfte in axialer Richtung aufnehmen. Die
Unterscheidung Kugel- oder Rollenlager richtet sich nach der Art der verwendeten Wälzkörper. Als Rollen werden Zylinderrollen, Nadeln, Walzen, Kegelrollen und Tonnenrollen
verwendet.

### 4.3.2.1 Lagerbezeichnungen

Wälzlager sind Normteile. In DIN 616 sind die äußeren Abmessungen (Hauptabmessungen) für Radial- und Axiallager festgelegt und die Anzahl der Lagergrößen begrenzt. Das ermöglicht zum einen, dass Lager unterschiedlicher Hersteller, aber auch Lager unterschiedlicher Bauart problemlos ausgetauscht werden können. So kann z. B. ein Kugellager durch ein tragfähigeres Rollenlager gleicher Abmessungen ersetzt werden.

Die Bezeichnung der Wälzlager erfolgt einheitlich mit Kurzzeichen nach DIN 623 (Abb. 4.57). Das Kurzzeichen kennzeichnet Bauart, Abmessungen, Toleranzen, Lagerluft und ggf. weitere wichtige Merkmale. Es besteht aus einem

- Vorsetzzeichen,
- Basiskennzeichen,
- Nachsetzzeichen.

**Vorsetzzeichen** Vorsetzzeichen kennzeichnen in der Regel Lagereinzelteile (dem Lager folgt im allgemeinen die Bezeichnung des kompletten Lagers), werden aber auch für bestimmte Sonderlager nach amerikanischen Firmennormen verwendet. Folgende Abkürzungen für Teile genormter Lager sind unter anderem definiert:

**K** Radial- oder Axialzylinderrollenkränze (Käfig mit Wälzkörpern),
**L** freier Ring eines zerlegbaren Lagers,
**R** Lagerring mit Rollenkranz bei nicht selbsthaltenden Lagern ohne den freien Innen-
  oder Außenring.

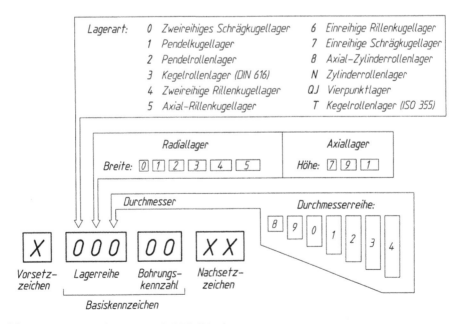

**Abb. 4.57** Lagerbezeichnung nach DIN 623

**Basiskennzeichen** In verschlüsselter Form enthält das Basiskennzeichen die Bauart, die Maßreihe (Breite $B$ und Außendurchmesser $D$), und den Bohrungsdurchmesser ($d \equiv$ Wellendurchmesser) des Lagers. Die Lagerart wird mit Zahlen oder Buchstaben nach Abb. 4.57 festgelegt. Die Maßreihen stellen eine Kombination verschiedener Breitenreihen und Durchmesserreihen dar. Das heißt, jeder Lagerbohrung sind mehrere Breitenmaße und Außendurchmesser zugeordnet (Abb. 4.58). Die beiden letzten Ziffern stellen die Bohrungskennzahl wie folgt dar:

| Bohrungskennzahl | 00 | 01 | 02 | 03 | 04 | ... 20... | 96 |
|---|---|---|---|---|---|---|---|
| Bohrungsdurchmesser | 10 | 12 | 15 | 17 | 20 | ... 100... | 480 |

Für den Durchmesserbereich $20 \leq d \leq 480$ mm entspricht die Bohrungskennzahl $d/5$. Im Bereich $d > 480$ mm wird $d$ in mm hinter einem Schrägstrich, bei $d < 10$ mm meistens ohne Schrägstrich angegeben. Teilweise werden Ziffern bei der Kennzeichnung der Lagerreihe unterdrückt (z. B. die Breitenreihe 0 in Abb. 4.59). Beispiele für die Lagerbezeichnung mit Basiskennzeichen zeigt Abb. 4.59.

**Nachsetzzeichen** Abweichungen von der Standardausführung werden durch Nachsetzzeichen angegeben. Da es eine Vielzahl von unterschiedlichen Nachsetzzeichen gibt, wird

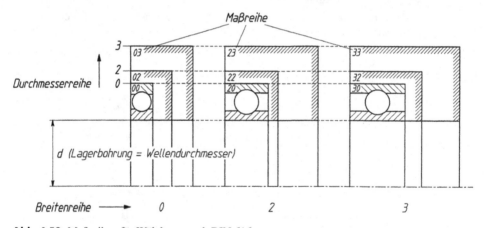

**Abb. 4.58** Maßreihen für Wälzlager nach DIN 616

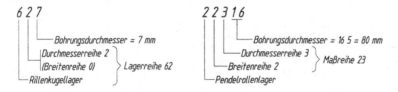

**Abb. 4.59** Beispiele für Basiskennzeichen nach DIN 623

an dieser Stelle auf die Lagerkataloge der Lagerhersteller verwiesen. Abweichungen von der ursprünglichen Ausführung können sein:

- kleinere oder größere Lagerluft als Normal (C2 oder C 3),
- Toleranz kleiner als normal (P 5),
- Massiv-Käfig aus Leichtmetall (L),
- Kugellager mit Dichtscheiben auf beiden Seiten (RS),
- Kugellager mit Deckscheibe (berührungslose Dichtung) auf einer Seite (Z).

### 4.3.2.2 Radiallager

**Bauformen**

In diesem Kapitel werden die wichtigsten Bauformen von Radiallagern und deren wesentlichen Eigenschaften und Anwendungen behandelt. Darüber hinaus gibt es noch eine Vielzahl von Sonderausführungen für spezielle Lagerungsfälle, auf die hier im Detail nicht eingegangen werden kann. Diese Sonderlager sind entweder Firmenschriften [Lagerkataloge] zu entnehmen oder direkt in Zusammenarbeit mit Lagerherstellern zu entwickeln.

**Rillenkugellager**  Abb. 4.60a zeigt ein Rillenkugellager nach DIN 625 als einreihiges, geschlossenes und selbsthaltendes Kugellager. Solche Lager werden als sogenannte „Hochschulterkugellager" ohne Füllnuten hergestellt. Sie sind zur Aufnahme von Radialkräften geeignet, können aber auch beachtlich große Axialkräfte in beiden Richtungen aufnehmen. Bei sehr hohen Drehzahlen sind diese Lager bei der Aufnahme von Axialkräften den Axialrillenkugellagern überlegen. Sie gehören zu den am meisten verwendeten Wälzlagern. Rillenkugellager werden in der Regel mit gepressten Stahl- oder Messingblechkäfigen ausgerüstet. Bei kleinen Lagern (bis ca. 20 mm Wellendurchmesser) werden Kunststoffkäfige und bei größeren Lagern (über 100 mm Wellendurchmesser) Massivkäfige aus Stahl oder Messing verwendet.

Eine zweireihige Ausführung des Rillenkugellagers (Abb. 4.60b) nach DIN 625 wird in eingeschränktem Umfang für besondere Anwendungen, wie z. B. im Landmaschinenbau, hergestellt. Sie enthalten Füllnuten, flachere Rillen und kleinere Kugeln. Rillenkugellager sind aufgrund ihrer Geometrie recht starr und lassen nur sehr geringe Schiefstellungen zwischen Innen- und Außenring zu. Bei zweireihigen Lagen sollte der Winkelversatz 2 Winkelminuten, bei einreihigen Lagern 10 Winkelminuten nicht übersteigen.

**Schrägkugellager**  Zur Aufnahme von größeren axialen und radialen Belastungen eignen sich Schrägkugellager (Abb. 4.60c) nach DIN 628. Sie werden dann eingesetzt, wenn große Axialkräfte auftreten und eine genaue axiale Führung gefordert wird, wie dies z. B. bei der Lagerung von bogenförmig verzahnten Kegelrädern der Fall ist. Die Berührpunkte der Wälzkörper mit den Lagerringen bestimmen den Druck- bzw. Berührungswinkel $\alpha$. Dieser Winkel ist ein Maß für die axiale Tragfähigkeit eines Lagers. Das heißt, je größer

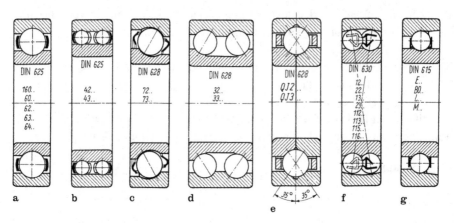

**Abb. 4.60** Radialkugellager. a) Rillenkugellager einreihig; b) Rillenkugellager zweireihig; c) Schrägkugellager einreihig; d) Schrägkugellager zweireihig; e) Vierpunktlager; f) Pendelkugellager; g) Schulterkugellager

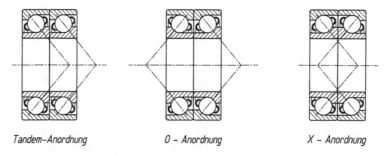

**Abb. 4.61** Anordnungen von einreihigen Schrägkugellagern

$\alpha$, desto größere Axialkräfte können übertragen werden. Da einreihige Schrägkugella-ger axiale Belastungen nur in einer Richtung aufnehmen und auch radiale Belastungen immer eine axiale Reaktionskraft hervorrufen, ist eine Gegenführung durch ein zweites Lager erforderlich. Diese Lager müssen deshalb immer paarweise verwendet und gegen-einander eingestellt werden (siehe angestellte Lagerung). Bei sehr großen Lagerkräften können zwei Einzellager miteinander kombiniert werden. Diese Kombination wird so-wohl bei der Gestaltung als auch bei der Berechnung als ein Lager behandelt. Nach Abb. 4.61 unterscheidet man die Tandem-, die O- und die X-Anordnung. Diese satzweise eingebauten Lager, besonderes in der O-Anordnung, ergeben eine relativ starre Lagerung und sind daher sehr empfindlich gegenüber einem Winkelversatz zwischen Welle und Gehäusebohrung.

Eine Variante ist das zweireihige Schrägkugellager (Abb. 4.60d), das durch seine Eigenschaften direkt mit zwei satzweise eingebauten einreihigen Lagern in O-Anordnung vergleichbar ist. Eingesetzt werden diese Lager hauptsächlich zur Lagerung von kurzen, biegesteifen Wellen mit großen Belastungen, wie z. B. Schneckenwellen.

Eine Sonderbauform des einreihigen Schrägkugellagers ist das Vierpunktlager mit geteiltem Innenring (Abb. 4.60e). Die Laufbahnen sind so ausgeführt, dass die Kugeln diese an vier Punkten berühren. Da der Innenring geteilt ist, lassen sich viele Kugeln unterbringen, so dass bei geringer Baubreite eine hohe radiale und axiale Tragfähigkeit erreicht wird. Sie werden für Spindellagerunen von Werkzeugmaschinen, Rad- und Seilrollenlagerungen und ähnlichem verwendet.

**Pendelkugellager** Bei einem Pendelkugellager nach DIN 630 (Abb. 4.60f) laufen die beiden Kugelreihen in zwei normalen Rillen des Innenrings. Die Laufbahn im Außenring ist als Hohlkugel ausgebildet, so dass der Innenring mit den beiden Kugelreihen schwenken kann. Diese Lagerart wird daher angewandt, wenn infolge von Wellendurchbiegungen oder Ungenauigkeiten bei Herstellung und Montage eine Gleichachsigkeit der Lager nicht gewährleistet werden kann. Die Schwenkbarkeit und Selbsteinstellung gestattet es, die Lagerinnenringe bei kegeliger Bohrung mit kegeligen Hülsen, Spannhülsen oder Abziehhülsen, auf den Wellen zu befestigen. Das Pendelkugellager wird hauptsächlich in Gehäusen als Stehlager, Flanschlager usw., sowie für die Lagerung längerer Wellen eingesetzt.

**Schulterkugellager** Wie aus Abb. 4.60g ersichtlich, sind Schulterkugellager nach DIN 615 einreihige, nicht selbsthaltende Lager, bei denen am Außenring eine Schulter weggelassen wurde. Die dadurch entstehende Zerlegbarkeit bietet eine wesentliche Erleichterung beim Einbau. Die Lager müssen jedoch, wie ein- reihige Schrägkugellager, paarweise verwendet und gegeneinander eingestellt werden. Sie sind vornehmlich für die Lagerung von feinmechanischen Geräten, Lichtmaschinen, elektrischen Kleinmotoren u. dgl. bestimmt und werden bis zu einem Wellendurchmesser von 30 mm hergestellt.

**Zylinderrollenlager** Bei Zylinderrollenlagern nach DIN 5412 sind die Wälzkörper zylindrisch. Dadurch wird der Kontakt zwischen Wälzkörper und Lagerring zu einer Linienberührung. Zylinderrollenlager haben deshalb bei gleichen Abmessungen eine größere Tragfähigkeit als Rillenkugellager und sind für Stoßbelastungen besser geeignet. Die axiale Belastbarkeit ist jedoch sehr gering. Außerdem verlangen Zylinderrollenlager wegen ihrer großen Winkelempfindlichkeit genau fluchtende Lagerstellen.

Nach Abb. 4.62a und b besitzen die Bauformen NU und N jeweils einen bordlosen Innen-oder Außenring. Hierdurch ergibt sich eine axiale Verschieblichkeit der Lagerringe, so dass diese Lager nur als Loslager verwendet werden können. Die Bauformen NJ und NUP (Abb. 4.62c-d besitzen jeweils zwei feste Borde am Außenring und einen festen Bord am Innenring. NJ-Lager können somit Axialkräfte in einer Richtung aufnehmen, mit passendem Winkelring hat dieses Lager sogar axiale Führungseigenschaften in beiden Richtungen. Gleiches gilt für die Bauform NUP, die eine lose Bordscheibe besitzt.

Zylinderrollenlager sind nicht selbsthaltend, können also zerlegt werden und gestatten damit einen getrennten Einbau von Innen- und Außenring. Dadurch wird in vielen Fällen

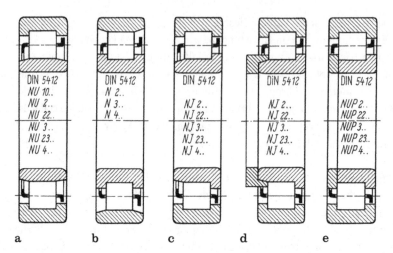

**Abb. 4.62** Zylinderrollenlager. a) mit bordlosem Innenring; b) mit bordlosem Außenring; c) mit einem festen Bord am Innenring; d) mit zusätzlichem Winkelring; e) mit einem festen Bord am Innenring und loser Bordscheibe

die Montage erheblich erleichtert. Ihre Anwendung ist daher nicht nur im allgemeinen Maschinenbau, sondern auch im Elektromaschinenbau, im Werkzeugmaschinenbau und bei Achsbuchsen für Schienenfahrzeuge sehr verbreitet. Für Werkzeugmaschinen wurden besondere Zylinderrollenlager in zweireihiger Ausführung entwickelt, um z. B. die Lagerung von Hauptspindeln realisieren zu können.

**Nadellager** Nadellager (DIN 617, DIN 618 und DIN 5405) sind eine Sonderausführung der Zylinderrollenlager. Früher wurden sie nur vollrollig, also ohne Käfig, ausgeführt. Heute stehen dem Anwender neben käfiggeführten Nadellagern mit und ohne Innenring auch Nadelhülsen, Nadelbüchsen und zur Aufnahme von Axialkräften kombinierte Nadellager zur Verfügung (Abb. 4.63). Diese Lager haben eine sehr geringe Bauhöhe, trotz ihrer relativ großen radialen Tragfähigkeit. Nadellager werden zur Lagerung von Getriebewellen bei beschränkten Raumverhältnissen, für Hebel- und Bolzenlagerungen, Schwenkarmen und dgl. eingesetzt. Werden Nadellager ohne Innenringe verwendet, so muss die Welle gehärtet und geschliffen werden. Die Lauffläche auf der Welle sollte eine Oberflächenhärte von 58 bis 64 HRC und eine erforderliche Rauhtiefe von Rz 1 besitzen.

**Kegelrollenlager** Die nicht selbsthaltenden Lager nach DIN 720 besitzen kegelige Rollen als Wälzkörper (Abb. 4.64a). Der Außenring kann von dem Innenring, der den Rollenkranz trägt, abgenommen werden. Durch die schräge Stellung der Kegelrollen können neben großen Radiallasten auch beträchtliche Axiallasten aufgenommen werden. Diese Lager werden nur in einer Richtung axial geführt, so dass sie paarweise eingebaut und gegenseitig auf eine gewünschte Axial-Lagerluft oder Vorspannung eingestellt werden müssen. Ebenso wie Schrägkugellager in Abb. 4.61 können Kegelrollenlager zu X-, O- oder Tandem- Anordnungen zusammengepasst werden.

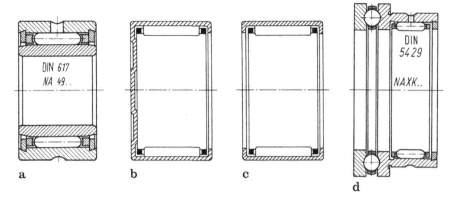

**Abb. 4.63** Nadellager. a) mit Innenring; b) Nadelbüchse; c) Nadelhülse; d) kombiniertes Nadelkugellager

**Abb. 4.64** Wälzlager mit
großer Tragfähigkeit.
a) Kegelrollenlager;
b) Tonnenlager;
c) Pendelrollenlager

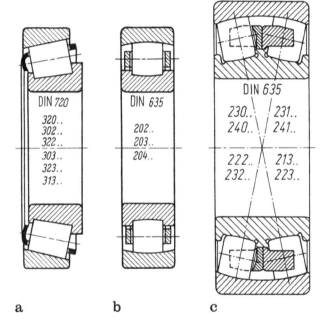

Um Kantenpressungen an den Wälzkörpern zu vermeiden, muss die zulässige Schief-stellung für einreihige Lager auf bis zu 4 Winkelminuten begrenzt werden. Kegel-rollenlager sind, bezogen auf die Tragfähigkeit, die preisgünstigsten Lager. Sie werden hauptsächlich bei Radlagerungen, Wellenlager für Schnecken- und Kegelradgetriebe, Spindellagerungen für Werkzeugmaschinen usw. verwendet.

**Tonnen- und Pendelrollenlager** Tonnenlager (Abb. 4.64b) nach DIN 635 sind mit tonnenförmigen Rollen ausgerüstet und die Laufbahnen der Außenringe als Hohlkugel geschliffen. Die Lager sind somit schwenkbar wie die Pendelkugellager und vermögen Fluchtfehler auszugleichen.

Die zweireihigen Tonnenlager heißen Pendelrollenlager (Abb. 4.64c). Sie können neben Radialkräften auch große Axialkräfte in beiden Richtungen aufnehmen. Aufgrund ihrer Bauart sind sie die Wälzlager mit der größten Tragfähigkeit bei gleichen Abmessungen. Sie werden serienmäßig bis zu einem Wellendurchmesser von über 1 m hergestellt.

Mit kegeliger Bohrung des Innenrings werden sie mit kegeligen Hülsen, Spann- oder Abziehhülsen verwendet, weil sich dadurch der Ein- und Ausbau der Lager auf diese Weise gerade bei schweren Maschinen ganz wesentlich erleichtern lässt. Dabei müssen die Muttern entgegengesetzt zur Drehrichtung der Welle angezogen werden.

Ihr Verwendungsgebiet umfasst den gesamten Schwermaschinenbau, Walzwerke, Papiermaschinen, Hebezeuge, Achsbuchsen für schwere Schienenfahrzeuge und Förderseilscheiben.

### Gestaltung von Wälzlagerungen

Für die einwandfreie Funktion einer Achsen- oder Wellenlagerung ist die Anordnung der Wälzlager ebenso wichtig wie die richtige Festlegung der Einbautoleranzen, die Auswahl des Schmiermittels oder einer geeigneten Dichtung.

**Lageranordnungen** Die Anordnung von Wälzlagern erfolgt unter Berücksichtigung der statischen Bestimmtheit, Montage, Belastung und Lagerart. Wellen mit mehr als zwei Lagern sind statisch überbestimmt. Das heißt, dass sie in radialer Richtung keine Fertigungstoleranzen ausgleichen können. Da Mehrfachlagerungen zum Verspannen neigen, sollten sie generell vermieden werden. Grundsätzlich lassen sich drei unterschiedliche Lageranordnungen unterscheiden:

1. die Fest-Los-Lagerung,
2. die angestellte Lagerung,
3. die Stützlagerung (schwimmende Lagerung).

*Fest- Loslagerung* Bei der statisch bestimmten Fest-Los-Lagerung dient das Festlager zur Aufnahme einer kombinierten Axial-/Radiallast und übernimmt die axiale Führung der Welle oder Achse. Das Loslager nimmt nur Radialkräfte auf und muss axial verschieblich sein um Längentoleranzen bei der Montage und eventuell auftretende Wärmedehnungen im Betrieb ausgleichen zu können (Abb. 4.65). Als Festlager können alle Bauarten verwendet werden, die neben Radialkräften auch Axialkräfte in beiden Richtungen aufnehmen können. Schrägkugellager und Kegelrollenlager können als Festlager nur dann verwendet

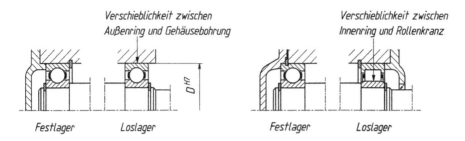

**Abb. 4.65** Fest-Los-Lagerung

werden, wenn sie satzweise in O- oder X-Anordnung eingebaut werden. Die wesentlichen Vorteile der Fest-Los-Lagerung sind:

- keine axiale Verspannung der Lager möglich,
- Lagerabstände können mit großen axialen Toleranzen gefertigt werden,
- einfache Montage, da kein Axialspiel eingestellt werden muss,
- gute axiale Führung, da sie nur vom Lagerspiel abhängig ist.

*Angestellte Lagerung* Eine angestellte Lagerung ist immer erforderlich, wenn Schrägkugel- oder Kegelrollenlager verwendet werden. Bei einer Lagerung, die aus zwei spiegelbildlich angeordneten Schräglagern besteht, muss das axiale Lagerspiel oder die Vorspannung bei der Montage eingestellt werden. Diesen Vorgang bezeichnet man in der Wälzlagertechnik als „Anstellen". Dazu wird bei der O-Anordnung der Innen- ring, bei der X-Anordnung der Außenring axial so weit verschoben, bis die gewünschte Einstellung erreicht ist. Je nach Richtung der äußeren Axialkraft (Abb. 4.66) wirkt entweder das rechte oder das linke Lager als Festlager. Abb. 4.66 zeigt eine X-Anordnung mit Schrägkugellager und eine O-Anordnung mit Kegelrollenlager. Der größere Abstand der Druckmittelpunkte bei der O-Anordnung führt zu einem größeren wirksamen Lagerabstand und somit zu kleineren Lagerkräften. Wenn die axiale Wärmedehnung größer als die des Gehäuses ist, wird das Axialspiel bei zunehmender Temperatur bei der O-Anordnung größer, bei der X-Anordnung jedoch kleiner. Bei der Wahl zwischen X- und O-Anordnung

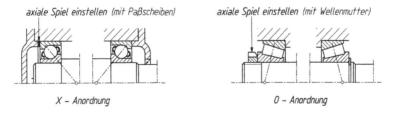

**Abb. 4.66** Angestellte Lagerung

ist außerdem zu beachten, ob der Innen- oder Außenring verschieblich sein muss (siehe Punkt- und Umfangslast).

Als wichtigste Vorteile der angestellten Lagerung können aufgeführt werden:

- definiertes axiales Spiel oder Vorspannung möglich,
- gute axiale und radiale Führung,
- für große Axial- und Radialkräfte geeignet.

Als Nachteile stehen dem gegenüber:

- Einstellarbeiten bei Montage erforderlich (teuer),
- nicht für große Lagerabstände geeignet (Wärmeausdehnung),
- gewünschtes Axialspiel bzw. Vorspannung erst im Betrieb vorhanden, da von Temperatur abhängig.

*Stützlagerung*  Die Stützlagerung oder „schwimmende" Lagerung (Abb. 4.67) ähnelt in ihrem Aufbau der angestellten Lagerung. Während bei der angestellten Lagerung ein möglichst kleines Axialspiel angestrebt wird, belässt man bei der schwimmenden Lagerung zur Vereinfachung des Einbaus eine größere Axialluft (ca. 0,5 bis 1 mm). Geeignet sind dafür Lager, die Axialkräfte in einer Richtung aufnehmen und einen Längenausgleich in der anderen Richtung erlauben, wie z. B. Zylinderrollenlager NJ. Werden geschlossene Lager wie Rillenkugellager oder Pendelrollenlager verwendet, so müssen entweder die Innenringe der beiden Lager fest und die Außenringe axial verschiebbar sein oder umgekehrt. Ob Innen- oder Außenring festgelegt wird richtet sich wiederum danach an welchem Ring Punkt- oder Umfangslast wirkt.

Der Vorteil einer schwimmenden Lagerung ist, dass sie die kostengünstigste Lageranordnung darstellt, da hier der Aufwand an Bearbeitung und Montage am geringsten ist. Die wesentlichen Nachteile sind:

- Axialkräfte dürfen nur in einer Richtung wirken,

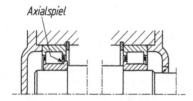
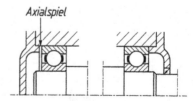

**Abb. 4.67**  Stützlagerung (schwimmende Lagerung)

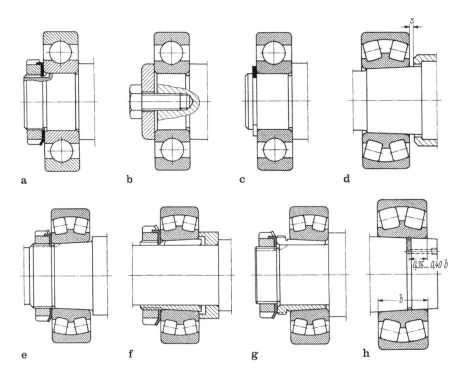

**Abb. 4.68** Axiale Befestigung von Wälzlagern auf der Welle: a) mit Nutmutter; b) mit Endscheibe; c) mit Sicherungsring (bei Axiallast mit Stützscheiben nach Abb. 2.73); d) Kegelsitz; e) Kegelsitz mit Nutmutter; f) mit Spannhülse nach DIN 5415; g) mit Abziehhülse nach DIN 5416; h) Hydraulikmontage mit Kegelsitz

- die axiale Führung ist nicht definiert,
- bei dynamischen Axialkräften – auch bei kleinen – „schwimmt" die Welle.

**Einbautoleranzen** Bei den Einbautoleranzen wird zwischen Maßtoleranzen und Geometrietoleranzen unterschieden.

*Maßtoleranzen* Die Festlegung eines Wälzlagers auf der Welle bzw. im Gehäuse richtet sich nach seiner Aufgabe (Fest- oder Loslager) und nach der Belastungsart (Punkt-oder Umfangslast). Jeder Lagerring kann in radialer und in axialer Richtung festgelegt werden. Für die Radialrichtung ist ausschließlich die Passung maßgebend, während für die axiale Festlegung häufig Bunde an Wellen und Gehäusen, Sicherungsringe, Deckel oder Nutmuttern verwendet werden (Abb. 4.68 und 4.69).

Bezüglich der Passungen gilt grundsätzlich: Bei Umfangslast, müssen die Laufringe fest sitzen, bei Punktlast können sie lose sitzen. Umfangslast (Abb. 4.70) bedeutet, der betrachtete Ring läuft relativ zur Richtung der Radiallast um, so dass der ganze Umfang des Ringes bei jeder Umdrehung der Höchstbeanspruchung ausgesetzt ist. Werden Lagerringe

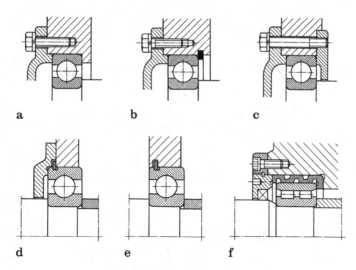

**Abb. 4.69** Axiale Festlegung von Wälzlagern im Gehäuse: a) mit Deckel; b) mit Sicherungsring; c) mit zwei Deckeln; d) mit Sprengring und Deckel (ungeteiltes Gehäuse); e) mit Sprengring bei geteiltem Gehäuse; f) mit Spannhülse (zur Lagerspieleinstellung)

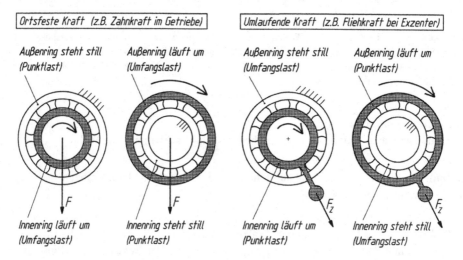

**Abb. 4.70** Punkt- und Umfangslast bei Wälzlagern

mit Umfangslast nicht mit einer festen Passung eingebaut, wandern die Ringe in Umfangs-richtung. Punktlast (Abb. 4.70) bedeutet, dass der betrachtete Ring relativ zur Radiallast stillsteht, so dass nur ein bestimmter Punkt des Ringumfangs der Höchstbeanspruchung ausgesetzt ist. Da bei Punktlast die Gefahr klein ist, dass der Ring auf seiner Sitzfläche sich bewegt, ist eine feste Passung nicht erforderlich.

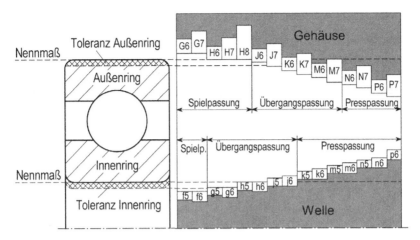

**Abb. 4.71** Maßtoleranzen für Wälzlager (Nach DIN 620)

Die ISO-Toleranzen für Welle und Gehäuse ergeben zusammen mit den Toleranzen der Lagerringe die erforderliche Passung. Nach DIN 620 sind sowohl die Außenringe als auch Innenringe immer vom Nennmaß aus nach Minus toleriert. Abb. 4.71 zeigt die gebräuchlichsten Wälzlagerpassungen.

Die Passung muss umso fester sein, je größer der Durchmesser und je größer und stoßartiger die Belastung des Lagers ist. Tab. 4.7 enthält Empfehlungen für die Wahl der Einbautoleranzen für Radiallager mit zylindrischer Bohrung. Zusätzlich ist zu beachten, dass sich beim Einbau von Wälzlagern die Lagerluft, abhängig von den Einbautoleranzen, verändert. Unter Lagerluft versteht man das Maß, um das sich ein Lagerring gegenüber dem anderen in radialer oder axialer Richtung verschieben lässt. Die Lagerluft beim nicht eingebauten Lager ist größer als im eingebauten, betriebswarmen Zustand, da durch das Passungsübermaß und durch unterschiedliche Wärmedehnungen die Lagerringe aufgeweitet bzw. zusammengedrückt werden.

Die normale Lagerluft ist jedoch so bemessen, dass bei den empfohlenen Einbautoleranzen und bei normalen Betriebsverhältnissen eine zweckmäßige Radialluft verbleibt. Bei abweichenden Betriebs- und Einbaubedingungen, wie z. B. feste Sitze für beide Lagerringe (Punkt- und Umfangslast auf beiden Ringen) oder außergewöhnliche Anforderungen an die Laufgenauigkeit, ist je nach Umständen eine größere oder kleinere Radialluft als normal erforderlich. Lager mit anderen als der normalen Lagerluft werden durch die Nachsetzzeichen C 1 und C 2 (kleiner als normal) und C 3 bis C 5 (größer als normal) gekennzeichnet.

*Geometrietoleranzen* Die Außen- und Innenringe von Wälzlagern sind dünnwandige Hohlzylinder, die sich leicht verformen. Deshalb werden auch an die Formgenauigkeit

**Tab. 4.7** Einbautoleranzen für Radiallager mit zylindrischer Bohrung (nach FAG)

a) Toleranzfelder für Vollwellen aus Stahl:

| Belastungsart | Lagerbauart | Wellendurchmesser | Verschiebbarkeit Belastung | Wellentoleranz |
|---|---|---|---|---|
| Punktlast für den Innenring | Kugellager, Rollenlager und Nadellager | alle Größen | Loslager mit verschiebbarem Innenring | g 6 (h 5) |
| | | | Schrägkugellager und Kegel- rollenlager mit angestelltem Innenring | h 6 (j 6) |
| Umfangslast für den Innenring oder unbestimmte Last | Kugellager | bis 40 mm | normale Belastung | j 6 (j 5) |
| | | bis 100 mm | kleine Belastung | j 6 (j 5) |
| | | | normale und hohe Belastung | k 6 (k 5) |
| | | bis 200 mm | kleine Belastung | k 6 (k 5) |
| | | | normale und hohe Belastung | m 6 (m 5) |
| | | über 200 mm | normale Belastung | m 6 (m 5) |
| | | | hohe Belastung | n 6 (n 5) |
| | Rollenlager und Nadellager | bis 60 mm | kleine Belastung | j 6 (j 5) |
| | | | normale und hohe Belastung | k 6 (k 5) |
| | | bis 200 mm | kleine Belastung | k 6 (k 5) |
| | | | normale Belastung | m 6 (m 5) |
| | | | hohe Belastung | n 6 (n 5) |
| | | bis 500 mm | normale Belastung | m 6 (n 6) |
| | | | hohe Belastung, Stöße | p 6 |
| | | über 500 mm | normale Belastung | n 6 (p 6) |
| | | | hohe Belastung | p 6 |

**Tab. 4.7** (Fortsetzung)

b) Toleranzfelder für Gehäuse aus Gußeisen oder Stahl:

| Belastungsart | Verschiebbarkeit Belastung | Betriebsbedingungen | Bohrungstoleranz |
|---|---|---|---|
| Punktlast für den Außenring | Loslager mit leicht verschiebbarem Außenring | Die Qualität richtet sich nach erforderlicher Laufgenauigkeit | H 7 (H 6) |
| | Schrägkugellager und Kegelrollenlager mit angestelltem Außenring | hohe Laufgenauigkeit | H 6 (J 6) |
| | | normale Laufgenauigkeit | H 7 (J 7) |
| | | Wärmezufuhr von der Welle | G 7 |
| Umfangslast für den Außenring oder unbestimmte Last | kleine Belastung | bei hohen Anforderungen an die Laufgenauigkeit K 6, M 6, N6 und P6 verwenden | K 7 (K 6) |
| | normale Belastung, Stöße | | M7 (M 6) |
| | hohe Belastung, Stöße | | N 7 (N 6) |
| | hohe Belastung, starke Stöße, dünnwandige Gehäuse | | P 7 (P 6) |

der Lagersitze hohe Anforderungen gestellt. Um die Funktion und Lebensdauer der Lager zu gewährleisten, fordern die Lagerhersteller ziemlich enge Form- und Lagetoleranzen (Abb. 4.72).

**Schmierung** Wälzlager benötigen nur sehr geringe Schmiermittelmengen. Am günstigsten sind sehr dünne, aber gleichmäßig verteilte Schmierschichten. Das Schmiermittel dient außer zur Verringerung der Reibung auch zum Schutz gegen Korrosion, zur Dämpfung und evtl. zur Kühlung (bei Ölschmierung).

*Fettschmierung* Fettschmierung wird bevorzugt, weil damit eine zuverlässige Dauerschmierung mit einfachen Dichtungen erreicht werden kann. Als Schmiermittel werden besondere Wälzlagerfette (DIN 51825) auf Metallseifenbasis wie Kalk-, Natron- und Lithiumfette verwendet. Am besten eignen sich Lithiumseifenfette. Besonders wichtig ist die Fettmenge. Der freie Raum im Lager und Gehäuse soll nur zum Teil (ca. 30 bis 50 %) mit Fett gefüllt werden, da sonst bei höheren Drehzahlen die Temperatur infolge der Walkarbeit ansteigt. Bei kleinen Lagern, vor allem Rillenkugellagern, reicht die bei der Montage eingefüllte Fettmenge für die ganze Lebensdauer aus. Nur bei großen Lagern, großen Belastungen oder bei hohen Temperaturen ist eine Nachschmierung unter Umständen erforderlich.

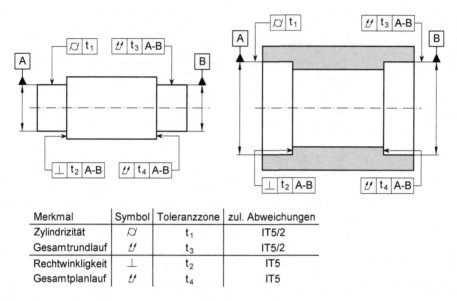

| Merkmal | Symbol | Toleranzzone | zul. Abweichungen |
|---|---|---|---|
| Zylindrizität | ⌭ | $t_1$ | IT5/2 |
| Gesamtrundlauf | ⟋⟍ | $t_3$ | IT5/2 |
| Rechtwinkligkeit | ⊥ | $t_2$ | IT5 |
| Gesamtplanlauf | ⟋⟍ | $t_4$ | IT5 |

**Abb. 4.72** Form- und Lagetoleranzen für Wälzlager

*Ölschmierung* Ölschmierung wird bei hohen Drehzahlen und hohen Temperaturen eingesetzt. Im Allgemeinen reichen unlegierte Mineralölraffinate. Aus dem Diagramm in Abb. 4.81 kann mit Hilfe des mittleren Lagerdurchmessers $d_m$ und der Lagerdrehzahl $n$ die für eine ausreichende Schmierung erforderliche Viskosität $v_1$ bei der zu erwartenden Betriebstemperatur abgelesen werden. Mit Abb. 4.19 kann die Viskosität $v$ bei Bezugstemperatur (40 °C) bestimmt werden, die dem Viskositätsgrad VG entspricht und normalerweise für jedes Schmieröl angegeben wird. Bei Ölstands- oder Tauchschmierung soll das Öl im Stillstand nicht ganz bis zur Mitte des untersten Wälzkörpers reichen. Bei Umlaufschmierung ist für einen guten Ölablauf zu sorgen, damit kein Wärmestau eintritt. Oft genügt zur Schmierung von Wälzlagern der Öldunst, wie er durch Zahnräder oder Schleuderscheiben in Getriebegehäusen erzeugt wird. Bei sehr hohen Drehzahlen wird häufig eine Ölnebelschmierung verwendet. Dabei wird der Ölnebel in einem Ölzerstäuber gebildet und mit einem Druck von 0,5 bis 1 bar über Rohrleitungen den verschiedenen Lagerstellen zugeführt.

**Wälzlagerabdichtungen** Dichtungen haben bei Wälzlagerungen zwei Aufgaben:

- die Lager vor Verunreinigungen von außen zu schützen,
- den Austritt von Schmiermittel zu verhindern.

Zur Lösung dieser Aufgaben können schleifende und nichtschleifende Dichtungen eingesetzt werden, die entweder unmittelbar am Lager angeordnet sind (Lagerdichtungen) oder die Welle abdichten. Bei einer schleifenden Dichtung wird das Dichtelement aufgrund

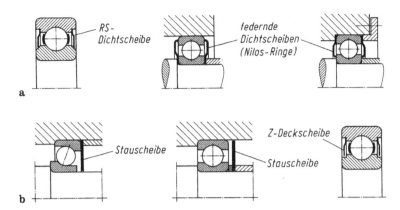

**Abb. 4.73** Abgedichtete Lager: a) mit schleifenden Dichtungen; b) mit berührungslosen Dichtungen

seiner Elastizität an die Dichtfläche angepresst und besitzt dadurch eine große Dichtwirkung. Der Nachteil ist, dass durch die Anpressung eine relativ große Reibung entsteht, so dass bei hohen Drehzahlen beachtliche Temperaturerhöhungen auftreten können. Berührungslose oder nichtschleifende Dichtungen beruhen im Prinzip auf der Dichtwirkung enger Spalte. Diese Dichtungen weisen praktisch keine Reibung auf und sind vor allem für hohe Drehzahlen und hohe Temperaturen geeignet. Nachteilig ist, dass bei diesen Dichtungen Schmiermittel austreten kann. Außerdem sind Spaltdichtungen bei großem Staubanfall nicht staubdicht.

Die einfachste und platzsparendste Abdichtung wird erreicht, wenn abgedichtete Lager (Abb. 4.73) mit berührungslosen Deckscheiben (Z) oder schleifenden Dichtscheiben (RS) verwendet werden. Die Deck- und Dichtscheiben können auf einer oder auf beiden Seiten des Lagers angeordnet sein. Die beidseitig abgedichteten Lager werden mit Fett gefüllt und sind einbaufertige, wartungsfreie Lagereinheiten. Einfache und billige Abdichtungen können auch mit federnden Abdeckscheiben (Nilos-Ringe) erzielt werden, die entweder gegen den Außen- oder Innenring festgespannt sind und am anderen Lagerring axial federnd anliegen. Um die Dichtwirkung zu erhöhen können zusätzlich Stauscheiben auf der Welle angeordnet werden.

Bei Ölschmierung bieten abgedichtete Lager in den meisten Fällen keine ausreichende Dichtwirkung. In diesen Fällen erfolgt die Abdichtung über eine Wellendichtung, die meist direkt vor dem Lager sitzt. Abb. 4.74a zeigt als Beispiele für schleifende Dichtungen den sehr häufig verwendeten Radialwellendichtring und den einfachen Filzring für kleine Drehzahlen.

Berührungslose Dichtungen werden als einfacher Spalt ausgeführt. Zusätzlich können schraubenförmige Rillen – je nach Drehrichtung der Welle rechtsgängig oder linksgängig – auf der Welle angebracht werden. Ein- oder mehr- gängige Labyrinthdichtungen besitzen eine wesentlich bessere Dichtwirkung als ein einfacher Spalt, erfordern aber einen größeren Fertigungsaufwand (Abb. 4.74b).

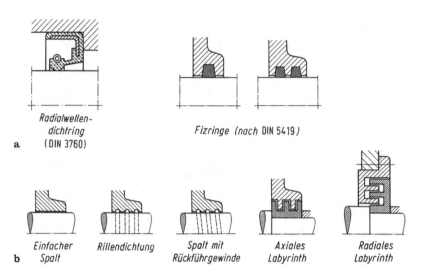

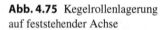

a | Radialwellen-dichtring (DIN 3760)  Fizringe (nach DIN 5419)

b | Einfacher Spalt   Rillendichtung   Spalt mit Rückführgewinde   Axiales Labyrinth   Radiales Labyrinth

**Abb. 4.74** Wellendichtungen: a) mit schleifenden Dichtungen; b) mit berührungslosen Dichtungen

**Abb. 4.75** Kegelrollenlagerung auf feststehender Achse

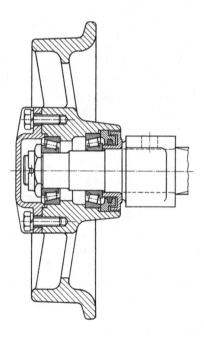

**Einbaubeispiele** In Abb. 4.75 ist das Losrad eines Förderwagens ist mit angestellten Kegelrollenlagern auf einer feststehenden Achse gelagert. Da die Lagerlast immer an derselben Stelle wirkt (feststeht) haben die Außenringe Umfangslast und die Innenringe Punktlast. Daher wurden ein fester Sitz mit N7 im Gehäuse und ein loser Sitz mit h5 auf

**Abb. 4.76** Fest-Los-Lagerung
einer Kegelritzelwelle

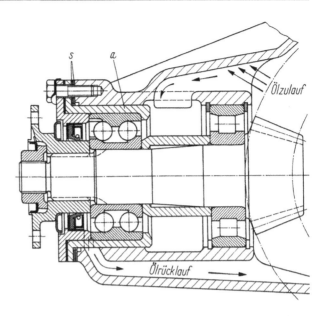

der Welle gewählt. Die Lagerschmierung erfolgt mit Fett, die Dichtung mit Filzring und Labyrinth.

Die Lagerung der Kegelritzelwelle in Abb. 4.76 enthält ein zweireihiges Schrägkugellager als Festlager und ein Zylinderrollenlager als Loslager. Das Flankenspiel ist über die Buchse a durch die Passscheiben s einstellbar. Hier steht die Zahnkraft still und die Welle läuft um. Deshalb haben die Außenringe Punktlast und die Innenringe Umfangslast. Die Lagersitze für das Zylinderrollenlager wurden daher mit m5 (Welle) und J6 (Gehäusebohrung) toleriert, die Sitze für das Schrägkugellager mit k6 und J6. Geschmiert werden die Lager mit Öl und die Welle wird mit einem Radialwellendichtring abgedichtet.

### Lagerberechnung

Lager werden durch äußere Kräfte, die z. B. von einer umlaufenden Welle auf ein feststehendes Gehäuse übertragen werden, belastet. Diese Lagerkräfte können nach den Gesetzen der Statik berechnet werden und treten entweder als reine Radialkräfte oder als eine Kombination aus Radial- und Axialkraft auf. Der Winkel, den die resultierende Kraft $F$ aus Radialkraft $F_r$ und Axialkraft $F_a$ senkrecht zur Achse bildet, wird als Lastwinkel $\beta$ bezeichnet (Abb. 4.77) und bestimmt somit die Richtung der äußeren Kraft. Der Lastwinkel ist nicht zu verwechseln mit dem Druckwinkel $\alpha$, der die Richtung definiert, in der die Lagerkraft zwischen Außen- und Innenring übertragen wird.

Als Druckmittelpunkt 0 wird der Schnittpunkt der Drucklinien mit der Lagerachse bezeichnet. Für die Berechnung der Lagerkräfte ist dieser Druckmittelpunkt der Angriffspunkt der äußeren Kraft (Abb. 4.77), so dass bei Lagern mit $\alpha \neq 0$ nicht mit dem realen, sondern mit dem wirksamen Lagerabstand $L_W$ gerechnet wird. Wenn $\alpha \neq \beta$ ist, verschieben sich die Ringe infolge der Lagerluft in axialer Richtung, so dass sich unter Belastung

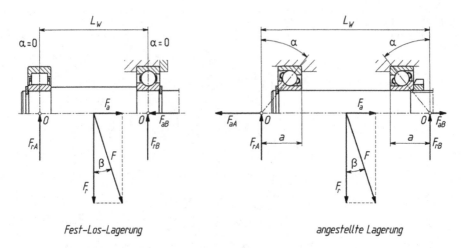

Fest-Los-Lagerung                          angestellte Lagerung

**Abb. 4.77** Definition von Druckwinkel $\alpha$, Lastwinkel $\beta$ und wirksamer Lagerabstand $L_W$

**Abb. 4.78** Innere Kräfte im
Schrägkugellager

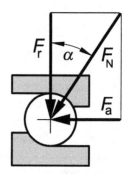

ein anderer Druckwinkel einstellt als im unbelastetem Zustand. Die höchste Tragfähigkeit für ein Lager ergibt sich, wenn $\beta \approx \alpha$ ist. Bei der Berechnung der Lagerkräfte ist im Allgemeinen der Nenndruckwinkel – das ist $\alpha$ im unbelasteten Zustand und kann den Lagerkatalogen entnommen werden – zu verwenden, und nicht der bei Belastung sich einstellende Betriebsdruckwinkel. Zu beachten ist, dass bei Radiallagern mit Druckwinkeln $\alpha > 0$ auch bei einer rein radialen Belastung $F_r$ eine „innere" Axialkraft $F_a$ auftritt. In Abb. 4.78 ist dies am Beispiel eines Schrägkugellagers dargestellt. Da Kräfte zwischen starren Körpern nur normal zur Oberfläche übertragen werden können, kann die Radiallast $F_r$ nur als Normalkraft $F_N$ vom Außenring auf den Innenring übertragen werden. Das bedeutet, dass sich die tatsächliche Lagerlast $F_N$ aus den beiden Komponenten $F_r$ und $F_a$ zusammensetzt.

**Tragfähigkeit** Grundlage für die Berechnung der Tragfähigkeit von Wälzlagern sind die klassischen Untersuchungen von HERTZ und STRIBECK, ergänzt durch die Arbeiten von PALMGREN und LUNDBERG, die zu einer wissenschaftlich begründeten Theorie geführt haben. Danach tritt in der Berührstelle zwischen Wälzkörper und Laufring eine Hertz'sche Flächenpressung auf. Die auftretende Abplattung und maximale Flächenpressung ist abhängig von der Geometrie (punkt- oder linienförmige Berührung, Schmiegung usw.) und dem Werkstoff und kann mit den Hertz'schen Gleichungen (homogene Werkstoffe unter elastische Verformung vorausgesetzt) berechnet werden. Durch das ständige Über- rollen der Ringe werden diese schwellend beansprucht. Daraus folgt, dass die Tragfähigkeit eines Wälzlagers abhängig ist von den Eigenschaften des Werkstoffes und der Form der Wälzkörper und Laufbahnen, von deren Anschmiegung an den Berührstellen zwischen Wälzkörper und Laufbahn, von der Zahl der Wälzkörper und von der Anzahl der Überrollungen der einzelnen Punkte der Laufbahnen.

Bezüglich seines Betriebszustandes wird unterschieden zwischen den statisch und den dynamisch belasteten Lager. Dabei ist hier jedoch nicht der zeitliche Verlauf der Lagerkräfte gemeint, sondern der Umstand, ob sich der Innenring relativ zum Außenring bewegt oder nicht.

*Statische Tragfähigkeit* Wird ein Wälzlager im Stillstand, bei sehr niedrigen Drehzahlen ($n < 10 \ min^{-1}$) oder bei kleinen Schwenkbewegungen belastet, so können durch den Druck der Wälzkörper plastische Verformungen in den Laufbahnen hervorgerufen werden. Überschreiten diese eine gewisse Grenze, so wird die Funktion des Lagers dadurch beeinträchtigt.

Die *statische Tragzahl* $C_0$ eines Wälzlagers gibt die Belastung an, bei der die Größe der bleibenden Verformungen von Wälzkörper und Laufbahn in der höchstbeanspruchten Stelle des Lager 0,01 % des Wälzkörperdurchmessers erreicht. Tritt als äußere Belastung neben der Radialkraft $F_r$ noch eine Axialkraft $F_a$ auf, so ist eine statisch äquivalente Lagerlast $P_0$ zu ermitteln, die als rein radiale Belastung die gleiche bleibende Verformung ergeben würde:

$$P_0 = X_0 \cdot F_r + Y_0 \cdot F_a \tag{4.56}$$

Die Faktoren $X_0$ und $Y_0$ sind von der Bauart des Lagers abhängig und entweder DIN ISO 76 oder den Lagerkatalogen zu entnehmen. Für die gebräuchlichsten Lagerarten sind in Tab. 4.8 die $X_0$ und $Y_0$-Werte zusammengestellt. Die Gl. (4.56) gilt jedoch nur für $P_0 \geq F_r$. Ergibt sich für $P_0$ ein kleinerer Wert als $F_r$, so ist $P_0 = F_r$ zu setzen. Ob ein Lager für die gegebene statische Belastung ausreichend ist, ergibt sich aus der statischen Tragsicherheit

$$S_0 = \frac{C_0}{P_0} \cdot$$

$S_0$ ist somit die Sicherheit gegen zu große plastische Verformungen an den Berührstellen der Wälzkörper. Für Lager, die sehr leichtgängig sein müssen ist eine große statische Tragsicherheit erforderlich. Kleinere Werte genügen bei geringeren Anforderungen. Nach [SKF] strebt man im Allgemeinen an:

**Tab. 4.8** $X_0$- und $Y_0$-Werte zur Berechnung der statisch äquivalenten Lagerlast

| Lagerbauart | Faktoren | | für |
|---|---|---|---|
| | $X_0$ | $Y_0$ | |
| Rillenkugellager und ⎱ | 1 | 0 | $F_a/F_r \leq 0,8$ |
| Schulterkugellager ⎰ | 0,6 | 0,5 | $F_a/F_r > 0,8$ |
| Schrägkugellager | 1 | 0 | $F_a/F_r < 1,9$ Einzellager oder |
| ($\alpha = 40°$) | 0,5 | 0,26 | $F_a/F_r < 1,9$ Lagerpaar in Tandem-Anordnung |
| | 1 | 0,52 | Lagerpaar in X- oder O-Anordnung |
| Pendelkugellager | 1 | $Y_0^a$ | |
| Zylinderrollenlager | 1 | 0 | |
| Kegelrollenlager | 1 | 0 | $F_a/F_r \leq 1/2 \cdot Y_0^a$ |
| | 0,5 | $Y_0^a$ | $F_a/F_r > 1/2 \cdot Y_0^a$ |
| Pendelrollenlager | 1 | $Y_0^a$ | |
| Axial - Rillenkugellager ⎱ Axial - Zylinderrollenlager ⎰ | 1 | 0 | |
| Axial-Pendelrollenlager | 2,7 | 1 | $F_r \leq 0,55 \cdot F_a$ |

[a] Werte sind dem Anhang bzw. den Herstellerangaben (Lagerkatalog) zu entnehmen.

- $S_0 = 1,5 \ldots 2,5$ bei hohen Anforderungen oder Stoßbelastungen,
- $S_0 = 1,0 \ldots 1,5$ bei normalen Anforderungen,
- $S_0 = 0,7 \ldots 1,0$ bei geringen Anforderungen.

*Dynamische Tragfähigkeit* Ein Wälzlager, das ordnungsgemäß eingebaut ist, wird bei einer konstanten Drehzahl und einer konstanten Lagerbelastung so lange laufen, bis infolge der Wechselbeanspruchung Ermüdungserscheinungen in Form feiner Risse, Abblätterungen oder gar Grübchen (Pittings) auftreten. Die Anzahl der Umdrehungen, die das Lager bis zum Eintritt der ersten Ermüdungserscheinungen gemacht hat, wird als Lebensdauer bezeichnet. Die Lebensdauer eines Lagers ist die ausschlaggebende Größe für die Beurteilung einer Lagerung und ist von der Belastung abhängig. Tritt zusätzlich zur Radiallast noch eine Axiallast auf, so ist eine dynamisch äquivalente (gleichwertige) Lagerlast $P$ zu berechnen. $P$ ist eine reine Radiallast, die zur gleichen Lebensdauer wie die tatsächliche Lagerlast führt. Dies ist erforderlich, da die *dynamische Tragzahl C* eine reine Radiallast darstellt, welche einer Belastung entspricht, bei der eine nominelle Lebensdauer von einer Million Umdrehungen zu erwarten ist. Für die dynamisch äquivalente Lagerlast gilt:

$$P = X \cdot F_r + Y \cdot F_a \tag{4.57}$$

**Tab. 4.9** $X$- und $Y$-Werte zur Berechnung der dynamisch äquivalenten Lagerlast für $F_a/F_r > e$

| Lagerbauart | Faktoren | | | |
|---|---|---|---|---|
| | $F_a/C_0$ | $e$ | $X$ | $Y$ |
| | 0,025 | 0,22 | 0,56 | 2 |
| einreihiges | 0,04 | 0,24 | 0,56 | 1,8 |
| Rillenkugellager | 0,07 | 0,27 | 0,56 | 1,6 |
| mit normaler | 0,13 | 0,31 | 0,56 | 1,4 |
| Lagerluft | 0,25 | 0,37 | 0,56 | 1,2 |
| | 0,5 | 0,44 | 0,56 | 1 |

(Zwischenwerte können interpoliert werden).

Der Radialfaktor $X$ und der Axialfaktor $Y$ sind Tab. 4.9, dem Anhang oder den Lagerkatalogen zu entnehmen. Sie sind abhängig von der Lagerbauart und dem Belastungsverhältnis $F_a/F_r$. Bei einreihigen Radiallagern beeinflusst eine zusätzliche Axialbelastung die äquivalente Belastung $P$ erst dann, wenn das Verhältnis $F_a/F_r$ einen bestimmten Grenzwert $e$ überschreitet. Der Faktor $e$ und die $X$- und $Y$-Werte können für einreihige Rillenkugellager mit normaler Lagerluft in Abhängigkeit vom Verhältnis $F_a/C_0$ aus Tab. 4.9 abgelesen werden. Zwischenwerte sind zu interpolieren.

Für den Fall, dass $F_a/F_r \leq e$ ist, gilt wie bei rein radial belasteten Radiallagern:

$$P = F_r.$$

In der Praxis und in Laboruntersuchungen ist jedoch zu beobachten, dass die Lebensdauerwerte von Lagern gleicher Art und Größe unter völlig gleichen Belastungsbedingungen doch sehr unterschiedlich sind. Das heißt, es tritt eine beachtliche Streuung auf, so dass eine statistische Festlegung des Begriffes Lebensdauer notwendig ist. In DIN ISO 281 ist deshalb eine nominelle Lebensdauer $L_{10}$ definiert, die von 90 % einer größeren Anzahl von offensichtlich gleichen Lagern unter gleichen Bedingungen erreicht oder überschritten wird. Danach können 10 % der Lager zu einem nicht festgelegten Zeitpunkt vorher ausfallen. Aus zahlreichen Untersuchungen ergab sich, dass diese Lebensdauer $L_{10}$ umgekehrt proportional zur $p$-ten Potenz der dynamisch äquivalenten Lagerbelastung $P$ ist:

$$L_{10} \sim \frac{1}{P^p}$$

Mit der dynamischen Tragzahl $C$, die als diejenige Belastung definiert ist, bei der eine nominelle Lebensdauer von einer Million Umdrehungen zu erwarten ist, ergibt sich:

$$L_{10} = \left(\frac{C}{P}\right)^p \ [10^6 \text{ Umdrehungen}] \tag{4.58}$$

Der Exponent $p$ ist von der Bauart abhängig und wurde aus Versuchen ermittelt:

- für Kugellager gilt: $p = 3$,
- für Rollenlager gilt: $p = 10/3$.

**Tab. 4.10**  Richtwerte für die erforderliche nominelle Lebensdauer $L_{10\,h}$ (nach SKF)

| Maschinenart | $L_{10h}$ in Betriebsstunden |
|---|---|
| Haushaltsmaschinen, landwirtschaftliche Maschinen, Instrumente, medizinisch-technische Geräte | 300 … 3000 |
| Maschinen für kurzzeitigen oder unterbrochenen Betrieb Elektro-Handwerkzeuge, Montagekrane, Baumaschinen | 3000 … 8000 |
| Maschinen für kurzzeitigen oder unterbrochenen Betrieb mit hohen Anforderungen an die Betriebssicherheit: Aufzüge, Stückgutkrane | 8000 … 12 000 |
| Maschinen für täglich achtstündigen Betrieb, die nicht stets voll ausgelastet werden: Zahnradgetriebe für allgemeine Zwecke, ortsfeste Elektromotoren, Kreiselbrecher | 10 000 … 25 000 |
| Maschinen für täglich achtstündigen Betrieb, die voll ausgelastet werden: Werkzeugmaschinen, Maschinen für Produktionsbetriebe, Krane für Massengüter, Gebläse, Förderbänder | 20 000 … 30 000 |
| Maschinen für Tag- und Nachtbetrieb: Walzwerksgetriebe, mittelschwere Elektromaschinen, Kompressoren, Pumpen, Textilmaschinen, Grubenaufzüge | 40 000 … 50 000 |
| Wasserwerke, Drehöfen, Rohrschnellverseilmaschinen, Getriebe für Hochseeschiffe | 60 000 … 100 000 |
| Maschinen für Tag- und Nachtbetrieb mit hohen Anforderungen an die Betriebssicherheit: Zellulose- und Papiermaschinen, Großelektromaschinen Grubenpumpen und -gebläse, Lauflager für Hochseeschiffe | $\approx 100\,000$ |

Die Lebensdauerangabe in Millionen Umdrehungen ist für die praktische Anwendung jedoch sehr ungeschickt. Viel besser ist eine Angabe in Betriebsstunden. Bei einer konstanten Drehzahl $n$ kann durch Umformen der Gleichung (4.58) die Lebensdauer in Betriebsstunden angegeben werden:

$$L_{10h} = \frac{10^6}{60 \cdot n} \left(\frac{C}{P}\right)^p \tag{4.59}$$

In Gl. (4.59) ist die Drehzahl $n$ ist in $min^{-1}$ einzusetzen. Die erforderliche Lebensdauer richtet sich nach der voraussichtlichen Einsatzdauer der Maschine, in die das Lager eingebaut werden soll (Tab. 4.10).

**Beispiel 7: Berechnung der nominellen Lebensdauer**

Das Festlager einer Maschinenwelle ist mit dem Rillenkugellager 6214 ausgeführt. Das Lager wird durch eine Radialkraft $F_r = 4{,}2$ kN und eine Axialkraft $F_a = 3{,}4$ kN belastet. Die Wellendrehzahl beträgt $n = 900$ min$^{-1}$.

Nach Tab. B.1 (Anhang) ist die dynamische Tragzahl $C = 63{,}7$ kN und die statische Tragzahl $C_0 = 45$ kN.

Bestimmung der Faktoren nach Tab. 4.9:

$$\frac{F_a}{C_0} = \frac{3{,}4}{45} = 0{,}075 \qquad \text{daraus folgt}: \ e = 0{,}27$$

$$\frac{F_a}{F_r} = \frac{3{,}4}{4{,}2} = 0{,}81 > e \quad \text{deshalb wird}: \ X = 0{,}56 \,\text{und}\, Y = 1{,}6$$

Damit wird die dynamisch äquivalente Lagerlast (Gl. 4.57):

$$P = X \cdot F_r + Y \cdot F_a = 0{,}56 \cdot 4{,}2 + 1{,}6 \cdot 3{,}4 = 7{,}8 \,\text{kN}$$

Die nominelle Lebensdauer ist dann nach Gl. 4.59:

$$L_{10\,h} = \frac{10^6}{60 \cdot n} \left(\frac{C}{P}\right)^p = \frac{10^6}{60 \cdot 900} \left(\frac{63{,}7}{7{,}8}\right)^3 = 10\,086 \,\text{Stunden}$$

Das heißt, es ist zu erwarten, dass 90 % der Lager 6214 bei der oben genannten Belastung und unter normalen Einsatzbedingungen mindestens 10 000 Stunden störungsfrei funktionieren.

**Beispiel 8: Lagerart und Lagergröße festlegen**

Die beiden Lager einer Unwuchtwelle werden jeweils mit einer Fliehkraft von $F_z = F_r = 5{,}5$ kN belastet. Die nominelle Lebensdauer soll bei einer Drehzahl von $n = 1500$ min$^{-1}$ mindestens 10 000 Stunden betragen. Aus konstruktiven Gründen wurden die Wellendurchmesser, auf denen die Lager angeordnet werden, auf $d = 30$ mm festgelegt.

Mit $F_a = 0$ wird die äquivalente Lagerlast $P = F_r = 5{,}5$ kN.

Durch Umstellen der Gl. 4.59 läßt sich die erforderliche Tragzahl für ein Rillenkugellager berechnen:

$$C_{erf} = \sqrt[3]{\frac{L_{10\,h} 60 \cdot n}{10^6}} \cdot P = \sqrt[3]{\frac{10\,000 \cdot 60 \cdot 1500}{10^6}} \cdot 5{,}5 \,\text{kN} = 53{,}1 \,\text{kN}$$

Ein Blick in Tab. B.1 (Anhang) zeigt, dass kein Rillenkugellager mit $d = 30$ mm die erforderliche Tragzahl auch nur annähernd erreicht. Da keine nennenswerten Axialkräfte auftreten, sind auch Zylinderrollenlager sehr gut geeignet.

Für Rollenlager sind kleinere Tragzahlen als für baugleiche Kugellager erforderlich:

$$C_{erf} = \sqrt[\frac{10}{3}]{\frac{L_{10\,h} 60 \cdot n}{10^6}} \cdot P = \sqrt[\frac{10}{3}]{\frac{10000 \cdot 60 \cdot 1500}{10^6}} \cdot 5{,}5 \,\text{kN} = 42{,}3 \,\text{kN}$$

Nach Tab. B.3b wird das Zylinderrollenlager **NJ 206** mit $C = 44$ kN gewählt. Unter Verwendung zweier baugleicher Lager kann dann leicht eine schwimmende Lagerung nach Abb. 4.67 realisiert werden.

Mit diesen Lagern ist eine nominelle Lebensdauer von $L_{10\,h} = 11\,370$ Stunden zu erwarten.

*Veränderliche Drehzahl und Belastung*  Ist die Drehzahl während der gesamten Lebensdauer nicht konstant, so ist eine mittlere Drehzahl $n_m$ zu ermitteln und in Gleichung (4.59) einzusetzen. Dazu wird der tatsächliche Kurvenverlauf durch eine Reihe von Einzeldrehzahlen mit einer bestimmten Wirkdauer $q$ in % angenähert (Abb. 4.79a):

$$n_m = n_1 \frac{q_1}{100} + n_2 \frac{q_2}{100} + \dots$$

In vielen Lagerungen ändern sich jedoch nicht nur die Drehzahlen sondern auch die Lagerkräfte über der Zeit. Da die Lagerbelastung die Lebensdauer sehr stark beeinflusst ($L_{10}$ umgekehrt proportional zu $P^p$), können hohe Lagerkräfte, auch über verhältnismäßig kurze Zeitanteile, die Lebensdauer stark beeinträchtigen. Für den Fall, dass Drehzahl und Lagerkraft nicht konstant sind, werden für die einzelnen Laststufen die äquivalenten Belastungen $P_1, P_2, P_3$ usw. berechnet (Abb. 4.79b). Für die dynamisch äquivalente Lagerlast gilt dann:

$$P = \sqrt[p]{P_1^p \frac{n_1}{n_m} \frac{q_1}{100} + P_2^p \frac{n_2}{n_m} \frac{q_2}{100} + \dots} \qquad (4.60)$$

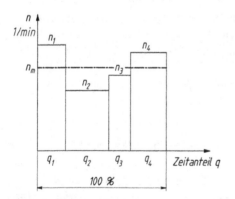

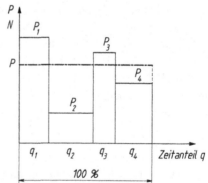

a mittlere Drehzahl $n_\mathrm{m}$        b mittlere äquivalente dynamische
  (bei konstanter Last)                      Lagerbelastung $P$

**Abb. 4.79** Ermittlung der mittleren Drehzahl und Belastung

Bei veränderlicher Belastung aber konstanter Drehzahl gilt $n_i = n_m$, so dass sich Gl. (4.60) vereinfacht:

$$P = \sqrt[p]{P_1^p \frac{q_1}{100} + P_2^p \frac{q_2}{100} + \dots}$$

*Modifizierte Lebensdauerberechnung*  Bei der Berechnung der nominellen Lebensdauer nach Gl. (4.58) wird nur der Einfluss der Belastung und der Drehzahl auf die Lebensdauer eines bestimmten Lagers berücksichtigt. Für die meisten Lagerungsfälle im allgemeinen Maschinenbau reicht diese Berechnung aus, da die erforderliche $L_{10}$-Lebensdauer auf Erfahrung beruht und eine große Bandbreite aufweist (Tab. 4.10).

In bestimmten Fällen kann es jedoch angebracht sein, die exakten Betriebsbedingungen zu berücksichtigen. Daher wurde in der DIN ISO 281 eine modifizierte oder erweiterte Lebensdauergleichung aufgenommen.

$$L_{na} = a_1 \cdot a_2 \cdot a_3 \cdot L_{10}$$

Dabei wird durch die Beiwerte folgendes berücksichtigt:

  $a_1$ : Beiwert für die Erlebniswahrscheinlichkeit (Tab. 4.11),
  $a_2$ : Beiwert für den Werkstoff,
  $a_3$ : Beiwert für die Betriebsbedingungen.

Wegen der gegenseitigen Abhängigkeit der Beiwerte für Werkstoff ($a_2$) und Betriebsbedingungen ($a_3$) geben die Wälzlagerhersteller Zahlenwerte nur für den gemeinsamen Faktor $a_{23} = a_2 \cdot a_3$ an. Da auch bei der Herstellung normaler Wälzlager hochwertige Werkstoffe verwendet werden, wird dieser Faktor im Wesentlichen durch die Lagerschmierung bestimmt. Bei normaler Sauberkeit der Lagerung und wirksamer Abdichtung ist der Beiwert $a_{23}$ von dem Viskositätsverhältnis $\kappa = \nu/\nu_1$ (Abb. 4.80) abhängig. Dabei ist $\nu_1$ die erforderliche Viskosität um bei Betriebstemperatur eine ausreichende Schmierung zu gewährleisten. Sie ist abhängig von der Drehzahl $n$ und dem mittleren Lagerdurchmesser $d_m$ und kann Abb. 4.81 entnommen werden. Um die tatsächliche Viskosität $\nu$ bei Betriebstemperatur zu ermitteln, muss der Schmierstoff bekannt sein (Abb. 4.19).

**Tab. 4.11**  Beiwert $a_1$ für die modifizierte Lebensdauerberechnung

| Erlebniswahrscheinlichkeit [%] | 90 | 95 | 96 | 97 | 98 | 99 |
|---|---|---|---|---|---|---|
| Lebensdauer $L_{na}$ | $L_{10a}$ | $L_{5a}$ | $L_{4a}$ | $L_{3a}$ | $L_{2a}$ | $L_{1a}$ |
| Beiwert $a_1$ | 1,00 | 0,64 | 0,55 | 0,47 | 0,37 | 0,25 |

**Abb. 4.80** Beiwert $a_1$

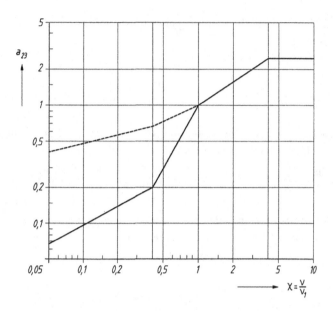

**Abb. 4.81** Erforderliche
Viskosität $\nu_1$ um eine
ausreichende Schmierung zu
gewährleisten

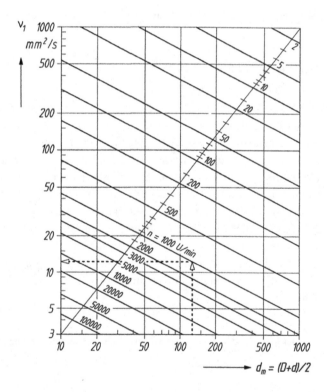

*Einfluss der Betriebstemperatur* Bei hohen Betriebstemperaturen nimmt die Härte des Lagerwerkstoffes ab. Dadurch reduziert sich die dynamische Tragfähigkeit, die bei der Lagerberechnung dadurch berücksichtigt wird, dass die dynamische Tragzahl $C$ mit einem Temperaturfaktor $f_T$ multipliziert wird. Bei den meisten Anwendungen ist die Betriebstemperatur kleiner als 150 °C, d. h. $f_T = 1$. Für höhere Temperaturen gilt für den Temperaturfaktor:

| Lagertemperatur [°C] | bis 150 | 200 | 250 | 300 |
|---|---|---|---|---|
| Temperaturfaktor $f_T$ | 1 | 0,9 | 0,75 | 0,6 |

*Angestellte Lagerung* Bei Schrägkugel- und Kegelrollenlagern müssen die durch die geneigten Laufbahnen ($\alpha \neq 0$) induzierten inneren Axialkräfte bei der Berechnung der äquivalenten Lagerbelastung berücksichtigt werden. Die resultierende Axialkraft $F_a$, die zur Berechnung der dynamisch äquivalenten Lagerlast für Schrägkugellager nach Tab. 4.12 benötigt wird, ist die Summe bzw. Differenz der inneren und äußeren Axialkräfte entsprechend Abb. 4.82. Um Verwechslungen zu vermeiden, wird hier wie im SKF-Lagerkatalog die äußere Axialkraft mit $K_a$ bezeichnet.

Für Kegelrollenlager berechnet sich die dynamisch äquivalente Lagerlast nach Tab. 4.13. Bei satzweise eingebauten Lagern sind $F_r$ und $F_a$ die auf das Lagerpaar wirkenden Kräfte. Die resultierenden Axialkräfte können nach Abb. 4.83 bestimmt werden.

---

**Beispiel: Kegelrollenlagerung**

Die Abb. 4.84a zeigt das Belastungsschema einer Laufrolle, wie sie für Drehöfen eingesetzt werden. Aus Festigkeitsgründen wird an den Lagerstellen ein Zapfendurchmesser von 70 mm vorgegeben. Zur Lagerung sind zwei baugleiche Kegelrollenlager (32314) zu verwenden (Abb. 4.84b). Aus Tab. B.4 sind folgende Lagerdaten entnommen:

Dynamische Tragzahl $C = 297$ kN, Axialfaktor $Y = 1,7$ und der Grenzwert $e = 0,35$.

Welche nominelle Lebensdauer ist zu erwarten, wenn die Radiallast $F = 75$ kN, die Axiallast $K_a = 30$ kN und die Drehzahl $n = 15$ l/min als konstant angenommen werden?

Berechnung der radialen Lagerkräfte:

$$\Sigma F = 0: \quad F = F_{rA} + F_{rB}$$
$$\Sigma M = 0: \quad K_a \cdot 200 + F \cdot 46 = F_{rB} \cdot 92$$

Darauf folgt:

$$F_{rA} = -27,7 \text{ kN}$$
$$F_{rB} = 102,7 \text{ kN}$$

**Tab. 4.12** Dynamisch äquivalente Lagerlast für Schrägkugellager

|  | $\alpha$ | $e$ | $F_a/F_r \leq e$ | $F_a/F_r > e$ |
|---|---|---|---|---|
| Einzellager und Tandem-Anordnung | 40° | 1,14 | $P = F_r$ | $P = 0,35 \cdot F_r + 0,57 \cdot F_a$ |
| Lagerpaar in X- oder O-Anordnung | 40° | 1,14 | $P = F_r + 0,55 \cdot F_a$ | $P = 0,57 \cdot F_r + 0,93 \cdot F_a$ |
| Zweireihige Lager | 32° | 0,86 | $P = F_r + 0,73 \cdot F_a$ | $P = 0,62 \cdot F_r + 1,17 \cdot F_a$ |
| Vierpunktlager | 35° | 0,95 | $P = F_r + 0,66 \cdot F_a$ | $P = 0,60 \cdot F_r + 1,07 \cdot F_a$ |

| Belastungsfall | Resultierende Axialkraft zur Berechnung der dynamisch äquivalenten Lagerlast | |
|---|---|---|
| | Loslager (Lager A) | Festlager (Lager B) |
| $F_{rA} \geq F_{rB}$<br><br>$K_a \geq 0$ | $F_{aA} = 1,14\, F_{rA}$ | $F_{aB} = 1,14\, F_{rA} + K_a$ |
| $F_{rA} < F_{rB}$<br><br>$K_a \geq 1,14 \cdot (F_{rB} - F_{rA})$ | $F_{aA} = 1,14\, F_{rA}$ | $F_{aB} = 1,14\, F_{rA} + K_a$ |
| $F_{rA} < F_{rB}$<br><br>$K_a < 1,14 \cdot (F_{rB} - F_{rA})$ | $F_{aA} = 1,14\, F_{rB} - K_a$ | $F_{aB} = 1,14\, F_{rB}$ |

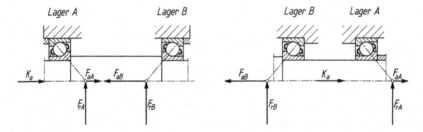

**Abb. 4.82** Resultierende Axialkraft bei einreihigen Schrägkugellagern (nach SKF). Als Festlager wird das Lager bezeichnet, das die äußere Axialkraft $K_a$ aufnimmt

**Tab. 4.13** Dynamisch äquivalente Lagerlast für Kegelrollenlager

|  | $F_a/F_r \leq e$ | $F_a/F_r > e$ |
|---|---|---|
| Einreihige Kegelrollenlager zusammengepaßte Kegelrollenlager (Tab. B.4) | $P = F_r$<br>$P = F_r + Y_1 \cdot F_a$ | $P = 0,4 \cdot F_r + Y \cdot F_a$<br>$P = 0,67 \cdot F_r + Y_2 \cdot F_a$ |

Die Werte $e$ und $Y$ bzw. $Y_1$ und $Y_2$ sind lagerabhängige Größen und können dem Anhang oder den Herstellerangaben (Lagerkatalog) entnommen werden.

| Belastungsfall | Resultierende Axialkraft zur Berechnung der dynamisch äquivalenten Lagerlast | |
| --- | --- | --- |
| | Loslager (Lager A) | Festlager (Lager B) |
| $\dfrac{F_{rA}}{Y_A} \geq \dfrac{F_{rB}}{Y_B}$ $K_a \geq 0$ | $F_{aA} = \dfrac{0{,}5\,F_{rA}}{Y_A}$ | $F_{aB} = \dfrac{0{,}5\,F_{rA}}{Y_A} + K_a$ |
| $\dfrac{F_{rA}}{Y_A} < \dfrac{F_{rB}}{Y_B}$ $K_a \geq 0{,}5\left(\dfrac{F_{rB}}{Y_B} - \dfrac{F_{rA}}{Y_A}\right)$ | $F_{aA} = \dfrac{0{,}5\,F_{rA}}{Y_A}$ | $F_{aB} = \dfrac{0{,}5\,F_{rA}}{Y_A} + K_a$ |
| $\dfrac{F_{rA}}{Y_A} < \dfrac{F_{rB}}{Y_B}$ $K_a < 0{,}5\left(\dfrac{F_{rB}}{Y_B} - \dfrac{F_{rA}}{Y_A}\right)$ | $F_{aA} = \dfrac{0{,}5\,F_{rB}}{Y_B} - K_a$ | $F_{aB} = \dfrac{0{,}5\,F_{rB}}{Y_B}$ |

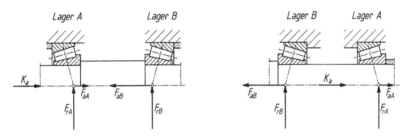

**Abb. 4.83** Resultierende Axialkraft bei einreihigen Kegelrollenlagern (nach SKF) mit den Axialfaktoren $Y_A$ und $Y_B$ für die Lager A bzw. B. Als Festlager wird das Lager bezeichnet, das die äußere Axialkraft Ka aufnimmt

Berechnung der axialen Lagerkräfte: Die äußere Axiallast $K_a$ wird über die Nabe auf den Außenring von Lager B eingeleitet. Das heißt, das Lager B ist das Festlager.

Mit $\quad \dfrac{|F_{rA}|}{Y_A} < \dfrac{F_{rB}}{Y_B}\quad$ und $0,5\left(\dfrac{F_{rB}}{Y_B} - \dfrac{|F_{rA}|}{Y_A}\right) = 0,5\left(\dfrac{102,7}{1,7} - \dfrac{27,7}{1,7}\right) = 22\,\text{kN} < K_a$

gilt nach Abb. 4.83 für die Axialkräfte:

$$F_{aA} = \frac{0,5 \cdot |F_{rA}|}{Y_A} = \frac{0,5 \cdot 27,7}{1,7} = 8,15\,\text{kN}$$

$$F_{aB} = \frac{0,5 \cdot |F_{rA}|}{Y_A} + K_a = 8,15 + 30 = 38,15\,\text{kN}$$

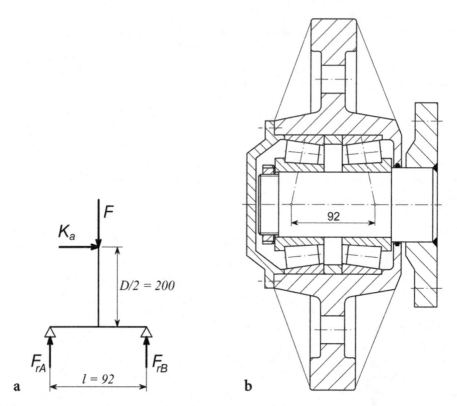

**Abb. 4.84** Laufrolle mit angestellter Lagerung: a) Belastungsschema; b) Kegelrollenlagerung

Das Festlager B ist am höchsten belastet.

$$\text{Mit} \quad \frac{F_{aB}}{F_{rB}} = \frac{38,15}{102,7} = 0,37 > e$$

kann nach Tab. 4.13 die äquivalente Lagerlast berechnet werden:

$$P_B = 0,4 \cdot F_{rB} + Y_B \cdot F_{aB} = 0,4 \cdot 102,7 + 1,7 \cdot 38,15 = 105,9 \, \text{kN}$$

Die nominelle Lebensdauer für Lager B ist dann

$$L_{10h} = \frac{10^6}{60 \cdot n} \left(\frac{C}{P_B}\right)^{\frac{10}{3}} = \frac{10^6}{60 \cdot 15} \left(\frac{297}{105,9}\right)^{\frac{10}{3}} = 34.564 \, \text{Stunden}$$

**Mindestbelastung** Im letzten Kapitel wurde der Zusammenhang zwischen Lagerbelastung und Lebensdauer aufgezeigt. Bei sehr kleinen Belastungen können jedoch andere Versagensmechanismen als die Materialermüdung auftreten. Deshalb sollten Wälzlager immer mit einer Mindestbelastung $F_{min}$ beaufschlagt sein. Als Faustformel kann die Mindestbelastung in Abhängigkeit von der Tragzahl $C$ angegeben werden:

$$\text{Kugellager:} \quad F_{\min} \geq 0,01 \cdot C$$
$$\text{Rollenlager:} \quad F_{\min} \geq 0,02 \cdot C$$

Besonders wichtig ist die Mindestbelastung bei Lagern, die hohen Beschleunigungen ausgesetzt sind (z. B. im Start-Stopp-Betrieb) oder mit hohen Drehzahlen umlaufen. Als hohe Drehzahl versteht man in diesem Zusammenhang eine Betriebsdrehzahl von größer als 50 % der im Lagerkatalog angegebenen Grenzdrehzahl. Empfehlungen für die Berechnung der Mindestbelastung findet man in den Katalogen der Lagerhersteller.

**Grenzdrehzahl** Ein gleichmäßiger und ruhiger Lauf sowie die der Berechnung zugrunde liegende Lebensdauer sind bei Wälzlagern zu erwarten, solange eine Grenzdrehzahl nicht überschritten wird. Sie ist abhängig von der Bauart, den Abmessungen und der Schmierung. Denn je größer die Wälzkörper sind und je höher die Drehzahl ist, desto stärker werden die Wälzkörper infolge der Zentrifugalkraft an die Außenringlaufbahn gepresst. Dies bedeutet eine zusätzliche Belastung der Laufbahn und des Schmierfilms. In den Lagerkatalogen sind für jedes Lager Richtwerte für die Drehzahlgrenze bei Fett- und Ölschmierung angegeben. Sie gelten für Lager in normaler Ausführung und Genauigkeit, mit idealen Einbau-, Schmierungs- und Betriebsbedingungen bei relativ geringen Belastungen. Bei hohen sowie kombinierten Belastungen (gleichzeitig radial und axial wirkend) sollte die Betriebsdrehzahl deutlich unter der angegebenen Grenzdrehzahl liegen. Höhere Drehzahlen lassen sich durch genauere Lager, größere Lagerluft und leichtere Käfige (z. B. aus Kunststoff) erzielen.

### 4.3.2.3 Axiallager
Da Axiallager – mit Ausnahme der Axialpendelrollenlager – keine Radialkräfte übertragen, können sie nur zusätzlich zu Radiallagern eingebaut werden. Die Verwendung von Axiallagern ist immer dann erforderlich, wenn die Axialkräfte die für die vorhandenen Radiallager zulässigen Werte überschreiten.

### Bauformen
Axiallager beschränken sich im Wesentlichen auf drei verschiedene Grundtypen, die nachfolgend vorgestellt werden.

**Axial-Rillenkugellager** Axiale Rillenkugellager sind starre, nicht selbsthaltende Rillenlager, deren Laufbahnkörper scheibenförmig sind. Da sie nur Axialkräfte aufnehmen, muss die radiale Führung der Welle von einem separaten Lager gewährleistet sein. Die mit der Welle drehende Scheibe wird Wellenscheibe, die sich im Gehäuse abstützende Scheibe Gehäusescheibe genannt. Es sind einseitig (DIN 711) und zweiseitig (DIN 715) wirkende Axialkugellager zu unterscheiden (Abb. 4.85a und b). Bei den zweiseitig wirkenden Lagern, die aus drei Scheiben und zwei Kugelkränzen bestehen, sind die mittlere Scheibe als Wellenscheibe, die beiden anderen als Gehäusescheiben ausgebildet.

Die Wellenscheiben werden auf der Welle zentriert. Um ein Verspannen in radialer Richtung zu vermeiden, werden die Gehäusescheiben mit genügend radialem Spiel gegenüber dem Gehäuse eingebaut (Abb. 4.56b).

Meist werden Axial-Rillenkugellager mit ebenen Gehäusescheiben verwendet, jedoch werden auch solche mit kugeligen Gehäusescheiben auf kugeligen Unterlagscheiben eingesetzt, um Winkelfehler auszugleichen. Zu beachten ist, dass auf diese Weise nur Winkelfehler der Gehäuse ausgeglichen werden können. Fluchtungsfehler, Durchbiegung der Welle oder Wellenscheiben, die nicht senkrecht zur Wellenachse eingebaut werden, lassen sich so nicht ausgleichen, sondern verursachen eine taumelnde Bewegung der Gehäusescheiben, die zur Lagerzerstörung führt.

**Axial-Zylinderrollenlager**  Für sehr große Axialkräfte und für stoßartige Belastungen eignen sich Axialz-Zlinderrollenlager nach DIN 722 (Abb. 4.85c), die sich durch einen geringen Platzbedarf und eine hohe Tragfähigkeit und Steifigkeit auszeichnen. Da die Umfangsgeschwindigkeit proportional zum Radius zunimmt, können die Wälzkörper nicht schlupffrei abrollen. Damit die dadurch entstehende Reibung nicht zu groß wird, werden relativ kurze Zylinderrollen verwendet. Das Axialnadellager ist eine bauraumoptimierte Version des einseitig wirkenden Axialzylinderrollenlagers, das als Axial-Nadelkranz ohne Scheiben zu beziehen ist. Der Nachteil von Axial-Nadellagern ist jedoch eine erhöhte Reibung.

**Axialpendelrollenlager**  Ein Axiallager, das auch gewisse Radialkräfte aufnehmen kann, ist das Axialpendelrollenlager nach DIN 728 (Abb. 4.85d). Bei diesen einseitig wirkenden Lagern werden tonnenförmige Wälzkörper verwendet, die zur Lagerachse in einem bestimmten Winkel, meist 45°, stehen. Die Gehäusescheibe ist hohlkugelig, so dass ein sicheres Einstellen und gleichmäßige Verteilung der Last auf die Rollen gewährleistet ist. Wenn die Axiallager auch Radialkräfte aufnehmen sollen, müssen die radialen Sitze zwischen Gehäusescheibe und Gehäuse und zwischen Wellenscheibe und Welle spielfrei sein. Sie sind die axial tragfähigsten Wälzlager und werden dort eingesetzt, wo Scheibenkugellager auch in mehrreihiger Ausführung keine ausreichende Tragfähigkeit bieten. Ihr Anwendungsgebiet ist sehr vielseitig, denn sie können nicht nur bei Schwenkbewegungen, sondern auch bei verhältnismäßig hohen Drehzahlen eingesetzt werden. Beispiele sind schwere Schneckengetriebe, Kranstützlager, Lokomotivdrehscheiben und Schiffsdrucklager.

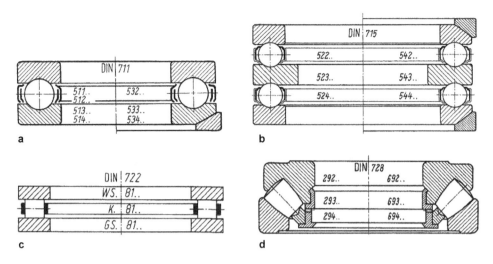

**Abb. 4.85**  Axiallager a) einseitiges Rillenkugellager; b) zweiseitiges Rillenkugellager; c) Zylinderrollenlager; d) Pendelrollenlager

## Gestaltung

Hingegen die meisten Radiallager sowohl Radialkräfte als auch Axialkräfte übertragen können, benötigen Axiallager immer zusätzliche Radiallager zur Aufnahme der Querkräfte. Nur das Axial-Pendelrollenlager kann Radialkräfte aufnehmen und kann somit auch als Festlager eingesetzt werden. Das bedeutet, dass bei Verwendung eines Axial-Pendelrollenlagers nur ein Radiallager als Loslager erforderlich ist.

Um bei Axiallagern Gleitbewegungen zwischen den Wälzkörpern und den Laufbahnen zu vermeiden, muss immer eine Mindest-Axialbelastung vorliegen. Im Beispiel der Kranfußlagerung übersteigt die Gewichtskraft die erforderliche Mindest-Axialbelastung, so dass keine zusätzlichen konstruktiven Maßnahmen erforderlich sind. Falls erforderlich sind Axiallager jedoch vorzuspannen (z. B. mit Federn).

## Lagerberechnung

Da Axial-Kugellager und Axial-Zylinderrollenlager keine Radialkräfte aufnehmen können, ist die Berechnung der statischen äquivalenten Lagerlast als auch der dynamischen äquivalenten Lagerlast sehr einfach. Sie entspricht immer der äußeren Axialkraft:

$$P_0 = P = F_a$$

Axial-Pendelrollenlager können neben einer Axialkraft $F_a$ auch eine Radialkraft $F_r$ übertragen. Für $F_r \leq 0{,}55 \cdot F_a$ ist die *statisch äquivalente Lagerlast:*

$$P_0 = F_a + 2{,}7 \cdot F_r$$

Die *statisch äquivalente Lagerlast* ist für $F_r \leq 0,55 \cdot F_a$:

$$P = F_a + 1,2 \cdot F_r$$

Zu beachten ist, dass sowohl bei der dynamischen als auch bei der statischen Beanspruchung die Radiallast $F_r$ immer kleiner als 55 % der Axiallast $F_a$ sein muss.

Die statische Sicherheit $S_0$ und die Lebensdauer $L_{10}$ kann mit den Gleichungen für die Radiallager berechnet werden. Bei höheren Drehzahlen können auch bei Axiallagern Gleitbewegungen zwischen den Wälzkörpern und den Laufbahnen auftreten. Um zu vermeiden, dass dadurch die Lebensdauer beeinträchtigt wird, sollten Axiallager immer mit einer Mindestbelastung beaufschlagt sein. Die für einen störungsfreien Betrieb erforderliche Mindest-Axialbelastung $F_{a,min}$ kann nach SKF mit folgenden Gleichungen berechnet werden:

Axial-Rillenkugellager:      $F_{a,min} = A \cdot \left( \dfrac{n_{max}}{10^3} \right)^2$

Axial-Zylinderrollenlager:   $F_{a,min} = 5 \cdot 10^{-4} \cdot C_0 + A \cdot \left( \dfrac{n_{max}}{10^3} \right)^2$

Axial-Pendelrollenlager:     $F_{a,min} = 1,8 \cdot F_r + A \cdot \left( \dfrac{n_{max}}{10^3} \right)^2$

Als Drehzahl ist die maximale Betriebsdrehzahl in $min^{-1}$ einzusetzen. Der Minimallastfaktor $A$ ist von Lagerart und Lagergröße abhängig und kann den SKF-Produkttabellen entnommen werden.

## 4.4    Kupplungen und Bremsen

Eine Kupplung hat die Aufgabe, zwei Wellen miteinander zu verbinden um ein Drehmoment und eine Drehbewegung (d. h. eine Leistung) zu übertragen. Soll die Verbindung dauernd bestehen, so genügen nichtschaltbare Kupplungen, soll die Verbindung jedoch zeitweise hergestellt und dann wieder unterbrochen werden, so müssen schaltbare Kupplungen verwendet werden. Nach Abb. 4.86 lässt sich eine systematische Einteilung der Kupplungen gemäß ihrer Funktionen vornehmen.

Die *nichtschaltbaren Kupplungen* werden in starre Kupplungen, die eine drehstarre Verbindung bei genau fluchtenden Wellen herstellen, und in formschlüssig nachgiebige Kupplungen, die für Wellenverlagerungen (Längs-, Quer-, Winkel oder Drehverlagerungen) entweder beweglich als Gelenke oder elastisch zum Auffangen von Stößen und zur Dämpfung von Drehschwingungen als elastische Kupplungen ausgeführt. Unter kraftschlüssig drehnachgiebigen Kupplungen sind Schlupfkupplungen zu verstehen, die entweder hydrodynamisch (Strömungskupplung) oder elektromagnetisch (Induktionskupplung) wirken.

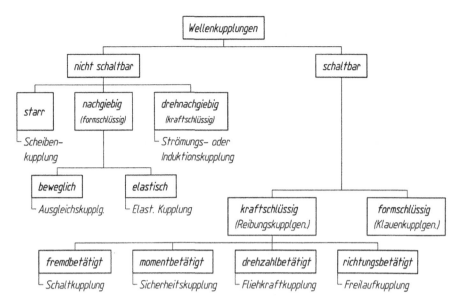

**Abb. 4.86**  Einteilung der Kupplungen (nach VDI 2240)

Die *schaltbaren Kupplungen* können nach der Art des Schaltens eingeteilt werden. Dabei sind die fremdgeschalteten die eigentlichen Schaltkupplungen, momentgeschaltete Kupplungen werden als Anfahr- und Sicherheitskupplungen eingesetzt, drehzahlgeschaltet sind Fliehkraftkupplungen und Freilauf- oder Überholkupplungen sind richtungsgeschaltet. Die Drehmomentübertragung erfolgt bei diesen Kupplungen entweder formschlüssig, bei denen kein Schlupf möglich ist, oder kraftschlüssig (Reibungskupplungen), bei denen während des Schaltvorgangs immer Schlupf auftritt.

Aus der Fülle der Ausführungs- und Kombinationsmöglichkeiten können nur einige Beispiele ausgewählt werden. Die Gliederung erfolgt nach der in Abb. 4.86 dargestellten Einteilung. Dabei werden in jedem Abschnitt zuerst die gemeinsamen Merkmale, Anwendungsgebiete, wichtige Kennwerte und Rechengrößen besprochen, danach werden verschiedene Bauarten kurz vorgestellt. Bezüglich weiterer Einzelheiten, Typenstufungen und technischer Daten muss auf die Druckschriften der Hersteller verwiesen werden.

Bei der Konstruktion und Auswahl von Kupplungen sind ganz allgemein folgende Gesichtspunkte zu beachten:

1. Die Kupplung soll einfach montierbar und demontierbar sein. Die Montage sollte ohne axiale Verschiebung der Wellen möglich sein.
2. Vorspringende Teile sollen vermieden oder verdeckt werden, da sie leicht Unfälle verursachen können.

3. Das Gewicht der Kupplung sollte möglichst gering sein. Um Biegebeanspruchungen durch Eigengewicht niedrig zu halten, sollte die Kupplung möglichst nahe an einem Lager angebracht werden.
4. Die Massenträgheitsmomente sollen möglichst klein sein.
5. Die Kupplungen müssen gut ausgewuchtet sein um Erschütterungen durch Fliehkräfte zu vermeiden.
6. Die Bedienung der Schaltelemente soll einfach und eindeutig sein (gute Zugänglichkeit, geringe Schaltkräfte).

### 4.4.1 Starre Kupplungen

Da starre Kupplungen keine Nachgiebigkeit besitzen, eignen sie sich ausschließlich zur Verbindung von genau fluchtenden Wellen. Sie sind zwar verschleiß- und somit wartungsfrei und für beide Drehrichtungen geeignet, übertragen aber Stöße und Drehmomentschwankungen ungedämpft. Starre Kupplungen werden verwendet, um Wellenstücke zu langen, durchgehenden Wellensträngen zu verbinden wie z. B. Transmissionswellen.

**Scheiben-und Flanschkupplung** Bei der Scheibenkupplung nach DIN 116 (Abb. 4.87) ist bei der Ausführung A ein Zentrierbund vorgesehen. Er hat den Nachteil, dass bei einer Demontage die Welle um mehr als die Läge des Zentrierbundes in axialer Richtung verschoben werden muss. Mit der Ausführung B wird dies vermieden, da ein zweiteiliger Zwischenring zwischen die Kupplungshälften gespannt wird. Die Verbindung der Scheiben erfolgt durch Schrauben, die so fest anzuziehen und zu dimensionieren sind, dass das Drehmoment reibschlüssig über die Stirnflächen der Scheiben übertragen werden kann. Spezielle Schraubensicherungen sind dann nicht erforderlich. Die Schraubenköpfe und Muttern werden zur Verringerung der Unfallgefahr von den Scheibenrändern überdeckt. Die Kupplungsnaben werden mit der Bohrungstoleranz N7 bzw. H7 ausgeführt und werden mit einer Übergangspassung auf die Wellenenden gesetzt (z. B. N 7/h8 bzw. H 7/k6).

**Abb. 4.87** Scheibenkupplung (nach DIN 116)

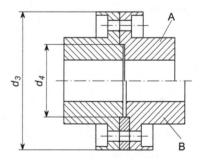

**Abb. 4.88** Flanschkupplung

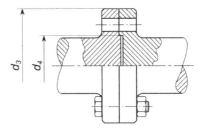

Auch bei der Flanschkupplung nach Abb. 4.88 erfolgt die Drehmomentübertragung durch Reibschluss an den Stirnflächen. Durch $n$ Schrauben mit einer jeweiligen Schrauben $F_S$ wird die erforderliche Reibkraft $F_r = n \cdot F_S \cdot \mu$ aufgebracht. Unter der Annahme, dass die Reibkraft am mittleren Radius $r_m$ der Reibfläche angreift, gilt für das übertragbare Drehmoment

$$T_K = F_r \cdot r_m = n\,F_S\,\mu\,r_m \quad \text{mit} \quad r_m = \frac{d_3 + d_4}{4}.$$

Das Kupplungsmoment $T_K$ muss größer sein als das zu übertragende Drehmoment $T$. Aus der Bedingung $T_K \geq T$ ergibt sich die erforderliche Schraubenkraft

$$F_S \geq \frac{T}{n\,\mu\,r_m}.$$

Bei Verwendung von Passschrauben nach DIN 609 erfolgt die Drehmomentübertragung formschlüssig. Das heißt, dass die Berechnung des übertragbaren Drehmoments wie bei Stiftverbindungen (Abschn. 2.5.3) auf Abscheren der Schraubenschäfte und Flächenpressung in den Schraubenbohrungen erfolgen muss.

**Schalenkupplung** Bei einer Schalenkupplung nach DIN 115 (Abb. 4.89) werden die beiden Schalen mittels Schrauben fest auf die Wellenenden geklemmt. Da die beiden Kupplungshälften radial montiert werden, können sie einfach ein- und ausgebaut werden. Die

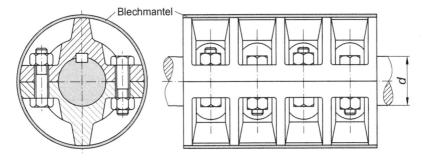

**Abb. 4.89** Schalenkupplung (nach DIN 115)

Übertragung des Drehmomentes erfolgt durch Reibschluss. Zur Sicherheit sollen ab 55 mm Wellendurchmesser zusätzlich Passfedern eingelegt werden, wodurch jedoch die Eindeutigkeit des Übertragungsmechanismuses verloren geht. Zur Vermeidung von Unfällen kann die Schalenkupplung mit einem Blechmantel umhüllt werden.

Das übertragbare Drehmoment einer Schalenkupplung kann wie bei einer Klemmverbindung (Abschn. 2.4.6) berechnet werden. Eine gleichmäßige Pressungsverteilung vorausgesetzt (das entspricht einer biegeweichen Nabe), ergibt sich das übertragbare Drehmoment somit zu

$$T_K = n \, F_S \, \mu \frac{\pi}{2} d.$$

Aus der Bedingung $T_K \geq T$ ergibt sich die erforderliche Schraubenkraft

$$F_S \geq \frac{2\,T}{n\,\pi\,\mu d}.$$

Hierbei wird für $d$ der Wellendurchmesser und für $n$ die Anzahl der Schrauben einer Kupplungshälfte eingesetzt.

**Stirnzahnkupplungen** Bei den Plan- oder Stirnzahnkupplungen mit Hirth-Verzahnung (Abb. 4.90) werden die Stirnflächen der zu verbindenden Wellenenden mit einer Verzahnung versehen und die Teile dann durch Gewindebolzen der Überwurfmuttern verbunden. Die Übertragung des Drehmoments erfolgt formschlüssig über die Zahnflanken. Sie ermöglichen bei geringem Raumbedarf die Übertragung großer Drehmomente in beiden Richtungen. Die Montage erfolgt ohne Schlagen und Pressen und die Verzahnung garantiert eine genaue selbsttätige Zentrierung. Die Teile können um einen oder mehrere Zähne gegeneinander verdreht werden.

### 4.4.2 Bewegliche Kupplungen (Ausgleichskupplungen)

Bewegliche, nicht schaltbare Kupplungen sind drehsteif und können axiale, radiale und winklige Wellenverlagerungen ausgleichen. Sie werden deshalb auch als gelenkige Ausgleichskupplungen bezeichnet. Da sie zu den formschlüssigen Kupplungen gehören,

**Abb. 4.90** Stirnzahnkupplung:
a) Hirth-Verzahnung;
b) koaxiale
Ritzel-Welle-Verbindung

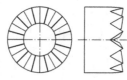
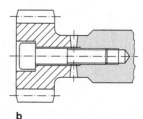

a                                              b

erfolgt die Kraftübertragung ungedämpft (starr) über Schubgelenke (z. B. Klauen oder Zähne) und Drehgelenke (z. B. Zapfen in Lagerbuchsen). Für die Dimensionierung sind die zulässigen Flächenpressungen maßgebend. Ursachen für einen Wellenversatz können sein:

- Wärmedehnungen,
- Elastische Verformungen,
- Fluchtungsfehler.

**Axiale Wellenverlagerungen** Axiale Verlagerungen der Wellenenden können durch Wärmedehnungen entstehen. Aber es kann auch konstruktive Gründe dafür geben, dass mehr oder weniger große axiale Distanzen überbrückt werden müssen. Der Längenausgleich kann mit einer einfachen Klauenkupplung erfolgen (Abb. 4.91). Noch einfacher geht es mit einer Hülse über zwei Wellenenden, die jeweils eine Passfeder oder ein Keilwellenprofil haben. Da die längsbeweglichen Kupplungen keine radialen und winkligen Wellenverlagerungen zulassen, müssen sie sehr genau fluchten und erfordern deshalb auch eine sehr genaue Fertigung.

**Radiale Wellenverlagerung** Bei radialen Verlagerungen sind die Wellen parallel zueinander versetzt. Die Ursache dafür können Ausricht- und Fertigungsfehler oder eine Anhäufung von Toleranzen sein. Bei vorwiegend parallel versetzten Wellen kann die Oldham- Kupplung (Abb. 4.92) verwendet werden. Sie besteht aus zwei Kupplungsnaben

**Abb. 4.91** Klauenkupplung

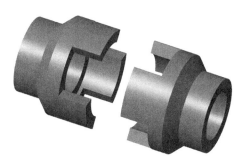

**Abb. 4.92** Oldham-Kupplung (Kreuzscheibenkupplung)

mit jeweils einer Nut. Dazwischen ist eine Kreuzscheibe angeordnet, die auf jeder Seite eine Leiste angeordnet, die um 90° zueinander versetzt sind. Außer Radialverlagerungen kann sie auch geringe axiale Verlagerungen ausgleichen. Durch die Relativbewegungen zwischen den Kupplungsteilen ist diese Kupplung, vor allem bei hohen Drehmomenten, verschleißbehaftet. Außerdem können bei großen Drehzahlen infolge der Exzentrizität Vibrationen auftreten und sind deshalb nur für geringere Drehzahlen geeignet.

**Winkelverlagerung** Bei größeren Winkelverlagerungen werden die Wellen mit Gelenkkupplungen miteinander verbunden. Dafür eignen sich die Kreuzgelenke, die auch als Wellengelenke oder Kardangelenke bezeichnet werden (Abb. 4.94).

Werden zwei Wellen mit einem Einfach-Wellengelenk unter einem bestimmten Winkel miteinander verbunden, so wird die Drehbewegung ungleichförmig übertragen. Das heißt, wenn bei einem einfachen Gelenk nach Abb. 4.93 die Welle 1 mit einer konstanten Winkelgeschwindigkeit $\omega_1$ angetrieben wird, dann weist die Winkelgeschwindigkeit $\omega_2$ der Welle 2 Schwankungen auf, die umso größer sind, je größer der Ablenkungswinkel $\delta$ ist. Werden die Drehwinkel der Wellen mit $\varphi_1$ und $\varphi_2$ bezeichnet, so gelten folgende Beziehungen:

$$\tan\varphi_2 = \tan\varphi_1 \cdot \cos\delta; \quad \tan(\varphi_2 - \varphi_1) = -\frac{\tan\varphi_1\,(1 - \cos\delta)}{1 + \tan^2\varphi_1 \cdot \cos\delta}$$

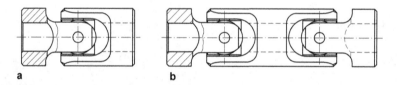

a                                         b

**Abb. 4.93**  Kreuzgelenke nach DIN 808: a) Einfach-Wellengelenk; b) Doppel-Wellengelenk

**Abb. 4.94**  Prinzip eines Kardangelenks

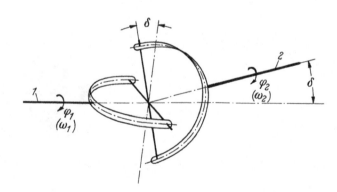

und

$$\frac{\omega_2}{\omega_1} = \frac{\cos \delta}{1 - \sin^2 \varphi_1 \cdot \sin^2 \delta}.$$

Der Verlauf der Winkeldifferenz $\varphi_2 - \varphi_1$ und das Verhältnis der Winkelgeschwindigkeiten $\omega_2/\omega_1$ in Abhängigkeit von $\varphi_1 = \omega_1 \cdot t$ sind in Abb. 4.95 für verschiedene Ablenkungswinkel $\delta$ aufgetragen. Die Extremwerte sind

$$\tan (\varphi_2 - \varphi_1)_{max} = \mp \frac{1 - \cos \delta}{2 \sqrt{\cos \delta}}; \quad \left(\frac{\omega_2}{\omega_1}\right)_{min} = \cos \delta; \quad \left(\frac{\omega_2}{\omega_1}\right)_{max} = \frac{1}{\cos \delta}.$$

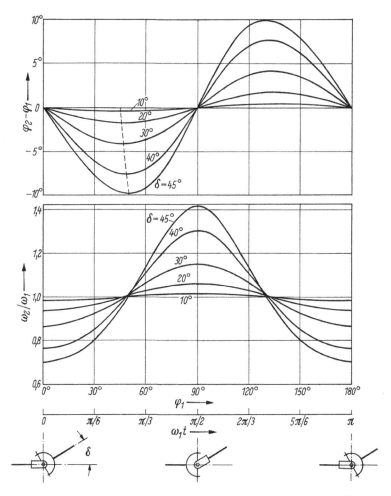

**Abb. 4.95** Schwankungen der Winkeldifferenz $(\varphi_2 - \varphi_1)$ und der Winkelgeschwindigkeiten $(\omega_2/\omega_1)$

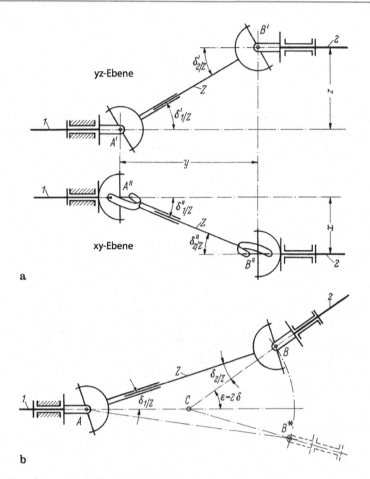

**Abb. 4.96** Anordnung von Gelenkwellen: a) Z-Beugung; b) W-Beugung

Die Ungleichförmigkeit kann ausgeglichen werden, indem ein Doppel-Wellengelenk verwendet wird oder zwei Kardangelenke hintereinander geschaltet werden. Dabei müssen jedoch die beiden inneren Gabeln in einer Ebene liegen, und die Winkel $\delta_{1/Z}$ und $\delta_{2/Z}$ müssen gleich groß sein (Abb. 4.96).

Sind die Wellen 1 und 2 parallel angeordnet, spricht man von einer Z-Beugung. Dabei sind veränderliche Verlagerungen möglich ($x$ in der xy-Ebene und $x$ in der yz-Ebene). Wenn die Wellen 1 und 2 in einer Ebene liegen und sich schneiden liegt eine W-Beugung vor. Hierfür muss der Schnittwinkel $\varepsilon = 2\delta_{1/Z} = 2\delta_{2/Z}$ sein. D.h., es muss immer $\overline{AC} = \overline{CB}$ sein. Wird diese Bedingung erfüllt, dann kann $\varepsilon$ variieren (z. B. C entspricht dem Drehpunkt und B wird auf einen Kreis bzw. einer Kugeloberfläche um C geführt. Das Zwischenteil Z dreht sich in beiden Fällen stets ungleichförmig, so dass bei größeren Drehzahlen unliebsame Massenkräfte (Biegeschwingungen) auftreten können. Abb. 4.97

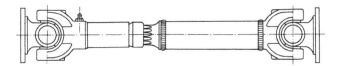

**Abb. 4.97** Kardanwelle (Gelenkwelle) mit Flanschanschluss und Längenausgleich

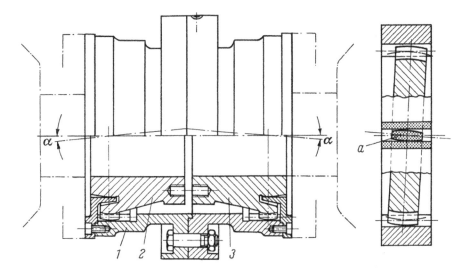

**Abb. 4.98** Bogenzahnkupplung

zeigt eine Kardanwelle mit Flansche an den Einfachgelenken und Längenausgleich. Damit lassen sich auch große Axialverschiebungen ausgleichen.

**Kombinierte Wellenverlagerung** Wenn gleichzeitig axiale und winklige Wellenverlagerungen ausgeglichen werden müssen, kann eine Doppelzahnkupplung nach Abb. 4.98 eingesetzt werden. Sie besteht aus auf den Wellenenden sitzenden Kupplungsnaben 2 und 3, die mit meist bogenförmigen und balligen (a) Außenverzahnungen versehen sind. Darüber wird eine zweiteilige Kupplungshülse 1 mit einer zylindrischer Innenverzahnung geschoben. Dadurch wird eine Art Knorpelgelenk gebildet. Die Doppelzahnkupplung ist mit Öl gefüllt. Die maximal zulässige Winkelverlagerung der Wellen beträgt $\alpha = 1,5° \ldots 2°$.

Nach dem Prinzip der Oldham-Kupplung wurde die Wellenausgleichskupplung nach Abb. 4.99 entwickelt, die neben geringen Längsverschiebungen auch parallele Verlagerungen (bis 2 % des Kupplungsdurchmessers) und Winkelabweichungen bis 3° zulässt. In die um 90° versetzten Schlitze der der aus verschleißfestem Zahnradwerkstoff hergestellten Zwischenwelle 3 greifen die parallelen Mitnehmer der beiden gleich ausgeführten Kupplungsnaben 1 und 2 ein.

**Abb. 4.99** Wellenausgleichskupplung

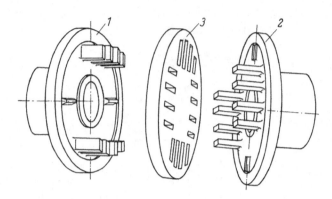

## 4.4.3 Elastische Kupplungen

Kupplungen mit elastischen Zwischengliedern können Drehmomente drehsteif oder drehelastisch übertragen.

### 4.4.3.1 Drehsteife Momentübertragung

Elastische Kupplungen, die das Drehmoment möglichst drehsteif übertragen sollen, werden zum Ausgleich von Fluchtungsfehlern verwendet. Die Membrankupplung
(Abb. 4.100) besteht aus zwei Flanschnaben 1, der Membranhülse 2, den beiden Profil-
membranen 3 und zwei Schutzscheiben 4 und kann für sehr hohe Drehzahlen eingesetzt
werden. Die Membranen sind mit der Membranhülse verschweißt. Infolge der Flexibilität der Membran können axiale, radiale und winklige Wellenverlagerungen ausgeglichen
werden.

Einen sehr geringen Bauraum benötigt die Metallbalgkupplung (Abb. 4.101). Infolge
der dünnen Balgwände sind diese Kupplungen sehr flexibel und können dadurch axiale,
radiale und winklige Verlagerungen ausgleichen. Trotzdem sind sie bei Torsionsbelastung

**Abb. 4.100** Membrankupplung

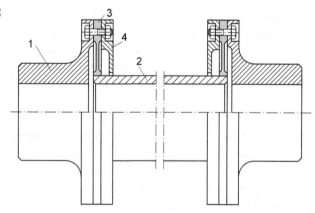

**Abb. 4.101** Metallbalgkupplung

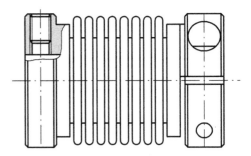

sehr seif. Die Naben können mittels Klemmnaben (rechte Seite) oder mit Gewindestiften (linke Seite) auf die Wellenenden befestigt werden und sind wahlweise aus Stahl oder Aluminium. Vorteilhaft bei Aluminiumnaben ist das kleine Trägheitsmoment, wodurch ein gutes dynamisches Verhalten erzielt wird.

### 4.4.3.2 Drehelastische Momentübertragung

Außer Wellenverlagerungen zu überbrücken übernehmen drehelastische Kupplungen noch folgende wichtige Aufgaben:

1. Minderung von auftretenden Drehmomentspitzen (Stöße),
2. Reduzierung von Ausschlägen bei periodisch auftretenden Drehmomentschwankungen (Schwingungen),
3. Beeinflussung der Eigenfrequenzen (Resonanzen vermeiden).

**Wirkprinzip**  Die Stoßminderung beruht in erster Linie auf der Speicherwirkung der federnden Elemente. Tritt z. B. auf der treibenden Seite eine Drehmomentspitze $T_1$ auf, vergrößert sich zunächst der relative Drehwinkel zwischen den Kupplungshälften, wobei von dem elastischen Element (Feder) die Stoßarbeit $W = \int T \, d\varphi$ (schraffierte Fläche unter der Kennlinie in Abb. 4.102a) aufgenommen wird, die dann während einer größeren Zeitspanne an die zweite Welle abgegeben wird, gleichzeit nimmt der relative Drehwinkel wieder ab. Der qualitative Drehmomentenverlauf ist in Abb. 4.102b in Abhängigkeit von

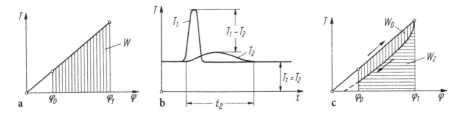

**Abb. 4.102** Kupplungscharakteristiken: a) gespeicherte Arbeit bei linearer Kennlinie; b) zeitlicher verlauf der Drehmomente $T_1$ und $T_2$; c) Dämpfungswirkung bei linearer Kennlinie

der Zeit dargestellt. Die Stoßminderung $T_1 - T_2$ ist besonders gekennzeichnet. Sie wird noch größer, wenn außer der Speicherwirkung auch noch eine Dämpfungswirkung eintritt, wobei ein Teil der gespeicherten Arbeit in Wärme umgesetzt ($W_D$) und nur der Rest ($W_2$) auf die getriebene Welle übertragen wird (Abb. 4.102c).

**Auswahl** Bei periodisch auftretenden Drehmomentschwankungen (z. B. bei einer Kolbenkraftmaschine) müssen für die genaue Berechnung der Amplituden der erzwungenen Schwingungen neben den Massenträgheitsmomenten der treibenden und getriebenen Seite, die Kupplungskennlinie ($T - \varphi$ –Diagramm), die Eigenfrequenz und die Dämpfung des Systems bekannt sein. Letztere Angaben sind nur vom Kupplungshersteller zu erhalten, so dass Auswahl und Auslegung elastischer Kupplungen bei extremen Betriebsbedingungen unbedingt in Zusammenarbeit mit dem Hersteller erfolgen sollte (siehe auch DIN 740). Die Kupplungen sind dabei so auszulegen, dass die Betriebsdrehzahl $n$ wesentlich größer ist als die kritische Drehzahl $n_k$, da die „Vergrößerungsfunktion" $V$ (Abb. 4.103) stark von der Drehzahl abhängig ist. Um kleine Ausgangsamplituden zu erhalten, muss die Eigenfrequenz möglichst niedrig sein, wozu flache Kennlinien bzw. weiche Kupplungen erforderlich sind. Da diese bei großen Drehmomenten auch große relative Verdrehwinkel ergeben, bevorzugt man im Kupplungsbau Federelemente mit progressiven Kennlinien (Abb. 4.104a). Das heißt, die Federsteifigkeit wird mit zunehmendem Drehmoment bzw. Drehwinkel immer größer. Mit dieser veränderlichen Steifigkeit wird außerdem gewährleistet, dass das gefürchtete Aufschaukeln im Bereich der kritischen Drehzahlen (Resonanz), der ja beim Anfahren und Auslaufen durchfahren wird, weitgehend vermieden wird, weil sich mit wachsenden Ausschlägen die Eigenfrequenz ändert.

Die anzustrebende Kupplungscharakterisitik ist in Abb. 4.104b dargestellt, bei der nun auch noch eine Energieumwandlung in Wärme infolge der Dämpfung auftritt. Derartige

**Abb. 4.103** Vergrößerungsfunktion $V$ mit Dämpfung $D$ bei erzwungenen Schwingungen

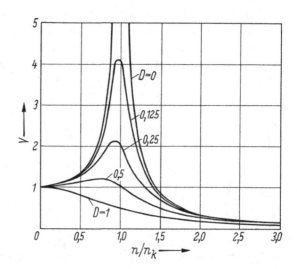

**Abb. 4.104** Progressive Drehmomentenkennlinien: a) ohne Dämpfung; b) mit Dämpfung

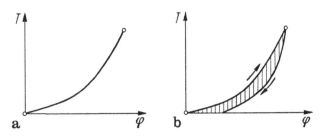

Kupplungskennlinien können mit geschichteten Stahlfedern, bei denen zwischen den einzelnen Lagen Reibung auftritt, oder mit Federelementen mit hoher innerer Reibung (z. B. Gummi und Elastomere) erreicht werden.

**Anwendungen** Für große Axialverschiebungen eignen sich vor allem Bolzen- und Klauenkupplungen, die jedoch keine großen Elastizitäten aufweisen und nur geringe Dämpfungswerte besitzen. Sind bei gleichförmigen Antrieben (Elektromotoren, Ventilatoren, usw.) hauptsächlich Anfahrstöße und Wellenlagefehler (Toleranzen) auszugleichen, werden elastische Kupplungen mit geringer Elastizität (Verdrehwinkel $\varphi < 5°$) verwendet. Stark ungleichförmige Antriebe, wie Kolbenmaschinen, Pressen, Brecher, u. dgl., erfordern hochelastische Kupplungen $\varphi = 5° \ldots 30°$) mit guten Dämpfungseigenschaften. Auch für die Beeinflussung der Resonanzdrehzahl und für große radiale und winkelige Wellenverlagerungen sind hochelastische Kupplungen erforderlich. Zur Erfüllung der unterschiedlichen Aufgaben gibt es auch unterschiedliche Bauarten.

**Metallelastische Kupplungen** Elastische Kupplungen mit Stahlfedern sind temperatur- und ölbeständig. Die lineare Federkennlinie der Metallelemente kann durch konstruktive Maßnahmen oft so geändert werden, dass die Kupplung eine progressive Kennlinie besitzt. Je nach Federart weisen metallelastische Kupplungen unterschiedliche Verdrehwinkel auf ($\varphi = 2° \ldots 25°$). Die Dämpfung kann nur durch Reibung zwischen den Federelementen erfolgen und ist daher deutlich geringer als bei Elastomerkupplungen.

*Schlangenfederkupplung* Die drehelastische Ganzmetallkupplung (Abb. 4.105) wird als stoßmindernde und drehnachgiebige Flansch- oder Wellenkupplung eingesetzt. Sie besitzt als elastisches Federelement schlangenförmig gewundene Stahlfedern, die in Nuten der Nabenscheiben eingelegt werden. Diese Nuten sind in axialer Richtung zur Mitte hin erweitert, so dass die freie Federlänge bei steigendem Drehmoment verkürzt wird und die Kennlinie dadurch progressiv ansteigt. Verdrehwinkel und Dämpfung sind gering. Die notwendige Schmierung der Feder wird dadurch erreicht, dass das Schutzgehäuse über den Federelementen mit Fett gefüllt wird.

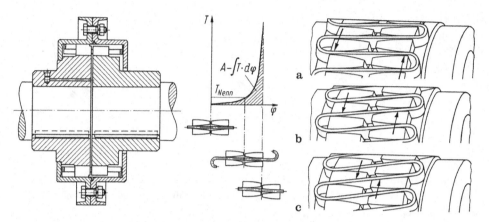

**Abb. 4.105** Schlangenfederkupplung (Bibby-Kupplung): a) Normalbelastung; b) größere Belastung; c) Höchstbelastung

*Cardeflex-Kupplung* Die elastischen Zwischenglieder von Cardeflex-Kupplungen (Abb. 4.106) sind tangential angeordnete Schraubendruckfedern e, die mit Vorspannung zwischen den Tragsegmenten d sitzen. Diese Tragesegmente sind auf den in den Kupplungsflanschen a und b befestigten achsparallelen Mitnehmerbolzen c schwenkbar gelagert. Während die Normalausführung axial verschieblich ist, enthält die dargestellte Sonderbauart für Schiffsantriebe einen Kugelzapfen f mit Kugelpfanne g zur Aufnahme axialer Kräfte. Diese Kupplungen haben lineare Kennlinien und arbeiten praktisch dämpfungsfrei. Der Verdrehwinkel beträgt bis zu 5°. Eingesetzt werden Cardeflex-Kupplung hauptsächlich bei Maschinen und Anlagen mit besonders harten Betriebsbedingungen und höheren Temperaturen.

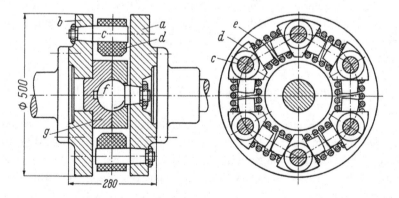

**Abb. 4.106** Cardeflex-Kupplung (Schraubenfeder-Kupplung)

**Abb. 4.107** Federkupplung

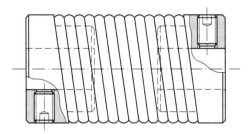

*Federkupplung* Bei der Federkupplung nach Abb. 4.107 wird eine Schraubenfeder mit zwei Naben formschlüssig verbunden. Sie ist universell einsetzbar für eine spielfreie Übertragung von Drehbewegungen. Abhängig von der Federlänge können recht große Axial-, Radial und Winkelverlagerungen ausgeglichen werden. Die Schraubenfeder besitzt eine sehr geringe Drehfedersteifigkeit und erlaubt daher eine sehr große Verdrehung zwischen den beiden Wellen. Der Verdrehwinkel liegt bei 50 % des Nenndrehmoments bei 40°. Infolge der äußeren Reibung zwischen den Federdrähten ist sie auch stark schwingungsdämpfend.

**Elastomer-Kupplungen** Die Vielfalt der Einsatzmöglichkeiten von gummielastischen Kupplungen hat eine Vielzahl von ausgeführten Konstruktionen hervorgebracht. Sie lassen sich nach ihrer Bauart untergliedern in

- Bolzen- und Klauenkupplungen,
- Wulst- und Scheibenkupplungen,
- Zwischenringkupplungen.

*Elastische Bolzen- und Klauenkupplungen* Diese Kupplungen besitzen, bezogen auf das übertragbare Moment, kleine Baugrößen. Bolzen- und Klauenkupplungen zeichnen sich durch eine verhältnismäßig geringe Dämpfung und eine hohe Torsionssteifigkeit ($\varphi < 5°$) aus. Diese kostengünstigen und robusten Kupplungen besitzen progressive Kennlinien und sind daher hochbelastbar. Ein großer Vorteil ist, dass viele dieser Kupplungen auch nach Zerstörung der elastischen Zwischenelemente noch ein Drehmoment übertragen werden können. Die Abb. 4.108a zeigt eine Bolzenkupplung, bei der die Gummihülsen 1 auf den Stahlbolzen 2 sitzen, die im Antriebsflansch 3 befestigt sind. Die Gummihülsen, die in die Bohrungen des Abtriebflansches 4 greifen, können auch profiliert mit Vorspannung eingebaut werden (Abb. 4.108b). Dadurch wird eine wesentlich größere Drehnachbiegigkeit erzielt.

Eine Klauenkupplung zeigt Abb. 4.109. Hier liegen die elastischen Pakete 2 in entsprechenden Aussparungen des Kupplungsteils 1. Das Kupplungsteil 3 trägt geschliffene Bolzen 4, die in die Zwischenräume zwischen den elastischen Elementen eingreifen.

**Abb. 4.108** Elastische
Bolzenkupplung:
a) Boflex-Kupplung mit
zylindrischen Gummihülsen;
b) Elco-Kupplung mit
profilierten Gummihülsen

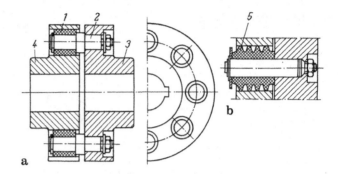

**Abb. 4.109** Elastrische
Klauenkupplung

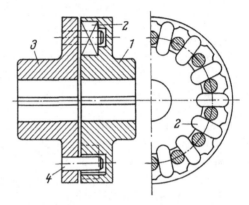

*Wulst- und Scheibenkupplungen*  Wulstkupplungen besitzen elastische Elemente in Form
von Wülsten oder Reifen, sind hochelastisch und bauen Drehmomentstöße infolge großer
Dämpfungswerte schnell ab. Ähnlich im Aufbau und in den Eigenschaften sind die
Scheibenkupplungen, die das Drehmoment über mehr oder weniger scheibenförmige
Elastomerteile übertragen.

Bei der Wulstkupplung nach Abb. 4.110a und b wird ein senkrecht zur Umfangsrichtung aufgeschnittener Gummireifen 4 in die Kupplungsnaben 1 eingelegt und mit Hilfe
der Druckringe 2 und Schrauben 3 eingespannt. Die Ausführung b ist für besonders große
axiale und winkelige Verlagerungen entwickelt worden.

Die Scheibenkupplung in Abb. 4.110c ist als Flanschkupplung ausgeführt. Dabei
wird das manschettenförmige elastische Element 5 mit Hilfe der Druckringe 2 und 6
eingespannt. Bei der hochelastische Scheibenkupplung nach Abb. 4.110d ist ein kegel-
förmiger Gummikörper ist auf die Nabe 1 aufvulkanisiert. Infolge des großen Volumens
des elastischen Elements ist eine große Arbeitsaufnahme möglich, so dass die Kupplung
besonders gute Stoß- und schwingungsdämpfende Eigenschaften aufweist. Bei der einsei-
tigen Kegelflexkupplung beträgt der Verdrehwinkel bis zu 10°, bei einer zweiseitigen bis
zu 20°.

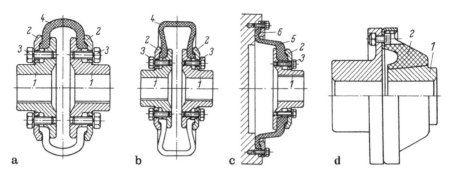

**Abb. 4.110** Hochelastische Kupplungen: a) und b) Wulstkupplungen (Periflex); c) Scheibenkupplung als Flanschkupplung (Periflex); d) Scheibenkupplung als Wellenkupplung (Kegelflex)

**Abb. 4.111** Hochelastische
Zwischenringkupplung
(Polygon-Kupplung)

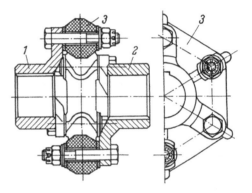

*Zwischenringkupplungen* Für große räumliche Verlagerungen (axiale, radiale und winkelige Wellenverlagerungen) sind Kupplungen mit ring- oder polygonförmigen Elastomerbauteilen geeignet. Sie werden vorwiegend bei rauen Betriebsbedingungen und Drehmomentstößen eingesetzt, sowie in Anwendungsfällen, bei denen im instationären Betrieb oft Resonanzbereiche durchfahren werden müssen. Lange Lebensdauer und Wartungsfreiheit der relativ klein bauenden Zwischenringkupplungen prädestinieren diese für den Einbau bei Kardanwellen im Kraftfahrzeug und bei anderen Gelenkwellen. Die Polygon-Kupplung (Abb. 4.111) besitzt zwei genau gleiche Kupplungshälften 1 und 2 mit streuförmigem Flansch. Diese werden seitlich an den 6- oder 8-eckigen Polygonring 3, in dessen Ecken Metallbuchsen einvulkanisiert sind, angeschraubt. Bei der Montage wird der elastische Zwischenring vorgespannt, so dass der Ring unter Druckvorspannung steht und auch bei Belastung keine für Gummi ungünstigen Zugspannungen auftreten. Die Polygon-Kupplung ermöglicht große Verdrehwinkel (6° bis 8°) und große winkelige Verlagerungen (5° … 6°, kurzzeitig bis 10°) und ist unempfindlich gegen axiale und radiale Wellenverlagerungen.

## 4.4.4    Formschlüssige Schaltkupplungen

Die formschlüssigen Schaltkupplungen, bei denen Klauen oder Zähne zur Kraftübertragung dienen, lassen sich nur im Stillstand oder im Gleichlauf einschalten, während das Ausrücken auch unter Last und bei voller Drehzahl möglich ist. Meistens werden formschlüssige Schaltkupplungen mechanisch von Hand oder elektrisch geschaltet (fremdbetätigt). Es gibt jedoch auch richtungsbetätigte Kupplungen, die selbsttätig schalten.

### 4.4.4.1 Fremdbetätigte Schaltkupplungen

Die Betätigung erfolgt normalerweise über Gleitmuffe, Schleifring und Schaltgabel, oder aber auch elektrisch mittels Magneten. Der verschiebbare Teil soll auf die zeitweise stillstehende Welle gesetzt werden, um unnötiges Schleifen und Verschleiß zu vermeiden.

**Mechanisch betätigte Kupplungen**

*Klauenkupplungen* Die einfachste formschlüssige Schaltkupplung ist die ausrückbare Klauenkupplung nach Abb. 4.112. Bei dieser Ausführung besteht an den Gleitfedern die Gefahr der Abnutzung, des Ausschlagens und Lockerns, da an dem geringen Hebelarm (halber Wellendurchmesser) große Umfangskräfte auftreten und große Verstellkräfte (beim Ausrücken unter Last) erforderlich sind. Diese Nachteile werden bei der Hildebrandt-Klauenkupplung (Abb. 4.113) vermieden, da beide Kupplungsscheiben a und b fest mit den Wellenenden verbunden sind. Die Schaltmuffe c kann mit ihren Klauen schließend in die Lücken der Kupplungsscheiben eingeschoben werden. Im ausgeschalteten Zustand bleiben die Klauen von b und c einige Millimeter im Eingriff.

Bei der Maybach-Abweisklauenkupplung (Abb. 4.114) wird durch die Anschrägungen der Stirnflächen auf einfachste Art sichergestellt, dass ein Einrücken nicht möglich ist, solange die Drehzahl der Welle B größer ist als die der Welle A. Auch bei gleicher Drehzahl von Welle A und B erfolgt noch kein Eingriff. Jedoch jeder noch so geringe Drehzahlabfall von Welle B oder Drehzahlanstieg von A führt zum Eingriff.

*Zahnkupplungen* Die in Getrieben des Kraftfahrzeugbaues vielfach verwendeten schaltbaren Zahnkupplungen, z. B. Abb. 4.115, besitzen als Schaltelement eine innenverzahnte

**Abb. 4.112** Schaltbare
Klauenkupplung

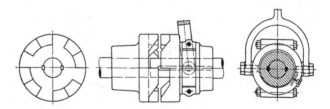

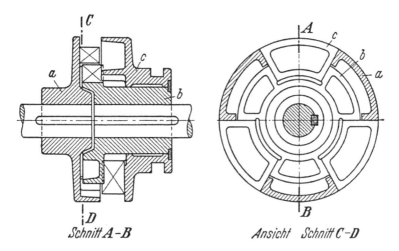

**Abb. 4.113** Hildebrandt-Klauenkupplung

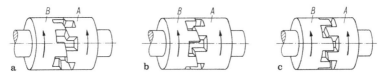

**Abb. 4.114** Maybach-Abweisklauenkupplung: a) kein Eingriff bei $n_B > n_A$; b) noch kein Eingriff bei $n_B = n_A$; c) Eingriff wenn $n_B < n_A$

Hülse 4, die über die mit Außenverzahnungen (2 a und 3 a) versehenen zu kuppeln-den Teile (2 und 3) geschoben wird. Das Kupplungszahnrad 1 ist dabei fest mit der Welle verbunden. Geschaltet wird mit der Schaltgabel 5. Zur Schalterleichterung werden Synchronisiereinrichtungen benutzt, die meistens aus kleinen vorgeschalteten Kegelrei-bungskupplungen bestehen. Häufig werden auch noch Schaltsperren eingebaut, die erst bei Drehzahlgleichheit den Schaltweg für die Kupplungsmuffe freigeben.

Eine im Aufbau einfache Zahnkupplung mit Halbrundverzahnungen, die in Schlepper-triebwerken verwendet wird, zeigt Abb. 4.116. Hier sind die eigentlichen Kupplungsele-mente die zylindrischen Stifte 4, die im entsprechend „verzahnten" Kupplungsrad 1, das fest mit der Welle verbunden ist, axial über die Gleitmuffe 5 verschoben werden. Die zu kuppelnden Zahnräder besitzen halbrundförmige Innenverzahnungen.

*Elektrisch betätigte Kupplungen*  Bei den Elektromagnet-Zahnkupplungen sind die Kup-plungshälften mit Stirnverzahnungen versehen, die bei der Ausführung nach Abb. 4.117a nach Einschalten des Gleichstroms durch den magnetischen Kraftfluss des auf der An-triebswelle 1 befestigten Ringmagnets 2 zum Eingriff gebracht und nach Stromausschalten

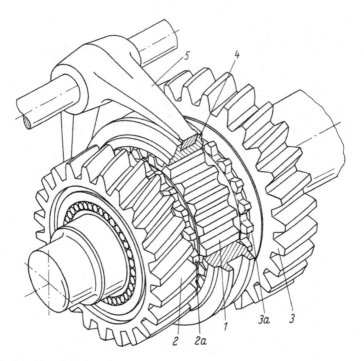

**Abb. 4.115**  Schaltbare Zahnkupplung

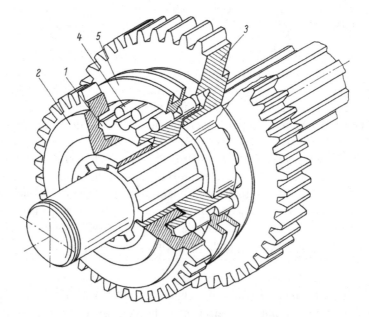

**Abb. 4.116**  Schaltbare Zahnkupplung mit zylindrischen Schaltstiften

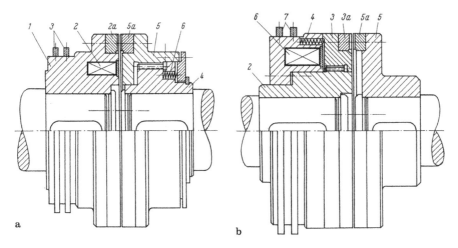

**Abb. 4.117** Elektromagnetische Zahnkupplung:) a) Einrücken mit Magnet 2, Lüften mit Feder 6; b) Einrücken mit Feder 4, Lüften mit Magnet 6

durch Federkraft 6 entkuppelt werden. Der Gleichstrom wird über die Schleifringe 3 zugeführt, wodurch die auf der Abtriebsnabe 4 axial verschiebbare Ankerplatte 5 angezogen wird. Dadurch kommen die Planräder 2 a und 5 a zum Eingriff.

Bei der Ausführung nach Abb. 4.117b wird umgekehrt der Eingriff stromlos durch Federkraft (4) bewirkt, während das Entkuppeln über den Ringmagnet erfolgt. Wenn kein Strom fließt, wird die auf der Antriebsnabe 2 axial verschiebbare Ankerplatte 3 mit dem Planrad 3 a gegen das Planrad 5 a des Abtriebsflansches 5 gedrückt. Der Strom wird über Schleifringe 7 zugeführt. Es werden jedoch auch schleifringlose Kupplungen mit feststehendem Ringmagnet hergestellt.

### 4.4.4.2 Momentbetätigte Schaltkupplungen

**Brechbolzen-Kupplungen** Zu den formschlüssigen momentgeschalteten Kupplungen kann man die einfachen Sicherheitseinrichtungen mit Brechbolzen und Scherstiften rechnen, die zwischen zwei Kupplungsscheiben eingesetzt werden und so bemessen sind, dass sie bei Überlast brechen oder abgeschert werden. Diese einfachen Kupplungen haben jedoch den Nachteil, dass die Ansprechgenauigkeit, d. h. wann die Kupplung trennt, sehr ungenau ist. Zudem ist der Austausch zerstörter Brechbolzen sehr aufwändig, wodurch die Anwendung stark eingeschränkt wird.

**Kugelrast-Kupplung** Die Sicherheitskupplung mit einer Kugelrastmechanik (Abb. 4.118) erlaubt eine formschlüssige, spielfreie Drehmomentübertragung mit einer hohen Verdrehsteifigkeit. Die Nabe (1) ist dabei als Kugelkäfig ausgebildet und dient zur Aufnahme eines abtriebsseitigen Flanschrings (2), einer Druckscheibe (4) mit Tellerfeder (5) und einer Einstellmutter (6). Die Tellerfeder drückt die die Kugeln (3) über die Druckscheibe in gehärtete Kalotten des Flanschrings. Bei Überlast verdreht sich der

**Abb. 4.118** Funktionsprinzip
einer Kugelrast-Kupplung

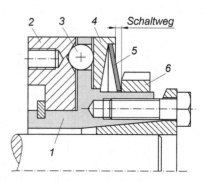

Schaltring relativ zur Nabe und die Kugeln werden dabei aus den Kalotten herausgedrückt und die Drehmomentübertragung dadurch unterbrochen. Bei absinkendem Drehmoment rasten die Kugeln wieder ein. Diese automatische Wieder-Einrast-Funktion ist jedoch bei hohen Drehzahlen und langen Nachlaufzeiten mit einem erheblichen Verschleiß der Kupplungskomponenten verbunden. Deshalb gibt es auch freischaltende Kugelkupplungen, bei denen nach dem Schaltvorgang die Kupplungshälften komplett getrennt sind. Allerdings wird dadurch ein manuelles Wiedereinrücken der Kupplung mit einem speziellen Werkzeug notwendig.

### 4.4.4.3 Richtungsbetätigte Kupplungen

Zu den formschlüssigen Richtungskupplungen, die die Aufgabe haben, ein Drehmoment nur in einer Richtung zu übertragen, gehören die Klauen-Überholkupplungen und die Zahn- oder Klinkensperre.

**Klauen-Überholkupplung** Die Kupplung nach Abb. 4.119 findet Anwendung beim langsamen Anfahren oder Anwerfen von Kraft- und Arbeitsmaschinen mit einem

**Abb. 4.119** Klauen-
Überholkupplung

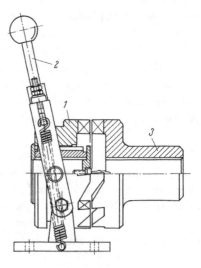

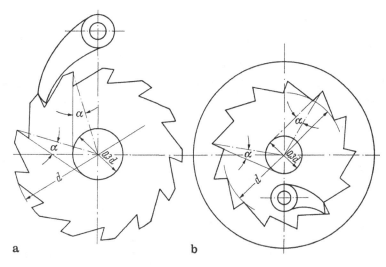

**Abb. 4.120** Klinkengesperre: a) Sperrrad mit Außenverzahnung; b) Sperrrad mit Innerverzahnung

Hilfsantrieb, der selbsttätig abgekuppelt wird, sobald die Abtriebsdrehzahl die Antriebsdrehzahl überholt. Mit dem Handhebel 2 wird im Stillstand die Kupplungsscheibe 1
der Antriebswelle in die Kupplungsscheibe 3 der Abtriebswelle eingerückt. Die Klauen
der beiden Kupplungsscheiben besitzen für die Drehmomentübertragung radiale Flächen,
während die Rückenflächen so abgeschrägt sind, dass beim Überholvorgang die Kupplungsscheibe der Antriebsseite axial verschoben und dann durch die Zugfeder (oder ein
Fallgewicht) ganz ausgerückt wird.

**Klinkengesperre** Bei Zahnrichtgesperren greifen gewichts- oder federbelastete Klinken
in Sperräder ein, deren Zähne so gestaltet sind, dass in einer Richtung Formschluss
entsteht, während bei entgegengesetztem Drehsinn die Klinken über die Zähne hin-
wegrutschen. Übliche Ausführungsformen zeigt Abb. 4.120. Der Neigungswinkel $\alpha$ der
Zahnbrust gegen die Radiale beträgt etwa 17° (Tangenten an Kreis mit ca. $0{,}3 \cdot$ d). Aus
Geräuschgründen und wegen nicht vermeidbarem Verschleiß können Klinkengesperre
nur für sehr kleine Drehzahlen eingesetzt werden, wie zum Beispiel für Ratschen-
Schraubenschlüssel.

## 4.4.5  Kraftschlüssige Schaltkupplungen (Reibungskupplungen)

Diese zweite Hauptgruppe von Schaltkupplungen hat die Aufgabe, zwei Wellenenden
während des Betriebes unter Last und auch bei großen Drehzahlunterschieden miteinander zu verbinden bzw. zu trennen. Dies ist nur mit einem allmählich wirkenden
Kraftschluss möglich, wobei die relativ zueinander bewegten Teile während des Schaltvorganges gegeneinander gleiten (rutschen) und erst nach der sogenannten Rutschzeit $t_R$
auf gleiche Drehzahl kommen. Nach Abschluss des Schaltvorganges befinden sich somit

An- und Abtriebsseite relativ zueinander in Ruhe. Dementsprechend ist bei Reibungskupplungen zwischen dem schaltbaren Moment $T_{KS}$ während der Rutschzeit und dem
übertragbaren Moment $T_K$ bei relativer Ruhe zu unterscheiden, die beide von den Kupplungsherstellern angegeben werden. Das schaltbare Moment wird vom Gleitreibbeiwert
$\mu_G$, das übertragbare Moment vom Haftreibbeiwert $\mu_H$ bestimmt. Da bei Reibungskupplungen das Drehmo- ment durch die Reibkraft begrenzt wird, wirken sie gleichzeitig als
Sicherheitskupplungen.

**Reibbeiwert** Die Größe der Reibbeiwerte ist von den Reibstoffpaarungen, der Temperatur, der Flächenpressung und der Oberflächengestalt (glatt oder genutet) abhängig.
Außerdem ist zwischen Trocken- und Nasslauf zu unterscheiden. Trocken sind die Reibbeiwerte zwar größer, bei Nasslauf kann aber die beim Schaltvorgang entstehende Wärme
besser abgeführt werden und der Verschleiß ist geringer. Als Reibstoffpaarungen werden für Trockenlauf meist Stahl/Reibbelag, GG/Reibbelag und Stahl/Sinterbronze, und
für Nasslauf Stahl/Stahl und Stahl/Sinterbronze eingesetzt. Richtwerte für Reibbeiwerte
und Flächenpressungen können Tab. 4.14 entnommen werden.

**Wirkungsweise** Das Reibmoment wird durch die senkrecht zu den Reibflächen wirkende Anpresskraft $F_N$ erzeugt, die mechanisch über Hebel, durch Federn, als Fliehkraft
oder hydraulisch, pneumatisch oder elektrisch (Magnet) aufgebracht wird. In eingerücktem Zustand muss die Anpresskraft ständig aufrechterhalten werden. Bei mechanischen
Schaltvorrichtungen besteht zwischen Anpresskraft und Schaltkraft eine Übersetzung, so
dass nur die kleinere Schaltkraft vom Bediener aufgebracht werden muss. Weiterhin lässt
sich durch Spannfedern oder Kniehebel erreichen, dass die Schaltkraft nur beim Einrücken
aufzubringen ist. Wird die Anpresskraft durch Federn erzeugt, so dient die Schaltkraft nur
zum Lösen (Ausrücken) der Kupplung. Die Anpresskraft ist bei vielen Konstruktionen
einstellbar, so dass dadurch die Unsicherheiten in den $\mu$-Werten ausgeglichen werden
können.

Die Schaltkraft soll bei Handbedienung kleiner als 120 N, bei Fußbedienung kleiner als 500 N sein. Die maximalen Schaltwege sind 0,8 m bei Hand- und 0,18 m bei
Fußbedienung.

Für die Bemessung einer Reibungskupplung sind auch die Wärme- und Temperaturver-
hältnisse wichtig. Da Reibwerkstoffe nur bis bestimmte Temperaturen verwendbar sind,
muss für hinreichende Kühlung, d. h. Abführung der Reibungswärme, gesorgt werden.

**Tab. 4.14** Richtwerte für Reibbeiwerte und zulässige Flächenpressungen

|            | Belag                       | $\mu_G$      | $p_{zul}$ [N/mm$^2$] |
|------------|-----------------------------|--------------|----------------------|
| Trockenlauf | Organisch                  | 0,25 … 0,5   | bis 3,5              |
|            | Sinterbelag mit Keramikanteil | 0,3 … 0,6  |                      |
| Nasslauf   | Sintermetall                | 0,08 … 0,12  | bis 3                |
|            | Carbon-Reibbelag            | 0,08 … 0,10  | bis 8                |

Die entstehende Reibarbeit, die in Wärme umgesetzt wird, kann für jeden Schaltvorgang berechnet werden, wenn Schaltmoment $T_{KS}$, Rutschzeit $t_R$ und die Drehzahlverhältnisse bekannt sind.

**Schaltvorgang**  Betrachtet man den Fall, dass sich die treibende Welle mit der Drehzahl $n_1$ dreht und dass die getriebene Welle zu Beginn des Schaltvorgangs in Ruhe ist ($n_{20} = 0$), so ergibt sich während des Schaltens der in Abb. 4.121a dargestellte Drehzahlverlauf. Während der Rutschzeit $t_R$ nimmt die Drehzahl $n_2$ zu und $n_1$ infolge der Mehrbelastung des Antriebes etwas ab bis zur gemeinsamen Drehzahl $n$ beider Wellen. Im folgenden Zeitabschnitt $(t_S - t_R)$ erfolgt die Beschleunigung der festgekuppelten Wellen bis auf $n_1 = n_2$. Der Drehzahlverlauf während der Rutschzeit ist von der Größe der zu beschleunigenden Massen und dem zur Verfügung stehenden Beschleunigungsmoment $T_a$ abhängig. Beim Anlaufvorgang muss also zusätzlich zum Lastmoment $T_L$ das Beschleunigungsmoment aufgebracht werden. Vernachlässigt man den geringen Drehzahlabfall auf der treibenden Seite, so wird $t_S = t_R$. Nimmt man ferner an, dass $T_{KS}$ und $T_L$ während des Anfahrvorgangs konstant sind, dann ist auch $T_a$ konstant, und es ergibt sich nach dem dynamischen Grundgesetz $T_a = \Theta \cdot d\omega/dt$ ein linearer Drehzahlanstieg für die getriebene Welle von 0 auf $n_2 = n_1 = n$. Diese vereinfachenden Verhältnisse sind in Abb. 4.121b und c dargestellt (statt der Drehzahl $n$ kann auch die Winkelgeschwindigkeit $\omega$ gesetzt werden).

Mit dem zu beschleunigenden Massenträgheitsmoment $\Theta_2 = \Theta$ der Lastseite, reduziert auf die Kupplungswelle, wird das Beschleunigungsmoment

$$T_a = \frac{\Theta}{t_R} \cdot \Delta\omega = \frac{\Theta}{t_R} \cdot (\omega_1 - \omega_{20}).$$

Diese Beziehung gilt natürlich auch für $\omega_{20} \neq 0$ bzw. $n_{20} \neq 0$.

Bei gegebener Rutschzeit $t_R$ kann somit das erforderliche schaltbare Kupplungsmoment berechnet werden:

$$T_{KS} = T_a + T_L = \frac{\Theta}{t_R} \cdot \Delta\omega = \frac{\Theta}{t_R} \cdot (\omega_1 - \omega_{20}) + T_L \leq T_{KNS}. \tag{4.61}$$

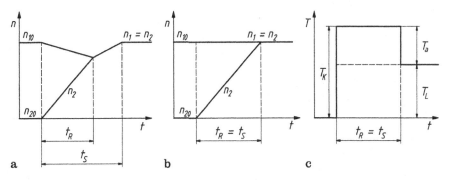

**Abb. 4.121**  Schaltvorgang Kupplung: a) tatsächlicher Drehzahlverlauf; b) vereinfachter Drehzahlverlauf ($n_1 = konst.$); c) Drehmomentenverlauf

Das schaltbare Nenndrehmoment $T_{KNS}$ einer Kupplung ist den Herstellerangaben zu entnehmen. Wenn die Kupplung gegeben bzw. das schaltbare Nenndrehmoment $T_{KNS}$ bekannt ist, so kann aus Gl. 4.61 die auftretende Rutschzeit berechnet werden:

$$t_R = \frac{\Theta}{T_{KNS} - T_L} \cdot (\omega_1 - \omega_{20}). \tag{4.62}$$

Der Arbeitsaufwand auf der treibenden Seite ist

$$W_1 = \int\limits_0^{\varphi_1} T_{KNS} \cdot d\varphi = T_{KNS} \int\limits_0^{t_R} \frac{d\varphi_1}{dt} \cdot dt = T_{KNS} \int\limits_0^{t_R} \omega_1 \cdot dt = T_{KNS} \cdot \omega_1 \cdot t_R.$$

Die Nutzarbeit auf der getriebenen Seite ist

$$W_2 = \int\limits_0^{\varphi_2} T_{KNS} \cdot d\varphi = T_{KNS} \int\limits_0^{t_R} \frac{d\varphi_2}{dt} \cdot dt = T_{KNS} \int\limits_0^{t_R} \omega_2 \cdot dt = T_{KNS} \cdot \frac{\omega_1}{2} \cdot t_R.$$

Die in Wärme umgesetzte Reibarbeit $W_R$ ist die Differenz $W_1 - W_2$ oder

$$W_R = \frac{1}{2} \cdot T_{KNS} \cdot \omega_1 \cdot t_R.$$

Die Fläche unter $n_2$ in Abb. 4.121b ist somit ein Maß für die Reibarbeit. Bezeichnet man die Anzahl der Schaltungen pro Stunde mit $z_h$, so wird die stündliche Reibarbeit

$$W_h = z_h \cdot W_R \leq W_{h,zul}.$$

Die zulässige Schaltarbeit $W_{h,zul}$ wird als Kennwert für die Wärmebelastung einer Kupplung von den Kupplungsherstellern angegeben.

### 4.4.5.1 Fremdbetätigte Reibungskupplungen

Nach Form und Anordnung der Reibflächen bzw. der Reibkörper unterscheidet man

- Backenkupplungen (mit zylindrischen Reibflächen),
- Kegel- oder Konuskupplungen (mit kegelförmigen Reibflächen),
- Einscheiben- und Lamellenkupplungen (mit ringförmigen Reibflächen).

**Backenkupplungen** Nach dem Schema in Abb. 4.122 ist

das Reibmoment      $T_R = T_{KS} = \sum F_N \mu \, r$
und die Flächenpressung   $p = F_N / A.$

Ein Ausführungsbeispiel ist die Conax-Reibungskupplung (Abb. 4.123). Die Reibkörper 1 sind innen doppelkegelige Ringsegmente, die durch die Schlauchfeder 2 im ausgerückten

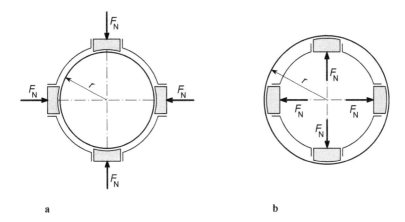

**Abb. 4.122**  Funktionsprinzip einer Backenkupplung: a) Außenbacken; b) Innenbacken

**Abb. 4.123**  Conax-Kupplung

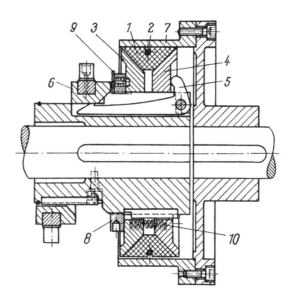

Zustand nach innen gegen die Tellerscheiben 3 und 4 gezogen werden. Zur Betätigung der Kupplung wird die rechte Tellerscheibe 4 über die Winkelhebel 5 und Schaltmuffe 6 nach links verschoben. Dadurch werden die Ringsegmente 1 radial an die Innenwand eines Hohlzylinders, des Kupplungsmantels 7 gepresst. Die Ein- und Nachstellung der Kupplung erfolgt durch Anziehen des Gewindestiftes 8, der durch einen Schnappstift 9 gesichert wird. Die Schraubenfedern 10 drücken beim Entkuppeln die Tellerscheiben auseinander.

Eine pneumatisch bestätigte Backenkupplung zeigt Abb. 4.124, bei der ein flacher Gummigewebereifen 1, der außen auf einen Blechmantel 2 vulkanisiert ist, auf der Innenseite auswechselbare Reibschuhe 3 trägt. Wird durch die Wellenbohrung 4 und

**Abb. 4.124** Airflex-Kupplung

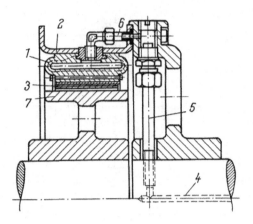

**Abb. 4.125** Einfache
Kegelkupplung

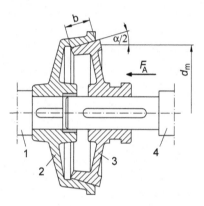

die Rohre 5 und 6 Druckluft (5 bis 7 bar) zugeführt, werden die Reibschuhe 3 gegen
die Reibtrommel 7 gepresst. Der Gummireifen macht die Kupplung drehelastisch und
stoßdämpfend.

**Kegelkupplungen**  Bei einer einfachen Kegelkupplung nach Abb. 4.125 wird das Drehmoment von der fest mit der Antriebswelle 1 verbundenen Nabe 2 über einen Kegelsitz
auf die axial verschiebbare Nabe 3, die auf der Abtriebswelle 4 sitzt, übertragen. Für
die Herleitung der Kräfte und Momente an Kegelkupplungen gelten daher dieselben
Rechenmodelle wie für die Kegelsitze in Abschn. 2.4.2. Der Kegel-Winkel wird, um
Selbsthemmung zu vermeiden, zwischen $\alpha/2 = 20°$ und 25° gewählt. Für die axiale Ein-
rückkraft $F_A$, die während der gesamten Betriebsdauer aufrecht erhalten werden muss, gilt
also

$$F_A = \frac{2\,T_{KS}}{\mu\,d_m} \left( \sin\frac{\alpha}{2} + \mu \cdot \cos\frac{\alpha}{2} \right)$$

und für die Flächenpressung

$$p = \frac{2\,T_{KS}}{\mu\pi d_m^2\,b}.$$

Als Beispiel ist in Abb. 4.126 eine Hochleistungs-Doppelkegel-Reibungskupplung mit mechanischer Einrückung über ein Doppelkniehebelsystem dargestellt. Dabei sind die Kegelmäntel 1 und 2 mit der Nabe 3 der treibenden Welle verbunden. Der Kegelmantel 2 ist als Ein- und Nachstellring ausgebildet, der mit dem Ring 4 gesichert wird. Auf der Abtriebswelle sitzt das Kreuzstück 5, in dessen Armen die Mitnehmerbolzen 6 befestigt sind. Auf diesen Bolzen werden die mit Reibbelägen versehenen Reibscheiben 7 und 8 durch die Kniehebel 9 verschoben. Die Bestätigung erfolgt über die Einrückmuffe 10. Durch die Doppelkegelanordnung werden die entgegengesetzt gerichteten Axialkräfte innerhalb der Kupplung aufgenommen und kompensiert. Infolge der Kniehebelwirkung muss die Schaltkraft nur beim Einrücken aufgebracht werden. Doppelkegelkupplungen werden auch mit pneumatischer oder hydraulischer Betätigung ausgeführt.

**Einscheibenkupplungen** Kupplungen mit einer Reibscheibe (Einscheibenkupplungen) zeichnen sich durch ihre guten Kühlverhältnisse und die dadurch möglichen hohen

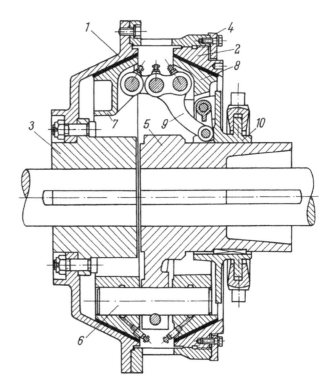

**Abb. 4.126** Doppelkegel-kupplung

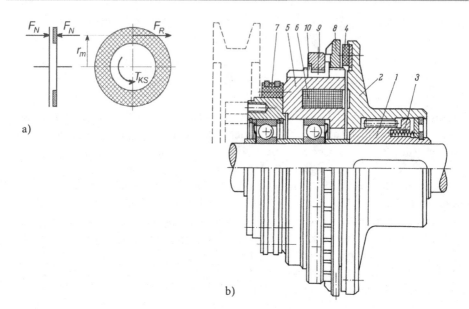

**Abb. 4.127** Einflächenkupplung: a) Rechenmodell; b) elektromagnetische Einflächenkupplung

Schaltzahlen aus. Ferner sind im ausgerückten Zustand An- und Abtriebsseite völlig getrennt voneinander, so dass kein Leerlaufmoment auftritt, so dass diese Kupplungen auch für hohe Drehzahlen geeignet sind. Abb. 4.127a zeigt das Prinzip einer Scheibenkupplung mit einer Reibfläche. Unter der Annahme, dass die Flächenpressung $p$ konstant über der Reibfläche $A$ verteilt ist und die Reibkraft $F_R$ am mittleren Radius $r_m$ der Reibfläche angreift, wird das schaltbare Kupplungs- bzw. Reibmoment

$$T_{KS} = T_R = F_R \cdot r_m = F_N \cdot \mu \cdot r_m = p \cdot A \cdot \mu \cdot r_m.$$

Die Flächenpressung $p$ kann also niedrig gehalten werden durch große Reibbeiwerte $\mu$, große Reibflächen $A$ und große mittlere Radien $r_m$. Bei der elektromagnetisch geschalteten Einscheibenkupplung nach Abb. 4.127b handelt es sich um eine Einflächenkupplung, bei der ein Reibbelag 4 auf der axial beweglichen Ankerscheibe 2 befestigt ist. Bei ausgeschaltetem Magnet wird die Kupplung durch die Federn 3 getrennt. Die treibende Seite besteht aus dem Ringmagnet 5 und der Spule 6, dem Schleifringkörper 7 mit den beiden Schleifringen und dem Reibring 8, der mittels Gewinde auf dem Spulenkörper 5 verstellbar ist und durch Nutmutter 9 und Ziehkeil 10 gesichert wird. Der Antrieb erfolgt in diesem Beispiel durch eine angeflanschte Riemenscheibe.

Häufig werden Einscheibenkupplungen jedoch als Zweiflächenkupplungen mit zwei Reibflächen ausgeführt. Für das schaltbare Moment gilt dann

$$T_{KS} = T_R = 2 \cdot F_R \cdot r_m = 2 \cdot F_N \cdot \mu \cdot r_m = 2 \cdot p \cdot A \cdot \mu \cdot r_m.$$

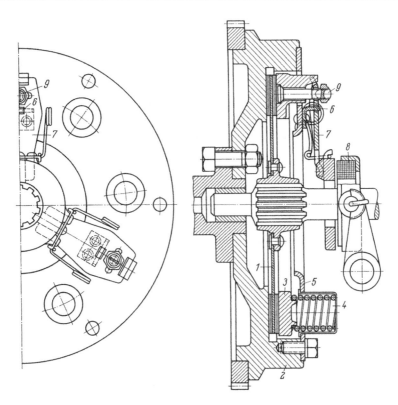

**Abb. 4.128** Einscheibentrockenkupplung mit Schraubenfedern (Fichtel&Sachs)

Am bekanntesten sind die im Fahrzeugbau verwendeten Einscheibentrockenkupplungen, von denen eine ältere Ausführung Abb. 4.128 zeigt. Die Anpresskraft wird bei diesem Beispiel durch mehrere am Umfang verteilte Schraubenfedern 4 aufgebracht. Dabei befinden sich die Reibbeläge der Scheibe 1 zwischen den Reibflächen des Schwungrades 2 und der Druckplatte 3. Die Federn stützen sich in dem mit dem Schwungrad verschraubten Deckel 5 ab. Auf diesem Deckel sind Winkel 6 befestigt, die die Kippkante für die Hebel 7 bilden, die bei einer Verschiebung des Gleitringes 8 nach links über den Bolzen 9 die Druckplatte 3 nach rechts abheben. Die Betätigungsvorrichtung dient somit dem Entkuppeln, also zum Lüften der Kupplung beim Anfahren und Schalten der Gänge des Schaltgetriebes.

Heute werden Kupplungsdruckplatten mit geschlitzten Tellerfedern verwendet. Die Ringspann-Schaltkupplung mit Verriegelung nach Abb. 4.129 zeichnet sich dadurch aus, dass durch die Ringspann-Anpressfeder im Schaltmechanismus die Reibflächen am ganzen Umfang gleichmäßig angepresst und Hebel und Gelenke, wie in Abb. 4.128, vermieden werden. Die obere Bildhälfte zeigt die Kupplung in ausgerücktem, die untere in eingerücktem Zustand. Das Drehmoment wird von der Antriebswelle über eine Bolzen-

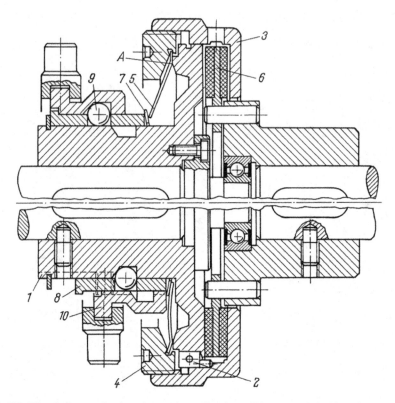

**Abb. 4.129** Einscheibentrockenkupplung mit Verriegelung (Ringspann-Schaltkupplung)

oder Zahnverbindung in die Reibscheibe 6 eingeleitet. Der Kupplungsring 3 ist auf der
Kupplungsnabe 1 der getriebenen Seite über die Zylinderrollen 2 axial verschiebbar. Er
wird über den Einstellring 4 von der Ringspannanpressfeder 5, die sich an der Kante A
gegen die Kupplungsnabe abstützt, beim Einrücken nach links bewegt und an die Scheibe
6 mit den Reibbelägen angepresst. Zwischen dem Innenrand der Anpressfeder 5 und der
Schaltbuchse 8 liegt die Tellerfeder 7. Die Schaltbuchse hat radial angeordnete Bohrungen, in denen sich die Kugeln 9 befinden, die bei ausgeschalteter Kupplung zur Hälfte
in eine Ringnut der Schaltmuffe 10 eingreifen. Bei Verschiebung der Schaltmuffe nach
rechts wird die Schaltbuchse 8 durch die Kugeln mitgenommen. In der Endstellung der
Schaltbuchse werden die Kugeln in eine in die Kupplungsnabe 1 eingedrehte Ringnut gedrückt, so dass die Schaltmuffe bis in die Endstellung weitergeschoben werden kann, in
der dann die Schaltbuchse 8 verriegelt ist. Durch diese Verriegelung wird die Schaltmuffe
im eingerückten Zustand entlastet.

**Lamellenkupplungen** Da die Reibfläche $A$ proportional zum übertragbaren Drehmoment ist, können mit Mehrscheiben- oder Lamellenkupplungen mit kleineren

Außendurchmessern größere Drehmomente übertragen werden. Bei $n$ Reibflächen wird das schaltbare Moment

$$T_{KS} = T_R = n \cdot F_R \cdot r_m = n \cdot F_N \cdot \mu \cdot r_m = n \cdot p \cdot A \cdot \mu \cdot r_m.$$

Die Anzahl der Reibflächen $n$ ergibt sich aus der Summe der Innenlamellen $n_I$ und Außenlamellen $n_A$ minus 1:

$$n = n_I + n_A - 1.$$

Richtwerte für Reibbeiwerte und Flächenpressungen siehe Tab. 4.12. Infolge der kleineren Außendurchmesser sind die Trägheitsmomente sind kleiner als bei Einscheibenkupplungen, die Kühlverhältnisse jedoch ungünstiger und somit die Wärmekapazität geringer. Außerdem treten gewisse Leerlaufmomente auf, da eine vollständige Trennung der Lamellen beim Auskuppeln nur schwer möglich ist. Die Innenlamellen sind auf der Innenseite gezahnt oder genutet oder greifen hier axial verschiebbar in den mit entsprechenden Zähnen und Nuten versehenen Innenkörper ein. Die Außenlamellen sind mit Außenzähnen oder Nuten im Außenkörper geführt. Innen- und Außenlamellen sind abwechselnd angeordnet und werden mechanisch über Hebel, pneumatisch bzw. hydraulisch durch Ringzylinder oder elektrisch durch Magnetkräfte aneinandergepresst.

Für sehr kurze Schaltzeiten werden Lamellenkupplungen im Trockenlauf verwendet. Dabei werden im Allgemeinen die Innenlamellen mit einem Reibbelag beklebt. Bei Stahl/Stahl-Paarung ist Schmierung durch Ölnebel bzw. bei großen Schaltzahlen durch Drucköl erforderlich, das durch Bohrungen in der Welle zugeführt wird. In die Lamellen werden dann Nuten, meist Spiralnuten, eingearbeitet. Sehr gute Reib- und Notlaufeigenschaften besitzen die Sinterbronze/Stahl-Paarungen, wobei Bronze auf Stahlscheiben aufgesintert wird und die Gegenlamellen normale gehärtete und geschliffene Stahlscheiben sind. Die Schmierung erfolgt dabei durch Ölnebel.

Um das Aneinanderhaften der Lamellen in ausgerücktem Zustand zur vermeiden, können die Innenlamellen gewellt ausgebildet werden (Sinuslamellen), so dass nur an einigen Punkten Berührung stattfindet bzw. der sich bildende Ölkeil ein Abheben bewirkt. Beim Einschaltvorgang vergrößern sich die Reibflächen langsam, bis im eingerückten Zustand die Sinuslamellen planparallel an den Gegenlamellen anliegen.

*Mechanisch betätigte Lamellenkupplungen* In Abb. 4.130 ist eine handbetätigte Sinus-Lamellen-Kupplung dargestellt. Die Anpresskraft wird durch die Winkelhebel 2 aufgebracht, die in dem Innenlamellenträger 1 eingebaut sind und über die Schiebemuffe 3 betätigt werden. Das Lamellenpaket liegt zwischen den Druckscheiben 4 und 5. Die Einstellung des Drehmoments bzw. die Nachstellung bei Verschleiß erfolgt mit der Stellschraube 6, die mit einem Schnappstift 7 gesichert wird. Der Außenkörper 8, der das Zahnrad trägt, wird mit einem Gleitlager 9 auf der Welle gelagert.

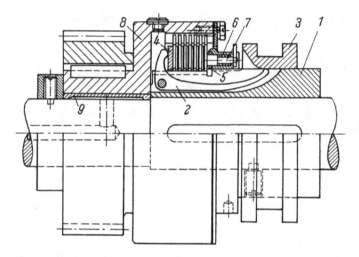

**Abb. 4.130** Handbetätigte Sinus-Lamellenkupplung

**Abb. 4.131** Drucköbetätigte
Sinus-Lamellenkupplung

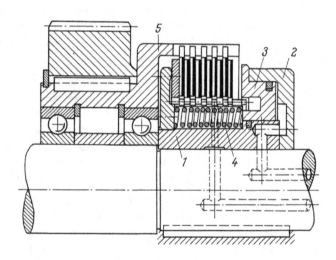

Die druckölbetätigte Lamellenkupplung nach Abb. 4.131 bedarf keiner Nachstellung, da der Kolben durch Nachrücken den Verschleiß selbsttätig ausgleicht. Das Drehmoment wird durch den Öldruck eingestellt, der den Ringkolben 3 an das Lamellenpaket drückt. Der Ringzylinderraum wird dabei von dem fest mit der Welle verbundenen Innenlamellenträger 1 und dem angeschraubten Gehäuse 2 gebildet. Die Druckfedern 4 dienen zum Lösen. Der Außenkörper 5 ist hier mit Wälzlagern auf der Welle gelagert.

Für die ähnlich aufgebauten druckluftbetätigenden Lamellenkupplungen gilt für Aufbau und Wirkungsweise das gleiche wie für druckölbetätigten Lamellenkupplungen.

*Elektromagentisch betätigte Lamellenkupplungen* Ein wesentlicher Vorteil dieser Kupplungen besteht in der Möglichkeit, sie von beliebigen Stellen aus der Ferne betätigen zu können. Grundsätzlich werden bezüglich der Wirkungsweise zwei Bauarten unterschieden:

- Kupplungen mit nicht durchfluteten Lamellen,
- Kupplungen mit durchfluteten Lamellen.

Beide Bauarten werden mit und ohne Schleifringe ausgeführt. Im ersten Fall laufen Spulenkörper und Spule um, so dass für die Stromzufuhr mindestens ein Schleifring erforderlich ist. Durch die unmittelbare Befestigung des Magnetsystems auf der Welle ist der Aufbau einfacher als bei schleifringlosen Kupplungen, aber der Schleifring ist störanfällig und bedarf der Wartung. Bei Kupplungen ohne Schleifringe steht der Magnetkörper still und muss daher auf der Welle gelagert sein. Dafür ist jedoch eine absolut störungs- und wartungsfreie und explosionssichere Stromzufuhr möglich.

Bei Kupplungen mit **nicht durchfluteten** Lamellen sind das Magnetsystem und das Lamellenpaket getrennt voneinander angeordnet. Dadurch wird die Verwendung beliebiger Lamellenwerkstoffe (Nass- und Trockenlauf) ermöglicht. Sie zeichnen sich durch exaktes Ein- und Ausschalten und durch kürzeste Schaltzeiten aus, so dass sie vielfach im Werkzeugmaschinenbau bei Kopiersteuerungen und bei Stanzen und Pressen verwendet werden. Da die Anpresskraft vom Luftspalt abhängig ist, ist eine Nachstellung erforderlich.

Die Wirkungsweise einer Kupplung mit nicht durchfluteten Lamellen und mit Schleifring zeigt Abb. 4.132a, die mit der Lamellenpaarung Stahl/Sinterbronze für Nass-und Trockenlauf oder mit der Lamellenpaarung Stahl/Reibbelag nur für Trockenlauf hergestellt wird. Der Spulenkörper 1 ist dabei als Ringmagnet ausgebildet und enthält die Verzahnung für die Innenlamellen 2. Die genuteten Außenlamellen 3 greifen in den Außenkörper 4 ein, der hier mit einem Zahnrad verbunden ist. Die Ankerscheibe 5 sitzt axial beweglich auf der Buchse 6 und trägt außen die geschlitzte, mit der Spannschraube 8 feststellbare Stellmutter 7, die die Anpresskraft auf die Lamellen überträgt. Der Schleifring 9 ist isoliert auf dem Spulenkörper befestigt. Die Druckfedern 10 dienen zum Lüften der Kupplung.

Bei Kupplungen mit **durchfluteten** Lamellen sind die Lamellen Bestandteil des Magnetsystems und müssen daher aus ferromagnetischem Werkstoff bestehen. Eine Nachstellung ist nicht erforderlich und der Raumbedarf ist sehr gering. Dadurch bauen diese Kupplungen wesentlich kleiner als nicht durchflutete Lamellenkupplungen. Die Schaltzeiten sind jedoch größer.

Eine schleifringlose Elektromagnet-Lamellenkupplung mit durchfluteten Lamellen ist in Abb. 4.132b dargestellt. Die sehr dünnen Lamellen 5 und 6 sind in der mittleren Zone durchbrochen. Sie werden zwischen den Polflächen des Ringmagnets 1 und der Ankerscheibe 7 angeordnet, so dass bei eingeschaltetem Strom der magnetische Kraftfluss von der äußeren Polfläche des Magnets über die Außenzonen der Lamellen durch die Ankerscheibe und die Innenzonen der Lamellen zur inneren Polfläche verläuft. Der Ringmagnet

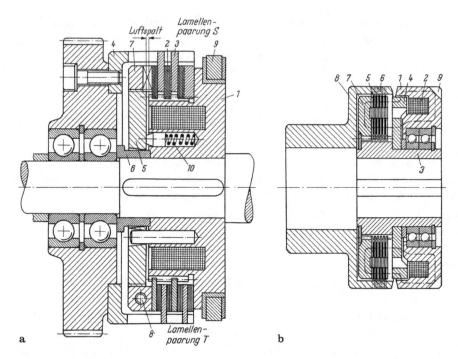

**Abb. 4.132** Elektromagnetisch betätigte Lamellenkupplung: a) mit nicht durchfluteten Lamellen und mit Schleifring; b) mit durchfluteten Lamellen und ohne Schleifring

1 (mit der Ringspule 2) ist mit Kugellagern auf dem Innenteil 3 gelagert, mit dem die Stützscheibe 4 fest verbunden ist. Dadurch entsteht ein konstanter Luftspalt zwischen dem Ringmagnet 1 und der Stützscheibe 4. Der Ringmagnet wird durch in die Nuten 9 eingelegte Riegel am mitdrehen gehindert.

---

**Beispiel**

Ein Maschinentisch T soll über einen Kugelgewindetrieb translatorisch bewegt werden. Nach Abb. 4.133 wird die Kugelspindel direkt von einem Elektromotor M mit der Drehzahl $n_M = 4000 \mathrm{min}^{-1}$ angetrieben. Für die Auslegung der Schaltkupplung K wird angenommen, dass die Motordrehzahl während des Schaltvorganges konstant bleibt und der Maschinentisch am Anfang stillsteht. An der Spindel wird ein konstantes Lastmoment von $T_L = 15$ Nm angenommen. Für die Auslegung der Kupplung sind folgende Daten gegeben:

**Tisch:**

    Maximale Geschwindigkeit:   $v = 1,0$ m/s

    Masse des Schlittens:   $m_T = 250$ kg

    Beschleunigungszeit:   $t_a = t_R = 0,2$ s

**Abb. 4.133** Beispiel
Tischantrieb

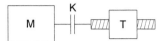

**Massenträgheitsmomente:**

Kupplung (Abtriebseite):   $\Theta_K = 0,002 \text{ kgm}^2$

Spindel:   $\Theta_S = 0,010 \text{ kgm}^2$

Mit dem Energieerhaltungsgesetz kann das translatorische Trägheitsmoment des Tisches auf ein rotatorisches Trägheitsmoment reduziert werden:

$$E_{kin,rot} = E_{kin,trans}$$

$$\frac{\Theta \cdot \omega^2}{2} = \frac{m \cdot v^2}{2} \quad \Rightarrow \quad \Theta_{red} = m \left(\frac{v}{\omega}\right)^2$$

Danach wird das Trägheitsmoment des Tisches:

$$\Theta_T = m_T \left(\frac{v}{\omega_M}\right)^2 = 25 \left(\frac{1,0}{418,8}\right)^2 = 0,001425 \text{ kgm}^2$$

$$\text{mit } \omega_M = 2\pi n_M = 2 \cdot \pi \cdot \frac{4000}{60} = 418,8 \text{ s}^{-1}$$

Das gesamte reduzierte Trägheitsmoment an der Kupplung ist dann:

$$\Theta_{red} = \Theta_K + \Theta_S + \Theta_T = 0,002 + 0,01 + 0,001425 = 0,013425 \text{ kgm}^2$$

Für das erforderliche Beschleunigungsmoment gilt:

$$T_a = \Theta_{red} \cdot \frac{\omega_M - \omega_{S0}}{t_R} = 0,013425 \cdot \frac{418,8 - 0}{0,2} = 28,1 \text{ Nm}$$

Das erforderliche Kupplungsmoment ist die Summe von Beschleunigungs- und Lastmoment:

$$T_R = T_{KS} = T_a + T_L = 28,1 + 15 = 43,1 \text{Nm}$$

## 4.4.5.2 Momentbetätigte Reibungskupplungen

Fast alle kraftschlüssigen Schaltkupplungen können auch als momentbetätigte Reibungskupplungen ausgeführt werden, indem durch einstellbare Anpresskräfte die Höhe des übertragbaren Drehmoments begrenzt wird. Sie werden im Allgemeinen als Sicherheitskupplungen eingesetzt, um Maschinen und Getriebe vor Überlastung und Beschädigung zu schützen. Sie können aber auch als Anlaufkupplungen dienen, wenn das eingestellte

Rutschmoment wesentlich kleiner als das Anlaufdrehmoment des Motors ist. Da während der Rutschzeit die Reibarbeit in Wärme umgesetzt wird, bestimmt die Wärmekapazität die mögliche Dauer und Häufigkeit von Rutschvorgängen. Werden Reibungskupplungen ausschließlich als Sicherheits- oder Anlaufkupplungen verwendet, benötigen sie natürlich keine Schaltvorrichtung.

Ein Problem bei momentbetätigten Reibungskupplungen ist, dass die Haftreibung größer als die Gleitreibung ist. Um ruckartige Bewegungen beim Übergang von Haft- zum Gleitzustand zu vermeiden und um rechtzeitiges Wiederansprechen bei Sicherheitskupplungen zu erzielen, wird ein möglichst gleichgroßes Rutsch- und Haftmoment angestrebt.

Ein Beispiel aus der Vielzahl der Ausführungsformen ist die Anlauf- und Überlast-Rutschkupplung in Abb. 4.134, bei der Haft- und Rutschmoment annähernd gleich groß sind. Dabei werden die Segmente mit den Reibbelägen 1 durch die Druckfedern 2, die in den Mitnehmerringen 3 gehalten sind, gegen die zylindrische Innenfläche des Schalenteils 4 gepresst. Das Rutschmoment wird durch die Federn bestimmt und kann nur durch Auswechseln der Federn geändert werden. Das treibende Nockenteil drückt mit den beiden Nasen a bzw. bei umgekehrtem Drehsinn mit den Nasen b auf die Mitnehmerringe und damit auf die Druckfedern. Dadurch werden die Anpress- und Haftreibungskräfte zwischen Reibbelag und Schale verringert. Rutschen tritt dann ein, wenn beim Anlauf oder bei Überlast das auftretende Moment größer als das eingestellte Rutschmoment wird. Da der gemeinsame Schwerpunkt aller Bauteile in der Drehachse liegt, treten keine Fliehkräfte auf und das Rutschmoment ist somit von der Drehzahl unabhängig.

Sicherheitskupplungen, bei denen das Rutschmoment einstellbar ist, zeigt Abb. 4.135. Die Anpresskraft wird dabei mittels Tellerfedern aufgebracht. Das Rutschmoment kann mit Nachstellmuttern ein- bzw. nachgestellt werden.

**Abb. 4.134** Anlauf- und
Überlastkupplung

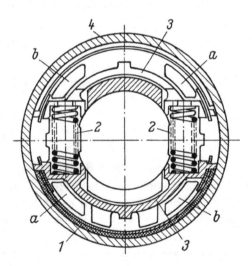

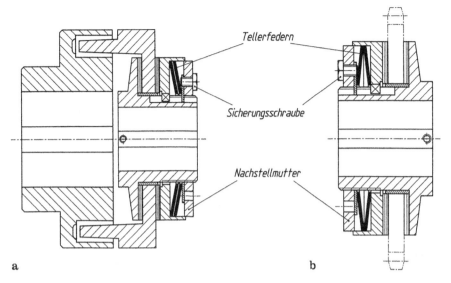

**Abb. 4.135** Einstellbare Sicherheitskupplungen: a) als Wellenkupplung mit elastischer Steckkupplung; b) als Nabenkupplung

### 4.4.5.3 Drehzahlbetätigte Reibungskupplungen

Als Kupplungen, die abhängig von der Drehzahl schalten sollen, eignen sich besonders Fliehkraftkupplungen. Sie werden hauptsächlich als Anlaufkupplungen eingesetzt, deren Aufgabe darin besteht, dass Motoren ohne Belastung bzw. nur mit Teillast auf die Nenndrehzahl hochfahren können und dann erst der eigentliche Kupplungsvorgang erfolgt. Mit Hilfe von Anlaufkupplungen ist es möglich, einen Motor nur für die normale Vollastleistung und nicht für die wesentlich größere Anfahrleistung auszulegen. Dadurch können z. B. einfachere und billigere Drehstrom-Kurzschlussläufermotoren an Stelle von überdimensionierten Schleifringläufermotoren verwendet werden.

Die klassische Bauform ist die Backen-Fliehkraftkupplung nach Abb. 4.136. Mit zunehmender Drehzahl werden die innenliegenden Backen 1 radial nach außen bewegt und gegen den Außenring gepresst. Die Flieh- bzw. Zentriefugalkraft $F_z$ ist von der Masse $m$ der Fliehkraftkörper 1, dem Abstand $r$ des Massenschwerpunktes zur Drehachse und der Drehzahl $n$ im Quadrat abhängig:

$$F_z = m \cdot r \cdot \omega^2 = m \cdot r \cdot (2\pi \cdot n)^2$$

Die Zugfedern 2 sorgen dafür, dass bei geringen Drehzahlen kein Drehmoment übertragen wird, da die Fliehkraft gegen die Federkraft wirkt. Die Anpresskraft ist somit die Differenz aus Fliehkraft und Federkraft. Mit zunehmender Drehzahl wird die Anpresskraft stetig größer und dadurch auch das übertragbare Drehmoment.

**Abb. 4.136** Backen-
Fliehkraftkupplung

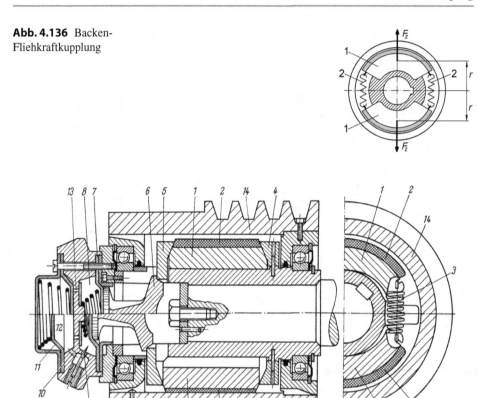

**Abb. 4.137** Amolix-Kupplung (Centri-Kupplung)

Bei der in Abb. 4.137 dargestellten Amolix-Kupplung kann die Anlaufzeit durch ein Drosselventil 9 eingestellt werden, indem die Fliehgewichte mechanisch-hydraulisch gebremst werden. Im Längsschnitt zeigt die obere Bildhälfte den ausgeschalteten, die untere Bildhälfte den eingeschalteten Zustand. Die Betätigung der Kupplung erfolgt durch zwei mit Reibbelägen 2 versehene und durch Zugfedern 3 miteinander verbundene Fliehgewichte 1. Die radiale Bewegung der Fliehgewichte bei Drehzahlsteigerung wird dadurch verzögert, dass jedes Gewicht Schrägflächen besitzt, von denen sich die rechte Fläche an einer mit der treibenden Nabe verbundenen Druckscheibe 4 abstützt, während die linke Fläche auf eine axialbewegliche Druckscheibe 5 einwirkt und somit über das Druckstück 6 auf die federbelastete Membran 7 eine Axialkraft ausgeübt wird. Das im Druckraum 8 befindliche Öl wird durch einen einstellbaren Drosselquerschnitt 9 und den Überleitungskanal 10 in den linken, ebenfalls durch eine Membran 11 abgeschlossenen Ausgleichsraum 12, gedrückt. Nach Überströmen einer bestimmten Ölmenge kommen die Reibbeläge der Fliehgewichte mit dem Kupplungsmantel 14 in Berührung. Erst dann beginnt die allmähliche Drehmomentübertragung. Nach Abschalten des Motors wird über

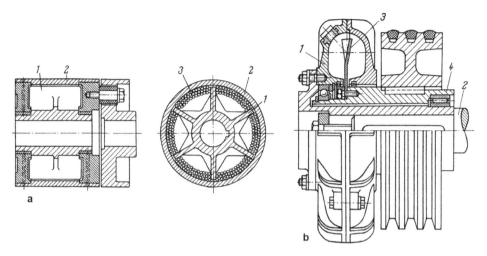

**Abb. 4.138** Fliehkraftkupplung mit Füllgut: a) Matalluk-Kupplung; b) Granulat-Anlaufkupplung

das Ausgleichsventil 13 mit großem Querschnitt das Öl durch die Kraftwirkung der Rückstellfedern sehr rasch in den Druckraum 8 zurückbefördert, so dass die Kupplung für den folgenden Anlauf sofort wieder betriebsbereit ist.

Besonders einfach in Aufbau und Wartung sind Fliehkraftkupplungen, bei denen der Reibschluss durch die Zentrifugalkraft verschiedener Füllkörper erzeugt wird. Bei der in Abb. 4.138a dargestellten Metalluk-Kupplung befinden sich Stahlkugeln 3 in den durch ein auf der Antriebswelle sitzendes Schaufelrad 1 gebildeten Kammern. Das glockenförmige Gehäuse 2 ist mit der Abtriebswelle verbunden.

Auch die Granulat-Kupplung (Abb. 4.138b) wird mit Stahlpulver gefüllt. Hier wird jedoch das außen mit Kühlrippen versehene und innen glattwandige Gehäuse 1 von der Antriebswelle 2 angetrieben. Auf der Abtriebshohlwelle 4 ist ein gewellter Rotor 3 befestigt, der ab einer bestimmten Drehzahl von dem Stahlpulver mitgenommen wird.

#### 4.4.5.4 Richtungsbetätigte Reibungskupplungen

Die kraftschlüssigen Freilaufkupplungen haben gegenüber den formschlüssigen Klinkengesperren den Vorteil, dass sie in jeder Stellung funktionieren, geräuschlos arbeiten und auch für hohe Drehzahlen geeignet sind. Der sehr geringe Verschleiß ermöglicht zudem eine hohe Lebensdauer.

Freiläufe können nur in eine Drehrichtung ein Drehmoment übertragen, in die andere Richtung sind sie freidrehend. Die große Anzahl von Anwendungen kann in drei Grundformen eingeordnet werden:

1. Rücklaufsperre
   Als Rücklaufsperre verhindert der Freilauf eine nicht gewünschte Rückwärtsdrehbewegung. In diesem Falle wird die Kupplung als Bremse eingesetzt. In der gewünschten

Drehrichtung kann sich der Innenring frei mitdrehen. Die Rücklaufsperre wird verwendet bei Förderbändern, Seilwinden, Bauaufzügen und sonstigen Hebezeugen.

2. Schaltfreilauf

   Mit einer Schaltfreilaufkupplung kann eine oszillierende Drehbewegung in eine gerichtete Drehbewegung umgesetzt werden. Verwendet werden sie für Schaltvorgänge in halb- oder vollautomatischen Fahrzeuggetrieben und als Vorschubschaltelemente in Textil-, Verpackungs-, Papierverarbeitungs- und Druckmaschinen und zum Materialvorschub an Stanzen, Schmiedepressen usw.

3. Überholkupplung

   In der Funktion als Überholkupplung trennt der Freilauf automatisch die Verbindung, wenn der getriebene Teil schneller läuft als der treibende Teil. Überholkupplungen werden z. B. für Mehrmaschinenantriebe eingesetzt oder um die Massenträgheit einer angetriebenen Maschine von der antreibenden Maschine zu trennen, nachdem sie ausgeschaltet wurde.

Bezüglich des Wirkprinzips kann bei richtungsbetätigten Kupplungen zwischen radialem und axialem Kraftschluss unterschieden werden.

**Radialer Kraftschluss**  Bei radialem Kraftschluss werden Klemmrollen oder Klemmstücke zwischen dem Innen- und dem Außenkörper angeordnet. Bei Klemmrollen-Freiläufen wird der mit Klemmflächen versehene Körper Stern genannt (Innenstern Abb. 4.139a bzw. Außenstern Abb. 4.139b), während der Gegenkörper 2 mit zylindrischer Klemmbahn als Außen- bzw. Innenring bezeichnet wird. Um sofortige Wirksamkeit zu gewährleisten, werden die Klemmrollen leicht angefedert. In Abb. 4.139 werden zwei einbaufertige Klemmrollenfreiläufe mit Einzelanfederung 5 gezeigt.

Die Klemmkörperfreiläufe haben konzentrische Außen- und Innenringe. Die Klemmkörper 3 besitzen an den Berührungsstellen wesentlich größere Krümmungshalbmesser. Dadurch wird die Hertzsche Pressung reduziert. Außerdem kann auf dem Umfang eine

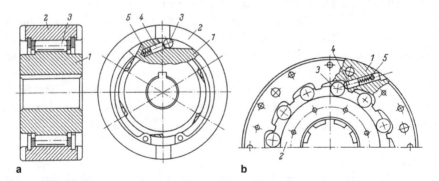

**Abb. 4.139**  Klemmrollenfreilauf: a) mit Innenstern; b) mit Außenstern

**Abb. 4.140** Klemmkörperfreilauf

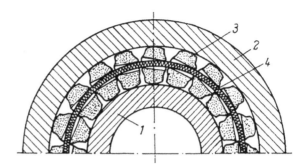

größere Anzahl von Klemmkörpern untergebracht werden, so dass höhere Drehmomente bei gleichen äußeren Abmessungen übertragen werden können. Als Beispiel ist in Abb. 4.140 Freilauf dargestellt, bei dem die Klemmkörper mittels einer Schraubenringfeder gemeinsam angefedert sind. Der Verschleiß kann z. B. mit dem sogenannten P-Schliff, bei dem die Laufbahn im Außenteil eine schwach elliptische Form erhält, reduziert werden. Auch mit einer hydrodynamischen Klemmstückabhebung oder die Klemmstückabhebung mittels Fliehkraft vermindert den Verschleiß.

**Axialer Kraftschluss** Das Prinzip von Freilaufkupplungen mit axialem Kraftschluss ist aus Abb. 4.141 dargestellt: Die treibende Welle 1 ist mit einem steilgängigen Flachgewinde versehen, so dass die Mutter 3 mit dem Reibkegel in den Innenkonus des getriebenen Teiles 2 gedrückt wird. Bei kleiner werdender Antriebsdrehzahl wird die Mutter nach links verschoben, die Kupplung also ausgerückt. Ähnlich ist die Wirkungsweise der Lamellen-Überholkupplung Abb. 4.142. Auch hier ist die Antriebswelle 1 mit einem steilgängigen Flachgewinde 8 versehen, durch das der Außenlamellenträger 3 axial verschoben werden kann. Der Innenlamellenträger 7 mit dem Abtriebszahnrad 10 ist auf der Antriebswelle mit Wälzlagern gelagert. Auf Teil 7/10 ist der Einrückring 2 axial mit der Schaltmuffe 11 verschiebbar. Durch die schräg in Richtung der Gewindegänge angeordneten Druckfedern 4 wird der Außenlamellenkörper 3 bei geöffneter Kupplung ständig leicht gegen den Bund 9 gedrückt, so dass beim Einschalten sofort ein sicherer Reibschluss erzielt wird. Eilt in eingeschaltetem Zustand das Abtriebszahnrad 10 vor, so wird Teil 3 durch das Steilgewinde nach links bewegt und die Kupplung gelöst. Diese Wirkung tritt jedoch nicht mehr ein, wenn der Einrückring 2 unter Überwindung der Federkraft der Federn 4 noch weiter nach links verschoben wird. Dadurch wird die Überholkupplung gesperrt und voller Kraftschluss in beiden Drehrichtungen erzielt.

### 4.4.6 Bremsen

Prinzipiell können alle schaltbaren Reibungskupplungen als Bremsen verwendet werden. Hält man das Abtriebsteil einer Kupplung fest, so wird die Kupplung zur Bremse. Bei

**Abb. 4.141** Axialfreilauf mit
Konus

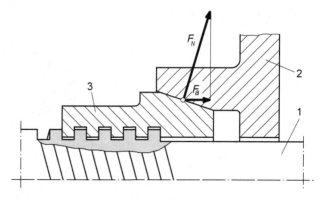

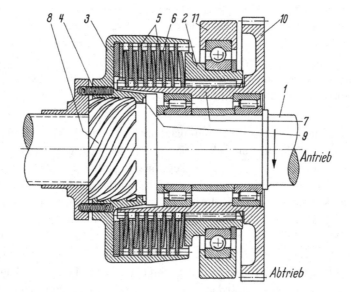

**Abb. 4.142** Lamellen-Überholkupplung

einer Kupplung ist die Antriebsdrehzahl $n_1$ und die Abtriebsdrehzahl $n_2$ nur während des Schaltvorgangs unterschiedlich. Da im Betrieb das Drehmoment grundsätzlich schlupffrei übertragen werden soll, ist $n_1 = n_2$ (Abb. 4.143a). Bei einer Bremse steht das Abtriebsteil immer still, so dass $n_2 = 0$ ist (Abb. 4.143b).

**Aufgaben** Bremsen haben im Wesentlichen drei Aufgaben zu erfüllen:

- Festhalten einer Last ($\Rightarrow$ Haltebremse),
- Reduzierung einer Geschwindigkeit ($\Rightarrow$ Stopp- oder Regelbremse),
- Belastung einer Kraftmaschine ($\Rightarrow$ Belastungsbremse).

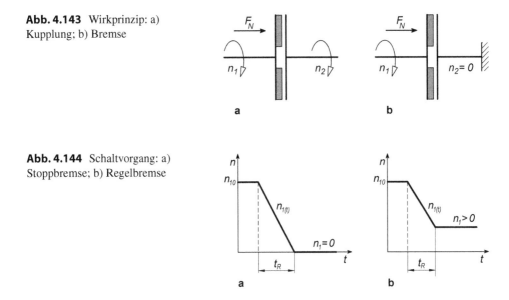

**Abb. 4.143** Wirkprinzip: a) Kupplung; b) Bremse

**Abb. 4.144** Schaltvorgang: a) Stoppbremse; b) Regelbremse

*Haltebremse* Haltebremsen sollen Bewegungen in beide Drehrichtungen verhindern. Sie sind nur im Stillstand wirksam, und da keine Relativbewegungen auftreten, tritt auch keine Erwärmung auf.

*Stoppbremse* Eine Stoppbremse bremst eine Bewegung bis zum Stillstand ab, so dass das Bremsmoment auch bis zum Stillstand vorhanden sein muss (Abb. 4.144a). Der Bremsvorgang ist zeitlich jedoch meistens sehr kurz.

*Regelbremse* Dagegen dient eine Regelbremse zur Geschwindigkeitsregulierung, d. h. sie vermindert die Geschwindigkeit bis zu einer gewünschten Größe (Abb. 4.144b). Dabei kann die Verzögerungsfunktion nur kurzzeitig wirken. Eine Dauerbremsung liegt vor, wenn die Geschwindigkeitsreduzierung über einen längeren Zeitraum anhält.

*Belastungsbremse* Mit Belastungsbremsen können durch Umformen von Bewegungsenergie in Wärme zeitlich begrenzt oder über längere Zeit zusätzliche Belastungen erzeugt werden. Dies ist z. B. erforderlich bei Leistungsmessungen von Motoren, Belastungssimulationen und Dauerläufen auf Prüfständen. Dabei wird von Bremsen ein dem Motorantriebsmoment entgegenwirkendes einstellbares Belastungsmoment aufgebracht. Insbesondere bei Dauerbremsungen ist zu beachten, dass die zulässigen Temperaturen in den verwendeten Bremsen nicht überschritten werden. Wegen der schlechten Wärmeabfuhr und dem hohen Verschleiß sind Reibungsbremsen nur bedingt für Dauerbremsungen geeignet. Hierfür werden oft verschleißfreie elektrische Bremsen (Induktionsbremsen),

Strömungs- oder Wasserwirbelbremsen eingesetzt. Bei diesen Bremsen kann die anfallende Wärme wesentlich leichter abgeführt werden. Der Nachteilig dieser Bremsen ist allerdings die stark drehzahlabhängige Bremswirkung.

**Berechnung** Bremsen sind Kupplungen mit stillstehendem Abtriebsteil. Bei der Berechnung von Haltebremsen muss nur darauf geachtet werden, dass das Bremsmoment größer als das größte auftretende Belastungsmoment einschließlich aller dynamischen Wirkungen ist.

Die Berechnung von Bremsen mit Verzögerungsfunktion erfolgt wie bei Kupplungen, indem für das schaltbare Kupplungsmoment $T_{KS}$ das Bremsmoment $T_B$ gesetzt wird und das Beschleunigungsmoment $T_a$ heißt hier Verzögerungsmoment. Bei der Berechnung des Verzögerungsmomentes $T_a$ ist das auf die Bremswelle bezogene Massenträgheitsmoment aller abzubremsenden Massen zu berücksichtigen. Weiterhin ist zu beachten, ob das Lastmoment $T_L$ entgegen oder in gleicher Richtung wie das Bremsmoment wirken kann. Bei einem Hubwerk wirkt zum Beispiel das Lastmoment beim Abbremsen einer sinkenden Last entgegen, beim Abbremsen einer hebenden Last jedoch in Richtung des Bremsmomentes. Außerdem unterstützt das Reibmoment $T_R$ (Lagerreibung, Seilreibung u. dgl.), wenn es nicht vernachlässigbar klein ist, den Bremsvorgang. Für das erforderliche Bremsmoment gilt somit:

$$T_B = T_a + T_L - T_R.$$

Bei dem oben angeführten Beispiel eines Hubwerks ist $T_L$ beim Senken einer Last positiv, beim Heben einer Last jedoch negativ einzusetzen. Die Bremszeit bzw. Rutschzeit $t_R$ kann entsprechend nach Gl. (4.62) berechnet werden.

**Bauarten** Wie aus Abb. 4.145 ersichtlich, eignen sich als Bremsen grundsätzlich alle kraftschlüssigen Schaltkupplungen, die in Abschn. 4.4.5 aufgeführt sind. Da Bremsen häufig baugleich mit Kupplungen sind, soll hier nur auf die wichtigsten Abweichungen eingegangen werden. Die Wirkprinzipien sind als Kupplungen ausführlich beschrieben. Deshalb wird auf eine weitere Darstellung derselben hier verzichtet.

*Backenbremse* Bei den Backen- bzw. Trommelbremsen unterscheidet man zwischen Außen- und Innenbackenbremsen. Abb. 4.146 zeigt eine Außenbackenbremse, die als Halte-, Stopp- oder Regelbremse für raue Betriebsverhältnisse in Kran-, Förder- und Walzanlagen geeignet ist.

Bei der Innenbackenbremse sind die Bremsbacken im inneren der Trommel vor äußeren Einflüssen geschützt, so dass die Reibungsverhältnisse viel weniger durch Umwelteinflüsse beeinträchtigt werden als dies bei Außenbackenbremsen der Fall ist. In der Fahrzeugtechnik ist die Zeit der Trommelbremse eigentlich vorbei. Von den unterschiedlichen Bauarten werden nur noch die Simplex- und die Duo-Servobremse nach Abb. 4.147

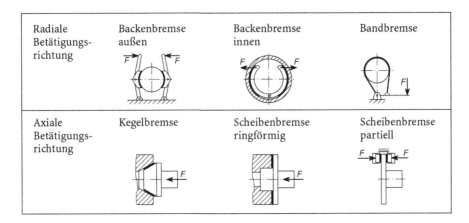

**Abb. 4.145** Prinzipieller Aufbau von Bremsen

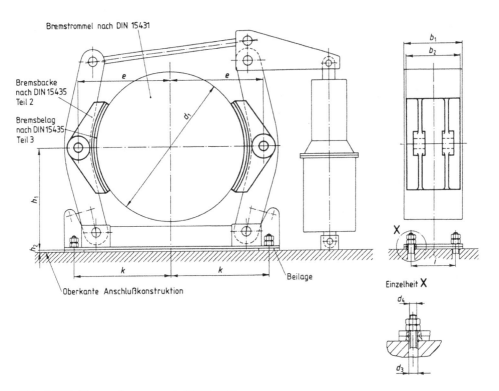

**Abb. 4.146** Trommelbremse nach DIN 15435

eingesetzt, die hydraulisch oder pneumatische betätigt werden. Gelöst werden diese Bremsen fast immer durch Federn. Innenbackenbremsen werden hauptsächlich in Fahrzeugen, Flurförderern und Baggern eingesetzt.

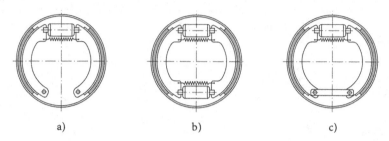

a)                          b)                          c)

**Abb. 4.147**  Trommelbremsen: a) Simplexbremse; b) Duo-Duplexbremse; c) Duo-Servobremse

*Scheibenbremse*  Da bei ringförmigen Scheibenbremsen, wie in Abb. 4.145 dargestellt, eine mehr oder weniger große Kreisringfläche als Reibfläche genutzt wird, spricht man auch von Vollbelag-Scheibenbremsen. Dagegen wird bei der Teilbelag-Scheibenbremse nach Abb. 4.148 nur ein verhältnismäßig kleiner Teil des Belags als Bremsfläche verwendet. Die stillstehende Abtriebsseite ist hier der Bremssattel.

Scheibenbremsen werden vermehrt anstelle von Trommelbremsen eingesetzt, da ihre Bauweise gegenüber den Trommelbremsen kompakter ist. Der Bremsbelagstaub (Abrieb) wird gut abgeführt und die Montage ist recht einfach. Außerdem besitzen sie ein kleineres Massenträgheitsmoment und eine bessere Wärmeabfuhr. Zur Verbesserung der Wärmeabfuhr können die Bremsscheiben zusätzlich mit radialen Kühlkanälen (selbstbelüftet) versehen werden. Auch gelochte Bremsscheiben, wie man sie häufig bei Motorrädern findet, verbessern die Wärmeabfuhr, haben dadurch jedoch einen größeren Verschleiß.

Der größte Nachteil gegenüber der Trommelbremse ist die geringere Bremswirkung. Scheibenbremsen benötigen deshalb immer einen Bremskraftverstärker.

**Abb. 4.148**  Scheibenbremse
mit innenbelüfteter
Bremsscheibe

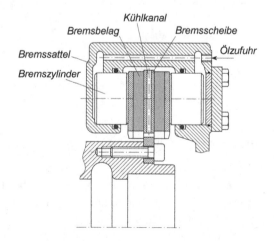

# Literatur

1. Bach, C.: Die Maschinenelemente, ihre Berechnung und Konstruktion. Stuttgart 1901
2. Dresig, H.: Schwingungen mechanischer Antriebssysteme. Berlin: Springer 2006
3. Dubbel, H.: Taschenbuch für den Maschinenbau. 24. Auflage. Berlin: Springer 2014
4. Fronius, S.; Antriebselemente. Berlin: VEB-Verlag 1982
5. Holzmann, G.; Meyer, H.; Schumpich, G.: Technische Mechanik. Bd. 1: Statik; Bd. 3: Festigkeitslehre. Stuttgart: Teubner 2006
6. Holzweißig, F.; Dresig, H.: Lehrbuch der Maschinendynamik. 3. Auflage. Leipzig: VEB-Verlag 1992
7. Hütte: Die Grundlagen der Ingenieurwissenschaften. 34. Auflage. Berlin: Springer 2014
8. Krämer, E.: Maschinendynamik. Berlin: Springer 1984
9. Schmidt, F.: Berechnung und Gestaltung von Wellen. Berlin. Springer 1967
10. Steinhilper, W.; Röper, R.: Maschinen- und Konstruktionselemente, Bd. 3. Berlin: Springer 1996
11. Wächter, K.: Konstruktionslehre für Maschineningenieure. Berlin: VEB-Verlag 1987
12. Bartz,W. J.: Praxislexikon Tribologie Plus. Grafenau/Württemberg: Expert-Verlag 2000
13. Dahlke, H.: Handbuch der Wälzlagertechnik. Hamburg: Deutsche Koyo Wälzlager-Verkaufsgesellschaft 1994
14. DIN-Taschenbuch 24: Wälzlager. Berlin: Beuth-Verlag
15. DIN-Taschenbuch 126: Gleitlager. Berlin: Beuth-Verlag
16. Eschmann, P.; Hasbargen, L.; Weigand, K: Die Wälzlagerpraxis. 3. Auflage. München: Oldenbourg 1998
17. Falz, E.: Grundzüge der Schmiertechnik. Berlin: Springer 1926
18. Gümbel, L.: Das Problem der Lagerreibung. Mbl. Berlin. Bez. Ver. dtsch. Ing. 5 (1914)
19. Gümbel, L.: Der Einfluß der Schmierung auf die Konstruktion. Jb. Schiffsbautechn. Ges. 18 (1917)
20. Hampp, W.: Wälzlagerungen. Berlin: Springer 1971
21. Ioanides, E.; Beswick, J. M.: Moderne Wälzlagertechnik. Würzburg: Vogel-Verlag 1991
22. Hertz, H.: Über die Berührung fester elastischer Körper (Gesammelte Werke Bd. 1), Leipzig 1895
23. Klemmenic, A.: Bemessung und Gestaltung von Gleitlagern. VDI-Z 87 (1943)
24. Lang, O. R. Steinhilper, W.: Gleitlager. Berlin: Springer 1978
25. Leyer, A.: Maschinenkonstruktionslehre, H6 (Spezielle Gestaltungslehre), Teil 4. Stuttgart: Birkhäuser 1971
26. Leyer, A.: Theorie des Gleitlagers bei Vollschmierung (Blaue TR-Reihe, H 46). Bern: Hallwag-Verlag 1967
27. Lundberg, G.: Die dynamische Tragfähigkeit der Wälzlager. Forsch. Ing.-Wesen 18 (1952)
28. Mitchel, A. G. M.: The Lubrication of Plane Surfaces. Z. Math. Phys. 52 (1905)
29. Niemann, G.: Maschinenelemente, Bd. 1. Berlin: Springer 2005
30. Palmgren,A.: Grundlagen der Wälzlagertechnik. Stuttgart: Franckscke Verlagsbuchhand- lung 1964
31. Peeken, H.: Hydrostatische Querlager. Z. Konstruktion 16 (1964)
32. Peeken, H.: Tragfähigkeit und Steifigkeit von Radiallagern mit fremderzeugtem Tragdruck (Hydrostatische Radiallager). Z. Konstruktion 18 (1966)
33. Reynolds, O.: Über die Theorie der Schmierung und ihre Anwendung. Phil. Trans. Roy. Soc. 177 (1886). Deutsch. Ostwald's Klassiker Nr. 218
34. Sassenfeld, H.; Walther, R.: Gleitlagerberechnungen. VDI-Forschungsheft 441. Düsseldorf: VDI-Verlag 1954

35. Sommerfeld, A.: Zur hydrodynamischen Theorie der Schmiermittelreibung. Z. Math. Phys. 50 (1904)
36. Stribeck, R.: Die wesentlichen Eigenschaften der Gleit- und Rollenlager. VDI-Z 46 (1902)
37. VDI-Richtlinie 2204: Auslegung von Gleitlagerungen. Berlin: Beuth-Verlag 1992
38. Vogelpohl, G.: Betriebssichere Gleitlager. 2. Auflage. Berlin: Springer 1967
39. Weck, M.: Werkzeugmaschinen, Bd. 2. Berlin: Springer 2006
40. Dittrich, O.; Schumann, R.: Anwendungen der Antriebstechnik, Bd. 2: Kupplungen. Mainz: Krausskopf 1974
41. Peeken, H.; Troeder, C.: Elastische Kupplungen. Berlin: Springer 1986
42. Pelczewski, W.: Elektromagnetische Kupplungen. Braunschweig: Vieweg 1971
43. Schmelz, F.; Graf v. Seherr-Thoss, H.; Auchtor, E.: Gelenke und Gelenkwellen. Berlin: Springer 1988
44. Seherr-Thoss, H.-C.; Schmelz, F.; Aucktor, E.: Gelenke und Gelenkwellen. 2. Auflage. Berlin: Springer 2002
45. Stölzle, K.; Hart, S.: Freilaufkupplungen. Berlin: Springer 1961
46. Stübner, K.; Rüggen, W.: Kupplungen – Einsatz und Berechnung. München: Hanser 1980
47. Winkelmann, S.; Hartmuth, H.: Schaltbare Reibkupplungen. Berlin: Springer 1985
48. VDI-Richtlinie 2240: Wellenkupplungen – Systematische Einteilung. Berlin: Beuth-Verlag 1971
49. VDI-Richtlinie 2241: Schaltbare fremdbetätigte Reibkupplungen. Berlin: Beuth-Verlag 1984
50. VDI-Richtlinie 2722: Gelenkwellen und Gelenkwellenstränge mit Kreuzgelenken. Berlin: Beuth-Verlag 2003

Die Einteilung von Führungen erfolgt am besten nach der geometrischen Form in die Paarung ebener und zylindrischer Flächen. Diese Führungen können dann als Gleit- und Wälzlagerungen ausgeführt werden (Abb. 5.1).

Die wichtigsten Anforderungen an Geradführungen sind:

1. Genaue Lagebestimmung der geführten Teile und Aufrechterhaltung der gewünschten Position auch unter Krafteinwirkung. Ein Ecken, Kippen, Abheben oder Entgleisen muss verhindert werden.
2. Geringer Verschleiß bzw. Ein- und Nachstellmöglichkeiten bei unvermeidbarem Verschleiß.
3. Leichte Verstellbewegungen, die erforderlichenfalls auch gleichförmig und genau begrenzt ausgeführt werden müssen. D. h., die Reibungskräfte sollten möglichst gering und konstant sein.

Der Erfüllung dieser Anforderungen dienen konstruktive undfertigungstechnische Maßnahmen, geeignete Werkstoffkombinationen und im Betrieb zuverlässige Schmierung und Schutzvorrichtungen gegen Staub, Schmutz und – bei Werkzeugmaschinen – Späne.

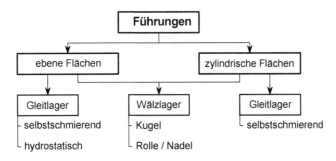

**Abb. 5.1** Einteilung der Führungen

© Springer-Verlag GmbH Deutschland 2018
H. Haberhauer, *Maschinenelemente*,
https://doi.org/10.1007/978-3-662-53048-1_5

## 5.1    Paarung ebener Flächen

### 5.1.1    Führungen mit Gleitpaarungen

Je nach Größe und Richtung der Belastungen und je nach den räumlichen Verhältnissen werden, vornehmlich im Werkzeugmaschinenbau, die in Abb. 5.2 bis 5.8 dargestellten Ausführungen verwendet.

**Flachführungen**  Die Flachführungen (Abb. 5.2) sind hauptsächlich für die Aufnahme von Kräften $F_1$ senkrecht zu den Gleitflächen 1 geeignet. Für die Führung und zur Aufnahme von Querkräften $F_2$ sind seitliche Flächen 2 vorzusehen. Gegen Kräfte und Momente, die ein Abheben oder Kippen bewirken, werden unten Schließleisten 3 angeordnet. Mit den Stellleisten 4 wird das Spiel ein- bzw. bei Verschleiß nachgestellt.

Nachstellleisten mit parallelen Flächen (Abb. 5.3a) können durch seitliche Schrauben eingestellt werden. Um örtliches Durchbiegen zu vermeiden, müssen die Leisten kräftig ausgebildet werden. Günstiger sind Keilleisten mit Neigungen 1:60 bis 1:100 (Abb. 5.3b),

**Abb. 5.2**  Flachführung

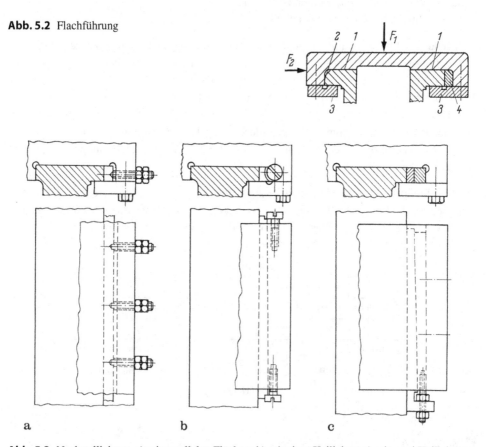

**Abb. 5.3**  Nachstellleisten. a) mit parallelen Flächen; b) mit einer Keilleiste; c) mit zwei Keilleisten

**Abb. 5.4** Schwalbenschwanzführungen mit unterschiedlichen Ausführungen der Stellleisten 3

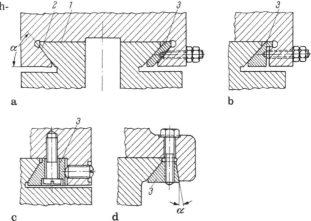

die ein gleichmäßiges Tragen auf der ganzen Länge ermöglichen. Sie werden durch Stellschrauben an den Stirnflächen angezogen. Bereitet die Herstellung der Neigung in den Schlitten Schwierigkeiten, so können auch doppelte Keilleisten (Abb. 5.3c) verwendet werden.

**Schwalbenschwanzführungen** Diese Führungen (Abb. 5.4) benötigen infolge der (unter $\alpha = 55°$) geneigten Flächen 2 keine Schließleisten und zeichnen sich daher durch geringe Bauhöhe aus. Die Stellleiste 3 bewerkstelligt den Spielausgleich in zwei Richtungen. Verschiedene Ausführungsmöglichkeiten zeigt Abb. 5.4a-d. Bei der keilförmigen Leiste nach Abb. 5.4d können außer den im Schnitt gezeichneten Einstellschrauben noch zwei Spannschrauben angeordnet werden, um evtl. den Schlitten in beliebiger Stellung festzuklemmen. Die Einstellschrauben sind mit geeigneten Schraubensicherungen gegen Lockern und selbsttätiges Losdrehen zu sichern. Schwalbenschwanzführungen erfordern mehr Bearbeitungsaufwand als Flachführungen und sind daher auch kostenintensiver.

**Prismenführungen** Sie werden als symmetrische oder unsymmetrische Dach- und V-Führungen ausgeführt und ermöglichen eine Lagebestimmung in zwei Richtungen und eine gewisse selbsttätige Nachstellung bei Verschleiß. Die Kräfteverhältnisse sind jedoch infolge der Keilwirkung ungünstiger als bei Flachführungen. Bei der symmetrischen Form und einer Vertikalkraft $F_V$ ergeben sich nach Abb. 5.5a die Normalkräfte zu

$$F_N = \frac{F_V}{2 \cdot \sin \alpha/2}$$

und die Verschiebekraft demnach zu

$$F_W = 2 \cdot \mu \cdot F_N = \frac{\mu \cdot F_V}{\sin \alpha/2}$$

**Abb. 5.5** Kräfte an
Prismenführungen. a)
symmetrisches Prisma; b)
asymmetrisches Prisma mit
$\alpha = 90°$

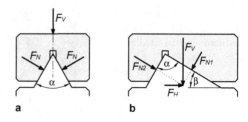

a                b

Greifen an einem unsymmetrischen Prisma, bei dem der Winkel $\alpha = 90°$ und die lange
Führungsfläche um den Winkel $\beta$ gegen die Waagerechte geneigt ist, eine Vertikalkraft $F_V$
und eine Horizontalkraft $F_H$ an, dann betragen die Normalkräfte nach Abb. 5.5b

$$F_{N1} = F_V \cos \beta - F_H \sin \beta$$
$$F_{N2} = F_V \sin \beta + F_H \cos \beta$$

und die Verschiebekraft wird

$$F_W = \mu(F_{N1} + F_{N2}) = \mu F_V(\cos \beta + \sin \beta) + \mu F_H(\cos \beta - \sin \beta)$$

Bei $\beta = 45°$ (also bei der symmetrischen Form) ist $F_W$ von $F_H$ unabhängig. Für
Flächenpressung und Verschleiß sind jedoch die $F_N$-Werte maßgebend!

Da bei der Anordnung von zwei Dachführungen eine vollständige Auflage auf vier
Flächen nicht zu erwarten ist, wird häufig vorn eine Dach- und hinten eine Flachführung
vorgesehen (Abb. 5.6). Nachstellbare Abhebeleisten sind in Abb. 5.7 dargestellt.

**Abb. 5.6** Maschinenbett mit
Dach- und Flachführungen

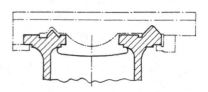

**Abb. 5.7** Nachstellbare
Abhebeleisten bei
Prismenführungen

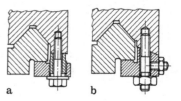

a                b

**Abb. 5.8** V-Führung in
geschütztem Raum

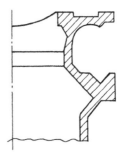

V-Führungen (Abb. 5.8) haben gegenüber den Dachführungen den Vorteil, dass sich das Schmieröl besser hält. Sie müssen jedoch gegen Späne gut abgedeckt oder noch besser in einen gegen Späneabfall geschützten Raum des Bettes verlegt werden.

**Schmierung** Gleitführungen werden entweder von Hand über Schmiernippel oder automatisch durch Druckölzufuhr geschmiert. Bei schnelllaufenden Tischen und langen Bahnen können auch durch federnd angedrückte Rollen oder Scheiben, die sich in mit Öl gefüllten Aussparungen des Bettes befinden, die Gleitflächen mit Öl versorgt werden.

Führungen werden in der Regel hin-und-her bewegt und dadurch entsteht ein ständiges Anfahren und Abbremsen. Deshalb ist bei Gleitführungen eine hydrodynamische Schmierung nicht möglich, da weder ein keilförmiger Schmierspalt noch eine kontinuierliche Gleitgeschwindigkeit vorliegen. Es stellt sich jedoch bei geeigneter Anordnung der Schmiernuten und einigermaßen gleichmäßiger Verteilung des Schmiermittels ein Mischreibungszustand ein, der häufig für die Erfüllung der Funktion genügt. Allerdings sind dann Werkstoffpaarung, Oberflächenzustand und Höhe der Flächenpressung von entscheidender Bedeutung.

**Hydrostatische Lager** Im Bereich der Mischreibung können jedoch bei großen Belastungen hohe Genauigkeitsansprüche und insbesondere die Aufgaben genauer Positionierung bei sehr geringen Vorschubgeschwindigkeiten nicht erfüllt werden. Es tritt hierbei wegen des Unterschiedes der Haftreibung $\mu$ und der Gleitreibung $\mu_G$ das sogenannte „Ruckgleiten" (stick-slip) auf. D. h., der Schlitten wird bei Bewegung aus der Ruhe heraus durch die dem höheren Reibungswiderstand entsprechende, in den Antriebsgliedern gespeicherte Energie ruckartig, oft über das gewünschte Maß hinaus, verschoben. Um dies zu verhindern, werden mit Erfolg hydrostatisch geschmierte Führungen verwendet, die außerdem noch die Vorteile von Verschleißfreiheit und beachtlicher Tragfähigkeit aufweisen. Es wird dabei – wie bei den hydrostatischen Radiallagern – mehreren Druckkammern Drucköl zugeführt, und zwar jeweils eine möglichst konstante Ölmenge. Dies kann dadurch erreicht werden, dass für jede Kammer eine Pumpekonstanter Fördermenge vorgesehen, oder dass bei Verwendung einer gemeinsamen Pumpe jeder Kammer eine Drosselstelle vorgeschaltet wird. Bei rechteckigen Kammern und Spaltflächen bis zum Außenrand der Führung (Abb. 5.9a) tritt dort das Öl aus. Es läuft an der Maschine außen ab und muss gesammelt und vor Wiederverwendung gut gereinigt werden. Einen

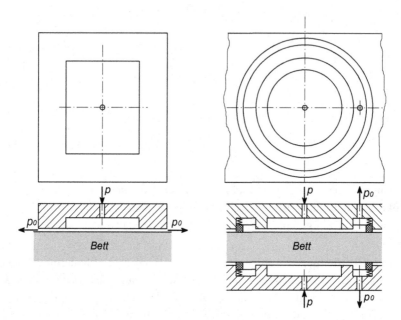

**Abb. 5.9** Hydrostatische Lager. a) mit rechteckiger Druckkammer; b) mit runder Druckkammer

geschlossenen Ölkreislauf ermöglichen die in Abb. 5.9b dargestellten Drucktaschen. Die kreisförmige Druckkammer ist von einem kreisringförmigen Spalt umgeben, der wiederum von einem ringförmigen Abströmkanal umschlossen ist. Durch einen eingelegten durch Federn an die Führungsfläche angedrückten Dichtring wird das Austreten des Öles nach außen verhindert. Aus dem Abströmkanal wird das Öl durch eine Rücklaufleitung dem Ölbehälter wieder zugeführt. Es ist dabei auch möglich, die hydrostatische Lagerung nur zum Positionieren zu benutzen und in der gewünschten Arbeitsstellung beispielsweise die oberen Drucktaschen zu entlasten und mit dem Öldruck in den unteren Taschen ein zusätzliches Klemmen zu bewirken.

Die Drucktaschen können so auch an Doppelprismenführungen angeordnet werden. Abb. 5.10 zeigt eine Hydrostatische Kompaktführung der Fa. Schäffler.

**Werkstoffe**  Ganz allgemein wird die Paarung von Werkstoffen unterschiedlicher Härte empfohlen. Für lange Bahnen und Gestelle, deren Nacharbeit teuer ist, wird ein härterer Werkstoff mit höherer Verschleißfestigkeit bevorzugt. Im Hinblick auf günstiges Gleitverhalten ist Gußeisen durchaus geeignet, insbesondere wenn durch Schreckplatten beim Gießen oder durch Flamm- oder Induktionshärtung die Härte und die Verschleißfestigkeit an der Oberfläche vergrößert werden. Bei höheren Anforderungen werden Gleitbahnen aus Stahl eingesetzt. Auch leicht austauschbare oberflächengehärtete oder mit verschleißfesten Metallüberzügen versehene Stahlführungsleisten werden vielfach verwendet. Weiche Führungsbahnen werden geschabt, gehärtete geschliffen. Geschabte Flächen zeichnen sich durch hohe Genauigkeit und für die Schmierung günstige Oberflächen aus, sind aber

**Abb. 5.10** Hydrostatisches
Kompaktlager (Bild:
Schaeffler)

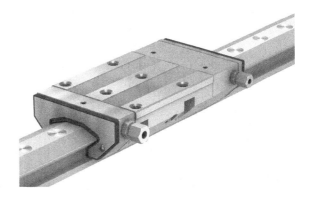

sehr teuer in der Herstellung. Günstige Gleit- und Schmiereigenschaften weisen ferner
die ausgesprochenen Gleitwerkstoffe, auch Kunststoffe, auf.

Für Führungen im Mischreibungsbereich werden nur geringe Flächenpressungen zugelassen:

- GG auf GG (ungehärtet)    $0.5 \, \text{N/mm}^2$,
- St auf GG (ungehärtet)    $1.0 \, \text{N/mm}^2$,
- St auf St (gehärtet)    $1.5 \, \text{N/mm}^2$.

**Verschleiß** Der Verschleiß in den Gleitflächen führt zu einer Verminderung der Arbeits-
genauigkeit der Maschinen, besonders deshalb, weil sich der Benutzungsbereich meist
nicht über die ganze Länge der Bahn erstreckt. Die hierdurch hervorgerufenen Ungenauigkeiten können auch nicht durch Nachstellvorrichtungen behoben werden. Der
Verschleiß ist außer von der Flächenpressung und der Werkstoffpaarung auch stark
von der Verschmutzung der Führungsflächen abhängig. Sehr schädlich sind vor allem Staub-Öl-Gemische und feine Späne. Als Schutzmaßnahmen dienen Abdeckungen
der Führungsbahnen mit überlaufenden oder sich teleskopisch ineinanderschiebenden
Blechen oder Harmonikafaltenbälge aus Leder oder Kunststoff, ferner Abstreifer und
Abdichtungen an den Schlittenenden,bestehend aus Messingblech und durch Blattfedern
angepresste Filz- und Gummistreifen, oder auch profilierte Vulkollan-Abstreifer mit unter
Vorspannung stehenden Lippen.

## 5.1.2 Führungen mit Wälzlagerungen

Die Vorteile von Führungen mit Wälzlagerungen bestehen einmal in dem niedrigen Reibbeiwert der rollenden Reibung, so dass nur geringe Verschiebekräfte erforderlich sind und
auch bei sehr niedrigen Vorschubgeschwindigkeiten der Stick-slip-Effekt vermieden wird.
Die Wälzlager können mit Vorspannung eingebaut werden, so dass die Führung spielfrei
ist. Ferner sind Abnutzung und Schmiermittelaufwand sehr gering.

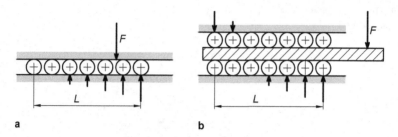

**Abb. 5.11** Führungen mit Wälzlagerungen. a) offene Führung; b) geschlossene Führung

Nachteilig ist dagegen die erforderliche hohe Herstellungsgenauigkeit sowohl der Wälzkörper als auch der Laufbahnen. Bei beiden muss die Rauhtiefe unter 1 μm liegen. Die Führungsbahnen müssen eine Härte von 60 … 62 HRC besitzen, so dass in Schlitten und Führungskörper meistens gehärtete und geschliffene Stahlleisten eingesetzt oder auch Stahlbänder eingelegt werden. Gegen Eindringen von Schmutz und Spänen sind Wälzlagerungen besonders sorgfältig zu schützen.

Man unterscheidet offene Führungen mit nur einer Kugel- oder Rollenreihe nach Abb. 5.11a, bei denen die Kraft nicht weit außermittig angreifen darf, und geschlossene Führungen (Abb. 5.11b), bei denen z. B. eine zweite Wälzkörperreihe ein Abheben und Kippen verhindert, auch wenn die Belastung $F$ außerhalb von $L$ angreift. Die Kraftverteilung auf die Wälzkörper ist in Abb. 5.11 angedeutet. Nach dem Verschiebungsbereich kann eine Einteilung in Führungen für begrenzte und in solche für unbegrenzte Schiebewege vorgenommen werden.

**Führungen für begrenzte Schiebewege** Bei diesen Führungen legen die Wälzkörper einen halb so großen Weg zurück wie der Tisch (Abb. 5.12). Aus der gezeichnetenMittelstellung ergibt sich, dass Tisch- und Bettlänge $L_B$ mindestens um den halben Hub $H$ größer sein müssen als die Führungslänge der Wälzkörper. (Es braucht dabei nicht unbedingt die ganze Länge $L$ mit Wälzkörpern belegt zu sein, es genügen bei geringen Kräften

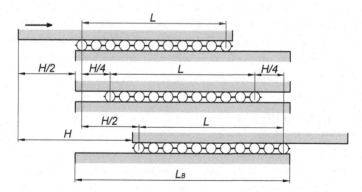

**Abb. 5.12** Führungen für begrenzte Schiebewege

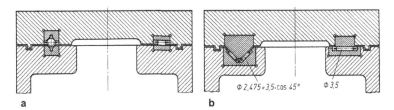

**Abb. 5.13** Offene Schlittenführungen. a) auf Kugeln und Rollen gelagert; b) auf Nadeln mit verschiedenen Durchmessern gelagert

je einige Wälzkörper am Anfang und Ende der Strecke $L$). Als Wälzkörper werden Kugeln, Rollen und Nadeln verwendet, die meist in entsprechenden Käfigen gehalten werden.

Bei offenen Schlittenführungen (Abb. 5.13) wird auf einer Seite die Sicherung in horizontaler Richtung übernommen entweder durch Kugeln, die zwischen zwei Prismenführungen laufen (Abb. 5.13a) oder durch zwei in V- Führung laufende Nadelreihen (Abb. 5.13b). Auf der Gegenseite sind Flachführungen mit Rollen oder Nadeln vorgesehen.

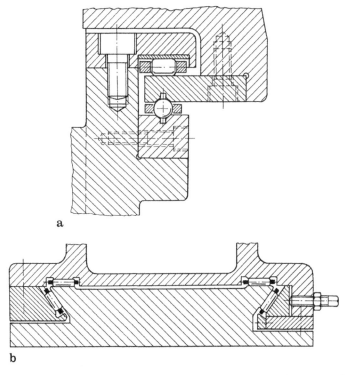

**Abb. 5.14** Geschlossene Schlittenführungen. a) mit übereinander angeordneten Kugeln und Rollen; b) Schwalbenschwanzführung mit Nadellagern

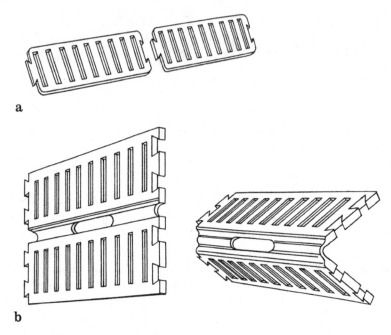

**Abb. 5.15**  Nadelflachkäfige. a) einreihig: b) zweireihig

Eine geschlossene Schlittenführung mit übereinander angeordneten Kugeln und Rollen ist in Abb. 5.14a dargestellt. Für geringe Bauhöhe eignen sich wieder Schwalbenschwanzausführungen (Abb. 5.14b) mit vier Nadellagerreihen, wobei eine Leiste nachstellbar sein muss. Nadelflachkäfige werden als einbaufertige Bauelemente geliefert (Abb. 5.15), die zu beliebig langen Bandkäfigen zusammengesetzt werden können. Bei der zweireihigen Ausführung nach Abb. 5.15b aus biegsamem Kunststoff (Polyamid) ist ein bequemer Einbau in Prismen- oder Winkelführungen möglich.

Für geringe Belastungen sind geschlossene kugelgelagerte Längsführungen nach Abb. 5.16a mit seitlich angeordneten Führungsschienen geeignet. Eine von diesen muss zum Spielausgleich einstellbar sein. Wesentlich höhere Belastungen können die rollengelagerten Längsführungen nach Abb. 5.16b aufnehmen, bei denen Rollen benutzt werden, deren Durchmesser etwas größer ist als die Breite und deren Achsen von Rolle zu Rolle um 90° verdreht sind (Kreuzrollenbauweise).

**Führungen für unbegrenzte Schiebewege**  Wenn die Schlittenlänge gegenüber der Führungslänge kurz ist, können unbegrenzte Schiebewege verwirklicht werden. Die einfachste, aber meist zu viel Platz beanspruchende Ausführung benutzt Kugel- oder Rollenlager bzw. nadelgelagerte Stützrollen. In dem Beispiel der Abb. 5.17a ist zur zusätzlichen Aufnahme geringer Seitenkräfte der Kugellageraußenring an den Kanten abgeschrägt und die

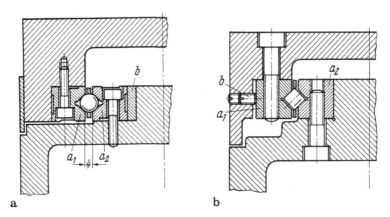

**Abb. 5.16** Geschlossene Längsführungen mit Führungsschienen a1 und a2. a) kugelgelagert mit Einstellleiste b; b) rollengelagert mit Einstellleiste b

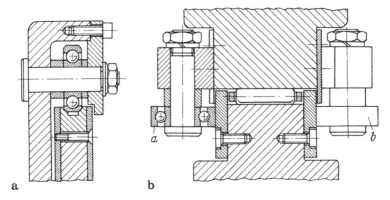

**Abb. 5.17** Führungen für unbegrenzte Schiebewege. a) Kugellager mit abgeschrägtem Außenring in Prismenführung; b) Kugellager zur seitlichen Führung

Führungsschiene ist als V- Prisma ausgebildet. In Abb. 5.17b übernehmen die Kugellager a und b nur die seitliche Führung. Zum Spielausgleich können die Kugellager auf exzentrische Bolzen gesetzt werden.

Bei Laufrollenführungen sind am Schlitten ortsfeste Rollen angebracht, die auf einer Schiene abrollen (Abb. 5.18). Damit sind theoretisch unbegrenzte Verfahrwege möglich. Neben Geradführungen sind auch Rundbogenführungen möglich. Die Kombination von Geradschienen und Rundbogenschienen ermöglichen sehr flexible Streckenführungen.

*Umlaufführungen für flache Laufschienen* Vielfach wird heute von dem Prinzip der umlaufenden Wälzkörper Gebrauch gemacht, wobei Kugeln oder Rollen nach Durchlaufen der Arbeitsstrecke über Umlenkkanäle oder durch Führung in Ketten zur Einlaufstelle in die Arbeitsstrecke zurückgebracht werden. Für Flachführungen ist das sogenannteBlocklager nach Abb. 5.19 entwickelt worden. Die Kugeln laufen (ohne Käfig)

**Abb. 5.18**  Laufrollenführung
(Bild: INA)

**Abb. 5.19**  Blocklager für
Flachführungen

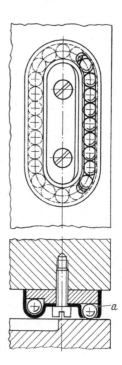

in dem Kanäle bildenden Blechgehäuse um, wobei der rechte Kanal a für die belasteten
Kugeln ein langes Fenster aufweist.

Eine käfiglose Bauart zeigt Abb. 5.20, wobei breite, in der Mitte eingeschnürte Rollen
a mit Klammern b im Führungsstück c gehalten werden, das mit dem Tisch d verschraubt
wird. Zwischen Tisch und Führungsstück entsteht der Rücklaufkanal. Auf der Gegenseite,
der Arbeitsstrecke, ragen die belasteten Rollen über das Führungsstück c vor. Unter der
Bezeichnung *Rollenumlaufschuhe* können diese Führungen einbaufertig bezogen werden.

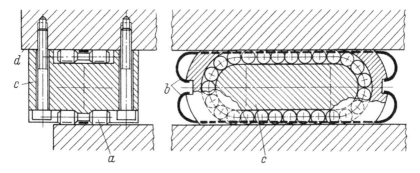

**Abb. 5.20**  Rollenumlaufführung für flache Laufschienen

*Umlaufführungen für Prismenlaufschienen*  Die in Abb. 5.21 dargestellte Kugelumlaufführung ist für den Lauf in Prismenlaufschienen gedacht. Die Kugeln sind um ein
prismatisches Stahlsegment angeordnet und werden von einem Gehäuse umschlossen, das
an der linken Längsseite geöffnet ist. Der mit dem Gehäuse verbundene Steg a verhindert
das Herausfallen der Kugeln. Nach dem Einbau findet zwischen Steg und Kugeln keine
Berührung mehr statt. Die Prismenschienen sind so ausgebildet, dass der Steg genügend
Platz hat. Zur genauen Einstellung der Kugelführungen und zum Spielausgleich ist der
Exzenterbolzen b vorgesehen.

Für hohe Belastungen eignen sich die Rollenumlaufführungen nach Abb. 5.22 von
Schäffler. Schienen und Schlitten können einbaufertig bezogen werden.

**Abb. 5.21**  Kugelumlaufführung
für Prismenlaufschienen

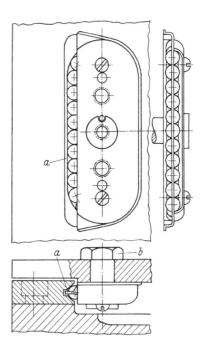

*Kreuzrollenführung* Die Kreuzrollenkette nach Abb. 5.23 arbeitet in zwei Richtungen wirkend wieder zwischen 90°-Prismenlaufschienen. Die Einbaueinheit, die am Tisch angeschraubt wird, besteht aus der Umlaufschiene a und den nahezu quadratischen Rollen b mit je nacheinander um 90° versetzten Achsen, wobei jede Rolle in einem Käfigglied gehalten wird und die Käfigglieder eine geschlossene Kette bilden. Für in nur einer Richtung wirkende Führungen haben sich auch normale Präzisionsrollenketten bewährt, die über Spann- und Umlenkrollen laufen (Abb. 5.24).

**Abb. 5.22** Rollenumlaufführung für Prismenlaufschienen (Bild: Schaeffler)

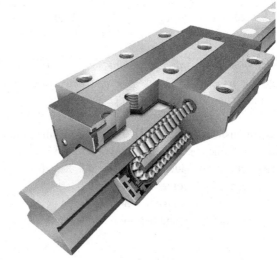

**Abb. 5.23** Kreuzrollenführung

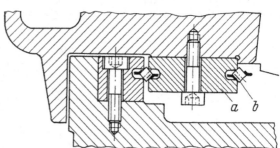

**Abb. 5.24** Führung mit Präzisionsrollenkette

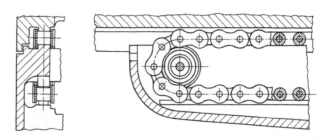

## 5.2     Paarung von zylindrischen Flächen

Zylindrische Flächen werden häufig wegen ihrer verhältnismäßig einfachen Herstellung für Führungsaufgaben verwendet, ferner aber auch für Funktionselemente in allen Kolbenmaschinen und in Hydraulik- und Pneumatikzylindern. Bei den Paarungen „Kolben-Zylinder" kommen wegen der gleichzeitigen Dichtungsprobleme nur Gleitlagerungen in Frage, während bei Führungssäulen und Schiebewellen neben Gleit- auch Wälzlagerungen vorgesehen werden können.

### 5.2.1    Gleitende Rundlingspaarungen

Als Linearlager kommen häufig einfache Buchsen zum Einsatz. Sie haben einen Freiheitsgrad mehr als die flachen Führungen, da sie neben der linearen Bewegung auch eine Drehbewegung zulassen. Wenn dies nicht erwünscht ist, muss eine zusätzliche Verdrehsicherung vorgesehen werden.

**Unbelastete Rundführungen**  Von Richtführungen spricht man, wenn keine Kräfte oder im Wesentlichen nur Kräfte in der Führungsachse wirken. Beispiele hierfür sind Reitstockpinolen, Bohrspindelhülsen, zylindrische Zahnstangen in Zahnradstoßmaschinen, Säulengestelle für Stanzen (genormt in DIN 9812 bis 9827), Führungsstangen in mechanischen Pressen, Säulen in hydraulischen Schmiedepressen u. dgl. Bei hohenGenauigkeitsanforderungen (z. B. bei den Säulengestellen für Stanzen) werden die Bohrungen feinstgebohrt und gehont, die Führungssäulen gehärtet, geschliffen, evtl. auch geläppt. Die Passung H5/h4 ermöglicht (nach dem Ausleseverfahren) ein Spiel von 4 bis 5 $\mu$m. Zur Schmierung wird Spezialöl mit Molybdändisulfid (MoS2)-Zusatz empfohlen. In die Bohrungen werden geeignete, an den Kanten gerundete oder mit Anschrägungen versehene Schmierrillen eingearbeitet (Abb. 5.25). Nur die unterste Rille besitzt als Ölfangrille eine scharfe Kante. Für noch geringeres und einstellbares Spiel ist die in Abb. 5.26 dargestellte Spieth-Führungsbuchse geeignet, deren Wirkungsweise genau den Spieth-Druckhülsen entspricht (Abb. 2.44 und 2.45).

**Belastete Rundführungen**  Bei Führungen mit parallel und/oder quer zur Führungsachse wirkenden Kräften sind wegen der auftretenden Reaktions- und Reibungskräfte die Längen $L$ der Führungshülsen (bzw. der Abstand $l$) reichlich zu bemessen, da sonst die Gefahr des Klemmens besteht. In Abb. 5.27 sind schematisch die Kräfteverhältnisse dargestellt, wie sie sich z. B. bei vertikalen Konsol- oder Tischführungen oder an dem Ausleger von Radialbohrmaschinen einstellen.

**Abb. 5.25**  Gleitführung eines
Säulengestells: *a* Oberteil; *b*
Führunsgsäule; *c*
Schmierrillen; *d* Ölfangrille

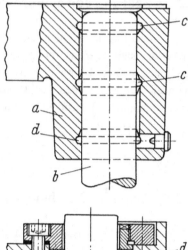

**Abb. 5.26**  Spieth-
Führungsbuchse

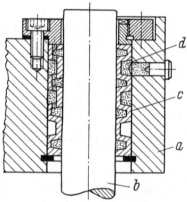

**Abb. 5.27**  Senkrechte
Rundführung mit
achsparalleler Belastung Q

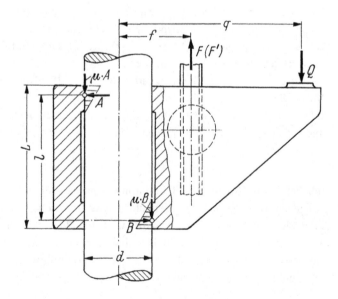

**Abb. 5.28** Waagerechte
Rundführung mit einer zur
Führungsachse senkrechten
Belastung Q

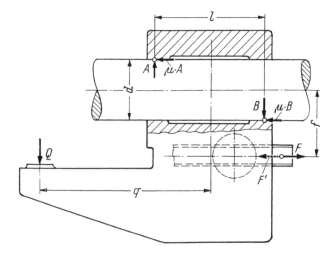

Aus den Gleichgewichtsbedingungen ergibt sich mit den eingetragenen Bezeichnungen
die erforderliche Verschiebekraft $F$ bei einer Aufwärtsbewegung

$$F = Q \cdot \frac{l + 2\mu \cdot q}{l + 2\mu \cdot f}$$

bzw. die nach oben gerichtete Bremskraft $F'$ bei einer Abwärtsbewegung

$$F' = Q \cdot \frac{l - 2\mu \cdot q}{l - 2\mu \cdot f}.$$

Für die Anordnung nach Abb. 5.28 mit waagerechter Führungsstange erhält man die
erforderliche Kraft $F$ für eine Verschiebung nach *rechts*

$$F = \mu Q \cdot \frac{2q + \mu \cdot d}{l - 2\mu \cdot f}$$

bzw. $F'$ für die Verschiebung nach *links*

$$F = \mu Q \cdot \frac{2q - \mu \cdot d}{l + 2\mu \cdot f}$$

Häufig werden zwei parallele Zylinderführungen verwendet, wobei jedoch eine sehr hohe
Genauigkeit erforderlich ist.

## 5.2.2  Rundführungen mit Wälzlagerungen

**Kugelführungen** Für *begrenzte Schiebewege*, also Kurzhubbewegungen, z. B. für Säulengestelle, Schleifmaschinentische, nockenbetätigte Stößel und dergleichen, bei denen

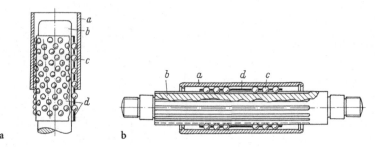

**Abb. 5.29** Kugelführungen. a) für glatte, zylindrische Laufflächen; b) für Laufflächen mit axialen Laufrillen

es auf hohe Genauigkeit und Spielfreiheit bei sehr geringen Verschiebekräften ankommt, werden Kugelführungen nach Abb. 5.29 verwendet.

Bei der Ausführung nach Abb. 5.29a sind die Laufflächen der Führungskörper (Buchse $a$ und Säule $b$) zylindrisch, gehärtet, geschliffen und geläppt, und die Kugeln $c$ sind im Kugelkäfig $d$ auf steilgängigen Schraubenlinien angeordnet, so dass sehr viele dicht nebeneinander liegende Laufbahnen vorhanden sind und der Verschleiß sehr gering ist. Die Durchmesser von Führungsbuchse und Säule sind so toleriert, dass die Kugelführungen unter Vorspannung, also vollkommen spielfrei arbeiten. Als Schmierung genügt, wie bei Kugellagern, ein sachgemäßes Einfetten beim Einbau. Somit ist praktisch keine Wartung erforderlich.

Die Kugelführung nach Abb. 5.29b besitzt an jedem Käfigende nur drei Reihen von Kugeln, die jedoch in 12 gleichmäßig über den Umfang verteilten in Achsrichtung geschliffenen Laufrillen des inneren Führungskörpers $b$ laufen. Da nicht nur Punktberührung vorliegt, ist eine höhere Belastbarkeit möglich. Im äußeren Führungsrohr $a$ befinden sich keine Laufrillen, weil hier die Schmiegungsverhältnisse (Hohlzylinder/Kugel) günstiger sind.

**Linearkugellager** Für *unbegrenzte Schiebewege* eignen sich die in Abb. 5.30 dargestellten Linearkugellager. Mit der gehärteten und geschliffenen Außenhülse $a$ sind die auf dem Umfang gleichmäßig verteilten Stahlblechführungen $b$ fest verbunden. Wie in dem in Abb. 5.19 beschriebenen Blocklager werden die Kugeln $c$ über den Rückführkanal der

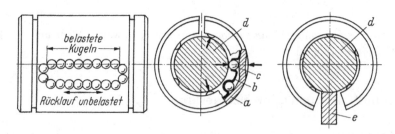

**Abb. 5.30** Linearkugellager nach ISO 10285

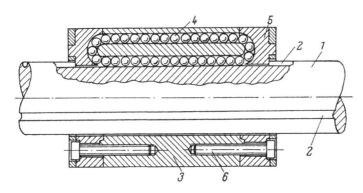

**Abb. 5.31** Kugelschiebewelle

„Arbeitsstrecke" zugeführt. Je nach der Größe der Buchse werden 3 bis 6 Führungen ange-ordnet. Die Linearkugellager sind in der Normalausführung längsgeschlitzt, so dass beim Einbau durch geeignete Hilfsmittel zum feinfühligen radialen Nachstellen Spielfreiheit er-zielt wird. Bei sehr langen Führungsstangen $d$ würden sich wegen der Durchbiegung zu große Durchmesser ergeben. Für diese Fälle werden Linearkugellager mit einem breiteren Schlitz geliefert, der die Anwendung von Stützteilen $e$ für die Führungsstange ermöglicht.

**Kugelschiebewelle** Das Kugelumlaufprinzip wird auch bei der in Abb. 5.31 dargestellten Kugelschiebewelle verwendet, bei der sich die tragenden Kugeln in besonders profilier-ten Nuten der Welle und der Schiebemuffe befinden. Es können also auf unbegrenzten Schiebewegen auch beachtliche Drehmomente übertragen werden. Durch den Einbau mit Vorspannung kann ein spielfreier Lauf erzielt werden.

## Literatur

1. Rinker, U.: Werkzeugmaschinenführungen - Ziele künftiger Entwicklungen. VDI-Z 130 (1988)
2. Ruß, A. G.: Linearlager und Linearführungssysteme. Ehningen b. Böblingen: Expert- Verlag 1992
3. Weck, M; Rinker, U.: Einsatz von Geradführungen an Werkzeugmaschinen. Ind. Anz. 79 (1981)
4. Weck, M; Rinker, U.: Reibungsverhalten von Gleitführungen – Einfluss der Oberflächenbearbei-tung. Ind. Anz. 29 (1986)
5. Weck, M: Werkzeugmaschinen, Bd. 2. Berlin: Springer 2006

# Elemente zur Übertragung gleichförmiger Drehbewegungen

Oft entsprechen Drehzahl und Drehmoment der Kraftmaschine (Motor) nicht dem Bedarf der Arbeitsmaschine. So liegen zum Beispiel bei den häufig verwendeten, robusten und kostengünstigen Drehstromasynchron-Motoren die Synchrondrehzahlen abhängig von den Polzahlen (2-, 4- oder 6polig) und der Netzfrequenz (50 Hz) mit 3000, 1500 und 750 min$^{-1}$ fest. Auch ein Verbrennungsmotor arbeitet nur in einem kleinen Drehzahlbereich wirtschaftlich. Die Anpassung an den Bedarf der Arbeitsmaschine wird mit einem Getriebe bewerkstelligt. Ein Getriebe hat somit die Aufgabe eine Drehzahl und ein Drehmoment zu wandeln (bzw. zu übersetzen) und zu übertragen.

Die Übertragung der Drehbewegung erfolgt bei Rädergetrieben formschlüssig. Da bei Formschluss ein Schlupf nicht möglich ist, handelt es sich um eine starre Bewegungsübertragung. Bei den kraftschlüssigen Reibradgetrieben ist dagegen immer ein gewisser Schlupf vorhanden, so dass es sich hierbei um eine nachgiebige Bewegungsübertragung handelt.

**Bauarten** Die wichtigsten Bauarten formschlüssiger Zahnradgetriebe sind in Abb. 6.1 schematisch dargestellt. Bei parallelen Wellen sind die Wälzkörper Zylinder und heißen Stirnräder. Sie können mit Geradverzahnung, Schrägverzahnung, Doppelschräg- oder Pfeilverzahnung jeweils als Außen- oder Innenverzahnung (Hohlrad) ausgeführt werden. Bei sich schneidenden Wellen sind die Wälzkörper Kegel, deren Spitzen mit dem Schnittpunkt der Wellenachsen zusammenfallen. Die Kegelräder können ebenfalls gerad-, schräg- oder bogenverzahnt werden. Für windschiefe, d.h. sich kreuzende Wellen eignen sich die Schraubenräder- und die Schneckengetriebe. Bei letzteren beträgt der Kreuzungswinkel in der Regel 90°. Die Zahnflanken der Schrauben- und Schneckenräder verlaufen schraubenlinienförmig. Stirn- und Kegelrädergetriebe sind Wälzgetriebe, die Getriebe mit kreuzenden Wellen sind Schraubgetriebe.

© Springer-Verlag GmbH Deutschland 2018
H. Haberhauer, *Maschinenelemente*,
https://doi.org/10.1007/978-3-662-53048-1_6

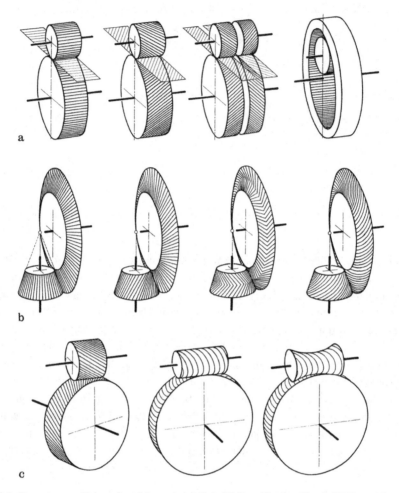

**Abb. 6.1**  Bauarten von Zahnradgetrieben. a) parallele Wellen; b) schneidende Wellen; c) kreuzende Wellen

**Übersetzung**  Die Geschwindigkeiten bei einem Rädergetriebe können am einfachsten an den schlupffrei aufeinander abrollenden Wälzkreisen dargestellt werden (Abb. 6.2). Der Berührpunkt C der Wälzkreise wird als Wälzpunkt bezeichnet. Die Bedingung für schlupffreies Abwälzen wird erfüllt, wenn die Wälzkreise gleiche Umfangsgeschwindigkeiten haben ($v_1 = v_2$). Werden die Wälzkreisradien mit $r_1$ und $r_2$ und die Antriebs- bzw. Abtriebsdrehzahlen mit $n_1$ und $n_2$ bezeichnet, ergeben sich die Umfangsgeschwindigkeiten zu

$$v_1 = r_1\omega_1 = r_1\, 2\pi\, n_1 \quad \text{und} \quad v_2 = r_2\omega_2 = r_2\, 2\pi\, n_2.$$

Bleibt bei der Übertragung von Drehbewegungen das Verhältnis zwischen An- und Abtriebsdrehzahl konstant, so spricht man von gleichförmig übersetzenden Getrieben. Das

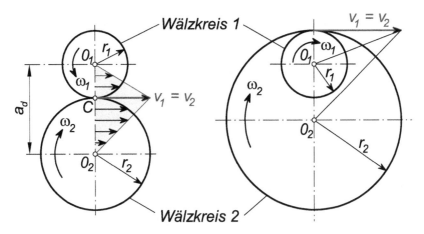

**Abb. 6.2** Schlupffreies Abwälzen. a) Außenverzahnung; b) Innenverzahnung

Verhältnis von der Drehzahl der Antriebswelle zur Drehzahl der Abtriebswelle heißt Übersetzungsverhältnis oder kurz Übersetzung

$$i = \frac{n_{an}}{n_{ab}} = \frac{n_1}{n_2} = \frac{\omega_1}{\omega_2} = -\frac{r_2}{r_1} = -\frac{d_2}{d_1}. \tag{6.1}$$

Zu beachten ist, dass bei einer außenverzahnten Stirnradpaarung die Drehrichtung des Abtriebsrades entgegengesetzt zur Antriebsdrehrichtung gerichtet ist. Bei einer Innenverzahnung haben dagegen beide Räder die gleiche Drehrichtung. Daraus folgt für gleichsinnige Drehrichtungen $i > 0$ und für gegensinnige Drehrichtungen $i < 0$. Außerdem bedeuten $|i| > 1$ eine Übersetzung ins langsame und $|i| < 1$ eine Übersetzung ins Schnelle. Damit für Außen- und Innenverzahnungen dieselben Gleichungen gelten, werden die Radien bzw. Durchmesser der Hohlräder bei Innenverzahnungen negativ eingesetzt ($r_2 < 0$ bzw. $d_2 > 0$). Ebenso werden auch die Zähnezahlen der Hohlräder mit $z_2 < 0$ negativ.

Bei mehrstufigen (z. B dreistufigen) Getrieben wird

$$i = \frac{n_{an}}{n_{ab}} = \frac{n_1}{n_2} \cdot \frac{n_2}{n_3} \cdot \frac{n_3}{n_4} = i_{1/2} \cdot i_{2/3} \cdot i_{3/4},$$

das heißt, die Gesamtübersetzung ist gleich dem Produkt aller Einzelübersetzungen.

**Wirkungsgrad** Die auftretenden Verluste in einem Getriebe werden mit Hilfe des Wirkungsgrades $\eta$ ausgedrückt, der als dem absoluten Betrag des Verhältnisses zwischen Abtriebsleistung $P_{ab}$ und Antriebsleistung $P_{an}$ berechnet werden kann

$$\eta = |P_{ab}/P_{an}|.$$

Da die Summe der Leistungen gleich Null sein muss, wird die zugeführte Leistung $P_{an}$ positiv und die abgegebene Leistung $P_{ab}$, sowie die Verlustleistung $P_V$, negativ definiert

$$P_{an} + (P_{ab} + P_V) = 0.$$

Mit Berücksichtigung der Vorzeichen gilt dann

$$\eta = -P_{ab}/P_{an}$$

Bei einfachen Stirnradgetrieben werden die Vorzeichen häufig nicht berücksichtigt. Bei Umlaufgetrieben (Abschn. 6.5) ist die vorzeichenbehaftete Definition von Leistung, Drehzahl und Drehmoment jedoch erforderlich.

Bei formschlüssigen Zahnradgetrieben entstehen Verluste ausschließlich beim Drehmomentenverhältnis. Das heißt, der Wirkungsgrad hat hier keinen Einfluss auf die Drehzahlübersetzung. Bei reibschlüssigen Getrieben (z. B. Reibradgetriebe oder Riemengetriebe) dagegen ist ein schlupffreies Abwälzen nicht möglich, so dass bei diesen Getrieben auch die Drehzahl teilweise vom Wirkungsrad abhängig ist.

Verluste entstehen in den Getriebestufen, Dichtungen, Lagern usw. Der Gesamtwirkungsgrad $\eta$ ergibt sich als Produkt der Einzelwirkungsgrade der hintereinandergeschalteten Getriebeelemente:

$$\eta = \eta_1 \cdot \eta_2 \cdot \eta_3 \cdot \ldots$$

**Drehmomente** Werden die Verluste innerhalb eines Getriebes vernachlässigt, das heißt, wenn ohne Reibung mit einem Wirkungsgrad $\eta = 1$ gerechnet wird, gilt $P_{an} = -P_{ab}$. Aus $P = T \cdot \omega = konst.$ folgt, dass jede Drehzahländerung eine Momentenänderung bedingt:

$$T \sim \frac{1}{i}$$

Unter Berücksichtigung des Wirkungsgrades und der Definition der Vorzeichen der An- und Abtiebsleistung gilt

$$T_{ab} = -\eta i T_{an}. \tag{6.2}$$

Bei gleicher Drehrichtung von An- und Abtrieb (Übersetzung positiv) wirkt das Abtriebsmoment $T_{ab}$ von außen auf das Getriebe entgegen der Drehrichtung und hemmt die Drehbewegung. Da in einem Getriebe normalerweise eine Drehmomentenänderung stattfindet, sind die Beträge der An- und Abtriebsmomente nicht gleich groß ($|T_{an}| \neq |T_{ab}|$). Um das Momentengleichgewicht sicherzustellen, muss das Getriebegehäuse ein Reaktionsmoment aufnehmen, das über die Befestigungselemente an das Fundament übertragen wird. Die Gleichgewichtsbedingung lautet somit

$$T_{an} + T_G + T_{ab} = 0$$

Somit ergibt sich mit $T_{ab}$ nach Gl. (6.2) für das vom Fundament auf das Gehäuse eingeleitete Abstütz- bzw. Reaktionsmoment

$$T_G = -T_{ab} - T_{an} = (\eta i - 1) T_{an}.$$

Die Übersetzung $i$ ist vorzeichenbehaftet einzusetzen. Das heißt, bei gleichsinniger Drehrichtung von An- und Abtrieb ist $i > 0$ und bei gegensinniger Drehrichtung ist $i < 0$.

## 6.1 Stirnradgetriebe

Zur Anpassung von Drehzahl- und Drehmoment werden in der Antriebstechnik Stirnradgetriebe sehr häufig verwendet, da ihre Dimensionierung und Herstellung am besten beherrschbar ist. Geradstirnräder sind am einfachsten herstellbar und erzeugen keine Axialkräfte, sind jedoch ungünstiger im Geräuschverhalten als schrägverzahnte Zahnräder. Der allmähliche Zahneintritt und Zahnaustritt hat bei einer Schrägverzahnung neben besserer Laufruhe auch eine höhere Tragfähigkeit zur Folge. Der Nachteil liegt darin, dass durch schräggestellte Zahnflanken Axialkräfte entstehen, die unter Umständen teurere Lagerungen erfordern.

Bei einer Geradverzahnung sind die Zahnflanken parallel zur Radachse angeordnet. Dagegen sind bei einer Schrägverzahnung die Zähne um einen bestimmten Winkel $\beta$ zur Radachse schräggestellt. Prinzipiell kann die Geradverzahnung als Sonderfall der Schrägverzahnung aufgefasst werden, indem einfach der Schrägungswinkel $\beta$ gleich Null gesetzt wird. Da jedoch die Geradverzahnung die Ableitung der Beziehungen und die Darstellung der grundsätzlichen Zusammenhänge wesentlich erleichtert, wird sie zunächst separat behandelt. Es sei jedoch jetzt schon darauf hingewiesen, dass alle an der Geradverzahnung angestellten Betrachtungen auch bei der Schrägverzahnung (und zwar für den Normalschnitt) gültig sind.

### 6.1.1 Verzahnungsgeometrie geradverzahnter Stirnräder

Für die Verzahnungen von geradverzahnten Stirnräder werden die in Abb. 6.3 dargestellten Bezeichnungen verwendet. Unter einer Teilung $p$ versteht man die auf dem „Teilkreis" gemessene Entfernung zwischen zwei aufeinanderfolgenden Rechts- oder Linksflanken. Sind die Teilkreise gleich den Wälzkreisen, so muss bei zwei miteinander kämmenden Rädern offensichtlich jeweils die gleiche Teilung $p$ vorhanden sein.

Ferner muss der Teilkreisumfang bei jedem Rad gleich Zähnezahl mal Teilung sein:

$$\pi \cdot d_1 = z_1 \cdot p \quad \text{und} \quad \pi \cdot d_2 = z_2 \cdot p.$$

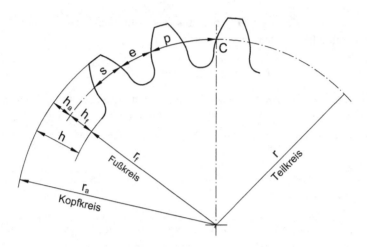

**Abb. 6.3** Bezeichnungen am geradverzahnten Stirnrad

Hieraus folgt:

$$\frac{z_1}{z_2} = \frac{d_1}{d_2}.$$

Das Verhältnis der Zähnezahlen zweier Räder ist also gleich dem Verhältnis ihrer Teilkreisradien bzw. Teilkreisdurchmesser. Mit Gl. (6.1) ergibt sich dann

$$i = \frac{n_1}{n_2} = -\frac{r_2}{r_1} = -\frac{d_2}{d_1} = -\frac{z_2}{z_1}. \tag{6.3}$$

Neben der Übersetzung $i$ wird in DIN 3960 zusätzlich ein Zähnezahlverhältnis $u$ definiert, bei dem immer $z_2 > z_1$ ist:

$$u = \frac{z_2}{z_1} \geq 1. \tag{6.4}$$

Für die Berechnung ist es zweckmäßig, die Teilung $p$ als Vielfaches der Zahl $\pi$ anzugeben, also

$$p = m \cdot \pi,$$

wobei $m$ als Modul bezeichnet wird und eine Bezugsgröße für Zahnradabmessungen darstellt. Modulreihen sind daher in DIN 780 genormt. Bevorzugt soll die auszugsweise wiedergegebene Reihe 1 verwendet werden:

| | 0,1 | 0,12 | 0,16 | 0,2 | 0,25 | 0,3 | 0,4 | 0,5 | 0,6 | 0,7 | 0,8 | 0,9 |
|---|---|---|---|---|---|---|---|---|---|---|---|---|
| $m$ [mm] | 1 | 1,25 | 1,5 | 2 | 2,5 | 3 | 4 | 5 | 6 | | 8 | |
| | 10 | 12 | 16 | 20 | 25 | 30 | 40 | 50 | 60 | | | |

Die Definition des Moduls ist somit:

$$m = \frac{p}{\pi} = \frac{d}{z} \tag{6.5}$$

Damit können die Zahnabmessungen in Abb. 6.3 auf den Modul bezogen angegeben werden:

- Zahnhöhe            $h = h_a + h_f$
- Zahnkopfhöhe        $h_a = m$
- Zahnfußhöhe         $h_f = m + c$
- Zahnkopfspiel       $c = (0, 1 ... 0, 3)m$
- Zahndicke           $s = p/2 = m\,\pi/2$
- Zahnlücke           $e = p/2 = m\,\pi/2$
- Teilkreisdurchmesser   $d = m \cdot z$
- Kopfkreisdurchmesser   $d_a = d + 2\,h_a = d + 2\,m$
- Fußkreisdurchmesser    $d_f = d - h_f$

### 6.1.1.1 Allgemeines Verzahnungsgesetz

Die Zahnflanken müssen so ausgebildet werden, dass eine kontinuierliche gleichförmige Drehbewegungsübertragung zustande kommt. Die dafür erforderlichen Bedingungen sollen an dem Beispiel in Abb. 6.4 abgeleitet werden.

Die Flanke des sich mit der Winkelgeschwindigkeit $\omega_1$ um $O_1$ drehenden (treibenden) Rades 1 berührt in der gezeichneten Stellung im Punkt X die Gegenflanke des getriebenen Rades 2, das sich mit $\omega_2$ um $O_2$ drehen soll. Der augenblickliche Berührungspunkt X wird auch *Eingriffspunkt* genannt. In ihm haben die beiden Zahnflanken eine gemeinsame Tangente und eine gemeinsame Normale. Die Geschwindigkeit des Punktes X als Flankenpunkt des Rads 1 ist $v_1 = R_1 \omega_1$ und die Geschwindigkeit des Punktes X als Flankenpunkt des Rades 2 ist $v_2 = R_2 \omega_2$. Diese Geschwindigkeitsvektoren stehen jeweils senkrecht auf $R_1$ und $R_2$. Die Geschwindigkeit $v_1$ wird in eine Normalkomponente $v_{n1}$ und eine Tangentialkomponente $v_{t1}$ zerlegt. Ebenso wird $v_2$ in $v_{n2}$ und $v_{t2}$ zerlegt. Die Bedingung dafür, dass die beiden Flanken in Berührung bleiben, wird nur erfüllt, wenn (entgegen der Darstellung in Abb. 6.4) die Normalkomponenten gleich groß sind, also wenn $v_{n1} = v_{ns}$ ist. Wäre $v_{n2}$ größer als $v_{n2}$ würde sich die Flanke 2 von der Flanke 1 abheben, andererseits kann $v_{n1}$ nicht größer als $v_{n2}$ werden, da die Flanke 1 die Flanke 2 nicht überholen kann.

Werden von den Punkten $O_1$ und $O_2$ auf die gemeinsame Normale die Lote gefällt, so entstehen die rechtwinkeligen Dreiecke $O_1 T_1 X$ und $O_2 T_2 X$, die den entsprechenden Geschwindigkeitsdreiecken (für Rad 1 schraffiert) ähnlich sind. Daraus ergeben sich die Proportionen

$$\frac{v_{n1}}{v_1} = \frac{\overline{O_1 T_1}}{R_1} \quad \text{oder} \quad v_{n1} = \frac{v_1}{R_1}\overline{O_1 T_1} = \omega_1 \overline{O_1 T_1},$$

$$\frac{v_{n2}}{v_2} = \frac{\overline{O_2 T_2}}{R_2} \quad \text{oder} \quad v_{n2} = \frac{v_2}{R_2}\overline{O_2 T_2} = \omega_2 \overline{O_2 T_2},$$

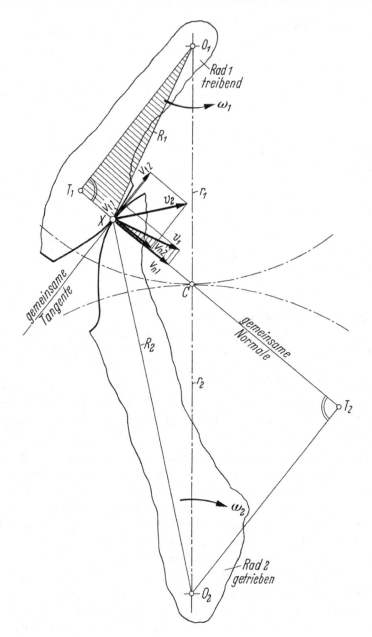

**Abb. 6.4** Allgemeines Verzahnungsgesetz

und aus $v_{n1} = v_{n2}$ folgt

$$\omega_1 \overline{O_1 T_1} = -\omega_2 \overline{O_2 T_2} \quad \text{oder} \quad \frac{\omega_1}{\omega_2} = -\frac{\overline{O_2 T_2}}{\overline{O_1 T_1}} = i.$$

Aus Abb. 6.4 ist ferner zu ersehen, dass die gemeinsame Berührungsnormale die Mittellinie $O_1 - O_2$ in C schneidet und dadurch zwei ähnliche rechtwinkelige Dreiecke $O_1 T_1 C$ und $O_2 T_2 C$ entstehen. Daraus ergibt sich

$$-\frac{\overline{O_2 T_2}}{\overline{O_1 T_1}} = -\frac{\overline{O_2 C}}{\overline{O_1 C}} = -\frac{r_2}{r_1} = i = konst.$$

D. h. aber, dass entsprechend Gl. (6.1) der Schnittpunkt C der Wälzpunkt sein muss und dass $r_1$ und $r_2$ die Wälzkreisradien sind. Die Normale im Berührungspunkt zweier Zahnflanken muss also den Achsabstand $a = r_1 + r_2$ im konstanten Übersetzungsverhältnis teilen. Dieses Gesetz heißt das allgemeine Verzahnungsgesetz. Es lautet kurz:

▶ Die Normale im jeweiligen Berührungspunkt zweier Zahnflanken muss stets durch den Wälzpunkt C gehen.

**Gegenflanke und Eingriffslinie** Mit Hilfe des allgemeinen Verzahnungsgesetzes kann zu einer gegebenen Flanke des Rades 1 die entsprechende Gegenflanke des Rades 2 ermittelt werden, mit der ein schlupffreies Abwälzen der beiden Räder eindeutig möglich ist (Abb. 6.5).

Die Normale im Punkt $X_1$ der gegebenen Flanke schneidet den Wälzkreis $W_1$ im Punkt $X_1'$. Wird Rad 1 nun so weit gedreht, bis $X_1'$ in den Wälzpunkt C kommt, so gelangt dabei der Punkt $X_1$ nach X (Kreis durch $X_1$ um $O_1$; Kreisbogen mit $\overline{X_1' X_1}$ um C). In dieser Stellung geht also die Normale im Punkt $X_1$ des gegebenen Profils durch den Wälzpunkt C, und im Punkt X muss sich nach dem Verzahnungsgesetz der Punkt $X_1$ der gegebenen Flanke mit einem entsprechenden Punkt $X_2$ der Gegenflanke decken, wobei die Normale der Gegenflanke ebenfalls durch C gehen muss. Um den Punkt $X_2$ in der ursprünglichen ($X_1$ entsprechenden) Stellung zu erhalten, muss das Rad 2 zurückgedreht werden, wobei der Bogen $X_2' C$ auf dem Wälzkreis 2 gleich dem Bogen $X_1' C$ sein muss (Kreis durch X um $O_2$; Kreisbogen mit $\overline{CX} = \overline{X_1' X_1} = \overline{X_2' X_2}$ um $X_2'$). Im Punkt X kommen beim Wälzvorgang die Punkte $X_1$ und $X_2$ zum Eingriff, so dass X der Eingriffspunkt ist. Durch Wiederholung der Konstruktion für andere Punkte $Y_1$, $Z_1$ usw. der gegebenen Flanke ergeben sich die zugehörigen Punkte $Y_2$, $Z_2$ usw. und somit das Profil der Gegenflanke. Gleichzeitig entstehen die entsprechenden Eingriffspunkte X, Y, Z usw. Die Verbindungslinie der Eingriffspunkte heißt *Eingriffslinie*. Sie ist also der geometrische Ort aller aufeinander folgenden Berührungspunkte zweier Zahnflanken.

Die Form der Eingriffslinie hängt von der Profilform der Flanken ab. Zu jedem Flankenprofil gehört bei gegebenen Wälzkreisen eine ganz bestimmte Eingriffslinie und ein ganz bestimmtes Gegenprofil. Daraus folgt, dass umgekehrt zu einer gegebenen Eingriffslinie bei gegebenen Wälzkreisen ganz bestimmte Zahnflanken gehören. Von den vielen möglichen Formen von Eingriffslinien werden praktisch nur die einfachsten, das sind Kreis und Gerade, verwendet.

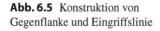

**Abb. 6.5** Konstruktion von
Gegenflanke und Eingriffslinie

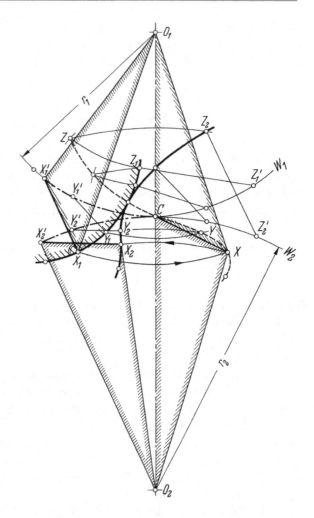

**Überdeckung und Einzeleingriffspunkt** Die Eingriffslinie liegt im Allgemeinen zum
Teil vor und zum Teil hinter dem Wälzpunkt. In dem Fall, dass das treibende Ritzel sich
linksherum dreht (Abb. 6.6), beginnt der Eingriff im Punkt A (Anfang) und er endet im
Punkt E (Ende). Der Anfangspunkt A ergibt sich durch den Schnittpunkt des Kopfkreises
von Rad 2 mit der Eingriffslinie und der Endpunkt E als Schnittpunkt des Kopfkreises
von Rad 1 mit der Eingriffslinie. Das wirklich genutzte Stück der Eingriffslinie $A - C - E$
heißt Eingriffsstrecke $g$. Der auf den Wälzkreisen gemessene Bogen $C_{1A}C_{1E} = C_{2A}C_{2E}$,
der vom Beginn bis zum Ende des Eingriffs von jeder Flanke zurückgelegt wird, ist die
Eingriffslänge $l$.

In der Endstellung E, in der sich die Zahnflanken letztmals berühren, muss bereits ein
neues Zahnpaar miteinander in Berührung gekommen sein, oder besser schon eine gewisse
Zeit lang in Berührung miteinander stehen, damit eine kontinuierliche Drehbwegung aufrechterhalten wird. Dies wird nur dann der Fall sein, wenn die Eingriffslänge $l$ größer

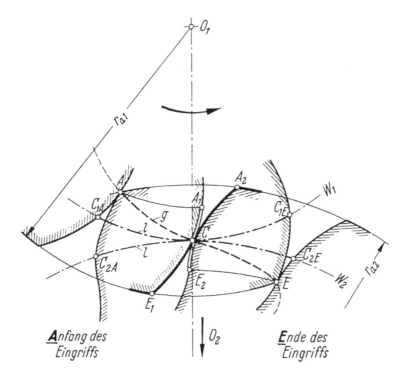

**Abb. 6.6** Eingriffsstrecke

als die Teilung $p$ auf dem Wälzkreis ist. Das Verhältnis Eingriffslänge zur Teilung ist die Überdeckung (oder Überdeckungsgrad)

$$\varepsilon = \frac{l}{p} > 1 \tag{6.6}$$

Zeitweise stehen also innerhalb der Eingriffsstrecke während des Bewegungsablaufes zwei Zahnpaare im Eingriff und zwar umso länger, je größer $\varepsilon$ ist. Dann eine Zeitlang jedoch nur ein Zahnpaar. Der Beginn des Einzeleingriffs ist dadurch bestimmt, dass das vorhergehende Zahnpaar gerade außer Eingriff kommt. Nach Abb. 6.7 findet man den Beginn des Einzeleingriffs dadurch, dass man vom Ende des Eingriffs, d. h. von $C_{1E}$ und $C_{2E}$, auf den Wälzkreisen je eine Teilung $p$ rückwärts abträgt und die Zahnflanken hier einzeichnet. Ihr Berührungspunkt auf der Eingriffslinie heißt bei treibendem linksdrehendem Ritzel, „innerer Einzeleingriffspunkt B". Das Endes des Einzeleingriffs ist dadurch bestimmt, dass in A ein neues Zahnpaar zum Eingriff kommt, so dass das betrachtete Zahnpaar von $C_{1A}$ und $C_{2A}$ um eine Teilung voraus ist. Trägt man also von diesen Punkten die Teilung $p$ vorwärts an, so erhält man den „äußeren Einzeleingriffspunkt D". Wenn Rad 2 das treibende Rad ist, vertauschen die Punkte A und E sowie B und D ihre Plätze.

**Gleitverhältnisse** Aus der Darstellung des allgemeinen Verzahnungsgesetzes (Abb. 6.4) ist ersichtlich, dass auch bei $v_{n1} = v_{n2}$ die in die gemeinsame Tangente fallenden Ge-

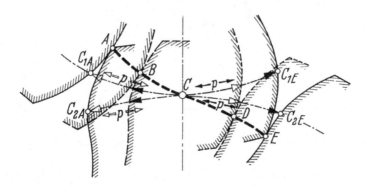

**Abb. 6.7** Einzeleingriffspunkte (B: innerer, D: äußerer Einzeleingriffspunkt)

schwindigkeitskomponenten $v_{t1}$ und $v_{t2}$ verschieden groß sind. Das bedeutet aber, dass zwischen den Flanken in Richtung ihrer gemeinsamen Tangente eine Relativbewegung, also ein Gleiten vorhanden ist. Für die Gleitgeschwindigkeit, bezogen auf das Rad 1, gilt:

$$v_{g1} = v_{t1} - v_{t2}.$$

Aus der Ähnlichkeit der in Abb. 6.4. schraffierten Dreiecke folgt

$$\frac{v_{t1}}{v_1} = \frac{\overline{T_1 X}}{R_1} \quad \text{und} \quad \frac{v_{t2}}{v_2} = \frac{\overline{T_2 X}}{R_2}$$

oder

$$v_{t1} = \frac{v_1}{R_1}\overline{T_1 X} = \omega_1 \overline{T_1 X} \quad \text{und} \quad v_{t2} = \frac{v_2}{R_2}\overline{T_2 X} = \omega_2 \overline{T_2 X}.$$

Aus der Ähnlichkeit der Dreiecke folgt ferner:

$$\frac{\overline{T_1 X} + \overline{X C}}{\overline{T_2 X} - \overline{X C}} = \frac{\overline{O_1 C}}{\overline{O_2 C}} = \frac{r_1}{r_2} = \frac{\omega_2}{\omega_1}$$

Damit wird

$$\omega_1 \overline{T_1 X} + \omega_1 \overline{X C} = \omega_2 \overline{T_2 X} - \omega_2 \overline{X C}$$

oder

$$v_{t1} - v_{t2} = v_{g1} = -(\omega_1 + \omega_2)\overline{X C}.$$

Da $\omega_1 + \omega_2$ konstant ist, ist die Gleitgeschwindigkeit also proportional dem Abstand $\overline{X C}$. Das negative Vorzeichen besagt, dass $v_{g1}$ vor dem Wälzpunkt den Tangentialgeschwindigkeiten $v_{t1}$ und $v_{t2}$ entgegensetzt gerichtet ist (Abb. 6.8), so dass die Ritzelflanke gegen die Radflanke „schiebt". Hinter dem Wälzpunkt ($v_{g1}$ positiv) „zieht" dagegen die

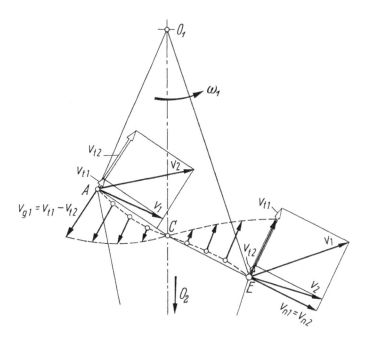

**Abb. 6.8** Gleitgeschwindigkeit

Ritzelflanke über die Radflanke. Nur im Wälzpunkt C findet kein Gleiten statt. Die größten Gleitgeschwindigkeiten treten am Anfang A und Ende E der Eingriffsstrecke auf.

Der Schlupf, das ist die Gleitgeschwindigkeit bezogen auf die absolute Tangentialgeschwindigkeit des Flankenpunktes in Richtung der gemeinsamen Tangente, wird „Spezifisches Gleiten" genannt. Für den Flankenabschnitt vor dem Wälzpunkt gilt

$$\xi_1 = \frac{v_{g1}}{v_{t1}} = 1 - \frac{v_{t2}}{v_{t1}} \tag{6.7}$$

und für den Abschnitt nach dem Wälzpunkt gilt

$$\xi_2 = \frac{v_{g2}}{v_{t2}} = 1 - \frac{v_{t1}}{v_{t2}}. \tag{6.8}$$

Das spezifische Gleiten ist ein Kriterium für die Verschleißbeanspruchung und sollte möglichst klein sein. Für den Übertragungswirkungsgrad ist es günstig, wenn der Wälzpunkt C etwas oberhalb der aktiven Flankenmitte liegt, was einer positiven Profilverschiebung entspricht (Abschn. 6.1.1.5).

### 6.1.1.2 Verzahnungsarten

Aus dem allgemeinen Verzahnungsgesetz geht hervor, dass alle Kurven, deren Normalen den zugehörigen Wälzkreis in einer Richtung fortschreitend schneiden, als Flankenprofil geeignet sind. Für die Praxis sind jedoch nur solche Flankenprofile sinnvoll, die einfache Eingriffslinien ergeben und die mit einfachen Werkzeugen sehr genau hergestellt werden können. Neben einer wirtschaftlichen Fertigung ist natürlich auch die Austauschbarkeit (Ersatzteile) ein wichtiges Argument für die Einschränkung der Vielzahl unterschiedlicher Flankenformen. Die im Maschinenbau vorherrschende Verzahnungsart ist die Evolventverzahnung mit Evolventen als Zahnflanken. Eine andere Verzahnungsart, die Zykloidenverzahnung mit Zykloiden als Zahnflanken, hat zwar nur untergeordnete Bedeutung, wird aber für besondere Anwendungen immer noch eingesetzt.

**Zykloidenverzahnung**  Bei der Zykloidenverzahnung setzt sich die Eingriffslinie aus Kreisbogenstücken zusammen. Die Kopfflanke (oberhalb des Wälzpunktes C) besteht aus einer Epizykloide, die Fußflanke (unterhalb von C) aus einer Hypozykloide. Nach Abb. 6.9 entsteht eine Epizykloide (e), wenn ein „Rollkreis" außen auf einem Grundkreis abrollt. Eine Hypozykloide (h) entsteht dagegen, wenn ein Rollkreis innen auf einem Grundkreis abrollt. Nach Abb. 6.10 sind die Grundkreise $r_b$, Wälzkreise $r_w$ und Teilkreise $r$ eines jeden Rades gleich groß:

$$r_{b1} = r_{w1} = r_1 = \frac{m}{2}z_1 \quad \text{und} \quad r_{b2} = r_{w2} = r_2 = \frac{m}{2}z_2.$$

Für die Rollkreise wurde $\varrho_1 \approx r_1/3$ und $\varrho_2 \approx r_2/3$ gewählt. Die Größe der Rollkreise beeinflusst die Flankenform, die Gleitverhältnisse, Größe und Richtung der Zahnkräfte und den Überdeckungsgrad. Im Allgemeinen sind größere Rollkreise günstiger als kleine. Als Richtwert gilt $\varrho/r \approx 1/3 \ldots 31/8$ (bei $\varrho/r = 1/2$ ergeben sich geradlinige, radiale Fußflanken).

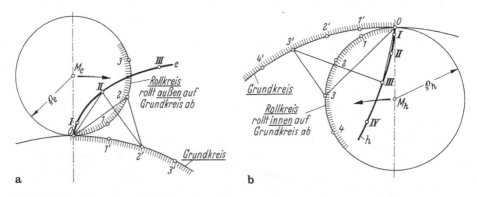

a                                              b

**Abb. 6.9**  Entsteheung von Zykloiden. a) Epizykloide e; b) Hypozykloide h

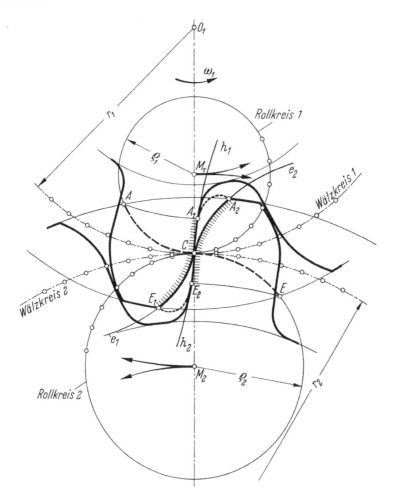

**Abb. 6.10** Zykloidenverzahnung mit $z_1 = 8$ und $z_2 = 12$. $h_1$ und $h_2$ sind Hypozykloiden (Fußflanken), $e_1$ und $e_2$ sind Epizykloiden (Kopfflanken), A-C-E = Eingriffsstrecke

Durch Abrollen des Rollkreises 1 auf dem Wälzkreis 1 entsteht die Fußflanke $h_1$ als Hypozykloide, durch Abrollen des Rollkreises 1 auf dem Wälzkreis 2 die Kopfflanke $e_2$ als Epizykloide. Ebenso entstehen mit Hilfe des Rollkreises 2 die Fußflanke $h_2$ und die Kopfflanke $e_1$. Die Kopfflanken werden durch die Kopfkreise ($r_{a1} = r_1 + m$ und $r_{a1} = r_2 + m$) mit den Kopfeckpunkten $E_1$ und $A_2$ begrenzt. Durch die Kopfkreise werden ferner die Punkte A und E auf den Rollkreisen und damit die Eingriffsstrecke $A - C - E$, also die genutzten Rollkreisstücke, bestimmt. Dem Punkt $A_2$ des Rades 2 entspricht am Ritzel der Punkt $A_1$, dem Punkt $E_1$ des Ritzels 1 entpsricht am Rad 2 der Punkt $E_2$. Unterhalb von $A_1$ und $E_2$ findet keine Zahnberührung mehr statt. Die Zahnwurzel kann daher hier gut ausgerundet werden. Es muss nur jeweils auf die relative Kopfeckbahn des Gegenrades (gestrichelt eingezeichnet) Rücksicht genommen werden.

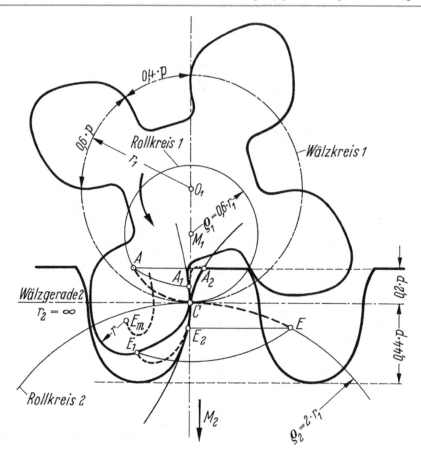

**Abb. 6.11** Zykloidenverzahnung Ritzel/Zahnstange ($z_1 = 4$; $z_2 = \infty$)

*Vor- und Nachteile* Die Eingriffs- und Verschleißverhältnisse sind günstiger und die Zahnflankenpressung ist niedriger als bei der Evolventenverzahnung, da immer eine konkave und eine konvexe Flanke zusammenarbeiten. Ferner sind sehr niedrige Zähnezahlen ohne Unterschnitt und Eingriffsstörungen möglich (Abb. 6.11).

Trotzdem werden Zykloidenverzahnungen nur noch selten verwendet, da den Vorteilen die Nachteile der schwierigeren Herstellung und der Achsabstandsempfindlichkeit gegenüberstehen. Jede Zahnflanke besitzt einen konkaven und einen konvexen Teil und somit einen Wendepunkt, der jeweils auf dem Teilkreis liegt, so dass eine exakte Bewegungsübertragung nur möglich ist, wenn der Achsabstand (gleich Summe der Teilkreisradien) genau eingehalten wird.

*Triebstockverzahnung* Einen Sonderfall der Zykloidenverzahnung stellt die Triebstockverzahnung dar (Abb. 6.12), bei der $\rho_1 = 0$ und $\rho_2 = r_2$ gemacht werden, so dass sich eine einseitige Punktverzahnung ergibt, bei der dann der Punkt zu einem Zapfen vom

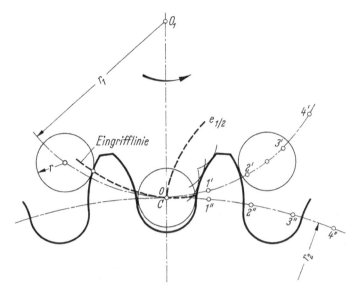

**Abb. 6.12**  Triebstockverzahnung ($z_1 = 10$; $z_2 = 27$)

Durchmesser $d = 2r$ vergrößert wird. Die Zahnflanke von Rad 2 entsteht dadurch, dass man durch Abrollen des Teilkreises 1 auf dem Teilkreis 2 die Relativbahn des Triebstockmittelpunktes bestimmt und dann von dieser Kurve aus mit dem Triebstockradius $r$ Kreisbögen schlägt, die die Zahnform einhüllen.

**Evolventenverzahnung**  Eine Evolvente entsteht, wenn man eine erzeugende Gerade (entspricht einem Rollkreis mit $\rho = \infty$) an einem Grundkreis mit dem Radius $r_b$ abwälzt (Abb. 6.13). Legt man im Punkt $3' = T_y$ die Tangente an den Grundkreis, dann ist

$$\overline{T_y P_y} = \overset{\frown}{GT_y} = \overset{\frown}{G3'} = \overline{G3}$$

Diese Strecke ist zugleich der Krümmungsradius $\rho_y$ der Evolvente im Punkt $P_y$. Zieht man noch die Verbindungslinie von $P_y$ nach $O$ und bezeichnet diese Linie mit $r_y$, den Winkel $P_y O T_y$ als Profilwinkel $\alpha_y$ und den Winkel $GOP_y$ mit $\varphi_y$, so ist

$$GT_y = r_b\left(\widehat{\varphi}_y + \widehat{\alpha}_y\right) \quad \text{und} \quad \overline{T_y P_y} = r_b \tan\alpha_y.$$

Da der Bogen zwischen $G$ und $T_y$ gleich der Strecke zwischen $P_y$ und $T_y$ ist, folgt daraus

$$\widehat{\varphi}_y = \tan\alpha_y - \widehat{\alpha}_y \tag{6.9}$$

und

$$r_b = r_y \cos\alpha_y \tag{6.10}$$

**Abb. 6.13** Entstehung einer
Evolvente

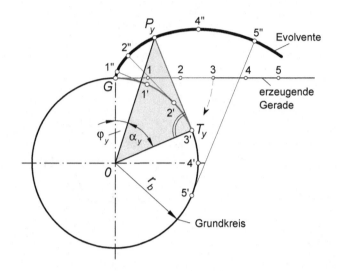

und

$$\rho_y = r_y \sin \alpha_y. \tag{6.11}$$

Die Beziehung nach Gl. (6.9) wird Evolventen-Funktion oder Involut-Funktion (inv = involut) genannt:

$$\text{inv}\,\alpha_y = \tan \alpha_y - \widehat{\alpha}_y = \tan \alpha_y - \frac{\pi}{180°}\alpha_y. \tag{6.12}$$

Die Ermittlung vieler Größen der Verzahnungsgeometrie erfordert möglichst genaue inv-Werte (6 Stellen nach dem Komma), die nach Gl. 6.12 berechnet werden können. Der Evolventenwinkel $\alpha_y$ kann jedoch nur iterativ aus der Reihenentwicklung der Evolventenfunktion inv $\alpha_y$ berechnet werden. Da dies sehr aufwändig ist, wird $\alpha_y$ am einfachsten per Interpolation aus den Werten in Tab. 6.1 bestimmt.

Aus Abbildung 6.13 erkennt man leicht, dass alle auf der erzeugenden Geraden liegenden Punkte gleiche Evolventen beschreiben. Das heißt, dass die Form der Evolvente nur vom Grundkreis abhängig ist. Zu einem bestimmten Grundkreisradius $r_b$ gehört eine bestimmte Evolvente, die am Grundkreis beginnt.

Bei einer Evolventenverzahnung wird nach Abb. 6.14 (links) die erzeugende Gerade zur Eingriffslinie, die die beiden Grundkreise mit den Radien $r_{b1}$ und $r_{b2}$ in den Tangentenpunkten $T_1$ und $T_2$ berührt und die Mittellinie $\overline{O_1 O_2}$ im Wälzpunkt C schneidet. Die Eingriffslinie schließt mit der Tangente an die Wälzkreise in C den Winkel $\alpha$ ein, der als Eingriffswinkel bezeichnet wird. In den ähnlichen rechtwinkligen Dreiecken $O_1 T_1 C$ und $O_2 T_2 C$ erscheint jeweils bei $O$ der Winkel $\alpha$, so dass gilt:

$$r_{b1} = r_1 \cos \alpha \quad \text{und} \quad r_{b2} = r_2 \cos \alpha$$

**Tab. 6.1** Evolventenfunktion

| $\alpha°$ | ,0 | ,1 | ,2 | ,3 | ,4 |
|---|---|---|---|---|---|
| 10 | 0,0017941 | 0,0018489 | 0,0019048 | 0,0019619 | 0,0020201 |
| 11 | 0,0023941 | 0,0024607 | 0,0025285 | 0,0025975 | 0,0026678 |
| 12 | 0,0031171 | 0,0031966 | 0,0032775 | 0,0033598 | 0,0034434 |
| 13 | 0,0039754 | 0,0040692 | 0,0041644 | 0,0042612 | 0,0043595 |
| 14 | 0,0049819 | 0,0050912 | 0,0052022 | 0,0053147 | 0,0054290 |
| 15 | 0,0061498 | 0,0062760 | 0,0064039 | 0,0065337 | 0,0066652 |
| 16 | 0,0074927 | 0,0076372 | 0,0077835 | 0,0079318 | 0,0080820 |
| 17 | 0,0090247 | 0,0091889 | 0,0093551 | 0,0095234 | 0,0096937 |
| 18 | 0,010760 | 0,010946 | 0,011133 | 0,011323 | 0,011515 |
| 19 | 0,012715 | 0,012923 | 0,013134 | 0,013346 | 0,013562 |
| 20 | 0,014904 | 0,015137 | 0,015372 | 0,015609 | 0,015849 |
| 21 | 0,017345 | 0,017603 | 0,017865 | 0,018129 | 0,018395 |
| 22 | 0,020054 | 0,020340 | 0,020629 | 0,020921 | 0,021217 |
| 23 | 0,023049 | 0,023365 | 0,023684 | 0,024006 | 0,024332 |
| 24 | 0,026350 | 0,026697 | 0,027048 | 0,027402 | 0,027760 |
| 25 | 0,029975 | 0,030357 | 0,030741 | 0,031130 | 0,031521 |
| 26 | 0,033947 | 0,034364 | 0,034785 | 0,035209 | 0,035637 |
| 27 | 0,038287 | 0,038742 | 0,039201 | 0,039664 | 0,040131 |
| 28 | 0,043017 | 0,043513 | 0,044012 | 0,044516 | 0,045024 |
| 29 | 0,048164 | 0,048702 | 0,049245 | 0,049792 | 0,050344 |
| 30 | 0,053751 | 0,054336 | 0,054924 | 0,055518 | 0,056116 |
| 31 | 0,059809 | 0,060441 | 0,061079 | 0,061721 | 0,062369 |
| 32 | 0,066364 | 0,067048 | 0,067738 | 0,068432 | 0,069133 |
| 33 | 0,073449 | 0,074188 | 0,074932 | 0,075683 | 0,076439 |
| 34 | 0,081097 | 0,081894 | 0,082697 | 0,083506 | 0,084321 |
| 35 | 0,089342 | 0,090201 | 0,091067 | 0,091938 | 0,092816 |
| 36 | 0,098224 | 0,099149 | 0,100080 | 0,101019 | 0,101964 |
| 37 | 0,107782 | 0,108777 | 0,109779 | 0,110788 | 0,111805 |
| 38 | 0,118061 | 0,119130 | 0,120207 | 0,121291 | 0,122384 |
| 39 | 0,129106 | 0,130254 | 0,131411 | 0,132576 | 0,133750 |
| 40 | 0,140968 | 0,142201 | 0,143443 | 0,144694 | 0,145954 |
| 41 | 0,153702 | 0,155025 | 0,156358 | 0,157700 | 0,159052 |
| 42 | 0,167366 | 0,168786 | 0,170216 | 0,171656 | 0,173106 |
| 43 | 0,182024 | 0,183547 | 0,185080 | 0,186625 | 0,188180 |
| 44 | 0,197744 | 0,199377 | 0,201022 | 0,202678 | 0,204346 |

**Tab. 6.1** (Fortsetzung)

| ,5 | ,6 | ,7 | ,8 | ,9 |
|---|---|---|---|---|
| 0,0020795 | 0,0021400 | 0,0022017 | 0,0022646 | 0,0023288 |
| 0,0027394 | 0,0028123 | 0,0028865 | 0,0029620 | 0,0030389 |
| 0,0035285 | 0,0036150 | 0,0037029 | 0,0037923 | 0,0038831 |
| 0,0044593 | 0,0045607 | 0,0046636 | 0,0047681 | 0,0048742 |
| 0,0055448 | 0,0056624 | 0,0057817 | 0,0059027 | 0,0060254 |
| 0,0067985 | 0,0069337 | 0,0070706 | 0,0072095 | 0,0073501 |
| 0,0082342 | 0,0083883 | 0,0085444 | 0,0087025 | 0,0088626 |
| 0,0098662 | 0,0100407 | 0,0102174 | 0,0103963 | 0,0105773 |
| 0,011709 | 0,011906 | 0,012105 | 0,012306 | 0,012509 |
| 0,013779 | 0,013999 | 0,014222 | 0,014447 | 0,014674 |
| 0,016092 | 0,016337 | 0,016585 | 0,016836 | 0,017089 |
| 0,018665 | 0,018937 | 0,019212 | 0,019490 | 0,019770 |
| 0,021514 | 0,021815 | 0,022119 | 0,022426 | 0,022736 |
| 0,024660 | 0,024992 | 0,025326 | 0,025664 | 0,026005 |
| 0,028121 | 0,028485 | 0,028852 | 0,029223 | 0,029600 |
| 0,031917 | 0,032315 | 0,032718 | 0,033124 | 0,033534 |
| 0,036069 | 0,036505 | 0,036945 | 0,037338 | 0,037835 |
| 0,040602 | 0,041076 | 0,041556 | 0,042039 | 0,042526 |
| 0,045537 | 0,046054 | 0,046575 | 0,047100 | 0,047630 |
| 0,050901 | 0,051462 | 0,052027 | 0,052597 | 0,053172 |
| 0,056720 | 0,057328 | 0,057940 | 0,058558 | 0,059181 |
| 0,063022 | 0,063680 | 0,064343 | 0,065012 | 0,065685 |
| 0,069838 | 0,070549 | 0,071266 | 0,071988 | 0,072716 |
| 0,077200 | 0,077968 | 0,078741 | 0,079520 | 0,080306 |
| 0,085142 | 0,085970 | 0,086804 | 0,087644 | 0,088490 |
| 0,093701 | 0,094592 | 0,095490 | 0,096395 | 0,097306 |
| 0,102916 | 0,103875 | 0,104841 | 0,105814 | 0,106795 |
| 0,112829 | 0,113860 | 0,114899 | 0,115945 | 0,116999 |
| 0,123484 | 0,124592 | 0,125709 | 0,126833 | 0,127965 |
| 0,134931 | 0,136122 | 0,137320 | 0,138528 | 0,139743 |
| 0,147222 | 0,148500 | 0,149787 | 0,151083 | 0,152388 |
| 0,160414 | 0,161785 | 0,163165 | 0,164556 | 0,165956 |
| 0,174566 | 0,176037 | 0,177518 | 0,179009 | 0,180511 |
| 0,189746 | 0,191324 | 0,192912 | 0,194511 | 0,196122 |
| 0,206026 | 0,207717 | 0,209420 | 0,211135 | 0,212863 |

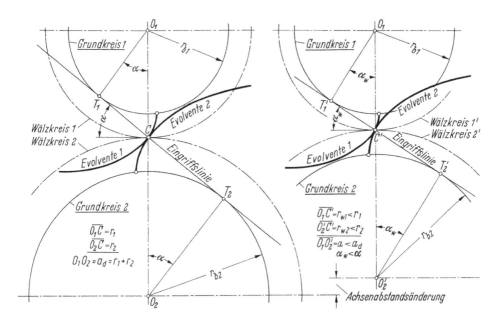

**Abb. 6.14** Grundlagen der Evolventenverzahnung

oder

$$i = -\frac{r_{b2}}{r_{b1}} = -\frac{r_2}{r_1}. \tag{6.13}$$

Das bedeutet aber, dass bei der Evolventenverzahnung das Übersetzungsverhältnis allein von den Grundkreisen abhängig ist. In Abb. 6.14 (rechts) ist der Achsabstand auf $a = a_d - \triangle a$ verringert. Da die Grundkreise dieselben wie links sind, ergeben sich also auch die gleichen Evolventen. Auch das Übersetzungsverhältnis bleibt nach Gl. (6.13) genau das gleiche. Es stellen sich nur andere Wälzkreise und ein neuer Eingriffsinkel $\alpha_w$ ein. Die Evolventenverzahnung ist also unempfindlich gegen Achsenabstandsänderungen.

*Vorteile* Warum im Maschinenbau fast nur Evolvenverzahnungen verwendet werden, liegt hauptsächlich in den nachfolgend aufgeführten Vorteilen begründet:

- Einfache Herstellung: geradflankige Werkzeuge werden an einem Kreis abgewälzt.
- Unempfindlich gegen Achsabstandsveränderungen: der Achsabstand kann angepasst und grob toleriert werden.
- Alle Zahnräder mit gleicher Teilung können gepaart werden: unabhängig von der Zähnezahl können Zahnräder gepaart und ausgetauscht werden.

*Nachteile* Um hinreichende Betriebssicherheit und Lebensdauer zu erzielen, sind die Nachteile der Evolventenverzahnung bei der Dimensionierung zu beachten. Die Zahnflanken außenverzahnter Räder sind immer konvex, da die Zahnflanken keinen Wendepunkt aufweisen. Dadurch entsteht zum einen eine hohe Zahnflankenpressung und zum anderen ein geringer hydrodynamischer Traganteil. Außerdem besteht bei Zahnrädern mit kleinen Zähnezahlen die Gefahr des Unterschnitts, d. h. Schwächung des Zahnfußes und Verkürzung der aktiven Zahnflanke.

### 6.1.1.3 Bezugsprofil und Herstellung

Aus praktischen Gründen (Austauschbarkeit und Vereinheitlichung der Werkzeuge) ist eine „Normverzahnung" mit einem Eingriffswinkel $\alpha = 20°$ festgelegt worden. Ein Getriebe mit

- Eingriffswinkel             $\alpha = 20°$,
- Wälzkreis- bzw. Teilkreisradien    $r_{w1} = r_1 = mz_1/2$ und $r_{w2} = r_1 = mz_2/2$,
- Achsabstand                 $a_d = r_1 + r_2 = m\,(z_1 + z_2)\,/2$,
- Zahndicke auf Teilkreis     $s_1 = s_2 = p/2 = m\pi/2$

wird als „Nullgetriebe" bezeichnet (Abb. 6.15). Die Schnittpunkte der Kopfkreise mit den Evolventen liefern die Kopfeckpunkte $E_1$ und $A_2$ und auf der Eingriffslinie die Punkte $E$ und $A$. Bei treibendem linksdrehendem Ritzel beginnt der Eingriff in $A$ und er endet in $E$. Der Abstand $\overline{AE}$ ist die Eingriffsstrecke $g_\alpha$. Die Fußpunkte $A_1$ und $E_2$ begrenzen die jeweils unterhalb von C ausgenutzten Flankenstücke. Unterhalb $A_1$ und $E_2$ sind

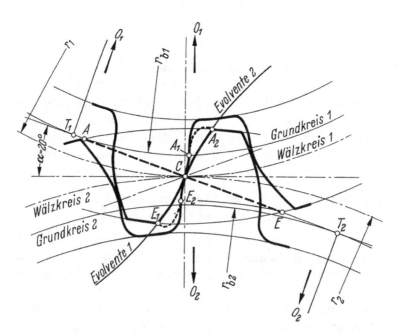

**Abb. 6.15** Nullgetriebe mit $\alpha = 20°$; $z_1 = 15$ und $z_2 = 20$

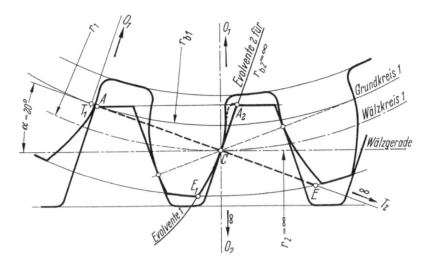

**Abb. 6.16** Evolventen-Zahnstangen-Getriebe mit $z_1 = 18$ und $z_2 = \infty$

die Fußausrundungen eingezeichnet, die außerhalb der gestrichelt gezeichneten relativen Kopfeckbahnen liegen.

Wird nun die Zähnezahl des Rades 2 vergrößert, so wachsen entsprechend der Wälzkreisradius $r_2$, der Grundkreisradius $r_{b2}$ und der Krümmungsradius $\rho$ im Wälzpunkt an. Für $z_2 = \infty$ werden die genannten Größen unendlich groß. Dadurch geht der Wälzkreis 2 in eine Wälzgerade über, die Flanke 2 wird geradlinig und es entsteht auf diese Art ein Zahnstangengetriebe (Abb. 6.16). Die Evolvente von Rad 2 wird in diesem Sonderfall zu einer exakten Geraden. Das so entstehende Zahnstangenprofil ist die einfachste geometrische Form einer Evolventenverzahnung und wird deshalb als Bezugsprofil in DIN 867 mit $\alpha = \alpha_P = \alpha_0 = 20°$ (was dem halben Flankenwinkel entspricht) genormt (Abb. 6.17). Der Index P bezieht sich auf das Bezugsprofil, der Index 0 auf das Herstellungswerkzeug. Auf der Profilmittellinie M–M ist $s = e = p/2 = mz/2$. Der senkrechte Abstand zweier gleichgerichteter Flanken ergibt sich zu

$$p_e = p \cdot \cos \alpha_P$$

und wird als Eingriffsteilung bezeichnet.

Aus Abb. 6.16 geht hervor, dass man die Flanke des Rades 1 auch dadurch erhält, indem man die Zahnstange mit ihrer Wälzgeraden am Wälzkreis 1 abrollt. Hierauf beruht die einfachste und am meisten verwendete Herstellung von Evolventenverzahnungen mit Hilfe von geradflankigen Zahnstangenwerkzeugen (Hobelkamm, Abwälzfräser). Das Zahnstangen-Werkzeugprofil ist in Abb. 6.17 rechts dargestellt. Für die Herstellung der Fußausrundung sind dem Kopfspiel c entsprechend die Werkzeugschneiden über das Maß $m$ hinaus verlängert. Die Kopfspielrundung muss an oder unterhalb von $A_2$ beginnen, so dass der Abrundungsradius $\rho_{a0} = c/(1 - \sin\alpha_0)$ wird.

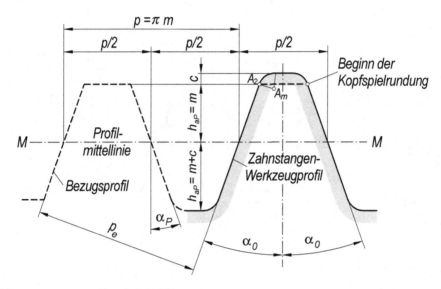

**Abb. 6.17**  Bezugsprofil nach DIN 867

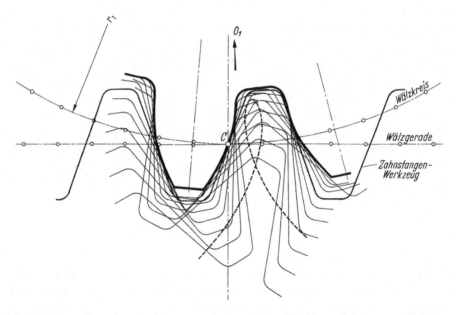

**Abb. 6.18**  Herstellung einer Evolventenverzahnung mit geradflankigem Zahnstangen-Werkzeug

Die Entstehung der Flanke als Hüllkurve eines geradflankigen Zahnstangenwerkzeuges ist noch deutlicher in Abb. 6.18 dargestellt. Zahnräder können aber auch mit einem Schneidrad hergestellt werden, das hinterschliffene Zahnflanken und einen hinterschliffenen Außendurchmesser besitzt. Dieses Schneidrad führt beim Abwälzen wie der Hobelkamm

**Tab. 6.2** Werkzeug-Bezugsprofile nach DIN 3972

| Werkzeug-Bezugsprofil | Zahnkopfhöhe $h_{aP0}$ [mm] | Fertigungsverfahren |
|---|---|---|
| I | $1{,}67 \cdot m$ | Fertigbearbeitung mit Wälzfräser und Hobelkamm |
| II | $1{,}25 \cdot m$ | Fertigbearbeitung mit Schneidrad und Wälzfräser |
| III | $1{,}25 \cdot m + 0{,}25 \cdot m^{1/3}$ | Vorbearbeitung zum Schleifen oder Schaben |
| IV | $1{,}25 \cdot m + 0{,}6 \cdot m^{1/3}$ | Vorbearbeitung zum Schlichten |

Für das am Zahnrad entstehende Kopfspiel gilt jeweils $c = h_{aP0} - m$

eine hin- und hergehende Stoßbewegung in Zahnrichtung aus. In DIN 3972 sind abhängig vom Fertigungsverfahren vier Werkzeug-Bezugsprofile mit unterschiedlichen Werkzeug-Zahnkopfhöhen definiert (Tab. 6.2).

### 6.1.1.4 Unterschnitt und Grenzzähnezahl

Das Profil des Zahnfußes kann zeichnerisch ermittelt werden, indem zuerst die Relativbahn des Abrundungsmittelpunktes $A_m$ bestimmt und danach im Abstand $\rho_{a0}$ die Hüllkurve (oder Äquidistante) gezogen wird. Bei nicht zu kleinen Zähnezahlen gehen die Evolvente und die Hüllkurve (Fußausrundung) tangential ineinander über. Bei sehr geringen Zähnezahlen dringt das Werkzeug jedoch zu weit in den Zahnfuß ein, so dass ein Unterschnitt entsteht. In Abb. 6.19 ist der Zahn eines Zahnrades mit $z_1 = 7$ Zähnen dargestellt, bei dem infolge Unterschnitt der Zahnfuß geschwächt und die wirksame Eingriffsstrecke $\overline{AE}$ zu klein wird. Ein Vergleich der Abb. 6.16 und 6.19 zeigt, dass theoretisch nur dann eine brauchbare Zahnform entsteht, wenn der Punkt A' innerhalb von $T_1 - C$ zu liegen kommt. Für den Grenzfall, in dem $A'$ auf $T_1$ liegt, gilt nach Abb. 6.20a:

$$\text{aus dem Dreieck } O_1 T_1 C \quad \text{folgt} \quad \overline{T_1 C} = \frac{m}{2} z_g \sin \alpha$$

$$\text{aus dem Dreieck } T_1 P C \quad \text{folgt} \quad \overline{T_1 C} = \frac{h_{Na0}}{\sin \alpha} = \frac{h_{Na0}^* \cdot m}{\sin \alpha}.$$

Dabei ist $h_{Na0}$ die Zahnkopf-Nutzhöhe des Werkzeugs. Aus der Bedingung

$$\frac{m}{2} z_g \sin \alpha = \frac{h_{Na0}^* \cdot m}{\sin \alpha}$$

ergibt sich die rechnerische Grenzzähnezahl dann zu

$$z_g = \frac{2 \cdot h_{Na0}^*}{\sin^2 \alpha} \tag{6.14}$$

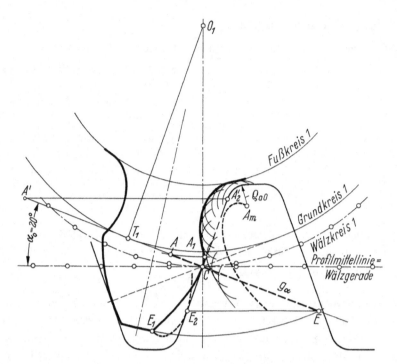

**Abb. 6.19** Unterschnitt bei Herstellung mit Hobelkamm ($z = 7$)

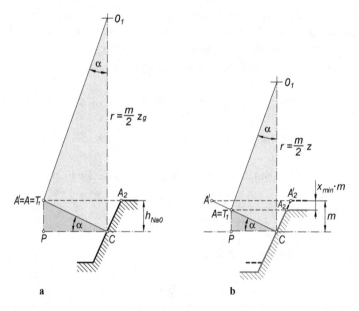

a                                    b

**Abb. 6.20** Vermeidung von Unterschnitt. a) Theoretische Grenzzähnezahl; b) Mindestprofilverschiebung

**Tab. 6.3** Grenzzähnezahlen

| Kopfabrundungsradius $\rho_{a0}$ | Nutzbare Zahnkopfhöhe $h_{Na0}^*$ | Grenzzähnezahl $z_g$ |
|---|---|---|
| $0{,}25 \cdot m/(1-\sin 20°) = 0{,}38 \cdot m$ | $1{,}25-0{,}38\,(1-\sin 20°) = 1$ | 17 |
| $0{,}2 \cdot m$ | $1{,}25-0{,}2\,(1-\sin 20°) = 1{,}118$ | 19 |
| 0 | $1{,}25-0\,(1-\sin 20°) = 1{,}25$ | 21 |

und ist vom Herstellungs-Eingriffswinkel $\alpha_0$ und von der nutzbaren Zahnkopfhöhe $h_{Na0}$ abhängig. Zu beachten ist, dass bei $\rho_{a0} < c/(1 - \sin\alpha_0)$ der Punkt $A_2$ (Abb. 6.17 und 6.20) nach oben wandert, so dass $h_{Na0}$ größer als einmal Modul wird und der Zahnfuß deshalb auch früher unterschnitten wird. Dadurch wird die Grenzzähnezahl dann größer.

Mit einer Werkzeug-Zahnkopfhöhe $h_{aP0} = 1{,}25 \cdot m$ (Bezugsprofil II nach DIN 3972) ergeben sich abhängig vom Kopfrundungsradius $\rho_{a0}$ des Werkzeuges bei einem Herstellungs-Eingriffswinkel von $\alpha = \alpha_0 = 20°$ die in Tab. 6.3 angegebenen Grenzzähnezahlen.

Für eine Normalverzahnung mit $\alpha_0 = 20°$ und $h_{Na0}^* = 1$ kann die Grenzzähnezahl sehr einfach berechnet werden:

$$z_g = \frac{2}{\sin^2 \alpha}$$

Danach wird die theoretische Grenzzähnezahl, bei der Unterschnitt gerade beginnt, also $z_g = 17$. Ein wirklich schädlicher Einfluß des Unterschnitts macht sich jedoch erst unterhalb der sogenannten praktischen Grenzzähnezahl $z_g'$ bemerkbar, die etwa bei 5/6 unter der theoretischen Grenzzähnezahl $z_g$ liegt. Für $\alpha_0 = 20°$ wird dann $z_g' = 14$.

### 6.1.1.5 Profilverschiebung

Um bei Zähnezahlen kleiner als der Grenzzähnezahl Unterschnitt zu vermeiden, wird das Zahnprofil bei der Herstellung verschoben. Profilverschobene Zahnräder werden auch zur Anpassung von vorgegebenen Achsabständen verwendet oder um günstigere Zahnformen, z. B. höhere Tragfähigkeit oder bessere Gleit- und Verschleißverhältnisse zu erhalten.

Zur Herstellung eines profilverschobenen Zahnrades wird die Profilmitte des Verzahnungswerkzeuges so verschoben, dass die Profilmittellinie nicht mehr den Wälzkreis in C berührt, sondern dass vielmehr eine um den Betrag der Profilverschiebung entfernte Parallele zur Wälzgeraden wird (Abb. 6.21). Die Profilverschiebung wird abhängig vom Modul ausgedrückt. Ein Abrücken um den Betrag $+x \cdot m$ von der Radmitte nach außen wird als positive, eine Verschiebung um $-x \cdot m$ zur Radmitte nach innen wird als negative Profilverschiebung bezeichnet. Der Faktor x heißt Profilverschiebungsfaktor.

**Mindestprofilverschiebung** Zur Vermeidung von Unterschnitt ist bei Zähnezahlen kleiner als die Grenzzähnezahl eine positive Profilverschiebung erforderlich. Für die Mindestprofilverschiebung $x_{min} \cdot m$, bei der also gerade noch kein Unterschnitt auftritt, muss auch

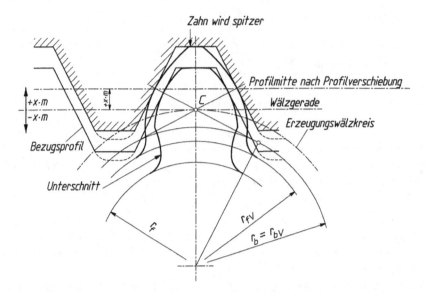

**Abb. 6.21** Profilverschiebung (Herstellung eines positiv profilverschobenen Zahnrades)

wieder die Grenzbedingung nach Abb. 6.20 gelten ($A = T_1$). Bei einer positiven Profilverschiebung wandert der Punkt $A_2$ um $x_{min} \cdot m$ nach unten (Abb. 6.20b), das heißt von der Radmitte weg, so dass sich dann folgende geometrische Beziehungen ergeben:

$$\overline{T_1 C} = \frac{m}{2} z \sin \alpha = \frac{h_{Na0} - x_{min} m}{\sin \alpha}.$$

Daraus folgt für den Mindestprofilverschiebungsfaktor

$$x_{min} = h^*_{Na0} - \frac{z}{2/\sin^2 \alpha}$$

oder mit Gl. (6.14)

$$x_{min} = \frac{z_g - z}{2/\sin^2 \alpha} \tag{6.15}$$

Für eine Normverzahnung mit $\alpha = \alpha_0 = 20°$ und $h_{Na0} = m$ gilt dann:

$$x_{min} = \frac{17 - z}{2/\sin^2 \alpha}.$$

Nach DIN 3960 genügt es für die Praxis, die Mindestprofilverschiebung auf die praktische Grenzzähnezahl $z'_g = 14$ zu beziehen. Für eine Normverzahnung ($\alpha = 20°$ und $h_{Na0} = m$) gilt dann

$$x'_{min} = \frac{14 - z}{2/\sin^2 \alpha}.$$

Aus Gl. (6.15) ist zu ersehen, dass sich für $z > z_g$ negative Werte ergeben. Das Ergebnis dieser Gleichung kann also folgendermaßen interpretiert werden:

$x \cdot m$ positiv:  Eine positive Profilverschiebung um mindestens $+x \cdot m$ ist *erforderlich*, um Unterschnitt zu vermeiden.

$x \cdot m$ negativ:  Eine negative Profilverschiebung von $-x \cdot m$ ist *zulässig*, bevor Unterschnitt auftritt.

Das heißt, je kleiner die Zähnezahl, desto größer muss die erforderliche positive Profilverschiebung sein. Aber auch, je größer die Zähnezahl, desto größer darf die zulässige negative Profilverschiebung sein.

---

**Beispiel**

Für das Zahnrad mit $z = 7$ Zähnen ist nach Gl. (6.15) der Mindestprofilverschiebungsfaktor $x_{min} = (17-7)/17 = 0,588$. In Abb. 6.22 wurde daher $x = 0,59$ gewählt. Man erkennt deutlich, dass kein Unterschnitt mehr vorhanden ist. Allerdings ist in diesem Beispiel die sogenannte Spitzengrenze überschritten, so dass hier der Kopfkreisradius um den Betrag $k$ verringert werden musste, um noch eine gewisse Zahndicke im Kopf zu erhalten. Mit $m = 5$ mm und der Kopfhöhenänderung $k = k^* \cdot m = -0,15 \cdot 5\,mm$ (negativer Wert bedeutet Kopfkürzung, postiver Wert Kopferhöhung) wird der Kopfkreisradius

$$r_a = r + m + xm + k^*m = 35 + 5 + 0,59 \cdot 5 - 0,15 \cdot 5 = 42,2\,\text{mm},$$

beziehungsweise der Kopfkreisdurchmesser

$$d_a = d + 2m + 2xm + 2k^*m = 70 + 2 \cdot 5 + 2 \cdot 0,59 \cdot 5 - 2 \cdot 0,15 \cdot 5 = 84,4\,\text{mm}.$$

---

**Zahndicke** Eine positive Profilverschiebung hat zur Folge, dass der Zahn dicker, aber auch spitzer wird (Abb. 6.21 und 6.22). Außerdem ist in Abb. 6.22 dargestellt, dass auf dem Herstellungswälzkreis Zahndicke und Zahnlücke nicht mehr gleich groß sind. Die Zahndicke wird um den Betrag $\triangle s = 2 \cdot x \cdot m \cdot \tan\alpha$ größer, und da bei Herstellung mit einem Hobelkamm oder Wälzfräser der Herstellungswälzkreis gleich Teilkreis ist, ist die Zahndicke im Teilkreis

$$s = \frac{p}{2} + 2xm \tan\alpha = m\left(\frac{\pi}{2} + 2x\tan\alpha\right). \tag{6.16}$$

Die Zahndicke $s_y$ auf einem Kreis mit beliebigem Radius lässt sich bei gegebener Zahndicke auf dem Teilkreis mit Hilfe von Abb. 6.23 ableiten:

$$s_y = 2r\left[\widehat{\delta} - (\widehat{\varphi}_y - \widehat{\varphi})\right] \quad \text{mit} \quad \widehat{\delta} = \frac{s}{2r}.$$

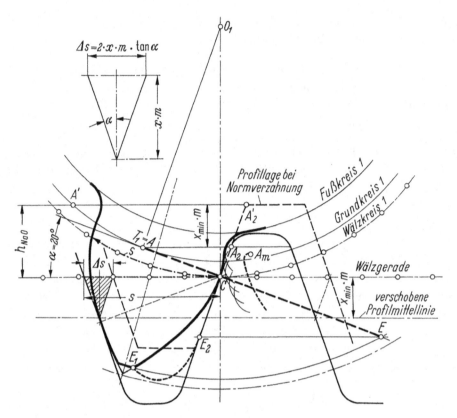

**Abb. 6.22** Profilverschiebung zur Vermeidung von Unterschnitt ($z = 7, x = 0,59, k^* = -0,15$)

Mit $s$ nach Gl. (6.16), $\hat{\varphi} = inv\alpha$, $\widehat{\varphi_y} = inv\alpha_y$ und $2r = m \cdot z$ ergibt sich

$$s_y = 2r_y\left[\frac{1}{z}\left(\frac{\pi}{2} + 2x\tan\alpha\right) - \left(\mathrm{inv}\,\alpha_y - \mathrm{inv}\,\alpha\right)\right] \tag{6.17}$$

Der Profilwinkel $\alpha_y$ kann aus Gl. (6.10) mit $r_b = r \cdot cos\alpha$ berechnet werden:

$$\cos\alpha_y = \frac{r_b}{r_y} = \frac{r}{r_y}\cos\alpha. \tag{6.18}$$

Mit den Gl. (6.17 und 6.18) können die Zahndicken auf beliebigen Kreisen genau berechnet werden. Für die Profilverschiebung von besonderem Interesse ist die Zahndicke im Kopfkreis:

$$s_a = 2r_a\left[\frac{1}{z}\left(\frac{\pi}{2} + 2x\tan\alpha\right) - (\mathrm{inv}\,\alpha_a - \mathrm{inv}\,\alpha)\right], \tag{6.19}$$

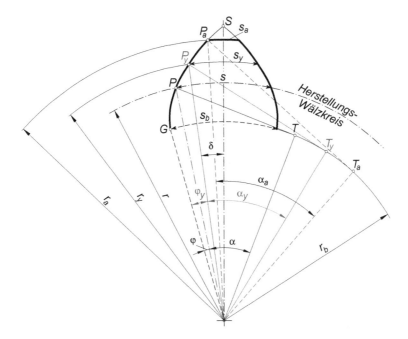

**Abb. 6.23** Zahndicke

mit $\alpha_a$ aus

$$\cos\alpha_a = \frac{r}{r_a}\cos\alpha. \tag{6.20}$$

Die Zahndicke im Kopfkreis sollte $s_a \geq 0,2 \cdot m$ sein. Wenn bei gehärteten Rädern die Gefahr besteht, dass die Zahnspitzen ausbrechen, wird $s_a \geq 0,4 \cdot m$ vorgeschlagen.

Auch der Radius $r_{Sp}$, auf dem die Zahnspitze $S$ liegt, kann leicht berechnet werden. Aus Gl. (6.19) mit $s_a = 0$ folgt

$$\mathrm{inv}\,\alpha_{Sp} = \frac{1}{z}\left(\frac{\pi}{2} + 2x\tan\alpha\right) + \mathrm{inv}\,\alpha.$$

Mit Hilfe der Evolventenfunktionstabelle (Tab. 6.1) kann der Profilwinkel an der Evolventenspitze per Interpolation bestimmt werden. Nach Gl. (6.18) wird

$$r_{Sp} = r\frac{\cos\alpha}{\cos\alpha_{Sp}}.$$

**Teilung** Die Teilung $p_y$ auf einem beliebigen Kreis mit dem Radius $r_y$ ergibt sich aus der Teilung $p$ auf dem Herstellungswälzkreis (gleich Teilkreis) mit Radius $r$ aus

$$pz = 2\pi r \quad \text{und} \quad p_y z = 2\pi r_y$$

zu

$$p_y = p \frac{r_y}{r}$$

bzw. mit Gl. (6.18)

$$p_y = p \frac{\cos \alpha}{\cos \alpha_y}. \tag{6.21}$$

Die Teilung $p_y$ auf dem Grundkreis wird dann mit $r_y = r_b$ und $\alpha_y = 0$:

$$p_b = p \cdot \cos \alpha.$$

Nach Abb. 6.24 ist die Grundkreisteilung $p_b$ auch gleich der auf der Eingriffsgeraden gemessenen Eingriffsteilung $p_e$ (gleich senkrechter Abstand zweier gleichgerichteter Flanken) so dass gilt:

$$p_b = p_e = p \cdot \cos \alpha. \tag{6.22}$$

### 6.1.1.6 Zahnradpaarung

Zahnräder mit und ohne Profilverschiebung werden mit denselben genormten Verzahnungswerkzeugen ($\alpha = 20°$) hergestellt. Zahnräder mit gleichem Modul können spielfrei miteinander gepaart werden. Wie in Abb. 6.14 dargestellt, sind die Grundkreis- und

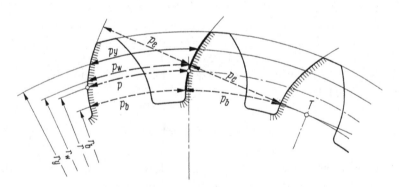

$p_y$ = Teilung auf beliebigem Kreis mit $r_y$
$p$ = Teilung auf dem Herstellungswälzkreis mit $r$
$p_w$ = Teilung auf dem Betriebswälzkreis mit $r_w$
$p_b$ = Teilung auf dem Grundkreis mit $r_b$
$p_e$ = Teilung auf der Eingriffsgeraden

**Abb. 6.24** Teilungen

Teilkreisradien von der Profilverschiebung unabhängig. Alle anderen Größen wie Achsabstand, Wälz-, Fuß- und Kopfkreisradien, Betriebseingriffswinkel usw. verändern sich mit der Profilverschiebung.

**Achsabstand und Profilverschiebung**  Der sich einstellende Achsabstand wird mit $a$ bezeichnet, die Radien der sich einstellenden Betriebswälzkreise mit $r_{w1}$ und $r_{w2}$, der sich einstellende Betriebseingriffswinkel mit $\alpha_w$ und die Teilung auf den Betriebswälzkreisen mit $p_w$. Der allgemeine Fall des profilverschobenen V-Getriebes schließt die Sonderfälle Nullgetriebe und V-Nullgetriebe mit ein. Zur Berechnung der Verzahnungsdaten sind grundsätzlich zwei Berechnungswege möglich:

*Fall I: Profilverschiebungsfaktoren und Zähnezahlen sind gegeben.*  Damit zwei Zahnräder spielfrei miteinander abwälzen können, muss die Summe der Zahndicke $s_{w1}$ des Rades 1 und der Zahndicke $s_{w2}$ des Rades 2 gleich der Teilung $p_w$ sein. Nach Gl. (6.17) ist

$$s_{w1} = d_{w1} \left[ \frac{1}{z_1} \left( \frac{\pi}{2} + 2x_1 \tan\alpha \right) - (\operatorname{inv}\alpha_w - \operatorname{inv}\alpha) \right]$$

$$s_{w2} = d_{w2} \left[ \frac{1}{z_2} \left( \frac{\pi}{2} + 2x_2 \tan\alpha \right) - (\operatorname{inv}\alpha_w - \operatorname{inv}\alpha) \right]$$

Mit

$$d_{w1} = \frac{z_1 p_w}{\pi} \quad \text{und} \quad d_{w2} = \frac{z_2 p_w}{\pi} \quad \text{und} \quad p_w = s_{w1} + s_{w2}$$

ergibt sich durch Addition und Auflösung nach *inv* $\alpha_w$

$$\operatorname{inv}\alpha_w = 2\frac{x_1 + x_2}{z_1 + z_2} \tan\alpha + \operatorname{inv}\alpha \tag{6.23}$$

Daraus lässt sich mit Hilfe der Evolventenfunktionstabelle (Tab. 6.1) der Betriebseingriffswinkel $\alpha_w$ bestimmen. Nach Gl. (6.18) können damit die Wälzkreise berechnet werden:

$$r_{w1} = r_1 \frac{\cos\alpha}{\cos\alpha_w} \quad \text{und} \quad r_{w2} = r_2 \frac{\cos\alpha}{\cos\alpha_w}.$$

Der Achsabstand mit Profilverschiebung wird dann

$$a = r_{w1} + r_{w2} = (r_1 + r_2) \frac{\cos\alpha}{\cos\alpha_w} = a_d \frac{\cos\alpha}{\cos\alpha_w}. \tag{6.24}$$

Der Achsabstand ohne Profilverschiebung wird mit $a_d$ bezeichnet.

*Fall II: Achsabstand und Zähnezahlen sind gegeben.* Wenn der Achsabstand und die Zähnezahlen bekannt sind, kann mit Hilfe der Gl. (6.24) der Betriebseingriffswinkel berechnet werden:

$$\cos \alpha_w = \frac{a_d}{a} \cos \alpha = \frac{m(z_1 + z_2)}{2a} \cos \alpha. \tag{6.25}$$

Danach wird Gl. (6.23) nach $(x_1 + x_2 x)$ umgestellt:

$$x_1 + x_2 = \frac{z_1 + z_2}{2 \tan \alpha} (\text{inv}\, \alpha_w - \text{inv}\, \alpha) \tag{6.26}$$

Man erhält also die Summe der Profilverschiebungsfaktoren, die sinnvoll in $x_1$ (für Rad 1) und $x_2$ (für Rad 2) aufgeteilt werden müssen.

*Wahl von $x_1 + x_2$*  Die Größe von $x_1 + x_2$ ist hauptsächlich davon abhängig, ob eine möglichst große Tragfähigkeit oder eine gute Überdeckung erzielt werden soll. Außerdem können konstruktive Randbedingungen, wie vorgegebener Achsabstand, für die Wahl von $x_1 + x_2$ entscheidend sein. Nach DIN 3992 erreicht man Verzahnungen mit

- großer Tragfähigkeit mit $(x_1 + x_2) \approx 1$
- guten Überdeckungsgraden mit $(x_1 + x_2) \approx -0,2$.

Für Zahnradpaare mit kleinen Zähnezahlsummen $(z_1 + z_2) < 40$ darf die Summe der Profilverschiebungsfaktoren nicht zu klein sein, damit Unterschnitt vermieden werden kann $(x_1 + x_2 > 0)$. Eine ausgeglichene Verzahnung bezüglich Tragfähigkeit und Gleitgeschwindigkeit kann mit $x_1 + x_2 = 0,2 \ldots 0,4$ erreicht werden.

*Aufteilung von $x_1$ und $x_2$*  Die Aufteilung von $x_1$ und $x_2$ kann, was das Abwälzen der Verzahnung betrifft, beliebig vorgenommen werden. In jedem Fall ist darauf zu achten, dass bei positiver Profilverschiebung die Zähne nicht spitz und bei negativer Profilverschiebung nicht unterschnitten werden. Sonst gilt grundsätzlich dasselbe wie bei der Wahl von $x_1 + x_2$. Je größer die Profilverschiebung, desto größer die Tragfähigkeit (besonders Zahnfußtragfähigkeit als Folge von dickeren Zähnen), bei kleinen Profilverschiebungsfaktoren wird die Überdeckung besser. Allgemein wird empfohlen, die Profilverschiebung von Rad 1 etwas größer zu wählen als von Rad 2, da die Zähne des kleineren Rades schwächer sind.

Eine sinnvolle Aufteilung von $x_1$ und $x_2$ kann nach DIN 3992 mit Hilfe von Diagrammen erfolgen. Eine elegantere Möglichkeit bieten heute jedoch Berechnungsprogramme für Maschinenelemente, mit deren Hilfe sehr schnell unterschiedliche Varianten durchgerechnet werden können, um aus dem Vergleich der Ergebnisse die optimale Verzahnung zu erhalten.

Eine Empfehlung für die Wahl und die Aufteilung von $x_1$ und $x_2$ gibt auch DIN 3994/3995 mit der sogenannten 05-Verzahnung, bei der jedes Zahnrad einen konstanten

Profilverschiebungsfaktor $x_1 = x_2 = 0,5$ erhält. Es handelt sich hierbei um ein V-Getriebe mit $x_1 + x_2 = 1$, bei dem es mit genormten Moduln jedoch nicht möglich ist, beliebige vorgegebene Achsabstände zu verwirklichen. Der Vorteil der 05-Verzahnung liegt in der relativ hohen Tragfähigkeit. Die einfache Anwendung, indem die wichtigsten Verzahnungsdaten aus Tabellen entnommen werden können, spielt bei der Anwendung von Rechnerprogrammen heute jedoch nur noch eine untergeordnete Rolle.

**Kopfspiel** Der von einem zahnstangenförmigen Werkzeug erzeugte Fußkreisradius wird durch die Kopfhöhe des Werkzeug-Bezugsprofils $h_{aP0}$ und die Profilverschiebung bestimmt:

$$r_f = r - h_{aP0} + x\,m = r - (m + c) + x\,m. \tag{6.27}$$

Um bei der Zahnradpaarung ein ausreichendes Kopfspiel $c$ zu erhalten, muss die Zahnfußhöhe größer als die Zahnkopfhöhe des Gegenrades sein (Abb. 6.25). Das Kopfspiel ergibt sich durch die Wahl des Verzahnungswerkzeuges (nach Abschn. 6.1.1.3 wird mit Werkzeug-Bezugsprofil I nach DIN 3972: $c = 0,167 \cdot m$ und mit Bezugsprofil II: $c = 0,25 \cdot m$).

Die Kopfkreisradien sind nicht nur von der Profilverschiebung abhängig, sondern auch von der Kopfhöhenänderung $k$:

$$r_a = r + m + x\,m + k \tag{6.28}$$

Eine Änderung der Kopfhöhe kann als Kopfkürzung ($k = -k^* \cdot m$) erforderlich sein, wenn der Zahn zu spitz wird (Abb. 6.22). Unter Umständen sind die Kopfhöhen zu verändern, um ein vorgegebenes Kopfspiel $c$ einzuhalten. Da die Achsabstandsdifferenz nicht gleich der Summe der Profilverschiebung, sondern

$$\Delta a < (x_1 + x_2)\,m$$

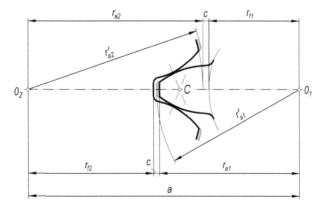

**Abb. 6.25** Kopfspiel bei profilverschobener Verzahnung

ist, wird das bei der Paarung entstehende Kopfspiel bei profilverschobenen Rädern (V-Getriebe) kleiner als das dem Werkzeug entsprechende Kopfspiel. Soll dieses aber eingehalten werden, so müssen die Kopfkreise nach Abb. 6.25 von $r_a'$ auf $r_a$ gekürzt werden:

$$r_{a1} = a - \left(r_{f2} + c\right) \quad \text{und} \quad r_{a2} = a - \left(r_{f1} + c\right).$$

Mit $k = r_{a1} - r_{a1}' = r_{a2} - r_{a2}'$ und $r_{f1}$ und $r_{f2}$ nach Gl. (6.27) ergibt sich die erforderliche Kopfhöhenveränderung zu

$$k = k^* m = a - a_d - m\left(x_1 + x_2\right). \tag{6.29}$$

Die hiernach berechneten Kopfhöhenveränderungen ergeben sich vorzeichengerecht, d. h. negative Werte bedeuten Kopfkürzung, positive Werte Kopferhöhung. Die berechneten Werte sind jedoch häufig so klein, dass sie durch die zur Erzeugung des Flankenspiels notwendige negative Profilverschiebung ausgeglichen werden. Bei Werkzeug-Bezugsprofil I ($c = 0,167 \cdot m$) können Kopfkürzungen bis zu $k^* = -0,05$ und bei Bezugsprofil II ($c = 0,25 \cdot m$) bis zu $k^* = -0,1$ vernachlässigt werden.

**Überdeckung** Der Überdeckungsgrad geradverzahnter Stirnräder mit profilverschobener Evolventenverzahnung ergibt sich aus dem in Abb. 6.26 dargestellten Eingriffsverhältnissen. Bei linksdrehendem, treibendem Ritzel beginnt der Eingriff in $A$ und endet in $E$. In diesen Stellungen sind die Zahnflanken eingezeichnet. Aus der Definition einer Evolvente (Abb. 6.13) folgt, dass die Eingriffsstrecke $g_\alpha$ gleich den Grundkreisbögen $G_{1A}$–$G_{1E}$ und $G_{2A}$–$G_{2E}$ sind:

$$g_\alpha = \overline{AE} = r_{b1} \cdot \widehat{\varphi}_1.$$

Die Wälzkreisbögen $C_{1A}$–$C_{1E}$ und $C_{2A}$–$C_{2E}$ sind

$$l = r_{w1} \cdot \widehat{\varphi}_1.$$

Daraus folgt also

$$\frac{l}{g_\alpha} = \frac{r_{w1}}{r_{b1}}.$$

Hiermit und mit $p_w = p \cos\alpha / \cos\alpha_w$ nach Gl. (6.21) und mit $r_{b1} = r_{w1} \cos\alpha_w$ nach Gl. (6.10) wird der Überdeckungsgrad nach Gl. (6.6):

$$\varepsilon_\alpha = \frac{l}{p_w} = \frac{g_\alpha \, r_{w1}}{p_w \, r_{b1}} = \frac{g_\alpha}{p_w \cos\alpha_w} = \frac{g_\alpha}{p \cos\alpha} = \frac{g_\alpha}{p_e} > 1.$$

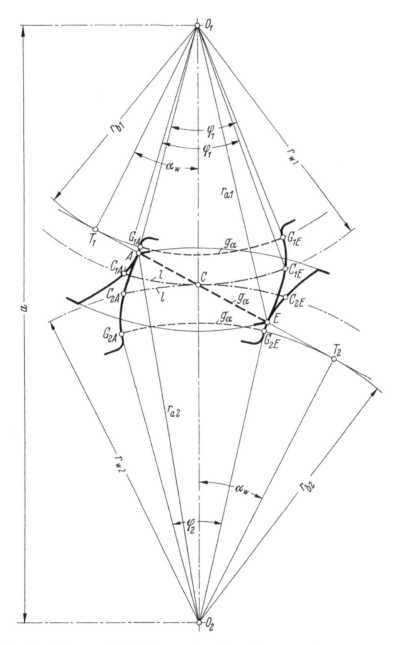

**Abb. 6.26** Überdeckungsgrad (Eingriffsverhältnisse bei Evolventenverzahnungen)

Zur Berechnung der Eingriffsstrecke $g_\alpha$ liefert Abb. 6.27a die erforderlichen geometrischen Beziehungen:

$$g_\alpha = \overline{T_1 E} + \overline{T_2 A} - \overline{T_1 T_2}.$$

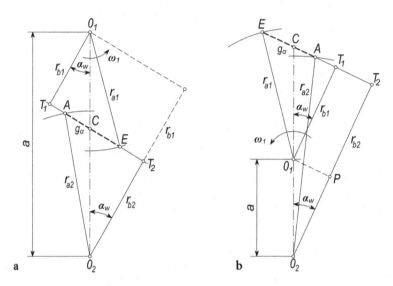

**Abb. 6.27** Geometrische Verhältnisse zur Berechnung der Eingriffsstrecke $g_\alpha$. a) Außenverzahnung. b) Innenverzahnung

Aus Dreieck $0_1 T_1 E$ folgt: $\overline{T_1 E} = \sqrt{r_{a1}^2 - r_{b1}^2}$.

Aus Dreieck $0_2 T_2 A$ folgt: $\overline{T_2 A} = \sqrt{r_{a2}^2 - r_{b2}^2}$.

Aus Dreieck $0_1 0_2 P$ folgt: $\overline{T_1 T_2} = \overline{O_1 P} = a \sin \alpha_w$.

Der Überdeckungsgrad einer Geradverzahnung, Profilüberdeckung genannt, kann also nach folgender Gleichung berechnet werden:

$$\varepsilon_\alpha = \frac{\sqrt{r_{a1}^2 - r_{b1}^2} + \sqrt{r_{a2}^2 - r_{b2}^2} - a \sin \alpha_w}{\pi \, m \, \cos \alpha}. \tag{6.30}$$

Die Gl. (6.30) gilt für alle Null- und V-Getriebe, bei denen die Zahnköpfe nicht abgerundet bzw. angefast (Kopfrücknahme) und die Zähne nicht unterschnitten sind, weil dadurch die aktive Evolventenflanke und somit auch die Länge der Eingriffsstrecke verkürzt werden.

---

**Beispiel: Geradverzahnung**

Gegeben sind $z_1 = 11$; $z_2 = 29$; $m = 6$ mm; $a = 125$ mm; $x_1 = 0,5$ mm und $c^* = 0,2$. Gesucht werden $\alpha_w$; $x_2$; die Radien; $\varepsilon_\alpha$ und die Zahndicken des Ritzels.

$$a_d = \frac{m}{2}(z_1 + z_2) = 3 \, \text{mm} \cdot 40 = 120 \, \text{mm};$$

$$r_1 = \frac{m}{2} z_1 = 33 \, \text{mm}; \qquad r_2 = \frac{m}{2} z_2 = 87 \, \text{mm}.$$

$$\cos \alpha_w = \frac{a_d}{a} \cos \alpha = \frac{120}{125} \cos 20° = 0,902105, \tag{6.25}$$

$$\alpha_w = 25°33'50'' = 25,564°, \qquad \qquad \mathrm{inv}\, \alpha_w = 0,032172$$
$$\mathrm{inv}\, \alpha = 0,014904$$
$$\overline{\mathrm{inv}\, \alpha_w - \mathrm{inv}\, \alpha = 0,017268}$$

$$x_1 + x_2 = \frac{(z_1 + z_2)(\mathrm{inv}\, \alpha_w - \mathrm{inv}\, \alpha)}{2 \tan \alpha} \tag{6.26}$$

$$= \frac{40 \cdot 0,017268}{2 \cdot 0,3640} = \frac{0,34536}{0,3640} = 0,9488.$$

Aufteilung: $x_1 = 0,5$; $x_2 = 0,4488$

$$r_{f1} = r_1 - (m + c) + m\,x_1 = 33 - 1,2 \cdot 6 + 6 \cdot 0,5 \qquad = 28,80\,\mathrm{mm} \tag{6.27}$$
$$r_{f2} = r_2 - (m + c) + m\,x_2 = 87 - 1,2 \cdot 6 + 6 \cdot 0,4488 = 82,49\,\mathrm{mm}$$

Erforderliche Kopfhöhenänderung nach Gl. 6.29:

$$k = a - a_d - m\,(x_1 + x_2) = 125 - 120 - 6 \cdot 0,9488 = -0,69\,\mathrm{mm}$$

$$r_{a1} = r_1 + m + m\,x_1 + k = 33 + 6 + 6 \cdot 0,5 - 0,69 \qquad = 41,3\,\mathrm{mm} \tag{6.28}$$
$$r_{a2} = r_2 + m + m\,x_2 + k = 87 + 6 + 6 \cdot 0,4488 - 0,69 = 95,0\,\mathrm{mm}$$

$$r_{b1} = r_1 \cos \alpha = 33 \cos 20° = 31,01\,\mathrm{mm}$$
$$r_{b2} = r_2 \cos \alpha = 87 \cos 20° = 81,75\,\mathrm{mm} \tag{6.10}$$
$$(r_{b1} + r_{b2}) \qquad \qquad = 112,76\,\mathrm{mm}$$

$$\varepsilon_a = \frac{\sqrt{r_{a1}^2 - r_{b1}^2} + \sqrt{r_{a2}^2 - r_{b2}^2} - a \cdot \sin\alpha_w}{\pi \cdot m \cdot \cos \alpha} = 1,227. \tag{6.30}$$

Zahndicke auf dem Kopfkreis:

$$\cos \alpha_{a1} = \frac{r_1}{r_{a1}} \cos \alpha = \frac{333}{41,31} \cos 20° = 0,750662, \tag{6.18}$$

$$\alpha_{a1} = 41°21'8'' = 41,3522°, \qquad \qquad \mathrm{inv}\, \alpha_{a1} = 0,15840$$
$$\mathrm{inv}\, \alpha = 0,01490$$
$$\overline{\mathrm{inv}\, \alpha_{a1} - \mathrm{inv}\, \alpha = 0,14350}$$

$$2x_1 \tan\alpha = 2 \cdot 0,5 \cdot 0,3640 = 0,3640 \qquad\qquad (6.17)$$

$$\underline{\pi/2 = 1,5708}$$

$$\frac{\pi}{2} + 2x_1 \tan\alpha = 1,9348$$

$$\frac{1}{z_1}\left(\frac{\pi}{2} + 2x_1 \tan\alpha\right) = \frac{1,9348}{11} = 0,1759$$

$$\operatorname{inv}\alpha_{a1} - \operatorname{inv}\alpha = \underline{0,1435}$$

$$[\,] = 0,0324$$

$$s_{a1} = 2r_{a1}[\,] = 2 \cdot 41,31 \cdot 0,0324 = 2,677\,\text{mm}$$

$$(s_{a\,\min} = 0,2\,\text{m} = 1,2\,\text{mm}).$$

Zahndicke auf dem Grundkreis nach Gl. (6.17) mit $r_y = r_b$; $\alpha_y = 0$; $\operatorname{inv}\alpha_y = 0$

$$s_{b1} = 2r_{b1}\left[\frac{1}{z_1}\left(\frac{\pi}{2} + 2x_1 \tan\alpha\right) + \operatorname{inv}\alpha\right]$$

$$= 2 \cdot 31,01 \cdot [0,1759 + 0,0149] = 11,833\,\text{mm}.$$

Um den Einfluss positiver Profilerschiebung anschaulich darzustellen, ist in Abb. 6.28 für die Zähnezahlen $z_1 = 11$ und $z_2 = 29$ je ein Zahnpaar mit unterschiedlicher Profilverschiebung aufgezeichnet. Nr. 1 ist ein Nullgetriebe mit $a = a_d = 120\,mm$, Nr. 2 bis Nr. 5 sind V-Getriebe mit jeweils $a = 125\,mm$, Nr. 6 ist eine 05-Verzahnung nach DIN 3994 / 3995, die einen Achsabstand von $a = 125,243$ mm ergibt und Nr. 7 ist eine MAAG-Verzahnung mit $\alpha_0 = 15°$ und $a = 125,89\,mm$. Die MAAG-Verzahnung ist seit etwa 1920 bekannt und benutzte schon früh profilverschobene Zahnprofile und Betriebseingriffswinkel, die einen Kompromiss zwischen den verschiedenen Anforderungen (große Tragfähigkeit, hohe Überdeckung, günstige Gleitverhältnisse, Vermeidung spitzer Zahnformen usw.) schlossen. In Tab. 6.4 sind die Zahlenwerte für die verschiedenen Zahnradpaarungen zusammengestellt. Die Verbesserung der Ritzelzahnform mit zunehmender Profilverschiebung ist in Abb. 6.29 für die Fälle 1 bis 5 noch deutlicher in vergrößerter Darstellung zu erkennen.

### 6.1.1.7 Innenverzahnung

Die Prinzipskizze in Abb. 6.30 zeigt, wie ein außenverzahntes Ritzel 1 mit einem innenverzahnten Hohlrad 2 zusammenarbeitet. Beide Zahnräder haben bei dieser Paarung die gleiche Drehrichtung.

*Vorteile* Diese Getriebe bauen raumsparend und die Außenfläche des Hohlrades kann als Riemenscheibe, Bremse, Stirnrad oder Schneckenrad ausgebildet werden. Die Eingriffs- und Tragfähigkeitsverhältnisse sind günstig, weil die Flanken des Hohlrads konkav und die des Ritzels konvex sind. Dadurch erhält man geringere Hertzsche Pressungen, gute

**Abb. 6.28** Profilformen bei verschiedenen Profilverschiebungen ($z_1 = 11$, $z_2 = 29$, $m = 6$ *mm*)

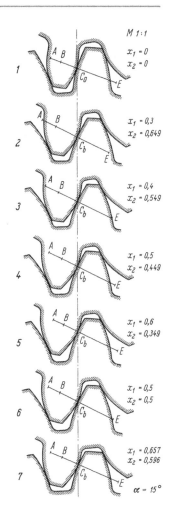

Schmierung und sehr hohe Wirkungsgrade. Die Anwendung ist sehr vielseitig, besonders bei Umlaufgetrieben (siehe Abschn. 6.5) mit Leistungsverzweigung. Das heißt, der Leistungsfluss kann über mehrere Zwischen- oder Planetenräder verteilt werden.

*Nachteile* Lagerung und Herstellung sind schwieriger als bei einer Außenverzahnung. Innenverzahnungen können im Wälzverfahren nur mit Schneidrädern (Stoßrädern) hergestellt werden und Schleifen ist nur im Formverfahren möglich. Zu beachten sind vor allem auch die Eingriffsstörungen, die bei kleinen Achsabständen sowohl bei der Herstellung mit dem Schneidrad als auch beim Zusammenarbeiten von Ritzel und Hohlrad auftreten können.

**Berechnung** Rein rechnerisch entsteht eine Zahnstange, indem der Teilkreisradius (bzw. Teilkreisdurchmesser) auf $\infty$ vergrößert wird, so dass dadurch auch die Zähnezahl $\infty$

**Tab. 6.4** Zahlenwerte für die Zahnradpaarungen in Abb. 6.28 ($z_1 = 11$, $z_2 = 29$, $m = 6\,mm$)

| | | Getriebe Nr. | | | | | | |
|---|---|---|---|---|---|---|---|---|
| | | 1 | 2 | 3 | 4 | 5 | 6 | 7 |
| Herstellungswinkel | $\alpha_0$ | 20° | 20° | 20° | 20° | 20° | 20° | 15° |
| Betriebseingriffwinkel | $\alpha_w$ | 20° | 25,564° | 25,564° | 25,564° | 25,564° | 25,795° | 22°58' |
| Profilverschiebungsfaktor | $x_1$ | 0 | 0,3 | 0,4 | 0,5 | 0,6 | 0,5 | 0,657 |
| | $x_2$ | 0 | 0,649 | 0,549 | 0,449 | 0,349 | 0,5 | 0,596 |
| Betriebswälzkreisradien | $r_{w1}$ | 33,00 | 34,375 | 34,375 | 34,375 | 34,375 | 34,442 | 34,62 |
| | $r_{w2}$ | 87,00 | 90,625 | 90,625 | 90,625 | 90,625 | 90,801 | 91,27 |
| Achsabstand | $a$ | 120,0 | 125,0 | 125,0 | 125,0 | 125,0 | 125,243 | 125,89 |
| Grundkreisradien | $r_{b1}$ | 31,01 | 31,01 | 31,01 | 31,01 | 31,01 | 31,01 | 31,88 |
| | $r_{b2}$ | 81,75 | 81,75 | 81,75 | 81,75 | 81,75 | 81,75 | 84,04 |
| Fußkreisradien | $r_{f1}$ | 25,80 | 27,60 | 28,20 | 28,80 | 29,40 | 28,50 | 29,940 |
| | $r_{f2}$ | 79,80 | 83,69 | 83,09 | 82,49 | 81,89 | 82,50 | 83,575 |
| Fußhöhenfaktor | $h_f^*$ | 1,2 | 1,2 | 1,2 | 1,2 | 1,2 | 1,25 | 7/6 |
| Kopfkreisradien | $r_{a1}$ | 39,00 | 40,11 | 40,71 | 41,31 | 41,91 | 41,24 | 41,43 |
| | $r_{a2}$ | 93,00 | 96,20 | 95,60 | 95,00 | 94,40 | 95,24 | 94,95 |
| Kopfhöhenänderung | $k$ | 0 | − 0,693 | − 0,693 | − 0,693 | − 0,693 | − 0,757 | − 1,63 |
| Überdeckungsgrad | $\varepsilon_\alpha$ | 1,18 | 1,253 | 1,241 | 1,227 | 1,211 | 1,217 | 1,173 |
| Zahndicke des Ritzels im Kopfkreis | $s_{a1}$ | 3,63 | 3,55 | 3,13 | 2,68 | 2,19 | 2,79 | 3,79 |

**Abb. 6.29** Einfluss positiver
Profilverschiebung

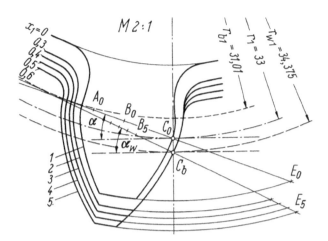

**Abb. 6.30** Stirnradgetriebe
mit Innenverzahnung

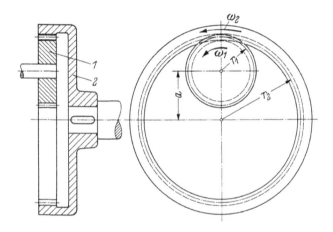

wird. Durch weiteres Vergrößern auf zunächst $-\infty$ wird der Teilkreisradius im weiteren Verlauf wieder endliche, allerdings negative Werte annehmen. Da der Modul stets positiv ist, muss die Zähnezahl des Hohlrades in den Berechnungsgleichungen negativ eingesetzt werden. Durch Berücksichtigung des negativen Vorzeichens für $z_2$ nehmen alle Hohlradradien und -durchmesser zwangsläufig negative Werte an, wenn für die Berechnungen die Gleichungen der Außenräder verwendet werden. Damit werden dann auch der Achsabstand $a$ und das Zähnezahlverhältnis $u$ negativ, die Übersetzung $i$ jedoch positiv.

*Profilverschiebung*   Auch Hohlräder können profilverschoben werden. Der Profilverschiebungsfaktor ist positiv, wenn der Zahn wie bei der Außenverzahnung dicker wird, also zum Zahnkopf rückt und negativ, wenn der Zahn dünner wird, also zum Zahnfuß hin verschoben wird. Die Summe der Profilverschiebungsfaktoren $(x_1 + x_2)$ wird durch vorzeichengerechte Addition der beiden Faktoren gebildet.

Je nach Wahl der Profilverschiebungsfaktoren wird auch hier zwischen Nullgetriebe ($x_1 = x_2 = 0$), V-Nullgetriebe ($x_1 + x_2 = 0$) und V-Getriebe ($x_1 + x_2 \neq 0$) unterschieden. Nullgetriebe sind wegen der ungünstigen Ritzelzahnformen (besonders bei kleinen Zähnezahlen $z_1$) und der hohen erforderlichen Kopfkürzung am Hohlrad nicht zu empfehlen. Günstig sind V-Nullgetriebe mit ($x_1 = -x_2 \approx 0,5$) und $|z_2| - z_1 \geq 10$. In Abb. 6.31 sind zum Vergleich die Verzahnungen eines Nullgetriebes und eines V-Nullgetriebes, dargestellt. Beide Getriebe haben folgende Verzahnungsdaten:

- Eingriffswinkel:       $\alpha = 20°$
- Modul:                 $m = 5\ mm$
- Zähnezahl Ritzel:      $z_1 = 18$
- Zähnezahl Hohlrad:     $z_1 = -38$

Abb. 6.31a zeigt das Nullgetriebe mit $x_1 = x_2 = 0$ und Abb. 6.31b das V-Nullgetriebe mit $x_1 = 0,5$ und $x_2 = -0,5$.

*Überdeckungsgrad*  Bei einer Innenverzahnung kann die Eingriffsstrecke $g_\alpha$ nach Abb. 6.27b berechnet werden. Danach gilt

$$g_\alpha = \overline{T_1E} - \overline{AT_1} = \overline{T_1E} - \left(\overline{T_2A} - \overline{T_1T_2}\right).$$

**Abb. 6.31** Innenverzahnung.
a) Nullgetriebe; b)
V-Nullgetriebe

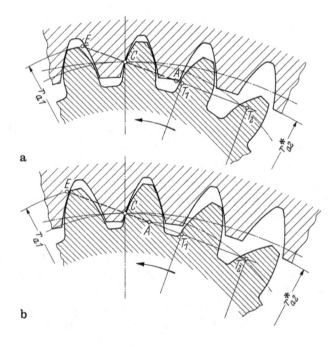

a

b

Aus Dreieck $0_1T_1E$   folgt:   $\overline{T_1E} = \sqrt{r_{a1}^2 - r_{b1}^2}$.

Aus Dreieck $0_2T_2A$   folgt:   $\overline{T_2A} = \sqrt{r_{a2}^2 - r_{b2}^2}$.

Aus Dreieck $0_10_2P$   folgt:   $\overline{T_1T_2} = \overline{O_1P} = a \sin\alpha_w$.

Mit $a < 0$ gilt dann für die Profilüberdeckung einer Innenverzahnung

$$\varepsilon_\alpha = \frac{\sqrt{r_{a1}^2 - r_{b1}^2} - \sqrt{r_{a2}^2 - r_{b2}^2} - a \sin\alpha_w}{\pi\, m \cos\alpha}. \tag{6.31}$$

---

**Beispiel: Profilüberdeckung einer Innenverzahnung**

Wie groß ist die Profilüberdeckung einer Ritzel-Hohlrad-Paarung mit Modul $m = 1$ mm und $\alpha = 20°$?

Verzahnungsdaten Ritzel/Hohlrad:

| | $z$ | $x$ | $r_b$ | $r_a$ | $a$ | $\alpha_w$ |
|---|---|---|---|---|---|---|
| Ritzel | 15 | 0,186 | 7,05 | 8,7 | $-11,3$ | $16,996°$ |
| Hohlrad | $-38$ | 0 | $-17,85$ | $-18,2$ | | |

Profilüberdeckung der Ritzel-Hohlrad-Paarung:

$$\varepsilon_a = \frac{\sqrt{r_{a1}^2 - r_{b1}^2} - \sqrt{r_{a2}^2 - r_{b2}^2} - a \cdot \sin\alpha_w}{\pi\, m\, cos\,\alpha}$$

$$\varepsilon_a = \frac{\sqrt{8,7^2 - 7,05^2} - \sqrt{18,2^2 - 17,85^2} - (-11,3)sin16,996°}{\pi \cdot 1 \cdot cos\,20°} = 1,643$$

## 6.1.1.8 Zahnstange

Im Grenzfall eines unendlich großen Zahnrades ($z \rightarrow \infty$) wird die Evolvente zu einer exakten Geraden (Abb. 6.16). Neben der Bedeutung der Zahnstange als Bezugsprofil (Abb. 6.17) lässt sich mit der Paarung Ritzel-Zahnstange eine Drehbewegung in eine Translationsbewegung wandeln und umgekehrt eine Linearbewegung in eine Drehbewegung. Die Paarung Ritzel-Zahnstange ist somit ein Hubgetriebe (bzw. Lineargetriebe) und kann als Sonderfall eines Getriebes zur Übertragung einer gleichförmigen Drehbewegung aufgefasst werden.

Durch Profilverschiebung kann die Zahnform einer Zahnstange nicht verändert werden. Je größer ein Zahnrad wird, desto geringer ist der Einfluss der Profilverschiebung auf die Zahnform. Die Zahnform des Ritzels kann jedoch durch Profilverschiebung beeinflusst werden. Diese ist zum Beispiel erforderlich, wenn das Ritzel eine kleinere Zähnezahl als die Grenzzähnezahl haben muss. Hat das Ritzel eine Profilverschiebung, dann entspricht die Änderung des Abstands zwischen dem Mittelpunkt des Ritzels und der Zahnstange exakt der Profilverschiebung $x \cdot m$. Wie aus Abb. 6.21 ersichtlich, bleibt auch bei $x \cdot m \neq 0$ der Betriebseingriffswinkel $\alpha_w = \alpha = \alpha_0 = 20°$. Das heißt, eine Profilverschiebung des Ritzels bei einem Zahnstangengetriebe keinen Einfluss auf den Betriebseingriffswinkel.

Zu beachten ist jedoch, dass sich durch Profilverschiebung das Verhältnis zwischen der Kopfeingriffsstrecke $\overline{AC}$ und der Fußeingriffsstrecke $\overline{CE}$ stark ändert. Dies kann es zu ungünstigen Gleitgeschwindigkeitsverhältnissen führen (Abb. 6.8).

*Überdeckungsgrad* Ein Problem ergibt sich bei der Berechnung der Profilüberdeckung nach Gl. (6.30). Setzt man hier unendlich große Werte für die Radien des Rades 2 sowie für den Achsabstand ein, ergeben sich keine sinnvollen Werte für die Profilüberdeckung. Mit ausreichender Genauigkeit lässt sich die Überdeckung einer Ritzel-Zahnstange-Paarung jedoch berechnen nach Gl. (6.31) berechnen, indem anstatt der Zahnstange ein Hohlrad mit sehr großem Durchmesser eingegeben wird (z. B. $z_2 = -5000$).

---

**Beispiel: Profilüberdeckung einer Ritzel-Zahnstange-Paarung**

Wie groß ist die Profilüberdeckung einer Ritzel-Zahnstange-Paarung mit Modul $m = 1$ mm, Profilverschiebung $x_1 = 0,2$ und Eingriffswinkel $\alpha = 20°$?

Verzahnungsdaten Ritzel/Zahnstange:

|  | $z$ | $x$ | $r_b$ | $r_a$ | $a$ | $\alpha_w \approx \alpha$ |
|---|---|---|---|---|---|---|
| Ritzel | 15 | 0,2 | 7,05 | 8,7 | $-2492,3$ | 20° |
| Hohlrad | $-5000$ | 0 | $-2349,232$ | $-2499,0$ | | |

Profilüberdeckung der Ritzel-Zahnstange-Paarung:

$$\varepsilon_a = \frac{\sqrt{r_{a1}^2 - r_{b1}^2} - \sqrt{r_{a2}^2 - r_{b2}^2} - a \cdot \sin \alpha_w}{\pi \, m \cos \alpha}$$

$$\varepsilon_a = \frac{\sqrt{8,7^2 - 7,05^2} - \sqrt{2499^2 - 2349,232^2} - (-2492,3)\sin 20°}{\pi \cdot 1 \cdot \cos 20°} = 1,653$$

## 6.1.2 Verzahnungsgeometrie schrägverzahnter Stirnräder

Die Entstehung schrägverzahnter Stirnräder geht anschaulich aus Abb. 6.32 hervor. In Abb. 6.32a ist dargestellt, wie man sich ein Schrägzahnstirnrad aus vielen sehr dünnen geradverzahnten Scheiben hergestellt denken kann, die gegeneinander so versetzt sind, dass sich jeweils der Wälzpunkt $C$ auf einer Schraubenlinie $C–C'$ auf dem Teilzylinder befindet. Der spitze Winkel, den die Tangente an die Schraubenlinie mit einer Mantellinie $C - C''$ im Berührungspunkt einschließt, heißt Schrägungswinkel $\beta$. Auch die Begrenzungslinien $K - K'$ auf dem Kopfzylinder sowie auf dem Fußzylinder und auch auf dem Grundzylinder $G - G'$ (Abb. 6.32b) sind Schraubenlinien, deren Steigungswinkel natürlich verschieden

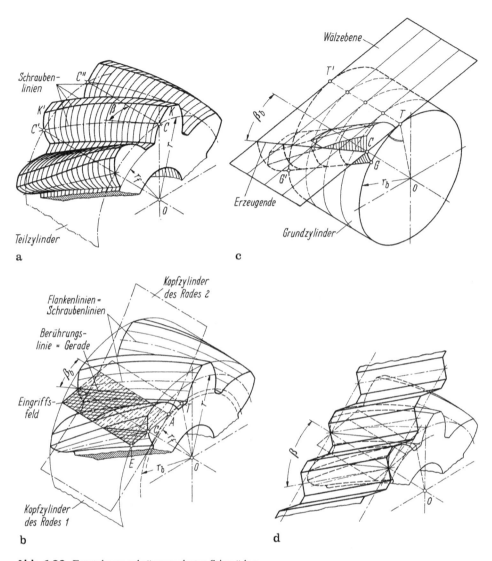

**Abb. 6.32**  Entstehung schrägverzahnter Stirnräder

sind. Bei Zahnrädern wird allerdings immer der „Schrägungswinkel" gegen die Mantellinie, die der Drehachse parallel ist, gemessen. Es ergibt sich also aus der Bedingung
gleicher Steigung $P$ aus den Steigungsdreiecken (Abb. 2.81)

$$\tan \beta = \frac{2\pi r}{P} \quad \text{und} \quad \tan \beta_b = \frac{2\pi\, r_b}{P}$$

oder

$$\tan \beta_b = \frac{r_b}{r} \tan \beta \tag{6.32}$$

bzw. allgemein ausgedrückt

$$\tan \beta_y = \frac{r_y}{r} \tan \beta.$$

Als Bezugsmaß dient immer der Schrägungswinkel $\beta$ am Teilzylinder. Man unterscheidet
– wie bei den Schrauben – rechtssteigende und linkssteigende Zahnflanken (Abb. 6.32).
Bei der Paarung außenverzahnter Stirnräder ist immer ein Rad rechts-, das andere
linkssteigend, wobei der Betrag von $\beta$ gleich groß sein muss.

Abbildung 6.32b zeigt deutlich, dass die Evolventenschraubenfläche auch durch Abwälzen der Wälzebene am Grundzylinder entsteht, wenn die erzeugende Gerade in der
Wälzebene unter dem Winkel $\beta_b$ gegen die Mantellinie $T - T'$ geneigt ist. Die Wälzebene
wird wie bei der Geradverzahnung (bei der $\beta = 0$ und $\beta_b = 0$ sind) zur Eingriffsebene, wenn sie die beiden Grundzylinder berührt. Die Eingriffsebene geht durch die
Punkte $A - C - E$ in axialer Richtung und wird durch die Breite des Zahnrades und die
Kopfzylinder von Rad 1 und Rad 2 begrenzt (Abb. 6.32c). Dadurch entsteht das Eingriffs-
feld, dessen Schnittlinien mit den sich berührenden Zahnflanken die Berührungslinien (=
Geradenstücke der Erzeugenden) sind.

**Vor- und Nachteile**  Man erkennt hieraus die Vorteile der schrägverzahnten Stirnräder. Es
sind mehre Zähne als bei der Geradverzahnung im Eingriff, die Belastung eines Zahnes erfolgt nicht plötzlich über die ganze Zahnbreite, sondern allmählich, und zwar schräg über
die Flankenfläche. Die Folgen davon sind höhere Belastbarkeit und größere Laufruhe.
Ferner ist, wie später noch gezeigt wird, die Grenzzähnezahl niedriger als bei geradverzahnten Stirnrädern. Dem steht als Nachteil das Auftreten einer Axialkraft $F_a$ (siehe
Abb. 6.37) entgegen, die jedoch meist leicht in den Lagern aufgenommen oder durch
Doppelschrägverzahnung bzw. Pfeilverzahnung ausgeglichen werden kann.

**Anwendung**  Getriebe mit schrägverzahnten Zahnrädern werden vorwiegend bei hohen
Drehzahlen und großen Belastungen verwendet. Üblicherweise werden Schrägungswinkel
von $\beta = 10° \dots 30°$ verwendet, da bei $\beta < 10°$ die Vorteile der Schrägverzahnung zu
gering und bei $\beta > 30°$ die auftretenden Axialkräfte zu groß werden.

### 6.1.2.1 Grundbegriffe und –beziehungen

Wird die Zähnezahl des Gegenrades unendlich groß, so ergibt sich eine Schrägzahn-
stange mit ebenen Flanken und den um $\beta$ geneigten Flankenlinien (Abb. 6.32d). Damit
für die Herstellung von Schräg- und Geradstirnzahnrädern dieselben Werkzeuge verwendet werden können, wird nicht das Profil im Stirnschnitt, sondern im Normalschnitt
als Bezugsprofil benutzt. Bei Schrägverzahnungen unterscheidet man also zwischen
Stirnschnitt (Schnitt senkrecht zur Achse) und Normalschnitt (Schnitt senkrecht zur Flankenlinie). Der Zusammenhang der Größen im Stirnschnitt (Index t) und im Normalschnitt
(Index n) ist in Abb. 6.33 am Beispiel einer schrägverzahnten Zahnstange dargestellt. Die
Zahnstange wurde gewählt, weil sich hier die Zusammenhänge anschaulicher darstellen

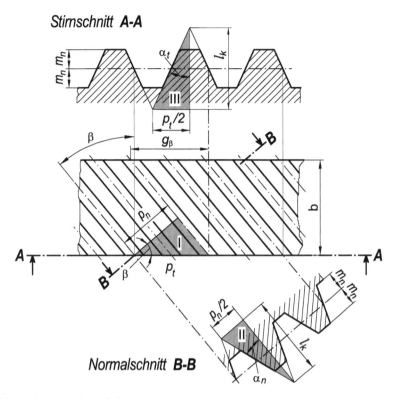

**Abb. 6.33** Schrägverzahnte Zahnstange

lassen. Da die Zahnstange als ein Zahnrad mit unendlich großer Zähnezahl aufgefasst werden kann, gelten diese Beziehungen natürlich auch für Stirnräder. Daraus geht hervor, dass die Teilung im Stirnschnitt $p_t$ größer als die Teilung im Normalschnitt $p_n$ ist, weshalb auch der Stirnmodul $m_t$ größer als der Normalmodul $m_n$ sein muss. Aus Dreieck I folgt:

$$\cos \beta = \frac{p_n}{p_t} = \frac{m_n \, \pi}{m_t \, \pi} \tag{6.33}$$

Demnach ist der Stirnmodul

$$m_t = \frac{m_n}{\cos \beta} \tag{6.34}$$

Da es sich bei dem Normalmodul $m_n$ um den Herstellungsmodul handelt, entspricht $m_n$ dem in DIN 780 genormten Modul. Für den Teilkreisdurchmesser im Stirnschnitt gilt nach Gl. (6.5):

$$d = 2\,r = m_t z = \frac{m_n}{\cos \beta} z. \tag{6.35}$$

In Abb. 6.33 ist die lange Kathete $l_k$ im Dreieck II:

$$l_k = \frac{p_n/2}{\tan \alpha_n}.$$

Da alle zur Profilmittellinie senkrechten Abstände im Stirn- und Normalschnitt gleich sind, folgt aus Dreieck III:

$$\tan \alpha_t = \frac{p_t}{2\,l_k} = \frac{p_t \tan \alpha_n}{2p_n/2}.$$

Mit Hilfe der Gl. (6.33) kann somit der Stirneingriffswinkel berechnet werden:

$$\tan \alpha_t = \frac{\tan \alpha_n}{\cos \beta}. \tag{6.36}$$

Für den Normalschnitt gilt das Bezugsprofil nach DIN 867, so dass $\alpha_n = 20°$ ist. Nach Gl. (6.10) gilt für den Grundkreisradius

$$r_b = r \cos \alpha_t.$$

Damit kann nach Gl. (6.32) der Schrägungswinkel auf dem Grundkreis berechnet werden:

$$\tan \beta_b = \cos \alpha_t \tan \beta. \tag{6.37}$$

**Ersatz-Geradverzahnung**  Wird ein schrägverzahntes Stirnrad senkrecht zur Flankenlinie durch den Wälzpunkt $C$ geschnitten (Normalschnitt), so werden alle Kreise des Stirnschnitts (Teilkreis, Grundkreis, usw.) im Normalschnitt zu Ellipsen (Abb. 6.34a). Wird der große Krümmungsradius der Teilkreisschnittellipse durch einen Ersatzkreis mit $d_n = 2r_n$ ersetzt, erhält man ein virtuelles Geradstirnrad, das den Verhältnissen einer Schrägverzahnung im Normalschnitt entspricht. Somit können alle Gleichungen und Ableitungen der Geradverzahnung auf die Schrägverzahnung übertragen werden. Für die Berechnungen der Verzahnungsgrößen mit Hilfe eines Ersatzrades genügt es, den Teilkreisradius $r_n$ durch den großen Krümmungsradius der Schnittellipse des Teilzylinders anzunähern (Abb. 6.34b):

$$r_n = \frac{(\text{große Halbachse})^2}{\text{kleine Halbachse}} = \frac{r^2/\cos^2 \beta}{r} = \frac{r}{\cos^2 \beta}$$

oder

$$d_n = \frac{d}{\cos^2 \beta} = m_n z_n. \tag{6.38}$$

Die Zähnezahl des Ersatzstirnrades wird dann mit Gl. (6.35) und Gl. (6.38):

$$z_n = \frac{d_n}{m_n} = \frac{d}{m_n \cos^2 \beta} = \frac{m_n z}{\cos \beta \cdot m_n \cos^2 \beta} = \frac{z}{\cos^3 \beta}. \tag{6.39}$$

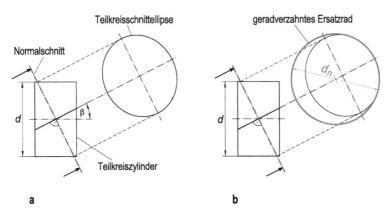

Abb. 6.34 Ersatz-Geradverzahnung

Diese Ersatzzähnezahl $z_n$ ist in der Regel nicht mehr ganzzahlig und immer größer als die tatsächliche Zähnezahl im Stirnschnitt.

**Grenzzähnezahl und Mindestprofilverschiebung** Die Beziehungen für die Geradverzahnung in Abschn. 6.1.1.4 gelten auch für das geradverzahnte Ersatzstirnrad. Analog zu Gl. (6.14) ist die Grenzzähnezahl des Ersatzrades

$$z_{gn} = \frac{2 \cdot h_{Na0}^*}{\sin^2 \alpha_n}.$$

Für eine Normverzahnung mit einem Herstellungseingriffswinkel $\alpha_n = \alpha_0 = 20°$ und einem nutzbaren Werkzeug-Zahnkopfhöhefaktor $h_{Na0}^* = 1$ ist die rechnerische Grenzzähnezahl für das Ersatzrad $z_{gn} = 17$. Mit Gl. (6.39) wird die tatsächliche Grenzzähnezahl des Schrägstirnrades dann

$$z_g = \frac{2 \cdot h_{Na0}^* \cos^3 \beta}{\sin^2 \alpha_n}. \tag{6.40}$$

Danach können die theoretischen Grenzzähnezahlen $z_g$ abhängig vom Schrägungswinkel berechnet werden:

| $\beta$ | 0° | 12° | 20° | 30° | 43° |
|---|---|---|---|---|---|
| $z_g$ | 17 | 16 | 14 | 11 | 7 |

Da mit zunehmendem Schrägungswinkel die Grenzzähnezahl kleiner wird, können mit Schrägstirnrädern wesentlich kleinere Zähnezahlen als mit Geradstirnrädern verwirklicht werden. Auch bei einer Schrägverzahnung ist ein unschädlicher Unterschnitt zulässig, so dass nach DIN 3990 für die praktische Grenzzähnezahl gilt:

$$z'_g = \frac{5}{6} z_g. \tag{6.41}$$

Bei niedrigeren Zähnezahlen als $z_g$ bzw. $z'_g$ muss das Zahnrad profilverschoben werden. Der zur Vermeidung von Unterschnitt erforderliche Mindesprofilverschiebungsfaktor wird analog zu Gl. (6.15)

$$x_{min} = \frac{z_g - z_n}{2/\sin^2 \alpha_n} = \frac{17 - z_n}{17} = \frac{17 - z/\cos^3 \beta}{17} \quad \text{(theoretisch)} \tag{6.42}$$

$$x_{min} = \frac{z'_g - z_n}{2/\sin^2 \alpha_n} = \frac{14 - z_n}{17} = \frac{14 - z/\cos^3 \beta}{17} \quad \text{(praktisch)} \tag{6.43}$$

Die reale Profilverschiebung (in mm) ergibt sich dann als radiales Maß sowohl im Stirnschnitt als auch im Normalschnitt zu $x \cdot m_n$. Der Profilverschiebungsfaktor $x$ wird also immer auf den Normalmodul $m_n$ (entspricht dem Herstellungsmodul) bezogen.

**Zahndicke und Teilungen**  Die in Abschn. 6.1.1.5 für das geradverzahnte Stirnrad abgeleiteten Gleichungen für die Zahndicken und die Teilungen sind auch für den Stirnschnitt schrägverzahnter Stirnräder gültig, wenn die in Abb. 6.35 angegebenen Bezeichnungen benutzt werden. Unter Berücksichtigung der Gl. (6.32) bis (6.38) ergeben sich die unten stehenden Beziehungen.

Zahndicke auf dem Teilkreis:

$$s_t = \frac{m_n}{\cos \beta} \left( \frac{\pi}{2} + 2x \tan \alpha_n \right). \tag{6.44}$$

Zahndicke auf einem Kreis mit beliebigem Radius:

$$s_{ty} = 2r_y \left[ \frac{1}{z} \left( \frac{\pi}{2} + 2x \tan \alpha_n \right) - \left( \text{inv}\, \alpha_{ty} - \text{inv}\, \alpha_t \right) \right], \tag{6.45}$$

mit $\cos \alpha_{ty} = \frac{r}{r_y} \cos \alpha_t$.

Teilung auf einem beliebigen Kreis:

$$p_{ty} = p_t \frac{r_y}{r} = p_t \frac{\cos \alpha_t}{\cos \alpha_{ty}}. \tag{6.46}$$

Teilung auf dem Grundkreis:

$$p_{tb} = p_t \cos \alpha_t. \tag{6.47}$$

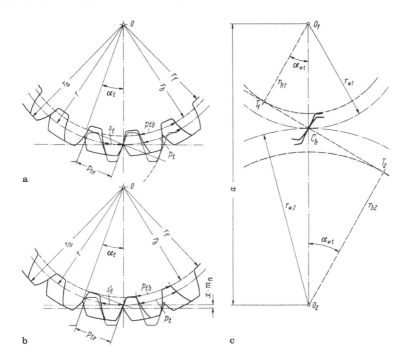

**Abb. 6.35** Schrägverzahnung im Stirnschnitt. a) ohne Profilverschiebung; b) mit Profilverschiebung; c) Paarung zu V-Getriebe

### 6.1.2.2 Paarung schrägverzahnter V-Räder

Auch bei schrägverzahnten Stirnrädern wird die Profilverschiebung nicht nur zur Vermeidung von Unterschnitt angewendet. Bei der Paarung von V-Rädern ist es auch hier möglich, einen vorgegebenen Achsabstand einzuhalten oder durch positive Profilverschiebung günstigere Zahnformen und bessere Überdeckungen zu erzielen.

Mit den Bezeichnungen im Stirnschnitt nach Abb. 6.35c, können die Gleichungen der geradverzahnten Stirnräder verwendet werden. Analog zu Abschn. 6.1.1.6 gilt:

*Fall I: Profilverschiebungsfaktoren und Zähnezahlen sind gegeben.* Nach Gl. (6.23) kann der Betriebseingriffswinkel berechnet werden:

$$\mathrm{inv}\,\alpha_{wt} = 2\frac{x_1 + x_2}{z_1 + z_2}\tan\alpha_n + \mathrm{inv}\,\alpha_t. \qquad (6.48)$$

Für den Achsabstand gilt nach Gl. (6.24):

$$a = r_{w1} + r_{w2} = (r_1 + r_2)\frac{\cos\alpha_t}{\cos\alpha_{wt}} = a_d\frac{\cos\alpha_t}{\cos\alpha_{wt}} \qquad (6.49)$$

*Fall II: Achsabstand und Zähnezahlen sind gegeben.* Der Betriebseingriffswinkel kann mit Hilfe der Gl. (6.49) berechnet werden:

$$\cos \alpha_{wt} = \frac{a_d}{a} \cos \alpha_t = \frac{m_n}{\cos \beta} \frac{(z_1 + z_2)}{2a} \cos \alpha_t. \tag{6.50}$$

Die Summe der Profilverschiebungsfaktoren wird nach Gl. (6.48):

$$x_1 + x_2 = \frac{z_1 + z_2}{2 \tan \alpha_n} (\text{inv } \alpha_{wt} - \text{inv } \alpha_t). \tag{6.51}$$

Für die Aufteilung von $x_1$ und $x_2$ gelten dieselben Kriterien wie für geradverzahnte Stirnräder.

**Kopfspiel** Da auch schrägverzahnte Stirnräder mit geradverzahnten Zahnstangen hergestellt werden, sind die radialen Maße im Stirn- und Normalschnitt gleich groß und die Zahnhöhen sowie Profilverschiebung und Kopfhöhenänderung beziehen sich auf den Normalmodul $m_n$.

Für den im Abwälzverfahren erzeugten Fußkreisradius gilt daher:

$$r_f = r - h_{aP0} + x \, m_n = r - (m_n + c) + x \, m_n \tag{6.52}$$

und für den Kopfkreis

$$r_a = r + m_n + x \, m_n + k^* m_n, \tag{6.53}$$

wobei die erforderliche Kopfhöhenänderung wie Gl. (6.29) berechnet werden kann:

$$k = k^* m_n = a - a_d - m_n (x_1 + x_2). \tag{6.54}$$

**Überdeckung** Der Überdeckungsgrad schrägverzahnter Stirnradgetriebe setzt sich aus der Profilüberdeckung im Stirnschnitt und der Sprungüberdeckung zusammen.

Die Profilüberdeckung im Stirnschnitt kann entsprechend Gl. (6.30) nach folgender Gleichung berechnet werden:

$$\varepsilon_\alpha = \frac{\sqrt{r_{a1}^2 - r_{b1}^2} + \sqrt{r_{a2}^2 - r_{b2}^2} - a \sin \alpha_{wt}}{\pi \, m_t \cos \alpha_t}. \tag{6.55}$$

Durch den schraubenförmigen Verlauf der Flankenlinien sind die Stirnflächen eines Zahnes um den sogenannten „Sprung" versetzt zueinander. Dadurch kommen die Zahnpaare nicht schlagartig in bzw. außer Eingriff wie bei der Geradverzahnung, sondern allmählich über den Sprung verteilt. Der Sprung $g_\beta$ ist in Abb. 6.33 eingezeichnet und berechnet sich zu

$$g_\beta = b \tan \beta.$$

Dadurch entsteht eine zusätzliche Sprungüberdeckung $\varepsilon_\beta$, die als das Verhältnis von Sprung zu Stirnteilung definiert ist:

$$\varepsilon_\beta = \frac{g_\beta}{p_t} = \frac{b \tan \beta}{p_n / \cos \beta} = \frac{b \sin \beta}{m_n \pi}. \tag{6.56}$$

Die Gesamtüberdeckung ist dann die Summe aus Profil- und Sprungüberdeckung

$$\varepsilon_\gamma = \varepsilon_\alpha + \varepsilon_\beta. \tag{6.57}$$

### 6.1.2.3 Verzahnungstoleranzen

Bei jedem Herstellungsverfahren treten Maßabweichungen auf, die je nach den Anforderungen und dem Verwendungszweck bestimmte Werte nicht überschreiten dürfen. So müssen auch bei Zahnrädern Toleranzen für die verschiedenen Bestimmungsgrößen am einzelnen Rad und bei Räderpaarungen vorgeschrieben werden. Für die Bestimmungsgrößen und Fehler an Stirnrädern sind in DIN 3961 die Begriffe und Bezeichnungen festgelegt. Danach wird zwischen Einzel- und Summenabweichungen unterschieden. Einzelabweichungen sind auf einzelne Verzahnungsgrößen bezogen und können mit geeigneten Prüfgeräten gemessen werden. Summenabweichungen werden mit einem Lehrzahnrad entweder durch Einflanken-Wälzprüfung (Räder kämmen in dem vorgeschriebenen Achsabstand und die Unterschiede der Winkelwege infolge Verzahnungsfehlern werden gegenüber einer vollkommen gleichbleibenden Drehbewegung gemessen) oder Zweiflanken-Wälzprüfung (Räder kämmen unter gleichbleibender Kraft spielfrei miteinander und die Schwankungen des Achsabstandes werden aufgezeichnet) nachgewiesen.

Für die Funktion eines Getriebes sind jedoch nicht alle Abweichungen gleich wichtig. Daher sollten nur diejenigen Bestimmungsgrößen einer Verzahnung toleriert und geprüft werden, die für die Funktion wichtig sind (siehe DIN 3961). Bei der Wahl der Verzahnungsqualität (DIN 3962 und 3963) und der Achslage-Genauigkeitsklasse (DIN 3964) sollte man auf Erfahrungen mit bewährten Getrieben zurückgreifen. Richtlinien für erreichbare und empfohlene Verzahnungsqualitäten sind in Tab. 6.5 zusammengestellt.

**Flankenspiel** Ein Spiel zwischen den Zahnflanken ist notwendig um Toleranzen und eventuelle Wärmedehnungen auszugleichen und um den Aufbau eines Schmierfilms zu ermöglichen. Unter einem Flankenspiel ist das vorhandene Spiel zwischen den Rückflanken eines Radpaares zu verstehen, wenn die Arbeitsflanken sich berühren.

*Normalflankenspiel $j_n$* Der kürzeste Abstand zwischen den Rückenflanken eines Radpaares bei sich berührenden Arbeitsflanken ist das Normalflankenspiel.

**Tab. 6.5** Richtlinien für Verzahnungsqualitäten

| Verzahnungs-qualität | 1 | 2 | 3 | 4 | 5 | 6 | 7 | 8 | 9 | 10 | 11 | 12 |
|---|---|---|---|---|---|---|---|---|---|---|---|---|
| Herstellungs-verfahren | | | | | | | | gestanzt, gepreßt, gespritzt | | | | |
| | | | | | | | gehobelt, gefräst, gestoßen | | | | | |
| | | | | | | geschabt | | | | | | |
| | | | | geschliffen | | | | | | | | |
| Umfangsge-schwindigkeit | | | | | | | | | | | bis 3 m/s | |
| | | | | | | | | 3 bis 6 m/s | | | | |
| | | | | | | 6 bis 20 m/s | | | | | | |
| | | | >20 m/s | | | | | | | | | |
| Anwendungs-beispiele | | | | | | | | | Landmaschinen | | | |
| | | | | | | | | Hebezeuge und Fördermittel Büromaschinen | | | | |
| | | | | | | Baumaschinen | | | | | | |
| | | | | | | | Apparatebau | | | | | |
| | | | | | Werkzeugmaschinenbau | | | | | | | |
| | | | | | Brennkraftmaschinen | | | | | | | |
| | | | | | Turbinen, Meßgeräte | | | | | | | |
| | | Prüfgeräte | | | | | | | | | | |

*Drehflankenspiel $j_t$* Die Länge des Wälzbogens im Stirnschnitt, um den sich jedes der beiden Zahnräder bei festgehaltenem Gegenrad von der Anlage der Rechtsflanke bis zur Anlage der Linksflanke drehen kann wird als Drehflankenspiel bezeichnet. Da sich das Drehflankenspiel (Abb. 6.36a) einfach messen lässt, eignet es sich gut zur Beurteilung von Radpaarungen. Richtwerte für das Drehflankenspiel können Tab. 6.6 entnommen werden.

**Achsabstandstoleranzen** Für die Achsabstandsabmaße werden die ISO-Toleranzfelder js5 bis js11 verwendet, die symmetrisch zur Nullinie liegen (±-Toleranzen, Abb. 6.36b). Die Achslage-Genauigkeitsklasse (1 bis 12) berücksichtigt die Verzahnungsqualität und

**Tab. 6.6** Richtwerte für Verdrehflankenspiel

| Modul [mm] | 0,8 … 1,75 | 2 … 3 | 3,25 … 5 | 6 … 10 | 12 … 25 |
|---|---|---|---|---|---|
| Flankenspiel [μm] | 50 … 100 | 80 … 130 | 100…230 | 180…400 | 250 … 1000 |

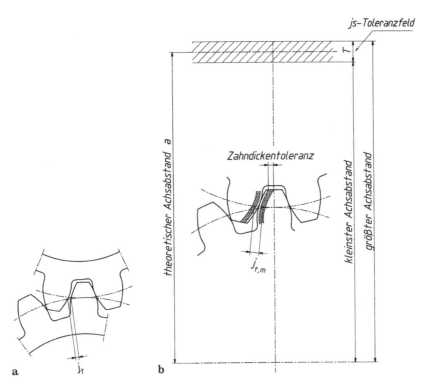

**Abb. 6.36** Flankenspiel.. a) Verdrehflankenspiel $j_t$; b) Einfluss der Zahndicken- und Achsabstandstoleranz auf das Flankenspiel ($j_{t,m}$ = mittlere Verdrehflankenspiel)

beinhaltet die Achslagetoleranzen (z. B. zulässige Achsneigung). Wegen der Unempfindlichkeit gegen Achsabstandsveränderungen von Evolventenverzahnungen, muss der Achsabstand nicht zu genau toleriert werden. Für die meisten Anwendungen im Maschinenbau reichen die ISO-Toleranzfelder js8 und js10. Die Achsabstandsabmaße beeinflussen jedoch das Flankenspiel und werden deshalb oft genauer toleriert (js7 bis js8).

**Zahndickentoleranzen** Das Flankenspiel wird durch die Lage der Zahndickentoleranz bestimmt (Abb. 6.36b). Nachdem eine spielfreie Verzahnung berechnet wurde, wird eine Zahndickentoleranz fetgelegt. Ähnlich wie beim ISO-Toleranzsystem für Wellen und Bohrungen werden Zahndickentoleranzen nach DIN 3967 mit Buchstaben (Abstand von der Nullinie) und Ziffern (Breite des Toleranzfeldes) bezeichnet. Da es bei Verzahnungen nur Spielpassungen geben kann, kommen nur die Buchstaben a bis h vor, wobei a großes Spiel und h kleines Spiel bedeutet. Die Toleranzreihe (Toleranzbreite) ist mit 21 bis 30 festgelegt. Die Toleranzreihe 21 führt zu kleinen Werten des Flankenspiels, Toleranzreihe 30 zu großen Werten.

Für viele Anwendungen ist es nicht notwendig das Flankenspiel sehr eng zu wählen, so dass im Maschinenbau vorzugsweise cd 24 bis cd 26 verwendet wird. Wenn die Funktion es zulässt (z. B keine dynamische Belastung) können auch die fertigungstechnisch günstigeren Abmaßreihen c, bc oder b gewählt werden. Nur wenn sehr kleine Flankenspiele gefordert werden, sind die Abmaßreihen d, e oder f auszuwählen.

**Prüfmaße** Zur Kontrolle der Zahndickentoleranzen müssen bei der Herstellung von Zahnrädern die Zahndicken gemessen werden. Da es sich dabei jedoch um Kreisbögen handelt, können sie nicht direkt gemessen werden. Bei Stirnrädern wird häufig die Zahnweite $W_k$ gemessen, da die Messung einfach und unabhängig vom Kopfkreisdurchmesser ist. Die Zahnweite $W_k$ ist der über $k$ Zähne gemessene Abstand zweier paralleler Ebenen, die je eine Rechts- und eine Linksflanke berühren. Bei Schrägstirnrädern wird die Zahnweite über mehrere Zähne im Normalschnitt gemessen. Nach DIN 3960 ergibt sich für außenverzahnte Stirnräder mit $k$ Zähnen

$$W_k = m_n \cos \alpha_n \left[ (k - 0,5)\, \pi + z \, \text{inv}\, \alpha_t \right] + 2x\, m_n \sin \alpha_n.$$

### 6.1.3　Kräfte und Momente am Zahnrad

Das von der Antriebswelle eingeleitete Drehmoment $T$ wird vom Ritzel über die Zahnflanken auf das Rad übertragen. Bei der Ermittlung der Zahnkräfte für die Berechnung der Lagerkräfte und der Tragfähigkeit der Zahnräder wird vom ungünstigsten Fall, dass nur ein Zahnpaar im Eingriff ist, ausgegangen. Nach den Gesetzen der Technischen Mechanik kann eine Kraft nur senkrecht zur Oberfläche auf einen anderen Körper übertragen werden. Die Zahnnormalkraft $F_N$ wirkt also senkrecht auf die Zahnflanke. Bei einer Geradverzahnung ist dies die Richtung der Eingriffslinie (tangential zum Grundkreis $r_b$) und berechnet sich zu:

$$F_N = \frac{T}{r_b}.$$

Da Kräfte auf ihrer Wirkungslinie verschoben werden dürfen, ist $F_N$ unabhängig vom Kraftangriffspunkt. Für die weitere Berechnung ist es jedoch zweckmäßig, die Zahnnormalkraft in eine Tangential- und eine Radialkomponente, und bei schrägverzahnten Stirnrädern zusätzlich in eine Axialkomponente zu zerlegen (Abb. 6.37). Im Gegensatz zu $F_N$ sind die einzelnen Komponenten vom Radius abhängig, an dem sie angreifen. Nach DIN 3990 greift die Umfangskraft $F_t$ am Teilzylinder (Teilkreis) im Stirnschnitt an und ergibt sich aus dem zu übertragenden Drehmoment zu

$$F_t = \frac{T}{r} = \frac{2T}{d}. \tag{6.58}$$

In Abb. 6.37 sind die auf eine getriebene, linkssteigende Zahnstange wirkenden Kräfte in der Draufsicht und im Normalschnitt dargestellt. Für die Darstellung wurde wieder, wie in

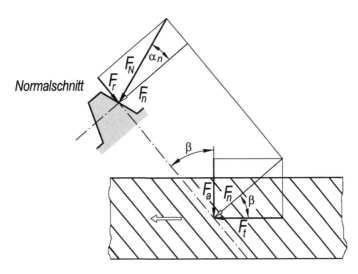

**Abb. 6.37** Kräfte am Schrägstirnrad

Abb. 6.33, eine Zahnstange (als Sonderfall eines Zahnrades) gewählt, weil die Herleitung der Kräfte daraus einfacher ersichtlich ist. Aus der Draufsicht ergibt sich die Axialkraft

$$F_a = F_t \tan\beta \tag{6.59}$$

und aus dem Normalschnitt die Radialkraft

$$F_r = F_n \tan\alpha_n = F_t \frac{\tan\alpha_n}{\cos\beta} = F_t \tan\alpha_t. \tag{6.60}$$

Hingegen $F_r$ immer zur Radmitte hin gerichtet ist, ist die Richtung von $F_t$ und $F_a$ abhängig von der Drehrichtung, der Flankenrichtung und ob das Rad treibt oder getrieben wird. Nach Abb. 6.38 kann aus Gleichgewichtsgründen folgende Regel abgeleitet werden:

▶  Die Umfangskraft wirkt am treibenden Rad entgegen der Drehrichtung und am getriebenen Rad in Drehrichtung.

**Lagerkräfte und Biegemomente** Abbildung 6.39a gibt die Kräfte auf eine Antriebswelle mit rechtssteigendem Ritzel wieder, während die Abb. 6.39b bis 6.39d die Kräfte auf die Zwischenwelle zweistufiger Getriebe in verschiedenen Anordnungen zeigen. Um die vom Festlager $J$ aufzunehmende resultierende Axialkraft $J_z = F_{aII} - F_{aI}$ möglichst klein zu halten, müssen beide Räder der Zwischenwelle die gleiche Steigungsrichtung haben, zusätzlich kann $\beta_{II} < \beta_I$ ausgeführt werden.

Die Lagerreaktionen ergeben sich aus den Gleichgewichtsbedingungen (Summe der Momente gleich Null, Summe der Kräfte gleich Null), jeweils in der x-z-Ebene (Draufsicht) und in der y-z-Ebene (Ansicht von vorn). Damit kann in jeder Ebene der Biegemomentenverlauf bestimmt werden ($M_{bx}$ in der y-z-Ebene und $M_{by}$ in der x-z-Ebene).

**Abb. 6.38** Umfangskräfte am freigeschnittenen Ritzel und Rad

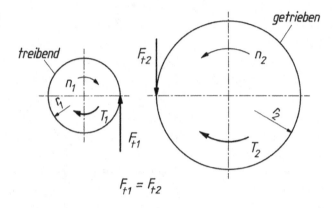

$$F_{t1} = F_{t2}$$

Das resultierende Biegemoment an jeder Stelle ist dann gleich

$$M_{b,res} = \sqrt{M_{bx}^2 + M_{by}^2}.$$

**Beispiel**

Für die Zwischenwelle eines Zahnradgetriebes mit schrägverzahnten Stirnrädern nach Abb. 6.39c sind die Zahn- und Lagerkräfte sowie die Biegemomente zu bestimmen. Gegeben: $K_A = 1$; $P = 8$ kW $= 8000$ Nm/s und $n_1 = 1450$ min$^{-1}$ ($\omega_1 = 152$ s$^{-1}$), so dass $T_1 = K_A \cdot P/\omega_1 = 52,6$ Nm ist.

| Stufe I | Stufe 2 |
|---|---|
| $a = 100$ mm; $m_{nI} = 2$ mm; $\beta_I = 30°$ | $a = 100$ mm; $m_{nII} = 3$ mm; $\beta_{II} = 15°$ |
| $i_I = z_2/z_1 = 70/15 = 4,67$ | $i_{II} = z_4/z_3 = 50/13 = 3,84$ |
| $n_2 = n_3 = n_{Zw} = n_1/i_I = 310$ min$^{-1}$ | $n_4 = n_3/i_{II} = 81$ min$^{-1}$ |
| $T_{Zw} = T_1\, i_I = 246$ Nm | $T_4 = T_{Ab} = T_{Zw}\, i_{II} = 945$ Nm |
| $r_1 = \dfrac{m_{nI} z_1}{2 \cdot \cos\beta_I} = \dfrac{2\,\text{mm} \cdot 15}{2 \cdot \cos 30°} = 17,3$ mm | $r_3 = \dfrac{m_{nII} \cdot z_3}{2 \cdot \cos\beta_{II}} = \dfrac{3\,\text{mm} \cdot 13}{2 \cdot \cos 15°} = 20,2$ mm |
| $r_2 = \dfrac{m_{nI} z_2}{2 \cdot \cos\beta_I} = \dfrac{2\,\text{mm} \cdot 70}{2 \cdot \cos 30°} = 80,8$ mm | $r_4 = \dfrac{m_{nII} \cdot z_4}{2 \cdot \cos\beta_{II}} = \dfrac{3\,\text{mm} \cdot 50}{2 \cdot \cos 15°} = 77,6$ mm |
| $F_{tI} = \dfrac{T_1}{r_1} = \dfrac{52\,600\,\text{Nmm}}{17,3\,\text{mm}} = 3040$ N | $F_{tII} = \dfrac{T_{Zw}}{r_3} = \dfrac{246\,000\,\text{Nmm}}{20,2\,\text{mm}} = 12178$ N |
| $F_{rI} = F_{tI}\dfrac{\tan\alpha_n}{\cos\beta_I} = 1278$ N | $F_{rII} = F_{tII}\dfrac{\tan\alpha_n}{\cos\beta_{II}} = 4589$ N |
| $F_{aI} = F_{tI}\tan\beta_I = 1755$ N | $F_{aII} = F_{tII}\tan\beta_{II} = 3263$ N |

Mit den Längenabmessungen $l_J = 40$ mm, $l_K = 40$ mm; $l = 160$ mm erhält man für den in Abb. 6.39c eingezeichneten Drehsinn:

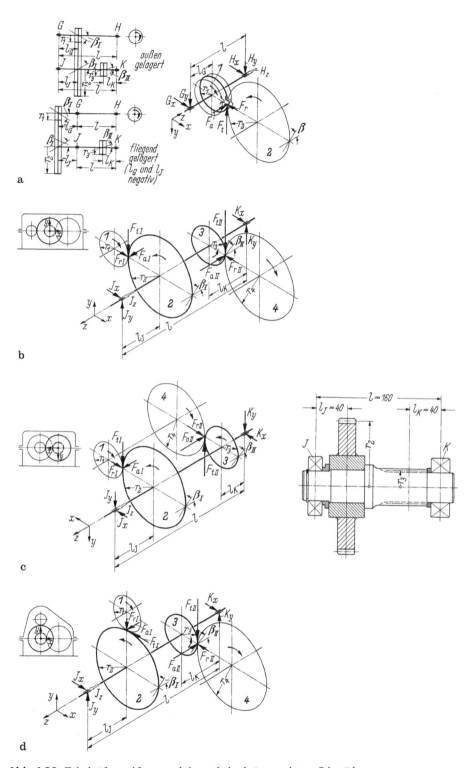

**Abb. 6.39** Zahnkräfte und Lagerreaktionen bei schrägverzahnten Stirnrädern

| Kräfte in der x-z-Ebene | Kräfte in der y-z-Ebene |
|---|---|
| $-J_x l + F_{rI}(l - l_J) + F_{rII} l_K +$ | $+J_y l + F_{tI}(l - l_J) - F_{tII} l_K = 0$ |
| $+F_{aI} r_2 - F_{aII} r_3 = 0$ | |
| $J_x \cdot 160\,\text{mm} = 1278\,\text{N} \cdot 120\,\text{mm} +$ | $J_y \cdot 160\,\text{mm} = -3040\,\text{N} \cdot 120\,\text{mm} +$ |
| $\quad + 4589\,\text{N} \cdot 40\,\text{mm} + 1755\,\text{N} \cdot 80,8\,\text{mm} -$ | $\quad + 12178\,\text{N} \cdot 40\,\text{mm}$ |
| $\quad - 3263\,\text{N} \cdot 20,2\,\text{mm}$ | |
| $J_x = \dfrac{412811\,\text{Nmm}}{160\,\text{mm}} = 2580\,\text{N}$ | $J_y = \dfrac{122320\,\text{Nmm}}{160\,\text{mm}} = 765\,\text{N}$ |
| $K_x = F_{rI} + F_{rII} - J_x = 3287\,\text{N}$ | $K_y = F_{tII} + F_{tI} - J_y = 8373\,\text{N}$ |

$$J_r = J_{res} = \sqrt{J_x^2 + J_y^2} = \sqrt{2580^2 + 765^2} = 2690\,\text{N} \rightarrow J_z = F_{aII} - F_{aI} = 1508\,\text{N}$$
$$K_r = K_{res} = \sqrt{K_x^2 + K_y^2} = \sqrt{3287^2 + 8373^2} = 8995\,\text{N}$$

| Biegemomentenverlauf in der x-z-Ebene | Biegemomentenverlauf in der y-z-Ebene |
|---|---|
| 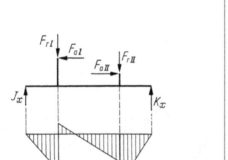 | 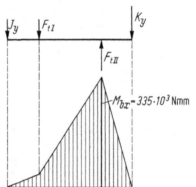 |

$$M_{b\,\text{max res}} = \sqrt{M_{bx}^2 + M_{by}^2} = \sqrt{335^2 + 131^2} \cdot 10^3\,\text{Nmm} = 360 \cdot 10^3\,\text{Nmm}.$$

Bei *umgekehrtem* Drehsinn ergibt sich:

| Kräfte in der x-z-Ebene | Kräfte in der y-z-Ebene |
|---|---|
| $-J_x l + F_{rI}(l - l_J) + F_{rII} l_K -$ | $-J_y l - F_{tI}(l - l_J) + F_{tII} l_K = 0$ |
| $-F_{aI} r_2 + F_{aII} r_3 = 0$ | |
| $J_x = \dfrac{266720\,\text{Nmm}}{160\,\text{mm}} = 1667\,\text{N}$ | $J_y = 765\,\text{N}$ |
| $K_x = F_{rI} + F_{rII} - J_x = 4200\,\text{N}$ | $K_y = 8373\,\text{N}$ |

$$J_r = J_{res} = \sqrt{J_x^2 + J_y^2} = \sqrt{1667^2 + 765^2} = 1834\,\text{N} \rightarrow J_z = F_{aII} - F_{aI} = 1508\,\text{N},$$
$$K_r = K_{res} = \sqrt{K_x^2 + K_y^2} = \sqrt{4200^2 + 8373^2} = 9367\,\text{N}.$$

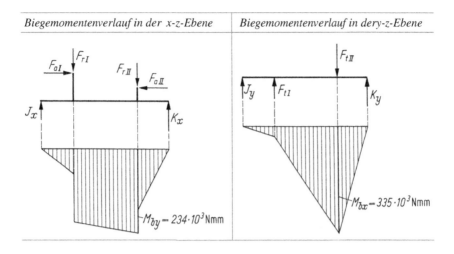

$$M_{\text{b max res}} = \sqrt{M_{\text{bx}}^2 + M_{\text{by}}^2} = \sqrt{335^2 + 234^2} \cdot 10^3 \text{ Nmm} = 409 \cdot 10^3 \text{ Nmm}.$$

Die Lagerkraft $K_r$ und das resultierende Biegemoment an der gefährdeten Stelle haben also bei „umgekehrtem" Drehsinn Höchstwerte, während die Lagerkraft $J_r$ beim ursprünglichen (in der Abbildung angedeuteten) Drehsinn einen höheren Wert hat. Die Wälzlager sind selbstverständlich nach den möglichen Höchstwerten zu bemessen, und für die genaue Nachrechnung der Spannungen in der Welle ist das maximale Biegemoment zu benutzen.

### 6.1.4 Grundlagen der Tragfähigkeitsberechnung (DIN 3990)

Die Lebensdauer von Verzahnungen wird hauptsächlich durch drei in der Praxis beobachtbaren Schadensfällen begrenzt:

- Zahnbruch          (Zahnfußtragfähigkeit)
- Grübchenbildung    (Flankentragfähigkeit)
- Fressen            (Freßtragfähigkeit)

**Zahnbruch** Bricht in einem Getriebe ein Zahn, so wird dadurch im Allgemeinen die Funktionsfähigkeit bzw. die Lebensdauer des Getriebes schlagartig beendet. Ein Zahnbruch kann durch eine extreme Überlastung (Stoß) auftreten. Ein Dauerbruch wird durch längere Laufzeit oberhalb der Dauerfestigkeit verursacht, ausgehend von Kerben, Härterissen und dergleichen. Der Zahnbruch tritt am Zahnfuß auf. Eine größere Zahnfußtragfähigkeit wird durch Vergrößerung des Bruchquerschnitts (größerer Modul, breitere Zähne oder positive Profilverschiebung) oder durch Verringerung der Kerbwirkung (glatte Fußausrundung und keine Schleifkerben) erreicht.

**Grübchenbildung** Eine zu große Flankenpressung führt nicht zu einem plötzlichen Ausfall des Getriebes, sondern es entstehen im Laufe der Zeit grübchenartige Ausbröckelungen (Pitting) auf der Zahnflanke. Die Grübchenbildung ist eine Ermüdungserscheinung des Werkstoffs, d.h. Grübchen treten erst nach einer genügend großen Anzahl von Überrollungen auf (ab ca. $5 \cdot 10^4$ Lastwechsel). Kommen Einlaufgrübchen zum Stillstand, so sind sie ungefährlich. Fortschreitende Grübchen zerstören jedoch die Flanke und sind Ursache für Geräusch und Dauerbruch. Die wirksamste Maßnahme zur Erhöhung der Flankentragfähigkeit ist eine hohe Flankenhärte.

**Fressen** Auch Fresserscheinungen an Zahnflanken bedeuten nicht gleich das Ende der Lebensdauer des Getriebes. Fressen entsteht durch Versagen der Zahnflankenschmierung. Bei großen Gleitgeschwindigkeiten (Warmfressen) oder bei kurzzeitigen Überlastungen und kleinen Gleitgeschwindigkeiten (Kaltfressen) wird der Schmierfilm unterbrochen, was zu einem örtlichen Verschweißen der Zahnflanken führen kann. Sie werden zwar sofort wieder auseinandergerissen, beide Flanken werden dabei jedoch verletzt.

Diese Vorgänge sind sehr komplex und mit einem Berechnungsverfahren nur schwierig zu erfassen. DIN 3990 bietet zwei gleichwertige Berechnungsverfahren (das Integraltemperatur-Verfahren und das Blitztemperatur-Verfahren) an, die jedoch auf Annahmen beruhen und häufig zu unterschiedlichen Ergebnissen führen.

Da durch geeignete Zahnradwerkstoffe (hohe Warmfestigkeit) und Schmierung mit Hochdrucköden das Fressen weitgehend vermieden werden kann und die Berechnung außerdem nicht sehr zuverlässig ist, wird in vielen Fällen auf einen Nachweis der Fresstragfähigkeit verzichtet. Um unerwünschte Fresserscheinungen zu vermeiden, ist die relative Gleitgeschwindigkeit (spezifisches Gleiten) möglichst klein zu wählen. Außerdem sollte für ein ordnungsgemäßes Einlaufen gesorgt werden.

**Rechenverfahren nach DIN 3990.** Die Berechnungsnorm DIN 3990 Teil 1 bis Teil 41 stellt den derzeitigen Stand der Technik bezüglich der Tragfähigkeitsberechnung von Stirnrädern dar. Für die Tragfähigkeit von Zahnrädern sind viele Einflussgrößen bestimmend, deren vollständige Erfassung nur mit sehr großem Aufwand möglich ist und weit über den Rahmen dieses Buches hinausgeht. Außerdem sind die Größen einzelner Einflüsse noch Gegenstand laufender Forschungen, da deren Auswirkungen zum Teil noch nicht vollständig bekannt sind. Für die Praxis ist es jedoch notwendig, möglichst rasch zu ausreichend genauen Ergebnissen zu kommen. Es wurde daher versucht, die sehr komplexen Zusammenhänge und von vielen Einflussfaktoren abhängigen Berechnungen der DIN 3990 möglichst stark zu vereinfachen und übersichtlich darzustellen. Für viele Anwendungen ist eine solche „einfache" Berechnung der Hauptbeanspruchungen ausreichend, da die Ergebnisse meist mit Erfahrungswerten und Versuchsergebnissen abgesichert werden. In Fällen, die eine genaue Berechnung von Zahnradgetrieben erfordern, muss konsequent nach DIN 3990 gerechnet werden.

Zur Ermittlung der Einflussfaktoren sind in DIN 3990 verschiedene Methoden angegeben, die sich bezüglich Aufwand und Genauigkeit unterscheiden:

*Methode A* Die Faktoren werden hierbei durch genaue Messungen, umfassende mathematische Analysen oder gesicherte Betriebserfahrungen ermittelt. Da alle Getriebe- und Belastungsdaten bekannt sein müssen und die Zusammenhänge auch noch nicht bis im Detail erforscht sind, wird diese Methode selten angewendet.

*Methode B* Für die Bestimmung der Faktoren werden Annahmen getroffen, die für die meisten Anwendungsfälle ausreichend genau sind. Diese Methode ist besonders für numerische Berechnungen geeignet, da alle Faktoren mit Hilfe von Gleichungen berechnet werden können.

*Methode C* Einige Faktoren können nach vereinfachten Näherungsangaben ermittelt werden. Sie gelten jedoch nur für bestimmte Voraussetzungen, wie Normverzahnung, unterkritischer Drehzahlbereich und Vollscheibenräder aus Stahl.

*Methode D* Zur Bestimmung einfacher Faktoren werden noch weitere Vereinfachungen angeboten, die jedoch zum Teil nur für bestimmte Anwendungen zulässig sind.

Da Getriebe in sehr unterschiedlichen Anwendungsbereichen mit speziellen Anforderungen eingesetzt werden, sind in der Berechnungsnorm DIN 3990 neben den Grundnormen (Teil 1 bis Teil 5) auch Anwendungsnormen enthalten (Industriegetriebe, Turbogetriebe, Kfz-Getriebe). Die meisten Industriegetriebe können hinreichend genau nach der Methode C berechnet werden. Da außerdem in der Auslegungsphase noch nicht alle Getriebedaten zur Verfügung stehen können, wird im Folgenden die Berechnung der Tragfähigkeit in Anlehnung an die Methode C dargestellt.

### 6.1.4.1 Allgemeine Faktoren

Getriebe werden allgemein durch äußere und innere Kräfte beansprucht. Als äußere Kräfte treten neben den statischen Kräften, die sich aus dem Nennmoment errechnen, noch dynamische Zusatzkräfte aus An- und Abtrieb auf. Innere Kräfte sind dynamische Kräfte, die während des Betriebes innerhalb des Getriebes entstehen. Diese dynamischen Zusatzkräfte, sowie die Verteilung der Kräfte während des Eingriffs werden durch die Kraftfaktoren (allgemeine Faktoren) berücksichtigt:

Anwendungsfaktor $K_A$: berücksichtigt die äußeren dynamischen Zusatzkräfte.

Dynamikfaktor $K_V$: berücksichtigt die inneren dynamischen Zusatzkräfte.

Breitenfaktor $K_{F\beta}$, $K_{H\beta}$: berücksichtigt die ungleichmäßige Lastverteilung über die Zahnbreite.

Stirnfaktor $K_{F\alpha}$, $K_{H\alpha}$ berücksichtigt die Kraftaufteilung auf mehrere gleichzeitig im Eingriff befindlichen Zahnpaare.

**Anwendungsfaktor $K_A$** Die äußeren dynamischen Zusatzkräfte werden von Stößen, Drehmomentschwankungen und Belastungsspitzen verursacht, die von der Antriebsmaschine (z. B. Kolbenmotor) und der Abtriebsmaschine (z. B. Walzwerk) auf das

Getriebe übertragen werden. Sie werden berücksichtigt, indem die Nennlast mit dem Anwendungsfaktor (Betriebsfaktor) multipliziert wird. Anhaltswerte für $K_A$ sind Tab. 6.7 zu entnehmen.

**Dynamikfaktor $K_V$** Die sich im Eingriff befindlichen Zähne verhalten sich wie Biegefedern mit veränderlicher Steifigkeit entlang der Eingriffslinie. Stöße beim Zahneingriff, Abweichungen von der theoretischen Zahnform und Verformungen von Zahnrad, Welle, Lager und Gehäuse regen das System zu Schwingungen an, welche dynamische Zusatzkräfte hervorrufen. Die Ermittlung der tatsächlich auftretenden inneren dynamischen Zusatzkräfte ist äußerst schwierig, obwohl in DIN 3990 eine umfangreiche Berechnungsvorschrift vorliegt. Für Industriegetriebe, die üblicherweise im unterkritischen Bereich

**Tab. 6.7** Richtwerte für Anwendungsfaktor $K_A$ (nach DIN 3990)

| Arbeitsweise der Arbeitsmaschine | Arbeitsweise der Antriebsmaschine | | | |
|---|---|---|---|---|
| | gleichmäßig Elektromotor | mäßige Stöße Turbine | mittlere Stöße Mehrzylinder-Verbrennungs-motor | starke Stöße Einzylinder-Verbrennungs-motor |
| gleichmäßig Stromerzeuger, gleichmäßig beschickte Gurtförderer, Förderschnecken, Lüfter | 1,00 | 1,10 | 1,25 | 1,50 |
| mäßige Stöße Hauptantrieb v. Werkzeugmaschinen, Rührer und Mischer für Stoffe mit unregelmäßiger Dichte, Pumpen, usw. | 1,25 | 1,35 | 1,50 | 1,75 |
| mittlere Stöße Extruder für Gummi, Mischer mit unterbrochenem Betrieb, leichte Kugelmühlen, Holzbearbeitung, usw. | 1,50 | 1,60 | 1,75 | 2,00 |
| starke Stöße Bagger, schwere Kugelmühlen, Walzwerk- und Hüttenmaschinen, Steinbrecher, Gummikneter, usw. | 1,75 | 1,85 | 2,00 | 2,25 |

**Tab. 6.8** Werte für $K_1$ und $K_2$ zur Berechnung von $K_V$

|  | $K_1$ |  |  |  |  |  |  |  | $K_2$ |
|---|---|---|---|---|---|---|---|---|---|
| Verzahnungsqualität | 5 | 6 | 7 | 8 | 9 | 10 | 11 | 12 | alle |
| Geradverzahnung | 5,7 | 9,6 | 15,3 | 24,5 | 34,5 | 53,6 | 76,6 | 122,5 | 0,0193 |
| Schrägverzahnung | 5,1 | 8,5 | 13,6 | 21,8 | 30,7 | 47,7 | 68,2 | 109,1 | 0,0087 |

betrieben werden, kann der Dynamikfaktor für Geradverzahnung und Schrägverzahnung mit einer Sprungüberdeckung $\varepsilon_\beta \geq 1$ nach folgender Gleichung berechnet werden:

$$K_V = 1 + \left( \frac{K_1}{K_A \dfrac{F_t}{b}} + K_2 \right) \frac{z_1 v}{100} \sqrt{\frac{u^2}{1 + u^2}}. \tag{6.61}$$

Die Faktoren $K_1$ und $K_2$ sind abhängig von Verzahnungsart und Verzahnungsqualität und können Tab. 6.8 entnommen werden. $v$ ist die Umfangsgeschwindigkeit am Ritzelteilkreis in m/s, $F_t$ die Umfangskraft am Teilkreis, $b$ die gemeinsame Zahnbreite und $u$ das Zähnezahlverhältnis.

Bei Schrägverzahnung mit einer Sprungüberdeckung $\varepsilon_\beta < 1$ wird $K_V$ durch lineare Interpolation der Werte für Geradverzahnung ($K_{V\alpha}$) und Schrägverzahnung ($K_{V\beta}$) bestimmt:

$$K_V = K_{V\alpha} - \varepsilon_\beta \left( K_{V\alpha} - K_{V\beta} \right). \tag{6.62}$$

**Breitenfaktoren $K_{F\beta}$ und $K_{H\beta}$** Eine ungleichmäßige Kraftverteilung über die Zahnbreite infolge elastischer Verformungen ($f_{sh}$) und Herstellungsabweichungen ($f_{ma}$) haben Auswirkungen auf die Zahnfuß- bzw. Flankenbeanspruchung. Mit dem Faktor $K_{F\beta}$ wird der Einfluss auf die Zahnfußtragfähigkeit und mit $K_{H\beta}$ der Einfluss auf die Flankentragfähigkeit berücksichtigt.

Diese Faktoren können nach folgendem Berechnungsablauf einfach ermittelt werden:

1. Flankenlinienabweichung infolge Wellen- und Ritzelverformung: $f_{shg} = 1,33 \cdot f_{sh}$ aus Tab. 6.9
2. Flankenlinien-Winkelabweichung: $f_{H\beta}$ aus Tab. 6.10
3. Herstellabweichung: $f_{ma} = f_{H\beta}$
4. Wirksame Flankenlinienabweichung vor dem Einlaufen: $F_{\beta x} = f_{ma} + f_{shg}$
5. Einlaufbetrag: $y_\beta$ aus Abb. 6.40
6. Wirksame Flankenlinienabweichung nach dem Einlaufen: $F_{\beta y} = F_{\beta x} - y_\beta$
7. Breitenfaktoren: $K_{F\beta}$ und $K_{H\beta}$ aus Abb. 6.41

Für Radpaare mit besonderen Anpassungsmaßnahmen, wie Einläppen oder Einlaufen bei geringer Last, kann die Herstellabweichung auf $f_{ma} = 0,5 \cdot f_{H\beta}$ herabgesetzt werden.

**Tab. 6.9** Anhaltswerte für die zulässige Flankenlinienabweichungen $f_{shg}$ in μm durch Gesamtverformung ($f_{shg} = 1,33 \cdot f_{sh}$)

| Zahnbreite $b$ [mm] | bis 20 | über 20 bis 40 | über 40 bis 100 | über 100 bis 200 | über 200 bis 315 | über 315 bis 560 | über 560 |
|---|---|---|---|---|---|---|---|
| sehr steife Getriebe (z.B. stationäre Turbogetriebe) | 5 | 6,5 | 7 | 8 | 10 | 12 | 16 |
| mittlere Steifigkeit (meiste Industriegetriebe) | 6 | 7 | 8 | 11 | 14 | 18 | 24 |
| nachgiebige Getriebe | 10 | 13 | 18 | 25 | 30 | 38 | 50 |

**Tab. 6.10** Zulässige Flankenlinien-Winkelabweichungen $f_{H\beta}$ in μm (nach DIN 3962)

| Verzahnungsqualität | Zahnbreite $b$ | | | |
|---|---|---|---|---|
| | bis 20 | über 20 bis 40 | über 40 bis 100 | über 100 |
| 5 | 6 | 6,5 | 7 | 8 |
| 6 | 8 | 9 | 10 | 11 |
| 7 | 11 | 13 | 14 | 16 |
| 8 | 16 | 18 | 20 | 22 |
| 9 | 25 | 28 | 28 | 32 |
| 10 | 36 | 40 | 45 | 50 |
| 11 | 56 | 63 | 71 | 80 |
| 12 | 90 | 100 | 110 | 125 |

Für die durchschnittliche Kraft je Zahnbreiteneinheit gilt

$$\frac{F_m}{b} = \frac{F_t}{b} K_A K_V.$$

Die Abnahme der Zahnfedersteifigkeit bei kleinen Linienlasten wird dadurch berücksichtigt, dass bei mit $F_m/b < 100\,N/mm$ mit $F_m/b = 100\,N/mm$ gerechnet wird. D. h., der gerastete Bereich in Abb. 6.41 ist nicht zugelassen. Werte kleiner als 100 N/mm entstehen, wenn die Zahnradbreite $b$ zu groß gewählt wurde oder bei Zahnradpaarungen mit kleinen Zahnkräften (z. B. kleinen Getrieben).

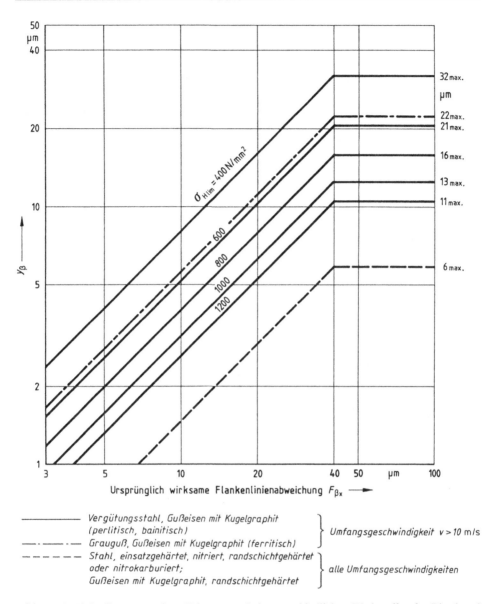

**Abb. 6.40** Einlaufbetrag $y_\beta$ eines Zahnpaares (bei unterschiedlichen Werkstoffen für Ritzel und Rad gilt $y_\beta = \left(y_{\beta 1} y_{\beta 2}\right) / 2$)

**Stirnfaktoren $K_{F\alpha}$ und $K_{H\alpha}$** Die Stirnfaktoren berücksichtigen die ungleichmäßige Kraftaufteilung auf mehrere gleichzeitig im Eingriff befindlichen Zahnpaare. Eine ungleichmäßige Verteilung der Last in Umfangsrichtung entsteht hauptsächlich durch Verzahnungsabweichungen und ist somit von der Verzahnungsqualität (siehe Abschn. 6.1.2.3) abhängig. Für Normverzahnungen können mit ausreichender Genauigkeit

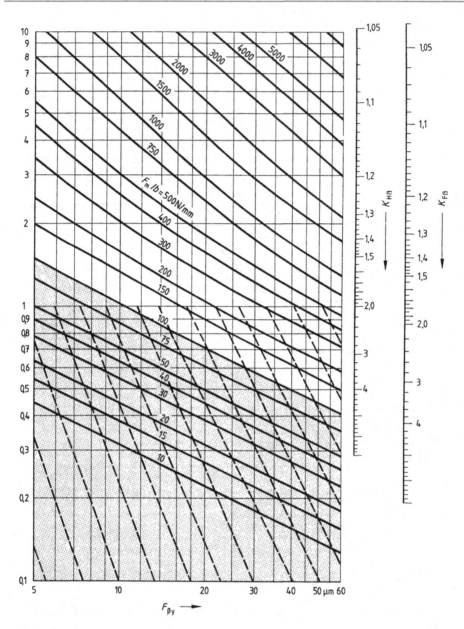

**Abb. 6.41** Breitenfaktor $K_{H\beta}$ (Flanke) und $K_{F\beta}$ (Fuß).

die Stirnfaktoren für die Zahnfußbeanspruchung $K_{F\alpha}$ und für die Flankenbeanspruchung $K_{H\alpha}$ der Tab. 6.11 entnommen werden.

### 6.1.4.2 Zahnfußtragfähigkeit

**Berechnungsmodell** Für die Berechnung wird vom ungünstigsten Fall ausgegangen, dass

**Tab. 6.11** Stirnfaktoren $K_{F\alpha}$ und $K_{H\alpha}$

| Linienbelastung $K_A \cdot F_{t/b}$ | | | > 100 N/mm | | | | | | | $\leq$ 100 N/mm |
|---|---|---|---|---|---|---|---|---|---|---|
| Verzahnungsqualität (DIN 3961) | | | 6 | 7 | 8 | 9 | 10 | 11 | 12 | ab 6 |
| einsatz-gehärtet oder nitriert | Geradverzahnung | $K_{H\alpha}$ | 1,0 | | 1,1 | 1,2 | $1/Z_\varepsilon^2 \geq 1,2$ | | | |
| | | $K_{F\alpha}$ | | | | | $1/Y_\varepsilon \geq 1,2$ | | | |
| | Schrägverzahnung | $K_{H\alpha}$ | 1,0 | 1,1 | 1,2 | 1,4 | $\varepsilon_\alpha/\cos^2\beta_b \geq 1,4$ | | | |
| | | $K_{F\alpha}$ | | | | | | | | |
| nicht gehärtet | Geradverzahnung | $K_{H\alpha}$ | 1,0 | | | 1,1 | 1,2 | $1/Z_\varepsilon^2 \geq 1,2$ | | |
| | | $K_{F\alpha}$ | | | | | | $1/Y_\varepsilon \geq 1,2$ | | |
| | Schrägverzahnung | $K_{H\alpha}$ | 1,0 | | 1,1 | 1,2 | 1,4 | $\varepsilon_\alpha/\cos^2\beta_b \geq 1,4$ | | |
| | | $K_{F\alpha}$ | | | | | | | | |

- nur ein Zahnpaar an der Lastaufnahme beteiligt ist und
- der Kraftangriff am Zahnkopf erfolgt.

Aus spannungsoptischen Untersuchungen ergab sich, dass die Stellen höchster Biege-beanspruchung im Zahnfuß sich mit guter Annäherung mit den Berührungspunkten der 30°-Tangenten an den Fußausrundungen decken. Der Berechnungsquerschnitt (Bruch-querschnitt) ist also das in Abb. 6.42a schraffierte Rechteck. In Abb. 6.42b sind die Kräfteverhältnisse genauer dargestellt: $F_N$ ist die Zahnnormalkraft senkrecht zur Zahn-flanke, $\alpha'_a$ der Kraftangriffswinkel am Kopfzylinder der Ersatz-Geradverzahnung und $F_N \cdot \cos\alpha'_a$ ist die am Biegehebelarm $h_{Fa}$ angreifende Komponente. Für die Biegespannung ergibt sich also

$$\sigma_b = \frac{M_b}{W_b} = \frac{F_N \cos\alpha'_a \, h_{Fa}}{b s_{Fn}^2/6}$$

und mit $F_N = F_t/\cos\alpha$

$$\sigma_b = \frac{F_t}{b\,m_n} \cdot \left[ \frac{6 \cdot \dfrac{h_{Fa}}{m_n} \cos\alpha'_a}{\left(\dfrac{s_{Fn}}{m_n}\right)^2 \cos\alpha} \right] = \frac{F_t}{b\,m_n} \cdot Y_{Fa}. \tag{6.63}$$

Der Inhalt der rechteckigen Klammer der Gl. (6.63) wird zum Formfaktor $Y_{Fa}$ zusam-mengefasst und kann direkt aus einem Diagramm abgelesen werden (Abb. 6.43). Er ist dimensionslos und von der Zähnezahl (bei Schrägverzahnung von der Ersatzzähnezahl) und von der Profilverschiebung abhängig. Infolge der Zahnkraft wirken im Berechnungs-querschnitt zusätzlich zur Biegespannung jedoch noch Druck- und Schubspannungen. Es wird jedoch keine Vergleichsspannung gebildet, sondern die spannungserhöhenden Wirkungen werden mit Hilfe eines Spannungskorrekturfaktors $Y_{Sa}$ berücksichtigt, der

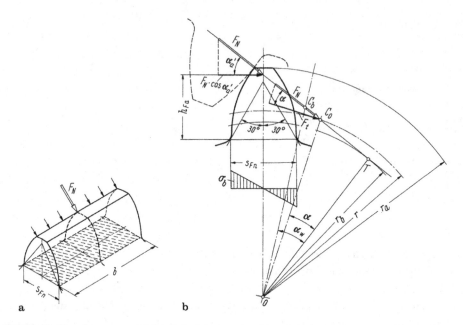

**Abb. 6.42** Berechnungsmodell für Zahnfußspannung. a) Bruchquerschnitt $s_{Fn}$; b) Biegespannung am Zahnfuß

ebenfalls aus einem Diagramm abgelesen werden kann (Abb. 6.44). Weitere Einflüsse, wie Überdeckung und Schrägungswinkel, werden mit zusätzlichen Y-Faktoren berücksichtigt.

**Festigkeitsnachweis** Zunächst werden nur die Grundgleichungen für die Nachrechnung der Zahnfußtragfähigkeit aufgestellt. Die erforderlichen Einflussfaktoren (Y-Faktoren) werden dann anschließend besprochen. Die Kraftfaktoren (K-Faktoren) werden in Abschn. 6.1.4.1 behandelt.

Die Zahnfußspannung berechnet sich nach DIN 3990 zu

$$\sigma_F = \sigma_{F0} K_A K_V K_{F\beta} K_{F\alpha}. \tag{6.64}$$

Hierin ist die Zahnfuß-Nennspannung $\sigma_{F0}$ die maximale örtliche Normalspannung am Zahnfuß einer fehlerfreien Verzahnung:

$$\sigma_{F0} = \frac{F_t}{b\,m_n} Y_{Fa}\,Y_{Sa}\,Y_\varepsilon\,Y_\beta. \tag{6.65}$$

$F_t$ ist die Umfangskraft am Teilzylinder im Stirnschnitt, $b$ die Zahnbreite und $m_n$ der Modul im Normalschnitt.

Die Zahnfuß-Grenzfestigkeit $\sigma_{FG}$ ist die maximal ertragbare Biegespannung im Zahnfuß:

$$\sigma_{FG} = \sigma_{FE}\,Y_{NT}\,Y_{\delta\,rel\,T}\,Y_{R\,rel\,T}\,Y_X. \tag{6.66}$$

Dabei ist $\sigma_{FE}$ die Dauerfestigkeit der ungekerbten Probe und kann Tab. 6.12 entnommen werden. Die Dauerfestigkeitswerte für die Zahnfuß-Biegenennspanungen $\sigma_{Flim}$ wurden mit Standard-Referenz-Prüfrädern ermittelt. Mit einem Spannungskorrekturfaktor $Y_{ST} = 2$ (gilt für alle Werkstoffe) multipliziert ergibt sich $\sigma_{FE} = \sigma_{Flim} \cdot Y_{ST}$.

Für die Sicherheit gilt dann:

$$S_F = \frac{\sigma_{FG}}{\sigma_F}. \tag{6.67}$$

Da infolge unterschiedlicher Zahnformen die Zahnfußspannungen in Ritzel und Rad verschieden sind, ergeben sich auch unterschiedliche Sicherheiten. Bei gleichen Werkstoffen und gleichen Zahnradbreiten ist $S_{F1} < S_{F2}$. Übliche Sicherheitsfaktoren für Industriegetriebe liegen bei $S_F \geq 1,3 \ldots 1,5$.

**Einflussfaktoren für die Zahnfußspannung**

$Y_{Fa}$  **Formfaktor**, berücksichtigt den Einfluss der Zahnform auf die Biegenennspannung im Berechnungsquerschnitt. Die Bedeutung und Ableitung ist aus Gl (6.63) ersichtlich. Abhängig von der Ersatzzähnezahl und der Profilverschiebung kann aus Abb. 6.43 der Formfaktor $Y_{Fa}$ für eine Normverzahnung direkt abgelesen werden.

$Y_{Sa}$  **Spannungskorrekturfaktor**, rechnet die Biegenennspannung auf die örtliche Zahnfußspannung um. Dieser Faktor erfasst die Spannungserhöhung durch Kerbwirkung (Fußausrundung) und berücksichtigt, dass am Zahnfuß nicht nur Biegespannungen, sondern zusätzlich Druck- und Schubspannungen auftreten. Analog zum Formfaktor lässt sich auch $Y_{Sa}$ aus Abb. 6.44 einfach ablesen.

$Y_\varepsilon$  **Überdeckungsfaktor**, rechnet den Kraftangriff vom Zahnkopf (siehe Berechnungsmodell) auf den Einzeleingriffspunkt um. $Y_\varepsilon$ ist abhängig von der Profilüberdeckung und dem Schrägungswinkel $\beta$ und berechnet sich zu

$$Y_\varepsilon = 0,25 + \frac{0,75}{\varepsilon_\alpha} \cos^2 \beta_b.$$

$Y_\beta$  **Schrägungsfaktor**, berücksichtigt den Unterschied zwischen der Schrägverzahnung und der dem Berechnungsmodell zugrunde liegenden Ersatz-Geradverzahnung. Durch die schräg über die Flanke verlaufenden Berührungslinien wird die Zahnfußbeanspruchung geringer. $Y_\beta$ kann nach folgender Gleichung berechnet werden:

$$Y_\beta = 1 - \varepsilon_\beta \frac{\beta}{120°}.$$

Wenn die Sprungüberdeckung $\varepsilon_\beta > 1$ ist, wird $\varepsilon_\beta = 1$ und bei $\beta > 30°$ wird $\beta = 30°$ gesetzt, so dass sich $1 \geq Y_\beta \geq 0,75$ ergibt.

**Tab. 6.12** Dauerfestigkeitswerte für Zahnradwerkstoffe

| Art Behandlung | Bezeichnung | Anwendung, Eigenschaften | Flankenhärte | $\sigma_{FE}$ [N/mm²] | $\sigma_{H\,lim}$ [N/mm²] |
|---|---|---|---|---|---|
| Grauguß DIN EN 1561 | GJL-200 | für komplizierte Radformen, kostengünstig, | 180 HB | 80 | 300 |
| | GJL-250 | leicht zerspanbar, geräuschdämpfend | 220 HB | 110 | 360 |
| Schwarzer Temperguß DIN EN 1562 | GJMB-350 | für kleine Abmessungen, Eigenschaften | 150 HB | 330 | 320 |
| | GJMB-650 | zwischen. Grauguß und unlegiertem Stahlguß | 220 HB | 410 | 460 |
| Sphäroguß DIN EN 1563 | GJS-400 | auch für große Abmessungen, Eigenschaften | 180 HN | 370 | 370 |
| | GJS-600 | zwischen GG und GS, Flamm- und Induktions- | 250 HN | 450 | 490 |
| | GJS-900 | härtung möglich | 350 HB | 500[1] | 650[1] |
| Unlegierter Stahlguß DIN 1681 | GS-52.1 | für große Abmessungen, schwer gießbar | 160 HB | 280 | 320 |
| | GS-60.1 | (Lunker, Gußspannungen) | 180 HB | 320 | 380 |
| Baustähle DIN EN 10025 | S235J | gut schweißbar | 120 HB | 250 | 320 |
| | E295 | | 160 HB | 350 | 430 |
| | E335 | | 190 HB | 410 | 460 |
| Vergütungsstähle DIN EN 10083 | C45 E + N | gut zerspanbar | 190 HB | 320…400 | 430…530 |
| | 34CrMo4V | gut schweißbar | 270 HB | 430…580 | 530…710 |
| | 42CrMo4V | gut zerspanbar | 300 HB | 450…620 | 580…770 |
| | 34CrNiMo6V | | 310 HB | 460…620 | 590…780 |
| | 30CrNiMo8V | | 320 HB | 470…640 | 600…790 |
| | 34CrNiMo2.8V | | 350 HB | 490…650 | 650…840 |

**Tab. 6.12** (Fortsetzung)

| Art Behandlung | Bezeichnung | Anwendung, Eigenschaften | Flankenhärte | $\sigma_{FE}$ [N/mm²] | $\sigma_{Hlim}$ [N/mm²] |
|---|---|---|---|---|---|
| Vergütungsstähle flamm- oder induktions- gehärtet | C45E + N | Umlaufhärtung, kleine Abmessungen | | 500 … 750 Fuß gehärtet | |
| | 34CrMo4 | Umlauf- oder Einzelzahnhärtung | | | |
| | 42CrMo4 | Umlaufhärtung | 50 … 55 HRC | 300 … 450 | 1000 … 1230 |
| | 34CrNiMo6 | Einzelzahnhärtung, rißunempfindlich | | nicht gehärtet | |
| Vergütungs- und Einsatzstähle nitriert | 42CrMo4 + QT | Nht < 0,6 mm; m < 16 mm etwas einlauffähig | 48 … 57 HRC | 520 … 740 | 780 … 1000 |
| | 16 MnCr5 + QT | Nht < 0,6 mm; m < 10 mm | | | |
| Nitrierstähle nitriert | 31CrMoV9V | Nht < 0,6 mm; m < 16 mm; kantenempfindlich | 60 … 63 HRC | 560 … 840 | 1120 … 1250 |
| | 14CrMoV6.9V | für Nht < 0,6 mm; m < 16 mm | | | |
| Vergütungs- und Einsatzstähle nitrocarboniert carbonitriert | C45E + N | geringer Verzug, günstiger Preis | 42 … 45 HRC | 460 … 600 | 650 … 760 |
| | 16MnCr5 + N | m < 6 mm | 52 … 55 HRC | 460 … 640 | |
| | 42CrMo4 + QT | höhere Kernfestigkeit; m < 10 mm | 52 … 55 HRC | 460 … 640 | 650 … 800 |
| | 34Cr4 + QT | für Kfz-Getriebe | 55 … 60 HRC | 600 … 900 | 1100 … 1350 |
| Einsatzstähle DIN EN 10084 einsatzgehärtet | 16MnCr5 | Standardstahl bis m = 20 mm | | | |
| | (15CrNi6)[2] | für große Abmessungen | 58 … 62 HRC | 620 … 1000 | 1300 … 1500 |
| | 18CrNiMo7 – 6 | m > 16 mm | | | |

[1] Genaue Werte liegen noch nicht vor.
[2] Werkstoff in DIN EN 10084 nicht mehr enthalten.

**Einflussfaktoren für die Zahnfußspannung**

$Y_{NT}$    **Lebensdauerfaktor**, berücksichtigt die höhere Tragfähigkeit, wenn das Getriebe aufgrund einer begrenzten Anzahl an Lastwechsel nicht dauerfest sein muss. Die höhere Zeitfestigkeit wird durch Multiplikation des Faktors $Y_{NT}$ mit der Dauerfestigkeit erreicht. Nach Abb. 6.45 gilt $2,5 \geq Y_{NT} \geq 1$. Die Anzahl der Lastwechsel kann berechnet werden zu

$$N_L = x\,n\,60\,L. \tag{6.68}$$

Dabei ist $x$ die Anzahl der Eingriffe pro Umdrehung, $n$ die Drehzahl in 1/min und $L$ die Lebensdauer in Betriebsstunden.

$Y_{\delta rel\,T}$    **Relative Stützziffer**, berücksichtigt den Einfluss der Kerbempfindlichkeit des Werkstoffes und ist abhängig vom Spannungskorrekturfaktor $Y_{Sa}$.

$Y_{R\,rel\,T}$    **Relativer Oberflächenfaktor**, berücksichtigt den Einfluss der Oberflächenbeschaffenheit in der Fußausrundung und ist abhängig von der Rautiefe.

$Y_X$    **Größenfaktor**, berücksichtigt, abhängig vom Modul, den Einfluss der Zahnradabmessungen.

Da die Faktoren $Y_{\delta\,rel\,T}$, $Y_{\delta\,rel\,T}$ und $Y_X$ für viele Getriebe nahe bei 1 liegen und sich zudem teilweise kompensieren, kann für Überschlagsrechnungen ohne weiteres gesetzt werden:

$$Y_{\delta\,rel\,T} = Y_{R\,rel\,T} = Y_X \approx 1.$$

Für sehr genaue Nachrechnungen oder für große Getriebe sind bei Bedarf die entsprechenden Faktoren der DIN 3990 T3 zu entnehmen.

### 6.1.4.3 Flankentragfähigkeit

**Berechnungsmodell**  Die Grundlage der Berechnung bildet die Hertzsche Pressung für zwei sich berührende Zylinder:

$$\sigma_H = \sqrt{\frac{1}{2\pi}\frac{m^2}{m^2-1}E\frac{F_N}{b}\left(\frac{1}{\rho_1}+\frac{1}{\rho_2}\right)}$$

mit    $m = 1/\nu$    Poisson Zahl ($\nu$ Querkontraktion),

$E = 2E_1 E_2/(E_1 + E_2)$ mittlere Elastizitätsmodul,

$F_N$    Zahnnormalkraft,

$b$    Länge der sich berührenden Zylinder ($\hat{=}$ gemeinsame Zahnbreite),

$\rho_1, \rho_2$    Zylinderradien ($\hat{=}$ Krümmungsradien der Zahnflanken im Berührpunkt).

Mit $m = 10/3$ (für Stahl) ist dann

$$\sigma_H = \sqrt{0,175 \cdot E\frac{F_N}{b}\left(\frac{1}{\rho_1}+\frac{1}{\rho_2}\right)}.$$

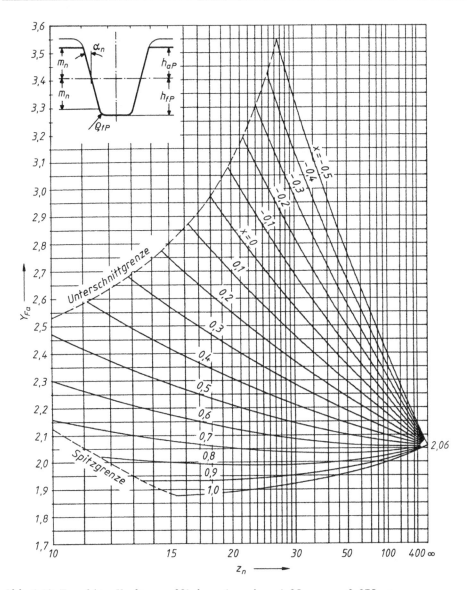

**Abb. 6.43** Formfaktor $Y_{Fa}$ für $\alpha_n = 20°$, $h_{aP} = 1 \cdot m$, $h_{fP} = 1,25 \cdot m$, $\rho_a = 0,375 \cdot m$

Nach Abb. 6.26 sind die Krümmungsradien für einen beliebigen Berührpunkt $Y$ auf der Eingriffslinie

$$\rho_1 = \overline{T_1\,Y} \quad \text{und} \quad \rho_2 = \overline{T_2\,Y} \quad \text{sowie} \quad \rho_1 + \rho_2 = \overline{T_1\,T_2} = a \cdot \sin\alpha_{wt}.$$

In Abb. 6.46 ist die dimensionslose Größe $\sqrt{T_1\,T_2\left(\dfrac{1}{\rho_1} + \dfrac{1}{\rho_2}\right)}$, die proportional zur Hertzschen Pressung ist, über $T_1 - T_2$ aufgetragen. Daraus ist ersichtlich, dass Minimum $\sigma_H$ in

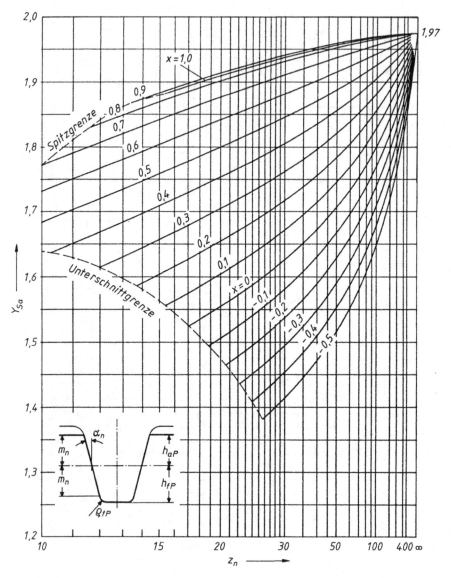

**Abb. 6.44** Spannungskorrekturfaktor $Y_{Sa}$ für $\alpha_n = 20°$, $h_{aP} = 1 \cdot m$, $h_{fP} = 1,25 \cdot m$, $\rho_a = 0,375 \cdot m$

der Mitte liegt. In der Nähe der Tangentenpunkte $T_1$ und $T_2$ an die Grundkreise wird $\sigma_H$ dagegen sehr groß. Liegt die Eingriffsstrecke $A - E$ sehr weit seitlich (das ist der Fall bei kleinen Ritzelzähnezahlen), dann ist die Hertzsche Pressung im inneren Einzeleingriffspunkt B deutlich größer als im Wälzpunkt C und somit für die Berechnung maßgebend. Bei Ritzelzähnezahlen $z_1 \geq 20$ genügt es jedoch, die Hertzsche Pressung im Wälzpunkt $C$ zu berechnen.

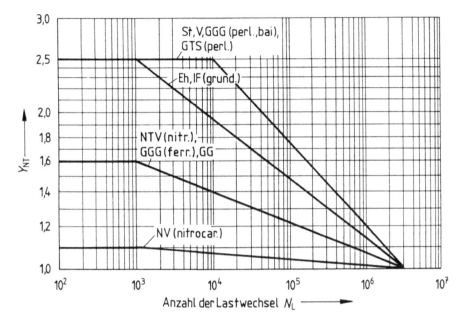

**Abb. 6.45** Lebensdauerfaktor $Y_{NT}$ (St: Stahl; V: Vergütungsstahl; Eh: Einsatzstahl; IF: induktiv gehärtet am Zahngrund)

Im Wälzpunkt $C$ sind die Krümmungsradien

$$\rho_{1C} = r_{w1} \cdot \sin\alpha_{wt}/\cos\beta_b \quad \text{und} \quad \rho_{2C} = r_{w2} \cdot \sin\alpha_{wt}/\cos\beta_b.$$

Mit dem Zähnezahlverhältnis $u = z_2/z_1 = r_{w2}/r_{w1}$ wird

$$\frac{1}{\rho_{1C}} + \frac{1}{\rho_{2C}} = \frac{\cos\beta_b}{\sin\alpha_{wt}}\left(\frac{1}{r_{w1}} + \frac{1}{r_{w2}}\right) = \frac{\cos\beta_b}{r_{w1}\sin\alpha_{wt}}\left(1 + \frac{1}{u}\right).$$

Setzt man für $r_{w1} = r_1\cos\alpha_t/\cos\alpha_{wt}$ und für die Normalkraft $F_N = F_t/\cos\alpha_t$, so wird die Hertzsche Pressung im Wälzpunkt

$$\sigma_{HC} = \sqrt{0,175 \cdot E \frac{F_t}{b\,\cos\alpha_t}\frac{2\cos\beta_b\cos\alpha_{wt}}{d_1\cos\alpha_t\sin\alpha_{wt}}\frac{u+1}{u}}$$

oder

$$\sigma_{HC} = \sqrt{0,175 \cdot E}\sqrt{\frac{2\cos\beta_b\cos\alpha_{wt}}{d_1\cos\alpha_t\sin\alpha_{wt}}}\sqrt{\frac{F_t}{d_1\,b}\frac{u+1}{u}}. \tag{6.69}$$

Danach ist die Hertzsche Pressung im Wälzpunkt für Ritzel und Rad gleich groß.

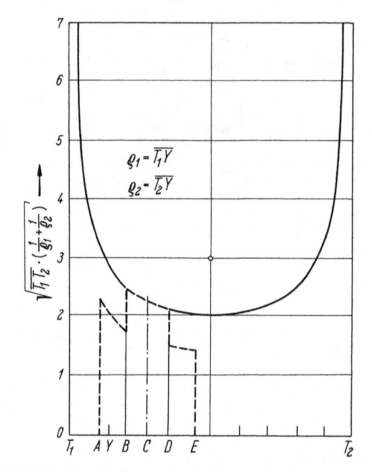

**Abb. 6.46**  Verlauf der Hertzschen Pressung über $T_1 - T_2$

**Festigkeitsnachweis**  Auch hier sollen zunächst wieder nur die Grundgleichungen für die Nachrechnung der Flankentragfähigkeit aufgestellt werden. Die Bedeutung und Bestimmung der Einflußfaktoren (Z-Faktoren) wird anschließend behandelt. Die Allgemeinen Faktoren oder Kraftfaktoren (K-Faktoren) sind Abschn. 6.1.4.1 zu entnehmen.

Die maximale Flankenpressung für das Ritzel ist nach DIN 3990

$$\sigma_H = Z_B \sigma_{H0} \sqrt{K_A K_V K_{H\beta} K_{H\alpha}} \tag{6.70}$$

und die Flankenpressung für das Rad

$$\sigma_H = Z_D \sigma_{H0} \sqrt{K_A K_V K_{H\beta} K_{H\alpha}}. \tag{6.71}$$

mit der nominellen Flankenpressung im Wälzpunkt $C$ einer fehlerfreien Verzahnung:

$$\sigma_{H0} = Z_H Z_E Z_\varepsilon Z_\beta \sqrt{\frac{F_t}{d_1 b} \frac{u+1}{u}} \tag{6.72}$$

$F_t$ ist die Umfangskraft am Teilzylinder im Stirnschnitt, $b$ die gemeinsame Zahnbreite, $d_1$ der Teilkreisdurchmesser des Ritzels und $u$ das positive Zähnezahlverhältnis.

Die Flankengrenzfestigkeit (Grübchen-Grenzfestigkeit) wird berechnet nach

$$\sigma_{HG} = \sigma_{H\,\lim} Z_{NT} Z_L Z_V Z_R Z_W Z_X \tag{6.73}$$

mit dem Dauerfestigkeitswert $\sigma_{H\,\lim}$ für die Flankenpressung (Tab. 6.12).

Für die Sicherheit gilt dann

$$S_H = \frac{\sigma_{HG}}{\sigma_H}. \tag{6.74}$$

Da nach Gl. (6.69) die Hertzsche Pressungen im Wälzpunkt für Ritzel und Rad gleich groß sind, sind auch die Sicherheiten bei gleichen Ritzel- und Radwerkstoffen gleich groß (wenn $Z_B = Z_D = 1$ ist). Bei unterschiedlichen Werkstoffen ist die Sicherheit auf den Werkstoff mit der geringeren Grenzfestigkeit zu beziehen. Für Industriegetriebe gibt die Norm als Mindestsicherheit $S_{H,min} = 1,0$ an. Da die Festigkeitsberechnung aus Untersuchungen mit größeren Zahnrädern abgeleitet wurde, können für kleine Moduln ($m < 1,5\,mm$) die Sicherheitswerte auch kleiner als 1 werden.

### Einflussfaktoren für Flankenpressung

$Z_B$ **Ritzel-Einzeleingriffsfaktor** berücksichtigt, dass die Flankenpressung im Ritzel-Einzeleingriffspunkt $B$ höher als im Wälzpunkt $C$ ist (Abb. 6.46). Für die meisten Anwendungen genügt es jedoch, die Flankenpressung im Wälzpunkt zu berechnen, d. h. es wird $Z_B = 1$ gesetzt. Wenn erforderlich, z.B. bei sehr kleinen Zähnezahlen, kann der Faktor $Z_B$ nach DIN 3990 T2 berechnet werden.

$Z_D$ **Rad-Einzeleingriffspunkt**, berücksichtigt die Umrechnung der Flankenpressung im Wälzpunkt auf den Rad-Einzeleingriffspunkt $D$. Da sich nur bei Radpaaren mit $u \approx 1$ eine höhere Flankenpressung im Punkt $D$ ergibt als im Wälzpunkt $C$ (Eingriffstrecke ist dann in der Mitte von $T_1 - T_2$ in Abb. 6.46), kann meistens $Z_D = 1$ gesetzt werden.

$Z_H$ **Zonenfaktor**, berücksichtigt den Einfluss der Krümmungsradien der Flanken im Wälzpunkt auf die nominelle Flankenpressung. Der Zonenfaktor ist die zweite Wurzel in Gl. (6.69), so dass gilt

$$Z_H = \sqrt{\frac{2 \cos \beta_b \cos \alpha_{wt}}{d_1 \cos \alpha_t \sin \alpha_{wt}}}.$$

$Z_E$   **Elastizitätsfaktor**, berücksichtigt die spezifischen Werkstoffgrößen Elastizitätsmodul und Poisson-Konstante. Der Elastizitätsfaktor ist in Gl (6.69) die erste Wurzel, so dass gilt:

$$Z_E = \sqrt{0,175 \cdot E}.$$

Bei Radpaarungen aus Werkstoffen mit unterschiedlichen Elastizitätsmoduln $E_1$ und $E_2$ wird ein Ersatzmodul eingesetzt:

$$E = \frac{2E_1 E_2}{E_1 + E_2}.$$

$Z_\varepsilon$   **Überdeckungsfaktor**, berücksichtigt den Einfluss der Profil- und Sprungüberdeckung auf die Flankenpressung, die geringer wird, wenn sich die Last zumindest teilweise auf mehrere Zähne verteilt. Für $\varepsilon_\beta < 1$ (einschließlich $\varepsilon_\beta = 0$ für Geradverzahnung) gilt:

$$Z_\varepsilon = \sqrt{\frac{4 - \varepsilon_\alpha}{3} \left(1 - \varepsilon_\beta\right) + \frac{\varepsilon_\beta}{\varepsilon_\alpha}}.$$

Für $\varepsilon_\beta \geq 1$ gilt:

$$Z_\varepsilon = \sqrt{\frac{1}{\varepsilon_\alpha}}.$$

$Z_\beta$   **Schrägungsfaktor**, berücksichtigt den Einfluss des Schrägungswinkels $\beta$ auf die Flankentragfähigkeit (z.B. die Kraftverteilung entlang der Berührlinien). Der Schrägenfaktor ist nur von $\beta$ abhängig und die folgende empirische Formel stimmt gut mit praktischen Erfahrungen überein:

$$Z_\beta = \sqrt{\cos \beta}.$$

**Einflussfaktoren für die Flankengrenzfestigkeit**

$Z_{NT}$   **Lebensdauerfaktor**, berücksichtigt die höhere Tragfähigkeit für eine begrenzte Anzahl von Lastspielen (Zeitfestigkeit statt Dauerfestigkeit). Der Lebensdauerfaktor für die Zeitfestigkeit kann aus Abb. 6.47 abgelesen werden. Die Anzahl der Lastwechsel wird wie bei der Zahnfußgrenzfestigkeit nach Gl. (6.68) berechnet.

$Z_L$   **Schmierstofffaktor**, berücksichtigt den Einfluss der Nennviskosität auf die Wirkung des Schmierfilms.

$Z_V$   **Geschwindigkeitsfaktor**, berücksichtigt den Einfluss der Umfangsgeschwindigkeit auf die Wirkung des Schmierfilms.

$Z_R$   Rauheitsfaktor, berücksichtigt den Einfluss der Flankenrauheit nach dem Einlaufen auf die Wirkung des Schmierfilms.

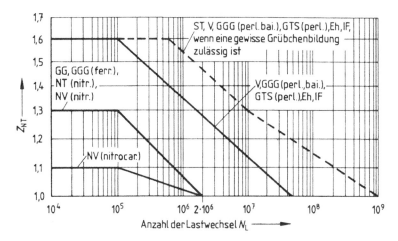

**Abb. 6.47** Lebensdauerfaktor $Z_{NT}$ (ST: Stahl; V: Vergütungsstahl; Eh: Einsatzstahl; IF: induktiv gehärtet am Zahngrund)

$Z_W$  **Werkstoffpaarungsfaktor**, berücksichtigt die Zunahme der Flankentragfähigkeit eines Stahlzahnrades (Baustahl oder Vergütungsstahl) bei der Paarung mit einem wesentlich härteren Ritzel.

$Z_X$  **Größenfaktor**, berücksichtigt den Einfluss der Zahnradabmessungen auf die Flankentragfähigkeit.

Da die Werte der Faktoren $Z_L$, $Z_V$ und $Z_R$ zur Schmierfilmbildung streuen und ebenso wie $Z_W$ und $Z_X$ nahe bei 1 liegen, und sich außerdem noch teilweise kompensieren, kann für Überschlagsrechnungen mit ausreichender Genauigkeit gesetzt werden:

$$Z_L = Z_V = Z_R = Z_W = Z_X \approx 1$$

Für sehr genaue Nachrechnungen oder für sehr große Getriebe sind bei Bedarf die entsprechenden Faktoren der DIN 3990 T2 zu entnehmen.

## 6.1.5 Auslegung und Gestaltung

Für die Auslegung und Gestaltung von Zahnradgetrieben sind viele Gesichtspunkte zu beachten und erfordern daher umfangreiche Erfahrungen. Häufig werden Getriebe auf der Basis vorhandener Getriebe konzipiert, so dass in diesen Fällen bereits Verzahnungendaten (wie z. B. Modul, Schrägungswinkel, usw.) gegeben sind.

**Auslegung** Liegen keine oder nur geringe einschlägige Erfahrungen vor, kann bei der Festlegung der Verzahnungsdaten und den daraus resultierenden Getriebeabmessungen nach folgendem Ablaufplan vorgegangen werden:

1. geometrische Randbedingungen festlegen,
2. Übersetzungen aufteilen,
3. Überschlägige Wellenberechnung durchführen,
4. Ritzelgestaltung festlegen,
5. Teilkreisdurchmesser abschätzen,
6. Modul festlegen,
7. Zähnezahl festlegen,
8. Achsabstand ermitteln.    .

*1. Geometrische Randbedingungen* Aus der Anforderungsliste (Pflichtenheft) des Getriebes können die darin festgelegten geometrischen Anforderungen entnommen werden. Dazu gehören z. B Wellendurchmesser, -höhe und -anordnung der An- und Abtriebswellen; maximale oder minimale Länge, Breite und Höhe des Getriebes; Anschlussmaße usw.

*2. Übersetzungen* Mit Zahnradgetrieben können in der Regel folgende maximalen Übersetzungsverhältnisse realisiert werden:

- einstufiges Getriebe     $i \leq 6\,(8)$
- zweistufiges Getriebe   $i \leq 35\,(45)$
- dreistufiges Getriebe   $i \leq 150\,(200)$

Damit die übertragbare Leistung bei voller Ausnutzung der Festigkeit in jeder Stufe etwa gleich ist, wird für die erste Stufe eine größere Übersetzung empfohlen als für die zweite. Für mehrstufige Stirnradgetriebe ($i > 6$) gelten folgende Erfahrungswerte:

- zweistufige Getriebe   $i_{1,2} \approx 0,7 \cdot i^{0,7}$,
- dreistufige Getriebe   $i_{1,2} \approx 0,55 \cdot i^{0,55}$   und   $i_{3,4} \approx i^{0,32}$.

Wenn aus Funktionsgründen nicht unbedingt erforderlich, soll die Zähnezahl des Rades kein ganzzahliges Vielfaches des Ritzels sein und möglichst keinen gemeinsamen Nenner enthalten, da sonst die gleichen Zahnpaare periodisch zum Eingriff kommen (die Folgen wären Schwingungen, Geräusche und einseitiger Verschleiß).

Im Werkzeugmaschinenbau sind nach Normzahlen gestufte Drehzahlen (DIN 804) und Vorschübe (DIN 803) üblich, so dass auch für die Stufensprünge und Zähnezahlverhältnisse Normzahlen zu verwenden sind. Auch bei handelsüblichen Zahnradgetrieben sind die Übersetzungen häufig nach Normzahlen (Abschn. 1.4.3) gestuft.

*3. Überschlägige Wellenberechnung* Getriebe werden in der Regel von „innen nach außen" konstruiert. Das heißt, man beginnt mit der Festlegung der kleinstmöglichen Antriebswelle. Dieser Wellendurchmesser kann für eine Vollwelle zunächst überschlägig nach Gl. (4.3) berechnet werden. Eine Hohlwelle kann nach Gl. 4.4 ausgelegt werden.

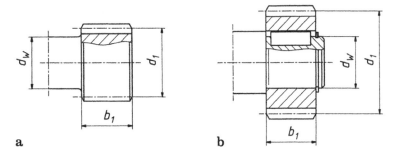

**Abb. 6.48** Ritzelgestaltung. a) Ritzelwelle (Schaftritzel); b) aufgesetztes Ritzel

*4. Ritzelgestaltung* Nachdem der ungefähre Wellendurchmesser festgelegt wurde, muss entschieden werden, ob das Ritzel mittels einer Welle-Nabe-Verbindung (z. B. Passfeder oder Presssitz) mit der Welle verbunden werden oder als Schaftritzel (Ritzelwelle) ausgebildet soll (Abb. 6.48). Bei einem Schaftritzel wird das Ritzel direkt auf die Welle geschnitten.

Bei einer Welle-Nabe-Verbindung können Ritzel und Welle aus unterschiedlichen Werkstoffen hergestellt werden. Auch die Möglichkeit, das Zahnrad auszuwechseln spricht für diese Variante.

Ein Schaftritzel ermöglicht dagegen kleinstmögliche Getriebeabmessungen, da der Ritzeldurchmesser letztendlich die Größe des Getriebes bestimmt.

*5. Teilkreisdurchmesser* Bei gegebenem Wellendurchmesser $d_W$ (aus überschlägiger Wellenberechnung) kann der kleinstmögliche Ritzelteilkreisdurchmesser $d_1$ abhängig von der Ritzelgestaltung abgeschätzt werden:

| bei auf die Welle aufgesetzten Ritzeln | $d_1 \approx (2,0\ldots2,5) \cdot d_W,$ |
|---|---|
| bei Schaftritzeln (Ritzel und Welle aus einem Stück) | $d_1 \approx (1,2\ldots1,4) \cdot d_W.$ |
| Dabei sind die größeren Werte für kleine Zähnezahlen ($z_1 < 14$) zu verwenden. | |

*6. Modul* Da der Modul für die Flankentragfähigkeit eine untergeordnete Rolle spielt, die Zahnfußtragfähigkeit jedoch direkt vom Modul abhängig ist, kann ein Anhaltswert für den Modul aus den Gln. (6.64) bis (6.67) abgeleitet werden.

$$m_n > \frac{F_t\,K_A\,S_F}{b\,\sigma_{FE}}Y_{Fa}Y_{Sa} = \frac{2T_{nenn}\,K_A\,S_F}{d_1\,b\,\sigma_{FE}}Y_{FS}. \tag{6.75}$$

Dabei sind Drehmoment $T$ und Anwendungsfaktor $K_A$ der Aufgabenstellung bzw. der Tab. 6.7 zu entnehmen. Für die Sicherheit gegen Zahnbruch sollte $S_F \geq 2$ gesetzt werden. Der Kopffaktor, der sich aus dem Formfaktor und dem Spannungskorrekturfaktor zusammensetzt, kann mit ausreichender Genauigkeit mit $Y_{FS} = Y_{Fa} \cdot Y_{Sa} = 4$ angenommen werden (für $x_1 \approx 0,5$ und $h_{aP0} = 1,25 \cdot m$ ist $Y_{FS} = 3,91\ldots4,04$). Nach Wahl des Werkstoffes ist die Dauerfestigkeit $\sigma_{FE}$ aus Tab. 6.12 zu entnehmen. Die mögliche Zahnbreite

$b$ ist vor allem von der Art der Lagerung im Gehäuse abhängig. Bei beidseitiger Lagerung in steifem Getriebegehäuse sind keine zu großen Deformationen zu befürchten, so dass die Zähne gleichmäßig über die ganze Breite tragen. Die üblichen Richtwerte werden entweder auf den Ritzelteilkreisdurchmesser oder auf den Modul bezogen (Tab. 6.13).

Mit Hilfe des berechneten $m$-Wertes ist ein Modul nach DIN 780 (Abschn. 6.1.1) zu wählen. Dabei sollte ein kleinerer Modul für ruhigen Lauf und ein größerer Modul für zahnbruchgefährdete Räder (Stöße oder ungünstige Lagerung) gewählt werden.

*7. Zähnezahlen*  Modul und Ritzelzähnezahl sind verknüpft über die Beziehung

$$z_1 = \frac{d_1}{m_n} \cos \beta.$$

Um eine Ritzelzähnezahl bestimmen zu können, muss zuerst ein Schrägungswinkel $\beta$ festgelegt werden. Schrägungswinkel können zwischen $10° \ldots 30°$ liegen. Sehr häufig werden Getriebe jedoch mit $\beta \approx 20°$ ausgeführt. Die berechnete Ritzelzähnezahl muss auf eine ganze Zahl auf- oder abgerundet werden. Dabei ist zu beachten, dass bei unterschreiten der Grenzzähnezahl eine positive Profilverschiebung vorgenommen werden muss.

*8. Achsabstand*  Mit $a_d = m(z_1 + z_2)/2$ kann der Achsabstand ermittelt werden, der durch Profilverschiebung noch verändert werden kann. Günstige Werte für $x_1 + x_2$ sind in Abschn. 6.1.1.6 angegeben. Dadurch kann der Achsabstand an fertigungsgerechte (z. B.

**Tab. 6.13** Richtwerte

a) Durchmesser-Breitenverhältnis $b_1/d_1$

| Oberfläche | Lagerung | $b_1/d_1$–Werte |
|---|---|---|
| vergütet | fliegend | $\leq 0{,}7$ |
| | beidseitig | $\leq 1{,}4$ |
| einsatzgehärtet | fliegend | $\leq 0{,}6$ |
| | beidseitig | $\leq 1{,}1$ |
| nitriert | fliegend | $\leq 0{,}4$ |
| | beidseitig | $\leq 0{,}8$ |

b) Breiten-Modulverhältnis $b_1/m$

| Verzahnungs-Qualität | Lagerung | $b_1/m$-Werte |
|---|---|---|
| $11 \ldots 12$ | Stahlkonstruktion, leichtes Gehäuse | $10 \ldots 15$ |
| $8 \ldots 9$ | fliegende Lagerung | $15 \ldots 25$ |
| $6 \ldots 7$ | beidseitig gelagert | $20 \ldots 30$ |
| $6 \ldots 7$ | genaue, starre Lagerung | $25 \ldots 35$ |
| $4 \ldots 6$ | sehr genaue Lagerung | $40 \ldots 60$ |

ganze Zahlenwerte für *a*) oder funktionsgerecht (Normzahlen, vorgegebener Achsabstand, usw.) Anforderungen angepaßt werden.

**Gestaltung Zahnräder**  Für besonders kompakte Getriebe sind Schaftritzel (Abb. 6.48a) zu verwenden, da damit die kleinstmöglichen Zahnräder erreichbar sind. Aufgesetzte Ritzel und kleinere Zahnräder werden meistens als Scheibenräder spanabhebend aus dem Vollen gearbeitet oder bei großen Stückzahlen geschmiedet oder gesintert (6.48b). Die Zahnbreite des Ritzels soll etwas breiter sein als die des Gegenrades, damit axiale Toleranzen ausgeglichen werden können.

Große Zahnräder werden häufig geschweißt. Sie bestehen aus der Nabe, der Scheibe und dem Zahnkranz, wobei zur Versteifung noch radiale Rippen angeordnet werden können. Bei breiteren Rädern werden zwei Scheiben (Abb. 6.49) mit dazwischenliegenden Rippen vorgesehen. Für die Nabe kann auch ein Stahlgussstück verwendet werden und für den Zahnkranz eine aufgeschrumpfte Bandage aus hochwertigerem Werkstoff (Abb. 6.50).

Gegossene Räder erhalten in der Radscheibe Aussparungen, Abb. 6.51, so dass Arme mit Rechteckquerschnitt bzw. – bei Rippen – mit T-, Kreuz- und Doppel-T-Querschnitten entstehen. Für die Berechnung werden dabei nur die Schenkel in der Radebene als tragend angenommen. Bisweilen werden für die Arme auch ovale Querschnitte

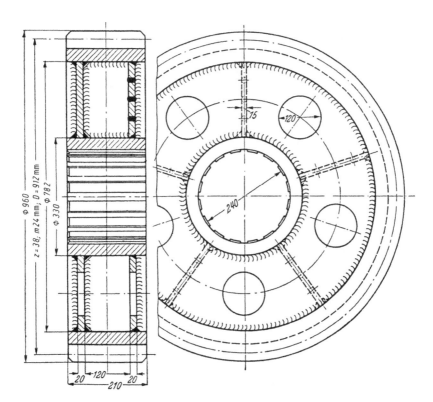

**Abb. 6.49**  Geschweißtes Zahnrad

**Abb. 6.50** Aufgeschrumpfte
Bandage

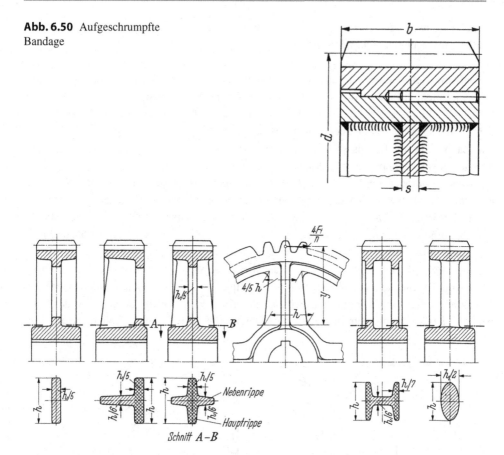

**Abb. 6.51** Gegossenes Zahnrad

mit der langen Seite in der Radebene gewählt. Zur Vereinfachung werden die Arme als einseitig an der Nabe eingespannte Träger aufgefasst, die auf Biegung beansprucht werden.
Mit dem Abstand $y$ und den Maßverhältnissen nach Abb. 6.51 gilt für $n$ Arme

$$\text{für Rechteck-, T- und Kreuzquerschnitt:} \quad h \approx 5 \cdot \sqrt[3]{\frac{F_t y}{n \, \sigma_{b,zul}}},$$

$$\text{für Doppel-T- und Kreuzquerschnitt:} \quad h \approx 4,4 \cdot \sqrt[3]{\frac{F_t y}{n \, \sigma_{b,zul}}}.$$

**Gestaltung Getriebegehäuse**  Die Gestaltung der Gehäuse richtet sich nach der Anordnung der Wellen, der Art der Lager, der Schmierung und Kühlung und nach der Aufnahme der Kräfte bzw. des Abstützmoments durch Fundamente oder Tragkonstruktionen.
Hierdurch wird häufig auch die Lage von Teilfugen, Trennwänden, Deckeln, Dichtungen
u. dgl. bestimmt. Getriebegehäuse für Stirnradgetriebe werden entweder in der Lagerebene
(Schalenbauweise nach Abb. 6.52) oder senkrecht zu den Wellenachsen (Topfbauweise

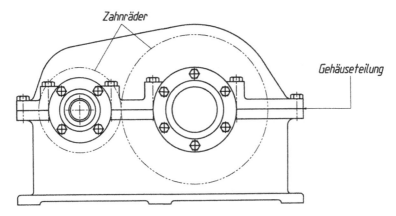

**Abb. 6.52** Stirnradgetriebe mit Gehäuseteilung in Lagerebene

nach Abb. 6.53) geteilt. Die Schalenbauweise gewährleistet in der Regel eine problemlose Montage, da die Wellen, Zahnräder und Lager vormontiert und einfach in das offene Gehäuse eingelegt werden können. Mit einem Gehäuse in Topfbauweise lassen sich höhere

**Abb. 6.53** Aufsteckgetriebe

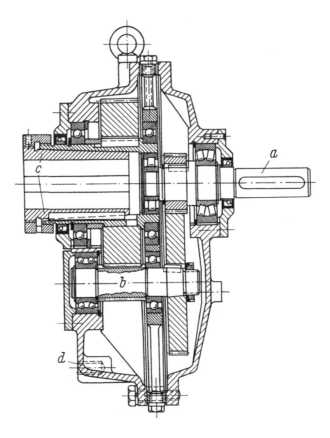

Anforderungen bezüglich der Genauigkeit erzielen (keine geteilten Lagersitze), außerdem eignet sich diese Bauform besser für ein Anflanschen an Motor oder Arbeitsmaschine.

Das Abstützmoment kann von Füßen (Abb. 6.52) oder Flanschen aufgenommen werden. Ein besonderes Getriebefundament erübrigt sich bei dem Aufsteckgetriebe nach Abb. 6.53. Bei dieser Bauart sind die Antriebswelle $a$ und die Zwischenwelle $b$ als Vollwellen und die Abtriebswelle $c$ als Hohlwelle ausgebildet. So kann das Getriebe unmittelbar auf das Wellenende der anzutreibenden Maschine aufgesteckt und z. B. mit einer Spannhülse befestigt werden. Das Reaktionsmoment $T_G$ wird durch eine starre oder auch federnde Stütze aufgenommen, die am Gehäuse $d$ befestigt wird.

Die Forderungen von Verwindungssteifheit und hoher Dämpfung können durch geeignete Werkstoffe und günstige Formgebung, vor allem durch ausreichende Verrippung und gewölbte Wände erfüllt werden. Ob Guss- oder Schweißkonstruktionen vorteilhafter sind, hängt von Stückzahlen, Abmessungen und zugelässigem Gewicht ab. Für sehr große Getriebe werden geschweißte Gehäuse bevorzugt. Bei Großserien (Baukastenprinzip) sind Gehäuse aus Grauguss, Stahlguss oder auch Leichtmetallguss wirtschaftlicher.

## 6.2    Kegelradgetriebe

Bei einer Umlenkung des Energieflusses (meist um 90°) werden Kegelradgetriebe eingesetzt, wenn sich die Achsen in einem Punkt schneiden. Auch kreuzende Achsen mit kleinen Achsversetzungen sind mit Hypoidrädern (Kegel- Schraubräder) möglich, hingegen sich kreuzende Achsen mit großer Achsversetzung nur mit Schraubenstirnrad- oder Schneckengetrieben realisiert werden können.

Mit Kegelradgetrieben können höhere Wirkungsgrade als mit Schneckengetrieben erreicht werden. Gegenüber Stirnradgetrieben sind jedoch zusätzliche Fehlermöglichkeiten zu beachten. Ein wesentlicher Vorteil bei Stirnradgetrieben ist die Unempfindlichkeit gegen Achsabstandsänderungen. Bei Kegelrädern müssen sich dagegen die Teilkegelwinkel genau in einem Punkt schneiden, da sonst einseitiges Tragen oder Klemmen und somit Verschleiß und Geräusch die Folge wären. Daher ist eine genaue Fertigung aller Teile und in vielen Fällen sogar eine Einstellmöglichkeit bei der Montage erforderlich.

Wegen des ungünstigen Geräuschverhaltens werden geradverzahnte Kegelräder vorwiegend für kleinere Drehzahlen oder kleine Leistungen eingesetzt. Für höhere Drehzahlen und Leistungen werden schrägverzahnte Kegelräder verwendet. Werden besondere Anforderungen an Laufruhe oder Zahnfußtragfähigkeit gestellt, kommen bogenverzahnte Kegelräder zum Einsatz.

### 6.2.1    Verzahnungsgeometrie geradverzahnte Kegelräder

Bei Wälzgetrieben mit sich schneidenden Achsen sind die Wälzkörper zwei Kegel, deren Spitzen im Schnittpunkt der Drehachsen liegen. Sie berühren sich ständig in der

**Abb. 6.54** Kegel als
Wälzkörper bei
Kegelradgetrieben

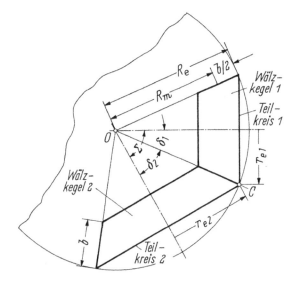

gemeinsamen Mantellinie OC (Abb. 6.54) und rollen bei konstanter Übersetzung ohne
Gleiten aufeinander ab, d.h., sie haben in gleichen Spitzenentfernungen $R$ gleiche Umfangsgeschwindigkeiten. Man nennt die Kegel Wälzkegel bzw., wenn auf sie die Teilung
bezogen werden, Teilkegel. Die Teilkegelwinkel (Winkel zwischen Radachse und Mantellinie) werden mit $\delta_1$ und $\delta_2$ bezeichnet. Ihre Summe ist bei Null- und V-Nullgetrieben
gleich dem Achsenwinkel $\Sigma$ (Schnittwinkel der Radachsen):

$$\Sigma = \delta_1 + \delta_2 \tag{6.76}$$

Die *äußeren Teilkreise* (Kreise in Schnittebenen senkrecht zu den Radachsen) sind durch
die Beziehungen

$$2\pi r_{e1} = z_1 p_e = z_1 m_e \pi \quad \text{und} \quad 2\pi r_{e2} = z_2 p_e = z_2 m_e \pi$$

oder

$$d_{e1} = m_e z_1 \quad \text{und} \quad d_{e2} = m_e z_2 \tag{6.77}$$

festgelegt, wobei für $m_e$ möglichst ein Normmodul nach DIN 780 zu wählen ist. Für die
mittleren Teilkreise gilt entsprechend

$$d_{m1} = m_m z_1 \quad \text{und} \quad d_{m2} = m_m z_2 \quad \text{mit} \quad m_m = m_e \frac{R_m}{R_e}. \tag{6.78}$$

Die äußere Teilkegellänge $R_e$ (Länge der Mantellinien OC der von den Teilkreisen
begrenzten Teilkegel) ergibt sich aus Abb. 6.54 zu

$$R_e = \frac{r_{e1}}{\sin \delta_1} = \frac{r_{e2}}{\sin \delta_2} \tag{6.79}$$

und die mittlere Teilkegellänge

$$R_m = \frac{r_{m1}}{\sin \delta_1} = \frac{r_{m2}}{\sin \delta_2} = R_e - \frac{b}{2}. \tag{6.80}$$

Mit der Bedingung gleicher Umfangsgeschwindigkeiten beider Teilkreise folgt aus Gl. (6.77) und (6.79)

$$i = \frac{n_1}{n_2} = \frac{\omega_1}{\omega_2} = \frac{r_{e2}}{r_{e1}} = \frac{z_2}{z_1} = \frac{\sin \delta_2}{\sin \delta_1}.$$

Meist wird jedoch das Zähnezahlverhältnis $u$ angegeben:

$$u = \frac{z_2}{z_1} \geq 1.$$

Durch Umformung mit Hilfe der Gl. (6.76) lassen sich hieraus bei gegebenem Achsenwinkel $\Sigma$ und gegebenen Zähnezahlen $z_1$ und $z_2$ (also $u = z_2/z_1$) die Bestimmungsgleichungen für die Teilkegelwinkel ableiten:

$$\tan \delta_1 = \frac{\sin \Sigma}{u + \cos \Sigma} \quad \text{und} \quad \tan \delta_2 = \frac{u \cdot \sin \Sigma}{1 + u \cdot \cos \Sigma}. \tag{6.81}$$

Für den häufigsten Sonderfall $\Sigma = 90°$ wird

$$\tan \delta_1 = \frac{1}{u} \quad \text{und} \quad \tan \delta_2 = u. \tag{6.82}$$

Die Beziehungen (6.76) bis (6.82) sind von der Zahnflankenform unabhängig. Aus Abb. 6.54 und noch deutlicher aus Abb. 6.55 geht hervor, dass die Teilkreise auf der Oberfläche einer Kugel mit dem Radius $R_e$ liegen. Da jeder beliebige Flankenpunkt im Abstand $R_e$ von 0 der Flanke des Rades 1 bei der Bewegung einmal zum Eingriffspunkt wird (nämlich wenn er mit dem entsprechenden Punkt der Gegenflanke zusammenfällt), muss auch die Eingriffslinie auf der Kugeloberfläche liegen. In Abb. 6.55 sind Verzahnungen von Kegelrädern mit gleichen $\delta_1$ und größer werdendem $\delta_2$ auf der Kugeloberfläche eingezeichnet. Daraus ist ersichtlich, dass schließlich bei $\delta_2 = 90°$ das Rad 2 in ein Planrad übergeht. Die Zahnform der Planradverzahnung auf der Kugel mit dem Radius $R_e$ wird nach DIN 3971 als Bezugsprofil bezeichnet.

Bei der Herstellung von Kegelrädern im Wälzverfahren werden vorteilhafterweise geradflankige Werkzeuge mit dem Flankenwinkel $\alpha$, z. B. Hobelstähle, benutzt, die nach Abb. 6.56 einem Planrad mit ebenen Zahnflankenflächen entsprechen. Die dabei entstehende Verzahnung wird Oktoidenverzahnung genannt, da die vollständige Eingriffslinie auf der Kugelfläche eine Oktoide (achtförmige Kurve) darstellt (Abb. 6.57a).

Bei der nur durch Kopieren im Schablonenverfahren herstellbaren Kugelevolventenverzahnung ist die Eingriffslinie auf der Kugel ein unter dem Winkel gegen die Planradebene

**Abb. 6.55** Verzahnungen auf
der Kugeloberfläche. a)
$\delta_1 = \delta_2$; b) $\delta_2 > \delta_1$; c) $\delta_2 = 90°$
(Planrad)

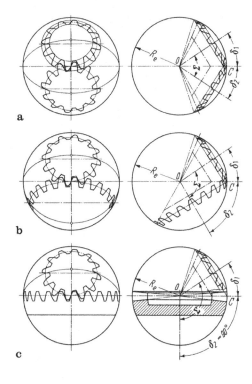

**Abb. 6.56** Herstellung mit
geradflankigen Hobelstählen

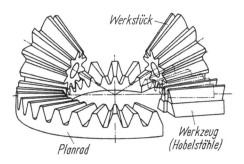

geneigter Großkreis (Abb. 6.57b). Die Flankenfläche des Planradzahnes ist hierbei doppelt gekrümmt, im Zahnfuß konvex wie bei einer Außenverzahnung, im Zahnkopf konkav wie bei einer Innenverzahnung (in Abb. 6.57b übertrieben dargestellt). Die Eingriffslinie der Kugelevolvente bildet im Wälzpunkt $C$ die Tangente der Oktoide, der Eingriffslinie der Oktoidenverzahnung. In dem praktisch verwendeten, durch die Zahnhöhen begrenzten Bereich ist der Unterschied zwischen Oktoide und Großkreis nicht sehr groß, so dass auch die Abweichungen in der Zahnform verhältnismäßig gering sind.

Da eine Kugeloberfläche nicht in die Ebene abwickelbar ist, werden für zeichnerische Untersuchungen nach TREDGOLD die sogenannten Rücken- oder Tangentialkegel

**Abb. 6.57** Oktoiden- und Kegelevolventen-Verzahnung am Planrad. a) ebene Zahnflankenflächem mit Oktoide als Eingriffslinie; b) doppelt gekrümmte Kugelevolventen-Zahnflankenfläche mit Kreis als Eingriffslinie

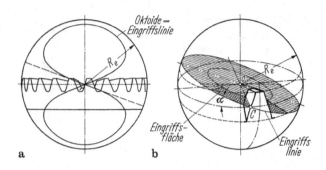

**Abb. 6.58** Rückenkegel (Ergänzungskegel) und Ersatz-Stirnradverzahnung als Abwicklung der Rückenkegel

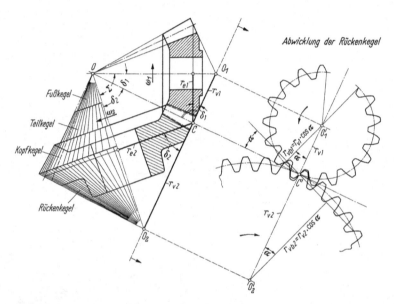

(allgemeiner Ergänzungskegel) benutzt, deren Mantellinien auf den Teilkegelmantellinien senkrecht stehen. Die Spitzen der Rückenkegel sind in Abb. 6.58 mit $O_1$ und $O_2$ bezeichnet. Die Längen der Mantellinien ergeben sich zu

$$\overline{O_1C} = r_{v1} = \frac{r_{e1}}{\cos \delta_1} \quad \text{und} \quad \overline{O_2C} = r_{v2} = \frac{r_{e2}}{\cos \delta_2} \tag{6.83}$$

und bei $\Sigma = 90°$

$$r_{v1} = r_{e1}\sqrt{\frac{u^2 + 1}{u^2}} \quad \text{und} \quad r_{v2} = r_{e2}\sqrt{u^2 + 1}. \tag{6.84}$$

Werden die Rückenkegel in die Ebene abgewickelt (Abb. 6.58 rechts) und dort mit einer normalen Evolventenverzahnung (Ersatz-Stirnradverzahnung) versehen, so stellen diese

Zahnformen eine sehr gute Näherung für die wirklich bei der Oktoidenverzahnung auf dem Rückenkegel entstehenden Zahnflanken dar. Für das Planrad mit $\delta = 90°$ wird nach Gl. (6.83) $r_{v1} = \infty$ d.h., es ergibt sich in der Abwicklung das geradflankige Zahnstangenprofil (Bezugsprofil nach DIN 867). Teile der Rückenkegel werden für die Ausbildung der Kegelradkörper benützt. Auf den Rückenkegeln werden auch die Zahnkopfhöhe $h_a = m_e$ und die Zahnfußhöhe $h_f = m_e + c$ gemessen.

Für die Grundkreisradien der Verzahnungen in der Abwicklung gilt

$$r_{vb1} = r_{v1} \cos \alpha \quad \text{und} \quad r_{vb2} = r_{v2} \cos \alpha. \tag{6.85}$$

Die Ersatzzähnezahlen ergeben sich aus

$$2\pi \, r_{v1} = z_{v1} \, p_e = z_{v1} \, m_e \, \pi \quad \text{und} \quad 2\pi \, r_{v2} = z_{v2} \, p_e = z_{v2} \, m_e \, \pi$$

mit Gl. (6.83) und (6.77) zu

$$z_{v1} = \frac{z_1}{\cos \delta_1} \quad \text{und} \quad z_{v2} = \frac{z_2}{\cos \delta_2}. \tag{6.86}$$

Bei $\Sigma = 90°$ wird entsprechend Gl. (6.84)

$$z_{v1} = z_1 \sqrt{\frac{u^2 + 1}{u^2}} \quad \text{und} \quad z_{v2} = z_2 \sqrt{u^2 + 1} = z_{v1} \, u^2. \tag{6.87}$$

Wird für $z_{v1}$ die praktische Grenzzähnezahl für Unterschnittfreiheit geradverzahnter Stirnräder, also 14 Zähne bei $\alpha = 20°$, eingesetzt, so ergibt sich aus Gl. (6.86) die praktische Grenzzähnezahl des Kegelrades

$$z'_g = 14 \cdot \cos \delta_1. \tag{6.88}$$

Abhängig vom Teilkegelwinkel ergeben sich somit folgende Grenzzähnezahlen:

| $\delta_1$ | $0° \dots 21°$ | $22° \dots 30°$ | $31° \dots 37°$ | $38° \dots 44°$ |
|---|---|---|---|---|
| $z'_g$ | 14 | 13 | 12 | 11 |

Bei kleineren Zähnezahlen muss Profilverschiebung angewandt werden. Zu bevorzugen sind V-Nullgetriebe, da bei diesen die Teilkegel zugleich die Wälzkegel sind. Es sind aber auch Kegelräder-V-Getriebe möglich, wobei die Betriebswälzkegel nicht mit den Erzeugungswälzkegeln übereinstimmen. Bei der Herstellung von V-Kegelrädern benutzt man sowohl die Profil-Seitenverschiebung, bei der die Zahndicken auf dem Teilkreis größer oder kleiner werden als eine halbe Teilung, als auch die Profil-Höhenverschiebung, bei der durch Winkeländerungen die Zahnkopf- und Zahnfußhöhe gegenüber den Werten des Bezugsprofils verändert werden.

## 6.2.2   Kegelräder mit Schräg- und Bogenverzahnung

Das Bezugsprofil bei Kegelrädern ist die Verzahnung des Planrades. Bei geradverzahnten Kegelrädern ist der Flankenlinienverlauf beim Planrad radial gerichtet, bei Schräg- und Pfeilverzahnung (Abb. 6.59a und b) dagegen schräg, und zwar tangential an einen Kreis, der kleiner als der Innenkreis ist. Größere Verbreitung haben wegen der günstigeren Eingriffsverhältnisse, der höheren Belastbarkeit, des ruhigeren Laufes und der größeren Unempfindlichkeit gegen Verlagerungen und Deformationen bogenförmig verlaufende Flankenlinien gefunden.

Die nach verschiedenen Verfahren hergestellten Räder werden auch **Spiralkegelräder** genannt. Der mittlere Spiralwinkel $\beta_m$ beträgt meist 35° bis 40°, kann aber auch bis 0° heruntergehen. Die Windungsrichtung der gekrümmten Zähne ist bei Ritzel und Rad gegensinnig.

Es werden im Wesentlichen folgende Flankenlinienformen benutzt:

- Kreisbogen (Gleason, Abb. 6.59c),
- Verlängerte Evolventen (Klingelnberg, Oerlikon, Abb. 6.59d und 6.60),
- Verlängerte Epizykloiden (Klingelnberg, Oerlikon, Abb. 6.59e).

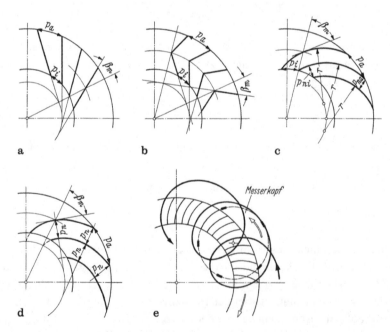

**Abb. 6.59** Flankenlinienverlauf auf dem Planrad für a) Schrägverzahnung; b) Pfeilverzahnung; c) Kreisbogenverzahnung von Gleason; d) Spiralverzahnung von Klingelnberg (Basis: Evolvente); e) Eloidverzahnung von Oerlikon (Basis: Epizykloide)

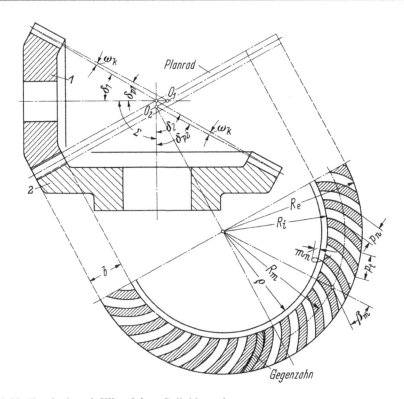

**Abb. 6.60** Kegelräder mit Klingelnberg-Palloidverzahnung

**Kreisbogen-Verzahnung** Die Gleason-Bogenverzahnung (Abb. 6.59c) ist auch nach dem Erfinder als Böttcher-Kreisbogenverzahnung bekannt. Ihre Herstellung erfolgt mittels eines rotierenden Messerkopfes mit trapezförmigen Schneidstählen, die im Teilschalten von Zahn zu Zahn aus dem Radkörper kreisbogenförmige Lücken ausschneiden.

Bei der Gleasonverzahnung verjüngen sich Zahndicke, Zahnhöhe und Lückenweite zur Kegelspitze hin. Das Gleason-Verfahren ist besonders für große Kegelräder (bis 2300 mm Durchmesser und Modul 20) geeignet.

**Klingelnberg-Verzahnung** Beim Klingelnberg-Verfahren (Abb. 6.59d und 6.60), erzeugt ein kegelschneckenförmiger Wälzfräser (Abb. 6.61) in fortlaufendem Arbeitsgang Zähne, deren Flanken im Planrad in ihrer Längsrichtung nach leicht abgeänderten verlängerten Evolventen gekrümmt sind, um ein balliges Flankentragen zu erzielen (Palloidverzahnung). Die Zähne verjüngen sich nach der Kegelspitze zu nicht, wie dies bei geraden Kegelzähnen und auch bei Kreisbogenzähnen der Fall ist, sondern sie haben außen und innen nahezu konstante Normalteilung und Zahndicken und außerdem auch konstante Zahnhöhen.

Der Kegelwinkel $\delta_{P1}$ des Ritzels wird zur Erzielung besserer Laufeigenschaften gegenüber dem rechnerischen Teilkegelwinkel $\delta_1$ um einen kleinen Winkel, die sogenannte

**Abb. 6.61** Kegelschnecken-
förmiger Wälzfräser (zur
Herstellung von Klingelnberg-
Palloidverzahnungen)

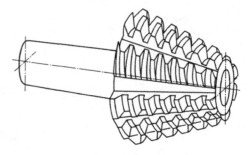

**Abb. 6.62** Achstrieb

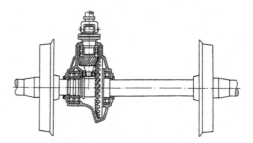

Winkelkorrektur $\omega_k$, verkleinert und der des Rades um den gleichen Wert vergrößert. Die
Spitzen dieser Erzeugungskegel decken sich daher nicht. Die Größe der Winkelkorrektur,
die einer veränderlichen, von außen nach innen zunehmenden Profilverschiebung
entspricht, hängt vom Übersetzungsverhältnis der Räder ab und ist bei $i = 1$ gleich Null.

Die kleineren Zyklo-Palloid-Kegelräder von Klingelnberg und die Eloid-Kegelräder
von Oerlikon (Abb. 6.59e) werden in einem kontinuierlichen Fräsverfahren ohne Tei-
lungsschaltung mit Messerköpfen erzeugt und haben im Planrad nach verlängerten
Epizykloiden gekrümmte Flankenlinien. Um ein balliges Flankentragen zu ermöglichen,
werden auch bei ihnen die einander berührenden Flanken mit ein wenig verschiedenen
Krümmungsradien ausgeführt. Bei beiden Verzahnungen ist ebenfalls die Zahnhöhe
konstant.

Abbildung 6.62 zeigt ein Kegelrädergetriebe mit Klingelnberg-Verzahnung eines
Maybach-Achstriebes für Triebwagen oder Motorlok. Die beidseitige Lagerung des
über eine Gelenkwelle angetriebenen Ritzels gewährleistet guten Zahneingriff und hohe
Laufruhe. Die Schmierung der Räder und der Wälzlager erfolgt durch eine Zahnradpumpe.

### 6.2.3   Kräfte am Kegelrad

Der Angriffspunkt der Zahnnormalkraft $F_N$ wird auf der Mitte der Zahnbreite angenommen. In Abb. 6.63a sind oben die auf das treibende Kegelritzel wirkenden Kräfte dargestellt. Die Umfangskraft $F_{mt}$ ist wieder der Umfangsgeschwindigkeit entgegengerichtet,
und berechnet sich mit Hilfe des Antriebsdrehmomentes $T_1$ zu

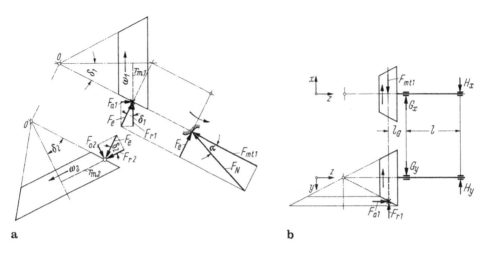

**Abb. 6.63** Kräfte im Kegelradgetriebe. a) Zahnkräfte; b) Kräfte zur Ermittlung der Lagerreaktionen

$$F_{mt} = F_{mt1} = F_{mt2} = \frac{T_1}{r_{m1}} = \frac{T_2}{r_{m2}} \qquad (6.89)$$

Die zweite, auf $F_{mt}$ senkrecht stehende Komponente von $F_N$ wird mit $F_e$ bezeichnet (entsprechend der Radialkraft auf die Ersatzstirnräder). Sie wird an ihrem Angriffspunkt in die zur Drehachse hin gerichtete Radialkraft $F_{r1}$ und in die von der Kegelspitze weg gerichtete Axialkraft $F_{a1}$ zerlegt. Aus den Kräftedreiecken folgt mit $F_e = F_{mt} \cdot \tan \alpha$

$$F_{r1} = F_e \cos \delta_1 = F_{mt1} \tan \alpha \cos \delta_1 \quad \text{und} \quad F_{a1} = F_e \sin \delta_1 = F_{mt1} \tan \alpha \cos \delta_1. \qquad (6.90)$$

Am getriebenen Kegelrad sind $F_N$, $F_{mt}$ und $F_e$ entgegengesetzt zum Kegelritzel gerichtet. Die Zerlegung von $F_e$ liefert auch hier die zur zugehörigen Drehachse hin gerichtete Radialkraft $F_{r2}$ und die von der Kegelspitze weg gerichtete Axialkraft $F_{a2}$:

$$F_{r2} = F_e \cos \delta_2 = F_{mt2} \tan \alpha \cos \delta_2 \quad \text{und} \quad F_{a2} = F_e \sin \delta_2 = F_{mt2} \tan \alpha \cos \delta_2. \qquad (6.91)$$

Bei rechtwinkligen Winkelgetrieben, also mit $\Sigma = \delta_1 + \delta_2 = 90°$ wird

$$F_{r1} = F_{a2} \quad \text{und} \quad F_{r2} = F_{a1}. \qquad (6.92)$$

Die Lagerreaktionen und Biegemomente werden wieder in zwei zueinander senkrecht stehenden Ebenen ermittelt, vgl. Abb. 6.63b. Die resultierenden radialen Lagerkräfte ergeben sich dann zu

$$G_r = \sqrt{G_x^2 + G_y^2} \quad \text{und} \quad H_r = \sqrt{H_x^2 + H_y^2} \qquad (6.93)$$

Die Axialkraft $F_{a1}$ muss im Festlager aufgenommen werden. Bei fliegender Anordnung des Ritzels ist der Abstand $l_G$ möglichst gering zu halten, der Lagerabstand $l$ sollte dagegen möglichst groß werden ($l \approx 2 \cdot d_1$ bzw. $l \geq 2,5 \cdot l_G$).

## 6.2.4    Tragfähigkeitsberechnung (DIN 3991)

Die Berechnung der Tragfähigkeit von den in der Praxis überwiegend verwendeten Null-oder V-Null-Kegelrad-Verzahnungen wird auf die Berechnung von ErsatzStirnradverzahnungen zurückgeführt. Somit gelten sinngemäß die Gleichungen und Gesichtspunkte für Stirnräder (DIN 3990 bzw. Abschn. 6.1.4) auch für Kegelräder.

Bei Kegelräder rechnet man mit der Umfangskraft $F_{mt}$ am Teilkegel in Mitte der Zahnbreite (Abb. 6.63a).

Für die örtliche Zahnfußspannung gilt:

$$\sigma_{F0} = \frac{F_{mt}}{b_{eF}\, m_{mn}} Y_{Fa}\, Y_{Sa}\, Y_{\varepsilon}\, Y_{\beta}. \tag{6.94}$$

Die effektive Zahnbreite $b_{eF}$ wird unter normalen Bedingungen $b_{eF} = 0,85 \cdot b$ gesetzt. Der Modul $m_{mn}$ ist der Normalmodul nach Gl. (6.78) in Mitte der Zahnbreite.

Für die nominelle Flankenpressung gilt:

$$\sigma_{H0} = Z_H Z_E Z_\varepsilon Z_\beta Z_K \sqrt{\frac{F_{mt}}{d_{v1}\, b_{eH}} \frac{u_v + 1}{u_v}}. \tag{6.95}$$

Dabei wird auch hier für die effektive Zahnbreite $b_{eH} = 0,85 \cdot b$ gesetzt. $d_{m1}$ ist der mittlere Teilkreisdurchmesser des Kegelradritzels und $u_v$ ist das Zähnezahlverhältnis der ErsatzStirnradverzahnung.

Die Zahnfußspannung $\sigma_F$ wird nach Gl. (6.64) und die Flankenpressung $\sigma_H$ nach Gl. (6.70) berechnet. Ebenso gelten für die Grenzfestigkeiten und Sicherheit die Gleichungen der Stirnverzahnung. Die Kraft- und Einfluß-Faktoren (K-, Y- und Z-Faktoren) werden mit den Verzahnungsdaten der Ersatzverzahnung nach den Gleichungen bzw. Diagrammen von Abschn. 6.1.4 berechnet.

Nur der Kegelradfaktor $Z_K$ taucht bei der Stirnradverzahnung nicht auf. Er berücksichtigt den Einfluss des von der Evolvente abweichenden Zahnprofils und der über die Breite veränderlichen Zahnsteifigkeit auf die Grübchenbildung. Bei angepasster Höhenballigkeit gilt $Z_K = 0,85$.

## 6.3    Schraubradgetriebe

Im Gegensatz zu den Wälzgetrieben handelt es sich bei Schraubenrädergetrieben um Getriebe mit sich kreuzenden Achsen. Die verwendeten Grundkörper sind keine Wälzkörper, da die Umfangsgeschwindigkeiten der Berührungspunkte an beiden Grundkörpern nach Größe und Richtung voneinander verschieden sind (vgl. Abb. 6.66b). Daher tritt in Richtung der Flankenlinie zusätzlich eine relative Gleitgeschwindigkeit, insgesamt also eine Schraubenbewegung auf. Die ursprünglichen Grundkörper für Schraubenrädergetriebe sind Drehungshyperboloide, die durch Rotation einer windschiefen Geraden um die Drehachsen entstehen. Abbildung 6.64 zeigt schematisch die Paarung zweier Drehungshyperboloide, wobei die erzeugenden Geraden $g$ die sich berührenden Flankenlinien darstellen. Bei praktischen Ausführungen werden die stärker hervorgehobenen Teile benutzt, die dann durch einfachere Schraubenstirnräder entstehen, und im äußeren Bereich durch Kegel, so dass es sich dann um Schraubenkegelräder oder sogenannte Hypoidräder handelt.

Als Schraubenstirnräder werden normale schrägverzahnte Stirnräder benutzt, bei denen die Flankenlinien also Schraubenlinien sind und daher nur Punktberührung auftritt.

Die Schraubenkegelrädergetriebe werden meist mit 90° Kreuzungswinkel und mit spiralförmigem Flankenlinienverlauf ausgeführt. Als Beispiele sind in Abb. 6.65 mit Klingelnberg-Verzahnung versehene achsversetzte (AVAU-)Getriebe dargestellt. Als Vorteile sind zu nennen:

* an Stelle einer fliegenden Lagerung ist eine beidseitige Lagerung möglich,
* geräuscharmer Lauf
* gute Schmierung, sofern geeignete Schmieröle (Hypoidschmiermittel) verwendet werden.

**Abb. 6.64** Paarung zweier Drehungshyperboloide mit der erzeugenden Geraden $g$. Drehachse des oberen Grundkörpers (Ritzel): $I - I$; Drehachse des unteren Grundkörpers (Rad): $II - II$

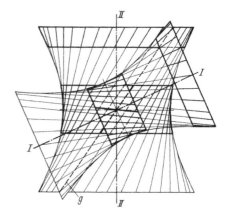

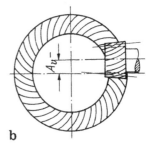

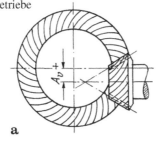

**Abb. 6.65** Schraubenkegelradgetriebe (Spiralkegelräder von Klingelnberg). a) positive Achsversetzung (in Richtung der Spirale); b) negative Achsversetzung (entgegen Spiralrichtung)

## 6.3.1  Verzahnungsgeometrie der Schraubenräder

In den meisten Fällen ist der Kreuzungswinkel $\Sigma$ größer als der Zahnschrägungswinkel $\beta_2$ des getriebenen Rades. Dafür können jeweils zwei rechtssteigende oder zwei linkssteigende Räder gepaart werden, wobei die Beträge der Steigungswinkel verschieden sein können. Aus der Draufsicht in Abb. 6.66b ergibt sich, dass dann der Kreuzungswinkel gleich der Summe der Schrägungswinkel ist:

$$\Sigma = \beta_1 + \beta_2. \tag{6.96}$$

In der Abb. 6.66 sind zwei rechtssteigende Räder mit den sich ergebenden Drehrichtungen dargestellt. Im Normalschnitt C–D müssen beide Räder gleiche Teilung und gleichen Eingriffswinkel haben. Nach Gl. 6.34 sind die Moduln

$$m_{t1} = \frac{m_n}{\cos \beta_1} \quad \text{und} \quad m_{t2} = \frac{m_n}{\cos \beta_2}, \tag{6.97}$$

und die Teilkreisdurchmesser

$$r_1 = \frac{m_{t1}}{2} z_1 = \frac{m_n}{2} \frac{z_1}{\cos \beta_1} \quad \text{und} \quad r_2 = \frac{m_{t2}}{2} z_2 = \frac{m_n}{2} \frac{z_2}{\cos \beta_2}. \tag{6.98}$$

Damit gilt für die Übersetzung dann

$$i = \frac{z_2}{z_1} = \frac{2 r_2}{m_{t2}} \frac{m_{t1}}{2 r_1} = \frac{r_2 \cos \beta_2}{r_1 \cos \beta_1}. \tag{6.99}$$

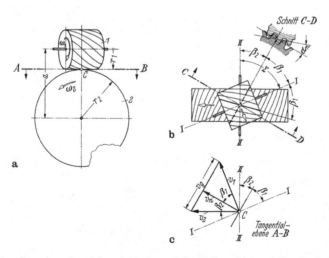

**Abb. 6.66** Schraubenstirnradgetriebe. a) Vorderansicht; b) Draufsicht; c) Geschwindigkeiten

In der Tangentialebene A–B zwischen den Teilzylindern liegt der Berührungspunkt C der Flankenlinien (Schraubenlinien, die bei Abwicklung der Teilzylinder in die Tangentialebene zu unter den Winkeln $\beta_1$ und $\beta_2$ gegen die Drehachsen geneigten, aneinander vorbeigleitenden Geraden = Zahnstangenflankenlinien werden). Abbildung 6.66c zeigt die Geschwindigkeitsverhältnisse in der Tangentialebene (Draufsicht): Als Punkt der Flanke 1 hat Punkt C die Umfangsgeschwindigkeit $v_1 = r_1 \cdot \omega_1$ (senkrecht zur Achse $I$), als Punkt der Flanke 2 hat er die Umfangsgeschwindigkeit $v_2 = r_2 \cdot \omega_2$ (senkrecht zur Achse $II$). Die Normalkomponenten $v_n$ müssen einander gleich sein, so dass aus dem Geschwindigkeitsdreieck folgt

$$v_n = v_1 \cos \beta_1 = v_2 \cos \beta_2 \quad \text{oder} \quad \frac{v_1}{v_2} = \frac{\cos \beta_2}{\cos \beta_1}. \tag{6.100}$$

Auch hieraus lässt sich Gl. (6.99) ableiten:

$$i = \frac{n_1}{n_2} = \frac{\omega_1}{\omega_2} = \frac{v_1/r_1}{v_2/r_2} = \frac{r_2 \cos \beta_2}{r_1 \cos \beta_1}.$$

Das Übersetzungsverhältnis ist also nicht nur vom Durchmesserverhältnis, sondern auch noch von den Schrägungswinkeln abhängig. Man kann z. B. beliebige Durchmesser oder auch einen beliebigen Achsabstand wählen und die zu einem gewünschten Übersetzungsverhältnis erforderlichen Schrägungswinkel bestimmen. Für den häufigsten Sonderfall sich rechtwinklig kreuzender Achsen mit $\Sigma = 90°$ und $\beta_2 = 90° - \beta_1$ wird die Übersetzung

$$i = \frac{r_2}{r_1} \tan \beta_1$$

und der Achsabstand

$$a = \frac{m_n}{2} \left( \frac{z_1}{\cos \beta_1} + \frac{z_2}{\sin \beta_1} \right). \tag{6.101}$$

Die Gleitgeschwindigkeit $v_g$, mit der sich die Berührungspunkte C relativ in Flankenrichtung gegeneinander bewegen, ergibt sich aus dem Geschwindigkeitsdreieck in Abb. 6.66c mit Hilfe des Sinussatzes zu

$$v_g = \frac{v_1 \sin \Sigma}{\cos \beta_2} = \frac{v_2 \sin \Sigma}{\cos \beta_1}. \tag{6.102}$$

## 6.3.2 Kräfteverhältnisse und Wirkungsgrad

Kräfte. In Abb. 6.67 sind die auf das getriebene Rad 2 wirkenden Kräfte ausgezogen, die auf das treibende Rad 1 wirkenden Kräfte gestrichelt dargestellt. Es bedeuten

**Abb. 6.67** Kräfte an
Schraubenstirnrädern

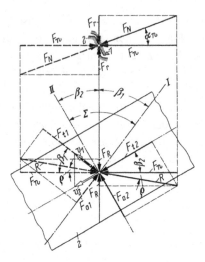

$F_N$          die im Normalschnitt in der Eingriffslinie wirkende Zahnnormalkraft,

$F_r$          die zur jeweiligen Drehachse hin gerichtete Radialkraft,

$F_a$          die auf $F_r$ senkrecht stehende Komponente von $F_N$,

$F_R$          die in Flankenrichtung wirkenden Reibungskräfte,

$R$            die Resultierende aus $F_n$ und $F_R$,

$F_{t1}, F_{t2}$  die Umfangskräfte (jeweils senkrecht zur Drehachse),

$F_{a1}, F_{a2}$  die Axialkräfte (in Richtung der Drehachse),

$\rho$         Reibwinkel (aus Reibungsgesetz nach Coulomb)

Aus den Kräftedreiecken in Abb. 6.67 können folgende Beziehungen abgeleitet:

$$\frac{F_r}{F_{t1}} = \frac{\tan\alpha_n \cos\rho}{\cos(\beta_1 - \rho)}, \tag{6.103}$$

$$\frac{F_{a1}}{F_{t1}} = \tan(\beta_1 - \rho), \tag{6.104}$$

$$\frac{F_{t2}}{F_{t1}} = \frac{\cos(\beta_2 + \rho)}{\cos(\beta_1 - \rho)}, \tag{6.105}$$

$$\frac{F_{a2}}{F_{t1}} = \frac{\sin(\beta_2 + \rho)}{\cos(\beta_1 - \rho)}. \tag{6.106}$$

Bei rechtwinkligen Getrieben mit $\Sigma = 90°$ wird

$$F_{t2} = F_{a1} = F_{t1} \tan(\beta_1 - \rho) \quad \text{und} \quad F_{a2} = F_{t1}.$$

**Wirkungsgrad** Das Verhältnis von Nutzleistung am getriebenen Rad ($F_{t2} \cdot v_2$) zum Leistungsaufwand am treibenden Rad ($F_{t1} \cdot v_1$) wird als Wirkungsgrad $\eta$ bezeichnet. Er ergibt sich mit Gl. (6.105) und (6.90) und mit dem Reibwinkel $\tan\rho = \mu$ zu

$$\eta = \frac{F_{t2}\, v_2}{F_{t1}\, v_1} = \frac{\cos(\beta_2 + \rho)\cos\beta_1}{\cos(\beta_1 - \rho)\cos\beta_2} = \frac{1 - \mu\tan\beta_2}{1 + \mu\tan\beta_1}, \tag{6.107}$$

bzw. bei $\Sigma = 90°$:

$$\eta = \frac{\tan(\beta_1 - \rho)}{\tan\beta_1} = \frac{\tan\beta_2}{\tan(\beta_2 + \rho)}. \tag{6.108}$$

Für $\rho = 6°$ ($\mu \approx 0,1$) liefert Gl. (6.108) folgende $\eta$-Werte:

| $\beta_1$ | 10° | 20° | 30° | 40° | 45° | 48° | 50° | 60° | 70° | 80° |
|---|---|---|---|---|---|---|---|---|---|---|
| $\beta_2$ | 80° | 70° | 60° | 50° | 45° | 42° | 40° | 30° | 20° | 10° |
| $\eta$ [%] | 39,7 | 68,5 | 77,1 | 80,4 | 81,0 | 81,1 | 81,0 | 79,5 | 74,6 | 61,5 |

Das Maximum liegt bei $\beta_1 = 48°$. Da der Wirkungsgrad bei $\beta_1 = 30°$, $\beta_2 = 60°$ niedriger als bei $\beta_1 = 60°$, $\beta_2 = 30°$ ist, sind $\beta_1$-Werte $\geq 48°$ zu bevorzugen.

### 6.3.3 Bemessungsgrundlagen

Da Schraubengetriebe meist nur für kleinere Leistungsübertragungen verwendet werden, wird hier nur eine Überschlagsrechnung zur Vordimensionierung angegeben. Eine genauere Nachrechnung der Tragfähigkeit kann, wenn erforderlich, nach [17] vorgenommen werden.

Die Auslegung von Schraubenrädern erfolgt am einfachsten mit Hilfe eines Belastungskennwertes C, der definiert ist durch den Ansatz

$$F_{t1} = C\, b\, p_n = C\, b\, m_n\, \pi. \tag{6.109}$$

Für $b$ ist die wirkliche Zahnbreite einzusetzen. Als Richtwert dient $b \approx 10 \cdot m_n$. Die zulässigen C-Werte sind von der Werkstoffpaarung und von der Gleitgeschwindigkeit $v_g$ abhängig. Erfahrungswerte in $N/mm^2$ kann Tab. 6.14 entnommen werden.

**Tab. 6.14** Richtwerte für Belastungskennwert C [N/mm²]

| Werkstoffpaarung | Gleitgeschwindigkeiten $v_g$ [m/s] | | | | | | | |
|---|---|---|---|---|---|---|---|---|
| | 1 | 2 | 3 | 4 | 5 | 6 | 8 | 10 |
| Stahl gehärtet/Stahl gehärtet | 6,0 | 5,0 | 4,0 | 3,5 | 3,0 | 2,5 | 2,0 | 1,7 |
| Stahl gehärtet/Bronze | 3,4 | 2,7 | 2,2 | 1,9 | 1,6 | 1,4 | 1,1 | 1,0 |
| Stahl ungehärtet/Bronze | 2,5 | 2,0 | 1,6 | 1,4 | 1,2 | 1,0 | 0,8 | |
| Grauguss/Grauguss | 1,8 | 1,5 | 1,2 | 0,8 | | | | |

Wird in Gl. (6.109) $F_{t1} = T_1/r_1$ bzw. mit Gl. (6.98) $F_{t1} = 2T_1 cos\beta_1/(m_n z_1)$ eingesetzt, so ergibt sich für den Normalmodul

$$m_n = \sqrt[3]{\frac{2\,T_1 \cos\beta_1}{\pi\,\dfrac{b}{m_n}C_{zul}\,z_1}}.$$ (6.110)

Für erste Überschlagsrechnungen folgt hieraus mit $b = 10 \cdot m_n$ und $\beta_1 = 50°$

$$m_n \approx 0,35\sqrt[3]{\frac{T_1}{C_{zul}\,z_1}}.$$

Als kleinste Zähnezahl kann $z_1 \geq 12$ gewählt werden. $C_{zul}$ bzw. $v_g$ wird zunächst angenommen und $v_g$ nach der Festlegung der Verzahnungsdaten nachgerechnet.

---

**Beispiel: Auslegung eines Schraubgetriebes**

Gegeben: $P_1 = 3,5$ kW $= 3500$ Nm/s; $n_1 = 400$ min$^{-1}$ ($\omega_1 = 41,9$ s$^{-1}$); $n_2 = 200$ min$^{-1}$, also $i = 2$; $\Sigma = 90°$; $a = 100$ mm. Gewählt: $z_1 = 12$; Werkstoffe: gehärteter Stahl/gehärteter Stahl. Angenommen: $C_{zul} = 5,0$ N/mm$^2$ (entsprechend $v_g = 2$ m/s).

$$T_1 = \frac{P_1}{\omega_1} = \frac{3500\,\text{Nm/s}}{41,9\,\text{s}^{-1}} = 83,5\,\text{Nm} = 83,5 \cdot 10^3\,\text{Nmm}$$

$$m_n \approx 0,35\sqrt[3]{\frac{T_1}{C_{zul}z_1}} = 0,35\sqrt[3]{\frac{83,5 \cdot 10^3\,\text{Nmm}}{5,0\,\text{N/mm}^2 \cdot 12}} = 3,91\,\text{mm};$$

gewählt: $m_n = 4$ mm.

Aus Gl. (6.101) folgt

$$\frac{2\,a}{z_1\,m_n} = \frac{200}{12 \cdot 4} = 4,166 = \frac{1}{\cos\beta_1} + \frac{i}{\sin\beta_1}.$$

Diese Gleichung wird erfüllt durch $\beta_1 = 50°$ (Genauwert 49,98°). Nach Gl. (6.98) wird

$$r_1 = \frac{m_n z_1}{2\cos\beta_1} = \frac{4\,\text{mm} \cdot 12}{2\,\cos 50°} = 37,33\,\text{mm},$$

$$r_2 = \frac{m_n z_2}{2\cos\beta_2} = \frac{4\,\text{mm} \cdot 24}{2\,\cos 40°} = 62,67\,\text{mm}.$$

Mit $v_1 = r_1 \cdot \omega_1 = 1,56$ m/s wird nach Gl. (6.102)

$$v_g = \frac{v_1}{\cos\beta_2} = \frac{1,56\,\text{m/s}}{\cos 40°} = 2,04\,\text{m/s}.$$

$C_{zul}$ war somit richtig angenommen. Die Zahnbreite wird $b = 10 \cdot m_n = 40$ mm. Für $\varrho = 60°$ wird $\eta = 81\%$. Mit $\alpha = 20°$ gilt für die Kräfte:

$$F_{t1} = \frac{T_1}{r_1} = \frac{83,5 \cdot 10^3 \, \text{Nmm}}{37,3 \, \text{mm}} = 2240 \, \text{N}; \qquad F_r = 1130 \, \text{N};$$

$$F_{t2} = F_{a1} = F_{t1} \tan(\beta_1 - \varrho) = 2160 \, \text{N}; \qquad F_{a2} = F_{t1} = 2240 \, \text{N}.$$

## 6.4 Schneckengetriebe

Die Nachteile der Schraubenstirnradgetriebe, nämlich Punktberührung der Flanken und daher Eignung für nur geringe Leistungen und niedrige Übersetzungsverhältnisse, werden von den Schneckengetrieben vermieden, die einen Sonderfall von Schraubradgetrieben darstellen. Hierbei wird ein Rad, die Schnecke, mit sehr geringen Zähnezahlen ($z_1 = 1 \ldots 4$) ausgeführt, und das Gegenrad, das Schneckenrad, wird im Wälzfräsverfahren mit einem Wälzfräser (evtl. auch Schlagmesser oder Schlagzahnfräser) hergestellt, der in seiner Form (mit Ausnahme der Kopfhöhe zur Erzeugung des Kopfspiels) genau der Schnecke entspricht. Je nach der Flankenform der Schnecke und der Gestalt der Radkörper ergeben sich während des Eingriffs über die Zahnflanken wandernde, verschieden verlaufende Berührungslinien, wodurch die Flankentragfähigkeit erhöht, die Schmierdruckbildung begünstigt und die Reibungsverluste reduziert werden.

Der Kreuzungswinkel der Achsen beträgt in der Regel 90°. Übersetzungsverhältnisse sind ins Langsame bis über 100, ins Schnelle bis etwa 15, jeweils in einer Stufe möglich. Vorteilhaft hinsichtlich Wirkungsgrad und Raumbedarf ist auch die Hintereinanderschaltung von Schneckengetrieben oder die Kombination mit einer vor- oder nachgeschalteten Stirnradstufe. Überhaupt zeichnen sich Schneckengetriebe allgemein durch große Leistungen je Raumeinheit und durch stoßfreien und geräuscharmen Lauf aus. Hochleistungsschneckengetriebe, die Wirkungsgrade bis etwa 96 % erreichen, erfordern allerdings

- hohe Herstellungsgenauigkeit und Oberflächengüten,
- geeignete Werkstoffpaarungen (gehärtete und geschliffene Stahlschnecken und hochwertige Phosphor- oder Al-Mehrstoffbronze für die Radkränze der Schneckenräder),
- starre Lagerung und genaueste Montage,
- beste Schmierung (evtl. mit Hypoidölen) und
- ausreichende Wärmeabfuhr (durch Umlauf-Ölschmierung, günstige Gehäuseformen mit Kühlrippen oder durch zusätzliche Luftkühlung).

Nach der Paarung verschieden gestalteter Radkörper (zylindrisch oder globoidförmig) unterscheidet man die in Abb. 6.68 dargestellten prinzipiellen Bauarten.

Am häufigsten wird das Zylinderschneckengetriebe verwendet (Abb. 6.68a), das aus einer zylindrischen, einfach herzustellenden Schnecke und einem globoidförmigen Rad

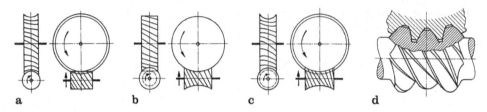

**Abb. 6.68** Bauarten von Schneckengetrieben. a) Zylinderschneckengetriebe; b) Globoidschnecke und Schrägstirnrad; c) und d) Globoidschneckengetriebe

besteht. Diese Kombination hat den Vorteil, dass nur das Schneckenrad in axialer Richtung genau eingestellt werden muss, während geringe axiale Verschiebungen der Schnecke zulässig sind. In den folgenden Abschnitten werden nur Zylinderschneckengetriebe behandelt.

Bei der Bauart nach Abb. 6.68b ist die Schnecke als Globoid ausgebildet, und für das Schneckenrad wird ein normales schrägverzahntes Stirnrad benutzt. In diesem Fall wird die Schnecke mit einem dem Schneckenrad entsprechenden Werkzeug, also mit einem mit Schneidkanten versehenen Schrägstirnrad hergestellt. Beim Einbau muss die Schnecke in axialer Richtung genau eingestellt werden. Diese Bauart findet wenig Anwendung.

Bei dem Globoid-Schneckengetriebe nach Abb. 6.68c und d sind Schnecke und Schneckenrad globoidförmig ausgebildet. Es ergeben sich dadurch gute Schmiegungsverhältnisse und hohe Tragfähigkeit, sofern für ausreichende Kühlung gesorgt wird. Es müssen für Schnecke und Schneckenrad genaue axiale Einstellmöglichkeiten vorgesehen werden. Für die Herstellung sind Spezialwerkzeuge und -maschinen erforderlich, da die Schnecke veränderliche Steigungswinkel aufweist.

### 6.4.1　Flankenformen der Zylinderschnecken

Je nach dem Herstellverfahren entstehen an den Zylinderschnecken verschiedene Flankenformen. In Abb. 6.69 sind die in DIN 3975 genormten Schnecken zusammengestellt.

**ZA-Schnecke** Die Flankenform A (Abb. 6.69a) wird mit trapezförmigem Drehmeißel, dessen Schneiden im Achsschnitt liegen, hergestellt. Im Stirnschnitt ist die Flankenform eine archimedische Spirale. Angenähert erhält man die Flankenform A auch durch Wälzschneiden mit im Achsschnitt arbeitenden evolventischen Schneidrädern.

**ZN-Schnecke** Die Flankenform N (Abb. 6.69b) ergibt sich, wenn ein trapezförmiger Drehmeißel in Achshöhe um den Mittensteigungswinkel geschwenkt, also im Normalschnitt angestellt wird. Die Flankenform N kann angenähert auch mit Fingerfräsern oder verhältnismäßig kleinen Scheibenfräsern hergestellt werden.

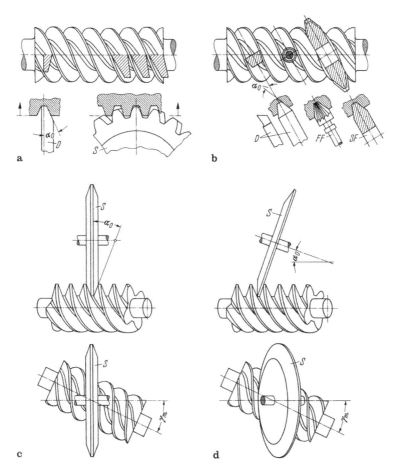

**Abb. 6.69** Zylinderschnecken nach DIN 3975. a) ZA-Schnecke (D Drehmeißel, S Schneidrad); b) ZN-Schnecke (D Drehmeißel, FF Fingerfräser, SF Scheibenfräser); c) ZK-Schnecke (S Schleifscheibe); d) ZI-Schnecke (S Schleifscheibe)

**ZK-Schnecke** Für die Flankenform K (Abb. 6.69c) wird ein kegelförmiges Werkzeug (Fräser oder Schleifscheibe mit im Meridianschnitt trapezförmigem Querschnitt) verwendet, wobei die Kegelachse um den mittleren Steigungswinkel $\gamma_m$ geschwenkt ist und die Achsabstandslinie von Schnecken- und Kegelachse mit der Zahnlückenmitte der Schnecke zusammenfällt. Im Achsschnitt entstehen leichtgewölbte Zahnflanken.

**ZI-Schnecke** Die Flankenform I entspricht der Evolventen-Schrägverzahnung mit großem Schrägungswinkel ($\beta_1 = 90° - \gamma_m$), d. h., im Stirnschnitt sind die Zahnflanken Evolventen. Die Herstellung erfolgt durch Wälzfräsen oder Wälz- schleifen, z. B (Abb. 6.69d) mit einer ebenen Schleifscheibe S, deren Achse zur Schneckenachse um den Mittensteigungswinkel $\gamma_m$ geschwenkt und zur Schneckenachse um den Erzeugungswinkel $\alpha_0$ geneigt ist.

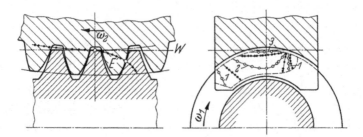

**Abb. 6.70** ZH-Schnecke (Hohlflankenschnecke nach NIEMANN). E Eingriffslinie im Achsschnitt; W Wälzgerade; 1, 2, 3 ... Berührungslinien

**ZH-Schnecke** Die in Abb. 6.70 dargestellte Flankenform H, die Hohlflankenschnecke (nach NIEMANN), wird durch eine (wie bei der Flankenform K angestellte) Schleifscheibe mit balligem Kreisprofil hergestellt. Es ergeben sich sehr günstige Berührungsverhältnisse, geringe Flankenpressungen, niedriger Verschleiß und somit hohe Lebensdauer und sehr gute Wirkungsgrade. Der im Bild angedeutete Verlauf der Berührungslinien erzeugt einen höheren dynamischen Schmierdruck (Flüssigkeitsreibung) und verringert die Verlustleistung.

## 6.4.2   Verzahnungsgeometrie

Die Begriffe und Bestimmungsgrößen an Zylinderschneckengetrieben sind in DIN 3975 übersichtlich zusammengestellt. Abbildung 6.71 zeigt im Vergleich mit Abb. 6.66 deutlich die Verwandtschaft der Schneckengetriebe mit den Schraubenradgetrieben. Es gelten im Wesentlichen die gleichen Gesetzmäßigkeiten. Einige Unterschiede seien besonders hervorgehoben.

Der Normmodul $m$ gilt für Schnecken im Achsschnitt und für Schneckenräder im Mittelstirnschnitt. Die Axialteilung der Schnecke beträgt also

$$p_x = m\,\pi. \tag{6.111}$$

Aus dem Achsschnitt der Schnecke erkennt man ferner, dass die Steigungshöhe $P_{z1}$ gleich Zähnezahl $z_1$ mal Achsteilung $p_x$ ist (in Abb. 6.71 ist $z_1 = 4$):

$$p_{z1} = z_1 p_x. \tag{6.112}$$

Bei Drehung der rechtssteigenden Schnecke im angedeuteten Drehsinn wandert das Achsschnittprofil der Schnecke (wie eine Zahnstange) nach links, so dass sich das Schneckenrad in der Ansicht von vorn linksherum dreht. Der Durchmesser $d_{m1}$ (der Nenndurchmesser der Schnecke), spielt dabei für die Übersetzung keine Rolle, wohl aber für den mittleren Steigungswinkel $\gamma_m$. Aus dem eingezeichneten Steigungsdreieck ergibt sich wie bei einer Schraube

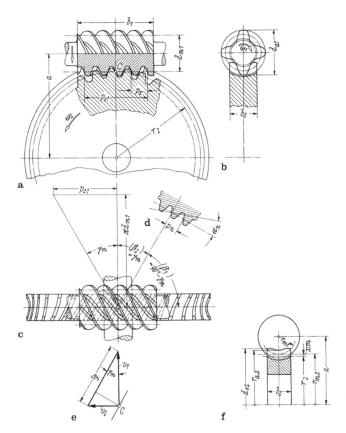

**Abb. 6.71** Bestimmungsgrößen am Zylinderschneckengetriebe. a) Achsschnitt der Schnecke; b) Seitenansicht der Schnecke; c) Draufsicht; d) Normalschnitt; e) Geschwindigkeiten; f) Achsabstand bei Profilverschiebung

$$\tan \gamma_m = \frac{p_{z1}}{\pi\, d_{m1}}$$

oder mit Gln. (6.111) und (6.112)

$$\tan \gamma_m = \frac{z_1\, m\, \pi}{\pi\, d_{m1}} = \frac{z_1}{d_{m1}/m}. \qquad (6.113)$$

Der Wert $d_{m1}/m$ wird auch als Formzahl $q$ bezeichnet, da er die Gestalt der Schnecke kennzeichnet. Kleine Formzahlen liefern hohe $\gamma_m$-Werte, aber dünne, nicht sehr biegesteife Schnecken. Bei großen Formzahlen wird $\gamma_m$ kleiner und die Schnecke kräftiger. Übliche Werte liegen bei 7 … 10 … 17. Große Werte sind für selbsthemmende Getriebe (bisweilen bei Hebezeugen) zu verwenden. In DIN 3976 wurden zwecks Verringerung der Werkzeuge zu den Normmoduln $d_{m1}$-Werte aus der Reihe R 40 ausgewählt.

Die Umfangsgeschwindigkeiten sind $v_1 = r_{m1} \cdot \omega_1$ und $v_2 = r_{m2} \cdot \omega_2$, wobei $r_2 = m \cdot z_2/2$ der Radius des Schneckenrad-Teilkreises ist. Aus dem Geschwindigkeitsdreieck Abb. 6.71e folgt

$$\frac{v_2}{v_1} = \tan \gamma_m \qquad (6.114)$$

und für die Gleitgeschwindigkeit

$$v_g = \frac{v_1}{\cos \gamma_m}. \qquad (6.115)$$

Das Übersetzungsverhältnis ist

$$i = \frac{n_1}{n_2} = \frac{\omega_1}{\omega_2} = \frac{z_2}{z_1}. \qquad (6.116)$$

Für die Radzähnezahl sollte $z_2 \geq 30$ gewählt werden.

Der Achsabstand ergibt sich zu

$$a = r_{m1} + r_2 + x\,m = \frac{m}{2}\left(\frac{d_{m1}}{m} + z_2 + 2x\right). \qquad (6.117)$$

Wenn eine Profilverschiebung erforderlich ist, wird nur das Schneckenrad profilverschoben. Nach Abb. 6.71f ist die Profilverschiebung

$$x\,m = a - (r_{m1} + r_2). \qquad (6.118)$$

In DIN 3976 sind Vorschläge für die Zuordnung von Achsabständen (nach Reihe R 10 zwischen 50 und 500 mm) und Übersetzungen (von $i \approx 7,5 \ldots 106$) gemacht. Einen Auszug für die Grundübersetzungen enthält Tab. 6.15.

Die Zahnbreite der Schnecke $b_1$ kann etwa zu $(4 \ldots 5) \cdot p_x$ angenommen werden. In DIN 3975 wird als Mindestwert angegeben:

$$b_1 \geq \sqrt{d_{a2}^2 - d_2^2}.$$

Die Schneckenradbreite $b_2$ sollte etwa $0,8 \cdot d_{m1}$ betragen.

Der Außendurchmesser $d_{e2}$ des Schneckenradkörpers (Abb. 6.71f) ist konstruktiv bedingt. Als Richtwert kann gelten

$$d_{e2} = d_{a2} + m.$$

Die übrigen Abmessungen werden wie bei Zahnrädern gewählt:

- Zahnkopfhöhe $\quad h_a = m$,
- Zahnfußhöhe $\quad h_f = m + c$ mit $c = 0,2 \cdot m$,
- Erzeugungswinkel $\quad \alpha_0 = 20°$ (Abb. 6.69).

**Tab. 6.15** Empfohlene Zuordnung von Achsabständen und Übersetzungen in Schneckengetrieben (nach DIN 3976)

| | | Achsabstand $a$ [mm] | | | | | | | | | | |
|---|---|---|---|---|---|---|---|---|---|---|---|---|
| | | 50 | 63 | 80 | 100 | 125 | 160 | 200 | 250 | 315 | 400 | 500 |
| für $i \approx 10$ | $m$ | 2 | 2,5 | 3,15 | 4 | 5 | 6,3 | 8 | 10 | 12,5 | 16 | 20 |
| | $d_{ml}$ | 22,4 | 26,5 | 33,5 | 40 | 50 | 63 | 80 | 95 | 112 | 140 | 170 |
| $i \approx 20$ | $d_{ml}/m$ | 11,20 | 10,60 | 10,64 | 10,00 | 10,00 | 10,00 | 10,00 | 9,50 | 8,96 | 8,75 | 8,50 |
| $i \approx 40$ | $z_2$ | 38 | 39 | 40 | 40 | 40 | 40 | 40 | 40 | 41 | 41 | 41 |
| | $x$ | +0,4 | +0,4 | +0,08 | 0,0 | 0,0 | +0,4 | 0,0 | +0,25 | +0,22 | +0,125 | +0,25 |
| $i \approx 10$ $z_1 = 4$ | $\gamma_{ml}[°]$ | 19,65 | 20,67 | 20,61 | 21,80 | 21,80 | 21,80 | 21,80 | 22,83 | 24,06 | 24,57 | 25,20 |
| $i \approx 20$ $z_1 = 2$ | $\gamma_{ml}[°]$ | 10,13 | 10,69 | 10,65 | 11,31 | 11,31 | 11,31 | 11,31 | 11,89 | 12,58 | 12,88 | 13,24 |
| $i \approx 40$ $z_1 = 1$ | $\gamma_{ml}[°]$ | 5,10 | 5,39 | 5,37 | 5,71 | 5,71 | 5,71 | 5,71 | 6,01 | 6,37 | 6,52 | 6,71 |
| für $i \approx 80$ | $m$ | 1 | 1,25 | 1,6 | 2 | 2,5 | 3,15 | 4 | 5 | 6,3 | 8 | 10 |
| | $d_{ml}$ | 17 | 22,4 | 28 | 35,5 | 42,5 | 53 | 67 | 85 | 112 | 140 | 170 |
| | $d_{ml}/m$ | 17,00 | 17,92 | 17,50 | 17,75 | 17,00 | 16,83 | 16,75 | 17,00 | 17,78 | 17,50 | 17,00 |
| | $z_2$ | 83 | 82 | 82 | 82 | 83 | 84 | 83 | 83 | 82 | 82 | 83 |
| | $x$ | 0,0 | +0,44 | +0,25 | +0,125 | 0,0 | +0,38 | +0,125 | 0,0 | +0,111 | +0,25 | 0,0 |
| $z_1 = 1$ | $\gamma_{ml}[°]$ | 3,37 | 3,19 | 3,27 | 3,22 | 3,37 | 3,40 | 3,42 | 3,37 | 3,22 | 3,27 | 3,37 |

### 6.4.3    Kräfteverhältnisse und Wirkungsgrad

Im Prinzip liegen die gleichen Verhältnisse vor wie bei den Schraubradgetrieben für $\delta = 90°$. Abb. 6.72a entspricht Abb. 6.67 und gilt für eine treibende Schnecke, also Übersetzung vom Schnellen ins Langsame. Die Kräfte, die auf das Schneckenrad wirken, sind wieder ausgezogen, die auf die Schnecke wirkenden Kräfte gestrichelt dargestellt. Die Axialkraft $F_{a1}$ an der Schnecke ist gleich der Umfangskraft am Schneckenrad $F_{t2}$ und ebenso ist die Axialkraft am Schneckenrad $F_{a2}$ gleich der Umfangskraft an der Schnecke $F_{t2}$. Aus den Kräftedreiecken folgt

$$F_r = F_{t1} \frac{\tan \alpha_n \cos \rho}{\sin (\gamma_m + \rho)} \quad \text{oder} \quad F_r = F_{t2} \frac{\tan \alpha_n \cos \rho}{\sin (\gamma_m + \rho)}. \tag{6.119}$$

und

$$\frac{F_{t1}}{F_{t2}} = tan (\gamma_m + \rho). \tag{6.120}$$

Wenn Motorleistung und Motordrehzahl gegeben sind, kann die Umfangskraft an der Schneckenwelle berechnet werden:

$$F_{t1} = \frac{T_1}{r_{m1}} = \frac{P_1}{2 \pi n_1 r_{m1}}.$$

Geht man von der Schneckenradwelle aus, wenn also Abtriebsleistung und Abtriebsdrehzahl gegeben sind, gilt

$$F_{t2} = \frac{T_2}{r_2} = \frac{P_2}{2 \pi n_2 r_2}.$$

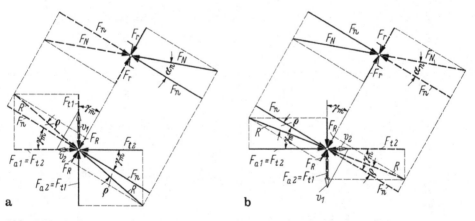

a                                         b

**Abb. 6.72** Kräfte am Schneckengetriebe. a) bei treibender Schnecke; b) bei treibendem Schneckenrad

$P_1$ ist der Leistungsaufwand, $P_2$ die Nutzleistung. Mit $\eta = P_2/P_1$ ergibt sich der Wirkungsgrad mit Gl. (6.120) und (6.114) zu

$$\eta = \frac{F_{t2}v_2}{F_{t1}v_1} = \frac{\tan \gamma_m}{\tan (\gamma_m + \rho)}. \tag{6.121}$$

Diese Beziehung stimmt genau mit Gl. (6.108) der Schraubradgetriebe (mit $\beta_2 = \gamma_m$) überein.

Bei treibendem Schneckenrad, also Übersetzung vom Langsamen ins Schnelle und umgekehrtem Leistungsfluss, wirken die Reibungskräfte $F_R$ jeweils entgegengesetzt, und man erhält die in Abb. 6.72b dargestellten Kräfteverhältnisse (für $\gamma_m > \rho$). Es sind jetzt die auf die Schnecke wirkenden Kräfte ausgezogen und die auf das Schneckenrad wirkenden Kräfte gestrichelt gezeichnet. Für die Kräfte gelten also die gleichen Beziehungen (6.119) und (6.120) nur mit $(\gamma_m - \rho)$ anstelle von $(\gamma_m + \rho)$.

Für die Wirkungsgradbestimmung stellt jetzt $F_{t1} \cdot v_1$ die Nutzleistung und $F_{t2} \cdot v_2$ den Leistungsaufwand dar. Es wird also

$$\eta_U = \frac{F_{t1}v_1}{F_{t2}v_2} = \frac{\tan (\gamma_m - \rho)}{\tan \gamma_m}. \tag{6.122}$$

Hieraus folgt die Bedingung für Selbsthemmung: $\gamma_m < \rho$ (vergleiche auch die Selbsthemmungsbedinung bei Bewegungsschrauben in Abschn. 2.7.8).

Bei günstiger Werkstoffpaarung, bester Bearbeitung und Schmierung und größeren Gleitgeschwindigkeiten können sehr niedere Reibbeiwerte, und somit recht gute Wirkungsgrade erzielt werden (Tab. 6.16).

### 6.4.4 Empfehlungen für die Bemessung

Für die Belastbarkeit von Schneckengetrieben sind maßgebend:

- die Flankenpressung (Gefahr der Grübchenbildung),
- der Verschleiß und die Erwärmung (Fressgefahr),

**Tab. 6.16** Wirkungsgrad bei Schneckengetrieben

| Schnecke | Schneckenrad | Schmierung | Richtwerte für $\varrho$ | Wirkungsgrad bei $\gamma_m$ | | | |
|---|---|---|---|---|---|---|---|
| | | | | 5° | 10° | 20° | 30° |
| St vergütet | Bronze | Ölschmierung | $\varrho \approx 4°$ ($\mu \approx 0,07$) | 0,55 | 0,71 | 0,82 | 0,86 |
| St gehärtet geschliffen | Bronze | gute Ölschmierung | $\varrho \approx 3°$ ($\mu \approx 0,05$) | 0,62 | 0,76 | 0,86 | 0,89 |
| St gehärtet, geschliffen und poliert | Bronze | beste Ölschmierung | $\varrho \approx 1°$ ($\mu \approx 0,02$) | 0,83 | 0,91 | 0,95 | 0,96 |

- die Zahnfußfestigkeit beim Schneckenrad (Zahnbruchgefahr),
- die Durchbiegung der Schneckenwelle (unzulässige Deformation).

Bei Flankenpressung und Verschleiß spielen die Werkstoffpaarungen, die Schmiegungsverhältnisse, der Berührungslinienverlauf, die Gleitgeschwindigkeit, die Schmierung und die Kühlung eine wesentliche Rolle. Die Zahnfußfestigkeit ist vom Werkstoff
des Zahnkranzes des Schneckenrades und die Durchbiegung von der Formzahl $q$ abhängig (s. Abschn. 6.4.3). Die in der Spezialliteratur angeführten Bemessungsgleichungen
sind auf Versuchswerten aufgebaut und berücksichtigen die verschiedenen Einflussgrößen durch viele Beiwerte, die ihrerseits wieder oft recht verwickelte Funktionen sind. Zur
praktischen Auswertung wird daher vielfach von Diagrammen oder Tabellen Gebrauch
gemacht, in denen Grenzleistungen in Abhängigkeit vom Achsabstand $a$, der Übersetzung
$i$ und der Schneckendrehzahl $n_1$ angegeben sind. Ihr Gültigkeitsbereich ist durch Hinweise auf die besonderen Einflussgrößen (z. B. mit und ohne Gebläse, Dauerbetrieb oder
unterbrochener Betrieb, unten oder oben liegende Schnecke usw.) gekennzeichnet. Auch
Firmenkataloge enthalten für Typengrößen Leistungs- und Drehmomentwerte.

Für die überschlägige Bemessung normaler Schneckengetriebe ohne Gebläse kann ein
vereinfachter Rechenansatz benutzt werden, der ursprünglich von der Zahnfußfestigkeit
des Schneckenrades ausgeht, dabei aber Flankenpressung und Verschleiß durch einen von
der Gleitgeschwindigkeit abhängigen Belastungskennwert $C_2$ berücksichtigt:

$$F_{t2} = C_2 \, b_2 \, p_x. \tag{6.123}$$

Bei Werkstoffpaarung Schnecke aus Stahl, gehärtet und geschliffenem/Schneckenradkranz
aus Bronze und bei guter Ölschmierung (Tauchschmierung) kann mit folgenden $C_{2,zul}$-
Werten gerechnet werden:

| $v_g$ [m/s] | 1 | 2 | 3 | 4 | 5 | 6 | 8 | 10 | 15 | 20 |
|---|---|---|---|---|---|---|---|---|---|---|
| $C_{2,zul}$ | 8,0 | 8,0 | 7,0 | 6,0 | 5,2 | 4,8 | 4,0 | 3,5 | 2,4 | 2,2 |

Mit

$$F_{t2} = \frac{T_2}{d_2/2}, \quad d_2 = m z_2, \quad b_2 = 0,8 \cdot d_{m1} \quad \text{und} \quad p_x = m \pi$$

Benötigt man einen Modul von

$$m \approx \sqrt[3]{\frac{0,8 \cdot T_2}{\frac{d_{m1}}{m} C_{2,zul} z_2}} \tag{6.124}$$

Für $d_{m1}/m \approx 10$ wird

$$m \approx 0,43 \sqrt[3]{\frac{T_2}{C_{2,zul} \, z_2}}.$$

Man muss also von dem Drehmoment $T_2$ an der Schneckenradwelle ausgehen, d.h. bei gegebener Antriebsleistung zunächst den Wirkungsgrad und die Gleitgeschwindigkeit annehmen und die Werte dann nachprüfen.

---

### Beispiel: Auslegung eines Schneckengetriebes

Gegeben: $P_1 = 10\,\text{kW} = 10000\,\text{Nm/s}$; $n_1 = 1000\,\text{min}^{-1}$ ($\omega_1 = 104,5/\text{s}$); $i = 20$, also $n_2 = 50\,\text{min}^{-1}$ ($\omega_2 = 5,23/\text{s}$). Angenommen in Anlehnung an Tab. 6.15 $z_1 = 2$, $z_2 = 40$. Geschätzt: $v_g \approx 4\,\text{m/s}$, also $C_{2\,\text{zul}} \approx 6,0\,\text{N/mm}^2$, $\eta \approx 0,78$.

Es wird also $P_2 = \eta\,P_1 = 0,78 \cdot 10000\,\text{Nm/s} = 7800\,\text{Nm/s}$,

$$T_2 = \frac{P_2}{\omega_2} = \frac{7800\,\text{Nm/s}}{5,23/\text{s}} = 1490\,\text{Nm} = 1490 \cdot 10^3\,\text{Nmm}$$

und nach Gl. (6.124)

$$m \approx 0,43\sqrt[3]{\frac{T_2}{C_{2\text{zul}}z_2}} = 0,43\sqrt[3]{\frac{1490 \cdot 10^3\,\text{Nmm}}{6,0\dfrac{\text{N}}{\text{mm}^2} \cdot 40}} = 7,90\,\text{mm};$$

gewählt : $m = 8\,\text{mm}$,

also $d_{m1} = 10\,m = 80\,\text{mm}$; $d_2 = m\,z_2 = 8\,\text{mm} \cdot 40 = 320\,\text{mm}$;

$a = 0,5\,(d_{m1} + d_2) = 200\,\text{mm}$; $\quad x = 0$; $\quad \tan\gamma_m = 0,2$; $\quad \gamma_m = 11,31°$.

Mit $\varrho = 3°$ wird nach Gl. (6.121)

$$\eta \approx \frac{\tan\gamma_m}{\tan(\gamma_m + \varrho)} = \frac{\tan 11,31°}{\tan 14,31°} = \frac{0,22}{0,255} = 0,784;$$

ferner wird $v_1 = r_{m1}\,\omega_1 = 0,040\,\text{m} \cdot 104,5/\text{s} = 4,18\,\text{m/s}$ und nach Gl. (6.115)

$$v_g = \frac{v_1}{\cos\gamma_m} = \frac{4,18\,\text{m/s}}{\cos 11,31°} = 4,27\,\text{m/s}.$$

*Kräfte:* Aus

$$T_1 = \frac{P_1}{\omega_1}\frac{10000\,\text{Nm/s}}{104,5/\text{s}} = 95,7 \cdot 10^3\,\text{Nmm}$$

folgt

$$F_{t1} = T_1/r_{m1} = 95700\,\text{Nmm}/40\,\text{mm} = 2390\,\text{N},$$

aus Gl. (6.120)

$$F_{t2} = F_{t1}/\tan(\gamma_m + \varrho) = 2390\,\text{N}/0,255 = 9380\,\text{N},$$

und aus Gl. (6.119)

$$F_r = F_{t1} \tan \alpha_n \cos \varrho / \sin(\gamma_m + \varrho) = 2390\,\text{N} \cdot 0,364 \cdot 1/0,247 = 3520\,\text{N}.$$

*Maße:*

$$d_{a1} = d_{m1} + 2\,m = 96\,\text{mm}; \quad d_{f1} = d_{m1} - 2,4\,m = 60,8\,\text{mm};$$

$$b_1 = \sqrt{d_{a2}^2 - d_2^2} = 106\,\text{mm}.$$

$$d_{a2} = d_2 + 2\,m = 336\,\text{mm}; \quad d_{f2} = d_2 - 2,4\,m = 300,8\,\text{mm};$$

$$b_2 = 0,8\,d_{m1} = 64\,\text{mm}, \quad d_{e2} \approx d_{a2} + m = 344\,\text{mm}.$$

### 6.4.5  Lagerkräfte und Beanspruchungen der der Schneckenwelle

Nach der Ermittlung der an der Schnecke und am Schneckenrad angreifenden Kräfte $F_r$, $F_{t1}$ und $F_{t2}$ und nach Bestimmung der Hauptabmessungen durch Überschlagsrechnung können aus den Gleichgewichtsbedingungen die Lagerreaktionen berechnet werden. Richtwerte für die Lagerabstände:

$l_1 \approx 1,4 \cdot a \ldots 1,5 \cdot a$ ($l_1$ nicht zu groß wegen Durchbiegung der Schnecke),
$l_2 \approx 0,9 \cdot a \ldots 1,1 \cdot a$ (l2 nicht zu klein wegen des Kippmomentes).

In Abb. 6.73 gelten die eingezeichneten Kräfte für eine rechtssteigende Schnecke und den angegebenen Drehsinn. Bei gleichen Lagerabständen ergibt sich für die

*Schneckenwelle:*

$$H_x = \frac{1}{2}F_{t1}; \quad H_y = \frac{1}{2}F_r + \frac{r_{m1}}{l_1}F_{t2}; \quad H_r = H_{res} = \sqrt{H_x^2 + H_y^2},$$

$$G_x = \frac{1}{2}F_{t1}; \quad G_y = \frac{1}{2}F_r - \frac{r_{m1}}{l_1}F_{t2}; \quad G_r = G_{res} = \sqrt{G_x^2 + G_y^2}.$$

*Schneckenradwelle*

$$J_z = \frac{1}{2}F_{t2}; \quad J_y = \frac{1}{2}F_r + \frac{r_2}{l_2}F_{t1}; \quad J_r = J_{res} = \sqrt{J_z^2 + J_y^2},$$

$$K_z = \frac{1}{2}F_{t2}; \quad K_y = \frac{1}{2}F_r - \frac{r_2}{l_2}F_{t1}; \quad K_r = K_{res} = \sqrt{K_z^2 + K_y^2}.$$

Die Axialkräfte $F_{a1} = F_{t2}$ und $F_{a2} = F_{t1}$ müssen von einem der Festlager oder einem besonderen Axiallager aufgenommen werden. Bei Umkehrung der Drehrichtung ändern $F_{t1}$ und $F_{t2}$ ihre Richtungen, während $F_r$ die gleiche Richtung, jeweils zu Drehachse hin, beibehält.

**Abb. 6.73** Lagerkräfte. a)
Schneckenwelle; b)
Schneckenradwelle

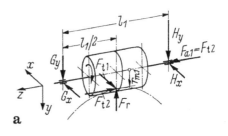

a

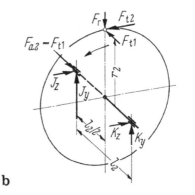

b

**Tragfähigkeit**  Die höchsten Beanspruchungen treten in der Mitte auf. Auf den Fußkreisdurchmesser $d_{f1}$ der Schneckenwelle bezogen, gelten für die

*1. Biegespannung*

$$\sigma_b = \frac{M_{b,res}}{W_b}$$

mit $M_b = \sqrt{M_{bx}^2 + M_{by}^2}$, $W_b = \pi d_{f1}^3/32$

und $M_{bx} = H_y\frac{l_1}{2} = \frac{l_1}{4}F_r + \frac{r_{m1}}{2}F_{t2}$, $M_{by} = H_x\frac{l_1}{2} = \frac{l_1}{4}F_r$.

*2. Zug- oder Druckspannung*

$$\sigma_{z(d)} = \frac{F_{t2}}{A}$$

mit $A = \pi d_{f1}^2/4$.

*3. Torsionsspannung*

$$\tau_t = \frac{T_1}{W_t}$$

mit $T_1 = F_{t1}\, r_{m1}$, $W_t = \pi d_{f1}^3/16$.

*4. Die Vergleichsspannung wird dann nach der GEH:*

$$\sigma_V = \sqrt{\left(\sigma_b + \sigma_{z(d)}\right)^2 + 3\left(\alpha_0 \tau_t\right)^2}$$

**Formsteifigkeit** Die Durchbiegung in der Mitte ergibt sich zu

$$f = \sqrt{f_x^2 + f_y^2}$$

$$\text{mit } f_x = \frac{F_{t1}\, l_1^3}{48\, E\, I_b} \quad \text{und} \quad f_y = \frac{F_r\, l_1^3}{48\, E\, I_b}.$$

Für $d$ ist in $I_b = \pi \cdot d^4/64$ der über die Länge gemittelte Durchmesser einzusetzen. Der Richtwert für die zulässige Durchbiegung ist $f_{zul} \approx d_{m1}/1000$.

## 6.4.6 Gestaltung

Schnecke und Schneckenwelle werden fast immer aus einem Stück aus Einsatz- oder Vergütungsstahl hergestellt. Beim Schneckenrad wird dagegen meistens ein Radkranz aus Bronze auf einen Radkörper aus billigerem Werkstoff, bei geringeren Durchmessern aus Stahl, sonst aus Grauguss oder Stahlguss, aufgezogen. Die Verbindung erfolgt durch Presssitz (Abb. 6.74a) mit zusätzlichen Gewindestiften $a$ bzw. Kerbstiften in der Teilfuge oder durch Zentrierflansch (Abb. 6.74b) mit Paßschrauben $a$ bzw. mit Durchsteckschrauben und Passstiften.

**Abb. 6.74** Zahnkranz (Schneckenrad). a) mit Festsitz und Stiftschraube $a$; b) mit Passschraube $a$

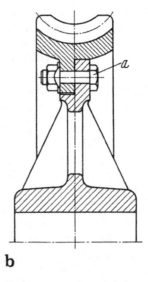
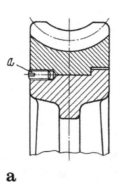

a               b

Die Form der Gehäuse ist durch die Lage der Schnecke (oben, unten oder seitlich) und die Lage des Schneckenrades (waagerechte oder senkrechte Drehachse) und durch die Art der Lager bestimmt. Wenn irgend möglich, vermeidet man zu viele Teilfugen, indem z. B. für die Schneckenwelle im ungeteilten Gehäuse durchgehende Bohrungen vorgesehen und evtl. besondere Lagerbuchsen eingezogen werden. Beispiele für die Lagerung der Schneckenwelle zeigen die Abb. 6.75 und 6.76. Der Einbau des Schneckenrades ist am bequemsten, wenn das Gehäuse in der Ebene der Schneckenradachse geteilt ist (Abb. 6.76). Es werden aber auch, besonders bei kleineren Getrieben des Serienbaues, die Gehäuse so ausgeführt, dass das Schneckenrad von einer Seite her eingeführt werden kann, wobei dann der Abschluss durch einen seitlichen Deckel erfolgt. Die Lagerung der Schneckenräder muss eine axiale Einstellbarkeit, etwa durch Gewindebuchsen oder durch Passscheiben

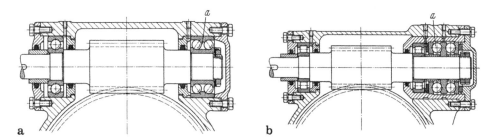

**Abb. 6.75** Schneckenwellenlagerung. a) zweireihiges Schrägkugellager *a* als Festlager; b) mit Axiallager *a*

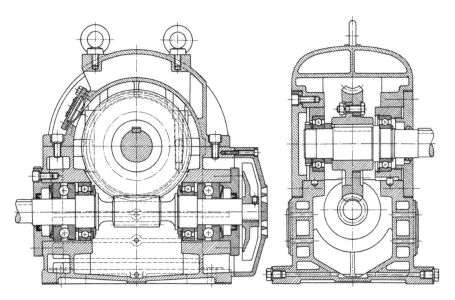

**Abb. 6.76** Schneckengetriebe

zwischen Lager und Lagerdeckel ermöglichen. Die richtige Einstellung wird bei der Montage nach dem Tragbild beurteilt. Die Gehäuse erhalten Kühlrippen oder, wenn auf die Schneckenwelle ein Gebläserad aufgesetzt wird, besondere Kühlluftkanäle (Abb. 6.76).

## 6.5     Umlaufgetriebe

Die Umlaufgetriebe unterscheiden sich von den bisher behandelten „Standgetrieben" dadurch, dass sie außer Rädern, die auf im Gehäuse gelagerten Wellen sitzen, noch Räder aufweisen, deren Eigenachsen sich um eine Zentralachse drehen. Die umlaufenden Planetenräder sind im Planetenträger oder Steg gelagert, der seinerseits wieder im Gehäuse drehbar angeordnet ist. Die Räder, deren Achsen mit der Zentralachse zusammenfallen, heißen Sonnenräder. Sie können Außen- oder Innenverzahnung aufweisen und können Stirnräder oder Kegelräder sein.

Umlaufgetriebe finden häufig Anwendung, da sie nur geringen Raum beanspruchen, günstige symmetrische Bauformen aufweisen, große Übersetzungsverhältnisse ermöglichen und dabei meist auch noch gute Wirkungsgrade haben. Vor allem eignen sie sich für die Übertragung verschiedener Antriebsdrehzahlen auf eine Abtriebswelle oder für eine Leistungsverzweigung von einer Antriebswelle auf mehrere Abtriebswellen (Summen- oder Verteilergetriebe).

### 6.5.1     Drehzahlen und Übersetzungen

Das einfachste Umlaufgetriebe (Abb. 6.77) besteht aus einem außenverzahnten Sonnenrad 1 mit dem Wälzkreisradius $r_1$, dem Planetenrad 2 mit dem Wälzkreisradius $r_2$ und dem Steg $S$ mit dem Achsabstand $r_S = r_1 + r_2$. Es können nun gleichzeitig die Welle 1 mit der Drehzahl $n_1$ und der Steg $S$ mit der Drehzahl $n_S$ gedreht werden. Dann ergibt sich für das Planetenrad 2 eine absolute, d.h. gegenüber dem Gestell gemessene, Drehzahl $n_2$. Dieser

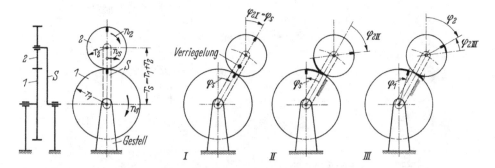

**Abb. 6.77** Einfachstes Umlaufgetriebe mit außenverzahntem Sonnenrad 1, Planetenrad 2 und Steg $S$

einfachste Getriebetyp findet praktische Anwendung z. B. beim Antrieb von Drehkranen, wobei das Sonnenrad 1 feststeht ($n_1 = 0$) und das Planetenrad 2 von einem Motor angetrieben wird, der auf dem Steg, dem sich drehenden Kranteil, steht. Die Motordrehzahl ist dann gleich der Relativdrehzahl des Planetenrades gegenüber dem Steg, also gleich $n_2 - n_S$.

Den Zusammenhang dieser drei Drehzahlen kann man anschaulich nach der Überlagerungsmethode, einfacher jedoch mit Hilfe des Geschwindigkeitsplans (nach Kutzbach) ermitteln. An Stelle der Drehzahlen $n$ kann man mit den entsprechenden Winkelgeschwindigkeiten $\omega = 2\pi n$ oder aber auch während einer beliebigen konstanten Zeitspanne $t$ unmittelbar mit den Drehwinkeln $\varphi = \omega \cdot t$ rechnen.

Gehen wir von der vertikalen Ausgangstellung des Steges aus, verriegeln zunächst Steg und Planetenrad (und somit auch Sonnenrad) und verdrehen den Steg um den Winkel $\varphi_S$ (Abb. 6.77/I), dann verdrehen sich auch Planetenrad und Sonnrad je um den Winkel $\varphi_S$. Es ist also $\varphi_{2I} = \varphi_S$. Lösen wir jetzt die Verriegelung, halten den Steg fest (Abb. 6.77/II) und drehen Rad 1 um den Winkel $\varphi_S$ zurück, dann dreht sich Rad 2 noch weiter rechtsherum um den Winkel $\varphi_{2II}$, der sich aus der Gleichheit der Wälzbögen $\hat{\varphi}_{2II} \cdot r_2 = \hat{\varphi}_S \cdot r_1$ errechnet zu $\hat{\varphi}_{2II} = \hat{\varphi}_S \cdot r_1/r_2$. Verdrehen wir nun (Abb. 6.77/III) das Rad 1 um den Winkel $\varphi_1$ (rechtsherum = positiv), so dreht sich Rad 2 linksherum (also zurück, negativ) um den Winkel $\hat{\varphi}_{2III} = \hat{\varphi}_1 \cdot r_1/r_2$, so dass sich also endgültig für Rad 2 der Drehwinkel

$$\varphi_2 = \varphi_{2I} + \varphi_{2II} - \varphi_{2III} = \varphi_S + \frac{r_1}{r_2}\varphi_S - \frac{r_1}{r_2}\varphi_1$$

ergibt, wenn der Steg um $\varphi_S$ und Rad 1 um $\varphi_1$ jeweils rechtsherum gedreht werden. Dividieren wir alle $\varphi$-Werte durch $t$, so erhalten wir jeweils $\omega$, und dividieren wir $\omega$ durch $2\pi$, so erhalten wir die Drehzahlen, und es gilt demnach auch

$$n_2 = n_S + \frac{r_1}{r_2}n_S - \frac{r_1}{r_2}n_1.$$

Hierfür kann man auch schreiben

$$n_1 - \left(-\frac{r_2}{r_1}\right)n_2 = \left[1 - \left(-\frac{r_2}{r_1}\right)\right]n_S$$

oder

$$n_1 - i_{1/2}n_2 = \left(1 - i_{1/2}\right)n_S \tag{6.125}$$

wobei

$$i_{1/2} = -\frac{r_2}{r_1}$$

das Übersetzungsverhältnis des „Standgetriebes", d.h. bei festgehaltenem Steg ($n_S = 0$), bedeutet. Das Minuszeichen muss eingeführt werden, um klar anzugeben, dass sich bei zwei außenverzahnten Rädern Rad 2 andersherum dreht als Rad 1. Bei einem innverzahnten Sonnenrad drehen sich bei festgehaltenem Steg Sonnenrad und Planetenrad im gleichen Sinn, hier ist also $i_{1,2} = +r_2/r_1$.

**Drehzahlgleichungen**  Zur Darstellung des Geschwindigkeitsplans wird in der Ausgangs-stellung (vertikal) nach Abb. 6.78 über dem jeweiligen Radius, z. B $r_1$, die Umfangs-geschwindigkeit $r_1 \cdot \omega_1$ aufgetragen, so dass der Tangens des Winkels $\alpha_1$, den der Strahl 1 mit der Vertikalen bildet, ein Maß für die Winkelgeschwindigkeit (Drehzahl) darstellt:

$$\tan \alpha_1 = \frac{r_1 \, \omega_1}{r_1} = \omega_1.$$

Liegt $\alpha$ rechts der Vertikalen, dann dreht sich das Rad rechtsherum, ist der Strahl entgegen-gesetzt geneigt (negativ), dann dreht sich das Rad linksherum (willkürliche, aber übliche Vereinbarung über die Zuordnung von Drehsinn und Vorzeichen). Wird ein Rad oder der Steg festgehalten ($n = 0$), so liegt der betreffende Strahl in der Vertikalen ($\alpha = 0$). Bei dem Standgetriebe der Abb. 6.78a liest man für Rad 2 ab

$$\tan \alpha_2 = \omega_2 = -\frac{r_1 \, \omega_1}{r_2} \quad \text{und} \quad i_{1/2} = \frac{\omega_1}{\omega_2} = \frac{n_1}{n_2} = -\frac{r_2}{r_1}.$$

Drehen sich Rad 1 mit $\omega_1$ und der Steg $S$ mit $n_S$ (beide rechtsherum), dann ergibt sich der Geschwindigkeitsplan nach Abb. 6.78b, und es wird in diesem allgemeinen Fall

$$r_2 \, \omega_2 = r_S \, \omega_S - r_1 \, \omega_1$$

$$r_2 \, \omega_2 = (r_1 + r_2) \, \omega_S - r_1 \, \omega_1$$

$$\omega_1 + \frac{r_2}{r_1} \omega_2 = \left(1 + \frac{r_2}{r_1}\right) \omega_S$$

oder mit $r_2/r_1 = -i_{1/2}$

$$\omega_1 - i_{1/2} \, \omega_2 = \left(1 - i_{1/2}\right) \omega_S,$$

bzw.

$$n_1 - i_{1/2} \, n_2 = \left(1 - i_{1/2}\right) n_S$$

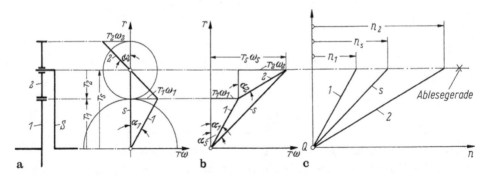

**Abb. 6.78** Geschwindigkeits- und Drehzahlverhältnisse. a) Geschwindigkeiten für Standgetriebe; b) Geschwindigkeitsplan für rechtsdrehendes Rad 1 und rechtsdrehenden Steg $S$; c) Drehzahlplan für b) (nach KUTZBACH)

Diese Grundgleichung gilt für alle Umlaufgetriebe, auch solche mit zweistufigem Planetenrad, wie sie in Tab. 6.17 dargestellt sind. Und zwar jeweils zwischen drei beliebigen Drehzahlen, also z. B.

$$n_1 - i_{1/2}\, n_2 = \left(1 - i_{1/2}\right) n_S \quad \text{oder} \quad n_2 - i_{2,1}\, n_1 = \left(1 - i_{2,1}\right) n_S,$$

$$n_2 - i_{2/3}\, n_3 = \left(1 - i_{2/3}\right) n_S \quad \text{oder} \quad n_3 - i_{3/2}\, n_2 = \left(1 - i_{3/2}\right) n_S,$$

$$n_1 - i_{1/3}\, n_3 = \left(1 - i_{1/3}\right) n_S \quad \text{oder} \quad n_3 - i_{3,1}\, n_1 = \left(1 - i_{3,1}\right) n_S,$$

**Tab. 6.17** Die wichtigsten Typen von Stirnrad-Umlaufgetrieben

| Bezeichnungen und Schema | Grundübersetzungen (bei $n_s = 0$) | Drehzahlgleichungen |
|---|---|---|
| **Typ 2AA** $\quad T_S = T_1 + T_2 = T_3 + T_{2'}$ | $i_{1/2} = -\dfrac{r_2}{r_1}$ | $n_1 - \dfrac{r_2}{r_1}\dfrac{r_3}{r_{2'}} n_3 = \left(1 + \dfrac{r_2}{r_1}\dfrac{r_3}{r_{2'}}\right) n_s$ |
| | $i_{2/3} = -\dfrac{r_3}{r_{2'}}$ | $n_1 + \dfrac{r_2}{r_1} n_2 = \left(1 + \dfrac{r_2}{r_1}\right) n_s$ |
| | $i_{1/3} = -\dfrac{r_2}{r_1}\dfrac{r_3}{r_{2'}}$ | $n_2 + \dfrac{r_3}{r_{2'}} n_3 = \left(1 + \dfrac{r_3}{r_{2'}}\right) n_s$ |
| **Typ 1A** $\quad T_S = T_1 + T_2$ | $i_{1/2} = -\dfrac{r_2}{r_1}$ | $n_1 + \dfrac{r_2}{r_1} n_2 = \left(1 + \dfrac{r_2}{r_1}\right) n_s$ |
| **Typ 2II** $\quad T_S = T_1 - T_2 = T_3 - T_{2'}$ | $i_{1/2} = \dfrac{r_2}{r_1}$ | $n_1 - \dfrac{r_2}{r_1}\dfrac{r_3}{r_{2'}} n_3 = \left(1 - \dfrac{r_2}{r_1}\dfrac{r_3}{r_{2'}}\right) n_s$ |
| | $i_{2/3} = \dfrac{r_3}{r_{2'}}$ | $n_1 - \dfrac{r_2}{r_1} n_2 = \left(1 - \dfrac{r_2}{r_1}\right) n_s$ |
| | $i_{1/2} = -\dfrac{r_2}{r_1}\dfrac{r_3}{r_{2'}}$ | $n_2 - \dfrac{r_3}{r_{2'}} n_3 = \left(1 - \dfrac{r_3}{r_{2'}}\right) n_s$ |
| **Typ 1I** $\quad T_S = T_1 - T_2$ | $i_{1/2} = -\dfrac{r_2}{r_1}$ | $n_1 - \dfrac{r_2}{r_1} n_2 = \left(1 - \dfrac{r_2}{r_1}\right) n_s$ |

**Tab. 6.17** (Fortsetzung)

| Bezeichnungen und Schema | Grundübersetzungen (bei $n_s = 0$) | Drehzahlgleichungen |
|---|---|---|
| $\boxed{Typ\ 2AI}$   $T_s = T_1 + T_2 = T_3 - T_{2'}$ | $i_{1/2} = -\dfrac{r_2}{r_1}$ | $\boxed{n_1 + \dfrac{r_2}{r_1}\dfrac{r_3}{r_{2'}}n_3 = \left(1 + \dfrac{r_2}{r_1}\dfrac{r_3}{r_{2'}}\right)n_s}$ |
| | $i_{2/3} = -\dfrac{r_3}{r_{2'}}$ | $n_1 + \dfrac{r_2}{r_1}n_2 = \left(1 + \dfrac{r_2}{r_1}\right)n_s$ |
| | $i_{1/3} = -\dfrac{r_2}{r_1}\dfrac{r_3}{r_{2'}}$ | $n_2 - \dfrac{r_3}{r_{2'}}n_3 = \left(1 - \dfrac{r_3}{r_{2'}}\right)n_s$ |
| $\boxed{Typ\ 1AI}$   $T_s = T_1 + T_2 = T_3 - T_2 = \dfrac{T_1 + T_3}{2}$ <br> $T_2 = \dfrac{T_3 - T_1}{2}$ | $i_{1/2} = -\dfrac{r_2}{r_1}$ | $\boxed{n_1 + \dfrac{r_3}{r_1}n_3 = \left(1 + \dfrac{r_3}{r_1}\right)n_s}$ |
| | $i_{2/3} = \dfrac{r_3}{r_2}$ | $n_1 + \dfrac{r_2}{r_1}n_2 = \left(1 + \dfrac{r_2}{r_1}\right)n_s$ |
| | $i_{1/3} = -\dfrac{r_3}{r_1}$ | $n_2 - \dfrac{r_3}{r_2}n_3 = \left(1 - \dfrac{r_3}{r_2}\right)n_s$ |

wobei für $i$ immer die Übersetzungsverhältnisse bei $n_S = 0$, also bei stillstehendem Steg (= Standgetriebe), mit den richtigen Vorzeichen einzusetzen sind. Für die wichtigste, die dritte Gleichung, gilt dabei

$$i_{1/3} = i_{1/2}\,i_{2/3} \quad \text{und} \quad i_{3/1} = \frac{1}{i_{1/3}}.$$

Für die häufigsten Sonderfälle folgt dann

| für Standgetriebe $n_S = 0$ | bei Hohlrad 3 fest $n_3 = 0$ | bei Sonnenrad 1 fest $n_1 = 0$ |
|---|---|---|
| $\dfrac{n_1}{n_2} = i_{1/2}$ | | $\dfrac{n_2}{n_S} = -\dfrac{1 - i_{1/2}}{i_{1/2}}$ |
| $\dfrac{n_2}{n_3} = i_{2/3}$ | $\dfrac{n_2}{n_S} = 1 - i_{2/3}$ | |
| $\dfrac{n_1}{n_3} = i_{1/3}$ | $\dfrac{n_1}{n_S} = 1 - i_{1/3}$ | $\dfrac{n_3}{n_S} = -\dfrac{1 - i_{1/3}}{i_{1/3}}$ |

Für die Drehzahlgleichungen gibt es auch noch eine einfachere Abteilung bzw. Deutung, wenn man sie folgendermaßen umformt:

$$n_1 - i_{1/2}\, n_2 = \left(1 - i_{1/2}\right) n_S,$$
$$n_1 - i_{1/2}\, n_2 = n_S - i_{1/2}\, n_S,$$
$$n_1 - n_S = i_{1/2}\left(n_2 - n_S\right),$$
$$\frac{n_1 - n_S}{n_2 - n_S} = i_{1/2}, \qquad \frac{n_2 - n_S}{n_3 - n_S} = i_{2/3}, \qquad \frac{n_1 - n_S}{n_2 - n_S} = i_{1/3}.$$

Auf der linken Seite dieser Gleichungen steht jetzt jeweils das Verhältnis der relativen Drehzahlen gegenüber dem Steg. Das sind also die Drehzahlen, die ein auf dem Steg stehender Beobachter wahrnimmt. Von diesem Standpunkt aus sind die Drehzahlverhältnisse natürlich gleich den Übersetzungsverhältnissen.

*Drehzahlplan* Obwohl die Drehzahlgleichungen für die Berechnungen vollkommen ausreichen, ist es doch sehr zu empfehlen, die Drehzahlpläne (Abb. 6.78c) aufzuzeichnen, da damit sehr schnell ein Überblick über Drehzahlen, Drehrichtungen und Übersetzungen gewonnen werden kann. Dazu werden die Geschwindigkeitsstrahlen parallel so verschoben, dass sie alle durch einen gewählten Punkt Q gehen. Auf einer waagerechten Ablesegeraden mit beliebigem Abstand zum Punkt Q werden dann die Drehzahlen abgelesen, rechts die positiven, links die negativen. Berücksichtigt man den Zeichnungsmaßstab, können die Drehzahlen auch quantitativ bestimmt werden. Zur Ermittlung der Übersetzungen genügt es, einfach die abgemessenen $n$-Werte ins Verhältnis zu setzen z. B.

$$i_{1/S} = \frac{\text{Strecke von } n_1 \text{ auf Ablesegerade}}{\text{Strecke von } n_S \text{ auf Ablesegerade}}$$

**Anwendungen** Für die einzelnen Typen sollen die Bezeichnungen nach Tab. 6.17 eingeführt werden. Es bedeuten dabei die Zahlen 1 = einstufiges und 2 = zweistufiges Planetenrad und die Buchstaben A = außenverzahntes und I = innenverzahntes Sonnenrad. Für jeden Typ sind jeweils die Schemaskizze, die Grundübersetzungen und die Drehzahlgleichungen angegeben.

Der in Tab. 6.17 zuletzt genannte Typ 1AI kommt in der Praxis am häufigsten vor, besonders auch in Kombinationen und Hintereinanderschaltungen und mit verschiedensten konstruktiven Abwandlungen, indem z. B. das innenverzahnte Sonnenrad 3 außen als Bremstrommel (Abb. 6.80 bis 6.82) ausgeführt oder zur Einleitung einer zusätzlichen Drehbewegung mit einer Außenverzahnung versehen oder als Schneckenrad (Abb. 6.79) oder als Riemenscheibe ausgebildet wird. Aber auch die anderen Typen finden sowohl einzeln als auch in Kombinationen öfter Anwendung, wobei ebenfalls von der Möglichkeit der Abbremsung oder Kupplung verschiedener Wellen Gebrauch gemacht wird, um Schalt- oder Wendegetriebe zu erhalten.

Häufig werden bei Umlaufgetrieben mehrere Planetenräder verwendet, da hierbei die Leistungsübertragung je Planetenrad nur einen entsprechenden Bruchteil der Gesamtleistung ausmacht und der Raumbedarf des Getriebes sich beachtlich verringert. Außerdem heben sich bei einer gleichmäßigen Verteilung auf dem Umfang des Sonnenrades mit dem Halbmesser $r_S$ die Kräfte auf die Zentrallagerung des Steges und der Sonnenräder auf. Ferner erübrigt sich das bei nur einem Planetenrad erforderliche Gegengewicht

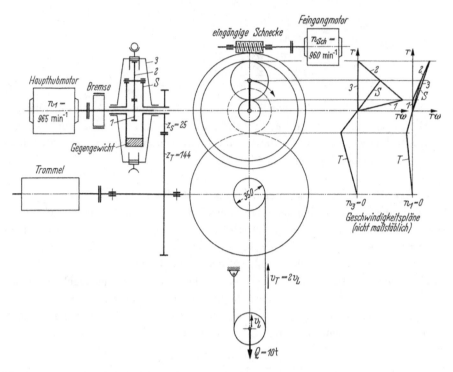

**Abb. 6.79** Umlaufgetriebe für Kranhubwerk (Beispiel 1)

**Abb. 6.80** Umlauf-
Wendegetriebe (Beispiel 2)

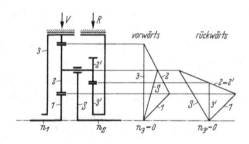

zum Ausgleich der Fliehkräfte. Allerdings muss durch genaue Fertigung oder besondere konstruktive Maßnahmen dafür gesorgt werden, dass alle Planetenräder auch wirklich gleichmäßig tragen. Man erreicht dies z. B. durch bei der Montage nachstellbare Planetenräder oder durch die Anordnung federnder Zwischenglieder. Beim Stoeckicht-Getriebe (Abb. 6.81) wird dies durch die elastische Ausbildung von ringförmigen in Zahnkupplungen kardanisch aufgehängten äußeren Sonnenrädern und einer Führung der inneren Sonnenräder nur in den Verzahnungen der Planetenräder erreicht.

Für den Typ 1AI ergeben sich bei mehreren symmetrisch angeordneten Planetenrädern bezüglich der Zähnezahlen folgende Bedingungen:

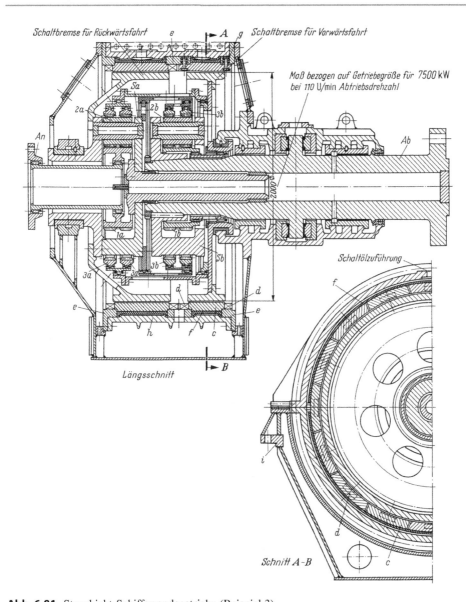

**Abb. 6.81** Stoeckicht-Schiffswendegetriebe (Beispiel 3)

- Die Summe der Zähnezahlen $z_1 + z_2$ muss eine gerade Zahl sein
- und muss außerdem durch die Anzahl der Planetenräder teilbar sein.

Die folgenden einfachen Beispiele dienen zur Anwendung der gefundenen Beziehungen, wobei zur anschaulichen Darstellung von Schemaskizzen und den Geschwindigkeitsplänen Gebrauch gemacht wird.

**Beispiel 1: Umlaufgetriebe**

Umlaufrädergetriebe vom TYP 1AI für das Hubwerk eines Kranes von 10 t Tragkraft mit loser Rolle für zwei verschiedene Hubgeschwindigkeiten, a) Hauptgeschwindigkeit $v_L = 15$ m/min und b) Feingeschwindigkeit $v_L = 0,75$ m/min nach dem Schema in Abb. 6.79.

Gegeben: Trommeldurchmesser $d_T = 350$ mm; Zähnezahlen des Trommelvorgeleges $z_T = 144$,

$$z_S = 25 \quad \text{(mit Steg fest verbunden)}.$$

a) Drehzahl des Haupthubmotors $n_1 = 965$ min$^{-1}$; dabei $n_3 = 0$ (selbsthemmend),
b) Drehzahl des Feingangmotors $n_{Sch} = 960$ min$^{-1}$; dabei $n_1 = 0$ (abgebremst).

Gesucht: erforderliche Drehzahlen und Zähnezahlen $z_1$, $z_2$ und $z_3$ im Falle a) und Übersetzung des Schneckengetriebes im Falle b) mit den gefundenen Zähnezahlen.

a) Für die Lastgeschwindigkeit $v_L = 15$ m/min ergibt sich die Trommeldrehzahl $n_T$ aus $v_T = 2\,v_L = d_T\,\pi\,n_T$ zu

$$n_T \frac{2\,v_L}{d_T\pi} = \frac{2 \cdot 15\,\text{m/min}}{0,35\,\text{m}\pi} = 27,3\,\text{min}^{-1}.$$

Die Stegdrehzahl wird

$$n_S = n_T \frac{z_T}{z_S} = 27,3 \cdot \frac{144}{25} = 157\,\text{min}^{-1}.$$

Mit $n_3 = 0$ und $n_1 = 965$ min$^{-1}$ folgt aus

$$n_1 + \frac{z_3}{z_1} n_3 = \left(1 + \frac{z_3}{z_1}\right) n_S$$

$$965 = \left(1 + \frac{z_3}{z_1}\right) 157,$$

$$1 + \frac{z_3}{z_1} = \frac{965}{157} = 6,15,$$

also

$$\frac{z_3}{z_1} = 5,15.$$

Gewählt $z_1 = 17$ und $z_3 = 87$; aus $r_2 = (r_3 - r_1)/2$ folgt dann

$$z_2 = \frac{z_3 - z_1}{2} = \frac{87 - 17}{2} = 35.$$

b) Für die Lastgeschwindigkeit $v_L = 0,75$ m/min ergibt sich die Trommeldrehzahl zu

$$n_T = \frac{2v_L}{d_T\pi} = \frac{2\cdot 0,75\,\text{m/min}}{0,35\,\text{m}\pi} = 1,37\,\text{min}^{-1}$$

und die Stegdrehzahl zu

$$n_S = n_T \frac{z_T}{z_S} = 1,37 \cdot \frac{144}{25} = 7,9\,\text{min}^{-1}.$$

Mit $n_1 = 0$ (Hauptmotor abgebremst) wird

$$\frac{z_3}{z_1}n_3 = \left(1 + \frac{z_3}{z_1}\right)n_S \quad \text{oder} \quad z_3 n_3 = (z_1 + z_3)n_s,$$

also

$$n_3 = \frac{z_1 + z_3}{z_3}n_S = \frac{17 + 87}{87}\cdot 7,9 = \frac{104}{87}\cdot 7,9 = 9,45\,\text{min}^{-1},$$

Somit wird die Übersetzung des Schneckengetriebes

$$i_{\text{sch}} = \frac{n_{\text{sch}}}{n_3} = \frac{960}{9,45} = 102.$$

**Beispiel 2: Umlaufgetriebe**

Umlaufräder-Wendegetriebe nach dem Schema in Abb. 6.80, das im Vorwärtsgang als Typ 1 A I mit abgebremstem Rad 3 und im Rückwärtsgang als Typ 2AA (mit 3′ statt 3) mit abgebremstem Rad 3′ arbeitet.

Gegeben: $n_1 = 950$ min$^{-1}$; verlangt: vorwärts $n_S = 250$ min$^{-1}$, rückwärts $n_S = -500$ min$^{-1}$.

Bei gleicher Leistung für den Vorwärts- und Rückwärtsgang tritt in der zweiten Stufe des Planetenrades die höhere Belastung auf, und man wird bei der Bemessung von dem kleinsten Rad 2′ ausgehen. Eine Überschlagsrechnung ergibt, dass für die Räder 2′ und 3′ der Modul $m' = 2,5$ mm betragen muss, während für die Räder 1, 2, 3 der Modul $m = 2$ mm genügt.

Aus den Drehzahlgleichungen folgt für den

Vorwärtsgang (TYP 1AI)        Rückwärtsgang (Typ 2AA)

$$\frac{n_1}{n_S} = 1 + \frac{r_3}{r_1} = \frac{950}{250} = 3,8, \qquad \frac{n_1}{n_S} = 1 - \frac{r_2\,r_{3'}}{r_1\,r_{2'}} = \frac{950}{-500} = -1,9,$$

$$\frac{r_3}{r_1} = 2,8, \qquad\qquad\qquad\qquad \frac{r_2\,r_{3'}}{r_1\,r_{2'}} = 2,9,$$

Aus

$$r_2 = \frac{r_3 - r_1}{2} \quad \text{folgt} \quad \frac{r_2}{r_1} = \frac{1}{2}\left(\frac{r_3}{r_2} - 1\right) = 0,9$$

und somit

$$\frac{r_{3'}}{r_{2'}} = \frac{2,9}{0,9} = 3,22$$

Mit den Moduln $m = 2$ und $m' = 2,5$ ergibt sich

$$r_S = \frac{m}{2}(z_1 + z_2) = \frac{m'}{2}(z_{2'} + z_{3'})$$

oder

$$m\,z_1\left(1 + \frac{z_3}{z_1}\right) = m'z_{2'}\left(1 + \frac{z_{3'}}{z_{2'}}\right)$$

und

$$\frac{z_1}{z_{2'}} = \frac{m'}{m}\frac{1 + \dfrac{z_{3'}}{z_{2'}}}{1 + \dfrac{z_2}{z_1}} = \frac{2,5}{2}\frac{4,22}{1,9} = 2,78.$$

Gewählt $z_{2'} = 18$; dann wird

$$z_1 = 2,78z_{2'} = 50; \qquad z_2 = 0,9z_1 = 45;$$

$$z_3 = z_1 + 2z_2 = 140; \quad z_{3'} = 3,22z_{2'} = 58;$$

Die Wälzradien ergeben sich zu

$$r_1 = \frac{m}{2}z_1 = 50\,\text{mm} \quad r_{2'} = \frac{m'}{2}z_{2'} = 1,25 \cdot 18 = 22,5\,\text{mm}$$

$$r_2 = \frac{m}{2}z_2 = 45\,\text{mm} \quad r_{3'} = \frac{m'}{2}z_{3'} = 1,25 \cdot 58 = 72,5\,\text{mm}$$

$$\overline{r_S} = \qquad\quad 95\,\text{mm} \quad \overline{r_S} = \qquad\qquad\qquad\qquad 95,0\,\text{mm}$$

$$r_3 = \qquad\quad 140\,\text{mm}$$

---

**Beispiel 3**

Hintereinanderschaltung von zwei Getrieben des Typs 1AI zur Verwendung als Schiffsuntersetzungs- und -wendegetriebe, Bauart Stoeckicht.

Der Längsschnitt (Abb. 6.81) zeigt, dass die Planetenräder und die Außenräder der beiden Getriebe $a$ und $b$ aus Fertigungsgründen und zur Vereinfachung der Ersatzteillagerhaltung gleich ausgeführt sind und somit auch die Sonnenräder 1a und 1b gleiche Zähnezahlen haben. Die Grundübersetzung $i_{1/3} = -\dfrac{r_3}{r_1}$ ist also (bei dieser Ausführung) bei beiden Getrieben gleich.

Zur Betätigung des *Vorwärtsganges* werden die miteinander gekuppelten Räder 3a und 1b durch die Bremse V festgehalten: $n_{3a} = n_{1b} = 0$. Zur Betätigung des *Rückwärtsganges* wird die Bremse R angezogen, wodurch der Steg Sa, der mit Rad 3b gekuppelt ist, festgehalten wird: $n_{Sa} = n_{3b} = 0$. Der Leerlauf der Antriebsmaschine wird durch Lösen beider Bremsen ermöglicht. In Abb. 6.82 ist das Getriebeschema mit den Geschwindigkeitsplänen gezeichnet.

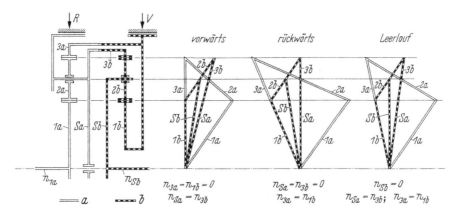

**Abb. 6.82** Geschwindigkeitspläne für Schiffswendegetriebe (Beispiel 3)

Durch Aufstellen der Drehzahlgleichungen für jedes Getriebe ergeben sich die Übersetzungsverhältnisse wie folgt:

| | Vorwärtsgang | Rückwärtsgang |
|---|---|---|
| *Getriebe a*: | $n_{1a} - i_{1/3}n_{3a} = (1 - i_{1/3})n_{sa}$ | $n_{1a} - i_{1/3}n_{3a} = (1 - i_{1/3})n_{sa}$ |
| | $n_{3a} = 0;\ n_{sa} = n_{3b}$ | $n_{sa} = 0;\ n_{3a} = n_{1b}$ |
| | $n_{3b} = \dfrac{n_{1a}}{1 - i_{1/3}}$ | $n_{1b} = \dfrac{n_{1a}}{i_{1/3}}$ |
| *Getriebe b*: | $n_{1b} - n_{1/3}n_{3b} = (1 - i_{1/3})n_{sb}$ | $n_{1b} - i_{1/3}n_{3a} = (1 - i_{1/3})n_{sb}$ |
| | $n_{1b} = 0$ | $n_{3b} = 0$ |
| | $-i_{1/3}\dfrac{n_{1a}}{1-i_{1/3}} = (1 - i_{1/3})n_{sb}$ | $\dfrac{n_{1a}}{i_{1/3}} = (1 - i_{1/3})n_{sb}$ |
| | $\left[\dfrac{n_{1a}}{n_{sb}} = \dfrac{(1-i_{1/3})^2}{-i_{1/3}} = \dfrac{\left(1+\frac{r_3}{r_1}\right)^2}{\frac{r_3}{r_1}}\right]$ | $\left[\dfrac{n_{a1}}{n_{sb}} = i_{1/3}\,(1 - i_{1/3}) = \right.$ $\left. = -\dfrac{r_3}{r_1}\left(1 + \dfrac{r_3}{r_1}\right)\right]$ |

Je nach der Wahl von $r_3/r_1$ erhält man folgende Übersetzungsverhältnisse $n_{1a}/n_{sb} = n_{an}/n_{ab}$:

| $r_3/r_1$ | 1,5 | 1,62 | 1,75 | 2 | 2,25 |
|---|---|---|---|---|---|
| Vorwärts | 4,16 | 4,24 | 4,32 | 4,5 | 4,7 |
| Rückwärts | −3,75 | −4,25 | −4,81 | −6,0 | −7,3 |

Für den Fall gleich großer Übersetzung im Vorwärts- und Rückwärtsgang und für je 6 gleichmäßig verteilte Planetenräder eignen sich z. B die Zähnezahlen $z_1 = 71$, $z_2 = 22$, $z_3 = 115$,[1] denn es ist dann $r_3/r_1 = z_3/z_1 = 1,62$, und die Zähnezahlsumme $z_1 + z_3$ ist durch 6 teilbar.

---

[1] oder $z_1 = 55$, $z_2 = 17$, $z_3 = 89$.

## 6.5.2  Kräfte, Momente und Leistungen

**Ohne Berücksichtigung von Verlusten** Zur Ermittlung der Dreh- und Reaktionsmomente zeichnet man am besten die auf das Planetenrad wirkenden Kräfte, die im Gleichgewicht stehen müssen, auf. Es sind dies die Zahnnormalkräfte an den Zahneingriffsstellen und die vom Steg her wirkende Reaktionskraft. Da die Radialkomponenten zu den Drehmomenten keinen Beitrag liefern, werden im Weiteren nur die Umfangskräfte betrachtet. Für den Typ 1AI ergibt sich z. B nach Abb. 6.83

$$F_{t1} = F_{t3} \quad \text{und} \quad F_{tS} = F_{t1} + F_{t3} = 2F_{t1} = 2F_{t3}.$$

Das Bild der Kräfteverteilung ist unabhängig davon, ob eine Welle und welche Welle festgehalten wird oder ob sich alle drei Wellen drehen.

Nach der Gleichgewichtsbedingung muss die Summe der von außen auf das Getriebe wirkenden Momenten gleich Null sein:

$$T_1 + T_3 + T_S = 0 \quad \text{oder} \quad 1 + \frac{T_3}{T_1} + \frac{T_S}{T_1} = 0 \tag{6.126}$$

| Nach Abb. 6.83 ist für Typ 1AI | Allgemein gilt für alle Typen |
|---|---|
| $T_1 = F_{t1}\, r_1$ | $\dfrac{T_3}{T_1} = -i_{1/3}$ |
| $T_3 = F_{t3}\, r_3 = F_{t1}\, r_1 \dfrac{r_3}{r_1}$ | $\dfrac{T_S}{T_1} = -\left(1 - i_{1/3}\right)$ |
| $T_S = -F_{tS}\, r_S = -F_{t1}\, r_1 \left(1 + \dfrac{r_3}{r_1}\right)$ | $\dfrac{T_S}{T_3} = \dfrac{1 - i_{1/3}}{i_{1/3}}$ |

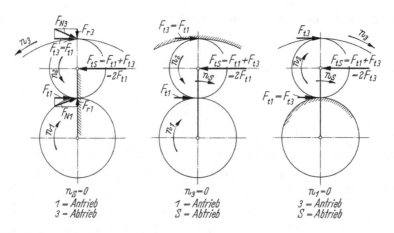

**Abb. 6.83**  Kräfte auf das Planetenrad (Typ 1AI)

Hierbei sind im Uhrzeigersinn drehende Momente positiv, die entgegengesetzt drehenden negativ.

Antriebsmomente sind solche, bei denen die Vektoren der Umfangskraft (auf das Planetenrad) und der zugehörigen Umfangsgeschwindigkeit gleiche Richtung haben. Bei Abtriebsmomenten sind Kraft- und Geschwindigkeitsvektor gegensinnig gerichtet. Bei Reaktionsmomenten ist die Umfangsgeschwindigkeit gleich Null.

Für die Leistungen, die ja jeweils als Produkt aus Umfangskraft und Umfangsgeschwindigkeit oder als Produkt aus Drehmoment und Winkelgeschwindigkeit erhalten werden, bedeuten dann positive Vorzeichen Antriebsleistungen und negative Vorzeichen Abtriebsleistungen. Bei Vernachlässigung der Verluste muss die Summe der Leistungen gleich Null sein:

$$P_1 + P_3 + P_S = 0 \quad \text{oder} \quad 1 + \frac{P_3}{P_1} + \frac{P_S}{P_1} = 0 \tag{6.127}$$

bzw.

$$T_1\omega_1 + T_3\omega_3 + T_S\omega_S = 0 \quad \text{oder} \quad 1 + \frac{T_3 n_3}{T_1 n_1} + \frac{T_S n_S}{T_1 n_1} = 0.$$

| Nach Abb. 6.83 ist für Typ 1AI | Allgemein gilt für alle Typen |
|---|---|
| $P_1 = F_{t1}\, r_1 \omega_1$ | $\dfrac{P_3}{P_1} = -i_{1/3}\dfrac{n_3}{n_1}$ |
| $P_3 = F_{t3}\, r_3 \omega_3 = F_{t1}\, r_1 \dfrac{r_3}{r_1}\omega_3$ | $\dfrac{P_S}{P_1} = -\left(1 - i_{1/3}\right)\dfrac{n_S}{n_1}$ |
| $P_S = -F_{tS}\, r_S\, \omega_S = -F_{t1}\, r_1 \left(1 + \dfrac{r_3}{r_1}\right)\omega_S$ | $\dfrac{P_S}{P_3} = \dfrac{1 - i_{1/3}}{i_{1/3}}\dfrac{n_S}{n_3}$ |

Wird eine der drei Wellen festgehalten ($\omega = 0, P = O$), so ist hierzu ein entsprechendes Reaktionsmoment oder Bremsmoment von außen aufzubringen. Die eine der beiden übrigen Wellen ist Antriebswelle, die andere Abtriebswelle. Bei drei sich drehenden Wellen können zwei Antriebs- und eine Abtriebswelle oder eine Antriebs- und die beiden anderen Abtriebswellen sein, so dass sich 12 Möglichkeiten ergeben.

**Berücksichtigung der Zahnreibungsverluste** Zahnreibungsverluste treten an den Zahneingriffsstellen auf, jedoch nur dann, wenn auch wirklich ein Wälzvorgang stattfindet. Werden z. B. bei einem Umlaufgetriebe zwei Wellen miteinander gekuppelt, so haben alle Wellen die gleiche Drehzahl, das Getriebe wirkt als Kupplung, es finden an den Zahneingriffsstellen keine Wälzbewegungen statt, und die gesamte Leistung wird – von der Reibung in den Lagerungen abgesehen – verlustlos übertragen.

Im allgemeinen Fall beobachtet man die Wälzvorgänge am besten vom dem Steg aus. Man stellt dann leicht fest, dass für die Vorgänge an den Zahneingriffsstellen und die dort übertragenen Leistungen, die sogenannten Wälzleistungen, nach denen sich allein die Verluste richten, die relativen Drehzahlen maßgebend sind. Wird z. B. der Steg festgehalten,

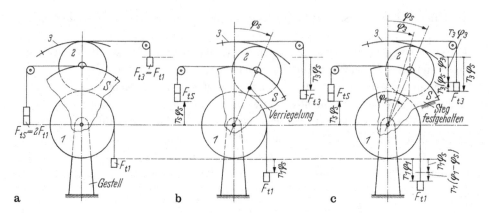

**Abb. 6.84** Überlegungen zur Ermittlung der Leistungen

so wird die gesamte Leistung über das Planetenrad (Zwischenrad) als Wälzleistung übertragen. Hat der Steg selbst jedoch die Drehzahl $n_S$, so können bezüglich der Leistungen die folgende Überlegungen angestellt werden.

Ersetzen wir nach Abb. 6.84a (für den Typ 1AI) die wirkenden Kräfte durch über Seilrollen geleitete Gewichte und verriegeln zunächst wieder einmal Planetenrad und Steg, so ist bei einer Drehung um den Winkel $\varphi_S$ (Abb. 6.84b) der Arbeitsaufwand (Antrieb) an Rad 1 $W_{K1} = F_{t1} \cdot r_1 \cdot \varphi_S$ und an Rad 3 $W_{K3} = F_{t3} \cdot r_3 \cdot \varphi_S$ und der Arbeitsgewinn (Abtrieb) am Steg $W_S = -F_{tS} \cdot r_S \cdot \varphi_S$. Halten wir nun den Steg fest (Abb. 6.84c) und drehen Rad 1 noch weiter nach rechts um den Betrag $\varphi_1 - \varphi_S$, dann dreht sich Rad 3 zurück um den Winkel $\varphi_S - \varphi_3$. Das „Gewicht" $F_{t3}$ wird um den Betrag $r_3 (\varphi_S - \varphi_3)$ gehoben, das bedeutet einen Arbeitsgewinn, bzw. eine Verringerung des Arbeitsaufwandes an Rad 3 um $W_{W3-} = F_{t3} \cdot r_3 (\varphi_1 - \varphi_3)$, wozu ein gleich großer Arbeitsauwand an Rad 1 von $W_{W1} = F_{t1} \cdot r_1 (\varphi_1 - \varphi_S)$ erforderlich ist.

Dividieren wir die Beträge durch die Zeit $t$ und ersetzen die $\varphi/t$-Werte durch $\omega$, so erhalten wir die Leistungen:

Antriebsleistung an Welle 1:  $P_1 = P_{K1} + P_{W1} = F_{t1} r_1 \omega_S + F_{t1} r_1 (\omega_1 - \omega_S)$,
Antriebsleistung an Welle 2:  $P_3 = P_{K3} + P_{W3} = F_{t3} r_3 \omega_S + F_{t3} r_3 (\omega_3 - \omega_S)$,
Antriebsleistung am Steg S:  $P_S = -F_{tS} r_S \omega_S$.

Die Gl. (6.127) kann also ganz allgemein auch so geschrieben werden:

$$P_{K1} + P_{W1} + P_{K3} + P_{W3} + P_S = 0. \tag{6.128}$$

Die Antriebsleistungen setzen sich bei Umlaufgetrieben demnach aus zwei Anteilen zusammen, der Kupplungsleistung $P_K$ und der Wälzleistung $P_W$, wobei insbesonder $P_{W1} = -P_{W3}$ ist. Die Kupplungsleistungsanteile werden verlustlos übertragen. Die Zahnreibungsverluste an den Zahneingriffsstellen sind den Wälzleistungen proportional ($P_V = \nu |P_W|$). Die Gesamtverlustleistung ist dann $P_V = P_{V1} + P_{V3}$, und der Wirkungsgrad ergibt sich zu

$$\eta = \frac{P_{ab}}{P_{an}} = \frac{P_{an} - P_V}{P_{an}} = 1 - \frac{P_V}{P_{an}}$$

oder

$$\eta = \frac{P_{ab}}{P_{an}} = \frac{P_{ab}}{P_{ab} + P_V} = \frac{1}{1 + \frac{P_V}{P_{ab}}}.$$

Üblicherweise setzt man Vergleichsrechnungen mit $v_1 = v_3 = 0,01$, d.h. je Zahneingriff 1% Verlust an. In Wirklichkeit ist jedoch der Reibungsverlust $v$ bei Zahneingriffen mit Innenverzahnung kleiner als bei solchen mit Außenverzahnung. Auch bei der Bemessung der Verzahnungen sind die Wälzleistungen und die relativen Drehzahlen zugrunde zu legen.

---

**Beispiel 4: Wirkungsgrad bei einem Umlaufgetriebe**

*Vorwärtsgang* des Beispiels 2 (Wendegetriebe nach Abb. 6.80) für eine Antriebsleistung

$$P_1 = 10\,\text{kW} = 10000\,\text{Nm/s}.$$

Drehzahlen und Winkelgeschwindigkeiten:

$$\frac{n_1}{n_S} = 1 + \frac{z_3}{z_1} = 1 + \frac{140}{50} = 3,8; \quad n_S = \frac{n_1}{3,8},$$
$$n_1 = 950\,\text{min}^{-1}; \quad \omega_1 = 99,5/\text{s},$$
$$\frac{n_2}{n_S} = 1 - i_{2/3} = 1 - \frac{z_3}{z_2} = -2,11;$$
$$n_S = 250\,\text{min}^{-1}; \quad \omega_S = 26,2/\text{s},$$
$$n_2 = -2,11\,n_S,$$
$$n_2 = -527\,\text{min}^{-1}; \quad \omega_2 = -55,1/\text{s},$$

Drehmomente Abb. 6.85a:

Antriebsmoment $\quad T_1 = \dfrac{P_1}{\omega_1} = \dfrac{10000\,\text{Nm/s}}{99,5/\text{s}} = 100,5\,\text{Nm},$
$$T_1 = 100,5 \cdot 10^3\,\text{Nmm},$$

Antriebsmoment $\quad T_S = -(1 - i_{1/3})T_1 = -3,8\,T_1,$
$$T_S = -381,8 \cdot 10^3\,\text{Nmm}$$

Stützmoment $\quad T_3 = -i_{1/3}\,T_1 = +2,8\,T_1,$
$$T_3 = 281,4 \cdot 10^3\,\text{Nmm}.$$

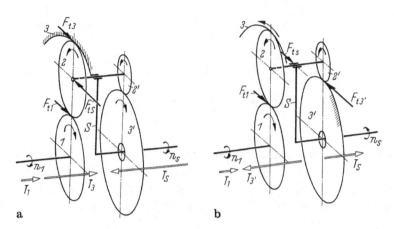

a          b

**Abb. 6.85** Kräfte und Momente (Beispiel 4). a) Vorwärtsgang ($n_3 = 0$); b) Rückwärtsgang ($n'_3 = 0$)

Kräfte (bei *einem* Planetenrad; Abb. 6.85a):

$$r_1 = 50\,\text{mm}; \ F_{t1} = \frac{T_1}{r_1} = \frac{100,5 \cdot 10^3\,\text{Nmm}}{50\,\text{mm}} = 2010\,\text{N}; \ F_{t3} = 2010\,\text{N}: \ F_{ts} = 4020\,\text{N}.$$

Leistungen und Wirkungsgrad:

$$
\begin{aligned}
P_{K1} &= F_{t1}\, r_1\, \omega_s = T_1 \omega_s = 100,5\,\text{Nm} \cdot 26,2/\text{s} &= 2630\,\text{Nm/s}\\
P_{W1} &= F_{t1} r_1 (\omega_1 - \omega_s) = 100,5 \cdot (99,5 - 26,2) &= 7370\,\text{Nm/s}\\
&\hspace{5cm} P_1 = P_{K1} + P_{W1} &= \overline{10\,000\,\text{Nm/s}}\\[6pt]
P_{K3} &= F_{t3}\, r_3\, \omega_s = T_3 \omega_s = 281,4\,\text{Nm} \cdot 26,2/\text{s} &= 7370\,\text{Nm/s}\\
P_{W3} &= F_{t3}\, r_3 (\omega_3 - \omega_s) = 281,4 \cdot (0 - 26,2) &= -7370\,\text{Nm/s}\\
&\hspace{5cm} P_3 = P_{K3} + P_{W1} &= \overline{0\,\text{Nm/s}}\\[6pt]
P_{V1} &= \nu_1\, |P_{W1}| = 0,01 \cdot 7370 &= 74\,\text{Nm/s}\\
P_{V3} &= \nu_3\, |P_{W3}| = 0,01 \cdot 7370 &= 74\,\text{Nm/s}\\
&\hspace{3.3cm} P_V = P_{V1} + P_{V3} &= \overline{148\,\text{Nm/s}}
\end{aligned}
$$

$$\eta = 1 - \frac{P_V}{P_{\text{an}}} = 1 - \frac{148}{10\,000} = 1 - 0,0148 = 0,9852 = 98,52\%$$

*Rückwärtsgang* des Beispiels 2 für die gleiche Leistung $P_1 = 10$ kW.
Drehzahlen und Winkelgeschwindigkeiten:

$$
\begin{aligned}
\frac{n_1}{n_S} &= 1 - \frac{z_2\, z_{3'}}{z_1\, z_{2'}} = 1 - \frac{45}{50}\frac{58}{18} & n_1 &= 950\ \text{min}^{-1}; & \omega_1 &= 99,5/\text{s},\\
&= 1 - 2,9 = -1,9, & n_S &= -500\ \text{min}^{-1}; & \omega_S &= -52,4/\text{s},\\
\frac{n_1}{n_S} &= 1 - i_{2'/3'} = 1 + \frac{r_{3'}}{r_{2'}} = 1 + \frac{z_{3'}}{z_{2'}}\\
&= 1 + \frac{58}{18} = 4,22, & n_2 &= -2110\ \text{min}^{-1}; & \omega_2 &= -221/\text{s},
\end{aligned}
$$

Drehmomente Abb. 6.85b:

Antriebsmoment $\quad T_1 = \dfrac{P_1}{\omega_1} = 100,5\,\text{Nm},\qquad\qquad T_1 = 100,5\cdot 10^3\,\text{Nmm},$

Antriebsmoment $\quad T_S = -(1-i_{1/3'})T_1 = -1,9\,T_1,\quad T_S = -191,0\cdot 10^3\,\text{Nmm}$

Stützmoment $\quad\;\; T_3 = -i_{1/3'}T_1 = -2,9\,T_1,\qquad T_3 = -291,5\cdot 10^3\,\text{Nmm}.$

Kräfte (bei *einem* Planetenrad; Abb. 6.85b):

$$r_1 = 50\,\text{mm};\; F_{t1} = \dfrac{T_1}{r_1} = 2010\,\text{N};\; F_{t3'} = F_{t1}\dfrac{r_2}{r_{2'}} = 2010\cdot\dfrac{45}{22,5} = 4020\,\text{N};$$

$$F_{ts} = 2010\,\text{N}.$$

Leistungen und Wirkungsgrad:

$$
\begin{aligned}
P_{K1} &= F_{t1}\,r_1\,\omega_s = T_1\omega_s = 100,5\,\text{Nm}\cdot(-52,/s) &&= -5270\,\text{Nm/s}\\
P_{W1} &= F_{t1}\,r_1\,(\omega_1-\omega_s) = 100,5\cdot(99,5+52,4) &&= \underline{+15270\,\text{Nm/s}}\\
&\qquad\qquad\qquad P_1 = P_{K1}+P_{W1} &&= 10\,000\,\text{Nm/s}\\[4pt]
P_{K3'} &= F_{t3'}\,r_{3'}\,\omega_s = T_{3'}\omega_s = 291,5\,\text{Nm}\cdot 52,4/s &&= 15270\,\text{Nm/s}\\
P_{W3'} &= F_{t3'}\,r_{3'}\,(\omega_{3'}-\omega_s) = 291,5\cdot(0-52,4) &&= \underline{-15270\,\text{Nm/s}}\\
&\qquad\qquad\qquad P_3 = P_{K3'}+P_{W3'} &&= \phantom{-1527}0\,\text{Nm/s}
\end{aligned}
$$

$$
\begin{aligned}
P_{V1} &= v_1\,|P_{W1}| = 0,01\cdot 15270 = 153\,\text{Nm/s}\\
P_{V3} &= v_3\,|P_{W3}| = 0,01\cdot 15270 = \phantom{1}74\,\text{Nm/s}\\
P_V &= P_{V1}+P_{V3} = \overline{306\,\text{Nm/s}}
\end{aligned}
$$

$$\eta = 1-\dfrac{P_V}{P_{\text{an}}} = 1-\dfrac{306}{10\,000} = 1-0,0306 = 0,9694 = 97\%$$

Beim Rückwärtsgang ist also die Wälzleistung *größer* als die Antriebsleistung. Daher der schlechtere Wirkungsgrad!

Der Wirkungsgrad des Standgetriebes ist jedoch schlechter als der des Umlaufgetriebes im Vorwärtsgang:

$$\eta_{\text{Sta}} = 1-\dfrac{P_{V\,\text{Sta}}}{P_{\text{an}}} = 1-\dfrac{2vP_{\text{an}}}{P_{\text{an}}} = 1-\dfrac{200}{10\,000} = 1-0,02 = 0,98 = 98\%.$$

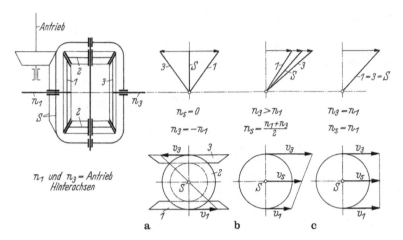

**Abb. 6.86** Geschwindigkeitspläne für Kegelrad-Umlaufgetriebe. a) bei festgehaltenem Steg; b) $n_1$ und $n_3$ sind verschieden groß, haben aber gleichen Drehsinn; c) $n_1$ und $n_3$ sind gleich groß und gleich gerichtet (Kupplung)

### 6.5.3  Kegelrad-Umlaufgetriebe

Für Umlaufgetriebe mit Kegelrädern nach Abb. 6.86, die als Ausgleichsgetriebe (Differential) im Kraftfahrzeugbau Verwendung finden, gilt auch wieder die Drehzahlgleichung

$$n_1 - i_{1/3}\, n_3 = \left(1 - i_{1/3}\right) n_S.$$

Nur ist hier wegen $z_1 = z_3$ und $r_1 = r_3$ die Grundübersetzung $i_{1/3} = -1$ (denn bei festgehaltenem Steg ist $n_3 = -n_1$). Die Drehzahlgleichung vereinfacht sich somit zu

$$n_1 + n_2 = 2\,n_S.$$

Die Geschwindigkeits- und Drehzahlverhältnisse gehen wieder anschaulich aus den Geschwindigkeitsplänen (Abb. 6.86) hervor, nur ist es hier ratsam, die Umfangsgeschwindigkeiten auch in der Draufsicht am Planetenrad anzutragen. Dasselbe gilt auch für die Kräfte, so dass dann leicht die Momente, die Leistungen und der Wirkungsgrad zu ermitteln sind.

### 6.6  Reibradgetriebe

Bei Reibradgetrieben werden an den Berührungsstellen zylindrischer oder kegel- bzw. kugel- oder auch scheibenförmiger Reibkörper durch senkrechte Anpresskräfte tangentiale Reibungskräfte (Umfangskräfte) erzeugt. Für die Größe der übertragbaren Umfangskräfte sind außer den Anpresskräften in erster Linie die Reibungszahlen $\mu$ maßgebend, die ihrerseits wieder stark von den Werkstoffpaarungen und der Schmierung abhängig sind.

**Vor- und Nachteile** Reibradgetriebe zeichnen sich ganz allgemein durch einfachen Aufbau, geringe Achsabstände, wenig Aufwand für Wartung, einen gewissen Überlastungsschutz infolge der Durchrutschmöglichkeit und insbesondere durch konstruktiv leicht zu verwirklichende stufenlos verstellbare Übersetzungen aus. Als Nachteile sind der nicht vermeidbare Schlupf und die großen erforderlichen Anpresskräfte zu nennen. Dadurch entstehen hohe Lagerbelastungen und eine Begrenzung der Lebensdauer sowie der übertragbaren Leistung durch die Werkstoffeigenschaften (Härte, mechanische Festigkeit und Abnutzungswiderstand).

### 6.6.1 Werkstoffpaarungen und Berechnungsgrundlagen

Die in den nachfolgenden Abschnitten angeführten verschiedenartigen Ausführungen von Reibrädergetrieben für die unterschiedlichsten Verwendungszwecke erfordern jeweils besondere Werkstoffpaarungen.

**Stahlräder** Die Paarung gehärteter Stahl gegen gehärteten Stahl ermöglicht infolge der hohen zulässigen Wälzpressung und des günstigen Verschleißverhaltens die Übertragung hoher Leistungen bei großer Lebensdauer. Im allgemeinen wird Ölschmierung angewendet, so dass die Reibungszahlen nur gering sind. Sie liegen im Bereich der Mischreibung bei $\mu \approx 0,06$, können aber bei reiner Flüssigkeitsreibung noch wesentlich kleiner sein, ohne dass die Wirtschaftlichkeit, d.h. der Wirkungsgrad der Wälzpaarung, darunter leidet. Wichtig ist, dass die Abmessungen der Reibkörper günstig gewählt werden, vor allem die Wälzkreisradien sollten möglichst groß gemacht werden.

Für die Berechnung der Wälzpressungen werden die Hertzschen Gleichungen benutzt, die zwischen Linien- und Punktberührung unterscheiden.

*Linienberührung* Die Berührungsfläche zylindrischer Körper (bzw. Ersatzzylinder) wird bei einer Belastung durch eine Normalkraft $F_N$ ein Rechteck, und es ergibt sich mit den Krümmungsradien $\rho_1$ und $\rho_2$, dem Elastizitätsmodul $E$, der Poissonschen Konstanten $m = 10/3$ (für Stahl) und der Berührungslänge $l$ die Hertzsche Pressung zu

$$p = \sqrt{\frac{1}{2\,\pi}\frac{m^2}{m^2-1}E\frac{F_N}{l}\left(\frac{1}{\rho_1}+\frac{1}{\rho_2}\right)} = \sqrt{0,175 \cdot E\frac{F_N}{l}\left(\frac{1}{\rho_1}+\frac{1}{\rho_2}\right)} \qquad (6.129)$$

*Punktberührung* Allseitig gekrümmte Körper berühren sich in einem Punkt. Die Berührungsfläche wird bei Belastung durch $F_N$ ellipsenförmig. Werden nach Abb. 6.87 die Krümmungsradien in den Hauptkrümmungsebenen jeweils mit $\rho_1$, $\rho_2$ und $\rho_3$, $\rho_4$ bezeichnet, wobei für konkave Krümmungen negative Werte einzusetzen sind, so folgt für die

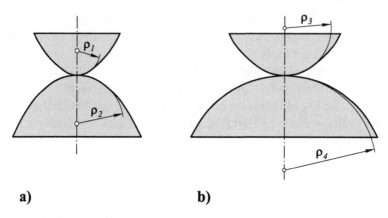

**a)**                    **b)**

**Abb. 6.87** Krümmungsradien. a) $\rho_1$ und $\rho_2$ in Hauptkrümmungsebene 1; b) $\rho_3$ und $\rho_4$ in Hauptkrümmungsebene 2

Hertzsche Pressung

$$p = \frac{1,5}{\pi\,\xi\,\eta}\sqrt[3]{\left(\frac{1}{3}\frac{m^2}{m^2-1}\right)^2 E^2 F_N \left(\frac{1}{\rho_1}+\frac{1}{\rho_2}+\frac{1}{\rho_3}+\frac{1}{\rho_4}\right)^2}, \qquad (6.130)$$

oder mit $m = 10/3$

$$p = \frac{0,245}{\xi\,\eta}\sqrt[3]{E^2 F_N \left(\frac{1}{\rho_1}+\frac{1}{\rho_2}+\frac{1}{\rho_3}+\frac{1}{\rho_4}\right)^2}.$$

Die $\xi$- und $\eta$-Werte sind von dem Hilfswert

$$\cos\vartheta = \frac{\left|\left(\frac{1}{\rho_1}+\frac{1}{\rho_2}\right)-\left(\frac{1}{\rho_3}+\frac{1}{\rho_4}\right)\right|}{\left(\frac{1}{\rho_1}+\frac{1}{\rho_2}\right)+\left(\frac{1}{\rho_3}+\frac{1}{\rho_4}\right)}$$

abhängig:

| $\cos\vartheta$ | 0,00 | 0,20 | 0,40 | 0,60 | 0,80 | 0,90 | 0,92 | 0,94 | 0,96 | 0,98 | 0,99 |
|---|---|---|---|---|---|---|---|---|---|---|---|
| $\xi$ | 1,00 | 1,15 | 1,35 | 1,66 | 2,30 | 3,09 | 3,40 | 3,83 | 4,51 | 5,94 | 7,76 |
| $\eta$ | 1,00 | 0,88 | 0,77 | 0,66 | 0,54 | 0,46 | 0,44 | 0,41 | 0,38 | 0,33 | 0,29 |

Aus der Bedingung $p \leq p_{zul}$ können dann bei gegebenen oder angenommenen Abmessungen mit Gl. (6.129) bzw. (6.130) die zulässigen Anpresskräfte $F_{N\,zul}$ berechnet werden. Für gehärteten Stahl gegen gehärteten Stahl liegt $p_{zul}$ bei etwa 1500 bis 2000 N/mm². Die je Reibpaarung übertragbare Umfangskraft bestimmt sich aus der Rutschsicherheit $S_R$ und dem Reibbeiwert $\mu$ zu

$$F_t = \frac{\mu\,F_N}{S_R} \quad \text{mit} \quad S_R \approx 1,5. \tag{6.131}$$

Das Hauptanwendungsgebiet der Stahl/Stahl-Paarung liegt bei den Reibrädergetrieben mit stufenlos verstellbarer Übersetzung (Abschn. 6.6.3), bei denen zur Verringerung der Anpresskräfte und zur Erhöhung der übertragbaren Leistung oft mehrere Reibpaarungen parallel geschaltet werden.

---

**Beispiel: Reibradgetriebe**

Für die augenblickliche Berührungsstelle einer Kegelscheibe mit einer Ringwulst-scheibe nach Abb. 6.88 (nicht maßstäblich) sind die zulässige Normalkraft und die übertragbare Umfangskraft zu berechnen.

Gegeben: $r_1 = 15$ mm (Kleinstwert des Verstellbereichs), $\beta = 2°$; $r_2 = 45$ mm. $\varrho_4 = 6$ mm; Werkstoffe: gehärteter Stahl mit $p_{zul} = 1500$ N/mm$^2$; $\mu = 0,04$ (Ölschmierung) und $S_R = 1,5$.

$$\varrho_1 = \frac{r_1}{\sin\beta} = \frac{15\,\text{mm}}{0,035} = 429\,\text{mm}; \quad \frac{1}{\varrho_1} = 0,00233\,\text{mm}^{-1}$$

$$\varrho_2 = \frac{r_2}{\sin\beta} = \frac{45\,\text{mm}}{0,035} = 1285\,\text{mm}; \quad \frac{1}{\varrho_2} = 0,00078\,\text{mm}^{-1}$$

$$\frac{1}{\varrho_1} + \frac{1}{\varrho_2} = 0,00311\,\text{mm}^{-1}$$

**Abb. 6.88** Kegelscheibe mit Ringwulstscheibe (Beispiel)

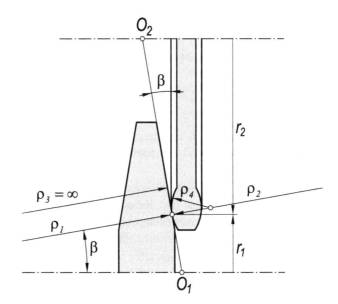

$$\varrho_3 = \infty; \qquad \frac{1}{\varrho_3} = 0 \, \text{mm};$$

$$\varrho_4 = 6 \, \text{mm}; \qquad \frac{1}{\varrho_4} = 0,16667 \, \text{mm}^{-1}$$

$$\frac{1}{\varrho_3} + \frac{1}{\varrho_4} = 0,16667 \, \text{mm}^{-1}$$

$$\left( \frac{1}{\varrho_1} + \frac{1}{\varrho_2} \right) - \left( \frac{1}{\varrho_3} + \frac{1}{\varrho_4} \right) = 0,16356 \, \text{mm}^{-1};$$

$$\left( \frac{1}{\varrho_1} + \frac{1}{\varrho_2} \right) + \left( \frac{1}{\varrho_3} + \frac{1}{\varrho_4} \right) = 0,16978 \, \text{mm}^{-1}.$$

Hilfswert $\cos \vartheta = \dfrac{0,16356}{0,16978} = 0,964$, also $\xi = 4,70$; $\eta = 0,369$; $\xi\eta = 1,74$.

Nach Gl. (6.130) wird

$$p = \frac{0,245}{\xi\eta} \sqrt[3]{E^2 F_{\text{N}} \left( \frac{1}{\varrho_1} + \frac{1}{\varrho_2} + \frac{1}{\varrho_3} + \frac{1}{\varrho_4} \right)^2}$$

$$= \frac{0,245}{1,74} \sqrt[3]{210^2 \cdot 10^6 \, \frac{\text{N}}{\text{mm}^4} F_{\text{N}} \frac{0,16978^2}{\text{mm}^2}},$$

$$p = 153 \sqrt[3]{F_{\text{N}}}$$

aus $p \le p_{\text{zul}}$ folgt

$$F_{\text{N zul}} \le \frac{p_{\text{zul}}^3}{153^3} \, \text{N} = \frac{1500^3}{153^3} \, \text{N} = 942 \, \text{N}.$$

Nach Gl. (6.131) ergibt sich

$$F_{\text{t}} = \frac{\mu F_{\text{N zul}}}{S_{\text{R}}} = \frac{0,04 \cdot 942 \text{N}}{1,5} = 25,1 \, \text{N}.$$

Eine Vergrößerung des Krümmungsradius $\varrho_4$ von 6 mm auf 10 mm liefert $F_{\text{N zul}} = 1880$ N und somit $F_{\text{t}} = 50$ N, also doppelt so große Werte!

**Gummiräder** Bei Weichstoffreibrädern, die in Reibradgetrieben mit konstanter Übersetzung verwendet werden und dabei mit Stahl- oder Gussrädern möglichst hoher Oberflächengüte zusammenarbeiten, werden wesentlich größere Reibzahlen erreicht ($\mu = 0,6 \ldots 0,8$). Allerdings sind nur verhältnismäßig kleine Anpresskräfte zulässig, die hauptsächlich von der in Wärme umgesetzten Verformungsarbeit und der für Gummi zulässigen Temperaturgrenze (etwa 60 bis 70°C) abhängig sind. Bei den üblichen Ausführungen der Gummireibräder ist der Gummireibring aufvulkanisiert oder aufgepresst (Abb. 6.89).

**Abb. 6.89** Gummireibräder.
a) aufvulkanisiert; b)
aufgepresst

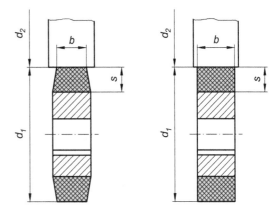

Das Verhältnis von Breite $b$ zu Dicke $s$ der Gummiringe, das optimale Werte für die Wärmeableitung liefert, ist auf Grund von Versuchen ermittelt worden.

Die auf die projizierte Fläche $d_0 \cdot b$ bezogene zulässige Anpresskraft $F_N$ (als Mittelwerte aus vielen Versuchsergebnissen der Hersteller) ist abhängig von der Umfangsgeschwindigkeit $v$. Der Einfluss der Größe des Gegenrades wird nach Dubbel mit folgender Gleichung berücksichtigt:

$$k^*_{zul} = \frac{F_N}{b\,d_0} \quad \text{mit} \quad d_0 = \frac{d_1\,d_2}{d_1 + d_2}.$$

Abhängig von der Umfangsgeschwindigkeit ist die sogenannte Stribecksche Wälzpressung $k^*_{zul}$ in N/mm$^2$:

$$k^*_{zul} = 0,48\,\text{N/mm}^2 \qquad \text{für } v < 1 m/s$$
$$k^*_{zul} = 0,48/v^{0,75}\,\text{N/mm}^2 \qquad \text{für } v = 1 \ldots 30\,m/s$$

Die verwendeten Gummisorten mit Härtegraden von 80 bis 90 Shore besitzen eine hohe Abriebsfestigkeit und sind hitze- und alterungsbeständig. Ermüdungsfestigkeit, Widerstand gegen Verschleiß und somit die Lebensdauer hängen stark von den Betriebsbedingungen und speziellen Beanspruchungsverhältnissen sowie von der Art der Erzeugung der Anpresskräfte, der Lagerung der Reibräder und der Oberflächengüte des Gegenrades ab.

## 6.6.2   Reibradgetriebe mit konstanter Übersetzung

Die häufigste Ausführung benutzt zylindrische Scheiben, wobei meistens die kleinere Antriebsscheibe den Reibstoff trägt. Für sich schneidende Achsen sind Kegelscheiben geeignet. Bei parallelen Achsen können zur Verringerung der Lagerkräfte auch profilierte Scheiben mit mehreren keilförmigen Rillen vorgesehen werden.

Die früher üblichen, durch Gewichte, Federn oder Druckschrauben erzeugten konstanten hohen Anpresskräfte belasteten die Lager und die Reibstoffe auch im Stillstand und bei niedrigen Teilleistungen. Durch besondere konstruktive Maßnahmen kann man jedoch erreichen, dass mit nur geringer Anfangsanpressung sich im Betrieb die Anpresskräfte selbsttätig den zu übertragenden Leistungen anpassen. Nach Abb. 6.90a wird zu diesem Zweck der Motor auf eine Schwinge oder Wippe gesetzt, die sich um den Punkt $D$ drehen kann und die am freien Ende durch eine einstellbare Feder abgestützt ist. Die Anordnung gilt nur für den in der Abbildung angegebenen Drehsinn. Die Lage des Drehpunkts ist so zu wählen, dass der sogenannte Steuerwinkel $\alpha$, den die Verbindungslinie $D - B$ ($B =$ Berührungspunkt) und die Normale im Berührungspunkt (Zentrale $O_1 - O_2$) einschließen, etwas größer ist als der Reibungswinkel $\rho$ (aus $\tan\rho = \mu$). Bei Gummireibrädern wären das $\alpha \approx 42\ldots45°$. Nach der Anfangsanpresskraft $F_{N0}$ im Stillstand, die etwa 10% der Betriebsanpresskraft $F_N$ sein soll, ist die Feder zu bemessen.

Während des Anlaufvorgangs und bei einer Drehmomentenzunahme an der Abtriebswelle im Betriebszustand versucht das treibende Rad 1 am getriebenen 2 aufzulaufen, wodurch eine geringe Schwenkbewegung der Wippe entgegen dem Uhrzeigersinn auftritt und sich der Achsabstand um einen geringen Betrag verkürzt. Die Folge hiervon ist die gewünschte, sich dem Abtriebsdrehmoment selbsttätig anpassende Zunahme der Anpresskraft.

Um bei plötzlichen Drehmomentspitzen, wie sie z. B. bei Brechern, Mühlen und sonstigen Zerkleinerungsmaschinen auftreten, zu hohe Anpresskräfte, Lager- und Motorbelastungen zu vermeiden, können entsprechend Abb. 6.90b Reibrädergetriebe mit Überlastschutz verwendet werden. Dabei ist der Motor ebenfalls auf einer Wippe montiert, die

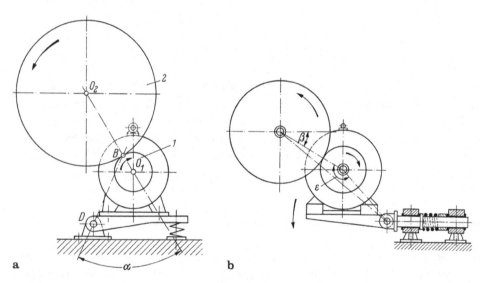

a                                    b

**Abb. 6.90** Reibradgetriebe mit konstanter Übersetzung. a) mit selbständiger Anpassung der Anpresskräfte; b) mit Überlastschutz

aber mittels zweier Lagerstangen in deren Längsrichtung verschiebbar ist. Durch zwei Federn werden die Stangen im Stillstand in der linken Endstellung (Bund als Anschlag) gehalten. Bei normaler Belastung erfolgt eine der geforderten Anpress- und Umfangskraft entsprechende Verschiebung nach rechts, wobei die Federkraft größer wird und sich ein Gleichgewichtszustand einstellt. Die Höchstlast wird in der Strecklage erreicht ($\varepsilon = 180°$). Bei Überlast schlägt die Wippe durch, und der Antrieb wird augenblicklich abgeschaltet. Für den Winkel $\beta = \beta_2$ in Streckstellung (Höchstlast) ergibt sich aus den geometrischen Beziehungen und der Bedingung minimaler Federkräfte die Forderung

$$\sin \beta_2 = \frac{\mu}{\sqrt{1 + \mu^2}}.$$

### 6.6.3 Reibradgetriebe mit stufenlos verstellbarer Übersetzung

Stufenlos einstellbare Getriebe dienen zur Drehzahl- und Drehmomentanpassung zwischen Kraftmaschine und Arbeitsmaschine bei veränderlichen Betriebszuständen. Je größer der Verstellbereich des Getriebes ist, desto universeller kann die Arbeitsmaschine eingesetzt werden.

Die Verstellmöglichkeit der Übersetzung ergibt sich durch die Veränderlichkeit der Wälzkreisradien der verschiedenen zusammenarbeitenden Wälzkörper. Werden die Grenzwerte der Übersetzungen mit $i_{min}$ und $i_{max}$ bezeichnet, so stellt das Verhältnis von $i_{min}/i_{max}$ den Verstellbereich dar (Größenord- nung etwa 1 : 4 bis 1 : 10). Je nach Form und Paarung der Reibkörper sind sehr viele Getriebebauarten entwickelt worden, deren ausführliche Behandlung den Rahmen dieses Buches weit übersteigen würde. Es soll daher hier nur an Hand von Prinzipskizzen auf einige besondere Merkmale hingewiesen werden.

Für kleine Drehmomente und geringe Leistungen sind Getriebe mit schlanken Kegelscheiben bzw. Planscheiben und einfachen Verschieberollen (Abb. 6.91 und 6.92) geeignet. Zwei Tellerscheiben und zwei schräggestellte, verschiebbare Topfscheiben benutzt das Wesselmann-Getriebe (Abb. 6.93). Bei dem Getriebe nach Abb. 6.94 wird der um etwa 3° schräggestellte Motor mit Kegelscheibe auf einem zur Abtriebswelle senkrechten Schlitten verschoben. Auf der Abtriebswelle sitzt eine mit Trockenreibbelag versehene Topfscheibe, die durch eine Federkraft oder durch eine dem Abtriebsdrehmoment proportionale Anpresskraft gegen die Kegelscheibe gedrückt wird (Verstellbereich 1 : 5, Leistung bis 3 kW).

Für sehr große Leistungen (bis 300 kW) sind verschiedene Bauarten des Beier-Getriebes entwickelt worden. Hierbei werden zahlreiche Reibpaarungen parallelgeschaltet (Abb. 6.95), indem auf der Antriebswelle 1 viele Doppelkegelscheiben 2 sitzen, die in sogenannte Rand- oder Wulstscheiben 3 auf Zwischenwellen 4 eingeschwenkt werden. Es genügen trotz geringer $\mu$-Werte verhältnismäßig niedrige Anpresskräfte zur Erzeugung großer Umfangskräfte. Der Verstellbereich beträgt 1 : 4,5 bzw. 1 : 15.

Mit über Kegelpaare umlaufenden Stahlreibringen arbeiten das Heynau-Getriebe, Abb. 6.96 (Verstellbereich 1:9, Leistung bis 3 kW). Dabei umschließt der Stahlring 6 unter

**Abb. 6.91** Kegelscheiben. a)
mit Verschieberolle; b) mit
Zwischenrolle

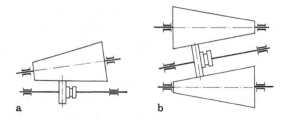

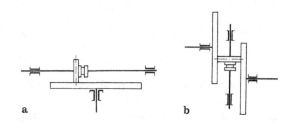

**Abb. 6.92** Planscheiben. a)
mit Verschieberolle; b) mit
Zwischenrolle

**Abb. 6.93** Zwei
Tellerescheiben und zwei
schräggestellte Topfscheiben

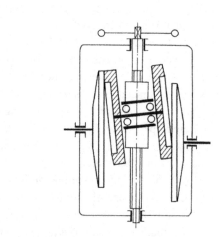

**Abb. 6.94** Verschiebbarer,
schräggestellter Motor mit
Kegelscheibe

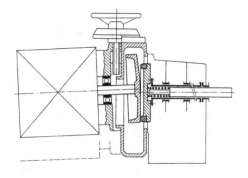

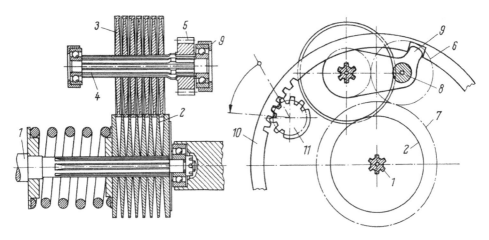

**Abb. 6.95**  Kegel-Ringscheiben-Getriebe (Beier-Getriebe)

**Abb. 6.96**  Doppelkegel-
Getriebe mit Zwischenring
(Heynau-Getriebe)

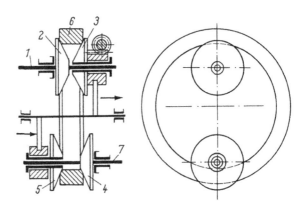

Vorspannung die Kegelpaare 2/3 und 4/5. Die Kegel 2 und 4 sind in Festlagern im Gehäuse gelagert während die Kegel 3 und 5 auf den Wellen axial verschiebbar angeordnet sind.

Das in Abb. 6.97 schematisch dargestellte Arter-Getriebe trägt auf der An- und Abtriebswelle je eine Globoidscheibe 2 und 4. Als Übertragungsglieder dienen schenkbare Wälzscheiben 3, die um die Schwenkachsen 6 gedreht werden können. Die Verstellbereiche liegen zwischen 1:5 bis 1:10 bei Leistungen bis 7,5 kW.

Eine Besonderheit stellt das Nullgetriebe (Abtriebsdrehzahl bis Null einstellbar) dar, mit denen Maschinen beliebig langsam angetrieben werden können. Abbildung 6.98 zeigt ein Wälzgetriebe, bei dem 6 bis 9 Kugeln als Zwischenglied planetenartig abrollen und je nach Schrägstellung ihrer virtuellen Drehachsen eine stufenlose Änderung der Abtriebsdrehzahl $n_2 = 0$ bis $n_2 = 0,4 \cdot n_1$ ermöglichen. Dazu sind auf der Antriebswelle $n_1$ die Antriebslaufringe sowie der Anpresskraftregler drehfest aber axial verschiebbar angeordnet. Die beiden Laufringe treiben die Übertragungskugeln an, die ihrerseits auf dem stillstehenden Verstellring abrollen und den Abtriebsring $n_2$ antreiben. Abhängig von

**Abb. 6.97** Globoidscheiben
mit schwenkbaren
Wälzscheiben (Arter-Getriebe)

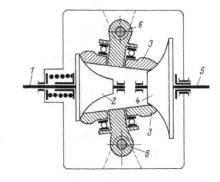

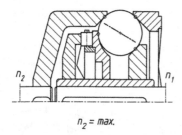

$n_2 = max.$

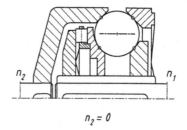

$n_2 = 0$

**Abb. 6.98** Nullgetriebe (planetroll-Getriebe)

der Schrägstellung der virtuellen Drehachsen dreht die Abtriebswelle mehr oder weniger schnell (Abb. 6.98). Da die Kraftübertragung, wie bei einem Kugellager, ausschließlich über rein abrollende Kugeln stattfindet, wird die Lebensdauer durch Ermüdung und nicht durch Verschleiß bestimmt.

## 6.7 Formschlüssige Zugmitteltriebe

Bei den Zugmitteltrieben erfolgt die Bewegungsübertragung zwischen zwei oder mehreren Führungsgliedern (Rädern, Scheiben) über ein nur Zugkräfte aufnehmendes Zwischenglied, das „Zugmittel". Die in diesem Abschnitt betrachteten formschlüssigen Zugmitteltriebe benutzen Gelenkketten oder Bänder mit Zahnprofil (Zahnriemen) als Zugmittel, die entsprechend geformte Kettenräder bzw. Zahnscheiben auf einem Teil ihres Umfangs umhüllen. Daher wird auch der Begriff „Hülltriebe" verwendet.

### 6.7.1 Kettentriebe

**Vorteile** Die Hauptvorteile der Kettentriebe sind:

- schlupffreie Bewegungsübertragung ohne Vorspannung, also geringe Lagerkräfte,
- Überbrückung beliebig großer Achsabstände,

- gleichzeitiger Antrieb mehrerer Wellen (Leistungsverzweigung) bei beliebigem Drehsinn,
- geringer Raumbedarf in seitlicher Richtung,
- geringe Empfindlichkeit gegen Feuchtigkeit, Hitze und Schmutz,
- geringe Ansprüche an Wartung,
- hoher Wirkungsgrad (bis 98%),
- gewisse Elastizität und Dämpfungsfähigkeit durch Ölpolster in Gelenken und an Rollen.

**Nachteile** Den Vorteilen stehen natürlich auch Nachteilen gegenüber:

- Übersetzungsschwankungen infolge der Vieleckwirkung der Kettenräder (für $z = 16$ beträgt die Ungleichförmigkeit $\approx 2\%$, für $z = 20$: $\approx 1\%$),
- keine absolute Spielfreiheit,
- nur für parallele (im allgemeinen waagerecht liegende) Wellen verwendbar,
- hohe Anforderungen an Montagegenauigkeit (Kettenräder müssen genau fluchten),
- Schwingungen können auftreten,
- die Lebensdauer ist durch den Verschleiß in den Gelenken und an den Kettenrädern begrenzt.

Nach dem Aufbau unterscheidet man Bolzenketten, Buchsenketten, Rollenketten, Zahnketten und Sonderketten.

Nach der Verwendung kann man eine Einteilung vornehmen in Lastketten, Treib-und Förderketten und Getriebeketten.

Abgesehen von speziellen Ausführungen für stufenlose Getriebe sind unter den Ketten vor allem die Rollenketten und Zahnketten für die Antriebstechnik von Bedeutung. Sie werden in der Regel aus Stahl gefertigt und bestehen aus einzelnen gelenkig miteinander verbundenen Gliedern.

**Rollenkette** Die am häufigsten verwendete Getriebekette ist die Rollenkette (Abb. 6.99a), die aus Außenlaschen 1 und Innenlaschen 2, Buchsen 3 und Bolzen 4, sowie über die Buchsen gesteckten Rollen 5 bestehen. Die Innenlaschen 2 sind auf die Buchsen 3 gepresst, die Bolzen 4 sitzen mit Festsitz in den Außenlaschen 1. Buchsen und Bolzen bilden das Gelenk der Kette. Sie werden ebenso wie die Rollen auf den Buchsen mit Spielpassung gefügt. Als Werkstoffe werden (nach Wahl des Herstellers) für die verschleißenden Teile Einsatzstähle, und für die tragenden Teile Vergütungsstähle verwendet. Der Vorteil der Schonrollen besteht darin, dass beim Eingriff in das Kettenrad die gleitende Reibung vermieden wird und dass im Betrieb immer wieder andere Teile des Rollenumfangs mit dem Radzahn in Berührung kommen, während bei den Buchsenketten immer die gleichen Stellen der Buchsen mit dem Radzahn zusammenarbeiten. Ferner wirkt sich das stoßdämpfende Ölpolster zwischen Buchse und Rolle geräuschmindernd aus. Die Abmessungen,

**Abb. 6.99** Rollenketten (nach DIN ISO 606). a) Einfachrolllenkette; b) Zweifachrollenkette

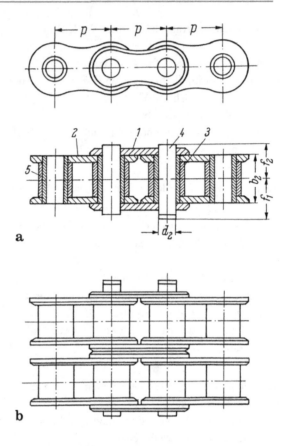

die für die Flächenpressung maßgebenden Gelenkflächen und die Bruchlasten sind für normale Rollenketten, für Rollenketten mit erhöhten Leistungen und für Rollenketten amerikanischer Bauart in DIN ISO 606 festgelegt (Teilungen bis 76,2 mm). Für größere Leistungen können auch Mehrfachrollenketten verwendet werden (Abb. 6.99b), die den gleichen Aufbau, nur mit entsprechend längeren Bolzen aufweisen. Kettengeschwindigkeiten von 7 m/s werden als günstig, 12 m/s als normal bezeichnet. Es sind jedoch auch höhere Werte (bis 35 m/s) möglich. Kleine Teilungen und möglichst große Zähnezahlen für das Kettenritzel ($z > 17$) sind zu bevorzugen, da mit zunehmender Zähnezahl der relative Winkelweg der Kettenglieder gegeneinander beim Auf- und Ablaufen und somit der Verschleiß abnehmen. Für gleichmäßigere Abnutzung ist es vorteilhaft, für die Ketten gerade Gliederzahlen und für die Kettenräder ungerade Zähnezahlen zu wählen.

Für die Verbindung der Kettenenden werden bei gerader Gliederzahl Steckglieder mit Federverschluss (Abb. 6.100a), Schraubenverschluss (Abb. 6.100b) oder Drahtverschluss (Abb. 6.100c) verwendet. Bei ungerader Gliederzahl ist ein gekröpftes Glied (Abb. 6.100d) erforderlich. Rollenketten werden für Sonderfälle, in denen auf eine Öl- oder Fettschmierung verzichtet werden muss, auch mit Kunststoffgleithülsen zwischen Bolzen und Buchse ausgeführt.

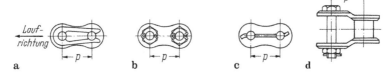

**Abb. 6.100** Verschlussglieder. a) mit Federverschluss; b) mit Schraubenverschluss; c) mit Drahtverschluss; d) gekröpftes Glied

**Abb. 6.101** Kettenräder (nach
DIN ISO 606)

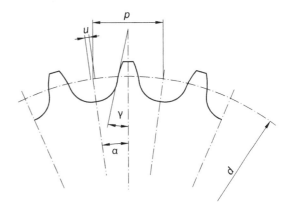

Die Abmessungen und die Berechnungsgrundlagen für Kettenräder (Abb. 6.101) enthält DIN ISO 606. Da die Kettenteilung zugleich Teilung des Rades ist, ergibt sich für den
Teilkreisdurchmesser

$$d = \frac{p}{\sin \alpha},$$

wobei $\alpha$ der halbe Teilungswinkel ist, das heißt $\alpha = 180°/z$. Der Zahnflankenwinkel $\gamma$
beträgt 15° bei $v < 12\,m/s$ und 19° bei $v < 8\,m/s$. Das Zahnlückenspiel ist zu $u = 0,2 \cdot p$
festgelegt, die Zahnbreite zu $B = 0,9 \cdot b_1$ ($b_1$ = innere Kettenbreite).

Für die Berechnung der Rollenketten liefert DIN ISO 10823 eine ausführliche Anlei-
tung. Maßgebend für die zulässige Belastung ist der Verschleiß in den Gelenken und die
damit verbundene Kettenlängung, die im Mittel 2% nicht überschreiten soll.

**Kräfte** Die Kettenzugkraft $F_t$ (Tangentialkraft am Kettenrad) kann aus dem Drehmoment
$T$ und dem Teilkreisdurchmesser $d$ berechnet werden:

$$F_t = \frac{2\,T_1}{d_1} = \frac{2\,T_2}{d_2}.$$

Bei Kettengeschwindigkeiten $v > 7\,m/s$ darf die Fliehzugkraft $F_f$ nicht mehr vernachlässigt werden

$$F_f = q\,v^2.$$

Dabei ist $q$ die Gewichtskraft der Kette in kg/m und kann Normblättern oder Herstellerangaben entnommen werden.

Bei großen Achsabständen und waagerechter Lage des unbelasteten Kettentrums (Leertrum) kann die durch die Kettengewichtskraft hervorgerufene Stützzugkraft $F_S$ näherungsweise berechnet werden:

$$F_S = \frac{q\,g\,a^2}{8f}.$$

Dabei ist $g$ die Erdbeschleunigung, $a$ der Achsabstand und $f$ die Durchbiegung des Leertrums.

Die Gesamtzugkraft in der Kette ist dann bei Berücksichtigung der Flieh- und Stützzugkräfte:

$$F_G = F_t + F_f + F_S$$

und die Wellenbelastung ergibt sich annähernd zu

$$F_W \approx F_t + 2F_S.$$

**Achsabstand** Wenn ein ungefährer Achsabstand $a_0$ gegeben ist, kann die benötigte Gliederzahl berechnet werden:

$$X_0 = \frac{2\,a_0}{p} + \frac{z_1 + z_2}{2} + \left(\frac{z_2 - z_1}{2\pi}\right)^2 \frac{p}{a_0}$$

Der errechnete $X_0$-Wert ist dann möglichst auf eine gerade Gliederzahl zu runden (so können gekröpfte Verbindungsglieder vermieden werden). Mit der gewählten Gliederzahl $X$ kann der genaue Achsabstand $a$ ermittelt werden:

$$a = \frac{p}{4}\left[\left(X - \frac{z_1 + z_2}{2}\right) + \sqrt{\left(X - \frac{z_1 + z_2}{2}\right)^2 - 2\left(\frac{z_2 - z_1}{\pi}\right)^2}\,\right].$$

Als Richtwerte für den Achsabstand gelten: $a = 20\ldots 80 \cdot p$. Bei den kleineren Werten ist darauf zu achten, dass der Umschlingungswinkel $\beta$ (Abb. 6.102) nicht zu klein wird. Er soll möglichst bei 120° liegen (Minimum 90°). Der Durchhang $f$ des nicht belasteten (meistens unten angeordneten) Kettentrums soll 1 bis 2% der Trumlänge betragen. Bei nicht horizontaler Anordnung und bei großen Achsabständen sind Spannvorrichtungen, Spannräder, Spannschuhe, Stützräder, Führungsschienen und ähnliches vorzusehen. Durch Leiträder können, insbesondere beim Antrieb mehrerer Wellen, die Umschlingungswinkel vergrößert werden.

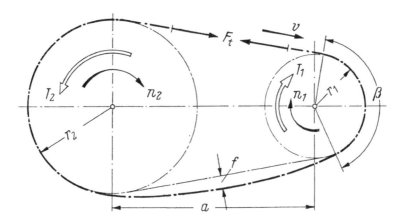

**Abb. 6.102**  Bestimmungsgrößen am Kettentrieb

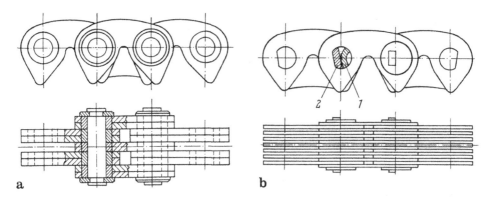

**Abb. 6.103**  Zahnketten. a) Buchsenzahnkette; b) Wiegegelenk-Zahnkette

**Zahnkette**  Die Zahnketten nach DIN 8190 (Abb. 6.103) übertragen nicht wie die bisher besprochenen Ketten die Kräfte über Bolzen, Buchsen oder Rollen auf die Kettenräder, sondern hier sind die vielen, eng nebeneinander angeordneten doppelzahnförmigen Laschen die Kraftübertragungselemente. Nach der Ausbildung der gelenkigen Verbindung der Laschen unterscheidet man Buchsenzahnketten (Abb. 6.103a) und Wiegegelenkzahnketten (Abb. 6.103b), wobei die letzteren die gleitende Reibung im Gelenk dadurch vermeiden, dass sich der Wiegezapfen 1 auf dem Lagerzapfen 2 abwälzt.

Das Abgleiten der Zahnketten vom Kettenrad verhindern besondere Führungslaschen, die entweder außen zu beiden Seiten oder (häufiger) in der Mitte der Kette angebracht sind. Die Kettenräder sind dementsprechend auszubilden (Abb. 6.104, DIN 8191). Bei den normalen Zahnketten sind die äußeren tragenden Flanken der Laschen gerade, unter 60° zueinander geneigt. Auch die Zähne der Kettenräder besitzen gerade Flanken und sind bei einem Öffnungswinkel von ebenfalls 60° so ausgelegt, dass bei einer neuen Kette beide

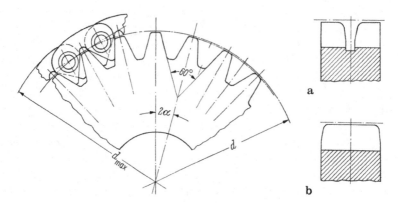

**Abb. 6.104** Zahnkettenräder

Außenflanken jeder Lasche satt anliegen. Da sich bei auftretendem Verschleiß – im Gegensatz zu den Rollenketten – keine Teilungsdifferenzen einstellen, sondern vielmehr nur eine gleichmäßige Vergrößerung der Teilung eintritt, bleibt beim Hochsteigen der Kette an allen im Eingriff befindlichen Zahnflanken die vollkommene Flächenberührung erhalten. Die Zahnketten zeichnen sich durch Stoßfreiheit und nahezu geräuschlosen Lauf aus.

Hochleistungszahnketten mit Wiegegelenk werden auch mit evolventenförmigen Zahnflanken hergestellt, die die Verhältnisse beim Auflaufen verbessern und noch höhere Kettengeschwindigkeiten zulassen. Eine günstigere Laschenform ermöglicht bei gleicher Teilung und Breite höhere Bruchlasten als in DIN 8190 angegeben. Bei kleinen Teilungen (5/16" ... 3/4") sind Kettengeschwindigkeiten bis $v = 25 m/s$ und Übersetzungsverhältnisse bis $i = 12$ bei $z_1 = 19$ zulässig. Bei großen Teilungen (11/2" ... 2") sind $v = 15 m/s$ und $i = 9 ... 7$ bei $z_1 = 21 ... 23$ möglich. Als größter Achsenabstand kann $a \approx 100 \cdot p$ gewählt werden, der kleinste so, dass der Umschlingungswinkel $\beta \geq 120°$ ist. Der Vorteil des gleichen Drehsinns eines Kettengetriebes kann in Verbindung mit einem Zahnrädergetriebe für Wendegetriebe (Beispiel Abb. 6.105) ausgenutzt werden, bei dem ein sonst erforderliches Zwischenrad einschließlich Lagerung eingespart werden kann.

### 6.7.2  Zahnriementriebe

Getriebe mit Zahnriemen nach dem Schema der Abb. 6.106a verbinden die Vorteile der Riementriebe mit denen der Kettentriebe, d.h., es wird bei stoßdämpfendem, geräuscharmem und wartungsfreiem Lauf ohne Vorspannung eine synchrone, schlupflose Bewegungsübertragung gewährleistet.

Der endlose Synchroflex Zahnriemen (Abb. 6.106b) besteht aus einem elastischen Kunststoff 1 mit eingebetteten schraubenförmig gewickelten Stahllitzen 2, die ein Längen, das ja wegen der Zahnteilung nicht eintreten darf, verhindern. Durch Verwendung sehr dünner Einzeldrähte für die Litzen wird eine hohe Biegefähigkeit erreicht, so dass kleine

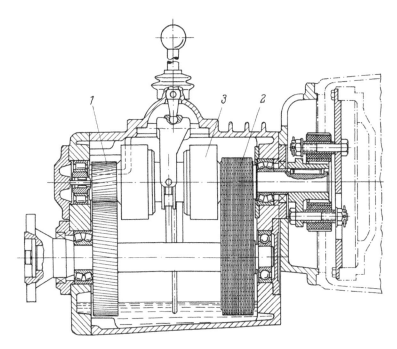

**Abb. 6.105** Bootswendegetriebe mit einer Zahnradstufe 1 und einer Kettenradstufe 2; die Umschaltung erfolgt über Lamellenkupplungen 3

Raddurchmesser gewählt und erheblich Raum- und Gewichtsersparnisse erzielt werden können. Die Zahnriemen laufen ungeschmiert mit Rädern aus Metall (vorwiegend aus Aluminiumknetlegierungen). Zur seitlichen Führung der Zahnriemen erhalten die Zahnräder (meist nur das kleinere) Bordscheiben. Synchrofelx-Zahnriemen werden auch mit Zähnen auf dem Rücken hergestellt, so dass Wellen mit umgekehrter Drehrichtung an den Synchronlauf angeschlossen werden können.

Die Berechnung der Riemenlänge erfolgt für zwei Wellen wie bei den Flachriemen (Abschn. 6.8.2.1). Da die Riemenlänge ein ganzes Vielfaches der Teilung $p = m \cdot \pi$ sein muss und im Lieferprogramm des Herstellers gestuft ist, empfiehlt es sich, den Achsabstand der Riemenlänge anzupassen.

Mit Zahnriemen sind Umfangsgeschwindigkeiten bis zu 60 m/s und maximale Umfangskräfte bis zu 20000 N möglich. Die auftretende Zugspannung in den Stahllitzen muss dabei immer unterhalb der Elastizitätsgrenze liegen.

## 6.8 Kraftschlüssige Zugmitteltriebe (Riementrieb)

Die kraftschlüssigen Zugmittel übertragen die Bewegung durch Reibung über ein biegeweiches, elastisches Zugmittel, dem Riemen. Zwischen dem Zugmittel und dem

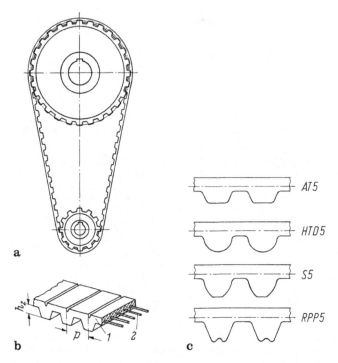

**Abb. 6.106**  Zahnriemen (Synchroflex). a) Getriebe mit Zahnriemen; b) Aufbau des Zahnriemens; c) Profile moderner Zahnriemen

**Abb. 6.107**  Riementrieb

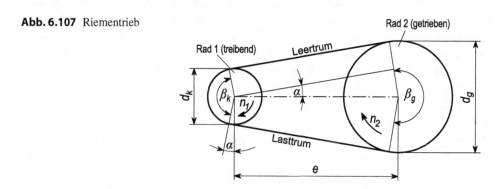

umschlungenen Teil, der in Umfangsrichtung glatten Scheiben, wirken im Betrieb vom unbelasteten bis zum belasteten Trum hin stetig zunehmende Widerstandskräfte. Die Differenz der Trumkräfte ist gleich der übertragenen Umfangskraft $F_t$. Sie ist hauptsächlich vom Reibwert $\mu$, dem Umschlingungswinkel $\beta$ und der Festigkeit des Riemens abhängig. Für die Umschlingungswinkel der beiden Scheiben gilt nach Abb. 6.107

$$\beta_1 = \beta_k = 180° - 2 \cdot \alpha \quad \text{und} \quad \beta_2 = \beta_k = 180° + 2 \cdot \alpha \tag{6.132}$$

und für den Trumneigungswinkel $\alpha$ gilt

$$\sin\alpha = \frac{d_2 - d_1}{2 \cdot e} = \frac{d_g - d_k}{2 \cdot e}.$$

Bei Vernachlässigung des Schlupfs müssen die Umfangsgeschwindigkeiten des Riemens und der Scheiben gleich groß sein:

$$v = r_1 \cdot \omega_1 = r_2 \cdot \omega_2.$$

Daraus folgt, dass sich die Winkelgeschwindigkeiten und Drehzahlen umgekehrt proportional wie die Radien und Durchmesser verhalten. Mit Rad 1 als treibendes Rad und Rad 2 als getriebenes Rad gilt somit für die Übersetzung

$$i = \frac{\omega_1}{\omega_2} = \frac{n_1}{n_2} = \frac{r_2}{r_1} = \frac{d_2}{d_1} = \frac{d_g}{d_k}.$$

Grundsätzlich kann auch das große Rad antreiben. In diesem Falle wird $i = d_k/d_g$. Das heißt, wenn die Drehzahl ins Langsame übersetzt wird (kleine Rad treibt) ist $i > 1$ und wenn die Drehzahl ins Schnelle übersetzt wird (großes Rad treibt) ist $i < 1$.

**Vorteile** Riementriebe sind bei einfacher und billiger Bauweise für parallele und gekreuzte Wellen anwendbar, wobei gleichzeitig mehrere Wellen angetrieben werden können (Flachriemen und Doppelkeilriemen ermöglichen dabei gleich- und gegensinnige Drehrichtung). Sie zeichnen sich durch geräuscharmen Lauf, günstiges elastisches Verhalten (Stoßaufnahme, Dämpfung, Überlastungsschutz) und zum Teil recht hohe Wirkungsgrade von 95 bis 98% aus. Ferner sind sie leicht ausrückbar und gut für Getriebe mit stufenlos verstellbaren Übersetzungen geeignet.

**Nachteile** Durch die erforderliche Vorspannung werden die Lager stark beansprucht. Der unvermeidliche Schlupf führt zu Drehzahlschwankungen. Bei manchen Riemenwerkstoffen sind wegen Zunahme der bleibenden Dehnung Einrichtungen zum Nachspannen erforderlich. Die Empfindlichkeit gegen Temperatur, Feuchtigkeit, Staub, Schmutz und Öl und die relativ große Baugröße schränken die Anwendung von Riementriebe ein.

## 6.8.1   Theoretische Grundlagen

Die theoretischen Betrachtungen sollen lediglich dazu dienen, die Haupteinflüsse zu erfassen und daraus Schlussfolgerungen für die heute gebräuchlichen Ausführungen zu ziehen. Dabei sind vereinfachende Annahmen, z. B. über Homogenität des Werkstoffs, Konstanz der Reibungszahl und ähnliches, unerlässlich.

Wird um eine drehbar gelagerte, jedoch zunächst durch einen Riegel an der Drehung gehinderte Scheibe (Abb. 6.108) ein Band (Riemen oder Seil) gelegt, an dessen einem Ende

**Abb. 6.108** Bandkräfte bei
festgehaltener Scheibe

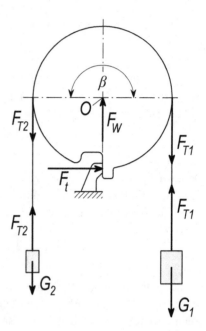

(dem gezogenen Trum) ein Gewicht $G_2$ angebracht ist, so kann am anderen Ende (dem ziehenden Trum) ein wesentlich größeres Gewicht $G_1$ angebracht werden, ohne dass das Band rutscht. In der Mechanik wird unter Annahme der Gültigkeit des Coulombschen Reibungsgesetzes die Eytelweinsche Gleichung für den Zusammenhang zwischen den Seilkräften $F_{T1} = G_1$ und $F_{T2} = G_2$ unterhalb der Gleitgrenze abgeleitet:

$$F_{T1} \leq F_{T2} e^{\mu \widehat{\beta}} \tag{6.133}$$

wobei $e = 2,718$, die Basis der natürlichen Logarithmen, $\mu$ die Reibungszahl und $\beta$ den Umschlingungswinkel im Bogenmaß bedeuten. Die vom Riegel ausgeübte Reaktionskraft bzw. Umfangskraft $F_t$ ergibt sich aus der Gleichgewichtsbedingung Summe der Momente um $O$ (Drehachse) gleich Null zu

$$F_t = F_{T1} - F_{T2},$$

und die senkrechte Stützkraft, von den Lagern her wirkend, aus der Gleichgewichtsbedingung Summe der Vertikalkräfte gleich Null zu

$$F_W = F_{T1} + F_{T2}.$$

### 6.8.1.1 Riemenkräfte und Nutzspannung

Überträgt man diese Verhältnisse auf den laufenden Riemen (Abb. 6.109), so gilt Gl. (6.133) erfahrungsgemäß nur näherungsweise, vor allen Dingen ist die Reibungszahl $\mu$

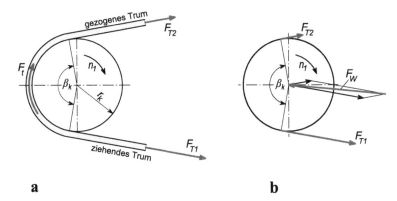

**Abb. 6.109** Kräfte bei drehender Scheibe. a) Riemenkräfte; b) Kräfte an der Riemenscheibe

nicht konstant, sondern von der Umfangsgeschwindigkeit $v$ abhängig. Dessen ungeachtet besagt jedoch Gl. (6.133), dass $F_{T2}$ niemals Null werden darf, wenn im ziehenden Trum eine Spannkraft $F_{T1}$ vorhanden sein soll. Da der Umschlingungswinkel an der kleinen Scheibe kleiner als an der großen Scheibe ist, wird das übertragbare Drehmoment immer auf den Durchmesser $d_k$ bezogen:

$$T_k = F_t \frac{d_k}{2} \tag{6.134}$$

Aus dem Momentengleichgewicht folgt auch für den laufenden Riemen

$$F_t = F_{T1} - F_{T2} \tag{6.135}$$

Die Reaktions- oder Achskraft ergibt sich durch vektorielle Addition zu

$$\vec{F}_W = \vec{F}_{T1} + \vec{F}_{T2},$$

bzw. mit Hilfe des Cosinussatzes zu

$$F_W = \sqrt{F_{T1}^2 + F_{T2}^2 - 2 \cdot F_{T1} \cdot F_{T2} \cdot \cos \beta_k}.$$

Im Allgemeinen genügt es jedoch, für $F_W$ mit dem möglichen Höchstwert bei $\beta = 180°$ zu rechnen:

$$F_W = F_{T1} + F_{T2}. \tag{6.136}$$

Wird nun Gl. (6.133) in Gl. (6.135) und (6.136) eingesetzt, so erhalten wir

$$F_t = F_{T2}\left(e^{\mu \widehat{\beta}_k} - 1\right) = F_{T1}\frac{e^{\mu \widehat{\beta}_k} - 1}{e^{\mu \widehat{\beta}_k}}, \tag{6.137}$$

$$F_W = F_{T2}\left(e^{\mu \widehat{\beta}_k} + 1\right) = F_{T1}\frac{e^{\mu \widehat{\beta}_k} + 1}{e^{\mu \widehat{\beta}_k}}, \tag{6.138}$$

und weiter

$$\frac{F_W}{F_t} = \frac{e^{\mu \widehat{\beta}_k} + 1}{e^{\mu \widehat{\beta}_k} - 1}. \tag{6.139}$$

Aus Gl. (6.137) und (6.138) geht wieder eindeutig hervor, dass $F_{T2}$ nicht gleich Null werden darf. Außerdem ist daraus ersichtlich, dass man optimale Verhältnisse bekäme, wenn man bei konstanter Drehzahl (= konstanter Umfangsgeschwindigkeit $v$) eine Regelung derart vornehmen würde, dass $F_{T2}$ der Umfangskraft (und somit der Leistung $F_t \cdot v$) proportional wäre. Gl. (6.139) besagt, dass auch die Vorspannkraft kein konstanter Höchstwert zu sein braucht, sondern theoretisch nur mit der Umfangskraft zunehmen muss. Man erkennt außerdem, dass hohe $\mu$- und $\beta$-Werte günstig sind.

**Nutzspannung**  Wird der tragende Riemenquerschnitt mit $A$ bezeichnet, so ergeben sich die durch $F_{T1}$ und $F_{T2}$ hervorgerufenen Bandspannungen

$$\sigma_1 = \frac{F_{T1}}{A} = \frac{F_{T2}}{A} e^{\mu \widehat{\beta}_k} = \sigma_2, e^{\mu \widehat{\beta}_k} \tag{6.140}$$

bzw. mit der Nutzspannung

$$\sigma_n = \frac{F_t}{A} \tag{6.141}$$

$$\sigma_1 = \sigma_n \frac{e^{\mu \widehat{\beta}_k}}{e^{\mu \widehat{\beta}_k} - 1} \quad \text{oder} \quad \sigma_n = \sigma_1 \frac{e^{\mu \widehat{\beta}_k} - 1}{e^{\mu \widehat{\beta}_k}}. \tag{6.142}$$

### 6.8.1.2 Einfluss der Fliehkraft

Bei höheren Umfangsgeschwindigkeiten müssen die Spannungen $\sigma_f$ infolge der Fliehkräfte und die dadurch bedingten Bandkräfte $F_{Tf}$ berücksichtigt werden. Die Kräfteverhältnisse an einem infinitesimalen Riemenelement sind in Abb. 6.110 dargestellt. Die Fliehkraft eines einzelnen Elements berechnet sich danach zu

$$dF_f = dm \cdot r \cdot \omega^2$$

Mit der Riemenbreite $b$, der Riemendicke $s$ und der Dichte des Riemens $\rho$ können wir für die Elementmasse $dm$ setzen:

$$dm = r \cdot d\beta \cdot b \cdot s \cdot \rho$$

Für sehr kleine Winkel $d\beta$ kann mit ausreichender Genauigkeit gesetzt werden:

$$F_{TF} \cdot d\beta \approx dF_f$$

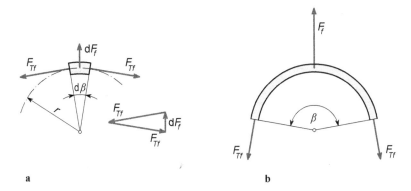

**Abb. 6.110** Fliehkräfte am Riemen. a) Riemenbelastung infolge der Fliehkraft $F_{Tf}$; b) resultierende Fliehkraft $F_f$

Mit dem Riemenquerschnitt $A$ ist dann die zusätzliche Riemenbelastung infolge der Fliehkraft:

$$F_{TF} = \frac{dF_f}{d\beta} = \frac{r \cdot d\beta \cdot b \cdot s \cdot \rho \cdot r\omega^2}{d\beta} = r^2 \cdot \omega^2 \cdot b \cdot s \cdot \rho = v^2 \cdot A \cdot \rho \qquad (6.143)$$

Da sich im Betrieb infolge der Fliehkraft die Vorspannung, und damit auch die Pressung zwischen Riemen und Scheibe reduziert, muss der Riementrieb im Stillstand zusätzlich um die Fliehkraft vorgespannt werden. Die Wellenbelastung im Stillstand ist also

$$F_{W0} = F_W + F_f \qquad (6.144)$$

Die resultierende Fliehkraft $F_f$ wird dann nach Abb. 6.110b:

$$F_f = 2 \cdot F_{Tf} \cdot sin\frac{\beta}{2} \approx 2 \cdot F_{Tf}. \qquad (6.145)$$

Durch die Fliehkraft wird der Riemen zusätzlich auf Zug beansprucht. Mit der Fliehkraft $F_{Tf}$, die sowohl im Last- als auch im Leertrum wirkt, ist die dadurch entstehende Zugspannung:

$$\sigma_f = \frac{F_{Tf}}{b \cdot s} = \rho \cdot \omega^2 \cdot r^2 = \rho \cdot v^2. \qquad (6.146)$$

Die Fliehkraftspannung ist danach zur Riemendichte $\rho$ und dem Quadrat der Umfangsgeschwindigkeit $v$ proportional und an jeder Stelle im Riemen gleich groß.

### 6.8.1.3 Biegespannung und Biegefrequenz
Im Bereich des Umschlingungswinkels der Scheiben tritt im Band auch noch eine Biegespannung auf, die umso größer ist, je kleiner der Scheibendurchmesser, je dicker das Band

**Abb. 6.111** Biegespannung im Riemen

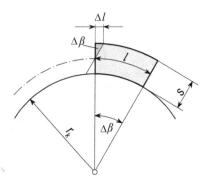

und je größer der Elastizitätsmodul ist. Der Zusammenhang geht aus Abb. 6.111 hervor, wenn man zwischen elastischer Dehnung $\Delta l / l$ und Zugspannung in der Außenfaser das Hookesche Gesetz annimmt:

$$\sigma_b = E_b \cdot \frac{\Delta l}{l} = E_b \cdot \frac{\dfrac{s}{2} \cdot \Delta \beta}{\left(r + \dfrac{s}{2}\right) \cdot \Delta \beta} = E_b \cdot \frac{s}{d + s}.$$

Da $s$ gegenüber $d_k$ sehr klein ist, wird die maximale Biegespannung an der kleinen Scheibe mit guter Näherung

$$\sigma_{bk} = \frac{E_b \cdot s}{d_k}. \tag{6.147}$$

Vorteilhaft sind also möglichst dünne, biegeweiche Riemen und nicht zu kleine Scheibendurchmesser. Der Elastizitätsmodul $E_b$ ist vom Werkstoff abhängig und kann Tab. 6.18 entnommen werden.

Für die Lebensdauer eines Zugmittels sind nicht nur die auftretenden Spannungen maßgebend. Vielmehr spielt es eine große Rolle, wie oft in der Zeiteinheit ein Bandelement aus der geraden Richtung in die Scheibenkrümmung hineingezwungen wird. Man bezeichnet diesen Wert als Biegefrequenz $f_B$. Sie ist nach der angebenen Definition proportional der Anzahl $z$ der Scheiben und der Bandgeschwindigkeit $v$ und umgekehrt proportional der Bandlänge $L$:

$$f_B = \frac{v \cdot z}{L}. \tag{6.148}$$

Zulässige Werte für die Biegefrequenz sind aus Dauerversuchen oder durch Erfahrung gewonnen worden (siehe Tab. 6.18).

### 6.8.1.4 Gesamtspannung, Bandgeschwindigkeit und Schlupf

**Gesamtspannung** In Abb. 6.112 sind die einzelnen Spannungsbeträge senkrecht zum Riemen aufgetragen. Die Differenz $\sigma_1 - \sigma_2$ nimmt über dem Umschlingungswinkel stetig

**Tab. 6.18** Richtwerte für die Kenngrößen von Riemenwerkstoffen (maßgebend sind die Herstellerangaben)

| Riemenwerkstoff | | Elastizitätsmodui [N/mm²] $E$ | $E_b$ | Dichte [kg/dm³] $\varrho$ | zul. Spannung [N/mm²] $\sigma_{zul}$ | Reibbeiwert $\mu$ | max. Biegehäufigkeit [1/s] $f_{B\,max}$ | Riemengeschwindigkeit [m/s] $v_{max}$ | Temperatur [°C] $t$ |
|---|---|---|---|---|---|---|---|---|---|
| Leder | Standard | 250 | 50 … 90 | 1,0 | 3,9 | $0,2 + v/100$ | 5 | 25 | 35 |
| | hochgeschmeidig | 450 | 30 … 70 | 0,9 | 4,4 | | 25 | 50 | 70 |
| Gewebe | einlagig aus PA- bzw. PE-Fasern | 350 bis 1200 | 50 | 1,1 bis 1,4 | 3,3 bis 5,4 | 0,5 | 10 bis 50 | 80 | −20 bis 100 |
| | mehrlagig aus PA-, PE- oder Baumwollfasern | 900 bis 1500 | | | | | 10 bis 20 | 20 bis 50 | |
| Textil | Baumwolle | 500 bis 1400 | 40 | 1,3 | 2,3 … 5 | | 40 | 50 | – |
| | PA oder Perlon | | 250 | 1,1 | 9 | 0,3 | 80 | 60 | 70 |
| Mehrschicht | Kordfäden aus PA oder PE in Gummi gebettet | 500 bis 700 | | 1,1 bis 1,4 | 4 bis 12 | 0,6 … 0,7 | 100 | 60 bis 120 | −20 bis 100 |
| | ein oder mehrere PA-Bänder geschichtet und vorgestreckt | 400 bis 600 | 200 bis 250 | | 3 bis 10 | | | 80 | |

**Abb. 6.112** Spannungen im Riemen (senkrecht zum Riemen aufgetragen)

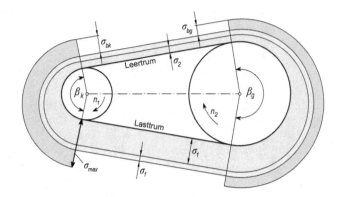

ab, und die Maximalspannung tritt beim Auflaufen des Zugmittels auf die kleine Scheibe auf:

$$\sigma_{max} = \sigma_1 + \sigma_f + \sigma_b. \tag{6.149}$$

Aus der Bedingung $\sigma_{max} \leq \sigma_{zul}$ ergibt sich

$$\sigma_1 \leq \sigma_{zul} - \sigma_f - \sigma_b \tag{6.150}$$

und mit Gl. (6.142)

$$\sigma_n = \frac{e^{\mu \widehat{\beta}_k} - 1}{e^{\mu \widehat{\beta}_k}} \left(\sigma_{zul} - \sigma_f - \sigma_b\right). \tag{6.151}$$

Wird nun Gl. (6.141) rechts und links mit der Umfangsgeschwindigkeit $v$ multipliziert, so erkennt man, dass das Produkt $\sigma_n \cdot v$ die auf den Querschnitt $A$ bezogene übertragbare Leistung darstellt:

$$\sigma_n \cdot v = \frac{F_t v}{A} = \frac{P}{A}. \tag{6.152}$$

**Optimale Riemengeschwindigkeit** Nach Gl. (6.151) ist die Leistung von der Bandgeschwindigkeit $v$ abhängig. Will man (bei konstanter Drehzahl) höhere Geschwindigkeiten, so muss der Scheibendurchmesser $d_k$ vergrößert werden. Dadurch nimmt die Biegespannung ab, gleichzeitig steigt jedoch die Fliehkraftspannung (und zwar $\sigma_f \sim v^2$). Da bei kleinen Geschwindigkeiten der Einfluss der Fliehkraft gering ist, steigt mit zunehmender Bandgeschwindigkeit die Leistung auf ein Maximum, um danach wieder abzufallen. Dieses Leistungsoptimum liegt bei

$$v_{opt} = \sqrt{\frac{\sigma_{zul} - \sigma_b}{3\,\rho}}. \tag{6.153}$$

**Schlupf** Wie bereits erwähnt, ändert sich nach Abb. 6.112 die Riemenspannung über den Umschlingungswinkel. Unterschiedliche Spannungen haben aber auch unterschiedliche Dehnungen zur Folge. Die Zugspannungen infolge der Trumkräfte $\sigma_1$ und $\sigma_2$ verursachen die Dehnungen

$$\varepsilon_1 = \frac{\sigma_1}{E} \quad \text{und} \quad \varepsilon_2 = \frac{\sigma_2}{E}$$

Die Differenz der Trumdehnungen $\triangle\varepsilon = \varepsilon_1 - \varepsilon_2$ besagt, dass der Riemen während des Laufs über die Scheiben seine Geschwindigkeit ändern muss. Das heißt, der Riemen hat am Scheibeneinlauf und Scheibenauslauf unterschiedliche Geschwindigkeiten und verursacht dadurch eine Relativbewegung der Riementeilchen gegenüber der Riemenscheibe. Der sogenannte Dehnschlupf $\psi$ wird über die Differenz der Umfangsgeschwindigkeiten definiert

$$\psi = \frac{v_1 - v_2}{v_1}$$

und liegt in der Größenordnung von 1 bis 2%. Außerdem kann durch Überlast ein zusätzlicher Gleitschlupf auftreten, der jedoch nur kurzzeitig wirken darf. Der Schlupf hat geringe Übersetzungsschwankungen zur Folge. Um den Riemenverschleiß als Folge der Relativbewegungen gering zu halten, müssen die Oberflächen der Riemenscheiben sehr glatt sein.

### 6.8.1.5 Folgerungen aus den theoretischen Betrachtungen

Die bisher angestellten theoretischen Betrachtungen lassen erkennen, dass für die Übertragung großer Leistungen bei geringen Abmessungen folgende Anforderungen an die Riemenwerkstoffe zu stellen sind:

- große zulässige Spannungen (optimale Leistungsübertragung),
- hohe Reibbeiwerte (große Reibkräfte),
- geringe Dichte (kleine Fliehkräfte),
- geringe Biegesteifigkeit (kleine Biegespannungen).

Aus Tab. 6.18 ist ersichtlich, dass sich diese Forderungen teilweise widersprechen. Daher werden heute als Flachriemen fast ausschließlich Mehrschicht-Verbundriemen eingesetzt, bei denen eine Zugschicht aus Polyamid oder Polyestercordfäden die Zugkräfte überträgt und eine Laufschicht aus Chromleder oder Elastomer für einen hohen Reibbeiwert sorgt.

Eine weitere Möglichkeit zur Erhöhung des wirksamen Reibwertes besteht in der Verwendung keilförmiger Profile für die Riemen. Ein Riemenelement (Abb. 6.113a) wird infolge der Vorspannkraft mit der Kraft $F_W$ in die Rille hineingedrückt, so dass an den beiden seitlichen Anlageflächen die Normalkräfte

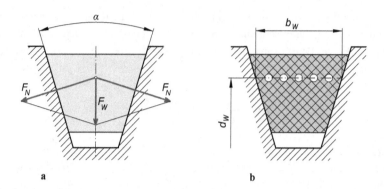

**Abb. 6.113**  Keilriemen. a) Kräfte; b) Wirkdurchmesser und Wirkbreite

$$F_N = \frac{F_W/2}{sin\,\alpha/2}$$

wirken, die in Umfangsrichtung die Reibkräfte

$$F_t = 2 \cdot \mu \cdot F_N = \frac{\mu}{sin\,\alpha/2} \cdot F_W = \mu' \cdot F_W$$

zur Folge haben. $\mu'$ wird als Keilreibungszahl bezeichnet. Bei den üblichen Werten von $\alpha = 34°$ und $\alpha = 38°$ wird $\mu' \approx 3 \cdot \mu$.

Keilriemen sind jedoch hinsichtlich der Forderung nach geringer Biegesteifigkeit ungünstig. Bei dünnen Flachriemen dagegen, vor allem bei solchen mit dünner Zugschicht, sind die Biegespannungen sehr gering, da die $s/d_k$-Werte meistens kleiner als 1/100 sind. Die für die Lebensdauer maßgebende Biegefrequenz kann entsprechend Gl. (6.148) durch größere Riemenlänge, d.h. größere Achsabstände, oder geringere Riemengeschwindigkeiten niedrig gehalten werden. Der Aufbau von Gl. (6.148) lässt auch gut erkennen, warum man von Spannrollen, die zur Vergrößerung des Umschlingungswinkels und zur Verringerung der Achskräfte früher häufig verwendet wurden, fast ganz abgekommen ist.

## 6.8.2  Bauarten für konstante Übersetzungen

Die bisher aufgestellten, allgemeingültigen Betrachtungen ließen erkennen, dass für die Auslegung von Riementrieben außer dem Riemenprofil vor allem die Werkstoffe und die genannten Kennwerte ausschlaggebend sind. In Tab. 6.18 sind die wichtigsten Kenngrößen als Richtwerte zusammengestellt. Für die Auslegung von Riementriebe sind für spezielle Anwendungsfälle die Kenngrößen den Herstellerunterlagen zu entnehmen.

**Abb. 6.114** Riemenanordnungen.
a) offen; b) gekreuzt; c) mit
Umlenkrollen für
Drehrichtungsumkehr; d)
geschränkt

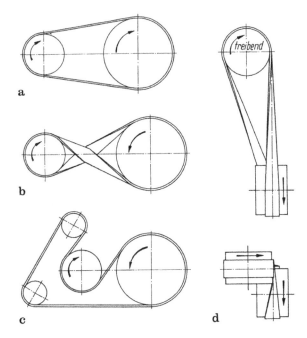

### 6.8.2.1 Flachriementriebe

Nach der äußeren Anordnung unterscheidet man nach Abb. 6.114 offene Riementriebe, die gleichen Drehsinn der Wellen aufweisen, gekreuzte Riementriebe oder mit Umlenkrollen für gegensinnige Drehrichtungen. Für sich kreuzende Wellen werden geschränkte Riementriebe verwendet. Am häufigsten werden offene Riementriebe (ohne Spann- und Umlenkrollen) eingesetzt.

Mit den Bezeichnungen nach Abb. 6.107 ist bei gegebenem Achsabstand $e$ der Umschlingungswinkel an der kleinen Scheibe nach Gl. (6.132): $\beta_1 = \beta_k$.

Damit wird die genaue Riemenlänge (Innenlänge) dann

$$L = 2 \cdot e \cdot \cos\alpha + \frac{\pi}{2} \cdot \left(d_g + d_k\right) + \frac{\pi \cdot \alpha}{180°} \cdot \left(d_g - d_k\right). \tag{6.154}$$

Eine sehr gute Näherung erhält man mit $\cos\alpha \approx 1 - \hat{\alpha}^2/2$

$$L \approx 2\,e + \frac{\pi}{2} \cdot \left(d_g + d_k\right) + \frac{\left(d_g - d_k\right)^2}{4\,e}. \tag{6.155}$$

Für alle Getriebeanordnungen (auch mit Spann- oder Umlenkrollen) lassen sich die erforderlichen Riemenlängen auch sehr genau mit Hilfe eines CAD-Modells ermitteln.

Bei gegebener Riemenlänge $L$ kann der tatsächlich benötigte Achsabstand berechnet werden:

$$e = p + \sqrt{p^2 - q} \tag{6.156}$$

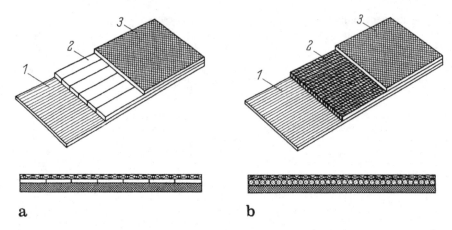

**Abb. 6.115** Mehrschichtriemen. a) Zugschicht 2 aus Polyamidbändern; b) Zugschicht 2 aus endlos gewickelten Polyamid- oder Polyestercordfäden

mit $\quad p = 0,25 \cdot L - 0,393 \cdot \left(d_g + d_k\right) \quad$ und $\quad q = 0,125 \cdot \left(d_g - d_k\right)^2.$

**Riementypen** Trotz ihrer guten Reibungseigenschaften werden Lederriemen heute so gut wie nicht mehr verwendet, da ihre übertragbaren Leistungen zu gering sind. Hauptsächlich werden Flachriemen als Verbundkonstruktion (Abb. 6.115) ausgeführt. Sie bestehen aus einer Reibschicht (Laufschicht) aus Chromleder oder Elastomer, einer Zugschicht aus hochverstrecktem Polyamid oder Polyestercordfäden und einer Deckschicht aus Textilgewebe oder Elastomerfolie.

Endlos hergestellte Flachriemen werden gestuft nach der Normzahlreihe R20 geliefert. Endliche Riemen in abgepassten Längen oder als Rollenware müssen durch Kleben oder Nähen verbunden werden. Die Riemenbreiten richten sich nach den Kranzbreiten der Riemenscheiben (Tab. 6.19).

**Riemenscheiben** Die Hauptabmessungen der Riemenscheiben sind in DIN 111 genormt (Abb. 6.116). Die zu bevorzugenden Scheibendurchmesser $d$ sind nach der Reihe R20 gestuft, Zwischenwerte nach R40. Die Kranzbreite $B$ und die zugehörige größte Riemenbreite $b$ sind in Tab. 6.19 enthalten. Gewölbte Scheiben haben ein kreisbogenförmiges Profil. Meistens genügt es, die große Scheibe als gewölbte Scheibe auszuführen, um den Riemen in der Mitte zu halten. Die treibende Scheibe und eventuelle Spann- und Umlenkrollen werden zwecks Schonung des Riemens zylindrisch ausgeführt.

**Auslegung** Die Ermittlung der erforderlichen Riemenbreite ist nach den individuellen Berechnungsunterlagen der Riemenhersteller durchzuführen, da die Berechnungsgänge nicht genormt sind. Die Auslegung eines Riementriebs erfolgt am besten nach folgendem Berechnungsablauf:

**Tab. 6.19** Scheibenabmessungen nach DIN 111

| Kranzbreite $B$ [mm] | Größte Riemenbreite $b$ [mm] | Durchmesser $d_1$ [mm] | Wölbhöhe[1] $h$ [mm] |
|---|---|---|---|
| 25 | 20 | 40 | 0,3 |
| 32 | 25 | 50 | 0,3 |
| 40 | 32 | 63 | 0,3 |
| 50 | 40 | 71 | 0,3 |
| 63 | 50 | 80 | 0,3 |
| 80 | 71 | 90 | 0,3 |
| 100 | 90 | 100 | 0,3 |
| 125 | 112 | 112 | 0,3 |
| 140 | 125 | 125 | 0,4 |
| 160 | 140 | 140 | 0,4 |
| 180 | 160 | 160 | 0,5 |
| 200 | 180 | 180 | 0,5 |
| 224 | 200 | 200 | 0,6 |
| 250 | 224 | 224 | 0,6 |
| 280 | 250 | 250 | 0,8 |
| 315 | 280 | 280 | 0,8 |
| 355 | 315 | 315 | 1,0 |
| 400 | 355 | 355 | 1,0 |

| Durchmesser $d_1$ [mm] | Wölbhöhe[2] $h$ [mm] bei Kranzbreite $B$ [mm] | | | | | | |
|---|---|---|---|---|---|---|---|
| | $\leq 125$ | 140 / 160 | 180 / 200 | 224 / 250 | 280 / 350 | 355 / 355 | $\geq 400$ |
| 400 | 1 | 1,2 | 1,2 | 1,2 | 1,2 | 1,2 | 1,2 |
| 450 | 1 | 1,2 | 1,2 | 1,2 | 1,2 | 1,2 | 1,2 |
| 500 | 1 | 1,5 | 1,5 | 1,5 | 1,5 | 1,5 | 1,5 |
| 560 | 1 | 1,5 | 1,5 | 1,5 | 1,5 | 1,5 | 1,5 |
| 630 | 1 | 1,5 | 2 | 2 | 2 | 2 | 2 |
| 710 | 1 | 1,5 | 2 | 2 | 2 | 2 | 2 |
| 800 | 1 | 1,5 | 2 | 2,5 | 2,5 | 2,5 | 2,5 |
| 900 | 1 | 1,5 | 2 | 2,5 | 2,5 | 2,5 | 2,5 |
| 1000 | 1 | 1,5 | 2 | 2,5 | 3 | 3 | 3 |
| 1120 | 1,2 | 1,5 | 2 | 2,5 | 3 | 3 | 3,5 |
| 1250 | 1,2 | 1,5 | 2 | 2,5 | 3 | 3,5 | 4 |
| 1400 | 1,5 | 2 | 2,5 | 3 | 3,5 | 4 | 4 |
| 1600 | 1,5 | 2 | 2,5 | 3 | 3,5 | 4 | 5 |
| 1800 | 2 | 2,5 | 3 | 3,5 | 4 | 5 | 5 |
| 2000 | 2 | 2,5 | 3 | 3,5 | 4 | 5 | 6 |

[1] bis $d_1 = 355$ unabhängig von Kranzbreite.
[2] ab $d_1 = 400$ abhängig von Kranzbreite.

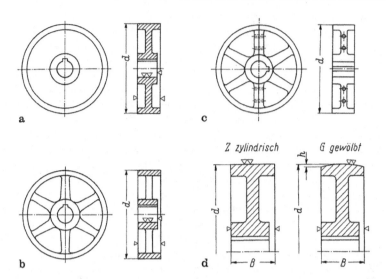

**Abb. 6.116** Riemenscheiben (nach DIN 111). a) Bodenscheibe; b) einteilige Armscheibe; c) zweiteilige Armscheibe; d) Kranzformen

- Riemenanordnung festlegen,
- Scheibendurchmesser wählen (meist konstruktiv bedingt),
- ungefähren Achsabstand ermitteln (meist konstruktiv bedingt),
- Riemenlänge berechnen,
- handelsübliche Riemenlänge festlegen (bei Endlos-Riemen),
- tatsächlicher Achsabstand berechnen (bei Endlos-Riemen),
- Riementyp wählen,
- Riemenbreite ermitteln.

### 6.8.2.2 Keilriementrieb

Die weite Verbreitung von Keilriementrieben beruht in erster Linie darauf, dass Flachriemen die hohen Anforderungen an Leistungsübertragung, Übersetzungsverhältnisse, geringe Achsabstände und besonders hinsichtlich Platzbedarf häufig nicht erfüllen können. Hinzu kommen als Vorteile die geringeren Wellenbelastungen (kleinere Vorspannkräfte), die Laufruhe, der weiche Anlauf und die bequeme Anpassung an geforderte Leistung durch Mehrriemenanordnung.

Für die Berechnung der geometrischen Abmessungen gelten dieselben Beziehungen wie beim Flachriemen, nur sind jeweils die Wirkdurchmesser $d_{wg}$ und $d_{wk}$ nach Abb. 6.113b – die auch für das Übersetzungsverhältnis maßgebend sind – und die Wirklänge $L_w$ einzusetzen.

Die Wirkbreite $b_w$ ist die Breite eines Keilriemens, die unverändert bleibt, wenn der Riemen senkrecht zur Basis seines Profils gekrümmt wird. Das heißt, die Wirkbreite ist gleich der Breite der neutralen Schicht. Die Wirklänge $L_w$ ist die Länge in Höhe seiner Wirkbreite (Länge der neutralen Schicht). Bei gegebenem Achsabstand $e$ gilt für den

Umschlingungswinkel an der kleinen Scheibe

$$\beta_k = 180° - 2 \cdot \alpha \ \text{ mit } \ sin\,\alpha = \frac{d_{wg} - d_{wk}}{2\,e}, \tag{6.157}$$

die genaue Wirklänge

$$L_w = 2\,e\,cos\,\alpha + \frac{\pi}{2}\left(d_{wg} + d_{wk}\right) + \frac{\pi \cdot \alpha}{180°}\left(d_{wg} - d_{wk}\right), \tag{6.158}$$

die angenäherte Wirklänge

$$L_w \approx 2\,e + \frac{\pi}{2}\left(d_{wg} + d_{wk}\right) + \frac{\left(d_{wg} - d_{wk}\right)^2}{4\,e}. \tag{6.159}$$

Bei gegebener Riemenlänge $L_w$ kann der tatsächlich benötigte Achsabstand berechnet werden:

$$e = p + \sqrt{p^2 - q} \tag{6.160}$$

mit $\ p = 0,25 \cdot L_w - 0,393 \cdot \left(d_{wg} + d_{wk}\right)\ $ und $\ q = 0,125 \cdot \left(d_{wg} - d_{wk}\right)^2.$

Als Richtwert wird angegeben:

$$e \approx 0,7 \cdot \left(d_{wg} + d_{wk}\right) \ldots 2,0 \cdot \left(d_{wg} + d_{wk}\right).$$

Während zum Spannen und Nachspannen des Riemens der Wellenabstand vergrößert werden muss, ist für das Auflegen des Riemens bei der Montage eine Verkürzung erforderlich. Für die Verstellbarkeit des Wellenabstandes $e$ werden empfohlen:

Spannen und Nachspannen des Riemens: $\quad \triangle e_S \geq +0,03 \cdot L_w$
zwanglosen Auflegen des Riemens: $\quad \triangle e_A \geq -0,015 \cdot L_w.$

**Riementypen** Schwierigkeiten bereitete die Ermittlung der günstigsten Abmessungen und der geeignetsten Werkstoffkomibnationen für Zugstrang, Einbettung und Umhüllung und nicht zuletzt die Fertigungsgenauigkeiten sowohl der Riemen selbst als auch der Riemenscheiben. Die Entwicklung führte von dem Vollgewebekeilriemen über den Paketfadenriemen zum Kabel- und Seilcordkeilriemen. Die heute gebräuchlichsten Bauarten von Keilriemen sind in Abb. 6.117 dargestellt. Bemerkenswert ist der Übergang vom Normalkeilriemen in klassischer Ausführung mit dem Höhen-Breitenverhältnis von 1:1,6 nach DIN 2215 zum Schmalkeilriemen nach DIN 7753 mit dem Höhen-Breitenverhältnis von ca. 1:1,23. Der Schmalkeilriemen ist wesentlich biegeweicher und ermöglicht dadurch kleinere Scheibendurchmesser, höhere Biegefrequenzen und Riemengeschwindigkeiten und überträgt dabei auf den Querschnitt bezogen höhere Leistungen. Er ist deshalb der heute am meisten verwendete Riementyp und ist als ummantelter Riemen (Riemenprofil-Kurzzeichen: SPZ, SPA, SPB, SPC) oder als flankenoffener Riemen (XPZ, XPA, XPB, XPC) erhältlich.

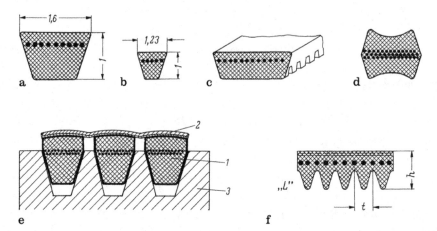

**Abb. 6.117** Bauformen handelsüblicher Keilriemen. a) Normalkeilriemen oder klassischer Keilriemen (DIN 2215); b) Schmalkeilriemen, vielfach verwendet (DIN 7753); c) Breitkeilriemen, vorwiegend für Verstellgetriebe (DIN 7719); d) Doppelkeilriemen, für Getriebe mit Drehrichtungsumkehr (DIN 7722); e) Mehrfach- oder Verbundkeilriemen, für große Achsabstände geeignet; f) Keilrippenriemen mit geringer Biegesteife (DIN 7867)

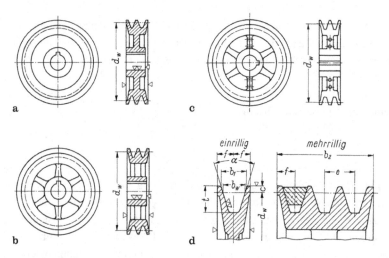

**Abb. 6.118** Keilriemenscheiben

**Riemenscheiben** Die Keilriemenscheiben für Schmalkeilriemen werden nach DIN 2211 einrillig und mehrrillig, als Bodenscheiben $a$ und als Armscheiben $b$ und $c$, einteilig oder zweiteilig (Abb. 6.118) mit den Keilwinkeln $\alpha = 34°$ und $\alpha = 38°$ ausgeführt.

Im Allgemeinen wird als Werkstoff Grauguss verwendet. Für Sonderfälle werden auch Leichtmetallscheiben aus dünnen Profilblechen, einteilig oder gelötet oder punktgeschweißt, hergestellt.

**Auslegung** Für die Typenwahl und die Bestimmung der Anzahl der Riemen müssen die tägliche Betriebsdauer und die Art der Antriebs- und Arbeitsmaschine durch den Belastungsfaktor $c_2$ nach Tab. 6.20, ferner der Umschlingungswinkel durch den Winkelfaktor $c_1$ nach Tab. 6.21 und die Riemenlänge durch den Längenfaktor $c_3$ nach Tab. 6.22 berücksichtigt werden. Dies ist erforderlich, weil die Leistungswerte $P_N$ (Nennleistung je Riemen) in Tab. 6.23 für die verschiedenen Typen jeweils nur für $\beta = 180°$ und für eine bestimmte Wirklänge $L_w$ angegeben sind. Mit Hilfe des Diagramms in Abb. 6.119 kann das Riemenprofil gewählt werden. Für die Wirkdurchmesser $d_{wk}$ der kleinen Scheibe sind dabei entsprechend DIN 2211 nach der Reihe R20 (63 ...) gestufte Werte zu nehmen. Die erforderliche Anzahl der Riemen ergibt sich dann aus

$$z = \frac{P\,c_2}{P_N\,c_1\,c_3}. \tag{6.161}$$

Als Richtwerte für die erforderliche Wellenkraftkraft gilt $F_W \approx 2 \cdot F_t \ldots 2,5 \cdot F_t$.

---

**Beispiel: Keilriementrieb**

Gegeben: Antriebsmaschine: Drehstrommotor mit normalem Anlaufmoment $P = 45$ kW $= 45000$ Nm/s, $n_1 = 1450$ min$^{-1}$ (d.h. $\omega_1 = 152/s$). Arbeitsmaschine: Pumpe mit $n_2 \approx 580$ min$^{-1}$; tägliche Betriebsdauer 8 Std., d. h. nach Tab. 6.20 $c_2 = 1, 1$.

Mit $P\,c_2 = 45 \cdot 1, 1 = 50$ kW folgt aus Diagramm Abb. 6.119 Riemenprofil SPA mit $d_{wk}$ bis 250 mm. Gewählt $d_{wk} = 250$ mm (nach DIN 2211); daraus folgt

$$v = \frac{d_{wk}}{2}\omega_1 = 0, 125\,\text{mm} \cdot 152/s = 19\,\text{m/s}.$$

Mit $i = n_1/n_2 = 1450/580 = 2, 5$ wird $d_{wg} = i\,d_{wk} = 2, 5 \cdot 250 \approx 630$ mm (nach DIN 2211).

Achsabstand: vorläufig $e = 0, 8\,(d_{wg} + d_{wk}) = 0, 8 \cdot 880 = 700$ mm.
Nach Gl. (6.159)

$$L_w = 2e + \frac{\pi}{2}(d_{wg} + d_{wk}) + \frac{(d_{wg} - d_{wk})^2}{4e}$$

$$= 1400 + 1, 571 \cdot 880 + \frac{380^2}{2800} = 2832\,\text{mm}.$$

Gewählt nach DIN 7753: $L_w = 2800$ mm.
Nach Gl. (6.160) wird

$$p = 0, 25\,L_w - 0, 393(d_{wg} + d_{wk}) = 700 - 0, 393 \cdot 880 = 354\,\text{mm}; \quad p^2 = 125\,200\,\text{mm}^2,$$

$$q = 0, 125\,(d_{wg} - d_{wk})^2 = 0, 125 \cdot 380^2 = 18080\,\text{mm}^2,$$

$$e = p + \sqrt{p^2 - q} = 354 + \sqrt{107\,120} = 681\,\text{mm}.$$

Verstellbarkeit des Achsenabstandes

$$\Delta e_S \geq 0,03\,L_w = 0,03 \cdot 2800 = 84\,\text{mm}$$

$$\Delta e_A \geq -0,015\,L_w = -42\,\text{mm}.$$

Aus Gl. (6.157) folgt

$$\sin\alpha = \frac{d_{wg} - d_{wk}}{2\,e} = \frac{380}{1362} = 0,279; \quad \alpha = 16,° ; \quad \beta = 147,6°.$$

Aus Tab. 6.21 ergibt sich der Winkelfaktor $c_1 \approx 0,91$ aus Tab. 6.22 der Längenfaktor $c_3 = 1,02$, aus Tab. 6.23 (für $d_{wk} = 250$ mm, $i = 2,5$ und $n_k = 1450$ U/min$^{-1}$) $P_N = 11,2$ kW.

Nach Gl. (6.161) wird dann

$$z = \frac{Pc_2}{P_N c_1 c_3} = \frac{45\,\text{kW} \cdot 1,1}{11,2\,\text{kW} \cdot 0,91 \cdot 1,02} = 4,76,$$

also $z = 5$; Scheibenbreite $b_2 = 80$ mm (nach DIN 2211).

Aus

$$T_1 = \frac{P}{\omega_1} = \frac{45000\,\text{Nm/s}}{152/\text{s}} = 296\,\text{Nm}$$

folgt

$$F_t = \frac{T_1}{d_{wk}/2} = \frac{296\,\text{Nm}}{0,25\,\text{m}} = 2370\,\text{N},$$

d.h.

$$F_w \approx 2\,F_t \dots 2,5\,F_t = 4740 \dots 5930\,\text{N}.$$

Nach Gl. (6.148) wird

$$f_B = \frac{vz}{L_w} = \frac{19\,\text{m/s} \cdot 2}{2,8\,\text{m}} = 13,6\,\text{s}^{-1}.$$

### 6.8.3  Bauarten für stufenlos verstellbare Übersetzungen

**Flachriemen-Verstellgetriebe** Das einfachste stufenlos verstellbare Zugmittelgetriebe ist schematisch in Abb. 6.120 dargestellt. Es besteht aus zwei gegensinnig angeordneten Kegelstumpfscheiben, über die ein schmaler Flachriemen läuft, der durch eine Verschiebeeinrichtung senkrecht zur Umlaufrichtung verstellt wird. Es sind keine großen Kegelwinkel und somit nur sehr geringe Verstellbereiche und nur sehr geringe Leistungsübertragungen möglich. Außerdem ist eine Spannrolle erforderlich, oder es müssen Kegelscheiben mit besonderen Wölbungen ausgeführt werden.

**Tab. 6.20** Belastungsfaktor $c_2$ (nach DIN 7753)

| Arbeitsmaschine | Laufzeit pro Tag [Std.] | Antriebsmaschine | |
|---|---|---|---|
| | | $A^1$ | $B^2$ |
| Leichte Antriebe: Kreiselpumpen und -kompressoren, Bandförderer (leichtes Gut), Ventilatoren und Pumpen bis 10 kW | bis 10<br>10…16<br>über 16 | 1<br>1,1<br>1,2 | 1,1<br>1,2<br>1,3 |
| Mittelschwere *Antriebe*: Blechscheren, Pressen, Ketten- und Bandförderer (schweres Gut), Schwingsiebe, Generatoren und Erregermaschinen, Knetmaschinen, Werkzeugmaschinen, Waschmaschinen, Druckereimaschinen, Ventilatoren und Pumpen über 10 kW | bis 10<br>10…16<br>über 16 | 1,1<br>1,2<br>1,3 | 1,2<br>1,3<br>1,4 |
| *Schwere Antriebe*: Mahlwerke, Kolbenkompressoren, Hochlast-, Wurf- und Stoßförderer (Schneckenförderer, Plattenbänder, Becherwerke, Schaufelwerke), Aufzüge, Brikettpressen, Textilmaschinen, Papiermaschinen, Kolbenpumpen, Sägegatter, Hammermühlen | bis 10<br>10…16<br>über 16 | 1,2<br>1,3<br>1,4 | 1,4<br>1,5<br>1,6 |
| Sehr schwere Antriebe: Hochbelastete Mahlwerke, Steinbrecher, Kalander, Mischer, Winden, Krane, Bagger | bis 10<br>10…16<br>über 6 | 1,3<br>1,4<br>1,5 | 1,5<br>1,6<br>1,8 |

[1]A = Wechsel- und Drehstrommotoren mit normalem Anlaufmoment (bis 2fachem Nennmoment), z. B Synchron- und Einphasenmotoren mit Anlaßhilfsphase, Drehstrommotoren mit Direkteinschaltung, Stern-Dreieck-Schalter oder Schleifringanlasser; Gleichstromnebenschlußmotoren, Verbrennungsmotoren und Turbinen ($n$ über 600 min$^{-1}$).
[2]B = Wechsel- und Drehstrommotoren mit hohem Anlaufmoment (über 2fachem Nennmoment), z. B Einphasenmotoren mit hohem Anlaufmoment; Gleichstromhauptschlußmotoren in Serienschaltung und Kompound; Verbrennungsmotoren und Turbinen ($n$ bis 600 min$^{-1}$).

**Tab. 6.21** Winkelfaktor $c_1$ (nach DIN 7753)

| $\dfrac{d_{wg} - d_{wk}}{e}$ | Umschlingungswinkel $\beta \approx$ | Winkelfaktor $c_1$ |
|---|---|---|
| 0 | 180° | 1 |
| 0,15 | 170° | 0,98 |
| 0,35 | 160° | 0,95 |
| 0,5 | 150° | 0,92 |
| 0,7 | 140° | 0,89 |
| 0,85 | 130° | 0,86 |
| 1 | 120° | 0,82 |
| 1,15 | 110° | 0,78 |
| 1,3 | 100° | 0,73 |
| 1,45 | 90° | 0,68 |

**Tab. 6.22** Längenfaktor $c_3$
(nach DIN 7753)

| Profil: | SPZ | SPA | SPB | SPC |
|---|---|---|---|---|
| $b_0 \approx$ | 9,7 | 12,7 | 16,3 | 22 |
| $b_{10} =$ | 8,5 | 11 | 14 | 19 |
| $h \approx$ | 8 | 10 | 13 | 18 |
| $h_w \approx$ | 2 | 2,8 | 3,5 | 4,8 |
| $L_w$ [mm] | Längenfaktor $c_3$ | | | |
| 630 | 0,82 | | | |
| 710 | 0,84 | | | |
| 800 | 0,86 | 0,81 | | |
| 900 | 0,88 | 0,83 | | |
| 1000 | 0,90 | 0,85 | | |
| 1120 | 0,93 | 0,87 | | |
| 1250 | 0,94 | 0,89 | 0,82 | |
| 1400 | 0,96 | 0,91 | 0,84 | |
| 1600 | 1,00 | 0,93 | 0,86 | |
| 1800 | 1,01 | 0,95 | 0,88 | |
| 2000 | 1,02 | 0,96 | 0,90 | |
| 2240 | 1,05 | 0,98 | 0,92 | 0,83 |
| 2500 | 1,07 | 1,00 | 0,94 | 0,86 |
| 2800 | 1,09 | 1,02 | 0,96 | 0,88 |
| 3150 | 1,11 | 1,04 | 0,98 | 0,90 |
| 3550 | 1,13 | 1,06 | 1,00 | 0,92 |
| 4000 | | 1,08 | 1,02 | 0,94 |
| 4500 | | 1,09 | 1,04 | 0,96 |
| 5000 | | | 1,06 | 0,98 |
| 5600 | | | 1,08 | 1,00 |
| 6300 | | | 1,10 | 1,02 |
| 7100 | | | 1,12 | 1,04 |
| 8000 | | | 1,14 | 1,06 |
| 9000 | | | | 1,08 |
| 10000 | | | | 1,10 |
| 11200 | | | | 1,12 |
| 12500 | | | | 1,14 |

**Keilriemen-Verstellgetriebe** Eine stufenlos verstellbare Übersetzung mit Keilriemen lässt sich leicht dadurch erreichen, dass auf einer oder auf beiden Wellen die Keilriemenscheibe in zwei Kegelscheiben aufgelöst wird, die durch Federn oder mechanische Verstelleinrichtungen einander genähert oder voneinander entfernt werden, so dass der Keilriemen auf verschiedenen Radien arbeitet.

**Tab. 6.23** Leistungswerte in kW für endlose Schmalkeilriemen (nach DIN 7753)

Profil SPZ

| $d_{wk}$ [mm] | $i$ oder $1/i$ | $P_N$ [kW] für $\beta = 180°$ und $L_w = 1600$ mm bei Drehzahl $n_k$ der kleinen Scheibe [min$^{-1}$] | | | | | |
|---|---|---|---|---|---|---|---|
| | | 200 | 400 | 700 | 950 | 1450 | 2800 |
| 63 | 1,00 | 0,20 | 0,35 | 0,54 | 0,68 | 0,93 | 1,45 |
| | 1,20 | 0,21 | 0,39 | 0,61 | 0,78 | 1,08 | 1,74 |
| | 1,50 | 0,23 | 0,40 | 0,65 | 0,83 | 1,16 | 1,88 |
| | $\geq 3,00$ | 0,24 | 0,43 | 0,68 | 0,88 | 1,23 | 2,02 |
| 71 | 1,00 | 0,25 | 0,44 | 0,71 | 0,90 | 1,25 | 2,00 |
| | 1,20 | 0,26 | 0,49 | 0,77 | 0,99 | 1,40 | 2,29 |
| | 1,50 | 0,28 | 0,51 | 0,81 | 1,05 | 1,47 | 2,44 |
| | $\geq 3,00$ | 0,29 | 0,53 | 0,85 | 1,10 | 1,55 | 2,58 |
| 80 | 1,00 | 0,31 | 0,55 | 0,88 | 1,14 | 1,60 | 2,61 |
| | 1,20 | 0,32 | 0,60 | 0,96 | 1,24 | 1,74 | 2,90 |
| | 1,50 | 0,34 | 0,62 | 0,99 | 1,29 | 1,83 | 3,04 |
| | $\geq 3,00$ | 0,35 | 0,63 | 1,03 | 1,33 | 1,90 | 3,19 |
| 90 | 1,00 | 0,37 | 0,68 | 1,08 | 1,40 | 1,98 | 3,27 |
| | 1,20 | 0,39 | 0,71 | 1,16 | 1,50 | 2,13 | 3,55 |
| | 1,50 | 0,40 | 0,74 | 1,19 | 1,55 | 2,21 | 3,69 |
| | $\geq 3,00$ | 0,41 | 0,76 | 1,23 | 1,60 | 2,28 | 3,84 |
| 100 | 1,00 | 0,43 | 0,79 | 1,28 | 1,66 | 2,36 | 3,90 |
| | 1,20 | 0,46 | 0,83 | 1,35 | 1,76 | 2,51 | 4,19 |
| | 1,50 | 0,46 | 0,85 | 1,39 | 1,81 | 2,58 | 4,34 |
| | $\geq 3,00$ | 0,47 | 0,88 | 1,43 | 1,85 | 2,66 | 4,47 |

Profil SPA

| $d_{wk}$ [mm] | $i$ oder $1/i$ | $P_N$ [kW] für $\beta = 180°$ und $L_w = 2500$ mm bei Drehzahl $n_k$ der kleinen Scheibe [min$^{-1}$] | | | | | |
|---|---|---|---|---|---|---|---|
| | | 200 | 400 | 700 | 950 | 1450 | 2800 |
| 90 | 1,00 | 0,43 | 0,75 | 1,18 | 1,48 | 2,02 | 3,00 |
| | 1,20 | 0,47 | 0,85 | 1,33 | 1,70 | 2,35 | 3,64 |
| | 1,50 | 0,49 | 0,89 | 1,41 | 1,81 | 2,52 | 3,97 |
| | $\geq 3,00$ | 0,52 | 0,93 | 1,49 | 1,92 | 2,69 | 4,29 |
| 100 | 1,00 | 0,53 | 0,94 | 1,49 | 1,89 | 2,61 | 4,00 |
| | 1,20 | 0,57 | 1,03 | 1,65 | 2,11 | 2,94 | 4,64 |
| | 1,50 | 0,60 | 1,08 | 1,73 | 2,22 | 3,11 | 4,96 |
| | $\geq 3,00$ | 0,62 | 1,13 | 1,81 | 2,33 | 3,28 | 5,28 |
| 112 | 1,00 | 0,65 | 1,16 | 1,85 | 2,38 | 3,31 | 5,15 |
| | 1,20 | 0,69 | 1,26 | 2,02 | 2,60 | 3,65 | 5,79 |
| | 1,50 | 0,71 | 1,30 | 2,10 | 2,71 | 3,81 | 6,12 |
| | $\geq 3,00$ | 0,74 | 1,35 | 2,18 | 2,82 | 3,98 | 6,44 |
| 125 | 1,00 | 0,77 | 1,41 | 2,25 | 2,90 | 4,06 | 6,34 |
| | 1,20 | 0,82 | 1,49 | 2,41 | 3,12 | 4,39 | 6,99 |
| | 1,50 | 0,84 | 1,54 | 2,50 | 3,23 | 4,56 | 7,31 |
| | $\geq 3,00$ | 0,86 | 1,59 | 2,58 | 3,34 | 4,73 | 7,65 |
| 140 | 1,00 | 0,91 | 1,68 | 2,84 | 3,50 | 4,91 | 7,65 |
| | 1,20 | 0,96 | 1,77 | 2,87 | 3,72 | 5,24 | 8,32 |
| | 1,50 | 0,99 | 1,82 | 2,95 | 3,83 | 5,41 | 8,61 |
| | $\geq 3,00$ | 1,01 | 1,86 | 3,03 | 3,93 | 5,58 | 8,94 |

**Tab. 6.23** (Fortsetzung)

**Profil SPZ**

| $d_{wk}$ [mm] | $i$ oder $1/i$ | $P_N$ [kW] für $\beta = 180°$ und $L_w = 1600$ mm bei Drehzahl $n_k$ der kleinen Scheibe [min$^{-1}$] | | | | | |
|---|---|---|---|---|---|---|---|
| | | 200 | 400 | 700 | 950 | 1450 | 2800 |
| 112 | 1,00 | 0,51 | 0,93 | 1,52 | 1,97 | 2,80 | 4,64 |
| | 1,20 | 0,53 | 0,98 | 1,59 | 2,07 | 2,95 | 4,92 |
| | 1,50 | 0,54 | 0,99 | 1,63 | 2,12 | 3,02 | 5,07 |
| | ≥ 3,00 | 0,55 | 1,02 | 1,66 | 2,16 | 3,11 | 5,21 |
| 125 | 1,00 | 0,59 | 1,09 | 1,77 | 2,30 | 3,28 | 5,40 |
| | 1,20 | 0,61 | 1,13 | 1,84 | 2,40 | 3,43 | 5,69 |
| | 1,50 | 0,62 | 1,15 | 1,88 | 2,45 | 3,50 | 5,84 |
| | ≥ 3,00 | 0,63 | 1,17 | 1,91 | 2,50 | 3,58 | 5,98 |
| 140 | 1,00 | 0,68 | 1,26 | 2,06 | 2,68 | 3,81 | 6,24 |
| | 1,20 | 0,70 | 1,30 | 2,13 | 2,77 | 3,97 | 6,53 |
| | 1,50 | 0,71 | 1,32 | 2,16 | 2,83 | 4,04 | 6,67 |
| | ≥ 3,00 | 0,72 | 1,34 | 2,20 | 2,87 | 4,11 | 6,82 |
| 160 | 1,00 | 0,80 | 1,49 | 2,44 | 3,17 | 4,51 | 7,27 |
| | 1,20 | 0,82 | 1,53 | 2,51 | 3,27 | 4,66 | 7,58 |
| | 1,50 | 0,83 | 1,55 | 2,55 | 3,32 | 4,74 | 7,73 |
| | ≥ 3,00 | 0,85 | 1,57 | 2,58 | 3,36 | 4,81 | 7,88 |
| 180 | 1,00 | 0,92 | 1,71 | 2,80 | 3,65 | 5,19 | 8,17 |
| | 1,20 | 0,94 | 1,76 | 2,88 | 3,75 | 5,34 | 8,46 |
| | 1,50 | 0,96 | 1,77 | 2,91 | 3,80 | 5,42 | 8,61 |
| | ≥ 3,00 | 0,96 | 1,80 | 2,95 | 3,85 | 5,49 | 8,76 |

**Profil SPA**

| $d_{wk}$ [mm] | $i$ oder $1/i$ | $P_N$ [kW] für $\beta = 180°$ und $L_w = 2500$ mm bei Drehzahl $n_k$ der kleinen Scheibe [min$^{-1}$] | | | | | |
|---|---|---|---|---|---|---|---|
| | | 200 | 400 | 700 | 950 | 1450 | 2800 |
| 160 | 1,00 | 1,10 | 2,04 | 3,30 | 4,27 | 6,01 | 9,27 |
| | 1,20 | 1,16 | 2,13 | 3,47 | 4,49 | 6,34 | 9,86 |
| | 1,50 | 1,18 | 2,18 | 3,55 | 4,60 | 6,51 | 10,2 |
| | ≥ 3,00 | 1,20 | 2,22 | 3,63 | 4,71 | 6,68 | 10,5 |
| 180 | 1,00 | 1,30 | 2,39 | 3,89 | 5,03 | 7,07 | 1,07 |
| | 1,20 | 1,35 | 2,49 | 4,06 | 5,26 | 7,43 | 11,3 |
| | 1,50 | 1,37 | 2,53 | 4,14 | 5,37 | 7,58 | 11,6 |
| | ≥ 3,00 | 1,39 | 2,58 | 4,22 | 5,48 | 7,73 | 12,0 |
| 200 | 1,00 | 1,30 | 2,39 | 3,89 | 5,03 | 7,07 | 10,7 |
| | 1,20 | 1,53 | 2,49 | 4,06 | 5,26 | 7,43 | 11,3 |
| | 1,50 | 1,55 | 2,89 | 4,71 | 6,12 | 8,61 | 12,9 |
| | ≥ 3,00 | 1,58 | 2,93 | 4,79 | 6,23 | 8,76 | 13,2 |
| 224 | 1,00 | 1,71 | 3,16 | 5,15 | 6,67 | 9,27 | 13,2 |
| | 1,20 | 1,75 | 3,26 | 5,31 | 6,89 | 9,64 | 13,8 |
| | 1,50 | 1,78 | 3,30 | 5,39 | 6,99 | 9,79 | 1,41 |
| | ≥ 3,00 | 1,80 | 3,35 | 5,48 | 7,10 | 9,94 | 14,4 |
| 250 | 1,00 | 1,95 | 3,61 | 5,89 | 7,58 | 10,5 | 14,1 |
| | 1,20 | 1,99 | 3,71 | 6,04 | 7,80 | 10,9 | 14,8 |
| | 1,50 | 2,02 | 3,75 | 6,12 | 7,95 | 11,0 | 15,1 |
| | ≥ 3,00 | 2,04 | 3,80 | 6,20 | 8,02 | 11,2 | 15,5 |

**Tab. 6.23** (Fortsetzung)

Profil SPZ

| $d_{wk}$ [mm] | $i$ oder $1/i$ | $P_N$ [kW] für $\beta = 180°$ und $L_w = 1600$ mm bei Drehzahl $n_k$ der kleinen Scheibe [min⁻¹] | | | | | |
|---|---|---|---|---|---|---|---|
| | | 200 | 400 | 700 | 950 | 1450 | 2800 |
| 140 | 1,00 | 1,07 | 1,92 | 3,02 | 3,83 | 5,20 | 7,15 |
| | 1,20 | 1,17 | 2,11 | 3,36 | 4,29 | 5,90 | 8,54 |
| | 1,50 | 1,22 | 2,22 | 3,53 | 4,53 | 6,26 | 9,20 |
| | ≥ 3,00 | 1,27 | 2,31 | 3,70 | 4,75 | 6,61 | 9,68 |
| 160 | 1,00 | 1,37 | 2,47 | 3,92 | 5,00 | 6,85 | 9,49 |
| | 1,20 | 1,46 | 2,66 | 4,27 | 5,47 | 7,58 | 10,9 |
| | 1,50 | 1,51 | 2,76 | 4,44 | 5,70 | 7,95 | 11,6 |
| | ≥ 3,00 | 1,56 | 2,86 | 4,61 | 5,93 | 8,24 | 12,3 |
| 180 | 1,00 | 1,66 | 3,01 | 4,81 | 6,16 | 8,46 | 11,6 |
| | 1,20 | 1,75 | 3,20 | 5,16 | 6,62 | 9,20 | 13,0 |
| | 1,50 | 1,80 | 3,30 | 5,33 | 6,86 | 9,49 | 13,7 |
| | ≥ 3,00 | 1,85 | 3,40 | 5,50 | 7,09 | 9,86 | 14,4 |
| 200 | 1,00 | 1,94 | 3,54 | 5,70 | 7,30 | 10,0 | 13,4 |
| | 1,20 | 2,03 | 3,74 | 6,04 | 7,80 | 10,7 | 14,8 |
| | 1,50 | 2,08 | 3,83 | 6,20 | 8,02 | 11,1 | 15,5 |
| | ≥ 3,00 | 2,13 | 3,93 | 6,37 | 8,24 | 11,4 | 16,1 |
| 224 | 1,00 | 2,27 | 4,18 | 6,73 | 8,61 | 11,9 | 15,2 |
| | 1,20 | 2,37 | 4,37 | 7,07 | 9,13 | 12,5 | 16,5 |
| | 1,50 | 2,42 | 4,47 | 7,24 | 9,35 | 12,9 | 17,2 |
| | ≥ 3,00 | 2,47 | 4,57 | 7,43 | 9,57 | 13,3 | 17,9 |

Profil SPA

| $d_{wk}$ [mm] | $i$ oder $1/i$ | $P_N$ [kW] für $\beta = 180°$ und $L_w = 2500$ mm bei Drehzahl $n_k$ der kleinen Scheibe [min⁻¹] | | | | | |
|---|---|---|---|---|---|---|---|
| | | 200 | 400 | 700 | 950 | 1450 | 2800 |
| 224 | 1,00 | 2,90 | 5,19 | 8,10 | 10,2 | 13,3 | 11,9 |
| | 1,20 | 3,14 | 5,67 | 8,98 | 11,3 | 14,9 | 15,2 |
| | 1,50 | 3,25 | 5,91 | 9,42 | 11,9 | 15,8 | 16,9 |
| | ≥ 3,00 | 3,38 | 6,15 | 9,79 | 12,4 | 16,7 | 18,6 |
| 250 | 1,00 | 3,50 | 6,31 | 9,94 | 12,5 | 16,2 | 13,6 |
| | 1,20 | 3,74 | 6,79 | 10,8 | 13,6 | 18,0 | 16,9 |
| | 1,50 | 3,86 | 7,03 | 11,2 | 14,2 | 18,8 | 18,6 |
| | ≥ 3,00 | 3,97 | 7,27 | 11,6 | 14,8 | 19,7 | 20,3 |
| 280 | 1,00 | 4,18 | 7,58 | 12,0 | 15,1 | 19,4 | 14,1 |
| | 1,20 | 4,42 | 8,10 | 12,9 | 16,3 | 21,2 | 17,4 |
| | 1,50 | 4,54 | 8,32 | 13,3 | 16,8 | 22,1 | 19,1 |
| | ≥ 3,00 | 4,66 | 8,54 | 13,7 | 17,4 | 22,9 | 20,8 |
| 315 | 1,00 | 4,98 | 9,05 | 14,4 | 18,0 | 22,9 | |
| | 1,20 | 5,21 | 9,57 | 15,2 | 19,1 | 24,6 | |
| | 1,50 | 5,33 | 9,79 | 15,6 | 19,7 | 25,5 | |
| | ≥ 3,00 | 5,45 | 10,0 | 16,0 | 20,3 | 26,4 | |
| 355 | 1,00 | 5,87 | 10,8 | 17,0 | 21,2 | 26,3 | |
| | 1,20 | 6,11 | 11,2 | 17,8 | 22,3 | 28,0 | |
| | 1,50 | 6,23 | 11,5 | 18,3 | 22,9 | 28,9 | |
| | ≥ 3,00 | 6,34 | 11,7 | 18,6 | 23,5 | 29,8 | |

**Tab. 6.23** (Fortsetzung)

**Profil SPZ**

| $d_{wk}$ [mm] | $i$ oder $1/i$ | $P_N$ [kW] für $\beta = 180°$ und $L_w = 1600$ mm bei Drehzahl $n_k$ der kleinen Scheibe [min⁻¹] | | | | | |
|---|---|---|---|---|---|---|---|
| | | 200 | 400 | 700 | 950 | 1450 | 2800 |
| 250 | 1,00 | 2,64 | 4,86 | 7,88 | 10,0 | 13,7 | 16,4 |
| | 1,20 | 2,74 | 5,06 | 8,17 | 10,5 | 14,4 | 17,8 |
| | 1,50 | 2,78 | 5,15 | 8,32 | 10,8 | 14,7 | 18,5 |
| | ≥ 3,00 | 2,83 | 5,25 | 8,54 | 11,0 | 15,1 | 19,2 |
| 280 | 1,00 | 3,05 | 5,64 | 9,13 | 11,6 | 15,7 | 17,2 |
| | 1,20 | 3,15 | 5,83 | 9,42 | 12,1 | 16,3 | 18,5 |
| | 1,50 | 3,20 | 5,92 | 9,57 | 12,3 | 16,7 | 19,2 |
| | ≥ 3,00 | 3,25 | 6,03 | 9,79 | 12,6 | 17,1 | 19,9 |
| 315 | 1,00 | 3,53 | 5,63 | 10,5 | 13,4 | 17,8 | |
| | 1,20 | 3,63 | 6,72 | 10,9 | 13,8 | 18,5 | |
| | 1,50 | 3,68 | 6,82 | 11,0 | 14,1 | 18,8 | |
| | ≥ 3,00 | 3,73 | 6,92 | 11,2 | 14,4 | 19,2 | |
| 355 | 1,00 | 4,08 | 7,51 | 12,1 | 15,3 | 20,0 | |
| | 1,20 | 4,17 | 7,73 | 12,4 | 15,8 | 20,7 | |
| | 1,50 | 4,22 | 7,80 | 12,6 | 16,0 | 21,1 | |
| | ≥ 3,00 | 4,27 | 7,95 | 12,8 | 16,3 | 21,3 | |
| 400 | 1,00 | 4,68 | 8,61 | 13,8 | 17,4 | 22,0 | |
| | 1,20 | 4,78 | 8,83 | 14,1 | 17,9 | 22,7 | |
| | 1,50 | 4,83 | 8,91 | 14,4 | 18,1 | 23,1 | |
| | ≥ 3,00 | 4,87 | 9,05 | 14,5 | 18,3 | 23,4 | |

**Profil SPA**

| $d_{wk}$ [mm] | $i$ oder $1/i$ | $P_N$ [kW] für $\beta = 180°$ und $L_w = 2500$ mm bei Drehzahl $n_k$ der kleinen Scheibe [min⁻¹] | | | | | |
|---|---|---|---|---|---|---|---|
| | | 200 | 400 | 700 | 950 | 1450 | 2800 |
| 400 | 1,00 | 6,87 | 12,6 | 19,8 | 24,5 | 29,4 | |
| | 1,20 | 7,10 | 13,0 | 20,6 | 25,7 | 31,2 | |
| | 1,50 | 7,22 | 13,3 | 21,1 | 26,2 | 32,1 | |
| | ≥ 3,00 | 7,35 | 13,5 | 21,5 | 26,8 | 33,0 | |
| 450 | 1,00 | 7,95 | 14,6 | 22,8 | 28,0 | 32,1 | |
| | 1,20 | 8,17 | 15,0 | 23,6 | 29,1 | 33,8 | |
| | 1,50 | 8,32 | 15,3 | 24,1 | 29,7 | 34,7 | |
| | ≥ 3,00 | 8,46 | 15,5 | 24,5 | 30,3 | 35,6 | |
| 500 | 1,00 | 9,05 | 16,5 | 25,7 | 31,1 | 33,6 | |
| | 1,20 | 9,27 | 17,0 | 26,5 | 32,2 | 35,3 | |
| | 1,50 | 9,42 | 17,2 | 26,9 | 32,8 | 36,2 | |
| | ≥ 3,00 | 9,49 | 17,5 | 27,4 | 33,3 | 37,0 | |
| 560 | 1,00 | 10,3 | 18,8 | 28,9 | 34,3 | 33,9 | |
| | 1,20 | 10,6 | 19,3 | 29,7 | 35,4 | 35,6 | |
| | 1,50 | 10,7 | 19,5 | 30,2 | 36,0 | 36,4 | |
| | ≥ 3,00 | 10,8 | 19,8 | 30,6 | 36,6 | 37,0 | |
| 630 | 1,00 | 11,8 | 21,4 | 32,4 | 37,4 | 37,3 | |
| | 1,20 | 12,1 | 21,9 | 33,2 | 38,5 | | |
| | 1,50 | 12,1 | 22,2 | 33,6 | 39,1 | | |
| | ≥ 3,00 | 12,3 | 22,4 | 34,1 | 39,7 | | |

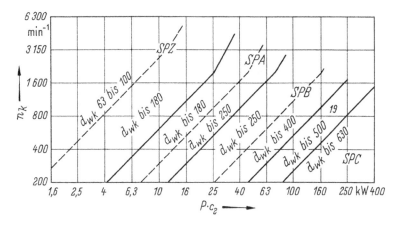

**Abb. 6.119** Auswahlempfehlungen für Riementyp (nach DIN 7753)

Wird nur auf einer Welle, meistens auf der Antriebswelle, eine veränderliche Keilscheibe mit Federanpressung 2 und auf der zweiten Welle eine feste Keilscheibe 1 benutzt, so erfolgt die Verstellung der Übersetzung durch Veränderung des Achsabstandes, indem der Motor 4 auf einem Schlitten 5 mittels Gewindespindel verschoben wird. Bei einseitig öffnenden Scheiben (Schema Abb. 6.121a) muss dann der Verstellschlitten 5 schräg gelegt werden, um die Riemenflucht aufrecht zu erhalten. Bei beidseitig öffnenden Verstellscheiben (Schema Abb. 6.121b) liegt der Verstellschlitten 5 parallel zu dem (sich axial nicht verschiebenden) Keilriemen 3, oder der Motor wird auf eine verstellbare Wippe montiert. Die Getriebe mit einer Verstellscheibe ermöglichen nur geringe Verstellbereiche bis 1: 3.

Häufiger werden daher zwei veränderliche Keilscheiben benutzt, wobei die auf der einen Welle sitzende mit Federanpressung 2 und die auf der zweiten Welle mechanisch verstellbar 1 ausgeführt wird (Abb. 6.122). Bei diesen Getrieben ist der Wellenabstand *e.* konstant, und es sind Verstellbereiche bis 1:10 möglich. Auch hier können entweder einseitig öffnende Scheiben verwendet werden, wobei die Anordnung nach Abb. 6.122a

**Abb. 6.120**  Schema eines
Flachriemen-Verstellgetriebes

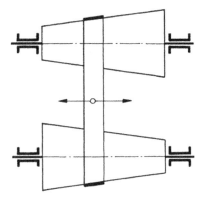

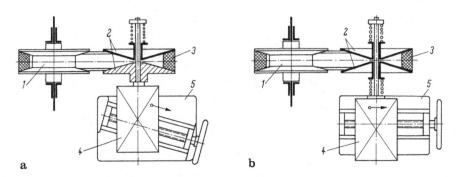

**Abb. 6.121** Keilriemen-Verstellgetriebe mit Achsabstandsänderungen. a) mit einseitig öffnender Verstellscheibe; b) mit beidseitig öffnender Verstellscheibe

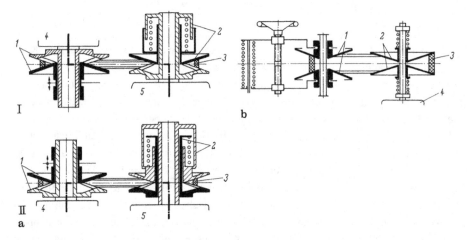

**Abb. 6.122** Keilriemen- Verstellgetriebe mit konstantem Achsabstand. a) mit einseitig öffnenden Verstellscheiben; b) mit beidseitig öffnenden Verstellscheiben

vorgenommen werden kann, oder es können beidseitig öffnende Scheiben benutzt werden, bei denen Keilriemenmitte und Riemenflucht immer in ein- und derselben Ebene liegen. Die Zugmittel sind bei vollen Keilscheiben Breitkeilriemen, die auf der Innenseite zahnartige Aussparungen besitzen, um kleine Krümmungsradien bei niedrigen Biegespannungen zu ermöglichen. Man kann jedoch auch Normal- und Schmalkeilriemen verwenden, wenn man die Keilscheiben als Kammscheiben mit radialen Aussparungen so ausbildet, dass sie sich fingerartig ineinanderschieben lassen.

Außer den bisher betrachteten Zweiwellengetrieben gibt es auch noch Getriebe mit einer Zwischenwelle (Schema Abb. 6.123), wobei praktisch zwei verstellbare Keilriementriebe hintereinandergeschaltet werden. Antriebswelle 1 und Abtriebswelle 2 sind fluchtend angeordnet. Die Zwischenhohlwelle ist in einer Wippe gelagert, die über eine

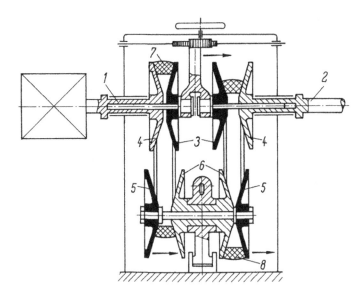

**Abb. 6.123** Keilriemen- Verstellgetriebe mit Zwischenwelle

Federspannvorrichtung die beiden Keilriemen 7 und 8 spannt. Verstellt werden gleichzeitig die inneren Keilscheiben 3 auf An- und Abtriebswelle, wobei sich selbsttätig die über eine Schiebewelle fest miteinander verbundenen äußeren Keilscheiben 5 der Zwischenwelle in der gleichen Richtung verschieben. Die Keilscheiben 4 und 6 sind axial nicht verschieblich.

## Literatur

1. Bausch,T.: Zahnradfertigung. Grafenau/Württemberg: Expert-Verlag 1986
2. DIN-Taschenbuch 106: Verzahnungsterminologie. Berlin: Beuth-Verlag
3. DIN-Taschenbuch 123: Zahnradfertigung. Berlin: Beuth-Verlag
4. DIN-Taschenbuch 173: Zahnradkonstruktion. Berlin: Beuth-Verlag
5. Dittrich, O; Schumann, R.: Anwendungen der Antriebstechnik, Bd. 3: Getriebe. Mainz: Krausskopf-Verlag 1974
6. Dubbel, H.: Taschenbuch für den Maschinenbau. 24. Auflage. Berlin: Springer 2014
7. Fischer, R.; Kücükay, F.; Jürgens, G.; Pollak, B: Das Getriebebuch. Berlin: Springer 2016
8. Funk, W.: Zugmittelgetriebe. Berlin: Springer 1995
9. Keck, K. F.: Die Zahnradpraxis. München: Oldenbourg 1958
10. Krause, W.: Zahnriemengetriebe. Heidelberg: Hüthig-Verlag 1988
11. Kücükay, F.: Dynamik der Zahnradgetriebe. Berlin: Springer 1987
12. Linke, H.: Stirnradverzahnung. Berechnung – Werkstoffe – Fertigung. München: Hanser- Verlag 1996
13. Lohmann, J.: Zahnradgetriebe. 2. Auflage. Berlin: Springer 1988
14. Maag-Taschenbuch: Maag-Zahnräder AG. Zürich/Schweiz 1985

15. Mack, F. J.: Getriebemotoren. Landsberg/Lech: Verlag Moderne Industrie 1994
16. Müller, A.W.: Die Umlaufgetriebe. Berlin: Springer 1971
17. Niemann, G; Winter, H.: Maschinenelemente. Berlin: Springer-Verlag. Bd. 2, 2. Auflage 2004; Bd. 3, 2. Auflage 2002
18. Roth, K.: Zahnradtechnik, 2. Auflage. Berlin: Springer 2001
19. VDI-Richtlinie 2758: Riemengetriebe. Düsseldorf: VDI-Verlag 1993
20. Weck, M.: Moderne Leistungsgetriebe – Verzahnungsauslegung und Betriebsverhalten. Berlin: Springer 1992
21. Widmer, E.: Berechnen von Zahnrädern und Getriebe-Verzahnungen. Basel: Birkhäuser 1981
22. Winter, H.: Kegelradgetriebe. Ehningen b. Böblingen: Expert-Verlag 1990
23. Zirpke, E.: Zahnräder. Leipzig: Fachbuchverlag 1989

**Tab. A.1** Mindestfestigkeitswerte für Baustähle nach DIN EN 10025 – für Nenndurchmesser ≤16 mm

| Werkstoff | $R_m$ | $R_e$ | $\sigma_{zd,W}$ | $\sigma_{zd,Sch}$ | $\sigma_{b,F}$ | $\sigma_{b,W}$ | $\sigma_{b,Sch}$[1] | $\tau_{t,F}$ | $\tau_{t,W}$ | $\tau_{t,Sch}$[1] |
|---|---|---|---|---|---|---|---|---|---|---|
| S185 | 310 | 185 | 140 | 138 | 220 | 155 | 220 | 105 | 90 | 105 |
| S235J | 360 | 235 | 160 | 158 | 280 | 180 | 280 | 135 | 105 | 135 |
| S275J | 430 | 275 | 195 | 185 | 330 | 215 | 330 | 160 | 125 | 160 |
| S355J | 510 | 355 | 230 | 215 | 425 | 255 | 425 | 205 | 150 | 205 |
| E295 | 490 | 295 | 220 | 205 | 355 | 245 | 355 | 170 | 105 | 170 |
| E335 | 590 | 335 | 265 | 240 | 400 | 290 | 400 | 195 | 125 | 195 |
| E360 | 690 | 360 | 310 | 270 | 430 | 340 | 430 | 210 | 150 | 210 |

[1] aus Dauerfestigkeitsschaubild

**Tab. A.2** Mindestfestigkeitswerte für schweißgeeignete Feinkornbaustähle nach DIN EN 10025 im normalgeglühten Zustand – für Nenndurchmesser ≤16 mm

| Werkstoff | $R_m$ | $R_e$ | $\sigma_{zd,W}$ | $\sigma_{zd,Sch}$ | $\sigma_{b,F}$ | $\sigma_{b,W}$ | $\tau_{t,F}$ | $\tau_{t,W}$ |
|---|---|---|---|---|---|---|---|---|
| S 275 N<br>S 275 NL | 370 | 275 | 165 | 160 | 330 | 185 | 160 | 110 |
| S 355 N<br>S 355 NL | 470 | 355 | 210 | 200 | 425 | 235 | 205 | 140 |
| S 420 N<br>S 420 NL | 520 | 420 | 235 | 215 | 505 | 260 | 245 | 150 |
| S 460 N<br>S 460 NL | 550 | 460 | 245 | 225 | 550 | 275 | 265 | 160 |

© Springer-Verlag GmbH Deutschland 2018
H. Haberhauer, *Maschinenelemente*,
https://doi.org/10.1007/978-3-662-53048-1

**Tab. A.3** Mindestfestigkeitswerte für Vergütungsstähle nach DIN EN 10083 im vergüteten Zustand – für Nenndurchmesser $\leq 16$ mm

| Werkstoff | $R_m$ | $R_e$ | $\sigma_{zd,W}$ | $\sigma_{zd,Sch}$ | $\sigma_{b,F}$ | $\sigma_{b,W}$ | $\sigma_{b,Sch}$[1] | $\tau_{t,F}$ | $\tau_{t,W}$ | $\tau_{t,Sch}$[1] |
|---|---|---|---|---|---|---|---|---|---|---|
| C22 | 500 | 340 | 225 | 210 | 410 | 250 | 410 | 195 | 145 | 195 |
| C35 | 630 | 430 | 285 | 255 | 515 | 310 | 515 | 250 | 185 | 250 |
| C45 | 700 | 490 | 315 | 275 | 590 | 345 | 590 | 285 | 205 | 540 |
| C60 | 850 | 580 | 385 | 320 | 695 | 415 | 695 | 335 | 245 | 335 |
| 46 Cr 2 | 900 | 650 | 405 | 335 | 780 | 435 | 670 | 375 | 260 | 375 |
| 34 Cr 4 | 900 | 700 | 405 | 335 | 840 | 435 | 745 | 405 | 260 | 405 |
| 37 Cr 4 | 950 | 750 | 430 | 345 | 900 | 460 | 775 | 435 | 270 | 435 |
| 41 Cr 4 | 1000 | 800 | 450 | 360 | 960 | 480 | 825 | 465 | 285 | 465 |
| 25 CrMo 4 | 900 | 700 | 405 | 335 | 840 | 435 | 745 | 405 | 260 | 405 |
| 34 CrMo 4 | 1000 | 800 | 450 | 360 | 960 | 480 | 825 | 465 | 285 | 465 |
| 42 CrMo 4 | 1100 | 900 | 495 | 385 | 1080 | 525 | 905 | 520 | 315 | 520 |
| 34 CrNiMo 6 | 1200 | 1000 | 540 | 410 | 1200 | 570 | 975 | 580 | 340 | 580 |
| 30 CrNiMo 8 | 1250 | 1050 | 565 | 420 | 1260 | 595 | 1025 | 610 | 355 | 610 |

[1] aus Dauerfestigkeitsschaubild

**Tab. A.4** Mindestfestigkeitswerte für Einsatzstähle nach DIN EN 10084 im blindgehärteten Zustand – für Nenndurchmesser $\leq 11$ mm

| Werkstoff | $R_m$ | $R_e$ | $\sigma_{zd,W}$ | $\sigma_{zd,Sch}$ | $\sigma_{b,F}$ | $\sigma_{b,W}$ | $\sigma_{b,Sch}$[1] | $\tau_{t,F}$ | $\tau_{t,W}$ | $\tau_{t,Sch}$[1] |
|---|---|---|---|---|---|---|---|---|---|---|
| C10 | 650 | 380 | 260 | 230 | 455 | 285 | 455 | 220 | 170 | 220 |
| C15 | 750 | 430 | 300 | 260 | 515 | 325 | 515 | 250 | 195 | 250 |
| 17 Cr 3 | 1050 | 750 | 420 | 330 | 900 | 450 | 775 | 435 | 265 | 435 |
| 16 MnCr 5 | 900 | 630 | 360 | 295 | 755 | 385 | 665 | 365 | 230 | 365 |
| 20 MnCr 5 | 1100 | 730 | 440 | 340 | 875 | 470 | 815 | 425 | 280 | 425 |
| 22 CrMoS 3-5 | 1100 | 730 | 440 | 340 | 875 | 470 | 815 | 425 | 280 | 425 |
| 17 CrNiMo 6 | 1150 | 830 | 460 | 355 | 995 | 490 | 845 | 480 | 290 | 480 |

[1] aus Dauerfestigkeitsschaubild

**Tab. A.5** Mindestfestigkeitswerte für Nitrierstähle nach DIN 10085 im vergüteten Zustand – für Nenndurchmesser $\leq 100$ mm

| Werkstoff | $R_m$ | $R_{p0,2}$ | $\sigma_{zd,W}$ | $\sigma_{zd,Sch}$ | $\sigma_{b,W}$ | $\tau_{s,W}$ | $\tau_{t,W}$ |
|---|---|---|---|---|---|---|---|
| 31 CrMo 12 | 1000 | 800 | 450 | 360 | 480 | 260 | 285 |
| 31 CrMoV 9 | 1000 | 800 | 450 | 360 | 480 | 260 | 285 |
| 15 CrMoV 5 9 | 900 | 750 | 405 | 335 | 435 | 235 | 260 |
| 34 CrAlMo 5 | 800 | 600 | 360 | 305 | 390 | 210 | 230 |
| 34 CrAlNi 7 | 850 | 650 | 385 | 320 | 415 | 220 | 245 |

**Tab. A.6** Mindestfestigkeitswerte für Nichtrostende Stähle nach DIN EN 10088 im geglühten Zustand – Nenndurchmesser nicht erforderlich, da kein Größeneinfluss besteht

| Werkstoff | $R_m$ | $R_{p0,2}$ | $\sigma_{zd,W}$ | $\sigma_{zd,Sch}$ | $\sigma_{b,W}$ | $\tau_{s,W}$ | $\tau_{t,W}$ |
|---|---|---|---|---|---|---|---|
| X2CrNi 12 | 450 | 250 | 180 | 170 | 205 | 105 | 120 |
| X6CrNi 17-1 | 650 | 480 | 260 | 230 | 290 | 150 | 175 |
| X4CrNiMo 16-5-1 | 840 | 680 | 335 | 280 | 410 | 195 | 220 |
| X10CrNi 18-8 | 600 | 250 | 240 | 215 | 270 | 140 | 160 |
| X2CrNiMoN 17-13-5 | 580 | 270 | 230 | 210 | 260 | 135 | 155 |

**Tab. A.7** Mindestfestigkeitswerte für Stahlguss (GS nach DIN 1681 und GE nach DIN EN 10293 – für Nenndurchmesser $\leq$100 mm) und für Temperguss (GT nach DIN 1692 und EN-GJW nach DIN EN 1562 – für Nenndurchmesser $\leq$15 mm)

| Werkstoff | | $R_m$ | $R_{p0,2}$ | $\sigma_{zd,W}$ | $\sigma_{zd,Sch}$ | $\sigma_{b,W}$ | $\tau_{s,W}$ | $\tau_{t,W}$ |
|---|---|---|---|---|---|---|---|---|
| GS-38 | GE 200 | 380 | 200 | 130 | 125 | 150 | 75 | 90 |
| GS-45 | GE 240 | 450 | 230 | 150 | 130 | 180 | 90 | 105 |
| GS-52 | GE 260 | 520 | 260 | 175 | 145 | 205 | 100 | 125 |
| GS-60 | GE 300 | 600 | 300 | 205 | 160 | 235 | 120 | 140 |
| GTW-35-04 | EN-GJMW-350-4 | 350 | – | 105 | 85 | 150 | 80 | 115 |
| GTW-38-12 | EN-GJMW-360-12 | 360 | 190 | 110 | 85 | 155 | 80 | 120 |
| GTW-40-05 | EN-GJMW-400-5 | 400 | 220 | 120 | 95 | 170 | 90 | 130 |
| GTW-45-07 | EN-GJMW-450-7 | 450 | 260 | 135 | 105 | 190 | 100 | 145 |
| GTS-35-10 | EN-GJMB-350-10 | 350 | 200 | 105 | 85 | 150 | 80 | 115 |
| GTS-50-04 | EN-GJMB-550-4 | 550 | 340 | 165 | 125 | 230 | 125 | 175 |
| GTS-65-02 | EN-GJMB-650-2 | 650 | 430 | 195 | 145 | 265 | 145 | 205 |
| – | EN-GJMB-800-1 | 800 | 600 | 240 | 170 | 320 | 180 | 250 |

**Tab. A.8** Mindestfestigkeitswerte für Gusseisen mit Lamellengraphit (GG nach DIN 1691 bzw. EN-GJL nach DIN EN 1561) und für Kugelgraphit (GGG nach DIN 1693 bzw. EN-GJS nach DIN EN 1563) – für Nenndurchmesser $\leq$60 mm

| Werkstoff | | $R_m$ | $R_{p0,2}$ | $\sigma_{zd,W}$ | $\sigma_{zd,Sch}$ | $\sigma_{b,W}$ | $\tau_{s,W}$ | $\tau_{t,W}$ |
|---|---|---|---|---|---|---|---|---|
| GG-10 | EN-GJL-100 | 100 | – | 30 | 20 | 45 | 25 | 40 |
| GG-15 | EN-GJL-150 | 150 | – | 45 | 30 | 70 | 40 | 60 |
| GG-20 | EN-GJL-200 | 200 | – | 60 | 40 | 90 | 50 | 75 |
| GG-25 | EN-GJL-250 | 250 | – | 75 | 50 | 110 | 65 | 95 |
| GG-30 | EN-GJL-300 | 300 | | 90 | 60 | 130 | 75 | 115 |
| GG-35 | EN-GJL-350 | 350 | | 105 | 70 | 150 | 90 | 130 |
| GGG-40 | EN-GJS-400-15 | 400 | 250 | 135 | 110 | 185 | 90 | 120 |
| GGG-50 | EN-GJS-500-7 | 500 | 320 | 170 | 135 | 225 | 110 | 150 |
| GGG-60 | EN-GJS-600-3 | 600 | 370 | 205 | 160 | 265 | 135 | 180 |
| GGG-70 | EN-GJS-700-2 | 700 | 420 | 240 | 180 | 305 | 155 | 205 |
| GGG-80 | EN-GJS-800-2 | 800 | 480 | 270 | 200 | 340 | 175 | 235 |
| – | EN-GJS-900-2 | 900 | 600 | 305 | 220 | 380 | 200 | 260 |

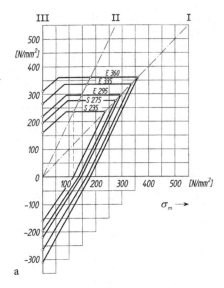

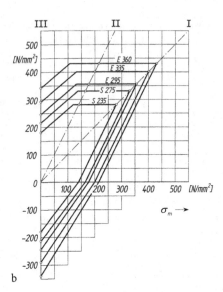

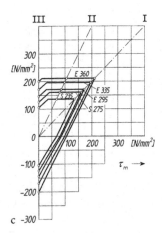

**Abb. A.1** Dauerfestigkeitsschaubilder für Baustähle nach DIN EN 10025
a) Zug- und Druckbeanspruchung
b) Biegebeanspruchung
c) Torsionsbeanspruchung

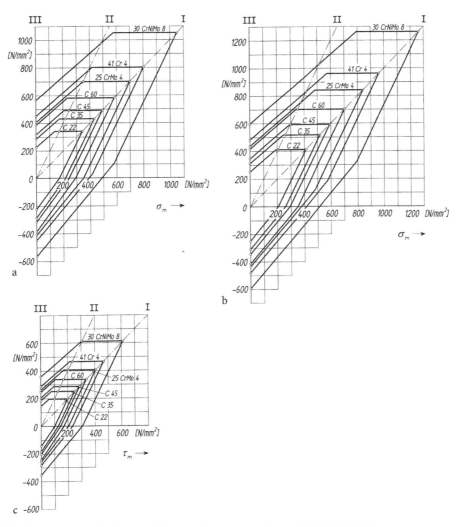

**Abb. A.2** Dauerfestigkeitsschaubilder für Vergütungsstähle nach DIN EN 10083
a) Zug- und Druckbeanspruchung
b) Biegebeanspruchung
c) Torsionsbeanspruchung

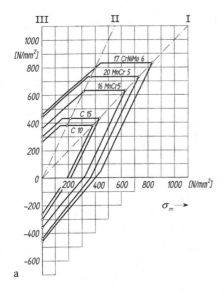
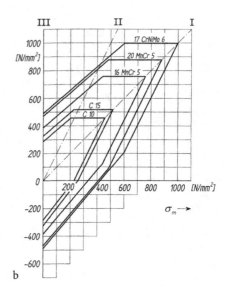

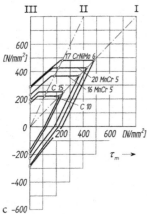

**Abb. A.3** Dauerfestigkeitsschaubilder für Einsatzstähle nach DIN EN 10084

a) Zug- und Druckbeanspruchung

b) Biegebeanspruchung

c) Torsionsbeanspruchung

# Anhang B

**Tab. B.1** Rillenkugellager (Auswahl nach SKF)

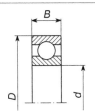 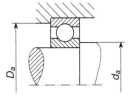

| Lagerabmessungen | | | Tragzahlen | | Anschlussmaße | | Kurzzeichen |
|---|---|---|---|---|---|---|---|
| d [mm] | D [mm] | B [mm] | C [kN] | $C_0$ [kN] | $d_a$ [mm] | $D_a$ [mm] | |
| 10 | 26 | 8 | 4,75 | 1,96 | 12,0 | 24,0 | 6000 |
| 10 | 30 | 9 | 5,4 | 2,36 | 14,2 | 25,8 | 6200 |
| 10 | 35 | 11 | 8,52 | 3,40 | 14,2 | 30,8 | 6300 |
| 12 | 28 | 8 | 5,4 | 2,36 | 14,0 | 26,0 | 6001 |
| 12 | 32 | 10 | 7,28 | 3,10 | 16,2 | 27,8 | 6201 |
| 12 | 37 | 12 | 10,1 | 4,15 | 17,6 | 31,4 | 6301 |
| 15 | 32 | 9 | 5,85 | 2,85 | 17,0 | 30,0 | 6002 |
| 15 | 35 | 11 | 8,06 | 3,75 | 19,2 | 30,8 | 6202 |
| 15 | 42 | 13 | 11,9 | 5,40 | 20,6 | 36,4 | 6302 |
| 17 | 35 | 10 | 6,37 | 3,25 | 19,0 | 33,0 | 6003 |
| 17 | 40 | 12 | 9,95 | 4,75 | 21,2 | 35,8 | 6203 |
| 17 | 47 | 14 | 14,3 | 6,55 | 22,6 | 41,4 | 6303 |
| 20 | 42 | 12 | 9,95 | 5,00 | 23,2 | 38,8 | 6004 |
| 20 | 47 | 14 | 13,5 | 6,55 | 25,6 | 41,4 | 6204 |
| 20 | 52 | 15 | 16,8 | 7,80 | 27,0 | 45,0 | 6304 |

© Springer-Verlag GmbH Deutschland 2018
H. Haberhauer, *Maschinenelemente*,
https://doi.org/10.1007/978-3-662-53048-1

**Tab. B.1** (Fortsetzung)

| Lagerabmessungen | | | Tragzahlen | | Anschlussmaße | | Kurzzeichen |
|---|---|---|---|---|---|---|---|
| d [mm] | D [mm] | B [mm] | C [kN] | $C_0$ [kN] | $d_a$ [mm] | $D_a$ [mm] | |
| 25 | 47 | 12 | 11,9 | 6,55 | 28,2 | 43,8 | 6005 |
| 25 | 52 | 15 | 14,8 | 7,80 | 30,6 | 46,4 | 6205 |
| 25 | 62 | 17 | 23,4 | 11,6 | 32,0 | 55,0 | 6305 |
| 30 | 55 | 13 | 13,8 | 8,30 | 34,6 | 57,4 | 6006 |
| 30 | 62 | 16 | 20,3 | 11,2 | 35,6 | 65,0 | 6206 |
| 30 | 72 | 19 | 29,6 | 16,0 | 37,0 | 71,0 | 6306 |
| 35 | 62 | 14 | 16,8 | 10,2 | 39,6 | 57,4 | 6007 |
| 35 | 72 | 17 | 27 | 15,3 | 42,0 | 65,0 | 6207 |
| 35 | 80 | 21 | 35,1 | 19,0 | 44,0 | 71,0 | 6307 |
| 40 | 68 | 15 | 17,8 | 11,6 | 44,6 | 63,4 | 6008 |
| 40 | 80 | 18 | 32,5 | 19,0 | 47,0 | 73,0 | 6208 |
| 40 | 90 | 23 | 42,3 | 24,0 | 49,0 | 81,0 | 6308 |
| 45 | 75 | 16 | 22,1 | 14,6 | 49,6 | 70,4 | 6009 |
| 45 | 85 | 19 | 35,1 | 21,6 | 52,0 | 78,0 | 6209 |
| 45 | 100 | 25 | 55,3 | 31,5 | 54,0 | 91,0 | 6309 |
| 50 | 80 | 16 | 22,9 | 16,0 | 54,6 | 75,4 | 6010 |
| 50 | 90 | 20 | 37,1 | 23,2 | 57,0 | 83,0 | 6210 |
| 50 | 110 | 27 | 65 | 38,0 | 61,0 | 99,0 | 6310 |
| 55 | 90 | 18 | 29,6 | 21,2 | 61,0 | 84,0 | 6011 |
| 55 | 100 | 21 | 46,2 | 29,0 | 64,0 | 91,0 | 6211 |
| 55 | 120 | 29 | 74,1 | 45,0 | 66,0 | 109,0 | 6311 |
| 60 | 95 | 18 | 30,7 | 23,2 | 66,0 | 89,0 | 6012 |
| 60 | 110 | 22 | 55,3 | 36,0 | 69,0 | 101,0 | 6212 |
| 60 | 130 | 31 | 85,2 | 52,0 | 72,0 | 118,0 | 6312 |
| 65 | 100 | 18 | 31,9 | 25,0 | 71,0 | 94,0 | 6013 |
| 65 | 120 | 23 | 58,5 | 40,5 | 74,0 | 111,0 | 6213 |
| 65 | 140 | 33 | 97,5 | 60,0 | 77,0 | 128,0 | 6313 |
| 70 | 110 | 20 | 39,7 | 31,0 | 76,0 | 104,0 | 6014 |
| 70 | 125 | 24 | 63,7 | 45,0 | 79,0 | 116,0 | 6214 |
| 70 | 150 | 35 | 111 | 68,0 | 82,0 | 138,0 | 6314 |

**Tab. B.2** Schrägkugellager (Auswahl nach SKF)

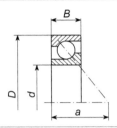 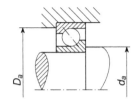

| Lagerabmessungen | | | | Tragzahlen| | | Anschlussmaße | | Kurzzeichen |
|---|---|---|---|---|---|---|---|---|
| d [mm] | D [mm] | B [mm] | a [mm] | C [kN] | $C_0$ [kN] | $d_a$ [mm] | $D_a$ [mm] | |
| 10 | 30 | 9 | 13 | 7,02 | 3,35 | 14,2 | 25,8 | 7200 |
| 12 | 32 | 10 | 14 | 7,61 | 3,80 | 16,2 | 27,8 | 7201 |
| 12 | 37 | 12 | 16 | 10,6 | 5,00 | 17,6 | 31,4 | 7301 |
| 15 | 35 | 11 | 16 | 9,5 | 5,10 | 19,2 | 30,8 | 7202 |
| 15 | 42 | 13 | 19 | 13,0 | 6,70 | 20,6 | 36,4 | 7302 |
| 17 | 40 | 12 | 18 | 11,1 | 5,85 | 21,2 | 35,8 | 7203 |
| 17 | 47 | 14 | 20 | 15,9 | 8,30 | 22,6 | 41,4 | 7303 |
| 20 | 47 | 14 | 21 | 14,0 | 8,30 | 25,6 | 35,8 | 7204 |
| 20 | 52 | 15 | 23 | 19,0 | 10,4 | 27,0 | 41,4 | 7304 |
| 25 | 52 | 15 | 24 | 15,6 | 10,2 | 30,6 | 46,0 | 7205 |
| 25 | 62 | 17 | 27 | 26,0 | 15,6 | 32,0 | 55,0 | 7305 |
| 30 | 62 | 16 | 27 | 23,8 | 15,6 | 35,6 | 56,0 | 7206 |
| 30 | 72 | 19 | 31 | 34,5 | 21,2 | 37,0 | 65,0 | 7306 |
| 35 | 72 | 17 | 31 | 30,7 | 20,8 | 42,0 | 65,0 | 7207 |
| 35 | 80 | 21 | 35 | 39,0 | 24,5 | 44,0 | 71,0 | 7307 |
| 35 | 100 | 25 | 41 | 60,5 | 38,0 | 46,0 | 89,0 | 7407 |
| 40 | 80 | 18 | 34 | 36,4 | 26,0 | 47,0 | 73,0 | 7208 |
| 40 | 90 | 23 | 39 | 49,4 | 33,5 | 49,0 | 81,0 | 7308 |
| 40 | 110 | 27 | 45 | 70,2 | 45,0 | 53,0 | 97,0 | 7408 |
| 45 | 85 | 19 | 37 | 37,7 | 28,0 | 52,0 | 78,0 | 7209 |
| 45 | 100 | 25 | 43 | 60,5 | 41,5 | 54,0 | 91,0 | 7309 |
| 45 | 120 | 29 | 48 | 85,2 | 55,0 | 55,0 | 110 | 7409 |
| 50 | 90 | 20 | 39 | 39,0 | 30,5 | 57,0 | 83,0 | 7210 |
| 50 | 110 | 27 | 47 | 74,1 | 51,0 | 61,0 | 99,0 | 7310 |
| 50 | 130 | 31 | 53 | 95,6 | 64,0 | 64,0 | 116 | 7410 |
| 55 | 100 | 21 | 43 | 48,8 | 38,0 | 64,0 | 91,0 | 7211 |
| 55 | 120 | 29 | 51 | 85,2 | 60,0 | 66,0 | 109 | 7311 |
| 55 | 140 | 33 | 58 | 111,0 | 76,5 | 69,0 | 126 | 7411 |

**Tab. B.2** (Fortsetzung)

| Lagerabmessungen | | | | Tragzahlen | | Anschlussmaße | | Kurzzeichen |
|---|---|---|---|---|---|---|---|---|
| d [mm] | D [mm] | B [mm] | a [mm] | C [kN] | $C_0$ [kN] | $d_a$ [mm] | $D_a$ [mm] | |
| 60 | 110 | 22 | 47 | 57,2 | 45,5 | 69,0 | 101 | 7212 |
| 60 | 130 | 31 | 55 | 95,6 | 69,5 | 72,0 | 118 | 7312 |
| 60 | 150 | 35 | 62 | 119,0 | 86,5 | 74,0 | 136 | 7412 |
| 65 | 120 | 23 | 50 | 66,3 | 54,0 | 74,0 | 111 | 7213 |
| 65 | 140 | 33 | 60 | 108,0 | 80,0 | 77,0 | 128 | 7313 |
| 70 | 125 | 24 | 53 | 71,5 | 60,0 | 79,0 | 116 | 7214 |
| 70 | 150 | 35 | 64 | 119,0 | 90,0 | 82,0 | 138 | 7314 |
| 70 | 180 | 42 | 74 | 159,0 | 127,0 | 84,0 | 166 | 7414 |

**Tab. B.3a** Zylinderrollenlager (Auswahl nach SKF)

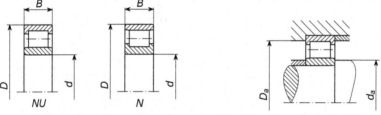

| Lagerabmessungen | | | Tragzahlen | | Anschlussmaße | | Kurzzeichen |
|---|---|---|---|---|---|---|---|
| d [mm] | D [mm] | B [mm] | C [kN] | $C_0$ [kN] | $d_a$ [mm] | $D_a$ [mm] | |
| 15 | 35 | 11 | 12,5 | 10,2 | 18 | 30,6 | NU 202 |
| 17 | 40 | 12 | 17,2 | 14,3 | 21 | 35,6 | NU 203, N 203 |
| 17 | 40 | 16 | 23,8 | 21,6 | 21 | 35,6 | NU 2203 |
| 17 | 47 | 14 | 24,6 | 20,4 | 23 | 41,4 | NU 303, N 303 |
| 20 | 47 | 14 | 25,1 | 25,2 | 25 | 41,4 | NU 204, N 204 |
| 20 | 47 | 18 | 29,7 | 27,5 | 25 | 41,4 | NU 2204 |
| 20 | 52 | 15 | 35,5 | 26,0 | 27 | 45 | NU 304, N 304 |
| 25 | 52 | 15 | 28,6 | 27,0 | 30 | 46,4 | NU 205, N 205 |
| 25 | 52 | 18 | 34,1 | 34,0 | 30 | 46,4 | NU 2205 |
| 25 | 62 | 17 | 46,5 | 36,5 | 32 | 55 | NU 305, N 305 |
| 30 | 62 | 16 | 44 | 36,5 | 36 | 56,4 | NU 206, N 206 |
| 30 | 62 | 20 | 55 | 49,0 | 36 | 57 | NU 2206 |
| 30 | 72 | 19 | 58,5 | 48,0 | 39 | 65 | NU 306, N 306 |

**Tab. B.3a** (Fortsetzung)

| Lagerabmessungen | | | Tragzahlen | | Anschlussmaße | | Kurzzeichen |
|---|---|---|---|---|---|---|---|
| d [mm] | D [mm] | B [mm] | C [kN] | $C_0$ [kN] | $d_a$ [mm] | $D_a$ [mm] | |
| 35 | 72 | 17 | 56 | 48,0 | 42 | 65 | NU 207, N 207 |
| 35 | 72 | 23 | 69,5 | 63,0 | 42 | 65 | NU 2207 |
| 35 | 80 | 21 | 75 | 63,0 | 44 | 71 | NU 307, N 307 |
| 40 | 80 | 18 | 62 | 53,0 | 48 | 73 | NU 208, N 208 |
| 40 | 80 | 23 | 81,5 | 75,0 | 48 | 73 | NU 2208, N 2208 |
| 40 | 90 | 23 | 93 | 78,0 | 50 | 81 | NU 308, N 308 |
| 40 | 90 | 33 | 129 | 120 | 50 | 81 | NU 2308 |
| 45 | 85 | 19 | 69,5 | 64,0 | 53 | 78 | NU 209, N 209 |
| 45 | 85 | 23 | 85 | 81,5 | 53 | 78 | NU 2209, N 2209 |
| 45 | 100 | 25 | 112 | 100 | 56 | 91 | NU 309, N 309 |
| 45 | 100 | 36 | 160 | 153 | 56 | 91 | NU 2309 |
| 50 | 90 | 20 | 73,5 | 69,5 | 57 | 83 | NU 210, N 210 |
| 50 | 90 | 23 | 90 | 88,0 | 57 | 83 | NU 2210 |
| 50 | 110 | 27 | 127 | 112 | 63 | 99 | NU 310, N 310 |
| 50 | 110 | 40 | 186 | 186 | 63 | 99 | NU 2310 |
| 55 | 100 | 21 | 96,5 | 95 | 64 | 91 | NU 211, N 211 |
| 55 | 100 | 25 | 114 | 118 | 64 | 91 | NU 2211 |
| 55 | 120 | 29 | 156 | 143 | 68 | 109 | NU 311, N 311 |
| 55 | 120 | 43 | 232 | 232 | 68 | 109 | NU 2311 |
| 60 | 110 | 22 | 108 | 102 | 70 | 101 | NU 212, N 212 |
| 60 | 110 | 28 | 146 | 153 | 70 | 101 | NU 2212 |
| 60 | 130 | 31 | 173 | 160 | 74 | 118 | NU 312, N 312 |
| 60 | 130 | 46 | 260 | 265 | 74 | 118 | NU 2312 |
| 65 | 120 | 23 | 122 | 118 | 76 | 111 | NU 213, N 213 |
| 65 | 120 | 31 | 170 | 180 | 76 | 111 | NU 2213 |
| 65 | 140 | 33 | 212 | 196 | 80 | 128 | NU 313, N 313 |
| 65 | 140 | 48 | 285 | 290 | 80 | 128 | NU 2313 |
| 70 | 125 | 24 | 137 | 137 | 81 | 116 | NU 214, N 214 |
| 70 | 125 | 31 | 180 | 193 | 81 | 116 | NU 2214 |
| 70 | 150 | 35 | 236 | 228 | 86 | 138 | NU 314, N 314 |
| 70 | 150 | 51 | 315 | 325 | 86 | 138 | NU 2314 |

**Tab. B.3b** Zylinderrollenlager (Auswahl nach SKF)

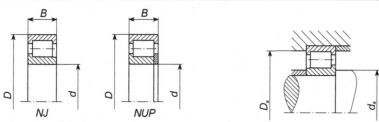

| Lagerabmessungen | | | Tragzahlen | | Faktoren | | Anschlussmaße | | Kurzzeichen |
|---|---|---|---|---|---|---|---|---|---|
| d [mm] | D [mm] | B [mm] | C [kN] | $C_0$ [kN] | e [-] | Y [-] | $d_a$ [mm] | $D_a$ [mm] | |
| 15 | 35 | 11 | 12,5 | 10,2 | 0,2 | 0,6 | 18 | 30,6 | NJ 202 |
| 17 | 40 | 12 | 17,2 | 14,3 | 0,2 | 0,6 | 21 | 35,6 | NJ 203, NUP 203 |
| 17 | 40 | 16 | 23,8 | 21,6 | 0,3 | 0,4 | 21 | 35,6 | NJ 2203, NUP 2203 |
| 17 | 47 | 14 | 24,6 | 20,4 | 0,2 | 0,6 | 23 | 41,4 | NJ 303 |
| 20 | 47 | 14 | 25,1 | 25,2 | 0,2 | 0,6 | 25 | 41,4 | NJ 204, NUP 204 |
| 20 | 47 | 18 | 29,7 | 27,5 | 0,3 | 0,4 | 25 | 41,4 | NJ 2204, NUP 2204 |
| 20 | 52 | 15 | 35,5 | 26,0 | 0,2 | 0,6 | 27 | 45 | NJ 304, NUP 304 |
| 25 | 52 | 15 | 28,6 | 27,0 | 0,2 | 0,6 | 30 | 46,4 | NJ 205, NUP 205 |
| 25 | 52 | 18 | 34,1 | 34,0 | 0,3 | 0,4 | 30 | 46,4 | NJ 2205, NUP 2205 |
| 25 | 62 | 17 | 46,5 | 36,5 | 0,2 | 0,6 | 32 | 55 | NJ 305, NUP 305 |
| 30 | 62 | 16 | 44 | 36,5 | 0,2 | 0,6 | 36 | 56,4 | NJ 206, NUP 206 |
| 30 | 62 | 20 | 55 | 49,0 | 0,3 | 0,4 | 36 | 57 | NJ 2206, NUP 2206 |
| 30 | 72 | 19 | 58,5 | 48,0 | 0,2 | 0,6 | 39 | 65 | NJ 306, NUP 306 |
| 35 | 72 | 17 | 56 | 48,0 | 0,2 | 0,6 | 42 | 65 | NJ 207, NUP 207 |
| 35 | 72 | 23 | 69,5 | 63,0 | 0,3 | 0,4 | 42 | 65 | NJ 2207, NUP 2207 |
| 35 | 80 | 21 | 75 | 63,0 | 0,2 | 0,6 | 44 | 71 | NJ 307, NUP 307 |
| 40 | 80 | 18 | 62 | 53,0 | 0,2 | 0,6 | 48 | 73 | NJ 208, NUP 208 |
| 40 | 80 | 23 | 81,5 | 75,0 | 0,3 | 0,4 | 48 | 73 | NJ 2208, NUP 2208 |
| 40 | 90 | 23 | 93 | 78,0 | 0,2 | 0,6 | 50 | 81 | NJ 308, NUP 308 |
| 40 | 90 | 33 | 129 | 120 | 0,3 | 0,4 | 50 | 81 | NJ 2308, NUP 2308 |
| 45 | 85 | 19 | 69,5 | 64,0 | 0,2 | 0,6 | 53 | 78 | NJ 209, NUP 209 |
| 45 | 85 | 23 | 85 | 81,5 | 0,3 | 0,4 | 53 | 78 | NJ 2209, NUP 2209 |
| 45 | 100 | 25 | 112 | 100 | 0,2 | 0,6 | 56 | 91 | NJ 309, NUP 309 |
| 45 | 100 | 36 | 160 | 153 | 0,3 | 0,4 | 56 | 91 | NJ 2309, NUP 2309 |
| 50 | 90 | 20 | 73,5 | 69,5 | 0,2 | 0,6 | 57 | 83 | NJ 210, NUP 210 |
| 50 | 90 | 23 | 90 | 88,0 | 0,3 | 0,4 | 57 | 83 | NJ 2210, NUP 2210 |
| 50 | 110 | 27 | 127 | 112 | 0,2 | 0,6 | 63 | 99 | NJ 310, NUP 310 |
| 50 | 110 | 40 | 186 | 186 | 0,3 | 0,4 | 63 | 99 | NJ 2310, NUP 2310 |

**Tab. B.3b** (Fortsetzung)

| Lagerabmessungen | | | Tragzahlen | | Faktoren | | Anschlussmaße | | Kurzzeichen |
|---|---|---|---|---|---|---|---|---|---|
| d [mm] | D [mm] | B [mm] | C [kN] | $C_0$ [kN] | e [-] | Y [-] | $d_a$ [mm] | $D_a$ [mm] | |
| 55 | 100 | 21 | 96,5 | 95 | 0,2 | 0,6 | 64 | 91 | NJ 211, NUP 211 |
| 55 | 100 | 25 | 114 | 118 | 0,3 | 0,4 | 64 | 91 | NJ 2211, NUP 2211 |
| 55 | 120 | 29 | 156 | 143 | 0,2 | 0,6 | 68 | 109 | NJ 311, NUP 311 |
| 55 | 120 | 43 | 232 | 232 | 0,3 | 0,4 | 68 | 109 | NJ 2311, NUP 2311 |
| 60 | 110 | 22 | 108 | 102 | 0,2 | 0,6 | 70 | 101 | NJ 212, NUP 212 |
| 60 | 110 | 28 | 146 | 153 | 0,3 | 0,4 | 70 | 101 | NJ 2212, NUP 2212 |
| 60 | 130 | 31 | 173 | 160 | 0,2 | 0,6 | 74 | 118 | NJ 312, NUP 312 |
| 60 | 130 | 46 | 260 | 265 | 0,3 | 0,4 | 74 | 118 | NJ 2312, NUP 2312 |
| 65 | 120 | 23 | 122 | 118 | 0,2 | 0,6 | 76 | 111 | NJ 213, NUP 213 |
| 65 | 120 | 31 | 170 | 180 | 0,3 | 0,4 | 76 | 111 | NJ 2213, NUP 2213 |
| 65 | 140 | 33 | 212 | 196 | 0,2 | 0,6 | 80 | 128 | NJ 313, NUP 313 |
| 65 | 140 | 48 | 285 | 290 | 0,3 | 0,4 | 80 | 128 | NJ 2313, NUP 2313 |
| 70 | 125 | 24 | 137 | 137 | 0,2 | 0,6 | 81 | 116 | NJ 214, NUP 214 |
| 70 | 125 | 31 | 180 | 193 | 0,3 | 0,4 | 81 | 116 | NJ 2214, NUP 2214 |
| 70 | 150 | 35 | 236 | 228 | 0,2 | 0,6 | 86 | 138 | NJ 314, NUP 314 |
| 70 | 150 | 51 | 315 | 325 | 0,3 | 0,4 | 86 | 138 | NJ 2314, NUP 2314 |

**Tab. B.4** Kegelrollenlager (Auswahl nach SKF)

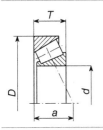
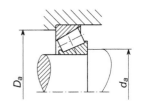

| Lagerabmessungen | | | | Tragzahlen | | Faktoren | | | Anschlussmaße | | Kurz-zeichen |
|---|---|---|---|---|---|---|---|---|---|---|---|
| d [mm] | D [mm] | T [mm] | a [mm] | C [kN] | $C_0$ [kN] | e [-] | Y [-] | $Y_0$ [-] | $d_a$ [mm] | $D_a$ [mm] | |
| 15 | 35 | 11,75 | 8 | 15,1 | 14,6 | 0,35 | 1,7 | 0,9 | 20 | 30 | 30202 |
| 15 | 42 | 14,25 | 9 | 22,4 | 20,0 | 0,28 | 2,1 | 1,1 | 21 | 36 | 30302 |
| 17 | 40 | 13,25 | 10 | 19,0 | 18,6 | 0,35 | 1,7 | 0,9 | 23 | 34 | 30203 |
| 17 | 47 | 15,25 | 10 | 28,1 | 25,0 | 0,28 | 2,1 | 1,1 | 23 | 41 | 30303 |
| 17 | 47 | 20,25 | 12 | 34,7 | 33,5 | 0,28 | 2,1 | 1,1 | 23 | 41 | 32303 |

**Tab. B.4** (Fortsetzung)

| Lagerabmessungen | | | | Tragzahlen | | Faktoren | | | Anschlussmaße | | Kurz-zeichen |
|---|---|---|---|---|---|---|---|---|---|---|---|
| d [mm] | D [mm] | T [mm] | a [mm] | C [kN] | $C_0$ [kN] | e [-] | Y [-] | $Y_0$ [-] | $d_a$ [mm] | $D_a$ [mm] | |
| 20 | 47 | 15,25 | 11 | 27,5 | 28,0 | 0,35 | 1,7 | 0,9 | 26 | 41 | 30204 |
| 20 | 52 | 16,25 | 11 | 34,1 | 32,5 | 0,3 | 2,0 | 1,1 | 27 | 45 | 30304 |
| 20 | 52 | 22,25 | 14 | 44,0 | 45,5 | 0,3 | 2,0 | 1,1 | 27 | 45 | 32304 |
| 25 | 52 | 16,25 | 12 | 30,8 | 33,5 | 0,37 | 1,6 | 0,9 | 31 | 46 | 30205 |
| 25 | 62 | 18,25 | 13 | 44,6 | 43,0 | 0,3 | 2,0 | 1,1 | 32 | 55 | 30305 |
| 25 | 62 | 25,25 | 14 | 60,5 | 63,0 | 0,3 | 2,0 | 1,1 | 32 | 55 | 32305 |
| 30 | 62 | 17,25 | 14 | 40,2 | 44,0 | 0,37 | 1,6 | 0,9 | 36 | 56 | 30206 |
| 30 | 72 | 20,75 | 15 | 56,1 | 56,0 | 0,31 | 1,9 | 1,1 | 37 | 65 | 30306 |
| 30 | 72 | 28,75 | 18 | 76,5 | 85,0 | 0,31 | 1,9 | 1,1 | 37 | 65 | 32306 |
| 35 | 72 | 18,25 | 15 | 51,2 | 56,0 | 0,37 | 1,6 | 0,9 | 42 | 65 | 30207 |
| 35 | 80 | 22,75 | 16 | 72,1 | 73,5 | 0,31 | 1,9 | 1,1 | 44 | 71 | 30307 |
| 35 | 80 | 32,75 | 20 | 95,2 | 106 | 0,31 | 1,9 | 1,1 | 44 | 71 | 32307 |
| 40 | 80 | 19,75 | 16 | 61,6 | 68,0 | 0,37 | 1,6 | 0,9 | 47 | 73 | 30208 |
| 40 | 90 | 25,25 | 19 | 85,8 | 95,0 | 0,35 | 1,7 | 0,9 | 49 | 81 | 30308 |
| 40 | 90 | 35,25 | 23 | 117 | 140 | 0,35 | 1,7 | 0,9 | 49 | 81 | 32308 |
| 45 | 85 | 20,75 | 18 | 66,0 | 76,5 | 0,4 | 1,5 | 0,8 | 52 | 78 | 30209 |
| 45 | 100 | 27,25 | 21 | 108 | 120 | 0,35 | 1,7 | 0,9 | 54 | 91 | 30309 |
| 45 | 100 | 38,25 | 25 | 140 | 170 | 0,35 | 1,7 | 0,9 | 54 | 91 | 32309 |
| 50 | 90 | 21,75 | 19 | 76,5 | 91,5 | 0,43 | 1,4 | 0,8 | 57 | 83 | 30210 |
| 50 | 110 | 29,25 | 23 | 143 | 140 | 0,35 | 1,7 | 0,9 | 60 | 100 | 30310 |
| 50 | 110 | 42,25 | 27 | 172 | 212 | 0,35 | 1,7 | 0,9 | 60 | 100 | 32310 |
| 55 | 100 | 22,75 | 20 | 104 | 106 | 0,4 | 1,5 | 0,8 | 64 | 91 | 30211 |
| 55 | 120 | 31,5 | 24 | 166 | 163 | 0,35 | 1,7 | 0,9 | 65 | 110 | 30311 |
| 55 | 120 | 45,5 | 29 | 198 | 250 | 0,35 | 1,7 | 0,9 | 65 | 110 | 32311 |
| 60 | 110 | 23,75 | 22 | 112 | 114 | 0,4 | 1,5 | 0,8 | 68 | 101 | 30212 |
| 60 | 130 | 33,5 | 26 | 168 | 196 | 0,35 | 1,7 | 0,9 | 72 | 118 | 30312 |
| 60 | 130 | 48,5 | 31 | 229 | 290 | 0,35 | 1,7 | 0,9 | 72 | 118 | 32312 |
| 65 | 120 | 24,75 | 23 | 132 | 134 | 0,4 | 1,5 | 0,8 | 74 | 111 | 30213 |
| 65 | 140 | 36,0 | 28 | 194 | 228 | 0,35 | 1,7 | 0,9 | 77 | 128 | 30313 |
| 65 | 140 | 51,0 | 33 | 264 | 335 | 0,35 | 1,7 | 0,9 | 77 | 128 | 32313 |
| 70 | 125 | 26,25 | 25 | 125 | 156 | 0,43 | 1,4 | 0,8 | 79 | 115 | 30214 |
| 70 | 150 | 38,0 | 29 | 220 | 260 | 0,35 | 1,7 | 0,9 | 82 | 138 | 30314 |
| 70 | 150 | 54,0 | 36 | 297 | 380 | 0,35 | 1,7 | 0,9 | 82 | 138 | 32314 |

**Tab. B.5** Kegelrollenlager, zusammengepasst in X-Anordnung (Auswahl nach SKF)

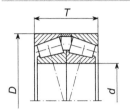

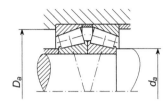

| Lagerabmessungen | | | Tragzahlen | | Faktoren | | | | Anschlussmaße | | Kurz-zeichen |
|---|---|---|---|---|---|---|---|---|---|---|---|
| d [mm] | D [mm] | T [mm] | C [kN] | $C_0$ [kN] | e [-] | $Y_1$ [-] | $Y_2$ [-] | $Y_0$ [-] | $d_a$ [mm] | $D_a$ [mm] | |
| 25 | 62 | 36,5 | 64,4 | 80,0 | 0,83 | 0,81 | 1,2 | 0,8 | 34 | 51 | 31305 |
| 30 | 62 | 34,5 | 69,3 | 88,0 | 0,37 | 1,8 | 2,7 | 1,8 | 38 | 54 | 30206 |
| 30 | 72 | 41,5 | 80,9 | 100 | 0,83 | 0,81 | 1,2 | 0,8 | 40 | 60 | 31306 |
| 35 | 80 | 45,5 | 105 | 134 | 0,83 | 0,81 | 1,2 | 0,8 | 45 | 66 | 31307 |
| 40 | 90 | 50,5 | 146 | 163 | 0,83 | 0,81 | 1,2 | 0,8 | 53 | 79 | 31308 |
| 45 | 100 | 54,5 | 180 | 204 | 0,83 | 0,81 | 1,2 | 0,8 | 57 | 85 | 31309 |
| 50 | 90 | 49,5 | 130 | 183 | 0,43 | 1,6 | 2,3 | 1,6 | 58 | 80 | 32210 |
| 50 | 110 | 58,5 | 208 | 240 | 0,83 | 0,81 | 1,2 | 0,8 | 62 | 93 | 31310 |
| 55 | 90 | 54 | 180 | 335 | 0,31 | 2,2 | 3,3 | 2,2 | 63 | 82 | 33011 |
| 55 | 120 | 63 | 209 | 275 | 0,83 | 0,81 | 1,2 | 0,8 | 68 | 102 | 31311 |
| 60 | 130 | 67 | 246 | 335 | 0,83 | 0,81 | 1,2 | 0,8 | 74 | 110 | 31312 |
| 65 | 120 | 49,5 | 228 | 270 | 0,4 | 1,7 | 2,5 | 1,6 | 78 | 108 | 30213 |
| 65 | 140 | 72 | 281 | 380 | 0,83 | 0,81 | 1,2 | 0,8 | 80 | 119 | 31313 |
| 70 | 150 | 76 | 319 | 440 | 0,83 | 0,81 | 1,2 | 0,8 | 85 | 128 | 31314 |
| 75 | 130 | 54,5 | 238 | 355 | 0,43 | 1,6 | 2,3 | 1,6 | 86 | 118 | 30215 |
| 75 | 130 | 66,5 | 275 | 425 | 0,43 | 1,6 | 2,3 | 1,6 | 85 | 117 | 32215 |
| 75 | 160 | 80 | 358 | 490 | 0,83 | 0,81 | 1,2 | 0,8 | 91 | 137 | 31315 |
| 80 | 140 | 70,5 | 319 | 490 | 0,43 | 1,6 | 2,3 | 1,6 | 91 | 126 | 32216 |
| 80 | 170 | 85 | 380 | 530 | 0,83 | 0,81 | 1,2 | 0,8 | 97 | 146 | 31316 |
| 85 | 130 | 58 | 238 | 450 | 0,44 | 1,5 | 2,3 | 1,6 | 94 | 120 | 32017 |
| 85 | 150 | 61 | 303 | 440 | 0,43 | 1,6 | 2,3 | 1,6 | 97 | 136 | 30217 |
| 85 | 150 | 77 | 369 | 570 | 0,43 | 1,6 | 2,3 | 1,6 | 97 | 135 | 32217 |
| 85 | 180 | 89 | 413 | 570 | 0,83 | 0,81 | 1,2 | 0,8 | 103 | 154 | 31317 |
| 90 | 140 | 64 | 292 | 540 | 0,43 | 1,6 | 2,3 | 1,6 | 100 | 128 | 32018 |
| 90 | 160 | 65 | 336 | 490 | 0,43 | 1,6 | 2,3 | 1,6 | 104 | 145 | 30218 |
| 90 | 160 | 85 | 429 | 680 | 0,43 | 1,6 | 2,3 | 1,6 | 102 | 143 | 32218 |
| 90 | 190 | 93 | 457 | 630 | 0,83 | 0,81 | 1,2 | 0,8 | 109 | 163 | 31318 |

# Anhang C

**Tab. C.1** Flächenmomente 2. Ordnung und Widerstandsmomente für Biegung

| Querschnitt | Biegung | |
|---|---|---|
| | $I_y = I_z = \dfrac{\pi}{64} d^4$ | $W_y = W_z = \dfrac{\pi}{32} d^3$ |
| | $I_y = I_z = \dfrac{\pi}{64} \left( D^4 - d^4 \right)$ | $W_y = W_z = \dfrac{\pi}{32} \left( \dfrac{D^4 - d^4}{D} \right)$ |
| | $I_y = I_z = \dfrac{\pi \, d_m^3 \, s}{8}$ | $W_y = W_z = \dfrac{\pi \, d_m^2 \, s}{4}$ |
| | $I_y = I_z = \dfrac{a^4}{12}$ | $W_y = W_z = \dfrac{a^3}{6}$ |

© Springer-Verlag GmbH Deutschland 2018
H. Haberhauer, *Maschinenelemente*,
https://doi.org/10.1007/978-3-662-53048-1

**Tab. C.1** (Fortsetzung)

| | | |
|---|---|---|
| | $I_y = \dfrac{b\,h^3}{12}$ <br><br> $I_z = \dfrac{h\,b^3}{12}$ | $W_y = \dfrac{b\,h^2}{6}$ <br><br> $W_z = \dfrac{h\,b^2}{6}$ |
| | $I_y = \dfrac{B\,H^3 - b\,h^3}{12}$ <br><br> $I_z = \dfrac{H\,B^3 - h\,b^3}{12}$ | $W_y = \dfrac{B\,H^3 - b\,h^3}{6\,H}$ <br><br> $W_z = \dfrac{H\,B^3 - h\,b^3}{6\,B}$ |

**Tab. C.2** Flächenmomente 2. Ordnung und Widerstandsmomente für Torsion

| Querschnitt | Torsion | |
|---|---|---|
| | $I_P = \dfrac{\pi}{32}d^4$ | $W_P = \dfrac{\pi}{16}d^3$ |
| | $I_P = \dfrac{\pi}{32}(D^4 - d^4)$ | $W_P = \dfrac{\pi}{16}\left(\dfrac{D^4 - d^4}{D}\right)$ |
| | $I_P = \dfrac{\pi}{4}d_m^3\,s$ | $W_P = \dfrac{\pi}{2}d_m^2\,s$ |

**Tab. C.2** (Fortsetzung)

| Querschnitt | Torsion | |
|---|---|---|
| | $I_t = 0,141\, a^4$ | $W_t = 0,208\, a^3$ |
| | $I_t = c_1\, h\, b^3$ | $W_t = c_2\, h\, b^2$ |
| | $I_t = \dfrac{4(b_m h_m)^2}{2\left(\dfrac{b_m}{s} + \dfrac{h_m}{s}\right)}$ | $W_t = 2\, b_m\, h_m\, s$ |

| $h/b$ | 1 | 1,5 | 2 | 3 | 4 | 6 | 8 | 10 | $\infty$ |
|---|---|---|---|---|---|---|---|---|---|
| $c_1$ | 0,141 | 0,196 | 0,229 | 0,263 | 0,281 | 0,298 | 0,307 | 0,312 | 0,333 |
| $c_2$ | 0,208 | 0,231 | 0,246 | 0,267 | 0,282 | 0,299 | 0,307 | 0,312 | 0,333 |

# Anhang D

**Tab. D.1** SI-Einheiten

| Größe | Formel-zeichen | SI-Einheiten | | |
|---|---|---|---|---|
| | | Bezeichnung | Einheit | Umrechnung |
| Länge (Weg) | $l(s)$ | Meter | m | $1\,\text{m} = 10^3\,\text{mm}$ |
| Fläche | $A$ | Quadratmeter | $\text{m}^2$ | $1\,\text{m}^2 = 10^6\,\text{mm}^2$ |
| Volumen | $V$ | Kubikmeter | $\text{m}^3$ | $1\,\text{m}^3 = 10^9\,\text{mm}^3$ |
| | | Liter | l | $1\,\text{l} = 1\,\text{dm}^3 = 10^{-3}\,\text{m}^3$ |
| Winkel | $\alpha$ | Grad | ° | $1° = 60' = 360''$ |
| | $\hat{\alpha}$ | Bogenmaß | rad | $\hat{\alpha} = \alpha° \, \pi/180°$ |
| Zeit | $t$ | Sekunde | s | $1\,\text{min} = 60\,\text{s}$, $1\,\text{h} = 60\,\text{min}$ |
| Geschwindigkeit | $v$ | – | m/s | |
| Beschleunigung | $a$ | – | $\text{m/s}^2$ | |
| Drehzahl | $n$ | – | 1/min | |
| Winkelgeschwin-digkeit | $\omega$ | – | 1/s | $\omega = 2\pi n$ |
| Frequenz | $f$ | Hertz | Hz | $1\,\text{Hz} = 1/\text{s}$ |
| Kreisfrequenz | $\omega$ | Hertz | Hz | $1\,\text{Hz} = 1/\text{s}$ |
| Masse | m | Kilogramm | kg | $1\,\text{kg} = 10^{-3}\,\text{Ns}^2/\text{mm}$ |
| Dichte | $\rho$ | – | $\text{kg/m}^3$ | $1\,\text{kg/m}^3 = 10^{-3}\,\text{kg/dm}^3$ |
| | | | | $1\,\text{kg/dm}^3 = 10^{-9}\,\text{Ns}^2/\text{mm}^4$ |
| Kraft | F | Newton | N | $1\,\text{N} = 1\,\text{kgm/s}^2$ |
| Energie, Arbeit | W | Joule | J | $1\,\text{J} = 1\,\text{Nm} = 1\,\text{W}$ |
| Leistung | P | Watt | W | $1\,\text{W} = 1\,\text{J/s} = 1\,\text{Nm/s}$ |
| Druck | p | Pascal | Pa | $1\,\text{Pa} = 1\,\text{N/m}^2 = 10^{-5}\,\text{bar}$ |
| Spannung | $\sigma, \tau$ | Megapascal | MPa | $1\,\text{MPa} = 1\,\text{N/mm}^2$ |
| Trägheitsmoment | $\Phi$ | – | $\text{kg m}^2$ | $1\,\text{kg m}^2 = 1\,\text{Nm s}^2$ |

© Springer-Verlag GmbH Deutschland 2018
H. Haberhauer, *Maschinenelemente*,
https://doi.org/10.1007/978-3-662-53048-1

**Tab. D.1** (Fortsetzung)

| Temperatur | $T$ | Kelvin | K | $1\ \text{K} = 1\,°\text{C}$ |
|---|---|---|---|---|
|  | $t$ | Grad Celsius | $°\text{C}$ | $0\,°\text{C} = 273{,}15\ \text{K}$ |
| Wärmeausdeh-nungskoeffizient | $\alpha$ | - | 1/K |  |
| Wärmeüber-gangszahl | $\alpha$ | - | $\text{W}/(\text{m}^2\text{K})$ | $1\ \text{W}/(\text{m}^2\text{K}) = 1\ \text{Nm}/(\text{m}^2\text{K})$ |
| Viskosität, |  |  |  |  |
| – dynamische | $\eta$ | Pascalsekunde | Pa s | $1\ \text{Pa s} = 1\ \text{Ns}/\text{m}^2$ |
| – kinematische | $\nu$ | - | $\text{m}^2/\text{s}$ | $\nu = \eta/\rho$ |
| Spez. Wärmekapa-zität | $c$ | - | $\text{J}/(\text{kg K})$ | $1\ \text{J}(\text{kg K}) = 1\ \text{Nm}/(\text{kg K})$ |

# Anhang E

**Tab. E.1** Griechisches Alphabet

| Majuskel (groß) | Minuskel (klein) | Name |
|---|---|---|
| A | $\alpha$ | Alpha (a) |
| B | $\beta$ | Beta (b) |
| $\Gamma$ | $\gamma$ | Gamma (g) |
| $\Delta$ | $\delta$ | Delta (d) |
| E | $\varepsilon$ | Epsilon (e) |
| Z | $\zeta$ | Zeta (z) |
| H | $\eta$ | Eta (e) |
| $\Theta$ | $\vartheta$ | Theta (th) |
| I | $\iota$ | Iota (i) |
| K | $\kappa$ | Kappa (k) |
| $\Lambda$ | $\lambda$ | Lambda (l) |
| M | $\mu$ | My oder Mü (m) |
| N | $\nu$ | Ny oder Nü (n) |
| $\Xi$ | $\xi$ | Xi (x) |
| O | $o$ | Omikron (o) |
| $\Pi$ | $\pi$ | Pi (p) |
| P | $\varrho$ | Rho (r) |
| $\Sigma$ | $\sigma$ | Sigma (s) |
| T | $\tau$ | Tau (t) |
| $\Upsilon$ | $\upsilon$ | Ypsilon (ü) |
| $\Phi$ | $\varphi$ | Phi (f) |
| X | $\chi$ | Chi (ch) |
| $\Psi$ | $\psi$ | Psi (ps) |
| $\Omega$ | $\omega$ | Omega (o) |

© Springer-Verlag GmbH Deutschland 2018
H. Haberhauer, *Maschinenelemente*,
https://doi.org/10.1007/978-3-662-53048-1

# Sachverzeichnis

**A**

Abdichtung von Wälzlagern 382
Abmaße 45
Abweisklauenkupplung 420
Achsabstand 295, 481, 488
Achsabstandsabmaße 528
Achsen 26, 287
Achsenwinkel 563
Achshalter 162
AD-Merkblätter 38, 76
Allgemeintoleranzen 45
angestellte Lagerung 370, 374
Ankerscheibe 432, 437
Anlaufkupplungen 439, 441
Anlaufvorgang 417
Anstrengungsverhältnis 18
Anwendungsfaktor 19, 77, 125, 146, 149, 297, 299, 537, 538
Anziehen 199, 200, 208
  einer Schraubenverbindung 180, 182, 185, 196
Anziehverfahren 199
äquivalente Belastung 389
Arbeitsaufnahme 223, 225, 230, 241, 418
Aufgabenstellung 3
Auftragsschweißen 68
Augenlager 361
Augenschraube 181, 206
Ausgleichskupplung 406
Auslegung 19
  von Wellen 293
  von Zahnrädern 530
Ausschlagspannung 17, 21, 203, 205, 209
Axialdruckring 361

Axiallager 322, 330, 331, 333, 336, 338, 342, 344, 361, 362, 366, 399
Axialnadellager 400
Axialpendelrollenlager 399–401
Axialrillenkugellager 369
Axialzylinderrollenlager 400

**B**

Backenbremsen 448
Backenkupplung 428, 429
Bandgeschwindigkeit 636
Bandspannungen 634
Bauarten von Zahnradgetrieben 473
Baustähle 18, 20, 24, 25, 81, 300, 546, 659, 662
Beanspruchungsarten 9, 78, 81, 103
beanspruchungsgerechte Gestaltung 9
Befestigungsschrauben 162, 171, 173, 201
Belastungsbremse 446, 447
Belastungsfalle 9, 16, 297
Berührungsdichtung 272, 275, 280
Betriebseingriffswinkel 505, 506, 512, 518, 525
Betriebsfaktor 19, 82, 297, 538
Betriebskraft 107, 167, 186–191
Betriebswälzkreis 505
Bewegungsschrauben 174, 202, 213
Bezugsprofil 494
Biegebeanspruchung 9–11, 235
biegebeanspruchte Feder 229
Biegefrequenz 635
Biegelinie 230, 306–308
Biegemoment 15, 89, 91, 156, 157, 292
Biegemomentenverlauf 292, 308, 534, 535
Biegeschwingungen 310–312, 410

© Springer-Verlag GmbH Deutschland 2018
H. Haberhauer, *Maschinenelemente*,
https://doi.org/10.1007/978-3-662-53048-1

Biegesteifigkeit 639, 640
biegsame Wellen 319, 320
Blattfedern 228, 230, 231, 233, 234, 459
Blechschrauben 177
Blindniete 163, 166
Blocklager 463, 464, 470
Blocklänge 247, 251, 254
Bogenzahnkupplung 411
Bolzen 26, 151, 156–158, 160, 364
Bolzenketten 623
Bolzenkupplung 417, 418
Bootswendegetriebe 629
Böttcher-Kreisbogenverzahnung 569
Breitkeilriemen 646, 656
Breitenfaktor 537, 539, 542
Bremsen 445
Brennschneiden 62, 68
Buchsenkette 623
Buchsenzahnkette 627


C
Chobert-Hohlniete 165
Connex-Spannhülse 153
Coulomb'sches Reibungsgesetz 106, 110, 113,
        197, 322, 576, 632


D
Dampfturbinenlager 362, 366
Dämpfung 24, 28, 107, 222, 224, 261
Dauerfestigkeit 20, 21, 76, 81, 135, 170, 201,
        206, 227, 256, 296, 298, 301, 545, 546,
        554
Dauerfestigkeitsschaubild 82, 242, 253,
        662–664
Deckellager 361
Dehnschlupf 639
Dehnsitz 123, 131
Dehnschraube 178, 190, 206, 207
Dichte 24, 29, 325, 326, 331
Dichtungskennwerte 265
Differentialgetriebe 612
Differenzgetriebe 219
Differenzgewinde 213, 215
DIN-Normen 24, 37, 38
Doppel-Gelenkwelle 408, 410
Doppelkegelkupplung 431
Doppelkeilriemen 631, 646

Doppelzahnkupplung 411
Dornniet 165
Drehfeder 235–237, 310
Drehfederkonstante 241, 310, 311
Drehflankenspiel 528
Drehmomentschlüssel 200, 208
Drehstabfeder 241, 243, 244
Drehschwingungen 310, 311, 402
Drehsteifigkeit 423
Drehungshyperboloide 572, 573
Drehzahlgrenze 399
Drehzahlplan 596, 5
Druckfedern 246, 247
Druckhülse 119, 120, 467
Druckölpressverband 123, 124
Druckschmierung 328, 329
Dunkerley-Gleichung 315
Durchbiegung22, 23, 230, 231, 292, 306
Dynamikfaktor 537–539
dynamische Federrate 260
dynamische Tragfähigkeit 388, 395
dynamische Tragzahl 387, 389
dynamische Viskosität 324, 326, 356


E
Eigenfrequenz 223–225, 293, 309–311, 315,
        319, 413, 414
Einfachschraubgetriebe 218
Eingriffsdauer 482
Eingriffsfeld 520
Eingriffslänge 482, 483
Eingriffslinie 481–483, 486, 490, 530, 549, 564,
        564–566, 582
Eingriffspunkt 479, 481–484, 545, 550, 564
Eingriffsstrecke 482, 483, 485, 487, 494, 497,
        508–510, 518, 550
Eingriffswinkel 490, 493, 494, 499, 505, 506,
        512, 514, 516, 518
Einheitsbohrung 47, 48
Einheitswelle 47, 48
Einkomponenten-Kleber 102
Einlegekeil 107, 108
Einsatzstähle 24, 26, 27, 69, 300, 547, 623, 660,
        664
Einscheibenkupplung 431, 432
Einschraubtiefe 201, 202
Einzeleingriff 483
Einzeleingriffspunkt 487

elastische Nachgiebigkeit 185, 191
Elastizitätsfaktor 554
Elastizitatsmodul 22, 121, 127, 132, 185, 191,
    259, 260, 554, 636
Elastomer-Kupplung 417
Elektrogewinde 175
Elektromagnet-Zahnkupplung 421
Eloid-Kegelräder 570
EN-Normen 37, 38
Endspurlager 365
Ensat-Einsatzbuchsen 215
Entlastungskerbe 214, 317
Entlastungsrillen 96
Entlastungsübergang 317
Entstehung der Evolvente 489, 490
Entwerfen 5
Epizykloide 486, 487, 568–570
Ermittlung der Eingriffslinie 481, 482, 490
Ersatzzähnezahl 523, 544, 545, 567
ETP-Spannbuchse 121, 122
Evolvente 488
Evolventenfunktion 490
Evolventenverzahnung 149, 150, 486, 488, 489
Exzenter 136, 139–141
Exzenterwelle 26, 27, 298, 320

**F**
Faltenbalg 272, 284, 283
Federkennlinie 186, 223, 225, 227, 230, 238,
    239, 246, 254, 415
Federrate 185, 185, 190, 192, 193, 207, 222,
    223–229, 231, 240, 241, 250, 254, 255,
    259–260
Federsteifigkeit 140, 190, 195, 310, 414
Federwerkstoffe 227, 228, 240
Feingewinde 176, 174
Fertigungsunterlagen 3–5
Festigkeitsgrenzwerte 19, 24, 81, 297, 659–661
Festigkeitshypothese 18
Festigkeitsklassen 183
Fest-Loslagerung 374
Fettschmierung 327, 360, 381
FKM-Richtlinie 15
Flachdichtungen 268, 270
Flächenmoment 2. Ordnung 10, 22, 675, 676
Flachführungen 454–456, 461, 463, 464
Flachgewinde 445
Flachkeil 108, 109

Flachpassung 47
Flankendurchmesser 176, 173, 198, 201, 219
Flankenform 486, 564, 579–582
Flankengrenzfestigkeit 553, 554
Flankenlinienabweichung 539, 540
Flankenlinienverlauf 568, 573
Flankenspiel 385, 508
Flankentragfähigkeit 535, 536, 539, 552, 554,
    555, 557, 579
Flanschkupplung 404, 405, 418, 419
Flanschlager 357, 361, 362
Fliehkraftkupplung 403, 441–443
Fliehkraftschmierung 328
Fliehkraftspannung 635, 638
Flügelmuttern 182
Flügelschrauben 180
Flüssigkeitsreibung 322, 323, 330, 349, 350,
    355, 356, 582, 613
Förderketten 27, 623
Formdichtung 275, 278
Formfaktor 259, 260, 543, 545, 549, 557
Formschluss 65, 107, 109, 117, 142–160, 420
Formsteifigkeit 592
Formtoleranz 48, 49
Formtragfähigkeit 9
Formzahl 20, 298
Fressen 356, 535, 536
Freilaufkupplung 443–445
Fugenpressung 111, 112, 122, 124, 125,
    127–130, 135, 136, 138
Fügetemperaturen bei Querpresssitzen 131
Führungen
    für begrenzte Schiebewege 460
    mit Gleitpaarungen 454
    hydrostatisch geschmierte 457
    für unbegrenzte Schiebewege 460, 462
    mit Wälzlagerungen 459
Funktionsstruktur 3

**G**
Gegenflanke 479, 481, 482, 564
Gegenprofil 481
gekreuzte Getriebe 641
Gelenkverbindung 151, 157, 160
Gelenkwelle 319, 410, 419
geometrische Produktspezifikation 42
geschlossene Schlittenführung 462
geschränktes Getriebe 641

Geschwindigkeitsplan bei Stirnräder-
    Umlaufgetrieben 595,
    596
Gestaltänderungsenergie-Hypothese 18, 202
Gestalten 7
Gestaltfestigkeit 14, 20, 21
Gestaltungsphase 4, 5
Gestaltungsrichtlinien 7, 30, 93
Getriebegehäuse 28, 382, 476, 558, 560
gewindefurchende Schrauben 178, 212
gewindeschneidende Schrauben 180
Gewindewellendichtung 283
gewundene Biegefeder 235, 236
Glättung 60, 128, 129, 356
Gleason-Bogenverzahnung 569
Gleiten 425, 457, 467, 484
Gleitfeder 420
Gleitflächendichtung 275, 277
Gleitführung 457, 468
Gleitgeschwindigkeit 156, 275–277, 279, 323,
    330, 347, 350, 351, 457, 484, 536, 572,
    575, 577, 584
Gleitlager 29, 322
Gleitmodul 225
Gleitringdichtung 274, 275
Gleitschlupf 639
Gleitwerkstoff 356, 360, 459
Globoid-Schneckengetriebe 579, 580
Grenzmaße 54
Grenzzähnezahl 497–500, 517, 520, 523, 524,
    558, 567
Größeneinfluss 9, 20, 21, 292, 299, 302
Grübchenbildung 535, 536, 572, 587
Gummifeder 224, 259–261
Gummiräder 616


H
Haftmaß 127–130
Halbrundniete 163, 164
Halbrundschraube 179
Haltebremse 446–448
Hammerschrauben 181
Hartlöten 99
Heli-Coil-Gewindeeinsatz 214
Hertz'sche Pressung 155, 387, 444, 512, 548,
    549–553, 613
Hintereinanderschaltung 117, 281, 579, 599,
    604

Hirth-Verzahnung 406
Hochleistungszahnketten 628
Hohlflankenschnecke 582
Hohlkeile 107, 109–111
Hohlniete 105, 165–166
Holzschrauben 179
Hooke'sches Gesetz 22, 185, 190, 636
Hüllbedingung 50, 51
Hüllkurve 496, 497
Hülltriebe 622
Hutmutter 182
Hydraulikmontage 123, 377
hydraulische Hohlmantelspannbuchsen 121
hydrodynamisches Axiallager 361, 362
hydrodynamisches Radiallager 346, 353, 355,
    356, 361, 362
hydrostastisches Axiallager 361
hydrostastisches Radiallager 344, 346
hydrostatisch geschmierte Führung 457
Hypozykloide 486, 487


I
Imex-Becherniet 165, 164
Innenverzahnung 411, 421, 473, 477, 510,
    512–517
ISO-Gewinde 175
ISO-Normen 36, 38
ISO-Toleranzsystem 43–46
Istmaß 43, 52, 56, 60


K
Kaltkleber 102
Kardangelenk 408, 410
Kegelbremse 449
Kegelhülse 116
kegelige Schraubenfeder 257, 258
Kegelkupplung 430, 431
Kegelreibungskupplung 421
Kegelrollenlager 306, 372–375, 380, 381, 384,
    388, 395–398, 671, 673
Kegelscheibe 615, 617, 619, 620
    bei Reibradgetriebe 617
Kegelsitzverbindung 136
Kegelstift 152, 155, 161
Kehlnaht 72–74, 77, 78, 80, 81, 88, 89, 91, 94,
    96, 97
Keilform 108, 109

Keilriemen 631, 640, 644–647, 650, 655, 656, 657
Keilriemenprofil 646
Keilriemenscheibe 116, 120, 646
Keilriementrieb 644, 647, 656
Keilscheibe 655–657
Keilwelle 147–150, 407
Kenngrößen 41–43, 57, 58, 225, 640
    für Riemenwerkstoffe 637
Kerbempfindlichkeit 20, 296, 548
Kerbnagel 154
Kerbstifte 154
Kerbwirkung 19, 20, 73, 109, 127, 146, 150, 158, 187, 201, 213, 289, 292, 298, 299, 301, 302, 317, 318, 535, 545
Kerbwirkungszahl 135, 136, 149, 151, 296, 298
Kerndurchmesser von Schrauben 173, 176
Kerpin-Blindniet 165
Kettenbauarten 623
Kettengeschwindigkeiten 624, 625, 628
Kettenlängen 630
Kettenräder 292, 622–625, 627, 628
kinematische Zähigkeit 325, 680
Kippsegmente für Axiallager 340, 361, 362, 364
Klauenkupplung 407, 415, 417, 418, 420, 421
Klebstoff 102
Klebverbindungen 103–105
Klemmkörperfreilauf 444, 445
Klemmrollen-Freilauf 444
Klingelnberg-Verzahnung 568–570
Klinkengesperre 425, 443
Knickgrenze 248
Knicksicherheit 247
Kolbenring 277, 278
Konstruieren 1-7
Konzeptionsphase 3
Kopfkreisradius 501
Kopfkürzung 501, 507, 508, 516
Kopfschrauben 177, 179
Krafteinleitungsfaktor 195, 196
Kraftverhältnis 139, 189, 195, 196
Kreisbogen-Verzahnung 569
Kreisexzenter 139–141
Kreuzgelenk 408
Kreuzlochmutter 182
Kreuzlochschraube 179
kritische Drehzahl 309, 314, 315, 414
Kronenmutter 160, 182, 212

Kugelbuchsen 470
Kugelevolvente 565, 566
Kugelevolventenverzahnung 564
Kugelführung 465, 469, 470
Kugelschiebewelle 471
Kupplungskennlinie 414, 415
Kurbelgetriebe 321
Kurbelwelle 25, 26, 321, 328, 349, 352
Kurbelwellenlager 352
Kutzbach-Plan 595, 596

**L**
Labyrinthdichtung 281, 282, 383
Labyrinthspalt 281
Lageranordnungen 374, 376
Lagerbuchsen 120, 358, 360, 407, 593
Lagerdeckel 328, 357, 594
Lagerdruck 330, 350, 356
Lagerkennzahlen 331
Lagerkörper 27, 357, 360
Lagerkräfte 370, 375, 385–387, 392, 395, 397, 530–532, 571, 590, 591
Lagerluft 369, 372, 379, 385, 389
Lagerschale 28, 159, 357–360
Lagerspiel 323, 347, 349–351, 357, 359, 375
Lagertemperatur 353, 395
Lagerung
    angestellte 370, 375
Lagetoleranz 49
Lamellenkupplungen 428, 434–438, 629
Längsführung 462, 463
    kugelgelagerte 462
    rollengelagerte 462
Längspresssitz 123, 125, 130, 131, 136, 152
Lastfall 17
Lastketten 623
Lasttrum 638
Lebensdauer von Wälzlagern 365, 381
Lebensdauerfaktor 548, 551, 554, 555
Lederriemen 642
Leertrum 626, 635, 638
Leichtmetallniet 164, 168
Linsendichtung 269
Linsenschraube 179
Linsensenkschraube 179
Lochleibungsdruck 138, 153, 155
Losdrehsicherung 211, 212

Lösen
    einer Kegelverbindung 114, 115, 124
    einer Längspressverbindung 130
    einer Schraubenverbindung 171, 180, 200
    des Spannexzenters 141
Loslager 322, 371, 374
Lote 98–100
Lötvorgang 99


**M**

MAAG-Verzahnung 512
Mannlochdeckel 270
Manschettendichtung 278
Maßtoleranz 43
Massenträgheitsmoment 224, 310, 404, 414,
    427, 439, 448, 450
maximale Schraubenkraft 190
Maximum-Material-Prinzip 53
Maybach-Abweisklauenkupplung 420, 421
Mehrfachkeilriemen 646
Mehrflächengleitlager 363
Mehrschichtriemen 642
Membrandichtung 272, 284
Membranschweißdichtung 267, 268
Metallfeder 227
Metall-Weichstoff-Packung 275
metrisches Gewinde 176, 175
Michell-Lager 340
Mindestmaß 43
Mindestprofilverschiebung 498–501, 523
Mineralöl 325, 327
Mischreibung 322–324, 350, 351, 354, 356,
    457, 459, 613
Mitnehmerverbindung 142
Mittenrauwert 57–59
Modul 34, 149, 478
Mutterhöhe 182, 201, 202, 218
Muttern 178–184, 201, 202, 212


**N**

Nachsetzzeichen 368, 379
Nadelflachkäfig 462
Nadellager 372, 373, 380, 400, 461, 462
Nahtart 72, 74, 81
Nahtdicke 73, 74, 77
Nasenkeil 108

Neigungswinkel 23, 292, 306–308, 339, 340,
    425
Niete 163–171
Nietteilung 167, 169
Nietverbindung 163–171
Normalflankenspiel 527
Normalkeilriemen 645, 646
Normalmodul 521, 524, 526, 572
Normalschnitt 477, 574, 580, 583
Normalspannungs-Hypothese 18
Normzahlen 39–42, 556
Nullgetriebe 494, 505, 512, 516, 563, 567, 621,
    622
Nulllinie 43, 44, 46
Nutenkeil 109
Nutmuttern 182, 182, 377
Nutzspannung 634


**O**

Oberflächeneinfluss 20, 292, 294, 299, 302
Oberflächengüte 5, 20, 29, 100, 102, 274, 323,
    347, 616
offene Schlittenführung 461
Oktoidenverzahnung 564–567
Oldham-Kupplung 407, 411
Ölkühlung 329, 331, 337, 353
Ölschmierung 381–383, 399, 579, 588, 613
Ölsorten 325
O-Ringe 271, 275, 276


**P**

Packungen 274, 278
Parallelschaltung 226, 227
Passfedern 25, 142–146, 406
Passschrauben 405
Passtoleranz 45, 47
Passungen 47
Pendelkugellager 370, 371, 388
Pendelrollenlager 373, 374, 376, 388, 399–402
Pflichtenheft 3, 7, 35, 556
Planetenräder 513, 594, 599, 600, 604, 605
Planrad 423, 564–570
Poisson-Zahl 22, 548
Polygon-Kupplung 419
Polygonprofile 150, 151
Polygonverbindungen 150, 151
Pop-Niet 165, 165

Presskräfte bei Längspresssitzen 123, 130, 131
Pressschweißen 67, 75
Prismenführung 455, 456, 458, 461, 463
Profildichtungen 269
Profilüberdeckung 510, 517, 518, 526, 545
Profilverschiebung 485, 498–502, 504–518,
    512, 513, 515, 518, 523–526, 535, 543,
    567, 583, 584
Profilverschiebungsfaktor 505–507, 514, 516,
    524–526
Profilwellen 146–152
Pufferfeder 222, 223, 230, 233
Punktlast 350, 377, 378, 380, 381, 385
Punktschweißverbindung 170


**Q**

Querkontraktionszahl 127, 132
Querpressitz 123, 125, 131, 136
Querstiftverbindung 158, 160


**R**

Rad-Einzeleingriffspunkt 553
Radialkugellager 370
Radiallager 322, 331, 344–347, 349, 351, 353,
    355, 356, 361, 366, 369-399
Radialrollenlager 372
Radialwellendichtring 273, 383, 385
Rändelmutter 182
Rändelschraube 181
Rautiefe 57–61, 99, 128, 136, 199, 210
Recycling 34
Regelbremse 446–448
Regelgewinde 176, 174, , 183, 203, 206
Reibbeiwert 106, 111, 125, 126, 186, 199, 200,
    204, 426
Reibschluss 65, 105–142
Reibungskoeffizient 106, 347
Reibungskupplung 403, 421, 425–445
Reibungsleistung 323, 330–335, 343
Relativgeschwindigkeit 272, 280
Resonanz 222, 224, 309, 319, 413, 414
Richtführung 467
Riemenanordnung 641, 644
Riemenbauart 640–656
Riemengeschwindigkeit 638, 640, 645
Riemenlänge 629, 640, 641, 644, 645, 647

Riemenscheibe 28, 143, 292, 309, 432, 512,
    633, 642–646
Riementypen 642, 645
Riemenwerkstoff 631, 637, 639
Rillenkugellager 370
Ringfeder 117, 224, 230, 233
Ringfeder-Spannelement 117–119
Ringfeder-Spannsatz 118, 119
Ring-Joint-Dichtung 269, 270
Ringkammerlager 334–336
Ringschmierlager 353, 360, 361
Ringschmierung 328, 329, 360, 362
Ringschrauben 181
Ringwulstscheibe 615
Ritzel-Einzeleingriffssfaktor 553
Ritzelgestaltung 557
Ritzelzähnezahl 558
Rollenkette 466, 623–625, 628
Rollenumlaufführung 465, 466
Rollmembran 284
Rollreibung 322, 364
Rückenkegel 566
Rundführung 467–469
Rundgewinde 175
Rundgummidichtung 271, 276
Rundlingspaarung 467
Rundpassung 47, 106
Rutschkupplung 440


**S**

Sägegewinde 174
Schaftschraube 180
Schalenkupplung 390, 391
Schaltkupplung 403, 420, 423, 425, 433, 434,
    438, 439, 448
Schaltvorgang 403, 424–427, 438, 446, 447
Scheibe 120, 162, 175, 183, 236, 310
Scheibenbremse 450
Scheibenfeder 142, 143, 145, 262
Scheibenkupplung 404, 417–419, 431, 432, 435
Schenkelfeder 235, 236
Scherspannung 142, 158–160, 202, 248
Schlangenfederkupplung 415, 416
Schließtoleranz 54–55
Schlittenführung
    geschlossene 461
    offene 461
Schlitzmutter 182

Schmelzschweißen 67, 75

Schmierfette 273, 325, 327

Schmierschichtdicke 347, 348

Schmierstoff 323–325, 327, 328, 356

Schmierung 360–362, 364, 381

Schnecke 400, 473, 512, 538, 562, 562, 579–594

Schneckenrad 292, 512, 579, 580, 582–584, 586, 587

Schrägkugellager 369, 370

Schrägungsfaktor 545, 554

Schraubenanzugsmoment 117, 199, 208

Schraubendruckfeder 246, 248, 251–254, 257, 416

Schraubenfeder-Kupplung 416

Schraubenlinie 171, 172, 235

Schraubenlösemoment 201

Schraubensicherungen 209–213

Schraubenvorspannkraft 186

Schraubenwerkstoff 183–185

Schraubenzugfeder 256

Schraubtriebe 213, 219

Schrumpfsitz 123, 125, 131

Schubmodul 22, 259, 260, 305

Schubspannungs-Hypothese 18

Schulterkugellager 369–371, 388

Schweißeignung 68, 69

Schweißnaht 70–75

Schweißposition 75, 76

Schweißsicherheit 70

Schweißstoß 66, 72, 76

Schweißverfahren 67, 68

Sechskantmutter 182

Sechskantschraube 179

Selbsthemmung 114, 115, 137, 140–142

selbsttätige Dichtung 268

Senkniete 164

Senkschraube 179

Setzsicherung 212

Sicherheit 7

Sicherheitswerte 553

Sicherungsring 161, 162

Sicherungsscheibe 162

Sintermetall 28

Sommerfeld-Zahl 347, 348, 353, 355

Sonderguss 27, 28

Sonderketten 623

Sonnenräder 594, 599, 600, 604

Spaltdichtung 280, 283, 383

Spaltformen 100, 339
  bei Gleitlagern 364

Spannbuchse 116, 121, 122

Spannelemente System Ringfeder 117

Spannexzenter 137, 139–141

Spannhülse 116, 153, 377, 378, 562

Spannringelement 121

Spannrolle für Riemengetriebe 640, 648

Spannsätze System Ringfeder 118

Spannungskorrekturfaktor 250, 543

Spannungsquerschnitt von Schrauben 176, 203, 206

Sperrrad 425

spezifischer Lagerdruck 330, 350

spezifisches Gleiten 485, 536

Spiel 47

Spielausgleich 161, 239, 455, 462

Spielpassungen 47

Spieth-Führungsbuchse 467, 468

Spieth-Spannelemente 119

Spindellager 371, 373

Spiralfeder 235–236

Splint 160, 161

Sprengniet 105, 165

Sprengring 162, 378

Sprungüberdeckung 526, 527, 539, 545, 554

Spurlager 332, 361

Stahl 18, 19, 25–27, 38

Stahlguss 27, 70, 93, 156, 360, 661

statische Tragfähigkeit 387

statische Tragzahl 387

Stehlager 357, 360, 371

Steigungswinkel 139–141, 171–173, 219, 220, 247, 580, 582

Steinschraube 181

Stellring 161

Sternscheibe 120

Stick-slip-Effekt 459

Stifte 151–154, 156

Stiftschraube 180

Stirnfaktor 537, 541, 542

Stirnmodul 521

Stirnräder 295, 473, 477, 508, 518–521, 524–527, 530, 532, 533

Stirnschnitt 520–523, 525

Stirnzahnkupplungen 406

Stoeckicht-Getriebe 600, 601

Stoffschluss 65, 98, 213

Stopfbuchsen 279, 280

Stoppbremse 447
Stoßvorgang 224
Stufensprung 39, 41, 45, 556
Stumpfnaht 72–74, 77–79, 94, 97, 266
Stützlagerung 374, 376
Summengetriebe 219
Synchroflex-Zahnriemen 628, 630
synthetische Öle 327

**T**
Tangentenkeil 108, 109
Taper-Lock-Spannbuchse 116
Tauchschmierung 328, 382, 588
Teilkegel 562, 563, 566, 567
Teilkreisdurchmesser 478, 479, 513, 521, 553, 557, 572, 574, 625
Teilung 173, 174, 477, 478, 483, 503, 504, 524, 625, 628
Tellerfedern 120, 212, 228, 236–240
Tellerlager 331–334
Temperguss 27, 28, 70, 132, 661
Thermoniet 165
Toleranz 5, 29, 36, 42–57
Toleranzfeld 44, 47, 48
Toleranzhülse 121
Toleranzrechnung 55, 56, 162
Toleranzsystem 43, 44, 47
Tolerierungsprinzip 50–51
Tonnenlager 373, 374
torsionsbeanspruchte Feder 229, 234, 240, 245
Torsionsbeanspruchung 12, 146, 202, 662
Tragfähigkeit 9, 14, 17, 19, 76, 103, 145, 225, 249, 256, 262, 292–306, 387
Tragfilm in Gleitlagern 324
Trägheitsmoment 306, 307, 413, 435, 439, 679
Tragzahl
    dynamische 388
    statische 387
Trapezgewinde 177, 175, 174, 220
Treibkeile 108
Triebstockverzahnung 488, 489
Trommelbremse 448–450

**U**
Überdeckungsfaktor 545, 554
Überdeckungsgrad 483, 486, 506, 508–510, 514, 516, 518, 526

Übergangsdrehzahl 323, 330, 354, 356
Übergangspassung 47, 146, 404
Überholkupplung 403, 424, 444, 446
Übermaßpassung 47, 48, 157
überschlägige Wellenberechnung 296
Übersetzung 426, 474
Umfangsgeschwindigkeit 273, 328, 400, 474, 528, 539, 572, 575, 584
Umfangskraft 122, 139, 197, 198, 219, 530–532, 570, 576, 586, 612, 615
Umfangslast 350, 376–378
Umlaufschmierung 329, 382
Unabhängigkeitsprinzip 52, 53
unlegierte Stähle 25, 76
Unrundprofil 146
Unterlegscheibe 182
Unterschnitt 488

**V**
VDI-Richtlinien 38
Verbindungsglieder 626
Verbindungsschweißen 67
Verdrehfederkupplung 417
Verdrehwinkel 19, 305
Verformung 18–23, 21, 185, 193, 194, 202, 225, 249, 262
Vergleichsspannung 18, 79, 90, 92, 126
Vergütungsstähle 20, 24, 26, 228, 300, 660, 663
Verliersicherung 212
Vermeidung von Unterschnitt 498
Verschleiß an Gleitflächen 25, 459
Verstellbereich 615, 619, 621
Verspannungsschaubild 140, 185
Verzahnung 477, 506, 516, 535
Verzahnungsgesetz 479
Vieleckwirkung der Kettenräder 623
Vierkantmutter 182
Vierkantschraube 179
Vierpunktlager 370, 371
Viskosedichtung 283
Viskosität 324, 325, 684
V-Nullgetriebe 505, 516, 563, 567
Volumenausnutzungsfaktor 229, 230, 241, 244, 245
vorgespannte Formschlussverbindung 65, 107, 109
Vorsetzzeichen 367
Vorspannkraft 140, 185, 190, 198, 200

**W**

Wälzbewegung 607
Wälzebene 520
Wälzkegel 563, 567
Wälzkörper 322, 362
Wälzkreis 474, 477, 481
Wälzlagerabdichtung 382
Wälzpunkt 474
Wärmeausdehnungskoeffizient 100, 131, 132, 684
Wärmekapazität 325, 684
Wärmeübergangszahl 331, 351, 684
Warmkleber 102
Weichdichtung 284
Weichlöten 98
Weichstoff-Metall-Packungen 275
Weichstoffpackungen 275
Welle 292–321
Wellenausgleichskupplung 411, 412
Wellenberechnung nach DIN 743 296
Wellengestaltung 316–319
Wellenmuttern 162
Wellenwerkstoff 297, 297, 356
Wendegetriebe 599, 603, 600, 629
Werkstoffauswahl 24
Wickelverhältnis 236, 251, 255
Widerstandsmoment 90, 91, 151, 235, 288, 675
Wiegegelenk-Zahnkette 627
Wirkbreite 640
Wirkungsgrad 218, 220, 330, 475, 562, 575
Wirtschaftlichkeit 8
Wulstkupplung 418, 419


**Z**

Zähigkeit 324
Zahnbreite 520, 537, 539, 540, 548
Zahnbruch 535
Zahndicke 479, 494, 501
Zahndickentoleranzen 529, 530
Zähnezahlen 475, 478, 497, 558
Zähnezahlverhältnis 478, 515, 539, 551, 564

Zahnflankenform 564
Zahnfußgrenzfestigkeit 544
Zahnfußspannung 572
Zahnfußtragfähigkeit 506, 535, 557, 562
Zahnkette 623, 627
Zahnkettenräder 627, 628
Zahnkopfhöhe 479, 497, 499
Zahnkupplung 420–422, 600
Zahnradwerkstoff 536, 546
Zahnriemen 622, 628, 629
Zahnriementrieb 628, 629
Zahnschaden 535
Zahnstange 467, 488
Zahnwellenverbindung 147
Zeitfestigkeit 548, 554
Zonenfaktor 553
Zugfeder 187, 228, 229, 246, 256–258
Zug- und druckbeanspruchte Federn 229
Zugstabfeder 229
Zugmittel 622
zulässige Ausschlagspannung für
    Schraubenverbindungen 203
zulässige Durchbiegung 592
zulässige Flächenpressung bei
    Bewegungsschrauben 219
    Bolzenverbindung 156
    Stiftverbindungen 156
zulässige Spannung
    für Bolzen 156
    für Gummifedern 260
    für Schweißnähte 81
    für Stifte 156
zulässige Verdrehwinkel 305
Zusatzwerkstoff 65, 66, 71, 76
Zweifachschraubgetriebe 219
Zweikomponenten-Kleber 102
Zwischenringkupplung 419
Zykloidenverzahnung 486
Zylinderschraube 179
Zylinderstifte 153
zylindrische Schraubenfeder 245, 249, 251